윈트리 기획도서 www.wintree.kr

산업위생
관리기사
필기 문제풀이편

김유창 감수 오순영·양세훈·제민주·이승용 지음

한국산업인력공단 출제기준에 맞춘 자격시험 준비서

ENGINEER INDUSTRIAL HYGIENE MANAGEMENT

교문사

머 리 말

1984년 산업위생관리기사 자격시험이 처음 시행되었습니다. 산업위생관리기사 제도로 산업위생이 일반인에게 알려지는 계기가 되었으며, 각 사업장마다 산업위생공학이 뿌리를 내리면서 안전하고 건강하고 아프지 않고 편안하게 일하는 사업장이 계속해서 생길 것입니다.

1984년부터 지금까지 오랜 기간 동안 산업위생관리기사 시험이 시행되어, 충분히 많은 산업위생관리기사 필기 문제가 축적되었습니다. 이에 문제풀이 위주로 공부하는 독자들의 요청에 따라 〈산업위생관리기사 필기 문제풀이편〉을 출간하게 되었습니다. 본 교재는 연도별 기출문제를 기준으로 체계적으로 정리하였습니다.

산업위생의 기본 철학은 작업장에서 발생하는 유해 요인을 조기에 발견하여 대책을 수립하고 작업을 사람의 특성과 능력에 맞도록 설계하는 것입니다. 지금까지 한국의 산업위생은 단지 작업장 환경에서 발생하는 직업병 예방을 위한 유해인자 관리에 집중하였으나 최근에는 그 영역이 대폭 확대되어 실내 환경에서 발생하는 유해인자와 다양한 업종에서 발생하는 직업 관련성 질환까지 확대되고 있습니다. 따라서 산업위생은 작업장에서 가장 중요한 문제로 대두되고 있습니다. 이에 정부, 산업체 그리고 학계에서는 직업병 및 직업 관련성 질환의 해결을 위한 전문가를 양성하기 위해 산업위생관리기사/기술사 제도를 만들게 되었습니다. 이제 우리나라도 선진국과 같이 고가의 장비나 도구보다도 작업자가 더 중요시되는 시대를 맞이하고 있습니다.

산업위생공학은 학문의 범위가 넓고 국내에 전파된 지 수십 년이 되었습니다 다양한 유해인자의 새로운 발생, 직업병과 직업 관련성 질환의 인정 범위 확대 등 새로운 분야로 급격히 넓어지고 있으며 산업위생공학을 응용하기 위해서는 학문적 지식을 바탕으로 한 다양한 경험을 동시에 필요로 합니다. 이러한 이유로 그동안 산업위생공학 전문가의 배출이 매우 제한되어 있었습니다. 그러나 산업위생관리기사/기술사 제도는 올바른 산업위생공학 교육 방향과 발전에 좋은 토대가 될 것입니다.

본서의 특징은 새로운 원리의 제시에 앞서 오랫동안 산업보건을 연구하고 적용하면서 모아온 많은 문헌과 필요한 자료들을 정리하여 산업위생관리기사 시험 대비에 시간적 제약을 받는 수

험생들에게 시험 대비 교재로서 활용되도록 하였습니다. 하지만 짧은 시간 안에 교재를 집필하다 보니, 다소 미비한 점이 있으리라 생각됩니다. 따라서 앞으로 지속적으로 보완해 나갈 것을 약속드립니다. 독자 여러분께서 세이프티넷(http://cafe.naver.com/safetynet)의 산업위생관리기사/기술사 연구회 커뮤니티에 의견과 조언을 주시면 그것을 바탕으로 함께 책을 완성해 나갈 생각입니다.

본 교재의 출간으로 많은 산업위생관리기사가 배출되어 "작업자가 건강하고 행복해야 품질 좋은 제품을 만들고 건강한 작업자가 국가 산업발전을 이바지한다."라는 철학이 작업장에 뿌리 내렸으면 합니다.

본서의 초안을 만드는 데 도움을 준 인간공학의 거장 김유창 교수님께 진심으로 감사드립니다. 그리고 세이프티넷의 여러 회원의 조언과 관심에 대하여 감사드립니다. 또한 이 책이 세상에 나올 수 있도록 기획에서부터 출판까지 물심양면으로 도움을 주신 교문사의 관계자 여러분께도 심심한 사의를 표합니다.

2024년 12월
일하는 분들의 직업병 없는 세상을 꿈꾸면서 수정산 자락 아래서
오순영 올림

산업위생관리기사 자격안내

1. 개요

국내의 산업재해의 양상이 2017년을 기준으로 직업성 질환 사망재해가 사고성 사망재해를 넘어섰고, 일반질환 재해도 급격히 증가하고 있다. 이러한 재해를 예방하기 위해서는 산업장의 쾌적한 작업환경 조성과 근로자의 건강 보호 및 증진을 위하여 작업 과정이나 작업장에서 발생하는 화학적, 물리적, 인체공학적 혹은 생물학적 유해 요인을 측정·평가하여 관리, 감소 및 제거할 수 있는 고도의 전문인력이 필요하다.

특히 최근에는 직업성 질환의 범위가 광범위하게 확대되어 산업위생관리의 영역이 대폭 확대되고 있고 산업안전보건법의 강화와 함께 중대재해처벌법의 신설로 산업재해 예방이 무엇보다도 중요하며 이러한 재해를 예방하기 위해서 작업장에서의 유해 요인을 근원적으로 차단해야 한다. 바로 이러한 원인을 포괄적으로 예방하고 관리하는 자격증이 산업위생관리기사 자격증이라고 할 수 있다.

2. 변천 과정

1984년 산업위생관리기사로 신설되었다.

3. 수행직무

작업자의 작업위생 측정 및 평가, 작업환경관리대책 수립, 물리적 유해인자관리, 산업독성학, 안전보건교육, 인간공학적 적합성분석 및 개선, OHSMS 관련 인증을 위한 업무, 사업장 자체의 안전보건관리규정 제정 및 지속적 관리 등을 수행한다.

4. 응시 자격 및 검정기준

(1) 응시 자격

산업위생관리기사 자격검정에 대한 응시 자격은 다음과 각 호의 1에 해당하는 자격요건을 가져야 한다.

가. 산업기사의 자격을 취득한 후 응시하고자 하는 종목이 속하는 동일 직무 분야에서 1년 이상 실무에 종사한 자

나. 기능사 자격을 취득한 후 응시하고자 하는 종목이 속하는 동일 직무 분야에서 3년 이상 실무에 종사한 자

다. 다른 종목의 기사 자격을 취득한 자

라. 대학졸업자 등 또는 그 졸업예정자(4학년에 재학 중인 자 또는 3학년 수료 후 중퇴자를 포함한다.)

마. 전문대학 졸업자 등으로서 졸업 후 응시하고자 하는 종목이 속하는 동일 직무 분야에서 2년 이상 실무에 종사한 자

바. 기술자격 종목별로 산업기사의 수준에 해당하는 교육훈련을 실시하는 기관으로서 노동 부령이 정하는 교육훈련 기관의 기술훈련 과정을 이수한 자로서 이수 후 동일 직무 분야에서 2년 이상 실무에 종사한 자

사. 기술자격 종목별로 기사의 수준에 해당하는 교육훈련을 실시하는 기관으로서 노동부령이 정하는 교육훈련 기관의 기술훈련 과정을 이수한 자 또는 그 이수 예정자

아. 응시하고자 하는 종목이 속하는 동일 직무 분야에서 4년 이상 실무에 종사한 자

자. 외국에서 동일한 등급 및 종목에 해당하는 자격을 취득한 자

차. 「학점인정 등에 관한 법률」 제8조의 규정에 의하여 대학졸업자와 동등 이상의 학력을 인정받은 자 또는 동법 제7조의 규정에 의하여 106학점 이상을 인정받은 자(「고등교육 법」에 의거 정규대학에 재학 또는 휴학 중인 자는 해당되지 않음)

카. 「학점인정 등에 관한 법률」 제8조의 규정에 의하여 전문대학 졸업자와 동등 이상의 학력을 인정받은 자로서 응시하고자 하는 종목이 속하는 동일 직무 분야에서 2년 이상 실무에 종사한 자

(2) 검정기준

산업위생관리기사는 작업장 및 실내 환경의 쾌적한 환경 조성과 근로자의 건강 보호와 증진을 위하여 작업장 및 실내 환경 내에서 발생하는 화학적, 물리적, 생물학적, 그리고 기타 유해 요인에 관한 환경 측정, 시료 분석 및 평가(작업환경 및 실내 환경)를 통하여 유해 요인의 노출 정도를 분석·평가하고 그에 따른 대책을 제시하며 산업 환기 점검, 보호구 관리, 공정별 유해 인자 파악 및 유해 물질 관리 등을 실시하며 보건 교육 훈련, 근로자의 보건 관리 업무를 통하여 환경 시설에 대한 보건 진단 및 개인에 대한 건강 진단 관리, 건강증진, 개인위생 관리 업무를 수행할 수 있는 능력의 유무를 검정한다.

5. 검정 시행 형태 및 합격 결정 기준

(1) 검정 시행 형태

산업위생관리기사는 필기시험 및 실기시험을 행하는데 필기시험은 객관식 4지 택일형, 실기시험은 주관식 필답형을 원칙으로 한다.

(2) 합격 결정 기준

가. 필기시험: 100점을 만점으로 하여 과목당 40점 이상, 전 과목 평균 60점 이상
나. 실기시험: 100점을 만점으로 하여 60점 이상

6. 검정 방법(필기, 실기) 및 시험과목

(1) 검정 방법

가. 필기시험
  ① 시험형식: 객관식 4지 택일형, 과목당 20문항
  ② 시험시간: 150분(과목당 30분)

나. 실기시험
  ① 시험형식: 필답형
  ② 시험시간: 3시간

(2) 시험과목

산업위생관리기사의 시험과목은 다음 표와 같다.

산업위생관리기사 시험과목

검정방법	시험 과목
필기 (매과목 100점)	1. 산업위생학개론
	2. 작업위생측정 및 평가
	3. 작업환경관리대책
	4. 물리적 유해인자관리
	5. 산업독성학
실기 (100점)	작업환경관리 실무

7. 출제기준

(1) 필기시험 출제기준

필기시험은 수험생의 수험 준비 편의를 도모하기 위하여 일반대학에서 공통적으로 가르치고 구입이 용이한 일반교재의 공통범위에 준하여 전공 분야의 지식 폭과 깊이를 검정하는 방법으로 출제한다. 시험과목과 주요항목 및 세부 항목은 다음 표와 같다.

필기시험 과목별 출제기준의 주요항목과 세부 항목

직무 분야	안전관리	중직무 분야	안전관리	자격 종목	산업위생관리기사	적용 기간	2025.01.01. ~ 2029.12.31.

○직무내용 : 작업장 및 실내 환경의 쾌적한 환경 조성과 근로자의 건강 보호와 증진을 위하여 작업장 및 실내 환경 내에서 발생되는 화학적, 물리적, 생물학적, 그리고 기타 유해요인에 관한 환경 측정, 시료분석 및 평가(작업환경 및 실내 환경)를 통하여 유해 요인의 노출 정도를 분석·평가하고, 그에 따른 대책을 제시하며, 산업 환기 점검, 보호구 관리, 공정별 유해 인자 파악 및 유해 물질 관리 등을 실시하며, 보건 교육 훈련, 근로자의 보건 관리 업무를 통하여 환경 시설에 대한 보건 진단 및 개인에 대한 건강 진단 관리, 건강증진, 개인위생 관리 업무를 수행하는 직무이다.

필기검정방법	객관식	문제수	100	시험 시간	2시간 30분

필기 과목명	문제수	주요항목	세부항목	세세항목
산업 위생학 개론	20	1. 산업위생	1. 정의 및 목적	1. 산업위생의 정의 2. 산업위생의 목적 3. 산업위생의 범위
			2. 역사	1. 외국의 산업위생 역사 2. 한국의 산업위생 역사
			3. 산업위생 윤리강령	1. 윤리강령의 목적 2. 책임과 의무
		2. 인간과 작업환경	1. 인간공학	1. 들기작업 2. 단순 및 반복작업 3. VDT 증후군 4. 노동 생리 5. 근골격계 질환 6. 작업부하 평가방법 7. 작업 환경의 개선
			2. 산업피로	1. 피로의 정의 및 종류 2. 피로의 원인 및 증상 3. 에너지 소비량 4. 작업강도 5. 작업시간과 휴식 6. 교대 작업 7. 산업피로의 예방과 대책

(계속)

필기 과목명	문제수	주요항목	세부항목	세세항목
			3. 산업심리	1. 산업심리의 정의 2. 산업심리의 영역 3. 직무 스트레스 원인 4. 직무 스트레스 평가 5. 직무 스트레스 관리 6. 조직과 집단 7. 직업과 적성
			4. 직업성 질환	1. 직업성 질환의 정의와 분류 2. 직업성 질환의 원인과 평가 3. 직업성 질환의 예방대책
		3. 실내 환경	1. 실내오염의 원인	1. 물리적 요인 2. 화학적 요인 3. 생물학적 요인
			2. 실내오염의 건강장해	1. 빌딩 증후군 2. 복합 화학물질 민감 증후군 3. 실내오염 관련 질환
			3. 실내오염 평가 및 관리	1. 유해인자 조사 및 평가 2. 실내오염 관리기준 3. 관리적 대책
		4. 관련 법규	1. 산업안전보건법	1. 법에 관한 사항 2. 시행령에 관한 사항 3. 시행규칙에 관한 사항 4. 산업보건기준에 관한 사항
			2. 산업위생 관련 고시에 관한 사항	1. 노출기준 고시 2. 작업환경 측정 등 관련 고시 3. 물질안전보건자료(MSDS) 관련 고시 4. 기타 관련 고시
		5. 산업재해	1. 산업재해 발생원인 및 분석	1. 산업재해의 개념 2. 산업재해의 분류 3. 산업재해의 원인 4. 산업재해의 분석 5. 산업재해의 통계
			2. 산업재해 대책	1. 산업재해의 보상 2. 산업재해의 대책
작업위생 측정 및 평가	20	1. 측정 및 분석	1. 시료채취 계획	1. 측정의 정의 2. 작업환경 측정의 목적 3. 작업환경 측정의 종류 4. 작업환경 측정의 흐름도 5. 작업환경 측정 순서와 방법 6. 준비작업 7. 유사 노출군의 결정 8. 표준액 제조, 검량선, 탈착효율 작성 9. 단위작업장소의 측정설계

(계속)

필기 과목명	문제수	주요항목	세부항목	세세항목
			2. 시료분석 기술	1. 보정의 원리 및 종류 2. 정도 관리 3. 측정치의 오차 4. 화학 및 기기 분석법의 종류 5. 유해물질 분석절차 6. 포집시료의 처리방법 7. 기기분석의 감도와 검출한계 8. 표준액 제조검량선, 탈착효율 작성
		2. 유해 인자 측정	1. 물리적 유해 인자 측정	1. 노출기준의 종류 및 적용 2. 고온과 한랭 3. 이상기압 4. 소음 5. 진동 6. 방사선
			2. 화학적 유해 인자 측정	1. 노출기준의 종류 및 적용 2. 화학적 유해인자의 측정원리 3. 입자상 물질의 측정 4. 가스 및 증기상 물질의 측정
			3. 생물학적 유해 인자 측정	1. 생물학적 유해 인자의 종류 2. 생물학적 유해 인자의 측정원리 3. 생물학적 유해 인자의 분석 및 평가
		3. 평가 및 통계	1. 통계학 기본 지식	1. 통계의 필요성 2. 용어의 이해 3. 자료의 분포 4. 평균 및 표준편차의 계산
			2. 측정자료 평가 및 해석	1. 자료 분포의 이해 2. 측정 결과에 대한 평가 3. 노출기준의 보정 4. 작업환경 유해도 평가
작업환경 관리대책	20	1. 산업 환기	1. 환기 원리	1. 산업 환기의 의미와 목적 2. 환기의 기본 원리 3. 유체흐름의 기본개념 4. 유체의 역학적 원리 5. 공기의 성질과 오염물질 6. 공기입력 7. 압력손실 8. 흡기와 배기
			2. 전체 환기	1. 전체 환기의 개념 2. 전체 환기의 종류 3. 건강보호를 위한 전체 환기 4. 화재 및 폭발방지를 위한 전체 환기 5. 혼합물질 발생시의 전체 환기 6. 온열관리와 환기

(계속)

필기 과목명	문제수	주요항목	세부항목	세세항목
			3. 국소 배기	1. 국소배기 시설의 개요 2. 국소배기 시설의 구성 3. 국소배기 시설의 역할 4. 후드 5. 닥트 6. 송풍기 7. 공기정화장치 8. 배기구
			4. 환기시스템 설계	1. 설계 개요 및 과정 2. 단순 국소배기시설의 설계 3. 다중 국소배기시설의 설계 4. 특수 국소배기시설의 설계 5. 필요 환기량의 설계 및 계산 6. 공기공급 시스템
			5. 성능검사 및 유지관리	1. 점검의 목적과 형태 2. 점검 사항과 방법 3. 검사 장비 4. 필요 환기량 측정 5. 압력 측정 6. 자체점검
		2. 작업 공정 관리	1. 작업공정관리	1. 분진 공정 관리 2. 유해물질 취급 공정 관리 3. 기타 공정 관리
		3. 개인보호구	1. 호흡용 보호구	1. 개념의 이해 2. 호흡기의 구조와 호흡 3. 호흡용 보호구의 종류 4. 호흡용 보호구의 선정방법 5. 호흡용 보호구의 검정규격
			2. 기타 보호구	1. 눈 보호구 2. 피부 보호구 3. 기타 보호구
물리적 유해 인자관리	20	1. 온열조건	1. 고온	1. 온열요소와 지적온도 2. 고열 장해와 생체 영향 3. 고열 측정 및 평가 4. 고열에 대한 대책
			2. 저온	1. 한랭의 생체 영향 2. 한랭에 대한 대책
		2. 이상기압	1. 이상기압	1. 이상기압의 정의 2. 고압환경에서의 생체 영향 3. 감압환경에서의 생체 영향 4. 기압의 측정 5. 이상기압에 대한 대책
			2. 산소결핍	1. 산소결핍의 정의 2. 산소결핍의 인체장해 3. 산소결핍 위험 작업장의 작업 환경 측정 및 관리 대책

필기 과목명	문제수	주요항목	세부항목	세세항목
		3. 소음진동	1. 소음	1. 소음의 정의와 단위 2. 소음의 물리적 특성 3. 소음의 생체 작용 4. 소음에 대한 노출기준 5. 소음의 측정 및 평가 6. 청력보호구 7. 소음 관리 및 예방 대책
			2. 진동	1. 진동의 정의 및 구분 2. 진동의 물리적 성질 3. 진동의 생체 작용 4. 진동의 평가 및 노출기준 5. 방진보호구
		4. 방사선	1. 전리방사선	1. 전리방사선의 개요 2. 전리방사선의 종류 3. 전리방사선의 물리적 특성 4. 전리방사선의 생물학적 작용 5. 관리대책
			2. 비전리방사선	1. 비전리방사선의 개요 2. 비전리방사선의 종류 3. 비전리방사선의 물리적 특성 4. 비전리방사선의 생물학적 작용 5. 관리대책
			3. 조명	1. 조명의 필요성 2. 빛과 밝기의 단위 3. 채광 및 조명방법 4. 적정조명수준 5. 조명의 생물학적 작용 6. 조명의 측정방법 및 평가
산업 독성학	20	1. 입자상 물질	1. 종류, 발생, 성질	1. 입자상 물질의 정의 2. 입자상 물질의 종류 3. 입자상 물질의 모양 및 크기 4. 입자상 물질별 특성
			2. 인체 영향	1. 인체 내 축적 및 제거 2. 입자상 물질의 노출기준 3. 입자상 물질에 의한 건강 장해 4. 진폐증 5. 석면에 의한 건강장해 6. 인체 방어기전
		2. 유해 화학 물질	1. 종류, 발생, 성질	1. 유해물질의 정의 2. 유해물질의 종류 및 발생원 3. 유해물질의 물리적 특성 4. 유해물질의 화학적 특성

(계속)

필기 과목명	문제수	주요항목	세부항목	세세항목
			2. 인체 영향	1. 인체 내 축적 및 제거 2. 유해화학물질에 의한 건강 장해 3. 감작물질과 질환 4. 유해화학물질의 노출기준 5. 독성물질의 생체 작용 6. 표적장기 독성 7. 인체의 방어기전
		3. 중금속	1. 종류, 발생, 성질	1. 중금속의 종류 2. 중금속의 발생원 3. 중금속의 성상 4. 중금속별 특성
			2. 인체 영향	1. 인체 내 축적 및 제거 2. 중금속에 의한 건강 장해 3. 중금속의 노출기준 4. 중금속의 표적장기 5. 인체의 방어기전
		4. 인체 구조 및 대사	1. 인체구조	1. 인체의 구성 2. 근골격계 해부학적 구조 3. 순환기계 및 호흡기계 4. 청각기관의 구조
			2. 유해물질 대사 및 축적	1. 생체 내 이동경로 2 유해물질의 용량–반응 3. 생체막 투과 4. 흡수경로 5. 분포작용 6. 대사기전
			3. 유해물질 방어기전	1. 유해물질의 해독작용 2. 유해물질의 배출
			4. 생물학적 모니터링	1. 정의와 목적 2. 검사 방법의 분류 3. 체내 노출량 4. 노출과 모니터링의 비교 5. 생물학적 지표 6. 생체 시료 채취 및 분석방법 7. 생물학적 모니터링의 평가기준

(2) 실기시험 출제기준

실기시험은 작업환경관리 실무에 관한 전문지식의 범위와 이해의 깊이 및 산업보건 실무능력을 검정한다. 출제기준 및 문항수는 필기시험의 과목과 작업환경관리 실무와 관련된 작업형 문제를 필답형으로 출제하여 3시간에 걸쳐 검정이 가능한 분량으로 한다. 이에 대한 시험과목과 주요항목 및 세부항목은 다음 표와 같다.

직무 분야	안전관리	중직무 분야	안전관리	자격 종목	산업위생관리기사	적용 기간	2025.01.01. ~ 2029.12.31.

○직무내용 : 작업장 및 실내 환경의 쾌적한 환경 조성과 근로자의 건강 보호와 증진을 위하여 작업장 및 실내 환경 내에서 발생되는 화학적, 물리적, 생물학적, 그리고 기타 유해요인에 관한 환경 측정, 시료분석 및 평가(작업환경 및 실내 환경)를 통하여 유해 요인의 노출 정도를 분석·평가하고, 그에 따른 대책을 제시하며, 산업 환기 점검, 보호구 관리, 공정별 유해 인자 파악 및 유해 물질 관리 등을 실시하며, 보건 교육 훈련, 근로자의 보건 관리 업무를 통하여 환경 시설에 대한 보건 진단 및 개인에 대한 건강 진단 관리, 건강 증진, 개인위생 관리 업무를 수행하는 직무이다.

○수행준거 : 1. 분진측정기, 소음측정기, 진동측정기 등의 각종 측정기기를 사용하여 사업장 내 유해위험과 작업환경을 측정할 수 있다.
             2. 제반 문제점을 개선, 개량, 감독하고 작업자에게 산업위생보건에 관한 지도 및 교육을 실시하는 업무를 수행할 수 있다.

실기검정방법	필답형	시험시간	3시간

실기 과목명	주요항목	세부항목	세세항목
작업환경 관리실무	1. 작업환경 측정 및 평가	1. 입자상 물질을 측정, 평가하기	1. 분진흡입에 대한 인체의 방어기전에 대하여 기술할 수 있다. 2. 분진의 크기 표시 및 침강 속도에 대하여 기술할 수 있다. 3. 입자별 크기에 따른 노출기준에 대하여 기술할 수 있다. 4. 여과지의 종류 및 특성에 대하여 기술할 수 있다. 5. 작업종류에 따른 입자상 유해물질에 대하여 기술할 수 있다. 6. 입자상 물질의 측정방법을 알고 평가할 수 있다.
		2. 유해물질을 측정, 평가하기	1. 가스상 물질의 측정 개요에 대하여 기술할 수 있다. 2. 가스상 물질의 성질에 대하여 기술할 수 있다. 3. 연속 시료채취에 대하여 기술할 수 있다. 4. 순간 시료채취에 대하여 기술할 수 있다. 5. 흡착의 원리에 대하여 기술할 수 있다. 6. 시료 채취시 주의사항에 대하여 기술할 수 있다. 7. 흡착관의 종류에 대하여 기술할 수 있다. 8. 유해물질의 측정방법 및 평가에 대하여 기술할 수 있다.
		3. 소음 및 진동을 측정, 평가하기	1. 소음진동의 인체 영향에 대하여 기술할 수 있다. 2. 소음의 측정 및 평가에 대하여 기술할 수 있다. 3. 진동의 측정 및 평가에 대하여 기술할 수 있다.
		4. 극한온도 등 유해인자를 측정, 평가하기	1. 이상기압에 대한 인체 영향을 기술할 수 있다. 2. 고열환경의 측정 및 평가에 대하여 기술할 수 있다. 3. 한랭 환경의 측정 및 평가에 대하여 기술할 수 있다. 4. 직업성 피부질환의 발생요인에 대하여 기술할 수 있다. 5. 유해광선에 대한 측정 및 평가에 대하여 기술할 수 있다.
		5. 산업위생통계에 대하여 기술하기	1. 통계의 필요성에 대하여 기술할 수 있다. 2. 용어에 대하여 기술할 수 있다. 3. 평균, 표준편차, 표준오차에 대하여 기술할 수 있다. 4. 신뢰구간에 대하여 기술할 수 있다.
	2. 작업환경 관리	1. 입자상 물질의 관리 및 대책을 수립하기	1. 일반적인 분진 및 유해입자의 관리에 대하여 기술할 수 있다. 2. 분진 작업에서의 관리에 대하여 기술할 수 있다. 3. 석면 작업에서의 관리에 대하여 기술할 수 있다. 4. 금속먼지 및 흄 작업에서의 관리에 대하여 기술할 수 있다. 5. 기타 작업에서의 관리에 대하여 기술할 수 있다.

(계속)

실기 과목명	주요항목	세부항목	세세항목
		2. 유해화학물질의 관리 및 평가하기	1. 유해화학물질의 정의에 대하여 기술할 수 있다. 2. 유해화학물질의 표시에 대하여 기술할 수 있다. 3. 유기화합물의 관리 및 대책을 수립할 수 있다. 4. 산, 알칼리의 관리 및 대책을 수립할 수 있다. 5. 가스상 물질의 관리 및 대책을 수립할 수 있다.
		3. 소음 및 진동을 관리하고 대책 수립하기	1. 일반적인 소음의 대책을 수립할 수 있다. 2. 흡음에 의한 관리대책을 수립할 수 있다. 3. 차음에 의한 관리대책을 수립할 수 있다. 4. 기타 공학적 소음대책을 수립할 수 있다. 5. 진동의 관리 및 대책을 수립할 수 있다. 6. 개인보호구에 대하여 기술할 수 있다.
		4. 산업 심리에 대하여 기술하기	1. 산업심리의 영역에 대하여 기술할 수 있다. 2. 직무 스트레스 원인에 대하여 기술할 수 있다. 3. 직무 스트레스 평가할 수 있다. 4. 직무 스트레스 관리할 수 있다. 5. 조직과 집단에 대하여 기술할 수 있다. 6. 직업과 적성에 대하여 기술할 수 있다.
		5. 노동 생리에 대하여 기술하기	1. 근육의 대사과정에 대하여 기술할 수 있다. 2. 산소 소비량에 대하여 기술할 수 있다. 3. 작업강도에 대하여 기술할 수 있다. 4. 에너지 소비량에 대하여 기술할 수 있다. 5. 작업자세에 대하여 기술할 수 있다. 6. 작업시간과 휴식에 대하여 기술할 수 있다.
	3. 환기 일반	1. 유체역학에 대하여 기술하기	1. 단위, 밀도, 점성에 대하여 기술할 수 있다. 2. 비중량, 비체적, 비중에 대하여 기술할 수 있다. 3. 유량과 유속에 대하여 기술할 수 있다. 4. 속도압, 정압, 전압, 증기압에 대하여 기술할 수 있다. 5. 밀도보정계수에 대하여 기술할 수 있다. 6. 압력손실에 대하여 기술할 수 있다. 7. 마찰손실에 대하여 기술할 수 있다. 8. 베르누이의 정리에 대하여 기술할 수 있다. 9. 레이놀드 수에 대하여 기술할 수 있다.
		2. 환기량 및 환기방법에 대하여 기술하기	1. 유해물질에 대한 전체 환기량에 대하여 기술할 수 있다. 2. 환기량 산정방법에 대하여 기술할 수 있다. 3. 환기량을 평가할 수 있다. 4. 공기 교환횟수에 대하여 기술할 수 있다. 5. 환기방법의 종류를 기술할 수 있다.
		3. 기온, 기습, 압력에 대하여 기술하기	1. 기온에 대하여 기술할 수 있다. 2. 기습에 대하여 기술할 수 있다. 3. 압력에 대하여 기술할 수 있다.
	4. 전체 환기	1. 전체 환기에 대하여 기술하기	1. 환기의 방식에 대하여 기술할 수 있다. 2. 전체 환기의 원칙에 대하여 기술할 수 있다. 3. 강제 환기에 대하여 기술할 수 있다. 4. 자연환기에 대하여 기술할 수 있다. 5. 제한조건에 대하여 기술할 수 있다.

(계속)

실기 과목명	주요항목	세부항목	세세항목
		2. 전체 환기 시스템 설계, 점검 및 유지관리하기	1. 환기시스템에 대하여 기술할 수 있다. 2. 공기공급 시스템에 대하여 기술할 수 있다. 3. 공기공급 방법에 대하여 기술할 수 있다. 4. 공기혼합 및 분배에 대하여 기술할 수 있다. 5. 배출물의 재유입에 대하여 기술할 수 있다. 6. 설치, 검사 및 관리에 대하여 기술할 수 있다.
	5. 국소환기	1. 후드에 대하여 기술하기	1. 후드의 종류에 대하여 기술할 수 있다. 2. 후드의 선정방법에 대하여 기술할 수 있다. 3. 후드 제어속도에 대하여 기술할 수 있다. 4. 후드의 필요 환기량에 대하여 기술할 수 있다. 5. 후드의 정압에 대하여 기술할 수 있다. 6. 후드의 압력손실에 대하여 기술할 수 있다. 7. 후드의 유입손실에 대하여 기술할 수 있다.
		2. 닥트에 대하여 기술하기	1. 닥트의 직경과 원주에 대하여 기술할 수 있다. 2. 닥트의 길이 및 곡률반경에 대하여 기술할 수 있다. 3. 닥트의 반송속도에 대하여 기술할 수 있다. 4. 닥트의 압력손실에 대하여 기술할 수 있다. 5. 설치 및 관리에 대하여 기술할 수 있다.
		3. 송풍기에 대하여 기술하기	1. 송풍기의 기초이론에 대하여 기술할 수 있다. 2. 송풍기의 종류에 대하여 기술할 수 있다. 3. 송풍기의 선정방법에 대하여 기술할 수 있다. 4. 송풍기의 동력에 대하여 기술할 수 있다. 5. 송풍량 조절방법에 대하여 기술할 수 있다. 6. 작동점과 성능곡선에 대하여 기술할 수 있다. 7. 송풍기 상사법칙에 대하여 기술할 수 있다. 8. 송풍기 시스템의 압력손실에 대하여 기술할 수 있다. 9. 연합운전과 소음대책에 대하여 기술할 수 있다. 10. 설치 및 관리에 대하여 기술할 수 있다.
		4. 국소환기 시스템 설계, 점검, 유지관리하기	1. 준비단계에 대하여 기술할 수 있다. 2. 설계절차 및 방법에 대하여 기술할 수 있다. 3. 공기흐름의 분배에 대하여 기술할 수 있다. 4. 압력 손실 계산에 대하여 기술할 수 있다. 5. 속도변화에 대한 보정에 대하여 기술할 수 있다. 6. 단순 국소배기장치의 설계에 대하여 기술할 수 있다. 7. 복합 국소배기장치의 설계에 대하여 기술할 수 있다. 8. 푸사풀 시스템에 대하여 기술할 수 있다. 9. 설치 및 관리에 대하여 기술할 수 있다.
		5. 공기 정화에 대하여 기술하기	1. 선정 시 고려사항에 대하여 기술할 수 있다. 2. 공기정화기의 종류에 대하여 기술할 수 있다. 3. 입자상 물질의 처리에 대하여 기술할 수 있다. 4. 가스상 물질의 처리에 대하여 기술할 수 있다. 5. 압력손실에 대하여 기술할 수 있다. 6. 집진장치의 종류에 대하여 기술할 수 있다. 7. 흡수법에 대하여 기술할 수 있다. 8. 흡착법에 대하여 기술할 수 있다. 9. 연소법에 대하여 기술할 수 있다.

(계속)

실기 과목명	주요항목	세부항목	세세항목
	6. 보건관리계획수립평가	1. 사업장 보건문제 사정하기	1. 사업장의 인구학적 특성, 작업관리 특성, 작업환경특성, 조직체계 현황을 파악하여 분석할 수 있다. 2. 사업장의 건강관리실 이용현황, 유소견자 현황, 산업재해 건수, 건강검진 현황과 같은 건강수준을 파악할 수 있다. 3. 사업장 안전보건활동의 과정과 효과성을 파악할 수 있다.
		2. 안전보건활동 계획수립하기	1. 보건활동의 문제점을 도출하고 우선 순위를 정할 수 있다. 2. 보건활동의 목적과 목표를 설정하고 사업명을 계획할 수 있다. 3. 안전보건활동의 사업별 대상, 기간, 방법, 성과지표, 업무분장, 소요예산 등 을 계획할 수 있다. 4. 성과지표에 따른 안전보건 활동의 기대효과를 예측할 수 있다.
		3. 안전보건활동 평가하기	1. 산업안전보건규정에 의거하여 안전보건활동을 지도, 감독할 수 있다. 2. 안전보건활동의 대상, 기간, 역할분담을 정할 수 있다. 3. 필요시 안전보건활동을 조정할 수 있다. 4. 안전보건활동의 참여자에 대하여 필요한 사전 자체교육을 수행할 수 있다. 5. 노사협의회, 산업안전보건위원회를 통해 협조를 요청할 수 있다. 6. 모니터링을 통해 안전보건활동을 점검할 수 있다.
	7. 안전보건관리체제 확립	1. 산업안전보건위원회 활동하기	1. 부서별로 작업장 자체점검을 통한 보건관리 추진상황을 확인하고, 근로자 위원의 건의사항을 취합하여 보건분야의 요구사항을 수집할 수 있다. 2. 산업안전보건위원회의 보건분야 심의 안건을 문서로 작성할 수 있다. 3. 사용자위원으로 회의에 참석하여 보건분야 의견을 제시할 수 있다. 4. 회의결과를 주지하고 이행 여부를 확인할 수 있다.
		2. 관리감독자 지도·조언하기	1. 관리감독자가 지휘·감독하는 작업과 보건점검 및 이상 유무의 확인에 관해 지도/조언할 수 있다. 2. 관리감독자에게 소속된 근로자의 작업복·보호구 및 방호장치의 점검과 그 착용·사용에 관한 교육·지도에 관해 지도/조언할 수 있다. 3. 해당 작업에서 발생한 산업재해에 관한 보고 및 이에 대한 응급조치에 관해 지도/조언할 수 있다. 4. 해당 작업의 작업장 정리·정돈 및 통로확보에 대한 확인·감독에 관해 지도/조언할 수 있다.
	8. 산업보건정보관리	1. 산업안전보건법에 따른 기록 관리하기	1. 산업안전보건법령에서 요구하는 보건관리업무의 서류와 자료를 적법하게 수집, 정리할 수 있다. 2. 법에서 요구하는 기록의 보유기간에 맞추어서 기록을 보존하고, 유지관리할 수 있다. 3. 보관하는 문서를 필요시에 찾아보기 쉽게 요약정리하고 문서별로 중심어를 선정하여 기록의 검색에 활용할 수 있다.
		2. 업무수행기록 관리하기	1. 업무수행 중에 기록이 필요한 사항에 대하여 기록양식과 기록방법을 적절하게 채택할 수 있다. 2. 업무수행에 관한 기록을 하고 업무의 중요성과 활용도에 따라서 체계적으로 분류하고 보존기간을 결정할 수 있다. 3. 생성된 자료나 문서를 간단하게 통계처리하거나 요약하고 중심어를 선정하여 활용할 때에 쉽게 검색할 수 있도록 한다.
		3. 자료보관 활용하기	1. 산업보건관리에서 증거로서 가치가 있는 기록을 보존하여 쉽게 검색하고 활용하도록 할 수 있다. 2. 증거로서 가치가 있는 기록을 분류하고 편철하거나 전산화하여 보존할 수 있다. 3. 생산된 기록에 대하여 보유기간을 확인하고 판단하여 불필요한 기록은 폐기할 수 있다.

(계속)

실기 과목명	주요항목	세부항목	세세항목
	9. 위험성 평가	1. 위험성평가 체계 구축하기	1. 안전보건관리책임자와 협조하여 위험 성평가 체계를 구축할 수 있다. 2. 위험성평가를 위해 필요한 교육을 실시할 수 있다. 3. 위험성평가를 효과적으로 실시하기 위하여 실시계획서 작성에 참여할 수 있다. 4. 이해관계자와 위험성평가 방법을 결정하는 데 협조할 수 있다.
		2. 위험성평가 과정 관리하기	1. 위험성평가 과정에 필요한 보건 분야의 유해위험요인 정보를 제공할 수 있다. 2. 위험성평가의 과정 및 위험도 계산방법에 대하여 숙지할 수 있다. 3. 사업장 위험성평가에 관한 지침에 따라 위험성평가의 실시를 관리할 수 있다. 4. 유해위험 요인별 위험도의 수준에 따라 위험감소대책을 수립하는 데 참여할 수 있다.
		3. 위험성평가 결과 적용하기	1. 사업장 위험성평가에 관한 지침에 따라 위험성평가서의 결과를 해석할 수 있다. 2. 위험도가 높은 순으로 개선대책을 수립한 것 중 보건 분야에 적용할 것을 선별할 수 있다. 3. 위험성평가를 종료한 후 남아 있는 유해위험요인에 대해서 게시, 주지 등의 방법으로 근로자에게 알릴 수 있다. 4. 위험성평가 실시내용, 결과, 보건분야 개선 내용을 기록할 수 있다. 5. 보건 분야 위험감소대책이 지속적으로 시행되고 있는지 확인하고 보완할 수 있다.
	10. 작업관리	1. 작업부하관리하기	1. 효율적인 근로시간과 휴식시간을 계획하기 위하여 작업시간 및 작업자세, 휴식시간과 근로자 건강장해의 관계를 파악할 수 있다. 2. 건강장애예방을 위하여 정한 휴식시간을 제안하여 개선할 수 있다. 3. 작업강도와 작업시간을 조절할 수 있도록 개선안을 제시할 수 있다. 4. 유해·위험작업에서 근로시간과 관련된 근로자의 건강 보호를 위한 근로조건의 개선방법을 제시할 수 있다.
		2. 교대제 관리하기	1. 교대작업의 작업설계시 고려사항에 대해 제안할 수 있다. 2. 교대작업의 건강관리를 위해 직무스트레스평가와 뇌심혈관질환발병위험도평가를 실시하여 그 결과에 따라 건강증진프로그램을 제공할 수 있다. 3. 교대작업자로 배치할 때 업무적합성평가결과를 참조하여 적절한 작업에 배치할 수 있도록 제안할 수 있다. 4. 야간작업자를 분류하고 대상자에 대한 특수건강진단(배치 전, 배치 후)을 받도록 조치할 수 있다. 5. 야간작업으로 인한 건강장애를 예방하기 위한 사후관리를 할 수 있다.

차 례

산업위생관리기사 필기시험 문제풀이

산업위생관리기사 필기시험 CBT 문제풀이(2024년 3회) ·· 21

산업위생관리기사 필기시험 CBT 문제풀이(2024년 2회) ·· 40

산업위생관리기사 필기시험 CBT 문제풀이(2024년 1회) ·· 59

산업위생관리기사 필기시험 CBT 문제풀이(2023년 3회) ·· 78

산업위생관리기사 필기시험 CBT 문제풀이(2023년 2회) ·· 98

산업위생관리기사 필기시험 CBT 문제풀이(2023년 1회) ·· 117

산업위생관리기사 필기시험 문제풀이 1회[222] ·· 136

산업위생관리기사 필기시험 문제풀이 2회[221] ·· 156

산업위생관리기사 필기시험 문제풀이 3회[213] ·· 175

산업위생관리기사 필기시험 문제풀이 4회[212] ·· 193

산업위생관리기사 필기시험 문제풀이 5회[211] ·· 213

산업위생관리기사 필기시험 문제풀이 6회[203] ·· 232

산업위생관리기사 필기시험 문제풀이 7회[202] ·· 252

산업위생관리기사 필기시험 문제풀이 8회[201] ·· 272

산업위생관리기사 필기시험 문제풀이 9회[193] ·· 293

산업위생관리기사 필기시험 문제풀이 10회[192] ·· 311

Contents

산업위생관리기사 필기시험 문제풀이 11회[191] ··· 329

산업위생관리기사 필기시험 문제풀이 12회[183] ··· 348

산업위생관리기사 필기시험 문제풀이 13회[182] ··· 370

산업위생관리기사 필기시험 문제풀이 14회[181] ··· 389

산업위생관리기사 필기시험 문제풀이 15회[173] ··· 408

산업위생관리기사 필기시험 문제풀이 16회[172] ··· 426

산업위생관리기사 필기시험 문제풀이 17회[171] ··· 445

산업위생관리기사 필기시험 CBT 문제풀이
(2024년 3회)

| 1 | 산업위생학개론

1. 다음 중 산업위생관리의 목적으로 가장 적합하지 않은 것은?

① 작업조건을 개선한다.
② 근로자의 작업능률을 향상시킨다.
③ 근로자의 건강을 유지 및 증진시킨다.
④ 유해한 작업환경으로 일어난 질병을 진단한다.

> **해설** 특수건강진단의 목적
> • 유해한 작업환경으로 일어난 질병을 진단
> • 유해인자의 종류에 따라 6~24개월 주기로 특수건강진단 실시

2. 온도가 15℃이고, 1기압인 작업장에 톨루엔이 200mg/m³으로 존재할 경우 이를 ppm으로 환산하면? (단, 톨루엔의 분자량은 92.13이다.)

① 53.1
② 51.2
③ 48.6
④ 11.3

> **해설** $\text{ppm} = 200\text{mg/m}^3 \times \dfrac{22.4 \times \dfrac{273+15}{273}}{92.13\text{g}}$
> $= 51.2\text{ppm}$

3. 미국에서 1910년 납(lead) 공장에 대한 조사를 시작으로 레이온 공장의 이황화탄소 중독, 구리광산에서 규폐증, 수은 광산에서의 수은 중독 등을 조사하여 미국의 산업보건 분야에 크게 공헌한 선구자는?

① Leonard Hill
② Max Von Pettenkofer
③ Edward Chadwick
④ Alice Hamilton

> **해설** 여의사 엘리스 해밀턴(Alice Hamilton, 1869~1970)
> • 1910~1915년 개척적인 활동을 함
> • 20세기 초 미국에서 산업위생분야의 선구자 역할(미국 산업위생의 시작)을 함

4. 육체적 작업능력(PWC)이 15kcal/min인 어느 근로자가 1일 8시간 동안 물체를 운반하고 있다. 작업대사량(E_{task})이 6.5kcal/min, 휴식 시의 대사량(E_{rest})이 1.5kcal/min일 때, 매 시간당 휴식시간과 작업시간의 배분으로 맞는 것은? (단, Hertig의 공식을 이용한다.)

① 12분 휴식, 48분 작업
② 18분 휴식, 42분 작업
③ 24분 휴식, 36분 작업
④ 30분 휴식, 30분 작업

> **해설** 적정 휴식시간
> $$T_{rest}(\%) = \left[\frac{PWC의 \frac{1}{3} - 작업대사량}{휴식대사량 - 작업대사량} \right] \times 100$$
> $$= \left[\frac{15 \times 1/3 - 6.5}{1.5 - 6.5} \right] \times 100 = 30\%$$
> ∴ 휴식시간 $= 60\text{min} \times 0.3 = 18\text{min}$
> 작업시간 $= (60 - 18)\text{min} = 42\text{min}$

해답 1. ④ 2. ② 3. ④ 4. ②

5. 우리나라 산업위생 역사와 관련된 내용 중 맞는 것은?
   ① 문송면-납 중독 사건
   ② 원진레이온-이황화탄소 중독 사건
   ③ 근로복지공단-작업환경측정기관에 대한 정도관리제도 도입
   ④ 보건복지부-산업안전보건법·시행령·시행규칙의 제정 및 공포

   <글상자>해설</글상자>
   • 문송면-형광등 제조업체 수은 중독 사건
   • 고용노동부-작업환경측정기관에 대한 정도관리제도 제정
   • 고용노동부-산업안전보건법·시행령·시행 규칙의 제정 및 공포

6. NIOSH에서 제시한 권장무게한계가 6kg이고, 근로자가 실제 작업하는 중량물의 무게가 12kg일 경우 중량물 취급지수(LI)는?
   ① 0.5   ② 1.0
   ③ 2.0   ④ 6.0

   <글상자>해설</글상자> 중량물 취급지수(LI, Lifting Index) 또는 중량물 들기지수
   $$\therefore \frac{\text{물체 무게(kg)}}{\text{RWL(kg)}} = \frac{12kg}{6kg} = 2.0$$

7. NIOSH의 들기 작업에 대한 평가방법은 여러 작업요인에 근거하여 가장 안전하게 취급할 수 있는 권고기준(RWL, Recommended Weight Limit)을 계산한다. RWL의 계산과정에서 각각의 변수들에 대한 설명으로 틀린 것은?
   ① 중량물 상수(Load Constant)는 변하지 않는 상수값으로 항상 23kg을 기준으로 한다.
   ② 운반 거리값(Distance Multiplier)은 최초의 위치에서 최종 운반위치까지의 수직이동거리(cm)를 의미한다.
   ③ 허리 비틀림 각도(Asymmetric Multiplier)는 물건을 들어올릴 때 허리의 비틀림 각도(Asymmetric Multiplier)를 측정하여 1-0.32×A에 대입한다.

   ④ 수평 위치값(Horizontal Multiplier)은 몸의 수직선상의 중심에서 물체를 잡는 손의 중앙까지의 수평거리(H, cm)를 측정하여 25/H로 구한다.

   <글상자>해설</글상자> 비대칭 계수(AM, Asymmetric Multiplier)는 1-(0.0032A)에 대입한다.

8. 온도 25℃, 1기압하에서 분당 100mL씩 60분 동안 채취한 공기 중에서 벤젠이 3mg 검출되었다면 이때 검출된 벤젠은 약 몇 ppm인가? (단, 벤젠의 분자량은 78이다.)
   ① 11   ② 15.7
   ③ 111   ④ 157

   <글상자>해설</글상자> 벤젠의 농도(ppm)
   단위환산 100mL = 0.1l, 1m³ = 1,000mL
   $$\text{농도(mg/m}^3) = \frac{3mg}{0.1L/min \times 60min \times 1m^3/1,000mL}$$
   $$= 500mg/m^3$$
   $$\therefore \text{ppm으로 환산한 농도} = 500mg/m^3 \times \frac{24.45}{78}$$
   $$= 157ppm$$

9. 다음 중 직업성 피부질환에 관한 내용으로 틀린 것은?
   ① 작업환경 내 유해인자에 노출되어 피부 및 부속기관에 병변이 발생되거나 악화되는 질환을 직업성 피부질환이라 한다.
   ② 피부종양은 발암물질과 피부의 직접 접촉뿐만 아니라 다른 경로를 통한 전신적인 흡수에 의하여도 발생될 수 있다.
   ③ 미국의 경우 피부질환의 발생빈도가 낮아 사회적 손실을 적게 추정하고 있다.
   ④ 직업성 피부질환의 간접적 요인으로 인종, 아토피, 피부질환 등이 있다.

   <글상자>해설</글상자> 타 질환에 비하여 작업성 피부질환의 발생빈도가 월등히 높은 것이 특징이다.

<글상자>해답</글상자> 5. ② 6. ③ 7. ③ 8. ④ 9. ③

10. 작업 시작 및 종료 시 호흡의 산소소비량에 대한 설명으로 옳지 않은 것은?

① 산소소비량은 작업부하가 계속 증가하면 일정한 비율로 계속 증가한다.

② 작업이 끝난 후에도 맥박과 호흡수가 작업개시 수준으로 즉시 돌아오지 않고 서서히 감소한다.

③ 작업부하 수준이 최대 산소소비량 수준보다 높아지게 되면, 젖산의 제거속도가 생성속도에 못 미치게 된다.

④ 작업이 끝난 후에 남아 있는 젖산을 제거하기 위해서는 산소가 더 필요하며, 이때 동원되는 산소소비량을 산소부채(oxygen debt)라 한다.

해설 산소소비량은 작업부하가 계속 증가하면 일정한 비율로 증가하나 일정 한계를 넘으면 산소 소비량은 증가하지 않는다.

11. 다음 중 인간공학에서 고려해야 할 인간의 특성과 가장 거리가 먼 것은?

① 감각과 지각

② 운동력과 근력

③ 감정과 생산능력

④ 기술, 집단에 대한 적응능력

해설 ESK 대한인간공학회
인간의 신체적(운동과 근력, 신체의 크기 등), 인지적(감각과 지각), 감성적, 사회문화적 특성(기술, 집단에 대한 적응능력)을 고려하여 제품, 작업, 환경을 설계함으로써 편리함, 효율성, 안전성, 만족도를 향상시키고자 하는 응용학문이다. 영어로는 'ergonomics' 또는 'human factors'라고 한다.

12. 다음 중 L_5/S_1 디스크에 얼마 정도의 압력이 초과되면 대부분의 근로자에게 장해가 나타내는가?

① 3,400N ② 4,400N

③ 5,400N ④ 6,400N

해설 6,400N 압력부하 시 대부분 근로자의 L_5/S_1의 디스크가 견딜 수 없으며, 3,400N의 압력부하 시 대부분의 근로자들은 L_5/S_1의 디스크가 견딜 수 있다.

13. ACGIH TLV 적용 시 주의사항으로 틀린 것은?

① 경험 있는 산업위생가가 적용해야 함

② 독성강도를 비교할 수 있는 지표가 아님

③ 안전과 위험농도를 구분하는 일반적 경계선으로 적용해야 함

④ 정상작업시간을 초과한 노출에 대한 독성평가에는 적용할 수 없음

해설 ACGIH 허용농도(TLV) 적용상 주의사항
• 안전농도와 위험농도를 정확히 구분하는 경계선이 아니다.
• 독성의 강도를 비교할 수 있는 지표가 아니다.
• 대기오염평가 및 지표(관리)에 사용할 수 없다.
• 피부로 흡수되는 양은 고려하지 않은 기준이다.
• 24시간 노출 또는 정상작업시간을 초과한 노출에 대한 독성 평가에는 적용할 수 없다.
• 기존의 질병이나 신체적 조건을 판단(증명 또는 반증 자료)하기 위한 척도로 사용될 수 없다.
• 작업조건이 다른 나라에서 ACGIH-TLV를 그대로 사용할 수 없다.
• 반드시 산업보건(위생)전문가에 의하여 설명(해석), 적용되어야 한다.
• 산업장의 유해조건을 평가하기 위한 지침이며, 건강장애를 예방하기 위한 지침이다.

14. 사무실 등 실내 환경의 공기 질 개선에 관한 설명으로 틀린 것은?

① 실내 오염원을 감소한다.

② 방출되는 물질이 없거나 매우 낮은(기준에 적합한) 건축자재를 사용한다.

③ 실외 공기의 상태와 상관없이 창문 개폐 횟수를 증가시켜 실외 공기의 유입을 통한 환기 개선이 될 수 있도록 한다.

④ 단기적 방법은 베이크 아웃(bake-out)으로 새 건물에 입주하기 전에 보일러 등으로 실내를 가열하여 각종 유해물질이 빨리 나오도록 한 후 이를 충분히 환기시킨다.

해설 실외 공기의 상태에 따라 창문 개폐 횟수를 증가시켜 실외 공기의 유입을 통한 환기 개선이 될 수 있도록 한다.

해답 10. ① 11. ③ 12. ④ 13. ③ 14. ③

15. 디아세톤(TLV=500ppm) 200ppm과 톨루엔 (TLV=50ppm) 35ppm이 각각 노출되어 있는 실내 작업장에서 노출기준의 초과 여부를 평가한 결과로 맞는 것은? (단, 두 물질 간에 유해성이 인체의 서로 다른 부위에 작용한다는 증거가 없는 것으로 간주한다.)

① 노출지수가 약 0.72이므로 노출기준 미만이다.

② 노출지수가 약 0.72이므로 노출기준을 초과하였다.

③ 노출지수가 약 1.1이므로 노출기준 미만이다.

④ 노출지수가 약 1.1이므로 노출기준을 초과하였다.

해설 $EI = \dfrac{200}{500} + \dfrac{35}{50} = 1.1$

∴ 기준 1과 비교 시 노출기준 초과

16. 「산업안전보건법」상 보건관리자의 자격과 선임제도에 관한 설명으로 틀린 것은?

① 상시 근로자 50인 이상 사업장은 보건관리자의 자격기준에 해당하는 자 중 1인 이상을 보건관리자로 선임하여야 한다.

② 보건관리대행은 보건관리자의 직무를 보건관리를 전문으로 행하는 외부기관에 위탁하여 수행하는 제도로 1990년부터 법적 근거를 갖고 시행되고 있다.

③ 작업환경상에 유해요인이 상존하는 제조업은 근로자의 수가 2,000명을 초과하는 경우에 의사인 보건관리자 1인을 포함하는 3인의 보건관리자를 선임하여야 한다.

④ 보건관리자 자격기준은 「의료법」에 의한 의사 또는 간호사, 「산업안전보건법」에 의한 산업위생지도사, 「국가기술자격법」에 의한 산업위생관리산업기사 또는 환경관리산업기사(대기분야에 한함) 이상이다.

해설 「산업안전보건법」상 상시 근로자의 수가 3,000명 이상인 경우에 의사 또는 간호사 1인을 포함하는 2인의 보건관리자를 선임하여야 한다.

17. 「산업안전보건법령」상 보건관리자의 업무가 아닌 것은? (단, 그 밖에 작업관리 및 작업환경관리에 관한 사항은 제외한다.)

① 물질안전보건자료의 게시 또는 비치에 관한 보좌 및 지도·조언

② 보건교육계획의 수립 및 보건교육 실시에 관한 보좌 및 지도·조언

③ 안전인증대상기계 등 보건과 관련된 보호구의 점검, 지도, 유지에 관한 보좌 및 지도·조언

④ 전체 환기장치 등에 관한 설비의 점검과 작업방법의 공학적 개선에 관한 보좌 및 지도·조언

해설 「산업안전보건법 시행령」 제22조(보건관리자의 업무 등)

① 보건관리자의 업무는 다음 각 호와 같다.

1. 산업안전보건위원회 또는 노사협의체에서 심의·의결한 업무와 안전보건관리규정 및 취업규칙에서 정한 업무

2. 안전인증대상기계등과 자율안전확인대상기계등 중 보건과 관련된 보호구(保護具) 구입 시 적격품 선정에 관한 보좌 및 지도·조언

3. 법 제36조에 따른 위험성평가에 관한 보좌 및 지도·조언

4. 법 제110조에 따라 작성된 물질안전보건자료의 게시 또는 비치에 관한 보좌 및 지도·조언

5. 제31조 제1항에 따른 산업보건의의 직무(보건관리자가 별표 6 제2호에 해당하는 사람인 경우로 한정한다)

6. 해당 사업장 보건교육계획의 수립 및 보건교육 실시에 관한 보좌 및 지도·조언

7. 해당 사업장의 근로자를 보호하기 위한 다음 각 목의 조치에 해당하는 의료행위(보건관리자가 별표 6 제2호 또는 제3호에 해당하는 경우로 한정한다)

　가. 자주 발생하는 가벼운 부상에 대한 치료

　나. 응급처치가 필요한 사람에 대한 처치

　다. 부상·질병의 악화를 방지하기 위한 처치

　라. 건강진단 결과 발견된 질병자의 요양 지도 및 관리

　마. 가목부터 라목까지의 의료행위에 따르는 의약품의 투여

8. 작업장 내에서 사용되는 전체 환기장치 및 국소 배기장치 등에 관한 설비의 점검과 작업방법의 공학적 개선에 관한 보좌 및 지도·조언

9. 사업장 순회점검, 지도 및 조치 건의

10. 산업재해 발생의 원인 조사·분석 및 재발 방지를 위한 기술적 보좌 및 지도·조언

해답 15. ④ 16. ③ 17. ③

11. 산업재해에 관한 통계의 유지·관리·분석을 위한 보좌 및 지도·조언
12. 법 또는 법에 따른 명령으로 정한 보건에 관한 사항의 이행에 관한 보좌 및 지도·조언
13. 업무 수행 내용의 기록·유지
14. 그 밖에 보건과 관련된 작업관리 및 작업환경관리에 관한 사항으로서 고용노동부장관이 정하는 사항

18. 화학물질 및 물리적인자의 노출기준에서 발암성 정보 물질 중 "사람에게 충분한 발암성 증거가 있는 물질"에 대한 표기방법으로 옳은 것은?

① 1　　　　　　　　② 1A
③ 2A　　　　　　　④ 2B

해설　발암성 정보물질의 표기(화학물질 및 물리적 인자의 노출기준)
• 1A: 사람에게 충분한 발암성 증거가 있는 물질
• 1B: 시험동물에서 발암성 증거가 충분히 있거나, 시험동물과 사람 모두에게 제한된 발암성 증거가 있는 물질
• 2: 사람이나 동물에서 제한된 증거가 있지만 구분 1로 분류하기에는 증거가 충분하지 않은 물질

19. 50명의 근로자가 근무하는 사업장에서 1년 동안 6명의 부상자가 발생하였고 총 휴업일수가 219일이라면 근로손실일수와 강도율은 각각 얼마가 되겠는가? (단, 연간근로시간수는 120,000시간이다.)

① 근로손실일수: 180일, 강도율: 1.5일
② 근로손실일수: 190일, 강도율: 1.5일
③ 근로손실일수: 180일, 강도율: 2.5일
④ 근로손실일수: 190일, 강도율: 2.5일

해설

㉠ 근로손실일수 $= 219 \times \dfrac{300}{365} = 180$일

㉡ 강도율 $= \dfrac{\text{근로손실일수}}{\text{연근로시간수}} \times 10^3$

$\qquad = \dfrac{180}{120,000} \times 10^3 = 1.5$

20. 어떤 사업장에서 1,000명의 근로자가 1년 동안 작업하던 중 재해가 40건 발생하였다면 도수율은 얼마인가?

① 12.3　　　　　　② 16.7
③ 24.4　　　　　　④ 33.4

해설　도수율(빈도율)
1,000,000근로시간당 요양재해발생 건수를 의미한다.
∴ 도수율(빈도율)
$= $ 요양재해건수/연근로시간수$\times 1,000,000$
$= 40/(1,000 \times 2,400) \times 1,000,000$
$= 16.7$

|2| 작업위생측정 및 평가

21. 1N-HCl(F=1,000) 500mL를 만들기 위해 필요한 진한 염산의 부피(mL)는? (단, 진한 염산의 물성은 비중 1.18, 함량 35%이다.)

① 약 18　　　　　　② 약 36
③ 약 44　　　　　　④ 약 66

해설　HCl의 당량수(equivalent)=1eq/mol이므로, 또는 HCl은 1가산이므로 1NHCl 용액=1MHCl 용액이다.
1MHCl 용액 500mL 제조에 필요한 35% 염산 시약의 부피를 계산하면,
몰농도$\times$부피(L)$\times$몰질량 / 순도 / 밀도
$= (1) \times (0.5) \times (36.5) / (35/100) / (1.18)$
$= 44$mL

22. NaOH 2g을 용해시켜 조제한 1,000mL의 용액을 0.1N-HCl 용액으로 중화 적정 시 소용되는 HCl 용액의 용량은? (단, 나트륨 원자량: 23)

① 1,000mL　　　　② 800mL
③ 600mL　　　　　④ 500mL

해설　NaOH의 분자량은 (Na ; 23, O ; 16, H ; 1) 40g이므로 2g의 NaOH는 2g$\times$1mol / 40g = 0.5mol, 즉 OH$^-$가 0.05mol이 있다.
0.05mol HCl을 포함하는 0.1M HCl 용액의 부피를 계산하면,
∴ 0.05mol / (0.1mol/L) = 0.5L = 500mL

23. 다음 중 활성탄에 흡착된 유기화합물을 탈착하는 데 가장 많이 사용하는 용매는?

해답　18. ②　19. ①　20. ②　21. ③　22. ④　23. ②

① 톨루엔　　　　② 이황화탄소

③ 클로로포름　　④ 메틸클로로포름

해설 이황화탄소
- 독성이 강하여 사용 시 각별한 주의를 요한다.
- 탈착효율이 좋아 시료채취 시 가장 많이 사용한다.
- 화재위험이 있다.

24. 일정한 부피조건에서 압력과 온도가 비례한다는 표준 가스에 대한 법칙은?

① 보일의 법칙　　　② 샤를의 법칙

③ 게이-루삭의 법칙　④ 라울트의 법칙

해설 기체 반응의 법칙(Law of Gaseous Reaction) 또는 게이-루삭의 법칙(Gay-Lussac's law)은 기체 사이의 화학반응에서, 같은 온도와 같은 압력에서 그 부피를 측정했을 때 반응하는 기체와 생성되는 기체 사이에는 간단한 정수비가 성립한다는 법칙이다.

25. 먼지의 한쪽 끝 가장자리와 다른 쪽 끝 가장자리 사이의 거리로 과대평가될 가능성이 있는 입자성 물질의 직경은?

① 마틴직경　　　② 페렛직경

③ 공기역학직경　④ 등면적직경

해설 입자상 물질의 기하학적(물리적) 직경
- 마틴직경: 먼지의 면적을 2등분하는 선의 길이(방향은 항상 일정), 과소평가될 수 있음
- 페렛직경: 먼지의 한쪽 끝 가장자리와 다른 쪽 가장자리 사이의 거리, 과대평가될 수 있음
- 등면적직경: 먼지면적과 동일면적 원의 직경으로 가장 정확. 현미경 접안경에 porton reticle을 삽입하여 측정

26. 태양광선이 내리쬐지 않는 옥외 장소의 습구흑구온도지수(WBGT)를 산출하는 식은?

① WBGT=0.7×자연습구온도 + 0.3×흑구온도

② WBGT=0.3×자연습구온도 + 0.7×흑구온도

③ WBGT=0.3×자연습구온도 + 0.7×건구온도

④ WBGT=0.7×자연습구온도 + 0.3×건구온도

해설 습구흑구온도지수(WBGT)
- 옥외(태양광선이 내리쬐는 장소)
  WBGT=0.7NWB+0.2GT+0.1DT
- 옥내 또는 옥외(태양광선이 내리쬐지 않는 장소)

WBGT=0.7NWB+0.3GT

여기서, NWB: 자연습구온도, GT: 흑구온도, DT: 건구온도

27. 습구온도 측정에 관한 설명으로 옳지 않은 것은? (단, 고용노동부 고시 기준)

① 아스만통풍건습계는 눈금 가격이 0.5°인 것을 사용한다.

② 아스만통풍건습계의 측정시간은 25분 이상이다.

③ 자연습구온도계의 측정시간은 5분 이상이다.

④ 습구흑구온도계의 측정시간은 15분 이상이다.

해설 고열 측정구분에 의한 측정기기와 측정시간
- 측정기기: 습구온도 0.5도 간격의 눈금이 있는 아스만 통풍건습계, 자연습구온도를 측정할 수 있는 기기 또는 이와 동등 이상의 성능이 있는 측정기기
- 측정시간: 아스만 통풍건습계(25분 이상), 자연습구온도계(5분 이상)

28. 활성탄관에 대한 설명으로 틀린 것은?

① 흡착관은 길이 7cm, 외경 6mm인 것을 주로 사용한다.

② 흡입구 방향으로 가장 앞쪽에는 유리섬유가 장착되어 있다.

③ 활성탄 입자는 크기가 20~40mesh인 것을 선별하여 사용한다.

④ 앞층과 뒷층을 우레탄 폼으로 구분하며 뒷층이 100mg으로 앞층보다 2배 정도 많다.

해설 항상 뒷층이 앞층보다 1/2 적어야 한다.

29. 실리카겔관이 활성탄관에 비하여 가지고 있는 장점과 가장 거리가 먼 것은?

① 극성물질을 채취한 경우 물, 메탄올 등 다양한 용매로 쉽게 탈착된다.

② 추출액이 화학분석이나 가기분석에 방해물질로 작용하는 경우가 많지 않다.

③ 매우 유독한 이황화탄소를 탈착 용매로 사용하지 않는다.

해답 24. ③　25. ②　26. ①　27. ④　28. ④　29. ④

④ 수분을 잘 흡수하여 습도에 대한 민감도가 높다.

> **해설** ④는 실리카겔관의 단점에 대한 설명이다.

30. 음파 중 둘 또는 그 이상의 음파의 구조적 간섭에 의해 시간적으로 일정하게 음압의 최고와 최저가 반복되는 패턴의 파는?

① 발산파
② 구면파
③ 정재파
④ 평면파

> **해설** 정재파의 형태
> ㉠ 정재파의 합성(생성)
> • 진폭 크기는 같고 진행방향이 반대인 두 파(입사파, 반사파)의 합
> • 진동수, 진폭, 위상각은 같으나, 진행방향이 반대인 두 파의 합성, 즉 주파수, 진폭이 같은 동일 형태의 파동이 서로 반대 방향으로, 같은 속도로 진행하며, 중첩되는 경우에 발생된다.
> ㉡ 정재파의 모양
> 반파장 단위로 인접 최대진폭값과 최소진폭값이 놓인다.

31. 소음측정 시 단위작업장소에서 소음발생시간이 6시간 이내인 경우나 소음발생원에서의 발생시간이 간헐적인 경우의 측정시간 및 횟수 기준으로 옳은 것은? (단, 고용노동부 고시 기준)

① 발생시간 동안 연속 측정하거나 등간격으로 나누어 2회 이상 측정하여야 한다.
② 발생시간 동안 연속 측정하거나 등간격으로 나누어 4회 이상 측정하여야 한다.
③ 발생시간 동안 연속 측정하거나 등간격으로 나누어 6회 이상 측정하여야 한다.
④ 발생시간 동안 연속 측정하거나 등간격으로 나누어 8회 이상 측정하여야 한다.

> **해설** 고용노동부 고시 소음측정방법
> • 단위작업장소에서 소음수준은 규정된 측정위치 및 지점에서 1일 작업시간 동안 6시간 이상 연속 측정하거나 작업시간을 1시간 간격으로 나누어 6회 이상 측정하여야 한다. 다만, 소음의 발생 특성이 연속음으로서 측정치가 변동이 없다고 자격자 또는 지정측정기관이 판단한 경우에는 1시간 동안을 등간격으로 나누어 3회 이상 측정할 수 있다.
> • 단위작업장소에서의 소음발생시간이 6시간 이내인 경우나 소음발생원에서의 발생시간이 간헐적인 경우에는 발생시간 동안 연속 측정하거나 등간격으로 나누어 4회 이상 측정하여야 한다.

32. 입자상 물질의 여과 원리와 가장 거리가 먼 것은?

① 차단
② 확산
③ 흡착
④ 관성충돌

> **해설** 여과 포집 원리(6가지)
> 직접차단(간섭), 관성충돌, 확산, 중력침강, 정전기 침강, 체질
> • 관성충돌: 시료 기체를 충돌판에 뿜어 붙여 관성력에 의하여 입자를 침착시킨다.
> • 체질: 시료를 체에 담아 입자의 크기에 따라 체눈을 통하는 것과 통하지 않는 것으로 나누는 조작을 의미한다.
> • 흡착은 가스상 물질을 포집할 때 흡착의 원리로 채취한다.

33. 1% Sodium bisulfite의 흡수액 20mL를 취한 유리제품의 미드젯임핀저를 고속시료포집 펌프에 연결하여 공기시료 0.480m³를 포집하였다. 가시광선흡광광도계를 사용하여 시료를 실험실에서 분석한 값이 표준검량선의 외삽법에 의하여 50μg/mL가 지시되었다. 표준상태에서 시료포집기간 동안의 공기 중 포름알데히드 증기의 농도(ppm)는? (단, 포름알데히드 분자량은 30g/mol이다.)

① 1.7
② 2.5
③ 3.4
④ 4.8

> **해설** 공기 중 포름알데히드 증기의 농도(ppm)
> $$농도(mg/m^3) = \frac{시료\ 무게 \times 흡수액의\ 부피(mL)}{공시료\ 부피(m^3)}$$
> $$= \frac{50\mu g/mL \times 20mL}{0.480m^3} = 2,083.33\mu g/m^3$$
> $\mu g/m^3$를 mg/m^3로 단위환산하면,
> $2,083.33/1,000 = 2.083333mg/m^3$
> ppm으로 단위환산하면,
> $$\therefore\ ppm = mg/m^3 \times \frac{24.45}{분자량}$$
> $$= 2.0833mg/m^3 \times \frac{24.45}{30} = 1.7ppm$$

해답 30. ③ 31. ② 32. ③ 33. ①

34. 0.4W 출력의 작은 점음원에서 10m 떨어진 곳의 음압수준은 약 몇 dB인가? (단, 공기의 밀도는 1.18kg/m³이고, 공기에서 음속은 344.4m/sec이다.)

① 80   ② 85

③ 90   ④ 95

해설 음압수준(dB)

$SPL = PWL - 20\log r - 11$

$PWL = 10\log\left(\dfrac{W}{W_0}\right)$

여기서, W_0(기준파워): 10^{-12}(W)

$\therefore SPL = 10\log\left(\dfrac{0.4}{10^{-12}}\right) - 20\log 10 - 11$

$\qquad\quad = 85\text{dB}$

35. 태양광선이 내리쬐지 않는 옥외 작업장에서 온도를 측정한 결과, 건구온도는 30℃, 자연습구온도는 30℃, 흑구온도는 34℃였을 때 습구흑구온도지수(WBGT)는 약 몇 ℃인가? (단, 고용노동부 고시를 기준으로 한다.)

① 30.4   ② 30.8

③ 31.2   ④ 31.6

해설 옥내 또는 옥외(태양광선이 내리쬐지 않는 장소)

WBGT = 0.7NWB + 0.3GT

여기서, NWB: 자연습구온도

        GT: 흑구온도,

        DT: 건구온도

$\therefore$ WBGT = 0.7 × 30 + 0.3 × 34 = 31.2

36. 검지관 사용 시 장단점으로 가장 거리가 먼 것은?

① 숙련된 산업위생전문가가 아니더라도 어느 정도만 숙지하면 사용할 수 있다.

② 민감도가 낮아 비교적 고농도에 적용이 가능하다.

③ 특이도가 낮아 다른 방해물질의 영향을 받기 쉽다.

④ 측정대상물질의 동정 없이 측정이 용이하다.

해설 검지관 사용 시 장단점

- 미리 측정대상 물질을 정확히 알고 있어야 측정이 가능하다.
- 한 검지관으로 단일물질만 측정 가능하여 각 오염물질에 맞는 검지관을 선정함에 따른 불편함이 있다.

37. 작업환경 중 분진의 측정 농도가 대수정규분포를 할 때, 측정 자료의 대표치에 해당되는 용어는?

① 기하평균치   ② 산술평균치

③ 최빈치   ④ 중앙치

해설 기하평균(GM)

- 산업위생 분야에서는 작업환경 측정 결과가 대수정규분포를 취하는 경우 대푯값으로서 기하평균을, 산포도로서 기하표준편차를 널리 사용한다.
- 모든 자료를 대수로 변환하여 평균 후 평균한 값을 역대수 취한 값 또는 N개의 측정치 X_1, X_2, $\cdots$, X_n이 있을 때 이들 수의 곱의 N 제곱근의 값이다.
- 계산식

$$\log(GM) = \frac{\log X_1 + \log X_2 + \cdots + \log X_n}{N}$$

38. 측정값이 1, 7, 5, 3, 9일 때, 변이계수는 약 몇 %인가?

① 13   ② 63

③ 133   ④ 183

해설 변이계수(CV%, coefficient of variation)

변동계수(=변이계수) 표준편차를 평균으로 나눈 값이다.

변이계수$(CV\%) = \dfrac{\text{표준편차}}{\text{산술평균}} \times 100$

산술평균 $= \dfrac{X_1 + X_2 + \cdots + X_n}{N}$

$\qquad\quad = \dfrac{1+7+5+3+9}{5} = 5\text{ppm}$

$SD(\text{표준편차}) = \left[\dfrac{\displaystyle\sum_{i=1}^{N}(X_i - \overline{X})^2}{N-1}\right]^{0.5}$

$= \left[\dfrac{\begin{array}{l}(1-5)^2 + (7-5)^2 + (5-5)^2 + (3-5)^2 \\ + (9-5)^2\end{array}}{5-1}\right]^{0.5}$

$= 3.16$

$\therefore$ 변이계수$(CV\%) = \dfrac{3.16}{5\text{ppm}} \times 100 = 63\%$

39. 작업환경 측정 시 유량, 측정시간, 회수율, 분석 등에 의한 오차가 각각 20%, 15%, 10%, 5%일 때 누적오차는?

① 약 29.5% ② 약 27.4%

③ 약 25.8% ④ 약 23.3%

해설 누적오차(%) $= \sqrt{20^2 + 15^2 + 10^2 + 5^2} = 27.4\%$

40. 화학공장 작업장 내의 먼지 농도를 측정하였더니 5, 6, 5, 6, 6, 6, 4, 8, 9, 8ppm일 때, 측정치의 기하평균은 약 몇 ppm인가?

① 5.13 ② 5.83

③ 6.13 ④ 6.83

해설 기하평균

$$\log(GM) = \frac{\log X_1 + \log X_2 + \cdots + \log X_n}{N}$$

$$= \frac{\begin{array}{c}\log 5 + \log 6 + \log 5 + \log 6 + \log 6 \\ + \log 6 + \log 4 + \log 8 + \log 9 + \log 8\end{array}}{10}$$

$$= 0.7873$$

$$\therefore GM = 10^{0.7873} = 6.13\text{ppm}$$

|3| 작업환경관리대책

41. 화재 및 폭발 방지 목적으로 전체환기시설을 설치할 때, 필요환기량 계산에 필요 없는 것은?

① 안전계수

② 유해물질의 분자량

③ TLV(Threshold Limit Value)

④ LEL(Lower Explosive Limit)

해설 화재 및 폭발 방지 전체환기시설의 필요환기량

$$Q(\text{m}^3/\text{min}) = \frac{24.1 \times S \times W \times C}{MW \times \leq L \times B} \times 10^2$$

여기서, S: 물질의 비중

W: 인화물질의 사용량

C: 안전계수

MW: 유해물질의 분자량

$\leq L$: 폭발농도 하한치

B: 온도에 따른 보정상수

42. 전체환기시설을 설치하기 위한 기본원칙으로 가장 거리가 먼 것은?

① 오염물질 사용량을 조사하여 필요환기량을 계산한다.

② 공기배출구와 근로자의 작업위치 사이에 오염원이 위치해야 한다.

③ 오염물질 배출구는 가능한 한 오염원으로부터 가까운 곳에 설치하여 점환기 효과를 얻는다.

④ 오염원 주위에 다른 작업공정이 있으면 공기 공급량을 배출량보다 크게 하여 양압을 형성시킨다.

해설 오염원 주위에 다른 작업공정이 존재하면 공기배출량을 공급량보다 약간 크게 하여 음압을 형성하여 주위 근로자에게 오염물질이 확산되지 않도록 하고 반대로 주위에 다른 작업공정이 없으면 청정공기의 공급량을 배출량보다 약간 크게 한다.

43. 국소배기장치를 설계하고 현장에서 효율적으로 적용하기 위해서는 적절한 제어속도가 필요하다. 이때 제어속도의 의미로 가장 적절한 것은?

① 공기정화기의 내부 공기의 속도

② 발생원에서 배출되는 오염물질의 발생 속도

③ 발생원에서 오염물질의 자유공간으로 확산되는 속도

④ 오염물질을 후드 안쪽으로 흡인하기 위하여 필요한 최소한의 속도

해설 제어속도
오염물질을 후드 안쪽으로 흡인하기 위하여 필요한 최소한의 속도

44. 덕트의 속도압이 35mmH₂O, 후드의 압력 손실이 15mmH₂O일 때, 후드의 유입계수는 약 얼마인가?

① 0.54 ② 0.68

③ 0.75 ④ 0.84

해설 후드의 유입계수 $= \Delta P = F_h \times VP$,

$$15 = F_h \times 35, \quad F_h = 0.43$$

후드의 유입손실계수$(F_h) = \dfrac{1}{Ce^2} - 1$

$\therefore$ 후두의 유입계수$(Ce) = \sqrt{\dfrac{1}{1+F_h}} = \sqrt{\dfrac{1}{1+0.43}}$

$\qquad = 0.84$

45. 작업장에서 Methyl Ethyl Ketone을 시간당 1.5 리터 사용할 경우 작업장의 필요환기량(m³/min)은? (단, MEK의 비중은 0.805, TLV는 200ppm, 분자량은 72.1이고, 안전계수 K는 7로 하며 1기압, 21℃ 기준임)

① 약 235　　　　② 약 465

③ 약 565　　　　④ 약 695

(해설) 작업시간당 필요환기량(m³/hr)

$= \dfrac{24.1 \times \text{비중} \times \text{유해물질의 시간당 사용량} \times K \times 10^6}{\text{분자량} \times \text{유해물질의 노출기준}}$

$= \dfrac{24.1 \times 0.805 \times 1.5\text{L/hr} \times 7 \times 10^6}{72.1 \times 200\text{ppm}} = 14126.58\text{m}^3/\text{hr}$

$\therefore$ 분(min)으로 환산하면,

$\dfrac{14125.58\text{m}^3/\text{hr}}{60} = 235.44\text{m}^3/\text{min}$

46. 작업대 위에서 용접을 할 때 흄을 포집 제거하기 위해 작업면에 고정된 플렌지가 붙은 외부식 장방형 후드를 설치했다. 개구면에서 포촉점까지의 거리는 0.25m, 제어속도는 0.5m/s, 후드 개구면적이 0.5m²일 때 소요 송풍량은?

① 약 0.14m³/s　　　② 약 0.28m³/s

③ 약 0.36m³/s　　　④ 약 0.42m³/s

(해설)

Q = 60×0.5V(10X²+A)

　 = 60×0.5×0.5(10×0.252+0.5)

　 = 16.88m³/min = 0.28m³/sec

여기서, Q: 유량(m³/min), V: 제어속도(m/sec)

　　　　A: 면적(m²), X: 제어길이(m)

47. 덕트 합류 시 댐퍼를 이용한 균형 유지방법의 장점이 아닌 것은?

① 시설 설치 후 변경에 유연하게 대처 가능

② 설치 후 부적당한 배기유량 조절가능

③ 임의로 유량을 조절하기 어려움

④ 설계 계산이 상대적으로 간단함

(해설) 저항조절평형법(댐퍼조절평형법, 덕트균형 유지법) 임의의 유량을 조절하기 용이하기 때문에 덕트의 크기를 바꿀 필요가 없어 반송속도를 그대로 유지한다.

※ 임의로 유량을 조절하기 쉬워 댐퍼를 이용한 균형 유지방법이 장점이다.

48. 다음 중 전체환기를 적용할 수 있는 상황과 가장 거리가 먼 것은?

① 유해물질의 독성이 높은 경우

② 작업장 특성상 국소배기장치의 설치가 불가능한 경우

③ 동일 사업장에 다수의 오염발생원이 분산되어 있는 경우

④ 오염발생원이 근로자가 작업하는 장소로부터 멀리 떨어져 있는 경우

(해설) 유해물질의 독성이 높은 경우는 국소환기(배기)를 하여야 한다.

49. 후드의 정압이 12.00mmH₂O이고 덕트의 속도압이 0.80mmH₂O일 때, 유입계수는 얼마인가?

① 0.129　　　　② 0.194

③ 0.258　　　　④ 0.387

(해설) $SP_h = VP(1+F)$

$F = \dfrac{SF_h}{VP} - 1 = \dfrac{12}{0.8} - 1 = 14$

$C_e = \sqrt{\dfrac{1}{1+F}} = \sqrt{\dfrac{1}{1+14}} = 0.258$

50. 후드의 유입계수가 0.86일 때 압력 손실계수는?

① 약 0.25　　　　② 약 0.35

③ 약 0.45　　　　④ 약 0.55

(해설) 후드의 압력손실계수(F)

$F = \dfrac{1}{Ce^2} - 1 = \dfrac{1}{0.86^2} - 1 = 0.35$

해답 45. ①　46. ②　47. ③　48. ①　49. ③　50. ②

51. 지름이 100cm인 원형 후드 입구로부터 200cm 떨어진 지점에 오염물질이 있다. 제어풍속이 3m/s일 때, 후드의 필요환기량(m^3/s)은? (단, 자유공간에 위치하며 플랜지는 없다.)

① 143   ② 122
③ 103   ④ 83

해설 후드의 필요환기량(m^3/s)

$$Q = V_c(10X^2 + A)$$
$$= 3m/sec \times 10 \times 2^2 + \left(\frac{3.14 \times 1^2}{4}\right)m^2$$
$$= 122m^2/sec$$

52. 작업장에서 Methyl alcohol(비중=0.792, 분자량=32.04, 허용농도=200ppm)을 시간당 2L 사용하고 안전계수가 6, 실내온도가 20℃일 때 필요환기량(m^3/min)은 약 얼마인가?

① 400   ② 600
③ 800   ④ 1,000

해설 필요환기량(m^3/min)
- 사용량(g/hr) $= 2L/hr \times 0.792g/mL \times 1,000mL/L$
  $$= 1,584g/hr$$
- 발생률($G : L/hr$) $32.04g : 22.4L \times \frac{273+20}{273}$
  $$= 1,584g/hr : G(L/hr)$$
  $$G(L/hr) = \frac{\left(22.4L \times \frac{273+20}{273}\right) \times 1,587g/hr}{32.04g}$$
  $$= 1,188.545L/hr$$
∴ 필요환기량(Q)
$$Q = \frac{G}{TLV} \times K = \frac{1,188.545L/hr \times 1,000mL/L}{200mL/m^3} \times 6$$
$$= 35,656.35m^3/hr \times hr/60min (약 600m^3/min)$$

53. Stokes 침강법칙에서 침강속도에 대한 설명으로 옳지 않은 것은? (단, 자유공간에서 구형의 분진 입자를 고려한다.)

① 기체와 분진입자의 밀도 차에 반비례한다.
② 중력 가속도에 비례한다.
③ 기체의 점도에 반비례한다.
④ 분진입자 직경의 제곱에 비례한다.

해설 스토크스 법칙에 따르면 침강속도는 퇴적물의 밀도가 클수록, 유체의 밀도가 작을수록, 퇴적물의 입경이 클수록, 유체의 점성도가 작을수록 커지게 된다.

54. 국소배기장치를 반드시 설치해야 하는 경우와 가장 거리가 먼 것은?

① 법적으로 국소배기장치를 설치해야 하는 경우
② 근로자의 작업위치가 유해물질 발생원에 근접해 있는 경우
③ 발생원이 주로 이동하는 경우
④ 유해물질의 발생량이 많은 경우

해설 발생원이 주로 이동하는 경우는 전체환기를 고려해야 한다.

55. 작업환경 개선의 기본원칙인 대치의 방법과 가장 거리가 먼 것은?

① 장소의 변경   ② 시설의 변경
③ 공정의 변경   ④ 물질의 변경

해설 작업환경 개선(대치방법)
- 공정의 변경(납을 저속으로 깎아낸다. 금속을 톱으로 자른다. 페인트 스프레이 작업을 전기흡착법으로 한다.)
- 시설의 변경(가연성 물질을 철재통에 저장하지 않는다. 정전기나 마찰에 의한 스파크를 방지하여 화재발생 예방)
- 유해물질의 변경(보온재로 석면 대신 유리섬유를 사용, 성냥 제조지 황린 대신 적린 사용 등)

56. 작업장에서 작업공구와 재료 등에 적용할 수 있는 진동대책과 가장 거리가 먼 것은?

① 진동공구의 무게는 10kg 이상 초과하지 않도록 만들어야 한다.
② 강철로 코일용수철을 만들면 설계를 자유롭게 할 수 있으나 oil damper 등의 저항요소가 필요할 수 있다.
③ 방진고무를 사용하면 공진 시 진폭이 지나치게 커지지 않지만 내구성, 내약품성이 문제가 될 수 있다.
④ 코르크는 정확하게 설계할 수 있고 고유진동

해답 51. ②   52. ②   53. ①   54. ③   55. ①   56. ④

수가 20Hz 이상이므로 진동 방지에 유용하게 사용할 수 있다.

해설 **코르크의 특징**
- 재질이 균일하지 않으므로 정확한 설계가 곤란하다.
- 처짐을 크게 할 수 없으며 고유 진동수가 10Hz 전후밖에 되지 않아 진동 방지라기보다는 강체 간 고체음의 전파 방지에 유익한 방진 재료이다.

57. 방진마스크에 대한 설명으로 가장 거리가 먼 것은?

① 방진마스크는 인체에 유해한 분진, 연무, 흄, 미스트, 스프레이 입자를 작업자가 흡입하지 않도록 하는 보호구이다.
② 방진마스크의 종류에는 격리식과 직결식, 면체여과식이 있다.
③ 방진마스크의 필터에는 활성탄과 실리카겔이 주로 사용된다.
④ 비휘발성 입자에 대한 보호만 가능하며, 가스 및 증기로부터의 보호는 안 된다.

해설 방독마스크의 정화통에 주로 사용되는 흡착제는 활성탄과 실리카겔이다.

58. 산소가 결핍된 밀폐공간에서 작업하려고 한다. 다음 중 가장 적합한 호흡용 보호구는?

① 방진마스크   ② 방독마스크
③ 송기마스크   ④ 면체 여과식 마스크

해설 산소 농도가 18% 이하인 장소에서는 방진마스크, 방독마스크, 면체 여과식 마스크의 사용을 금지하고 송기마스크를 사용해야 한다.

59. 차음보호구에 대한 다음의 설명 중에서 알맞지 않은 것은?

① Ear plug는 외청도가 이상이 없는 경우에만 사용이 가능하다.
② Ear plug의 차음효과는 일반적으로 Ear muff 보다 좋고, 개인차가 적다.
③ Ear muff는 일반적으로 저음의 차음효과는 20dB, 고음역의 차음효과는 45dB 이상을 갖는다.

④ Ear muff는 Ear plug에 비하여 고온 작업장에서 착용하기가 어렵다.

해설 ②는 귀마개와 귀덮개를 반대로 설명한 것이다.

60. 금속을 가공하는 음압수준이 98dB(A)인 공정에서 NRR이 17인 귀마개를 착용한다면 차음효과는? (단, OSHA에서 차음효과를 예측하는 방법을 적용)

① 2dB(A)   ② 3dB(A)
③ 5dB(A)   ④ 7dB(A)

해설 차음효과 $= (NRR - 7) \times 0.5 = (17 - 7) \times 0.5$
$= 5dB(A)$

|4| 물리적 유해인자관리

61. 흑구온도 32℃, 건구온도 27℃, 자연습구온도 30℃인 실내작업장의 습구흑구온도지수는?

① 33.3℃   ② 32.6℃
③ 31.3℃   ④ 30.6℃

해설 **습구흑구온도지수(WBGT)**
- 옥외(태양광선이 내리쬐는 장소)
  WBGT=0.7NWB+0.2GT+0.1DT
- 옥내 또는 옥외(태양광선이 내리쬐지 않는 장소)
  WBGT=0.7NWB+0.3GT
여기서, NWB: 자연습구온도, GT: 흑구온도, DT: 건구온도
∴ WBGT=0.7×30+0.3×32=30.6

62. 옥내의 작업장소에서 습구흑구온도를 측정한 결과 자연습구온도가 28℃, 흑구온도는 30℃, 건구온도는 25℃를 나타내었다. 이때 습구흑구온도지수(WBGT)는 약 얼마인가?

① 31.5℃   ② 29.4℃
③ 28.6℃   ④ 28.1℃

해설 **습구흑구온도지수(WBGT)**
- 옥외(태양광선이 내리쬐는 장소)

해답 **57.** ① **58.** ③ **59.** ② **60.** ③ **61.** ④ **62.** ③

$$WBGT = 0.7NWB + 0.2GT + 0.1DT$$
- 옥내 또는 옥외(태양광선이 내리쬐지 않는 장소)
$$WBGT = 0.7NWB + 0.3GT$$
여기서, NWB: 자연습구온도, GT: 흑구온도, DT: 건구온도
$\therefore WBGT = 0.7 \times 28℃ + 0.3 \times 30℃ = 28.6℃$

63. 실내에서 박스를 들고 나르는 작업(300kcal/h)을 하고 있다. 온도가 다음과 같을 때 시간당 작업시간과 휴식시간의 비율로 가장 적절한 것은?

- 자연습구온도: 30℃
- 흑구온도: 31℃
- 건구온도: 28℃

① 5분 작업, 55분 휴식
② 15분 작업, 45분 휴식
③ 30분 작업, 30분 휴식
④ 45분 작업, 15분 휴식

해설 WBGT(실내, 옥내)=0.7×NWT+0.3×GT
=(0.7×30℃)+(0.3×31℃)
=30.3℃
고열작업장 노출기준 표를 참고하면 15분 작업, 45분 휴식이다.

고온의 노출기준 (단위: ℃, WBGT)

작업강도 작업대 휴식시간비	경작업	중등작업	중작업
계속작업	30.0	26.7	25.0
매시간 75%작업, 25%휴식	30.6	28.0	25.9
매시간 50%작업, 50%휴식	31.4	29.4	27.9
매시간 25%작업, 75%휴식	32.2	31.1	30.0

1. 경작업: 200kcal까지의 열량이 소요되는 작업을 말하며, 앉아서 또는 서서 기계의 조정을 하기 위하여 손 또는 팔을 가볍게 쓰는 일 등을 뜻함
2. 중등작업: 시간당 200~350kcal의 열량이 소요되는 작업을 말하며, 물체를 들거나 밀면서 걸어다니는 일 등을 뜻함
3. 중작업: 시간당 350~500kcal의 열량이 소요되는 작업을 말하며, 곡괭이질 또는 삽질하는 일 등을 뜻함

64. 질소마취 증상과 가장 연관이 많은 작업은?

① 잠수작업
② 용접작업
③ 냉동작업
④ 금속제조작업

해설 잠함병
고압환경에서 체내에 과다하게 용해되었던 질소가 압력이 낮아질 때 과포화 상태로 되어 혈액과 조직에 질소 기포를 형성하여 혈액순환을 방해하거나 주위 조직에 영향을 주어 다양한 증상을 일으킨다. 특히 4기압 이상에서 공기 중의 질소가스는 마취작용을 나타낸다.

65. 산소결핍이 진행되면서 생체에 나타나는 영향을 순서대로 나열한 것은?

㉠ 가벼운 어지러움
㉡ 사망
㉢ 대뇌피질의 기능 저하
㉣ 중추성 기능장애

① ㉠ → ㉢ → ㉣ → ㉡
② ㉠ → ㉣ → ㉢ → ㉡
③ ㉢ → ㉣ → ㉠ → ㉡
④ ㉢ → ㉣ → ㉠ → ㉡

해설 산소결핍이 진행되면서 생체에 나타나는 영향을 순서대로 나열하면, 가벼운 어지러움 → 대뇌피질의 기능 저하 → 중추성 기능장애 → 사망 순이다.

66. 다음 중 압력이 가장 높은 것은?

① 2atm
② 760mmHg
③ 14.7psi
④ 101,325Pa

해설 2atm은 2기압으로 1,520mmHg이다.

67. 다음 중 이상기압의 인체작용으로 2차적인 가압현상과 가장 거리가 먼 것은? (단, 화학적 장해를 말한다.)

① 질소 마취
② 산소 중독
③ 이산화탄소의 중독
④ 일산화탄소의 작용

해설 이상기압의 인체작용으로 인한 2차적인 가압현상
- 질소가스의 마취작용
- 산소 중독
- 이산화탄소 중독

68. 우리나라의 경우 누적소음노출량 측정기로 소음을 측정할 때 변환율(exchange rate)을 5dB로 설정하였다. 만약 소음에 노출되는 시간이 1일 2시간일 때 「산업안전보건법」에서 정하는 소음

해답 63. ② 64. ① 65. ① 66. ① 67. ④ 68. ④

의 노출기준은 얼마인가?

① 80dB(A)   ② 85dB(A)
③ 95dB(A)   ④ 100dB(A)

해설 「산업안전보건법」상 "강렬한 소음작업"이란 다음 각목의 어느 하나에 해당하는 작업을 말한다.
가. 90데시벨 이상의 소음이 1일 8시간 이상 발생하는 작업
나. 95데시벨 이상의 소음이 1일 4시간 이상 발생하는 작업
다. 100데시벨 이상의 소음이 1일 2시간 이상 발생하는 작업
라. 105데시벨 이상의 소음이 1일 1시간 이상 발생하는 작업
마. 110데시벨 이상의 소음이 1일 30분 이상 발생하는 작업
바. 115데시벨 이상의 소음이 1일 15분 이상 발생하는 작업

69. 진동 발생원에 대한 대책으로 가장 적극적인 방법은?

① 발생원의 격리   ② 보호구 착용
③ 발생원의 제거   ④ 발생원의 재배치

해설 진동작업장의 환경관리 대책이나 근로자의 건강 보호를 위한 조치
• 발진원과 작업자의 거리를 가능한 한 멀리한다.(발생원 격리)
• 작업자의 적정 체온을 유지시키는 것이 바람직하다.
• 절연패드의 재질로는 코르크, 펠트(felt), 유리섬유 등이 많이 쓰인다.(방진재료)
• 진동공구의 무게는 10kg을 넘지 않게 하며 방진장갑(glove) 사용을 권장한다.(보호구 착용)
• 평형이 맞지 않는 기계기구는 평형력의 균형을 맞춘다(발생원 재배치).
• 기초중량을 부가 및 경감시킨다.

70. 다음 중 사람의 청각에 대한 반응에 가깝게 음을 측정하여 나타낼 때 사용하는 단위는?

① dB(A)
② PWL(Sound Power Level)
③ SPL(Sound Pressure Level)
④ SIL(Sound Intensity Level)

해설 소음의 종류
• dB(A): 40phon 곡선 기준, 음압 레벨이나 소음 레벨 측정에 사용
• dB(B): 70phon 곡선 기준, 중간 정도의 소음 측정, 잘 사용되지 않음
• dB(C): 100phon 곡선 기준, 주파수 분석 시 평탄한 특성의 대용으로 사용
• dB(D): 1~10kHz 범위 기준, 항공기 소음을 측정할 시 사용

71. 10시간 동안 측정한 소음노출량이 300%일 때 등가음압레벨(Leq)은 얼마인가?

① 94.2   ② 96.3
③ 97.4   ④ 98.6

해설 등가음압레벨(Leq)
$$SPL = 16.61\log\left[\frac{D(\%)}{12.5\,T}\right] + 90$$
$$= 16.61\log\left[\frac{300}{12.5 \times 10}\right] + 90$$
$$= 96.3\text{dB(A)}$$

72. 다음 중 국소진동으로 인한 장해를 예방하기 위한 작업자에 대한 대책으로 가장 적절하지 않은 것은?

① 작업자는 공구의 손잡이를 세게 잡고 있어야 한다.
② 14℃ 이하의 옥외작업에서는 보온대책이 필요하다.
③ 가능한 한 공구를 기계적으로 지지(支持)해 주어야 한다.
④ 진동공구를 사용하는 작업은 1일 2시간을 초과하지 말아야 한다.

해설 작업공구를 세게 잡고 있으면 인체에 진동이 더 잘 전달되어 진동으로 인한 피해를 입게 된다.

73. 다음 중 레이노드 현상(Raynaud Phenomenon)과 관련된 용어와 가장 관련이 적은 것은 무엇인가?

① 혈액순환장애   ② 국소진동
③ 방사선   ④ 저온환경

해설 레이노드 증후군(현상)
• 저온환경: 손발이 추위에 노출되거나 심한 감정적 변화가 있을 때, 손가락이나 발가락의 끝 일부가 하얗게 또는 파랗게 변하는 것을 "레이노 현상", "레이노드 증후군"이라고 부른다.
• 혈액순환장애: 창백해지는 것은 혈관이 갑자기 오그라들면서 혈액 공급이 일시적으로 중단되기 때문이다.
• 국소진동: 압축공기를 이용한 진동공구, 즉 착암기 또는 해

해답 69. ③ 70. ① 71. ② 72. ① 73. ③

머와 같은 공구를 장기간 사용한 근로자들의 손가락에 유발되기 쉬운 직업병이다.

74. 70dB(A)의 소음을 발생하는 두 개의 기계가 동시에 소음을 발생시킨다면 얼마 정도가 되겠는가?

① 73dB(A)　　　　② 76dB(A)
③ 80dB(A)　　　　④ 140dB(A)

소음의 음압수준(SPL)

$$SPL = 10\log(10^{\frac{SPL_1}{10}} + 10^{\frac{SPL_2}{10}})$$
$$= 10\log(10^{\frac{70}{10}} + 10^{\frac{70}{10}}) = 73dB(A)$$

75. 빛의 단위 중 광도(luminance)의 단위에 해당하지 않은 것은?

① nit　　　　　　② Lambert
③ cd/m²　　　　　④ umen/m²

• nit: SI 단위, 니트(nit, 약자 nt, 1nt=1cd/m²)라는 이름으로도 불리며 컴퓨터 디스플레이의 휘도를 나타내는 데 종종 쓰인다. 광도를 나타내는 SI 단위 칸델라와 면적의 SI 단위 제곱미터에 기초하여 정의한다.
• Lambert: 휘도의 SI단위이며 평방 피트당 1루멘으로 측정되는 밝기
• cd/m²: 휘도의 SI 단위이며 화면의 밝기를 나타내는 단위
• umen/m²: 단위 없음
• 루멘(lumen)은 광선속을 나타내는 SI 단위다. 여기서 광선속은 쉽게 말해, "광원이 내보내는 빛의 양" 정도라 할 수 있다.

76. 사무실 책상면(1.4m²)의 수직으로 광원이 있으며 광도가 100cd(모든 방향으로 일정하다)이다. 이 광원에 대한 책상에서의 조도(intensity of illumination, Lux)는 약 얼마인가?

① 410　　　　　　② 444
③ 510　　　　　　④ 544

조도(lux) = candle/(거리)² = 1,000/1.4² = 510lux

77. 자외선으로부터 눈을 보호하기 위한 차광보호구를 선정하고자 하는데 차광도가 큰 것이 없어 두 개를 겹쳐서 사용하였다. 각각의 보호구의 차광도가 6과 3이었다면 두 개를 겹쳐서 사용한 경우의 차광도는?

① 6　　　　　　　② 8
③ 9　　　　　　　④ 18

　차광도 = $(N_1 + N_2) - 1 = (6+3) - 1 = 8$

78. 다음 방사선의 단위 중 1Gy에 해당되는 것은?

① 102erg/g　　　　② 0.1Ci
③ 1,000rem　　　　④ 100rad

　Gy(Gray)
• 흡수선량의 단위이다.
• 1Gy = 100rad = 1J/kg

79. 빛과 밝기에 관한 설명으로 틀린 것은?

① 광도의 단위로는 칸델라(candela)를 사용한다.
② 광원으로부터 한 방향으로 나오는 빛의 세기를 광속이라 한다.
③ 루멘(lumen)은 1촉광의 광원으로부터 단위입체각으로 나가는 광속의 단위이다.
④ 조도는 어떤 면에 들어오는 광속의 양에 비례하고, 입사면의 단면적에 반비례한다.

　빛과 밝기
• 루멘(Lumen): 1촉광의 광원으로부터 한 단위입체각으로 나가는 광속의 단위
• 촉광: 지름이 1인치인 촛불이 수평방향으로 비칠 때 빛의 광 강도를 나타내는 단위
• 풋캔들(Foot-candle): 1루멘의 빛이 1ft²의 평면상에 수직으로 비칠 때 그 평면의 빛의 밝기
• 칸델라(candela, 기호: cd): 광도의 SI 단위이며 점광원에서 특정 방향으로 방출되는 빛의 단위입체각당 광속을 의미한다. 보통의 양초가 방출하는 광도는 1칸델라이다. 칸델라(candela)는 양초(candle)의 라틴어이다.

80. 다음 중 덕트 내 공기의 압력을 측정할 때 사용하는 장비로 가장 적절한 것은?

① 피토관
② 타코메타
③ 열선유속계
④ 회전날개형 유속계

해설 피토관은 덕트 내 정압, 동압, 속도압을 측정할 때 사용할 수 있다.

|5| 산업독성학

81. 인체에 미치는 영향에 있어서 석면(asbestos)은 유리규산(free silica)과 거의 비슷하지만 구별되는 특징이 있다. 석면에 의한 특징적 질병 혹은 증상은?

① 폐기종
② 악성중피종
③ 호흡곤란
④ 가슴의 통증

해설 석면은 석면폐증, 폐암, 악성중피종을 발생시키며, 「산업안전보건법」에 의거 1급 발암물질로 구분되어 있다.

82. 공기역학적 직경(aerodynamic diameter)에 대한 설명과 가장 거리가 먼 것은?

① 역학적 특성, 즉 침강속도 또는 종단속도에 의해 측정되는 먼지의 크기이다.
② 직경분립충돌기(cascade impactor)를 이용해 입자의 크기 및 형태 등을 분리한다.
③ 대상 입자와 같은 침강속도를 가지며 밀도가 1인 가상적인 구형의 직경으로 환산한 것이다.
④ 마틴 직경, 페렛 직경 및 등면적 직경(projected area diameter)의 세 가지로 나누어진다.

해설 마틴 직경, 페렛 직경 및 등면적 직경(projected area diameter)의 세 가지로 나누어지며 기하학적(물리적) 직경이다.

83. 다음 중 채석장 및 모래 분사 작업장 작업자들이 석영을 과도하게 흡입하여 발생하는 질병은?

① 규폐증
② 탄폐증
③ 면폐증
④ 석면폐증

해설 규폐증
석영 또는 유리규산을 포함한 분진(모래 등)을 흡입함으로써 발생하며 진폐증 중 가장 먼저 알려졌고 또 가장 많이 발생하는 대표적 진폐. 금광, 규산분의 많은 동광, 규석 취급장 등에서 자주 발생한다.

84. 가스상 물질의 호흡기계 축적을 결정하는 가장 중요한 인자는?

① 물질의 농도차
② 물질의 입자분포
③ 물질의 발생기전
④ 물질의 수용성 정도

해설 유해물질의 흡수속도는 그 유해물질의 공기 중 농도와 용해도에 의해서 결정되며, 폐까지 도달하는 양은 그 유해물질의 용해도에 의해서 결정된다. 따라서 가스상 물질의 호흡기계 축적을 결정하는 가장 중요한 인자는 물질의 수용성 정도이다.

85. 근로자가 1일 작업시간 동안 잠시라도 노출되어서는 아니 되는 기준을 나타내는 것은?

① TLV-C
② TLV-STEL
③ TLV-TWA
④ TLV-skin

해설 허용기준(농도)
• TLV-TWA: 1일 8시간 작업을 기준으로 유해요인의 측정농도에 발생시간을 곱하여 8시간으로 나눈 농도로서 TWA라 하며, 다음 식에 의해 산출한다.

$$TWA = (C_1T_1 + C_2T_2 + \cdots + C_nT_n) / 8$$

• TLV-STEL: 근로자가 1회에 15분간 유해요인에 노출되는 경우 허용농도로서 이 농도 이하에서 1회 노출시간이 1시간 이상인 경우 1일 작업시간 동안 4회까지 노출이 허용될 수 있는 단시간 노출한계를 뜻한다.
• TLV-C: 근로자가 1일 작업시간 동안 잠시라도 노출되어서는 안 되는 최고허용농도를 뜻하며 허용농도앞에 "C"를 표기한다.
• TLV-skin: 허용기준에 Skin(피부)표시 물질은 피부로 흡수되어 전체노출량에 기여할 수 있다는 의미이다.

해답 80. ① 81. ② 82. ④ 83. ① 84. ④ 85. ①

86. 사염화탄소에 관한 설명으로 옳지 않은 것은?

① 생식기에 대한 독성작용이 특히 심하다.

② 고농도에 노출되면 중추신경계 장애 외에 간장과 신장장애를 유발한다.

③ 신장장애 증상으로 감뇨, 혈뇨 등이 발생하며, 완전 무뇨증이 되면 사망할 수도 있다.

④ 초기 증상으로는 지속적인 두통, 구역 또는 구토, 복부선 통과 설사, 간압통 등이 나타난다.

해설 사염화탄소(CCL4) 건강장해
- 신장장애의 증상으로 감뇨, 혈뇨 등이 발생하며 완전 무뇨증이 되면 사망한다.
- 초기 증상으로 지속적인 두통, 구역 또는 구토, 복부선통, 설사, 간압통 등이 있다.
- 피부, 가장, 신장, 소화기, 신경계에 장애를 일으키는데 특히 간에 대한 독성작용이 강하게 나타난다. 즉, 간에 중요한 장애인 중심소엽성 괴사를 일으킨다.
- 고통도 폭로 시 중추신경계와 간장이나 신장에 장애를 일으킨다.

87. 다음 중 이황화탄소(CS₂)에 관한 설명으로 틀린 것은?

① 감각 및 운동신경에 장애를 유발한다.

② 생물학적 노출지표는 소변 중의 삼염화에탄올 검사방법을 적용한다.

③ 휘발성이 강한 액체로서 인조견, 셀로판 및 사염화탄소의 생산과 수지와 고무제품의 용제에 이용된다.

④ 고혈압의 유병률과 콜레스테롤치의 상승빈도가 증가되어 뇌, 심장 및 신장의 동맥 경화성 질환을 초래한다.

해설 방향족 탄화수소물 중 조혈 장애를 유발하는 물질은 벤젠이다.

88. 다음 중 "Cholinesterase" 효소를 억압하여 신경증상을 나타내는 것은?

① 중금속화합물   ② 유기인제

③ 파라쿼트   ④ 비소화합물

해설 유기인제 독작용 기전 및 독성
유기인제는 체내에서 콜린에스테라제(Cholinesterase) 효소와 결합하여 그 효소의 활성을 억제하여 신경말단부에 지속

적으로 과다한 아세틸콜린의 축적을 일으킨다. 이러한 작용은 유기인제 자체에 의하여 직접적으로 일어나는 경우와 유기인제가 체내에서 대사되어 생성되는 대사산물에 의하여 일어나는 경우가 있다. 유기인제의 독성은 각종 유기인제에 따라, 동물개체의 감수성에 따라 그리고 암·수에 따라 크게 달라질 수 있다.

89. 다핵방향족 탄화수소(PAHs)에 대한 설명으로 옳지 않은 것은?

① 벤젠고리가 2개 이상이다.

② 대사가 활발한 다핵 고리화합물로 되어 있으며 수용성이다.

③ 시토크롬(cytochrome) P-450의 준개체단에 의하여 대사된다.

④ 철강 제조업에서 석탄을 건류할 때나 아스팔트를 콜타르 피치로 포장할 때 발생된다.

해설 다환방향족 탄화수소(PAHs)
다환방향족 탄화수소란 2가지 이상의 방향족 고리가 융합된 유기화합물을 말한다. 실온에서 PAHs는 고체상태이며, 이 부류 화합물은 비점과 융점이 높으나 증기압이 낮고, 분자량 증가에 따라 극히 낮은 수용해도를 나타내는 것이 일반적인 성질이다. PAHs는 여러 유기용매에 용해되며, 친유성이 높다.

90. 무기성 납으로 인한 중독 시 원활한 체내 배출을 위해 사용하는 배설촉진제는?

① -BAL   ② Ca-EDTA

③ -ALAD   ④ 코프로포르피린

해설 납 중독 시 체내에 축적된 납을 배설하기 위한 촉진제는 Ca-EDTA이다.

91. 합금, 도금 및 전지 등의 제조에 사용되며, 알레르기 반응, 폐암 및 비강암을 유발할 수 있는 중금속은?

① 비소   ② 니켈

③ 베릴륨   ④ 안티몬

해설 니켈의 건강상 영향
- 황화니켈, 염화니켈은 소화기 증상들을 발생시킨다.
- 망상적혈구의 증가, 빌리루빈의 증가, 알부민 배출의 증가

가 나타난다.

- 접촉성 피부염 발생, 현기증, 권태감, 두통 등의 신경학적 증상도 나타나며, 자연유산, 폐암 사망률이 증가(발암성)한다.
- 니켈연무에 만성적으로 노출된 경우(황산니켈의 경우처럼) 만성비염, 부비동염, 비중격 천공 및 후각소실이 발생할 수 있다.
- 발생원 및 용도로는 스테인리스강 제조 시나 각종 주방기구, 건물 설비, 자동차 및 전자 부품, 화학공장설비, 특수 합금, 도금, 전지, 니크롬선(전열기), 모넬, 인코넬(화학공업에서 용기나 배관 등에 사용), 알니코(자석), 백동(Cupro-nickel 동전, 장식용), 니켈 도금에도 사용된다.

92. 다음 중 중금속에 의한 폐기능의 손상에 관한 설명으로 틀린 것은?

① 철폐증(siderosis)은 철분진 흡입에 의한 암 발생(A1)이며, 중피종과 관련이 없다.
② 화학적 폐렴은 베릴륨, 산화카드뮴, 에어로졸 노출에 의하여 발생하며 발열, 기침, 폐기종이 동반된다.
③ 금속열은 금속이 용융점 이상으로 가열될 때 형성되는 산화금속을 흄 형태로 흡입할 경우에 발생한다.
④ 6가 크롬은 폐암과 비강암 유발인자로 작용한다.

해설 철폐증(pulmonary siderosis)은 진폐증의 한 종류로 장기간 철분진을 흡입함으로써 폐 내에 축적되어 호흡기 증상과 함께 방사선 변화를 보이는 질환이다. 암 발생(A1)과는 관련이 없으나 중피종과 관련이 있다.

93. 급성중독으로 심한 신장장해로 과뇨증이 오며 더 진전되면 무뇨증을 일으켜 유독증으로 10일 안에 사망에 이르게 하는 물질은?

① 비소   ② 크롬
③ 벤젠   ④ 베릴륨

해설 중금속인 크롬은 콩팥에 출혈성 장애를 일으켜 소변에 피가 나오고 더 심해지면 소변이 나오지 않아 요독증으로 사망할 수도 있다.

94. 3가 및 6가 크롬의 인체 작용 및 독성에 관한 내용으로 옳지 않은 것은?

① 산업장의 노출의 관점에서 보면 3가 크롬이 6가 크롬보다 더 해롭다.
② 3가 크롬은 피부 흡수가 어려우나 6가 크롬은 쉽게 피부를 통과한다.
③ 세포막을 통과한 6가 크롬은 세포 내에서 수 분 내지 수 시간 만에 발암성을 가진 3가 형태로 환원된다.
④ 6가에서 3가로의 환원이 세포질에서 일어나면 독성이 적으나 DNA의 근위부에서 일어나면 강한 변이원성을 나타낸다.

해설 크롬의 건강상의 영향
- 일반적으로 Cr^{6+} 화합물이 Cr^{3+} 화합물보다 독성이 강하다.
- 크롬의 독성은 주로 Cr^{6+}에 기인하며, 간 및 신장장해, 내출혈, 호흡장해를 야기시킨다.
- 급성의 증상은 오심, 구토, 하리 등이다.
- 6가 크롬(크롬산)의 만성 및 아만성의 피부에의 노출은 접촉성 피부염, 피부궤양의 원인이 된다.
- 6가 크롬이 함유된 공기를 흡입한 크롬작업자에 대해서 조사한 결과 작업장 대기 중 6가 크롬 농도가 $0.1 \sim 5.6$ mg/m^3인 경우 비점막의 이상(비중격궤양)을 볼 수 있었다 (Bloomfield & Blum, 1928).
- 비중격의 궤양과 천공, 피부궤양은 크롬노동자에게서 가장 높게 볼 수 있는 것으로서 평균 발증기간은 2년이며, 23~61%에서 볼 수 있다고 한다. 피부궤양으로는 손이나 팔에 지름 2~5mm의 무통성 궤양이 발생하며 위축성 반점을 남긴다.

95. 적혈구의 산소운반 단백질을 무엇이라 하는가?

① 백혈구   ② 단구
③ 혈소판   ④ 헤모글로빈

해설 헤모글로빈(hemoglobin 또는 haemoglobin)
- 적혈구에서 철을 포함하는 붉은색 단백질로, 산소를 운반하는 역할을 한다.
- 산소 분압이 높은 폐에서는 산소와 잘 결합하고, 산소 분압이 낮은 체내에서는 결합하던 산소를 유리하는 성질이 있다.

96. 생물학적 모니터링은 노출에 대한 것과 영향에 대한 것으로 구분된다. 다음 중 노출에 대한 생물학적 모니터링에 해당하는 것은 무엇인가?

해답 92. ① 93. ② 94. ① 95. ④ 96. ①

① 일산화탄소-호기 중 일산화탄소

② 카드뮴-소변 중 저분자량 단백질

③ 납-적혈구 ZPP(zinc protoporphyrin)

④ 납-FEP(free erythrocytre protoporphyrin)

해설 생물학적 모니터링은 화학물질에 노출된 작업자의 생물학적 시료의 측정을 통하여 노출 정도나 건강위험을 평가한다.

• 카드뮴: 요에서 저분자량 단백질

• 납: 적혈구에서 ZPP

• 니트로벤젠: 혈액에서 메타헤모글로빈

97. 대사과정에 의해서 변화된 후에만 발암성을 나타내는 간접 발암원으로만 나열된 것은?

① benzo(a)pyrene, ethylbromide

② PAH, methyl nitrosourea

③ benzo(a)pyrene, dimethyl sulfate

④ nitrosamine, ethyl methanesulfonate

해설

• PAH는 벤젠고리가 2개 이상 연결된 것이다.

• PAH의 대사에 관여하는 효소는 시토크롬 P-448로 대사되는 중간산물이 발암성을 나타낸다.

• PAH는 배설을 쉽게 하기 위하여 수용성으로 대사된다.

• 다핵방향족탄화수소에는 나프탈렌, 벤조피렌, 알킬나프탈렌 등이 있다.

98. 직업성 피부질환에 영향을 주는 직접적인 요인에 해당되는 항목은?

① 연령　　　　　② 인종

③ 고온　　　　　④ 피부의 종류

해설 직업성 피부질환의 물리적 요인

고온, 저온, 마찰, 압박, 진동, 습도, 자외선, 방사선 등이 있으며, 열에 의한 것으로는 화상, 진균 등이 있다.

99. 소변 중 화학물질 A의 농도는 28mg/mL, 단위시간(분)당 배설되는 소변의 부피는 1.5mL/min, 혈장 중 화학물질 A의 농도가 0.2mg/mL라면 단위시간(분)당 화학물질 A의 제거율(mL/min)은 얼마인가?

① 120　　　　　② 180

③ 210　　　　　④ 250

해설 화학물질 제거율(mL/min)

$$= \frac{\text{소변 중 화학물질의 농도(mg/mL)} \times \text{단위시간당(min) 배설되는 소변의 부피(mL/min)}}{\text{혈장 중 화학물질 농도(mg/mL)}}$$

$$= \frac{28\text{mg/mL} \times 1.5\text{mL/min}}{0.2\text{mg/mL}} = 210\text{mL/min}$$

100. 화학물질의 투여에 의한 독성범위를 나타내는 안전역을 맞게 나타낸 것은? (단, LD는 치사량, TD는 중독량, ED는 유효량이다.)

① 안전역 = ED_1/TD_{99}

② 안전역 = TD_1/ED_{99}

③ 안전역 = ED_1/LD_{99}

④ 안전역 = LD_1/ED_{99}

해설 안전역

화학물질의 투여에 의한 독성범위를 의미한다.

$$\text{안전역} = \frac{TD_{50}}{ED_{50}} = \frac{\text{중독량}}{\text{유효량}} = \frac{LD_1}{ED_{99}}$$

|1| 산업위생학개론

1. 다음 중 산업위생전문가로서 근로자에 대한 책임과 가장 관계가 깊은 것은?

   ① 근로자의 건강보호가 산업위생전문가의 1차적인 책임이라는 것을 인식한다.
   ② 이해관계가 있는 상황에서는 고객의 입장에서 관련 자료를 제시한다.
   ③ 기업주에 대하여는 실현 가능한 개선점으로 선별하여 보고한다.
   ④ 적절하고도 확실한 사실을 근거로 전문적인 견해를 발표한다.

   해설 근로자에 대한 책임
   • 근로자의 건강보호가 산업위생전문가의 일차적 책임임을 인지한다.
   • 근로자와 기타 여러 사람의 건강과 안녕이 산업위생전문가의 판단에 좌우된다는 것을 깨달아야 한다.
   • 위험요인의 측정, 평가 및 관리에 있어서 외부의 영향력에 굴하지 않고 중립적(객관적)인 태도를 취한다.
   • 건강의 유해요인에 대한 정보(위험요소)와 필요한 예방조치에 대해 근로자와 상담(대화)한다.

2. 우리나라 산업위생 역사에서 중요한 원진레이온 공장에서의 집단적인 직업병 유발물질은 무엇인가?

   ① 수은   ② 디클로로메탄
   ③ 벤젠(Benzene)   ④ 이황화탄소(CS_2)

   해설 원진레이온(주)의 이황화탄소(CS_2) 중독 사건
   • 1991년에 중독을 발견하고 1998년에 집단적으로 발생하였다.
   • 레이온 생산 장비를 일본에서 중고제품을 수입하여 생산과정에서 발생하였고 한국에서 집단중독사건으로 문제화 이후 다시 중국으로 이전되었다.
   • 펄프를 이황화탄소와 적용시켜 비스코레이온을 만드는 공정에서 발생하였다.
   • 작업환경 측정 및 근로자 건강진단을 소홀히하여 예방에 실패한 대표적인 예이다.
   • 급성 고농도 노출 시 사망할 수 있고 1,000ppm 수준에서는 환상을 보는 등 정신이상을 유발한다.
   • 만성중독으로는 뇌경색증, 다발성 신경염, 협심증, 신부전증 등을 유발한다.

3. 산업위생활동 중 평가(evaluation)의 주요 과정에 대한 설명으로 옳지 않은 것은?

   ① 시료를 채취하고 분석한다.
   ② 예비조사의 목적과 범위를 결정한다.
   ③ 현장조사로 정량적인 유해인자의 양을 측정한다.
   ④ 바람직한 작업환경을 만드는 최정적인 활동이다.

   해설 산업위생활동 중 평가(evaluation)
   • 시료의 채취와 분석
   • 예비조사의 목적과 범위 결정
   • 노출 정도를 노출기준과 통계적 근거로 비교하여 판정

4. 작업대사율이 3인 강한 작업을 하는 근로자의 실동률(%)은?

   ① 50   ② 60
   ③ 70   ④ 80

   해답 1. ① 2. ④ 3. ④ 4. ③

5. 다음 중 직업성 질환을 판단할 때 참고하는 자료로 가장 거리가 먼 것은?

① 업무내용과 종사기간
② 기업의 산업재해 통계와 산재보험료
③ 작업환경과 취급하는 재료들의 유해성
④ 중독 등 해당 직업병의 특유한 증상과 임상소견의 유무

해설 직업병 판정 시 참고사항(고려사항)
• 발병 전의 신체적 이상 유무
• 과거의 질병 유무
• 유해물질의 폭로시점부터 발병 시까지의 시간 간격 및 증상경로
• 작업내용과 그 작업에 종사한 기간 또는 유해작업의 정도
• 작업환경, 취급원료, 중간체, 부산물 및 제품 자체의 유해성 유무 또는 공기 중 유해물질 농도

6. 육체적 작업능력(PWC)이 15kcal/min인 어느 근로자가 1일 8시간 동안 물체를 운반하고 있다. 작업대사량(E_{task})이 6.5kcal/min, 휴식 시의 대사량(E_{rest})이 1.5kcal/min일 때, 매 시간당 휴식시간과 작업시간의 배분으로 맞는 것은? (단, Hertig의 공식을 이용한다.)

① 12분 휴식, 48분 작업
② 18분 휴식, 42분 작업
③ 24분 휴식, 36분 작업
④ 30분 휴식, 30분 작업

해설 적정 휴식시간

$$T_{rest}(\%) = \left[\frac{PWC의 \frac{1}{3} - 작업대사량}{휴식대사량 - 작업대사량} \right] \times 100$$

$$= \left[\frac{15 \times \frac{1}{3} - 6.5}{1.5 - 6.5} \right] \times 100$$

$$= 30\%$$

∴ 휴식시간 = 60min × 0.3 = 18min
작업시간 = (60 - 18)min = 42min

7. 작업장에서 누적된 스트레스를 개인 차원에서 관리하는 방법에 대한 설명으로 틀린 것은?

① 신체검사를 통하여 스트레스성 질환을 평가한다.
② 자신의 한계와 문제의 징후를 인식하여 해결방안을 도출한다.
③ 규칙적인 운동을 삼가하고 흡연, 음주 등을 통해 스트레스를 관리한다.
④ 명상, 요가 등의 긴장 이완훈련을 통하여 생리적 휴식상태를 점검한다.

해설 규칙적인 운동은 근육긴장과 고조된 정신적 에너지는 경감시켜 주고, 자신감, 행복감을 높여 주며, 기억력을 향상시켜 줄 뿐만 아니라 생활의 활력을 얻고 생산성도 향상시킨다.

8. 산업피로에 대한 대책으로 옳은 것은?

① 커피, 홍차, 엽차 및 비타민 B_1은 피로 회복에 도움이 되므로 공급한다.
② 신체 리듬의 적응을 위하여 야간 근무는 연속으로 7일 이상 실시하도록 한다.
③ 움직이는 작업은 피로를 가중시키므로 될수록 정적인 작업으로 전환하도록 한다.
④ 피로한 후 장시간 휴식하는 것이 휴식시간을 여러 번으로 나누는 것보다 효과적이다.

해설 산업피로에 대한 올바른 해설
• 피로한 후 장시간 휴식하는 것보다 휴식시간을 여러 번으로 나누는 것이 더 효과적이다.
• 정적인 작업을 동적인 작업으로 전환하도록 한다.
• 신체 리듬의 적응을 위하여 야간 근무는 연속으로 7일 이상 실시하면 더욱 피로가 가중된다.

9. 화학물질 및 물리적 인자의 노출기준에 있어 2종 이상의 화학물질이 공기 중에 혼재하는 경우, 유해성이 인체의 서로 다른 조직에 영향을 미치는 근거가 없는 한, 유해물질들 간의 상호작용은 어떤 것으로 간주하는가?

해답 5. ② 6. ② 7. ③ 8. ① 9. ③

① 상승작용　　　　② 강화작용

③ 상가작용　　　　④ 길항작용

해설 상가작용(additive effect)
- 작업환경 중의 유해인자가 2종 이상 혼재하는 경우에 있어서 혼재하는 유해인자가 인체의 같은 부위에 작용함으로써 그 유해성이 가중되는 것을 말한다.
- 화학물질 및 물리적 인자의 노출기준에 있어 2종 이상의 화학물질이 공기 중에 혼재하는 경우에는 유해성이 인체의 서로 다른 조직에 영향을 미치는 근거가 없는 한 유해물질들 간의 상호작용을 나타낸다.
- 상대적 독성 수치로 표현하면 2+3=5, 여기서 수치는 독성의 크기를 의미한다.

10. 38세 된 남성근로자의 육체적 작업능력(PWC)은 15kcal/min이다. 이 근로자가 1일 8시간 동안 물체를 운반하고 있으며 이때의 작업대사량이 7kcal/min이고, 휴식 시 대사량이 1.2kcal/min일 경우 이 사람이 쉬지 않고 계속하여 일을 할 수 있는 최대 허용시간(Tend)은? (단, $\log T_{end}$=3.720−0.1949E이다.)

① 7분　　　　　② 98분

③ 227분　　　　④ 3063분

해설
$\log T_{end} = 3.720 - 0.1949E$
여기서 E: 작업대사량(kcal/min)
　　　　T_{end}: 허용작업시간(min)
$\log T_{end} = 3.720 - (0.1949 \times 7)$
　　　　$= 2.356$
$\therefore T_{end} = 10^{2.356} = 227\text{min}$

11. 다음 중 근골격계 질환의 특징으로 볼 수 없는 것은 무엇인가?

① 자각증상으로 시작된다.

② 손상의 정도를 측정하기 어렵다.

③ 관리의 목표는 질환의 최소화에 있다.

④ 환자의 발생이 집단적으로 발생하지 않는다.

해설 환자의 발생이 집단적으로 발생한다.

12. 근육운동의 에너지원 중 혐기성 대사의 에너지원에 해당되는 것은?

① 지방　　　　　② 포도당

③ 단백질　　　　④ 글리코겐

해설
- 혐기성 대사 에너지원: ATP(Adenosine triphosphate), CP(creatine phosphate), 글리코겐
　※ Creatine phosphate + ADP + H^+ ↔ creatine +ATP
- 호기성 대사 에너지원: 포도당, 단백질, 지방

13. 다음 중 실내 공기오염과 가장 관계가 적은 인체 내의 증상은?

① 광과민증(photosenseitization)

② 빌딩증후군(sick building syndrome)

③ 건물관련질병(building related disease)

④ 복합화합물질민감증(multiple chemical sensitivity)

해설 광과민증은 피부가 자외선 등 햇빛에 노출 시 민감하게 반응하는 증상을 말한다(여름에 많이 나타난다).

14. 사무실 공기관리지침에서 관리하고 있는 오염물질 중 포름알데히드(HCHO)에 대한 설명으로 바르지 않은 것은?

① 자극적인 냄새를 가지며, 메틸알데히드라고도 한다.

② 일반주택 및 공공건물에 많이 사용하는 건축자재와 섬유옷감이 그 발생원이 되고 있다.

③ 시료채취는 고체흡착관 또는 캐니스터로 수행한다.

④ 단「산업안전보건법」상 사람에게 충분한 발암성 증거가 있는 물질(1A)로 분류되어 있다.

해설 포름알데히드(HCHO: Formaldehyde)
- 강한 자극성 냄새를 가진 무색 투명한 기체로 수용성이 강하며, 살충, 살균제, 합성수지 원료 등으로 사용된다.
- 포름알데히드 37% 용액에 10~15%의 메탄올을 첨가한 것이 포르말린이다.
- 급성독성, 피부자극성, 발암성 등의 인체 유해성을 가지고 있어 국제암연구센터에서는 '발암우려 물질'로 분류하고 있으며「산업안전보건법」상에도 사람에게 충분한 발암성 증거가 있는 물질(1A)로 분류되어 있다.

해답 10. ③　11. ④　12. ④　13. ①　14. ③

- 일반주택 및 공공건물에 많이 사용하는 건축자재와 섬유옷감이 그 발생원이 되고 있다.

15. 「산업안전보건법령」상 밀폐공간작업으로 인한 건강장해의 예방에 있어 다음 각 용어의 정의로 옳지 않은 것은?

① "밀폐공간"이란 산소결핍, 유해가스로 인한 화재, 폭발 등의 위험이 있는 장소이다.
② "산소결핍"이란 공기 중의 산소 농도가 16% 미만인 상태를 말한다.
③ "적정한 공기"란 산소 농도의 범위가 18% 이상 23.5% 미만, 탄산가스 농도가 1.5% 미만, 황화수소의 농도가 10ppm 미만인 수준의 공기를 말한다.
④ "유해가스"란 탄산가스·일산화탄소·황화수소 등의 기체로서 인체에 유해한 영향을 미치는 물질을 말한다.

해설 산소결핍이란 공기 중의 산소 농도가 18% 미만인 상태를 말한다.

16. 「산업안전보건법령」상 보건관리자의 업무가 아닌 것은? (단, 그 밖에 작업관리 및 작업환경관리에 관한 사항은 제외한다.)

① 물질안전보건자료의 게시 또는 비치에 관한 보좌 및 지도·조언
② 보건교육계획의 수립 및 보건교육 실시에 관한 보좌 및 지도·조언
③ 안전인증대상기계 등 보건과 관련된 보호구의 점검, 지도, 유지에 관한 보좌 및 지도·조언
④ 전체 환기장치 등에 관한 설비의 점검과 작업방법의 공학적 개선에 관한 보좌 및 지도·조언

해설 「산업안전보건법 시행령」 제22조(보건관리자의 업무 등)
- 안전인증대상기계등과 자율안전확인대상기계등 중 보건과 관련된 보호구(保護具) 구입 시 적격품 선정에 관한 보좌 및 지도·조언

17. 보건관리자가 보건관리업무에 지장이 없는 범위 내에서 다른 업무를 겸할 수 있는 사업장은 상시

근로자 몇 명 미만에서 가능한가?

① 100명
② 200명
③ 300명
④ 500명

해설 300명 미만 사업장에서는 보건관리자가 보건관리 업무에 지장이 없는 범위 내에서 다른 업무를 겸할 수 있다.

18. 다음 중 ACGIH에서 권고하는 TLV-TWA(시간 가중 평균치)에 대한 근로자 노출의 상한치와 노출가능시간의 연결로 옳은 것은?

① TLV-TWA의 3배: 30분 이하
② TLV-TWA의 3배: 60분 이하
③ TLV-TWA의 5배: 5분 이하
④ TLV-TWA의 5배: 15분 이하

해설 허용농도 상한치(excursion li mits)
- 단시간허용노출기준(TLV-STEL)이 설정되어 있지 않은 물질에 대하여 적용한다.
- 시간가중평균치(TLV-TWA)의 3배는 30분 이상을 초과할 수 없다.
- 시간가중평균치(TLV-TWA)의 5배는 잠시라도 노출되어서는 안 된다.
- 시간가중평균치(TLV-TWA)를 초과되어서는 아니 된다.

19. 근로시간 1,000시간당 발생한 재해에 의하여 손실된 총 근로 손실일수로 재해자의 수나 발생빈도와 관계없이 재해의 내용(상해 정도)을 측정하는 척도로 사용되는 것은?

① 건수율
② 연천인율
③ 재해 강도율
④ 재해 도수율

해설 재해 강도율
- 근로시간 합계 1,000시간당 요양재해로 인한 근로손실일수
- 강도율=(총요양근로손실일수 / 연근로시간수)×1,000

20. 상시 근로자수가 1,000명인 사업장에 1년 동안 6건의 재해로 8명의 재해자가 발생하였고, 이로 인한 근로손실일수는 80일이었다. 근로자가 1일 8시간씩 매월 25일씩 근무하였다면, 이 사업장

의 도수율은 얼마인가?

① 0.03   ② 2.50

③ 4.00   ④ 8.00

해설 도수율(빈도율)
- 1,000,000 근로시간당 요양재해발생 건수를 말한다.
- 도수율(빈도율) = 재해건수 / 연근로시간수 × 1,000,000

$$\therefore \ \text{도수율} = \frac{6}{1,000 \times 8 \times 25 \times 12} 1,000,000 = 2.50$$

| 2 | 작업위생측정 및 평가

21. 2차 표준기구 중 일반적 사용범위가 10~150L/분, 정확도는 ±1%, 주 사용장소가 현장인 것은?

① 열선기류계   ② 건식 가스미터

③ 피토튜브   ④ 오리피스미터

해설 2차 표준기구의 종류(정확도 ±5% 이내)

표준기구	일반 사용범위	정확도
로터미터(rotameter)	1mL/분 이하	±1~2%
습식 테스트미터 (wet-test-meter)	0.5~230L/분	±0.5%
건식 가스미터 (dry-gas-meter)	10~150L/분	±1%
오리피스미터(orifice meter)	–	±0.5%
열선 기류계 (thermos anemometer)	0.05~40.6m/초	±0.1~0.2%

22. 고체흡착관의 뒷층에서 분석된 양이 앞층의 25%였다. 이에 대한 분석자의 결정으로 바람직하지 않은 것은?

① 파과가 일어났다고 판단하였다.

② 파과실험의 중요성을 인식하였다.

③ 시료채취과정에서 오차가 발생되었다고 판단하였다.

④ 분석된 앞층과 뒷층을 합하여 분석결과로 이용하였다.

해설 분석된 뒷층의 양이 앞층의 분석된 양을 10% 이상 초과하면 파과되었기에 분석결과(측정결과)로 이용할 수 없다.

23. 흡광광도법에 관한 설명으로 틀린 것은?

① 광원에서 나오는 빛을 단색화 장치를 통해 넓은 파장범위의 단색 빛으로 변화시킨다.

② 선택된 파장의 빛을 시료액 층으로 통과시킨 후 흡광도 를 측정하여 농도를 구한다.

③ 분석의 기초가 되는 법칙은 램어트-비어의 법칙이다.

④ 표준액에 대한 흡광도와 농도의 관계를 구한 후, 시료의 흡광도를 측정하여 농도를 구한다.

해설 흡광광도법
흡수셀의 재질로는 유리, 석영, 플라스틱 등을 사용한다. 유리제는 주로 가시(可視) 및 근적외(近赤外)부 파장범위, 석영제는 자외부 파장범위, 플라스틱제는 근적외부 파장범위를 측정할 때 사용한다.

24. 표준가스에 대한 법칙 중 '일정한 부피조건에서 압력과 온도는 비례한다'는 내용은?

① 픽스의 법칙   ② 보일의 법칙

③ 샤를의 법칙   ④ 게이-루삭의 법칙

해설 기체 반응의 법칙(Law of Gaseous Reaction) 또는 게이-루삭의 법칙(Gay-Lussac's law)은 기체 사이의 화학반응에서, 같은 온도와 같은 압력에서 그 부피를 측정했을 때 반응하는 기체와 생성되는 기체 사이에는 간단한 정수비가 성립한다는 법칙이다.

25. 작업장 소음수준을 누적소음노출량 측정기로 측정할 경우 기기 설정으로 옳은 것은? (단, 고용노동부 고시를 기준으로 한다.)

① Threshold=80dB, Criteria=90dB, Exchange Rate=5dB

② Threshold=80dB, Criteria=90dB, Exchange Rate=10dB

③ Threshold=90dB, Criteria=90dB, Exchange Rate=10dB

해답 21. ② 22. ④ 23. ① 24. ④ 25. ①

④ Threshold=90dB, Criteria=90dB, Exchange Rate=5dB

해설 누적소음노출량 측정기의 설정(고용노동부 고시)
소음노출량 측정기로 소음을 측정하는 경우 Criteria는 90dB, Exchange Rate은 5dB, Threshold는 80dB로 기기를 설정한다.

26. 여과지에 관한 설명으로 옳지 않은 것은?
① 막여과지에서 유해물질은 여과지 표면이나 그 근처에서 채취된다.
② 막여과지는 섬유상 여과지에 비해 공기저항이 심하다.
③ 막여과지는 여과지 표면에 채취된 입자의 이탈이 없다.
④ 섬유상 여과지는 여과지 표면뿐 아니라 단면 깊게 입자상 물질이 들어가므로 더 많은 입자상 물질을 채취할 수 있다.

해설 막여과지는 여과지 표면에 채취된 입자가 이탈하는 단점이 있다.

27. 옥내 작업장에서 측정한 결과 건구온도 73℃이고, 자연습구온도 65℃, 흑구온도 81℃일 때, 습구흑구온도지수는?
① 64.4℃
② 67.4℃
③ 69.8℃
④ 71.0℃

해설 습구흑구온도지수(WBGT)
• 옥외(태양광선이 내리쬐는 장소)
WBGT=0.7NWB+0.2GT+0.1DT
• 옥내 또는 옥외(태양광선이 내리쬐지 않는 장소)
WBGT=0.7NWB+0.3GT
여기서, NWB: 자연습구온도, GT: 흑구온도, DT: 건구온도
∴ WBGT=0.7×65℃ + 0.3×81℃=69.8℃

28. 고열 측정구분에 따른 측정기기와 측정시간의 연결로 틀린 것은? (단, 고용노동부 고시 기준)
① 습구온도-0.5도 간격의 눈금이 있는 아스만 통풍건습계-25분 이상
② 습구온도-자연습구온도를 측정할 수 있는 기기-자연습구온도계 5분 이상

③ 흡구 및 습구흑구온도-직경이 5센티미터 이상인 흑구온도계 또는 습구흑구온도를 동시에 측정할 수 있는 기기-직경이 15센티미터일 경우 15분 이상
④ 흡구 및 습구흑구온도-직경이 5센티미터 이상인 흑구온도계 또는 습구흑구온도를 동시에 측정할 수 있는 기기-직경이 7.5센티미터 또는 5센티미터일 경우 5분 이상

해설 고열 측정구분에 따른 측정기기와 측정시간

구분	측정기기	측정시간
습구 온도	0.5도 간격의 눈금이 있는 아스만통풍건습계, 자연습구온도를 측정할 수 있는 기기 또는 이와 동등 이상의 성능이 있는 측정기기	• 아스만통풍건습계: 25분 이상 • 자연습구온도계: 5분 이상
흑구 및 습구 흑구 온도	직경이 5센티미터 이상 되는 흑구온도계 또는 습구흑구온도(WBGT)를 동시에 측정할 수 있는 기기	• 직경이 15센티미터일 경우: 25분 이상 • 직경이 7.5센티미터 또는 5센티미터일 경우: 5분 이상

29. 다음은 흉곽성 먼지(TPM, ACGIH 기준)에 관한 내용이다. ( ) 안의 내용으로 옳은 것은?

> 가스교환지역인 폐포나 폐기도에 침착되었을 때 독성을 나타내는 입자상 크기이다. 50%가 침착되는 평균입자의 크기는 ( )이다.

① $2\mu m$
② $4\mu m$
③ $10\mu m$
④ $50\mu m$

해설
• 흡입성 입자상 물질의 평균입경: $0 \sim 100\mu m$
• 흉곽성 입자상 물질의 평균입경: $10\mu m$
• 호흡성 입자상 물질의 평균입경: $4\mu m$

30. 고열 측정시간에 관한 기준으로 옳지 않은 것은? (단, 고용노동부 고시 기준)
① 흑구 및 습구흑구온도 측정시간: 직경이 15센티미터일 경우 25분 이상
② 흑구 및 습구흑구온도 측정시간: 직경이 7.5

해답 26. ③ 27. ③ 28. ③ 29. ③ 30. ④

센티미터 또는 5센티미터일 경우 5분 이상

③ 습구온도 측정시간: 아스만통풍건습계 25분 이상

④ 습구온도 측정시간: 자연습구온도계 15분 이상

해설 ④ 습구온도 측정시간: 자연습구온도계 5분 이상

31. 고체 흡착제를 이용하여 시료채취를 할 때 영향을 주는 인자에 관한 설명으로 틀린 것은?

① 오염물질 농도: 공기 중 오염물질의 농도가 높을수록 파과 용량은 증가한다.

② 습도: 습도가 높으면 극성 흡착제를 사용할 때 파과 공기량이 적어진다.

③ 온도: 일반적으로 흡착은 발열 반응이므로 열역학적으로 온도가 낮을수록 흡착에 좋은 조건이다.

④ 시료 채취유량: 시료 채취유량이 높으면 쉽게 파과가 일어나나 코팅된 흡착제인 경우는 그 경향이 약하다.

해설 시료 채취유량
시료 채취유량이 높으면 쉽게 파과가 일어나고 코팅된 흡착제인 경우는 그 경향이 크다.

32. 어느 작업환경에서 발생되는 소음원 1개의 소음레벨이 92dB이라면 소음원이 8개일 때의 전체 소음레벨은?

① 101dB   ② 103dB

③ 105dB   ④ 107dB

해설 전체 소음레벨

$$SPL_{total} = 10\log\left(8 \times 10^{\frac{92}{10}}\right) = 101.03dB$$

33. 다음 중 검지관법의 특성으로 가장 거리가 먼 것은?

① 색변화가 시간에 따라 변하므로 제조자가 정한 시간에 읽어야 한다.

② 산업위생전문가의 지도 아래 사용되어야 한다.

③ 특이도가 낮다.

④ 다른 방해물질의 영향을 받지 않아 단시간 측

정이 가능하다.

해설
• 민감도가 낮아 정밀한 농도 평가는 어렵고 비교적 고농도 평가에만 적용이 가능하다.
• 특이도가 낮아 다른 방해물질의 영향을 받기 쉽고 오차가 커서 한 검지관에 단일물질만 사용 가능하다.
• 대개 단시간 측정만 가능하고 각 오염물질에 맞는 검지관을 선정하여 사용해야 하기 때문에 불편함이 있다.

34. 입경이 20μm이고 입자 비중이 1.5인 입자의 침강속도는 약 몇 cm/sec인가?

① 1.8   ② 2.4

③ 12.7   ④ 36.2

해설 입자의 침강속도(종단속도)

종단속도 $V(cm/sec) = 0.003 \times \rho \times d^2$
$= 0.003 \times 1.5 \times 20^2 = 1.8$

35. 검지관 사용 시 장단점으로 가장 거리가 먼 것은?

① 숙련된 산업위생전문가가 아니더라도 어느 정도만 숙지하면 사용할 수 있다.

② 민감도가 낮아 비교적 고농도에 적용이 가능하다.

③ 특이도가 낮아 다른 방해물질의 영향을 받기 쉽다.

④ 측정대상물질의 동정 없이 측정이 용이하다.

해설 미리 측정대상 물질을 정확히 알고 있어야 측정이 가능하다.

36. 다음 용제 중 극성이 가장 강한 것은?

① 에스테르류   ② 케톤류

③ 방향족 탄화수소류   ④ 알데하이드류

해설 극성이 강한 순서
물>알코올류>알데하이드류>케톤류>에스테르류>방향족 탄화수소류>올레핀류>파라핀류

해답 31. ④ 32. ① 33. ④ 34. ① 35. ④ 36. ④

46 산업위생관리기사 필기시험 CBT 문제풀이

37. 소음작업장에서 두 기계 각각의 음압레벨이 90dB로 동일하게 나타났다면 두 기계가 모두 가동되는 이 작업장의 음압레벨(dB)은? (단, 기타 조건은 같다.)

① 93   ② 95
③ 97   ④ 99

해설 음압수준(소음의 합산)

$$SPL = 10\log(10^{\frac{SPL_1}{10}} + 10^{\frac{SPL_2}{10}})$$
$$= 10\log(10^{\frac{90}{10}} + 10^{\frac{90}{10}}) = 93dB$$

38. 어느 작업장에서 Toluene의 농도를 측정한 결과 23.2ppm, 21.6ppm, 22.4ppm, 24.1ppm, 22.7ppm을 각각 얻었다. 기하평균 농도(ppm)는?

① 22.8   ② 23.3
③ 23.6   ④ 23.9

해설 기하평균 농도

$$\log(GM) = \frac{\log X_1 + \log X_2 + \cdots + \log X_n}{N}$$
$$= \frac{\log 23.2 + \log 21.6 + \log 22.4 + \log 24.1 + \log 22.7}{5}$$
$$= 1.357$$
$$\therefore GM = 10^{1.357} = 22.8ppm$$

39. 어느 작업장의 n-Hexane의 농도를 측정한 결과가 24.5ppm, 20.2ppm, 25.1ppm, 22.4ppm, 23.9ppm일 때, 기하평균값은 약 몇 ppm인가?

① 21.2   ② 22.8
③ 23.2   ④ 24.1

해설 기하평균(GM)
- 산업위생 분야에서는 작업환경 측정결과가 대수정규분포를 취하는 경우 대푯값으로서 기하평균을, 산포도로서 기하표준편차를 널리 사용한다.
- 모든 자료를 대수로 변환하여 평균 후 평균한 값을 역대수 취한 값 또는 N개의 측정치 X₁, X₂, …, Xₙ이 있을 때 이들 수의 곱의 N 제곱근의 값이다.

$$\log(GM) = \frac{\log X_1 + \log X_2 + \cdots + \log X_n}{N}$$

$$= \frac{\log 24.5 + \log 20.2 + \log 25.1 + \log 22.4 + \log 23.9}{5}$$
$$= 1.365$$
$$\therefore GM = 10^{1.365} = 23$$

40. 측정값이 1, 7, 5, 3, 9일 때, 변이계수(%)는?

① 183   ② 133
③ 63   ④ 13

해설 변이계수(coefficient of variation, CV%)
변동계수(=변이계수) 표준편차를 평균으로 나눈 값이다.

$$변이계수(CV\%) = \frac{표준편차}{산술평균} \times 100$$

$$산술평균 = \frac{X_1 + X_2 + \cdots + X_n}{N}$$
$$= \frac{1+7+5+3+9}{5} = 5ppm$$

$$SD(표준편차) = \left[\frac{\sum_{i=1}^{N}(X_i - \overline{X})^2}{N-1}\right]^{0.5}$$

$$= \left[\frac{(1-5)^2 + (7-5)^2 + (5-5)^2 + (3-5)^2 + (9-5)^2}{5-1}\right]^{0.5}$$
$$= 3.16$$

$$\therefore 변이계수(CV\%) = \frac{3.16}{5ppm} \times 100 = 63\%$$

---

3 | 작업환경관리대책

41. 테이블에 붙여서 설치한 사각형 후드의 필요환기량 $Q(m^3/min)$를 구하는 식으로 적절한 것은? (단, 플랜지는 부착되지 않았고, $A(m^2)$는 개구면적, $X(m)$는 개구부와 오염원 사이의 거리, $V(m/s)$는 제어 속도를 의미한다.)

① $Q = V \times (5X^2 + A)$
② $Q = V \times (7X^2 + A)$
③ $Q = 60 \times V \times (5X^2 + A)$
④ $Q = 60 \times V \times (7X^2 + A)$

해답   **37.** ①   **38.** ①   **39.** ③   **40.** ③   **41.** ③

작업대 위에(테이블에 붙은) 설치된 후드의 필요환기량 $Q = 60 \cdot Vc(5X^2 + A)$

42. 1기압에서 혼합기체가 질소(N_2) 66%, 산소(O_2) 14%, 탄산가스 20%로 구성되어 있을 때 질소가스의 분압은? (단, 단위: mmHg)

① 501.6 ② 521.6
③ 541.6 ④ 560.4

가스 분압(mmHg)

1기압에서 가스는 질소, 산소, 탄산가스가 있으나 질소가스의 분압만 물어보았기에 질소가스의 분압만 계산하면 된다.

가스 분압 계산식 = 기압 × $\dfrac{\text{가스농도(\%)}}{100}$

∴ 질소가스 분압 = $760\text{mmHg} \times \dfrac{66\%}{100} = 501.6\text{mmHg}$

43. 세정제진장치의 특징으로 틀린 것은?

① 배출수의 재가열이 필요 없다.
② 포집효율을 변화시킬 수 있다.
③ 유출수가 수질오염을 야기할 수 있다.
④ 가연성, 폭발성 분진을 처리할 수 있다.

세정제진장치의 장단점

㉠ 장점
  • 가스흡수와 동시에 분진 제거가 가능하다.
  • 부식성 기체 및 미스트의 회수 및 중화가 가능하다.
  • 고온, 수분을 동반한 가스를 냉각 및 정화할 수 있다.
  • 먼지의 폭발위험이 없다.
  • 유해가스의 처리효율이 98%이다.
  • 가연성, 폭발성 분진을 처리할 수 있다.
  • 설치면적이 작다.
  • 포집효율을 변화시킬 수 있다.
㉡ 단점
  • 유출수가 수질오염을 야기할 수 있다.
  • 부식 및 침식문제가 발생할 수 있다.
  • 폐수처리에 비용을 부담해야 한다.
  • 압력손실에 의한 소요동력이 증가한다.
  • 대기조건에 따라 굴뚝에서 연기가 배출된다.

44. 관을 흐르는 유체의 양이 $220\text{m}^3/\text{min}$일 때 속도압은 약 몇 mmH$_2$O인가? (단, 유체의 밀도는 1.21kg/m^3, 관의 단면적은 0.5m^2, 중력가속도는 9.8m/s^2이다.)

① 2.1 ② 3.3
③ 4.6 ④ 5.9

$$VP = \frac{\gamma V^2}{2g}$$

$$V = \frac{Q}{A} = \frac{220\text{m}^3/\text{min} \times \text{min}/60\text{sec}}{0.5\text{m}^2} = 7.33\text{m/sec}$$

$$\therefore\ VP = \frac{1.21 \times 7.33^2}{2 \times 9.8} = 3.3\text{mmH}_2\text{O}$$

45. 온도 50℃인 기체가 관을 통하여 $20\text{m}^3/\text{min}$으로 흐르고 있을 때, 같은 조건의 0℃에서 유량(m^3/min)은? (단, 관내 압력 및 기타 조건은 일정하다.)

① 14.7 ② 16.9
③ 20.0 ④ 23.7

유량(m^3/min)(Q)

$$Q = Q_1 \times \frac{273 + T_2}{273 + T_1} = 20\text{m}^3/\text{min} \times \frac{273 + 0}{273 + 50}$$

$$= 16.9\text{m}^3/\text{min}$$

46. 1기압에서 혼합기체가 질소(N_2) 50vol%, 산소(O_2) 20vol%, 탄산가스 30vol%로 구성되어 있을 때, 질소(N_2)의 분압은?

① 380mmHg ② 228mmHg
③ 152mmHg ④ 740mmHg

질소 가스의 분압(mmHg)
= 760mmHg × 50/100 = 380mmHg

47. 다음 중 국소배기장치를 반드시 설치해야 하는 경우와 가장 거리가 먼 것은?

① 법적으로 국소배기장치를 설치해야 하는 경우
② 근로자의 작업위치가 유해물질 발생원에 근접해 있는 경우
③ 발생원이 주로 이동하는 경우
④ 유해물질의 발생량이 많은 경우

---

42. ① **43.** ① **44.** ② **45.** ② **46.** ① **47.** ③

48. 테이블에 붙여서 설치한 사각형 후드의 필요환기량 $Q(m^3/min)$를 구하는 식으로 적절한 것은? (단, 플랜지는 부착되지 않았고, $A(m^2)$는 개구면적, $X(m)$는 개구부와 오염원 사이의 거리, $V(m/s)$는 제어 속도를 의미한다.)

① $Q = V \times (5X^2 + A)$

② $Q = V \times (7X^2 + A)$

③ $Q = 60 \times V \times (5X^2 + A)$

④ $Q = 60 \times V \times (7X^2 + A)$

49. 방사형 송풍기에 관한 설명과 가장 거리가 먼 것은?

① 고농도 분진 함유 공기나 부식성이 강한 공기를 이송시키는 데 많이 이용된다.

② 깃이 평판으로 되어 있다.

③ 가격이 저렴하고 효율이 높다.

④ 깃의 구조가 분진을 자체 정화할 수 있도록 되어 있다.

50. 공기가 흡인되는 덕트관 또는 공기가 배출되는 덕트관에서 음압이 될 수 없는 압력의 종류는?

① 속도압(VP)   ② 정압(SP)

③ 확대압(EP)   ④ 전압(TP)

51. 작업대 위에서 용접할 때 흄을 포집 제거하기 위해 작업면에 고정된 플랜지가 붙은 외부식 사각형 후드를 설치하였다면 소요 송풍량은 약 몇 m^3/min인가? (단, 개구면에서 작업지점까지의 거리는 0.25m, 제어속도는 0.5m/s, 후드 개구면적은 $0.5m^2$이다.)

① 0.281   ② 8.430

③ 16.875   ④ 26.425

52. 7m×14m×3m의 체적을 가진 방에 톨루엔이 저장되어 있고 공기를 공급하기 전에 측정한 농도가 300ppm이었다. 이 방으로 $10m^3/min$의 환기량을 공급한 후 노출기준인 100ppm으로 도달하는 데 걸리는 시간(min)은?

① 12   ② 16

③ 24   ④ 32

53. 직경이 2이고 비중이 3.5인 산화철 흄의 침강속도는?

① 0.023cm/s   ② 0.036cm/s

③ 0.042cm/s   ④ 0.054cm/s

해답 48. ③ 49. ③ 50. ① 51. ③ 52. ④ 53. ③

54. 정압이 3.5cmH₂O인 송풍기의 회전속도를 180rpm에서 360rpm으로 증가시켰다면, 송풍기의 정압은 약 몇 cmH₂O인가? (단, 기타 조건은 같다고 가정한다.)

① 16   ② 14
③ 12   ④ 10

해설 풍압은 송풍기의 회전수의 제곱에 비례

$$\frac{FTP_2}{FTP_1} = \left(\frac{rpm_2}{rpm_1}\right)^2 = \left(\frac{360rpm}{180rpm}\right)^2 = 4$$

여기서, FTP_1이 3.5cmH₂O이므로

$$\therefore FTP_2 = 4 \times 3.5 = 14cmH_2O$$

55. 작업환경 개선의 기본원칙으로 짝지어진 것은?

① 대체, 시설, 환기   ② 격리, 공정, 물질
③ 물질, 공정, 시설   ④ 격리, 대체, 환기

해설 작업환경 개선대책 중 격리(Isolation)의 종류
• 저장물질의 격리   • 시설의 격리
• 공정의 격리   • 작업자의 격리

56. 일정장소에 설치되어 있는 콤프레셔나 압축 공기실린더에서 호흡할 수 있는 공기를 보호구 안면부에 연결된 관을 통하여 공급하는 호흡용 보호기 중 폐력식에 관한 내용으로 가장 거리가 먼 것은?

① 누설 가능성이 없다.
② 보호구 안에 음압이 생긴다.
③ demand식이라고도 한다.
④ 레귤레이터 착용자가 호흡할 때 발생하는 압력에 따라 공기가 공급된다.

해설 보호구 안에 음압이 생겨 누설 가능성이 있다.

57. 다음 중 보호구의 보호 정도를 나타내는 할당보호계수(APF)에 관한 설명으로 가장 거리가 먼 것은?

① 보호구 밖의 유량과 안의 유량비(Qo/Qi)로 표현된다.
② APF를 이용하여 보호구에 대한 최대사용농도

를 구할 수 있다.
③ APF가 100인 보호구를 착용하고 작업장에 들어가면 착용자는 외부 유해물질로부터 적어도 100배만큼의 보호를 받을 수 있다는 의미이다.
④ 일반적인 보호계수 개념의 특별한 적용으로서 적절히 밀착된 호흡기보호구를 훈련된 일련의 착용자들이 작업장에서 착용하였을 때 기대되는 최소 보호정도치를 말한다.

해설 할당보호계수(APF)
• 일반적인 보호구 보호계수(PF)의 특별한 적용으로 훈련된 착용자들이 작업장에서 보호구 착용 시 기대되는 최소 보호 정도 수준을 의미한다.
• APF를 이용하여 보호구에 대한 최대사용농도를 구할 수 있다.
• APF가 100인 보호구를 착용하고 작업장에 들어가면 착용자는 외부 유해물질로부터 적어도 100배만큼의 보호를 받을 수 있다는 의미이다.
• 일반적인 보호계수 개념의 특별한 적용으로서 적절히 밀착된 호흡기보호구를 훈련된 일련의 착용자들이 작업장에서 착용하였을 때 기대되는 최소 보호정도치를 말한다.

$$\therefore 할당보호계수(APF) \geq \frac{기대되는 \ 공기 \ 중 \ 농도(C_{air})}{노출기준(PEL)}$$
$$= 위해비(HR)$$

58. 보호구의 재질에 따른 효과적 보호가 가능한 화학물질을 잘못 짝지은 것은?

① 가죽-알코올   ② 천연고무-물
③ 면-고체상 물질   ④ 부틸고무-알코올

해설 알코올은 가죽에 흡수되어 통과되므로 보호하지 못한다.

59. 귀마개의 장단점과 가장 거리가 먼 것은?

① 제대로 착용하는 데 시간이 걸린다.
② 착용 여부 파악이 곤란하다.
③ 보안경 착용 시 차음효과가 감소한다.
④ 귀마개 오염 시 감염될 가능성이 있다.

해설 보안경 착용 시 차음효과 감소는 귀덮개의 단점이다.

해답 54. ②   55. ④   56. ①   57. ①   58. ①   59. ③

60. A분진의 우리나라 노출기준은 $10mg/m^3$이며 일반적으로 반면형 마스크의 할당보호계수(APF)는 10이라면 반면형 마스크를 착용할 수 있는 작업장 내 A분진의 최대농도는 얼마인가?

① $1mg/m^3$　　　② $10mg/m^3$
③ $50mg/m^3$　　　④ $100mg/m^3$

해설 할당보호계수(APF)
일반적인 보호구 보호계수(PF)의 특별한 적용으로 훈련된 착용자들이 작업장에서 보호구 착용 시 기대되는 최소 보호정도 수준을 의미한다.

$$할당보호계수(APF) \geq \frac{기대되는 공기 중 농도(C_{air})}{노출기준(PEL)}$$
$$= (위해비(HR))$$
$\therefore$ 기대되는 공기 중 농도(C_{air})
$$= 할당보호계수APF \times 노출기준(PEL)$$
$$= 10 \times 10mg/m^3$$
$$= 100mg/m^3$$

| 4 | 물리적 유해인자관리

61. 다음 중 한랭환경에서의 일반적 열평형방정식으로 옳은 것은? (단, △S은 생체 열용량의 변화, E는 증발에 의한 열방산, M은 작업대사량, R은 복사에 의한 열의 득실, C는 대류에 의한 열의 득실을 나타낸다.)

① △S = M − R − C
② △S = M − E + R − C
③ △S = − M + E − R − C
④ △S = − M + E + R + C

해설
• 고온환경에서의 열평형 방정식
　△S = M+C+R+E
• 한랭환경에서의 열평형 방정식
　△S = M−E−R−C
• 인체쾌적 상태에서의 열평형 방정식
　△S = M±C±R−E

62. 다음 중 한랭노출에 대한 신체적 장해의 설명으로 틀린 것은?

① 2도 동상은 물집이 생기거나 피부가 벗겨지는 결빙을 말한다.
② 전신 저체온증은 심부온도가 37℃에서 26.7℃ 이하로 떨어지는 것을 말한다.
③ 침수족은 동결온도 이상의 냉수에 오랫동안 노출되어 생긴다.
④ 침수족과 참호족의 발생조건은 유사하나 임상 증상과 증후는 다르다.

해설 한랭노출에 대한 신체적 장해
침수족과 참호족의 임상증상과 증후가 거의 비슷하고, 발생시간은 침수족이 참호족에 비해 길다.

63. 다음 중 피부로서 감각할 수 없는 불감기류의 기준으로 가장 적절한 것은?

① 약 0.5m/s 이하
② 약 1.0m/s 이하
③ 약 1.5m/s 이하
④ 약 2.0m/s 이하

해설 불감기류는 0.5m/sec 미만의 기류이다.

64. 다음 중 산소결핍의 위험이 가장 적은 작업장소는?

① 실내에서 전기 용접을 실시하는 작업장소
② 장기간 사용하지 않은 우물 내부의 작업 장소
③ 장기간 밀폐된 보일러 탱크 내부의 작업 장소
④ 물품 저장을 위한 지하실 내부의 청소 작업 장소

해설 산소결핍의 위험이 있는 작업장소(밀폐공간)
(산업안전보건기준에 관한 규칙 별표 18)
1. 다음의 지층에 접하거나 통하는 우물·수직갱·터널·잠함·피트 또는 그 밖에 이와 유사한 것의 내부
　가. 상층에 물이 통과하지 않는 지층이 있는 역암층 중 함수 또는 용수가 없거나 적은 부분
　나. 제1철 염류 또는 제1망간 염류를 함유하는 지층
　다. 메탄·에탄 또는 부탄을 함유하는 지층

해답 **60.** ④　**61.** ①　**62.** ④　**63.** ①　**64.** ①

라. 탄산수를 용출하고 있거나 용출할 우려가 있는 지층
2. 장기간 사용하지 않은 우물 등의 내부
3. 케이블·가스관 또는 지하에 부설되어 있는 매설물을 수용하기 위하여 지하에 부설한 암거·맨홀 또는 피트의 내부
4. 빗물·하천의 유수 또는 용수가 있거나 있었던 통·암거·맨홀 또는 피트의 내부
5. 바닷물이 있거나 있었던 열교환기·관·암거·맨홀·둑 또는 피트의 내부
6. 장기간 밀폐된 강재(鋼材)의 보일러·탱크·반응탑이나 그 밖에 그 내벽이 산화하기 쉬운 시설(그 내벽이 스테인리스강으로 된 것 또는 그 내벽의 산화를 방지하기 위하여 필요한 조치가 되어 있는 것은 제외한다)의 내부
7. 석탄·아탄·황화광·강재·원목·건성유(乾性油)·어유(魚油) 또는 그 밖의 공기 중의 산소를 흡수하는 물질이 들어 있는 탱크 또는 호퍼(hopper) 등의 저장시설이나 선창의 내부
8. 천정·바닥 또는 벽이 건성유를 함유하는 페인트로 도장되어 그 페인트가 건조되기 전에 밀폐된 지하실·창고 또는 탱크 등 통풍이 불충분한 시설의 내부
9. 곡물 또는 사료의 저장용 창고 또는 피트의 내부, 과일의 숙성용 창고 또는 피트의 내부, 종자의 발아용 창고 또는 피트의 내부, 버섯류의 재배를 위하여 사용하고 있는 사일로(silo), 그 밖에 곡물 또는 사료종자를 적재한 선창의 내부
10. 간장·주류·효모 그 밖에 발효하는 물품이 들어 있거나 들어 있었던 탱크·창고 또는 양조주의 내부
11. 분뇨, 오염된 흙, 썩은 물, 폐수, 오수, 그 밖에 부패하거나 분해되기 쉬운 물질이 들어 있는 정화조·침전조·집수조·탱크·암거·맨홀·관 또는 피트의 내부
12. 드라이아이스를 사용하는 냉장고·냉동고·냉동화물자동차 또는 냉동컨테이너의 내부
13. 헬륨·아르곤·질소·프레온·탄산가스 또는 그 밖의 불활성기체가 들어 있거나 있었던 보일러·탱크 또는 반응탑 등 시설의 내부
14. 산소 농도가 18퍼센트 미만 또는 23.5퍼센트 이상, 탄산가스 농도가 1.5퍼센트 이상, 일산화탄소 농도가 30피피엠 이상 또는 황화수소 농도가 10피피엠 이상인 장소의 내부
15. 갈탄·목탄·연탄난로를 사용하는 콘크리트 양생장소(養生場所) 및 가설숙소 내부
16. 화학물질이 들어 있던 반응기 및 탱크의 내부
17. 유해가스가 들어 있던 배관이나 집진기의 내부
18. 근로자가 상주(常住)하지 않는 공간으로서 출입이 제한되어 있는 장소의 내부

65. 질소마취 증상과 가장 연관이 많은 작업은?
① 잠수작업
② 용접작업
③ 냉동작업
④ 금속제조작업

해설 잠함병
고압환경에서 체내에 과다하게 용해되었던 질소가 압력이 낮아질 때 과포화 상태로 되어 혈액과 조직에 질소 기포를 형성하여 혈액순환을 방해하거나 주위 조직에 영향을 주어 다양한 증상을 일으킨다. 특히 4기압 이상에서 공기 중의 질소가스는 마취작용을 나타낸다.

66. 다음 중 감압에 따른 인체의 기포 형성량을 좌우하는 요인과 가장 거리가 먼 것은 무엇인가?
① 감압속도
② 산소공급량
③ 혈류를 변화시키는 상태
④ 조직에 용해된 가스량

해설 감압에 따른 인체의 기포 형성량을 좌우하는 요인
• 조직에 용해된 가스량
• 혈류변화 정도(혈류를 변화시키는 상태)
• 감압속도

67. 「산업안전보건법령」상 이상기압과 관련된 용어의 정의가 옳지 않은 것은?
① 압력이란 게이지 압력을 말한다.
② 표면공급식 잠수작업은 호흡용 기체통을 휴대하고 하는 작업을 말한다.
③ 고압작업이란 고기압에서 잠함공법이나 그 외의 압기공법으로 하는 작업을 말한다.
④ 기압조절실이란 고압작업을 하는 근로자가 가압 또는 감압을 받는 장소를 말한다.

해설 표면공급식 잠수작업
수면 위의 공기압축기 또는 호흡용 기체통에서 압축된 호흡용 기체를 공급받으면서 하는 작업을 말한다.

68. 진동에 의한 생체영향과 가장 거리가 먼 것은?
① C$_5$-dip 현상
② Raynaud 현상
③ 내분비계 장해
④ 뼈 및 관절의 장해

해설 C$_5$-dip 현상
소음성 난청현상으로, 4,000Hz에서 청력손실이 심하게 나타난다.

해답 65. ① 66. ② 67. ② 68. ①

69. 진동이 인체에 미치는 영향에 관한 설명으로 옳지 않은 것은?

① 맥박수가 증가한다.

② 1~3Hz에서 호흡이 힘들고 산소 소비가 증가한다.

③ 13Hz에서 허리, 가슴 및 등 쪽에 감각적으로 가장 심한 통증을 느낀다.

④ 신체의 공진현상은 앉아 있을 때가 서 있을 때보다 심하게 나타난다.

해설 13Hz에서는 머리, 안면, 볼, 눈꺼풀 진동에 진동이 심하게 느껴진다.

70. 작업장에서는 통상 근로자의 눈을 보호하기 위하여 인공광선에 의해 충분한 조도를 확보하여야 한다. 다음의 조건 중 조도를 증가하지 않아도 되는 경우는?

① 피사체의 반사율이 증가할 때

② 시력이 나쁘거나 눈의 결함이 있을 때

③ 계속적으로 눈을 뜨고 정밀작업을 할 때

④ 취급물체가 주위와의 색깔 대조가 뚜렷하지 않을 때

해설 작업장 내 조명방법
• 백열전구와 고압수은등을 적절히 혼합시켜 주광에 가까운 빛을 얻는다.
• 천장, 마루, 기계, 벽 등의 반사율을 크게 하면 조도를 일정하게 얻을 수 있다.
• 천정에 바둑판형 형광등의 배열은 음영을 약하게 할 수 있다.
• 나트륨등은 가정이나 사무실용 조명으로는 사용할 수 없다.
• 황색 빛만 방출하는 전등 밑에서는 물체의 색깔을 제대로 구분할 수 없다.
• 색깔의 구분이 그렇게 중요하지 않은 장소, 특히 야간의 옥외용 조명으로 사용할 때 나트륨등은 많은 장점을 갖고 있다.

71. 소음성 난청에서의 청력 손실은 초기 몇 Hz에서 가장 현저하게 나타나는가?

① 1,000Hz ② 4,000Hz

③ 8,000Hz ④ 15,000Hz

해설 C₅-dip 현상
• 우리 귀는 고주파음에 대단히 민감하다.

• 4,000Hz에서 소음성 난청이 가장 많이 발생한다.
• 소음성 난청의 초기단계로서 4,000Hz에서 청력장애가 현저히 커지는 현상이다.

72. 1,000Hz에서 40dB의 음향레벨을 갖는 순음의 크기를 1로 하는 소음의 단위는?

① sone ② phon

③ NRN ④ dB(C)

해설
• 1sone: 1,000Hz 순음의 음의 세기레벨 40dB의 음의 크기
• 1phon: 1kHz 순음의 음압 레벨과 같은 크기로 느끼는 음의 크기

73. 청력 손실차가 다음과 같을 때, 6분법에 의하여 판정하면 청력손실은 얼마인가?

• 500Hz에서 청력 손실차는 8
• 1,000Hz에서 청력 손실차는 12
• 2,000Hz에서 청력 손실차는 12
• 4,000Hz에서 청력 손실차는 22

① 12 ② 13

③ 14 ④ 15

해설
㉠ 평균 청력손실(6분법)

$$평균\ 청력손실 = \frac{a + 2b + 2c + d}{6}$$

$$= \frac{8 + 2 \times 12 + 2 \times 12 + 22}{6} = 13$$

여기서, a: 500Hz에서의 청력 손실치
b: 1,000Hz에서의 청력 손실치
c: 2,000Hz에서의 청력 손실치
d: 4,000Hz에서의 청력 손실치

㉡ 평균 청력손실(4분법)

$$평균\ 청력손실 = \frac{a + 2b + c}{4}$$

74. 일반소음의 차음효과는 벽체의 단위표적면에 대하여 벽체의 무게를 2배로 할 때 또는 주파수가 2배로 증가될 때 차음은 몇 dB 증가하는가?

해답 69. ③ 70. ① 71. ② 72. ① 73. ② 74. ②

① 2dB   ② 6dB

③ 10dB   ④ 15dB

차음효과(평가)

$$TL = 20\log(m \cdot f) - 43(dB)$$
$$= 20\log(2) = 6dB$$

여기서, m: 투과재료의 면적당 밀도(kg/m^2)
       f: 주파수

75. 극저주파 방사선(extremely low frequency fields)에 대한 설명으로 틀린 것은?

① 강한 전기장의 발생원은 고전류장비와 같은 높은 전류와 관련이 있으며 강한 자기장의 발생원은 고전압장비와 같은 높은 전하와 관련이 있다.

② 작업장에서 발전, 송전, 전기 사용에 의해 발생되며 이들 경로에 있는 발전기에서 전력선, 전기설비, 기계, 기구 등도 잠재적 노출원이다.

③ 주파수가 1~3,000Hz에 해당되는 것으로 정의되며, 이 범위 중 50~60Hz의 전력선과 관련한 주파수의 범위가 건강과 밀접한 연관이 있다.

④ 특히 교류전기는 1초에 60번씩 극성이 바뀌는 60Hz의 저주파를 나타내므로 이에 대한 노출평가, 생물학적 및 인체영향 연구가 많이 이루어져 왔다.

해설 강한 전기장의 발생원은 고전압장비이고 강한 자기장의 발생원은 고전류장비이다.

76. 다음 중 광원으로부터의 밝기에 관한 설명으로 틀린 것은?

① 루멘은 1촉광의 광원으로부터 한 단위 입체각으로 나가는 광속의 단위이다.

② 밝기는 조사평면과 광원에 대한 수직평면이 이루는 각(cosine)에 비례한다.

③ 밝기는 광원으로부터의 거리 제곱에 반비례한다.

④ 1촉광은 4루멘으로 나타낼 수 있다.

해설 밝기는 조사평면과의 광원에 대한 수직평면이 이루는 각(cosine)에 반비례한다.

77. 전리방사선이 인체에 미치는 영향에 관여하는 인자와 가장 거리가 먼 것은?

① 전리작용   ② 피폭선량

③ 회절과 산란   ④ 조직의 감수성

해설 전리방사선의 인체영향 관여 인자
• 조직의 감수성   • 전리작용
• 투과력   • 피폭선량
• 피폭방법

78. 비이온화 방사선의 파장별 건강영향으로 틀린 것은?

① UV-A: 315~400nm - 피부노화 촉진

② IR-B: 780~1,400nm - 백내장, 각막화상

③ UV-B: 280~315nm - 발진, 피부암, 광결막염

④ 가시광선: 400~700nm - 광화학적이거나 열에 의한 각막손상, 피부화상

해설 IR-B의 파장범위는 1.4~1μm이고 급성피부화상 및 백내장은 IR-C(원적외선)에서 발생한다.

79. 「산업안전보건법령」상 충격소음의 노출기준과 관련된 내용으로 옳은 것은?

① 충격소음의 강도가 120dB(A)일 경우 1일 최대 노출 횟수는 1,000회이다.

② 충격소음의 강도가 130dB(A)일 경우 1일 최대 노출 횟수는 100회이다.

③ 최대 음압수준이 135dB(A)을 초과하는 충격소음에 노출되어서는 안 된다.

④ 충격소음이란 최대 음압수준에 120dB(A) 이상인 소음이 1초 이상의 간격으로 발생하는 것을 말한다.

해설 충격소음작업
소음이 1초 이상의 간격으로 발생하는 작업으로서 다음 각 목의 어느 하나에 해당하는 작업을 말한다.
• 120데시벨을 초과하는 소음이 1일 1만 회 이상 발생하는 작업
• 130데시벨을 초과하는 소음이 1일 1천 회 이상 발생하는 작업

해답 75. ①   76. ②   77. ③   78. ②   79. ④

- 140데시벨을 초과하는 소음이 1일 1백 회 이상 발생하는 작업

80. 빛의 밝기 단위에 관한 설명 중 틀린 것은?

① 럭스(lux)-1ft²의 평면에 1루멘의 빛이 비칠 때의 밝기이다.

② 측광(candle)-지름이 1인치 되는 촛불이 수평방향으로 비칠 때가 1촉광이다.

③ 루멘(lumen)-1촉광의 광원으로부터 한 단위 입체각으로 나가는 광속의 단위이다.

④ 풋캔들(foot candle)-1루멘의 빛이 1ft²의 평면상에 수직 방향으로 비칠 때 그 평면의 빛의 양이다.

해설 럭스(lux)란 면적 1제곱미터의 면 위에 1루멘의 광속이 평균으로 조사(照射)되고 있을 때의 조도를 말한다.

|5| 산업독성학

81. 입자상 물질의 종류 중 액체나 고체의 2가지 상태로 존재할 수 있는 것은?

① 흄(fume)　　② 미스트(mist)

③ 증기(vapor)　　④ 스모그(smog)

해설 스모그(smog)
smoke와 fog가 결합된 상태이며, 광화학 생성물과 수증기가 결합하여 에어로졸로 변한다.

82. 입자상 물질의 호흡기계 침착기전 중 길이가 긴 입자가 호흡기계로 들어오면 그 입자의 가장자리가 기도의 표면을 스치게 됨으로써 침착하는 현상은?

① 충돌　　② 침전

③ 차단　　④ 확산

해설 입자상 물질의 호흡기계 침착기전 중 차단
입자상 물질의 호흡기계 침착기전 중 길이가 긴 입자가 호흡기계로 들어오면 그 입자의 가장자리가 기도의 표면을 스치게 됨으로써 침착하는 현상이고 방직공장에서 발생하는 섬유(석면) 입자가 중요한 예이다.

83. 다음 중 호흡성 먼지(respirable dust)에 대한 미국 ACGIH의 정의로 옳은 곳은?

① 크기가 10~100μm로 코와 인후두를 통하여 기관지나 폐에 침착한다.

② 폐포에 도달하는 먼지로, 입경이 7.1μm 미만인 먼지를 말한다.

③ 평균입경이 4μm이고, 공기 역학적 직경이 10μm 미만인 먼지를 말한다.

④ 평균입경이 10μm인 먼지로 흉곽성(thoracic) 먼지라고도 말한다.

해설 입자상 물질(respirable dust)에 대한 미국 ACGIH의 입자의 크기에 대한 정의
- 호흡성 분진 – 4μm
- 흉곽성 분진 – 10μm
- 흡입성 분진 – 100μm

84. 다음 중 유기용제에 대한 설명으로 틀린 것은?

① 벤젠은 백혈병을 일으키는 원인물질이다.

② 벤젠은 만성장해로 조혈장해를 유발하지 않는다.

③ 벤젠은 주로 페놀로 대사되며 페놀은 벤젠의 생물학적 노출지표로 이용된다.

④ 방향족 탄화수소 중 저농도에 장기간 노출되어 만성중독을 일으키는 경우에는 벤젠의 위험도가 크다.

해설 벤젠의 특징
- 상온, 상압에서 향긋한 냄새를 가진 무색 투명한 액체로, 방향족 화합물이다.
- 백혈병을 유발하는 것으로 확인된 물질이다.
- 재생불량성 빈혈을 일으킨다.
- 골수독성(myelotoxin) 물질이라는 점에서 다른 유기용제와 다르다.
- 혈액조직에서 벤젠이 유발하는 가장 일반적인 독성은 백혈구 수의 감소로 인한 응고작용 결핍 등이다.
- 조혈조직의 손상(골수에 미치는 독성이 특징적이며, 빈혈과 백혈구, 혈소판 감소를 초래)을 초래한다.

해답 80. ① 81. ④ 82. ③ 83. ③ 84. ②

85. 단순 질식제로 볼 수 없는 것은?

① 오존   ② 메탄

③ 질소   ④ 헬륨

해설 단순 질식제
아르곤, 수소, 헬륨, 질소, 이산화탄소(CO_2), 메탄, 에탄, 프로판, 에틸렌, 아세틸렌

86. 유기용제 중독을 스크린하는 다음 검사법의 민감도(sensitivity)는 얼마인가?

구분		실제값(질병)		합계
		양성	음성	
검사법	양성	15	25	40
	음성	5	15	20
합계		20	40	60

① 25.0%   ② 37.5%

③ 62.5%   ④ 75.0%

해설

$민감도 = \dfrac{검사법\ 양성과\ 실제값\ 양성}{검사법\ 양성과\ 실제값\ 양성 + 검사법\ 음성과\ 실제값\ 양성}$

$\therefore \dfrac{15}{15+5} = 0.75 \times 100 = 75.0\%$

87. 직업성 천식을 유발하는 대표적인 물질로 나열된 것은?

① 알루미늄, 2-Bromopropane

② TDI(Toluene Diisocyanate), Asbestos

③ 실리카, DBCP(1,2-dibromo-3-chloropropane)

④ TDI(Toluene Diisocyanate), TMA(Trimellitic Anhydride)

해설 직업성 천식
• 작업환경 중 천식을 유발하는 대표물질로 톨루엔 디이소시안산염(TDI), 무수트리 멜리트산(TMA)을 들 수 있다.
• 일단 질환에 이환하게 되면 작업환경에서 추후 소량의 동일한 유발물질에 노출되더라도 지속적으로 증상이 발현된다.
• 직업성 천식은 근무시간에 증상이 점점 심해지고, 휴일 같은 비근무시간에 증상이 완화되거나 없어지는 특징이 있다.

88. 「산업안전보건법령」상 다음의 설명에서 ㉠~㉢에 해당하는 내용으로 옳은 것은?

> 단시간노출기준(STEL)이란 (㉠)분간의 시간가중평균노출값으로서 노출농도가 시간가중평균노출기준(TWA)을 초과하고 단시간노출기준(STEL) 이하인 경우에는 1회 노출 지속시간이 (㉡)분 미만이어야 하고, 이러한 상태가 1일 (㉢)회 이하로 발생하여야 하며, 각 노출의 간격은 60분 이상이어야 한다.

① ㉠: 15, ㉡: 20, ㉢: 2

② ㉠: 20, ㉡: 15, ㉢: 2

③ ㉠: 15, ㉡: 15, ㉢: 4

④ ㉠: 20, ㉡: 20, ㉢: 4

해설 고용노동부 고시 "단시간노출기준(STEL)"이란 15분간의 시간가중평균노출값으로서 노출농도가 시간가중평균노출기준(TWA)을 초과하고 단시간노출기준(STEL) 이하인 경우에는 1회 노출 지속시간이 15분 미만이어야 하고, 이러한 상태가 1일 4회 이하로 발생하여야 하며, 각 노출의 간격은 60분 이상이어야 한다.

89. 할로겐화탄화수소에 관한 설명으로 틀린 것은?

① 대개 중추신경계의 억제에 의한 마취작용이 나타난다.

② 가연성과 폭발의 위험성이 높으므로 취급 시 주의하여야 한다.

③ 일반적으로 할로겐화탄화수소의 독성 정도는 화합물의 분자량이 커질수록 증가한다.

④ 일반적으로 할로겐화탄화수소의 독성 정도는 할로겐원소의 수가 커질수록 증가한다.

해설 할로겐화탄화수소의 특성 및 증상
• 불연성이며 화학반응성이 낮고 냉각제, 금속세척, 플라스틱과 고무의 용제 등으로 사용된다.
• 일반적으로 화합물의 분자량이 클수록, 할로겐원소가 커질수록 할로겐화탄수소의 독성 정도가 증가한다.
• 할로겐화된 기능기가 첨가되면 마취작용이 증가하여 중추신경계에 대한 억제작용이 증가하며, 기능기 중 할로겐족(F, Cl, Br 등)의 독성이 가장 크다.
• 포화탄수소는 탄소 수가 5개 정도까지는 길수록 중추신경계에 대한 억제작용이 증가한다.
• 중추신경계의 억제에 의한 마취작용이 나타난다.
• 유기용제가 중추신경계를 억제하는 원리는 유기용제는 지용성이므로 중추신경계의 신경세포의 지질막에 흡수되어

해답 85. ① 86. ④ 87. ④ 88. ③ 89. ②

영향을 미친다.
- 알켄족이 알칸족보다 중추신경계에 대한 억제작용이 크다.
- 대표적, 공통적인 독성작용은 중추신경계 억제작용이다.

90. 다음 중 조혈장해를 일으키는 물질은?

① 납 ② 망간
③ 수은 ④ 우라늄

해설 납(Pb)은 세포 내에서 SH-기와 결합하여 포르피린과 heme의 합성에 관여하는 요소를 억제하며, 여러 세포의 효소작용을 방해한다. 또한 소화기계 및 조혈기계에 영향을 주는 물질이다.

91. 다음 중 중금속에 의한 폐기능의 손상에 관한 설명으로 바르지 않은 것은?

① 철폐증(siderosis)은 철분진 흡입에 의한 암 발생(A1)이며, 중피종과 관련이 없다.
② 화학적 폐렴은 베릴륨, 산화카드뮴 에어로졸 노출에 의하여 발생하며 발열, 기침, 폐기종이 동반된다.
③ 금속열은 금속이 용융점 이상으로 가열될 때 형성되는 산화금속을 흄 형태로 흡입할 때 발생한다.
④ 6가 크롬은 폐암과 비강암 유발인자로 작용한다.

해설 철폐증(pulmonary siderosis)은 진폐증의 한 종류로 장기간 철분진을 흡입함으로써 폐 내에 축적되어 호흡기 증상과 함께 방사선 변화를 보이는 질환이다. 암 발생(A1)과는 관련이 없으나 중피종과 관련이 있다.

92. 작업자가 납 흄에 장기간 노출되어 혈액 중 납의 농도가 높아졌을 때 일어나는 혈액 내 현상이 아닌 것은?

① K^+와 수분이 손실된다.
② 삼투압에 의하여 적혈구가 위축된다.
③ 적혈구 생존시간이 감소한다.
④ 적혈구 내 전해질이 급격히 증가한다.

해설 납은 적혈구 안에 있는 혈색소(헤모글로빈) 양 저하, 망상적혈구 수 증가, 혈청 내 철 증가 현상을 나타낸다.

93. 다음 중 크롬에 관한 설명으로 틀린 것은?

① 6가 크롬은 발암성 물질이다.
② 주로 소변을 통하여 배설된다.
③ 형광등 제조, 치과용 아말감 산업이 원인이 된다.
④ 만성 크롬중독인 경우 특별한 치료방법이 없다.

해설
- 형광등 제조, 치과용 아말감 산업이 원인이 되는 물질은 수은이다.
- 크롬(Cr) 사용작업: 전기도금중 크롬도금공장, 가죽/피혁 제조, 염색/안료 제조, 방부제/약품 제조

94. 다음 중 무기연에 속하지 않은 것은?

① 금속연 ② 일산화연
③ 사산화삼연 ④ 4메틸연

해설 4메틸연은 유기연(유기납)이다.

95. 다음 중 유해화학물질에 노출되었을 때 간장이 표적장기가 되는 주요 이유로 가장 거리가 먼 것은?

① 간장은 각종 대사효소가 집중적으로 분포되어 있고, 이들 효소활동에 의해 다양한 대사 물질이 만들어지기 때문에 다른 기관에 비해 독성물질의 노출 가능성이 매우 높다.
② 간장은 대정맥을 통하여 소화기계로부터 혈액을 공급받기 때문에 소화기관을 통하여 흡수된 독성물질의 이차표적이 된다.
③ 간장은 정상적인 생활에서도 여러 가지 복잡한 생화학 반응 등 매우 복잡한 기능을 수행함에 따라 기능의 손상 가능성이 매우 높다.
④ 혈액의 흐름이 매우 풍부하기 때문에 혈액을 통해서 쉽게 침투가 가능하다.

해설 간장은 문정맥을 통하여 소화기계로부터 혈액을 공급받기 때문에 소화기관을 통하여 흡수된 독성물질의 일차표적이 된다.

해답 90. ① 91. ① 92. ④ 93. ③ 94. ④ 95. ②

96. 「산업안전보건법」상 기타 분진의 산화규소, 결정체 함유율과 노출기준으로 맞는 것은?

① 함유율: 0.1% 이상, 노출기준: $5mg/m^3$

② 함유율: 0.1% 이하, 노출기준: $10mg/m^3$

③ 함유율: 1% 이상, 노출기준: $5mg/m^3$

④ 함유율: 1% 이하, 노출기준: $10mg/m^3$

해설 기타 분진(산화규소 결정체 1% 이하)의 노출기준은 $10mg/m^3$이며, 발암성 1A(산화규소 결정체 0.1% 이상에 한함)로 제정되어 있다.

97. 다음 중 Haber의 법칙을 가장 잘 설명한 공식은?

① $K = C^2 \times t$ ② $K = C \times t$

③ $K = C/t$ ④ $K = t/C$

해설 하버(Haber)의 법칙
양–반응관계를 설명하는 법칙으로 용량(유해물질지수) K = 노동(C)×노출시간(t)이다.

98. 급성독성과 관련이 있는 용어는?

① TWA

② C(Ceiling)

③ ThD0(Threshold Dose)

④ NOEL(No Observed Effect Level)

해설 C(Ceiling)
• 최고 노출기준, 최고 허용농도, 천정치
• 근로자가 잠시라도 노출되어서는 안 되는 농도로 자극성 가스나 독작용이 빠른 급성중독과 관련이 있는 기준이다.

99. 대사과정에 의해서 변화된 후에만 발암성을 나타내는 선행발암물질(procarcinogen)로만 연결된 것은?

① PAH, Nitrosamine

② PAH, methyl nitrosourea

③ Benzo(a)pyrene, dimethyl sulfate

④ Nitrosamine, ethyl methanesulfonate

해설
• PAH는 벤젠고리가 2개 이상 연결된 것이다.
• PAH의 대사에 관여하는 효소는 시토크롬 P–448로 대사되는 중간산물이 발암성을 나타낸다.
• PAH는 배설을 쉽게 하기 위하여 수용성으로 대사된다.
• 다핵방향족탄화수소에는 나프탈렌, 벤조피렌, 알킬나프탈렌 등이 있다.

100. 인체 내에서 독성이 강한 화학물질과 무독한 화학물질이 상호작용하여 독성이 증가되는 현상을 무엇이라 하는가?

① 상가작용   ② 상승작용

③ 가승작용   ④ 길항작용

해설 독성물질 간의 상호작용
• 상승작용: 매우 큰 독성을 발휘하는 물질의 상호작용을 나타내는 것으로 각각의 단일물질에 노출되었을 때 3+3=10으로 표현할 수 있다. 2+3=20이다.
• 상가작용: 독성물질의 영향력의 합으로 나타낸 경우 3+3=6이 된다.
• 가승작용 potentiation: 0+2=7(예: 단독으로 투여하면 전혀 독성이 없는 물질이 다른 물질과 함께 투여하면 독성이 현저하게 증가한다.)
• 길항작용(拮抗作用, antagonism)은 생물체 내의 현상에서 두 개의 요인이 동시에 작용할 때 서로 그 효과를 상쇄하는 것이다.

해답 96. ④ 97. ② 98. ② 99. ① 100. ③

| 1 | 산업위생학개론

1. 다음 중 산업위생전문가로서 근로자에 대한 책임과 가장 관계가 깊은 것은?

   ① 근로자의 건강보호가 산업위생전문가의 1차적인 책임이라는 것을 인식한다.
   ② 이해관계가 있는 상황에서는 고객의 입장에서 관련 자료를 제시한다.
   ③ 기업주에 대하여는 실현 가능한 개선점으로 선별하여 보고한다.
   ④ 적절하고도 확실한 사실을 근거로 전문적인 견해를 발표한다.

   해설 근로자에 대한 책임
   • 근로자의 건강보호가 산업위생전문가의 일차적 책임임을 인지한다.
   • 근로자와 기타 여러 사람의 건강과 안녕이 산업위생전문가의 판단에 좌우된다는 것을 깨달아야 한다.
   • 위험요인의 측정, 평가 및 관리에 있어서 외부의 영향력에 굴하지 않고 중립적(객관적)인 태도를 취한다.
   • 건강의 유해요인에 대한 정보(위험요소)와 필요한 예방조치에 대해 근로자와 상담(대화)한다.

2. 미국산업위생전문가협의회(ACGIH)에서 산출한 1일 8시간 및 1주일 40시간의 평균농도로 거의 모든 근로자가 나쁜 영향을 받지 않고 노출될 수 있는 농도를 어떻게 표기하는가?

   ① MAC
   ② TLV-TWA
   ③ Ceiling
   ④ TLV-STEL

   해설 허용농도
   • TLV-TWA : 1일 8시간 작업을 기준으로 유해요인의 측정농도에 발생시간을 곱하여 8시간으로 나눈 농도로서 TWA라 하며, 다음 식에 의해 산출한다.
   $$TWA = (C_1 T_1 + C_2 T_2 + \cdots + C_n T_n)/8$$
   • TLV-STEL : 근로자가 1회에 15분간 유해요인에 노출되는 경우와 허용농도로서 이 농도 이하에서 1회 노출시간이 1시간 이상인 경우 1일 작업시간 동안 4회까지 노출이 허용될 수 있는 단시간 노출한계를 뜻한다.
   • TLV-C : 근로자가 1일 작업시간 동안 잠시라도 노출되어서는 안 되는 최고허용농도를 뜻하며, 허용농도 앞에 "C"를 표기한다.

3. 미국산업위생학술원(AAIH)에서 채택한 산업위생 분야에 종사하는 사람들이 지켜야 할 윤리강령에 포함되지 않는 것은?

   ① 국가에 대한 책임
   ② 전문가로서의 책임
   ③ 일반 대중에 대한 책임
   ④ 기업주와 고객에 대한 책임

   해설 미국산업위생학술원(AAIH)에서 채택한 산업위생 분야에 종사하는 사람이 지켜야 할 윤리강령
   • 산업위생 전문가로서의 책임
   • 근로자에 대한 책임
   • 기업주와 고객에 대한 책임
   • 일반 대중에 대한 책임

4. 중량물 취급과 관련하여 요통 발생에 관여하는 요인으로 가장 관계가 적은 것은?

해답 1. ① 2. ② 3. ① 4. ①

① 근로자의 심리상태 및 조건
② 작업습관과 개인적인 생활태도
③ 요통 및 기타 장애(자동차 사고, 넘어짐)의 경력
④ 물리적 환경요인(작업빈도, 물체 위치·무게 및 크기)

해설 근로자의 심리상태 및 조건은 중량물 취급과 관련하여 요통 발생에 관여하는 직접적인 요인으로 볼 수 없다.

5. Diethyl ketone(TLV=200ppm)을 사용하는 근로자의 작업시간이 9시간일 때 허용기준을 보정하였다. OSHA 보정법과 Brief and Scala 보정법을 적용하였을 경우 보정된 허용기준치 간의 차이는 약 몇 ppm인가?

① 5.05
② 11.11
③ 22.22
④ 33.33

해설 보정된 허용기준

• OSHA $= \dfrac{8}{\text{노출시간(hr)/일}} \times 8$시간 허용기준

$= \dfrac{8}{9} \times 200\text{ppm} = 177.78\text{ppm}$

• Breig & Scala $= \dfrac{8}{H} \times \dfrac{24-H}{16}$

$= RF \times TLV$

$= \dfrac{8}{9} \times \dfrac{24-9}{16} = 0.8333$

보정된 노출기준 $= 200 \times 0.8333 = 166.67$
∴ 차이 $= 177.78 - 166.67 = 11.11$

6. 에틸벤젠(TLV-100ppm)을 사용하는 작업장의 작업시간이 9시간일 때에는 허용기준을 보정하여야 한다. OSHA 보정방법과 Breig&Scala 보정방법을 적용하였을 때 두 보정된 허용기준치 간의 차이는 약 얼마인가?

① 2.2ppm
② 3.3ppm
③ 4.2ppm
④ 5.6ppm

해설

• OSHA $= \dfrac{8}{\text{노출시간(hr)/일}} \times 8$시간 허용기준

$= \dfrac{8}{9} \times 100\text{ppm} = 88.89\text{ppm}$

• Brief & Scala $= \dfrac{8}{H} \times \dfrac{24-H}{16}$

$= \dfrac{8}{9} \times \dfrac{24-9}{16} = 0.8333$

• 보정 노출기준=RF×8시간 노출기준
• 보정된 허용기준=0.033×100ppm = 83.33ppm
∴ 허용기준치 차이=88.89 − 83.33 = 5.6ppm

7. 조건이 고려된 NIOSH에서 제안한 중량물 취급작업의 권고치 중 감시기준(AL)을 구하기 위한 식에 포함된 요소가 아닌 것은?

① 대상물체의 수평거리
② 대상물체의 이동거리
③ 대상물체의 이동속도
④ 중량물 취급작업의 빈도

해설 감시기준(AL) 관계식

$$AL(\text{kg}) = 40\left(\dfrac{15}{H}\right)(1-0.004|V-75|)\left(0.7+\dfrac{7.5}{D}\right)\left(1-\dfrac{F}{F_{\max}}\right)$$

여기서, H : 대상물체의 수평거리
V : 대상물체의 수직거리
D : 대상물체의 이동거리
F : 중량물 취급작업의 빈도

8. 다음 중 유해인자와 그로 인하여 발생되는 직업병이 올바르게 연결된 것은?

① 크롬-간암
② 이상기압-침수족
③ 석면-악성중피종
④ 망간-비중격천공

해설
• 이상기압: 감압병(잠함병), 폐수종
• 망간: 신경염
• 6가 크롬: 비중격천공

9. 다음 중 근육운동을 하는 동안 혐기성 대사에 동원되는 에너지원과 가장 거리가 먼 것은?

① 아세트알데히드
② 크레아틴인산(CP)
③ 글리코겐
④ 아데노신삼인산(ATP)

해답 5. ② 6. ④ 7. ③ 8. ③ 9. ②

> **해설** 혐기성 대사에 동원되는 에너지원
> 아데노신삼인산(ATP), 크레아틴인산(CP), 글리코겐 또는 포도당

10. 직업성 질환 중 직업상의 업무에 의하여 1차적으로 발생하는 질환은?

① 합병증
② 일반 질환
③ 원발성 질환
④ 속발성 질환

> **해설** 직업성 질환의 범위
> • 합병증이 원발성 질환과 불가분의 관계를 가지는 경우를 포함한다.
> • 직업상 업무에 기인하여 1차적으로 발생하는 원발성 질환을 포함한다.
> • 원발성 질환과 합병 작용하여 제2의 질환을 유발하는 경우를 포함한다.
> • 원발성 질환부위가 아닌 다른 부위에서도 동일한 원인에 의하여 제2의 질환을 일으키는 경우를 포함한다.

11. 다음 중 작업종류별 바람직한 작업시간과 휴식시간을 배분한 것으로 옳지 않은 것은?

① 사무작업: 오전 4시간 중에 2회, 오후 1시에서 4시 사이에 1회, 평균 10~20분 휴식
② 정신집중작업: 가장 효과적인 것은 60분 작업에 5분간 휴식
③ 신경운동성의 경속도 작업: 40분간 작업과 20분간 휴식
④ 중근작업: 1회 계속작업을 1시간 정도로 하고, 20~30분씩 오전에 3회, 오후에 2회 정도 휴식

> **해설** 정신집중작업은 50분 작업에 10분 휴식 또는 30분 작업에 5분간 휴식하는 것이 가장 효과적이다.

12. 미국산업안전보건연구원(NIOSH)에서 제시한 중량물의 들기 작업에 관한 감시기준(Action Limit)과 최대허용기준(Maximum Permissible Limit)의 관계를 바르게 나타낸 것은?

① MPL=3AL
② MPL=5AL
③ MPL=10AL
④ MPL=$\sqrt{2}$ AL

> **해설** 최대허용기준(MPL)의 관계식
> $MPL = AL(\text{감시기준}) \times 3$

13. 「산업안전보건법」상 사무실 공기질의 측정대상 물질에 해당하지 않는 것은?

① 석면
② 일산화질소
③ 일산화탄소
④ 총부유세균

> **해설** 사무실 공기질 측정대상물질
> • 이산화질소(NO_2)   • 일산화탄소(CO)
> • 이산화탄소(CO_2)   • 미세먼지(PM 10)
> • 초미세먼지(PM 2.5)   • 포름알데히드(HCHO)
> • 총휘발성 유기화합물(TVOC)
> • 라돈(radon)   • 총부유세균
> • 곰팡이

14. 현재 총 흡음량이 1,200sabins인 작업장의 천장에 흡음물질을 첨가하여 2,800sabins을 더할 경우 예측되는 소음감소량(dB)은 약 얼마인가?

① 3.5
② 4.2
③ 4.8
④ 5.2

> **해설** $NR(\text{dB}) = 10\log\dfrac{A_2}{A_1} = 10\log\dfrac{1,200 + 2,800}{1,200}$
> $\qquad\qquad = 5.23\text{dB}$
> 여기서, A_1 : 흡음물질을 처리하기 전의 총흡음량(sabibs)
> $\qquad\quad A_2$: 흡음물질을 처리한 후의 총흡음량(sabins)

15. 「산업안전보건법령」상 물질안전보건자료 대상 물질을 제조·수입하려는 자가 물질안전보건자료에 기재해야 하는 사항에 해당되지 않는 것은? (단, 그 밖에 고용노동부장관이 정하는 사항은 제외한다.)

① 응급조치 요령
② 물리·화학적 특성
③ 안전관리자의 직무범위
④ 폭발·화재 시의 대처방법

> **해설** 산안법상 물질안전보건자료(MSDS) 작성 시 포함되어야 할 항목 제10조(작성항목)
> ① 물질안전보건자료 작성 시 포함되어야 할 항목 및 그 순

⊙해답 10. ③ 11. ② 12. ① 13. ② 14. ④ 15. ③

서는 다음 각 호에 따른다.
1. 화학제품과 회사에 관한 정보
2. 유해성·위험성
3. 구성성분의 명칭 및 함유량
4. 응급조치요령
5. 폭발·화재 시 대처방법
6. 누출사고 시 대처방법
7. 취급 및 저장방법
8. 노출 방지 및 개인보호구
9. 물리화학적 특성
10. 안정성 및 반응성
11. 독성에 관한 정보
12. 환경에 미치는 영향
13. 폐기 시 주의사항
14. 운송에 필요한 정보
15. 법적 규제 현황
16. 그 밖의 참고사항

16. 다음 중 밀폐공간과 관련된 설명으로 바르지 않은 것은?
① "산소결핍"이란 공기 중의 산소 농도가 16% 미만인 상태를 말한다.
② "산소결핍증"이란 산소가 결핍된 공기를 들이마심으로써 생기는 증상을 말한다.
③ "유해가스"란 밀폐공간에서 탄산가스, 황화수소 등의 유해물질이 가스 상태로 공기 중에 발생하는 것을 말한다.
④ "적정공기"란 산소 농도의 범위가 18% 이상 23.5% 미만, 탄산가스의 농도가 1.5% 미만, 황화수소의 농도가 10ppm 미만인 수준의 공기를 말한다.

해설 "산소결핍"이란 공기 중의 산소 농도가 18% 미만인 상태를 말한다.

17. 우리나라 고시에 따르면 하루에 몇 시간 이상 집중적으로 자료입력을 위해 키보드 또는 마우스를 조작하는 작업을 근골격계 부담작업으로 분류하는가?
① 2시간   ② 4시간
③ 6시간   ④ 8시간

해설 고용노동부 근골격계부담작업의 범위 및 유해요인 조사 방법에 관한 고시 제3조(근골격계부담작업) 하루에 4시간 이상 집중적으로 자료입력 등을 위해 키보드 또는 마우스를 조작하는 작업

18. 다음 중 사업장의 보건관리에 대한 내용으로 틀린 것은?
① 고용노동부장관은 근로자의 건강을 보호하기 위하여 필요하다고 인정할 때에는 사업주에게 특정 근로자에 대한 임시건강진단의 실시나 그 밖에 필요한 조치를 명할 수 있다.
② 사업주는 산업안전보건위원회 또는 근로자대표가 요구할 때에는 본인의 동의 없이도 건강진단을 한 건강진단기관으로 하여금 건강진단결과에 대한 설명을 하도록 할 수 있다.
③ 고용노동부장관은 직업성 질환의 진단 및 예방, 발생원인의 규명을 위하여 필요하다고 인정할 때에는 근로자의 질병과 작업장의 유해요인의 상관관계에 관한 직업성 질환 역학조사를 할 수 있다.
④ 사업주는 유해하거나 위험한 작업으로써 대통령령으로 정하는 작업에 종사하는 근로자에게는 1일 6시간, 1주 34시간을 초과하여 근로하게 하여서는 아니 된다.

해설 사업주는 산업안전보건위원회 또는 근로자 대표가 요구할 때에는 직접 또는 건강진단을 실시한 기관으로 하여금 건강진단결과에 대한 설명을 하도록 하여야 한다. 다만, 본인의 동의 없이는 개별 근로자의 건강진단결과를 공개하여서는 아니 된다.

19. 사고예방대책 기본원리 5단계를 올바르게 나열한 것은?
① 사실의 발견 → 조직 → 분석·평가 → 시정방법의 선정 → 시정책의 적용
② 사실의 발견 → 조직 → 시정방법의 선정 → 시정책의 적용 → 분석·평가
③ 조직 → 사실의 발견 → 분석·평가 → 시정방

법의 선정 → 시정책의 적용

④ 조직 → 분석·평가 → 사실의 발견 → 시정
방법의 선정 → 시정책의 적용

해설 하인리히의 사고예방대책의 기본원리 5단계
- 1단계: 안전관리 조직 구성(조직)
- 2단계: 사실의 발견
- 3단계: 분석·평가
- 4단계: 시정방법의 선정(대책의 선정)
- 5단계: 시정책의 적용(대책 실시)

20. 산업재해의 기본원인인 4M에 해당되지 않는 것은?

① 방식(Mode)

② 설비(Machine)

③ 작업(Media)

④ 관리(Management)

해설 재해의 기본원인인 4M은 Man(인간), Machine(기계), Media(매체), Management(관리)를 의미한다.

| 2 | 작업위생측정 및 평가

21. 금속제품을 탈지 세정하는 공정에서 사용하는 유기용제인 트리클로로에틸렌이 근로자에게 노출되는 농도를 측정하고자 한다. 과거의 노출농도를 조사해 본 결과, 평균 50ppm이었을 때, 활성탄관(100mg/50mg)을 이용하여 0.4L/min으로 채취하였다면 채취해야 할 시간(min)은? (단, 트리클로로에틸렌의 분자량은 131.39이고 기체크로마토그래피의 정량한계는 시료당 0.5mg, 1기압, 25℃기준으로 기타 조건은 고려하지 않는다.)

① 약 2.4분   ② 약 3.2분

③ 약 4.7분   ④ 약 5.3분

해설 채취해야 할 시간(min)
trichloroethylene의 과거 평균 농도 50ppm을 mg/m³로 환산한다.

$$mg/m^3 = 50ppm \times \frac{131.39g}{24.45L} = 268.7mg/m^3$$

정량한계가 시료당 0.5mg이므로 최소한으로 채취해야 하는 양을 결정한다.

$$부피 = \frac{LOQ}{과거\ 농도} = \frac{0.5mg}{268.7mg/m^3} = 0.00186m^2$$

$$0.00186m^3 \times \frac{1,000L}{m^3} = 1.86L$$

$$\therefore\ 채취\ 최소시간(분) = \frac{1.86L}{0.4L/min} = 4.7min$$

22. 연속적으로 일정한 농도를 유지하면서 만드는 방법 중 dynamic method에 관한 설명으로 틀린 것은?

① 농도변화를 줄 수 있다.

② 대개 운반용으로 제작된다.

③ 만들기가 복잡하고, 가격이 고가이다.

④ 소량의 누출이나 벽면에 의한 손실은 무시할 수 있다.

해설 다이나믹 기법(dynamic method)
- 농도변화를 줄 수 있고, 알고 있는 공기 중 농도를 만드는 방법이다.
- 희석공기와 오염물질을 연속적으로 흘려주어 일정한 농도를 유지하면서 만드는 방법이다.
- 온도·습도 조절이 가능하고 지속적인 모니터링이 필요하다.
- 제조가 어렵고, 비용도 고가이다.
- 다양한 농도 범위에서 제조 가능하나 일정한 농도를 유지하기가 매우 곤란하다.
- 가스, 증기, 에어로졸 실험도 가능하다.
- 소량의 누출이나 벽면에 의한 손실을 무시할 수 있다.

23. 고성능 액체크로마토그래피(HPLC)에 관한 설명으로 틀린 것은?

① 주 분석대상 화학물질은 PCB 등의 유기화학물질이다.

② 장점으로 빠른 분석 속도, 해상도, 민감도를 들 수 있다.

③ 분석물질이 이동상에 녹아야 하는 제한점이 있다.

④ 이동상인 운반가스의 친화력에 따라 용리법,

해답 20. ①   21. ③   22. ②   23. ④

치환법으로 구분된다.

액체크로마토그래피(High Performance Liquid Chromatography) 원리

액체크로마토그래피는 이동상으로 액체를 사용하는 것이 특징이다. 시료의 화학물질이 녹아 있는 이동상을 펌프를 이용하여 고압의 일정한 유속으로 밀어서 충진제가 충진되어 있는 고정상인 컬럼을 통과하도록 하며, 이때 시료의 화학물질이 이동상과 고정상에 대한 친화도에 따라 다른 시간대별로 컬럼을 통과하는 원리를 이용하고, 이러한 화학물질을 검출기를 이용하여 시간대별 반응의 크기를 측정함으로써 특정 화학물질을 정량하는 방법이다.

24. NaOH 10g을 10L의 용액에 녹였을 때, 이 용액의 몰농도(M)는? (단, 나트륨 원자량은 23이다.)

① 0.025
② 0.25
③ 0.05
④ 0.5

해설 몰농도(M)의 단위는 mol/L이며, NaOH의 분자량 (g/mol)은 40(Na : 23+산소 : 16+수소 : 1)이다.

$$\therefore \ 몰(M)농도 = \frac{10g}{10L} \times \frac{1mol}{40g} = 0.025M \, (mol/L)$$

25. 작업장의 현재 총 흡음량은 600sabins이다. 천정과 벽 부분에 흡음재를 사용하여 작업장의 흡음량을 3,000sabins 추가하였을 때 흡음대책에 따른 실내 소음의 저감량(dB)은?

① 약 12
② 약 8
③ 약 4
④ 약 3

해설 실내소음 저감량(NR)

$$NR(dB) = 10\log \frac{\begin{array}{c}흡음물질 처리 전 흡음량(sabins)\\+추가한 흡음량(sabins)\end{array}}{흡음물질 처리 전 흡음량(sabins)}$$
$$= 10\log \frac{600+3,000}{600} = 7.78dB \, (약 8dB)$$

26. 입경이 50μm이고 비중이 1.32인 입자의 침강속도(cm/s)는 얼마인가?

① 8.6
② 9.9
③ 11.9
④ 13.6

해설 Lippman 식에 의한 종단(침강)속도

• 입자크기 1~50μm에 적용
• V(cm/sec)=0.003×ρ×d^2
   =0.003×1.32×50

=9.9cm/sec

27. 다음 중 복사기, 전기기구, 플라스마 이온방식의 공기청정기 등에서 공통적으로 발생할 수 있는 유해물질로 가장 적절한 것은?

① 오존
② 이산화질소
③ 일산화탄소
④ 포름알데히드

해설 실내 오존 발생기기

• 복사기, 레이저 프린터, 팩시밀리 등 고전압 전류를 사용하는 사무기기는 실내 오존 농도를 높이는 기기이다.
• 복사기 사용 시, 맡을 수 있는 자극적인 냄새가 바로 오존 냄새다.

28. 직경 분립 충돌(cascade impactor)의 특성을 설명한 것으로 옳지 않은 것은?

① 비용이 저렴하고 채취 준비가 간단하다.
② 공기가 옆에서 유입되지 않도록 각 충돌기의 철저한 조립과 장착이 필요하다.
③ 입자의 질량크기 분포를 얻을 수 있다.
④ 흡입성, 흉곽성, 호흡성 입자의 크기별 분포와 농도를 얻을 수 있다.

해설 직경 분립 충돌은 비용이 많이 든다.

29. 임핀저(impinger)로 작업장 내 가스를 포집하는 경우, 첫 번째 임핀저의 포집효율이 90%이고 두 번째 임핀저의 포집효율은 50%였다. 두 개를 직렬로 연결하여 포집하면 전체 포집효율은?

① 93%
② 95%
③ 97%
④ 99%

해설 $\eta_T = \eta_1 + \eta_2(1-\eta_1) = 0.9 + 0.5(1-0.9)$
$= 0.95 \times 100 = 95\%$

30. 다음은 소음 측정에 관한 내용이다. ( ) 안의 내용으로 옳은 것은? (단, 고용노동부 고시 기준)

해답 24. ① 25. ② 26. ② 27. ① 28. ① 29. ②
30. ④

누적소음노출량 측정기로 소음을 측정하는 경우에는 criteria 는 (㉠)dB, exchange rate는 5dB, threshold는 (㉡)dB로 기기를 설정할 것

① ㉠ 70, ㉡ 80   ② ㉠ 80, ㉡ 70
③ ㉠ 80, ㉡ 90   ④ ㉠ 90, ㉡ 80

해설 누적소음노출량 측정기의 설정(고용노동부 고시)
• criteria=90dB
• exchange rate=5dB
• threshold=80dB

31. 종단속도가 0.632m/hr인 입자가 있다. 이 입자의 직경이 3μm라면 비중은?

① 0.65   ② 0.55
③ 0.86   ④ 0.77

해설 종단속도$(cm/sec) = 0.003 \times \rho \times d^2$

$$\therefore \rho = \frac{0.632m/hr \times hr/3,600sec \times 100cm/m}{0.003 \times 3^2} = 0.65$$

32. 누적소음노출량(D, %)을 적용하여 시간가중평균소음기준(TWA, dB(A))을 산출하는 식은? (단, 고용노동부 고시를 기준으로 한다.)

① $TWA = 61.16\log\left(\dfrac{D}{100}\right) + 70$

② $TWA = 16.61\log\left(\dfrac{D}{100}\right) + 70$

③ $TWA = 16.61\log\left(\dfrac{D}{100}\right) + 90$

④ $TWA = 61.16\log\left(\dfrac{D}{100}\right) + 90$

해설 시간가중평균소음수준(TWA)

$TWA = 16.61\log\left[\dfrac{D(\%)}{100}\right] + 90(dB(A))$

여기서, TWA : 시간가중평균소음수준(dB(A))
　　　　D : 누적소음 폭로량(%)

33. 어떤 작업장에서 액체혼합물이 A가 30%, B가 50%, C가 20%인 중량비로 구성되어 있다면, 이 작업장의 혼합물의 허용농도는 몇 mg/m³인가? (단, 각 물질의 TLV는 A의 경우 1,600mg/m³, B의 경우 720mg/m³, C의 경우 670mg/m³이다.)

① 101   ② 257
③ 847   ④ 1,151

해설 혼합물의 허용농도(mg/m³)

$$= \frac{1}{\dfrac{f_1}{TLV_1} + \dfrac{f_2}{TLV_2} + \dfrac{f_3}{TLV_3}}$$

$$= \frac{1}{\dfrac{0.3}{1,600} + \dfrac{0.5}{720} + \dfrac{0.2}{670}} = 847mg/m^3$$

34. 다음 중 직독식 기구로만 나열된 것은?

① AAS, ICP, 가스모니터
② AAS, 휴대용 GC, GC
③ 휴대용 GC, ICP, 가스검지관
④ 가스모니터, 가스검지관, 휴대용 GC

해설 AAS, ICP, GC, ICP 등은 중금속 및 가스상 물질 등을 분석하는 장비이다.

35. 시간당 200~350kcal의 열량이 소모되는 중동 작업 조건에서 WBGT 측정치가 31.2℃일 때 고열작업 노출기준의 작업 및 휴식 조건은?

① 매시간 50% 작업, 50% 휴식 조건
② 매시간 75% 작업, 25% 휴식 조건
③ 매시간 25% 작업, 75% 휴식 조건
④ 계속작업 조건

해설 고열작업장의 노출기준(고용노동부, ACGIH)

단위: WBGT(℃)

시간당 작업과 휴식비율	작업 강도		
	경작업	중등작업	중(힘든)작업
연속작업	30.0	26.7	25.0
75% 작업, 25% 휴식 (45분 작업, 15분 휴식)	30.6	28.0	25.9
50% 작업, 50% 휴식 (30분 작업, 30분 휴식)	31.4	29.4	27.9
25% 작업, 75% 휴식 (15분 작업, 45분 휴식)	32.2	31.1	30.0

• 경작업 : 시간당 200kcal까지의 열량이 소요되는 작업을 말하며, 앉아서 또는 서서 기계의 조정을 하기 위하여 손 또는 팔을 가볍게 쓰는 일 등이 해당됨

해답 31. ① 32. ③ 33. ③ 34. ④ 35. ③

- 중등작업: 시간당 200~350kcal의 열량이 소요되는 작업을 말하며, 물체를 들거나 밀면서 걸어다니는 일 등이 해당됨
- 중(격심)작업: 시간당 350~500kcal의 열량이 소요되는 작업을 뜻하며, 곡괭이질 또는 삽질하는 일과 같이 육체적으로 힘든 일 등이 해당됨

36. 가스상 물질에 대한 시료채취 방법 중 '순간시료 채취 방법을 사용할 수 없는 경우'와 가장 거리가 먼 것은?

① 유해물질의 농도가 시간에 따라 변할 때
② 반응성이 없는 가스상 유해물질일 때
③ 시간 가중 평균치를 구하고자 할 때
④ 공기 중 유해물질의 농도가 낮을 때

해설 순간시료채취 방법을 적용할 수 없는 경우
공기 중 오염물질의 농도가 낮을 때(유해물질이 농축되는 효과가 없기 때문에 검출기의 검출한계보다 공기 중 농도가 높아야 함)

37. 접착공정에서 본드를 사용하는 작업장에서 톨루엔을 측정하고자 한다. 노출기준의 10%까지 측정하고자 할 때, 최소시료채취시간(min)은? (단, 작업장은 25℃, 1기압이며, 톨루엔의 분자량은 92.14, 기체크로마토그래피의 분석에서 톨루엔의 정량한계는 0.5mg/m³, 노출 기준은 100ppm, 채취유량은 0.15L/분이다.)

① 13.3
② 39.6
③ 88.5
④ 182.5

해설 최소시료채취시간(min)

$$농도(mg/m^3) = (100ppm \times 0.1) \times \frac{92.14}{24.45} = 37.69mg/m^3$$

$$최소채취부피(L) = \frac{0.5mg}{37.69mg/m^3} \times 10,000L = 13.27L$$
$$= 13.27L$$

$$\therefore 최소시료채취시간 = \frac{13.27L}{0.15L/min} = 88.5min$$

38. 다음 중 표본에서 얻은 표준편차와 표본의 수만 가지고 얻을 수 있는 것은?

① 산술평균치
② 분산
③ 변이계수
④ 표준오차

해설 변동계수(=변이계수, Coefficient of Variation)는 표준편차를 평균으로 나눈 값을 의미한다.

39. 산업위생통계에서 유해물질 농도를 표준화하려면 무엇을 알아야 하는가?

① 측정치와 노출기준
② 평균치와 표준편차
③ 측정치와 시료수
④ 기하평균치와 기하 표준편차

해설 $표준화값(Y) = \dfrac{TWA \ 또는 \ STEL}{허용기준(노출기준)}$

40. 화학공장의 작업장 내에 먼지 농도를 측정하였더니 5, 6, 5, 6, 6, 6, 4, 8, 9, 8ppm이었다. 이러한 측정치의 기하평균(ppm)은?

① 5.12
② 5.83
③ 6.12
④ 6.83

해설 기하평균

$$\log(GM) = \frac{\log X_1 + \log X_2 + \cdots + \log X_n}{N}$$

$$= \frac{\begin{matrix}\log 5 + \log 6 + \log 5 + \log 6 + \log 6 + \log 6 \\ + \log 4 + \log 8 + \log 9 + \log 8\end{matrix}}{10}$$

$$= 0.787$$

$$\therefore GM = 10^{0.787} = 6.12ppm$$

|3| 작업환경관리대책

41. 밀도가 1.2kg/m³인 공기가 송풍관 내에서 24m/s의 속도로 흐른다면, 이때 속도압은?

① 19.3 mmH₂O
② 28.3 mmH₂O
③ 35.3 mmH₂O
④ 48.3 mmH₂O

해설

$$속도압(VP) = \frac{\gamma V^2}{2g} = \frac{1.2 \times (24m/sec)^2}{2 \times 9.8}$$
$$= 35.26mmH_2O = 35.3mmH_2O$$

여기서, VP: 속도압(kgf/m² ≒ mmH₂O)

V : 공기속도(m/sec)

g : 중력가속도(9.8m/sec)

γ : 공기밀도

42. 송풍량이 100㎥/min, 송풍기 전압이 120mmH₂O, 송풍기 효율 65%, 여유율이 1.25인 송풍기의 소요동력은?

① 6.0kW   ② 5.2kW

③ 4.5kW   ④ 3.8kW

해설 송풍기의 소요동력(kW)

$$= \frac{Q \times \Delta P}{6,120 \times \eta} \times 여유율$$

$$= \frac{100^3/min \times 120mmH_2O}{6,120 \times 0.65} \times 1.25$$

$$= 3.77kW ≒ 3.8kW$$

43. 국소배기시설의 일반적 배열순서로 가장 적절한 것은?

① 후드 → 덕트 → 송풍기 → 공기정화장치 → 배기구

② 후드 → 송풍기 → 공기정화장치 → 덕트 → 배기구

③ 후드 → 덕트 → 공기정화장치 → 송풍기 → 배기구

④ 후드 → 공기정화장치 → 덕트 → 송풍기 → 배기구

해설 「산업환기설비에 관한 기술지침」에 의거 일반적 국소배기장치는 후드 → 덕트 → 공기정화기 → 송풍기(배풍기) → 배출구 순으로 설치하는 것을 원칙으로 한다.

44. 전기집진장치의 장점으로 옳지 않은 것은?

① 가연성 입자의 처리에 효율적이다.

② 넓은 범위의 입경과 분진 농도에 집진효율이 높다.

③ 압력손실이 낮으므로 송풍기의 가동비용이 저렴하다.

④ 고온 가스를 처리할 수 있어 보일러와 철강로 등에 설치할 수 있다.

해설 가연성 가스의 처리에는 비효율적이다.

45. 어느 작업장에서 크실렌(Xylene)을 시간당 2리터(2L/hr) 사용할 경우 작업장의 희석환기량(m³/min)은? (단, 크실렌의 비중은 0.88, 분자량은 106, TLV는 100ppm이고, 안전계수 K는 6, 실내온도는 20℃이다.)

① 약 200   ② 약 300

③ 약 400   ④ 약 500

해설 작업시간 1시간당 필요환기량(m³/min)

$$= \frac{24.1 \times 비중 \times 유해물질의\ 시간당\ 사용량 \times K \times 10^6}{분자량 \times 유해물질의\ 노출기준}$$

$$= \frac{24.1L \times 0.88g \times 2L/hr \times 6 \times 10^6}{106g \times 100ppm} = 24,009m^3/hr$$

시간을 분으로 환산하면, $24,009 / 60 = 400.15m^3/min$

∴ 21℃, 1mol의 부피(기체) = 24.1L

46. 흡인풍량이 200㎥/min, 송풍기 유효전압이 150mmH₂O, 송풍기 효율이 80%, 여유율이 1.2인 송풍기의 소요동력은? (단, 송풍기 효율과 여유율을 고려함)

① 4.8kW   ② 5.4kW

③ 6.7kW   ④ 7.4kW

해설 송풍기의 소요동력(kW)

$$= \frac{Q \times \Delta P}{6,120 \times \eta} \times \alpha = \frac{200 \times 150}{6,120 \times 0.8} \times 1.2 = 7.4kW$$

47. 후드의 정압이 50mmH₂O이고 덕트 속도압이 20mmH₂O일 때, 후드의 압력손실계수는?

① 1.5   ② 2.0

③ 2.5   ④ 3.0

해설

후드의 정압$(SP_h) = VP(1+F)$

50mmH₂O = 20mmH₂O$(1+F)$

$(1+F)$ = 50mmH₂O / 20mmH₂O

∴ F = (50mmH₂O / 20mmH₂O) − 1 = 1.5

해답 **42.** ④ **43.** ③ **44.** ① **45.** ③ **46.** ④ **47.** ①

48. 스토크스 식에 근거한 중력침강속도에 대한 설명으로 틀린 것은? (단, 공기 중의 입자를 고려한다.)

① 중력가속도에 비례한다.

② 입자 직경의 제곱에 비례한다.

③ 공기의 점성계수에 반비례한다.

④ 입자와 공기의 밀도차에 반비례한다.

해설 Stoke's 입자의 침강속도

$$V(cm \cdot sec) = \frac{d^2(\rho_1 - \rho)g}{18\mu}$$

49. 사이클론 설계 시 블로다운 시스템에 적용되는 처리량으로 가장 적절한 것은?

① 처리 배기량의 1~2%

② 처리 배기량의 5~10%

③ 처리 배기량의 40~50%

④ 처리 배기량의 80~90%

해설 블로다운이란 사이클론의 집진율을 높이기 위한 방법으로 사이클론의 집진함 또는 호퍼로부터 처리가스의 5~10%를 흡인해 줌으로써 사이클론 내의 난류현상을 감소시켜 원심력을 증가시키고 집진된 먼지의 재비산을 방지하기 위한 방법이다.

50. 레이놀즈수(Re)를 산출하는 공식은? [단, d; 덕트직경(m), ν: 공기유속(m/s), μ: 공기의 점성계수(kg/sec·m), p: 공기밀도(kg/m³)]

① $Re = (\mu \times p \times d)/\nu$

② $Re = (p \times \nu \times \mu)/d$

③ $Re = (d \times \nu \times \mu)/p$

④ $Re = (p \times d \times \nu)/\mu$

해설 레이놀즈수(Re)

$$Re = \frac{관성력}{점성력} = \frac{\rho V d}{\mu} = \frac{Vd}{\nu}$$

51. 송풍기 정압이 3.5cmH$_2$O일 때 송풍기의 회전속도가 180rpm이다. 만약 회전속도가 360rpm으로 증가되었다면 송풍기 정압은? (단, 기타 조건은 같다고 가정함)

① 16cmH$_2$O

② 14cmH$_2$O

③ 12cmH$_2$O

④ 10cmH$_2$O

해설

송풍기의 정압 = 3.5cmH$_2$O × $\frac{360}{180^2}$ = 14cmH$_2$O

52. 환기시스템에서 포착속도(capture velocity)에 대한 설명 중 틀린 것은?

① 먼지나 가스의 성상, 확산조건, 발생원 주변 기류 등에 따라서 크게 달라질 수 있다.

② 제어풍속이라고도 하며 후드 앞 오염원에서의 기류로서 오염공기를 후드로 흡인하는 데 필요하며, 방해기류를 극복해야 한다.

③ 유해물질의 발생기류가 높고 유해물질이 활발하게 발생할 때는 대략 15~20m/s이다.

④ 유해물질이 낮은 기류로 발생하는 도금 또는 용접 작업공정에서는 대략 0.5~1.0m/s이다.

해설 작업조건에 따른 제어속도 기준(ACGIH)

작업조건	작업공정 사례	제어속도 (m/s)
• 작업장 내 기류의 움직임이 없는 조건에서 오염물질의 발산 • 소음이 거의 없고 기류의 이동이 없는 조건에서 오염물질 발생	• 액체 표면에서 발생하는 가스 또는 흄 증기	0.25~0.5
• 비교적 조용하고 작업자의 움직임 등 약간의 공기움직임이 있는 대기 중에서 낮은 속도로 비산하는 작업조건	• 용접작업, 도금작업 • 분무 도장 • 주물사 작업	0.5~1.0
• 기류의 속도가 높고 유해물질의 활발하게 발생하는 작업조건	• 스프레이 도장, 파쇄기	1.00~2.50
• 기류의 속도가 매우 빠른 작업장에서 초고속으로 비산하는 경우	• 고속 연마기, 블라스팅	2.50~10.00

53. 내경 15mm인 관에 40m/min의 속도로 비압축성 유체가 흐르고 있다. 같은 조건에서 내경만 10mm로 변화하였다면, 유속은 약 몇 m/min인가? (단, 관 내 유체의 유량은 같다.)

① 90   ② 120
③ 160   ④ 210

해설 $Q = A \times V$

A는 원형관이므로 면적은 $\pi d^2/4$으로 계산한다.

$3.14 \times (0.015m)^2 / 4 = 0.00017662$

$40 \times 0.00017662 = 0.0070648$

$V = Q/A$

여기서, A : $3.14 \times (0.01m)^2 / 4 = 0.0000785$

∴ $V = 0.007065 / 0.0000785$

$= 89.9974522 ≒ 90 m^3/min$

54. 외부식 후드(포집형 후드)의 단점으로 틀린 것은?

① 포위식 후드보다 일반적으로 필요송풍량이 많다.

② 외부 난기류의 영향을 받아서 흡인효과가 떨어진다.

③ 기류속도가 후드 주변에서 매우 빠르므로 유기용제나 미세 원료 분말 등과 같은 물질의 손실이 크다.

④ 근로자가 발생원과 환기시설 사이에서 작업할 수 없어 여유계수가 커진다.

해설   외부식 후드는 작업여건상 발생원을 포위할 수 없을 경우 후드 내로 기류를 유도하여 오염물을 후드를 통해 배기할 수 있도록 하는 방식으로, 외부에 기류가 일정치 않을 때에는 큰 효과를 기대할 수 없다는 것이 단점이다.

55. 다음 중 유해작업환경에 대한 개선대책 중 대체(substitution)에 대한 설명과 가장 거리가 먼 것은?

① 페인트 내에 들어 있는 아연을 납 성분으로 전환한다.

② 큰 압축공기식 임펙트렌치를 저소음 유압식 렌치로 교체한다.

③ 소음이 많이 발생하는 리베팅 작업 대신 너트와 볼트 작업으로 전환한다.

④ 유기용제를 사용하는 세척공정을 스팀 세척이나 비눗물을 이용하는 공정으로 전환한다.

해설   산화아연은 허용기준이 $5mg/m^3$이고, 납은 노출기준이 $0.05mg/m^3$으로 잘못된 개선대책이라 할 수 있다.

56. 목재 분진을 측정하기 위한 시료채취장치로 가장 적합한 것은?

① 활성탄관(charcoal tube)

② 흡입성분진 시료채취기(IOM sampler)

③ 호흡성분진 시료채취기(aluminum cyclone)

④ 실리카겔관(silica gel tube)

해설   시료채취장치

- 활성탄관(charcoal tube): 휘발성이 높은 유기화합물 포집에 효율적
- 호흡성분진 시료채취기(aluminum cyclone): 진폐를 일으키는 분진에 적합
- 실리카겔관(silica gel tube): 무기 흡착제 및 비극성 유기용제 포집에 적합

57. 다음 호흡용 보호구 중 안면밀착형인 것은?

① 두건형   ② 반면형
③ 의복형   ④ 헬멧형

해설   호흡용 보호구 중 안면밀착형은 얼굴 전체를 보호하는 전면형과 코와 입을 보호하는 반면형 그리고 안면부에서 직접 여과하는 안면부 여과식이 있다.

58. 보호장구의 재질과 적용 물질에 대한 내용으로 옳지 않은 것은?

① Butyl 고무-비극성 용제에 효과적이다.

② 면-용제에는 사용하지 못한다.

③ 천연고무-극성 용제에 효과적이다.

④ 가죽-용제에는 사용하지 못한다.

해설   적용물질에 따른 보호장구 재질

- 극성 용제에 효과적(알데히드, 지방족): Butyl 고무
- 비극성 용제에 효과적: Viton 재질, Nitrile 고무
- 비극성용제, 극성 용제 중 알코올, 물, 케톤류에 효과적: Neoprene 고무
- 찰과상 예방에 효과적: 가죽(단, 용제에는 사용 못함)
- 고체상 물질에 효과적: 면(단, 용제에는 사용 못함)
- 대부분의 화학물질을 취급할 경우에 효과적: Ethylene vinyl alcohol

해답   **54.** ④   **55.** ①   **56.** ②   **57.** ②   **58.** ①

- 극성 용제 및 수용성 용액에 효과적(절단 및 찰과상 예방): 천연고무

59. 산업위생보호구와 가장 거리가 먼 것은?

① 내열 방화복 ② 안전모
③ 일반 장갑 ④ 일반 보호면

해설 안전모는 안전보호구이다.

60. 슬롯 후드에서 슬롯의 역할은?

① 제어속도를 감소시킴
② 후드 제작에 필요한 재료 절약
③ 공기가 균일하게 흡입되도록 함
④ 제어속도를 증가시킴

해설 슬롯은 가장자리에서도 공기의 흐름을 균일하게 하기 위해 사용된다.

| 4 | 물리적 유해인자관리

61. 온열지수(WBGT)를 측정하는 데 있어 관련이 없는 것은?

① 기습 ② 기류
③ 전도열 ④ 복사열

해설
㉠ 온열지수(온열요소)는 기후요소 중 인간의 체온 조절에 중요한 기온, 기습, 기류, 복사열을 말한다.
㉡ 전도열은 고체를 통해서 열 분자가 이동하는 것을 말한다.

62. 다음 중 동상(frostbite)에 관한 설명으로 가장 거리가 먼 것은?

① 피부의 동결은 -2~0℃에서 발생한다.
② 제2도 동상은 수포를 가진 광범위한 삼출성 염증을 유발시킨다.
③ 동상에 대한 저항은 개인차가 있으며 일반적으로 발가락은 6℃ 정도에 도달하면 아픔을 느낀다.
④ 직접적인 동결 이외에 한랭과 습기 또는 물에

지속적으로 접촉함으로써 발생하며 국소산소 결핍이 원인이다.

해설 ④는 침수족에 대한 설명이다.

63. 다음 중 동상의 종류와 증상이 잘못 연결된 것은?

① 1도: 발적
② 2도: 수포 형성과 염증
③ 3도: 조직 괴사로 괴저 발생
④ 4도: 출혈

해설 동상의 종류
• 1도: 붉은 반점이 생긴 상태(발적)
• 2도: 물집이 생긴 상태(수포 형성과 염증)
• 3도: 피부에 궤양이 생긴 상태(조직 괴사)
• 4도: 피부 깊숙이 괴사가 일어난 상태

64. 산소 농도가 6% 이하인 공기 중의 산소분압으로 옳은 것은? (단, 표준상태이며, 부피기준이다.)

① 45mmHg 이하 ② 55mmHg 이하
③ 65mmHg 이하 ④ 75mmHg 이하

해설
산소분압=760×0.21=160mmHg
대기압은 760mmHg이며 공기 중 산소비율은 21%이다. 따라서 산소분압=760mmHg×0.21=160mmHg
∴ 산소 농도가 6%이면, 760mmHg×0.06=45mmHg

65. 다음 중 이상기압의 영향으로 발생되는 고공성 폐수종에 관한 설명으로 틀린 것은?

① 어른보다 아이들에게서 많이 발생된다.
② 고공 순화된 사람이 해면에 돌아올 때에도 흔히 일어난다.
③ 산소 공급과 해면 귀환으로 급속히 소실되며, 증세는 반복해서 발병하는 경향이 있다.
④ 진해성 기침과 호흡곤란이 나타나고 폐동맥 혈압이 급격히 낮아져 구토, 실신 등이 발생한다.

해답 59. ② 60. ③ 61. ③ 62. ④ 63. ④ 64. ①
65. ④

고공성 폐수종은 진해성 기침과 호흡곤란이 나타나고, 폐동맥 혈압이 상승한다.

66. 고압환경의 인체작용에 있어 2차적 가압현상에 해당하지 않는 것은?

① 산소 중독   ② 질소 마취

③ 공기 전색   ④ 이산화탄소 중독

고압환경에서 2차적인 가압현상
질소가스의 마취작용, 산소 중독, 이산화탄소 중독

※ 공기 전색은 혈관으로 공기가 들어가서 혈관의 일부 또는 전부를 막은 상태를 말함

67. 다음 중 이상기압의 인체작용으로 2차적인 가압현상과 가장 거리가 먼 것은? (단, 화학적 장해를 말한다.)

① 질소 마취   ② 산소 중독

③ 이산화탄소의 중독   ④ 일산화탄소의 작용

이상기압의 인체작용으로 인한 2차적인 가압현상
• 질소가스의 마취작용
• 산소 중독
• 이산화탄소 중독

68. 청력손실이 500Hz에서 12dB, 1,000Hz에서 10dB, 2,000Hz에서 10dB, 4,000Hz에서 20dB일 때 6분법에 의한 평균청력손실은 얼마인가?

① 19dB   ② 16dB

③ 12dB   ④ 8dB

청력손실 6분법

$$평균청력손실(dB) = \frac{a + 2b + 2c + d}{6}$$
$$= \frac{(12 + 2 \times 10 + 2 \times 10 + 20)}{6}$$
$$= 12$$

여기서, a : 500Hz에서의 청력손실치
b : 1,000Hz에서의 청력손실치
c : 2,000Hz에서의 청력손실치
d : 4,000Hz에서의 청력손실치

69. 다음 중 진동에 의한 장해를 최소화시키는 방법과 거리가 먼 것은?

① 진동의 발생원을 격리시킨다.

② 진동의 노출시간을 최소화시킨다.

③ 훈련을 통하여 신체의 적응력을 향상시킨다.

④ 진동을 최소화하기 위하여 공학적으로 설계 및 관리한다.

진동작업장의 환경관리대책이나 근로자의 건강 보호를 위한 조치
• 발진원과 작업자의 거리를 가능한 한 멀리한다.
• 작업자의 적정 체온을 유지시키는 것이 바람직하다.

70. 반향시간(reververation time)에 관한 설명으로 맞는 것은?

① 반향시간과 작업장의 공간부피만 알면 흡음량을 추정할 수 있다.

② 소음원에서 소음 발생이 중지한 후 소음의 감소는 시간의 제곱에 반비례하여 감소한다.

③ 반향시간은 소음이 닿는 면적을 계산하기 어려운 실외에서의 흡음량을 추정하기 위하여 주로 사용한다.

④ 소음원에서 발생하는 소음과 배경소음 간의 차이가 40dB인 경우에는 60dB만큼 소음이 감소하지 않기 때문에 반향시간을 측정할 수 없다.

반향시간 또는 잔향시간(reververation time)
• 실내에서 발생하는 소리는 바닥, 벽, 천정, 창 또는 탁자와 같은 반사 표면에서 반복적으로 반사되어 에너지를 점차 감소시킨다. 이러한 반사가 서로 섞이면 잔향으로 알려진 현상이 만들어진다.
• 잔향은 소리에 대한 많은 반영을 모아놓은 것이다.
• 잔향시간은 사운드 소스가 중단된 후 사운드를 닫힌 영역에서 "페이드 아웃"시키는 데 필요한 시간을 측정한 것이다.
• 잔향시간은 실내가 어쿠스틱 사운드에 어떻게 반응할지 정의하는 데 중요하다.
• 반사가 커튼, 패딩이 적용된 의자 또는 심지어 사람과 같은 흡수성 표면에 닿거나 벽, 천정, 문, 창문 등을 통해 방을 나가면 잔향시간이 줄어든다.

71. 다음 중 재질이 일정하지 않으며 균일하지 않으므로 정확한 설계가 곤란하고 처짐을 크게 할 수

없으며 고유진동수가 10Hz 전후밖에 되지 않아 진동 방지보다는 고체음의 전파 방지에 유익한 방진재료는?

① 방진고무 ② felt
③ 공기용수철 ④ 코르크

해설 코르크
- 재질이 일정하지 않고 재질이 여러 가지로 균일하지 않으므로 정확한 설계가 곤란하다.
- 처짐을 크게 할 수 없으며 고유진동수가 10Hz 전후밖에 되지 않아 진동 방지라기보다는 강체 간 고체음의 전파 방지에 유익한 방진재료이다.

72. 25℃일 때, 공기 중에서 1,000Hz인 음의 파장은 약 몇 m인가?

① 0.0035 ② 0.35
③ 3.5 ④ 35

해설

$C = \lambda f$

여기서, C : 음속(m/sec), λ : 파장(m), f : 주파수(Hz)

- 정상조건에서 1초의 음속: 344.4(344.4m/sec)
- $C = 331.42 + 0.6(t)$

여기서, t : 음 전달 매질의 온도(℃)

$\therefore \lambda = \dfrac{c}{f} = \dfrac{331.42 + (0.6 \times 25)\text{m/sec}}{1,000\text{m/sec}} = 0.35$

73. 다음 중 소음성 난청의 초기단계인 C5-dip 현상이 가장 현저하게 나타나는 주파수는 무엇인가?

① 10,000Hz ② 7,000Hz
③ 4,000Hz ④ 1,000Hz

해설 C5-dip 현상
- 우리 귀는 고주파음에 대단히 민감하다.
- 4,000Hz에서 소음성 난청이 가장 많이 발생한다.
- 소음성 난청의 초기단계로서 4,000Hz에서 청력장애가 현저히 커지는 현상을 의미한다.

74. 다음 중 소음성 난청에 관한 설명으로 틀린 것은?

① 소음성 난청의 초기 증상을 C₅-dip 현상이라 한다.

② 소음성 난청은 대체로 노인성 난청과 연령별 청력변화가 같다.
③ 소음성 난청은 대부분 양측성이며, 감각 신경성 난청에 속한다.
④ 소음성 난청은 주로 주파수 4,000Hz 영역에서 시작하여 전영역으로 파급된다.

해설 소음성 난청의 초기단계로 4,000Hz에서 청력장애가 현저히 커지는 현상이고 노인성 난청은 노화에 의한 퇴행성 질환이며 일반적으로 고음역에 대한 청력손실이 현저하며, 6,000Hz에서부터 난청이 시작된다.

75. 다음 파장 중 살균작용이 가장 강한 자외선의 파장범위는?

① 220~234nm ② 254~280nm
③ 290~315nm ④ 325~400nm

해설 자외선이 인체에 미치는 영향
- 긍정적 영향: Dorno ray에 위해 체내 비타민 D를 생성하여 구루병을 예방하고 피부결핵, 관절염 치료작용, 신진대사 및 적혈구 생성 촉진, 혈압강하작용, 살균작용(2,600~2,800Å, 254~280nm)
- 부정적 영향: 피부의 홍반 및 색소 침착을 일으키며, 심할 경우 부종, 수포현상, 피부박리, 피부암 유발, 결막염, 설암, 백내장

76. 전리방사선 중 전자기방사선에 속하는 것은?

① α선 ② β선
③ γ선 ④ 중성자

해설 γ선은 X선과 동일한 전자기 방사선이다.

77. 다음 중 살균력이 가장 센 파장영역은?

① 1,800~2,100Å ② 2,800~3,100Å
③ 3,800~4,100Å ④ 4,800~5,100Å

해설 자외선(Dorno선)의 파장 범위
태양으로부터 지구에 도달하는 자외선의 파장은 2,920Å~4,000Å 범위 내에 있으며 2,800Å~3,150Å 범위의 파장을 가진 자외선을 Dorno 선이라 한다. 소독작용을 비롯하여 비타민 D의 형성, 피부의 색소침착 등 생물학적 작용이 강하다. 또한 인체에 유익한 작용을 하여 건강선(생명선)이라고도 한다.
$\therefore$ 1Å=1.0×10^{-10}m=0.1nm

해답 72. ② **73.** ③ **74.** ② **75.** ② **76.** ③ **77.** ②

78. 빛과 밝기의 단위에 관한 설명으로 틀린 것은?

① 반사율은 조도에 대한 휘도의 비로 표시한다.
② 광원으로부터 나오는 빛의 양을 광속이라고 하며 단위는 루멘을 사용한다.
③ 입사면의 단면적에 대한 광도의 비를 조도라 하며 단위는 촉광을 사용한다.
④ 광원으로부터 나오는 빛의 세기를 광도라고 하며 단위는 칸델라를 사용한다.

해설 입사면의 단면적에 대한 광도의 비를 조도라 하며, 단위는 lux를 사용한다.

79. 전리방사선 방어의 궁극적 목적은 가능한 한 방사선에 불필요하게 노출되는 것을 최소화하는 데 있다. 국제방사선방호위원회(ICRP)가 노출을 최소화하기 위해 정한 원칙 3가지에 해당하지 않는 것은?

① 작업의 최적화
② 작업의 다양성
③ 작업의 정당성
④ 개개인의 노출량의 한계

해설 방사선방호의 원칙(ICRP)
권고는 방사선방호의 기본 3원칙, 즉 정당화, 최적화 및 선량한도 적용 원칙을 유지하되 이 원칙들이 피폭을 주는 방사선원과 피폭하는 개인에게 어떻게 적용되는가를 명확하게 한다.

80. 불활성가스 용접에서는 자외선량이 많아 오존이 발생한다. 염화계 탄화수소에 자외선이 조사되어 분해될 경우 발생하는 유해물질로 맞은 것은?

① $COCl_2$(포스겐)
② HCl(염화수소)
③ NO_3(삼산화질소)
④ $HCHO$(포름알데히드)

해설 자외선은 공기 중의 NO_2 및 올레핀계 탄화수소와 광화학반응을 일으켜 트리클로로에틸렌이 분해되어 포스겐으로 변경된다.

| 5 | 산업독성학

81. 단시간 노출기준이 시간가중평균농도(TLV-TWA)와 단기간 노출기준(TLV-STEL) 사이일 경우 충족시켜야 하는 3가지 조건에 해당하지 않는 것은?

① 1일 4회를 초과해서는 안 된다.
② 15분 이상 지속 노출되어서는 안 된다.
③ 노출과 노출 사이에는 60분 이상의 간격이 있어야 한다.
④ TLV-TWA의 3배 농도에는 30분 이상 노출되어서는 안 된다.

해설 고용노동부 고시 "단시간노출기준(STEL)"이란 15분간의 시간가중평균노출값으로서 노출농도가 시간가중평균노출기준(TWA)을 초과하고 단시간노출기준(STEL) 이하인 경우에는 1회 노출 지속시간이 15분 미만이어야 하고, 이러한 상태가 1일 4회 이하로 발생하여야 하며, 각 노출의 간격은 60분 이상이어야 한다.

82. 다음 중 폐에 침착된 먼지의 정화과정에 대한 설명으로 틀린 것은?

① 어떤 먼지는 폐포벽을 뚫고 림프계나 다른 부위로 들어가기도 한다.
② 먼지는 세포가 방출하는 효소에 의해 용해되지 않으므로 점액층에 의한 방출 이외에는 체내에 축적된다.
③ 폐에서 먼지를 포위하는 식세포는 수명이 다한 후 사멸하고 다시 새로운 식세포가 먼지를 포위하는 과정이 계속적으로 일어난다.
④ 폐에 침착된 먼지는 식세포에 의하여 포위되어, 포위된 먼지의 일부는 미세 기관지로 운반되고 점액섬모운동에 의하여 정화된다.

해설 먼지는 세포가 방출하는 효소에 의해 용해되고 점액층에 의해 방출되기도 한다.

해답 78. ③ 79. ② 80. ① 81. ④ 82. ②

83. 다음 중 무기성 분진에 의한 진폐증이 아닌 것은?

① 규폐증 ② 용접공폐증
③ 철폐증 ④ 면폐증

해설 진폐증의 원인물질에 따른 분류
- 무기성 분진에 의한 진폐증: 석면폐증, 용접공폐증, 규폐증, 탄광부 진폐증, 활석폐증, 철폐증, 주석폐증, 납석폐증, 바륨폐증, 규조토폐증, 알루미늄폐증, 흑연폐증, 바릴륨폐증
- 유기성 분진에 의한 진폐증: 연초폐증, 농부폐증, 면폐증, 목재분진폐증, 사탕수수깡폐증, 모발분무액폐증

84. 장기간 노출된 경우 간 조직세포에 섬유화증상이 나타나고, 특징적인 악성변화로 간에 혈관육종(hemangio-sarcoma)을 일으키는 물질은?

① 염화비닐 ② 삼염화에틸렌
③ 메틸클로로포름 ④ 사염화에틸렌

해설 염화비닐은 피부자극제이며, 장기간 폭로될 때 간조직 세포에서 여러 소기관이 증식하고 섬유화 증상이 나타나 간에 혈관육종을 유발하며, 장기간 흡입한 근로자에게 레이노 현상을 유발한다.

85. 다음 설명 중 ( ) 안에 내용을 올바르게 나열한 것은?

단시간노출기준(STEL)이란 (㉠)간의 시간가중평균노출값으로서 노출농도가 시간가중평균노출기준(TWA)을 초과하고 단시간노출기준(STEL) 이하인 경우에는 (㉡) 노출 지속시간이 15분 미만이어야 한다. 이러한 상태가 1일 (㉢) 이하로 발생하여야 하며, 각 노출의 간격은 (㉣) 이상이어야 한다.

① ㉠: 5분, ㉡: 1회, ㉢: 6회, ㉣: 30분
② ㉠: 15분, ㉡: 1회, ㉢: 4회, ㉣: 60분
③ ㉠: 15분, ㉡: 2회, ㉢: 4회, ㉣: 30분
④ ㉠: 15분, ㉡: 2회, ㉢: 6회, ㉣: 60분

해설 단시간 노출농도(STEL, Short Term Exposure Limits)
- 근로자가 1회에 15분간 유해인자에 노출되는 경우의 기준(허용농도)
- 근로자가 자극, 만성 또는 불가역적 조직장애, 사고유발, 응급 시 대처능력의 저하 및 작업능률 저하 등을 초래할 정도의 마취를 일으키지 않고 단시간(15분) 노출될 수 있는 기준
- 시간가중 평균농도에 대한 보완적 기준
- 만성중독이나 고농도의 급성중독을 초래하는 유해물질에 적용
- 이 기준 이하에서는 노출간격이 1시간 이상인 경우 1일 작업시간 동안 4회까지 노출이 허용될 수 있음. 또한 고농도에서 급성중독을 초래하는 물질에 적용

86. 다음 중 ACGIH에서 규정한 유해물질 허용기준에 관한 사항과 관계없는 것은?

① TLV-C: 최고치 허용농도
② TLV-TWA: 시간가중 평균농도
③ TLV-TLM: 시간가중 한계농도
④ TLV-STEL: 단시간노출의 허용농도

해설 LV-TLM은 ACGIH에서 규정한 유해물질 허용기준의 종류에는 없다.

87. 근로자가 1일 작업시간 동안 잠시라도 노출되어서는 아니 되는 기준을 나타내는 것은?

① TLV-C ② TLV-STEL
③ TLV-TWA ④ TLV-skin

해설 TLV-C
근로자가 1일 작업시간 동안 잠시라도 노출되어서는 안 되는 최고허용농도를 뜻하며, 허용농도 앞에 "C"를 표기한다.

88. 유기용제 중 벤젠에 대한 설명으로 옳지 않은 것은?

① 벤젠은 백혈병을 일으키는 원인물질이다.
② 벤젠은 만성장해로 조혈장해를 유발하지 않는다.
③ 벤젠은 빈혈을 일으켜 혈액의 모든 세포성분이 감소한다.
④ 벤젠은 주로 페놀로 대사되며 페놀은 벤젠의 생물학적 노출지표로 이용된다.

해설 벤젠의 증상
- 고농도의 벤젠 노출 시 증상: 두통, 피곤함, 오심, 어지러움, 고농도 폭로 시 의식상실
- 급성 독성은 중추신경계에 대한 작용
- 만성 중독은 중추신경계와 위장관에 영향
- 가장 중대한 독성은 조혈조직의 손상(골수에 미치는 독성이 특징적이며, 빈혈과 백혈구, 혈소판 감소를 초래)

해답 83. ④ 84. ① 85. ② 86. ③ 87. ① 88. ②

- 만성적 노출 시 증상: 장기간 노출 시 빈혈이나 백혈병(암의 한 종류) 같이 조혈기계(골수)의 손상

89. 미국정부산업위생전문가협의회(ACGIH)의 발암물질 구분으로 동물발암성 확인 물질, 인체발암성 모름에 해당되는 Group은?

① A2   ② A3
③ A4   ④ A5

해설 미국정부산업위생전문가협의회(ACGIH)에 따른 발암물질 구분
- A1: 인체발암성 확인 물질
- A2: 인체발암성 의심 물질
- A3: 동물발암성 확인물질, 인체 발암성 모름
- A4: 인체 발암성 미분류(미확인) 물질
- A5: 인체 발암 미의심 물질

90. 인체에 침입한 납(Pb) 성분이 주로 축적되는 곳은?

① 간   ② 뼈
③ 신장   ④ 근육

해설 납의 대사
- 납은 적혈구에 친화성이 매우 높아 순환 혈액 내에 있는 납의 95%는 적혈구에 결합되어 있다.
- 납은 혈류를 통해 해당 장기에 이동되고 장기별로 분포의 차이가 있어 연부조직 중에서 납 농도가 높은 곳은 대동맥, 간, 그리고 콩팥 등이다.
- 체내 약 90%의 납은 뼈에 있으며 이는 납의 작용이 칼슘이 골조직에서 나타내는 대사과정과 유사하기 때문인 것으로 알려져 있다.

91. 무기성 납으로 인한 중독 시 원활한 체내 배출을 위해 사용하는 배설촉진제는?

① -BAL   ② Ca-EDTA
③ -ALAD   ④ 코프로폴피린

해설 납 중독 시 체내에 축적된 납을 배설하기 위한 촉진제는 Ca-EDTA이다.

92. 카드뮴의 중독, 치료 및 예방대책에 관한 설명으로 옳지 않은 것은?

① 소변 속의 카드뮴 배설량은 카드뮴 흡수를 나타내는 지표가 된다.
② BAL 또는 Ca-EDTA 등을 투여하여 신장에 대한 독작용을 제거한다.
③ 칼슘대사에 장해를 주어 신결석을 동반한 증후군이 나타나고 다량의 칼슘 배설이 일어난다.
④ 폐활량 감소, 잔기량 증가 및 호흡곤란의 폐 증세가 나타나며, 이 증세는 노출기간과 노출농도에 의해 좌우된다.

해설 Ca-EDTA는 납 중독 시 체내에 축적된 납을 배설하기 위한 촉진제이고, BAL은 수은중독 치료제이다.

93. 금속의 일반적인 독성기전으로 틀린 것은?

① 효소의 억제
② 금속 평형의 파괴
③ DNA 염기의 대체
④ 필수 금속성분의 대체

해설 금속의 일반적 독성작용기전
- 효소의 구조 및 기능을 변화시켜 효소작용을 억제한다.
- 필수금속의 농도를 변화시켜 평형을 파괴한다.
- 간접영향으로 세포성분의 영향을 변화시킨다.
- 생물학적 대사과정이 변화되어 필수금속성분이 대체된다.

94. 작업환경에서 발생될 수 있는 망간에 관한 설명으로 옳지 않은 것은?

① 주로 철합금으로 사용되며, 화학공업에서는 건전지 제조업에 사용된다.
② 만성노출 시 언어가 느려지고 무표정하게 되며, 파킨슨 증후군 등의 증상이 나타나기도 한다.
③ 망간은 호흡기, 소화기 및 피부를 통하여 흡수되며, 이 중에서 호흡기를 통한 경로가 가장 많고 위험하다.
④ 급성중독 시 신장장애를 일으켜 요독증(uremia)으로 8~10일 이내에 사망하는 경우도 있다.

해설 요독증은 크롬 중독 시 발생하는 질환이다.

해답 **89.** ② **90.** ② **91.** ② **92.** ② **93.** ③ **94.** ④

95. 유기용제의 흡수 및 대사에 관한 설명으로 옳지 않은 것은?

① 유기용제가 인체로 들어오는 경로는 호흡기를 통한 경우가 가장 많다.

② 대부분의 유기용제는 물에 용해되어 지용성 대사산물로 전환되어 체외로 배설된다.

③ 유기용제는 휘발성이 강하기 때문에 호흡기를 통하여 들어간 경우에 다시 호흡기로 상당량이 배출된다.

④ 체내로 들어온 유기용제는 산화, 환원, 가수분해로 이루어지는 생전환과 포합체를 형성하는 포합반응인 두 단계의 대사과정을 거친다.

해설 대부분의 유기용제는 물에 용해되지 않는 지용성으로 중추신경계의 신경세포의 지질막에 흡수되어 영향을 미친다.

96. 다음 중 간장이 독성물질의 주된 표적이 되는 이유로 바르지 않은 것은?

① 혈액의 흐름이 많다.

② 대사효소가 많이 존재한다.

③ 크기가 다른 기관에 비하여 크다.

④ 여러 가지 복합적인 기능을 담당한다.

해설 간장이 표적장기가 되는 이유
• 간장은 각종 대사효소가 집중적으로 분포되어 있고 이들 효소 활동에 의해 다양한 대사물질이 만들어지기 때문에 다른 기관에 비해 독성물질의 폭로 가능성이 높다.
• 간장은 문정맥을 통하여 소화기계로부터 혈액을 공급받기 때문에 소화기관을 통하여 흡수된 독성물질의 1차 표적이 된다.
• 간장은 정상적인 생활에서도 여러 가지 복잡한 생화학반응 등 매우 복합적인 기능을 수행하여 기능의 손상 가능성이 매우 높다.
• 간장은 혈액의 흐름이 매우 풍부하기 때문에 혈액을 통해서 쉽게 침투가 가능하다.

97. 벤젠을 취급하는 근로자를 대상으로 벤젠에 대한 노출량을 추정하기 위해 호흡기 주변에서 벤젠 농도를 측정함과 동시에 생물학적 모니터링을 실시하였다. 벤젠 노출로 인한 대사산물의 결정인자(determinant)로 맞는 것은?

① 호기 중의 벤젠

② 소변 중의 마뇨산

③ 소변 중의 총페놀

④ 혈액 중의 만델리산

해설 벤젠 노출에 의한 대사산물은 소변 중의 총페놀이다.

98. 노출에 대한 생물학적 모니터링의 단점이 아닌 것은?

① 시료채취의 어려움

② 근로자의 생물학적 차이

③ 유기시료의 특이성과 복잡성

④ 호흡기를 통한 노출만을 고려

해설 노출에 대한 생물학적 모니터링의 단점
• 인체에서 직접 채취(혈액, 소변 등)하기 때문에 시료채취가 어렵다.
• 생물학적 모니터링을 만족시키는 산업장에서 사용하고 있는 화학물질은 수 종에 불과하므로 생물학적 모니터링으로 산업장의 화학물질에 대한 폭로와 그에 따른 건강 위험도를 평가하는 데는 제한점이 있다.
• 쉽게 흡수되지 않고 접촉되는 부위에서 주로 건강장해를 일으키는 화학물질(예: 여러 종류의 폐 자극물질)에 대해서 생물학적 모니터링을 적용할 수 없다.
• 각 근로자의 생물학적 차이가 있다.
• 분석 시 오염에 노출될 수 있어 분석이 어렵다.

99. 근로자의 소변 속에서 마뇨산(hippuric acid)이 다량 검출되었다면 이 근로자는 다음 중 어떤 유해물질에 폭로되었다고 판단되는가?

① 클로로포름   ② 초산메틸

③ 벤젠   ④ 톨루엔

해설 마뇨산(hippuric acid)은 톨루엔의 생물학적 노출지표이고 대사산물이다.

100. 다음 중 유해물질의 흡수에서 배설까지에 관한 설명으로 틀린 것은?

① 흡수된 유해물질은 원래의 형태든, 대사산물의 형태로 배설되기 위하여 수용성으로 대사된다.

해답 95. ② 96. ③ 97. ③ 98. ④ 99. ④ 100. ②

② 간은 화학물질을 대사시키고 공팥과 함께 배
　설시키는 기능을 가지고 있는 것과 관련하여
　다른 장기보다도 여러 유해물질의 농도가 낮다.
③ 유해물질은 조직에 분포되기 전에 먼저 몇 개
　의 막을 통과하여야 하며, 흡수속도는 유해물
　질의 물리·화학적 성상과 막의 특성에 따라
　결정된다.
④ 흡수된 유해화학물질은 다양한 비특이적 효소
　에 의하여 이루어지는 유해물질의 대사로 수
　용성이 증가되어 체외로의 배출이 용이하게
　된다.

해설 유해물질의 흡수 및 배설

• 간은 화학물질을 대사시키고 콩팥과 함께 배설시키는 기능
　을 가지고 있어 다른 장기보다 여러 유해물질의 농도가
　높다.
• 흡수된 유해화학물질은 다양한 비특이적 효소에 의하여 이
　루어지는 유해물질의 대사로 수용성이 증가되어 체외배출
　이 용이하게 된다.
• 흡수된 유해물질은 원래의 형태든, 대사산물의 형태로든 배
　설되기 위하여 수용성으로 대사된다.
• 유해물질은 조직에 분포되기 전에 먼저 몇 개의 막을 통과
　하여야 한다.
• 흡수속도는 유해물질의 물리·화학적 성상과 막의 특성에
　따라 결정된다.

산업위생관리기사 필기시험 CBT 문제풀이
(2023년 3회)

| 1 | 산업위생학개론

1. 1800년대 산업보건에 관한 법률로서 실제로 효과를 거둔 영국의 공장법의 내용과 거리가 먼 것은?

① 감독관을 임명하여 공장을 감독한다.
② 근로자에게 교육을 시키도록 의무화한다.
③ 18세 미만 근로자의 야간작업을 금지한다.
④ 작업할 수 있는 연령을 8세 이상으로 제한한다.

해설 공장법(1883)
- 감독관을 임명하여 공장을 감독한다.
- 작업 연령을 13세 이상으로 제한한다.
- 18세 미만은 야간작업을 금지한다.
- 주간작업시간을 48시간으로 제한한다.
- 근로자 교육을 의무화한다.

2. 다음 중 산업위생 활동의 순서로 올바른 것은?

① 관리 → 인지 → 예측 → 측정 → 평가
② 인지 → 예측 → 측정 → 평가 → 관리
③ 예측 → 인지 → 측정 → 평가 → 관리
④ 측정 → 평가 → 관리 → 인지 → 예측

해설 산업위생 활동의 기본 4요소: 예측, 측정, 평가, 관리
근로자나 일반대중(지역주민)에게 질병, 건강장애와 안녕 방해, 심각한 불쾌감 및 능률저하 등을 초래하는 작업환경 요인과 스트레스를 예측, 측정, 평가하고 관리하는 과학과 기술이다(예측, 인지(확인), 측정, 평가, 관리 의미와 동일함).

3. 미국산업위생학술원(AAIH)에서 채택한 산업위생분야에 종사하는 사람들이 지켜야 할 윤리강령에 포함되지 않는 것은?

① 국가에 대한 책임
② 전문가로서의 책임
③ 일반 대중에 대한 책임
④ 기업주와 고객에 대한 책임

해설 미국산업위생학술원(AAIH)에서 채택한 산업위생분야에 종사하는 사람들이 지켜야 할 윤리강령
- 산업위생 전문가로서의 책임
- 근로자에 대한 책임
- 기업주와 고객에 대한 책임
- 일반 대중에 대한 책임

4. 다음 [표]를 이용하여 산출한 권장무게한계(RWL)는 약 얼마인가? (단, 개정된 NIOSH의 들기 작업 권고기준에 따른다.)

계수 구분	값
수평 계수	0.5
수직 계수	0.955
거리 계수	0.91
비대칭 계수	1
빈도 계수	0.45
커플링 계수	0.95

① 4.27kg
② 8.55kg
③ 12.82kg
④ 21.36kg

해답 1. ④ 2. ③ 3. ① 4. ①

해설

$$RWL(kg) = LC \times HM \times VM \times DM \times AM \times FM \times CM$$
$$= 23kg \times 0.5 \times 0.955 \times 0.91 \times 1 \times 0.45 \times 0.95$$
$$= 4.27kg$$

5. 심한 작업이나 운동 시 호흡조절에 영향을 주는 요인과 거리가 먼 것은?

① 산소   ② 수소이온

③ 혈중 포도당   ④ 이산화탄소

해설 심한 작업이나 운동 시 호흡조절에 영향을 주는 요인 산소, 수소이온, 이산화탄소

※ 혈중 포도당은 근육운동에 필요한 에너지원이다.

6. 육체적 작업능력(PWC)이 15kcal/min인 어느 근로자가 1일 8시간 동안 물체를 운반하고 있다. 작업대사량(E_{task})이 6.5kcal/min, 휴식 시의 대사량(E_{rest})이 1.5kcal/min일 때, 매 시간당 휴식시간과 작업시간의 배분으로 맞는 것은? (단, Hertig의 공식을 이용한다.)

① 12분 휴식, 48분 작업

② 18분 휴식, 42분 작업

③ 24분 휴식, 36분 작업

④ 30분 휴식, 30분 작업

해설 적정 휴식시간

$$T_{rest}(\%) = \left[\frac{PWC의\ \frac{1}{3} - 작업대사량}{휴식대사량 - 작업대사량} \right] \times 100$$

$$= \left[\frac{15 \times \frac{1}{3} - 6.5}{1.5 - 6.5} \right] \times 100$$

$$= 30\%$$

∴ 휴식시간 = 60min × 0.3 = 18min

작업시간 = (60 - 18)min = 42min

7. 누적외상성 질환(CTDs) 또는 근골격계질환(MSDs)에 속하는 것으로 보기 어려운 것은?

① 건초염(Tendosynoitis)

② 스티븐스존슨증후군(Stevens Johnson syndrome)

③ 손목뼈터널증후군(Carpal tunnel syndrome)

④ 기용·터널증후군(Guyon tunnel syndrome)

해설 스티븐스존슨증후군(Stevens Johnson syndrome)은 TCE(트리클로로에틸렌)을 세정제로 사용 시 발생되는 대표적인 질병이다.

8. 근로자가 노동환경에 노출될 때 유해인자에 대한 해치(Hatch)의 양-반응관계곡선의 기관장해 3단계에 해당하지 않는 것은?

① 보상단계   ② 고장단계

③ 회복단계   ④ 항상성 유지단계

해설 해치(Hatch)의 양-반응관계곡선의 기관장해 3단계
• 항상성 유지단계 : 정상적인 상태로 유해인자의 노출에 적응할 수 있는 단계
• 보상단계 : 인체가 가지고 있는 방어기전에 의해서 유해인자를 제거하여 기능장애를 방지할 수 있는 단계, 노출기준 설정 단계로 질병이 일어나기 전을 의미
• 고장단계 : 진단 가능한 질병이 시작되는 단계, 보상이 불가능한 비가역적 단계

9. 업장에서 근로자가 하루에 25kg 이상의 중량물을 몇 회 이상 들면 근골격계 부담작업에 해당되는가?

① 5회   ② 10회

③ 15회   ④ 20회

해설 고용노동부 근골격계부담작업의 범위 및 유해요인 조사 방법에 관한 고시 제8호
하루에 10회 이상, 25kg 이상의 물체를 드는 작업

10. 국소피로의 평가를 위하여 근전도(EMG)를 측정하였다. 피로한 근육이 정상 근육에 비하여 나타내는 근전도상의 차이를 설명한 것으로 틀린 것은?

① 총전압이 감소한다.

② 평균주파수가 감소한다.

③ 저주파수(0~40 Hz)에서 힘이 증가한다.

④ 고주파수(40~200 Hz)에서 힘이 감소한다.

해설 정상근육과 비교 시 피로한 근육의 EMG 특징
• 총전압의 증가
• 평균주파수 감소

해답 5. ③   6. ②   7. ②   8. ③   9. ②   10. ①

- 저주파(0~40Hz)에서 힘의 증가
- 고주파(40~200Hz)에서 힘의 감소

11. 산업피로의 검사방법 중에서 CMI(Cornel Medical Index) 조사에 해당하는 것은?

① 생리적 기능검사　　② 생화학적 검사
③ 동작 분석　　　　　④ 피로자각 증상

> **해설** 주관적 피로 자각 증상, 즉 피로 자각 증상 검사방법은 CMI(Cornel Medical Index)이다.

12. 미국산업위생학술원(AAIH)이 채택한 윤리강령 중 사업주에 대한 책임에 해당되는 내용은?

① 일반 대중에 관한 사항은 정직하게 발표한다.
② 위험 요소와 예방 조치에 관하여 근로자와 상담한다.
③ 성실성과 학문적 실력 면에서 최고 수준을 유지한다.
④ 근로자의 건강에 대한 궁극적인 책임은 사업주에게 있음을 인식시킨다.

> **해설** 기업주와 고객에 대한 책임
> - 쾌적한 작업환경을 조성하기 위하여 산업위생의 이론을 적용하고 책임 있게 행동한다.
> - 신뢰를 바탕으로 정직하게 권하고 성실한 자세로 충고하며 결과와 개선점 및 권고사항을 정확히 보고한다.
> - 결과 및 결론을 뒷받침할 수 있도록 정확한 기록을 유지하고 산업위생사업 전문가답게 전문부서들을 운영, 관리한다.
> - 기업주와 고객보다는 근로자의 건강보호에 궁극적인 책임을 두어 행동한다.

13. 사무실 공기관리 지침에 정한 사무실 공기의 오염물질에 대한 시료채취시간이 바르게 연결된 것은?

① 미세먼지: 업무시간 동안 4시간 이상 연속측정
② 포름알데히드: 업무시간 동안 2시간 단위로 10분간 3회 측정
③ 이산화탄소: 업무 시작 후 1시간 전후 및 종료 전 1시간 전후 각각 30분간 측정
④ 일산화탄소: 업무시작 후 1시간 이내 및 종료 전 1시간 이내 각각 10분간 측정

> **해설** 사무실 오염물질의 측정횟수 및 시료채취시간
> - 미세먼지: 업무시간 동안 6시간 이상 연속측정
> - 포름알데히드: 업무 시작 후 1시간~종료 1시간 전 30분간 2회 측정
> - 이산화탄소: 업무 시작 후 2시간 전후 및 종료 전 2시간 전후 각각 10분간 측정

14. 산업재해에 따른 보상에 있어 보험급여에 해당하지 않는 것은?

① 유족급여
② 직업재활급여
③ 대체인력훈련비
④ 상병(傷病)보상연금

> **해설** 산업재해보상 보험급여
> 산업재해보상 보험급여(진폐에 대한 보험급여는 제외)의 종류에는 요양급여, 휴업급여, 장해급여, 간병급여, 유족급여, 상병보상연금, 장의비, 직업재활급여가 있다.

15. 다음 중 노출기준에 대한 설명으로 옳은 것은?

① 노출기준 이하의 노출에서는 모든 근로자에게 건강상의 영향을 나타내지 않는다.
② 노출기준은 질병이나 육체적 조건을 판단하기 위한 척도로 사용될 수 있다.
③ 작업장이 아닌 대기에서는 건강한 사람이 대상이 되기 때문에 동일한 노출기준을 사용할 수 있다.
④ 노출기준은 독성의 강도를 비교할 수 있는 지표가 아니다.

> **해설** 유해물질의 노출기준에 있어서 주의해야 할 사항
> ACGIH(미국정부산업위생전문가협의회)에서 권고하고 있는 허용농도(TLV) 적용상 주의사항은 다음과 같다.
> - 대기오염평가 및 지표(관리)에 사용할 수 없다.
> - 24시간 노출 또는 정상 작업시간을 초과한 노출에 대한 독성 평가에는 적용할 수 없다.
> - 기존의 질병이나 신체적 조건을 판단(증명 또는 반응자료)하기 위한 척도로 사용될 수 없다.
> - 작업조건이 다른 나라에서 ACGIH-TLV를 그대로 사용할 수 없다.
> - 안전농도와 위험농도를 정확히 구분하는 경계선이 아니다.
> - 독성의 강도를 비교할 수 있는 지표는 아니다.

해답 11. ④　12. ④　13. ④　14. ③　15. ④

- 반드시 산업보건(위생)전문가에 의하여 설명(해석), 적용되어야 한다.
- 피부로 흡수되는 양은 고려하지 않은 기준이다.
- 산업장의 유해조건을 평가하기 위한 지침이며, 건강장애를 예방하기 위한 지침이다.

16. 「산업안전보건법」에 따라 작업환경측정을 실시한 경우 '작업환경측정 결과보고서'는 시료채취를 마친 날부터 며칠 이내에 관할 지방고용노동관서의 장에게 제출하여야 하는가?

① 7일   ② 15일
③ 30일   ④ 60일

해설 작업환경측정 및 정도관리 등에 관한 고시
작업환경측정을 실시한 경우 작업환경측정 결과보고서는 시료채취를 마친 날로부터 30일 이내에 관할 지방고용노동관서의 장에게 제출하여야 한다.

17. 「산업안전보건법령」상 입자상 물질의 농도 평가에서 2회 이상 측정한 단시간 노출농도값이 단시간노출기준과 시간가중평균기준값 사이일 때 노출기준 초과로 평가해야 하는 경우가 아닌 것은?

① 1일 4회를 초과하는 경우
② 15분 이상 연속 노출되는 경우
③ 노출과 노출 사이의 간격이 1시간 이내인 경우
④ 단위작업장소의 넓이가 80평방미터 이상인 경우

해설 고용노동부 고시 "단시간노출기준(STEL)"이란 15분간의 시간가중평균노출값으로서 노출농도가 시간가중평균노출기준(TWA)을 초과하고 단시간노출기준(STEL) 이하인 경우에는 1회 노출 지속시간이 15분 미만이어야 하고, 이러한 상태가 1일 4회 이하로 발생하여야 하며, 각 노출의 간격은 60분 이상이어야 한다.

18. 혈액을 이용한 생물학적 모니터링의 단점으로 옳지 않은 것은?

① 보관, 처치에 주의를 요한다.
② 시료채취 시 오염되는 경우가 많다.
③ 시료채취 시 근로자가 부담을 가질 수 있다.
④ 약물동력학적 변이 요인들의 영향을 받는다.

해설 노출에 대한 생물학적 모니터링의 단점
- 인체에서 직접 채취(혈액, 소변 등)하기 때문에 시료채취가 어렵다.
- 생물학적 모니터링을 만족시키는 산업장에서 사용하고 있는 화학물질은 수종에 불과하므로 생물학적 모니터링으로 산업장의 화학물질에 대한 폭로와 그에 따른 건강 위험도를 평가하는 데는 제한점이 있다.
- 쉽게 흡수되지 않고 접촉되는 부위에서 주로 건강장해를 일으키는 화학물질(예: 여러 종류의 폐 자극물질)에 대해서 생물학적 모니터링을 적용할 수 없다.
- 각 근로자의 생물학적 차이가 있다.
- 분석 시 오염에 노출될 수 있어 분석이 어렵다.

19. 60명의 근로자가 작업하는 사업장에서 1년 동안 3건의 재해가 발생하여 5명의 재해자가 발생하였다. 이때 근로손실일수가 35일이었다면 이 사업장의 도수율은 약 얼마인가? (단, 근로자는 1일 8시간씩 연간 300일을 근무하였다.)

① 0.24   ② 20.83
③ 34.72   ④ 83.33

해설 도수율(빈도율)
1,000,000근로시간당 요양재해 발생건수를 말한다.

$$\therefore \ 도수율 = \frac{재해발생건수}{연간 근로시간수} \times 10^6$$
$$= \frac{3}{60 \times 8 \times 300} \times 10^6 = 20.83$$

20. 하인리히의 사고연쇄반응 이론(도미노 이론)에서 사고가 발생하기 바로 직전 단계에 해당하는 것은?

① 개인적 결함
② 사회적 환경
③ 선진 기술의 미적용
④ 불안전한 행동 및 상태

해설 하인리히의 도미노이론 재해 5단계
- 1단계: Ancestry & Social Environment(유전적 · 사회적 환경)
- 2단계: Personal Faults(개인적 결함)
- 3단계: Unsafe Act & Condition(불안전한 행동과 상태)
- 4단계: 사고
- 5단계: 재해

해답 16. ③   17. ④   18. ②   19. ②   20. ④

21. MCE 여과지를 사용하여 금속성분을 측정, 분석한다. 샘플링이 끝난 시료를 전처리하기 위해 회화용액(ashing acid)을 사용하는데 다음 중 NIOSH에서 제시한 금속별 전처리 용액 중 적절하지 않은 것은?

① 납: 질산

② 크롬: 염산 + 인산

③ 카드뮴: 질산, 염산

④ 다성분금속: 질산 + 과염소산

해설 크롬의 전처리 용액은 질산이다.

22. 벤젠과 톨루엔이 혼합된 시료를 길이 30cm, 내경 3mm인 충진관이 장치된 기체크로마토그래피로 분석한 결과가 아래와 같을 때, 혼합 시료의 분리효율을 99.7%로 증가시키는 데 필요한 충진관의 길이(cm)는? (단, N, H, L, W, R_s, t_R은 각각 이론단수, 높이(HETP), 길이, 봉우리 너비, 분리계수, 머무름 시간을 의미하며, 문자 위 "–"(bar)는 평균값을, 하첨자 A와 B는 각각의 물질을 의미하고, 분리효율이 99.7%가 되기 위한 R_s는 1.5이다.)

[크로마토그램 결과]

분석 물질	머무름 시간 (Retention time)	봉우리 너비 (Peak width)
벤젠	16.4분	1.15분
톨루엔	17.6분	1.25분

[크로마토그램 관계식]

$$N = 16\left(\frac{t_R}{W}\right)^2, \ H = \frac{L}{N}$$

$$R_s = \frac{2(t_{R,A} - t_{R,B})}{W_A + W_B}, \ \frac{\overline{N_1}}{\overline{N_2}} = \frac{R_{s,1}^2}{R_{s,2}^2}$$

① 60

② 62.5

③ 67.5

④ 72.5

해설

$$N(\text{이론단수}) = 16 \times \left(\frac{Retention\ time}{Peak\ width}\right)^2$$

$$N(\text{이론단수}) : \text{벤젠} = 16 \times \left(\frac{16.4}{1.15}\right)^2 = 3253.96$$

$$N(\text{이론단수}) : \text{톨루엔} = 16 \times \left(\frac{17.6}{1.25}\right)^2 = 3171.94$$

$$\overline{N}(\text{평균이론단수}) = \frac{3253.96 + 3171.94}{2} = 3212.95$$

$$R_s(\text{분리계수}) = \frac{2(17.6 - 16.4)}{1.15 + 1.25} = 1.0$$

$$\frac{\overline{N_1}}{\overline{N_2}} = \frac{R_{s,1}^2}{R_{s,2}^2}$$

분리효율이 99.7%가 되기 위한 R_s는 1.5 적용

$$\frac{3212.95}{\overline{N_2}} = \frac{1}{1.5}$$

$$\overline{N_2} = 7229.14$$

$\overline{N}$일 때 H를 구하면,

$$H = \frac{L(\text{시료 길이})}{N} = \frac{30}{3212.95} = 9.34 \times 10^{-3}\text{cm}$$

$\overline{N}$일 때와 $\overline{N_2}$일 때 H는 같다.

$$H = \frac{L}{N_2}, \ L = H \times N_2$$

$$\therefore \ L = 7228.14 \times 9.34 \times 10^{-3} = 67.5\text{cm}$$

23. 「산업안전보건법령」상 다음과 같이 정의되는 용어는?

> 작업환경측정·분석 결과에 대한 정확성과 정밀도를 확보하기 위하여 작업환경측정기관의 측정·분석능력을 확인하고, 그 결과에 따라 지도·교육 등 측정·분석능력 향상을 위하여 행하는 모든 관리적 수단

① 정밀관리

② 정확관리

③ 적정관리

④ 정도관리

해설 작업환경측정 및 정도관리 등에 관한 고시 제2조 (정의)

15. "정도관리"란 법 제126조 제2항에 따라 작업환경측정·분석 결과에 대한 정확성과 정밀도를 확보하기 위하여 작업환경측정기관의 측정·분석능력을 확인하고, 그 결과에 따라 지도·교육 등 측정·분석능력 향상을 위하여 행하는 모든 관리적 수단을 말한다.

해답 21. ② 22. ③ 23. ④

24. 다음 중 활성탄에 흡착된 유기화합물을 탈착하는 데 가장 많이 사용하는 용매는?

① 톨루엔
② 이황화탄소
③ 클로로포름
④ 메틸클로로포름

해설 이황화탄소
• 독성이 강하여 사용 시 각별한 주의를 요한다.
• 탈착효율이 좋아 시료채취 시 가장 많이 사용한다.
• 화재위험이 있다.

25. 「산업안전보건법령」상 고열 측정시간과 간격으로 옳은 것은?

① 작업시간 중 노출되는 고열의 평균온도에 해당하는 1시간, 10분 간격
② 작업시간 중 노출되는 고열의 평균온도에 해당하는 1시간, 5분 간격
④ 작업시간 중 가장 높은 고열에 노출되는 1시간, 5분 간격
④ 작업시간 중 가장 높은 고열에 노출되는 1시간, 10분 간격

해설 작업환경측정 및 정도관리 등에 관한 고시[고용노동부고시 제2020-44호] 제31조(측정방법 등)
고열 측정은 다음 각 호의 방법에 따른다.
1. 측정은 단위작업 장소에서 측정대상이 되는 근로자의 주 작업 위치에서 측정한다.
2. 측정기의 위치는 바닥 면으로부터 50센티미터 이상, 150센티미터 이하의 위치에서 측정한다.
3. 측정기를 설치한 후 충분히 안정화 시킨 상태에서 1일 작업시간 중 가장 높은 고열에 노출되는 1시간을 10분 간격으로 연속하여 측정한다.

26. 용접 작업자의 노출수준을 침착되는 부위에 따라 호흡성, 흉곽성, 흡입성 분진으로 구분하여 측정하고자 한다면 준비해야 할 측정 기구로 가장 적절한 것은 무엇인가?

① 임핀저   ② Cyclone
③ Cascade Impactor   ④ 여과집진기

해설 입경(직경)분립충돌기(Cascade Impactor)
흡입성, 흉곽성, 호흡성 입자상 물질의 크기별로 측정하는 기

구, 공기흐름이 층류일 경우 입자가 관성력에 의해 시료채취 표면에 충돌하여 채취하는 기구이다.

27. 직경분립충돌기에 관한 설명으로 틀린 것은?

① 흡입성, 흉곽성, 호흡성 입자의 크기별 분포와 농도를 계산할 수 있다.
② 호흡기의 부분별로 침착된 입자 크기를 추정할 수 있다.
③ 입자의 질량크기분포를 얻을 수 있다.
④ 되튐 또는 과부하로 인한 시료 손실의 측정이 비교적 정확하다.

해설 되튐 또는 과부하로 인한 시료 손실이 발생하여 정확한 측정이 어렵다.

28. 작업장 내 다습한 공기에 포함된 비극성 유기증기를 채취하기 위해 이용할 수 있는 흡착제의 종류로 가장 적절한 것은?

① 활성탄(Activated charcoal)
② 실리카겔(Silica Gel)
③ 분자체(Molecular sieve)
④ 알루미나(Alumina)

해설 활성탄관을 사용하여 채취하기 용이한 시료
• 비극성류의 유기용제
• 각종 방향족 유기용제(방향족 탄화수소류)
• 할로겐화 지방족유기용제(할로겐화 탄화수소류)
• 에스테르류, 알코올류, 에테르류, 케톤류

29. 포집효율이 90%와 50%인 임핀저(impinger)를 직렬로 연결하여 작업장 내 가스를 포집할 경우 전체 포집효율(%)은?

① 93   ② 95
③ 97   ④ 99

해설 1차 포집 후 2차 포집 시(직렬조합 시) 총채취효율(%)
$$= \eta_1 + \eta_2(1-\eta_1) \times 100$$
$$= 0.9 + 0.5(1-0.9) \times 100$$
$$= 97.5\%$$

해답 24. ② 25. ④ 26. ③ 27. ④ 28. ① 29. ②

30. 일산화탄소 0.1m³가 밀폐된 차고에 방출되었다면, 이때 차고 내 공기 중 일산화탄소의 농도는 몇 ppm인가? (단, 방출 전 차고 내 일산화탄소 농도는 0ppm이며, 밀폐된 차고의 체적은 100,000m³이다.)

① 0.1
② 1
③ 10
④ 100

해설 농도

$$농도 = \frac{가스부피}{전체부피} \times 10^6$$

$$\therefore CO \ 농도 = \frac{0.1m^3}{100,000m^3} \times 10^6 = 1ppm$$

31. 입경범위가 0.1~0.5μm인 입자상 물질이 여과지에 포집될 경우에 관여하는 주된 메커니즘은?

① 충돌과 간섭
② 확산과 간섭
③ 확산과 충돌
④ 충돌

해설 각 여과기전에 대한 입자 크기별 포집효율
• 입경 0.1μm 미만: 확산
• 입경 0.1~0.5μm 이상: 확산, 직접차단(간섭)
• 입경 0.5μm 이상: 관성충돌, 직접차단(간섭)

※ 가장 낮은 포집효율의 입경=0.3μm

32. 음압레벨이 105dB(A)인 연속소음에 대한 근로자 폭로 노출시간(시간/일)의 허용기준은? (단, 우리나라 고용노동부의 허용기준)

① 0.5
② 1
③ 2
④ 4

해설 고용노동부 고시 연속음의 허용기준

1일 노출시간(hr)	소음수준[dB(A)]
8	90
4	95
2	100
1	105
1/2	110
1/4	115

※ 1일 8시간 노출 시 노출기준은 90dB(A)이고 5dB 증가할 때마다 노출시간을 반감함

33. 수은의 노출기준이 0.05mg/m³이고 증기압이 0.0018mmHg인 경우, VHR(Vapor Hazard Ratio)는 약 얼마인가? (단, 25℃, 1기압 기준이며, 수은 원자량은 200.59이다.)

① 306
② 321
③ 354
④ 389

해설 VHR(Vapor Hazard Ratio)

$$VHR = \frac{C}{TLV}$$

수은의 노출기준 0.005mg/m³ → ppm으로 변환

$$TLV = 0.05mg/m^3 \times \frac{24.45l}{200.59g} = 0.006095$$

$$C(ppm) = \frac{해당 \ 물질의 \ 증기압(mmHg)}{760mmHg}$$

$$= \frac{0.0018mmHg}{760mmHg} \times 10^6$$

$$= 2.3684$$

$$\therefore VHR = \frac{2.3684}{0.006095} = 388.58$$

34. 온도 표시에 대한 설명으로 틀린 것은? (단, 고용노동부 고시를 기준으로 한다.)

① 절대온도는 °K로 표시하고 절대온도 0°K는 -273℃로 한다.
② 실온은 1~35℃, 미온은 30~40℃로 한다.
③ 온도의 표시는 셀시우스(Celcius)법에 따라 아라비아 숫자의 오른쪽에 ℃를 붙인다.
④ 냉수는 5℃ 이하, 온수는 60~70℃를 말한다.

해설 찬물(냉수)은 15℃ 이하, 온수(온탕) 60~70℃, 열수(열탕)은 약 100℃이다.

35. 입자상 물질의 측정 및 분석방법으로 틀린 것은? (단, 고용노동부 고시를 기준으로 한다.)

① 석면의 농도는 여과채취방법에 의한 계수 방법으로 측정한다.
② 규산염은 분립장치 또는 입자의 크기를 파악할 수 있는 기기를 이용한 여과채취방법으로 측정한다.

해답 30. ② 31. ② 32. ② 33. ④ 34. ④ 35. ②

③ 광물성 분진은 여과채취방법에 따라 석영, 크리스토발라이트, 트리디마이트를 분석할 수 있는 적합한 분석방법으로 측정한다.

④ 용접흄은 여과채취방법으로 하되 용접보안면을 착용한 경우에는 그 내부에서 채취하고 중량분석방법과 원자 흡광분광기 또는 유도결합 플라스마를 이용한 분석방법으로 측정한다.

해설 작업환경측정 및 정도관리 등에 관한 고시 제21조(측정 및 분석방법) [고용노동부고시]
작업환경측정 대상 유해인자 중 입자상 물질은 다음 각 호의 방법으로 측정한다.
광물성 분진은 여과채취방법으로 측정하고 석영, 크리스토발라이트, 트리디마이트를 분석할 수 있는 적합한 방법으로 분석할 것(다만, 규산염과 그 밖의 광물성 분진은 중량분석방법으로 분석한다.)

36. 어느 작업장이 dibromoethane 10ppm(TLV: 20ppm), Carbon tetrachloride 5ppm(TLV: 10ppm) 및 dichloroethane 20ppm(TLV: 50ppm)으로 오염되었을 경우 평가결과는? (단, 이들은 상가작용을 일으킨다고 가정함)

① 허용기준을 초과하지 않음
② 허용기준을 초과
③ 허용기준과 동일
④ 판정 불가능

해설

$$노출지수(EI) = \frac{C_1}{TLV_1} + \frac{C_2}{TLV_2} + \cdots + \frac{C_n}{TLV_n}$$

$$= \frac{10}{20} + \frac{5}{100} + \frac{20}{500} = 0.539$$로 노출지수가 1보다 작으므로 허용기준을 초과하지 않는다.

37. 어느 작업장에서 sampler를 사용하여 분진 농도를 측정한 결과 sampling 전후의 filter 무게를 각각 21.3mg, 25.6mg을 얻었다. 이때 pump의 유량은 45L/min이었으며 480분 동안 시료를 채취하였다면 작업장의 분진농도는 얼마인가?

① $150\mu g/m^3$
② $200\mu g/m^3$
③ $250\mu g/m^3$
④ $300\mu g/m^3$

해설

$$농도(mg/m^3) = \frac{시료채취 후 여과지 무게 - 시료채취 전 여과지 무게}{공기채취량}$$

공기채취량 = 유량(L/min) × 채취시간(min)
= 45L/min × 480min
= 21,600L × (1m³/1,000L)

시료채취 전후 여과지 무게 = 25.6mg - 21.3mg = 4.3mg

$$\therefore 농도(mg/m^3) = \frac{4.3mg}{21,600L \times (1m^3/1,000L)}$$

$$= 0.199mg/m^3 \times \frac{1,000mg}{mg}$$

$$= 약\ 200\mu g/m^3$$

38. 측정에서 변이계수를 알맞게 나타낸 것은?

① 표준편차/산술평균
② 기하평균/표준편차
③ 표준오차/표준편차
④ 표준편차/표준오차

해설 $$변이계수(CV\%) = \frac{표준편차}{산술평균}$$

39. 두 집단의 어떤 유해물질의 측정값이 아래 도표와 같을 때 두 집단의 표준편차의 크기 비교에 대한 설명 중 옳은 것은?

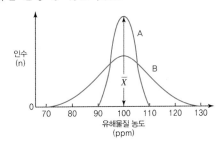

① A집단과 B집단은 서로 같다.
② A집단의 경우가 B집단의 경우보다 크다.
③ A집단의 경우가 B집단의 경우보다 작다.
④ 주어진 도표만으로 판단하기 어렵다.

해설 표준편차(標準 偏差, standard deviation, SD)는 통계집단의 분산의 정도 또는 자료의 산포도를 나타내는 수치로, 분산의 음이 아닌 제곱근, 즉 분산을 제곱근한 것으로 정의되고, 관측값의 산포도, 즉 평균 가까이에 분포하고 있는지의 여부를 측정하는 데 많이 쓰인다.
표준편차가 0일 때는 관측값의 모두가 동일한 크기이고 표준편차가 클수록 관측값 중에는 평균에서 떨어진 값이 많이 존재한다.

해답 36. ① 37. ② 38. ① 39. ③

40. 소음의 변동이 심하지 않은 작업장에서 1시간 간격으로 8회 측정한 산술평균의 소음수준이 93.5dB(A)이었을 때, 작업시간이 8시간인 근로 자의 하루 소음노출량(Noise dose; %)은? (단, 기준소음노출시간과 수준 및 exchange rate은 OHSA 기준을 준용한다.)

① 104   ② 135
③ 162   ④ 234

해설 시간가중평균소음수준(TWA)

$$TWA = 16.61\log\left[\frac{D(\%)}{100}\right]+90[\text{dB(A)}]$$

여기서, TWA : 시간가중평균소음수준(dB(A))
D : 누적소음폭로량(%)
100 : ($12.5 \times T$, T : 폭로시간)

$$93.5\text{dB(A)} = 16.61\log\left[\frac{D(\%)}{100}\right]+90[\text{dB(A)}]$$

$$16.61\log\left[\frac{D(\%)}{100}\right] = (93.5-90)\text{dB(A)}$$
$$= 3.5\text{dB(A)}$$

$$\log\left[\frac{D(\%)}{100}\right] = \frac{3.5}{16.61}$$
$$= 0.2107$$

$$\therefore\ D(\%) = 10^{0.2107} \times 100 = 162\%$$

|3| 작업환경관리대책

41. 50℃의 송풍관에 15m/s의 유속으로 흐르는 기 체의 속도압(mmH₂O)은? (단, 기체의 밀도는 1.293kg/m³이다.)

① 32.4   ② 22.6
③ 14.8   ④ 7.2

해설 기체의 속도압(mmH₂O)

$$VP = \frac{\gamma V^2}{2g} = \frac{1.293\text{kg/m}^3 \times 15\text{m/sec}}{2 \times 9.8\text{m/sec}}$$
$$= 14.8\text{mmH}_2\text{O}$$

42. 작업장에서 Methylene chloride(비중=1.336, 분자량=84.94, TLV=500ppm)를 500g/hr 사 용할 때, 필요한 환기량은 약 몇 m³/min인가?

(단, 안전계수는 7이고, 실내온도는 21℃이다.)

① 26.3   ② 33.1
③ 42.0   ④ 51.3

해설 필요환기량

사용량 = 500g/hr x kg/1000gL= 0.5kg/hr
발생률 $G(\text{L/hr})$

$$= \frac{24.1 \times \text{유해물질의 시간당 사용량(L/hr)} \times K \times 10^6}{\text{분자량} \times \text{유해물질의 노출기준}}$$

$$= \frac{24.1 \times 0.5\text{kg/hr} \times 7 \times 10^6}{84.94 \times 500\text{ppm}} = 1{,}986\text{m}^3/\text{hr}$$

$$\therefore\ \text{min으로 환산} \rightarrow \frac{1{,}986\text{m}^3/\text{hr}}{60} = 33\text{m}^3/\text{min}$$

43. 두 분지관이 동일 합류점에서 만나 합류관을 이루도록 설계되어 있다. 한쪽 분지관의 송풍 량은 200m³/min, 합류점에서 이 관의 정압은 −34mmH₂O이며, 다른 쪽 분지관의 송풍량은 160m³/min, 합류점에서 이 관의 정압은 −30mmH₂O이다. 합류점에서 유량의 균형을 유 지하기 위해서는 압력손실이 더 적은 관을 통해 흐르는 송풍량(m³/min)을 얼마로 해야 하는가?

① 165   ② 170
③ 175   ④ 180

해설 송풍량(m³/min)

먼저 정압비를 구하여 정압비가 1.2 이하이면 정압이 낮은 쪽 덕트의 유량을 증가시켜 유량을 맞춘다.

$$\text{정압비} = \left(\frac{SP_1}{SP_2}\right)$$

$$SP_1 = -34,\ SP_2 = -30$$

$$\left(\frac{SP_1}{SP_2}\right) = \frac{-34}{-30} = 1.13$$

정압비가 1.13으로 1.2보다 낮아 합류점의 정압을 상승시킬 필요가 있어 합류점의 유량을 증가시킨다.

$$\therefore\ \text{송풍량} = \text{합류점의 유량}(Q) \times \sqrt{\frac{SP_1}{SP_2}}$$

$$= 160 \times \sqrt{\frac{-34}{-30}}$$

$$= 170.00\text{m}^3/\text{min}$$

해답 40. ③ 41. ③ 42. ② 43. ②

44. 다음 중 덕트 합류 시 댐퍼를 이용한 균형유지법의 특징과 가장 거리가 먼 것은?

① 임의로 댐퍼 조정 시 평형 상태가 깨진다.

② 시설 설치 후 변경이 어렵다.

③ 설계계산이 상대적으로 간단하다.

④ 설치 후 부적당한 배기유량의 조절이 가능하다.

해설 저항조절평형법(댐퍼조절평형법, 덕트균형 유지법)

㉠ 각 덕트에 댐퍼를 부착하여 압력을 조정하고, 평형을 유지하는 방법이며 총압력손실 계산은 압력손실이 가장 큰 분지관을 기준으로 산정한다.

㉡ 적용: 분지관의 수가 많고 덕트의 압력손실이 클 때 사용한다.

㉢ 장점
  • 시설 설치 후 변경에 유연하게 대처가 가능하고, 설계계산이 간편하며, 고도의 지식을 요하지 않는다.
  • 공장 내부 작업공정에 따라 적절한 덕트 위치 변경이 가능하다.
  • 설치 후 송풍량 조절이 비교적 용이하고, 최소 설계풍량은 평형유지가 가능하다.
  • 임의의 유량을 조절하기가 용이하기 때문에 덕트의 크기를 바꿀 필요가 없어 반송속도를 그대로 유지한다.

㉣ 단점
  • 평형상태 시설에 댐퍼를 잘못 설치 시 부분적 폐쇄 댐퍼는 침식, 분진 퇴적의 원인이 되어 평형상태가 파괴될 수 있다.
  • 댐퍼가 노출되어 있는 경우가 많아 누구나 쉽게 조절할 수 있어 임의의 댐퍼 조정 시 평형상태가 파괴될 수 있어 정상기능을 저해할 수 있다.
  • 최대 저항 경로 선정이 잘못되어도 설계 시 쉽게 발견할 수 없다.

45. 다음 중 국소배기장치에서 공기공급시스템이 필요한 이유와 가장 거리가 먼 것은?

① 에너지 절감

② 안전사고 예방

③ 작업장의 교차기류 촉진

④ 국소배기장치의 효율 유지

해설 공기공급시스템이 필요한 이유
• 국소배기장치의 원활한 작동을 위하여
• 국소배기장치의 효율 유지를 위하여
• 안전사고를 예방하기 위하여(작업장 내 음압이 형성되어 작업장 출입 시 출입문에 의한 사고 발생)
• 에너지(연료)를 절약하기 위하여(흡기저항이 증가하여 에너지 손실 발생)
• 작업장 내의 방해기류(교차기류)가 생기는 것을 방지하기 위하여
• 외부공기가 정화되지 않은 채로 건물 내로 유입되는 것을 막기 위하여
• 근로자에게 영향을 미치는 냉각기류를 제거하기 위하여

46. 「산업안전보건법령」상 관리대상 유해물질 관련 국소배기장치 후드의 제어풍속(m/s)의 기준으로 옳은 것은?

① 가스 상태(포위식 포위형): 0.4

② 가스 상태(외부식 상방흡인형): 0.5

③ 입자 상태(포위식 포위형): 1.0

④ 입자 상태(외부식 상방흡인형): 1.5

해설 산업안전보건기준에관한규칙[별표 13]

관리대상 유해물질 관련 국소배기장치 후드의 제어풍속 (제429조 관련)

물질의 상태	후드 형식	제어풍속(m/sec)
가스 상태	포위식 포위형	0.4
	외부식 측방흡인형	0.5
	외부식 하방흡인형	0.5
	외부식 상방흡인형	1.0
입자 상태	포위식 포위형	0.7
	외부식 측방흡인형	1.0
	외부식 하방흡인형	1.0
	외부식 상방흡인형	1.2

비고
1. "가스 상태"란 관리대상 유해물질이 후드로 빨아들여질 때의 상태가 가스 또는 증기인 경우를 말한다.
2. "입자 상태"란 관리대상 유해물질이 후드로 빨아들여질 때의 상태가 흄, 분진 또는 미스트인 경우를 말한다.
3. "제어풍속"이란 국소배기장치의 모든 후드를 개방한 경우의 제어풍속으로서 다음 각 목에 따른 위치에서의 풍속을 말한다.
  가. 포위식 후드에서는 후드 개구면에서의 풍속
  나. 외부식 후드에서는 해당 후드에 의하여 관리대상 유해물질을 빨아들이려는 범위 내에서 해당 후드 개구면으로부터 가장 먼 거리의 작업위치에서의 풍속

47. 덕트의 설치 원칙으로 올바르지 않은 것은?

① 덕트는 가능한 한 짧게 배치하도록 한다.

② 밴드의 수는 가능한 한 적게 하도록 한다.

해답 44. ② 45. ③ 46. ① 47. ③

③ 가능한 한 후드와 먼 곳에 설치한다.

④ 공기가 아래로 흐르도록 하향구배를 만든다.

(해설) 가능한 한 후드와 가까워야 관 마찰손실을 줄일 수 있다.

48. 동력과 회전수의 관계로 옳은 것은?

① 동력은 송풍기 회전속도에 비례한다.

② 동력은 송풍기 회전속도의 제곱에 비례한다.

③ 동력은 송풍기 회전속도의 세제곱에 비례한다.

④ 동력은 송풍기 회전속도에 반비례한다.

(해설) 송풍기 상사법칙
• 풍량은 송풍기 회전수에 비례
• 풍압은 송풍기 회전수의 제곱에 비례
• 동력은 송풍기 회전수의 세제곱에 비례

49. 전기도금 공정에 가장 적합한 후드 형태는?

① 캐노피 후드　　　　② 슬롯 후드

③ 포위식 후드　　　　④ 181

(해설) 전기도금 공정에 가장 적합한 후드 형태는 슬롯 후드이며, 슬롯 후드는 이외에도 자동차의 도장공정, 용해공정 등에 다양하게 이용되고 있다.

50. 세정제진장치의 특징으로 틀린 것은?

① 배출수의 재가열이 필요 없다.

② 포집효율을 변화시킬 수 있다.

③ 유출수가 수질오염을 야기할 수 있다.

④ 가연성, 폭발성 분진을 처리할 수 있다.

(해설) 세정제진장치의 장단점
㉠ 장점
• 가스 흡수와 동시에 분진 제거가 가능하다.
• 부식성 기체 및 미스트의 회수 및 중화가 가능하다.
• 고온, 수분을 동반한 가스를 냉각 및 정화할 수 있다.
• 먼지의 폭발위험이 없다.
• 유해가스의 처리효율이 98%이다.
• 가연성, 폭발성 분진을 처리할 수 있다.
• 설치면적이 작다.
• 포집효율을 변화시킬 수 있다.
㉡ 단점
• 유출수가 수질오염을 야기할 수 있다.
• 부식 및 침식문제가 발생할 수 있다.
• 폐수처리에 비용을 부담해야 한다.

• 압력손실에 의한 소요동력이 증가한다.
• 대기조건에 따라 굴뚝에서 연기가 배출된다.

51. 방진마스크의 적절한 구비조건만으로 짝지은 것은?

㉠ 하방 시야가 60° 이상 되어야 한다.
㉡ 여과 효율이 높고 흡·배기 저항이 커야 한다.
㉢ 여과재료로서 면, 모, 합성섬유, 유리섬유, 금속섬유 등이 있다.

① ㉠, ㉡　　　　　② ㉡, ㉢

③ ㉠, ㉢　　　　　④ ㉠, ㉡, ㉢

(해설) 유리섬유, 금속섬유 등은 방진마스크의 여과재가 아니다.

52. 주관에 45°로 분지관이 연결되어 있다. 주관 입구와 분지관의 속도압은 20mmH₂O로 같고 압력손실계수는 각각 0.2 및 0.28이다. 주관과 분지관의 합류에 의한 압력손실(mmH₂O)은?

① 약 6　　　　　② 약 8

③ 약 10　　　　　④ 약 12

(해설) 압력손실 $= (0.2 \times 20) + (0.28 \times 20)$
$= 약 10 mmH_2O$

53. 벤젠 2kg이 모두 증발하였다면 벤젠이 차지하는 부피는? (단, 벤젠 비중 0.88, 분자량 78, 21℃ 1기압)

① 약 521L　　　　② 약 618L

③ 약 736L　　　　④ 약 871L

(해설) 벤젠이 차지하는 부피(L)

$L = 사용량(g) \dfrac{24.1(21℃, 1기압)}{분자량(g)}$

사용량 2kg 단위 환산 $= 2,000g$

$\therefore \ L = 2,000(g) \dfrac{24.1}{78} = 618L$

54. 고속기류 내로 높은 초기 속도로 배출되는 작업 조건에서 회전연삭, 블라스팅 작업공정 시 제어 속도로 적절한 것은? (단, 미국산업위생전문가 협의회 권고 기준)

① 1.8m/sec ② 2.1m/sec
③ 8.8m/sec ④ 12.8m/sec

해설 작업조건에 따른 제어속도 기준(ACGIH)
회전연삭, 블라스팅 등 초고속기류가 있는 작업장소에 초고속으로 비산하는 경우의 제어속도는 2.50~10.00m/s이다.

55. 작업 중 발생하는 먼지에 대한 설명으로 옳지 않은 것은?

① 일반적으로 특별한 유해성이 없는 먼지는 불활성 먼지 또는 공해서 먼지라고 하며, 이러한 먼지에 노출된 경우 일반적으로 폐용량에 이상이 나타나지 않으며, 먼지에 대한 폐의 조직반응은 가역적이다.
② 결정형 유리규산(free silica)은 규산의 종류에 따라 Cristobalite, Quartz, Tridymite, Tripoli가 있다.
③ 용융규산(fused silica)은 비결정형 규산으로 노출기준은 총먼지로 $10mg/m^3$이다.
④ 일반적으로 호흡성 먼지란 종말 모세기관지나 폐포 영역의 가스교환이 이루어지는 영역까지 도달하는 미세먼지를 말한다.

해설 고용노동부 고시 화학물질 및 물리적 인자의 노출기준에 의거 용융규산(fused silica)은 비결정형 규산으로 노출기준은 총먼지로 $0.1mg/m^3$이다.

56. 작업환경의 관리원칙인 대치 중 물질의 변경에 따른 개선예로 가장 거리가 먼 것은?

① 성냥 제조 시: 황린 대신 적린으로 변경
② 금속세척작업: TCE를 대신하여 계면활성제로 변경
③ 세탁시 화재예방: 불화탄화수소 대신 사염화탄소로 변경
④ 분체 입자: 큰 입자로 대치

해설 세탁 시 화재예방을 위해 석유나프타 대신 퍼클로로에틸렌으로 변경한다.

57. 방진마스크에 관한 설명으로 옳지 않은 것은?

① 일반적으로 활성탄 필터가 많이 사용된다.
② 종류에는 격리식, 직결식, 면체여과식이 있다.
③ 흡기저항 상승률은 낮은 것이 좋다.
④ 비휘발성 입자에 대한 보호가 가능하다.

해설 활성탄 필터는 유기용제 등의 물질을 흡착하기 위한 방독마스크 정화통에 사용된다.

58. 한랭작업장에서 일하고 있는 근로자의 관리에 대한 내용으로 옳지 않은 것은?

① 한랭에 대한 순화는 고온순화보다 빠르다.
② 노출된 피부나 전신의 온도가 떨어지지 않도록 온도를 높이고 기류의 속도를 낮추어야 한다.
③ 필요하다면 작업을 자신이 조절하게 한다.
④ 외부 액체가 스며들지 않도록 방수 처리된 의복을 입는다.

해설 한랭에 대한 순화는 고온순화보다 느리다.

59. 금속을 가공하는 음압수준이 98dB(A)인 공정에서 NRR이 17인 귀마개를 착용했을 때의 차음효과(dB(A))는? (단, OSHA의 차음효과 예측방법을 적용한다.)

① 2 ② 3
③ 5 ④ 7

해설 차음효과 $= (NRR - 7) \times 0.5$
$= (17 - 7) \times 0.5 = 5dB$

60. 귀덮개 착용 시 일반적으로 요구되는 차음 효과는?

① 저음에서 15dB 이상, 고음에서 30dB 이상
② 저음에서 20dB 이상, 고음에서 45dB 이상
③ 저음에서 25dB 이상, 고음에서 50dB 이상
④ 저음에서 30dB 이상, 고음에서 55dB 이상

해답 54. ③ 55. ③ 56. ③ 57. ① 58. ① 59. ③
60. ②

귀덮개는 귓바퀴를 감싸 밀폐하는 구조로 소음을 차단하며 일반적으로 저음영역에서 20dB 이상, 고음영역에서 45dB이상 차음효과가 있다. 특히 120dB 이상의 고음이 발생되는 작업장에서는 귀마개와 귀덮개를 동시에 착용하여야 하고 훨씬 높은 차음효과를 기대할 수 있다.

|4| 물리적 유해인자관리

61. 인체와 환경 간의 열교환에 관여하는 온열조건 인자로 볼 수 없는 것은?

① 대류   ② 증발
③ 복사   ④ 기압

해설   인체와 환경 사이의 열교환에 관여인자: 체내 열생산량(작업대사량), 전도, 대류, 복사, 증발 등

62. 인체와 환경 사이의 열평형에 의하여 인체는 적절한 체온을 유지하려고 노력하는데 기본적인 열평형 방정식에 있어 신체 열용량의 변화가 0보다 크면 생산된 열이 축적되게 되고 체온조절중추인 시상하부에서 혈액온도를 감지하거나 신경망을 통하여 정보를 받아들여 체온 방산작용이 활발히 시작된다. 이러한 것은 무엇이라 하는가?

① 정신적 조절작용(spiritual thermo regulation)
② 물리적 조절작용(physical thermo regulation)
③ 화학적 조절작용(chemical thermo regulation)
④ 생물학적 조절작용(biological thermo regulation)

해설   기본적인 열평형 방정식에 있어 신체 열용량의 변화가 0보다 크면 생성된 열이 축적하게 되고 체온조절중추인 시상하부에서 혈액온도를 감지하거나 신경망을 통하여 정보를 받아들여 체온방산작용이 활발히 시작되는데, 이것을 물리적 조절작용이라 한다.

63. 인체와 작업환경 사이의 열교환이 이루어지는 조건에 해당되지 않는 것은?

① 대류에 의한 열교환
② 복사에 의한 열교환
③ 증발에 의한 열교환
④ 기온에 의한 열교환

해설   문제 61번 해설 참조

64. 감압에 따르는 조직 내 질소기포 형성량에 영향을 주는 요인인 조직에 용해된 가스량을 결정하는 인자로 가장 적절한 것은?

① 감압 속도
② 혈류의 변화정도
③ 노출정도와 시간 및 체내 지방량
④ 폐내의 이산화탄소 농도

해설   감압에 따른 기포 형성량을 좌우하는 요인
• 감압속도: 감압의 속도로 매분 매제곱센티미터당 0.8킬로그램 이하로 한다.
• 조직에 용해된 가스량: 체내 지방량, 고기압 폭로의 정도와 시간에 영향을 받는다.
• 혈류를 변화 시키는 상태: 잠수자의 나이(연령), 기온상태, 운동여부, 공포감, 음주 여부와 관계가 있다(감압 시 또는 재 감압 후에 생기기 쉽다).

65. 다음 중 저기압의 영향에 관한 설명으로 틀린 것은?

① 산소결핍을 보충하기 위하여 호흡수, 맥박수가 증가된다.
② 고도 1,000ft(3,048m)까지는 시력, 협조운동의 가벼운 장해 및 피로를 유발한다.
③ 고도 18,000ft(5,468m) 이상이 되면 21% 이상의 산소가 필요하게 된다.
④ 고도의 상승으로 기압이 저하되면 공기의 산소분압이 상승하여 폐포 내의 산소분압도 상승한다.

해설   산소분압이 증가하는 것은 기압이 증가할 때 발생하는 것이다.

해답   **61.** ④   **62.** ②   **63.** ④   **64.** ③   **65.** ④

66. 고압환경에서의 2차적 가압현상(화학적 장해)에 의한 생체 영향과 거리가 먼 것은?

① 질소 마취
② 산소 중독
③ 질소기포 형성
④ 이산화탄소 중독

해설 고압환경에서의 2차적 가압현상
• 질소가스의 마취작용
• 산소 중독
• 이산화탄소의 작용

67. 산소결핍이 진행되면서 생체에 나타나는 영향을 순서대로 나열한 것은?

| ㉠ 가벼운 어지러움 | ㉡ 사망 |
| ㉢ 대뇌피질의 기능 저하 | ㉣ 중추성 기능장애 |

① ㉠ → ㉢ → ㉣ → ㉡
② ㉠ → ㉣ → ㉢ → ㉡
③ ㉢ → ㉠ → ㉣ → ㉡
④ ㉢ → ㉣ → ㉠ → ㉡

해설 산소결핍이 진행되면서 생체에 나타나는 영향을 순서대로 나열하면, 가벼운 어지러움 → 대뇌피질의 기능 저하 → 중추성 기능장애 → 사망 순이다.

68. 반향시간(reververation time)에 관한 설명으로 맞는 것은?

① 반향시간과 작업장의 공간부피만 알면 흡음량을 추정할 수 있다.
② 소음원에서 소음발생이 중지된 후 소음의 감소는 시간의 제곱에 반비례한다.
③ 반향시간은 소음이 닿는 면적을 계산하기 어려운 실외에서의 흡음량을 추정하기 위하여 주로 사용한다.
④ 소음원에서 발생하는 소음과 배경소음 간의 차이가 40dB인 경우에는 60dB만큼 소음이 감소하지 않기 때문에 반향시간을 측정할 수 없다.

해설 반향시간 또는 잔향시간(reververation time)
• 실내에서 발생하는 소리는 바닥, 벽, 천장, 창 또는 탁자와 같은 반사 표면에서 반복적으로 반사되어 에너지를 점차 감소시킨다. 이러한 반사가 서로 섞이면 잔향으로 알려진 현상이 만들어진다.

• 잔향은 소리에 대한 많은 반영을 모아 놓은 것이다.
• 잔향시간은 사운드 소스가 중단된 후 사운드를 닫힌 영역에서 "페이드 아웃"시키는 데 필요한 시간을 측정한 것이다.
• 잔향시간은 실내가 어쿠스틱 사운드에 어떻게 반응할지 정의하는 데 중요하다.
• 반사가 커튼, 패딩이 적용된 의자 또는 심지어 사람과 같은 흡수성 표면에 닿거나 벽, 천장, 문, 창문 등을 통해 방을 나가면 잔향시간이 줄어든다.
• RT600이란 미터(meter)로 잔향 시간의 정확한 측정에 관해서는 RT60의 개념을 통해 소개한다.
• RT60은 잔향시간(Reverberation Time) 60dB의 약자이다.
• RT60은 잔향시간 측정, 즉 사운드 소스가 꺼진 후 측정된 음압 레벨이 60dB만큼 감소하는 데 걸리는 시간으로 정의한다.

69. 개인의 평균 청력손실을 평가하기 위하여 6분법을 적용하였을 때, 500Hz에서 6dB, 1,000Hz에서 10dB, 2,000Hz에서 10dB, 4,000Hz에서 20dB이면 이때의 청력손실은 얼마인가?

① 10dB
② 11dB
③ 12dB
④ 13dB

해설 평균 청력손실(6분법)
㉠ 평균 청력손실(6분법)

$$평균 청력손실 = \frac{a+2b+2c+d}{6}$$

$$= \frac{6+2\times10+2\times10+20}{6} = 11$$

여기서,
a: 500Hz에서의 청력손실치
b: 1,000Hz에서의 청력손실치
c: 2,000Hz에서의 청력손실치
d: 4,000Hz에서의 청력손실치

㉡ 평균 청력손실(4분법)

$$평균 청력손실 = \frac{a+2b+c}{4}$$

70. 작업자 A의 4시간 작업 중 소음노출량이 76%일 때, 측정시간에 있어서의 평균치는 약 몇 dB(A)인가?

① 88
② 93
③ 98
④ 103

해답 66. ③ 67. ① 68. ① 69. ② 70. ②

해설 시간가중평균소음수준(TWA)

$$TWA = 16.61\log\left[\frac{D(\%)}{12.5\times T}\right] + 90dB[dB(A)]$$

여기서, TWA: 시간가중평균소음수준(dB(A))

D: 누적소음 폭로량(%)

T: 폭로시간

$$\therefore TWA = 16.61\log\left[\frac{76(\%)}{12.5\times4}\right] + 90dB[dB(A)]$$
$$= 93dB(A)$$

71. 소음의 종류에 대한 설명으로 맞는 것은?

① 연속음은 소음의 간격이 1초 이상을 유지하면서 계속적으로 발생하는 소음을 의미한다.

② 충격소음은 소음이 1초 미만의 간격으로 발생하면서, 1회 최대 허용기준은 120dB(A)이다.

③ 충격소음은 최대음압수준이 120dB(A) 이상인 소음이 1초 이상의 간격으로 발생하는 것을 의미한다.

④ 단속음은 1일 작업 중 노출되는 여러 가지 음압수준을 나타내며 소음의 반복음의 간격이 3초보다 큰 경우를 의미한다.

해설 소음의 종류

1. "소음작업"이란 1일 8시간 작업을 기준으로 85데시벨 이상의 소음이 발생하는 작업을 말한다.

2. "강렬한 소음작업"이란 다음 각 목의 어느 하나에 해당하는 작업을 말한다.

　가. 90데시벨 이상의 소음이 1일 8시간 이상 발생하는 작업

　나. 95데시벨 이상의 소음이 1일 4시간 이상 발생하는 작업

　다. 100데시벨 이상의 소음이 1일 2시간 이상 발생하는 작업

　라. 105데시벨 이상의 소음이 1일 1시간 이상 발생하는 작업

　마. 110데시벨 이상의 소음이 1일 30분 이상 발생하는 작업

　바. 115데시벨 이상의 소음이 1일 15분 이상 발생하는 작업

3. "충격소음작업"이란 소음이 1초 이상의 간격으로 발생하는 작업으로서 다음 각 목의 어느 하나에 해당하는 작업을 말한다.

　가. 120데시벨을 초과하는 소음이 1일 1만 회 이상 발생하는 작업

　나. 130데시벨을 초과하는 소음이 1일 1천 회 이상 발생하는 작업

　다. 140데시벨을 초과하는 소음이 1일 1백 회 이상 발생하는 작업

72. 청력 손실차가 다음과 같을 때, 6분법에 의하여 판정하면 청력손실은 얼마인가?

- 500Hz에서 청력 손실차는 8
- 1,000Hz에서 청력 손실차는 12
- 2,000Hz에서 청력 손실차는 12
- 4,000Hz에서 청력 손실차는 22

① 12
② 13
③ 14
④ 15

해설
㉠ 평균 청력손실(6분법)

$$평균\ 청력손실 = \frac{a+2b+2c+d}{6}$$
$$= \frac{8+2\times12+2\times12+22}{6} = 13$$

여기서, a: 500Hz에서의 청력 손실치

b: 1,000Hz에서의 청력 손실치

c: 2,000Hz에서의 청력 손실치

d: 4,000Hz에서의 청력 손실치

㉡ 평균 청력손실(4분법)

$$평균\ 청력손실 = \frac{a+2b+c}{4}$$

73. 중심주파수가 8,000Hz인 경우, 하한주파수와 상한주파수로 가장 적절한 것은? (단, 1/1 옥타브 밴드 기준이다.)

① 5,150Hz, 10,300Hz

② 5,220Hz, 10,500Hz

③ 5,420Hz, 11,000Hz

④ 5,650Hz, 11,300Hz

해설
- f_C(중심주파수)$= \sqrt{2}f_L$

$$f_L(하한주파수) = \frac{f_C}{\sqrt{2}} = \frac{8,000}{\sqrt{2}} = 5,656Hz$$

- f_C(중심주파수)$= \sqrt{f_L \times f_U}$

$$f_L(상한주파수) = \frac{f_{C^2}}{f_L} = \frac{(8,000)^2}{5,656} = 11,315Hz$$

해답 71. ③ 72. ② 73. ④

74. 다음 중 국소진동의 경우에 주로 문제가 되는 주파수 범위로 가장 알맞은 것은?

① 10~150Hz
② 10~300Hz
③ 8~500Hz
④ 8~1,500Hz

해설 진동에 의해 문제가 되는 주파수 범위
- 인체에 심한영향을 줄 수 있는 진동주파수 범위는 1~90Hz
- 국소진동 주파수: 8~1,500Hz

75. 빛과 밝기의 단위에 관한 내용으로 맞는 것은?

① Lumen: 1촉광의 광원으로부터 1m 거리에 $1m^2$ 면적에 투사되는 빛의 양
② 촉광: 지름이 10cm 되는 촛불이 수평방향으로 비칠 때 빛의 광도
③ Lux: 1루멘의 빛이 $1m^2$의 구면상에 수직으로 비칠 때 그 평면의 빛 밝기
④ Foot-candle: 1촉광의 빛이 $1in^2$의 평면상에 수평 방향으로 비칠 때 그 평면의 빛의 밝기

해설
- Lumen: 1촉광의 광원으로부터 한 단위입체각으로 나가는 광속의 단위
- Lux: 1루멘의 빛이 $1m^2$의 구면상에 수직으로 비칠 때의 그 평면의 빛 밝기
- 촉광: 지름이 1인치인 촛불이 수평방향으로 비칠 때 빛의 광도를 나타내는 단위
- Foot-candle: 1루멘의 빛이 ft^2의 평면상에 수직으로 비칠 때 그 평면의 빛의 밝기

76. 불활성가스 용접에서는 자외선량이 많아 오존이 발생한다. 염화계 탄화수소에 자외선이 조사되어 분해될 경우 발생하는 유해물질로 맞는 것은?

① $COCl_2$(포스겐)
② HCl(염화수소)
③ NO_3(삼산화질소)
④ $HCHO$(포름알데히드)

해설 자외선은 공기 중의 NO_2 및 올레핀계 탄화수소와 광화학 반응을 일으켜 트리클로로에틸렌이 분해되어 포스겐으로 변경된다.

77. 적외선의 생체작용에 관한 설명으로 틀린 것은?

① 조직에서의 흡수는 수분함량에 따라 다르다.
② 적외선이 조직에 흡수되면 화학반응을 일으켜 조직의 온도가 상승한다.
③ 적외선이 신체에 조사되면 일부는 피부에서 반사되고 나머지는 조직에 흡수된다.
④ 조사부위의 온도가 오르면 혈관이 확장되어 혈류가 증가되며 심하면 홍반을 유발하기도 한다.

해설 적외선은 인체의 피부 속 약 40mm까지 침투하여 인체세포를 구성하는 분자와 공명정진, 분자운동 촉진에 의해 스스로 열을 내게 하는 특성이 있다.

78. 다음 중 광원으로부터의 밝기에 관한 설명으로 틀린 것은?

① 루멘은 1촉광의 광원으로부터 한 단위 입체각으로 나가는 광속의 단위이다.
② 밝기는 조사평면과 광원에 대한 수직평면이 이루는 각(cosine)에 비례한다.
③ 밝기는 광원으로부터의 거리 제곱에 반비례한다.
④ 1촉광은 4루멘으로 나타낼 수 있다.

해설 밝기는 조사평면과의 광원에 대한 수직평면이 이루는 각(cosine)에 반비례한다.

79. 빛과 밝기의 단위에 관한 설명으로 틀린 것은?

① 반사율은 조도에 대한 휘도의 비로 표시한다.
② 광원으로부터 나오는 빛의 양을 광속이라고 하며 단위는 루멘을 사용한다.
③ 입사면의 단면적에 대한 광도의 비를 조도라 하며 단위는 촉광을 사용한다.
④ 광원으로부터 나오는 빛의세기를 광도라고 하며 단위는 칸델라를 사용한다.

해설 입사면의 단면적에 대한 광도의 비를 조도라 하며, 단위는 lux를 사용한다.

해답 74. ④ 75. ③ 76. ① 77. ② 78. ② 79. ③

80. 일반적으로 눈을 부시게 하지 않고 조도가 균일하여 눈의 피로를 줄이는 데 가장 효과적인 조명 방법은?

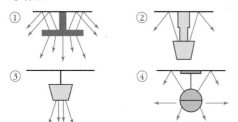

해설 인공조명 시 고려사항
• 작업에 충분한 조도를 낼 것
• 조명도를 균등히 유지할 것(천장, 마루, 기계, 벽 등의 반사율을 크게 하면 조도를 일정하게 얻을 수 있음)
• 폭발성 또는 발화성이 없고, 유해가스가 발생하지 않을 것
• 경제적이며, 취급이 용이할 것
• 주광색에 가까운 광색으로 조도를 높여줄 것(백열전구와 고압수은등을 적절히 혼합시켜 주광에 가까운 빛을 얻을 수 있음)
• 장시간 작업 시 가급적 간접조명이 되도록 설치할 것(직접조명, 즉 광원의 광밀도가 크면 나쁨)
• 일반적인 작업 시 빛은 작업대 좌상방에서 비추게 할 것
• 작은 물건의 식별과 같은 작업에는 음영이 생기지 않는 국소조명을 적용할 것
• 광원 또는 전등의 휘도를 줄일 것
• 광원을 시선에서 멀리 위치시킬 것
• 눈이 부신 물체와 시선과의 각을 크게 할 것
• 광원 주위를 밝게 하며, 조도비를 적정하게 할 것

| 5 | 산업독성학

81. 작업환경 중에서 부유 분진이 호흡기계에 축적되는 주요 작용기전과 가장 거리가 먼 것은?

① 충돌　　　　　② 침강
③ 확산　　　　　④ 농축

해설 부유분진의 호흡기계 축적기전
충돌, 침강, 차단, 확산, 정전기

82. 「산업안전보건법령」상 기타 분진의 산화규소결정체 함유율과 노출기준으로 맞는 것은?

① 함유율: 0.1% 이상, 노출기준: 5mg/m^3
② 함유율: 0.1% 이하, 노출기준: 10mg/m^3
③ 함유율: 1% 이상, 노출기준: 5mg/m^3
④ 함유율: 1% 이하, 노출기준: 10mg/m^3

해설 「산업안전보건법」 화학물질 및 물리적 인자의 노출기준[고용노동부고시 제2020-48호]
[별표 1] 화학물질의 노출기준 기타 분진
산화규소 결정체 1% 이하 분진 노출기준: 10mg/m^3

83. 다음 중 입자의 호흡기계 축적기전이 아닌 것은?

① 충돌　　　　　② 변성
③ 차단　　　　　④ 확산

해설 호흡기계 축적기전: 충돌(관성충돌), 침강(침전), 확산, 차단, 정전기

84. 일산화탄소 중독과 관련이 없는 것은?

① 고압가스설비
② 카나리아새
③ 식염의 다량투여
④ 카르복시헤모글로빈(carboxyhemoglobin)

해설 고온 장애 시 식염을 다량투여 한다.

85. 장기간 노출된 경우 간 조직세포에 섬유화증상이 나타나고, 특징적인 악성변화로 간에 혈관육종(hemangio-sarcoma)을 일으키는 물질은?

① 염화비닐　　　　② 삼염화에틸렌
③ 메틸클로로포름　　④ 사염화에틸렌

해설 염화비닐은 피부자극제이며, 장기간 폭로될 때 간조직세포에서 여러 소기관이 증식하고 섬유화 증상이 나타나 간에 혈관육종을 유발하며, 장기간 흡입한 근로자에게 레이노 현상을 유발한다.

86. 입자상 물질의 종류 중 액체나 고체의 2가지 상태로 존재할 수 있는 것은?

① 흄(fume)　　　　② 미스트(mist)
③ 증기(vapor)　　　④ 스모크(smoke)

해답 80. ② 81. ④ 82. ④ 83. ② 84. ③ 85. ①
86. ④

- 안개(fog)와 스모그(smog)가 합성된 용어이며 액체나 고체의 2가지 상태로 존재한다.
- 유해물질이 불완전연소하여 만들어진 에어로졸의 혼합체로 크기는 0.01~1.0μm 정도이다.

87. 다음의 설명에서 ㉠~㉢에 해당하는 내용이 맞는 것은?

> 단시간노출기준(STEL)이란 (㉠)분간의 시간가중평균노출값으로서 노출농도가 시간가중평균노출기준(TWA)을 초과하고 단시간노출기준(STEL) 이하인 경우에는 1회 노출 지속시간이 (㉡)분 미만이어야 하고, 이러한 상태가 1일 (㉢)회 이하로 발생하여야 하며, 각 노출의 간격은 60분 이상이어야 한다.

① ㉠: 15, ㉡: 20, ㉢: 2
② ㉠: 15, ㉡: 15, ㉢: 4
③ ㉠: 20, ㉡: 15, ㉢: 2
④ ㉠: 20, ㉡: 20, ㉢: 4

해설 고용노동부 고시 "단시간노출기준(STEL)"이란 15분간의 시간가중평균노출값으로서 노출농도가 시간가중평균노출기준(TWA)을 초과하고 단시간노출기준(STEL) 이하인 경우에는 1회 노출 지속시간이 15분 미만이어야 하고, 이러한 상태가 1일 4회 이하로 발생하여야 하며, 각 노출의 간격은 60분 이상이어야 한다.

88. 독성실험단계에 있어 제1단계(동물에 대한 급성노출시험)에 관한 내용과 가장 거리가 먼 것은?

① 생식독성과 최기형성 독성실험을 한다.
② 눈과 피부에 대한 자극성 실험을 한다.
③ 변이원성에 대하여 1차적인 스크리닝 실험을 한다.
④ 치사성과 기관장해에 대한 양-반응곡선을 작성한다.

해설 독성실험단계에 있어 제1단계(동물에 대한 급성노출시험)
- 눈과 피부에 대한 자극성 실험을 한다.
- 변이원성에 대하여 1차적인 스크리닝 실험을 한다.
- 치사성과 기관장해에 대한 양-반응곡선을 작성한다.

※ 생식독성과 최기형성 독성실험은 제2단계(동물에 대한 만성 노출실험)

89. 다음 중 "Cholinesterase" 효소를 억압하여 신경증상을 나타내는 것은?

① 중금속화합물
② 유기인제
③ 파라쿼트
④ 비소화합물

해설 유기인제 독작용 기전 및 독성
유기인제는 체내에서 콜린에스테라제(Cholinesterase) 효소와 결합하여 그 효소의 활성을 억제하여 신경말단부에 지속적으로 과다한 아세틸콜린의 축적을 일으킨다. 이러한 작용은 유기인제 자체에 의하여 직접적으로 일어나는 경우와 유기인제가 체내에서 대사되어 생성되는 대사산물에 의하여 일어나는 경우가 있다. 유기인제의 독성은 각종 유기인제에 따라, 동물개체의 감수성에 따라 그리고 암·수에 따라 크게 달라질 수 있다.

90. 금속열에 관한 설명으로 옳지 않은 것은?

① 금속열이 발생하는 작업장에서는 개인 보호용구를 착용해야 한다.
② 금속 흄에 노출된 후 일정 시간의 잠복기를 지나 감기와 비슷한 증상이 나타난다.
③ 금속열은 일주일 정도가 지나면 증상은 회복되나 후유증으로 호흡기, 시신경 장애 등을 일으킨다.
④ 아연, 마그네슘 등 비교적 융점이 낮은 금속의 제련, 용해, 용접 시 발생하는 산화금속 흄을 흡입할 경우 생기는 발열성 질병이다.

해설 금속열
- 아연, 마그네슘 등 비교적 융점이 낮은 금속의 제련, 용해, 용접 시 발생하는 산화금속 흄을 흡입할 경우 생기는 발열성 질병을 말한다.
- 금속흄에 노출된 후 일정 시간의 잠복기를 지나 감기와 비슷한 증상이 나타난다.
- 체온이 높아지며 오한이 나고, 목이 마르고, 기침이 나며, 가슴이 답답해진다.
- 호흡곤란이 일어나다가 12~24시간이 지나면 사라진다.
- 기폭로된 근로자는 일시적 면역이 생긴다.
- 특히 아연 취급 작업장에서는 당뇨병 환자의 작업을 금지한다.
- 폐렴, 폐결핵의 원인이 되지는 않는다.
- 철폐증은 철분진 흡입 시 발생되는 금속열의 한 형태이다.
- 월요일열(monday fever)이라고도 한다.

해답 87. ② 88. ① 89. ② 90. ③

91. 증상으로는 무력증, 식욕감퇴, 보행장해 등의 증상을 나타내며, 계속적인 노출 시에는 파킨슨씨 증상을 초래하는 유해물질은?

① 망간　　　　　　　② 카드뮴
③ 산화칼륨　　　　　④ 산화마그네슘

해설 | 만성 망간중독에 의한 건강장애(증상 징후)
• 무력증, 식욕감퇴 등의 초기증세를 보이다 심해지면 중추신경계의 특정 부위를 손상(뇌기저핵에 축적되어 신경세포 파괴)시켜 노출이 지속되면 파킨슨 증후군과 보행장애가 발행한다.
• 안면의 변화, 즉 무표정하게 되며 배근력의 저하가 나타난다.
• 이산화망간 흄에 급성 폭로되면 열, 오한, 호흡곤란 등의 증상을 특징으로 하는 금속열을 일으킨다. 언어가 느려지는 언어장애 및 균형감각 상실 증세도 나타난다.

92. 비중격천공을 유발시키는 물질은?

① 납(Pb)　　　　　② 크롬(Cr)
③ 수은(Hg)　　　　④ 카드뮴(Cd)

해설 | 크롬의 대표적 증상은 비중격연골에 천공을 발생시키며, 이외에도 급성 폐렴, 위장장애를 일으키기도 한다.

93. 금속열에 관한 설명으로 틀린 것은?

① 금속열이 발생하는 작업장에서는 개인 보호용구를 착용해야 한다.
② 금속 흄에 노출된 후 일정 시간의 잠복기를 지나 감기와 비슷한 증상이 나타난다.
③ 금속열은 하루 정도가 지나면 증상은 회복되나 후유증으로 호흡기, 시신경 장애 등을 일으킨다.
④ 금속열은 하루 정도가 지나면 증상은 회복되나 후유증으로 호흡기, 시신경 장애 등을 일으킨다.

해설 | 금속 증기열은 폐렴, 폐결핵의 원인이 되지 않고 체온이 높아지고 오한이 나며, 목이 마르고, 기침이 난다. 이러한 증상은 12~24시간이 지나면 완전히 없어진다.

94. 다음 중 납중독이 발생할 수 있는 작업장과 가장 관계가 적은 것은?

① 납의 용해작업
② 고무제품 접착작업
③ 활자의 문선, 조판작업
④ 축전지의 납 도포작업

해설 | 고무제품 접착작업은 본드 사용으로 유기용제 중독이 발생할 수 있다.

95. 「산업안전보건법」상 발암성 물질로 확인된 물질(A1)에 포함되어 있지 않은 것은?

① 벤지딘　　　　　　② 염화비닐
③ 베릴륨　　　　　　④ 에틸벤젠

해설 | 에틸벤젠(ethylbenzene)
에틸벤젠은 관리대상 물질이며 발암성 2로 구분하고 있다. 사람이나 동물에서 제한된 증거가 있지만, 구분 1로 분류하기에는 증거가 충분하지 않은 물질이다.

96. 다음 중 유해인자에 노출된 집단에서의 질병발생률과 노출되지 않은 집단에서의 질병발생률의 비를 무엇이라 하는가?

① 교차비　　　　　　② 상대위험도
③ 발병비　　　　　　④ 기여위험도

해설 | 상대위험도(상대위험비, 비교위험도)
• 비율비 또는 위험비라고도 하며, 위험요인을 갖고 있는 군(노출군)이 위험요인을 갖고 있지 않은 군(비노출군)에 비하여 질병 발생률이 몇 배인가, 즉 위협도가 얼마나 큰가를 나타내는 것이다.

$$상대위험비 = \frac{노출군에서의\ 질병발생률}{비노출군에서의\ 질병발생률}$$

• 상대위험비=1: 노출과 질병 사이의 연관성 없음
• 상대위험비>1: 위험의 증가를 의미
• 상대위험비<1: 질병에 대한 방어효과가 있음

97. 노출에 대한 생물학적 모니터링의 단점이 아닌 것은?

① 시료채취의 어려움
② 근로자의 생물학적 차이
③ 유기시료의 특이성과 복잡성
④ 호흡기를 통한 노출만을 고려

해답 **91.** ①　**92.** ②　**93.** ③　**94.** ②　**95.** ④　**96.** ②
97. ④

해설 노출에 대한 생물학적 모니터링의 단점
- 시료채취가 어렵다.
- 유기시료의 특이성과 복잡성이 있다.
- 각 근로자의 생물학적 차이가 있다.
- 분석 시 오염에 노출될 수 있어 분석이 어렵다.

98. 화학물질의 투여에 의한 독성범위를 나타내는 안전역을 맞게 나타낸 것은? (단, LD는 치사량, TD는 중독량, ED는 유효량이다.)

① 안전역 = ED_1/TD_{99}

② 안전역 = TD_1/ED_{99}

③ 안전역 = ED_1/LD_{99}

④ 안전역 = LD_1/ED_{99}

해설 안전역

화학물질의 투여에 의한 독성범위를 의미한다.

$$안전역 = \frac{TD_{50}}{ED_{50}} = \frac{중독량}{유효량} = \frac{LD_1}{ED_{99}}$$

99. 다음 중 할로겐화탄화수소에 관한 설명으로 틀린 것은?

① 대개 중추신경계의 억제에 의한 마취작용이 나타난다.

② 가연성과 폭발의 위험성이 높으므로 취급 시 주의하여야 한다.

③ 일반적으로 할로겐화탄화수소의 독성의 정도는 화합물의 분자량이 커질수록 증가한다.

④ 일반적으로 할로겐화탄화수소의 독성의 정도는 할로겐 원소의 수가 커질수록 증가한다.

해설 ①, ③, ④ 외에 냉각제, 금속세척, 플라스틱과 고무의 용제 등으로 사용되고, 불연성이며, 화학반응성이 낮다.

100. 다음 중 산업독성학의 활용과 가장 거리가 먼 것은?

① 작업장 화학물질의 노출기준 설정 시 활용된다.

② 작업환경의 공기 중 화학물질의 분석기술에 활용된다.

③ 유해 화학물질의 안전한 사용을 위한 대책 수립에 활용된다.

④ 화학물질 노출을 생물학적으로 모니터링하는 역할에 활용된다.

해설 ②는 작업환경측정에 대한 설명이다.

해답 98. ④ 99. ② 100. ②

산업위생관리기사 필기시험 CBT 문제풀이
(2023년 2회)

| 1 | 산업위생학개론

1. 산업위생의 역사에서 직업과 질병의 관계가 있음을 알렸고, 광산에서의 납중독을 보고한 사람은?

   ① Larigo
   ② Paracelsus
   ③ Percival Pott
   ④ Hippocrates

   해설 Hippocrates(B.C 460~377)는 광산에서의 납중독을 보고하였고, 이것은 역사상 최초로 기록된 직업병이 되었다.

2. 1800년대 산업보건에 관한 법률로서 실제로 효과를 거둔 영국의 공장법의 내용과 거리가 가장 먼 것은?

   ① 감독관을 임명하여 공장을 감독한다.
   ② 근로자에게 교육을 시키도록 의무화한다.
   ③ 18세 미만 근로자의 야간작업을 금지한다.
   ④ 작업할 수 있는 연령을 8세 이상으로 제한한다.

   해설 영국의 공장법(1800년대)
   • 감독관을 임명하여 공장을 감독한다.
   • 근로자에게 교육을 시키도록 의무화한다.
   • 18세 미만 근로자의 야간작업을 금지한다.
   • 작업할 수 있는 연령을 13세 이상으로 제한한다.

3. 1980~1990년대 우리나라에 대표적으로 집단 직업병을 유발시켰던 이 물질은 비스코스레이온 합성에 사용되며 급성으로 고농도 노출 시 사망할 수 있고, 1000ppm 수준에서는 환상을 보는

정신이상을 유발한다. 만성독성으로는 뇌경색증, 다발성신경염, 협심증, 신부전증 등을 유발하는 이 물질은 무엇인가?

   ① 벤젠
   ② 이황화탄소
   ③ 카드뮴
   ④ 2-브로모프로판

   해설 이황화탄소
   • 일명 원진레이온 이황화탄소 집단중독 사건이라고 부르기도 하며, 1980~1990년대 우리나라 대표적 집단 직업병 발병 사례가 있다. 이 물질은 비스코스레이온 합성에 사용되며 급성 고농도 노출시 사망할 수 있고, 1,000ppm 수준에서는 환상현상이 발생하여 정신이상을 유발한다.
   • 만성독성으로는 뇌경색증, 다발성신경염, 협심증, 신부전증 등을 유발하는 물질이다.

4. 다음 중 RMR이 10인 격심한 작업을 하는 근로자의 실동률과 계속작업의 한계시간으로 옳은 것은? (단, 실동률은 사이또 오시마식을 적용한다.)

   ① 실동률: 55%, 계속작업의 한계시간: 약 5분
   ② 실동률: 45%, 계속작업의 한계시간: 약 4분
   ③ 실동률: 35%, 계속작업의 한계시간: 약 3분
   ④ 실동률: 25%, 계속작업의 한계시간: 약 2분

   해설 사이또=오시마의 실동률(%)
   ㉠ 실동률(%)=85-5×작업대사율(RMR)
      =85-5×10=35%
   ㉡ 계속작업 시의 한계시간
      log 계속작업 시의 한계시간=3.724-3.25log(RMR)
      =3.724-3.25log10
      =0.474
      계속작업 시의 한계시간=$10^{0.474}$=3min

해답 1. ④ 2. ④ 3. ② 4. ③

5. 다음 근육운동에 동원되는 주요 에너지 생산방법 중 혐기성 대사에 사용되는 에너지원이 아닌 것은?

① 아데노신 삼인산   ② 크레아틴 인산
③ 지방   ④ 글리코겐

해설 혐기성 대사에 사용되는 에너지원은 아데노신 삼인산(ATP), 크레아틴 인산(CP), 글리코겐 또는 포도당이다.

6. 공간의 효율적인 배치를 위해 적용되는 원리로 가장 거리가 먼 것은?

① 기능성 원리   ② 중요도의 원리
③ 사용빈도의 원리   ④ 독립성의 원리

해설 공간의 효율적인 배치를 위해 적용되는 원리로는 기능성 원리, 중요도 원리, 사용빈도 원리가 있다.

7. 다음 중 피로에 관한 설명으로 틀린 것은?

① 자율신경계의 조절기능이 주간은 부교감신경, 야간은 교감신경의 긴장 강화로 주간 수면은 야간 수면에 비해 효과가 떨어진다.
② 충분한 영양을 취하는 것은 휴식과 더불어 피로 방지의 중요한 방법이다.
③ 피로의 주관적 측정방법으로는 CMI(Control Medical Index)를 이용한다.
④ 피로현상은 개인차가 심하여 작업에 대한 개체의 반응을 어디서부터 피로현상이라고 타각적 수치로 찾아내기는 어렵다.

해설 자율신경계의 조절기능이 주간은 교감신경, 야간은 부교감신경의 긴장 강화로 주간 수면은 야간 수면에 비해 효과가 떨어진다.

8. 다음 중 바람직한 교대제에 대한 설명으로 바르지 않은 것은?

① 2교대 시 최소 3조로 편성한다.
② 각 반의 근무시간은 8시간으로 한다.
③ 야간근무의 연속일수는 2~3일로 한다.
④ 야근 후 다음 반으로 가는 간격은 24시간으로 한다.

해설 야간반 근무를 모두 마친 후 아침반 근무에 들어가기 전 최소 24시간 이상 휴식을 하도록 한다.

9. 앉아서 운전작업을 하는 사람들의 주의사항에 대한 설명으로 틀린 것은?

① 큰 트럭에서 내릴 때는 뛰어내려서는 안 된다.
② 차나 트랙터를 타고 내릴 때 몸을 회전해서는 안 된다.
③ 운전대를 잡고 있을 때 최대한 앞으로 기울이는 것이 좋다.
④ 방석과 수건을 말아서 허리에 받쳐 최대한 척추가 자연곡선을 유지하도록 한다.

해설 운전대를 잡고 있을 때 최대한 앞으로 기울이면 허리에 더 부담이 된다. 따라서 몸을 앞으로 기울이지 말고 척추의 자연곡선이 유지되도록 바른 자세를 유지하는 것이 좋다.

10. 근골격계질환 평가방법 중 JSI(Job Strain Index)에 대한 설명으로 옳지 않은 것은?

① 특히 허리와 팔을 중심으로 이루어지는 작업 평가에 유용하게 사용된다.
② JSI 평가결과의 점수가 7점 이상은 위험한 작업이므로 즉시 작업개선이 필요한 작업으로 관리기준을 제시하게 된다.
③ 이 기법은 힘, 근육 사용기간, 작업 자세, 하루 작업시간 등 6개의 위험요소로 구성되어, 이를 곱한 값으로 상지질환의 위험성을 평가한다.
④ 이 평가방법은 손목의 특이적인 위험성만을 평가하고 있어 제한적인 작업에 대해서만 평가가 가능하고 손, 손목 부위에서 중요한 진동에 대한 위험요인이 배제되었다는 단점이 있다.

해설 JSI(Job Strain Index)는 특히 손가락, 손목을 중심으로 이루어지는 작업 평가에 유용하게 사용된다.

해답 5. ③ 6. ④ 7. ① 8. ④ 9. ③ 10. ①

11. 다음 중 Flex-Time제를 가장 올바르게 설명한 것은?

① 주휴 2일제로 주당 40시간 이상의 근무를 원칙으로 하는 제도
② 하루 중 자기가 편한 시간을 정하여 자유 출·퇴근하는 제도
③ 작업상 전 근로자가 일하는 중추시간(core time)을 제외하고 주서 자유롭게 출·퇴근하는 제도
④ 연중 4주간의 연차 휴가를 정하여 근로자가 원하는 시기에 휴가를 갖는 제도

해설 유연근무제(柔軟勤務制) 또는 플렉스타임

프랑스에서는 퍼플잡(purple job)이라고 하는데, 개인의 선택에 따라 근무 시간·근무 환경을 조절할 수 있는 제도를 말한다. 선택적 근로시간제라고도 한다.

기업 조직에 유연성을 주는 제도이다. 틀에 박힌 근무시간이나 근무자를 요구하는 정형화된 기준의 근무제도에서 벗어나, 개인의 특성이나 환경에 맞는 다양한 근무제도를 통해 생산성을 높이는 일종의 기업경영 개선책이라고 할 수 있다. 핵심 근무시간(core time)을 제외하고 재택 근무제, 유연 출·퇴근제, 일자리 증유제(하나의 자리를 두 사람이 나누어 근무하는 것), 하루 근무시간을 늘리는 대신 추가 휴일을 갖는 집중 근무제, 한시적 시간근무제 등 포괄적으로 실시한다.

12. 산업피로의 용어에 관한 설명으로 옳지 않은 것은?

① 곤비란 단시간의 휴식으로 회복될 수 있는 피로를 말한다.
② 다음 날까지도 피로상태가 계속되는 것을 과로라 한다.
③ 보통 피로는 하룻밤 잠을 자고 나면 다음 날 회복되는 정도이다.
④ 정신피로는 중추신경계의 피로를 말하는 것으로 정밀작업 등과 같은 정신적 긴장을 요하는 작업 시에 발생된다.

해설 곤비(피로의 3단계)

과로의 축적으로 단시간에 회복될 수 없는 단계를 말하며, 심한 노동 후의 피로현상으로 병적 상태를 의미한다.

13. 다음 중 「산업안전보건법」에 따른 사무실 공기질 측정대상 오염물질에 해당하지 않는 것은 무엇인가?

① 라돈
② 미세먼지
③ 일산화탄소
④ 총부유세균

해설 사무실 공기질 측정대상 오염물질

미세먼지(PM10), 조미세먼지(PM2.5), 이산화탄소, 이산화탄소, 이산화질소, 포름알데히드, 총휘발성 유기화합물(TVOC), 총부유세균, 라돈, 곰팡이

14. 다음 중 일반적인 실내공기질 오염과 가장 관련이 적은 질환은?

① 규폐증(silicosis)
② 가습기 열(humidifier fever)
③ 레지오넬라병(legionnella disease)
④ 과민성 폐렴(hypersensitivity pneumonitis)

해설 규폐증(silicosis)

규폐증(silicosis)은 석영 또는 유리규산을 포함한 분진(모래 등)을 흡입함으로써 발생하며 진폐증 중 가장 먼저 알려졌고 또한 가장 많이 발생하는 대표적 질환이 진폐이다. 금광, 규산분의 많은 동광, 규석 취급직장 등에서 자주 발생한다.

15. 「산업안전보건법」상 보건관리자의 자격과 선임 제도에 관한 설명으로 틀린 것은?

① 상시 근로자 50인 이상 사업장은 보건관리자의 자격기준에 해당하는 자 중 1인 이상을 보건관리자로 선임하여야 한다.
② 보건관리대행은 보건관리자의 직무를 보건관리를 전문으로 행하는 외부기관에 위탁하여 수행하는 제도로 1990년부터 법적 근거를 갖고 시행되고 있다.
③ 작업환경상에 유해요인이 상존하는 제조업은 근로자의 수가 2,000명을 초과하는 경우에 의사인 보건관리자 1인을 포함하는 3인의 보건관리자를 선임하여야 한다.
④ 보건관리자 자격기준은 「의료법」에 의한 의사 또는 간호사, 「산업안전보건법」에 의한 산업

해답 11. ③ 12. ① 13. ① 14. ① 15. ③

위생지도사, 「국가기술자격법」에 의한 산업위생관리산업기사 또는 환경관리산업기사(대기분야에 한함) 이상이다.

해설 「산업안전보건법」상 상시 근로자의 수가 3,000명 이상인 경우에 의사 또는 간호사 1인을 포함하는 2인의 보건관리자를 선임하여야 한다.

16. 「산업안전보건법」에서 산업재해를 예방하기 위하여 잠재적 위험성을 발견하고 그 개선대책을 수립할 목적으로 고용노동부장관이 지정하는 조사 평가를 무엇이라 하는가?

① 위험성평가
② 작업환경측정, 평가
③ 안전, 보건진단
④ 유해성, 위험성 조사

해설 「산업안전보건법」 제47조(안전보건진단)
산업재해를 예방하기 위하여 잠재적 위험성을 발견하고 그 개선대책을 수립할 목적으로 고용노동부장관은 산업안전보건법 제47조(안전보건진단)에 의거 추락·붕괴, 화재·폭발, 유해하거나 위험한 물질의 누출 등 산업재해 발생의 위험이 현저히 높은 사업장의 사업주에게 제48조에 따라 지정받은 기관(이하 "안전보건진단기관"이라 한다)이 실시하는 안전보건진단을 받을 것을 명할 수 있다.

17. 혈액을 이용한 생물학적 모니터링의 단점으로 옳지 않은 것은?

① 보관, 처치에 주의를 요한다.
② 시료채취 시 오염되는 경우가 많다.
③ 시료채취 시 근로자가 부담을 가질 수 있다.
④ 약물동력학적 변이 요인들의 영향을 받는다.

해설 노출에 대한 생물학적 모니터링의 단점
• 인체에서 직접 채취(혈액, 소변 등)하기 때문에 시료채취가 어렵다.
• 생물학적 모니터링을 만족시키는 산업장에서 사용하고 있는 화학물질은 수종에 불과하므로 생물학적 모니터링으로 산업장의 화학물질에 대한 폭로와 그에 따른 건강 위험도를 평가하는 데는 제한점이 있다.
• 쉽게 흡수되지 않고 접촉되는 부위에서 주로 건강장해를 일으키는 화학물질(예: 여러 종류의 폐 자극물질)에 대해서 생물학적인 모니터링을 적용할 수 없다.
• 각 근로자의 생물학적 차이가 있다.
• 분석 시 오염에 노출될 수 있어 분석이 어렵다.

18. 보건관리자가 보건관리업무에 지장이 없는 범위 내에서 다른 업무를 겸할 수 있는 사업장은 상시 근로자 몇 명 미만에서 가능한가?

① 100명
② 200명
③ 300명
④ 500명

해설 300명 미만 사업장에서는 보건관리자가 보건관리업무에 지장이 없는 범위 내에서 다른 업무를 겸할 수 있다.

19. 연간 총근로시간수가 100,000시간인 사업장에서 1년 동안 재해가 50건 발생하였으며, 손실된 근로일수가 100일이었다. 이 사업장의 강도율은 얼마인가?

① 1
② 2
③ 20
④ 40

해설 강도율은 재해의 크기를 나타낸다.
$$강도율 = \frac{근로손실일수}{연근로시간수} \times 10^3$$
$$= \frac{100}{100,000} \times 10^3 = 1$$

20. 도수율(Frequency Rate of Injury)이 10인 사업장에서 작업자가 평생 동안 작업할 경우 발생할 수 있는 재해의 건수는? (단, 평생의 총근로시간수는 120,000시간으로 한다.)

① 0.8건
② 1.2건
③ 2.4건
④ 12건

해설
$$도수율 = \frac{재해건수}{연간근로시간수} \times 10^6$$
$$10 = \frac{재해건수}{120,000} \times 10^6$$
$$\therefore 재해건수 = 1.2건$$

21. 원자흡광광도계의 구성요소와 역할에 대한 설명 중 옳지 않은 것은?

① 광원은 속빈음극램프를 주로 사용한다.

② 광원은 분석 물질이 반사할 수 있는 표준 파장의 빛을 방출한다.

③ 단색화 장치는 특정 파장만 분리하여 검출기로 보내는 역할을 한다.

④ 원자화 장치에서 원자화 방법에는 불꽃방식, 흑연로방식, 증기화 방식이 있다.

해설 광원부(Lamp)
분석하고자 하는 목적 원소에 맞는 빛을 발생하는 램프를 사용한다.

22. 작업환경측정 및 정도관리 등에 관한 고시상 시료채취 근로자수에 대한 설명 중 옳은 것은?

① 단위작업 장소에서 최고 노출근로자 2명 이상에 대하여 동시에 개인 시료채취 방법으로 측정하되, 단위작업 장소에 근로자가 1명인 경우에는 그러하지 아니하며, 동일 작업근로자수가 20명을 초과하는 경우에는 매 5명당 1명 이상 추가하여 측정하여야 한다.

② 단위작업 장소에서 최고 노출근로자 2명 이상에 대하여 동시에 개인 시료채취 방법으로 측정하되, 동일 작업근로자수가 100명을 초과하는 경우에는 최대 시료채취 근로자수를 20명으로 조정할 수 있다.

③ 지역 시료채취 방법으로 측정을 하는 경우 단위작업장소 내에서 3개 이상의 지점에 대하여 동시에 측정하여야 한다.

④ 지역 시료채취 방법으로 측정을 하는 경우 단위작업 장소의 넓이가 60평방미터 이상인 경우에는 매 30평방미터마다 1개 지점 이상을 추가로 측정하여야 한다.

해설 작업환경측정 및 정도관리 등에 관한 고시 제19조 (시료채취 근로자수)

• 단위작업 장소에서 최고 노출근로자 2명 이상에 대하여 동시에 개인 시료채취 방법으로 측정하되, 단위작업 장소에 근로자가 1명인 경우에는 그러하지 아니하며, 동일 작업근로자수가 10명을 초과하는 경우에는 매 5명당 1명 이상 추가하여 측정하여야 한다. 다만, 동일 작업근로자수가 100명을 초과하는 경우에는 최대 시료채취 근로자수를 20명으로 조정할 수 있다.

• 지역 시료채취 방법으로 측정을 하는 경우 단위작업장소 내에서 2개 이상의 지점에 대하여 동시에 측정하여야 한다. 다만, 단위작업 장소의 넓이가 50평방미터 이상인 경우에는 매 30평방미터마다 1개 지점 이상을 추가로 측정하여야 한다.

23. 다음 중 가스크마토그래피의 충진분리관에 사용되는 액상의 성질과 가장 거리가 먼 것은?

① 휘발성이 커야 한다.

② 열에 대해 안정해야 한다.

③ 시료 성분을 잘 녹일 수 있어야 한다.

④ 분리관의 최대온도보다 100℃이상에서 끓는 점을 가져야 한다.

해설 가스크마토그래피의 충진분리관에 사용되는 액상의 성질

• 열에 대해 안정해야 한다.

• 시료 성분을 잘 녹일 수 있어야 한다.

• 분리관의 최대온도보다 100℃ 이상에서 끓는점을 가져야 한다(휘발성이 적어야 한다).

• 충진분리관에 사용되는 액상은 휘발성 및 점성이 작아야 한다.

24. 활성탄관을 이용하여 유기용제 시료를 채취하였다. 분석을 위한 탈착용매로 사용되는 대표적인 물질은?

① 황산　　　　　　② 사염환탄소

③ 중크롬산칼륨　　④ 이황화탄소

해설 탈착용매

• 비극성 물질에는 이황화탄소(CS_2)를 사용하고, 극성 물질에는 이황화탄소에 다른 용매를 혼합하여 사용하여 탈착용매로 사용한다.

해답 21. ② 22. ② 23. ① 24. ④

• 이황화탄소는 활성탄에 흡착된 증기(유기용제-방향족탄화수소)를 탈착시키는 데 일반적으로 사용된다.

25. 입자상 물질의 측정 매체인 MCE(Mixed Cellu-lose Ester membrane) 여과지에 관한 설명으로 틀린 것은?

① 산에 쉽게 용해된다.
② MCE 여과지의 원료인 셀룰로오스는 수분을 흡수하는 특성을 가지고 있다.
③ 시료가 여과지의 표면 또는 표면 가까운 데에 침착되므로 석면, 유리섬유 등 현미경 분석을 위한 시료채취에 이용된다.
④ 입자상 물질에 대한 중량분석에 주로 적용된다.

해설 입자상 물질에 대한 중량분석에 주로 적용되는 여과지는 PVC 막여과지(Polyvinyl Chloride membrane filter)이다.

26. 실리카겔 흡착에 대한 설명으로 틀린 것은?

① 실리카겔은 규산나트륨과 황산의 반응에서 유도된 무정형의 물질이다.
② 극성을 띠고 흡습성이 강하므로 습도가 높을수록 파과용량이 증가한다.
③ 추출액이 화학분석이나 기기분석에 방해물질로 작용하는 경우가 많지 않다.
④ 활성탄으로 채취가 어려운 아닐린, 오르쏘-톨루이딘 등의 아민류나 몇몇 무기물질의 채취도 가능하다.

해설 실리카겔(silicagel)
• 실리카겔은 규산나트륨과 황산과의 반응에서 유도된 무정형의 물질이다.
• 극성을 띠고 흡수성이 강하므로 습도가 높을수록 파과되기 쉽고 파괴용량이 감소한다.
• 실리카 및 알루미나 흡착제는 탄소의 불포화 결합을 가진 분자를 선택적으로 흡수(표면에서 물과 같은 극성 분자를 선택적으로 흡착)한다.
• 실리카겔은 극성 물질을 강하게 흡착하므로 작업장에 여러 종류의 극성 물질이 공존할 때는 극성이 강한 물질이 약한 물질을 치환하게 된다

27. 석면측정방법인 전자 현미경법에 관한 설명으로 옳지 않은 것은?

① 분석시간이 짧고 비용이 적게 소요된다.
② 공기중 석면시료분석에 가장 정확한 방법이다.
③ 석면의 감별분석이 가능하다.
④ 위상차현미경으로 볼 수 없는 매우 가는 섬유도 관찰이 가능하다.

해설 전자현미경법
• 공기중 석면시료를 가장 정확하게 분석할 수 있다.
• 성분분석(감별 분석)이 가능하다.
• 값이 비싸고 분석시간이 많이 소요된다.
• 위상차 현미경으로 볼 수 없는 매우 가는 섬유도 관찰 가능하다.

28. 작업장에서 입자상 물질은 대개 여과원리에 따라 시료를 채취한다. 여과지의 공극보다 작은 입자가 여과지에 채취되는 기전은 여과이론으로 설명할 수 있는데 다음 중 여과이론에 관여하는 기전과 가장 거리가 먼 것은?

① 차단   ② 확산
③ 흡착   ④ 관성충돌

해설 여과채취(포집)기전
• 직접 차단   • 관성충돌
• 확산   • 중력침강
• 정전기 침강   • 체질

29. 사업장의 한 공정에서 소음의 음압수준이 75dB로 발생되는 장비 1대와 81dB로 발생되는 장비 1대가 각각 설치되어 있다. 이 장비가 동시에 가동될 때 발생되는 소음의 음압수준은 약 몇 dB인가?

① 82   ② 83
③ 84   ④ 85

해설 소음의 음압수준(SPL)

$$SPL = 10\log(10^{\frac{SPL_1}{10}} + 10^{\frac{SPL_2}{10}})$$
$$= 10\log(10^{\frac{75}{10}} + 10^{\frac{81}{10}}) = 82dB$$

30. 방사성 물질의 단위에 대한 설명이 잘못된 것은?

① 방사능의 SI단위는 Becquerel(Bq)이다.

② 1Bq는 3.7×1010dps이다.

③ 물질에 조사되는 선량은 röntgen(R)으로 표시한다.

④ 방사선의 흡수선량은 Gray(Gy)로 표시한다.

> **해설** $1Bq = 2.7 \times 10^{-11}Ci$

31. 다음은 고열 측정구분에 의한 측정기기와 측정시간에 관한 내용이다. ( ) 안에 옳은 내용은? (단, 고용노동부 고시 기준)

> 습구온도: ( ) 간격의 눈금이 있는 아스만통풍건습계, 자연습구온도를 측정할 수 있는 기기 또는 이와 동등 이상의 성능이 있는 측정기기

① 0.1℃   ② 0.2℃

③ 0.5℃   ④ 1.0℃

> **해설** 고열 측정구분에 의한 측정기기와 측정시간
> • 측정기기: 습구온도 0.5℃ 간격의 눈금이 있는 아스만 통풍건습계, 자연습구온도를 측정할 수 있는 기기 또는 이와 동등 이상의 성능이 있는 측정기기
> • 측정시간: 아스만 통풍건습계(25분 이상), 자연습구온도계 (5분 이상)

32. 작업장 소음에 대한 1일 8시간 노출 시 허용기준은 몇 dB(A)인가? (단, 미국 OSHA의 연속소음에 대한 노출기준으로 한다.)

① 45   ② 60

③ 75   ④ 90

> **해설** 고용노동부 고시 연속음의 허용기준
>
> | 1일 노출시간(hr) | 소음수준[dB(A)] |
> |---|---|
> | 8 | 90 |
> | 4 | 95 |
> | 2 | 100 |
> | 1 | 105 |
> | 1/2 | 110 |
> | 1/4 | 115 |
>
> ※ 1일 8시간 노출 시 노출기준은 90dB(A)이고 5dB 증가할 때마다 노출시간을 반감함

33. 두 개의 버블러를 연속적으로 연결하여 시료를 채취할 때, 첫 번째 버블러의 채취효율이 75%이고, 두 번째 버블러의 채취효율이 90%이면 전체 채취효율(%)은?

① 91.5   ② 93.5

③ 95.5   ④ 97.5

> **해설** 1차 포집 후 2차 포집 시(직렬조합 시) 총 채취효율(%)
> $$\eta_T = \eta_1 + \eta_2(1-\eta_1) \times 100$$
> $$= 0.75 + 0.9(1-0.75) \times 100$$
> $$= 97.5\%$$

34. 시료채취 대상 유해물질과 시료채취 여과지를 잘못 짝지은 것은?

① 유리규산-PVC 여과지

② 납, 철, 등 금속=MCE 여과지

③ 농약, 알칼리성 먼지-은막 여과지

④ 다핵방향족탄화수소(PAHs)-PTFE 여과지

> **해설** 막여과지의 종류
> • MCE 막여과지: 산에 쉽게 용해, 가수분해, 습식·회화 → 입자상 물질 중 금속을 채취하여 원자흡광법으로 분석, 흡습성(원료: 셀룰로오스 → 수분 흡수)이 높은 MCE 막여과지는 오차를 유발할 수 있음
> • PVC 막여과지: 가볍고 흡습성이 낮아 분진 중량분석에 사용. 수분 영향이 낮아 공해성 먼지, 총 먼지 등의 중량분석을 위한 측정에 사용, 6가 크롬 채취에도 적용
> • PTFE 막여과지(테프론): 열, 화학물질, 압력 등에 강한 특성. 석탄건류, 증류 등의 고열공정에서 발생하는 다핵방향족탄화수소를 채취하는 데 이용
> • 은막여과지: 균일한 금속은을 소결하여 만들며 열적, 화학적 안정성이 있음

35. 작업장 소음수준을 누적소음노출량 측정기로 측정할 경우 기기 설정으로 옳은 것은? (단, 고용노동부 고시를 기준으로 한다.)

① Threshold=80dB, Criteria=90dB, Exchange Rate=5dB

② Threshold=80dB, Criteria=90dB, Exchange

Rate=10dB

③ Threshold=90dB, Criteria=90dB, Exchange Rate=10dB

④ Threshold=90dB, Criteria=90dB, Exchange Rate=5dB

해설 누적소음노출량 측정기의 설정(고용노동부 고시)
소음노출량 측정기로 소음을 측정하는 경우에 Criteria는 90dB, Exchange Rate은 5dB, Threshold는 80dB로 기기를 설정한다.

36. WBGT 측정기의 구성요소로 적절하지 않은 것은?

① 습구온도계　　　② 건구온도계
③ 카타온도계　　　④ 흑구온도계

해설 습구흑구온도지수(WBGT)
• 옥외(태양광선이 내리쬐는 장소)
　WBGT $= 0.7NWB + 0.2GT + 0.1DT$
• 옥내 또는 옥외(태양광선이 내리쬐지 않는 장소)
　WBGT $= 0.7NWB + 0.3GT$
여기서, NWB: 자연습구온도, GT: 흑구온도, DT: 건구온도

※ 카타(kata)온도계: 알코올의 강하시간을 측정하여 실내 기류를 파악하고 온열환경 영향 평가를 하는 온도계

37. 산업위생통계에서 유해물질 농도를 표준화하려면 무엇을 알아야 하는가?

① 측정치와 노출기준
② 평균치와 표준편차
③ 측정치와 시료수
④ 기하 평균치와 기하 표준편차

해설 표준화값$(Y) = \dfrac{TWA \text{ 또는 } STEL}{\text{허용기준(노출기준)}}$

38. 작업장에서 오염물질 농도를 측정했을 때 일산화탄소(CO)가 0.01%였다면 이때 일산화탄소 농도(mg/m³)는 약 얼마인가? (단, 25℃, 1기압 기준이다.)

① 95　　　　　② 105
③ 115　　　　　④ 125

해설　1%는 10,000ppm이므로
0.01%×10,000ppm / %=100ppm
CO 농도 ppm을 mg/m³으로 단위환산하면,
(25℃, 1기압이므로 온도와 압력은 보정하지 않는다.)
∴ mg/m³=100ppm×28/24.45=114.52mg/m³
　　　≒115mg/m³

39. 어느 작업장에서 A물질의 농도를 측정한 결과 각각 23.9ppm, 21.6ppm, 22.4ppm, 24.1ppm, 22.7ppm, 25.4ppm을 얻었다. 측정 결과에서 중앙값(median)은 몇 ppm인가?

① 23.0　　　　　② 23.1
③ 23.3　　　　　④ 23.5

해설 중앙값
측정값을 작은 값에서 큰 값 순으로 정렬 후 중앙 측정값이 홀수일 때 중앙값이고 짝수일 경우 중앙값의 두 측정치를 더한 후 2로 나눈다.
21.6ppm, 22.4ppm, 22.7ppm, 23.9ppm, 24.1ppm, 25.4ppm
∴ (22.7ppm+23.9ppm)/2=23.3ppm

40. 대푯값에 대한 설명 중 틀린 것은?

① 측정값 중 빈도가 가장 많은 수가 최빈값이다.
② 가중평균은 빈도를 가중치로 택하여 평균값을 계산한다.
③ 중앙값은 측정값을 모두 나열하였을 때 중앙에 위치하는 측정값이다.
④ 기하평균은 n개의 측정값이 있을 때 이들의 합을 개수로 나눈 값으로 산업위생분야에서 많이 사용한다.

해설 기하평균(GM)
• 산업위생분야에서는 작업환경 측정 결과가 대수정규분포를 취하는 경우 대푯값으로서 기하평균을, 산포도로서 기하표준편차를 널리 사용한다.
• 모든 자료를 대수로 변환하여 평균 후 평균한 값을 역대수 취한 값 또는 N개의 측정치 X_1, X_2, $\cdots$, X_n이 있을 때 이들 수의 곱의 N 제곱근의 값이다.
• 계산식
$$\log(GM) = \frac{\log X_1 + \log X_2 + \cdots + \log X_n}{N}$$

해답　36. ③　37. ①　38. ③　39. ③　40. ④

41. 직경 38cm, 유효높이 2.5m의 원통형 백필터를 사용하여 60m³/min의 함진 가스를 처리할 때 여과속도(cm/s)는?

① 25   ② 34
③ 50   ④ 64

해설 여과포집(백필터) 제진장치의 여과속도

$Q = A \times V$

A : 원통형 백필터 여과면적

$3.14 \times 0.38m \times 2.5m = 2.983m^2$

Q : 60m³/min → m³/sec로 변환하면 1m³/sec

$V = \dfrac{Q}{A} = \dfrac{1m^3/sec}{2.983m^2} = 0.3350m/sec$

∴ cm/sec로 변환하면, $0.3350 \times 100 = 34cm/sec$

42. 다음 보기 중 공기공급시스템(보충용 공기의 공급 장치)이 필요한 이유가 모두 선택된 것은?

① a, b   ② a, b, c
③ b, c, d   ④ a, b, c, d

해설 공기공급시스템이 필요한 이유
• 공기 공급이 안 되면 작업장 내부에 음압이 형성되어 국소 배기장치의 원활한 작동이 안 되고 효율성이 떨어지기 때문에
• 안전사고를 예방하기 위하여(작업장 내 음압이 형성되어 작업장 출입 시 출입문에 의한 사고 발생)
• 흡기저항이 증가하여 에너지 손실로 연료 사용량이 증가하기 때문에
• 작업장 내에 방해기류(교차기류)가 생기는 것을 방지하기 위하여
• 외부공기가 정화되지 않은 채로 건물 내로 유입되는 것을 막기 위해
• 근로자에게 영향을 미치는 냉각기류를 제거하기 위하여

43. 속도압에 대한 설명으로 틀린 것은?

① 속도압은 항상 양압 상태이다.
② 속도압은 속도에 비례한다.
③ 속도압은 중력가속도에 반비례한다.
④ 속도압은 정지상태에 있는 공기에 작용하여

속도 또는 가속을 일으키게 함으로써 공기를 이동하게 하는 압력이다.

해설 속도압

$VP = \dfrac{\gamma V^2}{2g}$

여기서, VP : 속도압(mmH₂O)
    V : 공기속도(m/sec)
    α : 중력 가속도(9.8m/sec)
    γ : 공기비중(1,203kg/m³)

44. A 유기용제의 증기압이 80mmHg이라면 이때 밀폐된 작업장 내 포화농도는 몇 %인가? (단, 대기압 1기압, 기온 21℃)

① 8.6%   ② 10.5%
③ 12.4%   ④ 14.3%

해설 포화농도(포화증기, %)

$= \dfrac{증기압 mmHg}{760mmHg} \times 100$

$= \dfrac{80mmHg}{760mmHg} \times 100 = 10.5\%$

45. 동력과 회전수의 관계로 옳은 것은?

① 동력은 송풍기 회전속도에 비례한다.
② 동력은 송풍기 회전속도의 제곱에 비례한다.
③ 동력은 송풍기 회전속도의 세제곱에 비례한다.
④ 동력은 송풍기 회전속도에 반비례한다.

해설 송풍기 상사법칙
• 풍량은 송풍기의 회전수에 비례
• 풍압은 송풍기의 회전수의 제곱에 비례
• 동력은 송풍기의 회전수의 세제곱에 비례

46. 총압력손실 계산법 중 정압조절평형법에 대한 설명과 가장 거리가 먼 것은?

① 설계가 어렵고 시간이 많이 소요된다.
② 예기치 않은 침식 및 부식이나 퇴적 문제가 일어난다.
③ 송풍량은 근로자나 운전자의 의도대로 쉽게 변경되지 않는다.
④ 설계 시 잘못 설계된 분지관 또는 저항이 가

해답 41. ② 42. ② 43. ② 44. ② 45. ③ 46. ②

장 큰 분지관을 쉽게 발견할 수 있다.

해설 정압조절평형법
예기치 않는 침식, 부식, 분진 퇴적으로 인한 축적(퇴적) 현상이 일어나지 않는다.

47. 확대각이 $10°$인 원형 확대관에서 입구직관의 정압은 -15mmH$_2$O, 속도압은 35mmH$_2$O이고, 확대된 출구직관의 속도압은 25mmH$_2$O이다. 확대측의 정압(mmH$_2$O)은? (단, 확대각이 $10°$일 때 압력손실계수(ζ)는 0.28이다.)

① 7.8　　　　　② 15.6
③ -7.8　　　　④ -15.6

해설 확대측의 정압(SP$_2$)
R(정압회복계수)=1-ζ =1-0.28=0.72
∴ SP$_2$=SP$_1$+R(VP$_1$-VP$_2$)
　　　=-15+[0.72×(35-25)]
　　　=-7.8mmH$_2$O

48. 방사날개형 송풍기에 관한 설명으로 틀린 것은?
① 고농도 분지 함유 공기나 부식성이 강한 공기를 이송시키는 데 많이 이용된다.
② 깃이 평판으로 되어 있다.
③ 가격이 저렴하고 효율이 높다.
④ 깃의 구조가 분진을 자체 정화할 수 있도록 되어 있다.

해설 방사날개형(radial blade) 송풍기
효율(터보형과 시로코형 중간)이 낮고 송풍기의 소음이 다소 발생하며 고가인 단점이 있다.

49. 다음은 직관의 압력손실에 관한 설명이다. 잘못된 것은?
① 직관의 마찰계수에 비례한다.
② 직관의 길이에 비례한다.
③ 직관의 직경에 비례한다.
④ 속도(관내유속)의 제곱에 비례한다.

해설 직관의 직경에 반비례한다.

50. 테이블에 붙여서 설치한 사각형 후드의 필요환기량 Q(m^3/min)를 구하는 식으로 적절한 것은? (단, 플랜지는 부착되지 않았고, A(m^2)는 개구면적, X(m)는 개구부와 오염원 사이의 거리, V(m/s)는 제어 속도를 의미한다.)

① Q=V×(5X^2+A)
② Q=V×(7X^2+A)
③ Q=60×V×(5X^2+A)
④ Q=60×V×(7X^2+A)

해설 작업대 위에(테이블에 붙은) 설치된 후드의 필요한기량
Q=60·V(5X^2+A)

51. 연기발생기의 이용에 관한 설명으로 가장 거리가 먼 것은?
① 오염물질의 확산이동 관찰
② 공기의 누출입에 의한 음과 축수상자의 이상음 점검
③ 후드로부터 오염물질의 이탈 요인 규명
④ 후드 성능에 미치는 난기류의 영향에 대한 평가

해설 공기의 누출입에 의한 음과 축수상자의 이상음 점검은 청음기를 이용하여야 한다.

52. 흡인 풍량이 200m^3/min, 송풍기 유효전압이 150mmH$_2$O, 송풍기 효율이 80%인 송풍기의 소요동력(kW)은?

① 4.1　　　　　② 5.1
③ 6.1　　　　　④ 7.1

해설 송풍기 소요동력(KW)
$= \dfrac{Q \times \Delta P}{6{,}120 \times \eta} \times \alpha = \dfrac{200 \times 150}{6{,}120 \times 0.8} \times 1.0 = 6.1\text{kW}$
∴ 6.13kW

53. 슬롯 후드에서 슬롯의 역할은?
① 제어속도를 감소시킴
② 후드 제작에 필요한 재료 절약

해답 47. ③　48. ③　49. ③　50. ③　51. ②　52. ③
53. ③

③ 공기가 균일하게 흡입되도록 함

④ 제어속도를 증가시킴

해설 슬롯은 가장자리에서도 공기의 흐름을 균일하게 하기 위해 사용된다.

54. 송풍기에 관한 설명으로 옳은 것은?

① 풍량은 송풍기의 회전수에 비례한다.

② 동력은 송풍기의 회전수의 제곱에 비례한다.

③ 풍력은 송풍기의 회전수의 세제곱에 비례한다.

④ 풍압은 송풍기의 회전수의 세제곱에 비례한다.

해설 송풍기 상사법칙
• 풍량은 송풍기의 회전수에 비례
• 풍압은 송풍기의 회전수의 제곱에 비례
• 동력은 송풍기의 회전수의 세제곱에 비례

55. 대치(substitution)방법으로 유해 작업환경을 개선한 경우로 적절하지 않은 것은?

① 유연휘발유를 무연휘발유로 대치

② 블라스팅 재료로서 모래를 철구슬로 대치

③ 야광시계의 자판을 라듐에서 인으로 대치

④ 페인트 희석제를 사염화탄소에서 석유 나프타로 대치

해설 세탁 시 화재 예방을 위해 석유 나프타 대신 사염화탄소로 대치한다.

56. 작업환경의 관리원칙인 대치 중 물질의 변경에 따른 개선 예로 가장 거리가 먼 것은?

① 성냥 제조 시: 황린 대신 적린으로 변경

② 금속 세척작업: TCE를 대신하여 계면활성제로 변경

③ 세탁 시 화재예방: 불화탄화수소 대신 사염화탄소로 변경

④ 분체 입자: 큰 입자로 대치

해설 세탁 시 화재예방을 위해 석유 나프타 대신 퍼클로로에틸렌으로 변경한다.

57. 공기 중의 사염화탄소 농도가 0.3%라면 정화통의 사용가능시간은? (단, 사염화탄소 0.5%에서

100분간 사용 가능한 정화통 기준)

① 167분   ② 181분

③ 218분   ④ 235분

해설

$$사용가능시간 = \frac{표준유효시간 \times 시험가스농도}{공기 중 유해가스농도}$$
$$= \frac{0.5 \times 100}{0.3} = 166.67$$

58. 방독마스크에 대한 설명으로 옳지 않은 것은?

① 흡착제가 들어 있는 카트리지나 캐니스터를 사용해야 한다.

② 산소결핍장소에서는 사용해서는 안 된다.

③ IDLH(immediately dangerous to life and health) 상황에서 사용한다.

④ 가스나 증기를 제거하기 위하여 사용한다.

해설 IDLH(immediately dangerous to life and health) 즉시 건강 위험농도로, 미국산업안전보건연구원에서 발표하는 기준으로 생명 또는 건강에 즉각적으로 위험을 초래하는 농도이며, 그 이상의 농도에서 30분간 노출되면 사망 또는 회복 불가능한 건강장해를 일으킬 수 있는 농도를 말한다.

59. 다음 중 보호구의 보호 정도를 나타내는 할당보호계수(APF)에 관한 설명으로 가장 거리가 먼 것은?

① 보호구 밖의 유량과 안의 유량 비(Qo/Qi)로 표현된다.

② APF를 이용하여 보호구에 대한 최대사용농도를 구할 수 있다.

③ APF가 100인 보호구를 착용하고 작업장에 들어가면 착용자는 외부 유해물질로부터 적어도 100배만큼의 보호를 받을 수 있다는 의미이다.

④ 일반적인 보호계수 개념의 특별한 적용으로서 적절히 밀착된 호흡기보호구를 훈련된 일련의 착용자들이 작업장에서 착용하였을 때 기대되는 최소 보호정도치를 말한다.

- 일반적인 보호구 보호계수(PF)의 특별한 적용으로 훈련된 착용자들이 작업장에서 보호구 착용 시 기대되는 최소 보호정도 수준을 의미한다.
- APF를 이용하여 보호구에 대한 최대사용농도를 구할 수 있다.

$$할당보호계수(APF) \geq \frac{기대되는\ 공기중\ 농도(C_{air})}{노출기준(PEL)}$$
$$= 위해비(HR)$$

※ APF는 보호구 밖의 유량과 안의 유량 비(Qo/Qi)와는 관계가 없다.

60. 귀덮개를 설명한 것 중 옳은 것은?

① 귀마개보다 차음효과의 개인차가 적다.

② 귀덮개의 크기를 여러 가지로 할 필요가 있다.

③ 근로자들이 보호구를 착용하고 있는지를 쉽게 알 수 없다.

④ 귀마개보다 차음효과가 적다.

해설 귀덮개의 장단점

㉠ 장점
- 귀마개보다 차음효과가 높다.
- 동일 크기의 귀덮개를 대부분의 근로자가 착용할 수 있다.
- 귀에 염증이 있어도 착용 가능하다.
- 귀마개보다 쉽게 착용할 수 있고 잃어버리는 일이 적다.

㉡ 단점
- 부착된 밴드에 의해 차음효과가 감소될 수 있다.
- 고온 작업 시 밀착된 부위에 땀이 발생하여 불편하다.
- 장시간 사용 시 밀착력에 의해 불편하다.
- 보안경 등 안경 착용자들은 불편하다.
- 가격이 귀마개와 비교 시 비싸다.
- 오래 착용 시 귀덮개 밴드의 탄성이 감소하여 차음효과가 감소한다.

| 4 | 물리적 유해인자관리

61. 다음 중 체온의 상승에 따라 체온조절중추인 시상하부에서 혈액 온도를 감지하거나 신경망을 통하여 정보를 받아들여 체온 방산작용이 활발해지는 작용은?

① 정신적 조절작용(spiritual thermo regulation)

② 물리적 조절작용(physical thermo regulation)

③ 화학적 조절작용(chemical thermo regulation)

④ 생물학적 조절작용(biological thermo regulation)

해설 물리적 조절작용(physical thermo regulation)은 체온의 상승에 따라 체온조절중추인 시상하부에서 혈액 온도를 감지하거나 신경망을 통하여 정보를 받아들여 체온 방산작용이 활발해지는 작용을 의미한다.

62. 한랭 환경에서 인체의 일차적 생리적 반응으로 볼 수 없는 것은?

① 피부혈관의 팽창

② 체표면적의 감소

③ 화학적 대사작용의 증가

④ 근육긴장의 증가와 떨림

해설 피부혈관의 수축이 일어난다.

63. 열사병(heat stroke)에 관한 설명으로 맞는 것은?

① 피부가 차갑고 습한 상태로 된다.

② 보온을 시키고, 더운 커피를 마시게 한다.

③ 지나친 발한에 의한 탈수와 염분소실이 원인이다.

④ 뇌 온도 상승으로 체온조절중추의 기능이 장해를 받게 된다.

해설 열사병(heat stroke)
고온다습한 환경에서 작업하거나, 태양의 복사선에 직접 노출될 때 뇌 온도의 상승으로 신체 내부의 체온조절중추의 기능장애를 일으켜서 발생한다.

64. 감압에 따른 인체의 기포 형성량을 좌우하는 요인과 가장 거리가 먼 것은?

① 감압속도

② 산소공급량

③ 조직에 용해된 가스양

④ 혈류를 변화시키는 상태

해답 60. ① 61. ② 62. ① 63. ④ 64. ②

해설 감압에 따른 인체의 기포 형성량을 좌우하는 요인
- 조직에 용해된 가스양
- 혈류변화 정도(혈류를 변화시키는 상태)
- 감압속도

65. 고압환경에서 발생할 수 있는 생체증상으로 볼 수 없는 것은?

① 부종   ② 압치통
③ 폐압박   ④ 폐수종

해설 폐수종은 저압환경에서 발병되며 고공성 폐수종 또는 감압 시 감압병(잠수병)에 의하여 발생한다.

66. 사무실 실내환경의 이산화탄소 농도를 측정하였더니 750ppm이었다. 이산화탄소가 750ppm인 사무실 실내환경이 건강에 미치는 직접적인 영향은?

① 두통
② 피로
③ 호흡곤란
④ 직접적 건강영향은 없다.

해설 CO_2 농도별(ppm기준) 인체에 미치는 영향
- ~450: 건강하게 환기 관리가 된 레벨
- ~700: 장시간 있어도 건강에 문제가 없는 실내 레벨
- ~1,000: 건강 피해는 없지만 불쾌감을 느끼는 사람이 있는 레벨
- ~2,000: 졸림을 느끼는 등 컨디션 변화가 나오는 레벨
- ~3,000: 어깨 결림이나 두통을 느끼는 사람이 있는 등 건강 피해가 생기기 시작하는 레벨
- 3,000~: 두통, 현기증 등의 증상이 나타나고, 장시간으로는 건강을 해치는 레벨

※ 미국의 경우 실내환기조건을 CO_2를 기준으로 2,000ppm을 권장하고 있으나 우리나라와 일본의 경우는 1,000ppm을 기준으로 하고 있다.

67. 밀폐공간에서 산소결핍의 원인을 소모(consumption), 치환(displacement), 흡수(absorption)로 구분할 때 소모에 해당하지 않는 것은?

① 용접, 절단, 불 등에 의한 연소
② 금속의 산화, 녹 등의 화학반응
③ 제한된 공간 내에서 사람의 호흡
④ 질소, 아르곤, 헬륨 등의 불활성 가스 사용

해설 질소, 아르곤, 헬륨 등의 불활성 가스는 산소와 반응하지 않아 산소를 소모하지 않는다.

68. 진동이 발생되는 작업장에서 근로자에게 노출되는 양을 줄이기 위한 관리대책 중 적절하지 못한 것은?

① 진동전과 경로를 차단한다.
② 완충물 등 방진재료를 사용한다.
③ 공진을 확대시켜 진동을 최소화한다.
④ 작업시간의 단축 및 교대제를 실시한다.

해설 공진을 최대한 줄여 진동을 최소화한다.

69. 음의 세기 레벨이 80dB에서 85dB로 증가하면 음의 세기는 약 몇 배가 증가하겠는가?

① 1.5배   ② 1.8배
③ 2.2배   ④ 2.4배

해설 음의 세기(강도) 레벨(SIL, Sound Intensity Level) 표현
㉠ 기준되는 소리의 세기에 비교하여 로그적으로 나타냄
   $SIL = 10\log I/I_0$[dB]
㉡ I_0(기준 세기): 10^{-12}[W/m²]
- 감각적으로, I_0는, 1kHz에서 사람이 들을 수 있는 최소 음의 세기
- 한편, 가장 큰 소리의 세기는, 약 1.0[W/m²], 기준 세기의 10^{12}배, 120[dB SIL]임
- 따라서, 사람은 0~120[dB SIL] 정도의 소리 세기의 범위를 감지 가능
- 계산: $SIL = 10\log(I/I_0)$

$$80 = 10\log(I_1/10^{-12})$$
$$I_1 = 10^8 \times 10^{-12} = 1 \times 10^{-4} \text{W/m}^2$$
$$85 = 10\log(I_2/10^{-12})$$
$$I_2 = 10^{8.5} \times 10^{-12} = 3.16 \times 10^{-4} \text{W/m}^2$$

∴ 증가율(%)
$$= (I_2 - I_1/I_1)$$
$$= \{(3.16 \times 10^{-4}) - (1 \times 10^{-4}) \times 100\}/1 \times 10^{-4}$$
$$= 216\% \text{ (약 2.16배)}$$

해답 65. ④ 66. ④ 67. ④ 68. ③ 69. ③

70. 청력 손실차가 다음과 같을 때, 6분법에 의하여 판정하면 청력손실은 얼마인가?

- 500Hz에서 청력 손실차는 8
- 1,000Hz에서 청력 손실차는 12
- 2,000Hz에서 청력 손실차는 12
- 4,000Hz에서 청력 손실차는 22

① 12 　　　　　　② 13
③ 14 　　　　　　④ 15

해설
㉠ 평균 청력손실(6분법)

$$평균청력손실 = \frac{a+2b+2c+d}{6}$$

$$= \frac{8+2\times12+2\times12+22}{6} = 13$$

여기서,
a : 500Hz에서의 청력 손실치
b : 1,000Hz에서의 청력 손실치
c : 2,000Hz에서의 청력 손실치
d : 4,000Hz에서의 청력 손실치
㉡ 평균 청력손실(4분법)

$$평균청력손실 = \frac{a+2b+c}{4}$$

71. 해머 작업을 하는 작업장에서 발생되는 93dB(A)의 소음원이 3개 있다. 이 작업장의 전체 소음은 약 몇 dB(A)인가?

① 94.8 　　　　　　② 96.8
③ 97.8 　　　　　　④ 99.4

해설 $SPL_t = 10\log(10^{\frac{93}{10}} + 10^{\frac{93}{10}} + 10^{\frac{93}{10}})$
$= 97.77 ≒ 97.8dB$

72. 소음성 난청에 대한 내용으로 옳지 않은 것은?

① 내이의 세포 변성이 원인이다.
② 음이 강해짐에 따라 정상인에 비해 음이 급격하게 크게 들린다.
③ 청력손실은 초기에 4,000Hz 부근에서 영향이 현저하다.
④ 소음 노출과 관계없이 연령이 증가함에 따라 발생하는 청력장애를 말한다.

해설 소음 노출과 관계없이 연령이 증가함에 따라 발생하는 청력장애는 노인성 난청이다.

73. 진동에 의한 작업자의 건강장해를 예방하기 위한 대책으로 옳지 않은 것은?

① 공구의 손잡이를 세게 잡지 않는다.
② 가능한 한 무거운 공구를 사용하여 진동을 최소화한다.
③ 진동공구를 사용하는 작업시간을 단축시킨다.
④ 진동공구와 손 사이 공간에 방진재료를 채워 넣는다.

해설 진동공구는 가능한 한 가볍게 하고 무게는 최소 10kg을 넘지 않게 하며 장갑(glove) 사용을 권장한다.

74. 음의 세기(I)와 음압(P) 사이의 관계로 옳은 것은?

① 음의 세기는 음압에 정비례
② 음의 세기는 음압에 반비례
③ 음의 세기는 음압의 제곱에 비례
④ 음의 세기는 음압의 세제곱에 비례

해설 음의 세기(Sound intensity)
$I = P \times v = P^2/\rho c(W/m^2)$
여기서, P : 음압 실효치(N/m²)
　　　　ρ : 매질의 밀도(kg/m²)
　　　　c : 음속(m/s)

75. 갱 내부 조명 부족과 관련한 질환으로 맞는 것은?

① 백내장 　　　　　　② 망막변성
③ 녹내장 　　　　　　④ 안구진탕증

해설 부적당한 조명 부족에 의한 피해증상
- 작은 대상물을 장시간 직시하면 근시를 유발할 수 있다.
- 조명과잉은 망막을 자극하여 진상을 동반한 시력장애 또는 시력 협착을 일으킨다.
- 조명이 불충분한 환경에서는 눈이 쉽게 피로해지며 작업능률이 저하된다.
- 안정피로, 안구진탕증(갱 내부에서 조명 부족 시)
- 전광성 안염

해답 70. ② 71. ③ 72. ④ 73. ② 74. ③ 75. ④

76. 비전리방사선으로만 나열한 것은?

① α선, β선, 레이저, 자외선

② 적외선, 레이저, 마이크로파, α선

③ 마이크로파, 중성자, 레이저, 자외선

④ 자외선, 레이저, 마이크로파, 가시광선

> (해설) 비전리방사선(비이온화 방사선)의 종류
> • 적외선 • 가시광선
> • 자외선 • 라디오파
> • 저주파 • 마이크로파
> • 레이져 • 극저주파

77. 다음 중 작업장 내 조명방법에 관한 설명으로 틀린 것은?

① 나트륨등은 색을 식별하는 작업장에 가장 적합하다.

② 백열전구와 고압수은등을 적절히 혼합시켜 주광에 가까운 빛을 얻는다.

③ 천장, 마루, 기계, 벽 등의 반사율을 크게 하면 조도를 일정하게 얻을 수 있다.

④ 천장에 바둑판형 형광등의 배열은 음영을 약하게 할 수 있다.

> (해설) 나트륨등은 가정이나 사무실용 조명으로는 사용할 수 없다. 황색 빛만 방출하는 전등 밑에서는 물체의 색깔을 제대로 구분할 수 없기 때문이다. 그렇지만 색깔의 구분이 그렇게 중요하지 않은 장소, 특히 야간의 옥외용 조명으로 사용할 때 나트륨등은 많은 장점을 갖고 있다.

78. 비전리방사선이 아닌 것은?

① 적외선 ② 레이저

③ 라디오파 ④ 알파(a)선

> (해설)
> • 알파(a)선은 이온화 방사선(전리방사선)의 한 종류이다.
> • 대표적인 이온화 방사선은 알파, 베타, 감마선, 중성자 등이다.
> • 알파와 베타, 중성자는 입자이고 감마는 파의 형태이다.

79. 작업장의 조도를 균등하게 하기 위하여 국소조명과 전체조명이 병용될 때, 일반적으로 전체 조명의 조도는 국부조명의 어느 정도가 적당한가?

① 1/20~1/10 ② 1/10~1/5

③ 1/5~1/3 ④ 1/3~1/2

> (해설) 전체 조도와 국소조도를 균등하게 하는 방법
> • 전체 조명과 국소조명이 병용될 때 전체 조명의 조도는 국소조명의 조도에 1/5~1/10 정도가 되도록 한다.
> • 작업장에서 에너지 절감을 위해 국소조명에만 의존할 경우 안전사고 위험과 눈의 피로를 유발한다.

80. 다음 중 단기간 동안 자외선(UV)에 초과 노출될 경우 발생하는 질병은?

① 7eV ② 12eV

③ 17eV ④ 22eV

> (해설) 광자에너지의 강도 12eV를 기준으로 이하의 에너지를 갖는 방사선을 비이온화 방사선, 이상 큰 에너지를 갖는 것을 이온화 방사선이라 하며 생체에서 이온화시키는 데 필요한 최소에너지는 대체로 12eV이다.

|5| 산업독성학

81. 무기성 분진에 의한 진폐증이 아닌 것은?

① 규폐증(silicosis)

② 연초폐증(tabacosis)

③ 흑연폐증(graphite lung)

④ 용접공폐증(welder's lung)

> (해설) 원인물질에 따른 진폐증의 분류
> • 무기성 분진에 의한 진폐증: 석면폐증, 용접공폐증, 규폐증, 탄광부 진폐증, 활석폐증, 철폐증, 주석폐증, 납석폐증, 바륨폐증, 규조토폐증, 알루미늄폐증, 흑연폐증, 바릴륨폐증
> • 유기성 분진에 의한 진폐증: 연초폐증, 농부폐증, 면폐증, 목재분진폐증, 사탕수수강폐증, 모발분무액폐증

82. 「산업안전보건법령」상 석면 및 내화성 세라믹 섬유의 노출기준 표시단위로 옳은 것은?

① % ② ppm

③ 개/cm³ ④ mg/m³

(해답) 76. ④ 77. ① 78. ④ 79. ② 80. ② 81. ②
82. ③

83. 「산업안전보건법」상 석면에 대한 작업환경측정 결과 측정치가 노출기준을 초과하는 경우 그 측정일로부터 몇 개월에 몇 회 이상의 작업환경측정을 하여야 하는가?

① 1개월에 1회 이상 ② 3개월에 1회 이상
③ 6개월에 1회 이상 ④ 12개월에 1회 이상

해설 작업환경측정 횟수(「산안법 시행규칙」 제190조)

측정횟수	대상
30일 이내	작업장 또는 작업공정이 신규가동 시 또는 변경 시에
6월 1회	정기적 측정주기
3월 1회	1.* A의 측정치가 노출기준을 초과하는 경우 2.* A를 제외한 측정치가 노출기준을 2배 이상 초과하는 경우
연 1회	1. 소음측정 결과가 최근 2회 연속 85데시벨(dB) 미만인 경우 2. 소음 외의 다른 모든 인자의 측정결과가 최근 2회 연속 노출기준 미만인 경우 ※ 고용노동부장관이 정하여 고시하는 물질: 영 30조에 따른 허가 대상 유해물질, 안전보건규칙 별표 12에 따른 특별관리물질

※ A물질: 고용노동부장관이 정하여 고시한 물질

84. 자극성 가스이면서 화학적 질식제라 할 수 있는 것은?

① H_2S ② NH_3
③ Cl_2 ④ CO_2

해설 공기 중 산소를 대체하여 폐포의 산소분압을 떨어뜨리는 모든 가스는 단순 질식제가 될 수 있지만, 일산화탄소, 시안화물, 황화수소는 인체 내에서 산소가 이용되는 것을 방해하는 자극성 가스이며 화학적 질식제로 분류한다.

85. 다음 중 피부에 묻었을 경우 피부를 강하게 자극하고, 피부로부터 흡수되어 간장장해 등의 중독 증상을 일으키는 유해화학물질은?

① 납(lead)
② 헵탄(heptane)
③ 아세톤(acetone)
④ DMF(dimethylformamide)

해설 디메틸포름아미드(dimethylformamide, DMF)는 합성 피혁 혹은 수지 제조공장에서 널리 쓰이는 유기용제로, 인체에는 독성간염을 유발할 수 있는 것으로 알려져 있으며, 수지나 폴리머를 쉽게 녹여, 극성 폴리머의 용제로 널리 쓰인다.

86. 다핵방향족 탄화수소(PAHs)에 대한 설명으로 옳지 않은 것은?

① 벤젠고리가 2개 이상이다.
② 대사가 활발한 다핵 고리화합물로 되어 있으며 수용성이다.
③ 시토크롬(cytochrome) P-450의 준개체단에 의하여 대사된다.
④ 철강 제조업에서 석탄을 건류할 때나 아스팔트를 콜타르 피치로 포장할 때 발생된다.

해설 다환방향족 탄화수소(PAHs)
다환방향족 탄화수소란 2가지 이상의 방향족 고리가 융합된 유기화합물을 말한다. 실온에서 PAHs는 고체상태이며, 이 부류 화합물은 비점과 융점이 높으나 증기압이 낮고, 분자량 증가에 따라 극히 낮은 수용해도를 나타내는 것이 일반적인 성질이다. PAHs는 여러 유기용매에 용해되며, 친유성이 높다.

87. 다음 중 중추신경 활성억제 작용이 가장 큰 것은?

① 알칸 ② 알코올
③ 유기산 ④ 에테르

해설 유기용제의 중추신경계 활성억제 순위
알칸 < 알켄 < 알코올 < 유기산 < 에스테르 < 에테르 < 할로겐화합물

88. 공기 중 일산화탄소 농도가 10mg/m³인 작업장에서 1일 8시간 동안 작업하는 근로자가 흡입하는 일산화탄소의 양은 몇 mg인가? (단, 근로자의 시간당 평균 흡기량은 1,250L이다.)

① 10 ② 50
③ 100 ④ 500

해답 83. ② 84. ① 85. ④ 86. ② 87. ④ 88. ③

CO 흡입량(mg)

$$= CO \text{ 농도} \times \text{작업시간} \times \text{시간당 평균 흡기량}$$
$$= 10mg/m^3 \times 8hr \times 1,250L/hr \times m^3/1,000L$$
$$= 100mg$$

89. 독성을 지속기간에 따라 분류할 때 만성독성 (chronic toxicity)에 해당되는 독성물질 투여 (노출)기간은? (단, 실험동물에 외인성 물질을 투여하는 경우로 한정한다.)

① 1일 이상~14일 정도
② 30일 이상~60일 정도
③ 3개월 이상~1년 정도
④ 1년 이상~3년 정도

해설 "만성독성(Chronic toxicity)"이란 시험물질을 시험 동물에 18~24개월 동안 반복 투여하였을 때 시험동물에 나타나는 영향을 말한다.

90. 3가 및 6가 크롬의 인체 작용 및 독성에 관한 내용으로 틀린 것은?

① 산업장의 노출의 관점에서 보면 3가 크롬이 더 해롭다.
② 3가 크롬은 피부 흡수가 어려우나 6가 크롬은 쉽게 피부를 통과한다.
③ 세포막을 통과한 6가 크롬은 세포 내에서 수분 내지 수 시간 만에 발암성을 가진 3가 형태로 환원된다.
④ 6가에서 3가로의 환원이 세포질에서 일어나면 독성이 적으나 DNA의 근위부에서 일어나면 강한 변이원성을 나타낸다.

해설 산업장의 노출의 관점에서 보면 6가 크롬이 더 해롭다.

91. 나음 중 수은중독의 예방대책으로 가장 적합하지 않은 것은?

① 수은 주입과정을 밀폐공간 안에서 자동화한다.
② 작업장 내에서 음식물을 먹거나 흡연을 금지한다.
③ 작업장에 흘린 수은은 신체가 닿지 않는 방법

으로 즉시 제거한다.
④ 수은 취급 근로자의 비점막 궤양 생성 여부를 면밀히 관찰한다.

해설 크롬 취급자인 경우 비점막 궤양 생성 여부를 면밀히 관찰한다.

92. 납중독에 대한 대표적인 임상증상으로 볼 수 없는 것은?

① 위장장해
② 안구장해
③ 중추신경장해
④ 신경 및 근육계통의 장해

해설 납중독의 주요 증상
• 잇몸에 납선(lead line) 발생
• 납 빈혈 발생
• 위장계통의 장애(소화기장애)
• 신경, 근육계통의 장애
• 중추신경장애

93. 다음 중 중금속의 노출 및 독성기전에 대한 설명으로 바르지 않은 것은?

① 작업환경 중 작업자가 흡입하는 금속형태는 흄과 먼지 형태이다.
② 대부분의 금속이 배설되는 가장 중요한 경로는 신장이다.
③ 크롬은 6가 크롬보다 3가 크롬이 체내흡수가 많이 된다.
④ 납에 노출될 수 있는 업종은 축전지 제조, 광명단 제종버체, 전자산업 등이다.

해설 크롬은 3가 크롬보다 6가 크롬이 체내흡수가 많이 된다.

94. 다음 중 납중독을 확인하는 데 이용하는 시험으로 적절하지 않은 것은?

① 혈중의 납
② 헴(heme)의 대사
③ EDTA 흡착능
④ 신경전달속도

해답 89. ③ 90. ① 91. ④ 92. ② 93. ③ 94. ③

95. 다음 중 직업성 천식이 유발될 수 있는 근로자와 거리가 가장 먼 것은?

① 채석장에서 돌을 가공하는 근로자
② 목분진에 과도하게 노출되는 근로자
③ 빵집에서 밀가루에 노출되는 근로자
④ 폴리우레탄 페인트 생산에 TDI를 사용하는 근로자

해설 채석장에서 돌을 가공하는 근로자는 진폐증에 걸릴 수 있다.

96. 생물학적 노출지수(BEI)에 관한 설명으로 틀린 것은?

① 시료는 소변, 호기 및 혈액 등이 주로 이용된다.
② 혈액에서 휘발성 물질의 생물학적 노출지수는 동맥 중의 농도를 말한다.
③ 유해물질의 대사산물, 유해물질 자체 및 생화학적 변화 등을 총칭한다.
④ 배출이 빠르고 반감기가 5분 이내의 물질에 대해서는 시료재취시기가 대단히 중요하다.

해설 휘발성 물질의 생물학적 기준치는 정맥혈을 기준으로 한다.

97. 다음 중 적혈구의 산소운반 단백질을 무엇이라 하는가?

① 헤모글로빈   ② 백혈구
③ 혈소판   ④ 단구

해설 헤모글로빈은 적혈구에서 철을 포함하는 단백질로 산소를 운반하는 역할을 하며 산소분압이 높은 폐에서 산소와 잘 결합한다.

98. 작업장의 유해물질을 공기 중 허용농도에 의존하는 것 이외에 근로자의 노출상태를 측정하는 방법으로, 근로자들은 조직과 체액 또는 호기를 검사해서 건강장애를 일으키는 일이 없이 노출될 수 있는 양을 규정한 것은?

① LD   ② SHD
③ BEI   ④ STEL

해설
㉠ 단시간 노출농도(STEL, Short Term Exposure Limits)
• 근로자가 1회에 15분간 유해인자에 노출되는 경우의 기준(허용농도)
• 근로자가 자극, 만성 또는 불가역적 조직장애, 사고유발, 응급 시 대처능력의 저하 및 작업능률 저하 등을 초래할 정도의 마취를 일으키지 않고 단시간(15분) 노출될 수 있는 기준
㉡ 생물학적 노출지수(BEL)
• 산업위생 분야에서 현 환경이 잠재적으로 갖고 있는 건강장애 위험을 결정하는 데에 지침으로 이용된다.
• 혈액에서 휘발성 물질의 생물학적 노출지수는 정맥 중의 농도를 말한다.
• BEI는 유해물의 전반적인 폭로량을 추정할 수 있다.

99. 혈액 독성의 평가내용으로 거리가 먼 것은?

① 백혈구수가 정상치보다 낮으면 재생 불량성 빈혈이 의심된다.
② 혈색소가 정상치보다 높으면 간장질환, 관절염이 의심된다.
③ 혈구용적이 정상치보다 높으면 탈수증과 다혈구증이 의심된다.
④ 혈소판수가 정상치보다 낮으면 골수기능 저하가 의심된다.

해설 혈액 독성 평가
• 혈색소가 정상치보다 높으면 만성적인 두통, 홍조증, 황달이 나타난다.
• 혈수판수가 정상수치보다 높으면 출혈 및 조직의 손상이 의심된다.
• 백혈구수가 정상수치보다 높으면 백혈병 증상이 나타난다.
• 혈구용적이 정상수치보다 높으면 탈수증과 다혈구증이 의심된다.

해답 95. ① 96. ② 97. ① 98. ③ 99. ②

100. 인체 내 주요 장기 중 화학물질 대사능력이 가
    장 높은 기관은?
    ① 폐   ② 간장
    ③ 소화기관   ④ 신장

해답 100. ②

해설 화학물질의 대사능력이 가장 높은 기관은 '간'이며,
간에는 각종 대사효소가 집중적으로 분포되어 있다.

산업위생관리기사 필기시험 CBT 문제풀이
(2023년 1회)

| 1 | 산업위생학개론

1. 미국산업위생학술원(AAIH)에서 채택한 산업위생전문가의 윤리강령 중 근로자에 대한 책임과 가장 거리가 먼 것은?

   ① 위험요소와 예방조치에 대하여 근로자와 상담해야 한다.
   ② 근로자의 건강보호가 산업위생전문가의 1차적인 책임이라는 것을 인식해야 한다.
   ③ 위험요인의 측정, 평가 및 관리에 있어서 외부의 압력에 굴하지 않고 근로자 중심으로 판단한다.
   ④ 근로자와 기타 여러 사람의 건강과 안녕이 산업위생전문가의 판단에 좌우된다는 것을 깨달아야 한다.

   해설 근로자에 대한 책임
   ①, ②, ④항 외에 위험요인의 측정, 평가 및 관리에 있어서 외부의 압력에 굴하지 않고 중립적(객관적)인 태도를 취한다.

2. 다음 중 매년 '화학물질과 물리적 인자에 대한 노출기준 및 생물학적 노출지수'를 발간하여 노출기준 제정에 있어서 국제적으로 선구적인 역할을 담당하고 있는 기관은?

   ① 미국산업위생학회(AIHA)
   ② 미국직업안전위생관리국(OSHA)
   ③ 미국국립산업안전보건연구원(NIOSH)
   ④ 미국정부산업위생전문가협의회(ACGIH)

   해설 미국정부산업위생전문가협의회(ACGIH)
   매년 '화학물질과 물리적 인자에 대한 노출기준 및 생물학적 노출지수'를 발간하여 노출기준 제정에 있어 국제적 선구자적인 역할을 담당하고 있다.

3. 산업위생의 역사에 있어 주요 인물과 업적의 인결이 올바른 것은?

   ① Percivall Pott-구리광산의 산 증기 위험성 보고
   ② Hippocrates-역사상 최초의 직업병인 납중독 보고
   ③ G. Agricola-검댕에 의한 직업성 암의 최초 보고
   ④ Bernardino Ramazzini-금속 중독과 수은의 위험성 규명

   해설 산업위생의 역사에 있어 주요 인물과 업적
   • Percivall Pott : 검댕에 의한 직업성 암의 최초 보고
   • G. Agricola : 저서 『광물에 대하여』를 남김. 광산 환기와 마스크 사용을 권장함, 먼지에 의한 규폐증
   • Bernardino Ramazzini : 산업보건시조로 불리며 저서 『직업인의 질병』을 14권에 걸친 대저서

4. 정상 작업역을 설명한 것으로 맞는 것은?

   ① 전박을 뻗쳐서 닿는 작업영역
   ② 상지를 뻗쳐서 닿는 작업영역
   ③ 사지를 뻗쳐서 닿는 작업영역
   ④ 어깨를 뻗쳐서 닿는 작업영역

정답 1. ③ 2. ④ 3. ② 4. ①

> **해설** 정상작업역
- 상완을 자연스럽게 수직으로 늘어뜨린 채 전완만으로 편안하게 뻗어 파악할 수 있는 영역(약 35~45cm)
- 움직이지 않고 전박과 손으로 조작할 수 있는 범위
- 앉은 자세에서 위팔은 몸에 붙이고, 아래팔만 곧게 뻗어 닿는 범위

5. 38세 된 남성 근로자의 육체적 작업능력(PWC)은 15kcal/min이다. 이 근로자가 1일 8시간 동안 물체를 운반하고 있으며 이때의 작업 대사량은 7kcal/min이고, 휴식 시 대사량은 1.2kcal/min이다. 이 사람의 적정 휴식시간과 작업시간의 배분(매시간별)은 어떻게 하는 것이 이상적인가?

① 12분 휴식 48분 작업
② 17분 휴식 43분 작업
③ 21분 휴식 39분 작업
④ 27분 휴식 33분 작업

> **해설** 적정 휴식시간(Hertig 식)

$$T_{rest}(\%) = \frac{E_{max} - E_{task}}{T_{rest} - E_{task}} \times 100$$

여기서, E_{max} : 1일 8시간에 적합한 대사량(PWC의 1/3)
E_{task} : 해당 작업의 대사량
E_{rest} : 휴식 중 소모되는 대사량

$$\therefore \ T_{rest}(\%) = \frac{\left(\frac{15}{3} - 7\right)}{1.2 - 7} \times 100 = 34.48\%$$

- 휴식시간 : 60min×0.3448=20.69min(약 21min)
- 작업시간 : 60min−21min=39min

6. 젊은 근로자에 있어서 약한 쪽 손의 힘은 평균 45kp라고 한다. 이러한 근로자가 무게 8kg인 상자를 양손으로 들어올릴 경우 작업강도(%MS)는 약 얼마인가?

① 17.8%   ② 8.9%
③ 4.4%   ④ 2.3%

> **해설** MS(작업강도)

작업강도$(\%MS) = \frac{RF}{MS} \times 100$

여기서, RF : 한 손으로 들어올리는 무게
MS : 힘의 평균

RF : 두손으로 들어올리기에

$$\frac{8}{2} = 4kg$$

MS : 45kp

$$\therefore \frac{4kg}{45kp} \times 100 = 8.9\%$$

7. 「산업안전보건법령」상 작업환경측정 대상 유해인자(분진)에 해당하지 않는 것은? (단, 그 밖에 고용노동부장관이 정하여 고시하는 인체에 해로운 유해인자는 제외한다.)

① 면 분진(cotton dusts)
② 목재 분진(wood dusts)
③ 지류 분진(paper dusts)
④ 곡물 분진(grain dusts)

> **해설** 작업환경측정대상 유해인자(분진(7종))

가. 광물성 분진(mineraldust)
　1) 규산(sSilica)
　　가) 석영, 나) 크리스토발라이트, 다) 트리디마이트
　2) 규산염
　　가) 소우프스톤, 나) 운모, 다) 포틀랜드시멘트, 라) 활석(석면 불포함), 마) 흑연
　3) 그 밖의 광물성 분진(mineraldusts)
나. 곡물 분진
다. 면 분진
라. 목재 분진
마. 석면 분진
바. 용접흄
사. 유리섬유

8. 교대제에 대한 설명이 잘못된 것은?

① 산업보건면이나 관리면에서 가장 문제가 되는 것은 3교대제이다.
② 교대근무자와 주간근무자에 있어서 재해 발생률은 거의 비슷한 수준으로 발생한다.
③ 석유정제, 화학공업 등 생산과정이 주야로 연속되지 않으면 안 되는 산업에서 교대제를 채택하고 있다.
④ 젊은층의 교대근무자에게 있어서는 체중의 감소가 뚜렷하고 회복은 빠른 반면, 중년층에서

해답 5. ③　6. ②　7. ③　8. ②

는 체중의 변화가 적고 회복은 늦다.

교대근무자는 주간 근무자에 비해 재해 발생률이 높아 재해손실비용이 높다.

9. 직업병의 진단 또는 판정 시 유해요인 노출 내용과 정도에 대한 평가가 반드시 이루어져야 한다. 이와 관련한 사항과 가장 거리가 먼 것은?

① 작업환경측정　　　② 과거 직업력
③ 생물학적 모니터링　④ 노출의 추정

직업병의 진단 또는 판정 시 유해요인 노출 내용과 정도에 대한 평가 관련 사항은 작업환경측정, 생물학적 모니터링, 노출의 추정이다. 과거 직업력은 직업병 인정 시 고려 사항이다.

10. 다음 중 근육작업 근로자에게 비타민 B_1을 공급하는 이유로 가장 적절한 것은?

① 영양소를 환원시키는 작용이 있다.
② 비타민 B_1이 산화될 때 많은 열량을 발생한다.
③ 글리코겐 합성을 돕는 효소의 활동을 증가시킨다.
④ 호기적 산화를 도와 근육의 열량 공급을 원활하게 해준다.

비타민 B_1은 작업강도가 높은 근로자의 근육에서의 호기적 산화 보조 영양소이다.

11. 다음 중 전신피로에 관한 설명으로 틀린 것은?

① 작업에 의한 근육 내 글리코겐 농도의 변화는 작업자의 훈련 유무에 따라 차이를 보인다.
② 작업강도가 증가하면 근육 내 글리코겐 양이 비례적으로 증가되어 근육 피로가 발생된다.
③ 작업강도가 높을수록 혈중 포도당 농도는 급속히 저하하며, 이에 따라 피로감이 빨리 온다.
④ 작업대사량의 증가에 따라 산소소비량도 비례하여 증가하나, 작업대사량이 일정한계를 넘으면 산소소비량은 증가하지 않는다.

작업강도가 증가하면 근육 내 글리코겐 양이 급속히 저하하며, 이에 따라 피로감도 빨리 온다.

12. 직업성 질환의 예방대책 중 근로자 대책에 속하지 않는 것은?

① 적절한 보호의의 착용
② 정기적인 근로자 건강진단의 실시
③ 생산라인의 개조 또는 국소배기시설의 설치
④ 보안경, 진동 장갑, 귀마개 등의 보호구 착용

생산라인의 개조는 생산성 향상을 목적으로 하므로 직업성 질환의 예방대책과는 관계가 없다.

13. 혐기성 대사에 사용되는 에너지원이 아닌 것은?

① 포도당　　　　　② 크레아틴 인산
③ 단백질　　　　　④ 아데노신 삼인산

혐기성 대사(anaerobic metabolism) 순서
ATP(아데노신삼인산) → CP(크레아틴인산) → glycogen(글리코겐) or glucose(포도당)

※ 근육운동에 동원되는 주요 에너지원 중 가장 먼저 소비되는 것은 ATP이다.

14. 산업재해에 따른 보상에 있어 보험급여에 해당하지 않는 것은?

① 유족급여
② 직업재활급여
③ 대체인력훈련비
④ 상병(傷病)보상연금

㉠ 산업재해보상 보험급여의 종류
　종류에는 요양급여, 휴업급여, 장해급여, 간병급여, 유족급여, 상병보상연금, 장의비, 직업재활급여(진폐에 대한 보험급여는 제외)
㉡ 진폐에 대한 산업재해보상 보험급여의 종류
　요양급여, 간병급여, 장의비, 직업재활급여, 진폐보상연금 및 진폐유족연금이 있음

15. 「산업안전보건법」에 따라 사업주가 사업을 할 때 근로자의 건강장해를 예방하기 위하여 필요한 보건상의 조치를 하여야 할 항목과 가장 관련이 적은 것은?

해답　9. ②　10. ④　11. ②　12. ③　13. ③　14. ③
　　15. ①

① 폭발성, 발화성 및 인화성 물질 등에 의한 위험 작업의 건강장해

② 계측감시·컴퓨터 단말기 조작·정밀공작 등의 작업에 의한 건강장해

③ 단순한반복작업 또는 인체에 과도한 부담을 주는 작업에 의한 건강장해

④ 사업장에서 배출되는 기계·액체 또는 찌꺼기 등에 의한 건강장해

해설 「산업안전보건법」 제39조(보건조치)

① 사업주는 다음 각 호의 어느 하나에 해당하는 건강장해를 예방하기 위하여 필요한 조치(이하 "보건조치"라 한다)를 하여야 한다.

1. 원재료·가스·증기·분진·흄(fume, 열이나 화학반응에 의하여 형성된 고체증기가 응축되어 생긴 미세입자를 말한다)·미스트(mist, 공기 중에 떠다니는 작은 액체방울을 말한다)·산소결핍·병원체 등에 의한 건강장해

2. 방사선·유해광선·고온·저온·초음파·소음·진동·이상기압 등에 의한 건강장해

3. 사업장에서 배출되는 기체·액체 또는 찌꺼기 등에 의한 건강장해

4. 계측감시(計測監視), 컴퓨터 단말기 조작, 정밀공작(精密工作) 등의 작업에 의한 건강장해

5. 단순반복작업 또는 인체에 과도한 부담을 주는 작업에 의한 건강장해

6. 환기·채광·조명·보온·방습·청결 등의 적정기준을 유지하지 아니하여 발생하는 건강장해

② 제1항에 따라 사업주가 하여야 하는 보건조치에 관한 구체적인 사항은 고용노동부령으로 정한다.

16. 「산업안전보건법」의 목적을 설명한 것으로 맞는 것은?

① 헌법에 의하여 근로조건의 기준을 정함으로써 근로자의 기본적 생활을 보장, 향상시키며 균형있는 국가경제의 발전을 도모함

② 헌법의 평등이념에 따라 고용에서 남녀의 평등한 기회와 대우를 보장하고 모성보호와 작업능력을 개발하여 근로여성의 지위향상과 복지증진에 기여함

③ 산업안전·보건에 관한 기준을 확립하고 그 책임의 소재를 명확하게 하여 산업재해를 예방하고 쾌적한 작업환경을 조성함으로써 근로자의 안전과 보건을 유지·증진함

④ 모든 근로자가 각자의 능력을 개발, 발휘할 수 있는 직업에 취직할 기회를 제공하고, 산업에 필요한 노동력의 충족을 지원함으로써 근로자의 직업안정을 도모하고 균형있는 국민경제의 발전에 이바지함

해설 「산업안전보건법」 제1조(목적)

이 법은 산업 안전 및 보건에 관한 기준을 확립하고 그 책임의 소재를 명확하게 하여 산업재해를 예방하고 쾌적한 작업환경을 조성함으로써 노무를 제공하는 사람의 안전 및 보건을 유지·증진함을 목적으로 한다. 〈개정 2020. 5. 26.〉

17. 「산업안전보건법령」상 단위작업장소에서 동일작업 근로자수가 13명일 경우 시료채취 근로자수는 얼마가 되는가?

① 1명   ② 2명
③ 3명   ④ 4명

해설 단위작업장소에서 최고 노출근로자 2명 이상에 대하여 동시에 측정하되, 단위작업장소에 근로자가 1명인 경우는 1명만 측정하고 동일작업 근로자수가 10인을 초과하는 경우에는 매 5인당 1인 이상 추가하여 측정하여야 한다. 그러므로 시료채취 근로자수는 3명이다.

18. 다음 ( ) 안에 들어갈 알맞은 것은?

「산업안전보건법령」상 화학물질 및 물리적 인자의 노출기준에서 "시간가중평균노출기준(TWA)"이란 1일 (A)시간 작업을 기준으로 하여 유해인자의 측정치에 발생시간을 곱하여 (B)시간으로 나눈 값을 말한다.

① A: 6, B: 6   ② A: 6, B: 8
③ A: 8, B: 6   ④ A: 8, B: 8

해설 「산업안전보건법」상 화학물질 및 물리적 인자의 노출기준

시간가중 평균노출기준(TWA, Time Weighted Average)이란,

• 1일 8시간 작업을 기준으로 하여 유해인자의 측정치에 발생시간을 곱하여 8시간으로 나눈 값이다.

• 1일 8시간, 주 40시간 동안의 평균농도로서 거의 모든 근로자가 평상 작업에서 반복하여 노출되더라도 건강장애를 일으키지 않는 공기 중 유해물질의 농도를 말한다.

19. 다음 중 「산업안전보건법」상 산업재해의 정의로 가장 적합한 것은?

① 예기치 않은, 계획되지 않은 사고이며, 상해를 수반하는 경우를 말한다.

② 작업상의 재해 또는 작업환경으로부터의 무리한 근로의 결과로부터 발생되는 절상, 골절, 염좌 등의 상해를 말한다.

③ 근로자가 업무에 관계되는 건설물·설비·원재료·가스·증기·분진 등에 의하거나 작업 또는 그 밖의 업무로 인하여 사망 또는 부상하거나 질병에 걸리는 것을 말한다.

④ 불특정 다수에게 의도하지 않은 사고가 발생하여 신체적, 재산상의 손실이 발생하는 것을 말한다.

해설 산업재해의 정의(산업안전보건법 제2조(정의))

"산업재해"란 노무를 제공하는 사람이 업무에 관계되는 건설물·설비·원재료·가스·증기·분진 등에 의하거나 작업 또는 그 밖의 업무로 인하여 사망 또는 부상하거나 질병에 걸리는 것을 말한다. 〈근로자에서 노무를 제공하는 사람으로 2020. 5. 26. 개정됨〉

20. 작업이 어렵거나 기계·설비에 결함이 있거나 주의력의 집중이 혼란된 경우 및 심신에 근심이 있는 경우에 재해를 일으키는 자는 어느 분류에 속하는가?

① 미숙성 누발자　　② 상황성 누발자

③ 소질성 누발자　　④ 반복성 누발자

해설 상황성 누발자

작업이 어렵거나 기계·설비에 결함이 있거나 주의력의 집중이 혼란된 경우 및 심신에 근심이 있는 경우

| 2 | 작업위생측정 및 평가

21. 일정한 온도조건에서 부피와 압력은 반비례한다는 표준가스 법칙은?

① 보일의 법칙　　② 샤를의 법칙

③ 게이-루이삭의 법칙　④ 라울트의 법칙

해설 보일의 법칙(Robert Boyle, 영국의 화학자·물리학자)

일정한 온도에서 기체의 부피는 그 압력에 반비례함을 의미한다. 즉, 압력이 2배로 증가하면 부피는 처음의 1/2배로 감소한다.

22. 0.05M NaOH 용액 500mL를 준비하는 데 NaOH는 몇 g이 필요한가? (단, Na의 원자량은 23)

① 1.0　　　　② 1.5

③ 2.0　　　　④ 2.5

해설

$NaOH(g) = 0.05mol/L \times 500mL \times 1,000^{-3}L/mL \times 40g/mol$
　　　　　$= 1.0g$

23. 연속적으로 일정한 농도를 유지하면서 만드는 방법 중 Dynamic Method에 관한 설명으로 틀린 것은?

① 농도변화를 줄 수 있다.

② 대개 운반용으로 제작된다.

③ 만들기가 복잡하고, 가격이 고가이다.

④ 소량의 누출이나 벽면에 의한 손실은 무시할 수 있다.

해설 다이내믹 기법(dynamic method)

• 농도변화를 줄 수 있고, 알고 있는 공기 중 농도를 만드는 방법이다.
• 희석공기와 오염물질을 연속적으로 흘려주어 일정한 농도를 유지하면서 만드는 방법이다.
• 온도·습도 조절이 가능하고 지속적인 모니터링이 필요하다.
• 제조가 어렵고, 비용도 고가이다.
• 다양한 농도 범위에서 제조가 가능하나 일정한 농도를 유지하기가 매우 곤란하다.
• 가스, 증기, 에어로졸 실험도 가능하다.
• 소량의 누출이나 벽면에 의한 손실을 무시할 수 있다.

24. NaOH 10g을 10L의 용액에 녹였을 때, 이 용액의 몰농도(M)는? (단, 나트륨 원자량은 23이다.)

① 0.025　　　② 0.25

③ 0.05　　　④ 0.5

해설 몰농도(M)의 단위는 mol/L이며, NaOH의 분자량

해답 19. ③　20. ②　21. ①　22. ①　23. ②　24. ①

(g/mol)은 40(Na 23+산소 16+수소 1)일 경우,

$$\therefore \ \text{몰(M)농도} = \frac{10g}{10L} \times \frac{1mol}{40g} = 0.025M(mol/L)$$

25. 분석에서 언급되는 용어에 대한 설명으로 옳은 것은?

① LOD는 LOQ의 10배로 정의하기도 한다.

② LOQ는 분석결과가 신뢰성을 가질 수 있는 양이다.

③ 회수율(%)은 첨가량/분석량×100으로 정의된다.

④ LOQ란 검출한계를 말한다.

분석에서 언급되는 용어

- 분석기기의 검출한계(LOD)는 분석기기의 최적 분석 조건에서 신호 대 잡음비(S/N비)의 3배에 해당하는 성분의 피크(peak)로 한다.
- 분석기기의 정량한계(LOQ)는 목적성분의 유무가 정확히 판단될 수 있는 최저농도로 신호 대 잡음비(S/N비)의 9~10배 범위의 양이며 일반적으로 LOD의 3배를 적용한다.
- 회수율: 여과지에 채취된 성분을 추출과정을 거쳐 분석 시 실제 검출되는 비율을 말한다.
- 회수율(%)은 분석량/첨가량×100으로 정의된다.

26. 다음은 흉곽성 먼지(TPM, ACGIH 기준)에 관한 내용이다. ( ) 안의 내용으로 옳은 것은?

> 가스교환지역인 폐포나 폐기도에 침착되었을 때 독성을 나타내는 입자상 크기이다. 50%가 침착되는 평균입자의 크기는 ( )이다.

① 2μm

② 4μm

③ 10μm

④ 50μm

- 흡입성 입자상 물질의 평균입경: 0~100μm
- 흉곽성 입자상 물질의 평균입경: 10μm
- 호흡성 입자상 물질의 평균입경: 4μm

27. 실리카겔 흡착에 대한 설명으로 틀린 것은?

① 실리카겔은 규산나트륨과 황산의 반응에서 유도된 무정형의 물질이다.

② 극성을 띠고 흡습성이 강하므로 습도가 높을수록 파과 용량이 증가한다.

③ 추출액이 화학분석이나 기기분석에 방해 물질로 작용하는 경우가 많지 않다.

④ 활성탄으로 채취가 어려운 아닐린, 오르소-톨루이딘 등의 아민류나 몇몇 무기물질의 채취도 가능하다.

실리카겔(Silica gel)은 규산나트륨의 수용액을 산으로 처리하여 만들어지는, 규소와 산소가 주 성분인 투명한 낱알 모양의 다공성 물질이다.

㉠ 장점
- 탈착용매로 매우 유독한 이황화탄소를 사용하지 않는다.
- 극성이 강하여 극성 물질을 채취한 경우 물, 메탄올 등 다양한 용매로 쉽게 탈착한다.
- 추출용액(탈착용매)이 화학분석이나 기기분석에 방해물질로 작용하는 경우는 많지 않다.
- 활성탄으로 채취가 어려운 아닐린, 오르소-톨루이딘 등의 아민류나 몇몇 무기물질의 채취가 가능하다.

㉡ 단점
- 습도가 높은 작업장에서는 다른 오염물질의 파고용량이 작아져 파과를 일으키기 쉽다.
- 친수성이기 때문에 우선적으로 물분자와 결합을 이루어 습도의 증가에 따른 흡착용량의 감소를 초래한다.

28. 입자상물질의 크기 표시를 하는 방법 중 입자의 면적을 이등분하는 직경으로 과소평가의 위험성이 있는 것은?

① 마틴직경

② 페렛직경

③ 스톡크직경

④ 등면적직경

기하학적(물리적) 직경

- 마틴직경: 먼지의 면적을 2등분하는 선의 길이(방향은 항상 일정), 과소평가될 수 있음
- 페렛직경: 먼지의 한쪽 끝 가장자리와 다른 쪽 가장자리 사이의 거리, 과대평가될 수 있음
- 등면적직경: 먼지면적과 동일면적 원의 직경으로 가장 정확, 현미경 접안경에 porton reticle일 삽입하여 측정

29. 누적소음노출량(D, %)을 적용하여 시간가중평균소음기준(TWA, dB(A))을 산출하는 식은? (단, 고용노동부 고시를 기준으로 한다.)

① $TWA = 61.16 \log \left(\dfrac{D}{100} \right) + 70$

25. ② 26. ③ 27. ② 28. ① 29. ③

② $TWA = 16.61 \log\left(\dfrac{D}{100}\right) + 70$

③ $TWA = 16.61 \log\left(\dfrac{D}{100}\right) + 90$

④ $TWA = 61.16 \log\left(\dfrac{D}{100}\right) + 90$

해설 시간가중평균소음수준(TWA)

$TWA = 16.61 \log\left[\dfrac{D(\%)}{100}\right] + 90 \, [\mathrm{dB(A)}]$

여기서, TWA : 시간가중평균소음수준(dB(A))
D : 누적소음 폭로량(%)

30. 파과현상(breakthrough)에 영향을 미치는 요인이라고 볼 수 없는 것은?

① 포집대상인 작업장의 온도
② 탈착에 사용하는 용매의 종류
③ 포집을 끝마친 후부터 분석까지의 시간
④ 포집된 오염물질의 종류

해설 파과현상(breakthrough)은 시료 포집 시에 발생될 수 있는 오차요인이며 ②항 탈착용매는 분석을 위한 전처리 과정에서 발생 될 수 있는 요인이다.

31. 작업장에 소음 발생 기계 4대가 설치되어 있다. 1대 가동 시 소음 레벨을 측정한 결과 82dB을 얻었다면 4대 동시 작동 시 소음 레벨(dB)은? (단, 기타 조건은 고려하지 않음)

① 89
② 88
③ 87
④ 86

해설 소음의 음압수준(SPL)

$SPL = 10\log\left(10^{\frac{SPL_1}{10}} + 10^{\frac{SPL_2}{10}} + 10^{\frac{SPL_3}{10}} + 10^{\frac{SPL_4}{10}}\right)$
$= 10\log\left(10^{\frac{82}{10}} + 10^{\frac{82}{10}} + 10^{\frac{82}{10}} + 10^{\frac{82}{10}}\right) = 88\mathrm{dB}$

32. 한 공정에서 음압수준이 75dB인 소음이 발생되는 장비 1대와 81dB인 소음이 발생되는 장비 1대가 각각 설치되어 있을 때, 이 장비들이 동시에 가동되는 경우 발생되는 소음의 음압수준은 약 몇 dB인가?

① 82
② 84
③ 86
④ 88

해설 소음의 음압수준(SPL)

$SPL = 10\log\left(10^{\frac{SPL_1}{10}} + 10^{\frac{SPL_2}{10}}\right)$
$= 10\log\left(10^{\frac{75}{10}} + 10^{\frac{81}{10}}\right) = 82\mathrm{dB}$

33. 입자상 물질을 채취하는 방법 중 직경분립충돌기의 장점으로 틀린 것은?

① 호흡기에 부분별로 침착된 입자 크기의 자료를 추정할 수 있다.
② 흡입성, 흉곽성, 호흡성 입자의 크기별 분포와 농도를 계산할 수 있다.
③ 시료 채취 준비에 시간이 적게 걸리며 비교적 채취가 용이하다.
④ 입장의 질량크기분포를 얻을 수 있다.

해설
㉠ 장점은 위 ①, ②, ④ 참조
㉡ 단점
• 시료채취가 까다롭다. 즉 경험이 있는 전문가가 철저한 준비를 하고 이용하여야 정확한 측정이 가능하다.
• 채취 준비시간이 많이 소요된다.
• 공기가 옆에서 유입되지 않도록 각 충돌기의 조립과 장착을 철저히 하여야 한다.
• 비용이 많이 든다.
• 되튐으로 인한 시료 손실이 발생되어 과소분석할 수 있어 유량을 2L/min 이하로 채취한다.

34. 공기 중 벤젠 농도를 측정한 결과 17mg/m³으로 검출되었다. 현재, 공기의 온도가 25℃, 기압은 1.0atm이고 벤젠의 분자량이 78이라면 공기 중 농도는 몇 ppm인가?

① 6.9ppm
② 5.3ppm
③ 3.1ppm
④ 2.2ppm

해설 mg/m³을 ppm으로 환산

$\mathrm{mg/m^3} \times \dfrac{24.45(25℃ 1기압의\ 부피)}{분자량}$

$\therefore \ \mathrm{ppm} = 17\mathrm{mg/m^3} \times \dfrac{24.45}{78} = 5.3\mathrm{ppm}$

해답 30. ② 31. ② 32. ① 33. ③ 34. ②

35. 작업장 공기 중 벤젠증기를 활성탄관 흡착제로 채취할 때 작업장 공기 중 페놀이 함께 다량 존재하면 벤젠증기를 효율적으로 채취할 수 없게 되는 이유로 가장 적합한 것은?

① 벤젠과 흡착제의 결합자리를 페놀이 우선적으로 차지하기 때문
② 실리카겔 흡착제가 벤젠과 페놀이 반응할 수 있는 장소로 이용되어 부산물을 생성하기 때문
③ 페놀이 실리카겔과 벤젠의 결합을 증가시키는 다리 역할을 하여 분석 시 벤젠의 탈착을 어렵게 하기 때문
④ 벤젠과 페놀이 공기 내에서 서로 반응을 하여 벤젠의 일부가 손실되기 때문

해설 벤젠과 흡착제와의 결합자리를 페놀이 우선적으로 차지하기 때문에 과소평가할 수 있다.

36. 작업장에서 오염물질 농도를 측정하였더니 그 중 일산화탄소(CO)가 0.01%였다. 이때 일산화탄소 농도(mg/m³)는 약 얼마인가? (단, 25℃, 1기압 기준)

① 95
② 105
③ 115
④ 125

해설 1%는 10,000ppm이므로

$$0.01\% \times \frac{10,000\text{ppm}}{1\%} = 100\text{ppm}$$

$$\therefore \text{농도}(\text{mg/m}^3) = 100\text{ppm} \times \frac{28}{24.45}$$
$$= 115\text{mg/m}^3$$

37. 통계집단의 측정값들에 대한 균일성과 정밀성의 정도를 표현하는 것으로 평균값에 대한 표준편차의 크기를 백분율로 나타낸 것은?

① 정확도
② 변이계수
③ 신뢰편차율
④ 신뢰한계율

해설 변이계수$(\text{CV}\%) = \dfrac{\text{표준편차}}{\text{산술평균}}$

38. 다음 중 표본에서 얻은 표준편차와 표본의 수만 가지고 얻을 수 있는 것은?

① 산술평균치
② 분산
③ 변이계수
④ 표준오차

해설
• 변동계수(변이계수, Coefficient of Variation)는 표준편차를 평균으로 나눈 값이다.
• 분산(variance)은 관측값에서 평균을 뺀 값을 제곱하고, 그것을 모두 더한 후 전체 개수로 나누어 구한다. 즉, 차이값의 제곱의 평균이다.
• 표준오차(또는 평균표준오차)란 표본 평균에 대한 표준편차이다.

39. 시료를 포집할 때 4%의 오차가 발생하였고, 또 포집된 시료를 분석할 때 3%의 오차가 발생하였다면 다른 오차는 발생하지 않았다고 가정할 때 누적오차는?

① 4%
② 5%
③ 6%
④ 7%

해설 누적오차
$$E_c = \sqrt{E_1^2 + E_2^2 + E_3^2 + \cdots}$$
$$= \sqrt{4^2 + 3^2} = 5$$

40. 화학공장의 작업장 내에서 톨루엔 농도를 측정하였더니 5, 6, 5, 6, 6, 6, 4, 8, 9, 20ppm일 때, 측정치의 기하표준편차(GSD)는?

① 1.6
② 3.2
③ 4.8
④ 6.4

해설
$$\text{기하평균}(\log(GM)) = \frac{\log X_1 + \log X_2 + \cdots + \log X_n}{N}$$

$$(\log(GM)) = \frac{\begin{array}{c}\log5 + \log6 + \log5 + \log6 + \log6 \\ + \log6 + \log4 + \log8 + \log9 + \log20\end{array}}{10} = 0.827$$

기하표준편차$(\log(GSD))$
$$= [\frac{\begin{array}{c}(\log X_1 - \log GM)^2 + (\log X_2 - \log GM)^2 + \cdots \\ + (\log X_n - \log GM)^2\end{array}}{N-1}]^{0.5}$$

$$\log(GSD) = \left[\frac{\begin{array}{l}(\log 5 - 0.827)^2 + (\log 6 - 0.827)^2 + \\ (\log 5 - 0.827)^2 + (\log 6 - 0.827)^2 + \\ (\log 6 - 0.827)^2 + (\log 6 - 0.827)^2 + \\ (\log 4 - 0.827)^2 + (\log 8 - 0.827)^2 + \\ (\log 9 - 0.827)^2 + (\log 20 - 0.827)^2\end{array}}{10 - 1}\right]^{0.5}$$

$$= 0.194$$

$$\therefore GSD(\text{기하표준편차}) = 10^{0.194} = 1.6$$

|3| 작업환경관리대책

41. 공기가 20℃의 송풍관 내에서 20m/sec의 유속으로 흐를 때, 공기의 속도압은 약 몇 mmH₂O인가? (단, 공기밀도는 1.2kg/m³)

① 15.5
② 24.5
③ 33.5
④ 40.2

(해설) 속도압(mmH₂O)

$$VP = \frac{\gamma V^2}{2g}$$

$$= \frac{1.2\text{kg/m}^3 \times (20\text{m/sec})^2}{2 \times 9.8\text{m/sec}^2}$$

$$= 24.5\text{mmH}_2\text{O}$$

여기서, γ : 공기밀도(kg/m^3)
V : 유속(m/sec)
g : 중력가속도 $9.8(\text{m/sec})$

42. 환기시설 내 기류의 기본적인 유체역학적 원리인 질량 보존의 법칙과 에너지 보존의 법칙의 전제조건과 가장 거리가 먼 것은?

① 환기시설 내외의 열교환을 고려한다.
② 공기의 압축이나 팽창을 무시한다.
③ 공기는 건조하다고 가정한다.
④ 대부분의 환기시설에서는 공기 중에 포함된 유해물질의 무게와 용량을 무시한다.

(해설) 환기시설 내외(덕트 배부·외부)의 열전달(열교환) 효과는 무시된다.

43. 송풍기의 효율이 큰 순서대로 나열된 것은?

① 평판송풍기 > 다익송풍기 > 터보송풍기
② 다익송풍기 > 평판송풍기 > 터보송풍기

③ 터보송풍기 > 다익송풍기 > 평판송풍기
④ 터보송풍기 > 평판송풍기 > 다익송풍기

(해설) 송풍기의 효율
터보송풍기(60~80%) > 평판송풍기(40~70%) > 다익송풍기(40~60%)이다.

44. 기적이 1,000m³이고 유효환기량이 50m³/min인 작업장에 메틸 클로로포름 증기가 발생하여 100ppm의 상태로 오염되었다. 이 상태에서 증기 발생이 중지되었다면 25ppm까지 농도를 감소시키는 데 걸리는 시간은?

① 약 17분
② 약 28분
③ 약 32분
④ 약 41분

(해설) 감소하는 데 걸리는 시간

$$t = -\frac{V}{Q}\ln\left(\frac{C_2}{C_1}\right)$$

$$= -\frac{1,000\text{m}^3}{50\text{m}^3/\text{min}} \times \ln\left(\frac{25}{100}\right)$$

$$= 27.73\text{min}$$

45. 양쪽 덕트 내의 정압이 다를 경우, 합류점에서 정압을 조절하는 방법인 공기조절용 댐퍼에 의한 균형유지법에 대한 설명으로 바르지 않은 것은?

① 임의로 댐퍼 조정 시 평형상태가 깨지는 단점이 있다.
② 시설 설치 후 변경하기 어려운 단점이 있다.
③ 최소 유량으로 균형 유지가 가능한 장점이 있다.
④ 설계계산이 상대적으로 간단한 장점이 있다.

(해설) 저항조절평형법(댐퍼조절평형법, 덕트균형유지법)
시설 설치 후 변경에 유연하게 대처가 가능하고, 설계 계산이 간편하며, 고도의 지식을 요하지 않는다.

46. 다음은 직관의 압력손실에 관한 설명으로 잘못된 것은?

① 직관의 마찰계수에 비례한다.
② 직관의 길이에 비례한다.

(해답) **41.** ② **42.** ① **43.** ④ **44.** ② **45.** ② **46.** ③

③ 직관의 직경에 비례한다.

④ 속도(관내유속)의 제곱에 비례한다.

해설 직관의 압력손실
- 직관의 마찰계수에 비례한다.
- 직관의 길이에 비례한다.
- 직관의 직경에 반비례한다.
- 속도(관내유속)의 제곱에 비례한다.

47. 회전차 외경이 600mm인 원심 송풍기의 풍량은 200m³/min이다. 회전차 외경이 1,200mm인 동류(상사구조)의 송풍기가 동일한 회전수로 운전된다면 이 송풍기의 풍량(m³/min)은? (단, 두 경우 모두 표준공기를 취급한다.)

① 1,000   ② 1,200

③ 1,400   ④ 1,600

해설 송풍기의 풍량(m³/min)

$$Q_2 = Q_1 \times \left(\frac{D_2}{D_1}\right)^3$$
$$= 200 \times \left(\frac{1,200}{600}\right)^3$$
$$= 1,600\text{m}^3/\text{min}$$

48. 어느 실내의 길이, 폭, 높이가 각 각 25m, 10m, 3m이며 실내에 1시간당 18회의 환기를 하고자 한다. 직경 50cm의 개구부를 통하여 공기를 공급하고자 하면 개구부를 통과하는 공기의 유속 (m/sec)은?

① 13.7   ② 15.3

③ 17.2   ④ 19.1

해설 공기의 유속(m/sec)

$Q = A \times V$, $V = Q/A$

여기서, Q: 작업장 필요환기량
- 시간당 공기교환율(ACH)
 =작업장 필요환기량/작업장 체적
- 작업장 필요환기량=ACH×작업장 체적
                    =18회/hr×(25m×10m×3m)
                    =13,500m3/hr

hr(시간)을 sec(초)로 환산(유속의 단위는 sec임)하면,

$$Q = \frac{13,500\text{m}^3/\text{hr}}{3,600} = 3.75\text{m}^3/\text{sec}$$

A: 면적(원형 직경이므로 $\frac{\pi d^2}{4}$)

$$= \frac{3.14 \times 0.5^2}{4} = 0.196\text{m}^2$$
$$V(\text{m/sec}) = \frac{Q}{A} = \frac{3.75\text{m}^3/\text{sec}}{0.196\text{m}^2} = 19.1\text{m/sec}$$

49. 국소환기시설 설계에 있어 정압조절평형법의 장점으로 틀린 것은?

① 예기치 않은 침식 및 부식이나 퇴적문제가 일어나지 않는다.

② 설계 설치된 시설의 개조가 용이하여 장치변경이나 확장에 대한 유연성이 크다.

③ 설계가 정확할 때에는 가장 효율적인 시설이 된다.

④ 설계 시 잘못 설계된 분지관 또는 저항이 가장 큰 분지관을 쉽게 발견할 수 있다.

해설 정압조절평형법
설계 설치된 시설의 개조나 장치변경 그리고 확장도 어렵다.

50. 후향 날개형 송풍기가 2,000rpm으로 운전될 때 송풍량이 20m³/min, 송풍기 정압이 50, 축동력이 0.5kW였다. 다른 조건은 동일하고 송풍기의 rpm을 조절하여 3,200rpm으로 운전한다면 송풍량, 송풍기 정압, 축동력은 얼마인가?

① 38m³/min, 80mmH₂O, 1.86kW

② 38m³/min, 128mmH₂O, 2.05kW

③ 32m³/min, 80mmH₂O, 1.86kW

④ 32m³/min, 128mmH₂O, 2.05kW

해설 송풍기 상사법칙 적용하여 계산
- 풍량은 송풍기의 회전수에 비례
- 풍압은 송풍기의 회전수의 제곱에 비례
- 동력은 송풍기의 회전수의 세제곱에 비례

$$송풍량(Q\text{m}^3/\text{min}) = 20\text{m}^3/\text{min} \times \left(\frac{3,200}{2,000}\right) = 32\text{m}^3/\text{min}$$

$$송풍기 정압(\text{mmH}_2\text{O}) = 50\text{mmH}_2\text{O} \times \left(\frac{3,200}{2,000}\right)^2$$
$$= 128\text{mmH}_2\text{O}$$

$$축동력(\text{kW}) = 0.5\text{kW} \times \left(\frac{3,200}{2,000}\right)^3 = 2.05\text{kW}$$

해답 47. ④   48. ④   49. ②   50. ④

51. 정상류가 흐르고 있는 유체 유동에 관한 연속방정식을 설명하는 데 적용된 법칙은?

① 관성의 법칙　　② 운동량의 법칙
③ 질량보존의 법칙　④ 점성의 법칙

해설 유체유동에 관한 연속방정식을 설명하는 데 적용된 법칙은 질량보존의 법칙이다.

52. 국소환기시설에 필요한 공기송풍량을 계산하는 공식 중 점흡인에 해당하는 것은?

① $Q = 4\pi \times x^2 \times V_c$
② $Q = 2\pi \times L \times x \times V_c$
③ $Q = 60 \times 0.75 \times V_c(10x^2 + A)$
④ $Q = 60 \times 0.5 \times V_c(10x^2 + A)$

해설
- $Q = 60 \times 0.75 \times V_c(10x^2 + A)$은 외부식 후드가 자유공간에 위치한 경우 필요환기량 계산식이다.
- $Q = 60 \times 0.5 \times V_c(10x^2 + A)$은 외부식 사각형 후드가 작업면에 고정된 플랜지가 붙은 경우 필요환기량 계산식이다.

53. 자유공간에 설치한 폭과 높이의 비가 0.5인 사각형 후드의 필요환기량(Q, m³/s)을 구하는 식으로 옳은 것은? [단, L: 폭(m), W: 높이(m), V: 제어속도(m/s), X: 유해물질과 후드개구부 간의 거리(m), K: 안전계수]

① $Q = V(10X^2 + LW)$
② $Q = V(5.3X^2 + 2.7LW)$
③ $Q = 3.7LVX$
④ $Q = 2.6LVX$

해설 외부식 후드가 자유공간에 위치한 경우 필요환기량
$Q = 60 \cdot V_c(10X^2 + A)$
여기서, Q: 필요송풍량(m³/min)
　　　 V_c: 제어속도(m/sec)
　　　 A: 개구면적(m²)
　　　 X: 후드 중심선으로부터 발생원(오염원)까지의 거리(m)

54. 국소배기시설의 일반적 배열순서로 가장 적절한 것은?

① 후드 → 덕트 → 송풍기 → 공기정화장치 → 배기구
② 후드 → 송풍기 → 공기정화장치 → 덕트 → 배기구
③ 후드 → 덕트 → 공기정화장치 → 송풍기 → 배기구
④ 후드 → 공기정화장치 → 덕트 → 송풍기 → 배기구

해설 「산업환기설비에 관한 기술지침」에 의거 일반적 국소배기장치는 후드 → 덕트 → 공기정화기 → 송풍기(배기기) → 배출구 순으로 설치하는 것을 원칙으로 한다.

55. 유해작업환경에 대한 개선대책 중 대치(substitution) 방법에 대한 설명으로 옳지 않은 것은?

① 야광시계의 자판을 라듐 대신 인을 사용한다.
② 분체 입자를 큰 것으로 바꾼다.
③ 아조염료의 합성에 디클로로벤지딘 대신 벤지딘을 사용한다.
④ 금속 세척작업 시 TCE 대신에 계면활성제를 사용한다.

해설 아조염료의 합성에서 벤지딘 대신 디클로로벤지딘을 사용한다.

56. 작업환경 개선대책 중 격리와 가장 거리가 먼 것은?

① 콘크리트 방호벽의 설치
② 원격조정
③ 자동화
④ 국소배기장치의 설치

해설 작업환경 개선대책 중 격리(Isolation)
- 저장물질의 격리
- 시설의 격리
- 공정의 격리
- 작업자의 격리

해답 51. ③　52. ①　53. ①　54. ③　55. ③　56. ④

57. 적용화학물질이 밀랍, 탈수라놀린, 파라핀, 유동
파라핀, 탄산마그네슘이며 적용용도로는 광산
류, 유기산, 염류 및 무기염류 취급작업인 보호
크림의 종류로 가장 알맞은 것은?

① 친수성크림　　　② 차광크림
③ 소수성크림　　　④ 피막형 크림

해설
- 소수성 크림: 밀랍, 파라핀, 탄산 마그네슘, 탈수라놀린
- 차광크림: 그리세린, 산화제이철
- 피막형 크림: 정제벤토나이트겔, 염화비닐수지

58. 보호구의 재질에 따른 효과적 보호가 가능한 화
학물질을 잘못 짝지은 것은?

① 가죽-알코올　　　② 천연고무-물
③ 면-고체상 물질　　④ 부틸고무-알코올

해설 알코올은 가죽에 흡수되어 통과되므로 보호하지 못
한다.

59. 보호장구의 재질과 대상 화학물질이 잘못 짝지
어진 것은?

① 부틸고무-극성용제
② 면-고체상 물질
③ 천연고무(latex)-수용성 용액
④ Vitron-극성용제

해설 Viton 재질, Nitrile 고무는 비극성 용제에 효과적이다.

60. 보호장구의 재질과 적용 물질에 대한 내용으로
틀린 것은?

① 면: 극성 용제에 효과적이다.
② 가죽: 용제에는 사용하지 못한다.
③ Nitrile 고무: 비극성 용제에 효과적이다.
④ 천연고무(latex): 극성 용제에 효과적이다.

해설 면은 고체상 물질에 효과적이다(단, 용제에는 사용
하지 못함).

| 4 | 물리적 유해인자관리

61. 한랭환경으로 인하여 발생되거나 악화되는 질병
과 가장 거리가 먼 것은?

① 동상(Frist bote)
② 지단자람증(Acrocyanosis)
③ 케이슨병(Caisson disease)
④ 레이노드씨 병(Raynaud's disease)

해설 케이슨병(Caisson disease)
케이슨병(Caisson disease)은 잠수병이 일종으로, 해저나 수
심 깊은 곳에서 일할 때 외부 해수나 물의 침투를 방지하기
위하여 고압을 형성시켜 작업할 때 발생된다.

62. 피부로 감지할 수 없는 불감기류의 최고 기류범
위는 얼마인가?

① 약 0.5m/s 이하　　② 약 1.0m/s 이하
③ 약 1.3m/s 이하　　④ 약 1.5m/s 이하

해설 불감기류
외기에서 기류를 느낄 수 있는 범위는 0.5m/sec이며, 이하
의 기류에서는 느낄 수 없다. 이는 실내나 의복 내에 항상 존
재할 수 있으므로 신진대사를 촉진시킨다.

63. 고압 환경의 생체작용과 가장 거리가 먼 것은?

① 고공성 폐수종
② 이산화탄소(CO_2) 중독
③ 귀, 부비강, 치아의 압통
④ 손가락과 발가락의 작열통과 같은 산소 중독

해설 고압환경에서의 생체작용
질소가스의 마취작용, 산소 중독, 이산화탄소(CO_2) 중독, 귀,
부비강, 치아의 압통, 손가락과 발가락의 작열통

※ 고공성 폐수종은 저압환경에서 발생되는 질환이다.

64. 다음의 설명에서 ( ) 안에 들어갈 알맞은 숫자
는?

( )기압 이상에서 공기 중의 질소가스는 마취작용을 나타내서 작업력의 저하, 기분의 변환, 여러 정도의 다행증(多幸症)이 일어난다.

① 2
② 4
③ 6
④ 8

해설

4기압 이상에서 공기 중의 질소가스는 마취작용을 나타내서 작업력의 저하, 기분의 변환, 여러 정도의 다행증이 일어난다. 이것은 알코올중독과 유사하다고 생각하면 된다.

65. 질소 기포 형성 효과에 있어 감압에 따른 기포 형성량에 영향을 주는 주요 인자와 가장 거리가 먼 것은?

① 감압속도
② 체내 수분량
③ 고기압의 노출 정도
④ 연령 등 혈류를 변화시키는 상태

해설 감압 시 조직 내 질소 기포 형성량에 영향을 주는 요인
㉠ 조직에 용해된 가스량: 체내 지방량, 고기압 폭로의 정도와 시간으로 결정한다.
㉡ 혈류변화 정도: 감압 시 또는 재감압 후에 생기기 쉽고, 연령, 기온, 운동, 공포감, 음주와 관계가 있다.
㉢ 감압속도

66. 감압에 따르는 조직 내 질소기포 형성량에 영향을 주는 요인인 조직에 용해된 가스량을 결정하는 인자로 가장 적절한 것은?

① 감압속도
② 혈류의 변화 정도
③ 노출 정도와 시간 및 체내 지방량
④ 폐내의 이산화탄소 농도

해설 감압에 따른 기포형성량을 좌우하는 요인
• 감압속도: 감압의 속도로 매분 매제곱센티미터당 0.8킬로그램 이하로 한다.
• 조직에 용해된 가스량: 체내 지방량, 고기압 폭로의 정도와 시간에 영향을 받는다.
• 혈류를 변화 시키는 상태: 잠수자의 나이(연령), 기온상태, 운동 여부, 공포감, 음주 여부와 관계가 있다(감압 시 또는 재 감압 후에 생기기 쉽다).

67. 수심 40m에서 작업을 할 때 작업자가 받는 절대압은 어느 정도인가?

① 3기압
② 4기압
③ 5기압
④ 6기압

해설 대기압 1기압과 수심 10m마다 1기압씩 증가하여 수심 40m에서는 총 5기압이 된다.

68. 충격소음에 대한 정의로 맞는 것은?

① 최대음압수준에 100dB(A) 이상인 소음이 1초 이상의 간격으로 발생하는 것을 말한다.
② 최대음압수준에 100dB(A) 이상인 소음이 2초 이상의 간격으로 발생하는 것을 말한다.
③ 최대음압수준에 120dB(A) 이상인 소음이 1초 이상의 간격으로 발생하는 것을 말한다.
④ 최대음압수준에 130dB(A) 이상인 소음이 2초 이상의 간격으로 발생하는 것을 말한다.

해설 「산업안전보건법」에서 "충격소음작업"이란 소음이 1초 이상의 간격으로 발생하는 작업으로서 다음 각 목의 어느 하나에 해당하는 작업을 말한다.
가. 120데시벨을 초과하는 소음이 1일 1만 회 이상 발생하는 작업
나. 130데시벨을 초과하는 소음이 1일 1천 회 이상 발생하는 작업
다. 140데시벨을 초과하는 소음이 1일 1백 회 이상 발생하는 작업

69. 음압이 4배가 되면 음압레벨(dB)은 약 얼마 정도 증가하겠는가?

① 3dB
② 6dB
③ 12dB
④ 24dB

해설 $SPL = 20\log\dfrac{P}{P_0} = 20\log 4 = 12dB$ 증가

70. 소음작업장에서 각 음원의 음압레벨이 A=110dB, B=80dB, C=70dB이다. 음원이 동시에 가동될 때 음압레벨(SPL)은?

① 87dB
② 90dB

③ 95dB　　　　　　　④ 110dB

해설 음압레벨(SPL)

$$SPL = 10\log(10^{\frac{SPL_1}{10}} + 10^{\frac{SPL_2}{10}} + 10^{\frac{SPL_3}{10}})$$
$$= 10\log(10^{\frac{110}{10}} + 10^{\frac{80}{10}} + 10^{\frac{70}{10}})$$
$$= 110\text{dB}$$

71. 해머 작업을 하는 작업장에서 발생되는 93dB(A)의 소음원이 3개 있다. 이 작업장의 전체 소음은 약 몇 dB(A)인가?

① 94.8　　　　　　　② 96.8
③ 97.8　　　　　　　④ 99.4

해설 $SPL_t = 10\log(10^{\frac{93}{10}} + 10^{\frac{93}{10}} + 10^{\frac{93}{10}})$
$= 97.77 ≒ 97.8\text{dB}$

72. 음압이 20N/㎡일 경우 음압수준(sound pressure level)은 얼마인가?

① 100dB　　　　　　② 110dB
③ 120dB　　　　　　④ 130dB

해설 음압레벨(Sound Presssure Level)

$$SPL = 20\log\frac{P}{P_0}$$

여기서, P: 음압 (N/m^2)
　　　　P_0: 기준음압 $(2 \times 10^{-5}\text{N/m}^2$
　　　　　　　$= 2 \times 10^{-4}\text{dyne/cm}^2)$

∴ 음압레벨$(SPL) = 20\log\frac{20}{2 \times 10^{-5}} = 120\text{dB}$

73. 레이노 현상(Raynaud's phenomenon)과 관련이 없는 것은?

① 방사선　　　　　　② 국소진동
③ 혈액순환장애　　　④ 저온환경

해설 레이노드 증후군(현상)
- 저온환경: 손발이 추위에 노출되거나 심한 감정적 변화가 있을 때, 손가락이나 발가락의 끝 일부가 하얗게 또는 파랗게 변하는 것을 "레이노 현상", "레이노드 증후군"이라고 부른다.
- 혈액순환장애: 창백해지는 것은 혈관이 갑자기 오그라들면서 혈액 공급이 일시적으로 중단되기 때문이다.
- 국소진동: 압축공기를 이용한 진동공구, 즉 착암기 또는

해머와 같은 공구를 장기간 사용한 근로자들의 손가락에 유발되기 쉬운 직업병이다.

74. 작업자 A의 4시간 작업 중 소음노출량이 76%일 때, 측정시간에 있어서 이 평균치는 약 몇 dB(A)인가?

① 88　　　　　　　　② 93
③ 98　　　　　　　　④ 103

해설 시간가중평균소음수준(TWA)

$$TWA = 16.61\log\left[\frac{\text{D}(\%)}{12.5 \times \text{T}}\right] + 90[\text{dB(A)}]$$

여기서, TWA: 시간가중평균소음수준(dB(A))
　　　　D: 누적소음 폭로량(%)
　　　　T: 폭로시간

∴ $TWA = 16.61\log\left[\frac{76(\%)}{12.5 \times 4}\right] + 90[\text{dB(A)}]$
　　　　$= 93\text{dB(A)}$

75. 작업장의 자연채광계획 수립에 관한 설명으로 맞는 것은?

① 실내의 입사각은 4~5°가 좋다.
② 창의 방향은 많은 채광을 요구할 경우 북향이 좋다.
③ 창의 방향은 조명의 평등을 요하는 작업실인 경우 남향이 좋다.
④ 창의 면적은 일반적으로 바닥 면적의 15~20%가 이상적이다.

해설 작업장의 자연채광계획 수립
창의 방향은 많은 채광을 요구할 경우 남향이 좋으며, 조명의 평등을 요하는 작업장의 경우 북향(동북향)이 좋다. 또한 실내의 입사각은 28° 이상이 좋다.

76. 다음 중 투과력이 커서 노출 시 인체 내부에도 영향을 미칠 수 있는 방사선의 종류는?

① γ선　　　　　　　② α선
③ β선　　　　　　　④ 자외선

해설 방사선의 투과력 순서: 중성자>γ선>X선>β선>α선

해답 71. ③　72. ③　73. ①　74. ②　75. ④　76. ①

77. 다음 중 비이온화 방사선의 파장별 건강 영향으로 틀린 것은?

① UV-A: 315~400mm, 피부노화 촉진
② IR-B: 780~1,400mm, 백내장, 각막 화상
③ UV-B: 280~315mm, 발진, 피부암, 광결막염
④ 가시광선: 400~780mm, 광화학적이거나 열에 의한 각막 손상, 피부화상

해설 IR-B

1.4~1μm, 급성피부화상 및 백내장은 IR-C(원적외선)에서 발생한다.

78. 다음 방사선 중 입자방사선으로만 나열된 것은?

① α선, β선, γ선
② α선, β선, X선
③ α선, β선, 중성자
④ α선, β선, γ선, X선

해설 입자 형태의 방사선으로는 알파선, 베타선, 중성자선 등이 있다. 참고로 빛이나 전파로 존재하는 방사선으로는 감마선, X선이 있다. 알파선은 양성자 2개와 중성자 2개로 이루어진 알파입자(헬륨, He)의 흐름이다.

79. 일반적으로 인공조명 시 고려해야 할 사항으로 가장 적절하지 않은 것은?

① 광색은 백색에 가깝게 한다.
② 가급적 간접 조명이 되도록 한다.
③ 조도는 작업상 충분히 유지시킨다.
④ 조명도는 균등히 유지할 수 있어야 한다.

해설 인공조명 시 광색은 주광색에 가깝게 한다.

80. 다음 중 단기간 동안 자외선(UV)에 초과 노출될 경우 발생하는 질병은?

① Hypothermia
② Stoker's problem
③ Welder's flash
④ Pyrogenic response

해설 Welder's flash

일명 'arc-eye'라고 부르며, 전기용접 시 용접 불꽃을 바라보면 안구에 화상이 발생하는데 이때 발생하는 질병을 통상적으로 Welder's flash라 부른다. 의학적으로는 전광성 안염이라고 부른다.

| 5 | 산업독성학

81. 다음 중 미국정부산업위생전문가협의회(ACGIH)의 노출기준(TLV) 적용에 관한 설명으로 틀린 것은?

① 기존의 질병을 판단하기 위한 척도이다.
② 산업위생전문가에 의하여 적용되어야 한다.
③ 독성의 강도를 비교할 수 있는 지표가 아니다.
④ 대기오염의 정도를 판단하는 데 사용해서는 안 된다.

해설 ACGIH(미국정부산업위생전문가협의회)에서 권고하고 있는 허용농도(TLV) 적용상 주의사항

- 대기오염평가 및 지표(관리)에 사용할 수 없다.
- 24시간 노출 또는 정상 작업시간을 초과한 노출에 대한 독성 평가에는 적용할 수 없다.
- 기존의 질병이나 신체적 조건을 판단(증명 또는 반응자료)하기 위한 척도로 사용될 수 없다.
- 작업조건이 다른 나라에서 ACGIH-TLV를 그대로 사용할 수 없다.
- 안전농도와 위험농도를 정확히 구분하는 경계선이 아니다.
- 독성의 강도를 비교할 수 있는 지표는 아니다.
- 반드시 산업보건(위생)전문가에 의하여 설명(해석), 적용되어야 한다.
- 피부로 흡수되는 양은 고려하지 않은 기준이다.
- 산업장의 유해조건을 평가하기 위한 지침이며, 건강장애를 예방하기 위한 지침이다.

82. 화학물질 및 물리적 인자의 노출기준상 산화규소의 종류와 노출기준이 올바르게 연결된 것은? (단, 노출기준은 TWA 기준이다.)

① 결정체 석영-$0.1mg/m^3$
② 결정체 트리폴리-$0.1mg/m^3$
③ 비결정체 규소-$0.01mg/m^3$
④ 결정체 트리디마이트-$0.01mg/m^3$

해설 산화규소별 노출기준

- 비결정체 규조토 및 침전된 규소: $10mg/m^3$
- 결정체 트리폴리: $0.1mg/m^3$
- 비결정체 규소, 용융된 규소: $0.1mg/m^3$

해답 77. ② 78. ③ 79. ① 80. ③ 81. ① 82. ②

- 결정체 석영: 0.05mg/m³
- 결정체 트리디마이트: 0.05mg/m³
- 결정체 크리스토발라이트: 0.05mg/m³

83. 다음 중 주성분으로 규산과 산화마그네슘 등을 함유하고 있으며 중피종, 폐암 등을 유발하는 물질은 무엇인가?

① 석면
② 석탄
③ 흑연
④ 운모

해설
석면은 주성분으로 규산과 산화마그네슘 등을 함유하고 있으며 중피종, 폐암 등을 유발하는 물질이다.

84. 다음 중 중추신경에 대한 자극작용이 가장 큰 것은?

① 알칸
② 아민
③ 알코올
④ 알데히드

해설 중추신경계의 자극작용 순서
알칸<알코올<알데히드 또는 케톤<유기산<아민류

85. 유해물질의 생리적 작용에 의한 분류에서 질식제를 단순 질식제와 화학적 질식제로 구분할 때, 화학적 질식제에 해당하는 것은?

① 수소(H_2)
② 메탄(CH_4)
③ 헬륨(He)
④ 일산화탄소(CO)

해설 화학적 질식제의 종류
일산화탄소(CO), 황화수소(H_2S), 시안화수소(HCN), 아닐린($C_5H_5NH_2$)

86. 「산업안전보건법령」상 사람에게 충분한 발암성 증거가 있는 물질(1A)에 포함되어 있지 않은 것은?

① 벤지딘(Benzidine)
② 베릴륨(Beryllium)
③ 에틸벤젠(Ethyl benzene)
④ 염화 비닐(Vinyl chloride)

해설 에틸벤젠
에틸벤젠은 관리대상 물질이며 발암성 2로 구분하고 있다. 사람이나 동물에서 제한된 증거가 있지만, 구분 1로 분류하기에는 증거가 충분하지 않은 물질이다.

87. 남성 근로자의 생식독성 유발 유해인자와 가장 거리가 먼 것은?

① 고온
② 저혈압증
③ 항암제
④ 마이크로파

해설 남성 근로자의 생식독성 유발 유해인자
고온, X선, 납, 카드뮴, 망간, 수은, 항암제, 마취제, 알킬화제, 이황화탄소, 염화비닐, 음주, 흡연, 마약, 호르몬제제, 마이크로파 등

88. 유해화학물질에 의한 간의 중요한 장해인 중심소엽성 괴사를 일으키는 물질 중 대표적인 것은 무엇인가?

① 수은
② 사염화탄소
③ 이황화탄소
④ 에틸렌글리콜

해설 사염화탄소(CCL_4)의 건강장해
- 신장장애의 증상으로 감뇨, 혈뇨 등이 발생하며 완전 무뇨증이 되면 사망한다.
- 초기 증상으로 지속적인 두통, 구역 또는 구토, 복부선통, 설사, 간엽통 등이 있다.
- 피부, 간장, 신장, 소화기, 신경계에 장애를 일으키는데, 특히 간에 대한 독성작용이 강하게 나타난다. 즉, 간에 중요한 장애인 중심소엽성 괴사를 일으킨다.
- 고통도 폭로 시 중추신경계와 간장이나 신장에 장애를 일으킨다.

89. 피부독성 반응의 설명으로 옳지 않은 것은?

① 가장 빈번한 피부반응은 접촉성 피부염이다.
② 알레르기성 접촉피부염은 면역반응과 관계가 없다.
③ 광독성 반응은 홍반·부종·착색을 동반하기도 한다.
④ 담마진 반응은 접촉 후 보통 30~60분 후에 발생한다.

해설 알레르기성 접촉 피부염
- 알레르기성 접촉 피부염은 후천적 면역반응에 의해 나타나며, 이는 이전에 접촉한 적이 있는 어떤 항원에 반응한 사람이 동일 물질과 다시 접촉하면 나타나는 알레르기 반응이다.

해답 83. ① 84. ② 85. ④ 86. ③ 87. ② 88. ②
89. ②

• 피부가 특정 물질에 닿고 며칠이 지난 후 가려움. 구진, 반점 등의 피부 증상이 나타난다.

90. 다음 중 납중독의 주요 증상에 포함되지 않는 것은?

① 혈중의 methallothionein 증가
② 적혈구 내 protoporphyrin 증가
③ 혈색소량 저하
④ 혈청 내 철 증가

(해설) 혈중의 methallothionein 증가는 카드뮴 중독 증상이다.

91. 인체에 흡수된 납(Pb) 성분이 주로 축적되는 곳은?

① 간   ② 뼈
③ 신장   ④ 근육

(해설) 체내 약 90%의 납은 뼈에 있으며 이는 납의 작용이 칼슘이 골조직에서 나타내는 대사과정과 유사하기 때문인 것으로 알려져 있다.

92. 수은의 배설에 관한 설명으로 틀린 것은?

① 유기수은화합물은 땀으로 배설된다.
② 유기수은화합물은 주로 대변으로 배설된다.
③ 금속수은은 대변보다 소변으로 배설이 잘 된다.
④ 금속수은 및 무기수은의 배설경로는 서로 상이하다.

(해설) 금속수은 및 무기수은은 소변과 대변으로 배설된다.

93. 금속의 일반적인 독성작용 기전으로 옳지 않은 것은?

① 효소의 억제
② 금속평형의 파괴
③ DNA 염기의 대체
④ 필수 금속성분의 대체

(해설) DNA에는 생물의 유전자 정보가 담겨 있다. 그러나 DNA의 염기서열 모두가 유전자 발현에 관여하는 것은 아니다. 실제 유전형질의 발현에 관여하는 염기서열을 유전자라고 하고 그렇지 않은 부분을 비부호화 DNA라고 한다. 비부호화 DNA 가운데에는 예전에는 유전자로 기능하였으나 돌연변이 등으로 더 이상 기능하지 않는 슈도진이 포함되어 있다.

94. 금속의 독성에 관한 일반적인 특성을 설명한 것으로 옳지 않은 것은?

① 금속의 대부분은 이온상태로 작용된다.
② 생리과정에 이온상태의 금속이 활용되는 정도는 용해도에 달려 있다.
③ 금속이온과 유기화합물 사이의 강한 결합력은 배설률에도 영향을 미치게 된다.
④ 용해성 금속염은 생체 내 여러 가지 물질과 작용하여 수용성 화합물로 전환된다.

(해설) 용해성 금속염은 생체 내 여러 가지 물질과 작용하여 지용성 화합물(지방을 잘 녹이는 화학물)로 전환된다.

95. 직업성 피부질환 유발에 관여하는 인자 중 간접적 인자와 가장 거리가 먼 것은? (문제 오류로 실제 시험에서는 모두 정답처리되었음)

① 땀   ② 인종
③ 연령   ④ 성별

(해설) 직업성 피부질환
직업성 피부질환에는 대체로 화학물질에 의한 접촉피부염이 있고, 그중 80%는 자극에 의한 원발성 피부염, 20%는 알레르기에 의한 접촉피부염이며 그 외는 세균감염 등 생물학적 원인에 의한 것으로 알려져 있다. 직업성 피부질환을 일으킬 수 있는 주요 요인은 아래와 같이 나눌 수 있다.
㉠ 물리적 요인
물리적 인자로 고온, 저온, 마찰, 압박, 진동, 습도, 자외선, 방사선 등이 있으며 열에 의한 것으로는 화상, 진균 등이 있다. 장기적으로는 피부염화되는 경우가 대표적이다. 착암기 등 진동에 의해 일어나는 피부질환은 진동발생기구 사용자에게 발생하는 진동증후군이 있으며, 저온에 의한 동상, 자외선, 방사선에 의한 피부암 등을 들 수 있다.
㉡ 생물학적 요인
피부질환을 일으킬 수 있는 생물학적 원인으로는 박테리아, 진균, 원충 등이 있으며, 피부질환에 이환되는 직업으로는 농림업 종사자, 수의사, 의사, 간호사, 생물학적 요인을 취급하는 실험실 종사자, 육류취급업자, 광부, 동물취급자 등으로 다양하다.
㉢ 화학적 요인
절삭유나 유기용제, 산, 알칼리, 유기용매, 세척제, 비소나 수은 등의 금속이 이에 해당되며, 금속과 금속염(크롬, 니켈, 코발트 등), 아닐린계 화합물, 기름, 수지(특히 단량체

(해답) 90. ① 91. ② 92. ④ 93. ③ 94. ④ 95. ①

와 에폭시 수지), 고무 화학 물질, 경화제, 항생물질 등이 있다.

ㄹ 기타 간접적 영향을 미치는 요인들

기타 간접적 요인으로는 체질이나 피부의 종류, 땀, 계절적 요인 등이 있다. 피부가 검고 기름기가 많은 사람은 비누, 용제, 절삭유 등에 강한 것으로 알려지며, 털이 많은 사람은 그리스(Grease), 타르, 왁스 등이 피부염을 잘 일으킨다.

땀의 경우는 유해물질을 희석시켜 이로운 경우도 있으나 땀에 용해돼 오히려 피부를 자극하는 경우도 있다. 또한 코발트(Cobalt), 구리, 니켈 등 금속의 경우는 땀에 의해 이온화가 촉진되므로 피부의 흡수가 증가되는 현상이 있다.

96. 벤젠 노출근로자에게 생물학적 모니터링을 하기 위하여 소변시료를 확보하였다. 다음 중 분석해야 하는 대사산물로 옳은 것은?

① 마뇨산(hippuric acid)
② t,t-뮤코닉산(t,t-Muconic acid)
③ 메틸마뇨산(Methylhippuric acid)
④ 트리클로로아세트산(trichloroacetic acid)

해설 유기용제의 유해물질별 생물학적 노출지표(대사산물)
• 벤젠: t,t-뮤코닉산(t,t-Muconic acid)
• 톨루엔(혈액, 호기에서 톨루엔): 과거에는 요 중 마뇨산이었으나 최근에는 o-크레졸로 변경되었다.
• 크실렌: 요 중 메틸마뇨산
• 노말헥산: 요 중 n-헥산
• 스티렌: 요 중 만델린산과 페닐글리옥실산
• 퍼클로로에틸렌: 요 중 삼염화초산
• 에틸벤젠: 요 중 만델린산

97. 생물학적 모니터링에 관한 설명으로 옳지 않은 것을 모두 고르면?

(A) 생물학적 검체인 호기, 소변, 혈액 등에서 결정인자를 측정하여 노출 정도를 추정하는 방법이다.
(B) 결정인자는 공기 중에서 흡수된 화학물질이나 그것의 대사산물 또는 화학물질에 의해 생긴 비가역적인 생화학적 변화이다.
(C) 공기 중의 농도를 측정하는 것이 개인의 건강위험을 보다 직접적으로 평가할 수 있다.
(D) 목적은 화학물질에 대한 현재나 과거의 노출이 안전한 것인지를 확인하는 것이다.
(E) 공기 중 노출기준이 설정된 화학물질의 수만큼 생물학적 노출기준(BEI)이 있다.

① (A), (B), (C)
② (A), (C), (D)
③ (B), (C), (E)
④ (B), (D), (E)

해설 노출에 대한 생물학적 모니터링의 장단점
㉠ 장점
• 화학물질의 흡수, 분포, 생물학적 전환, 배설에 있어서 개인적 차이를 고려할 수 있다.
• 공기 중의 농도를 측정하는 것보다 건강상의 위험을 보다 직접적으로 평가할 수 있다.
• 감수성이 있는 개인들을 생물학적 모니터링을 통해 발견할 수 있다.
• 폐를 통한 흡수뿐만 아니라 소화기와 피부를 통한 흡수 등 모든 경로에 의한 흡수를 측정할 수 있다.
• 직업적인 폭로에 의한 것 외에도 일반환경에서 식사와 관련한 사항이나 오락활동 등을 통한 폭로도 측정할 수 있다.
• 건강상의 위험에 대하여 보다 정확한 평가를 할 수 있다.
• 인체 내 흡수된 내재용량이나 중요한 조직부위에 영향을 미치는 양을 모니터링할 수 있다.
㉡ 단점
• 인체에서 직접 채취(혈액, 소변 등)하기 때문에 시료채취가 어렵다.
• 생물학적 모니터링을 만족시키는 산업장에서 사용하고 있는 화학물질은 수종에 불과하므로 생물학적 모니터링으로 산업장의 화학물질에 대한 폭로와 그에 따른 건강 위험도를 평가하는 데는 제한점이 있다.
• 쉽게 흡수되지 않고 접촉되는 부위에서 주로 건강장해를 일으키는 화학물질(예: 여러 종류의 폐 자극물질)에 대해서 생물학적 모니터링을 적용할 수 없다.
• 각 근로자의 생물학적 차이가 있다.
• 분석 시 오염에 노출될 수 있어 분석이 어렵다.

98. 「산업안전보건법」상 발암성 물질로 확인된 물질 (A1)에 포함되어 있지 않은 것은?

① 벤지딘
② 염화비닐
③ 베릴륨
④ 에틸벤젠

해설 에틸벤젠(ethylbenzene)
에틸벤젠은 관리대상 물질이며 발암성 2로 구분하고 있다. 사람이나 동물에서 제한된 증거가 있지만, 구분 1로 분류하기에는 증거가 충분하지 않은 물질이다.

해답 96. ② 97. ③ 98. ④

99. 다음 중 유해물질의 생체 내 배설과 관련된 설명으로 틀린 것은?

① 유해물질은 대부분 위(胃)에서 대사된다.
② 흡수된 유해물질은 수용성으로 대사된다.
③ 일반적으로 할로겐화탄화수소의 독성의 정도는 화합물의 분자량이 커질수록 증가한다.
④ 일반적으로 할로겐화탄화수소의 독성의 정도는 할로겐 원소의 수가 커질수록 증가한다.

해설 유해물질은 대부분 간에서 대사된다.

100. 다음 중 산업독성학의 활용과 가장 거리가 먼 것은?

① 작업장 화학물질의 노출기준 설정 시 활용된다.
② 작업환경의 공기 중 화학물질의 분석기술에 활용된다.
③ 유해물질의 분포량은 혈중 농도에 대한 투여량으로 산출한다.
④ 유해물질의 혈장농도가 50%로 감소하는 데 소요되는 시간을 반감기라고 한다.

해설 2상
1상을 거치며 반응성이 높아진 약물을 아미노산, 아세트산, 황산, 글루쿠론산과 같은 내부 기질(endogenous substrate)과 결합시켜 더욱 반응성이 높은 접합체(conjugate)를 형성한다.

해답 99. ① 100. ②

| 1 | 산업위생학개론

1. 현재 총 흡음량이 1,200sabins인 작업장의 천정에 흡음 물질을 첨가하여 2,400sabins를 추가할 경우 예측되는 소음감음량(NR)은 약 몇 dB인가?

   ① 2.6   ② 3.5
   ③ 4.8   ④ 5.2

   해설 sabins을 더할 경우 예측되는 감음량

   $$NR(\text{dB}) = 10\log\frac{A_2}{A_1} = 10\log\frac{1,200+2,400}{1,200} = 4.8\text{dB}$$

2. 젊은 근로자에 있어서 약한 쪽 손의 힘은 평균 45kp라고 한다. 이러한 근로자가 무게 8kg인 상자를 양손으로 들어 올릴 경우 작업강도(%MS)는 약 얼마인가?

   ① 17.8%   ② 8.9%
   ③ 4.4%   ④ 2.3%

   해설 MS(작업강도)

   작업강도$(\%MS) = \dfrac{RF}{MS} \times 100$

   여기서, RF: 한 손으로 들어올리는 무게
   MS: 힘의 평균
   RF: 두손으로 들어올리기에

   $$\frac{8}{2} = 4Kg$$

   MS: 45Kp

   $$= \frac{4Kg}{45Kp} \times 100 = 8.9\%$$

3. 누적외상성 질환(CTDs) 또는 근골격계질환(MSDs)에 속하는 것으로 보기 어려운 것은?

   ① 건초염(Tendosynoitis)
   ② 스티븐스존슨증후군(Stevens Johnson syndrome)
   ③ 손목뼈터널증후군(Carpal tunnel syndrome)
   ④ 기용터널증후군(Guyon tunnel syndrome)

   해설 스티븐스존슨증후군(Stevens Johnson syndro-me)은 TCE(트리클로로에틸렌)을 세정제로 사용 시 발생되는 대표적인 질병이다.

4. 심리학적 적성검사에 해당하는 것은?

   ① 지각동작검사   ② 감각기능검사
   ③ 심폐기능검사   ④ 체력검사

   해설 심리학적 적성검사 항목
   • 기능검사: 직무에 관련된 기본지식과 숙련도, 사력력 등의 검사
   • 인성검사: 성격, 태도, 정신상태에 대한 검사
   • 지능검사: 언어, 기억, 추리, 귀납 등에 대한 검사
   • 지각 동작검사: 수족협조, 운동속도, 형태지각 등에 대한 검사

   ※ 감각기능검사, 심폐기능검사, 체력검사는 생리적(직성) 검사이다.

5. 산업위생의 4가지 주요 활동에 해당하지 않는 것은?

   ① 예측   ② 평가
   ③ 관리   ④ 제거

   ─────────────────────

   해답 1. ③ 2. ② 3. ② 4. ① 5. ④

산업위생활동의 기본 4요소: 예측, 측정, 평가, 관리
근로자나 일반 대중(지역주민)에게 질병, 건강장애와 안녕방
해, 심각한 불쾌감 및 능률저하 등을 초래하는 작업환경 요
인과 스트레스를 예측, 측정, 평가하고 관리하는 과학과 기술
이다(예측, 인지(확인), 측정, 평가, 관리 의미와 동일함).

6. 사고예방대책의 기본원리 5단계를 순서대로 나
   열한 것으로 옳은 것은?

   ① 사실의 발견 → 조직 → 분석 → 시정책(대
      책)의 선정 → 시정책(대책)의 적용
   ② 조직 → 분석 → 사실의 발견 → 시정책(대
      책)의 선정 → 시정책(대책)의 적용
   ③ 조직 → 사실의 발견 → 분석 → 시정책(대
      책)의 선정 → 시정책(대책)의 적용
   ④ 사실의 발견 → 분석 → 조직 → 시정책(대
      책)의 선정 → 시정책(대책)의 적용

   해설 하인리히의 사고예방대책의 기본원리 5단계
   • 1단계: 안전관리 조직 구성(조직)
   • 2단계: 사실의 발견
   • 3단계: 분석·평가
   • 4단계: 시정방법의 선정(대책의 선정)
   • 5단계: 시정책의 적용(대책 실시)

7. 「산업안전보건법령」상 보건관리자의 자격 기준
   에 해당하지 않는 사람은?

   ① 「의료법」에 따른 의사
   ② 「의료법」에 따른 간호사
   ③ 「국가기술자격법」에 따른 환경기능사
   ④ 「산업안전보건법」에 따른 산업보건지도사

   해설 환경기능사는 환경 관련 법령에 의하여 대기오염,
   폐수, 폐기물, 소음·진동을 다루는 자격증으로 기능사이다.
   자격은 제한 없이 누구나 응시할 수 있다.

8. 근육운동의 에너지원 중 혐기성대사의 에너지원
   에 해당되는 것은?

   ① 지방   ② 포도당
   ③ 단백질   ④ 글리코겐

   해설
   • 혐기성 대사 에너지원: ATP(Adenosine triphosphate),
     CP(creatine phosphate), 글리코겐

※ Creatine phosphate + ADP + H^+ ↔ creatine + ATP
• 호기성 대사 에너지원: 포도당, 단백질, 지방

9. 산업재해의 기본원인을 4M(Management, Machine,
   Media, Man)이라고 할 때 다음 중 Man(사람)
   에 해당되는 것은?

   ① 안전교육과 훈련의 부족
   ② 인간관계·의사소통의 불량
   ③ 부하에 대한 지도·감독 부족
   ④ 작업자세·작업동작의 결함

   해설 산업재해의 기본원인 4M
   1) Man(인간): 에러를 일으키는 인간요인
      • 심리적 요인: 망각, 주변적 동작, 소질적 결함 등
      • 생리적 요인: 피로, 수면부족, 신체기능, 질병 등
      • 직장적 요인: 직장 내 인간관계, 의사소통, 통솔력 등
   2) Machine(기계): 기계·설비의 결함, 고장 등의 물적 요인
      • 설계결함
      • 위험방호의 불량
      • 근원적 안전화의 부족
      • 표준화의 부족
      • 점검 및 정비의 부족
   3) Media(작업정보): 작업의 정보, 방법, 환경 등의 요인
      • 작업정보의 부적절
      • 작업자세, 동작의 결함
      • 작업방법의 부적절
      • 작업공간의 불량
      • 작업환경조건의 불량
   4) Management(관리): 관리상의 요인
      • 안전관리계획의 불량
      • 안전관리조직의 결함
      • 규정, 메뉴얼의 불비
      • 교육, 훈련의 부족
      • 감독, 지도의 부족
      • 적성배치의 불충분
      • 건강관리 불량

10. 직업성 질환의 범위에 해당되지 않는 것은?

    ① 합병증   ② 속발성 질환
    ③ 선천적 질환   ④ 원발성 질환

    해설 선천적 질환은 병인에 관계없이 태아 상태나 출생
    과정에서 생기는 질병을 말한다.

11. 18세기에 Percivall Pott가 어린이 굴뚝청소부에게서 발견한 직업성 질환은?

① 백혈병 ② 골육종
③ 진폐증 ④ 음낭암

해설 음낭암
• 영국의 외과의사인 Percival Pott에 의하여 세계 최초로 발견되었으며, 연통을 청소하는 10세 이하 어린이에게서 음낭암 발병되는 것을 확인하였다.
• 검댕속에 함유된 다환방향족 탄화수소(PAHs)가 원인 물질임을 발견하였다.

12. 산업피로의 대책으로 적합하지 않은 것은?

① 불필요한 동작을 피하고 에너지 소모를 적게 한다.
② 작업과정에 따라 적절한 휴식시간을 가져야 한다.
③ 작업능력에는 개인별 차이가 있으므로 각 개인마다 작업량을 조정해야 한다.
④ 동적인 작업은 피로를 더하게 하므로 가능한 한 정적인 작업으로 전환한다.

해설 가능한 한 동적(動的)인 작업보다는 정적(靜的)인 작업을 하면 더 피로가 증가한다. 따라서 동적인 작업을 늘리고 정적인 작업을 줄인다.

13. 미국산업위생학술원(AAIH)에서 채택한 산업위생 분야에 종사하는 사람들이 지켜야 할 윤리강령에 포함되지 않는 것은?

① 국가에 대한 책임
② 전문가로서의 책임
③ 일반 대중에 대한 책임
④ 기업주와 고객에 대한 책임

해설 미국산업위생학술원(AAIH)에서 채택한 산업위생 분야에 종사하는 사람들이 지켜야 할 윤리강령
• 산업위생 전문가로서의 책임
• 근로자에 대한 책임
• 기업주와 고객에 대한 책임
• 일반 대중에 대한 책임

14. 사무실 공기관리 지침상 근로자가 건강장해를 호소하는 경우 사무실 공기관리 상태를 평가하기 위해 사업주가 실시해야 하는 조사 항목으로 옳지 않은 것은?

① 사무실 조명의 조도 조사
② 외부의 오염물질 유입경로 조사
③ 공기정화시설 환기량의 적정여부 조사
④ 근로자가 호소하는 증상(호흡기, 눈, 피부 자극 등)에 대한 조사

해설 사무실 공기관리지침(고용노동부고시 제2020-45호) 제4조(사무실 공기관리 상태평가) 사업주는 근로자가 건강장해를 호소하는 경우에는 다음 각 호의 방법에 따라 해당 사무실의 공기관리 상태를 평가하고, 그 결과에 따라 건강장해 예방을 위한 조치를 취한다.
1. 근로자가 호소하는 증상(호흡기, 눈·피부 자극 등) 조사
2. 공기정화설비의 환기량이 적정한지 여부 조사
3. 외부의 오염물질 유입경로 조사
4. 사무실내 오염원 조사 등

15. ACGIH에서 제정한 TLVs(Threshold Limit Values)의 설정근거가 아닌 것은?

① 동물실험자료 ② 인체실험자료
③ 사업장 역학조사 ④ 선진국 허용기준

해설 ACGIH에서 제정한 TLVs(Threshold Limit Values)의 설정근거
• 화학구조의 유사성
• 동물실험자료
• 인체실험자료
• 사업장 역학조사

16. 다음 중 점멸-융합 테스트(Flicker test)의 용도로 가장 적합한 것은?

① 진동 측정 ② 소음 측정
③ 피로도 측정 ④ 열중증 판정

해설 점멸-융합 테스트(Flicker test)는 피로도 측정에 사용된다.

해답 11. ④ 12. ④ 13. ① 14. ① 15. ④ 16. ③

17. 「산업안전보건법령」상 물질안전보건자료 작성 시 포함되어야 할 항목이 아닌 것은? (단, 그 밖의 참고사항은 제외한다.)

① 유해성·위험성
② 안정성 및 반응성
③ 사용빈도 및 타당성
④ 노출방지 및 개인보호구

해설 「산업안전보건법령」상 물질안전보건자료(MSDS) 작성 시 포함되어야 할 항목
「화학물질의 분류·표시 및 물질안전보건자료에 관한 기준」
제4장 물질안전보건자료의 작성 등
제10조(작성항목) ① 물질안전보건자료 작성 시 포함되어야 할 항목 및 그 순서는 다음 각 호에 따른다.
  1. 화학제품과 회사에 관한 정보
  2. 유해성·위험성
  3. 구성성분의 명칭 및 함유량
  4. 응급조치요령
  5. 폭발·화재시 대처방법
  6. 누출사고시 대처방법
  7. 취급 및 저장방법
  8. 노출방지 및 개인보호구
  9. 물리화학적 특성
  10. 안정성 및 반응성
  11. 독성에 관한 정보
  12. 환경에 미치는 영향
  13. 폐기 시 주의사항
  14. 운송에 필요한 정보
  15. 법적규제 현황
  16. 그 밖의 참고사항
② 제1항 각 호에 대한 세부작성 항목 및 기재사항은 별표 4와 같다. 다만, 물질안전보건자료의 작성자는 근로자의 안전보건의 증진에 필요한 경우에는 세부항목을 추가하여 작성할 수 있다.

18. 직업병의 원인이 되는 유해요인, 대상 직종과 직업병 종류의 연결이 잘못된 것은?

① 면분진-방직공-면폐증
② 이상기압-항공기조종-잠함병
③ 크롬-도금-피부점막 궤양, 폐암
④ 납-축전지제조-빈혈, 소화기장애

해설 이상기압-항공기조종-폐수종

19. 「산업안전보건법령」상 특수건강진단 대상자에 해당하지 않는 것은?

① 고온환경하에서 작업하는 근로자
② 소음환경하에서 작업하는 근로자
③ 자외선 및 적외선을 취급하는 근로자
④ 저기압하에서 작업하는 근로자

해설 고온환경 작업자는 특수건강진단 대상자가 아니다.

20. 방직공장의 면분진 발생 공정에서 측정한 공기 중 면분진 농도가 2시간은 2.5mg/m³, 3시간은 1.8mg/m³, 3시간은 2.6mg/m³일 때, 해당 공정의 시간가중평균노출기준 환산값은 약 얼마인가?

① 0.86mg/m³   ② 2.28mg/m³
③ 2.35mg/m³   ④ 2.60mg/m³

해설 시간가중평균노출기준 환산

$$TWA \text{ 환산값} = \frac{C_1 \cdot T_1 + C_2 \cdot T_2 + \cdots + C_n \cdot T_n}{8}$$

$$= \frac{(2 \times 2.5\text{mg/m}^3) + (3 \times 1.8\text{mg/m}^3) + (3 \times 2.6\text{mg/m}^3)}{8}$$

$$= 2.28\text{mg/m}^3$$

여기서, C: 유해인자의 측정치(단위 : ppm, mg/m³ 또는 개/cm³)
         T: 유해인자의 발생시간(단위 :시간)

|2| 작업위생측정 및 평가

21. 작업환경측정치의 통계처리에 활용되는 변이계수에 관한 설명과 가장 거리가 먼 것은?

① 평균값의 크기가 0에 가까울수록 변이계수의 의의는 작아진다.
② 측정단위와 무관하게 독립적으로 산출되며 백분율로 나타낸다.
③ 단위가 서로 다른 집단이나 특성값의 상호산포도를 비교하는 데 이용될 수 있다.

④ 편차의 제곱 합들의 평균값으로 통계집단의 측정값들에 대한 균일성, 정밀도 정도를 표현한다.

> **해설** 변이계수(Coefficient of Variation, CV%)
> - 통계집단의 측정값들에 대한 균일성, 정밀성 정도를 표현하는 것이다.
> - 표준편차의 수치가 평균치에 비해 몇 %가 되느냐로 나타낸다.

22. 「산업안전보건법령」상 1회라도 초과노출되어서는 안 되는 충격소음의 음압수준(dB(A)) 기준은?

① 120
② 130
③ 140
④ 150

> **해설** "충격소음작업"이란 소음이 1초 이상의 간격으로 발생하는 작업으로서 다음 각 목의 어느 하나에 해당하는 작업을 말한다.
> - 120데시벨을 초과하는 소음이 1일 1만 회 이상 발생하는 작업
> - 130데시벨을 초과하는 소음이 1일 1천 회 이상 발생하는 작업
> - 140데시벨을 초과하는 소음이 1일 1백 회 이상 발생하는 작업
>
> ※최대 음압수준이 140dB(A) 이상을 초과하는 충격소음에 노출되어서는 안 된다.

23. 예비조사 시 유해인자 특성파악에 해당되지 않는 것은?

① 공정보고서 작성
② 유해인자의 목록 작성
③ 월별 유해물질 사용량 조사
④ 물질별 유해성 자료 조사

> **해설** 공정보고서 작성은 작업환경측정제도와는 별개로 PSM(공정안전보고서)제도이다.

24. 분석에서 언급되는 용어에 대한 설명으로 옳은 것은?

① LOD는 LOQ의 10배로 정의하기도 한다.
② LOQ는 분석결과가 신뢰성을 가질 수 있는 양이다.
③ 회수율(%)은 첨가량/분석량×100으로 정의

된다.
④ LOQ란 검출한계를 말한다.

> **해설** 분석에서 언급되는 용어
> - 분석기기의 검출한계(LOD)는 분석기기의 최적 분석 조건에서 신호 대 잡음비(S/N비)의 3배에 해당하는 성분의 피크(peak)로 한다.
> - 분석기기의 정량한계(LOQ)는 목적성분의 유무가 정확히 판단될 수 있는 최저농도로 신호 대 잡음비(S/N비)의 9∼10배 범위의 양이며, 일반적으로 LOD의 3배를 적용한다.
> - 회수율: 여과지에 채취된 성분을 추출과정을 거쳐 분석 시 실제 검출되는 비율을 말한다.
> - 회수율(%)은 분석량/첨가량×100으로 정의된다.

25. 작업환경 내 유해물질 노출로 인한 위험성(위해도)의 결정 요인은?

① 반응성과 사용량
② 위해성과 노출요인
③ 노출기준과 노출량
④ 반응성과 노출기준

> **해설** 유해성(위해도) 평가 시 고려요인
> - 노출상태
> - 다른 물질과 복합노출
> - 공간적 분포(유해인자 농도 및 강도, 생산공정 등)
> - 노출대상의 특성(민감도, 훈련기간, 개인적 특성 등)
> - 조직적 특성(회사조직정보, 보건제도, 관리 정책 등)
> - 시간적 빈도와 시간(간헐적 작업, 시간외 작업, 계절 및 기후조건 등)
> - 유해인자가 가지고 있는 위해성(독성학적, 역학적, 의학적 내용 등)

26. AIHA에서 정한 유사노출군(SEG)별로 노출농도 범위, 분포 등을 평가하며 역학조사에 가장 유용하게 활용되는 측정방법은?

① 진단모니터링
② 기초모니터링
③ 순응도(허용기준 초과 여부)모니터링
④ 공정안전조사

> **해설** 기초모니터링은 AIHA에서 정한 유사노출군(SEG)별로 노출농도 범위, 분포 등을 평가하며 역학조사에 가장 유용하게 활용되는 측정방법이다.

해답 22. ③ 23. ① 24. ② 25. ② 26. ②

27. 알고 있는 공기 중 농도를 만드는 방법인 Dynamic Method에 관한 내용으로 틀린 것은?

① 만들기가 복잡하고 가격이 고가이다.

② 온습도 조절이 가능하다.

③ 소량의 누출이나 벽면에 의한 손실은 무시할 수 있다.

④ 대게 운반용으로 제작하기가 용이하다.

해설 Dynamic Method 장단점

• 농도변화를 줄 수 있고, 알고 있는 공기 중 농도를 만드는 방법이다.

• 희석공기와 오염물질을 연속적으로 흘려주어 일정한 농도를 유지하면서 만드는 방법이다.

• 온도·습도 조절이 가능하고 지속적인 모니터링이 필요하다.

• 제조가 어렵고, 비용도 고가이다.

• 다양한 농도 범위에서 제조가 가능하나 일정한 농도를 유지하기가 매우 곤란하다.

• 가스, 증기, 에어로졸 실험도 가능하다.

• 소량의 누출이나 벽면에 의한 손실을 무시할 수 있다.

28. 기체크로마토그래피 검출기 중 PCBs나 할로겐 원소가 포함된 유기계 농약성분을 분석할 때 가장 적당한 것은?

① NPD(질소 인 검출기)

② ECD(전자포획 검출기)

③ FID(불꽃 이온화 검출기)

④ TCD(열전도 검출기)

해설 ECD(전자포획 검출기)

기체크로마토그래피에 내장되어 사용하며 방사성 동위원소(Ni-63)로부터 방출되는 β선이 운반가스를 전리하여 미소전류를 흘려보낼 때 시료 중의 할로겐이나 산소와 같이 전자포획력이 강한 화합물에 의하여 전자가 포획되어 전류가 감소하는 것을 이용하는 방법으로 유기할로겐화합물, 니트로화합물 및 유기금속화합물을 선택적으로 검출할 수 있다.

29. 호흡성 먼지(PRM)의 입경(μm) 범위는? (단, 미국 ACGIH 정의 기준)

① 0~10

② 0~20

③ 0~25

④ 10~100

해설 입자크기별 기준(ACGIH, TLV)

• 흡입성 먼지(IPM): 비강, 인후두, 기관 등 호흡기에 침착 시 독성을 유발하는 분진으로 평균입경은 100μm(폐침착의

50%에 해당하는 입자 크기)

• 흉곽성 먼지(TPM): 기도, 하기도에 침착하여 독성을 유발하는 물질로 평균입경 10μm

• 호흡성 먼지(RPM): 가스교환 부위인 폐포에 침착 시 독성유발물질, 평균입경 4μm

30. 원자흡광광도계의 표준시약으로서 적당한 것은?

① 순도가 1급 이상인 것

② 풍화에 의한 농도변화가 있는 것

③ 조해에 의한 농도변화가 있는 것

④ 화학변화 등에 의한 농도변화가 있는 것

해설 원자흡광광도계의 표준시약

시약은 적어도 순도가 1급 이상인 것을 사용하고 특히 풍화, 조해, 화학변화 등에 의한 농도의 변화가 없어야 한다.

31. 공기 중 acetone 500ppm, sec-butyl acetate 100ppm 및 methyl ketone 150ppm이 혼합물로서 존재할 때 복합노출지수(ppm)는? (단, acetone, sec-butyl acetate 및 methyl ethyl ketone의 TLV는 각각 750, 200, 200ppm이다.)

① 1.25

② 1.56

③ 1.74

④ 1.92

해설 복합노출지수

$$노출지수 = \frac{C_1}{T_1} + \frac{C_2}{T_2} + \frac{C_3}{T_3}$$

$$= \frac{500}{750} + \frac{100}{200} + \frac{150}{200} = 1.916$$

∴ 1을 초과하므로 허용기준을 초과한다고 평가

여기서, C_n: 노출시간, T_n: 허용노출시간

32. 화학공장의 작업장 내에 Toluene 농도를 측정하였더니 5, 6, 5, 6, 6, 6, 4, 8, 9, 20ppm일 때, 측정치의 기하표준편차(GSD)는?

① 1.6

② 3.2

③ 4.8

④ 6.4

해설 기하표준편차

$$기하평균(\log(GM)) = \frac{\log X_1 + \log X_2 + \cdots + \log X_n}{N}$$

해답 27. ④ 28. ② 29. ① 30. ① 31. ④ 32. ①

$$(\log(GM)) = \cfrac{\begin{array}{c}\log 5 + \log 6 + \log 5 + \log 6 + \log 6 \\ + \log 6 + \log 4 + \log 8 + \log 9 + \log 20\end{array}}{10} = 0.827$$

기하표준편차$(\log(GSD))$

$$= [\cfrac{\begin{array}{c}(\log X_1 - \log GM)^2 + (\log X_2 - \log GM)^2 + \cdots \\ + (\log X_n - \log GM)^2\end{array}}{N-1}]^{0.5}$$

$$\log(GSD) = \left[\cfrac{\begin{array}{c}(\log 5 - 0.827)^2 + (\log 6 - 0.827)^2 + \\ (\log 5 - 0.827)^2 + (\log 6 - 0.827)^2 + \\ (\log 6 - 0.827)^2 + (\log 6 - 0.827)^2 + \\ (\log 4 - 0.827)^2 + (\log 8 - 0.827)^2 + \\ (\log 9 - 0.827)^2 + (\log 20 - 0.827)^2\end{array}}{10-1}\right]^{0.5}$$

$$= 0.194$$

$$\therefore GSD(기하표준편차) = 10^{0.194} = 1.6ppm$$

33. 고열장해와 가장 거리가 먼 것은?

① 열사병 ② 열경련
③ 열호족 ④ 열발진

해설
- 열호족이라는 용어는 없으며 참호족이라는 용어를 틀리게 출제자가 넣은 것임
- 참호족(침수족)은 한랭작업 시 국소부위의 산소결핍으로 발생되는 장해

34. 「산업안전보건법령」상 누적소음노출량 측정기로 소음을 측정하는 경우의 기기설정값은?

- Criteria (Ⓐ)dB   - Exchange Rate (Ⓑ)dB
- Threshold (Ⓒ)dB

① Ⓐ: 80, Ⓑ: 10, Ⓒ: 90
② Ⓐ: 90, Ⓑ: 10, Ⓒ: 80
③ Ⓐ: 80, Ⓑ: 4, Ⓒ: 90
④ Ⓐ: 90, Ⓑ: 5, Ⓒ: 80

해설 「작업환경측정 및 정도관리 등에 관한 고시」제26조(측정방법)
- 누적소음노출량 측정기로 소음을 측정하는 경우에는 Criteria는 90dB, Exchange Rate는 5dB, Threshold는 80dB로 기기를 설정할 것

35. 직경분립충돌기에 관한 설명으로 틀린 것은?

① 흡입성, 흉곽성, 호흡성 입자의 크기별 분포와 농도를 계산할 수 있다.

② 호흡기의 부분별로 침착된 입자 크기를 추정할 수 있다.
③ 입자의 질량크기분포를 얻을 수 있다.
④ 되튐 또는 과부하로 인한 시료 손실이 비교적 정확한 측정이 가능하다.

해설 되튐 또는 과부하로 인한 시료 손실이 발생하여 정확한 측정이 어렵다.

36. 옥외(태양광선이 내리쬐지 않는 장소)의 온열조건이 아래와 같을 때, WBGT(℃)는?

[조건]
- 건구온도: 30℃   - 흑구온도: 40℃
- 자연습구온도: 25℃

① 26.5   ② 29.5
③ 33   ④ 55.5

해설 습구흑구온도지수(WBGT)
- 옥외(태양광선이 내리쬐는 장소)
  WBGT=0.7NWB+0.2GT+0.1DT
- 옥내 또는 옥외(태양광선이 내리쬐지 않는 장소)
  WBGT=0.7NWB+0.3GT
- NWB: 자연습구온도, GT: 흑구온도, DT: 건구온도
$\therefore$ WBGT=0.7×25+0.3×40=29.5℃

37. 여과지에 관한 설명으로 옳지 않은 것은?

① 막 여과지에서 유해물질은 여과지 표면이나 그 근처에서 채취된다.
② 막 여과지는 섬유상 여과지에 비해 공기저항이 심하다.
③ 막 여과지는 여과지 표면에 채취된 입자의 이탈이 없다.
④ 섬유상 여과지는 여과지 표면뿐 아니라 단면 깊게 입자상 물질이 들어가므로 더 많은 입자상 물질을 채취할 수 있다.

해설 막 여과지는 여과지 표면에 채취된 입자의 이탈하는 단점이 있다.

해답 33. ③ 34. ④ 35. ④ 36. ② 37. ③

38. 어느 작업장에서 A물질의 농도를 측정 한 결과가 아래와 같을 때, 측정 결과의 중앙값(median; ppm)은?

단위: ppm

23.9, 21.6, 22.4, 24.1, 22.7, 25.4

① 22.7　　　　② 23.0
③ 23.3　　　　④ 23.9

해설 중앙값 또는 중앙치(median)
N개의 측정치를 크기 중앙값 순서로 배열, 중앙에 오는 값. 값이 짝수일 때는 중앙값이 유일하지 않고 두 개가 될 수 있다. 이 경우 두 값의 평균 조화 평균이란 상이한 반응을 보이는 집단의 중심 경향을 파악하고자 할 때 유용하게 이용된다. 측정치가 21.6, 22.4, 22.7, 23.9, 24.1, 25.4의 짝수이므로 중앙의 두 개의 값(22.7+23.9/2)을 더하여 2로 나눈다.
∴ 23.3

39. 복사선(Radiation)에 관한 설명 중 틀린 것은?

① 복사선은 전리작용의 유무에 따라 전리복사선과 비전리복사선으로 구분한다.
② 비전리복사선에는 자외선, 가시광선, 적외선 등이 있고, 전리복사선에는 X선, γ선 등이 있다.
③ 비전리복사선은 에너지 수준이 낮아 분자구조나 생물학적 세포조직에 영향을 미치지 않는다.
④ 전리복사선이 인체에 영향을 미치는 정도에 복사선의 형태, 조사량, 신체조직, 연령 등에 따라 다르다.

해설 비전리복사선은 에너지 수준이 낮아 분자구조나 생물학적 세포조직에 영향을 미친다.

40. 「산업안전보건법령」에서 사용하는 용어의 정의로 틀린 것은?

① 신뢰도란 분석치가 참값에 얼마나 접근하였는가 하는 수치상의 표현을 말한다.
② 가스상 물질이란 화학적 인자가 공기 중으로 가스·증기의 형태로 발생되는 물질을 말한다.
③ 정도관리란 작업환경측정·분석 결과에 대한 정확성과 정밀도를 확보하기 위하여 작업환경측정기관의 측정·분석능력을 확인하고, 그 결과에 따라 지도·교육 등 측정·분석능력 향상을 위하여 행하는 모든 관리적 수단을 말한다.
④ 정밀도란 일정한 물질에 대해 반복측정·분석을 했을 때 나타나는 자료 분석치의 변동크기가 얼마나 작은가 하는 수치상의 표현을 말한다.

해설 정확도란 분석치가 참값에 얼마나 접근하였는가 하는 수치상의 표현을 말한다.

3 작업환경관리대책

41. 후드 제어속도에 대한 내용 중 틀린 것은?

① 제어속도는 오염물질의 증발속도와 후드 주위의 난기류 속도를 합한 것과 같아야 한다.
② 포위식 후드의 제어속도를 결정하는 지점은 후드의 개구면이 된다.
③ 외부식 후드의 제어속도를 결정하는 지점은 유해물질이 흡인되는 범위 안에서 후드의 개구면으로부터 가장 멀리 떨어진 지점이 된다.
④ 오염물질의 발생상황에 따라서 제어속도는 달라진다.

해설
• 제어속도란 배출되는 오염물질을 사람에게 피해를 입히지 않는 범위내에서 포착하여 후드로 흡입하기 위한 최소한의 속도를 말한다.
• 산업안전보건기준에 관한 규칙[별표 13] 비고
제어풍속 또는 속도란 국소배기장치의 모든 후드를 개방한 경우의 제어풍속으로서 다음 각 목에 따른 위치에서의 풍속을 말한다.
가. 포위식 후드에서는 후드 개구면에서의 풍속
나. 외부식 후드에서는 해당 후드에 의하여 관리대상 유해물질을 빨아들이려는 범위 내에서 해당 후드 개구면으로부터 가장 먼 거리의 작업위치에서의 풍속

해답 38. ③ 39. ③ 40. ① 41. ①

42. 전기 집진장치에 대한 설명 중 틀린 것은?

① 초기 설치비가 많이 든다.

② 운전 및 유지비가 비싸다.

③ 가연성 입자의 처리가 곤란하다.

④ 고온가스를 처리할 수 있어 보일러와 철강로 등에 설치할 수 있다.

해설 전기집진장치의 장단점

• 운용비용이 저렴하다.
• 미세한 입자에 대한 집진효율이 매우 높다(0.01um 정도의 미세분진까지 처리).
• 넓은 범위의 입경과 분진농도에 집진효율이 높다.
• 광범위한 온도범위에서 설계가 가능하다.
• 폭발성 가스의 처리도 가능하다.
• 고온의 입자성 물질(500℃ 전후) 처리가 가능하며 보일러와 철강로 등에 설치할 수 있다.
• 낮은 압력손실로 대용량의 가스를 처리한다.
• 회수가치 입자포집에 유리하다.
• 건식 및 습식으로 집진할 수 있다.
• 보수가 간단하여 인건비가 절약된다.

43. 후드의 유입계수 0.86, 속도압 25mmH₂O일 때 후드의 압력손실(mmH₂O)은?

① 8.8 ② 12.2

③ 15.4 ④ 17.2

해설 후드의 압력손실(mmH₂O)$= F_h \times \Delta P$

계산: 후드의 유입손실계수(F_h)

$$F_h = \frac{1}{0.86^2} - 1 = 0.352$$

후드의 압력손실(ΔP)

$$\Delta P = 0.352 \times 25$$
$$= 8.8\,\text{mmH}_2\text{O}$$

44. 국소배기시스템 설계과정에서 두 덕트가 한 합류점에서 만났다. 정압(절대치)이 낮은 쪽 대 정압이 높은 쪽의 정압비가 1:1.1로 나타났을 때, 적절한 설계는?

① 정압이 낮은 쪽의 유량을 증가시킨다.

② 정압이 낮은 쪽의 덕트 직경을 줄여 압력손실을 증가시킨다.

③ 정압이 높은 쪽의 덕트 직경을 늘려 압력손실을 감소시킨다.

④ 정압의 차이를 무시하고 높은 정압을 지배정압으로 계속 계산해 나간다.

해설 먼저 정압비를 구하여 정압비가 1.2 이하이면 정압이 낮은 쪽 덕트의 유량을 증가시켜 유량을 맞춘다.

45. 어떤 사업장의 산화 규소 분진을 측정하기 위한 방법과 결과가 아래와 같을 때, 다음 설명 중 옳은 것은? (단, 산화규소(결정체 석영)의 호흡성 분진 노출기준은 0.045mg/m³이다.)

시료 채취방법 및 결과		
사용장치	시료 채취시간(min)	무게측정 결과(μg)
10mm 나일론 사이클론(1.7lpm)	480	38

① 8시간 시간가중평가노출기준을 초과한다.

② 공기채취유량을 알 수가 없어 농도 계산이 불가능하므로 위의 자료로는 측정결과를 알 수가 없다.

③ 산화규소(결정체 석영)는 진폐증을 일으키는 분진이므로 흡입성 먼지를 측정하는 것이 바람직하므로 먼지시료를 채취하는 방법이 잘못됐다.

④ 38μg은 0.038mg이므로 단시간 노출 기준을 초과하지 않는다.

해설 $TWA = \dfrac{\text{시료무게(mg)}}{\text{유량(L/min)} \times \text{시간(min)}} = \text{mg/m}^3$

$$= \frac{38\mu\text{g} \times \text{mg}/10^3\mu\text{g}}{1.7\text{L/min} \times 480(\text{min})}$$
$$= 0.0000465\,\text{mg/L}$$

mg/L = mg/m³으로 변환하면,

$$0.0000465\text{mg/L} \times 1,000 = 0.0465\text{mg/m}^3$$

산화규소(결정체 석영)의 호흡성 분진 노출기준은 0.045mg/m³ 이므로 8시간 허용기준을 초과한다.

46. 마스크 본체 자체가 필터 역할을 하는 방진마스크의 종류는?

① 격리식 방진마스크

② 직결식 방진마스크

해답 **42.** ② **43.** ① **44.** ① **45.** ① **46.** ③

③ 안면부 여과식 마스크

④ 전동식 마스크

방진마스크의 종류(형태, 구조분류)

형태	분 리 식		안면부여과식
	격리식	직결식	
구조분류	안면부, 여과재, 연결관, 흡기밸브, 배기밸브 및 머리끈으로 구성되며 여과재에 의해 분진 등이 제거된 깨끗한 공기를 연결관으로 통하여 흡기밸브로 흡입되고 체내의 공기는 배기밸브를 통하여 외기 중으로 배출하게 되는 것으로 부품을 자유롭게 교환할 수 있는 것을 말한다.	안면부, 여과재, 흡기밸브, 배기밸브 및 머리끈으로 구성되며 여과재에 의해 분진 등이 제거된 깨끗한 공기가 흡기밸브를 통하여 흡입되고 체내의 공기는 배기밸브를 통하여 외기 중으로 배출하게 되는 것으로 부품을 자유롭게 교환할 수 있는 것을 말한다.	여과재로 된 안면부와 머리끈으로 구성되며 여과재인 안면부에 의해 분진 등을 여과한 깨끗한 공기가 흡입되고 체내의 공기는 여과재인 안면부를 통해 외기 중으로 배기되는 것으로(배기밸브가 있는 것은 배기밸브를 통하여 배출) 부품이 교환될 수 없는 것을 말한다.

47. 샌드 블라스트(sand blast) 그라인더 분진 등 보통 산업분진을 덕트로 운반할 때의 최소설계 속도(m/s)로 가장 적절한 것은?

① 10   ② 15

③ 20   ④ 25

유해물질의 덕트 내 반송속도
(W-1-2019 산업환기설비에 관한 기술지침)

유해물질 발생형태	유해 물질 종류	반송속도 (m/s)
증기, 가스, 연기	모든 증기, 가스 및 연기	5.0~10.0
흄	아연흄, 산화알미늄흄, 용접흄 등	10.0~12.5
미세하고 가벼운 분진	미세한 면분진, 미세한 목분진, 종이분진 등	12.5~15.0
건조한 분진이나 분말	고무분진, 면분진, 가죽분진, 동물털 분진 등	15.0~20.0
일반 산업분진	그라인더 분진, 일반적인 금속분말분진, 모직, 물분진, 실리카분진, 주물분진, 석면분진 등	17.5~20.0
무거운 분진	젖은 톱밥분진, 입자가 혼입된 금속분진, 샌드블라스트분진, 주절보링분진, 납분진	20.0~22.5
무겁고 습한 분진	습한 시멘트분진, 작은 칩이 혼입된 납분진, 석면덩어리 등	22.5 이상

48. 입자의 침강속도에 대한 설명으로 틀린 것은? (단, 스토크스 식을 기준으로 한다.)

① 입자 직경의 제곱에 비례한다.

② 공기와 입자 사이의 밀도차에 반비례한다.

③ 중력가속도에 비례한다.

④ 공기의 점성계수에 반비례한다.

스토크스(Stoke's) 입자의 침강속도

$$V(\text{cm} \cdot \text{sec}) = \frac{d^2(\rho_1 - \rho)g}{18\mu}$$

스토크스 법칙에 따르면 침강속도는 퇴적물의 밀도가 클수록, 유체의 밀도가 작을수록, 퇴적물의 입경이 클수록, 유체의 점성도가 작을수록 커지게 된다.

49. 어떤 공장에서 1시간에 0.2L의 벤젠이 증발되어 공기를 오염시키고 있다. 전체환기를 위해 필요한 환기량(m^3/s)은? (단, 벤젠의 안전계수, 밀도 및 노출기준은 각각 6, 0.879g/mL, 0.5ppm이며, 환기량은 21℃, 1기압을 기준으로 한다.)

① 82   ② 91

③ 146   ④ 181

필요환기량(m^3/s)
• 벤젠 증발량: 0.2L/hr, 밀도: 0.879g/mL
• 사용량: 0.2L/hr×0.879g/mL×1,000mL/L=175.8g/hr
• 78g : 24.1L=175.8g/hr : G(L/hr)
• 발생률(G)=$\dfrac{24.1\text{L} \times 175.8\text{g/hr}}{78\text{g}}$ = 54.32L/hr

필요환기량 = $\dfrac{G}{TLV} \times K$

$= \dfrac{54.32\text{L/hr} \times 1,000\text{mL/L} \times \text{hr}}{0.5\text{mL/m}^3} \times 6$

여기서 1ppm은 1mL/m^3와 동일하므로 0.5ppm은 0.5mL/m^3
$= 651,840\text{m}^3/\text{hr}$

hr을 sec로 단위환산하면,
$\therefore 651,840\text{m}^3/\text{hr} \div 36,000\text{sec} = 181\text{m}^3/\text{sec}$

50. 환기시스템에서 포착속도(capture velocity)에 대한 설명 중 틀린 것은?

① 먼지나 가스의 성상, 확산조건, 발생원 주변 기류 등에 따라서 크게 달라질 수 있다.

해답 47. ③   48. ②   49. ④ 50. ③

② 제어풍속이라고도 하며 후드 앞 오염원에서의 기류로서 오염공기를 후드로 흡인하는 데 필요하며, 방해기류를 극복해야 한다.

③ 유해물질의 발생기류가 높고 유해물질이 활발하게 발생할 때는 대략 15~20m/s이다.

④ 유해물질이 낮은 기류로 발생하는 도금 또는 용접 작업공정에서는 대략 0.5~1.0m/s이다.

해설 작업조건에 따른 제어속도 기준(ACGIH)

작업조건	작업공정 사례	제어속도 (m/s)
• 작업장 내 기류의 움직임이 없는 조건에서 오염물질의 발산 • 소음이 거의 없고 기류의 이동이 없는 조건에서 오염물질 발생	• 액체 표면에서 발생하는 가스 또는 흄 증기	0.25~0.5
• 비교적 조용하고 작업자의 움직임 등 약간의 공기움직임이 있는 대기 중에서 낮은 속도로 비산하는 작업조건	• 용접작업,도금작업 • 분무 도장 • 주물사 작업	0.5~1.0
• 기류의 속도가 높고 유해물질의 활발하게 발생하는 작업조건	• 스프레이 도장, 파쇄기	1.00~2.50
• 기류의 속도가 매우 빠른 작업장에서 초고속으로 비산하는 경우	• 고속 연마기, 블라스팅	2.50~10.00

51. 국소배기시설에서 필요환기량을 감소시키기 위한 방법으로 틀린 것은?

① 후드 개구면에서 기류가 균일하게 분포되도록 설계한다.

② 공정에서 발생 또는 배출되는 오염물질의 절대량을 감소시킨다.

③ 포집형이나 레시버형 후드를 사용할 때에는 가급적 후드를 배출 오염원에 가깝게 설치한다.

④ 공정 내 측면부착 차폐막이나 커튼 사용을 줄여 오염물질의 희석을 유도한다.

해설 공정 내 측면부착 차폐막이나 커튼을 사용하여 필요환기량을 줄인다.

52. 다음 중 도금조와 사형주조에 사용되는 후드형식으로 가장 적절한 것은?

① 부스식
② 포위식
③ 외부식
④ 장갑부착상자식

해설 외부식 후드는 작업 여건상 발생원을 포위할 수 없을 경우에 후드 내로 기류를 유도하여 오염물을 후드를 통해 배기할 수 있도록 하는 방식으로 도금조와 사형주조 작업에 적합하다. 단, 외부에 기류가 일정치 않을 때에는 큰 효과를 기대할 수 없다는 것이 단점이다.

53. 차음보호구인 귀마개(Ear Plug)에 대한 설명으로 가장 거리가 먼 것은?

① 차음효과는 일반적으로 귀덮개보다 우수하다.

② 외청도에 이상이 없는 경우에 사용이 가능하다.

③ 더러운 손으로 만짐으로써 외청도를 오염시킬 수 있다.

④ 귀덮개와 비교하면 제대로 착용하는데 시간은 걸리나 부피가 작아서 휴대하기가 편리하다.

해설 차음효과는 일반적으로 귀덮개가 더 우수하다.

54. 760mmH₂O를 mmHg로 환산한 것으로 옳은 것은?

① 5.6
② 56
③ 560
④ 760

해설 mmH$_2$O를 mmHg로 환산하면,
• 1수주밀리미터 [mmH$_2$O]=0.073554 수은주밀리미터 [mmHg]
• 1수은주 밀리미터 [mmHg]=13.595 수주밀리미터[mmH$_2$O]
• 760mmH$_2$O×0.073554=55.900 수은주 밀리미터[mmHg]

55. 정압이 -1.6cmH₂O이고, 전압이 -0.7cmH₂O로 측정되었을 때, 속도압(VP; cmH₂O)과 유속 (V: m/s)은?

① VP: 0.9, u: 3.8
② VP: 0.9, u: 12
③ VP: 2.3, u: 3.8
④ VP: 2.3, u: 12

해설 속도압(VP, cmH$_2$O)과 유속(V, m/s)
$$속도압(VP, cmH_2O) = 전압(TP) - 정압(SP)$$
$$= -0.7 - (-1.6) = 0.9 cmH_2O$$
단위환산: cmH$_2$O를 mmH$_2$O로 환산하면,
0.9cmH$_2$O가 9mmH$_2$O가 됨
$$유속(V, m/s) = 4.043\sqrt{VP} = 4.043\sqrt{9} = 12 m/s$$

해답 51. ④ 52. ③ 53. ① 54. ② 55. ②

56. 사이클론 설계 시 블로우다운 시스템에 적용되는 처리량으로 가장 적절한 것은?

① 처리 배기량의 1~2%
② 처리 배기량의 5~10%
③ 처리 배기량의 40~50%
④ 처리 배기량의 80~90%

해설 블로우다운이란 사이클론의 집진율을 높이기 위한 방법으로 사이클론의 집진함 또는 호퍼로부터 처리가스의 5~10%를 흡인해 줌으로써 사이클론 내의 난류현상을 감소시켜 원심력을 증가시키고 집진된 먼지의 재비산을 방지하기 위한 방법이다. 원심력 제진장치에서 블로우다운 효과 적용 시 기대할 수 있는 효과는 다음과 같다.
• 난류현상을 감소시켜 원심력을 증가시킨다.
• 집진된 먼지의 재비산을 방지한다.
• 먼지가 장치내벽에 부착하여 축적되는 것도 방지한다.
• 효율을 증대시킨다.

57. 레시버식 캐노피형 후드의 유량비법에 의한 필요 송풍량(Q)을 구하는 식에서 "A"는? (단, q는 오염원에서 발생하는 오염기류의 양을 의미한다.)

$$Q = q + (1 + A)$$

① 열상승 기류량
② 누입한계 유량비
③ 설계 유량비
④ 유도 기류량

해설 필요 송풍량(Q)
$$Q = q + (1 + A)$$
여기서, q: 오염원에서 발생하는 오염기류의 양
A: 누입한계 유량비

58. 방진마스크에 대한 설명 중 틀린 것은?

① 공기 중에 부유하는 미세 입자 물질을 흡입함으로써 인체에 장해의 우려가 있는 경우에 사용한다.
② 방진마스크의 종류에는 격리식과 직결식이 있고, 그 성능에 따라 특급, 1급 및 2급으로 나누어진다.
③ 장시간 사용 시 분진의 포집효율이 증가하고 압력강하는 감소한다.

④ 베릴륨, 석면 등에 대해서는 특급을 사용하여야 한다.

해설 장시간 사용 시 분진의 포집효율은 증가하나 압력이 증가(흡기저항 증가)하여 호흡곤란이 생긴다.

59. 오염물질의 농도가 200ppm까지 도달하였다가 오염물질 발생이 중지되었을 때, 공기 중 농도가 200ppm에서 19ppm으로 감소하는 데 걸리는 시간(min)은? (단, 환기를 통한 오염물질의 농도는 시간에 대한 지수함수(1차 반응)로 근사된다고 가정하고 환기가 필요한 공간의 부피는 3000m³, 환기 속도는 1.17m³/s이다.)

① 89
② 101
③ 109
④ 115

해설 공기 중 농도가 감소하는 데 걸리는 시간
$$t = -\frac{V}{Q}\ln\left(\frac{C_2}{C_1}\right)$$
$$= -\frac{3000m^3}{1.17m^3/sec \times 60sec/min} \times \ln\left(\frac{19}{200}\right)$$
$$= 100.59min$$

60. 길이가 2.4m, 폭이 0.4m인 플랜지 부착 슬롯형 후드가 바닥에 설치되어 있다. 포촉점까지의 거리가 0.5m, 제어속도가 0.4m/s일 때 필요 송풍량(m³/min)은? (단 1/4 원주 슬롯형, C=1.6적용)

① 20.2
② 46.1
③ 80.6
④ 161.3

해설 필요 송풍량(m³/min)
$$Q = C \times L \times Vc \times X$$
여기서, C=1.6, L=2.4m, Vc=0.4m/sec, X=0.5m
Q=1.6×2.4m×0.4m/sec×0.5m
 =0.768m/sec
min으로 환산하면, 0.768m/sec×60sec/min=46.08m/min

61. 전기성 안염(전광선 안염)과 가장 관련이 깊은 비전리 방사선은?

① 자외선　　　　② 적외선

③ 가시광선　　　④ 마이크로파

해설 전광성 안염

• 보호구를 착용하지 않은채 용접아크에 수초간 노출되면 근로자는 동통, 타는 느낌, 눈에 모래가 들어간 느낌을 느낌이 생기며, 이는 Welder's flash 또는 'arc-eye'라고도 한다.
• 각막이 280~315nm범위의 자외선에 노출되어 생기는 결과로 발생된다.
• 이러한 영향이 생기는 기간은 아크와의 거리, 빛의 세기에 따라 달라진다.
• 이학적 소견상 결막 충혈을 보이며, 슬릿 램프검사상 각막이 점상으로 움푹 들어간 소견을 보인다.

62. 방사선의 투과력이 큰 것에서부터 작은 순으로 올바르게 나열한 것은?

① $X > \beta > \gamma$　　② $X > \beta > \alpha$

③ $\alpha > X > \gamma$　　④ $\gamma > \alpha > \beta$

해설

• 전리작용 순서: α선 > β선 > γ선 > X선
• 투과력 순서: 중성자 > γ선 > X선 > β선 > α선

63. 소음에 의한 인체의 장해(소음성난청)에 영향을 미치는 요인이 아닌 것은?

① 소음의 크기　　② 개인의 감수성

③ 소음 발생 장소　④ 소음의 주파수 구성

해설 소음성 난청에 영향을 미치는 요인

소리의 강도와 크기(음압수준이 높을수록 영향이 큼), 주파수(고주파음의 저주파음보다 영향이 큼), 매일 노출되는 시간(지속적인 소음 노출이 단속적인 소음 노출보다 더 큰 장애를 초래), 총 작업시간, 개인적 감수성이 있다. 즉, 음압이 클수록, 노출기간이 길수록 청력저하는 크게 나타나는 것이다.

64. 일반적으로 눈을 부시게 하지 않고 조도가 균일하여 눈의 피로를 줄이는 데 가장 효과적인 조명 방법은?

해설 인공조명 시 고려사항

• 작업에 충분한 조도를 낼 것
• 조명도를 균등히 유지할 것(천정, 마루, 기계, 벽 등의 반사율을 크게 하면 조도를 일정하게 얻을 수 있음)
• 폭발성 또는 발화성이 없고, 유해가스가 발생하지 않을 것
• 경제적이며, 취급이 용이할 것
• 주광색에 가까운 광색으로 조도를 높여줄 것(백열전구와 고압수은등을 적절히 혼합시켜 주광에 가까운 빛을 얻을 수 있음)
• 장시간 작업 시 가급적 간접조명이 되도록 설치할 것(직접조명, 즉 광원의 광밀도가 크면 나쁨)
• 일반적인 작업 시 빛은 작업대 좌상방에서 비추게 할 것
• 작은 물건의 식별과 같은 작업에는 음영이 생기지 않는 국소조명을 적용할 것
• 광원 또는 전등의 휘도를 줄일 것
• 광원을 시선에서 멀리 위치시킬 것
• 눈이 부신 물체와 시선과의 각을 크게 할 것
• 광원 주위를 밝게 하며, 조도비를 적정하게 할 것

65. 도르노선(Dorno-ray)에 대한 내용으로 옳은 것은?

① 가시광선의 일종이다.

② 280~315Å 파장의 자외선을 의미한다.

③ 소독작용, 비타민 D 형성 등 생물학적 작용이 강하다.

④ 절대온도 이상의 모든 물체는 온도에 비례하여 방출한다.

해설 도르노선이란 태양 광선 중에서 290~310나노미터(nm)의 자외선을 의미한다. 가장 치료력이 큰 자외선으로 소독작용과 비타민 D 생성작용을 하지만, 피부에 홍반을 남겨 나중에 색소가 침착된다. 스위스 학자 도르노(Dorno, C. W. M.)의 이름에서 유래하였다.

해답　61. ①　62. ②　63. ③　64. ②　65. ③

66. 「산업안전보건법령」상 충격소음의 노출기준과 관련된 내용으로 옳은 것은?

① 충격소음의 강도가 120dB(A)일 경우 1일 최대 노출 횟수는 1,000회이다.

② 충격소음의 강도가 130dB(A)일 경우 1일 최대 노출 횟수는 100회이다.

③ 최대 음압수준이 135dB(A)을 초과하는 충격소음에 노출되어서는 안 된다.

④ 충격소음이란 최대 음압수준에 120dB(A) 이상인 소음이 1초 이상의 간격으로 발생하는 것을 말한다.

해설 충격소음작업

소음이 1초 이상의 간격으로 발생하는 작업으로서 다음 각 목의 어느 하나에 해당하는 작업을 말한다.
- 120데시벨을 초과하는 소음이 1일 1만 회 이상 발생하는 작업
- 130데시벨을 초과하는 소음이 1일 1천 회 이상 발생하는 작업
- 140데시벨을 초과하는 소음이 1일 1백 회 이상 발생하는 작업

67. 감압에 따른 인체의 기포 형성량을 좌우하는 요인과 가장 거리가 먼 것은?

① 감압속도

② 산소공급량

③ 조직에 용해된 가스량

④ 혈류를 변화시키는 상태

해설 감압에 따른 기포 형성량을 좌우하는 요인
- 감압속도: 감압의 속도로 매분 매제곱센티미터당 0.8킬로그램 이하로 한다.
- 조직에 용해된 가스량: 체내 지방량, 고기압 폭로의 정도와 시간에 영향을 받는다.
- 혈류를 변화시키는 상태: 잠수자의 나이(연령), 기온상태, 운동 여부, 공포감, 음주 여부와 관계가 있다(감압 시 또는 재 감압 후에 생기기 쉽다).

68. 「작업환경측정 및 정도관리 등에 관한 고시」상 고열 측정방법으로 옳지 않은 것은?

① 예비조사가 목적인 경우 검지관 방식으로 측정할 수 있다.

② 측정은 단위작업 장소에서 측정대상이 되는 근로자의 주 작업 위치에서 측정한다.

③ 측정기의 위치는 바닥면으로부터 50cm 이상 150cm 이하의 위치에서 측정한다.

④ 측정기를 설치한 후 충분히 안정화시킨 상태애서 1일 작업시간 중 가장 높은 고열에 노출되는 1시간을 10분 간격으로 연속하여 측정한다.

해설 작업환경측정 및 정도관리 등에 관한 고시 제31조(측정방법 등) 고열 측정은 다음 각호의 방법에 따른다.
1. 측정은 단위작업 장소에서 측정대상이 되는 근로자의 주 작업 위치에서 측정한다.
2. 측정기의 위치는 바닥 면으로부터 50센티미터 이상, 150센티미터 이하의 위치에서 측정한다.
3. 측정기를 설치한 후 충분히 안정화 시킨 상태에서 1일 작업시간 중 가장 높은 고열에 노출되는 1시간을 10분 간격으로 연속하여 측정한다.

69. 지적환경(optimum working environment)을 평가하는 방법이 아닌 것은?

① 생산적(productive) 방법

② 생리적(physiological) 방법

③ 정신적(psychological) 방법

④ 생물역학적(biomechanical) 방법

해설 지적환경(optimum working environment)을 평가 방법
- 생산적(productive) 방법
- 생리적(physiological) 방법
- 정신적(psychological) 방법

70. 한랭작업과 관련된 설명으로 옳지 않은 것은?

① 저체온증은 몸의 심부온도가 35℃ 이하로 내려간 것을 말한다.

② 손가락의 온도가 내려가면 손동작의 정밀도가 떨어지고 시간이 많이 걸려 작업능률이 저하된다.

③ 동상은 혹심한 한랭에 노출됨으로써 피부 및 피하조직 자체가 동결하여 조직이 손상되는

해답 66. ④ 67. ② 68. ① 69. ④ 70. ④

것을 말한다.

④ 근로자의 발이 한랭에 장기간 노출되고 동시에 지속적으로 습기나 물에 잠기게 되면 '선단자람증'의 원인이 된다.

(해설) 한랭노출에 대한 신체적 장해
• 2도 동상은 물집이 생기거나 피부가 벗겨지는 결빙을 말한다.
• 전신 저체온증은 심부온도가 37℃에서 26.7℃ 이하로 떨어지는 것을 말한다.
• 침수족은 동결온도 이상의 냉수에 오랫동안 노출되어 생긴다.
• 침수족과 참호족의 임상증상과 증후가 거의 비슷하고, 발생시간은 침수족이 참호족에 비해길다.

※ 근로자의 발이 한랭에 장기간 노출되고 동시에 지속적으로 습기나 물에 잠기게 되면 참호족의 원인이 된다.

71. 다음 방사선 중 입자방사선으로만 나열된 것은?

① α선, β선, γ선
② α선, β선, X선
③ α선, β선, 중성자
④ α선, β선, γ선, X선

(해설) 입자 형태의 방사선으로는 알파선, 베타선, 중성자선 등이 있다. 참고로 빛이나 전파로 존재하는 방사선으로는 감마선, X선이 있다. 알파선은 양성자 2개와 중성자 2개로 이루어진 알파입자(헬륨, He)의 흐름이다.

72. 다음 계측기기 중 기류 측정기가 아닌 것은?

① 흑구온도계
② 카타온도계
③ 풍차풍속계
④ 열선풍속계

(해설) 흑구온도계는 고온을 측정하기 위한 계측기기이다.

73. 다음은 빛과 밝기의 단위를 설명한 것으로 ㉠, ㉡에 해당하는 용어로 옳은 것은?

1루멘의 빛이 1ft²의 평면상에 수직방향으로 비칠 때, 그 평면의 빛의 양, 즉 조도를 (㉠)(이)라 하고, 1m²의 평면에 1루멘의 빛이 비칠 때의 밝기를 1(㉡)(이)라고 한다.

① ㉠: 캔들(Candle), ㉡: 럭스(Lux)
② ㉠: 럭스(Lux), ㉡: 캔들(Candle)
③ ㉠: 럭스(Lux), ㉡: 풋캔들(foot candle)
④ ㉠: 풋캔들(foot candle), ㉡: 럭스(Lux)

(해설) 빛과 밝기의 단위(풋캔들과 럭스 제외)
• 광도: 점광원(點光源)이 내는 빛의 세기를 나타내는 양, 면의 단위면적을 단위시간에 통과하는 빛의 양을 말한다.

• 촉광(燭光): 광도의 단위이며, 불꽃 중심으로부터 수평방향으로 1m 위치에 있어서의 광도의 1/10을 1촉광이라 하며 칸델라(cd), 럭스(lx) 등을 병용한다.
• 칸델라(candela): 10만 1,325Pa(파스칼)의 압력에서 백금의 응고점온도에 있는 흑체(黑體)의 1/(60×104)m²의 표면에 수직인 방향의 광도를 1cd라 하는데, 이것을 신촉(新燭)이라고도 한다.
• 루멘(Lumen): 1촉광의 광원으로부터 단위 입체각으로 나가는 광속의 실용단위로, 기호는 lm으로 나타내며, 국제단위계에 속한다. 1cd의 균일한 광도의 광원으로부터 단위입체각의 부분에 방출되는 광속을 1lm(1Lumen=1촉광/입체각)으로 한다.

74. 고압환경에서의 2차적 가압현상(화학적 장해)에 의한 생체 영향과 거리가 먼 것은?

① 질소 마취
② 산소 중독
③ 질소기포 형성
④ 이산화탄소 중독

(해설) 고압환경에서의 2차적 가압현상
• 질소가스의 마취작용
• 산소 중독
• 이산화탄소의 작용

75. 다음 중 공장 내부에 기계 및 설비가 복잡하게 설치되어 있는 경우에 작업장 기계에 의한 흡음이 고려되지 않아 실제 흡음보다 과소평가되기 쉬운 흡음 측정방법은?

① Sabin method
② Reverberation time method
③ Sound power method
④ Loss due to distance method

(해설) Sabin method
공장 내부에 기계 및 설비가 복잡하게 설치되어 있는 경우에 작업장 기계에 의한 흡음이 고려되지 않아 실제흡음보다 과소평가되기 쉬운 흡음 측정방법

※ 참고: 새빈(Sabine, Unit)
실내 흡음 수준을 나타내는 척도로, 실내 흡음 정도를 음이 완전히 흡수되는 등가 면적으로 나타낼 수 있는데 이러한 등가면적을 새빈(sabine)이라 하며 단위는 (metric sabine) 또는 (british sabine)이 된다.
이것은 sabine이 실내 음향을 연구할 때 한 일련의 실험에서

해답 71. ③ 72. ① 73. ④ 74. ③ 75. ①

사실상 유래한다. 다년간의 연구에서 sabine이 발견한 것 중 하나는 실내 음향의 질적 척도 중의 하나는 열린 창의 면적과 깊은 관련이 있고 이 열린 창의 면적은 실내에 배치한 각종 흡음재와도 유관하다는 사실이었다.

76. 작업자 A의 4시간 작업 중 소음노출량이 76%일 때, 측정시간에 있어서이 평균치는 약 몇 dB(A)인가?

① 88   ② 93

③ 98   ④ 103

해설 시간가중평균소음수준(TWA)

$$TWA = 16.61 \log \left[\frac{D(\%)}{12.5 \times T} \right] + 90 dB[dB(A)]$$

여기서, *TWA*: 시간가중평균소음수준(dB(A))
         D: 누적소음 폭로량(%)
         T: 폭로시간

$$\therefore TWA = 16.61 \log \left[\frac{76(\%)}{12.5 \times 4} \right] + 90 dB[dB(A)]$$
$$= 93 dB(A)$$

77. 진동이 인체에 미치는 영향에 관한 설명으로 옳지 않은 것은?

① 맥박수가 증가한다.

② 1~3Hz에서 호흡이 힘들고 산소소비가 증가한다.

③ 13Hz에서 허리, 가슴 및 등 쪽에 감각적으로 가장 심한 통증을 느낀다.

④ 신체의 공진형상은 앉아 있을 때가 서 있을 때보다 심하게 나타난다.

해설 13Hz에서는 머리, 안면, 볼, 눈꺼풀 진동에 진동이 심하게 느껴진다.

78. 공장 내 각기 다른 3대의 기계에서 각각 90 dB(A), 95dB(A), 88dB(A)의 소음이 발생된다면 동시에 기계를 가동시켰을 때의 합산 소음(dB(A))은 약 얼마인가?

① 96   ② 97

③ 98   ④ 99

해설 합산소음[dB(A)]

$$SPL = 10 \log(10^{\frac{SPL1}{10}} + 10^{\frac{SPL2}{10}} + 10^{\frac{SPL3}{10}})$$

$$= 10 \log(10^{\frac{90}{10}} + 10^{\frac{95}{10}} + 10^{\frac{88}{10}}) = 96.8 dB(A)$$

79. 사람이 느끼는 최소 진동역치로 옳은 것은?

① 35±5dB   ② 45±5dB

③ 55±5dB   ④ 65±5dB

해설 최소 진동역치: 55±5dB 정도

80. 「산업안전보건법령」상 적정공기의 범위에 해당하는 것은?

① 산소농도 18% 미만

② 일산화탄소 농도 50ppm 미만

③ 탄산가스 농도 10% 미만

④ 황화수소 농도 10ppm 미만

해설 「산업안전보건법령」상 적정공기의 범위
• 산소농도의 범위가 18퍼센트 이상 23.5퍼센트 미만
• 탄산가스의 농도가 1.5퍼센트 미만
• 일산화탄소의 농도가 30피피엠 미만
• 황화수소의 농도가 10피피엠 미만인 수준의 공기

| 5 | 산업독성학

81. 규폐증(silicosis)에 관한 설명으로 옳지 않은 것은?

① 직업적으로 석영 분진에 노출될 때 발생하는 진폐증의 일종이다.

② 석면의 고농도분진을 단기적으로 흡입할 때 주로 발생되는 질병이다.

③ 채석장 및 모래분사 작업장에 종사하는 작업자들이 잘 걸리는 폐질환이다.

④ 역사적으로 보면 이집트의 미이라에서도 발견되는 오래된 질병이다.

해답 76. ②   77. ③   78. ②   79. ③   80. ④   81. ②

해설 규폐증의 인체영향 및 특징
- 폐조직에서 섬유상 결절이 발견됨
- 유리규산(SiO_2) 분진 흡입으로 폐에 만성 섬유증식이 나타남
- 직업적으로 석영 분진에 노출될 때 발생하는 진폐증의 일종임
- 채석장 및 모래분사 작업장에 종사하는 작업자들이 잘 걸리는 폐질환임
- 역사적으로 보면 이집트의 미이라에서도 발견되는 오래된 질병임

82. 입자상 물질의 하나인 흄(fume)의 발생기전 3단계에 해당하지 않는 것은?

① 산화   ② 입자화
③ 응축   ④ 증기화

해설 흄(Fume)의 발생기전 3단계
고체인 금속이 액화되어 증기화되어 공기중 산소와 반응하여 산화되고 응축된다.
- 1단계: 금속의 증기화
- 2단계: 증기물의 산화
- 3단계: 산화물의 응축

83. 다음 중 20년간 석면을 사용하여 자동차 브레이크 라이닝과 패드를 만들었던 근로자가 걸릴 수 있는 대표적인 질병과 거리가 가장 먼 것은?

① 폐암   ② 석면폐증
③ 악성중피종   ④ 급성골수성백혈병

해설 급성골수성백혈병은 벤젠의 독성으로 인해 발생하는 대표적인 질병이다.

84. 유해물질의 생체내 배설과 관련된 설명으로 옳지 않은 것은?

① 유해물질은 대부분 위(胃)에서 대사된다.
② 흡수된 유해물질은 수용성으로 대사된다.
③ 유해물질의 분포량은 혈중농도에 대한 투여량으로 산출된다.
④ 유해물질의 혈장농도가 50%로 감소하는 데 소요되는 시간을 반감기라고 한다.

해설 유해물질은 대부분 간(肝)에서 대사된다.

85. 다음 중 조혈장기에 장해를 입히는 정도가 가장 낮은 것은?

① 망간   ② 벤젠
③ 납   ④ TNT

해설 망간에 의한 건강장애(증상 징후)
㉠ 급성중독
  - MMT에 의한 피부와 호흡기 노출로 인한 증상
  - 급성 고농도에 노출 시 망간 정신병 양상
  - 금속망간의 직업성 노출은 철강제조 분야에서 많다.
㉡ 만성중독
  - 무력증, 식욕감퇴 등의 초기증세를 보이다 심해지면 중추신경계의 특성 부위를 손상(뇌기저핵에 축적되어 신경세포 파괴)시켜 노출이 지속되면 파킨슨 증후군과 보행장애
  - 안면의 변화, 즉 무표정하게 되며 배근력의 저하
  - 이산화망간 흄에 급성 폭로되면 열, 오한, 호흡곤란 등의 증상을 특징으로 하는 금속열을 일으킨다. 언어가 느려지는 언어장애 및 균형감각 상실 증세가 발생한다.

86. 화학물질을 투여한 실험동물의 50%가 관찰 가능한 가역적인 반응을 나타내는 양을 의미하는 것은?

① ED_{50} ② LC_{50}
③ LE_{50} ④ TE_{50}

해설 ED_{50}(평균유효량)
화학물질을 투여한 실험동물의 50%가 관찰 가능한 가역적인 반응을 나타내는 양

87. 금속의 독성에 관한 일반적인 특성을 설명한 것으로 옳지 않은 것은?

① 금속의 대부분은 이온상태로 작용된다.
② 생리과정에 이온상태의 금속이 활용되는 정도는 용해도에 달려있다.
③ 금속이온과 유기화합물 사이의 강한 결합력은 배설율에도 영향을 미치게 한다.
④ 용해성 금속염은 생체 내 여러 가지 물질과 작용하여 수용성 화합물로 전환된다.

해설 용해성 금속염은 생체 내 여러 가지 물질과 작용하여 지용성 화합물(지방을 잘 녹이는 화학물)로 전환된다.

해답 82. ②   83. ④   84. ①   85. ①   86. ①   87. ④

88. 작업자가 납 흄에 장기간 노출되어 혈액 중 납의 농도가 높아졌을 때 일어나는 혈액 내 현상이 아닌 것은?

① K^+와 수분이 손실된다.

② 삼투압에 의하여 적혈구가 위축된다.

③ 적혈구 생존시간이 감소한다.

④ 적혈구 내 전해질이 급격히 증가한다.

해설 납은 적혈구 안에 있는 혈색소(헤모글로빈) 양 저하, 망상적혈구 수 증가, 혈청 내 철 증가 현상을 나타낸다.

89. 화학물질의 생리적 작용에 의한 분류에서 종말 기관지 및 폐포점막 자극제에 해당되는 유해가스는?

① 불화수소   ② 이산화질소

③ 염화수소   ④ 아황산가스

해설 이산화질소(NO_2: Nitrogen Dioxide)
• 알카리 및 클로로포름에 용해되는 자극성 냄새의 적갈색 기체로서 취사용 시설이나 난방, 흡연 등으로 발생된다.
• 호흡할 때 폐포 깊이 도달하여 헤모글로빈의 산소 운반능력을 저하시켜 호흡곤란 등을 일으키는 독성이 강한 물질입니다.

90. 단시간노출기준(STEL)은 근로자가 1회 몇 분 동안 유해인자에 노출되는 경우의 기준을 말하는가?

① 5분   ② 10분

③ 15분   ④ 30분

해설 고용 노동부 고시 "단시간노출기준(STEL)"이란 15분간의 시간가중평균노출값으로서 노출농도가 시간가중평균노출기준(TWA)을 초과하고 단시간노출기준(STEL) 이하인 경우에는 1회 노출 지속시간이 15분 미만이어야 하고, 이러한 상태가 1일 4회 이하로 발생하여야 하며, 각 노출의 간격은 60분 이상이어야 한다.

91. 폴리비닐 중합체를 생산하는 데 많이 쓰이며, 간 장해와 발암작용이 있다고 알려진 물질은?

① 납   ② PCB

③ 염화비닐   ④ 포름알데히드

해설 염화비닐
피부자극제이며, 장기간 폭로될 때 간조직세포에서 여러 소기관이 증식하고 섬유화증상이 나타나 간에 혈관육종을 유발하며, 장기간 흡입한 근로자에게 레이노 현상을 유발한다.

92. 알레르기성 접촉 피부염에 관한 설명으로 옳지 않은 것은?

① 알레르기성 반응은 극소량 노출에 의해서도 피부염이 발생할 수 있는 것이 특징이다.

② 알레르기 반응을 일으키는 관련 세포는 대식세포, 림프구, 랑거한스 세포로 구분된다.

③ 항원에 노출되고 일정시간이 지난 후에 다시 노출되었을 때 세포매개성 과민반응에 의하여 나타나는 부작용의 결과이다.

④ 알레르기원에 노출되고 이 물질이 알레르기원으로 작용하기 위해서는 일정기간이 소요되며 그 기간을 휴지기라 한다.

해설 알레르기성 접촉 피부염
• 알레르기성 반응은 극소량 노출에 의해서도 피부염이 발생할 수 있는 것이 특징이다.
• 알레르기 반응을 일으키는 관련 세포는 대식세포, 림프구, 랑거한스 세포로 구분된다.
• 항원에 노출되고 일정시간이 지난 후에 다시 노출되었을 때 세포매개성 과민반응에 의하여 나타나는 부작용의 결과이다.
• 알레르기성 접촉 피부염은 후천적 면역반응에 의한 것이다. 이는 이전에 접촉한 적이 있는 어떤 항원에 반응한 사람이 동일 물질과 다시 접촉하면 나타나는 알레르기 반응이다.
• 피부가 특정 물질에 닿고 며칠이 지난 후 가려움, 구진, 반점 등의 피부 증상이 나타난다.

93. 망간중독에 관한 설명으로 옳지 않은 것은?

① 호흡기 노출이 주경로이다.

② 언어장애, 균형감각상실 등의 증세를 보인다.

③ 전기용접봉 제조업, 도자기 제조업에서 빈번하게 발생된다.

④ 만성중독은 3가 이상의 망간화합물에 의해서 주로 발생한다.

해답 88. ④ 89. ② 90. ③ 91. ③ 92. ④ 93. ④

1) 급성중독
- MMT에 의한 피부와 호흡기 노출로 인한 증상
- 급성 고농도에 노출 시 망간 정신병 양상
- 금속망간의 직업성 노출은 철강제조 분야에서 많다.

2) 만성중독
- 무력증, 식욕감퇴 등의 초기증세를 보이다 심해지면 중추신경계의 특성 부위를 손상(뇌기저핵에 축적되어 신경세포 파괴)시켜 노출이 지속되면 파킨슨 증후군과 보행장애가 발생한다.
- 안면의 변화, 즉 무표정하게 되며 배근력이 저하된다.
- 이산화망간 흄에 급성 폭로되면 열, 오한, 호흡곤란 등의 증상을 특징으로 하는 금속열을 일으킨다. 언어가 느려지는 언어장애 및 균형감각 상실 증세가 발생한다.

94. 남성 근로자의 생식독성 유발요인이 아닌 것은?

① 풍진
② 흡연
③ 망간
④ 카드뮴

해설 남성 생식독성 유발인자

음주, 흡연, 마약, 호르몬제제, 마이크로파, 고온, X선, 납, 카드뮴, 망간, 수은, 항암제, 마취제, 알킬화제, 이황화탄소, 염화비닐 등

※풍진(風疹, Rubella) 또는 독일 홍역(German Measles)은 풍진바이러스에 의한 유행성 바이러스 감염질환이다. 증상이 그리 심각하지 않아 절반 정도 되는 사람들이 감염되었는지도 모르고 지나간다. 처음 바이러스에 노출된 후 2주 후 정도에 발생하며, 3일가량 지속된다.

95. 연(납)의 인체 내 침입경로 중 피부를 통하여 침입하는 것은?

① 일산화연
② 4메틸연
③ 아질산연
④ 금속연

해설 4메틸연(테트라메틸 연)
피부를 통하여 인체에 침입하는 물질이다.

96. 산업역학에서 상대위험도의 값이 1인 경우가 의미하는 것은?

① 노출되면 위험하다.
② 노출되어서는 절대 안 된다.
③ 노출과 질병 발생 사이에는 연관이 없다.
④ 노출되면 질병에 대하여 방어효과가 있다.

해설 산업역학에서 상대위험도 값이 1인 경우 노출과 질병 발생 사이에 연관성이 없다는 뜻이다.

97. 유해물질과 생물학적 노출지표의 연결이 잘못된 것은?

① 벤젠-소변 중 페놀
② 크실렌-소변 중 카테콜
③ 스티렌-소변 중 만델린산
④ 퍼클로로에틸렌-소변 중 삼염화초산

해설 유기용제 유해물질별 생물학적 노출지표(대사산물)
- 벤젠: 소변 중 페놀
- 톨루엔(혈액, 호기에서 톨루엔): 과거에는 소변 중 마뇨산이 었으나 최근에는 o-크레졸로 변경되었다.
- 크실렌: 소변 중 메틸마뇨산
- 노말헥산: 소변 중 n-헥산
- 스티렌: 소변 중 만델린산과 페닐글리옥실산
- 퍼클로로에틸렌: 소변 중 삼염화초산
- 에틸벤젠: 소변 중 만델린산

98. 다음 설명에 해당하는 중금속의 종류는?

이 중금속 중독의 특징적인 증상은 구내염, 정신 증상 근육 진전이다. 급성 중독 시 우유나 계란의 흰자를 먹이며, 만성중독 시 취급을 즉시 중지하고 BAL을 투여한다.

① 납
② 크롬
③ 수은
④ 카드뮴

해설 수은
- 뇌홍 제조에 사용
- 금속형태는 뇌, 혈액, 심근에 많이 분포
- 구내염, 근육진전, 정신증상
- 소화관으로는 2~7% 정도의 소량 흡수
- 수족신경마비, 시신경장애, 정신이상, 부행장애
- 만성 노출 시 식욕부진, 신기능부전, 구내염 발생
- 유기수은(알킬수은) 중 메틸수은은 미나마타(minamata) 병을 발생시킴
- 혀의 떨림이나 손가락에 수전증(손가락 떨림)이 생김
- 치은부에는 황화수은의 정회색 침전물이 침착
- 정신증상으로는 중추신경계 중 뇌조직에 심한 증상이 나타나 정신기능이 상실될 수 있음(정신장애)

해답 **94.** ① **95.** ② **96.** ③ **97.** ② **98.** ③

99. 납에 노출된 근로자가 납중독되었는지를 확인하기 위하여 소변을 시료로 채취하였을 경우 측정할 수 있는 항목이 아닌 것은?

① 델타-ALA　　　　② 납 정량
③ coproporphyrin　　④ protoporphyrin

해설 납 중독 진단(확인) 검사(임상검사)
- 혈액과 소변 중 납 농도 측정
- 소변 중 코프로포피린(Coproporphyrin) 배설량 측정
- 델타 아미노레블린산 측정(δ-ALA)
- 혈액 중 징크프로토포르피린(ZPP) 측정(Zinc protoporphyrin)
- 빈혈검사
- 혈액검사(적혈구 측정, 전혈비중 측정)
- 혈중 α-ALA 탈수효소 활성치 측정
- 과거병력, 직업력 등을 진단한다.

100. 다음 중 중추신경 억제작용이 가장 큰 것은?

① 알칸　　　　　　② 에테르
③ 알코올　　　　　④ 에스테르

해설 유기용제의 중추신경계 활성억제의 순위
알칸<알켄<알코올<유기산<에스테르<에테르<할로겐화합물

| 1 | 산업위생학개론

1. 중량물 취급으로 인한 요통 발생에 관여하는 요인으로 볼 수 없는 것은?

① 근로자의 육체적 조건
② 작업빈도와 대상의 무게
③ 습관성 약물의 사용 유무
④ 작업습관과 개인적인 생활태도

> **해설** 습관성 약물의 사용 유무는 약물 중독으로 중량물 취급과는 관계가 없다.

2. 산업위생의 기본적인 과제에 해당하지 않는 것은?

① 작업환경이 미치는 건강장애에 관한 연구
② 작업능률 저하에 따른 작업조건에 관한 연구
③ 작업환경의 유해물질이 대기오염에 미치는 영향에 관한 연구
④ 작업환경에 의한 신체적 영향과 최적환경의 연구

> **해설** 산업위생의영역 중 기본과제
> • 작업능력의 향상과 저하에 따른 작업조건 및 정신적 조건의 연구
> • 최적 작업환경 조성에 관한 연구 및 유해 작업환경에 의한 신체적 영향 연구
> • 노동력의 재생산과 사회·경제적 조건에 관한 연구

3. 작업 시작 및 종료 시 호흡의 산소소비량에 대한 설명으로 옳지 않은 것은?

① 산소소비량은 작업부하가 계속 증가하면 일정한 비율로 계속 증가한다.
② 작업이 끝난 후에도 맥박과 호흡수가 작업개시 수준으로 즉시 돌아오지 않고 서서히 감소한다.
③ 작업부하 수준이 최대 산소소비량 수준보다 높아지게 되면, 젖산의 제거속도가 생성속도에 못 미치게 된다.
④ 작업이 끝난 후에 남아 있는 젖산을 제거하기 위해서는 산소가 더 필요하며, 이때 동원되는 산소소비량을 산소부채(oxygen debt)라 한다.

> **해설** 산소소비량은 작업부하가 계속 증가하면 일정한 비율로 증가하나 일정 한계를 넘으면 산소 소비량은 증가하지 않는다.

4. 38세 된 남성근로자의 육체적 작업능력(PWC)은 15kcal/min이다. 이 근로자가 1일 8시간 동안 물체를 운반하고 있으며 이때의 작업 대사량은 7kcal/min이고, 휴식 시 대사량은 1.2 kcal/min이다. 이 사람의 적정 휴식시간과 작업시간의 배분(매시간별)은 어떻게 하는 것이 이상적인가?

① 12분 휴식, 48분 작업
② 17분 휴식, 43분 작업
③ 21분 휴식, 39분 작업
④ 27분 휴식, 33분 작업

⊙해답 1. ③ 2. ③ 3. ① 4. ③

해설 Hertig 식을 이용한 적정 휴식시간 산정

$$T_{rest}(\%) = \frac{E_{\max} - E_{task}}{T_{rest} - E_{task}} \times 100$$

여기서, $E_{\max}$: 1일 8시간에 적합한 대사량(PWC의 1/3)

E_{task} : 해당 작업의 대사량

E_{rest} : 휴식 중 소모되는 대사량

$$\therefore \; T_{rest}(\%) = \frac{\frac{15}{3} - 7}{1.2 - 7} \times 100 = 34.48\%$$

• 휴식시간: 60min×0.3448=20.69min(약 21min)
• 작업시간: 60min−21min=39min

---

5. 산업위생의 역사에 있어 주요 인물과 업적의 연결이 올바른 것은?

① Percivall Pott-구리광산의 산 증기 위험성 보고

② Hippocrates-역사상 최초의 직업병(납중독) 보고

③ G. Agricola-검댕에 의한 직업성 암의 최초 보고

④ Bernardino Ramazzini-금속 중독과 수은의 위험성 규명

해설 산업위생의 역사에 있어 주요 인물과 업적
• Percivall Pott-검댕에 의한 직업성 암의 최초 보고
• G. Agricola-저서[광물에 대하여]를 남김. 광산 환기와 마스크 사용을 권장함. 먼지에 의한 규폐증
• Bernardino Ramazzini-산업보건시조로 불리며 〈직업인의 질병〉 집필(14권에 걸친 대저)

---

6. 「산업안전보건법령」상 자격을 갖춘 보건관리자가 해당 사업장의 근로자를 보호하기 위한 조치에 해당하는 의료행위를 모두 고른 것은? (단, 보건관리자는 「의료법」에 따른 의사로 한정한다.)

가. 자주 발생하는 가벼운 부상에 대한 치료
나. 응급처치가 필요한 사람에 대한 처치
다. 부상질병의 악화를 방지하기 위한 처치
라. 건강진단 결과 발견된 질병자의 요양지도 및 관리

① 가, 나
② 가, 다
③ 가, 다, 라
④ 가, 나, 다, 라

해설 의료법에 따른 의사인 보건관리자 직무
• 자주 발생하는 가벼운 부상에 대한 치료
• 응급처치가 필요한 사람에 대한 처치
• 부상·질병의 악화를 방지하기 위한 처치
• 건강진단 결과 발견된 질병자의 요양 지도 및 관리
• 가목부터 라목까지의 의료행위에 따르는 의약품의 투여

---

7. 온도 25℃, 1기압하에서 분당 100mL씩 60분 동안 채취한 공기 중에서 벤젠이 5mg 검출되었다면 검출된 벤젠은 약 몇 ppm인가? (단, 벤젠의 분자량은 78이다.)

① 15.7
② 26.1
③ 157
④ 261

해설 벤젠의 증기 농도(ppm)
농도=질량/부피

$$= \frac{5mg}{6,000mL \times m^3 / 1,000,000} = 833.33mg/m^3$$

$$\therefore \; ppm으로 \; 단위환산 = 833.33mg/m^3 \frac{24.45}{78}$$

$$= 261ppm$$

---

8. 산업위생전문가들이 지켜야 할 윤리강령에 있어 전문가로서의 책임에 해당하는 것은?

① 일반 대중에 관한 사항은 정직하게 발표한다.

② 위험요소와 예방조치에 관하여 근로자와 상담한다.

③ 과학적 방법의 적용과 자료의 해석에서 객관성을 유지한다.

④ 위험요인의 측정, 평가 및 관리에 있어서 외부의 압력에 굴하지 않고 중립적 태도를 취한다.

해설 산업위생전문가로서의 책임
• 성실성과 학문적 실력 면에서 최고수준을 유지한다(전문적 능력 배양 및 성실한 자세로 행동).
• 과학적 방법의 적용과 자료의 해석에서 경험을 통한 전문가의 객관성을 유지한다(공인된 과학적 방법 적용, 해석).
• 전문 분야로서의 산업위생을 학문적으로 발전시킨다.
• 근로자, 사회 및 전문 직종의 이익을 위해 과학적 지식을 공개하고 발표한다.
• 산업위생활동을 통해 얻은 개인 및 기업체의 기밀은 누설하지 않는다(정보는 비밀 유지).

해답 5. ② 6. ④ 7. ④ 8. ③

- 전문적 판단이 타협에 의하여 좌우될 수 있거나 이해관계가 있는 상황에는 개입하지 않는다.

9. 어떤 플라스틱 제조 공장에 200명의 근로자가 근무하고 있다. 1년에 40건의 재해가 발생하였다면 이 공장의 도수율은? (단, 1일 8시간, 연간 290일 근무 기준이다.)

① 200   ② 86.2

③ 17.3   ④ 4.4

해설 도수율(빈도율): 1,000,000근로시간당 요양재해 발생 건수를 의미한다.
- 계산식: 도수율(빈도율)=재해건수/연근로시간수×1,000,000
- 계산: 40/(200×8×290)×1,000,000=86.2069

10. 산업스트레스에 대한 반응을 심리적 결과와 행동적 결과로 구분할 때 행동적 결과로 볼 수 없는 것은?

① 수면 방해   ② 약물 남용

③ 식욕 부진   ④ 돌발 행동

해설 수면 방해는 심리적 결과이다.

11. 「산업안전보건법령」상 충격소음의 강도가 130 dB(A)일 때 1일 노출횟수 기준으로 옳은 것은?

① 50   ② 100

③ 500   ④ 1,000

해설 「산업안전보건법령」상 충격소음의 강도
"충격소음작업"이란 소음이 1초 이상의 간격으로 발생하는 작업으로서 다음 각 목의 어느 하나에 해당하는 작업을 말한다.
- 120데시벨을 초과하는 소음이 1일 1만 회 이상 발생하는 작업
- 130데시벨을 초과하는 소음이 1일 1천 회 이상 발생하는 작업
- 140데시벨을 초과하는 소음이 1일 1백 회 이상 발생하는 작업

12. 다음 중 일반적인 실내공기질 오염과 가장 관련이 적은 질환은?

① 규폐증(silicosis)

② 가습기 열(humidifier fever)

③ 레지오넬라병(legionella disease)

④ 과민성 폐렴(hypersensitivity pneumonitis)

해설 규폐증(silicosis)은 석영 또는 유리규산을 포함한 분진(모래 등)을 흡입함으로써 발생하며 진폐증 중 가장 먼저 알려졌고 또 가장 많이 발생하는 대표적 진폐다. 금광, 규산분의 많은 동광, 규석 취급 직장 등에서 자주 발생한다.

13. 물체의 실제무게를 미국 NIOSH의 권고 중량물 한계기준(RWL, Recommended Weight Limit)으로 나누어 준 값을 무엇이라 하는가?

① 중량상수(LC)   ② 빈도승수(FM)

③ 비대칭승수(AM)   ④ 중량물 취급지수(LI)

해설 중량물 들기지수 또는 취급지수(LI, Lifting Index)

$$계산식 = \frac{물체\ 무게(kg)}{RWL(kg)}$$

14. 「산업안전보건법령」상 사업주가 위험성평가의 결과와 조치사항을 기록·보존할 때 포함되어야 할 사항이 아닌 것은? (단, 그 밖에 위험성평가의 실시내용을 확인하기 위하여 필요한 사항은 제외한다.)

① 위험성 결정의 내용

② 유해위험방지계획서 수립 유무

③ 위험성 결정에 따른 조치의 내용

④ 위험성평가 대상의 유해·위험요인

해설 「산업안전보건법 시행규칙」 제37조(위험성평가 실시내용 및 결과의 기록·보존) 및 사업장 위험성평가에 관한 지침(고용부고시 제2020-53호)에 따라 아래의 사항을 포함하여 문서화하여 기록으로 남겨두고 3년을 보존하여야 한다.
1. 위험성평가 대상의 유해·위험요인
2. 위험성 결정의 내용
3. 위험성 결정에 따른 조치의 내용
4. 위험성평가를 위해 사전조사한 안전보건 정보
5. 그 밖에 사업장에서 필요하다고 정한 사항

즉, 위험성평가 실시규정, 위험성 평가표, 감소대책 수립 및 이행 현황, 위험성평가를 위해 습득한 안전보건 정보를 문서화하여 보존하며 위험성평가 인정 사업장인 경우 위험성평가 관련 교육 이수증 등을 추가하여 보존하여야 한다.

해답 9. ② 10. ① 11. ④ 12. ① 13. ④ 14. ②

15. 다음 중 규폐증을 일으키는 주요 물질은?

① 면 분진
② 석탄 분진
③ 유리규산
④ 납흄

해설 면 분진은 면폐증, 석탄분진은 진폐증, 납흄은 납중독을 유발한다.

16. 화학물질 및 물리적 인자의 노출기준 고시상 다음 ( ) 안에 들어갈 유해물질들 간의 상호작용은?

(노출기준 사용상의 유의사항) 각 유해인자의 노출기준은 해당 유해인자가 단독으로 존재하는 경우의 노출기준을 말하며, 2종 또는 그 이상의 유해인자가 혼재하는 경우에는 각 유해인자의 ( )으로 유해성이 증가할 수 있으므로 법에 따라 산출하는 노출기준을 사용하여야 한다.

① 상승작용
② 강화작용
③ 상가작용
④ 길항작용

해설 상가작용
2종 또는 그 이상의 유해인자가 혼재하는 경우에는 각 유해인자의 상가작용으로 유해성이 증가할 수 있으므로 법에 따라 산출하는 노출기준을 사용하여야 한다.

17. A사업장에서 중대재해인 사망사고가 1년간 4건 발생하였다면 이 사업장의 1년간 4일 미만의 치료를 요하는 경미한 사고건수는 몇 건이 발생하는지 예측되는가? (단, Heinrich의 이론에 근거하여 추정한다.)

① 116
② 120
③ 1,160
④ 1,200

해설 Heinrich의 이론에 근거하여 추정한 사고건수
• 1(사망, Major Injury): 29(경미한 사고, Minor Injury): 30 (아차사고, Near Miss)
• 경미한 사고는 사망사고의 29배이므로 4×29=116건이다.

18. 교대작업이 생기게 된 배경으로 옳지 않은 것은?

① 사회 환경의 변화로 국민생활과 이용자들의 편의를 위한 공공사업의 증가
② 의학의 발달로 인한 생체주기 등의 건강상 문제 감소 및 의료기관의 증가

③ 석유화학 및 제철업 등과 같이 공정상 조업 중단이 불가능한 산업의 증가
④ 생산설비의 완전가동을 통해 시설투자비용을 조속히 회수하려는 기업의 증가

해설 의학의 발달로 인한 생체주기 등의 건강상 문제 감소 및 의료기관의 증가는 교대작업이 생기게 된 배경과는 관계가 없다.

19. 작업장에 존재하는 유해인자와 직업성 질환의 연결이 옳지 않은 것은?

① 망간-신경염
② 무기 분진-진폐증
③ 6가 크롬-비중격 천공
④ 이상기압-레이노씨 병

해설 작업장에 존재하는 유해인자와 직업성 질환
• 이상기압-잠수병, 진동-레이노씨 병
• 망간-신경염, 무기 분진-진폐증
• 6가 크롬-비중격 천공

20. 심한 노동 후의 피로 현상으로 단기간의 휴식에 의해 회복될 수 없는 병적 상태를 무엇이라 하는가?

① 곤비
② 과로
③ 전신피로
④ 국소피로

해설 피로의 3단계
피로의 정도는 객관적 판단이 용이하지 않다.
• 보통피로(1단계): 하룻밤을 자고 나면 완전히 회복하는 상태
• 과로(2단계): 다음 날까지도 피로상태가 지속되는 피로의 축적으로 단기간 휴식으로 회복될 수 있으며, 발병 단계는 아님
• 곤비(3단계): 과로의 축적으로 단시간에 회복될 수 없는 단계를 말하며, 심한 노동 후의 피로현상으로 병적 상태를 의미함

해답 15. ③ 16. ③ 17. ① 18. ② 19. ④ 20. ①

21. 고체 흡착제를 이용하여 시료채취를 할 때 영향을 주는 인자에 관한 설명으로 틀린 것은?

① 오염물질 농도: 공기 중 오염물질의 농도가 높을수록 파과 용량은 증가한다.

② 습도: 습도가 높으면 극성 흡착제를 사용할 때 파과 공기량이 적어진다.

③ 온도: 일반적으로 흡착은 발열 반응이므로 열역학적으로 온도가 낮을수록 흡착에 좋은 조건이다.

④ 시료 채취유량: 시료 채취유량이 높으면 쉽게 파과가 일어나나 코팅된 흡착제인 경우는 그 경향이 약하다.

해설 시료 채취유량

시료 채취유량이 높으면 쉽게 파과가 일어나고 코팅된 흡착제인 경우는 그 경향이 크다.

22. 불꽃방식 원자흡광광도계의 특징으로 옳지 않은 것은?

① 조작이 쉽고 간편하다.

② 분석시간이 흑연로장치에 비하여 적게 소요된다.

③ 주입 시료액의 대부분이 불꽃 부분으로 보내지므로 감도가 높다.

④ 고체 시료의 경우 전처리에 의하여 매트릭스를 제거해야 한다.

해설 AA 분광기 시료 주입 시스템 설명

액체 시료가 캐필러리 튜브를 통해 분무기로 운반된다. 공압 분무기는 유체가 좁은 튜브를 통과할 때 더 빠른 속도로 흐르는 원리인 벤투리 효과(Venturi effect)를 이용해 용액 흐름을 가속화한다. 그런 다음 유체는 유리 비드에 충돌하여 에어로졸이라고 하는 미세한 방울을 만든다. 큰 방울은 폐기 경로로 배출되고 미세 에어로졸은 스프레이 챔버로 전달된다. 혼합 패들이 큰 방울을 추가로 제거하여 스프레이 챔버와 버너로 미세한 방울이 균일하게 흐를 수 있게 한다. 또한 혼합 패들은 버너 막힘을 최소화하고 산화/아세틸렌 가스와 시료 방울이 완벽하게 혼합되도록 하는 역할도 한다.

23. 「산업안전보건법령」상 소음의 측정시간에 관한 내용 중 A에 들어갈 숫자는?

> 단위작업 장소에서 소음수준은 규정된 측정위치 및 지점에서 1일 작업시간 동안 A시간 이상 연속 측정하거나 작업시간을 1시간 간격으로 나누어 A회 이상 측정하여야 한다. 다만, ……
> (후략)

① 2   ② 4

③ 6   ④ 8

해설 고용노동부 고시 소음측정방법

• 단위작업장소에서 소음수준은 규정된 측정위치 및 지점에서 1일 작업시간 동안 6시간 이상 연속 측정하거나 작업시간을 1시간 간격으로 나누어 6회 이상 측정하여야 한다. 다만, 소음의 발생 특성이 연속음으로서 측정치가 변동이 없다고 자격자 또는 지정측정기관이 판단한 경우에는 1시간 동안을 등간격으로 나누어 3회 이상 측정할 수 있다.

• 단위작업장소에서의 소음발생시간이 6시간 이내인 경우나 소음발생원에서의 발생시간이 간헐적인 경우에는 발생시간 동안 연속 측정하거나 등간격으로 나누어 4회 이상 측정하여야 한다.

24. 「산업안전보건법령」상 다음과 같이 정의되는 용어는?

> 작업환경측정·분석 결과에 대한 정확성과 정밀도를 확보하기 위하여 작업환경측정기관의 측정·분석능력을 확인하고, 그 결과에 따라 지도·교육 등 측정·분석능력 향상을 위하여 행하는 모든 관리적 수단

① 정밀관리   ② 정확관리

③ 적정관리   ④ 정도관리

해설 작업환경측정 및 정도관리 등에 관한 고시 제2조(정의)

15. "정도관리"란 법 제126조 제2항에 따라 작업환경측정·분석 결과에 대한 정확성과 정밀도를 확보하기 위하여 작업환경측정기관의 측정·분석능력을 확인하고, 그 결과에 따라 지도·교육 등 측정·분석능력 향상을 위하여 행하는 모든 관리적 수단을 말한다.

25. 한 근로자가 하루 동안 TCE에 노출되는 것을 측정한 결과가 아래와 같을 때, 8시간 시간가중 평균치(TWA, ppm)는? (단, 소수점 둘째 자리에

해답 **21.** ④ **22.** ③ **23.** ③ **24.** ④ **25.** ③

서 반올림할 것)

측정시간	노출농도(ppm)
1시간	10.0
2시간	15.0
4시간	17.5
1시간	0.0

① 15.7   ② 14.2

③ 13.8   ④ 10.6

해설 8시간 시간가중 평균치(TWA, ppm)

$$TWA \text{ 환산값} = \frac{C_1 \cdot T_1 + C_2 \cdot T_2 + \cdots + C_n \cdot T_n}{8}$$

$$= \frac{10 \times 1 + 15 \times 2 + 17.5 \times 4 + 0 \times 1}{8} = 13.75$$

여기서, C: 유해인자의 측정치(ppm, mg/m³ 또는 개/cm³)
T: 유해인자의 발생시간(시간)

26. 피토관(Pitot tube)에 대한 설명 중 옳은 것은? (단, 측정 기체는 공기이다.)

① Pitot tube의 정확성에는 한계가 있어 정밀한 측정에서는 경사마노미터를 사용한다.

② Pitot tube를 이용하여 곧바로 기류를 측정할 수 있다.

③ Pitot tube를 이용하여 총압과 속도압을 구하여 정압을 계산한다.

④ 속도압이 25mmH₂O일 때 기류속도는 28.58 m/s이다.

해설 피토관(Pitot tube)
피토관은 바람의 흐름에 정면과 직각 방향으로 작은 구멍을 가지고 있으며, 각각의 구멍에서 개별적으로 압력을 꺼낼 세관이 내장되어 있다. 그 압력차(전자를 전압, 후자를 정압)를 마이크로 압력계로 측정하여 풍속을 측정할 수 있다. 정확성에는 한계가 있어 정밀한 측정에서는 경사마노미터를 사용한다.

27. 「산업안전보건법령」상 작업환경측정 대상이 되는 작업장 또는 공정에서 정상적인 작업을 수행하는 동일 노출집단의 근로자가 작업을 하는 장소를 지칭하는 용어는?

① 동일작업 장소   ② 단위작업 장소
③ 노출측정 장소   ④ 측정작업 장소

해설 작업환경측정 및 정도관리 등에 관한 고시 제2조(정의) ⑩ "단위작업 장소"란 규칙 제186조 제1항에 따라 작업환경측정 대상이 되는 작업장 또는 공정에서 정상적인 작업을 수행하는 동일 노출집단의 근로자가 작업을 하는 장소를 말한다.

28. 근로자가 일정시간 동안 일정농도의 유해물질에 노출될 때 체내에 흡수되는 유해물질의 양은 아래의 식을 적용하여 구한다. 각 인자에 대한 설명이 틀린 것은?

$$\text{체내 흡수량(mg)} = C \times T \times R \times V$$

① C: 공기 중 유해물질 농도

② T: 노출시간

③ R: 체내 잔류율

④ V: 작업공간 공기의 부피

해설 V: 폐환기율(폐호흡률, m³/hr)

29. 고열(heat stress)의 작업환경 평가와 관련된 내용으로 틀린 것은?

① 가장 일반적인 방법은 습구흑구온도(WBGT)를 측정하는 방법이다.

② 자연습구온도는 대기온도를 측정하긴 하지만 습도와 공기의 움직임에 영향을 받는다.

③ 흑구온도는 복사열에 의해 발생하는 온도이다.

④ 습도가 높고 대기 흐름이 적을 때 낮은 습구온도가 발생한다.

해설 습도가 높고 대기 흐름이 적을 때 높은 습구온도가 발생한다.

30. 같은 작업 장소에서 동시에 5개의 공기시료를 동일한 채취조건하에서 채취하여 벤젠에 대해 아래의 도표와 같은 분석결과를 얻었다. 이때 벤젠농도 측정의 변이계수(CV%)는?

해답 26. ①   27. ②   28. ④   29. ④   30. ①

공기시료번호	벤젠농도 (ppm)
1	5.0
2	4.5
3	4.0
4	4.6
5	4.4

① 8% ② 14%

③ 56% ④ 96%

해설 변이계수(coefficient of variation, CV%)

변동계수(=변이계수) 표준편차를 평균으로 나눈 값이다.

$$변이계수(CV\%) = \frac{표준편차}{산술평균} \times 100$$

$$산술평균 = \frac{X_1 + X_2 + \cdots + X_n}{N}$$

$$= \frac{5 + 4.5 + 4.0 + 4.6 + 4.4}{5} = 4.5\text{ppm}$$

$$SD(표준편차) = \left[\frac{\sum_{i=1}^{N}(X_i - \overline{X})^2}{N-1} \right]^{0.5}$$

$$= \left[\frac{(5-4.5)^2 + (4.5-4.5)^2 + (4-4.5)^2 + (4.6-4.5)^2 + (4.4-4.5)^2}{5-1} \right]^{0.5}$$

$$= 0.357$$

$$변이계수(CV\%) = \frac{0.357}{4.5\text{ppm}} = 0.079$$

∴ %로 환산하면, $0.079 \times 100 = 8\%$

31. 작업장 내 다습한 공기에 포함된 비극성 유기증기를 채취하기 위해 이용할 수 있는 흡착제의 종류로 가장 적절한 것은?

① 활성탄(activated charcoal)

② 실리카겔(silica Gel)

③ 분자체(molecular sieve)

④ 알루미나(alumina)

해설 활성탄관을 이용하여 채취하기 쉬운 시료

• 비극성 유기용제
• 알코올류, 케톤류, 에테르류, 에스테르류
• 방향족 탄화수소류(각종 방향족 유기용제)
• 할로겐화 탄화수소류(할로겐화 지방족 유기용제)

32. 「산업안전보건법령」상 가스상 물질의 측정에 관한 내용 중 일부이다. ( ) 안에 들어갈 내용으로 옳은 것은?

검지관방식으로 측정하는 경우에는 1일 작업시간 동안 1시간 간격으로 ( )회 이상 측정하되 측정 시간마다 2회 이상 반복 측정하여 평균값을 산출하여야 한다. 다만, … (후략)

① 2 ② 4

③ 6 ④ 8

해설 가스상 물질 검지관 측정방법(작업환경측정 및 정도관리규정) 제25조(측정횟수)

가스상 물질을 검지관방식으로 측정하는 경우에는 1일 작업시간 동안 1시간 간격으로 6회 이상 측정하되 매 측정시간마다 2회 이상 반복 측정하여 평균값을 산출하여야 한다. 다만, 가스상 물질의 발생시간이 6시간 이내일 때에는 작업시간동안 1시간 간격으로 나누어 측정하여야 한다.

33. 벤젠과 톨루엔이 혼합된 시료를 길이 30cm, 내경 3mm인 충진관이 장치된 기체크로마토그래피로 분석한 결과가 아래와 같을 때, 혼합 시료의 분리효율을 99.7%로 증가시키는 데 필요한 충진관의 길이(cm)는? (단, N, H, L, W, Rs, tR은 각각 이론단수, 높이(HETP), 길이, 봉우리 너비, 분리계수, 머무름 시간을 의미하며, 문자 위 "-"(bar)는 평균값을, 하첨자 A와 B는 각각의 물질을 의미하고, 분리효율이 99.7%가 되기 위한 Rs는 1.5이다.)

[크로마토그램 결과]

분석 물질	머무름 시간 (Retention time)	봉우리 너비 (Peak width)
벤젠	16.4분	1.15분
톨루엔	17.6분	1.25분

[크로마토그램 관계식]

$$N = 16\left(\frac{t_R}{W}\right)^2, \quad H = \frac{L}{N}$$

$$R_s = \frac{2(t_{R,A} - t_{R,B})}{W_A + W_B}, \quad \frac{\overline{N_1}}{\overline{N_2}} = \frac{R_{s,1}^2}{R_{s,2}^2}$$

① 60   ② 62.5

③ 67.5   ④ 72.5

해설

N(이론단수) $= 16 \times \left(\dfrac{Retention\ time}{Peak\ width} \right)^2$

N(이론단수) : 벤젠 $= 16 \times \left(\dfrac{16.4}{1.15} \right)^2 = 3253.96$

N(이론단수) : 톨루엔 $= 16 \times \left(\dfrac{17.6}{1.25} \right)^2 = 3171.94$

$\overline{N}$ (평균이론단수) $= \dfrac{3253.96 + 3171.94}{2} = 3212.95$

R_s (분리계수) $= \dfrac{2(17.6 - 16.4)}{1.15 + 1.25} = 1.0$

$\dfrac{\overline{N_1}}{\overline{N_2}} = \dfrac{R_{s,1}{}^2}{R_{s,2}{}^2}$

분리효율이 99.7%가 되기 위한 R_s는 1.5 적용

$\overline{N_2} = \dfrac{1}{1.5}$

$\overline{N_2} = 7229.14$

$\overline{N}$일 때 H를 구하면

$H = \dfrac{L(시료길이)}{N} = \dfrac{30}{3212.95} = 9.34 \times 10^{-3} \text{cm}$

$\overline{N}$일 때와 $\overline{N_2}$일 때 H는 같음

$H = \dfrac{L}{N_2}$, $L = H \times N_2$

$\therefore L = 7228.14 \times 9.34 \times 10^{-3} = 67.5 \text{cm}$

34. 단위작업 장소에서 강도가 불규칙적으로 변동하는 소음을 누적소음 노출량측정기로 측정하였다. 누적소음 노출량이 300%인 경우, 시간가중평균 소음수준[dB(A)]은?

① 92   ② 98

③ 103   ④ 106

해설 시간가중평균 소음수준(TWA)

$TWA = 16.61 \log \left[\dfrac{D(\%)}{100} \right] + 90 [\text{dB(A)}]$

여기서 TWA : 시간가중평균 소음수준[dB(A)]

$\quad\quad D$: 누적소음 폭로량(%)

$\quad\quad 100$: ($12.5 \times T$, T: 폭로시간)

$TWA = 16.61 \log \left[\dfrac{300(\%)}{100} \right] + 90 [\text{dB(A)}]$

$\quad\quad\quad = 97.92$

35. 공장에서 A용제 30%(노출기준 1,200mg/m³), B용제 30%(노출기준 1,400mg/m³) 및 C용제 40%(노출기준 1,600mg/m³)의 중량비로 조성된 액체용제가 증발되어 작업 환경을 오염시킬 때, 이 혼합물의 노출기준(mg/m³)은? (단, 혼합물의 성분은 상가작용을 한다.)

① 1,400   ② 1,450

③ 1,500   ④ 1,550

해설 혼합물의 허용농도(mg/m³)

$= \dfrac{1}{\dfrac{f_1}{TLV_1} + \dfrac{f_2}{TLV_2} + \dfrac{f_3}{TLV_3}}$

$= \dfrac{1}{\dfrac{0.3}{1,200} + \dfrac{0.3}{1,400} + \dfrac{0.4}{1,600}} = 1,400 \text{mg/m}^3$

36. WBGT 측정기의 구성요소로 적절하지 않은 것은?

① 습구온도계   ② 건구온도계

③ 카타온도계   ④ 흑구온도계

해설 습구흑구온도지수(WBGT)

• 옥외(태양광선이 내리쬐는 장소)
  WBGT $= 0.7$NWB$ + 0.2GT + 0.1$DT

• 옥내 또는 옥외(태양광선이 내리쬐지 않는 장소)
  WBGT $= 0.7$NWB$ + 0.3$GT

• NWB: 자연습구온도, GT: 흑구온도, DT: 건구온도

※ 카타(kata)온도계: 알코올의 강하시간을 측정하여 실내 기류를 파악하고 온열환경 영향 평가를 하는 온도계

37. 유량, 측정시간, 회수율 및 분석에 의한 오차가 각각 18%, 3%, 9%, 5%일 때, 누적오차(%)는?

① 18   ② 21

③ 24   ④ 29

해설 누적오차(%)

$E_c = \sqrt{E_1^2 + E_2^2 + E_3^2 + \cdots}$

$\quad = \sqrt{18^2 + 3^2 + 9^2 + 5^2} = 20.95\%$

해답 34. ②   35. ①   36. ③   37. ②

38. 흡광광도법에 관한 설명으로 틀린 것은?

① 광원에서 나오는 빛을 단색화 장치를 통해 넓은 파장 범위의 단색 빛으로 변화시킨다.

② 선택된 파장의 빛을 시료액 층으로 통과시킨 후 흡광도를 측정하여 농도를 구한다.

③ 분석의 기초가 되는 법칙은 램버트-비어의 법칙이다.

④ 표준액에 대한 흡광도와 농도의 관계를 구한 후, 시료의 흡광도를 측정하여 농도를 구한다.

해설 흡광광도법

흡수셀의 재질로는 유리, 석영, 플라스틱 등을 사용한다. 유리제는 주로 가시(可視)및 근적외(近赤外)부 파장범위, 석영제는 자외부 파장범위, 플라스틱제는 근적외부 파장 범위를 측정할 때 사용한다.

39. 작업환경 중 분진의 측정 농도가 대수정규분포를 할 때, 측정 자료의 대표치에 해당되는 용어는?

① 기하평균치   ② 산술평균치

③ 최빈치   ④ 중앙치

해설 기하평균(GM)

- 산업위생분야에서는 작업환경 측정 결과가 대수정규분포를 취하는 경우 대푯값으로서 기하평균을, 산포도로서 기하표준편차를 널리 사용한다.
- 모든 자료를 대수로 변환하여 평균 후 평균한 값을 역대수 취한 값 또는 N개의 측정치 X_1, X_2, $\cdots$, X_n이 있을 때 이들 수의 곱의 N 제곱근의 값이다.
- 계산식

$$\log(GM) = \frac{\log X_1 + \log X_2 + \cdots + \log X_n}{N}$$

40. 진동을 측정하기 위한 기기는?

① 충격측정기(Impulse meter)

② 레이저판독판(Laser readout)

③ 가속측정기(Accelerometer)

④ 소음측정기(Sound level meter)

해설 일반적으로 진동측정기는 기계적인 진동신호를 전기신호로 변환시켜주는 변환기를 연결하여 가속도(m/s²), 속도(m/s), 변위(mm)에 따른 측정값을 계산하여 분석하는 장비이다.

---

41. 국소배기시설에서 장치배치 순서로 가장 적절한 것은?

① 송풍기 → 공기정화기 → 후드 → 덕트 → 배출구

② 공기정화기 → 후드 → 송풍기 → 덕트 → 배출구

③ 후드 → 덕트 → 공기정화기 → 송풍기 → 배출구

④ 후드 → 송풍기 → 공기정화기 → 덕트 → 배출구

해설 산업환기설비에 관한 기술지침에 의거 일반적 국소배기장치는 후드 → 덕트 → 공기정화기 → 송풍기(배풍기) → 배출구순으로 설치하는 것을 원칙으로 한다.

42. 금속을 가공하는 음압수준이 98dB(A)인 공정에서 NRR이 17인 귀마개를 착용했을 때의 차음효과[dB(A)]는? (단, OSHA의 차음효과 예측 방법을 적용한다.)

① 2   ② 3

③ 5   ④ 7

해설 차음효과$= (NRR-7) \times 0.5$
$= (17-7) \times 0.5 = 5dB(A)$

43. 다음 중 중성자의 차폐(shielding) 효과가 가장 적은 물질은?

① 물   ② 파라핀

③ 납   ④ 흑연

해설 중성자 차폐

중성자원(源)도 다양하다. 핵분열 중성자, 핵분열생성물의 방사붕괴, α입자 충돌로 발생하는 중성자, Photoneutron 등이 대표적이다. 중성자는 γ선과 달리 가벼운 원소와 충돌하면 많은 에너지를 잃는다. 대표적인 원소가 수소이다. 경수로에서 중성자 감속재로 물을 사용하는 이유이다. 따라서 중성자 차폐에는 원자로에서와 같이 물, 파라핀, 붕소 함유 물질, 콘크리트 등이 대표적으로 사용된다.

해답 **38.** ① **39.** ① **40.** ③ **41.** ③ **42.** ③ **43.** ③

44. 테이블에 붙여서 설치한 사각형 후드의 필요환기량 $Q(m^3/min)$를 구하는 식으로 적절한 것은? (단, 플랜지는 부착되지 않았고, $A(m^2)$는 개구면적, $X(m)$는 개구부와 오염원 사이의 거리, $V(m/s)$는 제어 속도를 의미한다.)

① $Q = V \times (5X^2 + A)$
② $Q = V \times (7X^2 + A)$
③ $Q = 60 \times V \times (5X^2 + A)$
④ $Q = 60 \times V \times (7X^2 + A)$

해설 작업대 위에(테이블에 붙은) 설치된 후드의 필요환기량 $Q = 60 \cdot Vc(5X^2 + A)$

45. 원심력집진장치에 관한 설명 중 옳지 않은 것은?

① 비교적 적은 비용으로 집진이 가능하다.
② 분진의 농도가 낮을수록 집진효율이 증가한다.
③ 함진가스에 선회류를 일으키는 원심력을 이용한다.
④ 입자의 크기가 크고 모양이 구체에 가까울수록 집진효율이 증가한다.

해설 분진의 농도가 높을수록 집진효율이 증가한다.

46. 직경 38cm, 유효높이 2.5m의 원통형 백필터를 사용하여 $60m^3/min$의 함진 가스를 처리할 때 여과속도(cm/s)는?

① 25
② 32
③ 50
④ 64

해설 여과포집(백필터) 제진장치의 여과속도
$Q = A \times V$
A: 원통형 백필터 여과면적
$\qquad 3.14159 \times 0.38m \times 2.5m = 2.9845m^2$
Q: $60m^3/min \rightarrow m^3/sec$로 변환하면 $1m^3/sec$
$\therefore V = \dfrac{Q}{A} = \dfrac{1m^3/sec}{2.9845m^2} = 0.3350m/sec$
$\quad$ cm/sec로 변환하면, $0.3350 \times 100 = 33.50cm/sec$

47. 표준상태(STP: 0℃, 1기압)에서 공기의 밀도가 $1.293kg/m^3$일 때, 40℃, 1기압에서 공기의 밀도(kg/m^3)는?

① 1.040
② 1.128
③ 1.185
④ 1.312

해설 공기밀도(kg/m^3)
$1.293kg/m^3 \times (273/273+40) = 1.1277kg/m^3$

48. 국소배기장치로 외부식 측방형 후드를 설치할 때, 제어 풍속을 고려하여야 할 위치는?

① 후드의 개구면
② 작업자의 호흡 위치
③ 발산되는 오염 공기 중의 중심위치
④ 후드의 개구면으로부터 가장 먼 작업 위치

해설 외부식 측방형 후드는 후드의 개구면으로부터 가장 먼 작업 위치에서 제어 풍속을 고려해야 한다.

49. 작업장에서 작업공구와 재료 등에 적용할 수 있는 진동대책과 가장 거리가 먼 것은?

① 진동공구의 무게는 10kg 이상 초과하지 않도록 만들어야 한다.
② 강철로 코일용수철을 만들면 설계를 자유스럽게 할 수 있으나 oil damper 등의 저항요소가 필요할 수 있다.
③ 방진고무를 사용하면 공진 시 진폭이 지나치게 커지지 않지만 내구성, 내약품성이 문제가 될 수 있다.
④ 코르크는 정확하게 설계할 수 있고 고유진동수가 20Hz 이상이므로 진동 방지에 유용하게 사용할 수 있다.

해설 코르크의 특징
• 재질이 균일하지 않으므로 정확한 설계가 곤란하다.
• 처짐을 크게 할 수 없으며 고유 진동수가 10Hz 전후밖에 되지 않아 진동 방지라기보다는 강체 간 고체음의 전파 방지에 유익한 방진 재료이다.

해답 44. ③ 45. ② 46. ② 47. ② 48. ④ 49. ④

50. 여과집진장치의 여과지에 대한 설명으로 틀린 것은?

① 0.1μm 이하의 입자는 주로 확산에 의해 채취된다.

② 압력강하가 적으면 여과지의 효율이 크다.

③ 여과지의 특성을 나타내는 항목으로 기공의 크기, 여과지의 두께 등이 있다.

④ 혼합섬유 여과지로 가장 많이 사용되는 것은 microsorban 여과지이다.

해설 혼합섬유 여과지로 가장 많이 사용되는 것은 MCE (mixed cellulose ester membrane filter) 여과지이다.

51. 일반적인 후드 설치의 유의사항으로 가장 거리가 먼 것은?

① 오염원 전체를 포위시킬 것

② 후드는 오염원에 가까이 설치할 것

③ 오염 공기의 성질, 발생상태, 발생원인을 파악할 것

④ 후드의 흡인 방향과 오염 가스의 이동방향은 반대로 할 것

해설 후드의 흡인 방향과 오염 가스의 이동 방향을 반대로 하면 흡입에 방해가 되므로 후드의 흡인 방향과 오염 가스의 이동 방향은 같아야 한다.

52. 앞으로 구부리고 수행하는 작업공정에서 올바른 작업자세라고 볼 수 없는 것은?

① 작업 점의 높이는 팔꿈치보다 낮게 한다.

② 바닥의 얼룩을 닦을 때에는 허리를 구부리지 말고 다리를 구부려서 작업한다.

③ 상체를 구부리고 작업을 하다가 일어설 때는 무릎을 굴절시켰다가 다리 힘으로 일어난다.

④ 신체의 중심이 물체의 중심보다 뒤쪽에 있도록 한다.

해설 신체의 중심이 물체의 중심보다 뒤쪽에 있도록 하면 넘어지기 쉽다.

53. 호흡기 보호구의 사용 시 주의사항과 가장 거리가 먼 것은?

① 보호구의 능력을 과대평가 하지 말아야 한다.

② 보호구 내 유해물질 농도는 허용기준 이하로 유지해야 한다.

③ 보호구를 사용할 수 있는 최대 사용가능농도는 노출기준에 할당보호계수를 곱한 값이다.

④ 유해물질의 농도가 즉시 생명에 위태로울 정도인 경우는 공기 정화식 보호구를 착용해야 한다.

해설 유해물질의 농도가 즉시 생명에 위태로울 정도인 경우는 공기 공급식 송기 마스크를 착용해야 한다.

54. 흡인구와 분사구의 등속선에서 노즐의 분사구 개구면 유속을 100%라고 할 때 유속이 10% 수준이 되는 지점은 분사구 내경(d)의 몇 배 거리인가?

① 5d   ② 10d

③ 30d   ④ 40d

해설 후드는 어떤 특정지점에 대하여 일정한 속도 이상의 공기를 흡인하도록 설치하는 것이다. 즉, 후드 개구부가 발생원으로부터 일정한 거리에 있을 경우, 그 거리가 멀어짐에 따라 흡인되는 기류가 적어져서 개구면의 직경과 같은 거리의 전방에서는 거의 흡인력을 잃게 된다.

그림은 급기와 배기의 기류 특성을 비교한 내용으로 급기구에서 토출속도는 급기구 개구면에서 급기구 직경의 30배 거리에서 1/10 정도로 감소하는 반면 후드에서 흡인속도는 후드 직경만큼 떨어진 거리에서 개구면속도의 1/10로 감소하게 된다.

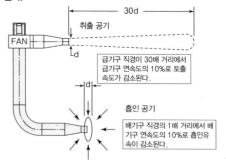

급기와 배기의 기류 특성 비교

⊙해답 50. ④ 51. ④ 52. ④ 53. ④ 54. ③

55. 방진마스크의 성능 기준 및 사용 장소에 대한 설명 중 옳지 않은 것은?

① 방진마스크 등급 중 2급은 포집효율이 분리식과 안면부 여과식 모두 90% 이상이어야 한다.

② 방진마스크 등급 중 특급의 포집효율은 분리식의 경우 99.95% 이상, 안면부 여과식의 경우 99.0% 이상이어야 한다.

③ 베릴륨 등과 같이 독성이 강한 물질들을 함유한 분진이 발생하는 장소에서는 특급 방진마스크를 착용하여야 한다.

④ 금속흄 등과 같이 열적으로 생기는 분진이 발생하는 장소에서는 1급 방진마스크를 착용하여야 한다.

해설 마스크 종류별 등급 및 성능기준

등급		성능 기준		비고
		분진포집효율(%)	누설률(%)	
산업안전보건법	특급	99.0 이상	5 이하	독성 분진
	1급	94.0 이상	11 이하	금속흄 등
	2급	80.0 이상	25 이하	기타 분진
약사법	KF99	99.0 이상	5 이하	보건용
	KF94	94.0 이상	11 이하	보건용 (방역용도)
	KF80	80.0 이상	25 이하	보건용 (황사용도)

※ 방진마스크 및 보건용 마스크 시험항목
– 방진마스크(14항목): 흡기저항, 포집효율, 누설률, 머리끈 인장강도, 배기저항, 배기밸브 작동, 이산화탄소농도 등
– 보건용마스크(4항목): 흡기저항, 포집효율, 누설률, 머리끈 인장강도

56. 레시버식 캐노피형 후드 설치에 있어 열원 주위 상부의 퍼짐각도는? (단, 실내에는 다소의 난기류가 존재한다.)

① 20°
② 40°
③ 60°
④ 90°

해설 열원 주변에 커다란 난기류가 없으면 퍼지는 각도가 약 20°이지만 실제 실내는 어느 정도의 난기류가 존재하므로 퍼짐 각도를 약 45° 정도로 하여 제작하여야 한다. 위 문제에서는 40°가 가장 근접하므로 정답이다.

57. 국소배기시설의 투자비용과 운전비를 적게 하기 위한 조건으로 옳은 것은?

① 제어속도 증가
② 필요송풍량 감소
③ 후드개구면적 증가
④ 발생원과의 원거리 유지

해설 국소배기시설에서 효율성(투자비와 운전비 절감)을 높이기 위해서는 필요송풍량을 감소시켜야 한다.

58. 정상류가 흐르고 있는 유체 유동에 관한 연속 방정식을 설명하는 데 적용된 법칙은?

① 관성의 법칙
② 운동량의 법칙
③ 질량 보존의 법칙
④ 점성의 법칙

해설 유체의 연속방정식
관내의 유동은 동일한 시간에 어느 단면이나 질량 보존의 법직이 적용된다. 즉, 어느 위치에서나 유입 질량과 유출 질량이 같으므로 일정한 관 내에 축적된 질량은 유속에 관계없이 일정하다.

59. 공기 중의 포화증기압이 1.52mmHg인 유기용제가 공기 중에 도달할 수 있는 포화농도(ppm)는?

① 2,000
② 4,000
③ 6,000
④ 8,000

해설 포화농도

$$포화농도(ppm) = \frac{물질의 증기압(mmhg)}{대기압(mmhg)} \times 10^6$$

$$= \frac{1.52}{760} \times 10^6 = 2,000ppm$$

60. 표준공기(21℃)에서 동압이 5mmHg일 때 유속(m/s)은?

① 9
② 15
③ 33
④ 45

해설 유속(m/sec)
$$V(m/sec) = 4.043\sqrt{VP}$$
여기서, VP 값을 구하려면

$$VP = 5\text{mmHg} : 10,332\text{H}_2\text{O} = 760\text{mmHg} : x$$

$$VP = \frac{5\text{mmHg} \times 10,332\text{H}_2\text{O}}{760\text{mmHg}} = 76.97\text{mmH}_2\text{O}$$

$$\therefore \ V(\text{m/sec}) = 4.043\sqrt{76.97} = 33.33\text{mmH}_2\text{O}$$

| 4 | 물리적 유해인자관리

61. 일반적으로 전신진동에 의한 생체반응에 관여하는 인자와 가장 거리가 먼 것은?

① 온도　　　　　② 진동 강도
③ 진동 방향　　　④ 진동수

해설 전신진동에 관여하는 생체반응 인자
- 진동 노출기간(폭로시간)
- 진동의 강도
- 진동의 방향(수직, 수평, 회전)
- 진동수

62. 반향시간(reverberation time)에 관한 설명으로 옳은 것은?

① 반향시간과 작업장의 공간부피만 알면 흡음량을 추정할 수 있다.
② 소음원에서 소음 발생이 중지한 후 소음의 감소는 시간의 제곱에 반비례하여 감소한다.
③ 반향시간은 소음이 닿는 면적을 계산하기 어려운 실외에서의 흡음량을 추정하기 위하여 주로 사용한다.
④ 소음원에서 발생하는 소음과 배경소음 간의 차이가 40dB인 경우에는 60dB만큼 소음이 감소하지 않기 때문에 반향시간을 측정할 수 없다.

해설 반향시간 또는 잔향시간(reververation time)
- 실내에서 발생하는 소리는 바닥, 벽, 천정, 창 또는 탁자와 같은 반사 표면에서 반복적으로 반사되어 에너지를 점차 감소시킨다. 이러한 반사가 서로 섞이면 잔향으로 알려진 현상이 만들어진다.
- 잔향은 소리에 대한 많은 반향을 모아 놓은 것이다.
- 잔향시간이란 실내의 음원으로부터 소리가 끝난 후 실내의 음 Energy밀도가 그의 백만분의 일이 될 때까지의 시간, 즉 실내의 평균음 Energy 밀도가 초기치 보다 60dB 감쇠하는데 소요된 시간을 말한다.

63. 「산업안전보건법령」상 이상기압과 관련된 용어의 정의가 옳지 않은 것은?

① 압력이란 게이지 압력을 말한다.
② 표면공급식 잠수작업은 호흡용 기체통을 휴대하고 하는 작업을 말한다.
③ 고압작업이란 고기압에서 잠함공법이나 그 외의 압기공법으로 하는 작업을 말한다.
④ 기압조절실이란 고압작업을 하는 근로자가 가압 또는 감압을 받는 장소를 말한다.

해설 표면공급식 잠수작업
수면 위의 공기압축기 또는 호흡용 기체통에서 압축된 호흡용 기체를 공급받으면서 하는 작업을 말한다.

64. 빛과 밝기의 단위에 관한 설명으로 옳지 않은 것은?

① 반사율은 조도에 대한 휘도의 비로 표시한다.
② 광원으로부터 나오는 빛의 양을 광속이라고 하며 단위는 루멘을 사용한다.
③ 입사면의 단면적에 대한 광도의 비를 조도라 하며 단위는 촉광을 사용한다.
④ 광원으로부터 나오는 빛의 세기를 광도라고 하며 단위는 칸델라를 사용한다.

해설 촉광
지름이 1인치인 촛불이 수평방향으로 비칠 때 빛의 광강도를 나타내는 단위

65. 전리방사선의 종류에 해당하지 않는 것은?

① γ선　　　　　② 중성자
③ 레이저　　　　④ β선

해설 전리방사선의 종류
알파선 쪽 자외선, 알파선, 베타선, 엑스선, 감마선, 중성자 등이 있다.

66. 다음 중 방사선에 감수성이 가장 큰 인체조직은?

① 눈의 수정체
② 뼈 및 근육조직

해답 61. ①　62. ①　63. ②　64. ③　65. ③　66. ①

③ 신경조직

④ 결합조직과 지방조직

해설 방사선 감수성 순서

골수, 임파구, 임파선, 흉선 및 림프조직(조혈기관)>눈의 수정체>상선(고환 및 난소) 타액선, 상피세포>혈관, 복막 등 내피세포>결합조직과 지방조직>뼈 및 근육조직>폐, 위장관 등 내장조직. 신경조직

67. 산소결핍이 진행되면서 생체에 나타나는 영향을 순서대로 나열한 것은?

㉠ 가벼운 어지러움	㉡ 사망
㉢ 대뇌피질의 기능 저하	㉣ 중추성 기능장애

① ㉠ → ㉢ → ㉣ → ㉡

② ㉠ → ㉣ → ㉢ → ㉡

③ ㉢ → ㉠ → ㉣ → ㉡

④ ㉢ → ㉣ → ㉠ → ㉡

해설 산소결핍이 진행되면서 생체에 나타나는 영향을 순서대로 나열하면, 가벼운 어지러움 → 대뇌피질의 기능 저하 → 중추성 기능장애 → 사망 순이다.

68. 자외선으로부터 눈을 보호하기 위한 차광보호구를 선정하고자 하는데 차광도가 큰 것이 없어 두 개를 겹쳐서 사용하였다. 각각의 보호구의 차광도가 6과 3이었다면 두 개를 겹쳐서 사용한 경우의 차광도는?

① 6

② 8

③ 9

④ 18

해설 차광도 $= (N_1 + N_2) - 1 = (6+3) - 1 = 8$

69. 체온의 상승에 따라 체온조절중추인 시상하부에서 혈액온도를 감지하거나 신경망을 통하여 정보를 받아들여 체온방산작용이 활발해지는 작용은?

① 정신적 조절작용(spiritual thermoregulation)

② 화학적 조절작용(chemical themoregulation)

③ 생물학적 조절작용(biological thermoregulation)

④ 물리적 조절작용(physical thermoregulation)

해설 물리적 조절작용

체온의 상승에 따라 체온조절중추인 시상하부에서 혈액온도

를 감지하거나 신경망을 통하여 정보를 받아들여 체온방산작용이 활발해지는 작용이다.

70. 다음 중 진동에 의한 장해를 최소화시키는 방법과 거리가 먼 것은?

① 진동의 발생원을 격리시킨다.

② 진동의 노출시간을 최소화시킨다.

③ 훈련을 통하여 신체의 적응력을 향상시킨다.

④ 진동을 최소화하기 위하여 공학적으로 설계 및 관리한다.

해설 진동작업장의 환경관리 대책이나 근로자의 건강 보호를 위한 조치

• 발진원과 작업자의 거리를 가능한 한 멀리한다.

• 작업자의 적정 체온을 유지시키는 것이 바람직하다.

71. 저온환경에 의한 장해의 내용으로 옳지 않은 것은?

① 근육 긴장이 증가하고 떨림이 발생한다.

② 혈압은 변화되지 않고 일정하게 유지된다.

③ 피부 표면의 혈관들과 피하조직이 수축된다.

④ 부종, 저림, 가려움, 심한 통증 등이 생긴다.

해설 저온환경에 의한 장해

• 근육 긴장이 증가하고 떨림이 발생한다.

• 체부 표면과 말초혈관, 피하조직이 수축한다.

• 화학적 대사작용이 증가한다.

• 혈압이 일시적으로 상승한다.

• 조직대사의 증진과 식욕항진된다.

• 심하면 부종, 저림, 가려움, 심한 통증 등이 생긴다.

72. 작업장의 조도를 균등하게 하기 위하여 국소조명과 전체조명이 병용될 때, 일반적으로 전체 조명의 조도는 국부조명의 어느 정도가 적당한가?

① 1/20~1/10

② 1/10~1/5

③ 1/5~1/3

④ 1/3~1/2

해설 전체 조도와 국소조도를 균등하게 하는 방법

• 전체 조명과 국소조명이 병용될 때 전체 조명의 조도는 국소조명의 조도에 1/5~1/10 정도가 되도록 한다.

• 작업장에서 에너지 절감을 위해 국소조명에만 의존할 경우 안전사고 위험과 눈의 피로를 유발한다.

해답 67. ① 68. ② 69. ④ 70. ③ 71. ② 72. ②

73. 다음 중 소음에 의한 청력장해가 가장 잘 일어나는 주파수 대역은?

① 1,000Hz   ② 2,000Hz

③ 4,000Hz   ④ 8,000Hz

> **해설** 소음에 의한 청력장해
> - 주로 4,000Hz 부근에서 가장 많은 장해를 유발하며 진행되면 다른 주파수영역으로 확대된다.
> - 소음성 난청의 초기 단계를 C_5-dip 현상이라 한다.
> - 일시적인 난청(TTS)은 코르티기관의 피로에 의해 발생한다.
> - 노인성 난청은 노화에 의한 퇴행성 질환이며 일반적으로 고음역에 대한 청력손실이 현저하고, 6,000Hz에서부터 난청이 시작된다.

74. 다음 중 감압과정에서 감압속도가 너무 빨라서 나타나는 종격기종, 기흉의 원인이 되는 것은?

① 질소   ② 이산화탄소

③ 산소   ④ 일산화탄소

> **해설** 감압속도가 빠르면 혈관과 조직 속에 녹아 있던 질소가 기포를 형성하며 종격기종, 기흉 등의 원인이 된다.

75. 음향출력이 1,000W인 음원이 반자유공간(반구면파)에 있을 때 20m 떨어진 지점에서의 음의 세기는 약 얼마인가?

① 0.2W/m^2 ② 0.4W/m^2

③ 2.0W/m^2 ④ 4.0W/m^2

> **해설** $w = I \cdot S$
>
> $W = I \cdot S$, $I = \dfrac{W}{S(2\pi\gamma^2)}$
>
> 여기서, W=음향 출력, I=음의 세기
> S=반구면파의 떨어진 거리($2\pi\gamma^2$)
>
> $I = \dfrac{1,000\,W}{(2 \times 3.14 \times 20\text{m}^2)} = 0.4\text{W/m}^2$

76. 다음에서 설명하는 고열 건강장해는?

> 고온환경에서 강한 육체적 노동을 할 때 잘 발생하며, 지나친 발한에 의한 탈수와 염분소실이 발생하고, 수의근의 유통성 경련증상이 나타나는 것이 특징이다.

① 열성 발진(heat rashes)

② 열사병(heat stroke)

③ 열피로(heat fatigue)

④ 열경련(heat cramps)

> **해설** 열경련(heat cramp) 발생
> - 고온환경에서 심한 육체적 노동을 할 경우 지나친 발한에 의한 수분 및 혈중 염분 손실로 발생
> - 땀을 많이 흘리고 동시에 염분이 없는 음료수를 많이 마셔서 염분 부족 시 발생
> - 전해질의 유실 시 발생
> - 증상으로는 수의근의 유동성 경련, 과도한 발한

77. 마이크로파와 라디오파에 관한 설명으로 옳지 않은 것은?

① 마이크로파의 주파수 대역은 100~3,000MHz 정도이며, 국가(지역)에 따라 범위의 규정이 각각 다르다.

② 라디오파의 파장은 1MHz와 자외선 사이의 범위를 말한다.

③ 마이크로파와 라디오파의 생체작용 중 대표적인 것은 온감을 느끼는 열작용이다.

④ 마이크로파의 생물학적 작용은 파장뿐만 아니라 출력, 노출시간, 노출된 조직에 따라 다르다.

> **해설** 라디오파의 파장
> 약 1mm에서 100km의 파장 범위를 갖는다. 이 전자기파는 신호와 정보를 먼 거리로 전송하는 데 주로 사용된다. 예를 들어 라디오, 지상파 TV 등의 방송, 휴대폰 통신 등에 사용된다.

78. 18℃ 공기 중에서 800Hz인 음의 파장은 약 몇 m인가?

① 0.35   ② 0.43

③ 3.5   ④ 4.3

> **해설** 음의 파장
> $C = \lambda f$
> 여기서, C: 음속(m/sec), λ: 파장(m), f: 주파수(Hz)
> - 정상조건에서 1초의 음속: 344.4m/sec
> - $C = 331.42 + 0.6(t)$ 여기서, t는 음 전달 매질의 온도(℃)
> $\therefore \lambda = \dfrac{c}{f} = \dfrac{331.42 + (0.6 \times 18)\text{m/sec}}{800\text{Hz}(1/\text{sec})} = 0.427$

해답   73. ③   74. ①   75. ②   76. ④   77. ②   78. ②

79. 음압이 2배로 증가하면 음압레벨(sound pressure level)은 몇 dB 증가하는가?

① 2

② 3

③ 6

④ 12

해설 음압이 2배로 증가 시 음압레벨

$$SPL = 20\log\frac{P}{P_0} = 20\log2 = 6dB$$

80. 고압환경의 영향 중 2차적인 가압 현상(화학적 장해)에 관한 설명으로 옳지 않은 것은?

① 4기압 이상에서 공기 중의 질소 가스는 마취작용을 나타낸다.

② 이산화탄소의 증가는 산소의 독성과 질소의 마취작용을 촉진시킨다.

③ 산소의 분압이 2기압을 넘으면 산소 중독증세가 나타난다.

④ 산소중독은 고압산소에 대한 노출이 중지되어도 근육경련, 환청 등 후유증이 장기간 계속된다.

해설 산소중독은 고압산소에 대한 노출이 중지되면 근육경련, 환청 등 후유증은 바로 없어진다.

|5| 산업독성학

81. 「산업안전보건법령」상 사람에게 충분한 발암성 증거가 있는 유해물질에 해당하지 않는 것은?

① 석면(모든 형태)

② 크롬광 가공(크롬산)

③ 알루미늄(용접 흄)

④ 황화니켈(흄 및 분진)

해설 알루미늄(용접 흄)은 관리대상물질이다.

82. 다음 설명에 해당하는 중금속은?

- 뇌홍의 제조에 사용
- 소화관으로는 2~7% 정도 소량 흡수
- 금속 형태는 뇌, 혈액, 심근에 많이 분포
- 만성노출시 식욕부진, 신기능부전, 구내염 발생

① 납(Pb)

② 수은(Hg)

③ 카드뮴(Cd)

④ 안티몬(Sb)

해설 수은(Hg)의 특징

- 뇌홍 제조에 사용
- 금속형태는 뇌, 혈액, 심근에 많이 분포
- 구내염, 근육진전, 정신증상
- 소화관으로는 2~7% 정도 소량 흡수
- 수족신경마비, 시신경장애, 정신이상, 보행장애
- 만성 노출 시 식욕부진, 신기능부전, 구내염 발생
- 유기수은 알킬수은 중 메틸수은은 미나마타(minamata)병을 발생시킴
- 혀의 떨림이나 손가락에 수전증(손가락 떨림)이 생김
- 치은부에는 황화수은의 정회색 침전물이 침착
- 정신증상으로는 중추신경계 중 뇌조직에 심한 증상이 나타나 정신기능이 상실될 수 있음(정신장애)

83. 골수장애로 재생불량성 빈혈을 일으키는 물질이 아닌 것은?

① 벤젠(benzene)

② 2-브로모프로판(2-bromopropane)

③ TNT(trinitrotoluene)

④ 2,4-TDI(Toluene-2,4-diisocyanate)

해설 2,4-TDI(Toluene-2,4-diisocyanate)는 직업성 천식을 유발하는 대표적인 물질이다.

84. 호흡성 먼지(respirable particulate mass)에 대한 미국 ACGIH의 정의로 옳은 것은?

① 크기가 10~100μm로 코와 인후두를 통하여 기관지나 폐에 침착한다.

② 폐포에 도달하는 먼지로 입경이 7.1μm 미만인 먼지를 말한다.

③ 평균 입경이 4μm이고, 공기역학적 직경이 10μm 미만인 먼지를 말한다.

④ 평균 입경이 10μm인 먼지로 흉곽성(thoracic) 먼지라고도 한다.

해설 입자 크기별 먼지의 기준(ACGIH, TLV)

- 흡입성 먼지(IPM): 비강, 인후두, 기관 등 호흡기에 침착 시 독성을 유발하는 분진으로 평균입경은 100μm(폐침착의 50%에 해당하는 입자 크기)

해답 79. ③　80. ④　81. ③　82. ②　83. ④　84. ③

- 흉곽성 먼지(TPM): 기도, 하기도에 침착하여 독성을 유발하는 물질으로 평균입경 $10\mu m$
- 호흡성 먼지(RPM): 가스교환부위인 폐포에 침착 시 독성 유발물질, 평균입경 $4\mu m$

85. 무기성 분진에 의한 진폐증이 아닌 것은?

① 규폐증(silicosis)

② 연초폐증(tabacosis)

③ 흑연폐증(graphite lung)

④ 용접공폐증(welder's lung)

해설 진폐증의 원인물질에 따른 분류
- 무기성 분진에 의한 진폐증
  규폐증, 철폐증, 용접공폐증, 석면폐증, 탄광부 진폐증, 활석폐증, 알루미늄폐증, 주석폐증, 납석폐증, 바륨폐증, 바릴륨폐증, 규조토폐증, 흑연폐증
- 유기성 분진에 의한 진폐증
  면폐증, 연초폐증, 농부폐증, 목재분진폐증, 모발분무액폐증, 사탕수수깡폐증

86. 생물학적 모니터링에 관한 설명으로 옳지 않은 것을 모두 고른 것은?

> (A): 생물학적 검체인 호기, 소변, 혈액 등에서 결정인자를 측정하여 노출 정도를 추정하는 방법이다.
> (B): 결정인자는 공기 중에서 흡수된 화학물질이나 그것의 대사산물 또는 화학물질에 의해 생긴 비가역적인 생화학적 변화이다.
> (C): 공기 중의 농도를 측정하는 것이 개인의 건강위험을 보다 직접적으로 평가할 수 있다.
> (D): 목적은 화학물질에 대한 현재나 과거의 노출이 안전한 것인지를 확인하는 것이다.
> (E): 공기 중 노출기준이 설정된 화학물질의 수만큼 생물학적 노출기준(BEI)이 있다.

① (A), (B), (C)

② (A), (C), (D)

③ (B), (C), (E)

④ (B), (D), (E)

해설 노출에 대한 생물학적 모니터링의 장단점
ㄱ 장점
- 화학물질의 흡수, 분포, 생물학적 전환, 배설에 있어서 개인적인 차이를 고려할 수 있다.
- 공기 중의 농도를 측정하는 것보다 건강상의 위험을 보다 직접적으로 평가할 수 있다.
- 감수성이 있는 개인들을 생물학적 모니터링을 통해 발견할 수 있다.
- 폐를 통한 흡수뿐만 아니라 소화기와 피부를 통한 흡수 등 모든 경로에 의한 흡수를 측정할 수 있다.

- 직업적인 폭로에 의한 것 외에도 일반환경에서 식사와 관련한 사항이나 오락활동 등을 통한 폭로도 측정할 수 있다.
- 건강상의 위험에 대하여 보다 정확한 평가를 할 수 있다.
- 인체 내 흡수된 내재용량이나 중요한 조직부위에 영향을 미치는 양을 모니터링할 수 있다.
ㄴ 단점
- 인체에서 직접 채취(혈액, 소변 등)하기 때문에 시료채취가 어렵다.
- 생물학적 모니터링을 만족시키는 산업장에서 사용하고 있는 화학물질은 수종에 불과하므로 생물학적 모니터링으로 산업장의 화학물질에 대한 폭로와 그에 따른 건강 위험도를 평가하는 데는 제한점이 있다.
- 쉽게 흡수되지 않고 접촉되는 부위에서 주로 건강장해를 일으키는 화학물질(예: 여러종류의 폐 자극물질)에 대해서 생물학적인 모니터링을 적용할 수 없다.
- 각 근로자의 생물학적 차이가 있다.
- 분석 시 오염에 노출될 수 있어 분석이 어렵다.

87. 체내에 노출되면 metallothionein이라는 단백질을 합성하여 노출된 중금속의 독성을 감소시키는 경우가 있는데 이에 해당되는 중금속은?

① 납

② 니켈

③ 비소

④ 카드뮴

해설 카드뮴 노출 시 증상
- 인체조직에서 저분자 단백질인 메탈로티오닌과 결합하여 저장한다.
- 인체에 유용한 칼슘, 철분, 아연 등과 유사한 경로를 통해 인체에 흡수되어 간, 신장, 뼈 그리고 다른 조직과 기관에 축적된다.
- 다량의 칼슘 배설이 일어나 뼈의 통증, 관절통, 골연화증 및 골다공증을 유발한다.
- 철분 결핍성 빈혈증이 일어나고 두통, 전신근육통 등의 증상이 나타난다.
- 혈중 카드뮴 $5\mu g/L$, 요 중 카드뮴 $5\mu g/g$ creatinine으로 규정된다.

88. 「산업안전보건법령」상 다음 유해물질 중 노출기준(ppm)이 가장 낮은 것은? (단, 노출기준은 TWA 기준이다.)

① 오존(O_3)

② 암모니아(NH_3)

③ 염소(Cl_2)

④ 일산화탄소(CO)

해답 85. ② 86. ③ 87. ④ 88. ①

해설
- 오존(O_3): 0.08ppm
- 염소(Cl_2): 0.0.5ppm
- 암모니아(NH_3): 25ppm
- 일산화탄소(CO) 30ppm

89. 유해인자에 노출된 집단에서의 질병 발생률과 노출되지 않은 집단에서의 질병 발생률의 비를 무엇이라 하는가?

① 교차비
② 발병비
③ 기여위험도
④ 상대위험도

해설 상대위험도(상대위험비, 비교위험도)
- 어떠한 유해요인, 즉 위험요인이 비노출군에 비해 노출군에서 질병에 걸린 위험도가 어떠한가를 나타내는 것으로, 노출군에서의 발병률을 비노출군에서의 발병률로 나눈 값을 말한다.

$$상대위험도 = \frac{노출군에서\ 질병발생률}{비노출군에서\ 질병발생률}$$
$$= \frac{위험요인이\ 있는\ 해당군의\ 해당\ 질병발생률}{위험요인이\ 없는\ 해당군의\ 해당\ 질병발생률}$$

- 상대위험비=1, 노출과 질병 사이의 연관성 없음
- 상대위험비>1, 위험의 증가
- 상대위험비<1, 질병에 대한 방어효과가 있음

90. 수은중독의 예방대책이 아닌 것은?

① 수은 주입과정을 밀폐공간 안에서 자동화한다.
② 작업장 내에서 음식물 섭취와 흡연 등의 행동을 금지한다.
③ 수은취급 근로자의 비점막 궤양 생성 여부를 면밀히 관찰한다.
④ 작업장에 흘린 수은은 신체가 닿지 않는 방법으로 즉시 제거한다.

해설 비점막 궤양 생성 여부를 면밀히 관찰하는 경우는 카드뮴 중독 여부를 확인하는 방법이다.

91. 일산화탄소 중독과 관련이 없는 것은?

① 고압산소실
② 카나리아새
③ 식염의 다량투여
④ 카르복시헤모글로빈(carboxyhemoglobin)

해설 열경련 시 식염수 0.1%를 공급하거나 수은중독 시 1일 10L의 등장 식염수를 공급한다.

92. 유해물질이 인체에 미치는 영향을 결정하는 인자와 가장 거리가 먼 것은?

① 개인의 감수성
② 유해물질의 독립성
③ 유해물질의 농도
④ 유해물질의 노출시간

해설 유해물질에 의한 유해성을 지배하는 인자
- 유해물질의 농도(공기 중 농도)
- 폭로시간(유해물질의 노출시간)
- 작업강도
- 기상조건
- 개인의 감수성

93. 벤젠의 생물학적 지표가 되는 대사물질은?

① Phenol
② Coproporphyrin
③ Hydroquinone
④ 1,2,4-Trihydroxybenzene

해설 벤젠 대사물질들의 뇨 중 배출 정도
- 페놀: 뇨 중 23~50% 검출
- 카테콜: 뇨 중 3~5% 검출
- 하이드로퀴논: 뇨 중 0.5% 검출
- 벤젠디하이드로디올: 뇨 중 0.3% 검출
- 트랜스뮤코닉 산: 뇨 중 13% 검출
- 하이드록시하이드로퀴논: 뇨 중 0.3% 검출
※ 대사물질 중 페놀의 함량이 가장 많아 생물학적 지표 물질로 사용한다.

94. 유기용제의 흡수 및 대사에 관한 설명으로 옳지 않은 것은?

① 유기용제가 인체로 들어오는 경로는 호흡기를 통한 경우가 가장 많다.
② 대부분의 유기용제는 물에 용해되어 지용성 대사산물로 전환되어 체외로 배설된다.
③ 유기용제는 휘발성이 강하기 때문에 호흡기를 통하여 들어간 경우에 다시 호흡기로 상당량이 배출된다.
④ 체내로 들어온 유기용제는 산화, 환원, 가수분

해로 이루어지는 생전환과 포합체를 형성하는 포합반응인 두 단계의 대사과정을 거친다.

해설 대부분의 유기용제는 물에 용해되지 않는 지용성으로 중추신경계의 신경세포의 지질막에 흡수되어 영향을 미친다.

95. 다핵방향족 탄화수소(PAHs)에 대한 설명으로 옳지 않은 것은?

① 벤젠고리가 2개 이상이다.
② 대사가 활발한 다핵 고리화합물로 되어 있으며 수용성이다.
③ 시토크롬(cytochrome) P-450의 준개체단에 의하여 대사된다.
④ 철강 제조업에서 석탄을 건류할 때나 아스팔트를 콜타르 피치로 포장할 때 발생된다.

해설 다환방향족 탄화수소(PAHs)
다환방향족 탄화수소란 2가지 이상의 방향족 고리가 융합된 유기화합물을 말한다. 실온에서 PAHs는 고체상태이며, 이 부류 화합물은 비점과 융점이 높으나 증기압이 낮고, 분자량 증가에 따라 극히 낮은 수용해도를 나타내는 것이 일반적인 성질이다. PAHs는 여러 유기용매에 용해되며, 친유성이 높다.

96. 증상으로는 무력증, 식욕감퇴, 보행장해 등의 증상을 나타내며, 계속적인 노출 시에는 파킨슨씨 증상을 초래하는 유해물질은?

① 망간
② 카드뮴
③ 산화칼륨
④ 산화마그네슘

해설 망간 만성중독에 의한 건강장애(증상 징후)
• 무력증, 식욕감퇴 등의 초기증세를 보이다 심해지면 중추신경계의 특정 부위를 손상(뇌기저핵에 축적되어 신경세포 파괴)시켜 노출이 지속되면 파킨슨 증후군과 보행장애가 발생한다.
• 안면의 변화, 즉 무표정하게 되며 배근력이 저하된다.
• 이산화망간 흄에 급성 폭로되면 열, 오한, 호흡곤란 등의 증상을 특징으로 하는 금속열을 일으킨다. 언어가 느려지는 언어장애 및 균형감각 상실 증세가 발생한다.

97. 다음 중 중추신경 활성억제 작용이 가장 큰 것은?

① 알칸
② 알코올
③ 유기산
④ 에테르

해설 유기용제의 중추신경계 활성억제 순위
알칸 < 알켄 < 알코올 < 유기산 < 에스테르 < 에테르 < 할로겐화합물

98. 「산업안전보건법령」상 기타 분진의 산화규소 결정체 함유율과 노출기준으로 옳은 것은?

① 함유율: 0.1% 이상, 노출기준: 5mg/m³
② 함유율: 0.1% 이하, 노출기준: 10mg/m³
③ 함유율: 1% 이상, 노출기준: 5mg/m³
④ 함유율: 1% 이하, 노출기준: 10mg/m³

해설 「산업안전보건법령」상 산화규소 결정체
• 기타 분진의 산화규소 결정체 함유율: 1% 이하, 노출기준: 10mg/m³
• 산화규소(결정체 크리스토바라이트) 노출기준: 0.05mg/m³
• 산화규소(결정체 트리디마이트) 노출기준: 0.05mg/m³
• 산화규소(결정체 트리폴리) 노출기준: 0.1mg/m³
• 산화규소(비결정체 규소, 용융된) 노출기준: 0.1mg/m³
• 산화규소(비결정체 규조토) 노출기준: 10mg/m³
• 산화규소(비결정체 침전된 규소) 노출기준: 10mg/m³
• 산화규소(비결정체 실리카겔) 노출기준: 10mg/m³

99. 단순 질식제로 볼 수 없는 것은?

① 오존
② 메탄
③ 질소
④ 헬륨

해설 단순 질식제: 아르곤, 수소, 헬륨, 질소, 이산화탄소(CO_2), 메탄, 에탄, 프로판, 에틸렌, 아세틸렌

100. 금속의 일반적인 독성작용 기전으로 옳지 않은 것은?

① 효소의 억제
② 금속평형의 파괴
③ DNA 염기의 대체
④ 필수 금속성분의 대체

해설 DNA는 생물의 유전자 정보가 담겨 있다. 그러나 DNA의 염기서열 모두가 유전자 발현에 관여하는 것은 아니다. 실제 유전형질의 발현에 관여하는 염기서열을 유전자라고 하고 그렇지 않은 부분을 비부호화 DNA라고 한다. 비부호화 DNA 가운데에는 예전에는 유전자로 기능하였으나 돌연변이 등으로 더 이상 기능하지 않는 슈도진이 포함되어 있다.

해답 95. ② 96. ① 97. ④ 98. ④ 99. ① 100. ③

|1| 산업위생학개론

1. 화학물질 및 물리적 인자의 노출기준상 사람에게 충분한 발암성 증거가 있는 물질의 표기는?

① 1A
② 1B
③ 2C
④ 1D

해설 발암성 정보물질의 표기(고용노동부 고시 화학물질 및 물리적 인자의 노출기준)
• 1A: 사람에게 충분한 발암성 증거가 있는 물질
• 1B: 시험동물에서 발암성 증거가 충분히 있거나, 시험동물과 사람 모두에게 제한된 발암성 증거가 있는 물질
• 2: 사람이나 동물에서 제한된 증거가 있지만 구분 1로 분류하기에는 증거가 충분하지 않은 물질

2. 미국산업안전보건연구원(NIOSH)에서 제시한 중량물의 들기작업에 관한 감시기준(Action Limit)과 최대허용기준(Maximum Permissible Limit)의 관계를 바르게 나타낸 것은?

① MPL=5AL
② MPL=3AL
③ MPL=10AL
④ MPL=$\sqrt{2}$AL

해설 NIOSH에서는 1981년 들기작업에 대한 안전 작업 지침을 발표하였다. 이 지침은 작업장에서 가장 빈번히 일어나는 들기작업에 있어 안전작업무게(AL, Action Limit)와 최대허용무게(MPL, Maximum Permissible Limit)를 제시하여, 들기작업에서 위험 요인을 찾아 제거할 수 있도록 하였다. 최대허용무게는 안전작업무게의 3배(MPL=3AL)이며 들기작업을 할 때 요추(L5/S1) 디스크에 650kg 이상의 인간공학적 부하가 부과되는 작업물의 무게이다. 따라서 작업물의 무게가 이 한계를 넘는 들기작업은 작업자에게 매우 위험하다고 할 수 있다.

3. 「산업안전보건법령」상 작업환경측정에 관한 내용으로 옳지 않은 것은?

① 모든 측정은 지역 시료채취방법을 우선으로 실시하여야 한다.
② 작업환경측정을 실시하기 전에 예비조사를 실시하여야 한다.
③ 작업환경측정자는 그 사업장에 소속된 사람으로 산업위생관리산업기사 이상의 자격을 가진 사람이다.
④ 작업이 정상적으로 이루어져 작업시간과 유해인자에 대한 근로자의 노출 정도를 정확히 평가할 수 있을 때 실시하여야 한다.

해설 모든 측정은 개인 시료채취방법을 우선으로 실시하여야 한다.

4. 근골격계질환 평가방법 중 JSI(Job Strain Index)에 대한 설명으로 옳지 않은 것은?

① 특히 허리와 팔을 중심으로 이루어지는 작업 평가에 유용하게 사용된다.
② JSI 평가결과의 점수가 7점 이상은 위험한 작업이므로 즉시 작업개선이 필요한 작업으로 관리기준을 제시하게 된다.
③ 이 기법은 힘, 근육 사용기간, 작업 자세, 하루 작업시간 등 6개의 위험요소로 구성되어, 이를 곱한 값으로 상지질환의 위험성을 평가한다.
④ 이 평가방법은 손목의 특이적인 위험성만을

해답 1. ① 2. ② 3. ① 4. ①

평가하고 있어 제한적인 작업에 대해서만 평가가 가능하고 손, 손목 부위에서 중요한 진동에 대한 위험요인이 배제되었다는 단점이 있다.

해설 JSI(Job Strain Index)는 특히 손가락, 손목을 중심으로 이루어지는 작업 평가에 유용하게 사용된다.

5. 휘발성 유기화합물의 특징이 아닌 것은?
   ① 물질에 따라 인체에 발암성을 보이기도 한다.
   ② 대기 중에 반응하여 광화학 스모그를 유발한다.
   ③ 증기압이 낮아 대기 중으로 쉽게 증발하지 않고 실내에 장기간 머무른다.
   ④ 지표면 부근 오존 생성에 관여하여 결과적으로 지구온난화에 간접적으로 기여한다.

   해설 휘발성 유기화합물은 증기압이 높아 대기 중으로 쉽게 증발된다.

6. 체중이 60kg인 사람이 1일 8시간 작업 시 안전흡수량이 1mg/kg인 물질의 체내 흡수를 안전흡수량 이하로 유지하려면 공기 중 유해물질 농도를 몇 mg/m³ 이하로 하여야 하는가? (단, 작업 시 폐환기율은 1.25m³/hr, 체내 잔류율은 1로 가정한다.)
   ① 0.06   ② 0.6
   ③ 6   ④ 60

   해설
   안전흡수량 $= C \times T \times V \times R$
   $$\therefore C = \frac{안전흡수량}{T \times V \times R} = \frac{1mg/kg \times 60kg}{8hr \times 1.25m^3/hr \times 1.0}$$
   $$= 6mg/m^3$$
   여기서 C: 유해물질의 농도(mg/m³)
   T: 노출시간(hr)
   V: 폐환기율(폐호흡률)(m³/hr)−작업의 강도에 따라 달라지므로 폐호흡률을 적정하게 적용하여야 함
   R: 체내 잔유율(자료가 없을 경우 보통 1로 함)
   SHD: 인간에게 안전하다고 여겨지는 양(Safe Human Dose). SHD는 kg당 흡수량이므로 체중을 곱해 주어야 함

7. 업무상 사고나 업무상 질병을 유발할 수 있는 불안전한 행동의 직접원인에 해당되지 않는 것은?
   ① 지식의 부족   ② 기능의 미숙
   ③ 태도의 불량   ④ 의식의 우회

   해설 불안전한 행동의 직접원인
   • 지식의 결함이나 부족
   • 작업기능의 부족
   • 안전의식(안전태도)의 결함
   • 인간 고유특성(휴먼에러)

8. 산업위생의 목적과 가장 거리가 먼 것은?
   ① 근로자의 건강을 유지시키고 작업능률을 향상시킴
   ② 근로자들의 육체적, 정신적, 사회적 건강을 증진시킴
   ③ 유해한 작업환경 및 조건으로 발생한 질병을 진단하고 치료함
   ④ 작업 환경 및 작업 조건이 최적화되도록 개선하여 질병을 예방함

   해설 산업위생의 목적
   • 작업자의 건강보호 및 생산성 향상
   • 작업환경과 근로조건의 개선 및 직업병의 근원적 예방
   • 근로자들의 육체적, 정신적, 사회적 건강의 유지 및 증진
   • 작업환경 및 작업조건의 인간공학적 개선
   • 산업재해의 예방 및 직업성 질환 유소견자의 작업전환

9. 교대근무에 있어 야간작업의 생리적 현상으로 옳지 않은 것은?
   ① 체중의 감소가 발생한다.
   ② 체온이 주간보다 올라간다.
   ③ 주간 근무에 비하여 피로를 쉽게 느낀다.
   ④ 수면 부족 및 식사시간의 불규칙으로 위장장애를 유발한다.

   해설 낮에는 심박수, 혈압 및 체온이 증가한다. 밤에는 심박수, 혈압 및 체온이 감소하여 동작이 느려지고 졸음을 느낀다.

해답 5. ③ 6. ③ 7. ④ 8. ③ 9. ②

10. 미국에서 1910년 납(lead) 공장에 대한 조사를 시작으로 레이온 공장의 이황화탄소 중독, 구리 광산에서 규폐증, 수은 광산에서의 수은 중독 등을 조사하여 미국의 산업보건 분야에 크게 공헌한 선구자는?

① Leonard Hill

② Max Von Pettenkofer

③ Edward Chadwick

④ Alice Hamilton

> **해설** 여의사 해밀턴(Alice Hamilton, 1869~1970)
> • 1910~1915년 개척적인 활동
> • 헤이허스트(Emery Hayhurst)는 오하이오주에서의 활동으로 근로자에게 무관심했던 미국 사회를 일깨움
> • 헤밀턴은 20세기 초 미국에서 산업위생분야의 선구자 역할(미국 산업위생의 시작)을 함

11. 「산업안전보건법령」상 작업환경 측정대상 유해인자(분진)에 해당하지 않는 것은? (단, 그 밖에 고용노동부장관이 정하여 고시하는 인체에 해로운 유해인자는 제외한다.)

① 면분진(cotton dusts)

② 목재분진(wood dusts)

③ 지류분진(paper dusts)

④ 곡물분진(grain dusts)

> **해설** 작업환경 측정대상 유해인자[분진(7종)]
> 광물성 분진, 곡물분진, 면분진, 목재분진, 석면분진, 용접흄, 유리섬유

12. RMR이 10인 격심한 작업을 하는 근로자의 실동률(A)과 계속작업의 한계시간(B)으로 옳은 것은? (단, 실동률은 사이또 오시마식을 적용한다.)

① A: 55%, B: 약 7분 ② A: 45%, B: 약 5분
③ A: 35%, B: 약 3분 ④ A: 25%, B: 약 1분

> **해설** 사이또=오시마의 실동률(%)
> 실동률(%)=85-5×작업대사율(RMR)
> $\qquad$ =85-5×10=35%
> log 계속작업 시의 한계시간=3.724-3.25log(RMR)
> $\qquad\qquad\qquad$ =3.724-3.25log10
> $\qquad\qquad\qquad$ =0.474
> 계속작업 시의 한계시간=$10^{0.474}$=3min

13. 다음 중 「산업안전보건법령」상 제조 등이 허가되는 유해물질에 해당하는 것은?

① 석면(Asbestos)

② 베릴륨(Beryllium)

③ 황린 성냥(Yellow phosphorus match)

④ β-나프틸아민과 그 염(β-Naphthylamine and its salts)

> **해설** 「산업안전보건법 시행령」 제88조(허가 대상 유해물질)
> 1. α-나프틸아민 및 그 염(α-Naphthylamine and its salts)
> 2. 디아니시딘 및 그 염(Dianisidine and its salts)
> 3. 디클로로벤지딘 및 그 염(Dichlorobenzidine and its salts)
> 4. 베릴륨(Beryllium)
> 5. 벤조트리클로라이드(Benzotrichloride)
> 6. 비소 및 그 무기화합물(Arsenic and its inorganic compounds)
> 7. 염화비닐(Vinyl chloride)
> 8. 콜타르피치 휘발물(Coal tar pitch volatiles)
> 9. 크롬광 가공(열을 가하여 소성 처리하는 경우만 해당한다)(Chromite ore processing)
> 10. 크롬산 아연(Zinc chromates 등)
> 11. o-톨리딘 및 그 염(o-Tolidine and its salts)
> 12. 황화니켈류(Nickel sulfides)
> 13. 제1호부터 제4호까지 또는 제6호부터 제12호까지의 어느 하나에 해당하는 물질을 포함한 혼합물(포함된 중량의 비율이 1퍼센트 이하인 것은 제외한다)
> 14. 제5호의 물질을 포함한 혼합물(포함된 중량의 비율이 0.5퍼센트 이하인 것은 제외한다)
> 15. 그 밖에 보건상 해로운 물질로서 산업재해보상보험 및 예방심의위원회의 심의를 거쳐 고용노동부장관이 정하는 유해물질

14. 직업병 진단 시 유해요인 노출 내용과 정도에 대한 평가 요소와 가장 거리가 먼 것은?

① 성별

② 노출의 추정

③ 작업환경측정

④ 생물학적 모니터링

> **해설** 직업병 진단 시 성별은 유해요인 노출 내용과 정도에 영향을 미치는 부분이 미미하여 평가 요소와 관계가 없다.

해답 10. ④ 11. ③ 12. ③ 13. ② 14. ①

15. 직업적성검사 중 생리적 기능검사에 해당하지 않는 것은?

    ① 체력검사   ② 감각기능검사
    ③ 심폐기능검사   ④ 지각동작검사

    해설 생리적 기능검사(생리적 적성검사): 감각기능검사,
    심폐기능검사, 체력검사

    ※ 지각동작검사는 심리학적 검사이다.

16. 산업재해 통계 중 재해발생건수(100만 배)를 총 연인원의 근로시간수로 나누어 산정하는 것으로 재해발생의 정도를 표현하는 것은?

    ① 강도율   ② 도수율
    ③ 발생율   ④ 연천인율

    해설 도수율(빈도율)
    • 1,000,000근로시간당 요양재해발생건수를 의미한다.
    • 도수율(빈도율)=재해건수/연근로시간수×1,000,000

17. 직업병 및 작업관련성 질환에 관한 설명으로 옳지 않은 것은?

    ① 작업관련성 질환은 작업에 의하여 악화되거나 작업과 관련하여 높은 발병률을 보이는 질병이다.
    ② 직업병은 일반적으로 단일요인에 의해, 작업관련성 질환은 다수의 원인 요인에 의해서 발병된다.
    ③ 직업병은 직업에 의해 발생된 질병으로서 직업 환경 노출과 특정 질병 간에 인과관계는 불분명하다.
    ④ 작업관련성 질환은 작업환경과 업무수행상의 요인들이 다른 위험요인과 함께 질병발생의 복합적 병인 중 한 요인으로서 기여한다.

    해설 통상 직업병이라고 하면 직업에서 노출되는 직접적인 유해요인이 원인이 되어 생긴 질병이다.

18. 미국산업위생학술원(AAIH)이 채택한 윤리강령 중 사업주에 대한 책임에 해당되는 내용은?

    ① 일반 대중에 관한 사항은 정직하게 발표한다.
    ② 위험 요소와 예방 조치에 관하여 근로자와 상담한다.
    ③ 성실성과 학문적 실력 면에서 최고 수준을 유지한다.
    ④ 근로자의 건강에 대한 궁극적인 책임은 사업주에게 있음을 인식시킨다.

    해설 기업주와 고객에 대한 책임
    • 쾌적한 작업환경을 조성하기 위하여 산업위생의 이론을 적용하고 책임 있게 행동한다.
    • 신뢰를 바탕으로 정직하게 권하고 성실한 자세로 충고하며 결과와 개선점 및 권고사항을 정확히 보고한다.
    • 결과 및 결론을 뒷받침할 수 있도록 정확한 기록을 유지하고 산업위생사업을 전문가답게 전문부서들이 운영, 관리한다.
    • 기업주와 고객보다는 근로자의 건강보호에 궁극적인 책임을 두어 행동한다.

19. 단기간의 휴식에 의하여 회복될 수 없는 병적 상태를 일컫는 용어는?

    ① 곤비   ② 과로
    ③ 국소피로   ④ 전신피로

    해설 피로의 3단계
    • 보통피로(1단계)
      하룻밤을 자고 나면 완전히 회복하는 상태
    • 과로(2단계)
      다음 날까지도 피로상태가 지속되는 피로의 축적으로 단기간 휴식으로 회복될 수 있으며, 발병 단계는 아님
    • 곤비(3단계)
      과로의 축적으로 단시간에 회복될 수 없는 단계를 말하며, 심한 노동 후의 피로현상으로 병적 상태를 의미함

20. 사무실 공기관리 지침 상 오염물질과 관리기준이 잘못 연결된 것은? (단, 관리기준은 8시간 시간가중평균농도이며, 고용노동부 고시를 따른다.)

    ① 총부유세균-800CFU/㎥
    ② 일산화탄소(CO)-10ppm
    ③ 초미세먼지(PM2.5)-50μg/㎥
    ④ 포름알데히드(HCHO)-150μg/㎥

사무실 오염물질의 관리기준(고용노동부 고시)

오염물질	관리기준
미세먼지(PM10)	$100\mu g/m^3$
초미세먼지(PM2.5)	$50\mu g/m^3$
이산화탄소(CO_2)	1,000ppm
일산화탄소(CO)	10ppm
이산화질소(NO_2)	0.1ppm
포름알데히드(HCHO)	$100\mu g/m^3$
총휘발성 유기화합물(TVOC)	$500\mu g/m^3$
라돈(radon)*	$148Bq/m^3$
총 부유세균	$800CFU/m^3$
곰팡이	$500CFU/m^3$

※ 라돈은 지상 1층을 포함한 지하에 위치한 사무실만 적용한다.

2 작업위생측정 및 평가

21. 금속탈지 공정에서 측정한 trichloroethylene의 농도(ppm)가 아래와 같을 때, 기하평균 농도(ppm)는?

101, 45, 51, 87, 36, 54, 40

① 49.7   ② 54.7
③ 55.2   ④ 57.2

해설 기하평균(ppm)

$\log(GM) = (\log a + \log b + \log c + \cdots)/n$
$= (\log 101 + \log 45 + \log 51 + \log 87 + \log 36 + \log 54 + \log 40)/7$
$= 1.742$
$GM = 10^{1.742} = 55.21ppm$

22. 공기 중 먼지를 채취하여 채취된 입자 크기의 중앙값(median)은 1.12μm이고 84.1%에 해당하는 크기가 2.68μm일 때, 기하표준편차 값은? (단, 채취된 입경의 분포는 대수정규분포를 따른다.)

① 0.42   ② 0.94
③ 2.25   ④ 2.39

해설 기하표준편차(GSD)
필요한 자료 84.1%에 해당하는 값을 50%에 해당하는 값으로 나누는 값 또는 50%에 해당하는 값을 15.9%에 해당하는 값으로 나누는 값

$GSD = \dfrac{84.1\% \text{에 해당하는 값}}{50\% \text{에 해당하는 값}}$
$= \dfrac{50\% \text{에 해당하는 값}}{15.9\% \text{에 해당하는 값}}$

$GSD = \dfrac{2.68\mu m}{1.12\mu m} = 2.39$

23. 입경이 20μm이고 입자비중이 1.5인 입자의 침강속도(cm/s)는?

① 1.8   ② 2.4
③ 12.7   ④ 36.2

해설 입자의 침강속도(cm/s)
입경이 20μm이므로 Lippman 식에 의한 종단(침강)속도(입자크기 $1{\sim}50\mu$m에 적용)에 해당된다.
$V(cm/sec) = 0.003 \times \rho \times d^2$
$= 0.003 \times 1.5 \times 20^2 = 1.8$

24. 어느 작업장에서 시료채취기를 사용하여 분진 농도를 측정한 결과 시료채취 전/후 여과지의 무게가 각각 32.4/44.7mg일 때, 이 작업장의 분진 농도(mg/m^3)는? (단, 시료채취를 위해 사용된 펌프의 유량은 20L/min이고, 2시간 동안 시료를 채취하였다.)

① 5.1   ② 6.2
③ 10.6   ④ 12.3

해설 작업장의 분진 농도(mg/m^3)
C(농도(mg/m^3))=질량 / 부피
여기서, 질량: 44.7mg-32.4mg=12.3mg
부피: $120min \times 20L/min = 2,400L$
L를 m^3으로 환산하면 2,400 / 1,000=$2.4m^3$
∴ C(농도(mg/m^3))=12.3mg / $2.4m^3$=5.125

해답 21. ③ 22. ④ 23. ① 24. ①

25. 근로자 개인의 청력 손실 여부를 알기 위해 사용하는 청력 측정용 기기는?

① Audiometer
② Noise dosimeter
③ Sound level meter
④ Impact sound level meter

해설 Audiometer는 근로자 개인의 청력 손실 여부를 알기 위해 사용하는 청력 측정용 기기이다.

26. Fick 법칙이 적용된 확산포집방법에 의하여 시료가 포집될 경우, 포집량에 영향을 주는 요인과 가장 거리가 먼 것은?

① 공기 중 포집대상물질 농도와 포집매체에 함유된 포집대상물질의 농도 차이
② 포집기의 표면이 공기에 노출된 시간
③ 대상물질과 확산매체의 확산계수 차이
④ 포집기에서 오염물질이 포집되는 면적

해설 Fick 법칙이 적용된 확산포집방법에 의하여 시료가 포집될 경우, 포집량에 영향을 주는 요인

$$W = D(\frac{A}{L})(C_i - C_o) \ or \ \frac{M}{At} = D\frac{C_i - C_o}{L}$$

여기서, W = 물질의 이동속도, ng/sec
D = 확산계수, cm^2/sec
A = 포집기에서 오염물질이 포집되는 면적, cm^2
L = 확산경로의 길이, cm
C_i = 포집대상 물질의 공기중 농도, ng/cm^3
C_o = 포집매질에 함유된 포집대상물질의 농도, ng/cm^3
M = 물질의 질량(ng/cm^3)
t = 포집기의 표면이 공기에 노출된 시간(sec)

27. 옥내의 습구흑구온도지수(WBGT)를 산출하는 식은?

① WBGT(℃)=0.7×자연습구온도+0.3×흑구온도
② WBGT(℃)=0.4×자연습구온도+0.6×흑구온도
③ WBGT(℃)=0.7×자연습구온도+0.1
　　　　　　　×흑구온도+0.2×건구온도
④ WBGT(℃)=0.7×자연습구온도+0.2
　　　　　　　×흑구온도+0.1×건구온도

해설 습구흑구온도지수(WBGT)
• 실내, 옥내=0.7×NWT+0.3×GT
• 실외=0.7×NWT+0.2×GT+0.1×DT

28. 87℃와 동등한 온도는? (단, 정수로 반올림한다.)

① 351K
② 189°F
③ 700°R
④ 186K

해설 섭씨(℃)에서 화씨(°F)로 온도변환을 하면 다음과 같다.
°F=℃×9/5+32=87℃×9/5+32=188.6

29. 입자상 물질을 채취하는 방법 중 직경분립충돌기의 장점으로 틀린 것은?

① 호흡기에 부분별로 침착된 입자크기의 자료를 추정할 수 있다.
② 흡입성, 흉곽성, 호흡성 입자의 크기별 분포와 농도를 계산할 수 있다.
③ 시료 채취 준비에 시간이 적게 걸리며 비교적 채취가 용이하다.
④ 입자의 질량 크기 분포를 얻을 수 있다.

해설 시료 채취 준비에 시간이 많이 걸리며 비교적 채취가 까다롭다.

30. 공기 중 유기용제 시료를 활성탄관으로 채취하였을 때 가장 적절한 탈착용매는?

① 황산
② 사염화탄소
③ 중크롬산칼륨
④ 이황화탄소

해설 공기 중 유기용제 시료를 활성탄관으로 채취하였을 때 가장 적절한 탈착용매는 이황화탄소(CS_2)이다.

31. 「산업안전보건법령」상 소음 측정방법에 관한 내용이다. ( ) 안에 맞는 내용은?

소음이 1초 이상의 간격을 유지하면서 최대음압수준이 ( ) dB(A) 이상의 소음인 경우에는 소음 수준에 따른 1분 동안의 발생횟수를 측정할 것

해답 25. ① 26. ③ 27. ① 28. ② 29. ③ 30. ④ 31. ②

① 110   ② 120

③ 130   ④ 140

해설 충격소음 측정방법(고용노동부 고시)

소음이 1초 이상의 간격을 유지하면서 최대음압수준이 120dB(A) 이상의 소음(이하 '충격소음'이라 한다)인 경우에는 소음수준에 따른 1분 동안의 발생횟수를 측정하여야 한다.

---

32. 「산업안전보건법령」상 단위작업장소에서 작업 근로자수가 17명일 때, 측정해야 할 근로자수는? (단, 시료채취는 개인 시료채취로 한다.)

① 1   ② 2

③ 3   ④ 4

해설 작업환경측정 및 정도관리 등에 관한 고시 제19조(시료채취 근로자수)

단위작업 장소에서 최고 노출근로자 2명 이상에 대하여 동시에 개인 시료채취 방법으로 측정하되, 단위작업 장소에 근로자가 1명인 경우에는 그러하지 아니하며, 동일 작업근로자수가 10명을 초과하는 경우에는 매 5명당 1명 이상 추가하여 측정하여야 한다.다만, 동일 작업근로자수가 100명을 초과하는 경우에는 최대 시료채취 근로자수를 20명으로 조정할 수 있다.

※ 작업 근로자수가 17명이므로 채취 근로자수는 4명이다.

---

33. 실리카겔과 친화력이 가장 큰 물질은?

① 알데하이드류   ② 올레핀류

③ 파라핀류   ④ 에스테르류

해설 실리카겔의 친화력(극성이 강한 순서)

물>알코올류>알데하이드류>케톤류>에스테르류>방향족 탄화수소류>올레핀류>파라핀류

---

34. 시료채취방법 중 유해물질에 따른 흡착제의 연결이 적절하지 않은 것은?

① 방향족 유기용제류-charcoal tube

② 방향족 아민류-silicagel tube

③ 니트로벤젠-silicagel tube

④ 알코올류-amberlite(XAD-2)

해설 알코올류를 활성탄 tube(activated carbon 또는 activated charcoal)를 이용하여 흡착하여 포집한다.

---

35. 직독식 기구에 대한 설명과 가장 거리가 먼 것은?

① 측정과 작동이 간편하여 인력과 분석비를 절감할 수 있다.

② 연속적인 시료채취전략으로 작업시간 동안 하나의 완전한 시료채취에 해당된다.

③ 현장에서 실제 작업시간이나 어떤 순간에서 유해인자의 수준과 변화를 쉽게 알 수 있다.

④ 현장에서 즉각적인 자료가 요구될 때 민감성과 특이성이 있는 경우 매우 유용하게 사용될 수 있다.

해설 직독식 기구는 직접 측정하는 기구로 순간농도 측정을 할 수 있는 장점이 있으나 작업환경 전체의 평균농도로는 사용할 수 없으며 각 물질에 대한 특이성이 낮아 정밀한 농도평가에는 사용이 어렵다.

---

36. 측정값이 1, 7, 5, 3, 9일 때, 변이계수(%)는?

① 183   ② 133

③ 63   ④ 13

해설 변이계수(coefficient of variation, CV%)

변동계수(=변이계수) 표준편차를 평균으로 나눈 값이다.

$$변이계수(CV\%) = \frac{표준편차}{산술평균} \times 100$$

$$산술평균 = \frac{X_1 + X_2 + \cdots + X_n}{N}$$

$$= \frac{1+7+5+3+9}{5} = 5\text{ppm}$$

$$SD(표준편차) = \left[\frac{\sum_{i=1}^{N}(X_i - \overline{X})^2}{N-1} \right]^{0.5}$$

$$= \left[\frac{(1-5)^2 + (7-5)^2 + (5-5)^2 + (3-5)^2 + (9-5)^2}{5-1} \right]^{0.5}$$

$$= 3.16$$

$$\therefore \ 변이계수(CV\%) = \frac{3.16}{5\text{ppm}} \times 100 = 63\%$$

---

37. 어느 작업장에서 작동하는 기계 각각의 소음 측정결과가 아래와 같을 때, 총 음압수준(dB)은? (단, A, B, C기계는 동시에 작동된다.)

해답 32. ④   33. ①   34. ④   35. ②   36. ③   37. ③

A기계: 93dB, B기계: 89dB, C기계: 88dB

① 91.5   ② 92.7

③ 95.3   ④ 96.8

해설 음압수준(dB)

$$SPL = 10\log(10^{\frac{SPL1}{10}} + 10^{\frac{SPL2}{10}} + 10^{\frac{SPL3}{10}})$$
$$= 10\log(10^{9.3} + 10^{8.9} + 10^{8.8}) = 95.34dB(A)$$

38. 검지관의 장단점에 관한 내용으로 옳지 않은 것은?

① 사용이 간편하고, 복잡한 분석실 분석이 필요 없다.

② 산소결핍이나 폭발성 가스로 인한 위험이 있는 경우에도 사용이 가능하다.

③ 민감도 및 특이도가 낮고 색변화가 선명하지 않아 판독자에 따라 변이가 심하다.

④ 측정대상물질의 동정이 미리 되어 있지 않아도 측정을 용이하게 할 수 있다.

해설 측정대상물질의 미리 동정되어 있어야 측정이 가능하다.

39. 어떤 작업장의 8시간 작업 중 연속음 소음 100dB(A)이 1시간, 95dB(A)이 2시간 발생하고 그 외 5시간은 기준 이하의 소음이 발생되었을 때, 이 작업장의 누적소음도에 대한 노출기준 평가로 옳은 것은?

① 0.75로 기준 이하였다.

② 1.0으로 기준과 같았다.

③ 1.25로 기준을 초과하였다.

④ 1.50으로 기준을 초과하였다.

해설 누적소음도에 대한 노출기준 평가
연속음 소음 100dB(A)에 대한 허용시간은 2시간이고 95dB(A)에 대한 노출기준은 4시간이다.
∴ 노출기준=1/2+2/4=1

40. 유해인자에 대한 노출평가방법인 위해도평가 (risk assessment)를 설명한 것으로 가장 거리가 먼 것은?

① 위험이 가장 큰 유해인자를 결정하는 것이다.

② 유해인자가 본래 가지고 있는 위해성과 노출 요인에 의해 결정된다.

③ 모든 유해인자 및 작업자, 공정을 대상으로 동일한 비중을 두면서 관리하기 위한 방안이다.

④ 노출량이 높고 건강상의 영향이 큰 유해인자인 경우 관리해야 할 우선순위도 높게 된다.

해설 화학물질인 유해인자의 경우 우선순위를 결정하기 위해 위해도 평가를 하는 것이다.

|3| 작업환경관리대책

41. 호흡기 보호구에 대한 설명으로 옳지 않은 것은?

① 호흡기 보호구를 선정할 때는 기대되는 공기 중의 농도를 노출기준으로 나눈 값을 위해비 (HR)라 하는데, 위해비보다 할당보호계수 (APF)가 작은 것을 선택한다.

② 할당보호계수(APF)가 100인 보호구를 착용하고 작업장에 들어가면 외부 유해물질로부터 적어도 100배만큼의 보호를 받을 수 있다는 의미이다.

③ 보호구를 착용함으로써 유해물질로부터 얼마만큼 보호해주는지 나타내는 것은 보호계수 (PF)이다.

④ 보호계수(PF)는 보호구 밖의 농도(Co)와 안의 농도(Ci)의 비(Co/Ci)로 표현할 수 있다.

해설 호흡기 보호구를 선정할 때는 기대되는 공기 중의 농도를 노출기준으로 나눈 값을 위해비(HR)라 하는데, 위해비보다 할당보호계수(APF)가 큰 것을 선택한다.

$$할당보호계수(APF) \geq \frac{기대되는 공기중농도(C_{air})}{노출기준(PEL)}$$
$$= (위해비(HR))$$

42. 흡입관의 정압 및 속도압은 -30.5mmH₂O, 7.2mmH₂O이고, 배출관의 정압 및 속도압은

해답 38. ④ 39. ② 40. ③ 41. ① 42. ①

182 산업위생관리기사 필기시험 문제풀이

20.0mmH₂O, 15mmH₂O일 때, 송풍기의 유효
전압(mmH₂O)은?

① 58.3   ② 64.2

③ 72.3   ④ 81.1

해설 송풍기의 유효전압(FTP)

$$FTP = TP_{out} - TP_{in} = (SP_{out} + VP_{out}) - (SP_{in} + VP_{in})$$
$$= (20 + 15) - (-30.5 + 7.2)$$
$$= 58.3 mmH_2O$$

43. 환기시설 내 기류가 기본적 유체역학적 원리에
의하여 지배되기 위한 전제 조건에 관한 내용으
로 틀린 것은?

① 환기시설 내외의 열교환은 무시한다.

② 공기의 압축이나 팽창을 무시한다.

③ 공기는 포화 수증기 상태로 가정한다.

④ 대부분의 환기시설에서는 공기 중에 포함된
유해물질의 무게와 용량을 무시한다.

해설 환기시설 내 기류가 기본적인 유체역학적 원리를
따르기 위한 전제조건

• 공기는 건조하다고 가정한다.
• 환기시설 내외의 열교환은 무시한다.
• 공기의 압축과 팽창은 무시한다.
• 공기 중에 포함된 오염물질의 무게와 용량은 무시한다.

44. 전기도금 공정에 가장 적합한 후드 형태는?

① 캐노피 후드   ② 슬롯 후드

③ 포위식 후드   ④ 종형 후드

해설 전기도금 공정에 가장 적합한 후드 형태는 슬롯 후
드이며, 슬롯 후드는 이외에도 자동차의 도장공정, 용해공정
등에 다양하게 이용되고 있다.

45. 보호구의 재질에 따른 효과적 보호가 가능한 화
학물질을 잘못 짝지은 것은?

① 가죽-알코올   ② 천연고무-물

③ 면-고체상 물질   ④ 부틸고무-알코올

해설 알코올은 가죽에 흡수되어 통과되므로 보호하지 못
한다.

46. 슬롯(Slot) 후드의 종류 중 전원주형의 배기량
은 1/4원주형 대비 약 몇 배인가?

① 2배   ② 3배

③ 4배   ④ 5배

해설 슬롯(Slot) 후드의 종류 중 전원주형의 배기량은
1/4원주형 대비 약 3배이다.

47. 터보(turbo) 송풍기에 관한 설명으로 틀린 것
은?

① 후향날개형 송풍기라고도 한다.

② 송풍기의 깃이 회전방향 반대편으로 경사지게
설계되어 있다.

③ 고농도 분진함유 공기를 이송시킬 경우, 집진
기 후단에 설치하여 사용해야 한다.

④ 방사날개형이나 전향날개형 송풍기에 비해 효
율이 떨어진다.

해설 터보(turbo) 송풍기의 특징

• 후향날개형 송풍기라고도 한다.
• 송풍기의 깃이 회전방향 반대편으로 경사지게 설계되어 있다.
• 고농도 분진함유 공기를 이송시킬 경우, 집진기 후단에 설
치하여 사용해야 한다.
• 고농도 분진함유 공기를 이송시킬 경우 깃 뒷면에 분진이
퇴적된다.
• 방사날개형이 전향날개형 송풍기에 비해 효율이 좋다.
• 원심력 송풍기 중 가장 효율이 좋다.

48. 밀도가 1.225kg/m³인 공기가 20m/s의 속도로
덕트를 통과하고 있을 때 동압(mmH₂O)은?

① 15   ② 20

③ 25   ④ 30

해설

$$VP = \frac{rV^2}{2g} = \frac{1.255kg/m^3 \times 20^2 m \cdot s}{2 \times 9.8} = 25 mmH_2O$$

49. 정압회복계수가 0.72이고 정압회복량이 7.2
mmH₂O인 원형 확대관의 압력손실(mmH₂O)은?

해답   43. ③   44. ②   45. ①   46. ②   47. ④   48. ③
       49. ③

① 4.2　　　　　② 3.6

③ 2.8　　　　　④ 1.3

$\Delta P = \xi \times (VP_1 - VP_2)$

$\xi = 1 - R = 1 - 0.72 = 0.28$

$VP_1 - VP_2 = (SP_2 - SP_1) + \Delta P = 7.2 + \Delta P$

$\Delta P = 0.28 \times (7.2 + \Delta P) = 2.016 + 0.28\Delta P$

$0.72\Delta P = 2.016$

$\therefore \Delta P = 2.8 mmH_2O$

50. 유기용제 취급 공정의 작업환경관리대책으로 가장 거리가 먼 것은?

① 근로자에 대한 정신건강관리 프로그램 운영

② 유기용제의 대체사용과 작업공정 배치

③ 유기용제 발산원의 밀폐 등 조치

④ 국소배기장치의 설치 및 관리

근로자에 대한 정신건강관리 프로그램 운영은 직무 스트레스 해소를 위한 방법이다.

51. 송풍기의 풍량조절기법 중에서 풍량(Q)을 가장 크게 조절할 수 있는 것은?

① 회전수 조절법

② 안내익 조절법

③ 댐퍼부착 조절법

④ 흡입압력 조절법

송풍기의 풍량조절기법 중에서 풍량(Q)을 가장 크게 조절할 수 있는 방법은 회전수 조절법이다.

52. 회전차 외경이 600mm인 원심 송풍기의 풍량은 200m³/min이다. 회전차 외경이 1,200mm인 동류(상사구조)의 송풍기가 동일한 회전수로 운전된다면 이 송풍기의 풍량(m³/min)은? (단, 두 경우 모두 표준공기를 취급한다.)

① 1,000　　　　② 1,200

③ 1,400　　　　④ 1,600

송풍기의 풍량(m³/min)

$Q_2 = Q_1 \times \left(\frac{D_2}{D_1}\right)^3 = 200 \times \left(\frac{1,200}{600}\right)^3 = 1,600 m^3/min$

53. 송풍기 축의 회전수를 측정하기 위한 측정기구는?

① 열선풍속계(hot wire anemometer)

② 타코미터(tachometer)

③ 마노미터(manometer)

④ 피토관(pitot tube)

타코미터(tachometer)는 축의 회전수(회전속도)를 지시하는 계량기, 측정기이며, 회전계의 일종이다. tacho는 속도를 의미하는 그리스어인 takhos(그리스어: takhos)에서 유래하였다.

54. 20℃, 1기압에서 공기유속은 5m/s, 원형 덕트의 단면적은 1.13m²일 때, Reynolds 수는? (단, 공기의 점성계수는 $1.8 \times 10^{-5} kg/s \cdot m$이고, 공기의 밀도는 1.2kg/m³이다.)

① 4.0×10^5

② 3.0×10^5

③ 2.0×10^5

④ 1.0×10^5

Reynolds 수

$Re = \frac{관성력}{점성력} = \frac{\rho VD}{\mu} = \frac{VD}{\nu}$

여기서, ρ : 공기밀도, V : 공기속도, D: 덕트의 직경

μ: 공기 점성계수

$D = \sqrt{\frac{1.13m^2 \times 4}{3.14}} = 1.20m$

$\therefore Re = \frac{관성력}{점성력} = \frac{1.2kg/m^3 \times 5 \times 1.2m}{1.8 \times 10^{-5}} = 4.0 \times 10^5$

55. 유해물질별 송풍관의 적정 반송속도로 옳지 않은 것은?

① 가스상 물질: 10m/s

② 무거운 물질: 25m/s

③ 일반 공업물질: 20m/s

④ 가벼운 건조 물질: 30m/s

유해물질의 덕트 내 반송속도
(W-1-2019 산업환기설비에 관한 기술지침)

유해물질 발생형태	유해물질 종류	반송속도 (m/s)
증기, 가스, 연기	모든 증기, 가스 및 연기	5.0~10.0
흄	아연흄, 산화알미늄 흄, 용접흄 등	10.0~12.5
미세하고 가벼운 분진	미세한 면분진, 미세한 목분진, 종이분진 등	12.5~15.0
건조한 분진이나 분말	고무분진, 면분진, 가죽분진, 동물털 분진 등	15.0~20.0
일반 산업분진	그라인더 분진, 일반적인 금속분말분진, 모직, 물분진, 실리카분진, 주물분진, 석면분진 등	17.5~20.0
무거운 분진	젖은 톱밥분진, 입자가 혼입된 금속분진, 샌드블라스트분진, 주절보링분진, 납분진	20.0~22.5
무겁고 습한 분진	습한 시멘트분진, 작은 칩이 혼입된 납분진, 석면덩어리 등	22.5 이상

56. 신체 보호구에 대한 설명으로 틀린 것은?

① 정전복은 마찰에 의하여 발생되는 정전기의 대전을 방지하기 위하여 사용된다.

② 방열의에는 석면제나 섬유에 알루미늄 등을 증착한 알루미나이즈 방열의가 사용된다.

③ 위생복(보호의)에서 방한복, 방한화, 방한모는 -18℃ 이하인 급냉동창고 하역작업 등에 이용된다.

④ 안면보호구에는 일반 보호면, 용접면, 안전모, 방진마스크 등이 있다.

안면보호구에는 보안경, 보호면 등이 있다.

57. 국소환기시설 설계에 있어 정압조절 평형법의 장점으로 틀린 것은?

① 예기치 않은 침식 및 부식이나 퇴적문제가 일어나지 않는다.

② 설치된 시설의 개조가 용이하여 장치변경이나 확장에 대한 유연성이 크다.

③ 설계가 정확할 때에는 가장 효율적인 시설이 된다.

④ 설계 시 잘못 설계된 분지관 또는 저항이 가장 큰 분지관을 쉽게 발견 할 수 있다.

정압조절 평형법의 장점
• 덕트 내에 예상치 못한 침식, 부식, 분진 퇴적 현상이 일어나지 않는다.
• 설계 오류로 인한 분지관, 최대저항경로(저항이 큰 분지관) 선정이 잘못되어도 설계 시 쉽게 발견할 수 있다.
• 설계가 정확할 때에는 가장 효율적인 시설이 된다.
• 유속의 범위가 적절히 선택되면 덕트의 폐쇄가 일어나지 않는다.

58. 전체 환기의 목적에 해당되지 않는 것은?

① 발생된 유해물질을 완전히 제거하여 건강을 유지·증진한다.

② 유해물질의 농도를 희석시켜 건강을 유지·증진한다.

③ 실내의 온도와 습도를 조절한다.

④ 화재나 폭발을 예방한다.

전체 환기는 희석환기로 유해물질이 작업자의 호흡기를 거쳐 제거되므로 완전히 제거되지 못한다.

59. 심한 난류상태의 덕트 내에서 마찰계수를 결정하는 데 가장 큰 영향을 미치는 요소는?

① 덕트의 직경 ② 공기점토와 밀도
③ 덕트의 표면조도 ④ 레이놀즈수

덕트의 표면조도, 즉 덕트 표면의 거칠기는 심한 난류상태의 덕트 내에서 마찰에 많은 영향을 미친다.

60. 호흡용 보호구 중 방독/방진마스크에 대한 설명 중 옳지 않은 것은?

① 방진마스크의 흡기저항과 배기저항은 모두 낮은 것이 좋다.

② 방진마스크의 포집효율과 흡기저항 상승률은 모두 높은 것이 좋다.

③ 방독마스크는 사용 중에 조금이라도 가스냄새가 나는 경우 새로운 정화통으로 교체하여야 한다.

④ 방독마스크의 흡수제는 활성탄, 실리카겔, sodalime 등이 사용된다.

해답 56. ④ 57. ② 58. ① 59. ③ 60. ②

| 4 | 물리적 유해인자관리

61. 다음 파장 중 살균작용이 가장 강한 자외선의 파장범위는?

① 220~234nm ② 254~280nm
③ 290~315nm ④ 325~400nm

해설 자외선이 인체에 미치는 영향
- 긍정적 영향: Dorno ray에 위해 체내 비타민 D를 생성하여 구루병을 예방하고 피부결핵, 관절염 치료작용, 신진대사 및 적혈구 생성 촉진, 혈압강하작용, 살균작용(2,600~2,800Å, 254~280nm)
- 부정적 영향: 피부의 홍반 및 색소 침착을 일으키며, 심할 경우 부종, 수포현상, 피부박리, 피부암 유발, 결막염, 설암, 백내장

62. 「산업안전보건법령」상 고온의 노출기준 중 중등작업의 계속작업 시 노출기준은 몇 ℃(WBGT)인가?

① 26.7 ② 28.3
③ 29.7 ④ 31.4

해설 고용노동부 고시 고온의 노출기준 (단위: ℃, WBGT)

작업강도 작업 대 휴식시간비	경작업	중등작업	중작업
계속작업	30.0	26.7	25.0
매시간 75% 작업, 25% 휴식	30.6	28.0	25.9
매시간 50% 작업, 50% 휴식	31.4	29.4	27.9
매시간 25% 작업, 75% 휴식	32.2	31.1	30.0

1. 경작업: 200kcal까지의 열량이 소요되는 작업을 말하며, 앉아서 또는 서서 기계의 조정을 하기 위하여 손 또는 팔을 가볍게 쓰는 일 등을 뜻함
2. 중등작업: 시간당 200~350kcal의 열량이 소요되는 작업을 말하며, 물체를 들거나 밀면서 걸어다니는 일 등을 뜻함
3. 중작업: 시간당 350~500kcal의 열량이 소요되는 작업을 말하며, 곡괭이질 또는 삽질하는 일 등을 뜻함

63. 다음 중 레이노 현상(Raynaud's phenomenon)의 주요 원인으로 옳은 것은?

① 국소진동 ② 전신진동
③ 고온환경 ④ 다습환경

해설 레이노 현상(Raynaud's phenomenon)
- 저온환경: 손발이 추위에 노출되거나 심한 감정적 변화가 있을 때, 손가락이나 발가락의 끝 일부가 하얗게 또는 파랗게 변하는 것을 "레이노 현상", "레이노드 증후군"이라고 부른다.
- 혈액순환장애: 창백해지는 것은 혈관이 갑자기 오그라들면서 혈액 공급이 일시적으로 중단되기 때문이다.
- 국소진동: 압축공기를 이용한 진동공구, 즉 착암기 또는 해머와 같은 공구를 장기간 사용한 근로자들의 손가락에 유발되기 쉬운 직업병이다.

64. 일반소음에 대한 차음효과는 벽체의 단위표면적에 대하여 벽체의 무게가 2배 될 때마다 약 몇 dB씩 증가하는가? (단, 벽체 무게 이외의 조건은 동일하다.)

① 4 ② 6
③ 8 ④ 10

해설 투과손실에서 벽체의 무게와 관계는 m(면밀도)만 고려하면 된다.

$$투과손실(TL) = 20\log(m \cdot f) - 43(dB)$$
$$TL = 20\log 2 = 6dB$$

즉, 면밀도가 2배가 되면 약 6dB의 투과손실치가 증가된다(주파수도 동일함).

65. 전기성 안염(전광성 안염)과 가장 관련이 깊은 비전리 방사선은?

① 자외선 ② 적외선
③ 가시광선 ④ 마이크로파

해설 전광성 안염
- 보호구를 착용하지 않은채 용접아크에 수초간 노출되면 근로자는 동통, 타는 느낌, 눈에 모래가 들어간 느낌이 생기며, 이는 'Welder's flash' 또는 'arc-eye'라고도 한다.
- 각막이 280~315nm 범위의 자외선에 노출되어 생기는 결과로 발생된다.
- 이러한 영향이 생기는 기간은 아크와의 거리, 빛의 세기에 따라 달라진다.

해답 **61.** ② **62.** ① **63.** ① **64.** ② **65.** ①

- 이학적 소견상 결막 충혈을 보이며, 슬릿 램프검사상 각막이 점상으로 움푹 들어간 소견을 보인다.

66. 한랭노출 시 발생하는 신체적 장해에 대한 설명으로 옳지 않은 것은?

① 동상은 조직의 동결을 말하며, 피부의 이론상 동결온도는 약 -1℃ 정도이다.
② 전신 체온강하는 장시간의 한랭노출과 체열상실에 따라 발생하는 급성 중증 장해이다.
③ 참호족은 동결 온도 이하의 찬공기에 단기간의 접촉으로 급격한 동결이 발생하는 장해이다.
④ 침수족은 부종, 저림, 작열감, 소양감 및 심한 동통을 수반하며, 수포, 궤양이 형성되기도 한다.

해설 참호족과 침수족은 국소부위의 산소결핍으로 생기는데 이는 지속적인 한랭으로 모세혈관벽이 손상되기 때문이다.

67. 「산업안전보건법령」상 "적정한 공기"에 해당하지 않는 것은? (단, 다른 성분의 조건은 적정한 것으로 가정한다.)

① 탄산가스 농도 1.5% 미만
② 일산화탄소 농도 100ppm 미만
③ 황화수소 농도 10ppm 미만
④ 산소 농도 18% 이상 23.5% 미만

해설 「산업안전보건기준에 관한 규칙」 제618조(정의) "적정공기"란 산소농도의 범위가 18퍼센트 이상 23.5퍼센트 미만, 탄산가스의 농도가 1.5퍼센트 미만, 일산화탄소의 농도가 30피피엠 미만, 황화수소의 농도가 10피피엠 미만인 수준의 공기를 말한다.

68. 인체와 작업환경 사이의 열교환이 이루어지는 조건에 해당되지 않는 것은?

① 대류에 의한 열교환 ② 복사에 의한 열교환
③ 증발에 의한 열교환 ④ 기온에 의한 열교환

해설 인체와 환경 사이의 열교환에 관여하는 인자에는 체내 열생산량(작업대사량), 전도, 대류, 복사, 증발 등이 있다.

69. 심한 소음에 반복 노출되면, 일시적인 청력변화는 영구적 청력변화로 변하게 되는데, 이는 다음

중 어느 기관의 손상으로 인한 것인가?

① 원형창   ② 삼반규반
③ 유스타키오관   ④ 코르티기관

해설 소음성 난청
- 고주파음에 대단히 민감하고 4,000Hz에서 소음성 난청이 가장 많이 발생(소음성 난청의 초기 단계가 C_5-dip 현상)
- 일시적인 난청(TTS)은 코르티기관의 피로에 의해 발생함
- 음압수준이 높을수록 유해하다.
- 노출시간: 간헐적 노출이 계속적 노출보다 덜 유해하다.
- 소음에 노출된 사람이 똑같이 반응하지는 않으며, 감수성이 매우 높은 사람이 극소수 존재한다.

70. 방진재료로 적절하지 않은 것은?

① 방진고무   ② 코르크
③ 유리섬유   ④ 코일 용수철

해설 방진재료에는 방진고무, 코르크, 펠트, 코일 스프링, 공기 스프링 등이 있다.

71. 전리방사선이 인체에 미치는 영향에 관여하는 인자와 가장 거리가 먼 것은?

① 전리작용   ② 피폭선량
③ 회절과 산란   ④ 조직의 감수성

해설 전리방사선의 인체영향 관여 인자
- 조직의 감수성   • 전리작용
- 투과력   • 피폭선량
- 피폭방법

72. 「산업안전보건법령」상 소음작업의 기준은?

① 1일 8시간 작업을 기준으로 80데시벨 이상의 소음이 발생하는 작업
② 1일 8시간 작업을 기준으로 85데시벨 이상의 소음이 발생하는 작업
③ 1일 8시간 작업을 기준으로 90데시벨 이상의 소음이 발생하는 작업
④ 1일 8시간 작업을 기준으로 95데시벨 이상의 소음이 발생하는 작업

해답 66. ③ 67. ② 68. ④ 69. ④ 70. ③ 71. ③
72. ②

1일 노출시간(hr)	소음수준[dB(A)]
8	90
4	95
2	100
1	105
1/2	110
1/4	115

※ 1일 8시간 노출 시 노출기준은 90dB(A)이고 5dB 증가할 때마다 노출시간을 반감함

73. 비전리방사선이 아닌 것은?

① 적외선 　　② 레이저
③ 라디오파 　④ 알파(α)선

해설
• 알파(α)선은 이온화 방사선(전리방사선)의 한 종류이다.
• 대표적인 이온화 방사선은 알파, 베타, 감마선, 중성자 등이다.
• 알파와 베타, 중성자는 입자이고 감마는 파의 형태이다.

74. 음원으로부터 40m 되는 지점에서 음압수준이 75dB로 측정되었다면 10m 되는 지점에서의 음압수준(dB)은 약 얼마인가?

① 84 　　② 87
③ 90 　　④ 93

해설 $SPL_1 - SPL_2 = 20\log\left(\dfrac{r_2}{r_1}\right)$

여기서, r_1=기계에서 떨어진 거리
　　　　r_2=원하는 지점에서 떨어진 거리

$75 - SPL_2 = 20\log\left(\dfrac{10}{40}\right)$

$75 - SPL_2 = -12.04$

$SPL_2 = 87\text{dB}$

75. 「산업안전보건법령」상 정밀작업을 수행하는 작업장의 조도기준은?

① 150럭스 이상 　② 300럭스 이상
③ 450럭스 이상 　④ 750럭스 이상

해설 「산업안전보건법」상 작업면의 조도
• 초정밀작업: 750럭스(lux) 이상
• 정밀작업: 300럭스 이상
• 보통작업: 150럭스 이상
• 그 밖의 작업: 75럭스 이상

76. 고압환경의 2차적인 가압현상 중 산소중독에 관한 내용으로 옳지 않은 것은?

① 일반적으로 산소의 분압이 2기압을 넘으면 산소중독증세가 나타난다.
② 산소중독에 따른 증상은 고압산소에 대한 노출이 중지되면 멈추게 된다.
③ 산소의 중독작용은 운동이나 중등량의 이산화탄소의 공급으로 다소 완화될 수 있다.
④ 수지와 족지의 작열통, 시력장해, 정신혼란, 근육경련 등의 증상을 보이며 나아가서는 간질 모양의 경련을 나타낸다.

해설
• 3~4기압의 산소 혹은 이에 상당하는 공기 중 산소분압에 의하여 중추신경계의 장해에 기인하는 운동장해를 나타내는데, 이것을 산소중독이라고 한다.
• 압력이 급속한 경우 폐 및 혈액으로 탄산가스의 일과성 배출이 억제되어 산소의 독성과 질소의 마취작용을 증가시키는 역할을 한다.

77. 빛과 밝기에 관한 설명으로 옳지 않은 것은?

① 광도의 단위로는 칸델라(candela)를 사용한다.
② 광원으로부터 한 방향으로 나오는 빛의 세기를 광속이라 한다.
③ 루멘(Lumen)은 1촉광의 광원으로부터 단위 입체각으로 나가는 광속의 단위이다.
④ 조도는 어떤 면에 들어오는 광속의 양에 비례하고, 입사면의 단면적에 반비례한다.

해설 광원으로부터 나오는 빛의세기를 광도라고 하며, 단위는 칸델라를 사용한다.

78. 감압병의 예방대책으로 적절하지 않은 것은?

① 호흡용 혼합가스의 산소에 대한 질소의 비율을 증가시킨다.
② 호흡기 또는 순환기에 이상이 있는 사람은 작

업에 투입하지 않는다.

③ 감압병 발생 시 원래의 고압환경으로 복귀시키거나 인공 고압실에 넣는다.

④ 고압실 작업에서는 탄산가스의 분압이 증가하지 않도록 신선한 공기를 송기한다.

해설 호흡용 혼합가스의 산소에 대한 질소의 비율을 증가시키면 안 되고 헬륨은 질소보다 확산속도가 크고 인체 내에 안정적이므로 질소를 대체한 공기로 헬륨을 흡입시킨다.

79. 이상기압의 영향으로 발생되는 고공성 폐수종에 관한 설명으로 옳지 않은 것은?

① 어른보다 아이들에게서 많이 발생된다.

② 고공 순화된 사람이 해면에 돌아올 때에도 흔히 일어난다.

③ 산소공급과 해면 귀환으로 급속히 소실되며, 증세가 반복되는 경향이 있다.

④ 진해성 기침과 과호흡이 나타나고 폐동맥 혈압이 급격히 낮아진다.

해설 진해성 기침과 과호흡이 나타나고 폐동맥 혈압이 상승한다.

80. 1,000Hz에서의 음압레벨을 기준으로 하여 등청감곡선을 나타내는 단위로 사용되는 것은?

① mel
② bell
③ sone
④ phon

해설 phon
1kHz(1,000Hz) 순음의 음압 레벨과 같은 크기로 느끼는 음의 크기

| 5 | 산업독성학

81. 다음 중 무기연에 속하지 않는 것은?

① 금속연
② 일산화연
③ 사산화삼연
④ 4메틸연

해설 4메틸연은 유기연(유기납)이다.

82. 접촉에 의한 알레르기성 피부감작을 증명하기 위한 시험으로 가장 적절한 것은?

① 첩포시험
② 진균시험
③ 조직시험
④ 유발시험

해설 첩포시험(patch test)
㉠ 알레르기성 접촉피부염(피부감작)의 진단에 필수적이며 가장 중요한 임상시험이다.
㉡ 시험방법
• 조그만 조각을 피부에 붙여 반응을 관찰하여 원인 물질을 찾아내는 검사이다.
• 정상인에게는 반응을 일으키지 않고 항원물질에 예민한 사람에게만 반응하도록 농도를 조절한 알레르겐을 특수 용기에 담아 피부(등 혹은 팔)에 붙여 48시간 후에 이를 제거한 후 한 번, 이틀 후 다시 한 번 판독하여 항원을 찾아내는 방법이다.
• 약 4일 정도가 소요되며 양성반응이 나타나면 항원물질로 판정한다.

83. 피부는 표피와 진피로 구분하는데, 진피에만 있는 구조물이 아닌 것은?

① 혈관
② 모낭
③ 땀샘
④ 멜라닌 세포

해설 멜라닌 세포는 표피의 기저층 전반에 분산되어 있으며 피부색을 결정짓는 주요 인자 중 하나이다.

84. 근로자의 소변 속에서 마뇨산(hippuric acid)이 다량 검출되었다면 이 근로자는 다음 중 어떤 유해물질에 폭로되었다고 판단되는가?

① 클로로포름
② 초산메틸
③ 벤젠
④ 톨루엔

해설 마뇨산(hippuric acid)은 톨루엔의 생물학적 노출지표이고 대사산물이다.

※ 2023년 안전보건기술지침이 개정되어 톨루엔의 노출지표가 마뇨산에서 O-크레졸로 변경됨

85. 카드뮴의 중독, 치료 및 예방대책에 관한 설명으로 옳지 않은 것은?

① 소변 속의 카드뮴 배설량은 카드뮴 흡수를 나

해답 79. ④ 80. ④ 81. ④ 82. ① 83. ④ 84. ④
85. ②

타내는 지표가 된다.

② BAL 또는 Ca-EDTA 등을 투여하여 신장에 대한 독작용을 제거한다.

③ 칼슘대사에 장해를 주어 신결석을 동반한 증후 군이 나타나고 다량의 칼슘 배설이 일어난다.

④ 폐활량 감소, 잔기량 증가 및 호흡곤란의 폐 증세가 나타나며, 이 증세는 노출기간과 노출 농도에 의해 좌우된다.

해설 Ca-EDTA는 납 중독 시 체내에 축적된 납을 배설하기 위한 촉진제이고, BAL은 수은중독 치료제이다.

86. 접촉성 피부염의 특징으로 옳지 않은 것은?

① 작업장에서 발생빈도가 높은 피부질환이다.

② 증상은 다양하지만 홍반과 부종을 동반하는 것이 특징이다.

③ 원인물질은 크게 수분, 합성화학물질, 생물성 화학물질로 구분할 수 있다.

④ 면역학적 반응에 따라 과거 노출경험이 있어 야만 반응이 나타난다.

해설 접촉피부염의 대부분은 외부물질과의 접촉(화학물질의 접촉)에 의하여 발생하는 자극성 접촉피부염이며 자극에 의한 원발성 피부염이 가장 많은 부분을 차지한다.

87. 대사과정에 의해서 변화된 후에만 발암성을 나타내는 간접 발암원으로만 나열된 것은?

① benzo(a)pyrene, ethylbromide

② PAH, methyl nitrosourea

③ benzo(a)pyrene, dimethyl sulfate

④ nitrosamine, ethyl methanesulfonate

해설 대사과정에 의해서 변화된 후에만 발암성을 나타내는 간접 발암원에는 benzo(a)pyrene, ethylbromide, Acrylamide 가 있다.

88. 직업성 피부질환에 영향을 주는 직접적인 요인에 해당되는 것은?

① 연령 ② 인종

③ 고온 ④ 피부의 종류

해설 직업성 피부질환의 간접요인으로는 인종, 연령, 계

절 등이 있다.

89. 호흡기계로 들어온 입자상 물질에 대한 제거기 전의 조합으로 가장 적절한 것은?

① 면역작용과 대식세포의 작용

② 폐포의 활발한 가스교환과 대식세포의 작용

③ 점액 섬모운동과 대식세포에 의한 정화

④ 점액 섬모운동과 면역작용에 의한 정화

해설 입자상 물질의 제거기전

호흡기계로 들어온 입자상 물질은 점액 섬모운동과 대식세포에 의한 정화작용으로 제거된다.

90. 노말헥산이 체내 대사과정을 거쳐 변환되는 물질로 노말헥산에 폭로된 근로자의 생물학적 노출지표로 이용되는 물질로 옳은 것은?

① hippuric acid

② 2,5-hexanedione

③ hydroquinone

④ 9-hydroxyquinoline

해설 2,5-hexanedione은 노말헥산의 생물학적 노출지표로 이용되는 물질이다.

91. 근로자가 1일 작업시간 동안 잠시라도 노출되어 서는 아니 되는 기준을 나타내는 것은?

① TLV-C ② TLV-STEL

③ TLV-TWA ④ TLV-skin

해설 허용기준(농도)

• TLV-TWA: 1일 8시간 작업을 기준으로 유해요인의 측정 농도에 발생시간을 곱하여 8시간으로 나눈 농도로서 TWA 라 하며, 다음 식에 의해 산출한다.

$$TWA = (C_1T_1 + C_2T_2 + \cdots + C_nT_n) / 8$$

• TLV-STEL: 근로자가 1회에 15분간 유해요인에 노출되는 경우 허용농도로서 이 농도 이하에서 1회 노출시간이 1시간 이상인 경우 1일 작업시간 동안 4회까지 노출이 허용될 수 있는 단시간 노출한계를 뜻한다.

• TLV-C: 근로자가 1일 작업시간 동안 잠시라도 노출되어 서는 안 되는 최고허용농도를 뜻하며, 허용농도 앞에 "C"

해답 86. ④ 87. ① 88. ③ 89. ③ 90. ② 91. ①

를 표기한다.
- TLV-skin: 허용기준에 Skin(피부) 표시 물질은 피부로 흡수되어 전체노출량에 기여할 수 있다는 의미이다.

92. 대상 먼지와 침강속도가 같고, 밀도가 1이며 구형인 먼지의 직경으로 환산하여 표현하는 입자상 물질의 직경을 무엇이라 하는가?

① 입체적 직경
② 등면적 직경
③ 기하학적 직경
④ 공기역학적 직경

해설 입자상 물질의 직경
㉠ 공기역학적 직경: 구형인 먼지의 직경으로 대상 먼지와 침강속도가 같고 단위밀도가 $1g/cm^3$이다.
㉡ 기하학적(물리적) 직경
- 마틴직경: 먼지의 면적을 2등분하는 선의 길이(방향은 항상 일정)로, 과소평가될 수 있다.
- 페렛직경: 먼지의 한쪽 끝 가장자리와 다른 쪽 가장자리 사이의 거리로, 과대평가될 수 있다.
- 등면적 직경: 먼지면과 동일면적 원의 직경으로 가장 정확하며, 현미경 접안경에 porton reticle을 삽입하여 측정한다.

93. 다음 중 규폐증(silicosis)을 일으키는 원인 물질과 가장 관계가 깊은 것은?

① 매연
② 암석분진
③ 일반부유분진
④ 목재분진

해설 암석분진은 분진 성분에 유리규산(SiO_2)을 함유하고 있어 분진 흡입으로 폐에 만성 섬유증식이 나타난다.

94. 방향족 탄화수소 중 만성노출에 의한 조혈장해를 유발시키는 것은?

① 벤젠
② 톨루엔
③ 클로로포름
④ 나프탈렌

해설 벤젠
방향족 탄화수소이며 만성적 노출 시(장기간 노출 시) 빈혈이나 백혈병(암의 한 종류) 같이 조혈기계(골수)의 손상이 나타난다.

95. 금속열에 관한 설명으로 옳지 않은 것은?

① 금속열이 발생하는 작업장에서는 개인 보호용구를 착용해야 한다.

② 금속 흄에 노출된 후 일정 시간의 잠복기를 지나 감기와 비슷한 증상이 나타난다.
③ 금속열은 일주일 정도가 지나면 증상은 회복되나 후유증으로 호흡기, 시신경 장애 등을 일으킨다.
④ 아연, 마그네슘 등 비교적 융점이 낮은 금속의 제련, 용해, 용접 시 발생하는 산화금속 흄을 흡입할 경우 생기는 발열성 질병이다.

해설 금속열
- 아연, 마그네슘 등 비교적 융점이 낮은 금속의 제련, 용해, 용접 시 발생하는 산화금속 흄을 흡입할 경우 생기는 발열성 질병을 말한다.
- 금속흄에 노출된 후 일정 시간의 잠복기를 지나 감기와 비슷한 증상이 나타난다.
- 체온이 높아지며 오한이 나고, 목이 마르고, 기침이나며, 가슴이 답답해진다.
- 호흡곤란이 일어나다가 12~24시간이 지나면 사라진다.
- 기폭로된 근로자는 일시적 면역이 생긴다.
- 특히 아연 취급 작업장에서는 당뇨병 환자의 작업을 금지하고 있다.
- 폐렴, 폐결핵의 원인이 되지는 않는다.
- 철폐증은 철분진 흡입 시 발생되는 금속열의 한 형태이다.
- 월요일열(monday fever)이라고도 한다.

96. 납이 인체에 흡수됨으로써 초래되는 결과로 옳지 않은 것은?

① δ-ALAD 활성치 저하
② 혈청 및 요 중 δ-ALA 증가
③ 망상 적혈구수의 감소
④ 적혈구내 프로토폴피린 증가

해설 망상 적혈구수의 감소가 아니라 망상 적형구수의 증가가 나타난다.

97. 유해물질의 경구투여용량에 따른 반응범위를 결정하는 독성검사에서 얻은 용량-반응곡선(dose-response curve)에서 실험동물군의 50%가 일정시간 동안 죽는 치사량을 나타내는 것은?

① LC_{50}
② LD_{50}
③ ED_{50}
④ TD_{50}

해답 92. ④ 93. ② 94. ① 95. ③ 96. ③ 97. ②

- ED(유효량): 특정환자군의 치료효과를 달성하는 데 요구되는투여량
- ED$_{50}$(평균유효량): 특정환자군의 50%가 치료효과를 달성하는데 요구되는 투여량
- LD: Lethal Dose 치사량(사람 또는 동물을 치사시킨 기도 경로(흡입) 이외의 경로에 의한 투여량)
- LD$_{50}$: Lethal Dose 50% kill 반수 치사량
- TD: Toxic Dose 중독량(사람 또는 동물에 중독증상을 일으키게 한 기도 경로(흡입) 이외의 경로에 의한 투여량)
- TD$_{50}$: 독성시험에 사용된 동물의 반수(50%)를 치사에 이르게 할 수 있는 화학물질의 양(mg)을 그 동물의 체중 1kg당으로 표시하는 수치이다.
- TC: Toxic Concentration 중독 농도(사람 또는 동물에 중독증상을 일으키게 한 기도 경로(흡입)에 의한 투여 농도)

98. 카드뮴에 노출되었을 때 체내의 주요 축적 기관으로만 나열한 것은?

① 간, 신장   ② 심장, 뇌
③ 뼈, 근육   ④ 혈액, 모발

해설 카드뮴에 노출되었을 때 체내의 주요 축적 기관
인체에 유용한 칼슘, 철분, 아연 등과 유사한 경로를 통해 인체에 흡수되어 간, 신장, 뼈 그리고 다른 조직과 기관에 축적된다.

99. 인체 내에서 독성이 강한 화학물질과 무독한 화학물질이 상호작용하여 독성이 증가되는 현상을 무엇이라 하는가?

① 상가작용   ② 상승작용
③ 가승작용   ④ 길항작용

해설 독성물질 간의 상호작용

- 상승작용: 매우 큰 독성을 발휘하는 물질의 상호작용을 나타내는 것으로 각각의 단일물질에 노출되었을 때 3+3=10으로 표현할 수 있다. 2+3=20이다.
- 상가작용: 독성물질의 영향력의 합으로 나타난 경우 3+3=6
- 가승작용 potentiation: 0+2=7(예: 단독으로 투여하면 전혀 독성이 없는 물질이 다른 물질과 함께 투여하면 독성이 현저하게 증가한다.)
- 길항작용(拮抗作用, antagonism)은 생물체 내의 현상에서 두 개의 요인이 동시에 작용할 때 서로 그 효과를 상쇄하는 것이다.

100. 무색의 휘발성 용액으로서 도금 사업장에서 금속 표면의 탈지 및 세정용, 드라이클리닝, 접착제 등으로 사용되며, 간 및 신장 장해를 유발시키는 유기용제는?

① 톨루엔   ② 노르말헥산
③ 클로르포름   ④ 트리클로로에틸렌

해설 TCE(트리클로로에틸렌)는 「산업안전보건법」에 의거 특별관리물질로 관리되고 있으며, 금속 표면의 세정제로 많이 사용되고 있다. 대표적인 질병으로는 스티븐슨증후군을 유발한다.

해답 98. ① 99. ③ 100. ④

|1| 산업위생학개론

1. 다음 중 최초로 기록된 직업병은?

① 규폐증　　　　　② 폐질환
③ 음낭암　　　　　④ 납중독

해설 Hippocrates(B.C 460~377)에 의해 광산 근로자에게 나타난 납중독이 역사상 최초로 기록된 직업병이 되었다.

2. 근골격계질환에 관한 설명으로 옳지 않은 것은?

① 점액낭염(bursitis)은 관절 사이의 윤활액을 싸고 있는 윤활낭에 염증이 생기는 질병이다.
② 건초염(tendosynovitis)은 건막에 염증이 생긴 질환이며, 건염(tendonitis)은 건의 염증으로, 건염과 건초염을 정확히 구분하기 어렵다.
③ 수근관 증후군(carpal tunnel wyndrome)은 반복적이고, 지속적인 손목의 압박, 무리한 힘 등으로 인해 수근관 내부에 정중신경이 손상되어 발생한다.
④ 요추 염좌(lumbar sprain)는 근육이 잘못된 자세, 외부의 충격, 과도한 스트레스 등으로 수축되어 굳어지면 근섬유의 일부가 띠처럼 단단하게 변하여 근육의 특정 부위에 압통, 방사통, 목부위 운동제한, 두통 등의 증상이 나타난다.

해설 요추 염좌
요통의 가장 흔한 원인으로, 허리의 근육이나 인대에 무리가 가거나 손상을 입어서 발생한다. 허리의 근육은 서기, 걷기, 물건 들어올리기와 같은 활동을 하기 위한 힘을 제공하는 조직으로, 근육의 상태가 좋지 않거나 과도하게 사용되면 근육의 염좌가 발생하게 된다.
④는 근막동통 증후군에 대한 설명이다.

3. 근로자가 노동환경에 노출될 때 유해인자에 대한 해치(Hatch)의 양-반응관계곡선의 기관장해 3단계에 해당하지 않는 것은?

① 보상단계　　　　② 고장단계
③ 회복단계　　　　④ 항상성 유지단계

해설 해치(Hatch)의 양-반응관계곡선의 기관장해 3단계
• 항상성 유지단계: 정상적인 상태로 유해인자의 노출에 적응할 수 있는 단계
• 보상단계: 인체가 가지고 있는 방어기전에 의해서 유해인자를 제거하여 기능장애를 방지할 수 있는 단계, 노출기준 설정 단계로 질병이 일어나기 전을 의미
• 고장단계: 진단 가능한 질병이 시작되는 단계, 보상이 불가능한 비가역적 단계

4. 산업피로의 용어에 관한 설명으로 옳지 않은 것은?

① 곤비란 단시간의 휴식으로 회복될 수 있는 피로를 말한다.
② 다음 날까지도 피로상태가 계속되는 것을 과로라 한다.
③ 보통 피로는 하룻밤 잠을 자고 나면 다음 날 회복되는 정도이다.
④ 정신피로는 중추신경계의 피로를 말하는 것으로 정밀작업 등과 같은 정신적 긴장을 요하는 작업 시에 발생된다.

해답 1. ④　2. ④　3. ③　4. ①

곤비(피로의 3단계)

과로의 축적으로 단시간에 회복될 수 없는 단계를 말하며, 심한 노동 후의 피로현상으로 병적 상태를 의미한다.

5. 「산업안전보건법령」에서 정하고 있는 제조 등이 금지되는 유해물질에 해당되지 않는 것은?

① 석면(Asbestos)
② 크롬산 아연(Zinc chromates)
③ 황린 성냥(Yellow phosphorus match)
④ β-나프틸아민과 그 염(β-Naphthylamine and its salts)

「산업안전보건법 시행령」 제87조(제조 등이 금지되는 유해물질)

1. β-나프틸아민[91-59-8]과 그 염(β-Naphthylamine and its salts)
2. 4-니트로디페닐[92-93-3]과 그 염(4-Nitrodiphenyl and its salts)
3. 백연[1319-46-6]을 포함한 페인트(포함된 중량의 비율이 2퍼센트 이하인 것은 제외한다)
4. 벤젠[71-43-2]을 포함하는 고무풀(포함된 중량의 비율이 5퍼센트 이하인 것은 제외한다)
5. 석면(Asbestos; 1332-21-4 등)
6. 폴리클로리네이티드 터페닐(Polychlorinated terphenyls; 61788-33-8 등)
7. 황린(黃燐)[12185-10-3] 성냥(Yellow phosphorus match)
8. 제1호, 제2호, 제5호 또는 제6호에 해당하는 물질을 포함한 혼합물(포함된 중량의 비율이 1퍼센트 이하인 것은 제외한다)
9. 「화학물질관리법」 제2조 제5호에 따른 금지물질(같은 법 제3조 제1항 제1호부터 제12호까지의 규정에 해당하는 화학물질은 제외한다)
10. 그 밖에 보건상 해로운 물질로서 산업재해보상보험 및 예방심의위원회의 심의를 거쳐 고용노동부장관이 정하는 유해물질

6. 사무실 공기관리 지침에 관한 내용으로 옳지 않은 것은?(단, 고용노동부 고시를 기준으로 한다.)

① 오염물질인 미세먼지(PM10)의 관리기준은 100μg/m³이다.
② 사무실 공기의 관리기준은 8시간 시간가중평균농도를 기준으로 한다.

③ 총부유세균의 시료채취방법은 충돌법을 이용한 부유세균채취기(bioair sampler)로 채취한다.
④ 사무실 공기질의 모든 항목에 대한 측정결과는 측정치 전체에 대한 평균값을 이용하여 평가한다.

사무실 공기질 측정결과는 측정치 전체에 대한 평균값을 오염물질별 관리기준과 비교하여 평가한다. 단, 이산화탄소는 각 지점에서 측정한 측정치 중 최고값을 기준으로 비교·평가한다.

7. 「산업안전보건법령」상 물질안전보건자료 대상물질을 제조·수입하려는 자가 물질안전보건자료에 기재해야 하는 사항에 해당되지 않는 것은? (단, 그 밖에 고용노동부장관이 정하는 사항은 제외한다.)

① 응급조치 요령
② 물리·화학적 특성
③ 안전관리자의 직무범위
④ 폭발·화재 시의 대처방법

산안법상 물질안전보건자료(MSDS) 작성 시 포함되어야 할 항목 제10조(작성항목) ① 물질안전보건자료 작성 시 포함되어야 할 항목 및 그 순서는 다음 각 호에 따른다.

1. 화학제품과 회사에 관한 정보
2. 유해성·위험성
3. 구성성분의 명칭 및 함유량
4. 응급조치요령
5. 폭발·화재 시 대처방법
6. 누출사고 시 대처방법
7. 취급 및 저장방법
8. 노출 방지 및 개인보호구
9. 물리화학적 특성
10. 안정성 및 반응성
11. 독성에 관한 정보
12. 환경에 미치는 영향
13. 폐기 시 주의사항
14. 운송에 필요한 정보
15. 법적 규제 현황
16. 그 밖의 참고사항

해답 5. ② 6. ④ 7. ③

8. 「산업안전보건법령」상 근로자에 대해 실시하는 특수건강진단 대상 유해인자에 해당되지 않는 것은?

① 에탄올(Ethanol)
② 가솔린(Gasoline)
③ 니트로벤젠(Nitrobenzene)
④ 디에틸 에테르(Diethyl ether)

에탄올은 유기화합물 109종에 포함되지 않는다.

9. 산업피로에 대한 대책으로 옳은 것은?

① 커피, 홍차, 엽차 및 비타민 B₁은 피로 회복에 도움이 되므로 공급한다.
② 신체 리듬의 적응을 위하여 야간 근무는 연속으로 7일 이상 실시하도록 한다.
③ 움직이는 작업은 피로를 가중시키므로 될수록 정적인 작업으로 전환하도록 한다.
④ 피로한 후 장시간 휴식하는 것이 휴식시간을 여러 번으로 나누는 것보다 효과적이다.

해설 산업피로에 대한 올바른 해설
• 피로한 후 장시간 휴식하는 것보다 휴식시간을 여러 번으로 나누는 것이 더 효과적이다.
• 정적인 작업을 동적인 작업으로 전환하도록 한다.
• 신체 리듬의 적응을 위하여 야간 근무는 연속으로 7일 이상 실시하면 더욱 피로가 가중된다.

10. 직업성 질환 중 직업상의 업무에 의하여 1차적으로 발생하는 질환은?

① 합병증
② 일반 질환
③ 원발성 질환
④ 속발성 질환

해설 직업성 질환의 범위
• 합병증이 원발성 질환과 불가분의 관계를 가지는 경우를 포함한다.
• 직업상 업무에 기인하여 1차적으로 발생하는 원발성 질환은 포함한다.
• 원발성 질환과 합병 작용하여 제2의 질환을 유발하는 경우를 포함한다.
• 원발성 질환부위가 아닌 다른 부위에서도 동일한 원인에 의하여 제2의 질환을 일으키는 경우를 포함한다.

11. 재해예방의 4원칙에 해당되지 않는 것은?

① 손실 우연의 원칙
② 예방 가능의 원칙
③ 대책 선정의 원칙
④ 원인 조사의 원칙

해설 재해예방의 4원칙
• 재해는 원칙적으로 모두 방지가 가능하다. (예방가능의 원칙)
• 재해발생과 손실발생은 우연적이므로 사고발생 자체의 방지가 이루어져야 한다. (손실우연의 원칙)
• 재해발생에는 반드시 원인이 있으며, 사고와 원인의 관계는 필연적이다. (원인계기의 원칙)
• 재해예방을 위한 가능한 안전대책은 반드시 존재한다. (대책선정의 원칙)

12. 토양이나 암석 등에 존재하는 우라늄의 자연적 붕괴로 생성되어 건물의 균열을 통해 실내공기로 유입되는 발암성 오염물질은?

① 라돈
② 석면
③ 알레르겐
④ 포름알데히드

해설 라돈
• '라돈'은 방사성 동위원소로 세계보건기구(WHO)에서 밝힌 1급 발암 물질이다.
• 방사성 비활성기체로서 무색, 무미, 무취의 성질을 가지고 있으며 공기보다 무겁다. 자연에서는 우라늄과 토륨의 자연 붕괴에 의해서 발생되며 건물의 균열 틈새를 통하여 내부로 유입되어 폐암을 유발시키는 발암성 물질이다. 가장 안정적인 동위 원소는 Rn-222으로 반감기는 3.8일이고, 이를 이용하여 방사선 치료 등에 사용된다.

13. NIOSH에서 제시한 권장무게한계가 6kg이고, 근로자가 실제 작업하는 중량물의 무게가 12kg일 경우 중량물 취급지수(LI)는?

① 0.5
② 1.0
③ 2.0
④ 6.0

해설 중량물 취급지수(LI, Lifting Index) 또는 중량물 들기지수
$$= \frac{물체\ 무게(kg)}{RWL(kg)} = \frac{12kg}{6kg} = 2$$

14. 미국산업위생학술원(American Academy of Industrial Hygiene)에서 산업위생 분야에 종사

하는 사람들이 반드시 지켜야 할 윤리강령 중 전문가로서의 책임부분에 해당하지 않는 것은?

① 기업체의 기밀은 누설하지 않는다.
② 근로자의 건강보호 책임을 최우선으로 한다.
③ 전문 분야로서의 산업위생을 학문적으로 발전시킨다.
④ 과학적 방법의 적용과 자료의 해석에서 객관성을 유지한다.

해설 산업위생전문가로서의 책임
• 성실성과 학문적 실력 면에서 최고수준을 유지한다. (전문적 능력 배양 및 성실한 자세로 행동)
• 과학적 방법의 적용과 자료의 해석에서 경험을 통한 전문가의 객관성을 유지한다. (공인된 과학적 방법 적용, 해석)
• 전문 분야로서의 산업위생을 학문적으로 발전시킨다.
• 근로자, 사회 및 전문 직종의 이익을 위해 과학적 지식을 공개하고 발표한다.
• 산업위생활동을 통해 얻은 개인 및 기업체의 기밀은 누설하지 않는다. (정보는 비밀 유지)
• 전문적 판단이 타협에 의하여 좌우될 수 있거나 이해관계가 있는 상황에는 개입하지 않는다.

②는 근로자에 대한 책임이다.

15. 근육운동을 하는 동안 혐기성 대사에 동원되는 에너지원과 가장 거리가 먼 것은?

① 글리코겐
② 아세트알데히드
③ 크레아틴인산(CP)
④ 아데노신삼인산(ATP)

해설 혐기성 대사에 동원되는 에너지원
아데노신삼인산(ATP), 크레아틴인산(CP), 글리코겐 또는 포도당

16. 「산업안전보건법령」상 중대재해에 해당되지 않는 것은?

① 사망자가 2명이 발생한 재해
② 상해는 없으나 재산피해 정도가 심각한 재해
③ 4개월의 요양이 필요한 부상자가 동시에 2명이 발생한 재해
④ 부상자 또는 직업성 질병자가 동시에 12명이 발생한 재해

해설 「산업안전보건법」상 중대재해
• 사망자가 1명 이상 발생한 재해
• 3개월 이상의 요양이 필요한 부상자가 동시에 2명 이상 발생한 재해
• 부상자 또는 직업성 질병자가 동시에 10명 이상 발생한 재해

17. 마이스터(D. Meister)가 정의한 내용으로 시스템으로부터 요구된 작업결과(Performance)와의 차이(Deviation)가 의미하는 것은?

① 인간실수   ② 무의식 행동
③ 주변적 동작   ④ 지름길 반응

해설 Meister(1971)는 휴먼에러를 작업의 종류에 따라 분류하였으며, 구체적 내용은 다음과 같다.
• 설계에러: 설비, 장치를 설계할 때 발생하는 에러
• 설치에러: 설비, 장치를 설치할 때 잘못된 설치와 조정을 한 에러
• 조작에러: 기계나 장치의 조작 시 발생하는 에러
• 제조에러: 조립을 주로 하는 제조공정에서의 에러
• 검사에러: 양품, 불량품을 구별하거나 결함을 검출하는 도중에 발생하는 에러로 검사에 관한 기록상의 에러
• 보전에러: 점검, 보수를 주로 하는 보전작업상의 에러
• 관리에러: 작업장에서 잘못된 관리로 발생하는 에러

※ 인간실수 : 시스템으로부터 요구된 작업결과(Performance)와의 차이(Deviation)

18. 작업대사율이 3인 강한 작업을 하는 근로자의 실동률(%)은?

① 50   ② 60
③ 70   ④ 80

해설 실동률=85−(5×RMR)
=85−(5×3)=70%

19. 산업위생활동 중 평가(evaluation)의 주요 과정에 대한 설명으로 옳지 않은 것은?

① 시료를 채취하고 분석한다.
② 예비조사의 목적과 범위를 결정한다.
③ 현장조사로 정량적인 유해인자의 양을 측정한다.
④ 바람직한 작업환경을 만드는 최정적인 활동이다.

해답 15. ② 16. ② 17. ① 18. ③ 19. ④

해설 산업위생활동 중 평가(evaluation)
- 시료의 채취와 분석
- 예비조사의 목적과 범위 결정
- 노출정도를 노출기준과 통계적 근거로 비교하여 판정

20. 톨루엔(TLV=50ppm)을 사용하는 작업장의 작업시간이 10시간일 때 허용기준을 보정하여야 한다. OSHA 보정법과 Brief and Scala 보정법을 적용하였을 경우 보정된 허용기준치 간의 차이는?

① 1ppm ② 2.5ppm
③ 5ppm ④ 10ppm

해설 보정된 허용기준
- OSHA $= \dfrac{8}{\text{노출시간(hr)/일}} \times 8\text{시간 허용기준}$
  $= \dfrac{8}{10} \times 50\text{ppm} = 40\text{ppm}$
- Brief & Scal $= \dfrac{8}{H} \times \dfrac{24-H}{16}$
  $= RF \times TLV$
  $= \dfrac{8}{10} \times \dfrac{24-10}{16} = 0.7$
  $= 50 \times 0.7 = 35$
∴ 차이 $= 40 - 35 = 5$

| 2 | 작업위생측정 및 평가

21. 가스상 물질의 분석 및 평가를 위한 열탈착에 관한 설명으로 틀린 것은?

① 이황화탄소를 활용한 용매 탈착은 독성 및 인화성이 크고 작업이 번잡하여 열탈착이 보다 간편한 방법이다.
② 활성탄관을 이용하여 시료를 채취한 경우, 열탈착에 300℃ 이상의 온도가 필요하므로 사용이 제한된다.
③ 열탈착은 용매탈착에 비하여 흡착제에 채취된 일부 분석물질만 기기로 주입되어 감도가 떨어진다.
④ 열탈착은 대개 자동으로 수행되며 탈착된 분

석물질이 가스크로마토그래피로 직접 주입되도록 되어 있다.

해설 열탈착은 흡착관에 열을 가하여 탈착하는 방법으로 탈착이 자동으로 수행되며 탈착된 물질이 자동으로 가스크로마토그래피에 직접 주입되는 방식이다.

22. 정량한계에 관한 설명으로 옳은 것은?

① 표준편차의 3배 또는 검출한계의 5배(또는 5.5배)로 정의
② 표준편차의 3배 또는 검출한계의 10배(또는 10.3배)로 정의
③ 표준편차의 5배 또는 검출한계의 3배(또는 3.3배)로 정의
④ 표준편차의 10배 또는 검출한계의 3배(또는 3.3배)로 정의

해설 분석기기의 정량한계(LOQ)는 목적성분의 유무가 정확히 판단될 수 있는 최저농도로 신호 대 잡음비(S/N비)의 9~10배 범위의 양이며, 일반적으로 LOD의 3배를 적용한다.

23. 고온의 노출기준을 구분하는 작업강도 중 중등작업에 해당하는 열량(kcal/h)은? (단, 고용노동부 고시를 기준으로 한다.)

① 130 ② 221
③ 365 ④ 445

해설 고온의 노출기준
1. 경작업: 200kcal까지의 열량이 소요되는 작업을 말하며, 앉아서 또는 서서 기계의 조정을 위하여 손 또는 팔을 가볍게 쓰는 일 등을 뜻함
2. 중등작업: 시간당 200~350kcal의 열량이 소요되는 작업을 말하며, 물체를 들거나 밀면서 걸어다니는 일 등을 뜻함
3. 중작업: 시간당 350~500kcal의 열량이 소요되는 작업을 말하며, 곡괭이질 또는 삽질 등의 일을 뜻함

24. 고열(heat stress) 환경의 온열 측정과 관련된 내용으로 틀린 것은?

① 흑구온도와 기온의 차를 실효복사온도라 한다.
② 실제 환경의 복사온도를 평가할 때는 평균복

해답 20. ③ 21. ③ 22. ④ 23. ② 24. ④

사온도를 이용한다.

③ 고열로 인한 환경적인 요인은 기온, 기류, 습도 및 복사열이다.

④ 습구흑구온도지수(WBGT) 계산 시에는 반드시 기류를 고려하여야 한다.

> **해설** 습구흑구온도지수(WBGT)의 계산 시에는 햇빛의 노출 유무에 따라 건구온도, 습구온도, 흑구온도를 고려한다.

25. 입경범위가 0.1~0.5μm인 입자상 물질이 여과지에 포집될 경우에 관여하는 주된 메커니즘은?

① 충돌과 간섭
② 확산과 간섭
③ 확산과 충돌
④ 충돌

> **해설** 입자크기별 포집효율(기전에 따름)
> • 입경 0.1μm 미만: 확산
> • 입경 0.1~0.5μm: 확산, 직접차단(간섭)
> • 입경 0.5μm 이상: 관성충돌, 직접차단(간섭)
>
> ※ 입경 0.3μm → 포집효율이 가장 낮음

26. 접착공정에서 본드를 사용하는 작업장에서 톨루엔을 측정하고자 한다. 노출기준의 10%까지 측정하고자 할 때, 최소 시료채취시간(min)은? (단, 작업장은 25℃, 1기압이며, 톨루엔의 분자량은 92.14, 기체 크로마토그래피의 분석에서 톨루엔의 정량한계는 0.5mg, 노출기준은 100ppm, 채취유량은 0.15L/분이다.)

① 13.3
② 39.6
③ 88.5
④ 182.5

> **해설**
> • 농도$(mg/m^3) = (100ppm \times 0.1) \times (92.14/24.45)$
> $\qquad = 37.69mg/m^3$
> • 최소 채취량$= LOQ/농도 = (0.5mg/37.69mg/m^3)$
> $\qquad = 0.01326m^3 \times 1,000L/m^3 = 13.26L$
> ∴ 최소 시료채취시간(분)$= 13.26L/0.15L/분 = 88.44분$

27. 1% Sodium bisulfite의 흡수액 20mL를 취한 유리제품의 미드젯임핀져를 고속시료포집 펌프에 연결하여 공기시료 0.480m^3를 포집하였다. 가시광선흡광광도계를 사용하여 시료를 실험실

에서 분석한 값이 표준검량선의 외삽법에 의하여 50μg/mL가 지시되었다. 표준상태에서 시료 포집기간 동안의 공기 중 포름알데히드 증기의 농도(ppm)는? (단, 포름알데히드 분자량은 30g/mol이다.)

① 1.7
② 2.5
③ 3.4
④ 4.8

> **해설** 공기 중 포름알데히드 증기의 농도(ppm)
> $$농도(mg/m^3) = \frac{시료\ 무게 \times 흡수액의\ 부피(mL)}{공시료\ 부피(m^3)}$$
> $$= \frac{50\mu g/mL \times 20mL}{0.480m^3} = 2,083.33\mu g/m^3$$
> $\mu g/m^3$를 mg/m^3로 단위환산하면,
> $2,083.33/1,000 = 2.083333mg/m^3$
> ppm으로 단위환산하면,
> $$\therefore\ ppm = mg/m^3 \times \frac{24.45}{분자량}$$
> $$= 2.0833mg/m^3 \times \frac{24.45}{30} = 1.7ppm$$

28. 고체흡착관의 뒷층에서 분석된 양이 앞층의 25%였다. 이에 대한 분석자의 결정으로 바람직하지 않은 것은?

① 파과가 일어났다고 판단하였다.
② 파과실험의 중요성을 인식하였다.
③ 시료채취과정에서 오차가 발생되었다고 판단하였다.
④ 분석된 앞층과 뒷층을 합하여 분석결과로 이용하였다.

> **해설** 분석된 뒷층의 양이 압층의 분석된 양을 10% 이상 초과하면 파과되었기에 분석결과(측정결과)로 이용할 수 없다.

29. 옥내의 습구흑구온도지수(WBGT)를 계산하는 식으로 옳은 것은?

① WBGT=0.1×자연습구온도+0.9×흑구온도
② WBGT=0.9×자연습구온도+0.1×흑구온도
③ WBGT=0.3×자연습구온도+0.7×흑구온도
④ WBGT=0.7×자연습구온도+0.3×흑구온도

해답 25. ② 26. ① 27. ① 28. ④ 29. ④

- 옥외(태양광선이 내리쬐는 장소)
  WBGT=0.7NWB+0.2GT+0.1DT
- 옥내 또는 옥외(태양광선이 내리쬐지 않는 장소)
  WBGT=0.7NWB+0.3GT
- NWB: 자연습구온도, GT: 흑구온도, DT: 건구온도

30. 활성탄관에 대한 설명으로 틀린 것은?

① 흡착관은 길이 7cm, 외경 6mm인 것을 주로 사용한다.

② 흡입구 방향으로 가장 앞쪽에는 유리섬유가 장착되어 있다.

③ 활성탄 입자는 크기가 20~40mesh인 것을 선별하여 사용한다.

④ 앞층과 뒷층을 우레탄 폼으로 구분하며 뒷층이 100mg으로 앞층보다 2배 정도 많다.

해설 항상 뒷층이 앞층보다 1/2 적어야 한다.

31. 처음 측정한 측정치는 유량, 측정시간, 회수율, 분석에 의한 오차가 각각 15%, 3%, 10%, 7%였으나 유량에 의한 오차가 개선되어 10%로 감소되었다면 개선 전 측정치의 누적오차와 개선 후 측정치의 누적오차의 차이(%)는?

① 6.5 ② 5.5

③ 4.5 ④ 3.5

해설 누적오차(%) $E_c = \sqrt{E_1^2 + E_2^2 + E_3^2 + \cdots}$
- 개선 전 누적오차 $= \sqrt{15^2 + 3^2 + 10^2 + 7^2} = 19.57\%$
- 개선 후 누적오차 $= \sqrt{10^2 + 3^2 + 10^2 + 7^2} = 16.06\%$
- ∴ 개선 전후 차이 $= (19.57 - 16.06)\% = 3.51\%$

32. 산업위생통계에서 적용하는 변이계수에 대한 설명으로 틀린 것은?

① 표준오차에 대한 평균값의 크기를 나타낸 수치이다.

② 통계집단의 측정값들에 대한 균일성, 정밀성 정도를 표현하는 것이다.

③ 단위가 서로 다른 집단이나 특성값의 상호 산포도를 비교하는 데 이용될 수 있다.

④ 평균값의 크기가 0에 가까울수록 변이계수의 의의가 작아지는 단점이 있다.

해설 변동계수(변이계수, Coefficient of Variation, CV%)
- 표준편차를 평균으로 나눈 값을 이르는 말이다.
- 계산식: 변이계수$(CV\%) = \dfrac{\text{표준편차}}{\text{산술평균}}$

33. 누적소음노출량 측정기로 소음을 측정할 때의 기기 설정값으로 옳은 것은? (단, 고용노동부 고시를 기준으로 한다.)

① Threshold=80dB, Criteria=90dB, Exchange Rate=5dB

② Threshold=80dB, Criteria=90dB, Exchange Rate=10dB

③ Threshold=90dB, Criteria=80dB, Exchange Rate=10dB

④ Threshold=90dB, Criteria=80dB, Exchange Rate=5dB

해설 누적소음노출량 측정기의 설정(고용노동부 고시)
소음 노출량 측정기로 소음을 측정하는 경우에는 Criteria는 90dB, Exchange Rate은 5dB, Threshold는 80dB로 기기를 설정할 것

34. 석면 농도를 측정하는 방법에 대한 설명 중 ( ) 안에 들어갈 적절한 기체는? (단, NIOSH 방법 기준)

공기 중 석면 농도를 측정하는 방법으로 충전식 휴대용 펌프를 이용하여 여과지를 통하여 공기를 통과시켜 시료를 채취한 다음, 이 여과지에 (A) 증기를 씌우고 (B) 시약을 가한 후 위상차현미경으로 400~450배의 배율에서 섬유수를 계수한다.

① 솔벤트, 메틸에틸케톤

② 아황산가스, 클로로포름

③ 아세톤, 트리아세틴

④ 트리클로로에탄, 트리클로로에틸렌

해설 석면 농도 측정방법(NIOSH 방법 기준)
공기 중 석면 농도를 측정하는 방법으로 충전식 휴대용 펌프를 이용하여 여과지를 통하여 공기를 통과시켜 시료를 채취한 다음, 이 여과지에 아세톤 증기를 씌우고 트리아세틴 시

해답 30. ④ 31. ④ 32. ① 33. ① 34. ③

약을 가한 후 위상차 현미경으로 400~450배의 배율에서 섬유수를 계수하여야 한다.

35. 방사성 물질의 단위에 대한 설명이 잘못된 것은?

① 방사능의 SI단위는 Becquerel(Bq)이다.

② 1Bq는 3.7×10^{10}dps이다.

③ 물질에 조사되는 선량은 röntgen(R)으로 표시한다.

④ 방사선의 흡수선량은 Gray(Gy)로 표시한다.

해설 $1Bq = 2.7 \times 10^{-11}Ci$

36. 세 개의 소음원의 소음수준을 한 지점에서 각각 측정해보니 첫 번째 소음원만 가동될 때 88dB, 두 번째 소음원만 가동될 때 86dB, 세 번째 소음원만이 가동될 때 91dB이었다. 세 개의 소음원이 동시에 가동될 때 측정 지점에서의 음압수준(dB)은?

① 91.6   ② 93.6

③ 95.4   ④ 100.2

해설 여러 기계가 가동되는 작업장의 음압레벨

$$SPL = 10\log(10^{\frac{SPL1}{10}} + 10^{\frac{SPL2}{10}} + 10^{\frac{SPL3}{10}})$$
$$= 10\log(10^{\frac{88}{10}} + 10^{\frac{86}{10}} + 10^{\frac{91}{10}}) = 93.59dB(A)$$

37. 채취시료 10mL를 분석한 결과 납(Pb)의 양이 $8.5\mu g$이고 Blank 시료도 동일한 방법으로 분석한 결과 납의 양이 $0.7\mu g$이다. 총 흡인 유량이 60L일 때 작업환경 중 납의 농도(mg/m³)는? (단, 탈착효율은 0.95이다.)

① 0.14   ② 0.21

③ 0.65   ④ 0.70

해설 납 농도(mg/m³)

$$Pb(납) \, 농도(mg/m^3) = \frac{분석량}{공기포집량 \times 탈착효율}$$

분석량 = 분석된 납의 양 − 공시료(Blank 시료)

분석량 $= 8.5\mu g - 0.7\mu g = 7.8\mu g$

$$\therefore 납 농도(mg/m^3) = \frac{7.8}{60L \times 0.85} = 0.1529\mu g/L$$

mg/m³으로 단위환산 시 분자, 분모 모두 1,000으로 나누어야 하므로 그대로 0.15mg/m³를 단위환산하여 사용하면 된다.

38. 작업환경 내 105dB(A)의 소음이 30분, 110dB(A) 소음이 15분, 115dB(A) 5분 발생하였을 때, 작업환경의 소음 정도는? (단, 105, 110, 115dB(A)의 1일 노출허용 시간은 각각 1시간, 30분, 15분이고, 소음은 단속음이다.)

① 허용기준 초과

② 허용기준과 일치

③ 허용기준 미만

④ 평가할 수 없음(조건부족)

해설 작업환경의 소음 정도

$$소음정도 = \frac{C1}{T1} + \frac{C2}{T2} + \frac{C3}{T3} + \cdots$$

여기서, T : 소음허용기준(시간)

　　　　　C : 소음노출시간

$$소음 정도 = \frac{30}{60} + \frac{15}{30} + \frac{5}{15} = 1.33$$

∴ 1을 초과하므로 허용기준 초과

39. 금속가공유를 사용하는 절단작업 시 주로 발생할 수 있는 공기 중 부유물질의 형태로 가장 적합한 것은?

① 미스트(mist)   ② 먼지(dust)

③ 가스(gas)   ④ 흄(fume)

해설 미스트(mist)

• 상온에서 액체인 물질이 교반, 발포, 스프레이 작업 시 액체의 입자가 공기 중에서 발생·비산하여 부유·확산되어 있는 액체 미립자를 말한다.

• 입자의 크기는 보통 100μm 이하이다.

• 미스트를 포집하기 위한 장치로는 벤투리스크러버(venturi scrubber) 등이 사용된다.

40. 두 집단의 어떤 유해물질의 측정값이 아래 도표와 같을 때 두 집단의 표준편차의 크기 비교에 대한 설명 중 옳은 것은?

해답 35. ② 36. ② 37. ① 38. ① 39. ① 40. ③

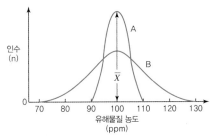

① A집단과 B집단은 서로 같다.
② A집단의 경우가 B집단의 경우보다 크다.
③ A집단의 경우가 B집단의 경우보다 작다.
④ 주어진 도표만으로 판단하기 어렵다.

해설 표준편차(標準 偏差, standard deviation, SD)
통계집단의 분산 정도 또는 자료의 산포도를 나타내는 수치로, 분산의 음이 아닌 제곱근, 즉 분산을 제곱근한 것으로 정의되고, 관측값의 산포도, 즉 평균 가까이에 분포하고 있는지의 여부를 측정하는 데 많이 쓰인다.
표준편차가 0일 때는 관측값의 모두가 동일한 크기이고 표준편차가 클수록 관측값 중에는 평균에서 떨어진 값이 많이 존재한다.

|3| 작업환경관리대책

41. 다음 중 특급 분리식 방진마스크의 여과재 분진 등의 포집효율은? (단, 고용노동부 고시를 기준으로 한다.)

① 80% 이상
② 94% 이상
③ 99.0% 이상
④ 99.95% 이상

해설 방진마스크 포집효율

형태 및 등급		염화나트륨(NaCl) 및 파라핀 오일(Paraffin oil) 시험(%)
분리식	특급	99.95 이상
	1급	94.0 이상
	2급	80.0 이상
안면부 여과식	특급	99.0 이상
	1급	94.0 이상
	2급	80.0 이상

42. 방진마스크에 대한 설명으로 가장 거리가 먼 것은?

① 방진마스크의 필터에는 활성탄과 실리카겔이 주로 사용된다.
② 방진마스크는 인체에 유해한 분진, 연무, 흄, 미스트, 스프레이 입자를 작업자가 흡입하지 않도록 하는 보호구이다.
③ 방진마스크의 종류에는 격리식과 직결식, 면체여과식이 있다.
④ 비휘발성 입자에 대한 보호만 가능하며, 가스 및 증기로부터의 보호는 안 된다.

해설 방독마스크의 정화통에 주로 사용되는 흡착제는 활성탄과 실리카겔이다.

43. 지름이 100cm인 원형 후드 입구로부터 200cm 떨어진 지점에 오염물질이 있다. 제어풍속이 3m/s일 때, 후드의 필요환기량(m^3/s)은? (단, 자유공간에 위치하며 플랜지는 없다.)

① 143
② 122
③ 103
④ 83

해설 후드의 필요환기량(m^3/s)
$$Q = V_c(10X^2 + A)$$
$$= 3\text{m/sec} \times 10 \times 2^2 + \left(\frac{3.14 \times 1^2}{4}\right)\text{m}^2$$
$$= 122\text{m}^2/\text{sec}$$

44. 보호구의 재질과 적용 물질에 대한 내용으로 틀린 것은?

① 면: 고체상 물질에 효과적이다.
② 부틸(butyl) 고무: 극성 용제에 효과적이다.
③ 니트릴(nitrile) 고무: 비극성 용제에 효과적이다.
④ 천연 고무(latex): 비극성 용제에 효과적이다.

해설 적용물질에 따른 보호장구 재질
• 극성 용제에 효과적(알데히드, 지방족): Butyl 고무
• 비극성 용제에 효과적: Viton 재질, Nitrile 고무
• 비극성 용제, 극성 용제 중 알코올, 물, 케톤류: Neoprene

해답 41. ④ 42. ① 43. ② 44. ④

고무
- 찰과상 예방애 효과적: 가죽(단, 용제에는 사용 못함)
- 고체상 물질에 효과적: 면(단, 용제에는 사용 못함)
- 대부분의 화학물질을 취급할 경우 효과적: Ethylene vinyl alcohol
- 극성 용제 및 수용성 용액에 효과적(절단 및 찰과상 예방): 천연고무

45. 국소환기장치 설계에서 제어속도에 대한 설명으로 옳은 것은?

① 작업장 내의 평균유속을 말한다.
② 발산되는 유해물질을 후드로 흡인하는 데 필요한 기류속도이다.
③ 덕트 내의 기류속도를 말한다.
④ 일명 반송속도라고도 한다.

> **해설**
> - 제어속도란 발산되는 유해물질을 후드로 흡인하는데 필요한 기류속도이다.
> - 반송속도란 덕트 내의 기류속도를 말한다.

46. 흡인 풍량이 200m³/min, 송풍기 유효전압이 150mmH₂O, 송풍기 효율이 80%인 송풍기의 소요동력(kW)은?

① 4.1　　　　　　② 5.1
③ 6.1　　　　　　④ 7.1

> **해설** 송풍기 소요동력(kW)
> $$= \frac{Q \times \Delta P}{6,120 \times \eta} \times \alpha = \frac{200 \times 150}{6,120 \times 0.8} \times 1.0 = 6.12745\text{kW}$$
> $$\therefore 6.13\text{kW}$$

47. 덕트 내 공기흐름에서의 레이놀즈수(Reynolds Number)를 계산하기 위해 알아야 하는 모든 요소는?

① 공기속도, 공기점성계수, 공기밀도, 덕트의 직경
② 공기속도, 공기밀도, 중력가속도
③ 공기속도, 공기온도, 덕트의 길이
④ 공기속도, 공기점성계수, 덕트의 길이

> **해설** 레이놀즈수(Reynolds Number)
> $$Re = \frac{\text{관성력}}{\text{점성력}} = \frac{\rho V D}{\mu} = \frac{VD}{\nu}$$

여기서, ρ : 공기밀도, V : 공기속도, D : 덕트의 직경
μ : 공기 점성계수

48. 작업환경관리 대책 중 물질의 대체에 해당되지 않는 것은?

① 성냥을 만들 때 백린을 적린으로 교체한다.
② 보온 재료인 유리섬유를 석면으로 교체한다.
③ 야광시계의 자판에 라듐 대신 인을 사용한다.
④ 분체 입자를 큰 입자로 대체한다.

> **해설** 보온 재료인 석면을 유리섬유로 교체한다.

49. 7m×14m×3m의 체적을 가진 방에 톨루엔이 저장되어 있고 공기를 공급하기 전에 측정한 농도가 300ppm이었다. 이 방으로 10m³/min의 환기량을 공급한 후 노출기준인 100ppm으로 도달하는 데 걸리는 시간(min)은?

① 12　　　　　　② 16
③ 24　　　　　　④ 32

> **해설** 감소하는 데 걸리는 시간
> $$t = -\frac{V}{Q} \ln\left(\frac{C_2}{C_1}\right)$$
> $$= -\frac{7\text{m} \times 14\text{m} \times 3\text{m}}{10\text{m}^3/\text{min}} \times \ln\left(\frac{100}{300}\right)$$
> $$= 32.299\text{min}$$

50. 후드의 선택에서 필요환기량을 최소화하기 위한 방법이 아닌 것은?

① 측면 조절판 또는 커텐 등으로 가능한 한 공정을 둘러쌀 것
② 후드를 오염원에 가능한 가깝게 설치할 것
③ 후드 개구부로 유입되는 기류속도 분포가 균일하게 되도록 할 것
④ 공정 중 발생되는 오염물질의 비산속도를 크게 할 것

> **해설** 공정 중 발생되는 오염물질의 비산속도를 크게 하면 후드의 제어속도가 증가하므로 필요환기량도 증가하게 되어 최소화하기 위한 방법이 아니다.

⊙해답 45. ② 46. ③ 47. ① 48. ② 49. ④ 50. ④

51. 송풍기의 회전수 변화에 따른 풍량, 풍압 및 동력에 대한 설명으로 옳은 것은?

① 풍량은 송풍기의 회전수에 비례한다.
② 풍압은 송풍기의 회전수에 반비례한다.
③ 동력은 송풍기의 회전수에 비례한다.
④ 동력은 송풍기 회전수의 제곱에 비례한다.

해설 송풍기 상사법칙
• 풍량은 송풍기의 회전수에 비례
• 풍압은 송풍기의 회전수의 제곱에 비례
• 동력은 송풍기의 회전수의 세제곱에 비례

52. 1기압에서 혼합기체의 부피비가 질소 71%, 산소 14%, 탄산가스 15%로 구성되어 있을 때, 질소의 분압(mmH₂O)은?

① 433.2
② 539.6
③ 646.0
④ 653.6

해설 질소의 분압(mmH₂O)
㉠ 정상 대기 중 기압은 1기압이며 760mmHg이다.
㉡ 성분비 %를 100으로 나누어 준다.
∴ 질소가스 분압(mmHg)
　= 1기압(760mmHg)×성분비(%)
　= 760mmHg×0.71 = 539.6

53. 공기정화장치의 한 종류인 원심력집진기에서 절단입경의 의미로 옳은 것은?

① 100% 분리 포집되는 입자의 최소 크기
② 100% 처리효율로 제거되는 입자크기
③ 90% 이상 처리효율로 제거되는 입자크기
④ 50% 처리효율로 제거되는 입자크기

해설 원심력집진기에서 절단입경이란 집진효율이 50%에 해당하는 분진의 입경을 말한다.
• 부분집진효율 50% → 절단경 또는 절단입경
• 부분집진효율 100% → 입계입경

54. 작업환경 개선에서 공학적인 대책과 가장 거리가 먼 것은?

① 교육
② 환기
③ 대체
④ 격리

해설 작업환경 개선에서 공학적인 대책에는 대치(대체), 격리, 환기가 있다.

55. 유입계수가 0.82인 원형 후드가 있다. 원형 덕트의 면적이 0.0314㎡이고 필요환기량이 30㎥/min이라고 할 때, 후드의 정압(mmH₂O)은? (단, 공기 밀도는 1.2kg/m³이다.)

① 16
② 23
③ 32
④ 37

해설 $SP_h = VP(1+F)$

여기서 $VP = \dfrac{\gamma V^2}{2g}$, $V = \dfrac{Q}{A} = \dfrac{30m^3/min}{0.0314m^2}$

$V = 955.41m/min$, 분(min)을 초(sec)로 변환하면
$V = 999.41/60 = 15.92m/sec$

$VP = \dfrac{1.2 \times 15.92^2}{2 \times 9.8} = 15.52mmH_2O$

$F = \dfrac{1}{Ce^2} - 1 = \dfrac{1}{0.82} - 1 = 0.487$

∴ $SP_h = 15.52(1+0.487) = 23.07H_2O$

56. 방사형 송풍기에 관한 설명과 가장 거리가 먼 것은?

① 고농도 분진 함유 공기나 부식성이 강한 공기를 이송시키는 데 많이 이용된다.
② 깃이 평판으로 되어 있다.
③ 가격이 저렴하고 효율이 높다.
④ 깃의 구조가 분진을 자체 정화할 수 있도록 되어 있다.

해설 방사날개형(Radial blade) 송풍기 또는 방사형 송풍기
• 날개는 회전방향과 직각으로 설치되어 있고 축차는 외륜수차 모양이다.
• 방사 날개형은 물질의 이송취급, 거친 건설현장 등에서 이용되며, 산업용으로는 고압장치에 이용된다.
• 플레이트(plate)형과 전곡형(forward) 송풍기가 있다.
• 날개(blade)가 다익형보다 적고, 직선이며 평판 모양을 하고 있어 강도가 매우 높게 설계되어 있다.
• 깃의 구조가 분진을 자체 정화(self cleaning)할 수 있도록 되어 있어 분진 퇴적이 있거나 날개 마모가 심한 산업용에 적합하다.
• 톱밥, 곡물, 시멘트, 미분탄, 모래 등의 고농도 분진 함유

공기나 마모성이 강한 분진 배출용으로 사용된다.
- 부식성이 강한 공기를 이송하는 데 많이 사용된다.
- 단점으로는 효율(터보형과 시로코형 중간)이 낮고 송풍기의 소음이 다소 발생하며 고가이다.
- 습식 집진장치의 배치에 적합하다.

57. 플랜지 없는 외부식 사각형 후드가 설치되어 있다. 성능을 높이기 위해 플랜지 있는 외부식 사각형 후드로 작업대에 부착했을 때, 필요환기량의 변화로 옳은 것은? (단, 포촉거리, 개구면적, 제어속도는 같다.)

① 기존 대비 10%로 줄어든다.
② 기존 대비 25%로 줄어든다.
③ 기존 대비 50%로 줄어든다.
④ 기존 대비 75%로 줄어든다.

해설 필요환기량의 변화
- 외부식 후드가 자유공간에 위치한 경우 필요환기량
  $Q = 60 \cdot V_c(10X^2 + A)$
- 외부식 사각형 후드가 작업면에 고정된 플랜지가 붙은 경우
  $Q = 0.5 \times 60 \times V_c(10X^2 + A)$

58. 50℃의 송풍관에 15m/s의 유속으로 흐르는 기체의 속도압(mmH₂O)은? (단, 기체의 밀도는 1.293kg/m³이다.)

① 32.4   ② 22.6
③ 14.8   ④ 7.2

해설 기체의 속도압(mmH₂O)
$$VP = \frac{\gamma V^2}{2g} = \frac{1.293\text{kg/m}^3 \times 15\text{m/sec}}{2 \times 9.8\text{m/sec}}$$
$$= 14.84\text{mmH}_2\text{O}$$

59. 온도 50℃인 기체가 관을 통하여 20m³/min으로 흐르고 있을 때, 같은 조건의 0℃에서 유량 (m³/min)은? (단, 관내압력 및 기타 조건은 일정하다.)

① 14.7   ② 16.9
③ 20.0   ④ 23.7

해설 유량(m³/min)(Q)
$$Q = Q_1 \times \frac{273 + T_2}{273 + T_1} = 20\text{m}^3/\text{min} \times \frac{273 + 0}{273 + 50}$$
$$= 16.9\text{m}^3/\text{min}$$

60. 원심력 송풍기 중 다익형 송풍기에 관한 설명과 가장 거리가 먼 것은?

① 큰 압력손실에서도 송풍량이 안정적이다.
② 송풍기의 임펠러가 다람쥐 쳇바퀴 모양으로 생겼다.
③ 강도가 크게 요구되지 않기 때문에 적은 비용으로 제작 가능하다.
④ 다른 송풍기와 비교하여 동일 송풍량을 발생시키기 위한 임펠러 회전속도가 상대적으로 낮기 때문에 소음이 작다.

해설 전향 날개형 송풍기(다익형)
- 높은 압력손실에서는 송풍량이 급격하게 떨어진다.
- 이송시켜야 할 공기량이 많고 압력 손실이 작게 걸리는 전체환기나 공기조화용으로 널리 사용된다.
- 전향(전곡) 날개형이고, 다수의 날개를 갖고 있다.
- 재질의 강도가 중요하지 않기 때문에 저가로 제작이 가능하다.
- 송풍기의 임펠러가 다람쥐 쳇바퀴 모양으로, 회전날개가 회전방향과 동일한 방향으로 설계되어 있다.
- 동일 송풍량에서 임펠러 회전속도가 상대적으로 낮아 소음 문제가 거의 없다.
- 상승구배 특성이다.
- 구조상 고속회전이 어렵고, 큰 동력의 용도에는 적합하지 않다.

| **4** | 물리적 유해인자관리

61. 진동증후군(HAVS)에 대한 스톡홀름 워크숍의 분류로서 옳지 않은 것은?

① 진동증후군의 단계를 0부터 4까지 5단계로 구분하였다.
② 1단계는 가벼운 증상으로 1개 또는 그 이상의 손가락 끝부분이 하얗게 변하는 증상을 의미

해답 57. ③ 58. ③ 59. ② 60. ① 61. ③

한다.

③ 3단계는 심각한 증상으로 1개 또는 그 이상의 손가락 가운뎃마디 부분까지 하얗게 변하는 증상이 나타나는 단계이다.

④ 4단계는 매우 심각한 증상을 대부분의 손가락이 하얗게 변하는 증상과 함께 손끝에서 땀의 분비가 제대로 일어나지 않는 등의 변화가 나타나는 단계이다.

해설 국소 진동증후군(havs)에 대한 스톡홀름(Stockholm Workshop) 징후 증상 분류(1986)
(국소진동에 의한 말초신경과 혈관의 병리학적 영향 분류)
• 0단계: 정상
• 1단계 징후: 손가락 하나 또는 하나 이상의 손가락 끝 부분에만 간헐적으로 창백현상 발생
• 2단계 징후: 손가락 하나 또는 하나 이상의 손가락 중수지골(첫째 마디와 둘째 마디(드물게 셋째 마디))에서 때때로 창백현상 발생
• 3단계 징후: 대부분의 손가락 모든 마디(지골, Phalanges)에서 자주 창백현상 발생(심각한 상태로 분류)
• 4단계 징후: 매우 심각한 상태로 3단계 증상과 더불어 손가락 끝의 피부색(trophic change)이 변하는 경우

62. 인체와 작업환경과의 사이에 열교환의 영향을 미치는 것으로 가장 거리가 먼 것은?

① 대류(convection)
② 열복사(radiation)
③ 증발(evaporation)
④ 열순응(acclimatization to heat)

해설 인체와 환경 사이의 열교환에 관여하는 인자에는 체내 열생산량(작업대사량), 전도, 대류, 복사, 증발 등이 있다.

63. 비전리방사선의 종류 중 옥외작업을 하면서 콜타르의 유도체, 벤조피렌, 안트라센 화합물과 상호작용하여 피부암을 유발시키는 것으로 알려진 비전리방사선은?

① γ선
② 자외선
③ 적외선
④ 마이크로파

해설 자외선(280~320nm 파장)은 피부암을 유발하며, 옥외 작업을 하면서 콜타르의 유도체, 벤조피렌, 안트라센 화합물과 상호작용을 하여 피부암을 유발한다.

64. 소독작용, 비타민 D 형성, 피부색소 침착 등 생물학적 작용이 강한 특성을 가진 자외선(Dorno 선)의 파장 범위는 약 얼마인가?

① 1,000~2,800Å
② 2,800~3,150Å
③ 3,150~4,000Å
④ 4,000~4,700Å

해설 자외선(Dorno 선)의 파장 범위
자외선의 파장은 2,920~4,000 Å 범위 내에 있으며 2,800~3,150 Å 범위의 파장을 가진 자외선을 Dorno 선이라 한다. 소독작용을 비롯하여 비타민 D의 형성, 피부의 색소침착 등 생물학적 작용이 강하다. 또한 인체에 유익한 작용을 하여 건강선(생명선)이라고도 한다.

65. 전리방사선 중 전자기방사선에 속하는 것은?

① α선
② β선
③ γ선
④ 중성자

해설
γ선은 X선과 동일한 전자기 방사선이다.

66. 다음 중 이상기압의 인체작용으로 2차적인 가압 현상과 가장 거리가 먼 것은? (단, 화학적 장해를 말한다.)

① 질소 마취
② 산소 중독
③ 이산화탄소의 중독
④ 일산화탄소의 작용

해설 이상기압의 인체작용으로 인한 2차적인 가압현상
• 질소가스의 마취작용
• 산소 중독
• 이산화탄소 중독

67. 출력이 10Watt의 작은 점음원으로부터 자유공간에서 10m 떨어져 있는 곳의 음압레벨(Sound Pressure Level)은 몇 dB 정도인가?

① 89
② 99
③ 161
④ 229

해설 음압레벨(Sound Pressure Level)
$SPL = PWL - 20\log r - 11$

해답 62. ④ 63. ② 64. ② 65. ③ 66. ④ 67. ②

$$PWL = 10\log\left(\frac{W}{W_0}\right)$$

여기서, W_0(기준파워): 10^{-12} (W)

$$\therefore SPL = 10\log\left(\frac{10}{10^{-12}}\right) - 20\log 10 - 11$$
$$= 99\text{dB}$$

68. 1sone이란 몇 Hz에서, 몇 dB의 음압레벨을 갖는 소음의 크기를 말하는가?

① 1,000Hz, 40dB ② 1,200Hz, 45dB
③ 1,500Hz, 45dB ④ 2,000Hz, 48dB

해설 1sone은 1,000Hz 순음의 음의 세기레벨 40dB의 음의 크기를 의미한다.

69. 자연조명에 관한 설명으로 옳지 않은 것은?

① 창의 면적은 바닥 면적의 15~20% 정도가 이상적이다.
② 개각은 4~5°가 좋으며, 개각이 작을수록 실내는 밝다.
③ 균일한 조명을 요구하는 작업실은 동북 또는 북창이 좋다.
④ 입사각은 28° 이상이 좋으며, 입사각이 클수록 실내는 밝다.

해설 실내 자연채광(자연조명)
• 창면적은 방바닥의 15~20%가 좋다.
• 조명의 평등을 요하는 작업장의 경우 북향(동북향)이 좋다. 또한 실내의 입사각은 28° 이상이 좋다.
• 창의 방향은 많은 채광을 요구할 경우 남향이 좋으며, 조명의 균등에는 북창이 좋다.
• 실내각점의 개각은 4~5°가 좋다.
• 유리창은 청결한 상태여도 10~15% 조도가 감소되는 점을 고려한다.

70. 전신진동 노출에 따른 인체의 영향에 대한 설명으로 옳지 않은 것은?

① 평형감각에 영향을 미친다.
② 산소 소비량과 폐환기량이 증가한다.
③ 작업수행능력과 집중력이 저하된다.
④ 저속노출 시 레이노드 증후군(Raynaud's phenomenon)을 유발한다.

해설 레이노드 증후군은 진동 공구의 사용 시 손에서 발생되는 국소진동 노출에 의하여 발생된다.

71. 소음에 의한 인체의 장해 정도(소음성난청)에 영향을 미치는 요인이 아닌 것은?

① 소음의 크기   ② 개인의 감수성
③ 소음 발생 장소   ④ 소음의 주파수 구성

해설 소음성 난청
• 고주파음에 대단히 민감하고 4,000Hz에서 소음성 난청이 가장 많이 발생한다(소음성 난청의 초기 단계가 C_5-dip 현상).
• 일시적인 난청(TTS)은 코르티기관의 피로에 의해 발생한다.
• 음압수준이 높을수록 유해하다.
• 노출시간: 간헐적 노출이 계속적 노출보다 덜 유해하다.
• 소음에 노출된 사람이 똑같이 반응하지는 않으며, 감수성이 매우 높은 사람이 극소수 존재한다.

72. 다음 중 전리방사선에 대한 감수성의 크기를 올바른 순서대로 나열한 것은?

ㄱ. 상피세포
ㄴ. 골수, 흉선 및 림프조직(조혈기관)
ㄷ. 근육세포
ㄹ. 신경조직

① ㄱ > ㄴ > ㄷ > ㄹ   ② ㄱ > ㄹ > ㄴ > ㄷ
③ ㄴ > ㄱ > ㄷ > ㄹ   ④ ㄴ > ㄷ > ㄹ > ㄱ

해설 전리방사선 감수성 순서
골수, 임파구, 임파선, 흉선 및 림프조직(조혈기관) > 눈의 수정체 > 상선(고환 및 난소) 타액선, 상피세포 > 혈관, 복막 등 내피세포 > 결합조직과 지방조직 > 뼈 및 근육조직 > 폐, 위장관 등 내장조직. 신경조직

73. 한랭 환경에서 인체의 일차적 생리적 반응으로 볼 수 없는 것은?

① 피부혈관의 팽창
② 체표면적의 감소
③ 화학적 대사작용의 증가
④ 근육긴장의 증가와 떨림

해설 피부혈관의 수축

해답 68. ① 69. ② 70. ④ 71. ③ 72. ③ 73. ①

74. 10시간 동안 측정한 누적 소음노출량이 300%일 때 측정시간 평균 소음 수준은 약 얼마인가?

① 94.2dB(A) ② 96.3dB(A)

③ 97.4dB(A) ④ 98.6dB(A)

해설 평균 소음 수준

$$SPL = 16.61\log\left[\frac{D(\%)}{12.5T}\right] + 90$$

$$= 16.61\log\left[\frac{300}{12.5 \times 10}\right] + 90$$

$$= 96.3\text{dB(A)}$$

75. 감압에 따른 인체의 기포 형성량을 좌우하는 요인과 가장 거리가 먼 것은?

① 감압속도

② 산소공급량

③ 조직에 용해된 가스량

④ 혈류를 변화시키는 상태

해설 감압에 따른 인체의 기포 형성량을 좌우하는 요인
• 조직에 용해된 가스량
• 혈류변화 정도(혈류를 변화시키는 상태)
• 감압속도

76. 다음에서 설명하는 고열장해는?

이것은 작업환경에서 가장 흔히 발생하는 피부 장해로서 땀띠(prickly heat)라고도 말하며, 땀에 젖은 피부 각질층이 떨어져 땀구멍을 막아 한선 내에 땀의 압력으로 염증성 반응을 일으켜 붉은 구진(papules) 형태로 나타난다.

① 열사병(heat stroke)

② 열허탈(heat collapse)

③ 열경련(heat cramps)

④ 열발진(heat rashes)

해설 열발진(heat rashes)
• 작업환경에서 가장 흔히 발생하는 피부장해로서 땀띠라고도 하며 땀관이나 땀관 구멍의 일부가 막혀서 땀이 원활히 표피로 배출되지 못하고 축적되어 작은 발진과 물집이 발생하는 질환이다.
• 여러 개의 붉은 뾰루지 또는 물집(목, 가슴상부, 사타구니, 팔, 다리 안쪽)이 발생한다.

77. 소음의 흡음 평가 시 적용되는 반향시간(reverberation time)에 관한 설명으로 옳은 것은?

① 반향시간은 실내공간의 크기에 비례한다.

② 실내 흡음량을 증가시키면 반향시간도 증가한다.

③ 반향시간은 음압수준이 30dB 감소하는 데 소요되는 시간이다.

④ 반향시간을 측정하려면 실내 배경소음이 90dB 이상 되어야 한다.

해설 반향시간 또는 잔향시간(reververation time)
• 실내에서 발생하는 소리는 바닥, 벽, 천정, 창 또는 탁자와 같은 반사 표면에서 반복적으로 반사되어 에너지를 점차 감소시킨다. 이러한 반사가 서로 섞이면 잔향으로 알려진 현상이 만들어진다.
• 잔향은 소리에 대한 많은 반영을 모아 놓은 것이다.
• 잔향시간은 사운드 소스가 중단된 후 사운드를 닫힌 영역에서 "페이드 아웃"시키는 데 필요한 시간을 측정한 것이다.
• 잔향시간은 실내가 어쿠스틱 사운드에 어떻게 반응할지 정의하는 데 중요하다.
• 반사가 커튼, 패딩이 적용된 의자 또는 심지어 사람과 같은 흡수성 표면에 닿거나 벽, 천정, 문, 창문 등을 통해 방을 나가면 잔향시간이 줄어든다.
• RT60은 잔향시간(Reverberation Time) 60dB의 약자이다.
• RT60은 잔향시간 측정, 즉 사운드 소스가 꺼진 후 측정된 음압 레벨이 60dB만큼 감소하는 데 걸리는 시간으로 정의한다.

78. 1촉광의 광원으로부터 한 단위 입체각으로 나가는 광속의 단위를 무엇이라 하는가?

① 럭스(lux) ② 램버트(lambert)

③ 캔들(candle) ④ 루멘(lumen)

해설 빛과 밝기의 단위
• 루멘(lumen): 1촉광의 광원으로부터 단위 입체각으로 나가는 광속의 실용단위로, 기호는 lm으로 나타내며, 국제단위계에 속한다. 1cd의 균일한 광도의 광원으로부터 단위입체각의 부분에 방출되는 광속을 1lm(1lumen =1촉광/입체각)으로 한다.
• 럭스(lux): 조명도의 실용단위로 기호는 lx. 1m²의 넓이에 1lm(루멘)의 광속(光束)이 균일하게 분포되어 있을 때 면의 조명도
• 풋캔들(foot candle): 1루멘의 빛이 1ft²의 평면상에 비칠 때 그 평면의 밝기(foot candle=lumen/ft²)
• 칸델라(candela): 10만 1,325Pa(파스칼)의 압력에서 백금

의 응고점 온도에 있는 흑체(黑體)의 1/(60×104)m²의 표면에 수직인 방향의 광도를 1cd라 하는데, 이것을 신촉(新燭)이라고도 한다.
- 람베르트 비어의 법칙: 매질의 성질과 빛의 감쇠현상에 대한 법칙이다.

79. 밀폐공간에서 산소결핍의 원인을 소모(consumption), 치환(displacement), 흡수(absorption)로 구분할 때 소모에 해당하지 않는 것은?

① 용접, 절단, 불 등에 의한 연소
② 금속의 산화, 녹 등의 화학반응
③ 제한된 공간 내에서 사람의 호흡
④ 질소, 아르곤, 헬륨 등의 불활성 가스 사용

해설 질소, 아르곤, 헬륨 등의 불활성 가스는 산소와 반응하지 않아 산소를 소모하지 않는다.

80. 「산업안전보건법령」상 이상기압에 의한 건강장해의 예방에 있어 사용되는 용어의 정의로 옳지 않은 것은?

① 압력이란 절대압과 게이지압의 합을 말한다.
② 고압작업이란 고기압에서 잠함공법이나 그 외의 압기공법으로 하는 작업을 말한다.
③ 기압조절실이란 고압작업을 하는 근로자 또는 잠수작업을 하는 근로자가 가압 또는 감압을 받는 장소를 말한다.
④ 표면공급식 잠수작업이란 수면 위의 공기압축기 또는 호흡용 기체통에서 압축된 호흡용 기체를 공급받으면서 하는 작업을 말한다.

해설 「산업안전보건법」상 이상기압에 의한 건강장해의 예방에 사용되는 용어의 정의
- "고압작업"이란 고기압(압력이 제곱센티미터당 1킬로그램 이상인 기압을 말한다. 이하 같다)에서 잠함공법(潛函工法)이나 그 외의 압기공법(壓氣工法)으로 하는 작업을 말한다.
- "잠수작업"이란 물속에서 하는 다음 각 목의 작업을 말한다.
  – 표면공급식 잠수작업: 수면 위의 공기압축기 또는 호흡용 기체통에서 압축된 호흡용 기체를 공급받으면서 하는 작업
  – 스쿠버 잠수작업: 호흡용 기체통을 휴대하고 하는 작업
- "기압조절실"이란 고압작업을 하는 근로자(이하 "고압작업자"라 한다) 또는 잠수작업을 하는 근로자(이하 "잠수작업자"라 한다)가 가압 또는 감압을 받는 장소를 말한다.
- "압력"이란 게이지 압력을 말한다.

- "비상기체통"이란 주된 기체공급 장치가 고장난 경우 잠수작업자가 안전한 지역으로 대피하기 위하여 필요한 충분한 양의 호흡용 기체를 저장하고 있는 압력용기와 부속장치를 말한다.

| 5 | 산업독성학

81. 건강영향에 따른 분진의 분류와 유발물질의 종류를 잘못 짝지은 것은?

① 유기성 분진-목분진, 면, 밀가루
② 알레르기성 분진-크롬산, 망간, 황
③ 진폐성 분진-규산, 석면, 활석, 흑연
④ 발암성 분진-석면, 니켈카보닐, 아민계 색소

해설 건강영향에 따른 분진의 분류와 유발물질의 종류
- 유기성 분진-목분진, 면, 밀가루
- 알레르기성 분진-꽃가루, 털, 나뭇가지
- 진폐성 분진-규산, 석면, 활석, 흑연
- 발암성 분진-석면, 니켈카보닐, 아민계 색소
- 불활성 분진-석탄, 시멘트, 탄화수소

82. 다음 중 칼슘대사에 장해를 주어 신결석을 동반한 신증후군이 나타나고 다량의 칼슘 배설이 일어나 뼈의 통증, 골연화증 및 골수공증과 같은 골격계 장해를 유발하는 중금속은?

① 망간　　　　　　② 수은
③ 비소　　　　　　④ 카드뮴

해설 카드뮴 노출 시 증상
- 인체에 유용한 칼슘, 철분, 아연 등과 유사한 경로를 통해 인체에 흡수되어 간, 신장, 뼈 그리고 다른 조직과 기관에 축적된다.
- 다량의 칼슘 배설이 일어나 뼈의 통증, 관절통, 골연화증 및 골수공증을 유발한다.
- 철분 결핍성 빈혈증이 일어나고 두통, 전신근육통 등의 증상이 나타난다.
- 혈중 카드뮴: 5μg/L, 요 중 카드뮴: 5μg/g creatinine으로 규정된다.
- 인체조직에서 저분자 단백질인 메탈로티오닌과 결합하여 저장한다.

해답 79. ④　80. ①　81. ②　82. ④

83. 폐에 침착된 먼지의 정화과정에 대한 설명으로 옳지 않은 것은?

① 어떤 먼지는 폐포벽을 통과하여 림프계나 다른 부위로 들어가기도 한다.

② 먼지는 세포가 방출하는 효소에 의해 용해되지 않으므로 점액층에 의한 방출 이외에는 체내에 축적된다.

③ 폐에 침착된 먼지는 식세포에 의하여 포위되어, 포위된 먼지의 일부는 미세 기관지로 운반되고 점액 섬모운동에 의하여 정화된다.

④ 폐에서 먼지를 포위하는 식세포는 수명이 다한 후 사멸하고 다시 새로운 식세포가 먼지를 포위하는 과정이 계속적으로 일어난다.

해설 폐에 침착된 먼지의 정화과정
• 어떤 먼지는 폐포벽을 통과하여 림프계나 다른 부위로 들어가기도 한다.
• 폐에 침착된 먼지는 식세포에 의하여 포위되어, 포위된 먼지의 일부는 미세 기관지로 운반되고 점액 섬모운동에 의하여 정화된다.
• 폐에서 먼지를 포위하는 식세포는 수명이 다한 후 사멸하고 다시 새로운 식세포가 먼지를 포위하는 과정이 계속적으로 일어난다.

84. 카드뮴이 체내에 흡수되었을 경우 주로 축적되는 곳은?

① 뼈, 근육
② 뇌, 근육
③ 간, 신장
④ 혈액, 모발

해설 카드뮴이 축적되는 곳
인체에 유용한 칼슘, 철분, 아연 등과 유사한 경로를 통해 인체에 흡수되어 간, 신장, 뼈 그리고 다른 조직과 기관에 축적된다.

85. 생물학적 모니터링(biological monitoring)에 관한 설명으로 옳지 않은 것은?

① 주목적은 근로자 채용 시기를 조정하기 위하여 실시한다.

② 건강에 영향을 미치는 바람직하지 않은 노출 상태를 파악하는 것이다.

③ 최근의 노출량이나 과거로부터 축적된 노출량을 파악한다.

④ 건강상의 위험은 생물학적 검체에서 물질별 결정인자를 생물학적 노출지수와 비교하여 평가된다.

해설 생물학적 모니터링
생물학적 모니터링은 쉽게 말하면, 직장에서 또는 환경에서 노출되는 유해인자가 인체 내부에 얼마나 많이 있는지, 즉 내부 노출이 얼마나 되었는지를 알아보는 방법이다. 작업환경측정은 사업장 내의 노출 정도를 파악할 수 있다.

86. 흡입분진의 종류에 따른 진폐증의 분류 중 유기성 분진에 의한 진폐증에 해당하는 것은?

① 규폐증
② 활석폐증
③ 연초폐증
④ 석면폐증

해설 유기성 분진에 의한 진폐증으로는 농부폐증, 면폐증, 연초폐증, 설탕폐증, 목재분진폐증, 모발분진폐증이 있다.

87. 다음 중 중추신경의 자극작용이 가장 강한 유기용제는?

① 아민
② 알코올
③ 알칸
④ 알데히드

해설 중추신경계의 자극작용 순서
알칸<알코올<알데히드 or 케톤<유기산<아민류

88. 화학물질의 상호작용인 길항작용 중 독성물질의 생체과정인 흡수, 대사 등에 변화를 일으켜 독성이 감소되는 것을 무엇이라 하는가?

① 화학적 길항작용
② 배분적 길항작용
③ 수용체 길항작용
④ 기능적 길항작용

해설 길항작용의 종류
• 화학적 길항작용(두 화학물질이 반응하여 저독성의 물질을 형성하는 경우)
• 기능적 길항작용(동일한 생리적 기능에 길항작용을 나타내는 경우)
• 배분적 길항작용(물질의 흡수, 대사 등에 영향을 미쳐 표적 기관 내 축적 기관의 농도가 저하되는 경우)
• 수용적 길항작용(두 화학 물질이 같은 수용체에 결합하여 독성이 저하되는 경우)

해답 83. ② 84. ③ 85. ① 86. ③ 87. ① 88. ②

89. 직업성 천식에 관한 설명으로 옳지 않은 것은?

① 작업환경 중 천식을 유발하는 대표물질로 톨루엔 디이소시안산염(TDI), 무수 트리멜리트산(TMA)이 있다.

② 일단 질환에 이환하게 되면 작업환경에서 추후 소량의 동일한 유발물질에 노출되더라도 지속적으로 증상이 발현된다.

③ 항원공여세포가 탐식되면 T림프구 중 I형 T림프구(type I killer T cell)가 특정 알레르기 항원을 인식한다.

④ 직업성 천식은 근무시간에 증상이 점점 심해지고, 휴일 같은 비근무시간에 증상이 완화되거나 없어지는 특징이 있다.

(해설) 직업성 천식은 항원공여세포가 탐식되면 T림프구 중 I형 T림프구(type I killer T cell)가 특정 알레르기 항원을 인식하지 못한다.

90. 다음 중 납중독에서 나타날 수 있는 증상을 모두 나열한 것은?

ㄱ. 빈혈	ㄴ. 신장장해
ㄷ. 중추 및 말초신경장해	ㄹ. 소화기 장해

① ㄱ, ㄷ
② ㄴ, ㄹ
③ ㄱ, ㄴ, ㄷ
④ ㄱ, ㄴ, ㄷ, ㄹ

(해설) 납중독의 주요 증상
• 잇몸에 납선(lead line) 발생
• 납 빈혈 발생, 위장계통의 장애(소화기장애)
• 신경, 근육계통의 장애, 중추신경장애
• 무기납 중독 시에는 소변 내에서 δ-ALA가 증가되고, 적혈구내 δ-ALAD 활성도 감소
• 포르피린과 헴(heme)의 합성에 관여하는 효소를 억제하며, 소화기계 및 조혈계에 영향을 주는 물질
• 적혈구 내 프로토포르피린이 증가
• 임상증상은 위장계통장해, 신경근육계통의 장해, 중추신경계통의 장해 등 크게 3가지로 구분

91. 이황화탄소를 취급하는 근로자를 대상으로 생물학적 모니터링을 하는 데 이용될 수 있는 생체 내 대사산물은?

① 소변 중 마뇨산
② 소변 중 메탄올
③ 소변 중 메틸마뇨산
④ 소변 중 TTCA(2-thiothiazolidine-4-carboxylic acid)

(해설) 유해물질별 생체 내 대사산물
• 톨루엔: 소변 중 마뇨산
• 메탄올: 소변 중 메탄올
• 크실렌: 소변 중 메틸마뇨산
• 납: 소변 중 납
• 페놀: 소변 중 총 페놀
• 벤젠: 소변 중 t,t-뮤코닉산(t,t-Muconic acid)
• 에탄 및 에틸렌: 소변 중 트리클로로아세트산(trichloro-acetic acid)

※ 2023년 안전보건기술지침이 개정되어 톨루엔의 노출지표가 마뇨산에서 O-크레졸로 변경됨

92. 「산업안전보건법령」상 다음의 설명에서 ㉠~㉢에 해당하는 내용으로 옳은 것은?

단시간노출기준(STEL)이란 (㉠)분간의 시간가중평균노출값으로서 노출농도가 시간가중평균노출기준(TWA)을 초과하고 단시간노출기준(STEL) 이하인 경우에는 1회 노출 지속시간이 (㉡)분 미만이어야 하고, 이러한 상태가 1일 (㉢)회 이하로 발생하여야 하며, 각 노출의 간격은 60분 이상이어야 한다.

① ㉠: 15, ㉡: 20, ㉢: 2
② ㉠: 20, ㉡: 15, ㉢: 2
③ ㉠: 15, ㉡: 15, ㉢: 4
④ ㉠: 20, ㉡: 20, ㉢: 4

(해설) 고용노동부 고시 "단시간노출기준(STEL)"이란 15분간의 시간가중평균노출값으로서 노출농도가 시간가중평균노출기준(TWA)을 초과하고 단시간노출기준(STEL) 이하인 경우에는 1회 노출 지속시간이 15분 미만이어야 하고, 이러한 상태가 1일 4회 이하로 발생하여야 하며, 각 노출의 간격은 60분 이상이어야 한다.

93. 사염화탄소에 관한 설명으로 옳지 않은 것은?

① 생식기에 대한 독성작용이 특히 심하다.

② 고농도에 노출되면 중추신경계 장애 외에 간장과 신장장애를 유발한다.

③ 신장장애 증상으로 감뇨, 혈뇨 등이 발생하며, 완전 무뇨증이 되면 사망할 수도 있다.

(해답) **89.** ③ **90.** ④ **91.** ④ **92.** ③ **93.** ①

④ 초기 증상으로는 지속적인 두통, 구역 또는 구토, 복부선통과 설사, 간압통 등이 나타난다.

해설 사염화탄소(CCl_4) 건강장해
- 신장장애의 증상으로 감뇨, 혈뇨 등이 발생하며 완전 무뇨증이 되면 사망한다.
- 초기 증상으로 지속적인 두통, 구역 또는 구토, 복부선통, 설사, 간엽통 등이 있다.
- 피부, 가장, 신장, 소화기, 신경계에 장애를 일으키는데, 특히 간에 대한 독성작용이 강하게 나타난다. 즉, 간에 중요한 장애인 중심소엽성 괴사를 일으킨다.
- 고통도 폭로 시 중추신경계와 간장이나 신장에 장애를 일으킨다.

94. 단순 질식제에 해당되는 물질은?

① 아닐린
② 황화수소
③ 이산화탄소
④ 니트로벤젠

해설 단순 질식제
아르곤, 수소, 헬륨, 질소, 이산화탄소(CO_2), 메탄, 에탄, 프로판, 에틸렌, 아세틸렌

95. 상기도 점막 자극제로 볼 수 없는 것은?

① 포스겐
② 크롬산
③ 암모니아
④ 염화수소

해설 상기도 점막 자극제는 물에 잘 녹는 물질이며 암모니아 이외에도 크롬산, 염화수소, 불화수소, 아황산가스 등이 있다.

96. 적혈구의 산소운반 단백질을 무엇이라 하는가?

① 백혈구
② 단구
③ 혈소판
④ 헤모글로빈

해설 헤모글로빈(hemoglobin 또는 haemoglobin)
- 적혈구에서 철을 포함하는 붉은색 단백질로, 산소를 운반하는 역할을 한다.
- 산소 분압이 높은 폐에서는 산소와 잘 결합하고, 산소 분압이 낮은 체내에서는 결합하던 산소를 유리하는 성질이 있다.

97. 할로겐화탄화수소에 관한 설명으로 옳지 않은 것은?

① 대개 중추신경계의 억제에 의한 마취작용이 나타난다.

② 가연성과 폭발의 위험성이 높으므로 취급 시 주의하여야 한다.
③ 일반적으로 할로겐화탄화수소의 독성 정도는 화합물의 분자량이 커질수록 증가한다.
④ 일반적으로 할로겐화탄화수소의 독성 정도는 할로겐원소의 수가 커질수록 증가한다.

해설 할로겐화탄화수소는 불연성이며 화학반응성이 낮다.

98. 다음 표는 A작업장의 백혈병과 벤젠에 대한 코호트 연구를 수행한 결과이다. 이때 벤젠의 백혈병에 대한 상대위험비는 약 얼마인가?

	백혈병 발생	백혈병 비발생	합계(명)
벤젠 노출군	5	14	19
벤젠 비노출군	2	25	27
합계	7	39	46

① 3.29
② 3.55
③ 4.64
④ 4.82

해설 상대위험도(상대위험비, 비교위험도)
어떠한 유해요인, 즉 위험요인이 비노출군에 비해 노출군에서 질병에 걸린 위험도가 어떠한가를 나타내는 것으로 노출군에서의 발병률을 비노출군에서의 발병률로 나눈 값을 말한다.

$$상대위험도 = \frac{노출군에서의\ 질병발생률}{비노출군에서의\ 질병발생률}$$
$$= \frac{위험요인이\ 있는\ 해당\ 군의\ 해당\ 질병발생률}{위험요인이\ 없는\ 해당\ 군의\ 해당\ 질병발생률}$$
$$= \frac{5/19}{2/27} = 3.55$$

99. 다음 중 중절모자를 만드는 사람들에게 처음으로 발견되어 hatter's shake라고 하며 근육경련을 유발하는 중금속은?

① 카드뮴
② 수은
③ 망간
④ 납

해설 수은은 인간의 연금술, 의약품 등에 가장 오래 사용해 왔던 중금속 중 하나로, 17세기 유럽에서 신사용 중절모자를 제조하는 데 사용하여 근육경련을 일으킨 물질이다. 중절모자를 만드는 사람들에게 처음으로 발견되어 hatter's shake라고 한다.

해답 94. ③ 95. ① 96. ④ 97. ② 98. ② 99. ②

100. 유기용제별 중독의 대표적인 증상으로 올바르게 연결된 것은?

① 벤젠-간장해
② 크실렌-조혈장해
③ 염화탄화수소-시신경장해
④ 에틸렌글리콜에테르-생식기능장해

해설 각 유해인자별 대표적 직업병
• 에틸렌글리콜에테르: 생식기능장애
• 벤젠: 조혈장애
• 크실렌: 중추신경장애
• 염화탄화수소, 염화비닐: 간장애

해답 100. ④

| 1 | 산업위생학개론

1. 산업재해의 원인을 직접원인(1차 원인)과 간접원인(2차 원인)으로 구분할 때 직접원인에 대한 설명으로 옳지 않은 것은?

   ① 불완전한 상태와 불안전한 행위로 나눌 수 있다.
   ② 근로자의 신체적 원인(두통, 현기증, 만취상태 등)이 있다.
   ③ 근로자의 방심, 태만, 무모한 행위에서 비롯되는 인적 원인이 있다.
   ④ 작업장소의 결함, 보호장구의 결함 등의 물적 원인이 있다.

   해설 산업재해 발생 원인
   ㉠ 직접원인
   • 불안전한 행동(인적 원인): 위험장소의 접근, 방호장치의 기능 제거, 복장, 보호구의 잘못된 사용, 운전 중인 기계장치의 손질, 불안전한 조작, 불안전한 상태 방치, 불안전한 자세 동작, 감독 및 연락 불충분 등
   • 불안전한 상태(물적 원인): 설비·환경의 자체의 결함, 안전, 방호장치의 결함, 복장·보호구의 결함, 설비·환경의 배치 및 작업장소 결함, 생산공정의 결함, 경계표시 설비의 결함 등
   ㉡ 간접원인
   • 기술적 원인: 건물·기계장치의 설계 불량 및 구조·재료의 부적합, 생산 방법의 부적합, 점검·정비·보존 불량 등
   • 교육적 원인: 안전지식의 부족, 안전수칙의 오해, 경험·훈련의 미숙, 작업 방법의 교육 불충분, 유해위험작업의 교육 불충분 등
   • 작업관리상의 원인: 안전관리조직 결함, 안전수칙 미제정, 작업준비 불충분, 인원배치 부적당, 작업지시 부적당 등

2. 작업장에서 누적된 스트레스를 개인 차원에서 관리하는 방법에 대한 설명으로 옳지 않은 것은?

   ① 신체검사를 통하여 스트레스성 질환을 평가한다.
   ② 자신의 한계와 문제의 징후를 인식하여 해결 방안을 도출한다.
   ③ 규칙적인 운동을 삼가하고 흡연, 음주 등을 통해 스트레스를 관리한다.
   ④ 명상, 요가 등의 긴장 이완훈련을 통하여 생리적 휴식상태를 점검한다.

   해설 규칙적인 운동은 근육긴장과 고조된 정신적 에너지는 경감시켜 주고, 자신감, 행복감을 높여 주며, 기억력을 향상시켜 줄 뿐만 아니라 생활의 활력을 얻고 생산성도 향상시킨다.

3. 어느 사업장에서 톨루엔($C_6H_5CH_3$)의 농도가 0℃일 때 100ppm이었다. 기압의 변화 없이 기온이 25℃로 올라갈 때 농도는 약 몇 mg/m³인가?

   ① 325mg/m³   ② 346mg/m³
   ③ 365mg/m³   ④ 376mg/m³

   해설 온도변화에 따른 톨루엔의 농도
   먼저 ppm을 mg/m³으로 한다.
   톨루엔의 분자량: 92.14g/mol
   $$mg/m^3 = 100ppm \frac{92.14}{22.4} = 411.34 mg/m^3$$
   0℃에서 25℃로 변환하면,
   $$\therefore\ 411.34 \times \frac{273+0}{273+25} = 376.83 mg/m^3$$

───────────────

해답 1. ② 2. ③ 3. ④

4. 인체의 항상성(homeostasis) 유지기전의 특성에 해당하지 않는 것은?

① 확산성(diffusion)
② 보상성(compensatory)
③ 자가조절성(self-regulatory)
④ 되먹이기전(feedback mechanism)

해설 인체의 항상성(homeostasis) 유지기전의 특성
㉠ 보상성(compensatory)
㉡ 자가조절성(self-regulatory)
㉢ 되먹이기전(feedback mechanism): 음성되먹이 기전이란 체내의 어떤 물질 혹은 상태가 변화되었을 때 그 변화를 최소화하려는 기전을 말한다. 갑상선에서 갑상선호르몬이 적게 나오면 뇌하수체 전엽에 있는 갑상선자극호르몬이 분비되어 갑상선을 자극하게 된다.

5. 「산업안전보건법령」상 밀폐공간작업으로 인한 건강장해의 예방에 있어 다음 각 용어의 정의로 옳지 않은 것은?

① "밀폐공간"이란 산소결핍, 유해가스로 인한 화재, 폭발 등의 위험이 있는 장소이다.
② "산소결핍"이란 공기 중의 산소 농도가 16% 미만인 상태를 말한다.
③ "적정한 공기"란 산소 농도의 범위가 18% 이상 23.5% 미만, 탄산가스 농도가 1.5% 미만, 황화수소의 농도가 10ppm 미만인 수준의 공기를 말한다.
④ "유해가스"란 탄산가스·일산화탄소·황화수소 등의 기체로서 인체에 유해한 영향을 미치는 물질을 말한다.

해설 산소결핍이란 공기 중의 산소 농도가 18% 미만인 상태를 말한다.

6. AIHA(American Industrial Hygiene Association)에서 정의하고 있는 산업위생의 범위에 해당하지 않는 것은?

① 근로자의 작업 스트레스를 예측하여 관리하는 기술
② 작업장 내 기계의 품질 향상을 위해 관리하는 기술
③ 근로자에게 비능률을 초래하는 작업환경요인을 예측하는 기술
④ 지역사회 주민들에게 건강장애를 초래하는 작업환경요인을 평가하는 기술

해설 AIHA(American Industrial Hygiene Association)의 "산업위생" 정의
산업위생이란 근로자나 일반대중에게 질병, 건강장해와 안녕방해, 심각한 불쾌감 및 능률저하 등을 초래하는 작업환경요인과 스트레스를 예측(Anticipation), 인지(Recognition), 측정, 평가(Evaluation)하고 관리(Control)하는 과학과 기술이다(Scott, 1997).

7. 하인리히의 사고예방대책의 기본원리 5단계를 순서대로 나타낸 것은?

① 조직 → 사실의 발견 → 분석·평가 → 시정책의 선정 → 시정책의 적용
② 조직 → 분석·평가 → 사실의 발견 → 시정책의 선정 → 시정책의 적용
③ 사실의 발견 → 조직 → 분석·평가 → 시정책의 선정 → 시정책의 적용
④ 사실의 발견 → 조직 → 시정책의 선정 → 시정책의 정용 → 분석·평가

해설 하인리히의 사고예방대책의 기본원리 5단계
• 1단계: 안전관리 조직 구성(조직)
• 2단계: 사실의 발견
• 3단계: 분석·평가
• 4단계: 시정방법의 선정(대책의 선정)
• 5단계: 시정책의 적용(대책 실시)

8. 혈액을 이용한 생물학적 모니터링의 단점으로 옳지 않은 것은?

① 보관, 처치에 주의를 요한다.
② 시료채취 시 오염되는 경우가 많다.
③ 시료채취 시 근로자가 부담을 가질 수 있다.
④ 약물동력학적 변이 요인들의 영향을 받는다.

해설 노출에 대한 생물학적 모니터링의 단점
• 인체에서 직접 채취(혈액, 소변 등)하기 때문에 시료채취가 어렵다.
• 생물학적 모니터링을 만족시키는 산업장에서 사용하고 있

해답 4. ① 5. ② 6. ② 7. ① 8. ②

는 화학물질은 수종에 불과하므로 생물학적 모니터링으로 산업장의 화학물질에 대한 폭로와 그에 따른 건강 위험도를 평가하는 데는 제한점이 있다.
- 쉽게 흡수되지 않고 접촉되는 부위에서 주로 건강장해를 일으키는 화학물질(예: 여러 종류의 폐 자극물질)에 대해서는 생물학적인 모니터링을 적용할 수 없다.
- 각 근로자의 생물학적 차이가 있다.
- 분석 시 오염에 노출될 수 있어 분석이 어렵다.

9. 「산업안전보건법령」상 위험성 평가를 실시하여야 하는 사업장의 사업주가 위험성 평가의 결과와 조치사항을 기록할 때 포함되어야 하는 사항으로 볼 수 없는 것은?

① 위험성 결정의 내용
② 위험성평가 대상의 유해·위험요인
③ 위험성 평가에 소요된 기간, 예산
④ 위험성 결정에 따른 조치의 내용

해설 사업주가 위험성 평가의 결과와 조치사항을 기록할 때 포함되어야 하는 사항
시행규칙 제37조(위험성 평가 실시내용 및 결과의 기록·보존) ① 사업주가 법 제36조 제3항에 따라 위험성평가의 결과와 조치사항을 기록·보존할 때에는 다음 각 호의 사항이 포함되어야 한다.
1. 위험성 평가 대상의 유해·위험요인
2. 위험성 결정의 내용
3. 위험성 결정에 따른 조치의 내용
4. 그 밖에 위험성 평가의 실시내용을 확인하기 위하여 필요한 사항으로서 고용노동부장관이 정하여 고시하는 사항

10. 단순반복동작 작업으로 손, 손가락 또는 손목의 부적절한 작업방법과 자세 등으로 주로 손목 부위에 주로 발생하는 근골격계질환은?

① 테니스엘보   ② 회전근개손상
③ 수근관증후군   ④ 흉곽출구증후군

해설 수근관증후군
반복적이고 지속적인 손목의 압박이나 손목을 굽히는 자세에서 나타나며, 손가락이 저리고 감각이 저하된다.

11. 작업자의 최대작업역(maximum area)이란?

① 어깨에서부터 팔을 뻗쳐 도달하는 최대영역
② 윗팔과 아랫팔을 상하로 이동할 때 닿는 최대

범위
③ 상체를 좌우로 이동하여 최대한 닿을 수 있는 범위
④ 윗팔을 상체에 붙인 채 아랫팔과 손으로 조작할 수 있는 범위

해설
㉠ 정상작업역(최소작업역)
- 윗팔을 자연스럽게 수직으로 늘어뜨린채 아랫팔만으로 편하게 뻗어 파악할 수 있는 구역
- 주요 부품과 도구들은 정상작업역 내에 위치
㉡ 최대작업역
- 아랫팔과 윗팔을 곧게 펴서 파악할 수 있는 구역
- 모든 부품과 도구가 이 범위 내에 위치(특히 앉은 작업의 경우)

12. 미국산업위생학술원(AAIH)에서 정한 산업위생전문가들이 지켜야 할 윤리강령 중 전문가로서의 책임에 해당되지 않는 것은?

① 기업체의 기밀을 누설하지 않는다.
② 전문 분야로서의 산업위생 발전에 기여한다.
③ 근로자, 사회 및 전문분야의 이익을 위해 과학적 지식을 공개하고 발표한다.
④ 위험요인의 측정, 평가 및 관리에 있어서 외부의 압력에 굴하지 않고 중립적 태도를 취한다.

해설 산업위생전문가로서의 책임
- 성실성과 학문적 실력 면에서 최고수준을 유지한다. (전문적 능력 배양 및 성실한 자세로 행동)
- 과학적 방법의 적용과 자료의 해석에서 경험을 통한 전문가의 객관성을 유지한다. (공인된 과학적 방법 적용, 해석)
- 전문 분야로서의 산업위생을 학문적으로 발전시킨다.
- 근로자, 사회 및 전문 직종의 이익을 위해 과학적 지식을 공개하고 발표한다.
- 산업위생활동을 통해 얻은 개인 및 기업체의 기밀은 누설하지 않는다. (정보는 비밀 유지)
- 전문적 판단이 타협에 의하여 좌우될 수 있거나 이해관계가 있는 상황에는 개입하지 않는다.

④는 근로자에 대한 책임이다.

13. 턱뼈의 괴사를 유발하여 영국에서 사용이 금지된 최초의 물질은?

---

① 벤지딘(benzidine)

② 청석면(crocidolite)

③ 적린(red phosphorus)

④ 황린(yellow phosphorus)

해설 황린은 턱뼈의 괴사를 유발하여 성냥 제조 시 황린 대신 적린을 사용한다.

---

14. 「산업안전보건법령」상 강렬한 소음작업에 대한 정의로 옳지 않은 것은?

① 90데시벨 이상의 소음이 1일 8시간 이상 발생하는 작업

② 105데시벨 이상의 소음이 1일 1시간 이상 발생하는 작업

③ 110데시벨 이상의 소음이 1일 30분 이상 발생하는 작업

④ 115데시벨 이상의 소음이 1일 10분 이상 발생하는 작업

해설 「산업안전보건법령」상 "강렬한 소음작업"
- 90데시벨 이상의 소음이 1일 8시간 이상 발생하는 작업
- 95데시벨 이상의 소음이 1일 4시간 이상 발생하는 작업
- 100데시벨 이상의 소음이 1일 2시간 이상 발생하는 작업
- 105데시벨 이상의 소음이 1일 1시간 이상 발생하는 작업
- 110데시벨 이상의 소음이 1일 30분 이상 발생하는 작업
- 115데시벨 이상의 소음이 1일 15분 이상 발생하는 작업

---

15. 38세 된 남성근로자의 육체적 작업능력(PWC)은 15kcal/min이다. 이 근로자가 1일 8시간 동안 물체를 운반하고 있으며 이때의 작업대사량이 7kcal/min이고, 휴식 시 대사량이 1.2kcal/min일 경우 이 사람이 쉬지 않고 계속하여 일을 할 수 있는 최대 허용시간(Tend)은? (단, $\log T_{end}=$ 3.720-0.1949E이다.)

① 7분

② 98분

③ 227분

④ 3063분

해설

$\log T_{end} = 3.720 - 0.1949E$

여기서 E: 작업대사량(kcal/min)

T_{end}: 허용작업시간(min)

$\log T_{end} = 3.720 - (0.1949 \times 7)$

$= 2.356$

$\therefore T_{end} = 101^{2.356} = 226.986\text{min}$

---

16. 다음 중 직업병의 발생 원인으로 볼 수 없는 것은?

① 국소 난방

② 과도한 작업량

③ 유해물질의 취급

④ 불규칙한 작업시간

해설 직업성 질환 발생의 원인

㉠ 직접요인
- 물리적 원인(건강장해)

  대기조건의 변화(잠함병), 진동(수지진동증후군), 소음(소음성난청), 전리방사선(백내장), 가스, 액체, 분진의 형태로 발생되는 화학물질(다양한 중독증, 진폐증, 직업성 피부질환), 부적절한 자세나 과도한 힘(근골격계질환 직업성 질환의 관리대책 수립: 격렬한 근육운동은 근육통, 건초염, 관절염, 요통, 추간판 탈출증, 척추돌기 골절, 탈장과 경견완 장애, 고속도 작업은 건초염, 수지경련, 신경증, 이상자세는 척추측만증)
- 작업요인

  격렬한 기계화 및 자동화 등에 따른 운동 부족병의 증가, 과도한 정신집중에 따른 신경증과 자율신경 변조 등

㉡ 간접요인
- 작업강도와 작업시간
  - 직업병 발생의 중요 원인
  - 분진 작업자의 경우 작업 강도는 호흡량 증가 및 흡입되는 분진의 총량을 증가시킴
- 고온다습한 작업환경: 작업장 내 유해가스의 발생량을 늘리고 피부 체표면의 부착과 흡수를 도움

---

17. 온도 25℃, 1기압하에서 분당 100mL씩 60분 동안 채취한 공기 중에서 벤젠이 3mg 검출되었다면 이때 검출된 벤젠은 약 몇 ppm인가? (단, 벤젠의 분자량은 78이다.)

① 11

② 15.7

③ 111

④ 157

해설 벤젠의 농도(ppm)

단위환산 100mL = 0.1l, $1m^3 = 1,000mL$

농도$(mg/m^3) = \dfrac{3mg}{0.1L/min \times 60min \times 1m^3/1,000mL}$

$= 500mg/m^3$

$$\therefore \text{ppm으로 환산한 농도} = 500\text{mg/m}^3 \times \frac{24.45}{78}$$
$$= 157\text{ppm}$$

18. 교대 근무제의 효과적인 운영방법으로 옳지 않은 것은?

① 업무효율을 위해 연속근무를 실시한다.
② 근무 교대시간은 근로자의 수면을 방해하지 않도록 정해야 한다.
③ 근무시간은 8시간을 주기로 교대하며 야간 근무 시 충분한 휴식을 보장해주어야 한다.
④ 교대작업은 피로회복을 위해 역교대 근무 방식보다 전진근무 방식(주간근무 → 저녁근무 → 야간근무 → 주간근무)으로 하는 것이 좋다.

해설 업무효율을 위해 연속근무를 실시하는 것은 피로도를 높이고 업무효율을 떨어뜨린다.

19. 다음 물질에 관한 생물학적 노출지수를 측정하려 할 때 시료의 채취시기가 다른 하나는?

① 크실렌
② 이황화탄소
③ 일산화탄소
④ 트리클로로에틸렌

해설 생물학적 노출지수를 측정하려 할 때 시료의 채취시기
크실렌, 이황화탄소, 일산화탄소는 당일 작업 종료 시이고 트리클로로에틸렌은 주말 작업 종료 시이다.

20. 심한 작업이나 운동 시 호흡조절에 영향을 주는 요인과 거리가 먼 것은?

① 산소
② 수소이온
③ 혈중 포도당
④ 이산화탄소

해설 심한 작업이나 운동 시 호흡조절에 영향을 주는 요인에는 산소, 수소이온, 이산화탄소가 있다.
③ 혈중 포도당은 근육운동에 필요한 에너지원이다.

21. 어느 작업장에서 소음의 음압수준(dB)을 측정한 결과가 85, 87, 84, 86, 89, 81, 82, 84, 83, 88일 때, 측정 결과의 중앙값(dB)은?

① 83.5
② 84.0
③ 84.5
④ 84.9

해설 중앙값
㉠ 작은 수부터 큰 수까지 나열한 다음 가운데 수가 중앙값이고, 짝수일 경우는 중앙의 두 수를 나눈 수가 중앙값이다.
㉡ 81, 82, 83, 84, 84, 85, 86, 87, 88, 89, 즉 짝수이므로 중앙값은 84, 85이며, 두 수를 2로 나누면 84.5가 된다.

22. 직경 25mm의 여과지(유효면적 385mm²)를 사용하여 백석면을 채취하여 분석한 결과 단위 시야당 시료는 3.15개, 공시료는 0.05개였을 때는? (단, 측정시간은 100분, 펌프유량은 2.0L/min, 단위 시야의 면적은 0.00785mm²이다.)

① 0.74
② 0.76
③ 0.78
④ 0.80

해설 석면의 농도(개/cc)

• 섬유밀도$(E) = \left(\dfrac{\dfrac{F}{nf} - \dfrac{B}{nb}}{Af} \right)$

여기서, E : 단위면적당 섬유밀도(개/mm²)
F : 시료에서 계수된 섬유 수
nf : 시료에서 관찰된 총 시야 수
B : 공 시료에서 계수된 섬유 수
nb : 공시료에서 관찰된 총 시야 수
Af : 계수면적

• 석면의 농도$(C) = \dfrac{(E)(A_c)}{10^3 V}$

여기서, C : 공기 중 섬유농도(개/cc)
E : 단위면적당 섬유밀도(개/mm²)
Ac : 여과지의 유효시료 채취면적
V : 공기 채취량(L)

계산하면,

- 섬유밀도$(E) = (\dfrac{3.15}{\dfrac{1}{0.00785}} - \dfrac{0.05}{1}) = 39.49$

∴ 석면의 농도$(C) = \dfrac{39.49 \times 385}{10^3 \times 100 \times 2} = 0.076$

23. 측정기구와 측정하고자 하는 물리적 인자의 연결이 틀린 것은?

① 피토관-정압

② 흑구온도-복사온도

③ 아스만통풍건습계-기류

④ 가이거뮬러카운터-방사능

해설) 아스만통풍건습계-습도(상대습도)

24. 양자역학을 응용하여 아주 짧은 파장의 전자기파를 증폭 또는 발진하여 발생시키며, 단일파장이고 위상이 고르며 간섭현상이 일어나기 쉬운 특성이 있는 비전리방사선은?

① X-ray

② Microwave

③ Laser

④ gamma-ray

해설) 레이저광은 출력이 대단히 강력하고 극히 좁은 파장범위를 갖기 때문에 쉽게 산란하지 않는다.

25. 태양광선이 내리쬐지 않는 옥외 장소의 습구흑구온도지수(WBGT)를 산출하는 식은?

① WBGT=0.7×자연습구온도 + 0.3×흑구온도

② WBGT=0.3×자연습구온도 + 0.7×흑구온도

③ WBGT=0.3×자연습구온도 + 0.7×건구온도

④ WBGT=0.7×자연습구온도 + 0.3×건구온도

해설) 습구흑구온도지수(WBGT)
- 옥외(태양광선이 내리쬐는 장소)
  WBGT=0.7NWB+0.2GT+0.1DT
- 옥내 또는 옥외(태양광선이 내리쬐지 않는 장소)
  WBGT=0.7NWB+0.3GT
- NWB: 자연습구온도, GT: 흑구온도, DT: 건구온도

26. 일정한 온도조건에서 가스의 부피와 압력이 반비례하는 것과 가장 관계가 있는 법칙은?

① 보일의 법칙

② 샤를의 법칙

③ 라울의 법칙

④ 게이-루삭의 법칙

해설)
- 보일의 법칙(Robert Boyle, 영국의 화학자·물리학자): 일정한 온도에서 기체의 부피는 그 압력에 반비례한다. 즉, 압력이 2배로 증가하면 부피는 처음의 1/2배로 감소한다.
- 샤를의 법칙: 기체의 압력이 일정할 때 기체의 부피는 절대온도에 비례한다.
- 기체 반응의 법칙(Law of Gaseous Reaction) 또는 게이루삭의 법칙(Gay-Lussac's law): 기체 사이의 화학반응에서, 같은 온도와 같은 압력에서 그 부피를 측정했을 때 반응하는 기체와 생성되는 기체 사이에는 간단한 정수비가 성립한다는 법칙이다.
- 라울의 법칙(Raoult's Law): 여러 성분이 있는 용액에서 증기가 나올 때, 증기의 각 성분의 부분압은 용액의 분압과 평형을 이룬다.

27. 소음의 단위 중 음원에서 발생하는 에너지를 의미하는 음력(sound power)의 단위는?

① dB

② Phon

③ W

④ Hz

해설)
- 1sone은 1,000Hz 순음의 음의 세기레벨 40dB의 음의 크기
- Hz: SI 단위계의 주파수 단위, 1Hz는 "1초에 한 번"을 의미
- phon: 1kHz 순음의 음압레벨과 같은 크기로 느끼는 음의 크기
- dB(데시벨): 소리의 어떤 기준 전력에 대한 전력 비의 상용로그 값을 벨(bel)로서, 그것을 다시 10분의 1배(=데시[d])한 변환. 벨(bel)의 10분의 1이란 의미에서 데시벨[dB]이며, 벨이 상용에서는 너무 큰 값이기에 그대로 쓰기는 힘들기 때문에 통상적으로는 데시벨을 이용
- W: 대상음원의 음향파워

28. 「산업안전보건법령」상 유해인자와 단위의 연결이 틀린 것은?

① 소음-dB

② 흄-mg/m^3

③ 석면-개/cm^3

④ 고열-습구·흑구온도지수, ℃

해설) 소음의 단위는 dB(A)이다.

---

29. 작업장의 기본적인 특성을 파악하는 예비조사의 목적으로 가장 적절한 것은?

① 유사노출그룹 설정
② 노출기준 초과 여부 판정
③ 작업장과 공정의 특성파악
④ 발생되는 유해인자 특성조사

> **해설** 유사노출군(Similar Exposure Group, SEG)
> 동일노출군(homogeneous exposure group)이라는 개념이 많이 사용되어 왔으나 최근에는 유사노출군이라는 용어가 많이 사용되고 있다.
> 유사노출군은 작업의 유사성과 빈도, 사용물질과 공정, 작업 수행방식의 유사성 등 유사한 작업자군을 의미한다(노재훈 등, 2001). 유사노출집단이 결정되면 모든 근로자는 적어도 어느 한 집단 내에 배치가 되고, 이에 대한 노출 평가(exposure assessement) 결과는 유해인자 관리와 역학조사시 노출량을 정량적으로 추정하는 근거로 활용될 수 있다. 또한, 작업자들을 유사노출군으로 나눔으로써 제한된 자원을 잘 분배할 수 있고, 특정 작업장의 모든 노출을 평가할 수 있으며, 작업장의 기본특성을 파악하는 예비조사의 목적으로 활용된다.

30. 유기용제 취급 사업장의 메탄올 농도 측정 결과가 100, 89, 94, 99, 120ppm일 때, 이 사업장의 메탄올 농도 기하평균(ppm)은?

① 99.4   ② 99.9
③ 100.4   ④ 102.3

> **해설** 기하평균
> $$\log(GM) = \frac{\log X_1 + \log X_2 + \cdots + \log X_n}{N}$$
> $$= \frac{\log 100 + \log 89 + \log 94 + \log 99 + \log 120}{5}$$
> $$= 1.9995$$
> $$\therefore GM = 10^{1.9995} = 99.88 \text{ppm}$$

31. 소음의 변동이 심하지 않은 작업장에서 1시간 간격으로 8회 측정한 산술평균의 소음수준이 93.5dB(A)이었을 때, 작업시간이 8시간인 근로자의 하루 소음 노출량(Noise dose, %)은? (단, 기준소음노출시간과 수준 및 exchange rate은 OHSA 기준을 준용한다.)

① 104   ② 135
③ 162   ④ 234

> **해설** 시간가중평균소음수준(TWA)
> $$TWA = 16.61 \log\left[\frac{D(\%)}{100}\right] + 90[\text{dB(A)}]$$
>
> 여기서, TWA : 시간가중평균소음수준(dB(A))
> D : 누적소음폭로량(%)
> 100 : (12.5 × T(T : 폭로시간))
>
> $$93.5\text{dB(A)} = 16.61\log\left[\frac{D(\%)}{100}\right] + 90[\text{dB(A)}]$$
> $$16.61\log\left[\frac{D(\%)}{100}\right] = (93.5 - 90)\text{dB(A)}$$
> $$= 3.5\text{dB(A)}$$
> $$\log\left[\frac{D(\%)}{100}\right] = \frac{3.5}{16.61}$$
> $$= 0.2107$$
> $$\therefore D(\%) = 10^{0.2107} \times 100 = 162\%$$

32. 흡착제를 이용하여 시료채취를 할 때 영향을 주는 인자에 관한 설명으로 틀린 것은?

① 흡착제의 크기: 입자의 크기가 작을수록 표면적이 증가하여 채취효율이 증가하나 압력강하가 심하다.
② 흡착관의 크기: 흡착관의 크기가 커지면 전체 흡착제의 표면적이 증가하여 채취용량이 증가하므로 파과가 쉽게 발생되지 않는다.
③ 습도: 극성 흡착제를 사용할 때 수증기가 흡착되기 때문에 파과가 일어나기 쉽다.
④ 온도: 온도가 높을수록 기공활동이 활발하여 흡착능이 증가하나 흡착제의 변형이 일어날 수 있다.

> **해설** 온도가 높을수록 기공활동이 활발하여 흡착능이 감소하고 흡착제의 변형이 일어날 수 있다.

33. 0.04M HCl이 2% 해리되어 있는 수용액의 pH는?

① 3.1   ② 3.3
③ 3.5   ④ 3.7

> **해설** pH=−log(초기 농도×해리 백분율)
> =−log(0.04×(2/100))=3.0969=3.1

해답 29. ① 30. ② 31. ③ 32. ④ 33. ①

34. 표집효율이 90%와 50%인 임핀저(impinger)를 직렬로 연결하여 작업장 내 가스를 포집할 경우 전체 포집효율(%)은?

① 93   ② 95

③ 97   ④ 99

해설 1차 포집 후 2차 포집 시(직렬조합 시) 총 채취효율(%)
$$= \eta_1 + \eta_2 (1 - \eta_1) \times 100$$
$$= 0.9 + 0.5(1 - 0.9) \times 100$$
$$= 97.5\%$$

35. 먼지를 크기별 분포로 측정한 결과를 가지고 기하표준편차(GSD)를 계산하고자 할 때 필요한 자료가 아닌 것은?

① 15.9%의 분포를 가진 값

② 18.1%의 분포를 가진 값

③ 50.0%의 분포를 가진 값

④ 84.1%의 분포를 가진 값

해설 기하표준편차(GSD)를 계산하고자 할 때 필요한 자료는 84.1%에 해당하는 값을 50%에 해당하는 값으로 나누는 값이므로 다음과 같다.
$$GSD = \frac{84.1\%에\ 해당하는\ 값}{50\%에\ 해당하는\ 값}$$
$$= \frac{50\%에\ 해당하는\ 값}{15.9\%에\ 해당하는\ 값}$$

36. 복사기, 전기기구, 플라스마 이온방식의 공기청정기 등에서 공통적으로 발생할 수 있는 유해물질로 가장 적절한 것은?

① 오존   ② 이산화질소

③ 일산화탄소   ④ 포름알데히드

해설 오존
복사기, 레이저 프린터, 팩시밀리 등 고전압 전류를 사용하는 사무기기는 유해광선에 의한 광화학반응으로 산소분자가 두 개로 쪼개져 다른 산소와 결합하여 O_3가 되어 실내 오존 농도를 높인다.
오존(O_3) → O_2 + O(발생기 산소)로 분해하는 자극성 가스(살균, 탈취, 탈색작용)

37. 벤젠이 배출되는 작업장에서 채취한 시료의 벤젠 농도 분석 결과가 3시간 동안 4.5ppm, 2시

간 동안 12.8ppm, 1시간 동안 6.8ppm일 때, 이 작업장의 벤젠 TWA(ppm)는?

① 4.5   ② 5.7

③ 7.4   ④ 9.8

해설 벤젠 TWA(ppm)
$$TWA = \frac{C_1 \times T_1 + C_2 \times T_2 + C_3 \times T_3 + C_4 \times T_4}{8}$$
여기서, C: 유해물질 농도
         T: 노출시간
         8: 정상근로시간
$$\therefore \frac{4.5 \times 3 + 12.8 \times 2 + 6.8 \times 1 + 0 \times 2}{8}$$
$$= 5.7ppm$$

38. 「산업안전보건법령」상 고열 측정 시간과 간격으로 옳은 것은?

① 작업시간 중 노출되는 고열의 평균온도에 해당하는 1시간, 10분 간격

② 작업시간 중 노출되는 고열의 평균온도에 해당하는 1시간, 5분 간격

③ 작업시간 중 가장 높은 고열에 노출되는 1시간, 5분 간격

④ 작업시간 중 가장 높은 고열에 노출되는 1시간, 10분 간격

해설 작업환경측정 및 정도관리 등에 관한 고시[고용노동부고시 제2020-44호] 제31조(측정방법 등)
고열 측정은 다음 각호의 방법에 따른다.
1. 측정은 단위작업 장소에서 측정대상이 되는 근로자의 주 작업 위치에서 측정한다.
2. 측정기의 위치는 바닥 면으로부터 50센티미터 이상, 150센티미터 이하의 위치에서 측정한다.
3. 측정기를 설치한 후 충분히 안정화 시킨 상태에서 1일 작업시간 중 가장 높은 고열에 노출되는 1시간을 10분 간격으로 연속하여 측정한다.

39. 입자상 물질의 여과 원리와 가장 거리가 먼 것은?

① 차단   ② 확산

③ 흡착   ④ 관성충돌

해답 **34.** ②   **35.** ②   **36.** ①   **37.** ②   **38.** ④   **39.** ③

해설 여과 포집 원리(6가지): 직접차단(간섭), 관성충돌, 확산, 중력침강, 정전기 침강, 체질

• 관성충돌: 시료 기체를 충돌판에 뿜어 붙여 관성력에 의하여 입자를 침착시킨다.

• 체질: 시료를 체에 담아 입자의 크기에 따라 체눈을 통하는 것과 통하지 않는 것으로 나누는 조작을 의미한다.

• 흡착은 가스상 물질을 포집할 때 흡착의 원리로 채취한다.

40. 산화마그네슘, 망간, 구리 등의 금속 분진을 분석하기 위한 장비로 가장 적절한 것은?

① 자외선/가시광선 분광광도계

② 가스크로마토그래피

③ 핵자기공명분광계

④ 원자흡광광도계

해설 작업환경측정 및 정도관리 등에 관한 고시 제43조 (측정시료의 분석의뢰)

별표 3. 원자흡광광도계(AAS)로 분석할 수 있는 유해인자: 구리, 납, 니켈, 크롬, 망간, 산화 마그네슘, 산화아연, 산화철, 수산화나트륨, 카드뮴

|3| 작업환경관리대책

41. 유해물질의 증기 발생률에 영향을 미치는 요소로 가장 거리가 먼 것은?

① 물질의 비중　　② 물질의 사용량

③ 물질의 증기압　④ 물질의 노출기준

해설 유해물질의 증기 발생률에 영향을 미치는 요소
유해물질의 온도, 물질의 비중, 물질의 사용량, 물질의 증기압, 유해물질의 표면적, 기압, 기류속도 등

42. 회전차 외경이 600mm인 원심 송풍기의 풍량은 200m³/min이다. 회전차 외경이 1,000mm인 동류(상사구조)의 송풍기가 동일한 회전수로 운전된다면 이 송풍기의 풍량(m³/min)은? (단, 두 경우 모두 표준공기를 취급한다.)

① 333　　　　　　② 556

③ 926　　　　　　④ 2,572

해설 풍량은 송풍기 크기(회전차의 직경)의 세제곱에 비례한다.

$$\frac{Q_2}{Q_1} = \left(\frac{D_2}{D_1}\right)^3$$

여기서, D_1 : 변경 전 송풍기의 크기

　　　　D_2 : 변경 후 송풍기의 크기

$$\therefore \ Q_2 = Q_1 \times \left(\frac{D_2}{D_1}\right)^3 = 200 \times \left(\frac{1,000}{600}\right)^3 = 925.9 \text{m}^3/\text{min}$$

43. 후드의 유입계수가 0.82, 속도압이 50mmH₂O일 때 후드의 유입손실(mmH₂O)은?

① 22.4　　　　　　② 24.4

③ 26.4　　　　　　④ 28.4

해설 후드의 유입손실(mmH₂O)

$\Delta P = F_h \times VP$, VP는 50mmH₂O

F_h 값을 구하면,

$$\frac{1}{Ce^2} - 1 = \frac{1}{0.82^2} - 1 = 0.487$$

$\Delta P = 0.487 \times 50 \text{mmH}_2\text{O} = 24.4 \text{mmH}_2\text{O}$

44. 길이, 폭, 높이가 각각 25m, 10m, 3m인 실내에 시간당 18회의 환기를 하고자 한다. 직경 50cm의 개구부를 통하여 공기를 공급하고자 하면 개구부를 통과하는 공기의 유속(m/s)은?

① 13.7　　　　　　② 15.3

③ 17.2　　　　　　④ 19.1

해설 공기의 유속(m/s)

$Q = A \times V$, $V = Q/A$

여기서, Q: 작업장 필요환기량

• 시간당 공기교환율(ACH)
　=작업장 필요환기량/작업장 체적

• 작업장 필요환기량
　=ACH × 작업장 체적
　=18회/hr × (25m × 10m × 3m)
　=13,500m³/hr

hr(시간)을 sec(초)로 환산(유속의 단위는 sec임)하면,

$$Q = \frac{13,500 \text{m}^3/\text{hr}}{3,600} = 3.75 \text{m}^3/\text{sec}$$

A : 면적(원형 직경이므로 $\frac{\pi d^2}{4}$)

$$= \frac{3.14 \times 0.5^2}{4} = 0.196 \text{m}^2$$

$$\therefore V(\text{m/sec}) = \frac{Q}{A} = \frac{3.75 \text{m}^3/\text{sec}}{0.196 \text{m}^2} = 19.1 \text{m/sec}$$

45. 입자상 물질 집진기의 집진원리를 설명한 것이다. 아래의 설명에 해당하는 집진원리는?

> 분진의 입경이 클 때, 분진은 가스흐름의 궤도에서 벗어나게 된다. 즉 입자의 크기에 따라 비교적 큰 분진은 가스통과 경로를 따라 발산하지 못하고, 작은 분진은 가스와 같이 발산한다.

① 직접차단   ② 관성충돌
③ 원심력   ④ 확산

(해설) 입경이 큰 분진은 중력 가속도에 의하여 가스 통로가 휘어질 때 직진성에 의하여 가스 흐름의 궤도를 벗어나게 되어 관성충돌하게 된다.

46. 철재 연마공정에서 생기는 철가루의 비산을 방지하기 위해 가로 50cm, 높이 20cm인 직사각형 후드를 플랜지를 부착하여 바닥면에 설치하고자 할 때, 필요환기량(m^3/min)은? (단, 제어풍속은 ACGIH 권고치 기준의 하한으로 설정하며, 제어풍속이 미치는 최대거리는 개구면으로부터 30cm라 가정한다.)

① 112   ② 119
③ 253   ④ 238

(해설) 필요환기량(m^3/min)
ACGIH 권고치 기준의 하한값(철재 연마공정에서 생기는 철가루의 비산): 3.7m/sec
$Q = 0.5 \times 60 \times V_c (10X^2 + A)$
$= 0.5 \times 60\text{sec/min} \times 3.7 \times [(10 \times 0.3^2)\text{m}^2 + 0.5\text{m} \times 0.2\text{m}]$
$= 111\text{m}^3/\text{min}$

47. 다음 중 위생보호구에 대한 설명과 가장 거리가 먼 것은?

① 사용자는 손질방법 및 착용방법을 숙지해야 한다.
② 근로자 스스로 폭로대책으로 사용할 수 있다.
③ 규격에 적합한 것을 사용해야 한다.
④ 보호구 착용으로 유해물질로부터의 모든 신체적 장해를 막을 수 있다.

(해설) 보호구 착용으로 유해물질로부터의 모든 신체적 장해를 막을 수 없기 때문에 최후의 방어수단으로만 사용하여야 한다.

48. 곡관에서 곡률반경비(R/D)가 1.0일 때 압력손실계수 값이 가장 작은 곡관의 종류는?

① 2조각 관   ② 3조각 관
③ 4조각 관   ④ 5조각 관

(해설) 곡관(원형 엑보관) 압력손실계수 값

덕트 모양	곡률반경(R/D)					
	0.5	0.75	1.00	1.50	2.00	2.50
이음새 없는 곡관	0.71	0.33	0.22	0.15	0.13	0.12
5조각으로 접한된 곡관	–	0.46	0.33	0.24	0.19	0.17
4조각으로 접한된 곡관	–	0.50	0.37	0.27	0.24	0.23
3조각으로 접한된 곡관	0.9	0.54	0.42	0.34	0.33	0.33

49. 작업 중 발생하는 먼지에 대한 설명으로 옳지 않은 것은?

① 일반적으로 특별한 유해성이 없는 먼지는 불활성 먼지 또는 공해서 먼지라고 하고, 이러한 먼지에 노출된 경우 일반적으로 폐용량에 이상이 나타나지 않으며, 먼지에 노출될 경우 일반적으로 폐용량에 이상이 나타나지 않으며, 먼지에 대한 폐의 조직반응은 가역적이다.
② 결정형 유리규산(free silica)은 규산의 종류에 따라 Cristobalite, Quartz, Tridymite, Tripoli가 있다.
③ 용융규산(fused silica)은 비결정형 규산으로 노출기준은 총먼지로 10mg/m^3이다.
④ 일반적으로 호흡성 먼지란 종말 모세기관지나 폐포 영역의 가스교환이 이루어지는 영역까지 도달하는 미세먼지를 말한다.

(해설) 고용노동부 고시 화학물질 및 물리적 인자의 노출기준에 의거 용융규산(fused silica)은 비결정형 규산으로 노출기준은 총먼지로 0.1mg/m^3이다.

(해답) **45.** ② **46.** ① **47.** ④ **48.** ④ **49.** ③

222 산업위생관리기사 필기시험 문제풀이

50. 고열 배출원이 아닌 탱크 위에 한 변이 2m인 정방형의 캐노피형 후드를 3측면이 개방되도록 설치하고자 한다. 제어속도가 0.25m/s, 개구면과 배출원 사이의 높이가 1.0m일 때 필요 송풍량 (m³/min)은?

① 2.44   ② 146.46

③ 249.15   ④ 435.81

해설 외부식 천개형 후드(고열이 없는 캐노피 후드) 송풍량 계산식

㉠ 4측면 개방 외부식 천개형 후드(Thomas 식)

0.3 < H/W ≤ 0.75일 때 사용

$Q(m^3/min) = 60 \times 14.5 \times H^{1.8} \times W^{0.2} \times Vc$

여기서, H : 개구면에서 배출원 사이의 높이(H)

W : 캐노피 단면적(직경)(m)

Vc : 제어속도(m/sc)

H/L ≤ 0.3인 장방형의 경우 송풍량(Q)

$Q(m^3/min) = 60 \times 1.4 \times P \times H \times Vc$

여기서, L : 캐노피 장변(m)

P : 캐노피 둘레길이 → $2(L+W)$(m)

㉡ 3측면 개방 외부식 천개형 후드(Thomas 식)

$Q(m^3/min) = 60 \times 8.5 \times H^{1.8} \times W^{0.2} \times Vc$

(단, 0.3 < H/W ≤ 0.75인 장방형, 원형 캐노피에 사용)

※ 계산: 3측면이 개방되어 있어 3측면 개방 외부식 천개형 후드(Thomas 식)를 적용한다.

∴ $Q(m^3/min) = 60 \times 8.5 \times 1.0^{1.8} \times 2^{0.2} \times 0.25 = 146.46$

51. 그림과 같은 형태로 설치하는 후드는?

열원

① 레시바식 캐노피형(Receiving Canopy Hoods)

② 포위식 커버형(Enclosures cover Hoods)

③ 부스식 드래프트 챔버형(Boooth Draft Chamber Hoods)

④ 외부식 그리드형(Exterior Capturing Grid Hoods)

해설 레시바식 캐노피형(Receiving Canopy Hoods) 후드는 열원 등 상승기류가 있는 곳의 상부에 설치하면 적은 풍량으로 오염물질을 포집할 수 있다.

52. 「산업안전보건법령」상 안전인증 방독마스크에 안전인증 표시 외에 추가로 표시되어야 할 항목이 아닌 것은?

① 포집효율   ② 파과곡선도

③ 사용시간 기록카드   ④ 사용상의 주의사항

해설 안전인증 방독마스크의 표시사항

• 파과 곡선도

• 사용시간 기록카드

• 정화통 외부 측면색

• 사용 주의사항

• 안전인증 표시

53. 에틸벤젠의 농도가 400ppm인 1,000m³ 체적의 작업장의 환기를 위해 90m³/min 속도로 외부 공기를 유입한다고 할 때, 이 작업장의 에틸벤젠 농도가 노출기준(TLV) 이하로 감소되기 위한 최소 소요시간(min)은? (단, 에틸벤젠의 TLV는 100ppm이고 외부유입공기 중 에틸벤젠의 농도는 0ppm이다.)

① 11.8   ② 15.4

③ 19.2   ④ 23.6

해설 감소되기 위한 최소소요시간(min)

$$t = -\frac{V}{Q'} \ln\left(\frac{C_2}{C_1}\right)$$

$$= -\frac{1,000m^3}{90m^3/min} \times \ln\left(\frac{100}{400}\right)$$

$$= 15.40min$$

54. 덕트에서 공기 흐름의 평균속도압이 25mmH₂O였다면 덕트에서의 공기의 반송속도(m/s)는? (단, 공기 밀도는 1.21kg/m³로 동일하다.)

① 10   ② 15

③ 20   ④ 25

55. 강제환기를 실시할 때 환기효과를 제고시킬 수 있는 방법이 아닌 것은?

① 공기배출구와 근로자의 작업위치 사이에 오염원이 위치하지 않도록 하여야 한다.

② 배출구가 창문이나 문 근처에 위치하지 않도록 한다.

③ 오염물질 배출구는 가능한 한 오염원으로부터 가까운 곳에 설치하여 점환기 효과를 얻는다.

④ 공기가 배출되면서 오염장소를 통과하도록 공기배출구와 유입구의 위치를 선정한다.

해설 공기배출구와 근로자의 작업위치 사이에 오염원이 위치하지 않도록 하여야 하는 것은 국소배기에 대한 설명이다.

56. 전기집진장치의 장단점으로 틀린 것은?

① 운전 및 유지비가 많이 든다.

② 고온가스처리가 가능하다.

③ 설치 공간이 많이 든다.

④ 압력손실이 낮다.

해설 전기집진장치의 장단점

㉠ 장점

• 운용비용이 저렴하다.

• 미세한 입자에 대한 집진효율이 매우 높다(0.01㎛ 정도의 미세분진까지 처리).

• 넓은 범위의 입경과 분진농도에 집진효율이 높다.

• 광범위한 온도범위에서 설계가 가능하다.

• 폭발성 가스의 처리도 가능하다.

• 고온의 입자성 물질(500℃ 전후) 처리가 가능하며 보일러와 철강로 등에 설치할 수 있다.

• 낮은 압력손실로 대용량의 가스를 처리한다.

• 회수가치 입자 포집에 유리하다.

• 건식 및 습식으로 집진할 수 있다.

• 보수가 간단하여 인건비가 절약된다.

㉡ 단점

• 설치비용이 많이 든다.

• 넓은 설치면적이 필요하다.

• 운전조건의 변화에 유연성이 적다.

• 먼지성상에 따라 전처리시설이 요구된다.

• 분진포집에 적용되며, 기체상 물질 제거에는 곤란하다.

• 전압 변동과 같은 조건 변동(부하변동)에 쉽게 적응이

곤란하다.

• 가연성 입자의 처리가 곤란하다.

• 비저항이 큰 분진을 포집하기 어렵다.

57. 산업위생관리를 작업환경관리, 작업관리, 건강관리로 나눠서 구분할 때, 다음 중 작업환경관리와 가장 거리가 먼 것은?

① 유해 공정의 격리

② 유해 설비의 밀폐화

③ 전체환기에 의한 오염물질의 회석 배출

④ 보호구 사용에 의한 유해물질의 인체 침입 방지

해설 보호구 사용에 의한 유해물질의 인체 침입 방지는 공학적 대책인 작업환경관리 대책이나 작업관리 대책이 없을 때 건강관리를 목적으로 최후의 방어수단으로 사용한다.

58. 국소환기시스템의 슬롯(slot) 후드에 설치된 충만실(plenum chamber)에 관한 설명 중 옳지 않은 것은?

① 후드가 크게 되면 충만실의 공기속도 손실도 고려해야 한다.

② 제어속도는 슬롯속도와는 관계가 없어 슬롯속도가 높다고 흡인력을 증가시키지는 않는다.

③ 슬롯에서의 병목현상으로 인하여 유체의 에너지가 손실된다.

④ 충만실의 목적은 슬롯의 공기유속을 결과적으로 일정하게 상승시키는 것이다.

해설 충만실의 목적은 슬롯 후드의 뒤쪽에 위치하여 공기유속을 결과적으로 일정하게 유지시키는 것이다.

59. 귀마개에 관한 설명으로 가장 거리가 먼 것은?

① 휴대가 편하다.

② 고온작업장에서도 불편 없이 사용할 수 있다.

③ 근로자들이 착용하였는지 쉽게 확인할 수 있다.

④ 제대로 착용하는 데 시간이 걸리고 요령을 습득해야 한다.

해설 ③은 귀덮개의 장점이다.

해답 55. ① 56. ① 57. ④ 58. ④ 59. ③

60. 덕트 설치 시 고려해야 할 사항으로 가장 거리가 먼 것은?

① 직경이 다른 덕트를 연결할 때는 경사 30° 이내의 테이퍼를 부착한다.
② 곡관의 곡률반경은 최대 덕트 직경의 3.0 이상으로 하며 주로 4.0을 사용한다.
③ 송풍기를 연결할 때에는 최소 덕트 직경의 6배 정도는 직선구간으로 한다.
④ 가급적 원형 덕트를 사용하며 부득이 사각형 덕트를 사용할 경우에는 가능한 한 정방형을 사용한다.

해설 「안전보건규칙」상 덕트 설치기준(설치 시 고려사항)
• 덕트는 가능한 한 후드의 가까운 곳에 설치한다.
• 덕트 내 오염물질이 쌓이지 아니하도록 반송속도를 유지한다.
• 가능한 한 덕트의 길이는 짧게 하고 굴곡부의 수는 적게 한다.
• 덕트 내 접속부의 내면은 돌출된 부분이 없도록 한다.
• 덕트 내 청소구를 설치하는 등 청소하기 쉬운 구조로 한다.
• 연결부위 등은 외부공기가 들어오지 아니하도록 한다.(연결 방법은 가능한 한 용접을 선택할 것)
• 덕트의 마찰계수를 작게 하고, 분지관을 가급적 적게 한다.
• 직관은 하향구배로 하고 직경이 다른 덕트를 연결할 때에는 경사 30° 이내의 테이퍼를 부착한다.
• 원형 덕트가 사각형 덕트보다 덕트 내 유속분포가 균일하므로 가급적 원형 덕트를 사용한다.
• 사각형 덕트를 사용할 경우에는 가능한 한 정방형을 사용하고 곡관의 수를 적게 한다.
• 곡관의 곡률반경은 최소 덕트 직경의 1.5 이상, 주로 2.0을 사용한다.
• 수분이 응축될 경우 덕트 내로 들어가지 않도록 경사나 배출구를 마련한다.
• 송풍기를 연결할 때는 최소 덕트 직경의 6배 정도 직선구간을 확보한다.

| 4 | 물리적 유해인자관리

61. 귀마개의 차음평가수(NRR)가 27일 경우 이 귀마개의 차음 효과는 얼마인가? (단, OSHA의 계산방법을 따른다.)

① 6dB ② 8dB
③ 10dB ④ 12dB

해설 귀마개의 차음효과
$= (NRR - 7) \times 0.5$
$= (27 - 7) \times 0.5$
$= 10dB$

62. 소음성 난청에 영향을 미치는 요소의 설명으로 옳지 않은 것은?

① 음압 수준: 높을수록 유해하다.
② 소음의 특성: 저주파음이 고주파음보다 유해하다.
③ 노출시간: 간헐적 노출이 계속적 노출보다 덜 유해하다.
④ 개인의 감수성: 소음에 노출된 사람이 똑같이 반응하지는 않으며, 감수성이 매우 높은 사람이 극소수 존재한다.

해설 소음성 난청
• 고주파음에 대단히 민감하고 4,000Hz에서 소음성 난청이 가장 많이 발생한다(소음성 난청의 초기 단계가 C_5-dip 현상).
• 일시적인 난청(TTS)은 코르티기관의 피로에 의해 발생한다.
• 음압수준이 높을수록 유해하다.
• 노출시간: 간헐적 노출이 계속적 노출보다 덜 유해하다.
• 소음에 노출된 사람이 똑같이 반응하지는 않으며, 감수성이 매우 높은 사람이 극소수 존재한다.

63. 진동 작업장의 환경관리대책이나 근로자의 건강보호를 위한 조치로 옳지 않은 것은?

① 발진원과 작업자의 거리를 가능한 한 멀리한다.
② 작업자의 체온을 낮게 유지시키는 것이 바람직하다.
③ 절연패드의 재질로는 코르크, 펠트(felt), 유리섬유 등을 사용한다.
④ 진동공구의 무게는 10kg을 넘지 않게 하며 방진장갑 사용을 권장한다.

해설 진동 작업장에서는 작업자의 적정 체온을 유지시키는 것이 바람직하다.

64. 한랭환경에 의한 건강장해에 대한 설명으로 옳지 않은 것은?

① 레이노씨 병과 같은 혈관 이상이 있을 경우에는 증상이 악화된다.

② 제2도 동상은 수포와 함께 광범위한 삼출성 염증이 일어나는 경우를 의미한다.

③ 참호족은 지속적인 국소의 영양결핍 때문이며, 한랭에 의한 신경조직의 손상이 발생한다.

④ 전신 저체온의 첫 증상은 억제하기 어려운 떨림과 냉(冷)감각이 생기고 심박동이 불규칙하고 느려지며, 맥박은 약해지고 혈압이 낮아진다.

> **해설** 참호족과 침수족은 국소부위의 산소결핍으로 생기는데 이는 지속적인 한랭으로 모세혈관벽이 손상되기 때문이다.

65. 다음 중 피부에 강한 특이적 홍반작용과 색소침착, 피부암 발생 등의 장해를 모두 일으키는 것은?

① 가시광선　　② 적외선
③ 마이크로파　④ 자외선

> **해설** 자외선은 광생물학적으로 인체에 가장 영향을 많이 미치고 피부에 광손상을 일으키는 주원인이다. 피부의 핵산, 단백질 등의 합성을 억제시키고 화상을 입히며 새로운 색소를 만들어 색소침착을 유발하는가 하면, 비타민 D를 합성시키고 면역학적 기능을 저하시켜 세균감염 및 암을 유발한다.

66. 인체에 미치는 영향이 가장 큰 전신진동의 주파수 범위는?

① 2~100Hz　　② 140~250Hz
③ 275~500HZ　④ 4,000Hz 이상

> **해설** 고유주파수와 진동이 인체에 미치는 영향
> • 사람에 따라 차이는 있지만 통상 인간이 진동현상을 느낄 수 있는 주요 진동주파수 범위는 약 0.1~500Hz 영역이다.
> • 인체에 심한 영향을 줄 수 있는 진동주파수 범위는 2~100Hz이다.
> • 진동 주파수가 1~90Hz 범위에서 진동레벨이 60dB 이상일 경우에 인체는 민감하게 진동현상을 감지하게 되며, 60~70dB 범위에서는 수면에 지장을 받을 수 있다.
> • 한편 인간이 견딜 수 있는 최대의 진동레벨은 약 145dB 내외이다.

67. 음력이 1.2W인 소음원으로부터 35m 되는 자유공간 지점에서의 음압수준(dB)은 약 얼마인가?

① 62　　　　② 74
③ 79　　　　④ 121

> **해설** 음압수준(sound pressure level)(dB)
> $$SPL = PWL - 20\log r - 11$$
> $$PWL = 10\log\left(\frac{W}{W_0}\right)$$
> 여기서, W_0(기준파워): $10^{-12}(W)$
> $$\therefore SPL = 10\log\left(\frac{1.2}{10^{-12}}\right) - 20\log 35 - 11$$
> $$= 78.9dB$$

68. 극저주파 방사선(extremely low frequency fields)에 대한 설명으로 옳지 않은 것은?

① 강한 전기장의 발생원은 고전류장비와 같은 높은 전류와 관련이 있으며, 강한 자기장의 발생원은 고전압장비와 같은 높은 전하와 관련이 있다.

② 작업장에서 발전, 송전, 전기 사용에 의해 발생되며 이들 경로에 잇는 발전기에서 전력선, 전기설비, 기계, 기구 등도 잠재적 노출원이다.

③ 주파수가 1~3,000Hz에 해당되는 것으로 정의되며, 이 범위 중 50~60Hz의 전력선과 관련한 주파수의 범위가 건강과 밀접한 연관이 있다.

④ 교류전기는 1초에 60번씩 극성이 바뀌는 60Hz의 저주파를 나타내므로 이에 대한 노출평가, 생물학적 및 인체영향 연구가 많이 이루어져 왔다.

> **해설** ①은 전기장과 자기장을 바꾸어 설명하고 있다. 즉, 강한 자기장의 발생원은 고전류장비와 같은 높은 전류와 관련이 있으며 강한 전기장의 발생원은 고전압장비와 같은 높은 전하와 관련이 있다.

69. 다음 중 전리방사선의 영향에 대하여 감수성이 가장 큰 인체 내의 기관은?

---

① 폐   ② 혈관

③ 근육   ④ 골수

해설 전리방사선에 대한 감수성 순서

골수, 임파구, 임파선, 흉선 및 림프조직(조혈기관)>눈의 수정체>상선(고환 및 난소) 타액선, 상피세포>혈관, 복막 등 내피세포>결합조직과 지방조직>뼈 및 근육조직>폐, 위장관 등 내장조직, 신경조직

70. 1루멘의 빛이 1ft²의 평면상에 수직방향으로 비칠 때 그 평면의 빛 밝기를 나타내는 것은?

① 1lux   ② 1candela

③ 1촉광   ④ 1foot candle

해설 조명단위

- 촉광: 지름이 1인치인 촛불이 수평방향으로 비칠 때 빛의 광강도를 나타내는 단위
- foot-candle: 1루멘의 빛이 ft²의 평면상에 수직으로 비칠 때 그 평면의 빛의 밝기
- 칸델라(candela, 기호 cd): 광도의 SI 단위이며 점광원에서 특정 방향으로 방출되는 빛의 단위 입체각당 광속을 의미한다. 보통의 양초가 방출하는 광도는 1칸델라이다. 칸델라(candela)는 양초(candle)의 라틴어이다.
- lux: 1m²에 1lumen의 광속을 방출하는 광원의 밝기는 1lux이다.

71. 인체와 환경 간의 열교환에 관여하는 온열조건 인자로 볼 수 없는 것은?

① 대류   ② 증발

③ 복사   ④ 기압

해설 인체와 환경 사이의 열교환에 관여인자

체내 열생산량(작업대사량), 전도, 대류, 복사, 증발 등

72. 감압병의 증상에 대한 설명으로 옳지 않은 것은?

① 관절, 심부 근육 및 뼈에 동통이 일어나는 것을 bends라 한다.

② 흉통 및 호흡곤란은 흔하지 않은 특수형 질식이다.

③ 산소의 기포가 뼈의 소동맥을 막아서 후유증으로 무균성 골괴사를 일으킨다.

④ 마비는 감압증에서 보는 중증 합병증이며 하지의 강직성 마비가 나타나는데, 이는 척수나 그 혈관에 기포가 형성되어 일어난다.

해설 질소 기포가 뼈의 소동맥을 막아서 비감염성 골괴사를 일으킨다.

73. 작업환경 조건을 측정하는 기기 중 기류를 측정하는 것이 아닌 것은?

① Kata 온도계   ② 풍차풍속계

③ 열선풍속계   ④ Assmann 통풍건습계

해설 Assmann 통풍건습계는 건구와 습도(상대습도)를 측정하는 기기이다.

74. 음의 세기(I)와 음압(P) 사이의 관계로 옳은 것은?

① 음의 세기는 음압에 정비례

② 음의 세기는 음압에 반비례

③ 음의 세기는 음압의 제곱에 비례

④ 음의 세기는 음압의 세제곱에 비례

해설 음의 세기(Sound intensity)

$I = P \times v = P^2/\rho c (\text{W/m}^2)$

여기서, P: 음압 실효치(N/m²)

ρ: 매질의 밀도(kg/m²)

c: 음속(m/s)

75. 고압환경의 인체작용에 있어 2차적인 가압현상에 대한 내용이 아닌 것은?

① 흉곽이 잔기량보다 적은 용량까지 압축되면 폐압박 현상이 나타난다.

② 4기압 이상에서 공기 중의 질소가스는 마취작용을 나타낸다.

③ 산소의 분압이 2기압을 넘으면 산소중독증세가 나타난다.

④ 이산화탄소는 산소의 독성과 질소의 마취작용을 증강시킨다.

해설 고압환경에서 2차적인 가압현상(화학적 인체작용)

- 4기압 이상에서 질소가스의 마취작용
- 산소분압 2기압 초과 시 산소 중독
- 이산화탄소 중독

해답 70. ④ 71. ④ 72. ③ 73. ④ 74. ③ 75. ①

76. 작업장에 흔히 발생하는 일반 소음의 차음효과 (transmission loss)를 위해서 장벽을 설치한다. 이때 장벽의 단위 표면적당 무게를 2배씩 증가함에 따라 차음효과는 약 얼마씩 증가하는가?

① 2dB　　　　② 6dB
③ 10dB　　　　④ 16dB

해설 차음평가
$TL = 20\log(m \cdot f) - 43dB$
$\quad = 20\log 2 = 6dB$

77. 「산업안전보건법령」상 상시 작업을 실시하는 장소에 대한 작업면의 조도 기준으로 옳은 것은?

① 초정밀 작업: 1,000럭스 이상
② 정밀 작업: 500럭스 이상
③ 보통 작업: 150럭스 이상
④ 그 밖의 작업: 50럭스 이상

해설 「산업안전보건법」상 작업면의 조도 기준
• 초정밀작업: 750럭스(lux) 이상
• 정밀작업: 300럭스 이상
• 보통작업: 150럭스 이상
• 그 밖의 작업: 75럭스 이상

78. 인간 생체에서 이온화시키는 데 필요한 최소에너지를 기준으로 전리방사선과 비전리방사선을 구분한다. 전리방사선과 비전리방사선을 구분하는 에너지의 강도는 약 얼마인가?

① 7eV　　　　② 12eV
③ 17eV　　　　④ 22eV

해설 광자에너지의 강도 12eV를 기준으로 이하의 에너지를 갖는 방사선을 비이온화 방사선, 이상 큰 에너지를 갖는 것을 이온화 방사선이라 하며 생체에서 이온화시키는 데 필요한 최소에너지는 대체로 12eV이다.

79. 「산업안전보건법령」상 근로자가 밀폐공간에서 작업을 하는 경우, 사업주가 조치해야 할 사항으로 옳지 않은 것은?

① 사업주는 밀폐공간 작업 프로그램을 수립하여 시행하여야 한다.

② 사업주는 사업장 특성상 환기가 곤란한 경우 방독마스크를 지급하여 착용하도록 하고 환기를 하지 않을 수 있다.
③ 사업주는 근로자가 밀폐공간에서 작업을 하는 경우 그 장소에 근로자를 입장시킬 때와 퇴장시킬 때마다 인원을 점검하여야 한다.
④ 사업주는 밀폐공간에는 관계 근로자가 아닌 사람의 출입을 금지하고, 출입금지 표지를 밀폐공간 근처의 보기 쉬운 장소에 게시하여야 한다.

해설 사업주는 방독마스크를 지급할 경우 반드시 환기가 되어야 하고 산소 농도 18% 이상인 곳에서만 착용시켜야 한다. 공학적 대책이 없는 경우 최후의 방어수단으로 사용하여야 한다.

80. 고온환경에서 심한 육체노동을 할 때 잘 발생하며, 그 기전은 지나친 발한에 의한 탈수와 염분소실로 나타나는 건강장해는?

① 열경련(heat cramps)
② 열피로(heat fatigue)
③ 열실신(heat syncope)
④ 열발진(heat rashes)

해설 열경련(heat cramp)
• 고온환경에서 심한 육제적 노동을 할 경우 지나친 발한에 의한 수분 및 혈중 염분 손실(혈액의 현저한 농축 발생)로 발생
• 땀을 많이 흘리고 동시에 염분이 없는 음료수를 많이 마셔서 염분 부족 시 발생
• 전해질의 유실 시 발생
• 증상으로는 수의근의 유동성 경련, 과도한 발한

|5| 산업독성학

81. 호흡기에 대한 자극작용은 유해물질의 용해도에 따라 구분되는데 다음 중 상기도 점막 자극제에 해당하지 않는 것은?

① 염화수소　　　　② 아황산가스

③ 암모니아　　　　④ 이산화질소

해설　이산화질소(NO_2: Nitrogen Dioxide)
- 알칼리 및 클로로포름에 용해되는 자극성 냄새의 적갈색 기체로서 취사용 시설이나 난방, 흡연 등으로 발생된다.
- 호흡할 때 폐포 깊이 도달하여 헤모글로빈의 산소 운반능력을 저하시켜 호흡곤란 등을 일으키는 독성이 강한 물질이다.

82. 납중독에 대한 치료방법의 일환으로 체내에 축적된 납을 배출하도록 하는 데 사용되는 것은?

① CaEDTA　　　　② DMPS

③ 2-PAM　　　　④ Atropin

해설　CaEDTA
납 중독 시 체내에 축적된 납을 배설하기 위한 촉진제 역할을 한다.

83. 다음에서 설명하고 있는 유해물질 관리기준은?

> 이것은 유해물질에 폭로된 생체시료 중의 유해물질 또는 그 대사물질 등에 대한 생물학적 감시(monitoring)를 실시하여 생체내에 침입한 유해물질의 총량 또는 유해물질에 의하여 일어난 생체변화의 강도를 지수로서 표현한 것이다.

① TLV(threshold limit value)

② BEI(biological exposure indices)

③ THP(total health promotion plan)

④ STEL(short term exposure limit)

해설　생물학적 노출지수(BEI)
혈액, 소변, 호기, 모발 등 생체시료(인체조직이나 세포)로부터 유해물질 그 자체 또는 유해물질의 대사산물 및 생화학적 변화를 반영하는 지표물질을 말하며 유해물질의 대사산물, 유해물질 자체 및 생화학적 변화 등을 총칭한다.

84. 수치로 나타낸 독성의 크기가 각각 2와 3인 두 물질이 화학적 상호작용에 의해 상대적 독성이 9로 상승하였다면 이러한 상호작용을 무엇이라 하는가?

① 상가작용　　　　② 가승작용

③ 상승작용　　　　④ 길항작용

해설　독성물질 간의 상호작용
- 길항작용: 3+3=0
- 상승작용: 3+3=10
- 상가작용: 3+3=6
- 가승작용: 3+0=10

상승작용은 매우 큰 독성을 발휘하는 물질의 상호작용을 나타내는 것으로 각각의 단일물질에 노출되었을 때 3+3=10 또는 2+3=9로 표현할 수 있다.

85. 화학물질 및 물리적 인자의 노출기준상 산화규소 종류와 노출기준이 올바르게 연결된 것은? (단, 노출기준은 TWA 기준이다.)

① 결정체 석영-0.1mg/m³

② 결정체 트리폴리-0.1mg/m³

③ 비결정체 규소-0.01mg/m³

④ 결정체 트리디마이트-0.01mg/m³

해설　산화규소별 노출기준
- 비결정체 규조토 및 침전된 규소: 10mg/m³
- 결정체 트리폴리: 0.1mg/m³
- 비결정체 규소, 용융된 규소: 0.1mg/m³
- 결정체 석영: 0.05mg/m³
- 결정체 트리디마이트: 0.05mg/m³
- 결정체 크리스토발라이트: 0.05mg/m³

86. 노출에 대한 생물학적 모니터링의 단점이 아닌 것은?

① 시료채취의 어려움

② 근로자의 생물학적 차이

③ 유기시료의 특이성과 복잡성

④ 호흡기를 통한 노출만을 고려

해설　노출에 대한 생물학적 모니터링의 단점
- 인체에서 직접 채취(혈액, 소변 등)하기 때문에 시료채취가 어렵다.
- 생물학적 모니터링을 만족시키는 산업장에서 사용하고 있는 화학물질은 수 종에 불과하므로 생물학적 모니터링으로 산업장의 화학물질에 대한 폭로와 그에 따른 건강 위험도를 평가하는 데는 제한점이 있다.
- 쉽게 흡수되지 않고 접촉되는 부위에서 주로 건강장해를 일으키는 화학물질(예: 여러 종류의 폐 자극물질)에 대해서 생물학적 모니터링을 적용할 수 없다.
- 각 근로자의 생물학적 차이가 있다.
- 분석 시 오염에 노출될 수 있어 분석이 어렵다.

해답　82. ①　83. ②　84. ③　85. ②　86. ④

87. 인체 내 주요 장기 중 화학물질 대사능력이 가장 높은 기관은?

① 폐
② 간장
③ 소화기관
④ 신장

해설 간의 화학물질 대사능력(해독작용)
우리 몸속에 들어오는 여러 가지 인체에 해가 되는 독물이나 알코올, 약물 등을 해독하여 체외로 배출한다.

88. 중추신경계에 억제작용이 가장 큰 것은?

① 알칸족
② 알켄족
③ 알코올족
④ 할로겐족

해설 중추신경계 억제작용 순서
알칸 < 알켄 < 알코올 < 유기산 < 에스테르 < 에테르 < 할로겐화합물

89. 망간중독에 대한 설명으로 옳지 않은 것은?

① 금속망간의 직업성 노출은 철강제조 분야에서 많다.
② 망간의 만성중독을 일으키는 것은 2가의 망간화합물이다.
③ 치료제는 CaEDTA가 있으며 중독 시 신경이나 뇌세포 손상 회복에 효과가 크다.
④ 이산화망간 흄에 급성 폭로되면 열, 오한, 호흡곤란 등의 증상을 특징으로 하는 금속열을 일으킨다.

해설 CaEDTA는 납중독 시 납 배설 촉진제로 사용한다.

90. 다음 단순 에스테르 중 독성이 가장 높은 것은?

① 초산염
② 개미산염
③ 부틸산염
④ 프로피온산염

해설 부틸산염
• 뷰티르산(butyric acid)의 계통명은 부탄산(butanoic acid) 이고, BTA로 약칭되며, 화학식이 $CH_3CH_2CH_2-COOH$인 카복실산이다.
• 뷰티르산의 염 및 에스터(에스테르)는 뷰티레이트(butyrate) 또는 부타노에이트(butanoate)로 알려져 있다.
• 뷰티르산은 1814년 프랑스의 화학자 미셸 외젠 슈브뢰이 (Michel Eugène Chevreul)에 의해 불순한 형태로 처음 관찰되었다.

91. 작업장에서 생물학적 모니터링의 결정인자를 선택하는 기준으로 옳지 않은 것은?

① 검체의 채취나 검사과정에서 대상자에게 불편을 주지 않아야 한다.
② 적절한 민감도(sensitivity)를 가진 결정인자이어야 한다.
③ 검사에 대한 분석적인 변이나 생물학적 변이가 타당해야 한다.
④ 결정인자는 노출된 화학물질로 인해 나타나는 결과가 특이하지 않고 평범해야 한다.

해설 생물학적 모니터링을 위한 전제조건
• 생물학적 모니터링의 대상이 되는 물질 혹은 그 대사물이 조직이나 체액 속에 채집하기 적절하게 존재하여야 한다.
• 정확하고 실용적인 분석방법이 사용 가능해야 한다.
• 측정이 정확해야 한다.
• 그 결과가 건강 위험도를 측정할 수 있어야 한다.
• 생물학적 지표로서 민감도 및 특이도가 충분해야 한다.
• 생물학적 시료의 채집이 근로자의 건강에 위험하지 않아야 한다.
• 정기적인 스크린을 위한 생물학적 지표로 선정된 것은 보관해도 충분히 안정한 물질이어야 한다.

92. 카드뮴의 만성중독 증상으로 볼 수 없는 것은?

① 폐기능 장해
② 골격계의 장해
③ 신장기능 장해
④ 시각기능 장해

해설 시각기능 장해는 메탄올 고농도 흡입 시 발생한다.

93. 인체에 흡수된 납(Pb) 성분이 주로 축적되는 곳은?

① 간
② 뼈
③ 신장
④ 근육

해설 체내 약 90%의 납은 뼈에 있으며 이는 납의 작용이 칼슘이 골조직에서 나타내는 대사과정과 유사하기 때문인 것으로 알려져 있다.

94. 작업자의 소변에서 마뇨산이 검출되었다. 이 작업자는 어떤 물질을 취급하였다고 볼 수 있는가?

해답 87. ② 88. ④ 89. ③ 90. ③ 91. ④ 92. ④ 93. ② 94. ①

① 톨루엔 ② 에탄올
③ 클로로벤젠 ④ 트리클로로에틸렌

해설 톨루엔의 대사산물로 소변에서 O-크레졸이 검출된다.

95. 중금속의 노출 및 독성기전에 대한 설명으로 옳지 않은 것은?

① 작업환경 중 작업자가 흡입하는 금속 형태는 흄과 먼지 형태이다.
② 대부분의 금속이 배설되는 가장 중요한 경로는 신장이다.
③ 크롬은 6가 크롬보다 3가 크롬이 체내흡수가 많이 된다.
④ 납에 노출될 수 있는 업종은 축전지 제조, 합금업체, 전자산업 등이다.

해설 크롬은 3가 크롬보다 6가 크롬이 체내흡수가 많이 된다.

96. 약품 정제를 하기 위한 추출제 등에 이용되는 물질로 간장, 신장의 암발생에 주로 영향을 미치는 것은?

① 크롬 ② 벤젠
③ 유리규산 ④ 클로로포름

해설 클로로포름(chloroform)
• 탄소와 염소로 이루어진 화합물로, 화학식은 $CHCl_3$이다. 테프론이나 냉매를 만드는 데 사용되기도 한다.
• 상온에서 액체 상태로 존재하는 비교적 무거운 무색의 화합물이다. 녹는점은 −63.5℃, 끓는점은 61.2℃이고 밀도는 1.483g/cm^3이다. 기화성이 높으며, 기체 클로로포름은 본드 냄새가 난다. 흡입 시 마취효과가 있다.
• 클로로포름이 다음 과정을 거치면 CCl_4가 된다.
  $$CHCl_3 + Cl_2 \rightarrow CCl_4 + HCl$$
• 이 과정에서는 모두 클로로메탄(염화메틸), 염화에틸렌, 클로로포름, 사염화탄소가 만들어지고 이 화합물들은 증류로 분리된다.

97. 다음 중 악성 중피종(mesothelioma)을 유발시키는 대표적 인자는?

① 석면 ② 주석
③ 아연 ④ 크롬

해설 석면은 「산업안전보건법」에 의거 1급 발암물질로 구분되어 있으며 석면폐증, 폐암, 악성중피종을 발생시킨다.

98. 유리규산(석영) 분진에 의한 규폐성 결정과 폐포벽 파괴 등 망상 내피계 반응은 분진입자의 크기가 얼마일 때 자주 일어나는가?

① 0.1~0.5μm ② 2~5μm
③ 10~15μm ④ 15~20μm

해설 규폐성 결정과 폐포벽 파괴 등 망상 내피계 반응이 빈번하게 일어나는 유리규산(석영) 분진입자의 크기는 2~5μm이다.

99. 입자상 물질의 호흡기계 침착기전 중 길이가 긴 입자가 호흡기계로 들어오면 그 입자의 가장자리가 기도의 표면을 스치게 됨으로써 침착하는 현상은?

① 충돌 ② 침전
③ 차단 ④ 확산

해설 입자상 물질의 호흡기계 침착기전 중 차단
입자상 물질의 호흡기계 침착기전 중 길이가 긴 입자가 호흡기계로 들어오면 그 입자의 가장자리가 기도의 표면을 스치게 됨으로써 침착하는 현상이고 방직공장에서 발생되는 섬유(석면)입자가 중요한 예이다.

100. 다음에서 설명하는 물질은?

이것은 소방제나 세척액 등으로 사용되었으나 현재는 강한 독성 때문에 이용되지 않으며 고농도의 이 물질에 노출되면 중추신경계 장애 외에 간장과 신장 장애를 유발한다. 대표적인 초기증상으로는 두통, 구토, 설사 등이 있으며 그 후에 알부민뇨, 혈뇨 및 혈중 urea 수치의 상승 등의 증상이 있다.

① 납 ② 수은
③ 황화수은 ④ 사염화탄소

해설 사염화탄소의 건강장해
• 신장장애의 증상으로 감뇨, 혈뇨 등이 발생하며 완전 무뇨증이 되면 사망할 수 있다.
• 초기 증상으로 지속적인 두통, 구역 또는 구토, 복부선통, 설사, 간압통 등이 있다.
• 피부, 간장, 신장, 소화기, 신경계에 장애를 일으키는데, 특히 간에 대한 독성작용이 강하게 나타난다. 즉, 간에 중요한 장애인 중심소엽성 괴사를 일으킨다.
• 고농도 폭로 시 중추신경계와 간장이나 신장에 장애를 일으킨다.

해답 95. ③ 96. ④ 97. ① 98. ② 99. ③ 100. ④

1 | 산업위생학개론

1. 미국산업위생학술원(AAIH)에서 채택한 산업위생전무가의 윤리강령 중 기업주와 고객에 대한 책임과 관계된 윤리강령은?

   ① 기업체의 기밀은 누설하지 않는다.
   ② 전문적 판단이 타협에 의하여 좌우될 수 있는 상황에는 개입하지 않는다.
   ③ 근로자, 사회 및 전문 직종의 이익을 위해 과학적 지식을 공개하고 발표한다.
   ④ 결과와 결론을 뒷받침할 수 있도록 기록을 유지하고 산업위생사업을 전문가답게 운영, 관리한다.

   [해설] 기업주와 고객에 대한 책임
   • 쾌적한 작업환경을 조성하기 위하여 산업위생의 이론을 적용하고 책임있게 행동한다.
   • 신뢰를 바탕으로 정직하게 권하고 성실한 자세로 충고하며 결과와 개선점 및 권고사항을 정확히 보고한다.
   • 결과 및 결론을 뒷받침할 수 있도록 정확한 기록을 유지하고 산업위생사업을 전문가답게 전문부서들을 운영, 관리한다.
   • 기업주와 고객보다는 근로자의 건강보호에 궁극적인 책임을 두어 행동한다.

2. 「산업안전보건법령」상 보건관리자의 자격에 해당되지 않는 것은?

   ① 「의료법」에 따른 의사
   ② 「의료법」에 따른 간호사
   ③ 「국가기술자격법」에 따른 산업위생관리 산업기사 이상의 자격을 취득한 사람
   ④ 「국가기술자격법」에 따른 대기환경 기사 이상의 자격을 취득한 사람

   [해설] 「산업안전보건법 시행령」[별표 6] 보건관리자의 자격(제21조)
   보건관리자는 다음 각호의 어느 하나에 해당하는 사람으로 한다.
   1. 법 제143조 제1항에 따른 산업보건지도사 자격을 가진 사람
   2. 「의료법」에 따른 의사
   3. 「의료법」에 따른 간호사
   4. 「국가기술자격법」에 따른 산업위생관리산업기사 또는 대기환경산업기사 이상의 자격을 취득한 사람
   5. 「국가기술자격법」에 따른 인간공학기사 이상의 자격을 취득한 사람
   6. 「고등교육법」에 따른 전문대학이상의 학교에서 산업보건 또는 산업위생분야의 학위를 취득한 사람(법령에 따라 이와같은 수준 이상의 학력이 있다고 인정되는 사람을 포함한다.)

3. 근육과 뼈를 연결하는 섬유조직을 무엇이라 하는가?

   ① 건(tendon)
   ② 관절(joint)
   ③ 뉴런(neuron)
   ④ 인대(ligament)

   [해설] 힘줄, 건(tendon, 腱)
   • 근육을 뼈에 부착(연결)시키는 섬유조직으로 강한 장력에 견디도록 인대와 매우 비슷한 구조로 되어 있으며 이런 연결섬유는 근육의 양쪽에서 발견된다. 유연성을 지닌 조직이며 굵기, 길이, 형태는 근육의 종류에 따라 다르다.

해답 1. ④ 2. ④ 3. ①

- 건이 뼈나 연골에 부착되는 곳에서는 건섬유의 일부는 골막에 부착하고, 일부는 골막을 뚫고 골질 또는 연골질 속에 들어가 있다.

4. 다음 중 18세기 영국에서 최초로 보고하였으며, 어린이 굴뚝청소부에게 많이 발생하였고, 원인물질이 검댕(soot)이라고 규명된 직업성 암은?

① 폐암　　　　　　② 후두암
③ 음낭암　　　　　④ 피부암

해설 음낭암
- 영국의 외과의사인 Percival Pott에 의하여 세계 최초로 발견되었으며, 연통을 청소하는 10세 이하 어린이에게서 음낭암이 발병되는 것을 확인하였다.
- 검댕 속에 함유된 다환방향족 탄화수소(PAHs)가 원인 물질임을 발견하였다.

5. 직업성 질환과 그 원인이 되는 직업이 가장 적합하게 연결된 것은?

① 평편족-VDT 작업
② 진폐증-고압, 저압 작업
③ 중추신경 장해-광산 작업
④ 목위팔(경견완)증후군-타이핑 작업

해설 직업성 질환의 원인이되는 작업
- VDT 증후군-영상재현장치 취급 작업
- 평발(평편족)-서서 하는 작업
- 진폐증-분진유발 작업
- 중추신경 장애-이황화탄소 발생 작업
- 경견완 증후군-타이핑 작업
- 간기능 장해-화학공업
- 비중격 천공-도금 작업
- 빈혈증-유기용제 취급 작업
- 고온장애(열경련 등)-용광로 작업
- 당뇨증-외상받기 쉬운 작업
- 심계항진-육체적 작업, 고열 작업
- 납중독-축전지 제조

6. 「산업안전보건법령」상 제조 등이 금지되는 유해물질이 아닌 것은?

① 석면　　　　　　② 염화비닐
③ β-나프틸아민　　④ 4-니트로티페닐

해설 염화비닐
염화비닐은 산업안전보건법령상 제조 등이 금지되는 유해물질이 아니며 국제암연구기구[IARC: 인체발암물질(Group 1)]와 미국의 산업위생전문가협의회(American Conference of Governmental Industrial Hygiene Association, ACGIH: 인체발암물질인 A1그룹)에서 발암성 물질로 분류하고 있다.

7. 재해발생의 주요 원인에서 불완전한 행동에 해당하는 것은?

① 보호구 미착용
② 방호장치 미설치
③ 시끄러운 주변 환경
④ 경고 및 위험표지 미설치

해설 방호장치 미설치, 시끄러운 주변 환경, 경고 및 위험표지 미설치 등은 불안전한 상태에 해당한다.

8. 효과적인 교대근무제의 운용방법에 대한 내용으로 옳은 것은?

① 야근근무 종료 후 휴식은 24시간 전후로 한다.
② 야근은 가면(假眠)을 하더라도 10시간 이내가 좋다.
③ 신체적 적응을 위하여 야근근무의 연속일수는 대략 1주일로 한다.
④ 누적 피로를 회복하기 위해서는 정교대 방식보다는 역교대 방식이 좋다.

해설 효과적인 교대근무제 운용방법
- 야간근무 후 다른 근무조로 가기 전에 최소 24~48시간의 휴식을 두어야 한다.
- 연속 3일 이상 야간근무를 하는 것은 피하고, 야간근무 후에는 1~2일 정도 휴식을 취하는 것이 바람직하다.
- 충분한 휴식시간을 가질 수 있는 전진 근무방식의 3조 3교대 근무나 4조 3교대 근무가 바람직하다.

9. 「산업안전보건법령」상 입자상 물질의 농도 평가에서 2회 이상 측정한 단시간 노출농도값이 단시간노출기준과 시간가중평균기준값 사이일 때 노출기준 초과로 평가해야 하는 경우가 아닌 것은?

① 1일 4회를 초과하는 경우

② 15분 이상 연속 노출되는 경우

③ 노출과 노출 사이의 간격이 1시간 이내인 경우

④ 단위작업장소의 넓이가 80평방미터 이상인 경우

해설 고용노동부 고시 "단시간노출기준(STEL)"이란 15분간의 시간가중평균노출값으로서 노출농도가 시간가중평균노출기준(TWA)을 초과하고 단시간노출기준(STEL) 이하인 경우에는 1회 노출 지속시간이 15분 미만이어야 하고, 이러한 상태가 1일 4회 이하로 발생하여야 하며, 각 노출의 간격은 60분 이상이어야 한다.

10. 다음 산업위생의 정의 중 ( ) 안에 들어갈 내용으로 볼 수 없는 것은?

> 산업위생이란, 근로자나 일반대중에게 질병, 건강장애 등을 초래하는 작업환경 요인과 스트레스를 (   )하는 과학과 기술이다.

① 보상   ② 예측

③ 평가   ④ 관리

해설 산업위생의 정의(미국산업위생학회, AIHA)
산업위생이란 근로자나 일반대중에게 질병, 건강장해와 안녕방해, 심각한 불쾌감 및 능률저하 등을 초래하는 작업환경요인과 스트레스를 예측(Anticipation), 인지(Recognition), 측정, 평가(Evaluation)하고 관리(Control)하는 과학과 기술이다.

11. 「산업안전보건법령」상 영상표시단말기(VDT) 취급 근로자의 작업자세로 옳지 않은 것은?

① 팔꿈치의 내각은 90° 이상이 되도록 한다.

② 근로자의 발바닥 전면이 바닥면에 닿는 자세를 기본으로 한다.

③ 무릎의 내각(Knee Angle)은 90° 전후가 되도록 한다.

④ 근로자의 시선은 수평선상으로부터 10~15° 위로 가도록 한다.

해설 작업자의 시선
영상표시단말기(VDT) 취급근로자 작업관리지침(제6조 작업자세)에 의하면 작업자의 시선은 수평선상으로부터 아래로 10~15° 이내일 것

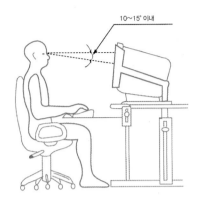

작업자의 시선범위

12. 직업성 질환에 관한 설명으로 옳지 않은 것은?

① 직업성 질환과 일반 질환은 경계가 뚜렷하다.

② 직업성 질환은 재해성 질환과 직업병으로 나눌 수 있다.

③ 직업성 질환이란 어떤 작업에 종사함으로써 발생하는 업무상 질병을 의미한다.

④ 직업병은 저농도 또는 저수준의 상태로 장시간 걸쳐 반복노출로 생긴 질병을 의미한다.

해설 직업성 질환의 특징
• 직업성 질환과 일반 질환은 경계가 뚜렷하지 않다.
• 직업성 질환은 재해성 질환과 직업병으로 나눌 수 있다.
• 직업성 질환이란 어떤 작업에 종사함으로써 발생하는 업무상 질병을 의미한다.
• 직업병은 저농도 또는 저수준의 상태로 장시간에 걸쳐 반복노출로 생긴 질병을 의미한다.

13. 사고예방대책 기본원리 5단계를 올바르게 나열한 것은?

① 사실의 발견 → 조직 → 분석·평가 → 시정방법의 선정 → 시정책의 적용

② 사실의 발견 → 조직 → 시정방법의 선정 → 시정책의 적용 → 분석·평가

③ 조직 → 사실의 발견 → 분석·평가 → 시정방법의 선정 → 시정책의 적용

④ 조직 → 분석·평가 → 사실의 발견 → 시정방법의 선정 → 시정책의 적용

해답 10. ① 11. ④ 12. ① 13. ③

하인리히의 사고예방대책의 기본원리 5단계
- 1단계: 안전관리 조직 구성(조직)
- 2단계: 사실의 발견
- 3단계: 분석·평가
- 4단계: 시정방법의 선정(대책의 선정)
- 5단계: 시정책의 적용(대책 실시)

14. 유해물질의 생물학적 노출지수 평가를 위한 소변 시료채취방법 중 채취시간에 제한 없이 채취할 수 있는 유해물질은 무엇인가? (단, ACGIH 권장기준이다.)

① 벤젠　　　　　　　② 카드뮴
③ 일산화탄소　　　　④ 트리클로로에틸렌

카드뮴뿐만 아니라 중금속 등은 일반적으로 반감기가 길어(수년) 시료채취시간에 제한이 없다.

15. A유해물질의 노출기준은 100ppm이다. 잔업으로 인하여 작업시간이 8시간에서 10시간으로 늘었다면 이 기준치는 몇 ppm으로 보정해 주어야 하는가? (단, Brief와 Scala의 보정방법을 적용하며 1일 노출시간을 기준으로 한다.)

① 60　　　　　　　　② 70
③ 80　　　　　　　　④ 90

Brief & Scala $= \dfrac{8}{H} \times \dfrac{24-H}{16}$

$$= RF \times TLV$$

$$= \dfrac{8}{10} \times \dfrac{24-10}{16} = 0.7$$

$\therefore \ 100 \times 0.7 = 70$

16. 젊은 근로자의 약한 손(오른손잡이일 경우 왼손)의 힘이 평균 45kp일 경우 이 근로자가 무게 10kg인 상자를 두 손으로 들어올릴 경우의 작업강도(%MS)는 약 얼마인가?

① 1.1　　　　　　　　② 8.5
③ 11.1　　　　　　　④ 21.1

작업강도

작업강도(%MS) $= \dfrac{RF}{MS} \times 100$

여기서, RF : 한 손으로 들어올리는 무게
　　　　MS : 힘의 평균
　　　　RF : 두 손으로 들어올리기에

$$\dfrac{10}{2} = 5\text{kg}$$

　　　　MS : 45kp

$\therefore \ \dfrac{5\text{kg}}{45\text{kp}} \times 100 = 11.1\%$

17. 다음 최대작업역(maximum area)에 대한 설명으로 옳은 것은?

① 작업자가 작업할 때 팔과 다리를 모두 이용하여 닿는 영역
② 작업자가 작업을 할 때 아랫팔을 뻗어 파악할 수 있는 영역
③ 작업자가 작업할 때 상체를 기울여 손이 닿는 영역
④ 작업자가 작업할 때 윗팔과 아랫팔을 곧게 펴서 파악할 수 있는 영역

㉠ 최대작업영역: 윗팔과 아랫팔을 곧게 뻗어서 닿는 영역, 상지를 뻗어서 닿는 범위(55~65cm)
㉡ 정상작업역
- 상완을 자연스럽게 수직으로 늘어뜨린 채 전완만으로 편안하게 뻗어 파악할 수 있는 영역(약 35~45cm)
- 움직이지 않고 전박과 손으로 조작할 수 있는 범위
- 앉은 자세에서 윗팔은 몸에 붙이고, 아랫팔만 곧게 뻗어 닿는 범위

18. 산업 스트레스의 반응에 따른 심리적 결과에 해당되지 않는 것은?

① 가정문제　　　　　② 수면방해
③ 돌발적 사고　　　　④ 성(性)적 역기능

돌발적 사고는 심리적 요인에 의한 산업 스트레스에 해당하지 않는다.

19. 전신피로의 원인으로 볼 수 없는 것은?

① 산소공급의 부족
② 작업강도의 증가

14. ②　**15.** ②　**16.** ③　**17.** ④　**18.** ③　**19.** ④

③ 혈중포도당 농도의 저하

④ 근육 내 글리코겐 양의 증가

> **해설** 전신피로의 원인
> - 산소공급 부족
> - 혈중포도당 농도 저하(가장 큰 원인)
> - 혈중 젖산 농도 증가
> - 근육 내 글리코겐 양의 감소
> - 작업강도의 증가
> - 항상성(homeostasis)의 상실

20. 공기 중의 혼합물로서 아세톤 400ppm(TLV=750ppm), 메틸에틸케톤 100ppm(TLV=200ppm)이 서로 상가작용을 할 때 이 혼합물의 노출지수(EI)는 약 얼마인가?

① 0.82   ② 1.03

③ 1.10   ④ 1.45

> **해설** 노출지수(EI)
> $$= \frac{C_1}{TLV_1} + \frac{C_2}{TLV_2}$$
> $$= \frac{400ppm}{750ppm} + \frac{100ppm}{200ppm} = 1.03$$
> (1을 초과하므로 허용농도 초과 판정)

|2| 작업위생측정 및 평가

21. 공기 중에 카본 테트라클로라이드(TLV=10ppm) 8ppm, 1,2-디클로로에탄(TLV=50ppm) 40ppm, 1,2-디브로모에탄(TLV=20ppm) 10ppm으로 오염되었을 때, 이 작업장 환경의 허용기준 농도(ppm)는? (단, 상가작용을 기준으로 한다.)

① 24.5   ② 27.6

③ 29.6   ④ 58.0

> **해설** 노출지수(EI)
> $$= \frac{C_1}{TLV_1} + \frac{C_2}{TLV_2} + \frac{C_3}{TLV_3}$$
> $$= \frac{8ppm}{10ppm} + \frac{40ppm}{50ppm} + \frac{10ppm}{20ppm} = 2.1$$
> (1을 초과하므로 허용농도 초과 판정)
> ∴ 보정된 허용농도(기준)

$$= \frac{\text{혼합물의 공기 중 농도}(C_1 + C_2 + C_3)}{\text{노출지수}}$$
$$= \frac{8ppm + 40ppm + 10ppm}{2.1}$$
$$= 27.6ppm$$

22. 시간당 200~300kcal의 열량이 소요되는 중등작업 조건에서 WBGT 측정치가 31.1℃일 때 고열작업 노출기준의 작업휴식조건으로 가장 적절한 것은?

① 계속 작업

② 매시간 25% 작업, 75% 휴식

③ 매시간 50% 작업, 50% 휴식

④ 매시간 75% 작업, 25% 휴식

> **해설** 고열작업장의 노출기준(고용노동부, ACGIH)
>
> 단위: WBGT(℃)
>
> | 시간당 작업과 휴식비율 | 작업 강도 | | |
> |---|---|---|---|
> | | 경작업 | 중등작업 | 중(힘든)작업 |
> | 연속작업 | 30.0 | 26.7 | 25.0 |
> | 75% 작업, 25% 휴식 (45분 작업, 15분 휴식) | 30.6 | 28.0 | 25.9 |
> | 50% 작업, 50% 휴식 (30분 작업, 30분 휴식) | 31.4 | 29.4 | 27.9 |
> | 25% 작업, 75% 휴식 (15분 작업, 45분 휴식) | 32.2 | 31.1 | 30.0 |
>
> - 경작업: 시간당 200kcal까지 열량이 소요되는 작업을 말하며, 앉아서 또는 서서 기계의 조정을 하기 위하여 손 또는 팔을 가볍게 쓰는 일 등이 해당됨
> - 중등작업: 시간당 200~350kcal의 열량이 소요되는 작업을 말하며, 물체를 들거나 밀면서 걸어다니는 일 등이 해당됨
> - 중(격심)작업: 시간당 350~500kcal의 열량이 소요되는 작업을 뜻하며, 곡괭이질 또는 삽질하는 일과 같이 육체적으로 힘든 일 등이 해당됨

23. 다음 중 직독식 기구로만 나열된 것은?

① AAS, ICP, 가스모니터

② AAS, 휴대용 GC, GC

③ 휴대용 GC, ICP, 가스검지관

④ 가스모니터, 가스검지관, 휴대용 GC

해답 **20.** ②   **21.** ②   **22.** ②   **23.** ④

산업위생관리기사 필기시험 문제풀이

해설 AAS, ICP, GC, ICP 등은 중금속 및 가스상 물질 등을 분석하는 장비이다.

24. 입자상 물질을 채취하는 데 사용하는 여과지 중 막여과지(membrane filter)가 아닌 것은?

① MCE 여과지   ② PVC 여과지

③ 유리섬유 여과지   ④ PTFE 여과지

해설 막여과지 종류
- MCE 막여과지: 산에 쉽게 용해, 가수분해, 습식·회화 → 입자상 물질 중 금속을 채취하여 원자흡광법으로 분석. 흡습성(원료: 셀룰로오스 → 수분 흡수)이 높은 MCE 막여과지는 오차를 유발할 수 있다.
- PVC 막여과지: 가볍고 흡습성이 낮아 분진 중량분석에 사용. 수분 영향이 낮아 공해성 먼지, 총먼지 등의 중량분석을 위한 측정에 사용, 6가 크롬 채취에도 적용한다.
- PTFE 막여과지(테프론): 열, 화학물질, 압력 등에 강한 특성이 있고, 석탄건류, 증류 등의 고열공정에서 발생하는 다핵방향족탄화수소를 채취하는 데 이용된다.
- 은 막여과지: 균일한 금속은을 소결하여 만들며 열적, 화학적 안정성이 있고, 코크스오븐 배출물질이나 석영 등을 채취할 때 사용한다.

※ 유리섬유 여과지는 섬유상 여과지이다.

25. 연속적으로 일정한 농도를 유지하면서 만드는 방법 중 dynamic method에 관한 설명으로 틀린 것은?

① 농도변화를 줄 수 있다.

② 대개 운반용으로 제작된다.

③ 만들기가 복잡하고, 가격이 고가이다.

④ 소량의 누출이나 벽면에 의한 손실은 무시할 수 있다.

해설 연속적으로 일정한 농도를 유지하면서 만드는 방법 중 dynamic method
- 농도변화를 줄 수 있고, 알고 있는 공기 중 농도를 만드는 방법이다.
- 희석공기와 오염물질을 연속적으로 흘려주어 일정한 농도를 유지하면서 만드는 방법이다.
- 온도·습도 조절이 가능하고 지속적인 모니터링이 필요하다.
- 제조가 어렵고, 비용도 고가이다.
- 다양한 농도 범위에서 제조가 가능하나 일정한 농도를 유지하기가 매우 곤란하다.
- 가스, 증기, 에어로졸 실험도 가능하다.
- 소량의 누출이나 벽면에 의한 손실을 무시할 수 있다.

26. 다음 중 활성탄관과 비교한 실리카겔관의 장점과 가장 거리가 먼 것은?

① 수분을 잘 흡수하여 습도에 대한 민감도가 높다.

② 매우 유독한 이황화탄소를 탈착용매로 사용하지 않는다.

③ 극성 물질을 채취한 경우 물, 에탄올 등 다양한 용매로 쉽게 탈착된다.

④ 추출액이 화학분석이나 기기분석에 방해물질로 작용하는 경우가 많지 않다.

해설 실리카겔관(silicagel tube)의 장단점
㉠ 장점
- 매우 유독한 이황화탄소를 탈착용매로 사용하지 않는다.
- 극성 물질을 채취한 경우 극성이 강하여 물, 메탄올 등 다양한 용매로 쉽게 탈착한다.
- 탈착용매(추출용액)가 화학분석이나 기기분석에 방해물질로 작용하는 경우는 많지 않다.
- 활성탄으로 채취가 어려운 아닐린, 오르토-톨루이딘 등의 아민류나 몇몇 무기물질의 채취가 가능하다.
㉡ 단점
- 실리카겔은 친수성 높아 물분자와 먼저 결합하여 습도의 증가에 따른 흡착 용량의 감소를 초래한다.
- 습도가 높은 작업장에서는 다른 오염물질의 흡착용량이 감소하여 파과를 일으키기 쉽다.

27. 호흡성 먼지에 관한 내용으로 옳은 것은? (단, ACGIH를 기준으로 한다.)

① 평균 입경은 $1\mu m$이다.

② 평균 입경은 $4\mu m$이다.

③ 평균 입경은 $10\mu m$이다.

④ 평균 입경은 $50\mu m$이다.

해설 입자크기별 기준(ACGIH, TLV)
- 흡입성 먼지(IPM): 비강, 인후두, 기관 등 호흡기에 침착 시 독성을 유발하는 분진으로, 평균입경은 $100\mu m$(폐침착의 50%에 해당하는 입자 크기)
- 흉곽성 먼지(TPM): 기도, 하기도에 침착하여 독성을 유발하는 물질로, 평균입경 $10\mu m$
- 호흡성 먼지(RPM): 가스교환 부위인 폐포에 침착 시 독성 유발물질, 평균입경 $4\mu m$

해답 24. ③   25. ②   26. ①   27. ②

28. 셀룰로오스 에스테르 막여과지에 대한 설명으로 틀린 것은?

① 산에 쉽게 용해된다.
② 유해물질이 표면에 주로 침착되어 현미경 분석에 유리하다.
③ 흡습성이 적어 중량분석에 주로 적용된다.
④ 중금속 시료채취에 유리하다.

> **해설** MCE 막여과지
> • 산에 쉽게 용해, 가수분해, 습식·회화 → 입자상 물질 중 금속을 채취하여 원자흡광법으로 분석
> • 흡습성(원료: 셀룰로오스 → 수분 흡수)이 높은 MCE 막여과지는 오차를 유발할 수 있음

29. 작업장의 유해인자에 대한 위해도 평가에 영향을 미치는 것과 가장 거리가 먼 것은?

① 유해인자의 위해성
② 휴식시간의 배분 정도
③ 유해인자에 노출되는 근로자수
④ 노출되는 시간 및 공간적인 특성과 빈도

> **해설** 작업장 유해인자에 대한 위해도 평가에 영향을 미치는 요인
> • 유해인자의 위해성
> • 유해인자에 노출되는 근로자수
> • 노출되는 시간 및 공간적인 특성과 빈도

30. 직경이 5μm, 비중이 1.8인 원형 입자의 침강속도 (cm/min)는? (단, 공기의 밀도는 0.0012g/cm³, 공기의 점도는 1.807×10^{-4}poise이다.)

① 6.1
② 7.1
③ 8.1
④ 9.1

> **해설** 침강속도(cm/min)
> 공기의 밀도와 점도가 있으므로 Stoke's 식에 따라 입자의 침강속도를 적용하여 계산한다.
> $$V(cm \cdot sec) = \frac{d^2(\rho_1 - \rho)g}{18\mu}$$
> 계산에 필요한 단위환산을 하면,
> $d = 5\mu m(5 \times 10^{-4} cm)$
> $V(cm \cdot sec) =$
> $$\frac{5\mu m \times 10^{-4}(cm/\mu m)^2 (1.8 - 0.0012)g/cm^3 \times 980 cm/sec^2}{18 \times 1.807 \times 10^{-4} g/cm \cdot s}$$
> $= 0.1355 cm/sec$

초(sec)를 분(min)으로 환산하면,
∴ $0.135 cm/sec \times 60 sec/min = 8.13 cm/min$

31. 어느 작업장의 소음 측정 결과가 다음과 같을 때, 총 음압레벨(dB(A))은? (단, A, B, C 기계는 동시에 작동된다.)

| A기계: 81dB(A) |
| B기계: 85dB(A) |
| C기계: 88dB(A) |

① 84.7
② 86.5
③ 88.0
④ 90.3

> **해설** 총 음압레벨(dB(A))
> $$SPL_{total} = 10\log(10^{81/10} + 10^{85/10} + 10^{88/10}) = 90.3 dB(A)$$

32. 작업환경측정방법 중 소음측정시간 및 횟수에 관한 내용 중 ( ) 안에 들어갈 내용으로 옳은 것은? (단, 고용노동부 고시를 기준으로 한다.)

> 단위작업 장소에서의 소음발생시간이 6시간 이내인 경우나 소음발생원에서의 발생시간이 간헐적인 경우에는 발생시간 동안 연속 측정하거나 등간격으로 나누어 ( )회 이상 측정하여야 한다.

① 2
② 3
③ 4
④ 6

> **해설** 고용노동부 고시 소음측정방법
> • 단위작업장소에서 소음수준은 규정된 측정위치 및 지점에서 1일 작업시간 동안 6시간 이상 연속 측정하거나 작업시간을 1시간 간격으로 나누어 6회 이상 측정하여야 한다. 다만, 소음의 발생특성이 연속음으로서 측정치가 변동이 없다고 자격자 또는 지정측정기관이 판단한 경우에는 1시간 동안을 등간격으로 나누어 3회 이상 측정할 수 있다.
> • 단위작업장소에서의 소음발생시간이 6시간 이내인 경우나 소음발생원에서의 발생시간이 간헐적인 경우에는 발생시간 동안 연속 측정하거나 등간격으로 나누어 4회 이상 측정하여야 한다.

33. 레이저광의 폭로량을 평가하는 사항에 해당하지 않는 항목은?

해답 28. ③ 29. ② 30. ③ 31. ④ 32. ③ 33. ④

① 각막 표면에서의 조사량(J/cm²) 또는 폭로량을 측정한다.

② 조사량의 서한도는 1mm 구경에 대한 평균치이다.

③ 레이저광과 같은 직사광과 형광등 또는 백열등과 같은 확산광은 구별하여 사용해야 한다.

④ 레이저광에 대한 눈의 허용량은 폭로 시간에 따라 수정되어야 한다.

해설 레이저광의 폭로량을 평가하는 사항
- 각막 표면에서의 조사량(J/cm²) 또는 폭로량을 측정한다.
- 레이저광과 같은 직사광 형광등 또는 백열등과 같은 확산광은 구별하여 사용해야 한다.
- 레이저광에 대한 눈의 허용량은 파장과 폭로 시간에 따라 수정되어야 한다.
- 조사량의 서한도는 1mm 구경에 대한 평균치이다.
- 레이저에 눈이 노출되는 시간이나 빛의 양에 따라 시력이 떨어지는 정도는 다르지만, 한 번 떨어진 시력은 회복이 어렵고 심한 경우 실명할 수도 있다.
- 국제 전기기술위원회는 레이저 광선이 파장과 출력에 따라 4등급으로 구분하는데, 등급수치가 올라갈수록 위험하다.

34. 분석 기기에서 바탕선량(background)과 구별하여 분석될 수 있는 최소의 양은?

① 검출한계   ② 정량한계
③ 정성한계   ④ 정도한계

해설 검출한계
- 검출한계란 분석기기가 검출할 수 있는 가장 작은 양을 말한다(분기기기에서 바탕선량(background)).
- 분석기기의 검출한계(LOD)는 분석기기의 최적 분석 조건에서 신호 대 잡음비(S/N비)의 3배에 해당하는 성분의 피크(peak)로 한다.

35. 작업장의 온도 측정결과가 다음과 같을 때, 측정결과의 기하평균은?

5, 7, 12, 18, 25, 13 (단위: ℃)

① 11.6℃   ② 12.4℃
③ 13.3℃   ④ 15.7℃

해설 기하평균

$$\log(GM) = \frac{\log X_1 + \log X_2 + \cdots + \log X_n}{N}$$

$$= \frac{\log 5 + \log 7 + \log 12 + \log 18 + \log 25 + \log 13}{6}$$

$$= 1.065$$

$$\therefore GM = 10^{1.065} = 11.614 ppm$$

36. 금속제품을 탈지 세정하는 공정에서 사용하는 유기용제인 트리클로로에틸렌이 근로자에게 노출되는 농도를 측정하고자 한다. 과거의 노출농도를 조사해 본 결과, 평균 50ppm이었을 때, 활성탄관(100mg/50mg)을 이용하여 0.4L/min으로 채취하였다면 채취해야 할 시간(min)은? (단, 트리클로로에틸렌의 분자량은 131.39이고 기체크로마토그래피의 정량한계는 시료당 0.5mg, 1기압, 25℃기준으로 기타 조건은 고려하지 않는다.)

① 2.4   ② 3.2
③ 4.7   ④ 5.3

해설 채취해야 할 시간(min)
trichloroethylene의 과거 농도 50ppm을 mg/m³로 환산한다.

$$mg/m^3 = 50 ppm \times \frac{131.39g}{24.45L} = 268.69 mg/m^3$$

정량한계가 시료당 0.5mg이므로 최소한으로 채취해야 하는 양을 결정한다.

$$부피 = \frac{LOQ}{과거 농도} = \frac{0.5mg}{269.69 mg/m^3} = 0.00186 m^2$$

$$0.00186 m^3 \times \frac{1,000L}{m^3} = 1.86L$$

$$\therefore 채취최소시간(분) = \frac{1.86L}{0.40L/min} = 4.65 min$$

37. 5M 황산을 이용하여 0.004M 황산용액 3L를 만들기 위해 필요한 5M 황산의 부피(mL)는?

① 5.6   ② 4.8
③ 3.1   ④ 2.4

해설 5M 황산의 부피(mL)
$$MV = M'V'$$
$$5M \times mL = 0.004M \times 3,000mL (3L : 1L = 1,000mL)$$
$$\therefore mL = (0.004M \times 3,000mL)/5M = 2.4mL$$

해답 34. ① 35. ① 36. ③ 37. ④

38. 작업환경공기 중의 물질 A(TLV 50ppm)가 55ppm이고, 물질 B(TLV 50ppm)가 47ppm이며, 물질 C(TLV 50ppm)가 52ppm이었다면, 공기의 노출농도 초과도는? (단, 상가작용을 기준으로 한다.)

① 3.62   ② 3.08
③ 2.73   ④ 2.33

해설 노출지수(EI)

$$= \frac{C_1}{TLV_1} + \frac{C_2}{TLV_2} + \frac{C_3}{TLV_3}$$

$$= \frac{55\text{ppm}}{50\text{ppm}} + \frac{47\text{ppm}}{50\text{ppm}} + \frac{52\text{ppm}}{50\text{ppm}}$$

$$= 3.08(1을 초과하므로 허용농도 초과 판정)$$

39. 다음 중 정밀도를 나타내는 통계적 방법과 가장 거리가 먼 것은?

① 오차   ② 산포도
③ 표준편차   ④ 변이계수

해설 정밀도
• 정밀도는 측정값들의 퍼짐이 좁은 정도를 나타낸다.
• 정밀도는 상대표준편차, 산포도(측정값 범위), 변이계수(평균편차), 표준편차를 이용해 계산하고 표기한다.

40. 빛의 파장의 단위로 사용되는 Å(Ångström)을 국제표준 단위계(SI)로 나타낸 것은?

① 10^{-6}m   ② 10^{-8}m
③ 10^{-10}m   ④ 10^{-12}m

해설 $1\text{Å} = 1.0 \times 10^{-10}\text{m} = 0.1\text{nm}$

|3| 작업환경관리대책

41. 두 분지관이 동일 합류점에서 만나 합류관을 이루도록 설계되어 있다. 한쪽 분지관의 송풍량은 200m³/min, 합류점에서의 이 관의 정압은 -34mmH₂O이며, 다른 쪽 분지관의 송풍량은 160m³/min, 합류점에서의 이 관의 정압은

-30mmH₂O이다. 합류점에서 유량의 균형을 유지하기 위해서는 압력손실이 더 적은 관을 통해 흐르는 송풍량(m³/min)을 얼마로 해야 하는가?

① 165   ② 170
③ 175   ④ 180

해설 송풍량(m³/min)
먼저 정압비를 구하여 정압비가 1.2 이하이면 정압이 낮은 쪽 덕트의 유량을 증가시켜 유량을 맞춘다.
$SP_1 = -34$, $SP_2 = -30$

$$정압비 = \left(\frac{SP_1}{SP_2}\right) = \frac{-34}{-30} = 1.13$$

정압비가 1.13으로 1.2보다 낮아 합류점의 정압을 상승시킬 필요가 있어 합류점의 유량을 증가시킨다.

$$\therefore 송풍량 = 합류점의 유량(Q) \times \sqrt{\frac{SP_1}{SP_2}} = 160 \times \sqrt{\frac{-34}{-30}}$$

$$= 170.00\text{m}^3/\text{min}$$

42. 페인트 도장이나 농약 살포와 같이 공기 중에 가스 및 증기상 물질과 분진이 동시에 존재하는 경우 호흡 보호구에 이용되는 가장 적절한 공기 정화기는?

① 필터
② 만능형 캐니스터
③ 요오드를 입힌 활성탄
④ 금속산화물을 도포한 활성탄

해설 만능형 캐니스터란 방진 기능(여과필터)과 방독 기능(정화통)을 겸비한 공기정화 장치이다.

43. 전체환기시설을 설치하기 위한 기본원칙으로 가장 거리가 먼 것은?

① 오염물질 사용량을 조사하여 필요환기량을 계산한다.
② 공기배출구와 근로자의 작업위치 사이에 오염원이 위치해야 한다.
③ 오염물질 배출구는 가능한 한 오염원으로부터 가까운 곳에 설치하여 점환기 효과를 얻는다.
④ 오염원 주위에 다른 작업공정이 있으면 공기

해답 38. ② 39. ① 40. ③ 41. ② 42. ② 43. ④

공급량을 배출량보다 크게 하여 양압을 형성시킨다.

해설 공기배출구와 근로자의 작업위치 사이에 오염원이 위치해야 하는 것은 국소배기시설의 기본원칙이다.

---

44. 송풍관(duct) 내부에서 유속이 가장 빠른 곳은? (단, d는 송풍관의 직경을 의미한다.)

① 위에서 $1/10 \cdot d$ 지점

② 위에서 $1/5 \cdot d$ 지점

③ 위에서 $1/3 \cdot d$ 지점

④ 위에서 $1/2 \cdot d$ 지점

해설 덕트(duct) 내부의 유속이 가장 빠른 곳
• 덕트의 중앙이고 지름의 1/2이다.
• 관 마찰손실로 인하여 내벽 쪽으로 갈수록 유속이 느려진다.

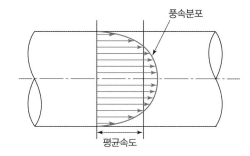

풍속분포 / 평균속도

---

45. 작업장 용적이 10m×3m×40m이고 필요환기량이 120m³/min일 때 시간당 공기교환 횟수는?

① 360회   ② 60회

③ 6회   ④ 0.6회

해설 시간당 공기교환율(ACH)
• ACH = 작업장 필요환기량/작업장 체적
• 필요환기량 120m³/min을 시간으로 단위환산하면,
  $120m^3/min \times 60min/hr = 7,200m^3/hr$
∴ $ACH = (7,200m^3/hr)/(10m \times 3m \times 40m) = 6$회/hr

---

46. 국소배기시설이 희석환기시설보다 오염물질을 제거하는 데 효과적이므로 선호도가 높다. 이에 대한 이유가 아닌 것은?

① 설계가 잘 된 경우 오염물질의 제거가 거의 완벽하다.

② 오염물질의 발생 즉시 배기시키므로 필요공기량이 적다.

③ 오염 발생원의 이동성이 큰 경우에도 적용이 가능하다.

④ 오염물질 독성이 클 때도 효과적 제거가 가능하다.

해설 국소배기시설의 경우 이동에 제한이 있기 때문에 오염 발생원의 이동성이 큰 경우에는 적용이 불가능하다.

---

47. 「산업안전보건법령」상 관리대상 유해물질 관련 국소배기장치 후드의 제어풍속(m/s)의 기준으로 옳은 것은?

① 가스상태(포위식 포위형): 0.4

② 가스상태(외부식 상방흡인형): 0.5

③ 입자상태(포위식 포위형): 1.0

④ 입자상태(외부식 상방흡인형): 1.5

해설 산업안전보건기준에관한규칙 [별표 13]
관리대상 유해물질 관련 국소배기장치 후드의 제어풍속(제429조 관련)

물질의 상태	후드 형식	제어풍속(m/sec)
가스 상태	포위식 포위형	0.4
	외부식 측방흡인형	0.5
	외부식 하방흡인형	0.5
	외부식 상방흡인형	1.0
입자 상태	포위식 포위형	0.7
	외부식 측방흡인형	1.0
	외부식 하방흡인형	1.0
	외부식 상방흡인형	1.2

비고
1. "가스 상태"란 관리대상 유해물질이 후드로 빨아들여질 때의 상태가 가스 또는 증기인 경우를 말한다.
2. "입자 상태"란 관리대상 유해물질이 후드로 빨아들여질 때의 상태가 흄, 분진 또는 미스트인 경우를 말한다.
3. "제어풍속"이란 국소배기장치의 모든 후드를 개방한 경우의 제어풍속으로서 다음 각 목에 따른 위치에서의 풍속을 말한다.
가. 포위식 후드에서는 후드 개구면에서의 풍속
나. 외부식 후드에서는 해당 후드에 의하여 관리대상 유해물질을 빨아들이려는 범위 내에서 해당 후드 개구면으로부터 가장 먼 거리의 작업위치에서의 풍속

해답 44. ④ 45. ③ 46. ③ 47. ①

48. 총흡음량이 900sabins인 소음발생작업장에 흡음재를 천정에 설치하여 2,000sabins를 더 추가하였다. 이 작업장에서 기대되는 소음 감소치(NR; dB(A))는?

① 약 3   ② 약 5
③ 약 7   ④ 약 9

해설 소음저감량(NR)

$$NR(dB) = 10\log\frac{A_2}{A_1} = 10\log\frac{900+2,000}{900} = 5.09 dB$$

여기서, A_1 : 흡음물질을 처리하기 전의 총 흡음량(sabibs)
A_2 : 흡음물질을 처리한 후의 총 흡음량(sabins)

49. 외부식 후드(포집형 후드)의 단점이 아닌 것은?

① 포위식 후드보다 일반적으로 필요송풍량이 많다.
② 외부 난기류의 영향을 받아서 흡인효과가 떨어진다.
③ 근로자가 발생원과 환기시설 사이에서 작업하게 되는 경우가 많다.
④ 기류속도가 후드 주변에서 매우 빠르므로 쉽게 흡인되는 물질의 손실이 크다.

해설 ③은 장점에 해당된다.

50. 송풍기의 효율이 큰 순서대로 나열된 것은?

① 평판송풍기>다익송풍기>터보송풍기
② 다익송풍기>평판송풍기>터보송풍기
③ 터보송풍기>다익송풍기>평판송풍기
④ 터보송풍기>평판송풍기>다익송풍기

해설 송풍기의 효율
터보송풍기(60~80%)>평판송풍기(40~70%)>다익송풍기(40~60%)

51. 송풍기 입구 전압이 280mmH₂O이고 송풍기 출구 정압이 100mmH₂O이다. 송풍기 출구 속도압이 200mmH₂O일 때, 전압(mmH₂O)은?

① 20   ② 40
③ 80   ④ 180

해설 송풍기의 전압(FTP)
FTP=TP(out)−TP(in)=SP(out)+VP(out)=SP(in+VP(in)
    =(100+200)−280
    =20mmH₂O

52. 플레넘형 환기시설의 장점이 아닌 것은?

① 연마분진과 같이 끈적거리거나 보풀거리는 분진의 처리가 용이하다.
② 주관의 어느 위치에서도 분지관을 추가하거나 제거할 수 있다.
③ 주관은 입경이 큰 분진을 제거할 수 있는 침강식의 역할이 가능하다.
④ 분지관으로부터 송풍기까지 낮은 압력손실을 제공하여 운전동력을 최소화할 수 있다.

해설 연마분진과 같이 끈적거리거나 보풀거리는 분진의 처리가 어렵다.(단점)

53. 레시버식 캐노피형 후드를 설치할 때, 적절한 H/E는? (단, E는 배출원의 크기이고, H는 후드면과 배출원 간의 거리를 의미한다.)

① 0.7 이하   ② 0.8 이하
③ 0.9 이하   ④ 1.0 이하

해설 E는 배출원의 크기이고, H는 후드면으로, 후드면과 배출원 간의 적절한 H/E는 0.7 이하이다.

54. 귀덮개의 차음성능기준상 중심주파수가 1,000Hz인 음원의 차음치(dB)는?

① 10 이상   ② 20 이상
③ 25 이상   ④ 35 이상

해설 귀덮개, 귀마개의 차음효과

중심주파수(Hz)	차음치(dB)		
	귀마개1종 EP-1	귀마개2종 EP-2	귀덮개 EM
125	10 이상	10 미만	5 이상
250	15 이상	10 미만	10 이상
500	15 이상	10 미만	20 이상
1,000	20 이상	20 미만	25 이상
2,000	25 이상	20 이상	30 이상
4,000	25 이상	25 이상	35 이상
8,000	20 이상	20 이상	20 이상

해답 48. ②   49. ③   50. ④   51. ①   52. ①   53. ①
     54. ③

55. 다음 중 작업장에서 거리, 시간, 공정, 작업자 전체를 대상으로 실시하는 대책은?

① 대체
② 격리
③ 환기
④ 개인보호구

격리 방법에서 시간에 따른 격리(시간차 이용), 거리에 따른 격리(유해물질과 먼거리 유지), 공정의 격리(차단벽 설치)가 있다.

56. 작업대 위에서 용접할 때 흄(fume)을 포집제거하기 위해 작업면에 고정된 플랜지가 붙은 외부식 사각형 후드를 설치하였다면 소요 송풍량(m^3/min)은? (단, 개구면에서 작업지점까지의 거리는 0.25m, 제어속도는 0.5m/s, 후드 개구면적은 0.5m^2이다.)

① 0.281
② 8.430
③ 16.875
④ 26.425

외부식 사각형 후드가 작업면에 고정된 플랜지가 붙은 경우 필요환기량
$$Q = 0.5 \times 60 \times V_c (10X^2 + A)$$
$$= 0.5 \times 60 \text{sec/min} \times 0.5 \text{m/s} (10 \times 0.25^2) m^2 + 0.5 m^2$$
$$= 16.875 m^3/min$$

57. 산업위생보호구의 점검, 보수 및 관리방법에 관한 설명 중 틀린 것은?

① 보호구의 수는 사용하여야 할 근로자의 수 이상으로 준비한다.
② 호흡용 보호구는 사용 전, 사용 후 여재의 성능을 점검하여 성능이 저하된 것은 폐기, 보수, 교환 등의 조치를 취한다.
③ 보호구의 청결 유지에 노력하고, 보관할 때에는 건조한 장소와 분진이나 가스 등에 영향을 받지 않는 일정한 장소에 보관한다.
④ 호흡용 보호구나 귀마개 등은 특정 유해물질 취급이나 소음에 노출될 때 사용하는 것으로서 그 목적에 따라 반드시 공용으로 사용해야 한다.

모든 개인보호구는 공용으로 사용해서는 안 된다.

58. 세정제진장치의 특징으로 틀린 것은?

① 배출수의 재가열이 필요 없다.
② 포집효율을 변화시킬 수 있다.
③ 유출수가 수질오염을 야기할 수 있다.
④ 가연성, 폭발성 분진을 처리할 수 있다.

세정제진장치의 장단점
㉠ 장점
• 가스 흡수와 동시에 분진 제거가 가능하다.
• 부식성 기체 및 미스트의 회수 및 중화가 가능하다.
• 고온, 수분을 동반한 가스를 냉각 및 정화할 수 있다.
• 먼지의 폭발위험이 없다.
• 유해가스의 처리효율이 98%이다.
• 가연성, 폭발성 분진을 처리할 수 있다.
• 설치면적이 작다.
• 포집효율을 변화시킬수 있다.
㉡ 단점
• 유출수가 수질오염을 야기할 수 있다.
• 부식 및 침식 문제가 발생한다.
• 폐수 처리 비용 부담이 있다.
• 압력손실에 의한 소요동력이 증가한다.
• 대기조건에 따라 굴뚝에서 연기가 배출된다.

59. 다음 중 직관의 압력손실에 관한 설명으로 잘못된 것은?

① 직관의 마찰계수에 비례한다.
② 직관의 길이에 비례한다.
③ 직관의 직경에 비례한다.
④ 속도(관내유속)의 제곱에 비례한다.

직관의 압력손실
• 직관의 마찰계수에 비례한다.
• 직관의 길이에 비례한다.
• 직관의 직경에 반비례한다.
• 속도(관내유속)의 제곱에 비례한다.

60. 덕트의 설치 원칙과 가장 거리가 먼 것은?

① 가능한 한 후드와 먼 곳에 설치한다.
② 덕트는 가능한 한 짧게 배치하도록 한다.
③ 밴드의 수는 가능한 한 적게 하도록 한다.
④ 공기가 아래로 흐르도록 하향구배를 만든다.

「산업안전보건규칙」상 덕트의 설치기준
- 덕트(duct)는 가능한 한 후드의 가까운 곳에 설치한다.
- 덕트 내 오염물질이 쌓이지 아니하도록 반송속도를 유지한다.
- 가능한 한 덕트의 길이는 짧게 하고 굴곡부의 수는 적게 한다.
- 덕트 내 접속부의 내면은 돌출된 부분이 없도록 한다.
- 덕트 내 청소구를 설치하는 등 청소하기 쉬운 구조로 한다.
- 연결부위 등은 외부공기가 들어오지 아니하도록 한다.(연결 방법은 가능한 한 용접을 선택할 것)
- 덕트의 마찰계수를 작게 하고, 분지관을 가급적 적게 한다.
- 직관은 하향구배로 하고 직경이 다른 덕트를 연결할 때에는 경사 30° 이내의 테이퍼를 부착한다.
- 원형 덕트가 사각형 덕트보다 덕트 내 유속분포가 균일하므로 가급적 원형 덕트를 사용한다.
- 사각형 덕트를 사용할 경우에는 가능한 한 정방형을 사용하고 곡관의 수를 적게 한다.
- 곡관의 곡률반경은 최소 덕트 직경의 1.5 이상, 주로 2.0을 사용한다.
- 수분이 응축될 경우 덕트 내로 들어가지 않도록 경사나 배출구를 마련한다.
- 송풍기를 연결할 때는 최소 덕트 직경의 6배 정도 직선구간을 확보한다.

| 4 | 물리적 유해인자관리

61. 다음에서 설명하고 있는 측정기구는?

> 작업장의 환경에서 기류의 방향이 일정하지 않거나 실내 0.2~0.5m/s 정도의 불감기류를 측정할 때 사용되며 온도에 따른 알코올의 팽창, 수축원리를 이용하여 기류속도를 측정한다.

① 풍차풍속계
② 카타(Kata)온도계
③ 가열온도풍속계
④ 습구흑구온도계(WBGT)

카타(kata)온도계
- 알코올의 강하시간을 측정하여 실내 기류를 파악하고 온열환경 영향 평가를 하는 온도계이다.
- 알코올 눈금이 100℉에서 95℉까지 내려가는 데 소요되는 시간을 4~5회 측정한다.
- 0.2~0.5m/sec 정도의 실내 기류 측정 시 Kata 냉각력과 온도차를 기류 산출 공식에 대입하여 풍속을 구한다.
- 작업환경 내에 기류의 방향이 일정치 않을 경우 기류속도를 측정한다.

62. 진동에 의한 작업자의 건강장해를 예방하기 위한 대책으로 옳지 않은 것은?

① 공구의 손잡이를 세게 잡지 않는다.
② 가능한 한 무거운 공구를 사용하여 진동을 최소화한다.
③ 진동공구를 사용하는 작업시간을 단축시킨다.
④ 진동공구와 손 사이 공간에 방진재료를 채워넣는다.

진동공구는 가능한 한 가볍게 하고 무게는 최소 10kg을 넘지 않게 하며 장갑(glove) 사용을 권장한다.

63. 마이크로파가 인체에 미치는 영향으로 옳지 않은 것은?

① 1,000~10,000Hz의 마이크로파는 백내장을 일으킨다.
② 두통, 피로감, 기억력 감퇴 등의 증상을 유발시킨다.
③ 마이크로파의 열작용에 많은 영향을 받는 기관은 생식기와 눈이다.
④ 중추신경계는 1,400~2,800Hz 마이크로파 범위에서 가장 영향을 많이 받는다.

마이크로파의 생체작용
- 1,000~10,000Hz에서 백내장이 발생한다.
- ascorbic acid의 감소증상이 나타난다.
- 마이크로파에 의한 표적기관은 눈이다.
- 300~1,200Hz 범위가 중추신경에 가장 큰 영향을 받는다.

64. 감압에 따르는 조직 내 질소기포 형성량에 영향을 주는 요인인 조직에 용해된 가스량을 결정하는 인자로 가장 적절한 것은?

① 감압 속도
② 혈류의 변화 정도
③ 노출정도와 시간 및 체내 지방량
④ 폐내의 이산화탄소 농도

감압에 따른 기포형성량을 좌우하는 요인
- 감압속도 : 감압의 속도로 매분, 매제곱센티미터당 0.8킬로그램 이하로 한다.

해답 61. ② 62. ② 63. ④ 64. ③

- 조직에 용해된 가스량: 체내 지방량, 고기압 폭로의 정도와 시간에 영향을 받는다.
- 혈류를 변화 시키는 상태: 잠수자의 나이(연령), 기온상태, 운동 여부, 공포감, 음주 여부와 관계가 있다(감압 시 또는 재 감압 후에 생기기 쉽다).

65. 다음 중 전리방사선에 대한 감수성이 가장 낮은 인체조직은?

① 골수　　　　　　② 생식선
③ 신경조직　　　　④ 임파조직

해설 전리방사선에 대한 감수성 순서
골수, 임파구, 임파선, 흉선 및 림프조직(조혈기관)>눈의 수정체>상선(고환 및 난소) 타액선, 상피세포>혈관, 복막 등 내피세포>결합조직과 지방조직>뼈 및 근육조직>폐, 위장관 등 내장조직. 신경조직

66. 비전리 방사선 중 유도방출에 의한 광선을 증폭시킴으로써 얻는 복사선으로, 쉽게 산란하지 않으며 강력하고 예리한 지향성을 지닌 것은?

① 적외선　　　　　② 마이크로파
③ 가시광선　　　　④ 레이저광선

해설 레이저(lasers)의 특징
- 레이저광에 가장 민감한 표적기관은 눈이다.
- 레이저광은 출력이 대단히 강력하고 극히 좁은 파장범위를 갖기 때문에 쉽게 산란하지 않는다.
- 파장, 조사량 또는 시간 및 개인의 감수성에 따라 피부에 홍반, 수포 형성. 색소침착 등이 생긴다.
- 레이저파 중 맥동파는 레이저광 중 에너지의 양을 지속적으로 축적하여 강력한 파동을 발생시키는 것을 말한다.

67. 한랭환경에서 발생할 수 있는 건강장해에 관한 설명으로 옳지 않은 것은?

① 혈관의 이상은 저온 노출로 유발되거나 악화된다.
② 참호족과 침수족은 지속적인 국소의 산소결핍 때문이며, 모세혈관 벽이 손상되는 것이다.
③ 전신 체온 강하는 단시간의 한랭폭로에 따른 일시적 체온상실에 따라 발생하는 중증 장해에 속한다.
④ 동상에 대한 저항은 개인에 따라 차이가 있으

나 중증 환자의 경우 근육 및 신경조직 등 심부조직이 손상된다.

해설 전신 체온 강하는 장시간의 한랭폭로에 따른 일시적 체온상실에 따라 발생하는 중증 장해에 속한다.

68. 일반소음의 차음효과는 벽체의 단위표적면에 대하여 벽체의 무게를 2배로 할 때 또는 주파수가 2배로 증가될 때 차음은 몇 dB 증가하는가?

① 2dB　　　　　　② 6dB
③ 10dB　　　　　　④ 15dB

해설 차음효과(평가)
$TL = 20\log(m \cdot f) - 43(\text{dB})$
$\quad\quad = 20\log(2) = 6\text{dB}$
여기서, m: 투과재료의 면적당 밀도(kg/m^2)
$\quad\quad\quad f$: 주파수

69. $3\text{N}/\text{m}^2$의 음압은 약 몇 dB의 음압수준인가?

① 95　　　　　　　② 104
③ 110　　　　　　　④ 1,115

해설 음압수준(Sound Presssure Level)
$SPL = 20\log \dfrac{P}{P_0}$
여기서, P: 음압(N/m^2)
$\quad\quad\quad P_0$: 기준음압
$\quad\quad\quad\quad (2 \times 10^{-5}\,\text{N}/\text{m}^2 = 2 \times 10^{-4}\,\text{dyne}/\text{cm}^2)$
$\therefore$ 음압레벨$(SPL) = 20\log \dfrac{3}{2 \times 10^{-5}} = 104\text{dB}$

70. 손가락의 말초혈관 운동의 장애로 인한 혈액순환 장애로 손가락의 감각이 마비되고, 창백해지며, 추운 환경에서 더욱 심해지는 레이노(Raynaud) 현상의 주요 원인으로 옳은 것은?

① 진동　　　　　　② 소음
③ 조명　　　　　　④ 기압

해설 레이노 현상(Raynaud phenomenon)의 주된 원인
진동공구 작업자의 대표적인 직업병인 레이노증후군(진동신경염)은 추위·심리적 스트레스 환경에 노출될 경우 손가락·발가락 말초혈관이 과도하게 수축돼 피가 잘 흐르지 않는 허혈증상이 일어나고 손가락·발가락 끝이 하얗게 변하는 병이다.

해답 65. ③　66. ④　67. ③　68. ②　69. ②　70. ①

71. 고열장해에 대한 내용으로 옳지 않은 것은?

① 열경련(heat cramps): 고온 환경에서 고된 육체적인 작업을 하면서 땀을 많이 흘릴 때 많은 물을 마시지만 신체의 염분 손실을 충당하지 못할 경우 발생한다.

② 열허탈(heat collapse): 고열작업에 순화되지 못해 말초혈관이 확장되고, 신체 말단에 혈액이 과다하게 저류되어 뇌의 산소부족이 나타난다.

③ 열소모(heat exhaustion): 과다발한으로 수분/염분손실에 의하여 나타나며 두통, 구역감, 현기증 등이 나타나지만 체온은 정상이거나 조금 높아진다.

④ 열사병(heat stroke): 작업환경에서 가장 흔히 발생하는 피부장해로서 땀에 젖은 피부 각질층이 떨어져 땀구멍을 막아 염증성 반응을 일으켜 붉은 구진 형태로 나타난다.

해설 열사병(heat stroke)
고온다습한 환경에서 작업하거나, 태양의 복사선에 직접 노출될 때 뇌 온도의 상승으로 신체 내부의 체온조절중추의 기능장애를 일으켜서 발생한다.

72. 이상기압의 대책에 관한 내용으로 옳지 않은 것은?

① 고압실 내의 작업에서는 탄산가스의 분압이 증가하지 않도록 신선한 공기를 송기한다.

② 고압환경에서 작업하는 근로자에게는 질소의 양을 증가시킨 공기를 호흡시킨다.

③ 귀 등의 장해를 예방하기 위하여 압력을 가하는 속도를 매 분당 $0.8kg/cm^2$ 이하가 되도록 한다.

④ 감압병의 증상이 발생하였을 때에는 환자를 바로 원래의 고압환경 상태로 복귀시키거나, 인공고압실에서 천천히 감압한다.

해설 이상기압의 대책
고압환경에서의 작업시간을 제한하고 고압실 내의 작업에서는 탄산가스의 분압이 증가하지 않도록 신선한 공기를 송기시킨다.

73. 산소 농도가 6% 이하인 공기 중의 산소분압으로 옳은 것은? (단, 표준상태이며, 부피기준이다.)

① 45mmHg 이하   ② 55mmHg 이하
③ 65mmHg 이하   ④ 75mmHg 이하

해설 산소분압=760×0.21=160mmHg
대기압은 760mmHg이며 공기 중 산소비율은 21%이다.
따라서 산소분압=760mmHg×0.21=160mmHg
∴ 산소 농도가 6%이면 760mmHg×0.06=45.6mmHg

74. 1fc(foot candle)은 약 몇 럭스(lux)인가?

① 3.9   ② 8.9
③ 10.8   ④ 13.4

해설 럭스(lux)
• 풋 캔들(foot candle): 1루멘의 빛이 $1ft^2$의 평면상에 비칠 때 그 평면의 밝기(foot candle=lumen/ft^2)
• 럭스(lux): 조명도의 실용단위로 기호는 lx. $1m^2$의 넓이에 1lm(루멘)의 광속(光束)이 균일하게 분포되어 있을 때 면의 조명도
• 1fc은 10.8lux이다.

75. 작업장 내의 직접조명에 관한 설명으로 옳은 것은?

① 장시간 작업에도 눈이 부시지 않는다.
② 조명기구가 간단하고, 조명기구의 효율이 좋다.
③ 벽이나 천정의 색조에 좌우되는 경향이 있다.
④ 작업장 내의 균일한 조도의 확보가 가능하다.

해설 작업장 내 직접조명의 조건
• 작업에 충분한 조도를 낼 것
• 조명도를 균등히 유지할 것(천정, 마루, 기계, 벽 등의 반사율을 크게 하면 조도를 일정하게 얻을 수 있음)
• 폭발성 또는 발화성이 없고, 유해가스가 발생하지 않을 것
• 경제적이며, 취급이 용이할 것
• 주광색에 가까운 광색으로 조도를 높여줄 것(백열전구와 고압수은등을 적절히 혼합시켜 주광에 가까운 빛을 얻을 수 있음)
• 장시간 작업 시 가급적 간접조명이 되도록 설치할 것(직접조명, 즉 광원의 광밀도가 크면 나쁨)
• 일반적인 작업 시 빛은 작업대 좌상방에서 비추게 할 것
• 작은 물건의 식별과 같은 작업에는 음영이 생기지 않는 국소조명을 적용할 것

- 광원 또는 전등의 휘도를 줄일 것
- 광원을 시선에서 멀리 위치시킬 것
- 눈이 부신 물체와 시선과의 각을 크게 할 것
- 광원 주위를 밝게 하며, 조도비를 적정하게 할 것

76. 고압 환경의 생체작용과 가장 거리가 먼 것은?

① 고공성 폐수종
② 이산화탄소(CO_2) 중독
③ 귀, 부비강, 치아의 압통
④ 손가락과 발가락의 작열통과 같은 산소 중독

해설 고공성 폐수종은 저압환경에서 나타는 증상이다.

77. 음압이 $20N/m^2$일 경우 음압수준(sound pressure level)은 얼마인가?

① 100dB ② 110dB
③ 120dB ④ 130dB

해설 음압수준(sound pressure level)
음압수준(SPL)
$$= 20\log\frac{P}{P_0} = 20\log\frac{20(N/m^2)}{2\times10^{-5}(N/m^2)} = 120dB$$

78. 25℃일 때, 공기 중에서 1,000Hz인 음의 파장은 약 몇 m인가? (단, 0℃, 1기압에서의 음속은 331.5m/s이다.)

① 0.035 ② 0.35
③ 3.5 ④ 35

해설 $C = \lambda f$
여기서, C: 음속(m/sec), λ: 파장(m), f: 주파수(Hz)
- 정상조건에서 1초의 음속: 344.4(344.4m/sec)
- $C = 331.5 + 0.6(t)$
여기서, t: 음 전달 매질의 온도(℃)
$$\therefore \lambda = \frac{c}{f} = \frac{331.5 + (0.6\times25)\text{m/sec}}{1,000\text{Hz}(1/\text{sec})} = 0.35$$

79. 난청에 관한 설명으로 옳지 않은 것은?

① 일시적 난청은 청력의 일시적인 피로현상이다.
② 영구적 난청은 노인성 난청과 같은 현상이다.
③ 일반적으로 초기청력 손실을 C_5-dip 현상이라 한다.

④ 소음성 난청은 내이의 세포변성을 원인으로 볼 수 있다.

해설 영구적 난청은 결국 소리를 느끼게 하는 신경말단이 손상을 받아 청력장애가 생긴 상태로서 회복이나 치료가 매우 어렵다. 이러한 청력 장애는 소음의 세기가 클수록, 폭로시간과 기간이 길수록 심하며 주파수가 높은 고음일수록 잘 일어난다.

80. 다음 전리방사선 중 투과력이 가장 약한 것은?

① 중성자 ② γ선
③ β선 ④ α선

해설 전리방사선의 투과력 크기
중성자 > γ선 > X선 > β선 > α선

|5| 산업독성학

81. 물질 A의 독성에 관한 인체실험 결과, 안전흡수량이 체중 kg당 0.1mg이었다. 체중이 50kg인 근로자가 1일 8시간 작업할 경우 이 물질의 체내 흡수를 안전 흡수량 이하로 유지하려면 공기 중 농도를 몇 mg/m³ 이하로 하여야 하는가? (단, 작업 시 폐환기율은 1.25m³/h, 체내 잔류율은 1.0으로 한다.)

① 0.5 ② 1.0
③ 1.5 ④ 2.0

해설 안전흡수량
안전흡수량 $= C \times T \times V \times R$
$$\therefore C = \frac{\text{안전흡수량}}{T \times V \times R} = \frac{0.1\text{mg/kg} \times 50\text{kg}}{8\text{hr} \times 1.25\text{m}^3/\text{hr} \times 1.0}$$
$$= 0.5\text{mg/m}^3$$

여기서, C: 유해물질의 농도(mg/m³)
　　　 T: 노출시간(hr)
　　　 V: 폐환기율(폐호흡률)(m³/hr)−작업의 강도에 따라 달라지므로 폐호흡률을 적정하게 적용을 하여야 함
　　　 R: 체내 잔유율(자료가 없을 경우 보통 1로 함)

해답 76. ① 77. ③ 78. ② 79. ② 80. ④ 81. ①

6회 **247**

SHD: 인간에게 안전하다고 여겨지는 양(Safe Human Dose). kg당 흡수량이므로 체중을 곱해 주어야 함

82. 소변을 이용한 생물학적 모니터링의 특징으로 옳지 않은 것은?

① 비파괴적 시료채취 방법이다.
② 많은 양의 시료 확보가 가능하다.
③ EDTA와 같은 항응고제를 첨가한다.
④ 크레아티닌 농도 및 비중으로 보정이 필요하다.

해설 EDTA
에틸렌다이아민테트라아세트산(ethylenediaminetetraacetic acid, EDTA)은 유기화합물의 일종이다. 화학식은 $C_{10}H_{16}N_2O_8$이다. 여섯 자리 리간드로 작용할 수 있으며 금속 이온과 결합하여 카이랄성을 가진 킬레이트 화합물을 만든다. EDTA는 금속 이온을 중심으로 하는 팔면체의 여섯 꼭짓점에 동시에 배위할 수 있으며, 그 결과 중심 금속은 리간드에 의해 둘러싸여지게 된다. 따라서 EDTA는 특정 금속 이온에 대하여 강한 친화력을 가진다. 백색 결정 또는 분말로 존재한다. 245℃에서 분해된다. 분자량은 292.24이고, 밀도는 0.86g/cm³이다. 사상성자산으로 작용할 수 있다.

※ 납 중독 시 체내에 축적된 납을 배설하기 위한 촉진제는 Ca-EDTA를 사용한다.

83. 톨루엔(Toluene)의 노출에 대한 생물학적 모니터링 지표 중 소변에서 확인 가능한 대사산물은?

① thiocyante   ② glucuronate
③ hippuric acid   ④ organic sulfate

해설 유해물질별 생체 대사산물
• 톨루엔: 소변 중 마뇨산
• 메탄올: 소변 중 메탄올
• 크실렌: 소변 중 메틸마뇨산
• 납: 소변 중 납
• 페놀: 소변 중 총 페놀
• 벤젠: 소변 중 t,t-뮤코닉산(t,t-Muconic acid)
• 에탄 및 에틸렌: 소변 중 트리클로로아세트산(trichloroacetic acid)

※ 2023년 안전보건기술지침이 개정되어 톨루엔의 노출지표가 마뇨산에서 O-크레졸로 변경됨

84. 생물학적 모니터링 방법 중 생물학적 결정인자로 보기 어려운 것은?

① 체액의 화학물질 또는 그 대사산물
② 표적조직에 작용하는 활성 화학물질의 양
③ 건강상의 영향을 초래하지 않은 부위나 조직
④ 처음으로 접촉하는 부위에 직접 독성영향을 야기하는 물질

해설 생물학적 모니터링을 위한 전제조건
• 생물학적 모니터링의 대상이 되는 물질 혹은 그 대사물이 조직이나 체액 속에 채집하기 적절하게 존재하여야 한다.
• 정확하고 실용적인 분석방법이 사용 가능해야 한다.
• 측정이 정확해야 한다.
• 그 결과가 건강 위험도를 측정할 수 있어야 한다.
• 생물학적 지표로서 민감도 및 특이도가 충분해야 한다.
• 생물학적 시료의 채집이 근로자의 건강에 위험하지 않아야 한다.
• 정기적인 스크린을 위한 생물학적 지표로 선정된 것은 보관해도 충분히 안정한 물질이어야 한다.

85. 작업환경 내의 유해물질과 그로 인한 대표적인 장애를 잘못 연결한 것은?

① 벤젠-시신경 장애
② 염화비닐-간 장애
③ 톨루엔-중추신경계 억제
④ 이황화탄소-생식기능 장애

해설 벤젠
백혈병을 유발하는 것으로 확인된 물질이고, 방향족 화합물로서 재생불량성 빈혈을 일으킨다.

86. 독성을 지속기간에 따라 분류할 때 만성독성(chronic toxicity)에 해당되는 독성물질 투여(노출)기간은? (단, 실험동물에 외인성 물질을 투여하는 경우로 한정한다.)

① 1일 이상~14일 정도
② 30일 이상~60일 정도
③ 3개월 이상~1년 정도
④ 1년 이상~3년 정도

해설 "만성독성(Chronic toxicity)"이란 시험물질을 시험동물에 18~24개월 동안 반복투여하였을 때 시험동물에 나타나는 영향을 말한다.

───────────

해답 82. ③ 83. ③ 84. ④ 85. ① 86. ③

87. 단시간 노출기준이 시간가중평균농도(TLV-TWA)와 단기간 노출기준(TLV-STEL) 사이일 경우 충족시켜야 하는 3가지 조건에 해당하지 않는 것은?

① 1일 4회를 초과해서는 안 된다.

② 15분 이상 지속 노출되어서는 안 된다.

③ 노출과 노출 사이에는 60분 이상의 간격이 있어야 한다.

④ TLV-TWA의 3배 농도에는 30분 이상 노출되어서는 안 된다.

해설 고용노동부 고시 "단시간노출기준(STEL)"이란 15분간의 시간가중평균노출값으로서 노출농도가 시간가중평균노출기준(TWA)을 초과하고 단시간노출기준(STEL) 이하인 경우에는 1회 노출 지속시간이 15분 미만이어야 하고, 이러한 상태가 1일 4회 이하로 발생하여야 하며, 각 노출의 간격은 60분 이상이어야 한다.

88. 직업성 폐암을 일으키는 물질과 가장 거리가 먼 것은?

① 니켈　　　　　　② 석면

③ β-나프틸아민　　④ 결정형 실리카

해설 β-나프틸아민
흡입하거나 섭취, 피부 흡수, 안구 노출로 독성이 나타날 수 있다. 인간과 동물에서 방광암 유발 물질로 알려져 있으며 혈뇨, 배뇨 곤란, 방광염이 나타날 수 있다.

89. 2000년대 외국인 근로자에게 다발성 말초신경병증을 집단으로 유발한 노말헥산(n-hexane)은 체내 대사과정을 거쳐 어떤 물질로 배설되는가?

① 2-hexanone　　　② 2,5-hexanedione

③ hexachlorophene　④ hexachloroethane

해설 노말헥산(n-hexane)
노말헥산은 2-헥산올(2-hexanol)로 변형되면서 대사가 시작되는데 2-헥산올은 2-헥사논(2-hexane, methyl Butyl-ketone)과 2,5-헥사디오르오로 변형되어 5-하이드록시-2-헥사논을 생성시키고 다시 2,5-hexanedione으로 변경된다.

90. 비중격 천공을 유발시키는 물질은?

① 납　　　　　　　② 크롬

③ 수은　　　　　　④ 카드뮴

해설 크롬의 건강상의 영향
• 일반적으로 Cr^{6+} 화합물이 Cr^{3+} 화합물보다 독성이 강하다.
• 크롬의 독성은 주로 Cr^{6+}에 기인하며, 간 및 신장장해, 내출혈, 호흡장해를 야기시킨다.
• 급성의 증상은 오심, 구토, 하리 등이다.
• 6가 크롬(크롬산)의 만성 및 아만성의 피부에의 노출은 접촉성 피부염, 피부괴양의 원인이 된다.
• 6가 크롬이 함유된 공기를 흡입한 크롬 작업자에 대해서 조사한 결과 작업장 대기 중 6가 크롬 농도가 0.1~5.6mg/m³인 경우 비점막의 이상(비중격궤양)을 볼 수 있었다(Bloomfield & Blum, 1928).
• 비중격의 궤양과 천공, 피부궤양은 크롬 취급 노동자에게서 가장 높게 볼 수 있는 것으로서 평균 발증기간은 2년이며, 23~61%에서 볼 수 있다고 한다. 피부궤양으로는 손이나 팔에 지름 2~5mm의 무통성 궤양이 발생하며 위축성 반점을 남긴다.

91. 진폐증의 독성병리기전과 거리가 먼 것은?

① 천식　　　　　　② 섬유증

③ 폐 탄력성 저하　④ 콜라겐 섬유 증식

해설 진폐증의 독성병리기전
• 진폐증의 대표적인 병리소견은 섬유증(fibrosis)이다.
• 섬유증이 동반되는 진폐증의 원인물질로는 석면, 알루미늄, 베릴륨, 석탄분진, 실리카 등이 있다.
• 콜라겐 섬유가 증식하면 폐의 탄력성이 떨어져 호흡곤란, 지속적인 기침, 폐기능 저하를 가져온다.
• 폐포탐식세포는 단핵구의 허파 사이지로 들어가 허파꽈리 큰 포식세포가 되며 제1형 허파꽈리 세포 사이를 이동하여 허파꽈리 사이사이로 들어가서 먼지세균과 같은 입자상 물질을 탐식하여 폐를 무균상태로 유지한다.

92. 중금속 노출에 의하여 나타나는 금속열은 흄 형태의 금속을 흡입하여 발생되는데, 감기증상과 매우 비슷하여 오한, 구토감, 기침, 전신위약감 등의 증상이 있으며 월요일 출근 후에 심해져서 월요일열(monday fever)이라고도 한다. 다음 중 금속열을 일으키는 물질이 아닌 것은?

① 납　　　　　　　② 카드뮴

③ 안티몬　　　　　④ 산화아연

해설 납중독의 주요 증상
• 잇몸에 납선(lead line)과 빈혈 발생시킨다.

해답 87. ④　88. ③　89. ②　90. ②　91. ①　92. ①

- 위장계통의 장애(소화기장애) 및 신경, 근육계통의 장애 그리고 중추신경 장애를 일으킨다.
- 무기납 중독 시에는 소변 내에서 δ-ALA가 증가되고, 적혈구 내 δ-ALAD 활성도가 감소한다.
- 포르피린과 헴(heme)의 합성에 관여하는 효소를 억제하며, 소화기계 및 조혈계에 영향을 주는 물질이다.
- 적혈구 내 프로토포르피린이 증가한다.

93. 독성물질의 생체과정인 흡수, 분포, 생전환, 배설 등에 변화를 일으켜 독성이 낮아지는 길항작용(antagonism)은?

① 화학적 길항작용
② 기능적 길항작용
③ 배분적 길항작용
④ 수용체 길항작용

해설 길항작용의 종류
- 화학적 길항작용(두 화학물질이 반응하여 저독성의 물질을 형성하는 경우)
- 기능적 길항작용(동일한 생리적 기능에 길항작용을 나타내는 경우)
- 배분적 길항작용(물질의 흡수, 대사 등에 영향을 미쳐 표적기관 내 축적 기관의 농도가 저하되는 경우)
- 수용적 길항작용(두 화학물질이 같은 수용체에 결합하여 독성이 저하되는 경우)

94. 합금, 도금 및 전지 등의 제조에 사용되며, 알레르기 반응, 폐암 및 비강암을 유발할 수 있는 중금속은?

① 비소
② 니켈
③ 베릴륨
④ 안티몬

해설 니켈의 건강상 영향
- 황화니켈, 염화니켈 소화기 증상들이 발생한다.
- 망상적혈구의 증가, 빌리루빈의 증가, 알부민 배출의 증가가 나타난다.
- 접촉성 피부염 발생, 현기증, 권태감, 두통 등의 신경학적 증상도 나타나며, 자연유산, 폐암사망률이 증가(발암성)한다.
- 니켈연무에 만성적으로 노출된 경우(황산니켈의 경우처럼) 만성비염, 부비동염, 비중격 천공 및 후각소실이 발생할 수 있다.
- 발생원 및 용도로는 스테인리스강 제조 시나 각종 주방기구, 건물 설비, 자동차 및 전자 부품, 화학공장설비, 특수합금, 도금, 전지, 니크롬선(전열기), 모넬, 인코넬(화학공업에서 용기나 배관 등에 사용), 알니코(자석), 백동(Cupro-nickel동전, 장식용), 니켈 도금에도 사용된다.

95. 독성실험단계에 있어 제1단계(동물에 대한 급성 노출시험)에 관한 내용과 가장 거리가 먼 것은?

① 생식독성과 최기형성 독성실험을 한다.
② 눈과 피부에 대한 자극성 실험을 한다.
③ 변이원성에 대하여 1차적인 스크리닝 실험을 한다.
④ 치사성과 기관장해에 대한 양-반응곡선을 작성한다.

해설 생식독성과 최기형성 독성실험은 제2단계(동물에 대한 만성 노출실험)에 해당한다.

96. 암모니아(NH_3)가 인체에 미치는 영향으로 가장 적합한 것은?

① 전구증상이 없이 치사량에 이를 수 있으며, 심한 경우 호흡부전에 빠질 수 있다.
② 고농도일 때 기도의 염증, 폐수종, 치아산식증, 위장장해 등을 초래한다.
③ 용해도가 낮아 하기도까지 침투하며, 급성 증상으로는 기침, 천명, 흉부압박감 외에 두통, 오심 등이 온다.
④ 피부, 점막에 작용하며 눈의 결막, 각막을 자극하며 폐부종, 성대경련, 호흡장애 및 기관지경련 등을 초래한다.

해설 암모니아는 상기도 점막 자극제이고 물에 잘 녹는 물질이다.

97. 지방족 할로겐화 탄화수소물 중 인체 노출 시, 간의 장해인 중심소엽성 괴사를 일으키는 물질은?

① 톨루엔
② 노말헥산
③ 사염화탄소
④ 트리클로로에틸렌

해설 사염화탄소의 건강장해
- 신장장애의 증상으로 감뇨, 혈뇨 등이 발생하며 완전 무뇨증이 되면 사망할 수 있다.
- 초기 증상으로 지속적인 두통, 구역 또는 구토, 복부선통, 설사, 간압통 등이 있다.
- 피부, 간장, 신장, 소화기, 신경계에 장애를 일으키는데, 특

해답 93. ③ 94. ② 95. ① 96. ④ 97. ③

히 간에 대한 독성작용이 강하게 나타난다. 즉, 간에 중요한 장애인 중심소엽성 괴사를 일으킨다.
• 고농도 폭로 시 중추신경계와 간장이나 신장에 장애를 일으킨다.

98. 납중독을 확인하는 데 이용하는 시험으로 옳지 않은 것은?

① 혈중 납중도　　　② EDTA 흡착능

③ 신경전달속도　　　④ 헴(heme)의 대사

해설 납중독 확인 시 시험사항
• 혈액 내 납 농도
• 헴(heme)의 대사
• 말초신경의 신경 전달속도
• Ca-EDTA 이동시험
• β-ALA(Amine Levulinic Acid) 축적

99. 유기용제 중 벤젠에 대한 설명으로 옳지 않은 것은?

① 벤젠은 백혈병을 일으키는 원인물질이다.

② 벤젠은 만성장해로 조혈장해를 유발하지 않는다.

③ 벤젠은 빈혈을 일으켜 혈액의 모든 세포성분이 감소한다.

④ 벤젠은 주로 페놀로 대사되며 페놀은 벤젠의 생물학적 노출지표로 이용된다.

해설 벤젠의 특징 및 중독 증상
㉠ 특징
• 상온, 상압에서 향긋한 냄새를 가진 무색 투명한 액체로, 방향족화합물

• 휘발성의 액체로, 가공하지 않은 석유나 가스에 함유
• 노출될 수 있는 작업 및 공정: 석유 정제 공정, 석유 화합물, 석유화학제품을 만들거나, 취급하는 공장(석유시추시설 포함), 석탄을 이용한 화학공정, 휘발유나 벤젠을 사용하는 공정, 사이클로헥산(cyclohexane), 에틸벤젠(ethyl benzene), 페놀(phenol) 등과 같은 화합물을 이용하는 공정
㉡ 증상
• 고농도의 벤젠 노출 시 증상: 두통, 피곤함, 오심, 어지러움, 고농도 폭로 시 의식상실
• 급성 독성은 중추신경계에 대한 작용
• 만성 중독은 중추신경계와 위장관에 영향
• 가장 중대한 독성은 조혈조직의 손상(골수에 미치는 독성이 특징적이며, 빈혈과 백혈구, 혈소판 감소를 초래)
• 만성적 노출 시 증상: 장기간 노출 시 빈혈이나 백혈병(암의 한 종류) 같이 조혈기계(골수)의 손상

100. 근로자의 유해물질 노출 및 흡수 정도를 종합적으로 평가하기 위하여 생물학적 측정이 필요하다. 또한 유해물질 배출 및 축적 속도에 따라 시료 채취시기를 적절히 정해야 하는데, 시료채취 시기에 제한을 가장 작게 받는 것은?

① 요중 납　　　② 호기중 벤젠

③ 요중 총 페놀　　　④ 혈중 총 무기수은

해설 납뿐만 아니라 중금속 등은 일반적으로 반감기가 길어(수년) 시료채취시간에 제한이 없다.

|1| 산업위생학개론

1. 주로 정적인 자세에서 인체의 특정부위를 지속적, 반복적으로 사용하거나 부적합한 자세로 장기간 작업할 때 나타나는 질환을 의미하는 것이 아닌 것은?

① 반복성 긴장장애
② 누적외상성 질환
③ 작업관련성 신경계질환
④ 작업관련성 근골격계질환

해설 근골격계질환 관련 용어
- 누적 외상성질환(CTDs, Cumulative Trauma Disorders): 반복적이고 누적되는 특정한 일 또는 동작과 연관되어 신체의 일부를 과사용(overuse)하면서 나타나는 상지와 경부의 신경, 근육, 인대, 관절 등에 문제가 생겨, 통증과 이상감각, 마비 등의 증상이 나타나서 문제가 되는 질환
- 근골격계 질환(MSDs, MusculoSkeletal Disorders): 신경과 힘줄(건), 근육 또는 이들이 구성하거나 지지하는 구조에 이상이 생긴 질환
- 반복성 긴장장애(RSI, Repetitive Strain Injuries): 같은 동작을 반복하는 물리적 행위에 의해 발생하는 질환. 반복사용스트레스증후군(repetitive stress injury)이라고도 하며, 약자로 RSI이다. Carpal tunnel syndrome(CTS)라고도 한다.
- 경견완증후군(목, 어깨, 팔: 고용노동부, 1994, 업무상 재해 인정기준): 장시간 컴퓨터 자판 등을 치는 것처럼 상체를 이용해 반복된 작업을 지속하거나 정적인 자세로 장시간 작업을 하면 나타나는 증상이다. '유착성 관절낭염(오십견)', 팔꿈치 관절 주위에 통증이 있는 '내, 외상과염(테니스, 골퍼 엘보)', 근육 수축이 원인인 '근막통증증후군' 등이 있다.

※ VDT 증후군: 컴퓨터 등 영상 재현장치를 장기간 정적인 자세로 작업할 때 발생되는 질환이며 대표적인 질환이 경견완 장해이다.

2. 육체적 작업 시 혐기성 대사에 의해 생성되는 에너지원에 해당하지 않는 것은?

① 산소(Oxygen)
② 포도당(Glucose)
③ 크레아틴 인산(CP)
④ 아데노신 삼인산(ATP)

해설 근육 운동에 필요한 에너지를 생산하는 혐기성 대사의 반응
- $ATP + H_2O \leftrightharpoons ADP + P + free\ energy$
- $glucose + P + ADP \rightarrow Lactate + ATP$
- $creatine\ phosphate + ADP \leftrightharpoons creatine + ATP$

3. 「산업안전보건법령」상 발암성 정보물질의 표기법 중 '사람에게 충분한 발암성 증거가 있는 물질'에 대한 표기방법으로 옳은 것은?

① 1
② 1A
③ 2A
④ 2B

해설 발암성 정보물질의 표기(고용노동부 고시 화학물질 및 물리적 인자의 노출기준)
- 1A: 사람에게 충분한 발암성 증거가 있는 물질
- 1B: 시험동물에서 발암성 증거가 충분히 있거나, 시험동물과 사람 모두에게 제한된 발암성 증거가 있는 물질
- 2: 사람이나 동물에서 제한된 증거가 있지만 구분 1로 분류하기에는 증거가 충분하지 않은 물질

해답 1. ③ 2. ① 3. ②

4. 「산업안전보건법령」상 작업환경측정에 대한 설명으로 옳지 않은 것은?

① 작업환경측정의 방법, 횟수 등의 필요사항은 사업주가 판단하여 정할 수 있다.

② 사업주는 작업환경의 측정 중 시료의 분석을 작업환경측정기관에 위탁할 수 있다.

③ 사업주는 작업환경측정 결과를 해당 작업장의 근로자에게 알려야 한다.

④ 사업주는 근로자대표가 요구할 경우 작업환경측정 시 근로자대표를 참석시켜야 한다.

해설 「산업안전보건법 시행규칙」 제190조(작업환경측정 주기 및 횟수)에 의거 고용노동부 장관이 정한다.

5. 온도 25℃, 1기압하에서 분당 100mL씩 60분 동안 채취한 공기 중에서 벤젠이 5mg 검출되었다면 검출된 벤젠은 약 몇 ppm인가? (단, 벤젠의 분자량은 78이다.)

① 15.7　　　　　② 26.1
③ 157　　　　　④ 261

해설 벤젠의 증기 농도(ppm)
농도=질량/부피
$$= \frac{5\text{mg}}{100\text{mL/min} \times 60\text{min} \times \text{m}^3/10^6\text{mL}} = 833.33\text{mg/m}^3$$
∴ ppm으로 단위환산을 하면,
$$= 833.33\text{mg/m}^3 \frac{24.45}{78} = 261\text{ppm}$$

6. 화학적 원인에 의한 직업성 질환으로 볼 수 없는 것은?

① 정맥류
② 수전증
③ 치아산식증
④ 시신경 장해

해설 정맥류의 대표 질환은 하지 정맥류이며 하지 정맥 일방 판막 기능 장애로 인해 혈액이 역류하는 것을 포함하여 하지의 표재 정맥이 비정상적으로 부풀어 꼬불꼬불해져 있는 상태를 가리키는 질환이다(물리적 원인에 의하여 발생함).

7. 다음 ( ) 안에 들어갈 알맞은 것은?

「산업안전보건법령」상 화학물질 및 물리적 인자의 노출기준에서 "시간가중평균노출기준(TWA)"이란 1일 (A)시간 작업을 기준으로 하여 유해인자의 측정치에 발생시간을 곱하여 (B)시간으로 나눈 값을 말한다.

① A: 6, B: 6　　② A: 6, B: 8
③ A: 8, B: 6　　④ A: 8, B: 8

해설 「산업안전보건법」상 화학물질 및 물리적 인자의 노출기준
시간가중 평균노출기준(TWA, Time Weighted Average)이란,
• 1일 8시간 작업을 기준으로 하여 유해인자의 측정치에 발생시간을 곱하여 8시간으로 나눈 값이다.
• 1일 8시간, 주 40시간 동안의 평균농도로서 거의 모든 근로자가 평상 작업에서 반복하여 노출되더라도 건강장애를 일으키지 않는 공기 중 유해물질의 농도를 말한다.

8. 산업위생전문가의 윤리강령 중 "근로자에 대한 책임"에 해당하는 것은?

① 적절하고도 확실한 사실을 근거로 전문적인 견해를 발표한다.

② 기업주에 대하여는 실현 가능한 개선점으로 선별하여 보고한다.

③ 이해관계가 있는 상황에서는 고객의 입장에서 관련 자료를 제시한다.

④ 근로자의 건강보호가 산업위생전문가의 1차적 책임이라는 것을 인식한다.

해설 근로자에 대한 책임
• 근로자의 건강보호가 산업위생전문가의 일차적 책임임을 인지한다. (주된 책임 인지)
• 근로자와 기타 여러 사람의 건강과 안녕이 산업위생전문가의 판단에 좌우된다는 것을 깨달아야 한다.
• 위험요인의 측정, 평가 및 관리에 있어서 외부의 영향력에 굴하지 않고 중립적(객관적)인 태도를 취한다.
• 건강의 유해요인에 대한 정보(위험요소)와 필요한 예방조치에 대해 근로자와 상담(대화)한다.

9. 주요 실내 오염물질의 발생원으로 보기 어려운 것은?

① 호흡　　　　　② 흡연
③ 자외선　　　　④ 연소기기

해답 4. ① 5. ④ 6. ① 7. ④ 8. ④ 9. ③

주요 실내 오염물질의 발생원

호흡(이산화탄소), 흡연(담배), 연소기기(CO, CO_2, SO_2 등), 오염된 외부공기의 실내 유입, 건축자재로부터 발생되는 유해화학물질(포름알데히드, 라돈 등), 단열재(석면, 유리섬유 등) 등

10. 산업피로의 종류에 대한 설명으로 옳지 않은 것은?

① 근육의 일부 부위에만 발생하는 국소피로와 전신에 나타나는 전신피로가 있다.

② 신체피로는 육체적 노동에 의한 근육의 피로를 말하는 것으로 근육노동을 할 때 주로 발생한다.

③ 피로는 그 정도에 따라 보통피로, 과로 및 곤비로 분류할 수 있으며 가장 경중의 피로단계는 곤비이다.

④ 정신피로는 중추신경계의 피로를 말하는 것으로 정밀작업 등과 같은 정신적 긴장을 요하는 작업 시에 발생된다.

피로의 3단계

피로의 정도는 객관적 판단이 용이하지 않다.
• 보통피로(1단계): 하룻밤 자고나면 완전히 회복하는 상태
• 과로(2단계): 다음 날까지도 피로상태가 지속되는 피로의 축적으로 단기간 휴식으로 회복될 수 있으며, 발병 단계는 아니다.
• 곤비(3단계): 과로의 축적으로 단시간에 회복될 수 없는 단계를 말하며, 심한 노동 후의 피로현상으로 병적 상태를 의미한다.

11. 「산업안전보건법령」상 사업주가 사업을 할 때 근로자의 건강장해를 예방하기 위하여 필요한 보건상의 조치를 하여야 할 항목이 아닌 것은?

① 사업장에서 배출되는 기계·액체 또는 찌꺼기 등에 의한 건강장해

② 폭발성, 발화성 및 인화성 물질 등에 의한 위험 작업의 건강장해

③ 계측감시, 컴퓨터 단말기 조작, 정밀공작 등의 작업에 의한 건강장해

④ 단순반복작업 또는 인체에 과도한 부담을 주는 작업에 의한 건강장해

「산업안전보건법」 제39조(보건조치)

① 사업주는 다음 각 호의 어느 하나에 해당하는 건강장해를 예방하기 위하여 필요한 조치(이하 "보건조치"라 한다)를 하여야 한다.
  1. 원재료·가스·증기·분진·흄(fume, 열이나 화학반응에 의하여 형성된 고체증기가 응축되어 생긴 미세입자를 말한다)·미스트(mist, 공기 중에 떠다니는 작은 액체방울을 말한다)·산소결핍·병원체 등에 의한 건강장해
  2. 방사선·유해광선·고온·저온·초음파·소음·진동·이상기압 등에 의한 건강장해
  3. 사업장에서 배출되는 기체·액체 또는 찌꺼기 등에 의한 건강장해
  4. 계측감시(計測監視), 컴퓨터 단말기 조작, 정밀공작(精密工作) 등의 작업에 의한 건강장해
  5. 단순반복작업 또는 인체에 과도한 부담을 주는 작업에 의한 건강장해
  6. 환기·채광·조명·보온·방습·청결 등의 적정기준을 유지하지 아니하여 발생하는 건강장해
② 제1항에 따라 사업주가 하여야 하는 보건조치에 관한 구체적인 사항은 고용노동부령으로 정한다.
  ※ 폭발성, 발화성 및 인화성 물질 등에 의한 위험은 「산업안전보건법」 제38조의 안전조치 사항이다.

12. 육체적 작업능력(PWC)이 16kcal/min인 남성 근로자가 1일 8시간 동안 물체를 운반하는 작업을 하고 있다. 이때 작업대사율은 10kcal/min이고, 휴식 시 대사율은 2kcal/min이다. 매 시간마다 적정한 휴식 시간은 약 몇 분인가? (단, Herting의 공식을 적용하여 계산한다.)

① 15분　　　　　② 25분
③ 35분　　　　　④ 45분

적정 휴식시간

$$T_{rest}(\%) = \frac{E_{max} - E_{task}}{T_{rest} - E_{task}} \times 100 : \text{Hertig 식}$$

여기서, E_{max} : 1일 8시간에 적합한 대사량(PWC의 1/3)
　　　　E_{task} : 해당 작업의 대사량
　　　　E_{rest} : 휴식 중 소모되는 대사량

계산하면,

$$T_{rest}(\%) = \frac{\frac{16}{3} - 10}{2 - 10} \times 100 = 58.33\%$$

∴ 휴식시간 = 60min × 0.5833 = 35min

10. ③　11. ②　12. ③

13. Diethyl ketone(TLV=200ppm)을 사용하는 근로자의 작업시간이 9시간일 때 허용기준을 보정하였다. OSHA 보정법과 Brief and Scala 보정법을 적용하였을 경우 보정된 허용기준치 간의 차이는 약 몇 ppm인가?

① 5.05   ② 11.11

③ 22.22   ④ 33.33

해설 보정된 허용기준

- OSHA $= \dfrac{8}{\text{노출시간(hr)/일}} \times 8\text{시간 허용기준}$

  $= \dfrac{8}{9} \times 200\text{ppm} = 177.78\text{ppm}$

- Breig & Scala $= \dfrac{8}{H} \times \dfrac{24-H}{16}$

  $= RF \times TLV$

  $= \dfrac{8}{9} \times \dfrac{24-9}{16} = 0.8333$

보정된 노출기준 $= 200 \times 0.8333 = 166.67$

∴ 차이 $= 177.78 - 166.67 = 11.11$

14. 산업위생의 역사에서 직업과 질병의 관계가 있음을 알렸고, 광산에서의 납중독을 보고한 인물은?

① Larigo   ② Paracelsus

③ Percival Pott   ④ Hippocrates

해설 히포크라테스(Hippocrates)는 광산에서의 납중독을 보고한 인물이다(역사상 최초의 직업병: 납중독).

15. 피로의 예방대책으로 적절하지 않은 것은?

① 충분한 수면을 갖는다.

② 작업 환경을 정리, 정돈한다.

③ 정적인 자세를 유지하는 작업을 동적인 작업으로 전환하도록 한다.

④ 작업과정 사이에 여러 번 나누어 휴식하는 것보다 장시간의 휴식을 취한다.

해설 작업과정 사이에 여러 번 나누어 휴식을 취한다.

16. 직업성 변이(occupational stigmata)의 정의로 옳은 것은?

① 직업에 따라 체온량의 변화가 일어나는 것이다.

② 직업에 따라 체지방량의 변화가 일어나는 것이다.

③ 직업에 따라 신체 활동량의 변화가 일어나는 것이다.

④ 직업에 따라 신체 형태와 기능에 국소적 변화가 일어나는 것이다.

해설 직업성 변이(occupational stigmata)

직업에 따라 국소적으로 신체 형태와 기능에 변화가 일어나는 현상

17. 생체와 환경의 열교환 방정식을 올바르게 나타낸 것은? (단, △S: 생체 내 열용량의 변화, M: 대사에 의한 열 생산, E: 수분 증발에 의한 열 방산, R: 복사에 의한 열 득실, C: 대류 및 전도에 의한 열 득실이다.)

① △S=M+E±R-C   ② △S=M-E±R±C

③ △S=R+M+C+E   ④ △S=C-M-R-E

해설 열교환 방정식(열평형 방정식)

$\Delta S = M - E \pm R \pm C$

여기서, ΔS : 생체 열용량의 변화

M : 작업대사량$(M-W)$

W : 작업 수행으로 인한 열손실량

C : 대류에 의한 열교환

R : 복사에 의한 열교환

E : 증발(발한)에 의한 열손실

18. 작업적성에 대한 생리적 적성검사 항목에 해당하는 것은?

① 체력검사   ② 지능검사

③ 인성검사   ④ 지각동작검사

해설 적성검사 중 심리학적 기능(적성)검사

- 지능검사: 언어, 기억, 추리, 귀납 등에 대한 검사
- 지각동작검사: 수족협조, 운동속도, 형태지각 등에 대한 검사
- 인성검사: 성격, 태도, 정신상태에 대한 검사
- 기능검사: 직무에 관련된 기본지식과 숙련도, 사교력 등의 검사

해답   13. ②   14. ④   15. ④   16. ④   17. ②   18. ①

19. 다음 ( ) 안에 들어갈 알맞은 용어는?

( )은/는 근로자나 일반대중에게 질병, 건강장해와 능률저하 등을 초래하는 작업환경 요인과 스트레스를 예측, 인식(측정), 평가, 관리하는 과학인 동시에 기술을 말한다.

① 유해인자   ② 산업위생
③ 위생인식   ④ 인간공학

해설 산업위생의 정의(미국산업위생학회; AIHA)
산업위생이란 근로자나 일반대중에게 질병, 건강장해와 안녕 방해, 심각한 불쾌감 및 능률저하 등을 초래하는 작업환경요인과 스트레스를 예측(anticipation), 인지(recognition), 측정, 평가(evaluation)하고 관리(control)하는 과학과 기술이다(Scott, 1997).

20. 근로시간 1,000시간당 발생한 재해에 의하여 손실된 총 근로 손실일수로 재해자의 수나 발생빈도와 관계없이 재해의 내용(상해정도)을 측정하는 척도로 사용되는 것은?

① 건수율   ② 연천인율
③ 재해 강도율   ④ 재해 도수율

해설 재해 강도율
• 근로시간 합계 1,000시간당 요양재해로 인한 근로손실일수
• 강도율 = (총요양근로손실일수 / 연근로시간수) × 1,000

|2| 작업위생측정 및 평가

21. 분석용어에 대한 설명 중 틀린 것은?

① 이동상이란 시료를 이동시키는 데 필요한 유동체로서 기체일 경우를 GC라고 한다.
② 크로마토그램이란 유해물질이 검출기에서 반응하여 띠 모양으로 나타난 것을 말한다.
③ 전처리는 분석물질 이외의 것들을 제거하거나 분석에 방해되지 않도록 하는 과정으로서 분석기기에 의한 정량을 포함한다.
④ AAS분석원리는 원자가 갖고 있는 고유한 흡수파장을 이용한 것이다.

해설 전처리는 분석물질 이외의 것들을 제거하거나 분석

에 방해되지 않도록 하는 과정이며 분석기기에 의한 정량은 포함하지 않는다.

22. 벤젠으로 오염된 작업장에서 무작위로 15개 지점의 벤젠 농도를 측정하여 다음과 같은 결과를 얻었을 때, 이 작업장의 표준편차는?

8, 10, 15, 12, 9, 13, 16, 15, 11, 9, 12, 8, 13, 15, 14

① 4.7   ② 3.7
③ 2.7   ④ 0.7

해설 표준편차(標準偏差; Standard Deviation, SD)
통계집단의 분산의 정도 또는 자료의 산포도를 나타내는 수치로, 분산의 음이 아닌 제곱근, 즉 분산을 제곱근한 것으로 정의된다.
표준편차

• $SD = [\dfrac{\sum_{i=1}^{n} (X_i - \overline{X})^2}{N-1}]^{0.5}$

• 산술평균$(\overline{X}) = \dfrac{\substack{8+10+15+12+9+13+16+15 \\ +11+9+12+8+13+15+14}}{15}$
  $= 12$

$\therefore SD = [\dfrac{\substack{(8-12)^2 + (10-12)^2 + (15-12)^2 \\ +(12-12)^2 + (9-12)^2 + (13-12)^2 \\ +(16-12)^2 + (15-12)^2 + (11-12)^2 \\ +(9-12)^2 + (12-12)^2 + (8-12)^2 \\ +(13-12)^2 + (15-12)^2 + (14-12)^2}}{15-1}]^{0.5}$
$= 2.7$

23. 방사선이 물질과 상호작용한 결과 그 물질의 단위질량에 흡수된 에너지(Gy, gray)의 명칭은?

① 조사산량   ② 등가선량
③ 유효선량   ④ 흡수선량

해설 방사선 관련 단위
• 흡수선량: 물질의 단위 질량당 흡수된 방사선의 에너지를 말한다. 흡수선량의 단위로 그레이(Gray, Gy)가 사용되며, 1Gy는 1주울/킬로그램(J/kg)이다.
• 등가선량(等價線量, equivalent dose), 선량당량(線量當量, dose equivalent): 인체의 조직 및 기관이 방사선에 노출되었을 때, 같은 흡수선량이라 하더라도 방사선의 종류에 따라서 인체가 받는 영향의 정도가 다른 것을 고려한 것으

해답 19. ② 20. ③ 21. ③ 22. ③ 23. ④

로, 방사선에 노출된 조직 및 기관의 평균 흡수선량에 방사선 가중계수(radiation weighted factor)를 곱하여 구하고 단위는 Sv이다.
- 유효선량[Effective dose(E)]: 사람이 방사선에 피폭하였을 때, 그로 인한 위해(危害, detriment)를 하나의 양으로 표현하기 위하여 도입한 것으로 인체의 모든 특정 조직과 장기에서의 등가선량(HT)에 해당 조직과 장기의 방사선감수성을 고려한 조직가중치(wT)를 곱한 값이다. 방사선감수성이란 특정 조직이 방사선에 대하여 민감하여 발암, 치사율 등에 차이가 있음을 의미한다. 모든 조직가중치의 합은 "1"이다. 유효선량의 단위는 등가선량과 같은 시버트(Sv)이다.

24. 두 개의 버블러를 연속적으로 연결하여 시료를 채취할 때, 첫 번째 버블러의 채취효율이 75%이고, 두 번째 버블러의 채취효율이 90%이면 전체 채취효율(%)은?

① 91.5 ② 93.5
③ 95.5 ④ 97.5

해설 전체 채취효율(%)
$\eta_T = \eta_1 + \eta_2(1 - \eta_1) \times 100 = 0.75 + 0.9(1 - 0.75) \times 100$
$= 97.5\%$

25. 시료채취매체와 해당 매체로 포집할 수 있는 유해인자의 연결로 가장 거리가 먼 것은?

① 활성탄관 - 메탄올
② 유리섬유여과지 - 캡탄
③ PVC여과지 - 석탄분진
④ MCE막여과지 - 석면

해설 활성탄관(charcoal tube)을 사용하여 채취하기 용이한 시료
- 비극성류의 유기용제
- 각종 방향족 유기용제(방향족 탄화수소류)
- 할로겐화 지방족유기용제(할로겐화 탄화수소류)
- 에스테르류, 알코올류, 에테르류, 케톤류

※ 메탄올은 실리카겔관(silicagel tube)으로 채취한다.

26. 작업환경측정 및 정도관리 등에 관한 고시상 시료채취 근로자수에 대한 설명 중 옳은 것은?

① 단위작업 장소에서 최고 노출근로자 2명 이상에 대하여 동시에 개인 시료채취 방법으로 측

정하되, 단위작업 장소에 근로자가 1명인 경우에는 그러하지 아니하며, 동일 작업근로자수가 20명을 초과하는 경우에는 매 5명당 1명 이상 추가하여 측정하여야 한다.

② 단위작업 장소에서 최고 노출근로자 2명 이상에 대하여 동시에 개인 시료채취 방법으로 측정하되, 동일 작업근로자수가 100명을 초과하는 경우에는 최대 시료채취 근로자수를 20명으로 조정할 수 있다.

③ 지역 시료채취 방법으로 측정을 하는 경우 단위작업장소 내에서 3개 이상의 지점에 대하여 동시에 측정하여야 한다.

④ 지역 시료채취 방법으로 측정을 하는 경우 단위작업 장소의 넓이가 60평방미터 이상인 경우에는 매 30평방미터마다 1개 지점 이상을 추가로 측정하여야 한다.

해설 작업환경측정 및 정도관리 등에 관한 고시 제19조 (시료채취 근로자수)
- 단위작업 장소에서 최고 노출근로자 2명 이상에 대하여 동시에 개인 시료채취 방법으로 측정하되, 단위작업 장소에 근로자가 1명인 경우에는 그러하지 아니하며, 동일 작업근로자수가 10명을 초과하는 경우에는 매 5명당 1명 이상 추가하여 측정하여야 한다. 다만, 동일 작업근로자수가 100명을 초과하는 경우에는 최대 시료채취 근로자수를 20명으로 조정할 수 있다.
- 지역 시료채취 방법으로 측정을 하는 경우 단위작업장소 내에서 2개 이상의 지점에 대하여 동시에 측정하여야 한다. 다만, 단위작업 장소의 넓이가 50평방미터 이상인 경우에는 매 30평방미터마다 1개 지점 이상을 추가로 측정하여야 한다.

27. 고성능 액체크로마토그래피(HPLC)에 관한 설명으로 틀린 것은?

① 주 분석대상 화학물질은 PCB 등의 유기화학물질이다.

② 장점으로 빠른 분석 속도, 해상도, 민감도를 들 수 있다.

③ 분석물질이 이동상에 녹아야 하는 제한점이 있다.

④ 이동상인 운반가스의 친화력에 따라 용리법, 치환법으로 구분된다.

해설 액체크로마토그래피(High Performance Liquid Chromatography) 원리

액체크로마토그래피(High Performance Liquid Chromatography)는 이동상으로 액체를 사용하는 것이 특징이다. 시료의 화학물질이 녹아 있는 이동상을 펌프를 이용하여 고압의 일정한 유속으로 밀어서 충진제가 충진되어 있는 고정상인 컬럼을 통과하도록 하며, 이때 시료의 화학물질이 이동상과 고정상에 대한 친화도에 따라 다른 시간대별로 컬럼을 통과하는 원리를 이용하고, 이러한 화학물질을 검출기를 이용하여 시간대별 반응의 크기를 측정함으로써 특정 화학물질을 정량하는 방법이다.

28. 18℃, 770mmHg인 작업장에서 methylethyl ketone의 농도가 26ppm일 때 mg/m³ 단위로 환산된 농도는? (단, Methylethyl ketone의 분자량은 72g/mol이다.)

① 64.5　　　　② 79.4
③ 87.3　　　　④ 93.2

해설 환산농도(mg/m³)

$$mg/m^3 으로 \ 환산 = ppm \times \frac{MW(분자량)}{22.4l}$$

$$온도보정 = \frac{273 + 18}{273} = 1.066$$

$$압력보정 = \frac{760}{770} = 0.987$$

$$\therefore \ mg/m^3 으로 \ 환산 = 26ppm \times \frac{72}{22.4 \times 1.066 \times 0.987}$$
$$= 79.4mg/m^3$$

29. 작업장에 작동되는 기계 두 대의 소음레벨이 각각 98dB(A), 96dB(A)로 측정되었을 때, 두 대의 기계가 동시에 작동되었을 경우에 소음레벨 [dB(A)]은?

① 98　　　　② 100
③ 102　　　　④ 104

해설

$$SPL = 10\log(10^{\frac{SPL_1}{10}} + 10^{\frac{SPL_2}{10}})$$
$$= 10\log(10^{\frac{98}{10}} + 10^{\frac{96}{10}}) = 100dB(A)$$

30. 어떤 작업장에 50% acetone, 30% benzene, 20% xylene의 중량비로 조성된 용제가 증발하여 작업환경을 오염시키고 있을 때, 이 용제의 허용농도(TLV; mg/m³)는? (단, Actone, benzene, xylene의 TVL는 각각 1,600, 720, 670 mg/m³이고, 용제의 각 성분은 상가작용을 하며, 성분 간 비휘발도 차이는 고려하지 않는다.)

① 873　　　　② 973
③ 1,073　　　④ 1,173

해설 혼합물의 허용농도(mg/m³)

$$= \cfrac{1}{\cfrac{f_1}{TLV_1} + \cfrac{f_2}{TLV_2} + \cfrac{f_3}{TLV_3}}$$

$$= \cfrac{1}{\cfrac{0.5}{1,600} + \cfrac{0.3}{720} + \cfrac{0.2}{670}} = 973.07mg/m^3$$

31. 시간당 약 150kcal의 열량이 소모되는 작업조건에서 WBGT 측정치가 30.6℃일 때 고온의 노출기준에 따른 작업휴식조건으로 적절한 것은?

① 매시간 75% 작업, 25% 휴식
② 매시간 50% 작업, 50% 휴식
③ 매시간 25% 작업, 75% 휴식
④ 계속 작업

해설 고열작업장의 노출기준(고용노동부, ACGIH)

단위: WBGT(℃)

시간당 작업과 휴식 비율	작업 강도		
	경작업	중등작업	중(힘든)작업
연속작업	30.0	26.7	25.0
75% 작업, 25% 휴식 (45분 작업, 15분 휴식)	30.6	28.0	25.9
50% 작업, 50% 휴식 (30분 작업, 30분 휴식)	31.4	29.4	27.9
25% 작업, 75% 휴식 (15분 작업, 45분 휴식)	32.2	31.1	30.0

• 경작업: 시간당 200kcal까지의 열량이 소요되는 작업을 말하며, 앉아서 또는 서서 기계를 조정하기 위하여 손 또는 팔을 가볍게 쓰는 일 등이 해당된다.

해답 28. ② 29. ② 30. ② 31. ①

- 중등작업: 시간당 200~350kcal의 열량이 소요되는 작업을 말하며, 물체를 들거나 밀면서 걸어다니는 일 등이 해당된다.
- 중(격심)작업: 시간당 350~500kcal의 열량이 소요되는 작업을 뜻하며, 곡괭이질 또는 삽질하는 일과 같이 육체적으로 힘든 일 등이 해당된다.

32. 검지관의 장단점으로 틀린 것은?

① 측정대상물질의 동정이 미리 되어 있지 않아도 측정이 가능하다.

② 민감도가 낮으며 비교적 고농도에 적용이 가능하다.

③ 특이도가 낮다. 즉, 다른 방해물질의 영향을 받기 쉬워 오차가 크다.

④ 색이 시간에 따라 변화하므로 제조자가 정한 시간에 읽어야 한다.

해설 검지관 사용 시 장단점

㉠ 장점
- 비전문가도 어느 정도 숙지하면 사용할 수 있지만 산업위생전문가의 지도 아래 사용되어야 한다.
- 사용이 간편하고, 반응시간이 빨라 현장에서 바로 측정 결과를 알 수 있다.
- 다른 측정방법이 복잡하거나 빠른 측정이 요구될 때 사용할 수 있다.
- 맨홀, 밀폐공간에서의 산소부족 또는 폭발성 가스로 인한 안전이 문제가 될 때 유용하게 사용된다.

㉡ 단점
- 미리 측정대상 물질을 정확히 알고 있어야 측정이 가능하다.
- 민감도가 낮아 비교적 고농도에만 측정이 가능하다.
- 색변화에 따라 주관적으로 읽을 수 있다.
- 판독자에 따라 변이가 심하며, 색이 시간에 따라 변하므로 제조자가 정한 시간에 읽어야 하는 불편함이 있다.
- 특이도가 낮아 다른 방해물질의영향을 받기 쉽고 오차가 크다.
- 대개 단시간 측정만 가능하다.
- 한 검지관으로 단일물질만 측정 가능하여 각 오염물질에 맞는 검지관을 선정함에 따른 불편함이 있다.

33. MCE 여과지를 사용하여 금속 성분을 측정, 분석한다. 샘플링에 끝난 시료를 전처리하기 위해 회화용액(ashing acid)을 사용하는데 다음 중 NIOSH에서 제시한 금속별 전처리 용액 중 적절

하지 않은 것은?

① 납: 질산

② 크롬: 염산 + 인산

③ 카드뮴: 질산, 염산

④ 다성분금속: 질산 + 과염소산

해설 크롬의 전처리 용액은 질산이다.

34. kata 온도계로 불감기류를 측정하는 방법에 대한 설명으로 틀린 것은?

① kata 온도계의 구(球)부를 50~60℃의 온수에 넣어 구부의 알코올을 팽창시켜 관의 상부 눈금까지 올라가게 한다.

② 온도계를 온수에서 꺼내어 구(球)부를 완전히 닦아내고 스탠드에 고정한다.

③ 알코올의 눈금이 100℉에서 65℉까지 내려가는 데 소요되는 시간을 초시계로 4~5회 측정하여 평균을 낸다.

④ 눈금 하강에 소요되는 시간으로 kata 상수를 나눈 값 H는 온도계의 구부 1cm²에서 1초 동안에 방산되는 열량을 나타낸다.

해설 카타(kata)온도계
- 알코올의 강하시간을 측정하여 실내 기류를 파악하고 온열환경 영향 평가를 하는 온도계이다.
- 알코올 눈금이 100℉에서 95℉까지 내려가는 데 소요되는 시간을 4~5회 측정한다.
- 0.2~0.5m/sec 정도의 실내 기류를 측정 시 Kata 냉각력과 온도차를 기류 산출 공식에 대입하여 풍속을 구한다.
- 작업환경 내에 기류의 방향이 일정치 않을 경우 기류속도를 측정한다.

35. 실리카겔 흡착에 대한 설명으로 틀린 것은?

① 실리카겔은 규산나트륨과 황산의 반응에서 유도된 무정형의 물질이다.

② 극성을 띠고 흡습성이 강하므로 습도가 높을수록 파과 용량이 증가한다.

③ 추출액이 화학분석이나 기기분석에 방해물질로 작용하는 경우가 많지 않다.

해답 32. ① 33. ② 34. ③ 35. ②

④ 활성탄으로 채취가 어려운 아닐린, 오르쏘-톨루이딘 등의 아민류나 몇몇 무기물질의 채취도 가능하다.

- 실리카겔은 규산나트륨과 황산과의 반응에서 유도된 무정형의 물질이다.
- 극성을 띠고 흡수성이 강하므로 습도가 높을수록 파과되기 쉽고 파괴용량이 감소한다.
- 실리카 및 알루미나 흡착제는 탄소의 불포화 결합을 가진 분자를 선택적으로 흡수(표면에서 물과 같은 극성 분자를 선택적으로 흡착)한다.
- 실리카겔은 극성 물질을 강하게 흡착하므로 작업장에 여러 종류의 극성 물질이 공존할 때는 극성이 강한 물질이 약한 물질을 치환하게 된다.

36. 작업장에서 어떤 유해물질의 농도를 무작위로 측정한 결과가 아래와 같을 때, 측정값에 대한 기하평균(GM)은?

5, 10, 28, 46, 90, 200 (단위: ppm)

① 11.4 　　　　　　② 32.4

③ 63.2 　　　　　　④ 104.5

해설 기하평균

$\log(GM)$

$= \dfrac{\log X_1 + \log X_2 + \cdots + \log X_n}{N}$

$= \dfrac{\log 5 + \log 10 + \log 28 + \log 46 + \log 90 + \log 200}{6}$

$= 1.51$

$\therefore GM = 10^{1.51} = 32.36\text{ppm}$

37. 접착공정에서 본드를 사용하는 작업장에서 톨루엔을 측정하고자 한다. 노출기준의 10%까지 측정하고자 할 때, 최소시료채취시간(min)은? (단, 작업장은 25℃, 1기압이며, 톨루엔의 분자량은 92.14, 기체크로마토그래피의 분석에서 톨루엔의 정량한계는 0.5mg/m³, 노출 기준은 100ppm, 채취유량은 0.15L/분이다.)

① 13.3 　　　　　　② 39.6

③ 88.5 　　　　　　④ 182.5

해설 최소시료채취시간(min)

$농도(\text{mg/m}^3) = (100\text{ppm} \times 0.1) \times \dfrac{92.14}{24.45} = 37.69\text{mg/m}^3$

$최소채취부피(L) = \dfrac{0.5\text{mg}}{37.69\text{mg/m}^3} \times 10,000\text{L} = 13.27\text{L}$

$= 13.27\text{L}$

$\therefore 최소시료채취시간 = \dfrac{13.27\text{L}}{0.15\text{L/min}} = 88.47\text{min}$

38. 셀룰로오스 에스테르 막여과지에 관한 설명으로 옳지 않은 것은?

① 산에 쉽게 용해된다.

② 중금속 시료 채취에 유리하다.

③ 유해물질이 표면에 주로 침착된다.

④ 흡습성이 적어 중량분석에 적당하다.

해설 흡습성이 높아 중량분석에 부적절하고 주로 중금속 분석에 사용한다.

39. 작업장 소음에 대한 1일 8시간 노출 시 허용기준[dB(A)]은? (단, 미국 OSHA의 연속소음에 대한 노출기준으로 한다.)

① 45 　　　　　　② 60

③ 86 　　　　　　④ 90

해설 소음에 대한 노출기준(한국, OSHA, 5dB 변화율)

1일 노출시간(hr)	소음수준[dB(A)]
8	90
4	95
2	100
1	105
1/2	110
1/4	115

※ 115dB(A) 이상에 노출되어서는 안 된다.

40. 코크스 제조공정에서 발생되는 코크스오븐 배출물질을 채취할 때, 다음 중 가장 적합한 여과지는?

해답 36. ② 　37. ③ 　38. ④ 　39. ④ 　40. ①

① 은막 여과지   ② PVC 여과지

③ 유리섬유 여과지   ④ PTFE 여과지

해설 은막 여과지
균일한 금속은을 소결하여 만들며 열적, 화학적 안정성이 있고 코크스오븐 배출물질이나 석영 등을 채취할 때 사용한다.

|3| 작업환경관리대책

41. 덕트에서 평균속도압이 25mmH₂O일 때, 반송 속도(m/s)는?

① 101.1   ② 50.5

③ 20.2   ④ 10.1

해설 반송속도 $V(\text{m/sec}) = 4.043\sqrt{VP}$
$$= 4.043\sqrt{25} = 20.2\text{m/sec}$$

42. 덕트 합류 시 댐퍼를 이용한 균형 유지방법의 장점이 아닌 것은?

① 시설 설치 후 변경에 유연하게 대처 가능

② 설치 후 부적당한 배기유량 조절가능

③ 임의로 유량을 조절하기 어려움

④ 설계 계산이 상대적으로 간단함

해설 저항조절평형법(댐퍼조절평형법, 덕트균형 유지법)
㉠ 특징
 • 각 덕트에 댐퍼를 부착하여 압력을 조정하고 평형을 유지하는 방법이며 총 압력손실 계산은 압력손실이 가장 큰 분지관을 기준으로 산정한다.
 • 적용 : 분지관의 수가 많고 덕트의 압력손실이 클 때 사용한다.
㉡ 장점
 • 시설 설치 후 변경에 유연하게 대처가 가능하고, 설계 계산이 간편하며, 고도의 지식을 요하지 않는다.
 • 공장 내부 작업공정에 따라 적절한 덕트 위치 변경이 가능하다.
 • 설치 후 송풍량의 조절이 비교적 용이하고, 최소설계풍량은 평형 유지가 가능하다.
 • 임의의 유량을 조절하기가 용이하기 때문에 덕트의 크기를 바꿀 필요가 없어 반송속도를 그대로 유지한다.
㉢ 단점
 • 평형상태 시설에 댐퍼를 잘못 설치 시 부분적 폐쇄 댐퍼는 침식, 분진퇴적의 원인이 되어 평형상태가 파괴될

수 있다.
 • 댐퍼가 노출되어 있는 경우가 많아 누구나 쉽게 조절할 수 있어 임의의 댐퍼 조정 시 평형상태가 파괴될 수 있으며 이로 인해 정상기능이 저해된다.
 • 최대 저항 경로 선정이 잘못되어도 설계 시 쉽게 발견할 수 없다.
 ※ 임의로 유량을 조절하기 쉬워 댐퍼를 이용한 균형유지 방법의 장점이다.

43. 송풍기의 송풍량과 회전수의 관계에 대한 설명 중 옳은 것은?

① 송풍량과 회전수는 비례한다.

② 송풍량과 회전수의 제곱에 비례한다.

③ 송풍량과 회전수의 세제곱에 비례한다.

④ 송풍량과 회전수는 역비례한다.

해설 송풍기 상사법칙
 • 풍량은 송풍기의 회전수에 비례
 • 풍압은 송풍기의 회전수의 제곱에 비례
 • 동력은 송풍기의 회전수의 세제곱에 비례

44. 동일한 두께로 벽체를 만들었을 경우에 차음효과가 가장 크게 나타나는 재질은? (단, 2,000Hz 소음을 기준으로 하며, 공극률 등 기타 조건은 동일하다고 가정한다.)

① 납   ② 석고

③ 알루미늄   ④ 콘크리트

해설 단위부피당 질량이 큰 것이 차음효과가 좋고 재질로는 납(Pb)이 해당된다.

45. 다음 보기 중 공기공급시스템(보충용 공기의 공급 장치)이 필요한 이유가 모두 선택된 것은?

a. 연료를 절약하기 위해서
b. 작업장 내 안전사고를 예방하기 위해서
c. 국소배기장치를 적절하게 가동시키기 위해서
d. 작업장의 교차기류를 유지하기 위해서

① a, b   ② a, b, c

③ b, c, d   ④ a, b, c, d

해답 **41.** ③ **42.** ③ **43.** ① **44.** ① **45.** ②

해설 공기공급시스템이 필요한 이유
- 공기 공급이 안 되면 작업장 내부에 음압이 형성되어 국소 배기장치의 원활한 작동이 안 되고 효율성이 떨어지기 때문에
- 안전사고를 예방하기 위하여(작업장 내 음압이 형성되어 작업장 출입 시 출입문에 의한 사고 발생)
- 흡기저항이 증가하여 에너지 손실로 연료 사용량이 증가하기 때문에
- 작업장 내에 방해기류(교차기류)가 생기는 것을 방지하기 위하여
- 외부공기가 정화되지 않은 채로 건물 내로 유입되는 것을 막기 위해
- 근로자에게 영향을 미치는 냉각기류를 제거하기 위하여

46. 동력과 회전수의 관계로 옳은 것은?

① 동력은 송풍기 회전속도에 비례한다.
② 동력은 송풍기 회전속도의 제곱에 비례한다.
③ 동력은 송풍기 회전속도의 세제곱에 비례한다.
④ 동력은 송풍기 회전속도에 반비례한다.

해설 송풍기 상사법칙
- 풍량은 송풍기의 회전수에 비례
- 풍압은 송풍기의 회전수의 제곱에 비례
- 동력은 송풍기의 회전수의 세제곱에 비례

47. 강제환기를 실시할 때 환기효과를 제고하기 위해 따르는 원칙으로 옳지 않은 것은?

① 배출공기를 보충하기 위하여 청정공기를 공급할 수 있다.
② 공기배출구와 근로자의 작업위치 사이에 오염원이 위치하여야 한다.
③ 오염물질 배출구는 가능한 한 오염원으로부터 가까운 곳에 설치하여 점환기 현상을 방지한다.
④ 오염원 주위에 다른 작업공정이 있으면 공기 배출량을 공급량보다 약간 크게 하여 음압을 형성하여 주위 근로자에게 오염물질이 확산되지 않도록 한다.

해설 오염물질 배출구는 가능한 한 오염원으로부터 가까운 곳에 설치하여 점환기 현상을 유지한다.

48. 점음원과 1m 거리에서 소음을 측정한 결과 95dB로 측정되었다. 소음수준을 90dB로 하는 제한구역을 설정할 때, 제한구역의 반경(m)은?

① 3.16
② 2.20
③ 1.78
④ 1.39

해설 제한구역의 반경(m)

$$SPL_1 - SPL_2 = 20\log\frac{r_2}{r_1}, \quad 95-90 = 20\log\frac{r_2}{1}$$

$$5/20 = \log\frac{r_2}{1}, \quad 0.25 = \log\frac{r_2}{1}$$

$$\therefore \ 10^{0.25} = r_2, \ r_2 ≒ 1.78\text{m}$$

49. 층류영역에서 직경이 $2\mu m$이며 비중이 3인 입자상 물질의 침강속도(cm/s)는?

① 0.032
② 0.036
③ 0.042
④ 0.046

해설 입자크기 $1 \sim 50\mu m$ 사이이므로 Lippman 식을 적용하여 종단(침강)속도를 계산한다.

$$V(\text{cm/sec}) = 0.003 \times \rho \times d^2$$
$$= 0.003 \times 3 \times 2^2 = 0.036\text{cm/sec}$$

50. 입자상 물질을 처리하기 위한 공기정화장치로 가장 거리가 먼 것은?

① 사이클론
② 중력집진장치
③ 여과집진장치
④ 촉매산화에 의한 연소장치

해설 보통 유기용제 가스 등을 처리하기 위한 공기정화장치로 촉매산화에 의한 연소장치를 사용한다.

51. 공기가 흡인되는 덕트관 또는 공기가 배출되는 덕트관에서 음압이 될 수 없는 압력의 종류는?

① 속도압(VP)
② 정압(SP)
③ 확대압(EP)
④ 전압(TP)

해설 속도압(VP)은 덕트의 송풍기 앞뒤나 공기가 흡인되는 덕트관 또는 공기가 배출되는 덕트관에서 음압이 될 수 없다.

해답 46. ③ 47. ③ 48. ③ 49. ② 50. ④ 51. ①

52. 다음의 보호장구의 재질 중 극성용제에 가장 효과적인 것은?

① Viton ② Nitrile 고무
③ Neoprene 고무 ④ Butyl 고무

> **해설** 적용물질에 따른 보호장구 재질
> • 극성 용제에 효과적(알데히드, 지방족): Butyl 고무
> • 비극성 용제에 효과적: Viton 재질, Nitrile 고무
> • 비극성 용제, 극성 용제 중 알코올, 물, 케톤류에 효과적: Neoprene 고무
> • 찰과상 예방에 효과적: 가죽(단, 용제에는 사용 못함)
> • 고체상 물질에 효과적: 면(단, 용제에는 사용 못함)
> • 대부분의 화학물질에 효과적: Ethylene vinyl alcohol
> • 극성 용제 및 수용성 용액에 효과적(절단 및 찰과상 예방): 천연고무

53. 귀덮개 착용 시 일반적으로 요구되는 차음 효과는?

① 저음에서 15dB 이상, 고음에서 30dB 이상
② 저음에서 20dB 이상, 고음에서 45dB 이상
③ 저음에서 25dB 이상, 고음에서 50dB 이상
④ 저음에서 30dB 이상, 고음에서 55dB 이상

> **해설** 귀덮개의 사용환경 및 방음 효과
> • 귀속에 염증이 있을 경우 귀덮개를 착용할 수 있다.
> • 간헐적 소음에 노출되는 경우 귀덮개를 착용한다.
> • 저음영역에서 20dB 이상, 고음영역에서 45dB 이상 차음 효과가 있다.
> • 귀마개 착용 후 귀덮개를 착용하면 차음 효과가 훨씬 커지게 되므로 120dB 이상의 고음 작업장에서는 동시 착용할 필요가 있다.

54. 움직이지 않는 공기 중으로 속도 없이 배출되는 작업조건(예시: 탱크에서 증발)의 제어 속도 범위(m/s)는? (단, ACGIH 권고 기준)

① 0.1~0.3 ② 0.25~0.5
③ 0.5~1.0 ④ 1.0~1.5

> **해설** 제어속도 기준(ACGIH)
> 움직이지 않는 공기 중으로 속도 없이 배출되는 작업조건(예: 탱크에서 증발)의 제어 속도 범위(m/s)는 0.25~0.5m/s이다.

55. 기류를 고려하지 않고 감각온도(effective temperature)의 근사치로 널리 사용되는 지수는?

① WBGT ② Radiation
③ Evaporation ④ Glove Temperature

> **해설** WBGT(Wet Bulb Globe Temperature index)의 고려 대상은 기온, 기습(습도), 기류, 복사열이다.

56. 「안전보건규칙」상 국소배기장치의 덕트 설치기준으로 틀린 것은?

① 가능하면 길이는 짧게 하고 굴곡부의 수는 적게 할 것
② 접속부의 안쪽은 돌출된 부분이 없도록 할 것
③ 덕트 내부에 오염물질이 쌓이지 않도록 이송 속도를 유지할 것
④ 연결 부위 등은 내부 공기가 들어오지 않도록 할 것

> **해설** 「안전보건규칙」상 덕트 설치기준(설치 시 고려사항)
> • 덕트(duct)는 가능한 한 후드의 가까운 곳에 설치한다.
> • 덕트 내 오염물질이 쌓이지 아니하도록 반송속도를 유지한다.
> • 가능한 한 덕트의 길이는 짧게 하고 굴곡부의 수는 적게 한다.
> • 덕트 내 접속부의 내면은 돌출된 부분이 없도록 한다.
> • 덕트 내 청소구를 설치하는 등 청소하기 쉬운 구조로 한다.
> • 연결부위 등은 외부공기가 들어오지 아니하도록 한다(연결부위를 가능한 한 용접할 것).
> • 덕트의 마찰계수를 작게 하고, 분지관을 가급적 적게 한다.
> • 직관은 하향구배로 하고 직경이 다른 덕트를 연결할 때에는 경사 30° 이내의 테이퍼를 부착한다.
> • 원형 덕트가 사각형 덕트보다 덕트 내 유속분포가 균일하므로 가급적 원형 덕트를 사용한다.
> • 사각형 덕트를 사용할 경우에는 가능한 한 정방형을 사용하고 곡관의 수를 적게 한다.
> • 곡관의 곡률반경은 최소 덕트 직경의 1.5 이상, 주로 2.0을 사용한다.
> • 수분이 응축될 경우 덕트 내로 들어가지 않도록 경사나 배출구를 마련한다.
> • 송풍기를 연결할 때는 최소 덕트 직경의 6배 정도 직선구간을 확보한다.

57. Stokes 침강법칙에서 침강속도에 대한 설명으로 옳지 않은 것은? (단, 자유공간에서 구형의 분진 입자를 고려한다.)

해답 **52.** ④ **53.** ② **54.** ② **55.** ① **56.** ④ **57.** ①

① 기체와 분진입자의 밀도 차에 반비례한다.

② 중력 가속도에 비례한다.

③ 기체의 점도에 반비례한다.

④ 분진입자 직경의 제곱에 비례한다.

해설 스토크스 법칙에 따르면 침강속도는 퇴적물의 밀도가 클수록, 유체의 밀도가 작을수록, 퇴적물의 입경이 클수록, 유체의 점성도가 작을수록 커지게 된다.

58. 호흡용 보호구 중 마스크의 올바른 사용법이 아닌 것은?

① 마스크를 착용할 때는 반드시 밀착성에 유의해야 한다.

② 공기정화식 가스마스크(방독마스크)는 방진마스크와는 달리 산소 결핍 작업장에서도 사용이 가능하다.

③ 정화통 혹은 흡수통(canister)은 한 번 개봉하면 재사용을 피하는 것이 좋다.

④ 유해물질의 농도가 극히 높으면 자기공급식장치를 사용한다.

해설 공기정화식 가스마스크(방독마스크)라도 산소 결핍 작업장에서도 사용하면 안 된다.

59. 21℃, 1기압의 어느 작업장에서 톨루엔과 이소프로필알코올을 각각 100g/h씩 사용(증발)할 때, 필요환기량(m³/h)은? (단, 두 물질은 상가작용을 하며, 톨루엔의 분자량은 92, TLV는 50ppm, 이소프로필알코올의 분자량은 60, TLV는 200ppm이고, 각 물질의 여유계수는 10으로 동일하다.)

① 약 6,250   ② 약 7,250

③ 약 8,650   ④ 약 9,150

해설 필요환기량(m³/hr)

• 톨루엔

사용량=100g/h, 분자량 =92g, TLV=50ppm

여유계수=10

발생률(G)

$$= \frac{24.1(25℃1기압의\ 부피) \times 유해물질의\ 증발량}{유해물질\ 분자량}$$

$$= \frac{24.1 \times 100g/hr}{92g} = 26.20L/hr$$

$$필요환기량(Q) = \frac{G(발생률)}{TLV} \times K(여유계수)$$

$$= \frac{26.20L/hr}{50ppm} \times 10 = \frac{26.20L/hr \times 1,000mL/L}{50mL/m^3} \times 10$$

$$= 5,240m^3/hr$$

• 이소프로필 알코올

사용량=100g/h, 분자량: 60g, TLV=200ppm

여유계수=10

발생률(G)

$$= \frac{24.1(25℃1기압의\ 부피) \times 유해물질의\ 증발량}{유해물질\ 분자량} =$$

$$= \frac{24.1 \times 100g/hr}{60g} = 40.17L/hr$$

$$필요환기량(Q) = \frac{G(발생률)}{TLV} \times K(여유계수)$$

$$= \frac{40.17L/hr}{200ppm} \times 10 = \frac{40.17L/hr \times 1,000mL/L}{200mL/m^3} \times 10$$

$$= 2,008.5m^3/hr$$

∴ 상가작용 $= 5,240m^3/hr + 2,008.5m^3/hr$

$$= 7,250m^3/hr$$

60. 덕트에서 속도압 및 정압을 측정할 수 있는 표준 기기는?

① 피토관   ② 풍차풍속계

③ 열선풍속계   ④ 임펀저관

해설 전압과 정압 그리고 속도압 측정장치는 '피토관(Pitot tube)'이다.

| 4 | 물리적 유해인자관리

61. 지적환경(potimum working environment)을 평가하는 방법이 아닌 것은?

① 생산적(productive) 방법

② 생리적(physiological) 방법

③ 정신적(psychological) 방법

④ 생물역학적(biomechanical) 방법

해설 지적환경(potimum working environment)을 평가

해답 58. ②   59. ②   60. ①   61. ④

하는 방법으로는 생산적(productive) 방법, 생리적(physio-logical) 방법, 정신적(psychological) 방법이 있다.

62. 감압환경의 설명 및 인체에 미치는 영향으로 옳은 것은?

① 인체와 환경 사이의 기압차이 때문으로 부종, 출혈, 동통 등을 동반한다.

② 화학적 장해로 작업력의 저하, 기분의 변환, 여러 종류의 다행중이 일어난다.

③ 대기가스의 독성 때문으로 시력장애, 정신혼란, 간질 모양의 경련을 나타낸다.

④ 용해질소의 기포형성 때문으로 동통성 관절장애, 호흡곤란, 무균성 골괴사 등을 일으킨다.

해설 케이슨병(Caisson disease)
감압병 또는 잠함병이라고도 하며 고압환경에서 체내에 과다하게 용해되었던 질소가 압력이 낮아질 때 과포화 상태로 되어 혈액과 조직에 질소 기포를 형성하여 혈액순환을 방해하거나 주위 조직에 영향을 주어 다양한 증상을 일으킨다.

63. 진동의 강도를 표현하는 방법으로 옳지 않은 것은?

① 속도(velocity)
② 투과(transmission)
③ 변위(displacement)
④ 가속도(acceleration)

해설 진동의 강도는 가속도(acceleration), 속도(velocity) 및 변위(displacement)에 의하여 결정된다.

64. 전리방사선의 흡수선량이 생체에 영향을 주는 정도를 표시하는 선당량(생체실효선량)의 단위는?

① R
② Ci
③ Sv
④ Gy

해설 유효선량[Effective dose(E)]
사람이 방사선에 피폭하였을 때, 그로 인한 위해(危害, detriment)를 하나의 양으로 표현하기 위하여 도입한 것으로 인체의 모든 특정 조직과 장기에서의 등가선량(HT)에 해당 조직과 장기의 방사선감수성을 고려한 조직가중치(wT)를 곱한 값이다. 방사선감수성이란 특정 조직이 방사선에 대하여 민감하여 발암, 치사율 등에 차이가 있음을 의미한다. 모든

조직가중치의 합은 "1"이다. 유효선량(생체실효선량)의 단위는 등가선량과 같은 시버트(Sv)이다.

65. 실효음압이 $2 \times 10^{-3} N/m^2$인 음의 음압수준은 몇 dB인가?

① 40
② 50
③ 60
④ 70

해설 음압수준(SPL)
$$음압수준(SPL) = 20\log\frac{2 \times 10^{-3}}{2 \times 10^{-5}} = 40dB$$

66. 고압작업환경만으로 나열된 것은?

① 고소작업, 등반작업
② 용접작업, 고소작업
③ 탈지작업, 샌드블라스트(sand blast) 작업
④ 잠함(caisson)작업, 광산의 수직갱 내 작업

해설 "고압작업"이란 고기압(압력이 제곱센티미터당 1킬로그램 이상인 기압을 말한다. 이하 같다)에서 잠함공법(潛函工法)이나 그 외의 압기공법(壓氣工法)으로 하는 작업을 말한다.

67. 다음 ( ) 안에 들어갈 내용으로 옳은 것은?

일반적으로 ( )의 마이크로파는 신체를 완전히 투과하며 흡수되어도 감지되지 않는다.

① 150MHz 이하
② 300MHz 이하
③ 500MHz 이하
④ 1,000MHz 이하

해설 마이크로파의 생물학적 작용
• 일반적으로 150MHz 이하의 마이크로파는 신체를 완전히 투과하며 흡수되어도 감지되지 않는다.
• 인체에 흡수된 마이크로파는 기본적으로 열로 전환된다.
• 마이크로파의 열작용에 가장 많은 영향을 받는 기관은 생식기와 눈이다.
• 광선의 파장과 특정 조직의 광선 흡수 능력에 따라 장해 출현 부위가 달라진다.

68. 저온에 의한 1차적인 생리적 영향에 해당하는 것은?

해답 62. ④ 63. ② 64. ③ 65. ① 66. ④ 67. ①
68. ③

① 말초현관의 수축

② 혈압의 일시적 상승

③ 근육긴장의 증가와 전율

④ 조직대사의 증진과 식욕항진

해설 저온에 의한 1차적인 생리적 영향

체표면적 감소, 피부혈관 수축, 근육긴장의 증가와 떨림, 화학적 대사작용 증가, 말초혈관의 수축, 혈압의 일시적 상승, 조직대사의 증진과 식욕항진

69. 실내 작업장에서 실내 온도 조건이 다음과 같을 때 WBGT(℃)는?

> • 흑구온도 32℃
> • 건구온도 27℃
> • 자연습구온도 30℃

① 30.1   ② 30.6

③ 30.8   ④ 31.6

해설 옥내 또는 옥외(태양광선이 내리쬐지 않는 장소) WBGT

$$WBGT = 0.7NWB + 0.3GT$$
$$= (0.7 \times 30℃) + (0.3 \times 32℃) = 30.6℃$$

70. 다음 중 살균력이 가장 센 파장영역은?

① 1,800~2,100Å   ② 2,800~3,100Å

③ 3,800~4,100Å   ④ 4,800~5,100Å

해설 자외선(Dorno선)의 파장 범위

태양으로부터 지구에 도달하는 자외선의 파장은 2,920Å~4,000Å 범위 내에 있으며 2,800Å~3,150Å 범위의 파장을 가진 자외선을 Dorno 선이라 하며, 소독작용을 비롯하여 비타민 D의 형성, 피부의 색소침착 등 생물학적 작용이 강하다. 또한 인체에 유익한 작용을 하여 건강선(생명선)이라고도 한다.

∴ 1Å=1.0×10^{-10}m=0.1nm

71. 고압환경의 인체작용에 있어 2차적 가압현상에 해당하지 않는 것은?

① 산소 중독   ② 질소 마취

③ 공기 전색   ④ 이산화탄소 중독

해설 고압환경에서 2차적인 가압현상

질소가스의 마취작용, 산소 중독, 이산화탄소 중독

※ 공기 전색은 혈관으로 공기가 들어가서 혈관의 일부 또는 전부를 막은 상태를 말함.

72. 다음 중 차음평가지수를 나타내는 것은?

① sone   ② NRN

③ NRR   ④ phon

해설 NRR(Noise Reduction Rating), SNR(Single Noise Rating)

모두 한 쌍의 이어 플러그를 착용했을 때 차단되는 소음의 정도를 알려주는 규격화된 측정 수치 용어이다.

73. 소음성 난청에 대한 내용으로 옳지 않은 것은?

① 내이의 세포 변성이 원인이다.

② 음이 강해짐에 따라 정상인에 비해 음이 급격하게 크게 들린다.

③ 청력손실은 초기에 4,000Hz 부근에서 영향이 현저하다.

④ 소음 노출과 관계없이 연령이 증가함에 따라 발생하는 청력장애를 말한다.

해설 소음 노출과 관계없이 연령이 증가함에 따라 발생하는 청력장애는 노인성 난청이다.

74. 소음계(sound level meter)로 소음 측정 시 A 및 C특성으로 측정하였다. 만약 C특성으로 측정한 값이 A특성으로 측정한 값보다 훨씬 크다면 소음의 주파수 영역은 어떻게 추정이 되겠는가?

① 저주파수가 주성분이다.

② 중주파수가 주성분이다.

③ 고주파수가 주성분이다.

④ 중 및 고주파수가 주성분이다.

해설 등청감 곡선

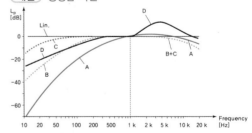

• 위 그림을 참조하면 C특성으로 측정한 값이 A특성으로 측정한 값보다 훨씬 큰 소음의 주파수 영역은 100Hz 이하부

해답 **69.** ②   **70.** ②   **71.** ③   **72.** ③   **73.** ④   **74.** ①

터 계속 큰 차이를 나타낸다.
- 저주파 소음이란 소음원에서 발생되는 소음의 주파수 영역이 주로 100Hz 이하인 성분을 말한다.
- 고주파 소음이란 소음원에서 발생되는 소음의 주파수 영역이 주로 8kHz에서 20kHz 사이의 성분을 말한다.

75. 전리방사선 방어의 궁극적 목적은 가능한 한 방사선에 불필요하게 노출되는 것을 최소화하는 데 있다. 국제방사선방호위원회(ICRP)가 노출을 최소화하기 위해 정한 원칙 3가지에 해당하지 않는 것은?

① 작업의 최적화
② 작업의 다양성
③ 작업의 정당성
④ 개개인의 노출량의 한계

해설 방사선방호의 원칙(203): ICRP
권고는 방사선방호의 기본 3원칙, 즉 정당화, 최적화 및 선량한도 적용 원칙을 유지하되 이 원칙들이 피폭을 주는 방사선원과 피폭하는 개인에게 어떻게 적용되는가를 명확하게 한다.

76. 현재 총 흡음량이 1,200sabins인 작업장의 천정에 흡음물질을 첨가하여 2,800sabins을 더할 경우 예측되는 소음감소량(dB)은 약 얼마인가?

① 3.5 ② 4.2
③ 4.8 ④ 5.2

해설 예측되는 소음감소량(dB)

$$NR(\text{dB}) = 10\log\frac{A_2}{A_1} = 10\log\frac{1,200+2,800}{1,200} = 5.2\text{dB}$$

77. 레이노 현상(Raynaud's phenomenon)과 관련이 없는 것은?

① 방사선 ② 국소진동
③ 혈액순환장애 ④ 전온환경

해설 레이노드 증후군(현상)
- 저온환경: 손발이 추위에 노출되거나 심한 감정적 변화가 있을 때, 손가락이나 발가락의 끝 일부가 하얗게 또는 파랗게 변하는 것을 "레이노 현상", "레이노드 증후군"이라고 부른다.
- 혈액순환장애: 창백해지는 것은 혈관이 갑자기 오그라들면서 혈액 공급이 일시적으로 중단되기 때문이다.

- 국소진동: 압축공기를 이용한 진동공구, 즉 착암기 또는 해머와 같은 공구를 장기간 사용한 근로자들의 손가락에 유발되기 쉬운 직업병이다.

78. 작업장 내 조명방법에 관한 내용으로 옳지 않은 것은?

① 형광등은 백색에 가까운 빛을 얻을 수 있다.
② 나트륨등은 색을 식별하는 작업장에 가장 적합하다.
③ 수은등은 형광물질의 종류에 따라 임의의 광색을 얻을 수 있다.
④ 시계공장 등 작은 물건을 식별하는 작업을 하는 곳은 국소조명이 적합하다.

해설 작업장 내 조명방법
- 백열전구와 고압수은등을 적절히 혼합시켜 주광에 가까운 빛을 얻는다.
- 천정, 마루, 기계, 벽 등의 반사율을 크게 하면 조도를 일정하게 얻을 수 있다.
- 천정에 바둑판형 형광등의 배열은 음영을 약하게 할 수 있다.
- 나트륨등은 가정이나 사무실용 조명으로는 사용할 수가 없다.
- 황색 빛만 방출하는 전등 밑에서는 물체의 색깔을 제대로 구분할 수 없다.
- 색깔의 구분이 그렇게 중요하지 않은 장소, 특히 야간의 옥외용 조명으로 사용할 때 나트륨등은 많은 장점을 갖고 있다.

79. 럭스(lux)의 정의로 옳은 것은?

① 1m²의 평면에 1루멘의 빛이 비칠 때의 밝기를 의미한다.
② 1촉광의 광원으로부터 한 단위 입체각으로 나가는 빛의 밝기 단위이다.
③ 지름이 1인치 되는 촛불이 수평방향으로 비칠 때의 빛의 광도를 나타내는 단위이다.
④ 1루멘의 빛이 1ft²의 평면상에 수직방향으로 비칠 때 그 평면의 빛의 양을 의미한다.

해설 럭스(lux)
조명도의 실용단위로 기호는 lx. 1m²의 넓이에 1lm(루멘)의 광속(光束)이 균일하게 분포되어 있을 때 면의 조명도

해답 75. ② 76. ④ 77. ① 78. ② 79. ①

80. 유해한 환경의 산소결핍 장소에 출입 시 착용하여야 할 보호구와 가장 거리가 먼 것은?

① 방독마스크   ② 송기마스크

③ 공기호흡기   ④ 에어라인마스크

해설 방독마스크는 가스상 유해물질을 제거하나 산소결핍장소에 사용하여서는 안 된다.

|5| 산업독성학

81. 유해물질의 생리적 작용에 의한 분류에서 질식제를 단순 질식제와 화학적 질식제로 구분할 때 화학적 질식제에 해당하는 것은?

① 수소(H_2)   ② 메탄(CH_4)

③ 헬륨(He)   ④ 일산화탄소(CO)

해설 화학적 질식제
- 화학적 질식제는 고농도 노출될 경우 폐 속의 산소 활용을 방해하여 사망에 이르게 한다.
- 화학적 질식제의 종류: 일산화탄소(CO), 황화수소(H_2S), 시안화수소(HCN), 아닐린($C_6H_5NH_2$)

82. 화학물질 및 물리적 인자의 노출기준에서 근로자가 1일 작업시간 동안 잠시라도 노출되어서는 아니 되는 기준을 나타내는 것은?

① TLV-C   ② TLV-skin

③ TLV-TWA   ④ TLV-STEL

해설 허용농도
- TLV-TWA : 1일 8시간 작업을 기준으로 유해요인의 측정농도에 발생시간을 곱하여 8시간으로 나눈 농도로서 TWA라 하며, 다음 식에 의해 산출한다.
$$TWA = (C_1T_1 + C_2T_2 + \cdots + C_nT_n / 8)$$
- TLV-STEL : 근로자가 1회에 15분간 유해요인에 노출되는 경우 허용농도로서 이 농도 이하에서 1회 노출시간이 1시간 이상인 경우 1일 작업시간 동안 4회까지 노출이 허용될 수 있는 단시간 노출한계를 뜻한다.
- TLV-C : 근로자가 1일 작업시간 동안 잠시라도 노출되어서는 안 되는 최고허용농도를 뜻하며 허용농도 앞에 "C"를 표기한다.

83. 생물학적 모니터링을 위한 시료가 아닌 것은?

① 공기 중 유해인자

② 요 중의 유해인자나 대사산물

③ 혈액 중의 유해인자나 대사산물

④ 호기(exhaled air) 중의 유해인자나 대사산물

해설 공기 중 유해인자는 작업환경 측정 시 작업장 농도의 평가 시 사용한다.

84. 흡인분진의 종류에 의한 진폐증의 분류 중 무기성 분진에 의한 진폐증이 아닌 것은?

① 규폐증   ② 면폐증

③ 철폐증   ④ 용접공폐증

해설 흡인분진의 종류에 의한 진폐증의 분류
- 무기성 분진에 의한 진폐증 : 규폐증, 철폐증, 용접공폐증, 석면폐증, 탄광부 진폐증, 활석폐증, 알루미늄 폐증, 주석폐증, 납석폐증, 바륨폐증, 바릴륨폐증, 규조토폐증, 흑연폐증
- 유기성 분진에 의한 진폐증 : 면폐증, 연초폐증, 농부폐증, 목재분진폐증, 모발분무액폐증, 사탕수수깡 폐증

85. 3가 및 6가 크롬의 인체 작용 및 독성에 관한 내용으로 옳지 않은 것은?

① 산업장의 노출의 관점에서 보면 3가 크롬이 6가 크롬보다 더 해롭다.

② 3가 크롬은 피부 흡수가 어려우나 6가 크롬은 쉽게 피부를 통과한다.

③ 세포막을 통과한 6가 크롬은 세포 내에서 수분 내지 수 시간 만에 발암성을 가진 3가 형태로 환원된다.

④ 6가에서 3가로의 환원이 세포질에서 일어나면 독성이 적으나 DNA의 근위부에서 일어나면 강한 변이원성을 나타낸다.

해설 크롬의 건강상의 영향
- 일반적으로 Cr^{6+} 화합물이 Cr^{3+} 화합물보다 독성이 강하다.
- 크롬의 독성은 주로 Cr^{6+}에 기인하며, 간 및 신장장해, 내출혈, 호흡장해를 야기시킨다.
- 급성의 증상은 오심, 구토, 하리 등이다.
- 6가 크롬(크롬산)의 만성 및 아만성의 피부에의 노출은 접촉성 피부염, 피부궤양의 원인이 된다.

해답 80. ① 81. ④ 82. ① 83. ① 84. ② 85. ①

- 6가 크롬이 함유된 공기를 흡입한 크롬작업자에 대해서 조사한 결과 작업장 대기중 6가 크롬 농도가 0.1~5.6mg/m³인 경우 비점막의 이상(비중격궤양)을 볼 수 있었다 (Bloomfield & Blum, 1928).
- 비중격의 궤양과 천공, 피부궤양은 크롬노동자에서 가장 높게 볼 수 있는 것으로서 평균 발증기간은 2년이며, 23~61%에서 볼 수 있다고 한다. 피부궤양으로는 손이나 팔에 지름 2~5mm의 무통성 궤양이 발생하며 위축성 반점을 남긴다.

86. 다음 중 만성중독 시 코, 폐 및 위장의 점막에 병변을 일으키며, 장기간 흡입하는 경우 원발성 기관지암과 폐암이 발생하는 것으로 알려진 대표적인 중금속은?

① 납(Pb) ② 수은(Hg)
③ 크롬(Cr) ④ 베릴륨(Be)

해설 크롬 만성장애
급성장애에서 보이는 것 이외에도 눈에 결막염과 궤양을 일으키고 천식이나 만성기관지염, 간질성 폐렴을 일으키며, 심해져 크롬폐라고 부르는 상태가 되면 호흡곤란이 심해진다. 이 밖에도 크롬은 기관지암, 폐암을 일으키는 것으로 인정되고 있다. 또 물에 녹지 않는 크롬 분진은 진폐증을 일으킨다.

87. 독성물질 생체 내 변환에 관한 설명으로 옳지 않은 것은?

① 1상 반응은 산화, 환원, 가수분해 등의 과정을 통해 이루어진다.
② 2상 반응은 2상 반응이 불가능한 물질에 대한 추가적 축합반응이다.
③ 생체변환의 기전은 기존의 화합물보다 인체에서 제거하기 쉬운 대사물질로 변화시키는 것이다.
④ 생체 내 변환은 독성물질이나 약물의 제거에 대한 첫 번째 기전이며, 1상 반응과 2상 반응으로 구분된다.

해설 2상
1상을 거치며 반응성이 높아진 약물을 아미노산, 아세트산, 황산, 글루쿠론산과 같은 내부 기질(endogenous substrate)과 결합시켜 더욱 반응성이 높은 접합체(conjugate)를 형성한다.

88. 다음 중금속 취급에 의한 대표적인 직업성 질환을 연결한 것으로 서로 관련이 가장 적은 것은?

① 니켈 중독-백혈병, 재생불량성 빈혈
② 납 중독-골수침입, 빈혈, 소화기장해
③ 수은 중독-구내염, 수전증, 정신장해
④ 망간 중독-신경염, 신장염, 중추신경장해

해설 니켈
- 만성 건강영향: 니켈 연무에 만성적으로 노출된 경우(황산니켈의 경우처럼) 만성비염, 부비동염, 비중격 천공 및 후각소실이 발생한다.
- 발암성: 니켈 정제 공장은 주로 황화니켈 및 산화니켈에 노출되며 이 경우 폐암의 사망률이 증가한다.

89. 다음 중 가스상 물질의 호흡기계 축적을 결정하는 가장 중요한 인자는?

① 물질의 농도차 ② 물질의 입자분포
③ 물질의 발생기전 ④ 물질의 수용성 정도

해설 가스상 물질 호흡기계 축적 결정인자
- 유해물질의 흡수속도는 그 유해물질의 공기 중 농도와 용해도, 폐까지 도달하는 양은 그 유해물질의 용해도에 의해서 결정된다. 따라서 가스상 물질의 호흡기계 축적을 결정하는 가장 중요한 인자는 물질의 수용성 정도이다.
- 수용성 물질은 눈, 코, 상기도 점막의 수분에 용해된다.

90. 중금속에 중독되었을 경우에 치료제로 BAL이나 Ca-EDTA 등 금속배설 촉진제를 투여해서는 안 되는 중금속은?

① 납 ② 비소
③ 망간 ④ 카드뮴

해설 카드뮴 노출 시 증상
- 인체에 유용한 칼슘, 철분, 아연 등과 유사한 경로를 통해 인체에 흡수되어 간, 신장, 뼈 그리고 다른 조직과 기관에 축적된다.
- 다량의 칼슘배설이 일어나 뼈의 통증, 관절통, 골연화증 및 골수공증을 유발한다.
- 철분 결핍성 빈혈증이 일어나고 두통, 전신근육통 등의 증상이 나타난다.
- 혈중 카드뮴: 5μg/L, 요 중 카드뮴: 5μg/g creatinine으로 규정된다.

해답 86. ③ 87. ② 88. ① 89. ④ 90. ④

• 인체조직에서 저분자 단백질인 메탈로티오닌과 결합하여 저장한다.

91. 「산업안전보건법령」상 석면 및 내화성 세라믹 섬유의 노출기준 표시단위로 옳은 것은?

① %
② ppm
③ 개/cm^3
④ mg/m^3

해설 「산업안전보건법령」상 석면 및 세라믹 섬유 등의 표시단위는 개/cm^{3}이다.

92. 피부독성 반응의 설명으로 옳지 않은 것은?

① 가장 빈번한 피부반응은 접촉성 피부염이다.
② 알레르기성 접촉피부염은 면역반응과 관계가 없다.
③ 광독성 반응은 홍반·부종·착색을 동반하기도 한다.
④ 담마진 반응은 접촉 후 보통 30~60분 후에 발생한다.

해설 알레르기성 접촉 피부염
• 알레르기성 접촉 피부염은 후천적 면역반응에 의해 나타나며, 이는 이전에 접촉한 적이 있는 어떤 항원에 반응한 사람이 동일 물질과 다시 접촉하면 나타나는 알레르기 반응이다.
• 피부가 특정 물질에 닿고 며칠이 지난 후 가려움, 구진, 반점 등의 피부 증상이 나타난다.

93. 「산업안전보건법령」상 사람에게 충분한 발암성 증거가 있는 물질(1A)에 포함되어 있지 않은 것은?

① 벤지딘(Benzidine)
② 베릴륨(Beryllium)
③ 에틸벤젠(Ethyl benzene)
④ 염화비닐(Vinyl chloride)

해설 에틸벤젠(Ethyl benzene)
발암성 2로 사람이나 동물에서 제한된 증거가 있지만, 구분 1로 분류하기에는 증거가 충분하지 않은 물질이다.

94. 단백질을 침전시키며 thiol(-SH)기를 가진 효소의 작용을 억제하여 독성을 나타내는 것은?

① 수은
② 구리
③ 아연
④ 코발트

해설 메틸수은(CH_3HgX)을 비롯한 유기 수은 화합물은 효소의 싸이올기(-SH)와 결합해 효소의 기능을 못하게 할 뿐만 아니라 중추 신경계에도 독성을 나타낸다. 또한 수은을 비롯한 대부분의 중금속은 생물체 몸으로 들어오면 배출이나 분해가 잘 되지 않고 계속 쌓이는 '생물 농축' 현상을 일으킨다.

95. 동물을 대상으로 약물을 투여했을 때 독성을 초래하지는 않지만 대상의 50%가 관찰 가능한 가역적 반응이 나타나는 작용량을 무엇이라 하는가?

① LC_{50}
② ED_{50}
③ LD_{50}
④ TD_{50}

해설 독성 관련 용어
• ED(유효량): 특정 환자군의 치료효과를 달성 하는 데 요구되는 투여량
• ED_{50}(평균유효량): 특정 환자군의 50%가 치료효과를 달성하는 데 요구되는 투여량
• LD: Lethal Dose 치사량[사람 또는 동물을 치사시킨 기도 경로(흡입) 이외의 경로에 의한 투여량]
• LD_{50}: Lethal Dose 50% kill 반수 치사량
• TD: Toxic Dose 중독량[사람 또는 동물에 중독증상을 일으키게 한 기도 경로(흡입) 이외의 경로에 의한 투여량]
• TD_{50}: 독성시험에 사용된 동물의 반수(50%)를 치사에 이르게 할 수 있는 화학물질의 양(mg)을 그 동물의 체중 1kg당으로 표시하는 수치
• TC: Toxic Concentration 중독 농도[사람 또는 동물에 중독증상을 일으키게 한 기도 경로(흡입)에 의한 투여 농도]

96. 이황화탄소(CS_2)에 중독될 가능성이 가장 높은 작업장은?

① 비료 제조 및 초자공 작업장
② 유리 제조 및 농약 제조 작업장
③ 타르, 도장 및 석유 정제 작업장
④ 인조견, 셀로판 및 사염화탄소 생산 작업장

해답 91. ③ 92. ② 93. ③ 94. ① 95. ② 96. ④

- 펄프 속에 함유되어 있는 셀룰로오스를 녹일 때 이황화탄소를 사용하며 이렇게 녹일 섬유가 인조견인 비스코스레이온이다.
- 중추신경 및 말초신경장애, 생식기능장애를 일으키며, 1991년 원진레이온사에서 집단적으로 발병하여 사회문제화 되었다.

97. 다음 사례의 근로자에게서 의심되는 노출인자는?

> 41세 A씨는 1990~1997년까지 기계공구제조업에서 산소용접 작업을 하다가 두통, 관절통, 전신근육통, 가슴 답답함, 이가 시리고 아픈 증상이 있어 건강검진을 받았다. 건강검진 결과 단백뇨와 혈뇨가 있어 신장질환 유소견자 진단을 받았다. 이 유해인자의 혈중, 소변 중 농도가 직업병 예방을 위한 생물학적 노출기준을 초과하였다.

① 납　　　　　　② 망간
③ 수은　　　　　④ 카드뮴

해설 카드뮴 노출 시 증상
- 관절통: 다량의 칼슘 배설이 일어나 뼈의 통증, 관절통, 골연화증, 골수공증이 발생하고, 이가 시리고 아프다.
- 전신근육통: 철분 결핍성 빈혈증이 일어나고 두통, 전신근육통 등의 증상이 나타난다.
- 혈중 카드뮴: 5μg/L, 요 중 카드뮴: 5μg/g creatinine으로 규정된다.

98. 유기용제의 중추신경 활성억제의 순위를 큰 것에서부터 작은 순으로 나타낸 것 중 옳은 것은?

① 알켄>알칸>알코올
② 에테르>알코올>에스테르
③ 할로겐화합물>에스테르>알켄
④ 할로겐화합물>유기산>에테르

해설 유기용제의 중추신경계 활성억제의 순위
알칸 < 알켄 < 알코올 < 유기산 < 에스테르 < 에테르 < 할로겐화합물

99. 다음 입자상 물질의 종류 중 액체나 고체의 2가지 상태로 존재할 수 있는 것은?

① 흄(fume)　　　　② 증기(vapor)
③ 미스트(mist)　　④ 스모크(smoke)

해설 스모크(smoke)
- 안개(fog)와 스모그(smog)가 합성된 용어이며 액체나 고체의 2가지 상태로 존재한다.
- 유해물질이 불완전연소하여 만들어진 에어로졸의 혼합체로 크기는 0.01~1.0μm 정도이다.

100. 벤젠을 취급하는 근로자를 대상으로 벤젠에 대한 노출량을 추정하기 위해 호흡기 주변에서 벤젠 농도를 측정함과 동시에 생물학적 모니터링을 실시하였다. 벤젠 노출로 인한 대사산물의 결정인자(determinant)로 옳은 것은?

① 호기 중의 벤젠　　② 소변 중의 마뇨산
③ 소변 중의 총페놀　④ 혈액 중의 만델리산

해설 벤젠의 대사물질들의 요 중 배출 정도
- 페놀: 소변 중 23~50% 검출
- 카테콜: 소변 중 3~5% 검출
- 하이드로퀴논: 소변 중 0.5% 검출
- 벤젠디하이드로디올: 소변 중 0.3% 검출
- 트랜스뮤코닉산: 소변 중 13% 검출
- 하이드록시하이드로퀴논: 소변 중 0.3% 검출

1 │ 산업위생학개론

1. 직업성 질환 발생의 요인을 직접적인 원인과 간접적인 원인으로 구분할 때 직접적인 원인에 해당되지 않는 것은?

① 물리적 환경요인
② 화학적 환경요인
③ 작업강도와 작업시간적 요인
④ 부자연스런 자세와 단순 반복 작업 등의 작업요인

> **해설** 작업강도와 작업시간적 요인은 간접원인이다.

2. 「산업안전보건법령」상 시간당 200~350kcal의 열량이 소요되는 작업을 매시간 50% 작업, 50% 휴식 시의 고온노출 기준(WBGT)은?

① 26.7℃   ② 28.0℃
③ 28.4℃   ④ 29.4℃

> **해설** 고열작업장의 노출기준(고용노동부, ACGIH)

단위: WBGT(℃)

시간당 작업과 휴식비율	작업 강도		
	경작업	중등작업	중(힘든)작업
연속작업	30.0	26.7	25.0
75% 작업, 25% 휴식 (45분 작업, 15분 휴식)	30.6	28.0	25.9
50% 작업, 50% 휴식 (30분 작업, 30분 휴식)	31.4	29.4	27.9
25% 작업, 75% 휴식 (15분 작업, 45분 휴식)	32.2	31.1	30.0

- 경작업: 시간당 200kcal까지의 열량이 소요되는 작업을 말하며, 앉아서 또는 서서 기계의 조정을 위하여 손 또는 팔을 가볍게 쓰는 일 등이 해당된다.
- 중등작업: 시간당 200~350kcal의 열량이 소요되는 작업을 말하며, 물체를 들거나 밀면서 걸어다니는 일 등이 해당된다.
- 중(격심)작업: 시간당 350~500kcal의 열량이 소요되는 작업을 뜻하며, 곡괭이질 또는 삽질하는 일과 같이 육체적으로 힘든 일 등이 해당된다.

3. 「산업안전보건법령」상 사무실 오염물질에 대한 관리기준으로 옳지 않은 것은?

① 라돈: 148Bq/m³ 이하
② 일산화탄소: 10ppm 이하
③ 이산화질소: 0.1ppm 이하
④ 포름알데히드: 500μg/m³ 이하

> **해설** 사무실 오염물질의 관리기준(고용노동부 고시)

오염물질	관리기준
미세먼지(PM10)	100μg/m³
초미세먼지(PM2.5)	50μg/m³
이산화탄소(CO_2)	1,000ppm
일산화탄소(CO)	10ppm
이산화질소(NO_2)	0.1ppm
포름알데히드(HCHO)	100μg/m³
총휘발성 유기화합물(TVOC)	500μg/m³
라돈(radon)*	148Bq/m³
총 부유세균	800CFU/m³
곰팡이	500CFU/m³

※ 라돈은 지상 1층을 포함한 지하에 위치한 사무실만 적용한다.

해답 1. ③   2. ④   3. ④

4. 유해인자와 그로 인하여 발생되는 직업병이 올바르게 연결된 것은?

① 크롬-간암
② 이상기압-침수족
③ 망간-비중격천공
④ 석면-악성중피종

해설
① 크롬-비중격천공
② 이상기압-폐수종(잠함병)
③ 망간-무력증

5. 근골격계 부담작업으로 인한 건강장해 예방을 위한 조치 항목으로 옳지 않은 것은?

① 근골격계 질환 예방관리 프로그램을 작성·시행할 경우에는 노사협의를 거쳐야 한다.
② 근골격계 질환 예방관리 프로그램에는 유해요인조사, 작업환경 개선, 교육·훈련 및 평가 등이 포함되어 있다.
③ 사업주는 25kg 이상의 중량물을 들어올리는 작업에 대하여 중량과 무게중심에 대하여 안내표시를 하여야 한다.
④ 근골격계 부담작업에 해당하는 새로운 작업·설비 등을 도입한 경우, 지체 없이 유해요인조사를 실시하여야 한다.

해설 「산업안전보건기준에 관한 규칙」(중량물의 표시)
사업주는 5kg 이상의 중량물을 들어올리는 작업에 근로자를 종사하도록 하는 때에는 다음의 조치를 하여야 한다.
• 주로 취급하는 물품에 대하여 근로자가 쉽게 알 수 있도록 물품의 중량과 무게중심에 대하여 작업장 주변에 안내표시를 할 것
• 취급하기 곤란한 물품에 대하여 손잡이를 붙이거나 갈고리, 진공빨판 등 적절한 보조도구를 활용할 것

6. 연평균 근로자수가 5,000명인 사업장에서 1년 동안에 125건의 재해로 인하여 250명의 사상자가 발생하였다면, 이 사업장의 연천인율은 얼마인가? (단, 이 사업장의 근로자 1인당 연간 근로시간은 2,400시간이다.)

① 10
② 25
③ 50
④ 200

해설 연천인율
연천인율 = 연간재해자수/연평균근로자수 × 1,000
= 250/5,000 × 1,000 = 50

7. 영국의 외과의사 Pott에 의하여 발견된 직업성 암은?

① 비암
② 폐암
③ 간암
④ 음낭암

해설 음낭암
• 영국의 외과의사인 Percival Pott에 의하여 세계 최초로 발견되었으며, 연통을 청소하는 10세 이하 어린이에게서 음낭암이 발병되는 것을 확인하였다.
• 검댕 속에 함유된 다환방향족 탄화수소(PAHs)가 원인 물질임을 발견하였다.

8. 산업피로(industrial fatigue)에 관한 설명으로 옳지 않은 것은?

① 산업피로의 유발원인으로는 작업부하, 작업환경조건, 생활조건 등이 있다.
② 작업과정 사이에 짧은 휴식보다 장시간의 휴식시간을 삽입하여 산업피로를 경감시킨다.
③ 산업피로의 검사방법은 한 가지 방법으로 판정하기는 어려우므로 여러 가지 검사를 종합하여 결정한다.
④ 산업피로란 일반적으로 작업현장에서 고단하다는 주관적인 느낌이 있으면서, 작업능률이 떨어지고, 생체기능의 변화를 가져오는 현상이라고 정의할 수 있다.

해설 장시간 한 번 휴식하는 것보다 단시간씩 나눠 휴식하는 것이 피로회복에 도움이 된다.

9. 「산업안전보건법령」상 사무실 공기의 시료채취 방법이 잘못 연결된 것은?

① 일산화탄소-전기화학검출기에 의한 채취
② 이산화질소-캐니스터(canister)를 이용한 채취
③ 이산화탄소-비분산적외선검출기에 의한 채취
④ 총부유세균-충돌법을 이용한 부유세균채취기

해답 4. ④ 5. ③ 6. ③ 7. ④ 8. ② 9. ②

로 채취

> **해설** 이산화질소는 고체 흡착관을 이용하여 시료를 채취하고 분광광도계로 분석한다.

10. 재해예방의 4원칙에 대한 설명으로 옳지 않은 것은?

① 재해 발생에는 반드시 그 원인이 있다.

② 재해가 발생하면 반드시 손실도 발생한다.

③ 재해는 원인 제거를 통하여 예방이 가능하다.

④ 재해예방을 위한 가능한 안전대책은 반드시 존재한다.

> **해설** 재해예방의 4원칙
> • 재해는 원칙적으로 모두 방지가 가능하다(예방가능의 원칙).
> • 재해 발생과 손실 발생은 우연적이므로 사고 발생 자체의 방지가 이루어져야 한다(손실우연의 원칙).
> • 재해 발생에는 반드시 원인이 있으며, 사고와 원인의 관계는 필연적이다(원인계기의 원칙).
> • 재해예방을 위한 가능한 안전대책은 반드시 존재한다(대책 선정의 원칙).

11. 작업환경측정기관이 작업환경측정을 한 경우 결과를 시료채취를 마친 날부터 며칠 이내에 관할 지방고용노동관서의 장에게 제출하여야 하는가? (단, 제출기간의 연장은 고려하지 않는다.)

① 30일 ② 60일

③ 90일 ④ 120일

> **해설** 산업안전보건법상 작업환경측정기관이 작업환경측정을 한 경우 결과를 시료채취를 마친 날부터 30일 이내에 관할 지방고용노동관서의 장에게 제출하여야 한다.

12. 「산업안전보건법령」상 보건관리자의 업무가 아닌 것은? (단, 그 밖에 작업관리 및 작업환경관리에 관한 사항은 제외한다.)

① 물질안전보건자료의 게시 또는 비치에 관한 보좌 및 지도·조언

② 보건교육계획의 수립 및 보건교육 실시에 관한 보좌 및 지도·조언

③ 안전인증대상기계 등 보건과 관련된 보호구의 점검, 지도, 유지에 관한 보좌 및 지도·조언

④ 전체 환기장치 등에 관한 설비의 점검과 작업방법의 공학적 개선에 관한 보좌 및 지도·조언

> **해설** 「산업안전보건법 시행령」제22조(보건관리자의 업무 등)
> ① 보건관리자의 업무는 다음 각 호와 같다.
> 1. 산업안전보건위원회 또는 노사협의체에서 심의·의결한 업무와 안전보건관리규정 및 취업규칙에서 정한 업무
> 2. 안전인증대상기계등과 자율안전확인대상기계등 중 보건과 관련된 보호구(保護具) 구입 시 적격품 선정에 관한 보좌 및 지도·조언
> 3. 법 제36조에 따른 위험성평가에 관한 보좌 및 지도·조언
> 4. 법 제110조에 따라 작성된 물질안전보건자료의 게시 또는 비치에 관한 보좌 및 지도·조언
> 5. 제31조 제1항에 따른 산업보건의의 직무(보건관리자가 별표 6 제2호에 해당하는 사람인 경우로 한정한다)
> 6. 해당 사업장 보건교육계획의 수립 및 보건교육 실시에 관한 보좌 및 지도·조언
> 7. 해당 사업장의 근로자를 보호하기 위한 다음 각 목의 조치에 해당하는 의료행위(보건관리자가 별표 6 제2호 또는 제3호에 해당하는 경우로 한정한다)
>   가. 자주 발생하는 가벼운 부상에 대한 치료
>   나. 응급처치가 필요한 사람에 대한 처치
>   다. 부상·질병의 악화를 방지하기 위한 처치
>   라. 건강진단 결과 발견된 질병자의 요양 지도 및 관리
>   마. 가목부터 라목까지의 의료행위에 따르는 의약품의 투여
> 8. 작업장 내에서 사용되는 전체 환기장치 및 국소 배기장치 등에 관한 설비의 점검과 작업방법의 공학적 개선에 관한 보좌 및 지도·조언
> 9. 사업장 순회점검, 지도 및 조치 건의
> 10. 산업재해 발생의 원인 조사·분석 및 재발 방지를 위한 기술적 보좌 및 지도·조언
> 11. 산업재해에 관한 통계의 유지·관리·분석을 위한 보좌 및 지도·조언
> 12. 법 또는 법에 따른 명령으로 정한 보건에 관한 사항의 이행에 관한 보좌 및 지도·조언
> 13. 업무 수행 내용의 기록·유지
> 14. 그 밖에 보건과 관련된 작업관리 및 작업환경관리에 관한 사항으로서 고용노동부장관이 정하는 사항

13. 인간공학에서 고려해야 할 인간의 특성과 가장 거리가 먼 것은?

① 인간의 습성

② 신체의 크기와 작업환경

③ 기술, 집단에 대한 적응능력

해답 10. ② 11. ① 12. ③ 13. ④

④ 인간의 독립성 및 감정적 조화성

해설　인간공학의 정의

ESK 대한인간공학회에 따르면 인간공학이란 인간의 신체적(운동과 근력, 신체의 크기 등), 인지적(감각과 지각), 감성적, 사회문화적 특성(기술, 집단에 대한 적응능력)을 고려하여 제품, 작업, 환경을 설계함으로써 편리함, 효율성, 안전성, 만족도를 향상시키고자 하는 응용학문이다. 영어로는 'ergonomics' 또는 'human factors'라고 한다.

14. 「산업안전보건법령」상 유해위험방지계획서의 제출 대상이 되는 사업이 아닌 것은? (단, 모두 전기 계약용량이 300킬로와트 이상이다.)

① 항만운송사업　　　② 반도체 제조업
③ 식료품 제조업　　　④ 전자부품 제조업

해설　「산업안전보건법 시행령」 제42조(유해위험방지계획서 제출 대상)

① 법 제42조 제1항 제1호에서 "대통령령으로 정하는 사업의 종류 및 규모에 해당하는 사업"이란 다음 각 호의 어느 하나에 해당하는 사업으로서 전기 계약용량이 300킬로와트 이상인 경우를 말한다.
　1. 금속가공제품 제조업: 기계 및 가구 제외
　2. 비금속 광물제품 제조업
　3. 기타 기계 및 장비 제조업
　4. 자동차 및 트레일러 제조업
　5. 식료품 제조업
　6. 고무제품 및 플라스틱제품 제조업
　7. 목재 및 나무제품 제조업
　8. 기타 제품 제조업
　9. 1차 금속 제조업
　10. 가구 제조업
　11. 화학물질 및 화학제품 제조업
　12. 반도체 제조업
　13. 전자부품 제조업

15. 산업위생전문가의 윤리강령 중 "전문가로서의 책임"에 해당하지 않는 것은?

① 기업체의 기밀은 누설하지 않는다.
② 과학적 방법의 적용과 자료의 해석에서 객관성을 유지한다.
③ 근로자, 사회 및 전문 직종의 이익을 위해 과학적 지식은 공개하거나 발표하지 않는다.
④ 전문적 판단이 타협에 의하여 좌우될 수 있는 상황에는 개입하지 않는다.

해설　산업위생전문가로서의 책임

• 성실성과 학문적 실력 면에서 최고수준을 유지한다(전문적 능력 배양 및 성실한 자세로 행동).
• 과학적 방법의 적용과 자료의 해석에서 경험을 통한 전문가의 객관성을 유지한다(공인된 과학적 방법 적용, 해석).
• 전문 분야로서의 산업위생을 학문적으로 발전시킨다.
• 근로자, 사회 및 전문 직종의 이익을 위해 과학적 지식을 공개하고 발표한다.
• 산업위생활동을 통해 얻은 개인 및 기업체의 기밀은 누설하지 않는다(정보는 비밀 유지).
• 전문적 판단이 타협에 의하여 좌우될 수 있거나 이해관계가 있는 상황에는 개입하지 않는다.

16. 작업자세는 피로 또는 작업 능률과 밀접한 관계가 있는데, 바람직한 작업자세의 조건으로 보기 어려운 것은?

① 정적 작업을 도모한다.
② 작업에 주로 사용하는 팔은 심장 높이에 두도록 한다.
③ 작업물체와 눈의 거리는 명시거리로 30cm 정도를 유지토록 한다.
④ 근육을 지속적으로 수축시키기 때문에 불안정한 자세는 피하도록 한다.

해설　정적 작업은 피로를 더욱 유발시킨다.

17. 지능검사, 기능검사, 인성검사는 직업 적성검사 중 어느 검사항목에 해당되는가?

① 감각적 기능검사　　　② 생리적 적성검사
③ 신체적 적성검사　　　④ 심리적 적성검사

해설
• 심리학적 검사(심리학적 적성검사): 지능검사(언어, 기억, 귀납 등), 지각동작검사(수족협조, 운동속도, 형태지각 등), 인성검사(성격, 태도, 정신상태), 기능검사(직무와 관련된 기본지식과 숙련도, 사고력 등)
• 인성검사: 성격, 태도, 정신 상태에 대한 검사

18. 산업위생 활동 중 유해인자의 양적, 질적 정도가 근로자들의 건강에 어떤 영향을 미칠 것인지 판단하는 의사결정단계는?

해답　14. ①　15. ③　16. ①　17. ④　18. ④

① 인지   ② 예측

③ 측정   ④ 평가

해설 평가는 산업위생 활동 중 유해인자의 양적, 질적인 정도가 근로자들의 건강에 어떤 영향을 미칠 것인지 판단하는 의사결정단계이다.

19. 근로자에 있어서 약한 손(왼손잡이의 경우 오른손)의 힘은 평균 45kp라고 한다. 이 근로자가 무게 18kg인 박스를 두 손으로 들어올리는 작업을 할 경우의 작업강도(%MS)는?

① 15%   ② 20%

③ 25%   ④ 30%

해설 %MS(작업강도)

$$작업강도(\%MS) = \frac{RF}{MS} \times 100$$

여기서, RF : 한 손으로 들어올리는 무게

        MS : 힘의 평균

        RF : 두 손으로 들어올리기에

            $\frac{18}{2} = 9kg$

        MS : 45kp

$$\therefore \frac{9kg}{45kp} \times 100 = 20\%$$

20. 물체 무게가 2kg, 권고중량한계가 4kg일 때 NIOSH의 중량물 취급지수(LI, Lifting Index)는?

① 0.5   ② 1

③ 2   ④ 4

해설 취급지수(LI, Lifting Index)

$$LI = \frac{물체의\ 무게(Kg)}{RWL(권고중량\ 한계(Kg)}$$

$$= \frac{2Kg}{4Kg} = 0.5$$

21. 시료채취기를 근로자에게 착용시켜 가스·증기·미스트·흄 또는 분진 등을 호흡기 위치에서 채취하는 것을 무엇이라고 하는가?

① 지역시료채취   ② 개인시료채취

③ 작업시료채취   ④ 노출시료채취

해설 시료채취방법

• 개인시료채취: 측정기기의 공기유입부위가 작업근로자의 호흡기 위치에 오도록 하고 가스, 증기, 미스트, 흄 또는 분진 등을 호흡기 위치에서 채취한다.

• 지역시료채취: 유해물질 발생원에 근접한 위치 또는 작업근로자의 주 작업행동 범위 내의 작업근로자 호흡기 높이에 가스, 증기 미스트, 흄 또는 분진 등을 채취한다.

22. 공장 내 지면에 설치된 한 기계로부터 10m 떨어진 지점의 소음이 70dB(A)일 때, 기계의 소음이 50dB(A)로 들리는 지점은 기계에서 몇 m 떨어진 곳인가? (단, 점음원을 기준으로 하고, 기타 조건은 고려하지 않는다.)

① 50   ② 100

③ 200   ④ 400

해설 $SPL_1 - SPL_2 = 20\log\left(\frac{r_2}{r_1}\right)$

여기서, r_1 : 기계에서 떨어진 거리

        r_2 : 원하는 지점에서 떨어진 거리

$$70 - 50 = 20\log\left(\frac{r_2}{10}\right)$$

$$20 = 20\log\frac{r_2}{10}$$

$$10^1 = \frac{r_2}{10}$$

$$r_2 = 100m$$

23. Low Volume Air Sampler로 작업장 내 시료를 측정한 결과 2.55mg/m³이고, 상대농도계로 10분간 측정한 결과 155이다. dark count가 6일 때 질량농도의 변환계수는?

해답 19. ②   20. ①   21. ②   22. ②   23. ①

① 0.27   ② 0.36

③ 0.64   ④ 0.85

Low Volume Air Sampler에 의한 질량농도의 변환계수

$$k = \frac{C}{R - D} = \frac{2.55 \text{mg/m}^3}{\left(\frac{155}{10}\right) - 6} = 0.27 \text{mg/m}^3$$

여기서, C : 시료측정결과(mg/m^3)

        R : 상대농도계(Digital count)계수

            [count/시간(min)]

        D : dark count 수치

24. 소음작업장에서 두 기계 각각의 음압레벨이 90dB로 동일하게 나타났다면 두 기계가 모두 가동되는 이 작업장의 음압레벨(dB)은? (단, 기타 조건은 같다.)

① 93   ② 95

③ 97   ④ 99

음압수준(소음의 합산)

$$SPL = 10\log(10^{\frac{SPL_1}{10}} + 10^{\frac{SPL_2}{10}})$$

$$= 10\log(10^{\frac{90}{10}} + 10^{\frac{90}{10}}) = 93 \text{dB}$$

25. 대푯값에 대한 설명 중 틀린 것은?

① 측정값 중 빈도가 가장 많은 수가 최빈값이다.

② 가중평균은 빈도를 가중치로 택하여 평균값을 계산한다.

③ 중앙값은 측정값을 모두 나열하였을 때 중앙에 위치하는 측정값이다.

④ 기하평균은 n개의 측정값이 있을 때 이들의 합을 개수로 나눈 값으로 산업위생분야에서 많이 사용한다.

기하평균(GM)

• 산업위생분야에서는 작업환경 측정 결과가 대수정규분포를 취하는 경우 대푯값으로서 기하평균을, 산포도로서 기하표준편차를 널리 사용한다.

• 모든 자료를 대수로 변환하여 평균 후 평균한 값을 역대수 취한 값 또는 N개의 측정치 X₁, X₂, …, Xₙ이 있을 때 이들 수의 곱의 N 제곱근의 값이다.

• 계산식

$$\log(GM) = \frac{\log X_1 + \log X_2 + \cdots + \log X_n}{N}$$

26. 금속 도장 작업장의 공기 중에 혼합된 기체의 농도와 TLV가 다음 표와 같을 때, 이 작업장의 노출지수(EI)는 얼마인가? (단, 상가작용 기준이며 농도 및 TLV의 단위는 ppm이다.)

기체명	기체의 농도	TLV
Toluene	55	100
MBK	25	50
Acetone	280	750
MEK	90	200

① 1.573   ② 1.673

③ 1.773   ④ 1.873

노출지수(EI)

= C_1 / TLV_1 + C_2 / TLV_2 + C_3 / TLV_3

= 55ppm/100ppm + 25ppm/50ppm + 280ppm/200ppm

= 1.873(1을 초과하므로 허용농도 초과 판정)

27. 허용농도(TLV) 적용상 주의사항으로 틀린 것은?

① 대기오염평가 및 관리에 적용될 수 없다.

② 기존의 질병이나 육체적 조건을 판단하기 위한 척도로 사용될 수 없다.

③ 사업장의 유해조건을 평가하고 개선하는 지침으로 사용될 수 없다.

④ 안전농도와 위험농도를 정확히 구분하는 경계선이 아니다.

ACGIH(미국정부산업위생전문가협의회)에서 권고하고 있는 허용농도(TLV) 적용상 주의사항

• 기존의 질병이나 신체적 조건을 판단하거나 증명하기 위한 척도로 사용될 수 없다.

• 안전농도와 위험농도를 정확히 구분하는 경계선이 아니다.

• 24시간 노출 또는 정상 작업시간을 초과한 노출에 대한 독성 평가에는 적용할 수 없다.

• 독성의 강도를 비교할 수 있는 지표는 아니다.

• 반드시 산업보건전문가 또는 산업위생전문가에 의하여 설명되거나 해석되고 적용되어야 한다.

해답   24. ①   25. ④   26. ④   27. ③

- 피부로 흡수되는 양은 고려하지 않은 기준이다.
- 작업조건이 다른 나라에서 ACGIH-TLV를 그대로 사용할 수 없다.
- 산업장의 유해조건을 평가하기 위한 지침이며, 건강장애를 예방하기 위한 지침이다.
- 대기오염평가 및 지표 또는 관리에 사용할 수 없다.

28. 소음 측정을 위한 소음계(sound level meter)는 주파수에 따른 사람의 느낌을 감안하여 세 가지 특성, 즉 A, B 및 C 특성에서 음압을 측정할 수 있다. 다음 내용에서 A, B 및 C 특성에 대한 설명이 바르게 된 것은?

① A특성 보정치는 4,000Hz 수준에서 가장 크다.
② B특성 보정치와 C특성 보정치는 각각 70phon 과 40phon의 등감곡선과 비슷하게 보정하여 측정한 값이다.
③ B특성 보정치(dB)는 2,000Hz에서 값이 0이다.
④ A특성 보정치(dB)는 1,000Hz에서 값이 0이다.

해설 청감보정 특성

보정회로	음압수준	신호보정	특성
A특성	40phon	저음역대	• 청감과의 대응성이 좋아 소음레벨 측정 시 주로 사용
B특성	70phon	중음역대	• 거의 사용하지 않음
C특성	85phon	고음역대	• 소음등급 평가에 적절 • 거의 평탄한 주파수 특성이므로 주파수 분석 시 사용 • A특성치와 C특성치 간의 차가 크면 저주파음이고, 차가 작으면 고주파음이라 추정할 수 있음
D특성	–	고음역대	• 항공기 소음 평가 시 사용 • A특성 청감보정곡선처럼 저주파 에너지를 많이 소거시키지 않음 • A특성으로 측정한 레벨보다 항상 큼
L 혹은 F특성	–	–	• 물리적 특성 파악

- 등청감곡선(equalloudnesscontours)

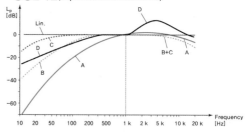

29. 작업환경측정 및 정도관리 등에 관한 고시상 원자흡광광도법(AAS)으로 분석할 수 있는 유해인자가 아닌 것은?

① 코발트
② 구리
③ 산화철
④ 카드뮴

해설 작업환경측정 및 정도관리 등에 관한 고시상 원자흡광광도계로 분석할 수 있는 유해인자
구리, 납, 니켈, 크롬, 망간, 산화 마그네슘, 산화아연, 산화철, 수산화나트륨, 카드뮴

30. 불꽃 방식 원자흡광광도계가 갖는 특징으로 틀린 것은?

① 분석시간이 흑연로 장치에 비하여 적게 소요된다.
② 혈액이나 소변 등 생물학적 시료의 유해금속 분석에 주로 많이 사용된다.
③ 일반적으로 흑연로장치나 유도결합플라스마-원자발광분석기에 비하여 저렴하다.
④ 용질이 고농도로 용해되어 있는 경우 버너의 슬롯을 막을 수 있으며 점성이 큰 용액은 분무가 어려워 분무구멍을 막아버릴 수 있다.

해설 혈액 및 요 중 금속분석에 사용되는 장비는 흑연로 원자흡광광도법(GFAAS)이다.

31. 작업환경측정결과를 통계처리 시 고려해야 할 사항으로 적절하지 않은 것은?

해답 28. ④ 29. ① 30. ② 31. ④

① 대표성

② 불변성

③ 통계적 평가

④ 2차 정규분포 여부

32. 1N-HCl(F=1,000) 500mL를 만들기 위해 필요한 진한 염산의 부피(mL)는? (단, 진한 염산의 물성은 비중 1.18, 함량 35%이다.)

① 약 18 ② 약 36

③ 약 44 ④ 약 66

33. 고온의 노출기준에서 작업자가 경작업을 할 때, 휴식 없이 계속 작업할 수 있는 기준에 위배되는 온도는? (단, 고용노동부 고시를 기준으로 한다.)

① 습구흑구온도지수: 30℃

② 태양광이 내리쬐는 옥외장소

   흑구온도: 32℃

   건구온도: 40℃

③ 태양광이 내리쬐는 옥외장소

   자연습구온도: 29℃

   흑구온도: 33℃

   건구온도: 33℃

④ 태양광이 내리쬐는 옥외 장소

   자연습구온도: 30℃

   흑구온도: 30℃

   건구온도: 30℃

34. 다음 중 고열 측정기기 및 측정방법 등에 관한 내용으로 틀린 것은?

① 고열은 습구흑구온도지수를 측정할 수 있는 기기 또는 이와 동등 이상의 성능을 가진 기기를 사용한다.

② 고열을 측정하는 경우 측정기 제조자가 지정한 방법과 시간을 준수하여 사용한다.

③ 고열작업에 대한 측정은 1일 작업시간 중 최대로 고열에 노출되고 있는 1시간을 30분 간격으로 연속하여 측정한다.

④ 측정기의 위치는 바닥 면으로부터 50cm 이상, 150cm 이하의 위치에서 측정한다.

35. 다음 중 활성탄에 흡착된 유기화합물을 탈착하는 데 가장 많이 사용하는 용매는?

① 톨루엔 ② 이황화탄소
③ 클로로포름 ④ 메틸클로로포름

해설 탈착 용매
- 비극성 물질에는 이황화탄소(CS_2)를 사용하고, 극성 물질에는 이황화탄소에 다른 용매를 혼합하여 사용하여 탈착용매로 사용한다.
- 이황화탄소는 활성탄에 흡착된 증기(유기용제-방향족탄화수소)를 탈착시키는 데 일반적으로 사용된다.

36. 입경이 50μm이고 비중이 1.32인 입자의 침강속도(cm/s)는 얼마인가?

① 8.6 ② 9.9
③ 11.9 ④ 13.6

해설 Lippman 식에 의한 종단(침강)속도
- 입자크기 1~50μm에 적용
- V(cm/sec)$=0.003 \times \rho \times d^2$
$=0.003 \times 1.32 \times 50$
$=9.9$cm/sec

37. 작업자가 유해물질에 노출된 정도를 표준화하기 위한 계산식으로 옳은 것은? (단, 고용노동부 고시를 기준으로 하며, C는 유해물질의 농도, T는 노출시간을 의미한다.)

① $\dfrac{\sum_{n=1}^{m}(C_n \times T_n)}{8}$ ② $\dfrac{8}{\sum_{n=1}^{m}(C_n) \times T_n}$

③ $\dfrac{\sum_{n=1}^{m}(C_n) \times T_n}{8}$ ④ $\dfrac{\sum_{n=1}^{m}(C_n) + T_n}{8}$

해설 TLV-TWA
1일 8시간 작업을 기준으로 유해요인의 측정농도에 발생시간을 곱하여 8시간으로 나눈 농도로서 TWA라 하며, 다음 식에 의해 산출한다.
$TWA = (C_1 T_1 + C_2 T_2 + \cdots + C_n T_n/8)$

38. 원자흡광분광법의 기본 원리가 아닌 것은?

① 모든 원자들은 빛을 흡수한다.
② 빛을 흡수할 수 있는 곳에서 빛은 각 화학적

원소에 대한 특정 파장을 갖는다.
③ 흡수되는 빛의 양은 시료에 함유되어 있는 원자의 농도에 비례한다.
④ 컬럼 안에서 시료들은 충진제와 친화력에 의해서 상호작용하게 된다.

해설 컬럼에 충진제를 넣어 분석하는 방법은 가스크로마토그래피법이다.

39. 다음 ( ) 안에 들어갈 수치는?

단시간노출기준(STEL): ( )분간의 시간가중 평균노출값

① 10 ② 15
③ 20 ④ 40

해설 TLV-STEL
근로자가 1회에 15분간 유해요인에 노출되는 경우의 허용농도

40. 흡수액 측정법에 주로 사용되는 주요 기구로 옳지 않은 것은?

① 테드라 백(Tedlar bag)
② 프리티드 버블러(Fritted bubbler)
③ 간이 가스 세척병(Simple gas washing bottle)
④ 유리구 충진분리관(Packed glass bead column)

해설 테드라 백(Tedlar bag)은 직접포집방법에 적용하며 주로 가스상 물질을 채취할 때 사용한다.

|3| 작업환경관리대책

41. 무거운 분진(납분진, 주물사, 금속가루분진)의 일반적인 반송속도로 적절한 것은?

① 5m/s ② 10m/s
③ 15m/s ④ 25m/s

(W-1-2019 산업환기설비에 관한 기술지침)

유해물질 발생형태	유해 물질 종류	반송속도 (m/s)
증기, 가스, 연기	모든 증기, 가스 및 연기	5.0~10.0
흄	아연흄, 산화알미늄흄, 용접흄 등	10.0~12.5
미세하고 가벼운 분진	미세한 면분진, 미세한 목분진, 종이분진 등	12.5~15.0
건조한 분진이나 분말	고무분진, 면분진, 가죽분진, 동물털분진 등	15.0~20.0
일반 산업분진	그라인더 분진, 일반적인 금속분 말분진, 모직, 물분진, 실리카분 진, 주물분진, 석면분진 등	17.5~20.0
무거운 분진	젖은 톱밥분진, 입자가 혼입된 금속분진, 샌드블라스트분진, 주 절보링분진, 납분진	20.0~22.5
무겁고 습한 분진	습한 시멘트분진, 작은 칩이 혼 입된 납분진, 석면덩어리 등	22.5 이상

42. 여과제진장치의 설명 중 옳은 것은?

> ㉠ 여과속도가 클수록 미세입자 포집에 유리하다.
> ㉡ 연속식은 고농도 함진 배기가스 처리에 적합하다.
> ㉢ 습식 제진에 유리하다.
> ㉣ 조작 불량을 조기에 발견할 수 있다.

① ㉠, ㉢ ② ㉡, ㉣
③ ㉡, ㉢ ④ ㉠, ㉡

해설 여과집진장치의 장단점
㉠ 장점
• 미세입자에 대한 집진효율이 높다.
• 여러 형태의 분진을 포집할 수 있다.
• 건식 집진이 가능하고 효율이 높다.
• 설계는 모듈 방식으로 이루어지며, 각 모듈은 공장에서 조립될 수 있으므로 다양한 용량을 처리할 수 있다.
㉡ 단점
• 넓은 설치공간이 필요하다.
• 여과재는 높은 온도와 부식성 화학물질에 상할 수 있다.
• 습윤 환경에서는 사용할 수 없다.
• 화염과 폭발의 위험성이 있다.

43. 호흡기 보호구의 밀착도 검사(fit test)에 대한 설명이 잘못된 것은?

① 정량적인 방법에는 냄새, 맛, 자극물질 등을 이용한다.

② 밀착도 검사란 얼굴피부 접촉면과 보호구 안면 부가 적합하게 밀착되는지를 측정하는 것이다.
③ 밀착도 검사를 하는 것은 작업자가 작업장에 들어가기 전 누설 정도를 최소화시키기 위함이다.
④ 어떤 형태의 마스크가 작업자에게 적합한지 마스크를 선택하는 데 도움을 주어 작업자의 건강을 보호한다.

해설 호흡보호구의 밀착도 검사(fit test)
• 밀착도 검사란 얼굴피부 접촉면과 보호구 안면부가 적합하 게 밀착되는지를 측정하는 것이다.
• 밀착도 검사를 하는 것은 작업자가 작업장에 들어가기 전 누설 정도를 최소화시키기 위함이다.
• 정성적인 방법은 냄새, 맛, 자극물질 등을 이용한다.
• 정량적인 방법은 보호구 안과 밖에서 농도, 압력의 차이를 이용한다.
• 어떤 형태의 마스크가 작업자에게 적합한지 마스크를 선택 하는 데 도움을 주어 작업자의 건강을 보호한다.

44. 어떤 공장에서 접착공정이 유기용제 중독의 원 인이 되었다. 직업병 예방을 위한 작업환경관리 대책이 아닌 것은?

① 신선한 공기에 의한 희석 및 환기 실시
② 공정의 밀폐 및 격리
③ 조업방법의 개선
④ 보건교육 미실시

해설 유기용제 중독 직업병 예방대책
• 신선한 공기에 의한 희석 및 환기 실시
• 공정의 밀폐 및 격리
• 조업방법의 개선
• 보건교육 실시

45. 후드의 개구(opening) 내부로 작업환경의 오염 공기를 흡인시키는 데 필요한 압력차에 관한 설 명 중 적합하지 않은 것은?

① 정지상태의 공기가속에 필요한 것 이상의 에 너지이어야 한다.
② 개구에서 발생되는 난류 손실을 보전할 수 있 는 에너지이어야 한다.

해답 **42.** ② **43.** ① **44.** ④ **45.** ③

③ 개구에서 발생되는 난류 손실은 형태나 재질에 무관하게 일정하다.

④ 공기의 가속에 필요한 에너지는 공기의 이동에 필요한 속도압과 같다.

(해설) 개구에서 발생되는 난류 손실은 형태나 재질의 종류에 따라 영향을 받는다.

46. 90° 곡관의 반경비가 2.0일 때 압력손실계수는 0.27이다. 속도압이 14mmH₂O라면 곡관의 압력손실(mmH₂O)은?

① 7.6
② 5.5
③ 3.8
④ 2.7

(해설) 곡관의 압력손실(mmH₂O, $\triangle P$)

$$\triangle P = \left(\xi \times \frac{\theta}{90} \right) \times VP = 0.27 \times \frac{90}{90} \times 14 = 3.8 \text{mmH}_2\text{O}$$

47. 용기충진이나 컨베이어 적재와 같이 발생기류가 높고 유해물질이 활발하게 발생하는 작업조건의 제어속도로 가장 알맞는 것은? (단, ACGIH 권고 기준)

① 2.0 m/s
② 3.0 m/s
③ 4.0 m/s
④ 5.0 m/s

(해설) 작업조건에 따른 제어속도 기준(ACGIH)

작업조건	작업공정 사례	제어속도 (m/s)
• 움직이지 않는 공기 중에서 속도 없이 배출되는 작업조건 • 조용한 대기 중에 실제 거의 속도가 없는 상태로 발산하는 작업조건	• 액면에서 발생하는 가스나 증기흄 • 탱크에서 증발, 탈지 시설	0.25~0.5
• 비교적 조용한(약간의 공기움직임) 대기 중에서 저속도로 비산하는 작업조건	• 용접, 도금 작업 • 스프레이 도장 • 주형을 부수고 모래를 터는 장소	0.5~1.0
• 발생기류가 높고 유해물의 활발하게 발생하는 작업조건	• 스프레이 도장 용기 충진, 컨베에이 적재, 분쇄기	1.00~2.50
• 초고속기류가 있는 작업장소에 초고속으로 비산하는 경우	• 회전역삭, 블라스팅	2.50~10.00

48. 귀덮개의 장점을 모두 짝지은 것으로 가장 옳은 것은?

A. 귀마개보다 쉽게 착용할 수 있다.
B. 귀마개보다 일관성 있는 차음 효과를 얻을 수 있다.
C. 크기를 여러 가지로 할 필요가 없다.
D. 착용 여부를 쉽게 확인할 수 있다.

① A, B, D
② A, B, C
③ A, C, D
④ A, B, C, D

(해설) 귀덮개의 장점
• 귀마개보다 쉽게 착용할 수 있다.
• 귀마개보다 높은 차음효과를 얻을 수 있다.
• 귀마개보다 일관성 있는 차음효과를 얻을 수 있다.
• 동일한 크기의 귀 덮개를 대부분의 근로자가 사용할 수 있다.
• 귀에 염증이 있어도 사용할 수 있다.
• 간헐적 소음에 노출되는 경우 귀덮개를 착용한다.
• 착용 여부를 쉽게 확인할 수 있다.

49. 강제환기의 효과를 제고하기 위한 원칙으로 틀린 것은?

① 오염물질 배출구는 가능한 한 오염원으로부터 가까운 곳에 설치하여 점 환기 현상을 방지한다.

② 공기배출구와 근로자의 작업위치 사이에 오염원이 위치하여야 한다.

③ 공기가 배출되면서 오염장소를 통과하도록 공기배출구와 유입구의 위치를 선정한다.

④ 오염원 주위에 다른 작업 공정이 있으면 공기 배출량을 공급량보다 약간 크게 하여 음압을 형성하여 주위 근로자에게 오염 물질이 확산되지 않도록 한다.

(해설) 오염물질 배출구는 가능한 한 오염원으로부터 가까운 곳에 설치하여 점 환기 효과를 얻는다.

50. 후드 흡인기류의 불량상태를 점검할 때 필요하지 않은 측정기기는?

① 열선풍속계
② Threaded thermometer
③ 연기발생기

④ Pitot tube

해설 Threaded thermometer는 온도 측정기이므로 후드의 흡인기류의 측정에는 사용하지 않는다.

51. 원심력 송풍기 중 다익형 송풍기에 관한 설명으로 가장 거리가 먼 것은?

① 송풍기의 임펠러가 다람쥐 쳇바퀴 모양으로 생겼다.
② 큰 압력손실에서 송풍량이 급격하게 떨어지는 단점이 있다.
③ 고강도가 요구되기 때문에 제작비용이 비싸다는 단점이 있다.
④ 다른 송풍기와 비교하여 동일 송풍량을 발생시키기 위한 임펠러 회전속도가 상대적으로 낮기 때문에 소음이 작다.

해설 전향 날개형 송풍기(다익형)의 특징
• 높은 압력손실에서는 송풍량이 급격하게 떨어진다.
• 이송시켜야 할 공기량이 많고 압력 손실이 작게 걸리는 전체환기나 공기조화용으로 널리 사용된다.
• 전향(전곡) 날개형이고, 다수의 날개를 갖고 있다.
• 재질의 강도가 중요하지 않기 때문에 저가로 제작이 가능하다.
• 송풍기의 임펠러가 다람쥐 쳇바퀴 모양으로, 회전날개가 회전방향과 동일한 방향으로 설계되어 있다.
• 동일 송풍량에서 임펠러 회전속도가 상대적으로 낮아 소음 문제가 거의 없다.
• 상승구배 특성이 있다.
• 구조상 고속회전이 어렵고, 큰 동력의 용도에는 적합하지 않다.

52. 덕트(duct)의 압력손실에 관한 설명으로 옳지 않은 것은?

① 직관에서의 마찰손실과 형태에 따른 압력손실로 구분할 수 있다.
② 압력손실은 유체의 속도압에 반비례한다.
③ 덕트 압력손실은 배관의 길이와 정비례한다.
④ 덕트 압력손실은 관직경과 반비례한다.

해설 덕트(duct)의 압력손실
• 압력손실은 속도의 제곱에 비례하고, 속도압에 비례한다.
• 덕트 압력손실은 배관의 길이와 정비례한다.
• 덕트 압력손실은 관직경과 반비례한다.
• 직관에서의 마찰손실과 형태에 따른 압력손실로 구분할 수

있다.
• 압력손실은 후드에서 흡인된 배기가스가 가스와 관벽, 가스와 가스끼리의 마찰에 의해 발생되는 손실을 말한다.

53. 송풍기 깃이 회전방향 반대편으로 경사지게 설계되어 충분한 압력을 발생시킬 수 있고, 원심력 송풍기 중 효율이 가장 좋은 송풍기는?

① 후향날개형 송풍기
② 방사날개형 송풍기
③ 전향날개형 송풍기
④ 안내깃이 붙은 축류 송풍기

해설 터보(Turbo) 송풍기
• 후향날개형 송풍기라고도 한다.
• 송풍기의 깃이 회전방향 반대편으로 경사지게 설계되어 있다.
• 고농도 분진 함유 공기를 이송시킬 경우, 집진기 후단에 설치하여 사용해야 한다.
• 고농도 분진 함유 공기를 이송시킬 경우 깃 뒷면에 분진이 퇴적된다.
• 방사날개형이 전향날개형 송풍기에 비해 효율이 좋다.
• 원심력 송풍기 중 가장 효율이 좋다.

54. 전기집진장치의 장점으로 옳지 않은 것은?

① 가연성 입자의 처리에 효율적이다.
② 넓은 범위의 입경과 분진 농도에 집진효율이 높다.
③ 압력손실이 낮으므로 송풍기의 가동비용이 저렴하다.
④ 고온 가스를 처리할 수 있어 보일러와 철강로 등에 설치할 수 있다.

해설 전기집진장치의 장점
• 운용비용이 저렴하다.
• 미세한 입자에 대한 집진효율이 매우 높다(0.01 μm 정도의 미세분진까지 처리).
• 넓은 범위의 입경과 분진 농도에 집진효율이 높다.
• 광범위한 온도범위에서 설계가 가능하다.
• 폭발성 가스의 처리도 가능하다.
• 고온의 입자성 물질(500℃ 전후) 처리가 가능하며 보일러와 철강로 등에 설치할 수 있다.
• 낮은 압력손실로 대용량의 가스를 처리한다.
• 회수가치 입자 포집에 유리하다.
• 건식 및 습식으로 집진할 수 있다.

해답 51. ③ 52. ② 53. ① 54. ①

55. 어떤 원형 덕트에 유체가 흐르고 있다. 덕트의 직경을 1/2로 하면 직관부분의 압력손실은 몇 배로 되는가? (단, 달시의 방정식을 적용한다.)

① 4배   ② 8배
③ 16배   ④ 32배

해설

$\Delta P = 4f \times \dfrac{L}{D} \times \dfrac{\gamma V^2}{2g}$ 이며 덕트의 직경을 1/2로 하면,

$D = \dfrac{1}{2}D$

$V = \dfrac{Q}{A} = \dfrac{Q}{\dfrac{\pi}{4} \times D^2} = \dfrac{Q}{\dfrac{\pi}{4} \times \left(\dfrac{1}{2}D\right)^2} = 4V$

$\therefore \Delta P = 4f \times \dfrac{L}{\dfrac{1}{2}D} \times \dfrac{\gamma (4V)^2}{2g} = 32$배

56. 눈 보호구에 관한 설명으로 틀린 것은? (단, KS 표준 기준)

① 눈을 보호하는 보호구는 유해광선 차광 보호구와 먼지나 이물을 막아주는 방진안경이 있다.
② 400A 이상의 아크 용접 시 차광도 번호 14의 차광도 보호안경을 사용하여야 한다.
③ 눈, 지붕 등으로부터 반사광을 받는 작업에서는 차광도 번호 1.2~3 정도의 차광도 보호안경을 사용하는 것이 알맞다.
④ 단순히 눈의 외상을 막는 데 사용되는 보호안경은 열처리를 하거나 색깔을 넣은 렌즈를 사용할 필요가 없다.

해설 단순히 눈의 외상을 막는 데 사용되는 보호안경은 열처리를 하여 강도를 높이고 색깔을 넣은 렌즈를 사용하여 예상치 못한 눈부심 등으로부터 보호할 필요가 있다.

57. 소음 작업장에 소음수준을 줄이기 위하여 흡음을 중심으로 하는 소음저감대책을 수립한 후, 그 효과를 측정하였다. 소음 감소효과가 있었다고 보기 어려운 경우는?

① 음의 잔향시간을 측정하였더니 잔향시간이 약간이지만 증가한 것으로 나타났다.
② 대책 후의 총흡음량이 약간 증가하였다.

③ 소음원으로부터 거리가 멀어질수록 소음수준이 낮아지는 정도가 대책 수립 전보다 커졌다.
④ 실내상수 R을 계산해보니 R값이 대책 수립 전보다 커졌다.

해설 잔향시간

실내의 음원으로부터 소리가 끝난 후 실내의 음 Energy 밀도가 그의 백만분의 1이 될 때까지의 시간, 즉 실내의 평균 음 Energy 밀도가 초기치보다 60dB 감쇠하는 데 소요된 시간을 말한다. 따라서 음의 잔향시간을 측정하였더니 잔향시간이 약간이지만 증가한 것으로 나타났다는 것은 감쇠하는 시간이 약간 증가한 것을 의미한다.

58. 국소환기시설에 필요한 공기송풍량을 계산하는 공식 중 점흡인에 해당하는 것은?

① $Q = 4\pi \times x^2 \times Vc$
② $Q = 2\pi \times L \times x \times Vc$
③ $Q = 60 \times 0.75 \times Vc(10x^2 + A)$
④ $Q = 60 \times 0.5 \times Vc(10x^2 + A)$

해설

- $Q = 60 \times 0.75 \times Vc(10x^2 + A)$: 외부식 후드가 자유공간에 위치한 경우 필요환기량 계산식이다.
- $Q = 60 \times 0.5 \times Vc(10x^2 + A)$: 외부식 사각형 후드가 작업면에 고정된 플랜지가 붙은 경우 필요환기량 계산식이다.

59. 확대각이 10°인 원형 확대관에서 입구직관의 정압은 -15mmH$_2$O, 속도앞은 35mmH$_2$O이고, 확대된 출구직관의 속도압은 25mmH$_2$O이다. 확대측의 정압(mmH$_2$O)은? (단, 확대각이 10°일 때 압력손실계수(ζ)는 0.28이다.)

① 7.8   ② 15.6
③ -7.8   ④ -15.6

해설 확대측의 정압(SP$_2$)

R(정압회복계수)=1-ξ =1-0.28=0.72
$\therefore$ SP$_2$=SP$_1$+R(VP$_1$-VP$_2$)
       =-15+[0.72×(35-25)]
       =-7.8mmH$_2$O

해답   **55.** ④   **56.** ④   **57.** ①   **58.** ①   **59.** ③

60. 목재분진을 측정하기 위한 시료채취장치로 가장 적합한 것은?

① 활성탄관(charcoal tube)

② 흡입성분진 시료채취기(IOM sampler)

③ 호흡성분진 시료채취기(aluminum cyclone)

④ 실리카겔관(silica gel tube)

[해설] 시료채취장치
- 활성탄관(charcoal tube): 휘발성이 높은 유기화합물 포집에 효율적
- 호흡성분진 시료채취기(aluminum cyclone): 진폐를 일으키는 분진에 적합
- 실리카겔관(silica gel tube): 무기 흡착제 및 비극성 유기용제 포집에 적합

|4| 물리적 유해인자관리

61. 질식 우려가 있는 지하 맨홀 작업에 앞서서 준비해야 할 장비나 보호구로 볼 수 없는 것은?

① 안전대 　　　　 ② 방독 마스크

③ 송기 마스크 　　 ④ 산소농도 측정기

[해설] 방독 마스크는 산소 농도 18% 이상이 되는 장소에 착용이 가능하며, 질식 우려가 있는 맨홀 작업 등에서의 착용은 금지해야 한다.

62. 진동 발생원에 대한 대책으로 가장 적극적인 방법은?

① 발생원의 격리 　 ② 보호구 착용

③ 발생원의 제거 　 ④ 발생원의 재배치

[해설] 진동작업장의 환경관리 대책이나 근로자의 건강 보호를 위한 조치
- 발진원과 작업자의 거리를 가능한 한 멀리한다.(발생원 격리)
- 작업자의 적정 체온을 유지시키는 것이 바람직하다.
- 절연패드의 재질로는 코르크, 펠트(felt), 유리섬유 등이 많이 쓰인다.(방진재료)
- 진동공구의 무게는 10kg을 넘지 않게 하며 방진장갑(glove) 사용을 권장한다.(보호구 착용)
- 평형이 맞지 않는 기계기구는 평형력의 균형을 맞춘다(발생원 재배치).
- 기초중량을 부가 및 경감시킨다.

63. 전리방사선에 의한 장해에 해당하지 않는 것은?

① 참호족 　　　　 ② 피부장해

③ 유전적 장해 　　 ④ 조혈기능장해

[해설] 참호족은 한랭노출에 의한 신체적 장해이다.

64. 고소음으로 인한 소음성 난청 질환자를 예방하기 위한 작업환경 관리방법 중 공학적 개선에 해당되지 않는 것은?

① 소음원의 밀폐

② 보호구의 지급

③ 소음원의 벽으로 격리

④ 작업장 흡음시설의 설치

[해설] 보호구의 지급은 소음을 방지하기 위한 대책 중 최후의 방어수단이며 공학적 대책으로 볼 수 없는 일반적인 대책이다.

65. 비이온화 방사선의 파장별 건강에 미치는 영향으로 옳지 않은 것은?

① UV-A: 315~400nm-피부노화 촉진

② IR-B: 780~1,400nm-백내장, 각막화상

③ UV-B: 280~315nm-발진, 피부암, 광결막염

④ 가시광선: 400~700nm-광화학적이거나 열에 의한 각막손상, 피부화상

[해설] 비이온화 방사선의 파장별 건강영향
- UV-A: 315~400nm-피부노화 촉진
- IR-B: 1.4~1μm-급성피부화상 및 백내장은 IR-C(원적외선)에서 발생
- UV-B: 280~315nm-발진, 피부암, 광결막염
- 가시광선: 400~700nm-광화학적이거나 열에 의한 각막손상, 피부화상

66. WBGT에 대한 설명으로 옳지 않은 것은?

① 표시단위는 절대온도(K)이다.

② 기온, 기습, 기류 및 복사열을 고려하여 계산된다.

③ 태양광선이 있는 옥외 및 태양광선이 없는 옥

ⓒ**해답** 60. ② 61. ② 62. ③ 63. ① 64. ② 65. ②
66. ①

내로 구분된다.

④ 고온에서의 작업휴식시간비를 결정하는 지표로 활용된다.

> 해설 표시단위는 섭씨온도이며 단위는 ℃로 표시한다.

67. 작업자 A의 4시간 작업 중 소음노출량이 76%일 때, 측정시간에 있어서의 평균치는 약 몇 dB(A)인가?

① 88 ② 93
③ 98 ④ 103

> 해설 시간가중평균소음수준(TWA)
>
> $$TWA = 16.61\log\left[\frac{D(\%)}{12.5 \times T}\right] + 90[\text{dB(A)}]$$
>
> 여기서, TWA: 시간가중평균소음수준(dB(A))
> D: 누적소음 폭로량(%)
> T: 폭로시간
>
> $$\therefore\; TWA = 16.61\log\left[\frac{76(\%)}{12.5 \times 4}\right] + 90[\text{dB(A)}]$$
> $$= 93\text{dB(A)}$$

68. 이온화 방사선과 비이온화 방사선을 구분하는 광자에너지는?

① 1eV ② 4eV
③ 12.4eV ④ 15.6eV

> 해설 전리방사선과 비전리방사선의 구분
> • 전리방사선은 에너지가 커서 원자가 전기적 특성을 갖도록 전리시킬 수 있는 능력을 가진 방사선을 말한다.
> • 비전리방사선은 전리능력이 없는 방사선을 말하며, 전리방사선과 비전리방사선의 경계가 되는 광자에너지의 강도는 12eV이다.
> • 광자에너지의 강도 12eV를 기준으로 이하의 에너지를 갖는 방사선을 비이온화 방사선, 이상 큰 에너지를 갖는 것을 이온화 방사선이라 하며, 생체에서 이온화시키는 데 필요한 최소에너지는 대체로 12eV이다.
> • 방사선을 전리방사선과 비전리방사선으로 분류하는 인자는 이온화하는 성질, 주파수, 파장이다.

69. 이상기압에 의하여 발생하는 직업병에 영향을 미치는 유해인자가 아닌 것은?

① 산소(O_2) ② 이산화황(SO_2)
③ 질소(N_2) ④ 이산화탄소(CO_2)

> 해설 이상기압(고압환경에서 2차적인 화학적 인체작용)
> • 4기압 이상에서 질소가스의 마취작용
> • 산소분압 2기압 초과 시 산소중독
> • 이산화탄소 중독

70. 채광계획에 관한 설명으로 옳지 않은 것은?

① 창의 면적은 방바닥 면적의 15~20%가 이상적이다.

② 조도의 평등을 요하는 작업실은 남향으로 하는 것이 좋다.

③ 실내 각 점의 개각은 4~5°, 입사각은 28° 이상이 되어야 한다.

④ 유리창은 청결한 상태여도 10~15% 조도가 감소되는 점을 고려한다.

> 해설 실내 자연 채광
> • 창면적은 방바닥의 15~20%가 좋다.
> • 조명의 평등을 요하는 작업장의 경우 북향(동북향)이 좋다. 또한 실내의 입사각은 28° 이상이 좋다.
> • 창의 방향은 많은 채광을 요구할 경우 남향이 좋으며,
> • 조명의 균등에는 북창이 좋다.
> • 실내각점의 개각은 4~5°가 좋다.
> • 유리창은 청결한 상태여도 10~15% 조도가 감소되는 점을 고려한다.

71. 빛에 관한 설명으로 옳지 않은 것은?

① 광원으로부터 나오는 빛의 세기를 조도라 한다.

② 단위 평면적에서 발산 또는 반사되는 광량을 휘도라 한다.

③ 루멘은 1촉광의 광원으로부터 단위 입체각으로 나가는 광속의 단위이다.

④ 조도는 어떤 면에 들어오는 광속의 양에 비례하고, 입사면의 단면적에 반비례한다.

> 해설 빛과 밝기의 단위
> • 반사율은 조도에 대한 휘도의 비로 표시한다.
> • 광원으로부터 나오는 빛의 양을 광속이라고 하며, 단위는 루멘을 사용한다.
> • 입사면의 단면적에 대한 광도의 비를 조도라 하며, 단위는 Lux를 사용한다.
> • 광원으로부터 나오는 빛의 세기를 광도라고 하며, 단위는 칸델라를 사용한다.

> 해답 67. ② 68. ③ 69. ② 70. ② 71. ①

72. 태양으로부터 방출되는 복사 에너지의 52% 정도를 차지하고 피부조직 온도를 상승시켜 충혈, 혈관 확장, 각막 손상, 두부장해를 일으키는 유해광선은?

① 자외선　　　　　② 적외선
③ 가시광선　　　　④ 마이크로파

해설 강력한 열작용을 하는 빛을 적외선이라고 하고 피부조직 온도를 상승시켜 충혈, 혈관 확장, 각막 손상, 두부장해를 일으킨다.

73. 감압병의 예방 및 치료의 방법으로 옳지 않은 것은?

① 감압이 끝날 무렵에 순수한 산소를 흡입시키면 예방적 효과와 함께 감압시간을 단축시킬 수 있다.
② 잠수 및 감압방법은 특별히 잠수에 익숙한 사람을 제외하고는 1분에 10m 정도씩 잠수하는 것이 안전하다.
③ 고압환경에서 작업 시 질소를 헬륨으로 대치하면 성대에 손상을 입힐 수 있으므로 할로겐 가스로 대치한다.
④ 감압병의 증상을 보일 경우 환자를 인공적 고압실에 넣어 혈관 및 조직 속에 발생한 질소의 기포를 다시 용해시킨 후 천천히 감압한다.

해설 감압병의 예방 및 치료방법
• 고압환경에서의 작업시간을 제한하고 고압실 내의 작업에서는 탄산가스의 분압이 증가하지 않도록 시선한 공기를 송기시킨다.
• 감압이 끝날 무렵에 순수한 산소를 흡입시키면 예방적 효과가 있을 뿐만 아니라 감압시간을 25%가량 단축시킬 수 있다.
• 고압환경에서 작업하는 근로자에게 질소를 헬륨으로 대치한 공기를 호흡시킨다.
• 헬륨-산소 혼합가스는 호흡저항이 적어 심해잠수에 사용한다.
• 일반적으로 1분에 10m 정도씩 잠수하는 것이 안전하다.
• 감압병의 증상 발생 시에는 환자를 곧장 원래의 고압환경상태로 복귀시키거나 인공고압실에 넣어 혈관 및 조직 속에 발생한 질소의 기포를 다시 용해시킨 다음 천천히 감압한다.
• Haldene의 실험근거상 정상기압보다 1.25기압을 넘지 않는 고압환경에는 아무리 오랫동안 폭로되거나 아무리 빨리 감압하더라도 기포를 형성하지 않는다.

• 비만자의 작업을 금지시키고, 순환기에 이상이 있는 사람은 취업 또는 작업을 제한한다.
• 헬륨은 질소보다 확산속도가 크며, 체외로 배출되는 시간이 질소에 비하여 50% 정도밖에 걸리지 않는다.
• 귀 등의 장애를 예방하기 위해서는 압력을 가하는 속도를 분당 $0.8kg/cm^2$ 이하가 되도록 한다.

74. 흑구온도 32℃, 건구온도 27℃, 자연습구온도 30℃인 실내작업장의 습구·흑구온도지수는?

① 33.3℃　　　　　② 32.6℃
③ 31.3℃　　　　　④ 30.6℃

해설 습구·흑구온도지수(WBGT)
• 옥외(태양광선이 내리쬐는 장소)
　WBGT=0.7NWB+0.2GT+0.1DT
• 옥내 또는 옥외(태양광선이 내리쬐지 않는 장소)
　WBGT=0.7NWB+0.3GT
• NWB: 자연습구온도, GT: 흑구온도, DT: 건구온도
∴ WBGT=0.7×30+0.3×32=30.6

75. 저온환경에서 나타나는 일차적인 생리반응이 아닌 것은?

① 체표면적의 증가
② 피부혈관의 수축
③ 근육긴장의 증가와 떨림
④ 화학적 대사작용의 증가

해설 저온환경에서 나타나는 일차적인 생리반응
체표면적 감소, 피부혈관 수축, 근육 긴장의 증가와 떨림, 화학적 대사작용 증가, 말초혈관의 수축, 혈압의 일시적 상승, 조직대사의 증진과 식욕항진

76. 소음에 의하여 발생하는 노인성 난청의 청력손실에 대한 설명으로 옳은 것은?

① 고주파영역으로 갈수록 큰 청력손실이 예상된다.
② 2,000Hz에서 가장 큰 청력장애가 예상된다.
③ 1,000Hz 이하에서는 20~30dB의 청력손실이 예상된다.
④ 1,000~8,000Hz 영역에서는 0~20dB의 청력손실이 예상된다.

해답 72. ② 73. ③ 74. ④ 75. ① 76. ①

해설 노인성 난청은 노화에 의한 퇴행성 질환이며 일반적으로 고음역에 대한 청력손실이 현저하며, 6,000Hz에서부터 난청이 시작된다.

77. 고압환경에서 발생할 수 있는 생체증상으로 볼 수 없는 것은?

① 부종　　　　　② 압치통
③ 폐압박　　　　④ 폐수종

해설 폐수종은 저압환경에서 발병되며 고공성 폐수종 또는 감압 시 감압병(잠수병)에 의하여 발생한다.

78. 음(sound)에 관한 설명으로 옳지 않은 것은?

① 음(음파)이란 대기압보다 높거나 낮은 압력의 파동이고, 매질을 타고 전달되는 진동에너지이다.
② 주파수란 1초 동안에 음파로 발생되는 고압력 부분과 저압력 부분을 포함한 압력 변화의 완전한 주기를 말한다.
③ 음의 단위는 물리적 단위를 쓰는 것이 아니라 감각수준인 데시벨(dB)이라는 무차원의 비교 단위를 사용한다.
④ 사람이 대기압에서 들을 수 있는 음압은 0.000002N/㎡에서부터 20N/㎡까지 광범위한 영역이다.

해설 사람이 들을 수 있는 범위는 대기압에서 20Hz에서 20kHz까지이다.

79. 흡음재의 종류 중 다공질 재료에 해당되지 않는 것은?

① 암면　　　　　② 펠트(felt)
③ 석고보드　　　④ 발포 수지재료

해설 석고보드는 판상형 흡음재이다.

80. 6N/㎡의 음압은 약 몇 dB의 음압수준인가?

① 90　　　　　② 100
③ 110　　　　④ 120

해설 음압수준(SPL)

$$SPL = 20\log\frac{P}{P_0}$$
$$= 20\log\frac{6(\text{N/m}^2)}{2\times10^{-5}(\text{N/m}^2)} = 110\text{dB}$$

| 5 | 산업독성학

81. metallothionein에 대한 설명으로 옳지 않은 것은?

① 방향족 아미노산이 없다.
② 주로 간장과 신장에 많이 축적된다.
③ 카드뮴과 결합하면 독성이 강해진다.
④ 시스테인이 주성분인 아미노산으로 구성된다.

해설 메탈로티오닌
• 간과 신장에서 2가 이온의 자극에 의하여 생성되는 작은 단백질이다(주로 간장과 신장에 많이 축적된다.)
• 이온 전달과 해독 기능에 중요하다.
• 중금속에 의하여 발현이 증가되는 특징이 있으므로 중금속 독성을 찾아내기 위한 생체 지표로 쓴다.
• 스테인이 주성분인 아미노산으로 구성된다.

82. 직업병의 유병률이란 발생률에서 어떠한 인자를 제거한 것인가?

① 기간　　　　　② 집단수
③ 장소　　　　　④ 질병 종류

해설 유병률
• 어느 한 시점에 특정 인구집단 또는 지역에서, 질병을 가지고 있는 인구의 수를 대응되는 전체 인구의 수로 나눈 것을 말한다.
• 역학에서는 특정 시간에 질병의 영향을 받는 특정 개체수의 비율이다. 연구 대상인 총 사람 수와 질환이 있는 것으로 밝혀진 사람 수를 비교함으로써 도출해내며 보통 백분율, 10,000명 또는 100,000명당 사례수 등의 단위를 사용한다.

해답 77. ④　78. ④　79. ③　80. ③　81. ③　82. ①

83. 투명한 휘발성 액체로 페인트, 시너, 잉크 등의 용제로 사용되며 장기간 노출될 경우 말초신경 장해가 초래되어 사지의 지각상실과 신근마비 등 다발성 신경장해를 일으키는 파라핀계 탄화수소의 대표적인 유해물질은?

① 벤젠　　　　　　② 노말헥산
③ 톨루엔　　　　　④ 클로로포름

해설 노말헥산
㉠ 용도
　노말헥산은 종자의 기름추출용 용제, 타이어 접착제, 테이프, 래커, 세척제, 고무풀, 잉크의 용제, 일반시약 등에 쓰이고 있으며 증기형태로 호흡기를 통해 흡수되거나 피부접촉에 의해 노출되기도 한다.
㉡ 증상
　• 기도를 자극하며 마취작용이 있다.
　• 근무력증, 발의 통증, 심부 건반사의 상실 등 다발성 신경장해를 일으킬 수 있다.
　• 피부에 닿으면 피부자극, 가려움, 작열감, 통증, 수포가 생길 수 있으며 메틸에틸케톤에 동시에 노출되면 신경독성이 강화되는 것으로 알려져 있다.
　• 흡입할 경우 불규칙한 심장박동, 두통, 술취한 느낌, 폐부종이 발생될 수 있으며 신경, 뇌에 이상이 생기고 경련이 일어날 수 있다.
㉢ 노출기준과 관리대책
　n-헥산은 노동부고시 제97-65호에 의해 시간가중평균 노출기준 50ppm(180mg/m³)을 기준으로 하고 있으며 공정의 밀폐, 환기시설, 개인보호구 착용 등이 필요한 물질이다.

84. 급성 전신중독을 유발하는 데 있어 그 독성이 가장 강한 방향족 탄화수소는?

① 벤젠(Benzene)　　② 크실렌(Xylene)
③ 톨루엔(Toluene)　④ 에틸렌(Ethylene)

해설 톨루엔(Toluene)
액체나 기체가 직접 몸에 닿게 되면 피부와 눈에 자극을 줄 수 있다. 장기간 톨루엔에 노출될 경우 눈이 떨리거나 운동 능력에 문제가 생길 수 있으며 두통, 어지럼증, 기억력 장애 또는 환각증세 등 신경계에도 유해한 영향을 줄 수 있다.

85. 사업장에서 노출되는 금속의 일반적인 독성기전이 아닌 것은?

① 효소억제
② 금속평형의 파괴
③ 중추신경계 활성억제
④ 필수금속 성분의 대체

해설 중추신경계 활성억제는 유기용제 취급 시 발생하는 독성기전이다.

86. 무기성 분진에 의한 진폐증에 해당하는 것은?

① 면폐증　　　　　② 농부폐증
③ 규폐증　　　　　④ 목재분진폐증

해설 무기성 분진에 의한 진폐증
석면폐증, 용접공폐증, 규폐증, 탄광부 진폐증, 활석폐증, 철폐증, 주석폐증, 납석폐증, 바륨폐증, 규조토폐증, 알루미늄폐증, 흑연폐증, 바릴륨폐증

87. 생물학적 모니터링에 대한 설명으로 옳지 않은 것은?

① 화학물질의 종합적인 흡수 정도를 평가할 수 있다.
② 노출기준을 가진 화학물질의 수보다 BEI를 가지는 화학물질의 수가 더 많다.
③ 생물학적 시료를 분석하는 것은 작업환경 측정보다 훨씬 복잡하고 취급이 어렵다.
④ 근로자의 유해인자에 대한 노출 정도를 소변, 호기, 혈액 중에서 그 물질이나 대사산물을 측정함으로써 노출 정도를 추정하는 방법을 의미한다.

해설 노출기준을 가진 화학물질의 수보다 BEI를 가지는 화학물질의 수가 더 적다.

88. 니트로벤젠의 화학물질의 영향에 대한 생물학적 모니터링 대상으로 옳은 것은?

① 요에서의 마뇨산
② 적혈구에서의 ZPP
③ 요에서의 저분자량 단백질
④ 혈액에서의 메트헤모글로빈

해설 유해물질별 생체 대사산물
- 톨루엔: 소변 중 O-크레졸
- 메탄올: 소변 중 메탄올
- 크실렌: 소변 중 메틸마뇨산
- 납: 소변 중 납
- 페놀: 소변 중 총 페놀
- 벤젠: t,t-뮤코닉산(t,t-Muconic acid)
- 에탄 및 에틸렌: 소변 중 트리클로로아세트산(trichloro-acetic acid)

※ ZPP: 만성적인 납 노출을 선별하고 추적하기 위해, 소아에서 철 결핍을 검출하기 위해 검사한다.

89. 직업성 천식을 유발하는 대표적인 물질로 나열된 것은?

① 알루미늄, 2-Bromopropane
② TDI(Toluene Diisocyanate), Asbestos
③ 실리카, DBCP(1,2-dibromo-3-chloropropane)
④ TDI(Toluene Diisocyanate), TMA(Trimellitic Anhydride)

해설 직업성 천식
- 작업 환경 중 천식을 유발하는 대표물질로 톨루엔 디이소시안산염(TDI), 무수트리 멜리트산(TMA)을 들 수 있다.
- 일단 질환에 이환하게 되면 작업 환경에서 추후 소량의 동일한 유발물질에 노출되더라도 지속적으로 증상이 발현된다.
- 직업성 천식은 근무시간에 증상이 점점 심해지고, 휴일 같은 비근무시간에 증상이 완화되거나 없어지는 특징이 있다.

90. 생리적으로는 아무 작용도 하지 않으나 공기 중에 많이 존재하여 산소분압을 저하시켜 조직에 필요한 산소의 공급 부족을 초래하는 질식제는?

① 단순 질식제
② 화학적 질식제
③ 물리적 질식제
④ 생물학적 질식제

해설 단순 질식제는 생리적으로는 아무 작용도 하지 않으나 공기 중에 많이 존재하여 산소분압을 저하시켜 조직에 필요한 산소의 공급 부족을 초래한다. 그리고 단순 질식제로는 아르곤, 수소, 헬륨, 질소, CO_2, 메탄, 에탄, 프로판, 에틸렌, 아세틸렌 등이 있다.

91. 크롬화합물 중독에 대한 설명으로 옳지 않은 것은?

① 크롬중독은 요 중의 크롬 양을 검사하여 진단한다.
② 크롬 만성중독의 특징은 코, 폐 및 위장에 병변을 일으킨다.
③ 중독치료는 배설촉진제인 Ca-EDTA를 투약하여야 한다.
④ 정상인보다 크롬취급자는 폐암으로 인한 사망률이 약 13~31배나 높다고 보고된 바 있다.

해설 크롬
- 6가 크롬은 발암성 물질이다.
- 비점막 궤양과 코에 구멍이 뚫리는 비중격 천공이 생긴다.
- 주로 소변을 통하여 배설된다.
- 만성 크롬중독인 경우 특별한 치료방법이 없다.
- 크롬(Cr) 사용작업은 전기도금 중 크롬도금공장, 가죽/피혁 제조, 염색/안료 제조, 방부제/약품 제조 작업이 있다.

※ Ca-EDTA는 납 중독 시 체내에 축적된 납을 배설하기 위한 촉진제이다.

92. 기관지와 폐포 등 폐 내부의 공기통로와 가스교환 부위에 침착되는 먼지로서 공기역학적 지름이 $30\mu m$ 이하의 크기를 가지는 것은?

① 흉곽성 먼지
② 호흡성 먼지
③ 흡입성 먼지
④ 침착성 먼지

해설 ACGIH 입자 크기별 기준(TLV)
㉠ 흡입성 입자상 물질(IPM)
- 입경범위는 0~$100\mu m$
- 평균입경(폐침착의 50%에 해당하는 입자의 크기)은 $100\mu m$
- 호흡기 어느 분위에 침착(비강, 인후두, 기관 등 호흡기의 기도 부위)하더라도 독성을 유발하는 분진
㉡ 흉곽성 입자상 물질(TPM)
- 평균입경: $10\mu m$
- 채취기구: PM10
- 기도나 하기도(가스교환부위)에 침착하여 독성을 나타내는 물질
㉢ 호흡성 입자상 물질(RPM)
- 평균입경: $4\mu m$(공기역학적 직경이 $10\mu m$ 미만인 먼지)
- 채취기구: 10mm nylon cyclone
- 폐포(가스교환부위)에 침착할 때 유해한 물질

해답 89. ④ 90. ① 91. ③ 92. ①

93. 자극성 접촉피부염에 대한 설명으로 옳지 않은 것은?

① 홍반과 부종을 동반하는 것이 특징이다.
② 작업장에서 발생빈도가 가장 높은 피부질환이다.
③ 진정한 의미의 알레르기 반응이 수반되는 것은 포함시키지 않는다.
④ 항원에 노출되고 일정시간이 지난 후에 다시 노출되었을 때 세포매개성 과민반응에 의하여 나타나는 부작용의 결과이다.

해설 자극성 접촉피부염
• 작업장에서 발생빈도가 가장 높은 피부질환이다.
• 증상은 다양하지만 홍반과 부종을 동반하는 것이 특징이다.
• 원인물질은 크게 수분, 합성 화학물질, 생물성 화학물질로 구분할 수 있다.

※ 자극성 접촉피부염은 과거 노출경험과 관계가 없다.

94. 중금속과 중금속이 인체에 미치는 영향을 연결한 것으로 옳지 않은 것은?

① 크롬-폐암
② 수은-파킨슨병
③ 납-소아의 IQ 저하
④ 카드뮴-호흡기의 손상

해설 수은
수족신경마비, 시신경장애, 정신이상, 보행장애를 일으키며 만성 노출 시 식욕부진, 신기능부전, 구내염을 발생시킨다.

※ 파킨슨병은 망간중독 시 발병한다.

95. 작업환경에서 발생될 수 있는 망간에 관한 설명으로 옳지 않은 것은?

① 주로 철합금으로 사용되며, 화학공업에서는 건전지 제조업에 사용된다.
② 만성노출 시 언어가 느려지고 무표정하게 되며, 파킨슨 증후군 등의 증상이 나타나기도 한다.
③ 망간은 호흡기, 소화기 및 피부를 통하여 흡수되며, 이 중에서 호흡기를 통한 경로가 가장 많고 위험하다.
④ 급성중독 시 신장장애를 일으켜 요독증(uremia)으로 8~10일 이내 사망하는 경우도 있다.

해설 요독증은 크롬 중독 시 발생하는 질환이다.

96. 유해물질을 생리적 작용에 의하여 분류한 자극제에 관한 설명으로 옳지 않은 것은?

① 상기도의 점막에 작용하는 자극제는 크롬산, 산화에틸렌 등이 해당된다.
② 상기도 점막과 호흡기관지에 작용하는 자극제는 불소, 요오드 등이 해당된다.
③ 호흡기관의 종말기관지와 폐포점막에 작용하는 자극제는 수용성 높아 심각한 영향을 준다.
④ 피부와 점막에 작용하여 부식작용을 하거나 수포를 형성하는 물질을 자극제라고 하며 고농도로 눈에 들어가면 결막염과 각막염을 일으킨다.

해설 가스의 수용성 정도에 따라 용해도가 높은 경우 코나 상기도 점막에 주로 흡수되어 폐포에는 상대적으로 덜 영향을 준다.

97. 어떤 물질의 독성에 관한 인체실험 결과 안전흡수량이 체중 1kg당 0.15mg이었다. 체중이 70kg인 근로자가 1일 8시간 작업할 경우, 이 물질의 체내 흡수를 안전흡수량 이하로 유지하려면, 공기 중 농도를 약 얼마 이하로 하여야 하는가? [단, 작업 시 폐환기율(또는 호흡률)은 1.3m³/h, 체내 잔류율은 1.0으로 한다.]

① 0.52mg/m³
② 1.01mg/m³
③ 1.57mg/m³
④ 2.02mg/m³

해설 안전흡수량
안전흡수량 $= C \times T \times V \times R$
$$\therefore C = \frac{안전흡수량}{T \times V \times R} = \frac{0.15mg/kg \times 70kg}{8hr \times 1.3m^3/hr \times 1.0}$$
$$= 1.01mg/m^3$$

※ SHD(안전흡수량): 체중 kg당 흡수량이므로 체중을 곱해 주어야 함

해답 93. ④ 94. ② 95. ④ 96. ③ 97. ②

98. ACGIH에서 규정한 유해물질 허용기준에 관한 사항으로 옳지 않은 것은?

① TLV-C: 최고 노출기준

② TLV-STEL: 단기간 노출기준

③ TLV-TWA: 8시간 평균 노출기준

④ TLV-TLM: 시간가중 한계농도기준

해설 허용농도

- TLV-TWA: 1일 8시간 작업을 기준으로 유해요인의 측정 농도에 발생시간을 곱하여 8시간으로 나눈 농도로서 TWA 라 하며, 다음 식에 의해 산출한다.

  $TWA = (C_1T_1 + C_2T_2 + \cdots + C_nT_n)/8$

- TLV-STEL: 근로자가 1회에 15분간 유해요인에 노출되는 경우 허용농도로서 이 농도 이하에서 1회 노출시간이 1시간 이상인 경우 1일 작업시간 동안 4회까지 노출이 허용될 수 있는 단시간 노출한계를 뜻한다.

- TLV-C: 근로자가 1일 작업시간 동안 잠시라도 노출되어서는 안 되는 최고허용농도를 뜻하며 허용농도 앞에 "C"를 표기한다.

99. 먼지가 호흡기계로 들어올 때 인체가 가지고 있는 방어기전으로 가장 적정하게 조합된 것은?

① 면역작용과 폐내의 대사 작용

② 폐포의 활발한 가스교환과 대사 작용

③ 점액 섬모운동과 가스교환에 의한 정화

④ 점액 섬모운동과 폐포의 대식세포의 작용

해설 점액 섬모운동과 폐포의 대식세포의 작용

㉠ 점액 섬모운동

- 가장 기초적인 방어기전(작용)이며, 점액 섬모운동에 의한 배출 시스템으로 폐로 이동하는 과정에서 이물질을 제거하는 역할을 한다.

- 기관지(벽)에서의 방어기전을 의미한다.

- 정화작용을 방해하는 물질은 카드뮴, 니켈, 황화합물 등이다.

㉡ 대식세포(macrophage)

- 우리 몸을 구성하는 중요한 선천면역세포 중 하나이다.

- 모든 조직에 다양한 형태로 분포하며 정상상태에서는 침입한 외부 병원체 및 독성물질에 대한 포식작용을 통해 몸을 보호하는 역할을 수행한다.

100. 공기 중 입자상 물질의 호흡기계 축적기전에 해당하지 않는 것은?

① 교환   ② 충돌

③ 침전   ④ 확산

해설 입자상 물질의 호흡기계 축적기전

충돌, 침강, 차단, 확산, 정전기

해답 98. ④ 99. ④ 100. ①

| 1 | 산업위생학개론

1. 다음 중 재해예방의 4원칙에 관한 설명으로 옳지 않은 것은?

① 재해발생과 손실의 관계는 우연적이므로 사고의 예방이 가장 중요하다.

② 재해발생에는 반드시 원인이 있으며, 사고와 원인의 관계는 필연적이다.

③ 재해는 예방이 불가능하므로 지속적인 교육이 필요하다.

④ 재해예방을 위한 가능한 안전대책은 반드시 존재한다.

해설 재해예방의 4원칙
- 재해는 원칙적으로 모두 방지가 가능하다(예방가능의 원칙).
- 재해발생과 손실발생은 우연적이므로 사고발생 자체의 방지가 이루어져야 한다(손실우연의 원칙).
- 재해발생에는 반드시 원인이 있으며, 사고와 원인의 관계는 필연적이다(원인계기의 원칙).
- 재해예방을 위한 가능한 안전대책은 반드시 존재한다(대책선정의 원칙).

2. 다음 중 실내환경 공기를 오염시키는 요소로 볼 수 없는 것은?

① 라돈　　　　　② 포름알데히드
③ 연소가스　　　④ 체온

해설 실내환경 공기를 오염시키는 요소
- 이산화질소(NO_2)　　· 일산화탄소(CO)
- 이산화탄소(CO_2)　　· 미세먼지(PM10)
- 초미세먼지(PM2.5)　· 포름알데히드(HCHO)
- 총 휘발성 유기화합물(TVOC)
- 라돈(radon)　　　　· 총 부유세균
- 곰팡이

※ 체온은 실내 공기오염과 관계가 없다.

3. 300명의 근로자가 1주일에 40시간, 연간 50주를 근무하는 사업장에서 1년 동안 50건의 재해로 60명의 재해자가 발생하였다. 이 사업장의 도수율은 약 얼마인가? (단, 근로자들은 질병, 기타 사유로 인하여 총 근로시간의 5%를 결근하였다.)

① 93.33　　　　② 87.72
③ 83.33　　　　④ 77.72

해설 도수율(빈도율)
1,000,000근로시간당 요양재해발생 건수를 의미한다.
도수율=(재해건수/연근로시간수)×1,000,000
- 연근로시간수=근로자수×8hr(1일 근로시간)×300일(년)
- 위 문제에서 연간 근로시간수는 1주일에 40hr, 연간 50주이므로
- 연근로시간수=근로자수300인×(40hr/인)×50주(연)×총 근무율
- 총 근무율=결근율이 총 근로시간의 5%이므로 총 근무율은 0.95이다.
  따라서 연근로시간수에 총 근무율(0.95)를 곱해주어야 한다.
  ∴ 도수율(빈도율)
$$= \frac{50건}{300인 \times 40시간/인 \times 50주 \times 0.95} \times 10^6 = 87.72$$

4. 다음 근육운동에 동원되는 주요 에너지 생산방법 중 혐기성 대사에 사용되는 에너지원이 아닌 것은?

해답 1. ③　2. ④　3. ②　4. ③

① 아데노신 삼인산　　② 크레아틴 인산
③ 지방　　　　　　　④ 글리코겐

해설 혐기성 대사에 사용되는 에너지원은 아데노신 삼인산(ATP), 크레아틴 인산(CP), 글리코겐 또는 포도당이다.

5. 다음 중 피로에 관한 설명으로 틀린 것은?
   ① 일반적인 피로감은 근육 내 글리코겐의 고갈, 혈중 글루코오스의 증가, 혈중 젖산의 감소와 일치하고 있다.
   ② 충분한 영양섭취와 휴식은 피로의 예방에 유효한 방법이다.
   ③ 피로의 주관적 측정방법으로는 CMI(Cornel Medical Index)를 이용한다.
   ④ 피로는 질병이 아니고 원래 가역적인 생체반응이며 건강장해에 대한 경고적 반응이다.

해설
• 운동을 시작하면 먼저 혐기성 에너지원이 소모되다가 약 2분이 경과되면 호기성 대사가 시작된다.
• 물질대사에 의한 노폐물인 젖산 등의 피로물질이 체내에 축적된다.

6. 다음 중 「산업안전보건법령」상 물질안전보건자료(MSDS)의 작성 원칙에 관한 설명으로 가장 거리가 먼 것은?)
   ① MSDS의 작성단위는 「계량에 관한 법률」이 정하는 바에 의한다.
   ② MSDS는 한글로 작성하는 것을 원칙으로 하되 화학물질명, 외국기관명 등의 고유명사는 영어로 표기할 수 있다.
   ③ 각 작성항목은 빠짐없이 작성하여야 하며, 부득이 어느 항목에 대해 관련 정보를 얻을 수 없는 경우, 작성란은 공란으로 둔다.
   ④ 외국어로 되어 있는 MSDS를 번역하는 경우에는 자료의 신뢰성이 확보될 수 있도록 최초 작성기관명 및 시기를 함께 기재하여야 한다.

해설 화학물질의 분류·표시 및 물질안전보건자료에 관한 기준[고용노동부고시 제2020-130호] 제11조(작성원칙)
⑦ 각 작성항목은 빠짐없이 작성하여야 한다. 다만, 부득이 어느 항목에 대해 관련 정보를 얻을 수 없는 경우에는 작성

란에 "자료 없음"이라고 기재하고, 적용이 불가능하거나 대상이 되지 않는 경우에는 작성란에 "해당 없음"이라고 기재한다.

7. 「산업안전보건법령」상 사무실 공기관리에 대한 설명으로 옳지 않은 것은?
   ① 관리기준은 8시간 시간가중평균농도 기준이다.
   ② 이산화탄소와 일산화탄소는 비분산적외선검출기의 연속 측정에 의한 직독식 분석방법에 의한다.
   ③ 이산화탄소의 측정결과 평가는 각 지점에서 측정한 측정치 중 평균값을 기준으로 비교·평가한다.
   ④ 공기의 측정시료는 사무실 안에서 공기질이 가장 나쁠 것으로 예상되는 2곳 이상에서 채취하고, 측정은 사무실 바닥면으로부터 0.9~1.5m의 높이에서 한다.

해설 「산업안전보건법령」상 사무실 공기관리지침
사무실 공기질 측정결과는 측정치 전체에 대한 평균값을 오염물질별 관리기준과 비교하여 평가한다. 단, 이산화탄소는 각 지점에서 측정한 측정치 중 최고값을 기준으로 비교·평가한다.

8. 영국에서 최초로 직업성 암을 보고하여, 1788년에 굴뚝 청소부법이 통과되도록 노력한 사람은?
   ① Ramazzini　　　② Paracelsus
   ③ Percivall Pott　④ Robert Owen

해설 Percival Pott(영국)
• 세계 최초로 연통을 청소하는 10세 이하 어린이에게서 음낭암의 발병을 발견하였다.
• 검댕 중 다환방향족 탄화수소(PAHs)가 원인 물질임을 발견하였다.

9. 미국산업안전보건연구원(NIOSH)의 중량물 취급 작업 기준 중, 들어올리는 물체의 폭에 대한 기준은 얼마인가?
   ① 55cm 이하　　　② 65cm 이하
   ③ 75cm 이하　　　④ 85cm 이하

해답 5. ①　6. ③　7. ③　8. ③　9. ③

해설 NIOSH권고기준(RWL, Recommended Weight Limit)

$$RWL(\text{kg}) = LC \times HM \times VM \times DM \times AM \times FM \times CM$$

여기서, LC : 중량상수 또는 부하상수(23kg)

　　HM : 25/H(수평거리에 따른 계수)

　　VM : 1−0.003[V−75](수직거리에 따른 계수)

　　DM : 0.82+(4.5/D)(물체의 이동거리에 따른 계수)

　　AM : 1−(0.0032A)(A: 물체의 위치가 사람의 정중 면에서 벗어난 각도), (대칭계수)

　　FM : 작업의 빈도에 따른 계수(빈도계수표에서 값을 구함)

　　CM : 손잡이계수(손잡이 계수표에서 값을 구함)

10. 다음 중 작업종류별 바람직한 작업시간과 휴식시간을 배분한 것으로 옳지 않은 것은?

① 사무작업: 오전 4시간 중에 2회, 오후 1시에서 4시 사이에 1회, 평균 10~20분 휴식

② 정신집중작업: 가장 효과적인 것은 60분 작업에 5분간 휴식

③ 신경운동성의 경속도 작업: 40분간 작업과 20분간 휴식

④ 중근작업: 1회 계속작업을 1시간 정도로 하고, 20~30분씩 오전에 3회, 오후에 2회 정도 휴식

해설 정신집중작업은 50분 작업에 10분 휴식 또는 30분 작업에 5분간 휴식하는 것이 가장 효과적이다.

11. "근로자 또는 일반대중에게 질병, 건강장해, 불편함, 심한 불쾌감 및 능률 저하 등을 초래하는 작업요인과 스트레스를 예측, 측정, 평가하고 관리하는 과학과 기술"이라고 산업위생을 정의하는 기관은?

① 미국산업위생학회(AIHA)

② 국제노동기구(ILO)

③ 세계보건기구(WHO)

④ 산업안전보건청(OSHA)

해설 AIHA(American Inderstrial Hygiene Asosociation), 즉 미국 산업위생학회에 대한 설명이다.

12. 다음 중 노동의 적응과 장애에 관련된 내용으로 적절하지 않은 것은?

① 인체는 환경에서 오는 여러 자극(stress)에 대하여 적응하려는 반응을 일으킨다.

② 인체에 적응이 일어나는 과정은 뇌하수체와 부신피질을 중심으로 한 특유의 반응이 일어나는데, 이를 '부적응증상군'이라고 한다.

③ 직업에 따라 신체 형태와 기능에 국소적 변화가 일어나는데, 이것을 '직업성 변이(occupational stigmata)'라고 한다.

④ 외부의 환경변화나 신체활동이 반복되면 조절 기능이 원활해지며, 이에 숙련 습득된 상태를 '순화'라고 한다.

해설 인체에 적응이 일어나는 과정은 뇌하수체와 부신피질을 중심으로 한 특유의 반응이 일어나는데, 이를 '적응증상군'이라고 한다.

13. 「산업안전보건법령」에 따라 단위작업장소에서 동일 작업근로자 13명을 대상으로 시료를 채취할 때의 최초 시료채취 근로자수는 몇 명인가?

① 1명　　　　　　② 2명

③ 3명　　　　　　④ 4명

해설 「작업환경측정 및 정도관리 등에 관한 고시」

[고용노동부고시 제2020−44호] 제19조(시료채취 근로자수)

① 단위작업 장소에서 최고 노출근로자 2명 이상에 대하여 동시에 개인 시료채취 방법으로 측정하되, 단위작업 장소에 근로자가 1명인 경우에는 그러하지 아니하며, 동일 작업근로자수가 10명을 초과하는 경우에는 매 5명당 1명 이상 추가하여 측정하여야 한다. 다만, 동일 작업근로자수가 100명을 초과하는 경우에는 최대 시료채취 근로자수를 20명으로 조정할 수 있다.

② 지역 시료채취 방법으로 측정을 하는 경우 단위작업장소 내에서 2개 이상의 지점에 대하여 동시에 측정하여야 한다. 다만, 단위작업 장소의 넓이가 50평방미터 이상인 경우에는 매 30평방미터마다 1개 지점 이상을 추가로 측정하여야 한다.

14. 미국산업위생학술원(AAIH)이 채택한 윤리강령 중 산업위생전문가가 지켜야 할 책임과 거리가 먼 것은?

해답 10. ② 11. ① 12. ② 13. ③ 14. ④

① 기업체의 기밀은 누설하지 않는다.

② 과학적 방법의 적용과 자료의 해석에서 객관성을 유지한다.

③ 근로자, 사회 및 전문 직종의 이익을 위해 과학적 지식을 공개하고 발표한다.

④ 전문적 판단이 타협에 의하여 좌우될 수 있는 상황에 개입하여 객관적 자료로 판단한다.

해설 전문적 판단이 타협에 의하여 좌우될 수 있거나 이해관계가 있는 상황에는 개입하지 않는다.

15. 다음 중 직업병 예방을 위하여 설비 개선 등의 조치로는 어려운 경우 가장 마지막으로 적용하는 방법은?

① 격리 및 밀폐

② 개인보호구의 지급

③ 환기시설 등의 설치

④ 공정 또는 물질의 변경, 대치

해설 개인보호구의 지급은 최후의 방어수단으로 사용해야 하며 이후에도 계속적으로 개선의 노력을 하여야 한다.

16. 다음 중 ACGIH에서 권고하는 TLV-TWA(시간가중 평균치)에 대한 근로자 노출의 상한치와 노출가능시간의 연결로 옳은 것은?

① TLV-TWA의 3배 : 30분 이하

② TLV-TWA의 3배 : 60분 이하

③ TLV-TWA의 5배 : 5분 이하

④ TLV-TWA의 5배 : 15분 이하

해설 허용농도 상한치(excursion li mits)
• 단시간허용노출기준(TLV-STEL)이 설정되어 있지 않은 물질에 대하여 적용한다.
• 시간가중평균치(TLV-TWA)의 3배는 30분 이상을 초과할 수 없다.
• 시간가중평균치(TLV-TWA)의 5배는 잠시라도 노출되어서는 안 된다.
• 시간가중평균치(TLV-TWA)를 초과되어서는 아니 된다.

17. 정상 작업영역에 대한 정의로 옳은 것은?

① 윗팔은 몸통 옆에 자연스럽게 내린 자세에서 아랫팔의 움직임에 의해 편안하게 도달 가능

한 작업영역

② 어깨로부터 팔을 뻗어 도달 가능한 작업영역

③ 어깨로부터 팔을 머리 위로 뻗어 도달 가능한 작업영역

④ 윗팔은 몸통 옆에 자연스럽게 내린 자세에서 손에 쥔 수공구의 끝부분이 도달 가능한 작업영역

해설
㉠ 정상작업역
• 상완을 자연스럽게 수직으로 늘어뜨린 채 전완만으로 편안하게 뻗어 파악할 수 있는 영역(약 35~45cm)
• 움직이지 않고 전박과 손으로 조작할 수 있는 범위
• 앉은 자세에서 윗팔은 몸에 붙이고, 아랫팔만 곧게 뻗어 닿는 범위
㉡ 최대작업영역 : 윗팔과 아랫팔을 곧게 뻗어서 닿는 영역, 상지를 뻗어서 닿는 범위(55~65cm)

18. 「산업안전보건법령」상의 "충격소음작업"은 몇 dB 이상의 소음이 1일 100회 이상 발생되는 작업을 말하는가?

① 110   ② 120

③ 130   ④ 140

해설 충격소음 측정방법(고용노동부 고시)
"충격소음작업"이란 소음이 1초 이상의 간격으로 발생하는 작업으로서 다음 각 목의 어느 하나에 해당하는 작업을 말한다.
• 120데시벨을 초과하는 소음이 1일 1만 회 이상 발생하는 작업
• 130데시벨을 초과하는 소음이 1일 1천 회 이상 발생하는 작업
• 140데시벨을 초과하는 소음이 1일 1백 회 이상 발생하는 작업

19. 다음 중 전신피로에 관한 설명으로 틀린 것은?

① 작업에 의한 근육 내 글리코겐 농도의 변화는 작업자의 훈련 유무에 따라 차이를 보인다.

② 작업강도가 증가하면 근육 내 글리코겐 양이 비례적으로 증가되어 근육피로가 발생된다.

③ 작업강도가 높을수록 혈중 포도당 농도는 급속히 저하하며, 이에 따라 피로감이 빨리 온다.

해답 15. ② 16. ① 17. ① 18. ④ 19. ②

④ 작업대사량의 증가에 따라 산소소비량도 비례하여 증가하나, 작업대사량이 일정한계를 넘으면 산소소비량은 증가하지 않는다.

해설 작업강도가 증가하면 근육 내 글리코겐 양이 급속히 저하하며, 이에 따라 피로감도 빨리 온다.

20. 크롬에 노출되지 않은 집단의 질병발생률은 1.0이었고, 노출된 집단의 질병발생률은 1.2였을 때, 다음 설명으로 옳지 않은 것은?

① 크롬의 노출에 대한 귀속위험도는 0.2이다.
② 크롬의 노출에 대한 비교위험도는 1.2이다.
③ 크롬에 노출된 집단의 위험도가 더 큰 것으로 나타났다.
④ 비교위험도는 크롬의 노출이 기여하는 절대적인 위험률의 정도를 의미한다.

해설 상대위험도(상대위험비, 비교위험도)
• 어떠한 유해요인, 즉 위험요인이 비노출군에 비해 노출군에서 질병에 걸린 위험도가 어떠한가를 나타내는 것으로 노출군에서의 발생률을 비노출군에서의 발병률로 나눈 값을 말한다.

$$상대위험도 = \frac{노출군에서\ 질병발생률}{비노출군에서\ 질병발생률}$$
$$= \frac{위험요인이\ 있는\ 해당군의\ 해당\ 질병발생률}{위험요인이\ 없는\ 해당군의\ 해당\ 질병발생률}$$

• 상대위험비=1, 노출과 질병 사이의 연관성 없음
• 상대위험비>1, 위험의 증가
• 상대위험비<1, 질병에 대한 방어효과가 있음

|2| 작업위생측정 및 평가

21. 자연습구온도는 31℃, 흑구온도는 24℃, 건구온도는 34℃인 실내작업장에서 시간당 400칼로리가 소모된다면 계속작업을 실시하는 주조공장의 WBGT는 몇 ℃인가? (단, 고용노동부 고시를 기준으로 한다.)

① 28.9
② 29.9
③ 30.9
④ 31.9

해설 습구흑구온도지수(WBGT)
• 옥내 또는 옥외(태양광선이 내리쬐지 않는 장소)
 WBGT=0.7NWB+0.3GT
• NWB: 자연습구온도, GT: 흑구온도, DT: 건구온도
 ∴ WBGT=0.7×31℃ + 0.3×24℃=28.9℃

22. 작업환경측정의 단위표시로 틀린 것은? (단, 고용노동부 고시를 기준으로 한다.)

① 미스트, 흄의 농도는 ppm, mg/mm^3로 표시한다.
② 소음수준의 측정단위는 dB(A)로 표시한다.
③ 석면의 농도는 섬유개수(개/cm^3)로 표시한다.
④ 고열(복사열 포함)의 측정단위는 섭씨온도(℃)로 표시한다.

해설 미스트는 mg/mm^3로 표시하고 가스상 물질은 ppm으로 표시한다.

23. 공기 시료채취 시 공기유량과 용량을 보정하는 표준기구 중 1차 표준기구는?

① 흑연 피스톤 미터
② 로타 미터
③ 습식테스트 미터
④ 건식가스 미터

해설 1차 표준기구
비누거품미터, 폐활량계, 가스 치환병, 유리피스톤 미터, 흑연 피스톤 미터, 피토트튜브

24. 고열 측정방법에 관한 내용이다. ( ) 안에 들어갈 내용으로 맞는 것은? (단, 고용노동부 고시를 기준으로 한다.)

> 측정기기를 설치하고 일정시간 안정화시킨 후 측정을 실시하고, 고열작업에 대해 측정하고자 할 경우에는 1일 작업시간 중 최대로 높은 고열에 노출되고 있는 (㉠)시간을 (㉡)분 간격으로 연속하여 측정한다.

① ㉠: 1, ㉡: 5
② ㉠: 2, ㉡: 5
③ ㉠: 1, ㉡: 10
④ ㉠: 2, ㉡: 10

해설 작업환경측정 및 정도관리 등에 관한 고시[고용노동부고시 제2020-44호] 제31조(측정방법 등)
고열 측정은 다음 각 호의 방법에 따른다.

해답 20. ④ 21. ① 22. ① 23. ① 24. ③

1. 측정은 단위작업 장소에서 측정대상이 되는 근로자의 주 작업 위치에서 측정한다.
2. 측정기의 위치는 바닥 면으로부터 50센티미터 이상, 150센티미터 이하의 위치에서 측정한다.
3. 측정기를 설치한 후 충분히 안정화시킨 상태에서 1일 작업시간 중 가장 높은 고열에 노출되는 1시간을 10분 간격으로 연속하여 측정한다.

25. 흉곽성 입자상 물질(TPM)의 평균입경(μm)은? (단, ACGIH 기준)

① 1   ② 4
③ 10   ④ 50

해설 입자 크기별 기준(ACGIH, TLV)
- 흡입성 입자상 물질(IPM): 비강, 인후두, 기관 등 호흡기에 침착 시 독성을 유발하는 분진으로 평균입경은 100μm(폐 침착의 50%에 해당하는 입자 크기)
- 흉곽성 입자상 물질(TPM): 기도, 하기도에 침착하여 독성을 유발하는 물질로 평균입경 10μm
- 호흡성 입자상 물질(RPM): 가스교환 부위인 폐포에 침착 시 독성유발물질로, 평균입경 4μm

26. 일반적으로 소음계는 A, B, C 세 가지 특성에서 측정할 수 있도록 보정되어 있다. 그중 A특성치는 몇 phon의 등감곡선에 기준한 것인가?

① 20phon   ② 40phon
③ 70phon   ④ 100phon

해설 dB(A)
40phon 곡선 기준, 음압 레벨이나 소음 레벨 측정에 사용한다.

27. 입자상 물질인 흄(fume)에 관한 설명으로 옳지 않은 것은?

① 용접공정에서 흄이 발생한다.
② 일반적으로 흄은 모양이 불규칙하다.
③ 흄의 입자크기는 먼지보다 매우 커 폐포에 쉽게 도달하지 않는다.
④ 흄은 상온에서 고체상태의 물질이 고온으로 액체화된 다음 증기화되고, 증기물의 응축 및 산화로 생기는 고체상의 미립자이다.

해설 흄의 입자 크기는 먼지보다 매우 작아 폐포에 도달하기 쉽다.

28. 다음의 유기용제 중 실리카겔에 대한 친화력이 가장 강한 것은?

① 알코올류   ② 케톤류
③ 올레핀류   ④ 에스테르류

해설 실리카겔의 친화력이 강한 순서(극성)
물 > 알코올류 > 알데히드류 > 케톤류 > 에스테르류 > 방향족 탄화수소류 > 올레핀류 > 파라핀류

29. 다음 중 0.2~0.5m/sec 이하의 실내기류를 측정하는 데 사용할 수 있는 온도계는?

① 금속온도계   ② 건구온도계
③ 카타온도계   ④ 습구온도계

해설 카타온도계
- 알코올 눈금이 100℉에서 95℉까지 내려가는 데 소요되는 시간을 4~5회 측정한다.
- 0.2~0.5m/sec 정도의 실내 기류를 측정 시 Kata 냉각력과 온도차를 기류 산출 공식에 대입하여 풍속을 구한다.

30. 누적소음노출량(D, %)을 적용하여 시간가중평균소음기준(TWA, dB(A))을 산출하는 식은? (단, 고용노동부 고시를 기준으로 한다.)

① $TWA = 61.16 \log\left(\dfrac{D}{100}\right) + 70$

② $TWA = 16.61 \log\left(\dfrac{D}{100}\right) + 70$

③ $TWA = 16.61 \log\left(\dfrac{D}{100}\right) + 90$

④ $TWA = 61.16 \log\left(\dfrac{D}{100}\right) + 90$

해설 시간가중평균소음수준(TWA)

$$TWA = 16.61 \log\left[\dfrac{D(\%)}{100}\right] + 90[dB(A)]$$

여기서, TWA: 시간가중평균소음수준(dB(A))
$\quad\quad\quad D$: 누적소음 폭로량(%)

31. 다음 소음의 측정시간에 관련한 내용에서 ( ) 안에 들어갈 수치로 알맞은 것은? (단, 고용노동부 고시를 기준으로 한다.)

해답 25. ③   26. ②   27. ③   28. ①   29. ③   30. ③
31. ②

단위작업장소에서의 소음발생시간이 6시간 이내인 경우나 소음발생원에서의 발생시간이 간헐적인 경우에는 발생시간 동안 연속 측정하거나 등간격으로 나누어 (   )회 이상 측정하여야 한다.

① 2   ② 4
③ 6   ④ 8

해설 고용노동부 고시 소음측정방법
- 단위작업장소에서 소음수준은 규정된 측정위치 및 지점에서 1일 작업시간 동안 6시간 이상 연속 측정하거나 작업시간을 1시간 간격으로 나누어 6회 이상 측정하여야 한다. 다만, 소음의 발생특성이 연속음으로서 측정치가 변동이 없다고 자격자 또는 지정측정기관이 판단한 경우에는 1시간 동안을 등간격으로 나누어 3회 이상 측정할 수 있다.
- 단위작업장소에서의 소음발생시간이 6시간 이내인 경우나 소음발생원에서의 발생시간이 간헐적인 경우에는 발생시간 동안 연속 측정하거나 등간격으로 나누어 4회 이상 측정하여야 한다.

32. 작업환경공기 중 A물질(TLV 10ppm) 5ppm, B물질(TLV 100ppm)이 50 ppm, C물질(TLV 100ppm)이 60ppm 있을 때, 혼합물의 허용농도는 약 몇 ppm인가? (단, 상가작용 기준)

① 78   ② 72
③ 68   ④ 64

해설 노출지수(EI)
$= C_1/TLV_1 + C_2/TLV_2 + C_3/TLV_3$
$=$5ppm/10ppm $+$ 50ppm/100ppm $+$ 60ppm/100ppm
$=1.6$(1을 초과하므로 허용농도 초과 판정)

※ 보정된 허용농도(기준)=혼합물의 공기 중 농도
∴ $(C_1 + C_2 + C_3)$ / 노출지수
  $=$(5ppm$+$50ppm$+$60ppm)/1.6$=71.875$ppm
  $≒72$ppm

33. 입자상 물질을 채취하는 데 이용되는 PVC 여과지에 대한 설명으로 틀린 것은?

① 유리규산을 채취하여 X-선 회절분석법에 적합하다.
② 수분에 대한 영향이 크지 않다.
③ 공해성 먼지, 총 먼지 등의 중량분석에 용이하다.

④ 산에 쉽게 용해되어 금속 채취에 적당하다.

해설 산에 용해되지 않고 흡수성이 낮아 호흡성 분진, 총분진, 6가 크롬, 시료 채취에 사용하고 중량 분석에 이용한다.

34. 절삭작업을 하는 작업장의 오일미스트 농도 측정결과가 아래 표와 같다면 오일미스트의 TWA는 얼마인가?

측정 시간	오일미스트 농도(mg/m³)
09:00–10:00	0
10:00–11:00	1.0
11:00–12:00	1.5
13:00–14:00	1.5
14:00–15:00	2.0
15:00–17:00	4.0
17:00–18:00	5.0

① 3.24mg/m³   ② 2.38mg/m³
③ 2.16mg/m³   ④ 1.78mg/m³

해설 시간가중 평균노출기준 TWA(Time Weighted Average)
- 1일 8시간 작업을 기준으로 하여 유해인자의 측정치에 발생시간을 곱하여 8시간으로 나눈 값이다.
- $TWA = C_1 T_1 + C_2 T_2 + \cdots + C_n T_n / 8$
∴ $(0×1+1×1+1.5×1+1.5×1+2×1+4×2+5×1)/8$
  $=2.375≒2.38$mg/m³

35. 작업장에서 오염물질 농도를 측정했을 때 일산화탄소(CO)가 0.01%였다면 이때 일산화탄소 농도(mg/m³)는 약 얼마인가? (단, 25℃, 1기압 기준이다.)

① 95   ② 105
③ 115   ④ 125

해설 1%는 10,000ppm이므로
0.01%×10,000ppm/1%=100ppm
CO 농도 ppm을 mg/m³으로 단위환산하면,
(25℃, 1기압이므로 온도와 압력은 보정하지 않는다.)
mg/m³=100ppm×28/24.45=114.52mg/m³≒115mg/m³

36. 다음 중 석면을 포집하는 데 적합한 여과지는?

① 은막 여과지   ② 섬유상 막여과지

③ PTEE 막여과지   ④ MCE 막여과지

> **해설** MCE 막여과지
> 산에 쉽게 용해되고 가수분해되어 습식·회화되어 전자현미경 등으로 석면분석에 용이하다.

37. 작업 환경 측정 결과 측정치가 다음과 같을 때, 평균편차는 얼마인가?

7, 5, 15, 20, 8

① 2.8   ② 5.2

③ 11   ④ 17

> **해설** 평균편차
> • 산술평균: (7+5+15+20+8)/5=11
> • 평균편차: (|7−11|+|5−11|+|15−11|+|20−11|+|8−11|)/5
>   =5.2

38. 초기 무게가 1.260g인 깨끗한 PVC 여과지를 하이볼륨(High-volume) 시료 채취기에 장착하여 작업장에서 오전 9시부터 오후 5시까지 2.5L/분의 유량으로 시료 채취기를 작동시킨 후 여과지의 무게를 측정한 결과가 1.280g이었다면 채취한 입자상 물질의 작업장 내 평균농도(mg/m^3)는?

① 7.8   ② 13.4

③ 16.7   ④ 19.2

> **해설** 입자상 물질의 작업장 내 평균농도(mg/m^3)
> • 시료 무게=여과지 채취 후 무게(mg)
>   −여과지 채취 전 무게(mg)
>   =1.280g−1.260g=0.02g, mg으로 환산 20mg
> • 포집량=포집유량×포집시간
>   =2.5L/min×480min(8hr×60min)=1,200L/min
>   L/min을 m^3/min =1/1,000
>   1,200L/min/1,000=1.2m^3
> ∴ 평균농도(mg/m^3)=20mg/1.2m^3=16.66mg/m^3
>   ≒16.7mg/m^3

39. 다음 중 표본에서 얻은 표준편차와 표본의 수만 가지고 얻을 수 있는 것은?

① 산술평균치   ② 분산

③ 변이계수   ④ 표준오차

> **해설**
> 변동계수(=변이계수, Coefficient of Variation)는 표준편차를 평균으로 나눈 값을 의미한다.

40. 누적소음노출량 측정기로 소음을 측정하는 경우, 기기 설정으로 적절한 것은? (단, 고용노동부 고시를 기준으로 한다.)

① Criteria=80dB, Exchange Rate=5dB, Threshold=90dB

② Criteria=80dB, Exchange Rate=10dB, Threshold=90dB

③ Criteria=90dB, Exchange Rate=10dB, Threshold=80dB

④ Criteria=90dB, Exchange Rate=5dB, Threshold=80dB

> **해설** 작업환경측정 및 정도관리 등에 관한 고시 제26조(소음측정방법) ④ 누적소음노출량 측정기로 소음을 측정하는 경우에는 Criteria는 90dB, Exchange Rate는 5dB, Threshold는 80dB로 기기를 설정할 것

| 3 | 작업환경관리대책

41. 후드의 정압이 50mmH₂O이고 덕트 속도압이 20mmH₂O일 때, 후드의 압력손실계수는?

① 1.5   ② 2.0

③ 2.5   ④ 3.0

> **해설**
> 후드의 정압$(SPh) = VP(1+F)$
> 50mmH₂O=20mmH₂O(1+F)
> (1+F)=50mmH₂O / 20mmH₂O
> ∴ F=(50mmH₂O / 20mmH₂O)−1=1.5

해답 36. ④   37. ②   38. ③   39. ④   40. ④   41. ①

42. 내경이 15mm인 관에 40m/min의 속도로 비압축성 유체가 흐르고 있다. 같은 조건에서 내경만 10mm로 변화하였다면, 유속은 약 몇 m/min인가? (단, 관 내 유체의 유량은 같다.)

① 90   ② 120
③ 160   ④ 210

해설 $Q = A \times V$
유속: 40m/min
A는 원형관이므로 면적은 $\pi d^2/4$으로 계산한다.
$3.14 \times (0.015m)^2 / 4 = 0.0001755$
$40 \times 0.0001755 = 0.007065$
$V = Q/A$, A: $3.14 \times (0.01m)^2 / 4 = 0.00785$
$\therefore$ $V = 0.007065 / 0.0000785 = 90m^3/min$

43. 0℃, 1기압에서 A기체의 밀도가 1.415kg/m³일 때, 100℃, 1기압에서 A기체의 밀도는 몇 kg/m³인가?

① 0.903   ② 1.036
③ 1.085   ④ 1.411

해설 온도 차이에 따른 밀도 보정
$1.415kg/m^3 \times (273+0℃)(760)/(273+100℃)(760)$
$= 1.0356kg/m^3 \fallingdotseq 1.0356kg/m^3$

44. 다음 중 덕트 내 공기의 압력을 측정할 때 사용하는 장비로 가장 적절한 것은?

① 피토관   ② 타코메타
③ 열선유속계   ④ 회전날개형 유속계

해설 피토관은 덕트 내 정압, 동압, 속도압을 측정할 수 있다.

45. 다음 중 귀마개의 특징과 가장 거리가 먼 것은?

① 제대로 착용하는 데 시간이 걸린다.
② 보안경 사용 시 차음효과가 감소한다.
③ 착용 여부 파악이 곤란하다.
④ 귀마개 오염에 따른 감염 가능성이 있다.

해설 보안경 착용과 관계없이 착용이 가능한 것이 귀마개의 장점이다. 귀덮개는 보안경 착용 시 차음효과가 감수될 수 있다.

46. 다음 중 국소배기장치에서 공기공급시스템이 필요한 이유와 가장 거리가 먼 것은?

① 에너지 절감
② 안전사고 예방
③ 작업장의 교차기류 촉진
④ 국소배기장치의 효율 유지

해설 공기공급시스템이 필요한 이유
• 국소배기장치의 원활한 작동을 위하여
• 국소배기장치의 효율 유지를 위하여
• 안전사고를 예방하기 위하여(작업장 내 음압이 형성되어 작업장 출입 시 출입문에 의한 사고 발생)
• 에너지(연료)를 절약하기 위하여(흡기저항이 증가하여 에너지손실이 발생)
• 작업장 내의 방해기류(교차기류)가 생기는 것을 방지하기 위하여
• 외부공기가 정화되지 않은 채로 건물 내로 유입되는 것을 막기 위해
• 근로자에게 영향을 미치는 냉각기류를 제거하기 위하여

47. 오후 6시 20분에 측정한 사무실 내 이산화탄소의 농도는 1,200ppm, 사무실이 빈 상태로 1시간이 경과한 오후 7시 20분에 측정한 이산화탄소의 농도는 400ppm이었다. 이 사무실의 시간당 공기교환 횟수는? (단, 외부공기 중의 이산화탄소의 농도는 330ppm이다.)

① 0.56   ② 1.22
③ 2.52   ④ 4.26

해설 시간당 공기교환횟수
$$= \frac{\ln(\text{측정 초기농도} - \text{외부 } CO_2 \text{ 농도}) - \ln(\text{시간이 지난 후 농도} - \text{외부 } CO_2 \text{ 농도})}{\text{경과된 시간}}$$
$$= \frac{\ln(1,200-330) - \ln(400-330)}{1} = 2.52\text{회/hr}$$

48. 안지름이 200mm인 관을 통하여 공기를 55 m³/min의 유량으로 송풍할 때, 관 내 평균유속은 약 몇 m/sec인가?

① 21.8   ② 24.5

③ 29.2   ④ 32.2

해설 $Q = A \times V$

유량 Q를 min에서 sec로 환산

$55m^3/min/60sec=0.9166m^3/sec$

원형 덕트 면적 $A=3.14 \times 0.2^2m^2/4=0.0314m^2$

$\therefore \ \ V = Q/A = 0.9166m^3/sec/0.0314m^2 = 29.19m/sec$

49. 슬롯 길이가 3m이고, 제어속도가 2m/sec인 슬롯 후드에서 오염원이 2m 떨어져 있을 경우 필요환기량은 몇 m^3/min인가? (단, 공간에 설치하며 플랜지는 부착되어 있지 않다.)

① 1434   ② 2664

③ 3734   ④ 4864

해설 필요환기량(m^3/min)

$Q=60 \times 3.7 \times L \times V \times X$

   $=60sec/min \times 3.7 \times 3m \times 2m/sec \times 2m$

   $=2664m^3/min$

50. 방진마스크에 대한 설명으로 옳은 것은?

① 흡기 저항 상승률이 높은 것이 좋다.

② 형태에 따라 전면형 마스크와 후면형 마스크가 있다.

③ 필터의 여과효율이 낮고 흡입저항이 클수록 좋다.

④ 비휘발성 입자에 대한 보호가 가능하고 가스 및 증기의 보호는 안 된다.

해설 방진마스크

• 흡기 저항 상승률이 낮은 것이 좋다.

• 형태에 따라 전면형 마스크와 반면형 마스크가 있다.

• 필터의 여과효율이 높고 흡입저항이 적을수록 좋다.

• 공기 중에 부유하고 있는 물질, 즉 고체인 분진이나 흄, 또는 미스트, 안개와 같은 액체 입자의 흡입을 방지하기 위하여 사용하는 것이다.

• 비휘발성 입자에 대한 보호가 가능하고 가스 및 증기의 보호는 안 된다.

51. 한랭작업장에서 일하고 있는 근로자의 관리에 대한 내용으로 옳지 않은 것은?

① 가장 따뜻한 시간대에 작업을 실시한다.

② 노출된 피부나 전신의 온도가 떨어지지 않도록 온도를 높이고 기류의 속도는 낮추어야 한다.

③ 신발은 발을 압박하지 않고 습기가 있는 것을 신는다.

④ 외부 액체가 스며들지 않도록 방수 처리된 의복을 입는다.

해설 신발은 발을 압박하지 않고 건조된 것을 신는다.

52. 스토크스 식에 근거한 중력침강속도에 대한 설명으로 틀린 것은? (단, 공기 중의 입자를 고려한다.)

① 중력가속도에 비례한다.

② 입자 직경의 제곱에 비례한다.

③ 공기의 점성계수에 반비례한다.

④ 입자와 공기의 밀도차에 반비례한다.

해설 Stokes 입자의 침강속도

$$V(cm \cdot sec) = \frac{d^2(\rho_1 - \rho)g}{18\mu}$$

53. 다음 중 국소배기장치 설계의 순서로 가장 적절한 것은?

① 소요풍량 계산 → 후드형식 선정 → 제어속도 결정

② 제어속도 결정 → 소요풍량 계산 → 후드형식 선정

③ 후드형식 선정 → 제어속도 결정 → 소요풍량 계산

④ 후드형식 선정 → 소요풍량 계산 → 제어속도 결정

해설 국소배기장치의 설계순서

• 제1단계【후드 형식 선정】

• 제2단계【제어풍속 결정】

• 제3단계【설계 환기량 계산】

• 제4단계【이송속도 결정】

• 제5단계【덕트 직경 산출】

• 제6단계【덕트의 배치와 설치장소 선정】

• 제7단계【공기정화장치 선정】

• 제8단계【총압력손실 계산】

• 제9단계【송풍기 선정】

해답 **49.** ② **50.** ④ **51.** ③ **52.** ④ **53.** ③

54. 다음 중 방독마스크의 카트리지 수명에 영향을 미치는 요소와 가장 거리가 먼 것은?

① 흡착제의 질과 양   ② 상대습도

③ 온도   ④ 분진 입자의 크기

해설 분진 입자의 크기는 방진마스크에 영향을 미친다.

55. 원심력 송풍기인 방사 날개형 송풍기에 관한 설명으로 틀린 것은?

① 깃이 평판으로 되어 있다.

② 플레이트형 송풍기라고도 한다.

③ 깃의 구조가 분진을 자체 정화할 수 있도록 되어 있다.

④ 큰 압력손실에서 송풍량이 급격히 떨어지는 단점이 있다.

해설 방사날개형(radial blade) 송풍기
- 날개는 회전방향과 직각으로 설치되어 있고 축자는 외륜수차 모양이다.
- 방사 날개형은 물질의 이송취급, 거친 건설현장 등에서 이용되며, 산업용으로는 고압장치에 이용된다.
- 플레이트(plate)형과 전곡형(forward) 송풍기가 있다.
- 날개(blade)가 다익형보다 적고, 직선이며 평판 모양을 하고 있어 강도가 매우 높게 설계되어 있다.
- 깃의 구조가 분진을 자체 정화(self cleaning)할 수 있도록 되어 있어 분진 퇴적이 있거나 날개 마모가 심한 산업용에 적합하다.
- 톱밥, 곡물, 시멘트, 미분탄, 모래 등의 고농도 분진 함유 공기나 마모성이 강한 분진 배출용으로 사용된다.
- 부식성이 강한 공기를 이송하는 데 많이 사용된다.
- 단점으로는 효율(터보형과 시로코형 중간)이 낮고 송풍기의 소음이 다소 발생하며 고가이다.
- 습식 집진장치의 배치에 적합하다.

※ 큰 압력손실에서 송풍량이 급격히 떨어지는 단점이 있는 것은 다익형(전향 날개형)이다.

56. 작업환경 개선을 위한 물질의 대체로 적절하지 않은 것은?

① 주물공정에서 실리카모래 대신 그린모래로 주형을 채우도록 한다.

② 보온재로 석면 대신 유리섬유나 암면 등 사용한다.

③ 금속 표면을 블라스팅할 때 사용재료를 철구슬 대신 모래를 사용한다.

④ 야광시계 자판의 라듐을 인으로 대체하여 사용한다.

해설 금속 표면을 블라스팅할 때 사용재료를 모래 대신 작은 구슬 모양의 철을 사용한다.

57. 원심력 송풍기의 종류 중 전향 날개형 송풍기에 관한 설명으로 옳지 않은 것은?

① 다익형 송풍기라고도 한다.

② 큰 압력손실에도 송풍량의 변동이 적은 장점이 있다.

③ 송풍기의 임펠러가 다람쥐 쳇바퀴 모양이며, 송풍기 깃이 회전방향과 동일한 방향으로 설계되어 있다.

④ 동일 송풍량을 발생시키기 위한 임펠러 회전속도가 상대적으로 낮아 소음문제가 거의 발생하지 않는다.

해설 전향 날개형 송풍기(다익형)
- 높은 압력손실에서는 송풍량이 급격하게 떨어진다.
- 이송시켜야 할 공기량이 많고 압력 손실이 작게 걸리는 전체환기나 공기조화용으로 널리 사용된다.
- 전향(전곡) 날개형이고, 다수의 날개를 갖고 있다.
- 재질의 강도가 중요하지 않기 때문에 저가로 제작이 가능하다.
- 송풍기의 임펠러가 다람쥐 쳇바퀴 모양으로, 회전날개가 회전방향과 동일한 방향으로 설계되어 있다.
- 동일 송풍량에서 임펠러 회전속도가 상대적으로 낮아 소음문제가 거의 없다.
- 상승구배 특성이 있다.
- 구조상 고속회전이 어렵고, 큰 동력의 용도에는 적합하지 않다.

58. 필요환기량을 감소시키는 방법으로 옳지 않은 것은?

① 가급적이면 공정이 많이 포위되지 않도록 하여야 한다.

② 후드 개구면에서 기류가 균일하게 분포되도록 설계한다.

해답 54. ④   55. ④   56. ③   57. ②   58. ①

③ 공정에서 발생 또는 배출되는 오염물질의 절대량을 감소시킨다.

④ 포집형이나 레시버형 후드를 사용할 때는 가급적 후드를 배출 오염원에 가깝게 설치한다.

> **해설** 가급적이면 공정이 많이 포위되어야만 필요환기량을 줄일 수 있다.

59. 국소배기시스템 설계에서 송풍기 전압이 136 mmH₂O이고, 송풍량은 184m³/min일 때, 필요한 송풍기 소요 동력은 약 몇 kW인가? (단, 송풍기의 효율은 60%이다.)

① 2.7   ② 4.8

③ 6.8   ④ 8.7

> **해설** 소요 동력(kW)
>
> $$송풍기\ 동력(kW) = \frac{Q \times \triangle P}{6,120 \times \eta} \times \alpha$$
>
> $$= \frac{184 \times 136}{6,120 \times 0.6} \times 1.0 = 6.815kW$$

60. 다음 중 작업환경관리의 목적과 가장 거리가 먼 것은?

① 산업재해 예방   ② 작업환경의 개선

③ 작업능률의 향상   ④ 직업병 치료

> **해설** 작업환경관리의 목적
> • 작업환경 개선 등을 통한 직업병 예방
> • 쾌적한 작업환경 유지로 작업능률 향상
> • 산업재해 예방

|4| 물리적 유해인자관리

61. 흑구온도가 260K이고, 기온이 251K일 때 평균 복사온도는? (단, 기류속도는 1m/s이다.)

① 227.8   ② 260.7

③ 287.2   ④ 300.6

> **해설** 평균복사온도(MRT)
> 실내의 어떤 점에 대하여 주위벽에서 방사하는 열량과 똑같은 열량을 방사하는 흑체의 표면온도를 말하며, 난방 시 특

히 복사난방의 평가에 흔히 사용된다.

> ※ 출제 문제의 오류로 공단에서 모두 정답 처리함

62. 「산업안전보건법령」상 적정한 공기에 해당하는 것은? (단, 다른 성분의 조건은 적정한 것으로 가정한다.)

① 탄산가스 농도가 1.0%인 공기

② 산소 농도가 16%인 공기

③ 산소 농도가 25%인 공기

④ 황화수소 농도가 25ppm인 공기

> **해설** 「산업안전보건기준에 관한 규칙」제2조(정의)
> "적정 공기"란 산소 농도의 범위가 18퍼센트 이상 23.5퍼센트 미만, 탄산가스의 농도가 1.5퍼센트 미만, 일산화탄소의 농도가 30피피엠 미만, 황화수소의 농도가 10피피엠 미만인 수준의 공기를 말한다.

63. 높은(고) 기압에 의한 건강 영향에 대한 설명으로 틀린 것은?

① 청력의 저하, 귀의 압박감이 일어나며 심하면 고막파열이 일어날 수 있다.

② 부비강 개구부 감염 혹은 기형으로 폐쇄된 경우 심한 구토, 두통 등의 증상을 일으킨다.

③ 압력 상승이 급속한 경우 폐 및 혈액으로 탄산가스의 일과성 배출이 일어나 호흡이 억제된다.

④ 3~4기압의 산소 혹은 이에 상당하는 공기 중 산소분압에 의하여 중추신경계의 장해에 기인하는 운동장해를 나타내는데 이것을 산소중독이라고 한다.

> **해설** 감압병
> 압력 저하가 급속한 경우 폐 및 혈액으로 탄산가스의 일과성 배출이 일어나 호흡이 억제된다.

64. 적외선의 생물학적 영향에 관한 설명으로 틀린 것은?

① 근적외선은 급성 피부화상, 색소침착 등을 일으킨다.

② 적외선이 흡수되면 화학반응에 의하여 조직온

해답 59. ③ 60. ④ 61. ③ 62. ① 63. ③ 64. ②

도가 상승한다.

③ 조사 부위에 온도가 흐르면 홍반이 생기고, 혈관이 확장된다.

④ 장기간 조사 시 두통, 자극작용이 있으며, 강력한 적외선은 뇌막자극 증상을 유발할 수 있다.

> **해설** 적외선
> • 강력한 열작용을 하는 이 빛을 적외선이라고 한다.
> • 순환 및 신진대사작용과 혈관 확장 등이 기본적인 생리기능을 하고 인체 생리에 대한 기능을 이용해, 통증을 감소시키고, 근육을 이완하며, 혈액 순환, 식균작용, 노폐물을 제거하는 데에 사용한다.
>
> ※ 적외선은 화학반응을 하지 않는다.

65. 피부로 감지할 수 없는 불감기류의 최고 기류범위는 얼마인가?

① 약 0.5m/s 이하   ② 약 1.0m/s 이하

③ 약 1.3m/s 이하   ④ 약 1.5m/s 이하

> **해설** 불감기류
> 외기에서 기류를 느낄 수 있는 범위로 0.5 m/sec 이하의 기류에서는 느낄 수 없는 기류이다. 이는 실내나 의복 내에 항상 존재할 수 있으므로 신진대사를 촉진시킨다.

66. 소음작업장에서 각 음원의 음압레벨이 A=110dB, B=80dB, C=70dB이다. 음원이 동시에 가동될 때 음압레벨(SPL)은?

① 87dB   ② 90dB

③ 95dB   ④ 110dB

> **해설** 음압레벨(SPL)
> $$SPL = 10\log(10^{\frac{SPL_1}{10}} + 10^{\frac{SPL_2}{10}} + 10^{\frac{SPL_3}{10}})$$
> $$= 10\log(10^{\frac{110}{10}} + 10^{\frac{80}{10}} + 10^{\frac{70}{10}})$$
> $$= 110\text{dB}$$

67. 한랭환경으로 인하여 발생되거나 악화되는 질병과 가장 거리가 먼 것은?

① 동상(Frist bote)

② 지단자람증(Acrocyanosis)

③ 케이슨병(Caisson disease)

④ 레이노드씨 병(Raynaud's disease)

> **해설** 케이슨병(Caisson disease)은 잠수병이 일종이므로 해저나 수심 깊은 곳에서 작업 시 외부 해수나 물의 침투를 방지하기 위하여 고압을 형성시킴으로써 발생되는 질환이다.

68. 진동에 의한 생체영향과 가장 거리가 먼 것은?

① C_5-dip 현상   ② Raynaud 현상

③ 내분비계 장해   ④ 뼈 및 관절의 장해

> **해설** C_5-dip 현상
> 소음성 난청현상으로, 4,000Hz에서 청력손실이 심하게 나타난다.

69. 소음의 생리적 영향으로 볼 수 없는 것은?

① 혈압 감소   ② 맥박수 증가

③ 위분비액 감소   ④ 집중력 감소

> **해설** 소음이 발생하면 혈압이 증가한다.

70. 자유공간에 위치한 점음원의 음향파워레벨(PWL)이 110dB일 때, 이 점음원으로부터 100m 떨어진 곳의 음압레벨(SPL)은?

① 49dB   ② 59dB

③ 69dB   ④ 79dB

> **해설** 음압레벨(SPL)
> $$SPL = PWL - 20\log r - 11$$
> 여기서, PWL: 음향파워 레벨
> γ: 점음원으로부터 떨어진 거리
> $$= 110\text{dB} - 20\log 100 - 11$$
> $$= 59\text{dB}$$

71. 방사선을 전리방사선과 비전리방사선으로 분류하는 인자가 아닌 것은?

① 파장   ② 주파수

③ 이온화하는 성질   ④ 투과력

> **해설** 전리방사선과 비전리방사선의 분류 기준
> • 비전리방사선은 전리능력이 없는 방사선을 말하며, 전리방사선과 비전리방사선의 경계가 되는 광자에너지의 강도는 12eV이다.

해답 65. ① 66. ④ 67. ③ 68. ① 69. ① 70. ②
71. ④

- 방사선을 전리방사선과 비전리방사선으로 분류하는 인자는 이온화하는 성질, 주파수, 파장이다.

72. 기류의 측정에 사용되는 기구가 아닌 것은?

① 흑구온도계   ② 열선풍속계
③ 카타온도계   ④ 풍차풍속계

해설 흑구온도계는 주위로부터의 열복사에 의한 영향을 관측하기 위해서 이용된다.

73. 전리방사선의 단위에 관한 설명으로 틀린 것은?

① rad: 조사량과 관계없이 인체조직에 흡수된 양을 의미한다.
② rem: 1rad의 X선 혹은 감마선이 인체조직에 흡수된 양을 의미한다.
③ curoe: 1초 동안에 3.7×10^{10}개의 원자붕괴가 일어나는 방사능 물질의 양을 의미한다.
④ Roentgen(R): 공기 중에 방사선에 의해 생성되는 이온의 양으로 주로 X선 및 감마선의 조사량을 표시할 때 쓰인다.

해설 rem
방사선이 생물체에 미치는 작용을 결정하는 흡수선 양의 단위이고, X선의 조사선 양이 1뢴트겐일 때 이것을 피폭한 사람의 선량당량은 약 1rem이다.

74. 국소진동에 노출된 경우 인체에 장애를 발생시킬 수 있는 주파수 범위로 알맞은 것은?

① 10~150Hz   ② 10~300Hz
③ 8~500Hz   ④ 8~1,500Hz

해설 진동
- 전신진동에 노출 시에는 산소소비량과 폐환기량이 증가하고 체온도 올라간다.
- 60~90Hz 정도에서는 안구의 공명현상으로 시력장해가 발생한다.
- 수직과 수평진동이 동시에 가해지면 2배의 자각현상이 나타난다.
- 전신진동의 경우 3Hz 이하에서는 급성적 증상으로 상복부의 통증과 팽만감 및 구토 등이 있을 수 있다.
- 인체에 장애를 발생시킬 수 있는 전신 진동주파수 범위는 1~90Hz, 국소진동 주파수 범위는 8~1,500Hz이다.

75. 소음 평가치의 단위로 가장 적절한 것은?

① Hz   ② NRR

③ phon   ④ NRN

해설
① Hz: SI 단위계의 주파수 단위이다. 1Hz는 "1초에 한 번"을 의미한다.
② NRR(Noise Reduction Rating), SNR(Single Noise Rating): 모두 한 쌍의 이어 플러그를 착용했을 때 차단되는 소음의 정도를 알려주는 규격화된 측정 수치 용어이다.
③ phon: 1kHz 순음의 음압 레벨과 같은 크기로 느끼는 음의 크기이다.
④ NRN(Noise Rating Number): 실내 소음평가지수를 의미한다.

76. 조명을 작업환경의 한 요인으로 볼 때, 고려해야 할 사항이 아닌 것은?

① 빛의 색   ② 조명 시간
③ 눈부심과 휘도   ④ 조도와 조도의 분포

해설 인공조명 시 고려사항
- 조도: 작업에 충분한 조도를 낼 것
- 조도의 분포: 조명도를 균등히 유지할 것(천정, 마루, 기계, 벽 등의 반사율을 크게 하면 조도를 일정하게 얻을 수 있음)
- 빛의 색: 주광색에 가까운 광색으로 조도를 높여줄 것(백열전구와 고압수은등을 적절히 혼합시켜 주광에 가까운 빛을 얻을 수 있음)
- 눈부심: 장시간 작업 시 가급적 간접조명이 되도록 설치할 것(직접조명, 즉 광원의 광밀도가 크면 나쁨)
- 휘도: 일반적인 작업 시 빛은 작업대 좌상방에서 비추게 할 것

77. 감압에 따른 기포형성량을 좌우하는 요인이 아닌 것은?

① 감압속도
② 체내 가스의 팽창 정도
③ 조직에 용해된 가스 양
④ 혈류를 변화시키는 상태

해설 감압에 따른 기포형성량을 좌우하는 요인
- 감압속도: 감압의 속도로 매분 매제곱센티미터당 0.8킬로그램 이하로 한다.
- 조직에 용해된 가스 양: 체내 지방량, 고기압 폭로의 정도와 시간에 영향을 받는다.
- 혈류를 변화 시키는 상태: 잠수자의 나이(연령), 기온상태, 운동 여부, 공포감, 음주 여부와 관계가 있다(감압 시 또는 재 감압 후에 생기기 쉽다).

해답 72. ①   73. ②   74. ④   75. ④   76. ②   77. ②

78. 도르노선(Dorno-ray)에 대한 내용으로 맞는 것은?

① 가시광선의 일종이다.
② 280~315Å 파장의 자외선을 의미한다.
③ 소독작용, 비타민 D 형성 등 생물학적 작용이 강하다.
④ 절대온도 이상의 모든 물체는 온도에 비례하여 방출한다.

해설 도르노선
태양 광선 중에서 290~310나노미터(nm)의 자외선. 가장 치료력이 큰 자외선으로 소독작용과 비타민 D 생성작용을 하지만, 피부에 홍반을 남겨 나중에 색소가 침착된다. 스위스 학자 도르노(Dorno, C. W. M.)의 이름에서 유래하였다.

79. 일반적인 작업장의 인공조명 시 고려사항으로 적절하지 않은 것은?

① 조명도를 균등히 유지할 것
② 경제적이며 취급이 용이할 것
③ 가급적 직접조명이 되도록 설치할 것
④ 폭발성 또는 발화성이 없으며 유해가스를 발생하지 않을 것

해설 인인공조명 시 고려사항[KOSHA GUIDE E-148-2015(작업장 조명기구의 선정, 설치 및 정비에 관한 기술지침) 참조]
• 적절한 조도를 확보할 것
• 눈부심, 깜빡임, 착시효과 등의 원인제공을 하지 않아야 할 것
• 광막반사의 영향을 피할 것
• 조명도를 균등히 유지할 것
• 경제적이며, 취급이 용이할 것
• 조명원에서 유해성 가스가 발생되지 않고 폭발성 또는 발화성이 없어야 할 것
• 직접조명은 장시간 작업 시 눈의 피로가 증가하므로 가급적 간접조명이 되도록 설치할 것
• 광색은 가능한 한 주광색에 가까울 것
• 전등의 휘도를 줄일 것
• 전등은 일반적인 작업 시 작업대 좌상방에서 비추게 할 것
• 작은 물건의 식별과 같은 작업에는 음영이 생기지 않는 국소조명을 적용할 것
• 광원을 시선에서 멀리 위치시킬 것
• 눈이 부신 물체와 시선과의 각을 크게 할 것
• 광원 주위를 밝게 하며, 조도비를 적정하게 할 것

80. 미국(EPA)의 차음평가수를 의미하는 것은?

① NRR
② TL
③ SNR
④ SLC80

해설 NRR(Noise Reduction Rating), SNR(Single Noise Rating)
모두 한 쌍의 이어 플러그를 착용했을 때 차단되는 소음의 정도를 알려주는 규격화된 측정 수치 용어이다.

|5| 산업독성학

81. 다음 중 카드뮴에 관한 설명으로 틀린 것은?

① 카드뮴은 부드럽고 연성이 있는 금속으로 납 광물이나 아연광물을 제련할 때 부산물로 얻어진다.
② 흡수된 카드뮴은 혈장단백질과 결합하여 최종적으로 신장에 축적된다.
③ 인체 내에서 철을 필요로 하는 효소와의 결합반응으로 독성을 나타낸다.
④ 카드뮴 흄이나 먼지에 급성 노출되면 호흡기가 손상되며 사망에 이르기도 한다.

해설 철분 결핍성 빈혈증이 일어난다.

82. 다음 중 실험동물을 대상으로 투여 시 독성을 초래하지는 않지만 관찰 가능한 가역적인 반응이 나타는 양을 의미하는 용어는?

① 유효량(ED)
② 치사량(LD)
③ 독성량(TD)
④ 서한량(PD)

해설
• 치사량(致死量, Lethal Dose, LD): 약물을 투여하였을 때 동물 및 인간이 죽을 수 있는 최소의 양
• 중독량, 독성량(Toxic Dose, TD): 사람 또는 동물에 중독 증상을 일으키게 한 기도 경로(흡입) 이외의 경로에 의한 투여량
• 중독농도(Toxic Concentration, TC): 사람 또는 동물에 중독증상을 일으키게 한 기도 경로(흡입)에 의한 투여 농도
• 유효량(ED): 특정 환자군의 치료효과를 달성하는 데 요구되는 투여량

해답 78. ③ 79. ③ 80. ① 81. ③ 82. ①

83. 다음 중 진폐증 발생에 관여하는 인자와 가장 거리가 먼 것은?

① 분진의 노출기간
② 분진의 분자량
③ 분진의 농도
④ 분진의 크기

해설 진폐증 발생에 관여하는 인자
분진의 크기, 분진의 종류, 분진의 농도, 분진의 노출기간, 작업강도, 작업장의 환기상태, 개인보호구 착용 유무, 개인차

84. 유해화학물질의 노출기준으로 정하고 있는 기관과 노출기준 명칭의 연결이 옳은 것은?

① OSHA-REL
② ALHA-MAC
③ ACGIH-TLV
④ NIOSH-PEL

해설 유해화학물질의 노출기준으로 정하고 있는 기관과 노출기준 명칭
- OSHA-PEL
- AIHA-WEEL
- ACGIH-TLV
- NIOSH-REL
- 영국 HSE-WEL
- 독일-MAX
- 스웨덴, 프랑스-OEL

85. 다음 중 생물학적 모니터링에 관한 설명으로 적절하지 않은 것은?

① 생물학적 모니터링은 작업자의 생물학적 시료에서 화학물질의 노출 정도를 추정하는 것을 말한다.
② 근로자 노출 평가와 건강상의 영향 평가 두 가지 목적으로 모두 사용될 수 있다.
③ 내재용량은 최근에 흡수된 화학물질의 양을 말한다.
④ 내재용량은 여러 신체 부분이나 몸 전체에서 저장된 화학물질의 양을 말하는 것은 아니다.

해설 내재용량은 여러 신체 부분이나 몸 전체에서 저장된 화학물질의 양을 의미한다.

86. 다음 중 생체 내에서 혈액과 화학작용을 하여 질식을 일으키는 물질은?

① 수소
② 헬륨
③ 질소
④ 일산화탄소

해설 화학적 질식제
고농도에 노출될 경우 폐 속의 산소 활용을 방해하여 사망에 이르게 하며, 종류로는 일산화탄소(CO), 황화수소(H_2S), 시안화수소(HCN), 아닐린($C_6H_5NH_2$)이 있다.

87. 다음 중 핵산 하나를 탈락시키거나 첨가함으로써 돌연변이를 일으키는 물질은?

① 아세톤(acetone)
② 아닐린(aniline)
③ 아크리딘(acridine)
④ 아세토니트릴(acetonitrile)

해설 아크리딘(acridine)
- 콜타르에서 얻은 무색 결정성 유기 고체로, 화학식 C의 질소 헤테로사이클을 가지고 있다. $C_{13}H_9N$. 아크리딘은 일반적으로 모 고리의 치환된 유도체이다.
- 구조적 의미에서 안트라센과 관련된 아크리딘은 중심 CH 그룹 중 하나가 질소로 대체된 평면 분자이다.
- 아크리딘은 관련 분자인 피리딘 및 퀴놀린과 유사하게 약간 염기성이다. 거의 투명하지 않은 고체이며 일반적으로 바늘로 결정화된다. 아크리딘은 일반적으로 염료로 사용되며 그 이름은 물질의 매운 냄새와 피부 자극 효과를 나타낸다.

※ 핵산 하나를 탈락시키거나 첨가함으로써 돌연변이를 일으키는 물질이다.

88. 직업적으로 벤지딘(benzidine)에 장기간 노출되었을 때 암이 발생될 수 있는 인체 부위로 가장 적절한 것은?

① 피부
② 뇌
③ 폐
④ 방광

해설 벤지딘(benzidine)
- 화학식 $C_{12}H_{12}N_2$을 갖는 유기 화합물이다.
- 방향족성 아민으로, 사이안화물을 위한 시험 성분이다.
- 염료의 생산에 관련 파생물들이 사용된다. 벤지딘은 방광암, 췌장암과 관련이 있다.

89. 다음 표와 같은 크롬중독을 스크린하는 검사법을 개발하였다면 이 검사법의 특이도는 얼마인가?

해답 83. ② 84. ③ 85. ④ 86. ④ 87. ③ 88. ④ 89. ③

구분		크롬중독 진단		합계
		양성	음성	
검사법	양성	15	9	24
	음성	9	21	30
합계		24	30	54

① 68% ② 69%
③ 70% ④ 71%

해설 특이도(%)
• 검사법 음성
• 중독진단값 음성 / 중독 진단값의 음성 합계×100
∴ 21/30×100=70%

90. 다음 중 수은중독에 관한 설명으로 틀린 것은?
① 수은은 주로 골 조직과 신경에 많이 축적된다.
② 무기수은염류는 호흡기나 경구적 어느 경로라도 흡수된다.
③ 수은중독의 특정적인 증상은 구내염, 근육진전 등이 있다.
④ 전리된 수은이온은 단백질을 침전시키고, thiol기(SH)를 가진 효소작용을 억제한다.

해설 수은중독
• 치은부에는 황화수은의 정회색 침전물이 침착된다.
• 정신증상으로는 중추신경계 중 뇌조직에 심한 증상이 나타나 정신기능이 상실될 수 있다(정신장애).
※ 골 조직과 신경에 많이 축적되는 것은 납이다.

91. 다음 중 인체 순환기계에 대한 설명으로 틀린 것은?
① 인체의 각 구성세포에 영양소를 공급하며, 노폐물 등을 운반한다.
② 혈관계의 동맥은 심장에서 말초혈관으로 이동하는 원심성 혈관이다.
③ 림프관은 체내에서 들어온 감염성 미생물 및 이물질을 살균 또는 식균하는 역할을 한다.
④ 신체방어에 필요한 혈액응고효소 등을 손상받은 부위로 수송한다.

해설 림프는 림프관을 통해 전신을 순환하면서 각 세포의 영양분을 공급하고 노폐물을 받아들인다. 림프구는 면역반응을 나타내어 우리 몸에 침투한 세균, 바이러스 등에 대해 방어하는 역할을 한다.

92. 다음 중 달걀 썩는 것 같은 심한 부패성 냄새가 나는 물질로, 노출 시 중추신경의 억제와 후각의 마비 증상을 유발하며, 치료를 위하여 100% O_2를 투여하는 등의 조치가 필요한 물질은?
① 암모니아 ② 포스겐
③ 오존 ④ 황화수소

해설 황화수소
무색의 썩은 달걀 냄새가 나는 독성을 가진 가스다. 가죽, 석유, 원유, 고무, 오수, 섬유 물질을 처리하는 과정에서 유황을 함유한 유기물이 분해될 때 발생하며, 하수구, 축사, 맨홀 등과 같이 밀폐된 공간에서 발생한다.

93. 다음 중 수은중독환자의 치료방법으로 적합하지 않은 것은?
① Ca-EDTA 투여
② BAL(British Anti-Lewisite) 투여
③ N-acetyl-D-penicillamine 투여
④ 우유와 달걀의 흰자를 먹인 후 위 세척

해설 Ca-EDTA는 납중독 급성중독 시 투여한다.

94. ACGIH에 의하여 구분된 입지상 물질의 명칭과 입경을 연결된 것으로 틀린 것은?
① 폐포성 입자상 물질-평균입경이 $1\mu m$
② 호흡성 입자상 물질-평균입경이 $4\mu m$
③ 흉곽성 입자상 물질-평균입경이 $10\mu m$
④ 흡입성 입자상 물질-평균입경이 $0\sim100\mu m$

해설 폐포성 입자상 물질에 대한 기준은 없다.

95. 벤젠 노출근로자의 생물학적 모니터링을 위하여 소변시료를 확보하였다. 다음 중 분석해야 하는 대사산물로 맞는 것은?
① 마뇨산(hippuric acid)
② t,t-뮤코닉산(t,t-Muconic acid)
③ 메틸마뇨산(Methylhippuric acid)
④ 트리클로로아세트산(trichloroacetic acid)

해답 90. ① 91. ③ 92. ④ 93. ① 94. ① 95. ②

해설 유해물질별 생물학적 노출지표(대사산물)
- 소변 중 O-크레졸은 톨루엔 대사산물이다.
- 소변 중 메틸마뇨산(Methylhippuric acid)은 크실렌 대사산물이다.
- 소변 중 트리클로로아세트산(trichloroacetic acid) 에탄 및 에틸렌의 대사산물이다.
- t,t-뮤코닉산(t,t-Muconic acid)은 벤젠의 대사산물이다.

96. 다음 중 ACGIH의 발암물질 구분 중 인체 발암성 미분류 물질 구분으로 알맞은 것은?

① A2　　　　② A3
③ A4　　　　④ A5

해설 미국정부산업위생전문가협의회(ACGIH)
- A1: 인체발암성 확인 물질
- A2: 인체발암성 의심 물질
- A3: 동물발암성 물질
- A4: 발암성 물질로 분류되지 않는 물질
- A5: 인체발암성으로 의심되지 않는 물질

97. 「산업안전보건법령」상 기타 분진의 산화규소결정체 함유율과 노출기준으로 맞는 것은?

① 함유율: 0.1% 이상, 노출기준: $5mg/m^3$
② 함유율: 0.1% 이하, 노출기준: $10mg/m^3$
③ 함유율: 1% 이상, 노출기준: $5mg/m^3$
④ 함유율: 1% 이하, 노출기준: $10mg/m^3$

해설 「산업안전보건법」에 따른 화학물질 및 물리적 인자의 노출기준 [고용노동부고시] 제2020-48호
[별표 1] 화학물질의 노출기준 기타 분진
산화규소 결정체 1% 이하 분진의 노출기준: $10mg/m^3$

98. 다음 중 혈색소와 친화도가 산소보다 강하여 COHb를 형성하여 조직에서 산소공급을 억제하며, 혈중 COHb의 농도가 높아지면 HbO_2의 해리작용을 방해하는 물질은?

① 일산화탄소　　② 에탄올
③ 리도카인　　　④ 염소산염

해설 일산화탄소
사람의 몸은 산소를 필요로 하며, 산소는 혈액 속의 헤모글로빈이라는 혈액세포와 결합하여 몸 전체의 세포로 이동한다. 그런데 일산화탄소는 헤모글로빈과 결합하는 능력이 산소보다 약 200배나 우수하여 일산화탄소가 많은 환경에 장시간 노출되면 헤모글로빈이 산소 대신 일산화탄소와 더 많이 결합하여 몸의 세포에 산소를 공급할 수 없게 되고 이 결과로 일산화탄소 중독이 나타난다.

99. 직업성 천식의 발생기전과 관계가 없는 것은?

① Metallothionein　② 항원공여세포
③ IgG　　　　　　④ Histamine

해설 카드뮴은 인체조직에서 저분자 단백질인 메탈로티오닌과 결합하여 저장된다.

100. 할로겐화 탄화수소에 속하는 삼염화에틸렌(trichloroethylene)은 호흡기를 통하여 흡수된다. 삼염화에틸렌의 대사산물은?

① 삼염화에탄올　　② 메틸마뇨산
③ 사염화에틸렌　　④ 페놀

해설 유해물질별 생체 대사산물
- 톨루엔: 소변 중 O-크레졸
- 메탄올: 소변 중 메탄올
- 크실렌: 소변 중 메틸마뇨산
- 납: 소변 중 납
- 페놀: 소변 중 총 페놀
- 벤젠: t,t-뮤코닉산(t,t-Muconic acid)
- 에탄 및 에틸렌: 소변 중 트리클로로아세트산(trichloroacetic acid)

1. 「산업안전보건법」상 최근 1년간 작업공정에서 공정 설비의 변경, 작업방법의 변경, 설비의 이전, 사용 화학물질의 변경 등으로 작업환경측정 결과에 영향을 주는 변화가 없는 경우 작업공정 내 소음 외의 다른 모든 인자의 작업환경측정 결과가 최근 2회 연속 노출기준 미만인 사업장은 몇 년에 1회 이상 측정할 수 있는가?

① 6월 　　　　　 ② 1년
③ 2년 　　　　　 ④ 3년

해설 「산업안전보건법 시행규칙」 제190조(작업환경측정 주기 및 횟수)
사업주는 최근 1년간 작업공정에서 공정 설비의 변경, 작업방법의 변경, 설비의 이전, 사용 화학물질의 변경 등으로 작업환경측정 결과에 영향을 주는 변화가 없는 경우로서 다음 각 호의 어느 하나에 해당하는 경우에는 해당 유해인자에 대한 작업환경측정을 연(年) 1회 이상 할 수 있다. 다만, 고용노동부장관이 정하여 고시하는 물질을 취급하는 작업공정은 그렇지 않다.
1. 작업공정 내 소음의 작업환경측정 결과가 최근 2회 연속 85데시벨(dB) 미만인 경우
2. 작업공정 내 소음 외의 다른 모든 인자의 작업환경측정 결과가 최근 2회 연속 노출기준 미만인 경우

2. 해외 국가의 노출기준 연결이 틀린 것은?

① 영국-WEL(Workplace Exposure Limit)
② 독일-REL(Recommended Exposure Limit)
③ 스웨덴-OEL(Occupational Exposure Limit)
④ 미국(ACGIH)-TLV(Threshold Limit Value)

해설 국가 및 기관별 허용기준에 대한 사용 명칭
• 영국 HSE-WEL
• 미국 OSHA-PEL
• 미국 ACGIH-TLV
• 미국 NIOSH-REL
• 독일-MAX
• 스웨덴, 프랑스-OEL
• 한국-화학물질 및 물리적 인자의 노출기준

3. L_6/S_1 디스크에 얼마 정도의 압력이 초과되면 대부분의 근로자에게 장해가 나타나는가?

① 3,400N 　　　　 ② 4,400N
③ 5,400N 　　　　 ④ 6,400N

해설 L_5/S_1 디스크에 6,400N 정도의 압력이 초과되면 대부분의 근로자에게 장해가 나타난다.

4. Flex-Time 제도의 설명으로 맞는 것은?

① 하루 중 자기가 편한 시간을 정하여 자유롭게 출·퇴근하는 제도
② 주휴 2일제로 주당 40시간 이상의 근무를 원칙으로 하는 제도
③ 연중 4주간 년차 휴가를 정하여 근로자가 원하는 시기에 휴가를 갖는 제도
④ 작업상 전 근로자가 일하는 중추시간(core time)을 제외하고 주당 40시간 내외의 근로 조건하에서 자유롭게 출·퇴근하는 제도

해설 유연근무제(柔軟勤務制) 또는 플렉스타임(flextime, flexitime, flex-time) 그리고 선택적 근로시간제라고도 한다.

해답 1. ② 　2. ② 　3. ④ 　4. ④

5. 하인리히의 사고연쇄반응 이론(도미노이론)에서 사고가 발생하기 바로 직전의 단계에 해당하는 것은?

① 개인적 결함
② 사회적 환경
③ 선진 기술의 미적용
④ 불안전한 행동 및 상태

해설 하인리히의 도미노이론 재해 5단계
• 1단계: Ancestry & Social Environment(유전적 사회적 환경)
• 2단계: Personal Faults(개인적 결함)
• 3단계: Unsafe Act & Condition(불안전한 행동과 상태)
• 4단계: 사고
• 5단계: 재해

6. 화학물질의 국내 노출기준에 관한 설명으로 틀린 것은?

① 1일 8시간을 기준으로 한다.
② 직업병 진단 기준으로 사용할 수 없다.
③ 대기오염의 평가나 관리상 지표로 사용할 수 없다.
④ 직업성 질병의 이환에 대한 반증자료로 사용할 수 있다.

해설 직업성 질병의 이환에 대한 반증자료로 사용할 수 없다.

7. 사업장에서의 산업보건관리업무는 크게 3가지로 구분될 수 있다. 산업보건관리 업무와 가장 관련이 적은 것은?

① 안전관리   ② 건강관리
③ 환경관리   ④ 작업관리

해설 안전관리는 안전관리제도이고 산업보건관리 업무는 크게 환경관리, 작업관리, 건강관리이다.

8. 최근 실내공기질에서 문제가 되고 있는 방사성 물질인 라돈에 관한 설명으로 옳지 않은 것은?

① 무색, 무취, 무미한 가스로 인간의 감각에 의해 감지할 수 없다.

② 인광석이나 산업폐기물을 포함하는 토양, 석재, 각종 콘크리트 등에서 발생할 수 있다.
③ 라돈의 감마(γ)-붕괴에 의하여 라돈의 딸핵종이 생성되며 이것이 기관지에 부착되어 감마선을 방출하여 폐암을 유발한다.
④ 우라늄 계열의 붕괴 과정 일부에서 생성될 수 있다.

해설 라돈
• 라돈은 방사성 비활성기체로서 무색, 무미, 무취의 성질을 가지고 있는 가스로 존재하며, 인간의 감각으로는 감지할 수 없다.
• 공기보다 무겁다. 자연에서는 우라늄과 토륨의 자연 붕괴에 의해서 발생된다.
• 가장 안정적인 동위 원소는 Rn-222으로 반감기는 3.8일이다.
• 라돈의 방사능을 흡입하게 되면 폐의 건강을 위협할 수 있다.
• 우라늄 계열의 붕괴 과정 일부에서 생성될 수 있다.

9. 어느 공장에서 경미한 사고가 3건이 발생하였다. 그렇다면 이 공장에서 무상해 사고는 몇 건이 발생하는가? (단, 하인리히의 법칙을 활용한다.)

① 25   ② 31
③ 36   ④ 40

해설 하인리히의 법칙 1:29:300을 응용하면,
29:300=3:X
∴ X=31.034

10. 인간공학에서 고려해야 할 인간의 특성과 가장 거리가 먼 것은?

① 감각과 지각
② 운동과 근력
③ 감정과 생산능력
④ 기술, 집단에 대한 적응능력

해설 인간공학
ESK 대한인간공학회에 따르면 인간의 신체적(운동과 근력, 신체의 크기 등), 인지적(감각과 지각), 감성적, 사회문화적 특성(기술, 집단에 대한 적응능력)을 고려하여 제품, 작업, 환경을 설계함으로써 편리함, 효율성, 안전성, 만족도를 향상시키고자 하는 응용학문이다. 영어로는 'ergonomics' 또는 'human factors'라고 한다.

해답 5. ④ 6. ④ 7. ① 8. ③ 9. ② 10. ③

312 산업위생관리기사 필기시험 문제풀이

11. 산업위생 분야에 종사하는 사람들이 반드시 지켜야 할 윤리강령의 전문가로서의 책임에 대한 설명 중 틀린 것은?

① 기업체의 기밀은 누설하지 않는다.

② 과학적 방법의 적용과 자료의 해석에서 객관성을 유지한다.

③ 근로자, 사회 및 전문직종의 이익을 위해 과학적 지식을 공개하고 발표한다.

④ 전문적 판단이 타협에 의하여 좌우될 수 있거나 이해관계가 있는 상황에는 적극적으로 개입한다.

해설 전문적 판단이 타협에 의하여 좌우될 수 있거나 이해관계가 있는 상황에서는 개입하지 않는다.

12. 직업성 질환의 범위에 해당되지 않는 것은?

① 합병증   ② 속발성 질환
③ 선천적 질환   ④ 원발성 질환

해설 선천성 장애(先天性障碍), 선천성 질병(先天性疾病), 선천성 질환(先天性疾患)은 병인에 관계없이 태아 상태나 출생 과정에서 생기는 질병을 말한다. 이것은 신체장애, 지적장애, 발달장애와 같은 건강 문제를 일으킬 수 있다.

13. 단기간 휴식을 통해서는 회복될 수 없는 발병단계의 피로를 무엇이라 하는가?

① 곤비   ② 정신피로
③ 과로   ④ 전신피로

해설 피로의 3단계
피로의 정도는 객관적 판단이 용이하지 않다.
• 보통피로(1단계): 하룻밤을 자고나면 완전히 회복하는 상태
• 과로(2단계): 다음 날까지도 피로상태가 지속되는 피로의 축적으로 단기간 휴식으로 회복될 수 있으며, 발병 단계는 아니다.
• 곤비(3단계): 과로의 축적으로 단시간에 회복될 수 없는 단계를 말하며, 심한 노동 후의 피로현상으로 병적 상태를 의미한다.

14. NIOSH의 권고중량한계(Recommended Weight Limit, RWL)에 사용되는 승수(multiplier)가 아닌 것은?

① 들기거리(Lift Multiplier)

② 이동거리(Distance Multiplier)

③ 수평거리(Horizontal Multiplier)

④ 비대칭각도(Asymmetry Multiplier)

해설 NIOSH 권고기준(RWL, Recommended weight Limit)

$$RWL(\text{kg}) = LC \times HM \times VM \times DM \times AM \times FM \times CM$$

여기서, LC : 중량상수 또는 부하상수(23kg)

HM : 25/H(수평거리에 따른 계수)

VM : 1−0.003$|V$−75(수직거리에 따른 계수)

DM : 0.82+(4.5/D)(물체의 이동거리에 따른 계수)

AM : 1−(0.0032A)(A: 물체의 위치가 사람의 정중면에서 벗어난 각도), (대칭계수)

FM : 작업의 빈도에 따른 계수(빈도계수표에서 값을 구함)

CM : 손잡이 계수(손잡이계수표에서 값을 구함)

15. 인간공학에서 최대작업영역(maximum area)에 대한 설명으로 가장 적절한 것은?

① 허리에 불편 없이 적절히 조작할 수 있는 영역

② 팔과 다리를 이용하여 최대한 도달할 수 있는 영역

③ 어깨에서부터 팔을 뻗어 도달할 수 있는 최대 영역

④ 상완을 자연스럽게 몸에 붙인 채로 전완을 움직일 때 도달하는 영역

해설 정상작업영역
상완을 자연스럽게 몸에 붙인 채로 전완을 움직일 때 도달하는 영역

16. 심리학적 적성검사와 가장 거리가 먼 것은?

① 감각기능검사   ② 지능검사
③ 지각동작검사   ④ 인성검사

해설 심리학적 적성검사 항목
• 기능검사: 직무에 관련된 기본지식과 숙련도, 사고력 등의 검사
• 인성검사: 성격, 태도, 정신상태에 대한 검사
• 지능검사: 언어, 기억, 추리, 귀납 등에 대한 검사
• 지각 동작검사: 수족협조, 운동속도, 형태지각 등에 대한 검사
※ 감각기능검사, 심폐기능검사, 체력검사는 생리적 기능검사이다.

해답 11. ④ 12. ③ 13. ① 14. ① 15. ③ 16. ①

17. 한 근로자가 트리클로로에틸렌(TLV 50ppm)이 담긴 탈지탱크에서 금속가공 제품의 표면에 존재하는 절삭유 등의 기름 성분을 제거하기 위해 탈지작업을 수행하였다. 또 이 과정을 마치고 포장단계에서 표면 세척을 위해 아세톤(TLV 500ppm)을 사용하였다. 이 근로자의 작업환경 측정 결과는 트리클로로에틸렌이 45ppm, 아세톤이 100ppm이었을 때, 노출 지수와 노출기준에 관한 설명으로 맞는 것은? (단, 두 물질은 상가작용을 한다.)

① 노출지수는 0.9이며, 노출기준 미만이다.
② 노출지수는 1.1이며, 노출기준을 초과하고 있다.
③ 노출지수는 6.1이며, 노출기준을 초과하고 있다.
④ 트리클로로에틸렌의 노출지수는 0.9, 아세톤의 노출지수는 0.2이며, 혼합물로써 노출기준 미만이다.

해설 노출지수$(EI) = C_1/TLV_1 + C_2/TLV_2 + C_3/TLV_3$
∴ 45ppm/50ppm+100ppm/500=1.1
(1을 초과하면 허용기준을 초과한다라고 평가한다.)

18. 「산업안전법령」상 사무실 공기관리의 관리대상 오염물질의 종류에 해당하지 않는 것은?

① 오존(O_3)　　　　② 총부유세균
③ 호흡성 분진(RPM)　④ 일산화탄소(CO)

해설 사무실 오염물질의 관리기준(고용노동부 고시)

오염물질	관리기준
미세먼지(PM10)	$100\mu g/m^3$
초미세먼지(PM2.5)	$50\mu g/m^3$
이산화탄소(CO_2)	1,000ppm
일산화탄소(CO)	10ppm
이산화질소(NO_2)	0.1ppm
포름알데히드(HCHO)	$100\mu g/m^3$
총휘발성 유기화학물(TVOC)	$500\mu g/m^3$
라돈(radon)*	$148Bq/m^3$
총부유세균	$800CFU/m^3$
곰팡이	$500CFU/m^3$

* 라돈은 지상 1층을 포함한 지하에 위치한 사무실만 적용한다.

19. 산업위생 역사에서 영국의 외과의사 Percivall Pott에 대한 내용 중 틀린 것은?

① 직업성 암을 최초로 보고하였다.
② 산업혁명 이전의 산업위생 역사이다.
③ 어린이 굴뚝 청소부에게 많이 발생하던 음낭암(scrotal cancer)의 원인물질을 검댕(soot)이라고 규명하였다.
④ Pott의 노력으로 1788년 영국에서는 도제 건강 및 도덕법(Health and Morals of Apprentices Act)이 통과되었다.

해설 Percival Pott(영국 외과의사)의 노력으로 어린이 굴뚝 청소부에게 많이 발생하던 음낭암(scrotal cancer)의 원인물질을 검댕(soot)이라고 규명하게 되었다.

20. 젊은 근로자의 약한 쪽 손의 힘이 평균 50kp이면 이 근로자가 무게 10kg인 상자를 두 손으로 들어올릴 경우에 한 손의 작업강도(%MS)는 얼마인가? (단, 1kp는 질량 1kg을 중력의 크기로 당기는 힘을 말한다.)

① 5　　　　　　② 10
③ 15　　　　　④ 20

해설 MS(작업강도)

작업강도$(\%MS) = \dfrac{RF}{MS} \times 100$

여기서, RF : 한 손으로 들어올리는 무게
　　　　MS : 힘의 평균
　　　　RF : 두 손으로 들어올리기에
　　　　　　$\dfrac{10}{2} = 5kg$
　　　　MS : 50kp
∴ $\dfrac{5kg}{50kp} \times 100 = 10\%$

해답 17. ② 18. ③ 19. ④ 20. ②

21. 어느 작업장에 9시간의 작업시간 동안 측정한 유해인자의 농도는 $0.045mg/m^3$일 때, 95%의 신뢰도를 가진 하한치는 얼마인가? (단, 유해인자의 노출기준은 $0.05mg/m^3$, 시료채취 분석오차는 0.132이다.)

① 0.768   ② 0.929
③ 1.032   ④ 1.258

> **해설** 표준화값
>
> $$표준화값(Y) = \frac{측정농도(TWA \ 또는 \ STEL)}{허용기준(노출기준)}$$
>
> $$= \frac{TWA}{허용기준} = \frac{0.045}{0.05} = 0.9$$
>
> LCL(하한치)$= Y - SAE = 0.9 - 0.132 = 0.768$
> ($LCL(0.768) < 1$이므로 허용기준 이하로 판정한다.)

22. 옥내 작업장에서 측정한 결과 건구온도 73℃이고, 자연습구온도 65℃, 흑구온도 81℃일 때, 습구흑구온도지수는?

① 64.4℃   ② 67.4℃
③ 69.8℃   ④ 71.0℃

> **해설** 습구흑구온도지수(WBGT)
> • 옥외(태양광선이 내리쬐는 장소)
>   WBGT=0.7NWB+0.2GT+0.1DT
> • 옥내 또는 옥외(태양광선이 내리쬐지 않는 장소)
>   WBGT=0.7NWB+0.3GT
> • NWB: 자연습구온도, GT: 흑구온도, DT: 건구온도
> ∴ WBGT=0.7×65℃ + 0.3×81℃=69.8℃

23. 다음 중 수동식 채취기에 적용되는 이론으로 가장 적절한 것은?

① 침강원리, 분산원리   ② 확산원리, 투과원리
③ 침투원리, 흡착원리   ④ 충돌원리, 전달원리

> **해설** 여과포집원리
> 직접차단(간섭), 관성충돌, 확산, 중력침강, 정전기 침강, 체질

24. 다음 중 흡착관인 실리카겔관에 사용되는 실리카겔에 관한 설명과 가장 거리가 먼 것은?

① 이황화탄소를 탈착용매로 사용하지 않는다.
② 극성 물질을 채취한 경우 물 또는 메탄올을 용매로 쉽게 탈착된다.
③ 추출용액이 화학분석이나 기기분석에 방해물질로 작용하는 경우가 많지 않다.
④ 파라핀류가 케톤류보다 극성이 강하기 때문에 실리카겔에 대한 친화력도 강하다.

> **해설** 실리카겔의친화력(극성이 강한 순서)
> 물 > 알코올류 > 알데하이드류 > 케톤류 > 에스테르류 > 방향족 탄화수소류 > 올레핀류 > 파라핀류
>
> ※ 케톤류가 파라핀류보다 극성이 강하기 때문에 실리카겔에 대한 친화력도 강하다.

25. 다음 중 PVC 막여과지에 관한 설명과 가장 거리가 먼 것은?

① 수분에 대한 영향이 크지 않다.
② 공해성 먼지, 총 먼지 등의 중량분석을 위한 측정에 이용된다.
③ 유리규산을 채취하여 X-선 회절법으로 분석하는 데 적절하다.
④ 코크스 제조공정에서 발생되는 코크스 오븐 배출물질을 채취하는 데 이용된다.

> **해설** 코크스 제조공정에서 발생되는 코크스 오븐 배출물질을 채취하는 데는 은막여과지가 사용된다.

26. 입자상 물질의 측정 및 분석방법으로 틀린 것은? (단, 고용노동부 고시를 기준으로 한다.)

① 석면의 농도는 여과채취방법에 의한 계수 방법으로 측정한다.
② 규산염은 분립장치 또는 입자의 크기를 파악할 수 있는 기기를 이용한 여과채취방법으로 측정한다.
③ 광물성 분진은 여과채취방법에 따라 석영, 크리스토바라이트, 트리디마이트를 분석할 수

해답 21. ① 22. ③ 23. ② 24. ④ 25. ④ 26. ②

있는 적합한 분석방법으로 측정한다.

④ 용접흄은 여과채취방법으로 하되 용접보안면을 착용한 경우에는 그 내부에서 채취하고 중량분석방법과 원자 흡광분광기 또는 유도결합 플라스마를 이용한 분석방법으로 측정한다.

해설 작업환경측정 및 정도관리 등에 관한 고시 제21조 (측정 및 분석방법) [고용노동부고시]
광물성 분진은 여과채취방법으로 측정하고 석영, 크리스토발라이트, 트리디마이트를 분석할 수 있는 적합한 방법으로 분석할 것(다만, 규산염과 그 밖의 광물성 분진은 중량분석방법으로 분석한다.)

27. 화학공장의 작업장 내에 먼지 농도를 측정하였더니 5, 6, 5, 6, 6, 6, 4, 8, 9, 8ppm일 때, 측정치의 기하평균은 약 몇 ppm인가?

① 5.13　　　　② 5.83
③ 6.13　　　　④ 6.83

해설 기하평균

$$\log(GM) = \frac{\log X_1 + \log X_2 + \cdots + \log X_n}{N}$$

$$= \frac{\log 5 + \log 6 + \log 5 + \log 6 + \log 6 + \log 6 + \log 4 + \log 8 + \log 9 + \log 8}{10}$$

$$= 0.7873$$

$$\therefore GM = 10^{0.7873} = 6.13\text{ppm}$$

28. 어느 작업환경에서 발생되는 소음원 1개의 음압수준이 92dB이라면, 이와 동일한 소음원이 8개일 때의 전체 음압수준은?

① 101dB　　　　② 103dB
③ 105dB　　　　④ 107dB

해설 전체 음압수준(소음의 합산)

$$SPL = 10\log(10^{\frac{SPL1}{10}} + 10^{\frac{SPL2}{10}} + 10^{\frac{SPL3}{10}})$$

$$= 10\log(10^{9.2} + 10^{9.2} + 10^{9.2} + 10^{9.2} +$$
$$10^{9.2} + 10^{9.2} + 10^{9.2} + 10^{9.2}) = 101\text{dB(A)}$$

29. 다음은 작업장 소음측정에서 관한 고용노동부 고시 내용이다. ( ) 안에 내용으로 옳은 것은?

> 누적소음 노출량 측정기로 소음을 측정하는 경우에는 Criteria 90dB, Exchange Rate 5dB, Threshold ( )dB로 기기를 설정한다.

① 50　　　　② 60
③ 70　　　　④ 80

해설 고용노동부 고시(작업환경측정 및 정도관리 등에 관한 고시) 제26조(소음측정방법) ④ 누적소음노출량 측정기로 소음을 측정하는 경우에는 Criteria는 90dB, Exchange Rate는 5dB, Threshold는 80dB로 기기를 설정할 것

30. 원자흡광광도계의 구성요소와 역할에 대한 설명 중 옳지 않은 것은?

① 광원은 속빈음극램프를 주로 사용한다.
② 광원은 분석 물질이 반사할 수 있는 표준 파장의 빛을 방출한다.
③ 단색화 장치는 특정 파장만 분리하여 검출기로 보내는 역할을 한다.
④ 원자화 장치에서 원자화 방법에는 불꽃방식, 흑연로방식, 증기화 방식이 있다.

해설 광원부(Lamp)
분석하고자 하는 목적 원소에 맞는 빛을 발생하는 램프를 사용한다.

31. 고체 흡착제를 이용하여 시료채취를 할 때 영향을 주는 인자에 관한 설명으로 옳지 않은 것은?

① 온도: 고온일수록 흡착 성질이 감소하며 파과가 일어나기 쉽다.
② 오염물질 농도: 공기 중 오염물질의 농도가 높을수록 파과공기량이 증가한다.
③ 흡착제의 크기: 입자의 크기가 작을수록 채취 효율이 증가하나 압력강하가 심하다.
④ 시료채취유량: 시료채취유량이 높으면 파과가 일어나기 쉬우며 코팅된 흡착제일수록 그 경향이 강하다.

해설 ② 오염물질 농도: 공기 중 오염물질의 농도가 높을수록 파과공기량은 감소한다.

해답 27. ③ 28. ① 29. ④ 30. ② 31. ②

32. 다음 중 조선소에서 용접작업 시 발생 가능한 유해인자와 가장 거리가 먼 것은?

① 오존 ② 자외선
③ 황산 ④ 망간 흄

해설 용접작업 시에는 철에 함유된 망간에 의하여 철흄과 함께 망간흄이 발생하고, 유해광선에 의하여 자외선과 광화학 반응에 의한 오존이 발생한다.

33. 상온에서 벤젠(C_6H_6)의 농도 20mg/m³는 부피단위 농도로 약 몇 ppm인가?

① 0.06 ② 0.6
③ 6 ④ 60

해설 mg/m³=ppm으로 변환

$$농도(ppm) = mg/m^3 \times \frac{24.45}{MW}$$
$$= 20mg/m^2 \times \frac{24.45}{78} = 6.26 ≒ 6$$

34. 다음 중 비누거품방법(bubble meter method)을 이용해 유량을 보정할 때의 주의사항과 가장 거리가 먼 것은?

① 측정시간의 정확성은 ±5초 이내이어야 한다.
② 측정장비 및 유량보정계는 Tygon Tube로 연결한다.
③ 보정을 시작하기 전에 충분히 충전된 펌프를 5분간 작동한다.
④ 표준뷰렛 내부면을 세척제 용액으로 씻어서 비누거품이 쉽게 상승하도록 한다.

해설 측정시간의 정확성은 ±1sec 이내이어야 한다.

35. 시료공기를 흡수, 흡착 등의 과정을 거치지 않고 진공채취병 등의 채취용기에 물질을 채취하는 방법은?

① 직접채취방법 ② 여과채취방법
③ 고체채취방법 ④ 액체채취방법

해설 직접포집법
진공플라스크, 스테인리스스틸 캐니스터(수동형 캐니스터), 시료채취백(플라스틱백), 주사기 등이 있다.

36. 어느 작업장에서 A물질의 농도를 측정한 결과 각각 23.9ppm, 21.6ppm, 22.4ppm, 24.1ppm, 22.7ppm, 25.4ppm을 얻었다. 측정 결과에서 중앙값(median)은 몇 ppm인가?

① 23.0 ② 23.1
③ 23.3 ④ 23.5

해설 중앙값
측정값을 작은 값에서 큰 값 순으로 정렬 후 중앙 측정값이 홀수일 때 중앙값이고 짝수일 경우 중앙값의 두 측정치를 더한 후 2로 나눈다.
21.6ppm, 22.4ppm, 22.7ppm, 23.9ppm, 24.1ppm, 25.4ppm
∴ (22.7ppm+23.9ppm)/2=23.3ppm

37. 소음의 측정방법으로 틀린 것은? (단, 고용노동부 고시를 기준으로 한다.)

① 소음계의 청감보정회로는 A특성으로 한다.
② 소음계 지시침의 동작은 느린(Slow) 상태로 한다.
③ 소음계의 지시치가 변동하지 않는 경우에는 해당 지시치를 그 측정점에서의 소음수준으로 한다.
④ 소음이 1초 이상의 간격을 유지하면서 최대음압수준이 120dB(A) 이상의 소음인 경우에는 소음수준에 따른 10분 동안의 발생횟수를 측정한다.

해설 소음이 1초 이상의 간격을 유지하면서 최대음압수준이 120dB(A) 이상의 소음(이하 '충격소음'이라 한다)인 경우에는 소음수준에 따른 1분 동안의 발생횟수를 측정하여야 한다.

38. 온도 표시에 대한 내용으로 틀린 것은? (단, 고용노동부 고시를 기준으로 한다.)

① 미온은 20~30℃를 말한다.
② 온수(溫水)는 60~70℃를 말한다.
③ 냉수(冷水)는 15℃ 이하를 말한다.
④ 상온은 15~25℃, 실온은 1~35℃을 말한다.

해설 미온은 30~40℃이다.

해답 **32.** ③ **33.** ③ **34.** ① **35.** ① **36.** ③ **37.** ④ **38.** ①

39. 작업환경측정대상이 되는 작업장 또는 공정에서 정상적인 작업을 수행하는 동일노출집단의 근로자가 작업하는 장소는? (단, 고용노동부 고시를 기준으로 한다.)

① 동일작업장소   ② 단위작업장소
③ 노출측정장소   ④ 측정작업장소

해설 유사노출그룹(HEG) 설정 목적
- 작업장에서 모니터링하고 관리해야 할 우선적인 그룹을 결정하기 위함이다.
- 시료채취를 경제적으로 하는 데 활용한다.
- 역학조사를 수행할 때 사건이 발생된 근로자가 속한 HEG의 노출농도를 근거로 노출원인을 추정할 수 있다.
- 모든 근로자에 대한 노출농도를 평가할 수 있다.
- HEG는 조직, 공정, 작업범주 그리고 작업(업무)내용별로 구분하여 설정할 수 있다.

40. 다음 중 작업환경측정치의 통계처리에 활용되는 변이계수에 관한 설명과 가장 거리가 먼 것은?

① 평균값의 크기가 0에 가까울수록 변이계수의 의의는 작아진다.
② 측정단위와 무관하게 독립적으로 산출되며 백분율로 나타낸다.
③ 단위가 서로 다른 집단이나 특성값의 상호 산포도를 비교하는 데 이용될 수 있다.
④ 편차의 제곱 합들의 평균값으로 통계집단의 측정값들에 대한 균일성, 정밀성 정도를 표현한다.

해설 변이계수(Coefficient of Variation, CV%)

$$변이계수(CV\%) = \frac{표준편차}{산술평균}$$

- 통계집단의 측정값들에 대한 균일성, 정밀성 정도를 표현하는 것이다.
- 표준편차의 수치가 평균치에 비해 몇 %가 되느냐로 나타낸다.

| **3** | 작업환경관리대책

41. 다음 중 오염물질을 후드로 유입하는 데 필요한 기류의 속도인 제어속도에 영향을 주는 인자와 가장 거리가 먼 것은?

① 덕트의 재질
② 후드의 모양
③ 후드에서 오염원까지의 거리
④ 오염물질의 종류 및 확산상태

해설 덕트의 재질은 덕트의 반송속도에 영향을 준다.

42. 다음 중 국소배기장치에 관한 주의사항과 가장 거리가 먼 것은?

① 유독물질의 경우에는 굴뚝에 흡인장치를 보강할 것
② 흡인되는 공기가 근로자의 호흡기를 거치지 않도록 할 것
③ 배기관은 유해물질이 발산하는 부위의 공기를 모두 흡입할 수 있는 성능을 갖출 것
④ 먼지를 제거할 때에는 공기속도를 조절하여 배기관 안에서 먼지가 일어나도록 할 것

해설 먼지를 제거할 때에는 반송속도를 조절하여 배기관 안에서 먼지가 퇴적되지 않도록 할 것

43. 송풍기에 관한 설명으로 옳은 것은?

① 풍량은 송풍기의 회전수에 비례한다.
② 동력은 송풍기의 회전수의 제곱에 비례한다.
③ 풍력은 송풍기의 회전수의 세제곱에 비례한다.
④ 풍압은 송풍기의 회전수의 세제곱에 비례한다.

해설 송풍기(상사의 법칙)
- 풍량: 송풍기의 회전수에 비례
- 풍압: 송풍기의 회전수의 제곱에 비례
- 동력: 송풍기의 회전수의 세제곱에 비례

해답 39. ②   40. ④   41. ①   42. ④   43. ①

44. 정압이 3.5cmH₂O인 송풍기의 회전속도를 180rpm에서 360rpm으로 증가시켰다면, 송풍기의 정압은 약 몇 cmH₂O인가? (단, 기타 조건은 같다고 가정한다.)

① 16
② 14
③ 12
④ 10

해설 풍압은 송풍기의 회전수의 제곱에 비례

$$\frac{FTP_2}{FTP_1} = \left(\frac{rpm_2}{rpm_1}\right)^2 = \left(\frac{360rpm}{180rpm}\right)^2 = 4$$

여기서, FTP_1이 3.5cmH₂O이므로
$FTP_2 = 4 \times 3.5 = 14cmH_2O$

45. 입자의 침강속도에 대한 설명으로 틀린 것은? (단, 스토크스식을 기준으로 한다.)

① 입자직경의 제곱에 비례한다.
② 공기와 입자 사이의 밀도차에 반비례한다.
③ 중력가속도에 비례한다.
④ 공기의 점섬계수에 반비례한다.

해설 Stokes 입자의 침강속도

$$= \frac{V(cm.sec) = d^2(\rho_1 - \rho)g}{18\mu}$$

46. 환기시설 내 기류가 기본적인 유체역학적 원리에 따르기 위한 전제조건과 가장 거리가 먼 것은?

① 공기는 절대습도를 기준으로 한다.
② 환기시설 내외의 열교환은 무시한다.
③ 공기의 압축이나 팽창은 무시한다.
④ 공기 중에 포함된 유해물질의 무게와 용량을 무시한다.

해설 환기시설 내 기류가 기본적인 유체역학적 원리를 따르기 위한 전제조건
- 공기는 건조하다고 가정한다.
- 환기시설 내외의 열교환은 무시한다.
- 공기의 압축과 팽창은 무시한다.
- 공기 중에 포함된 오염물질의 무게와 용량은 무시한다.

47. 작업환경의 관리원칙인 대체 중 물질의 변경에 따른 개선 예와 가장 거리가 먼 것은?

① 성냥 제조 시 황린 대신 적린을 사용하였다.
② 세척작업에서 사염화탄소 대신 트리클로로에틸렌을 사용하였다.
③ 야광시계의 자판에서 인 대신 라듐을 사용하였다.
④ 보온 재료 사용에서 석면 대신 유리섬유를 사용하였다.

해설 야광시계의 자판에서는 라듐 대신 인을 사용하였다.

48. 다음 중 작업환경 개선을 위해 전체 환기를 적용할 수 있는 상황과 가장 거리가 먼 것은?

① 오염발생원의 유해물질 발생량이 적은 경우
② 작업자가 근무하는 장소로부터 오염발생원이 멀리 떨어져 있는 경우
③ 소량의 오염물질이 일정속도로 작업장으로 배출되는 경우
④ 동일 작업장에 오염발생원이 한 군데로 집중되어 있는 경우

해설 작업환경 개선을 위해 전체 환기를 적용할 수 있는 일반적 상황
- 오염물질의 독성이 낮은 경우
- 오염발생원의 유해물질 발생량이 적은 경우
- 오염물질의 발생량이 균일한 경우
- 작업자가 근무하는 장소로부터 오염발생원이 멀리 떨어져 있는 경우
- 소량의 오염물질이 일정속도로 작업장으로 배출되는 경우
- 오염물질 발생원이 분산되어 있는 경우
- 오염물질이 이동적인 경우
- 오염물질의 발생량이 적어 국소배기로 하기에는 비경제적인 경우

※ 동일 작업장에 오염발생원이 한 군데로 집중되어 있는 경우는 국소배기 장치를 적용하는 것이 유용하다.
④는 국소배기 적용 조건이다.

49. 20℃의 송풍관 내부에 480m/min으로 공기가 흐르고 있을 때, 속도압은 약 몇 mmH₂O인가?

해답 44. ② 45. ② 46. ① 47. ③ 48. ④ 49. ②

(단, 0℃ 공기 밀도는 1.296kg/m³로 가정한다.)

① 2.3   ② 3.9

③ 4.5   ④ 7.3

[해설] $VP = \dfrac{\gamma V^2}{2g}$

먼저, 20℃일 때 밀도보정을 하면,

$1.296\text{kg/m}^3 \times \dfrac{273+0}{273+20} = 1.208\text{kg/m}^3$

$\therefore \ VP = 1.208 \dfrac{(480\text{m/min} \times 1\text{min}/60\text{sec})^2}{2 \times 9.8}$

$\qquad = 3.94\text{mmH}_2\text{O}$

$\qquad \fallingdotseq 3.9\text{mmH}_2\text{O}$

50. 체적이 1,000m³이고 유효환기량이 50m³/min 인 작업장에 메틸클로로포름 증기가 발생하여 100ppm의 상태로 오염되었다. 이 상태에서 증기 발생이 중지되었다면 25ppm까지 농도를 감소시키는 데 소요되는 시간은?

① 약 17분   ② 약 28분

③ 약 32분   ④ 약 41분

[해설] 증기를 감소시키는 데 소요되는 시간

$t = -\dfrac{V}{Q'}\ln\left(\dfrac{C_2}{C_1}\right)$

$= -\dfrac{1,000\text{m}^3}{50\text{m}^3/\text{min}} \times \ln\left(\dfrac{25}{100}\right)$

$= 27.7\text{min} \fallingdotseq 28\text{min}$

51. 다음은 분진발생 작업환경에 대한 대책이다. 옳은 것을 모두 고른 것은?

> ㉠ 연마작업에서는 국소배기장치가 필요하다.
> ㉡ 암석 굴진작업, 분쇄작업에서는 연속적인 살수가 필요하다.
> ㉢ 샌드블라스팅에 사용되는 모래를 철사나 금강사로 대치한다.

① ㉠, ㉡   ② ㉡, ㉢

③ ㉠, ㉢   ④ ㉠, ㉡, ㉢

[해설] 분진발생 작업환경 대책
- 연마작업에서는 국소배기장치가 필요하다.
- 암석 굴진작업, 분쇄작업에서는 연속적인 살수가 필요하다.
- 샌드블라스팅에 사용되는 모래를 철사나 금강사로 대치한다.
- 작업 전후 국소배기장치를 활용하여 청소를 철저히 한다.

52. 보호장구의 재질과 대상 화학물질이 잘못 짝지어진 것은?

① 부틸고무-극성 용제
② 면-고체상 물질
③ 천연고무(latex)-수용성 용액
④ Viton-극성 용제

[해설] Viton 재질, nitrile 고무는 비극성 용제에 효과적이다.

53. 다음 그림이 나타내는 국소배기장치의 후드 형식은?

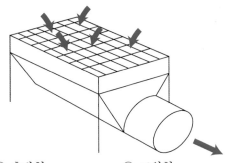

① 측방형   ② 포위형
③ 하방형   ④ 슬롯형

[해설] 국소배기장치를 하방형으로 선택하는 경우는 비중이 높은 먼지이거나 무거운 먼지인 경우에 선택한다.

54. 후드로부터 0.25m 떨어진 곳에 있는 공정에서 발생되는 먼지를, 제어속도가 5m/s, 후드 직경이 0.4m인 원형 후드를 이용하여 제거할 때, 필요환기량은 약 몇 m³/min인가? (단, 프랜지 등 기타 조건은 고려하지 않음)

① 205   ② 215

③ 225   ④ 235

[해설] 외부식 후드가 자유공간에 위치한 경우 필요환기량

$Q = 60 \cdot V_c(10X^2 + A)$

여기서, Q : 필요송풍량(m³/min)

$\qquad V_c$: 제어속도(m/sec)

$\qquad A$: 개구면적(m²)

$\qquad X$: 후드 중심선으로부터 발생원(오염원)까지의 거리 (m)

[해답] **50.** ②   **51.** ④   **52.** ④   **53.** ③   **54.** ③

$$\therefore\ Q = 60 \times 5\left(10 \times 0.25^2 + \frac{\pi \times 0.4^2}{4}\right) = 225 \text{m}^3/\text{min}$$

55. 슬롯 후드에서 슬롯의 역할은?

① 제어속도를 감소시킨다.

② 후드 제작에 필요한 재료를 절약한다.

③ 공기가 균일하게 흡입되도록 한다.

④ 제어속도를 증가시킨다.

(해설) 후드의 공기흐름이 가장자리에서 가장 빠르나 슬롯이 장착되면 후드의 가장자리에서도 균일하게 흐른다.

56. 1기압에서 혼합기체가 질소(N_2) 50vol%, 산소(O_2) 20vol%, 탄산가스 30vol%로 구성되어 있을 때, 질소(N_2)의 분압은?

① 380mmHg ② 228mmHg

③ 152mmHg ④ 740mmHg

(해설) 질소 가스의 분압(mmHg)
=760mmHg×50/100=380mmHg

57. 어떤 작업장의 음압수준이 80dB(A)이고 근로자가 NRR이 19인 귀마개를 착용하고 있다면, 차음효과는 몇 dB(A)인가? (단, OSHA 방법 기준)

① 4 ② 6

③ 60 ④ 70

(해설) OSHA 방법 기준 귀마개의 차음효과
=(NRR-7)×50%
=(19-7)×0.5=6dB(A)

58. 방진마스크에 관한 설명으로 옳지 않은 것은?

① 일반적으로 활성탄 필터가 많이 사용된다.

② 종류에는 격리식, 직결식, 면체여과식이 있다.

③ 흡기저항 상승률은 낮은 것이 좋다.

④ 비휘발성 입자에 대한 보호가 가능하다.

(해설) 활성탄 필터는 유기용제 등의 물질을 흡착하기 위한 방독마스크 정화통에 사용된다.

59. 작업장에서 Methylene chloride(비중=1.336, 분자량=84.94, TLV=500ppm)를 500g/hr 사

용할 때, 필요한 환기량은 약 몇 m^3/min인가? (단, 안전계수는 7이고, 실내온도는 21℃이다.)

① 26.3 ② 33.1

③ 42.0 ④ 51.3

(해설) 필요환기량(G)
사용량=500g/hr×kg/1000gL=0.5kg/hr
G(L/hr)

$$= \frac{24.1 \times 유해물질의\ 시간당\ 사용량(L/hr) \times K \times 10^6}{분자량 \times 유해물질의\ 노출기준}$$

$$= \frac{24.1 \times 0.5\text{kg/hr} \times 7 \times 10^6}{84.94 \times 500\text{ppm}} = 1,986\text{m}^3/\text{hr}$$

min으로 환산하면, $1,986\text{m}^3/\text{hr}/60 = 33.1\text{m}^3/\text{min}$

60. 흡인 풍량이 200m^3/min, 송풍기 유효전압이 150mmH$_2$O, 송풍기 효율이 80%인 송풍기의 소요동력은?

① 3.5kW ② 4.8kW

③ 6.1kW ④ 9.8kW

(해설) 송풍기 소요동력(kW)

$$= \frac{Q \times \Delta P}{6,120 \times \eta} \times \alpha = \frac{200\text{m}^3/\text{min} \times 150\text{mmH}_2\text{O}}{6,120 \times 0.8} \times 1.0$$

$$= 6.1\text{kW}$$

|4| 물리적 유해인자관리

61. 작업장에서 사용하는 트리클로로에틸렌을 독성이 강한 포스겐으로 전환시킬 수 있는 광화학 작용을 하는 유해 광선은?

① 적외선 ② 자외선

③ 감마선 ④ 마이크로파

(해설) 자외선은 공기 중의 NO$_2$ 및 올레핀계 탄화수소와 광화학 반응을 일으켜 트리클로로 에틸렌이 분해되어 포스겐으로 변경된다.

해답 **55.** ③ **56.** ① **57.** ② **58.** ① **59.** ② **60.** ③
61. ②

62. 다음 중 투과력이 커서 노출 시 인체 내부에도 영향을 미칠 수 있는 방사선의 종류는?

① γ선   ② α선
③ β선   ④ 자외선

해설 방사선의 투과력 순서: 중성자>γ선>X선> β선>α선

63. 「산업안전보건법령」상 소음의 노출기준에 따르면 몇 dB(A)의 연속소음에 노출되어서는 안 되는가? (단, 충격소음은 제외한다.)

① 85   ② 90
③ 100   ④ 115

해설 화학물질 및 물리적 인자의 노출기준[고용노동부고시 제2020-48호][별표 2의1] 소음의 노출기준(충격소음 제외)은 15dB(A)을 초과하는 소음 수준에 노출되어서는 안 된다.

64. 인공호흡용 혼합가스 중 헬륨-산소 혼합가스에 관한 설명으로 틀린 것은?

① 헬륨은 고압하에서 마취작용이 약하다.
② 헬륨은 분자량이 작아서 호흡저항이 적다.
③ 헬륨은 질소보다 확산속도가 작아 인체 흡수 속도를 줄일 수 있다.
④ 헬륨은 체외로 배출되는 시간이 질소에 비하여 50% 정도밖에 걸리지 않는다.

해설 인공호흡용 혼합가스 중 헬륨-산소 혼합가스
• 헬륨은 질소보다 확산속도가 크고 인체 내에 안정적이므로 질소를 대체한 공기로 헬륨을 흡입시킨다.
• 헬륨은 질소보다 확산속도가 크며, 체외로 배출되는 시간이 질소에 비하여 50% 정도밖에 걸리지 않는다.

65. 개인의 평균 청력 손실을 평가하기 위하여 6분법을 적용하였을 때, 500Hz에서 6dB, 1,000Hz에서 10dB, 2,000Hz에서 10dB, 4,000Hz에서 20dB이면 이때의 청력 손실을 얼마인가?

① 10dB   ② 11dB
③ 12dB   ④ 13dB

해설 평균청력손실(6분법)

$$평균청력손실 = \frac{a+2b+2c+d}{6} = \frac{6+2\times10+2\times10+20}{6}$$
$$= 11dB$$

여기서, a: 500Hz에서의 청력손실치
     b: 1,000Hz에서의 청력손실치
     c: 2,000Hz에서의 청력손실치
     d: 4,000Hz에서의 청력손실치

66. 옥타브밴드로 소음의 주파수를 분석하였다. 낮은 쪽의 주파수가 250Hz이고, 높은 쪽의 주파수가 2배인 경우 중심주파수는 약 몇 Hz인가?

① 250   ② 300
③ 354   ④ 375

해설 f_c(중심주파수) $= \sqrt{f_L \times f_u} = \sqrt{f_L \times 2f_L}$
$$= \sqrt{2f_L} = \sqrt{2} \times 250 = 354Hz$$

67. 다음 중 체온의 상승에 따라 체온조절중추인 시상하부에서 혈액 온도를 감지하거나 신경망을 통하여 정보를 받아들여 체온 방산작용이 활발해지는 작용은?

① 정신적 조절작용(spiritual thermo regulation)
② 물리적 조절작용(physical thermo regulation)
③ 화학적 조절작용(chemical thermo regulation)
④ 생물학적 조절작용(biological thermo regulation)

해설 물리적 조절작용(physical thermo regulation)은 체온의 상승에 따라 체온조절중추인 시상하부에서 혈액 온도를 감지하거나 신경망을 통하여 정보를 받아들여 체온 방산작용이 활발해지는 작용을 의미한다.

68. 질소마취 증상과 가장 연관이 많은 작업은?

① 잠수작업   ② 용접작업
③ 냉동작업   ④ 금속제조작업

해설 잠함병
고압환경에서 체내에 과다하게 용해되었던 질소가 압력이 낮아질 때 과포화 상태로 되어 혈액과 조직에 질소 기포를 형성하여 혈액순환을 방해하거나 주위 조직에 영향을 주어 다양한 증상을 일으킨다. 특히 4기압 이상에서 공기 중의 질소가스는 마취작용을 나타낸다.

해답 62. ①   63. ④   64. ③   65. ②   66. ③   67. ②
     68. ①

69. 사무실 책상면으로부터 수직으로 1.4m의 거리에 1,000cd(모든 방향으로 일정하다)의 광도를 가지는 광원이 있다. 이 광원에 대한 책상에서의 조도(intensity of illumination, lux)는 약 얼마인가?

① 410　　　　　　　② 444
③ 510　　　　　　　④ 544

　해설　조도=광도(candle)/거리^2=1,000candle/(1.4m)^2
　　　　=510.20lux

70. 이상기압과 건강장해에 대한 설명으로 맞는 것은?

① 고기압 조건은 주로 고공에서 비행업무에 종사하는 사람에게 나타나며 이를 다루는 학문은 항공의학 분야이다.
② 고기압 조건에서의 건강장해는 주로 기후의 변화로 인한 대기압의 변화 때문에 발생하며 휴식이 가장 좋은 대책이다.
③ 고압 조건에서 급격한 압력저하(감압) 과정은 혈액과 조직에 녹아 있던 질소가 기포를 형성하여 조직과 순환기계에 손상을 일으킨다.
④ 고기압 조건에서 주요 건강장해 기전은 산소 부족이므로 일차적인 응급치료는 고압산소실에서 치료하는 것이 바람직하다.

　해설　고기압 조건은 주로 잠함, 잠수작업에 종사하는 사람에게 나타난다.

71. 다음 중 단기간 동안 자외선(UV)에 초과 노출될 경우 발생할 수 있는 질병은?

① Hypothermia
② Welder's flash
③ Phossy jaw
④ White fingers syndrome

　해설　Welder's flash
일명 'arc-eye'라고 부르며, 전기용접 시 용접 불꽃을 바라보면 안구에 화상이 발생하며 이때 발생하는 질병을 통상적으로 Welder's flash라 부른다. 의학적으로는 전광성 안염이라고 부른다.

72. 일반적으로 전신진동에 의한 생체반응에 관여하는 인자로 가장 거리가 먼 것은?

① 온도　　　　　　　② 강도
③ 방향　　　　　　　④ 진동수

　해설　전신진동에 관여하는 생체반응 인자
• 진동 노출기간(폭로시간)
• 진동의 강도
• 진동의 방향(수직, 수평, 회전)
• 진동수

73. 저기압 환경에서 발생하는 증상으로 옳은 것은?

① 이산화탄소에 의한 산소중독증상
② 폐 압박
③ 질소마취 증상
④ 우울감, 두통, 식욕상실

　해설　저기압의 작업환경에 대한 인체의 영향
• 고도 18,000ft 이상이 되면 21% 이상의 산소를 필요로 하게 된다.
• 인체 내 산소 소모가 줄어들게 되어 호흡수, 맥박수가 증가한다.
• 고도 10,000ft까지는 시력, 협조운동의 가벼운 장해 및 피로를 유발한다.
• 고도상승으로 기압이 저하되면 공기의 산소분압이 저하되고 동시에 폐포 내 산소분압도 저하된다.
• 급성고산병 증상은 48시간 내에 최고도에 달하였다가 2~3일이면 소실된다.
• 급성고산병은 극도의 우울증, 두통, 식욕상실을 보이는 임상 증세군이며 가장 특징적인 것은 흥분성이다.
• 고공성 폐수종은 진행성 기침과 호흡곤란이 나타나고, 폐동맥의 혈압이 상승한다.

74. 다음 중 진동에 의한 장해를 최소화시키는 방법과 거리가 먼 것은?

① 진동의 발생원을 격리시킨다.
② 진동의 노출시간을 최소화시킨다.
③ 훈련을 통하여 신체의 적응력을 향상시킨다.
④ 진동을 최소화하기 위하여 공학적으로 설계 및 관리한다.

　해설　진동은 훈련을 통한 적응이 불가능하고 반드시 진동을 최소화시켜야 한다.

해답 69. ③　70. ③　71. ②　72. ①　73. ④　74. ③

75. 전리방사선에 대한 감수성이 가장 큰 조직은?

① 간　　　　　　　② 골수세포
③ 연골　　　　　　④ 신장

> **해설** 전리방사선 감수성 순서
> 골수, 임파구, 임파선, 흉선 및 림프조직(조혈기관)＞눈의 수정체＞상선(고환 및 난소) 타액선, 상피세포＞혈관, 복막 등 내피세포＞결합조직과 지방조직＞뼈 및 근육조직＞폐, 위장관 등 내장조직, 신경조직

76. 고온환경에 노출된 인체의 생리적 기전과 가장 거리가 먼 것은?

① 수분 부족
② 피부 혈관 확장
③ 근육이완
④ 갑상선자극호르몬 분비 증가

> **해설** 갑상선자극호르몬 분비 증가는 한랭환경에서의 생리적 기전이다.

77. 현재 총흡음량이 1,000sabins인 작업장에 흡음률을 보강하여 4,000sabins을 더할 경우, 총 소음감소는 약 얼마인가? (단, 소수점 첫째 자리에서 반올림)

① 5dB　　　　　　② 6dB
③ 7dB　　　　　　④ 8dB

> **해설** 소음 감소량
> $$NR(\text{dB}) = 10\log\frac{A_2}{A_1} = 10\log\frac{1,000+4,000}{1,000} = 6.99\text{dB}$$
> $$\fallingdotseq 7\text{dB}$$
> A_1 : 흡음물질을 처리하기 전의 총 흡음량(sabibs)
> A_2 : 흡음물질을 처리한 후의 총 흡음량(sabins)

78. 빛 또는 밝기와 관련된 단위가 아닌 것은?

① weber　　　　　② candela
③ lumen　　　　　④ footlambert

> **해설** 웨버(weber)
> 어떤 자극에 대하여 자극의 세기가 변했다는 것을 느끼려면 처음 주어진 자극과 일정한 크기 이상의 차이가 나는 자극이 주어져야 한다. 자극의 변화를 느낄 수 있는 최소 변화량은 처음 자극의 세기에 비례하는데, 이러한 것을 웨버의 법칙이라고 한다.

79. 다음 중 음의 세기라벨을 나타내는 dB의 계산식으로 옳은 것은? (단, I_0＝기준음향의 세기, I＝발생음의 세기)

① $\text{dB} = 10\log\dfrac{I}{I_0}$　　　② $\text{dB} = 20\log\dfrac{I}{I_0}$

③ $\text{dB} = 10\log\dfrac{I_0}{I}$　　　④ $\text{dB} = 20\log\dfrac{I_0}{I}$

> **해설** 음의 세기레벨(SIL, Sound Intensity Level)
> $$SIL = 10\log\frac{I}{I_0}(\text{dB})$$

80. 참호족에 관한 설명으로 맞는 것은?

① 직장온도가 35℃ 수준 이하로 저하되는 경우를 의미한다.
② 체온이 35~32.2℃에 이르면 신경학적 억제 증상으로 운동실조, 자극에 대한 반응도 저하와 언어이상 등이 온다.
③ 27℃에서는 떨림이 멎고 혼수에 빠지게 되며, 25~23℃에 이르면 사망하게 된다.
④ 근로자의 발이 한랭에 장기간 노출됨과 동시에 지속적으로 습기나 물에 잠기게 되면 발생한다.

> **해설** 침수족과 참호족의 임상증상과 증후가 거의 비슷하고, 발생시간은 침수족이 참호족에 비해 길다.

⁵ 산업독성학

81. 다음 중 생물학적 모니터링에서 사용되는 약어의 의미가 틀린 것은?

① B-background : 직업적으로 노출되지 않은 근로자의 검체에서 동일한 결정인자가 검출될 수 있다는 의미
② Sc-susceptibiliy(감수성) : 화학물질의 영향으로 감수성이 커질 수도 있다는 의미

해답 75. ②　76. ④　77. ③　78. ①　79. ①　80. ④
81. ③

③ Nq-nonqualitative: 결정인자가 동 화학물질에 노출되었다는 지표일 뿐이고 측정치를 정량적으로 해석하는 것은 곤란하다는 의미

④ Ns-nonspecific(비특이적): 특정 화학물질 노출에서 뿐만 아니라 다른 화학물질에 의해서도 이 결정인자가 나타날 수 있다는 의미

해설 Nq-nonqualitative는 비정량이라는 뜻으로 작업환경모니터링 분야에서 사용되는 용어이다.

82. 다음 중 직업성 피부질환에 관한 설명으로 틀린 것은?

① 가장 빈번한 직업성 피부질환은 접촉성 피부염이다.

② 알레르기성 접촉 피부염은 일반적인 보호 기구로도 개선 효과가 좋다.

③ 첩포시험은 알레르기성 접촉 피부염의 감작물질을 색출하는 임상시험이다.

④ 일부 화학물질과 식물은 광선에 의해서 활성화되어 피부반응을 보일 수 있다.

해설 알레르기성 접촉 피부염은 후천적 면역반응에 의한 것이다. 이는 이전에 접촉한 적이 있는 어떤 항원에 반응한 사람이 동일 물질과 다시 접촉하면 나타나는 알레르기 반응이다. 피부가 특정 물질에 닿고 며칠이 지난 후 가려움, 구진, 반점 등의 피부 증상이 나타난다.

83. 노말헥산이 체내 대사과정을 거쳐 변환되는 물질로, 노말헥산에 폭로된 근로자의 생물학적 노출지표로 이용되는 물질로 옳은 것은?

① hippuric acid

② 2,5-hexanedione

③ hydroquonone

④ 9-hydroxyquinoline

해설 2,5-hexanedione은 체내 대사과정을 거쳐 변환되는 물질로 노말헥산에 폭로된 근로자의 생물학적 노출지표이다.

84. 다음 중 석면작업의 주의사항으로 적절하지 않은 것은?

① 석면 등을 사용하는 작업은 가능한 한 습식으로 하도록 한다.

② 석면을 사용하는 작업장이나 공정 등은 격리시켜 근로자의 노출을 막는다.

③ 근로자가 상시 접근할 필요가 없는 석면취급설비는 밀폐실에 넣어 양압을 유지한다.

④ 공정상 밀폐가 곤란한 경우, 적절한 형식과 기능을 갖춘 국소배기장치를 설치한다.

해설 근로자가 상시 접근할 필요가 없는 석면취급설비는 밀폐실에 넣어 음압을 유지해야만 석면이 외부로 비산되지 않는다.

85. 다음 중 카드뮴의 중독, 치료 및 예방대책에 관한 설명으로 틀린 것은?

① 소변 속의 카드뮴 배설량은 카드뮴 흡수를 나타내는 지표가 된다.

② BAL 또는 Ca-EDTA 등을 투여하여 신장에 대한 독작용을 제거한다.

③ 칼슘대사에 장해를 주어 신결석을 동반한 증후군이 나타나고 다량의 칼슘 배설이 일어난다.

④ 납 중독 치료 시 폐활량 감소, 잔기량 증가 및 호흡곤란의 폐증세가 나타나며, 이 증세는 노출기간과 노출농도에 의해 좌우된다.

해설 카드뮴 중독 치료 및 예방 대책
• 소변 속의 카드뮴 배설량은 카드뮴 흡수를 나타내는 지표가 된다.
• 칼슘대사에 장해를 주어 신결석을 동반한 증후군이 나타나고 다량의 칼슘 배설이 일어난다.

※ 납중독 치료 시 배설촉진제 Ca-EDTA 및 페니실라민을 투여한다(신장기능이 나쁜 사람과 예방 목적의 투여는 절대 금지).

※ BAL(dimercaprol)은 수은중독 치료 시 근육주사로 투여하여야 한다.

86. 산업독성학에서 LC_{50}의 설명으로 맞는 것은?

① 실험동물의 50%가 죽게 되는 양이다.

② 실험동물의 50%가 죽게 되는 농도이다.

③ 실험동물의 50%가 살아남을 비율이다.

④ 실험동물의 50%가 살아남을 확률이다.

해설 반수 치사농도(LC₅₀)는 피실험동물에 실험대상물질을 투여할 때 피실험동물의 절반이 죽게 되는 양을 말한다. 독성물질의 경우, 해당 약물의 LD₅₀을 나타낼 때는 체중 kg당 mg으로 나타낸다.

87. 다음 중 크롬에 관한 설명으로 틀린 것은?

① 6가 크롬은 발암성 물질이다.

② 주로 소변을 통하여 배설된다.

③ 형광등 제조, 치과용 아말감 산업이 원인이 된다.

④ 만성 크롬중독인 경우 특별한 치료방법이 없다.

해설 형광등 제조, 치과용 아말감 산업이 원인이 되는 물질은 수은이다.

88. 납중독을 확인하기 위한 시험방법과 가장 거리가 먼 것은?

① 혈액 중 납 농도 측정

② 헴(Heme)합성과 관련된 효소의 혈중농도 측정

③ 신경정달속도 측정

④ β-ALA 이동 측정

해설 납중독 진단(확인) 검사(임상검사)
• 혈액과 소변 중 납 농도 측정
• 소변 중 코프로포피린(Coproporphyrin) 배설량 측정
• 델타 아미노레블린산 측정(δ-ALA)
• 혈액 중 징크프로토포르피린(ZPP, Zinc protoporphyrin) 측정
• 빈혈검사
• 혈액검사(적혈구 측정, 전혈비중 측정)
• 혈중 α-ALA 탈수효소 활성치 측정
• 과거병력, 직업력 등 진단

89. 동물실험에서 구해진 역치량을 사람에게 외삽하여 "사람에게 안전한 양"으로 추정한 것을 SHD (Safe Human Dose)라고 하는데 SHD 계산에 필요하지 않은 항목은?

① 배설률   ② 노출시간
③ 호흡률   ④ 폐흡수비율

해설 안전흡수량, SHD(Safe Human Dose)
안전흡수량= $C \times T \times V \times R$

여기서 C : 유해물질의 농도(mg/m³)
T : 노출시간(hr)
V : 폐환기율(폐호흡률)(m³/hr)–작업의 강도에 따라 달라지므로 폐호흡률을 적정하게 적용을 하여야 함
R : 체내 잔유율 (자료가 없을 경우 보통 1로 함)
SHD : 인간에게 안전하다고 여겨지는 양(Safe Human Dose)

90. 자동차 정비업체에서 우레탄 도료를 사용하는 도장작업 근로자에게서 직업성 천식이 발생되었을 때, 원인 물질로 추측할 수 있는 것은?

① 시너(thinner)

② 벤젠(benzene)

③ 크실렌(Xylene)

④ TDI(Toluene diisocyanate)

해설 TDI, MDI는 페인트, 접착재, 도장작업 시 사용되며 천식 유발 물질이다.

91. 다음 중 유해물질의 독성 또는 건강 영향을 결정하는 인자로 가장 거리가 먼 것은?

① 작업강도   ② 인체 내 침입경로
③ 노출농도   ④ 작업장 내 근로자수

해설 화학물질의 건강영향 또는 그 정도를 좌우하는 인자 공기 중 노출농도, 노출시간, 작업강도, 기상조건, 개인의 감수성, 인체내 침입경로

92. 소변 중 화학물질 A의 농도는 28mg/mL, 단위시간(분)당 배설되는 소변의 부피는 1.5mL/min, 혈장 중 화학물질 A의 농도가 0.2mg/mL라면 단위시간(분)당 화학물질 A의 제거율(mL/min)은 얼마인가?

① 120   ② 180
③ 210   ④ 250

해설 화학물질 제거율(mL/min)

$$= \frac{\text{소변 중 화학물질의 농도(mg/mL)} \times \text{단위시간당(min) 배설되는 소변의 부피(mL/min)}}{\text{혈장 중 화학물질 농도(mg/mL)}}$$

$$= \frac{28mg/mL \times 1.5mL/min}{0.2mg/mL} = 210mL/min$$

해답 87. ③ 88. ④ 89. ① 90. ④ 91. ④ 92. ③

93. 다음 중 피부의 색소침착(pigmentation)이 가능한 표피층 내의 세포는?

① 기저세포　　　　② 멜라닌세포
③ 각질세포　　　　④ 피하지방세포

해설 피부의 멜라닌세포는 피부의 색소를 만드는 색소이며, 겉피부에 존재하고 멜라닌을 생산하여 분비하는 세포이다. 또한 겉피부(표피)에 분포하여 해로운 자외선으로부터 피부를 보호하는 역할을 한다.

94. 다음 중 조혈장해를 일으키는 물질은?

① 납　　　　　　② 망간
③ 수은　　　　　④ 우라늄

해설 납(Pb)은 세포 내에서 SH-기와 결합하여 포르피린과 헴(heme)의 합성에 관여하는 요소를 억제하며, 여러 세포의 효소작용을 방해한다. 또한 소화기계 및 조혈기계에 영향을 주는 물질이다.

95. 다음 중 다핵방향족 탄화수소(PAHs)에 대한 설명으로 틀린 것은?

① 철강제조업의 석탄 건류공정에서 발생된다.
② PAHs의 대사에 관여하는 효소는 시토크롬 P-448이다.
③ PAHs의 배설을 쉽게 하기 위하여 수용성으로 대사된다.
④ 벤젠고리가 2개 이상인 것으로 톨루엔이나 크실렌 등이 있다.

해설 다환방향족 탄화수소(PAHs)
다환방향족 탄화수소란 2가지 이상의 방향족 고리가 융합된 유기화합물을 말한다. 실온에서 PAHs는 고체상태이며, 이 부류 화합물은 비점과 융점이 높으나 증기압이 낮고, 분자량 증가에 따라 극히 낮은 수용해도를 나타내는 것이 일반적인 성질이다. PAHs는 여러 유기용매에 용해되며, 친유성이 높다.

96. 다음 중 납중독의 주요 증상에 포함되지 않는 것은?

① 혈중의 methallothionein 증가
② 적혈구내 protoporphyrin 증가
③ 혈색소량 저하
④ 혈청 내 철 증가

해설 납중독의 주요 증상
• 잇몸에 납선(lead line) 발생
• 납 빈혈 발생
• 위장계통의 장애(소화기장애)
• 신경, 근육계통의 장애
• 중추신경장애
• 무기납 중독 시에는 소변 내에서 δ-ALA가 증가되고, 적혈구 내 δ-ALAD 활성도가 감소
• 포르피린과 헴(heme)의 합성에 관여하는 효소를 억제하며, 소화기계 및 조혈계에 영향
• 적혈구 내 프로토포르피린 증가
• 임상증상은 위장계통장해, 신경근육계통의 장해, 중추신경계통의 장해 등 크게 3가지로 나눔

97. 화학적 질식제(chemical asphyxiant)에 심하게 노출되었을 경우 사망에 이르게 되는 이유로 적절한 것은?

① 폐에서 산소를 제거하기 때문
② 심장의 기능을 저하시키기 때문
③ 폐 속으로 들어가는 산소의 활용을 방해하기 때문
④ 신진대사 기능을 높여 가용한 산소가 부족해지기 때문

해설
• 화학적 질식제는 고농도 노출될 경우 폐 속의 산소 활용을 방해하여 사망에 이르게 한다.
• 화학적 질식제의 종류: 일산화탄소(CO), 황화수소(H_2S), 시안화수소(HCN), 아닐린($C_6H_5NH_2$)

98. 다음 중 유해화학물질에 의한 간의 주요 장해인 중심소엽성 괴사를 일으키는 물질로 옳은 것은?

① 수은　　　　　　② 사염화탄소
③ 이황화탄소　　　④ 에틸렌글리콜

해설 사염화탄소(CCl_4)
• 간과 신장에 손상을 줄 수 있으며, 암의 발생확률을 증가시킬 수 있다.
• 간에 중심소엽성 괴사를 일으킨다.
• 돌연변이원으로 작용하기도 한다.
• 섭취 시 증상은 흡입 시와 비슷하다.
• 흡입 시 단시간 동안 흡입할 경우 두통, 어지러움, 기도의 자극이 일어날 수 있다.

해답 93. ② 94. ① 95. ④ 96. ① 97. ③ 98. ②

- 사염화탄소는 중추신경억제제로 작용하므로 고농도에 노출될 경우 의식을 잃을 수 있다.
- 지속적으로 접촉할 경우 간에 손상을 줄 수 있으며 장기간으로 노출될 경우 암을 유발할 수 있다.
- 생식기관에 안 좋은 영향을 주며 돌연변이원으로 작용한다.

ⓛ 콩팥의 기능
콩팥은 일반적으로 잘 알려진 소변형성을 통한 노폐물 배설 외에도, 몸을 항상 일정한 상태로 유지하는 항상성 유지 기능, 몸에 필요한 여러 호르몬 및 효소를 생산, 분비하는 내분비 기능을 가지고 있다.

99. 다음 중 유해물질의 흡수에서 배설까지의 과정에 대한 설명으로 옳지 않은 것은?

① 흡수된 유해물질은 원래의 형태든, 대사산물의 형태로든 배설되기 위하여 수용성으로 대사된다.

② 흡수된 유해화학물질은 다양한 비특이적 효소에 의한 유해물질의 대사로 수용성이 증가되어 체외로의 배출이 용이하게 된다.

③ 간은 화학물질을 대사시키고 콩팥과 함께 배설시키는 기능을 담당하여, 다른 장기보다도 여러 유해물질의 농도가 낮다.

④ 유해물질은 조직에 분포되기 전에 먼저 몇 개의 막을 통과하여야 하며, 흡수속도는 유해물질의 물리화학적 성상과 막의 특성에 따라 결정된다.

해설
ⓐ 간의 기능
- 에너지를 관리한다.
- 해독작용을 한다.
- 각종 호르몬의 분해와 대사에 관여한다.
- 담즙을 만들어 지방의 소화를 돕는다.
- 간은 중요한 면역기관이며 동시에 살균작용을 한다.

100. 다음 중 중금속에 의한 폐기능의 손상에 관한 설명으로 틀린 것은?

① 철폐증(siderosis)은 철분진 흡입에 의한 암 발생(A1)이며, 중피종과 관련이 없다.

② 화학적 폐렴은 베릴륨, 산화카드뮴, 에어로졸 노출에 의하여 발생하며 발열, 기침, 폐기종이 동반된다.

③ 금속열은 금속이 용융점 이상으로 가열될 때 형성되는 산화금속을 흄 형태로 흡입할 경우 발생한다.

④ 6가 크롬은 폐암과 비강암 유발인자로 작용한다.

해설 철폐증은 철분진 흡입 시 발생되는 금속열의 한 형태이다.

산업위생관리기사 필기시험 문제풀이 11회¹⁹¹

| 1 | 산업위생학개론

1. 신체적 결함과 이에 따른 부적합 작업을 짝지은 것으로 틀린 것은?

① 심계항진-정밀작업
② 간기능 장해-화학공업
③ 빈혈증-유기용제 취급작업
④ 당뇨증-외상받기 쉬운 작업

해설 심계항진
심장이 뛰는 것이 느껴져 불쾌한 기분이 드는 증상을 말한다. 심계항진은 운동 후나 힘든 일을 한 후에 나타나는 느낌과는 달리 불안감이나 긴장감을 유발한다. 심하면 가슴 부위의 통증과 호흡 곤란을 유발한다. 부적합 작업은 육체작업, 고열작업이다.

2. OSHA가 의미하는 기관의 명칭으로 맞는 것은?

① 세계보건기구
② 영국보건안전부
③ 미국산업위생협회
④ 미국산업안전보건청

해설 외국의 산업위생 관련 기관의 약자와 명칭
- ACGIH: 미국정부산업위생전문가협의회
- AIHA: 미국산업위생협회
- OSHA: 산업안전보건청(미국)
- NIOSH: 국립산업안전보건연구원(미국)
- IARC: 국제암연구소

※ Occupational Safety and Health Act의 약칭임(OSHA)

3. 사고예방대책의 기본원리 5단계를 순서대로 나열한 것으로 맞는 것은?

① 사실의 발견 → 조직 → 분석 → 시정책(대책)의 선정 → 시정책(대책)의 적용

② 조직 → 분석 → 사실의 발견 → 시정책(대책)의 선정 → 시정책(대책)의 적용

③ 조직 → 사실의 발견 → 분석 → 시정책(대책)의 선정 → 시정책(대책)의 적용

④ 사실의 발견 → 분석 → 조직 → 시정책(대책)의 선정 → 시정책(대책)의 적용

해설 하인리히의 사고예방대책의 기본원리 5단계
- 1단계: 안전관리 조직 구성(조직)
- 2단계: 사실의 발견
- 3단계: 분석·평가
- 4단계: 시정방법의 선정(대책 선정)
- 5단계: 시정책의 적용(대책 실시)

4. 실내공기의 오염에 따른 건강상의 영향을 나타내는 용어가 아닌 것은?

① 새집증후군
② 헌집증후군
③ 화학물질과민증
④ 스티븐존슨증후군

해설 스티븐존슨증후군은 피부병이 악화된 상태로 피부의 탈락을 유발하는 심각한 급성 피부 점막 전신 질환이다. 스티븐존슨증후군의 원인은 대부분 약물이다. 스티븐존슨증후군의 50% 이상, 독성 표피 괴사 용해의 80~95%가 약물 때문에 발생한다.

5. 국가 및 기관별 허용기준에 대한 사용 명칭을 잘못 연결한 것은?

① 영국 HSE-OEL
② 미국 OSHA-PEL
③ 미국 ACGIH-TLV
④ 한국-화학물질 및 물리적 인자의 노출기준

해답 1. ① 2. ④ 3. ③ 4. ④ 5. ①

• 영국 HSE–WEL
• 미국 OSHA–PEL
• 미국 ACGIH–TLV
• 스웨덴, 프랑스–OEL
• 한국–화학물질 및 물리적 인자의 노출기준

6. 물체의 실제 무게를 미국 NIOSH의 권고중량물 한계기준(RWL)으로 나누어 준 값을 무엇이라 하는가?

① 중량상수(LC) ② 빈도승수(FM)
③ 비대칭승수(AM) ④ 중량물 취급지수(LI)

해설 중량물 취급지수(LI, Lifting Index)
또는 중량물 들기지수

$$LI = \frac{물체\ 무게(kg)}{RWL(kg)}$$

7. 1994년 AAIH에서 채택된 산업위생전문가의 윤리강령 내용으로 틀린 것은?

① 산업위생 활동을 통해 얻은 개인 및 기업의 정보는 누설하지 않는다.
② 과학적 방법의 적용과 자료의 해석에서 경험을 통한 전문가의 주관성을 유지한다.
③ 전문적 판단이 타협에 의하여 좌우될 수 있거나 이해관계가 있는 상황에는 개입하지 않는다.
④ 쾌적한 작업환경을 만들기 위해 산업위생이론을 적용하고 책임 있게 행동한다.

해설 과학적 방법의 적용과 자료의 해석에서 경험을 통한 전문가의 객관성을 유지한다.

8. 최대작업영역(maximum working area)에 대한 설명으로 맞는 것은?

① 양팔을 곧게 폈을 때 도달할 수 있는 최대영역
② 팔을 위 방향으로만 움직이는 경우에 도달할 수 있는 작업영역
③ 팔을 아래 방향으로만 움직이는 경우에 도달할 수 있는 작업영역
④ 팔을 가볍게 몸체에 붙이고 팔꿈치를 구부린 상태에서 자유롭게 손이 닿는 영역

해설 작업영역의 구분

㉠ 정상작업영역
• 상완을 자연스럽게 수직으로 늘어뜨린 채 전완만으로 편안하게 뻗어 파악할 수 있는 영역(약 35~45cm)
• 움직이지 않고 전박과 손으로 조작할 수 있는 범위
• 앉은 자세에서 윗팔은 몸에 붙이고, 아랫팔만 곧게 뻗어 닿는 범위
㉡ 최대작업영역
• 윗팔과 아랫팔을 곧게 뻗어서 닿는 영역
• 상지를 뻗어서 닿는 범위(55~65cm)

9. 「산업안전보건법」상 석면에 대한 작업환경측정 결과 측정치가 노출기준을 초과하는 경우 그 측정일로부터 몇 개월에 몇 회 이상의 작업환경측정을 하여야 하는가?

① 1개월에 1회 이상 ② 3개월에 1회 이상
③ 6개월에 1회 이상 ④ 12개월에 1회 이상

해설 작업환경측정 횟수(「산안법 시행규칙」 제190조)

측정횟수	대상
30일 이내	작업장 또는 작업공정이 신규가동 시 또는 변경 시에
6월 1회	정기적 측정주기
3월 1회	1.* A의 측정치가 노출기준을 초과하는 경우 2.* A를 제외한 측정치가 노출기준을 2배 이상 초과하는 경우
연 1회	1. 소음측정 결과가 최근 2회 연속 85데시벨(dB) 미만인 경우 2. 소음 외의 다른 모든 인자의 측정결과가 최근 2회 연속 노출기준 미만인 경우 ※ 고용노동부장관이 정하여 고시하는 물질: 영 30조에 따른 허가 대상 유해물질, 안전보건규칙 별표 12에 따른 특별관리물질

※ A물질: 고용노동부장관이 정하여 고시한 물질

10. 미국산업위생학회(AIHA)에서 정한 산업위생의 정의로 옳은 것은?

① 작업장에서 인종, 정치적 이념, 종교적 갈등을 배제하고 작업자의 알권리를 최대한 확보해 주는 사회과학적 기술이다.
② 작업자가 단순하게 허약하지 않거나 질병이

없는 상태가 아닌 육체적, 정신적, 사회적인 안녕 상태를 유지하도록 관리하는 과학과 기술이다.

③ 근로자 및 일반대중에게 질병, 건강장애, 불쾌감을 일으킬 수 있는 작업 환경요인과 스트레스를 예측, 측정, 평가 및 관리하는 과학이며 기술이다.

④ 노동 생산성보다는 인권이 소중하다는 이념하에 노사 간 갈등을 최소화하고 협력을 도모하여 최대한 쾌적한 작업환경을 유지·증진하는 사회과학이며 자연과학이다.

해설 미국산업위생학술원(AAIH)에서 채택한 산업위생분야에 종사하는 사람들이 지켜야 할 윤리강령

㉠ 산업위생전문가로서의 책임
- 성실성과 학문적 실력 면에서 최고수준을 유지한다.
- 과학적 방법의 적용과 자료의 해석에서 경험을 통한 전문가의 객관성을 유지한다.
- 전문 분야로서의 산업위생을 학문적으로 발전시킨다.
- 근로자, 사회 및 전문 직종의 이익을 위해 과학적 지식을 공개하고 발표한다.
- 산업위생활동을 통해 얻은 개인 및 기업체의 기밀은 누설하지 않는다.
- 전문적 판단이 타협에 의하여 좌우될 수 있거나 이해관계가 있는 상황에는 개입하지 않는다.

㉡ 기업주와 고객에 대한 책임
- 쾌적한 작업환경을 조성하기 위하여 산업위생의 이론을 적용하고 책임 있게 행동한다.
- 신뢰를 바탕으로 정직하게 권하고 성실한 자세로 충고하며 결과와 개선점 및 권고사항을 정확히 보고한다.
- 결과 및 결론을 뒷받침할 수 있도록 정확한 기록을 유지하고 전문가답게 산업위생사업 전문부서들을 운영, 관리한다.
- 기업주와 고객보다는 근로자의 건강보호에 궁극적인 책임을 두어 행동한다.

㉢ 근로자에 대한 책임
- 근로자의 건강보호가 산업위생전문가의 일차적 책임임을 인지한다.
- 근로자와 기타 여러 사람의 건강과 안녕이 산업위생전문가의 판단에 좌우된다는 것을 깨달아야 한다.
- 위험요인의 측정, 평가 및 관리에 있어서 외부의 영향력에 굴하지 않고 중립적(객관적)인 태도를 취한다.
- 건강의 유해요인에 대한 정보(위험요소)와 필요한 예방조치에 대해 근로자와 상담(대화)한다.

㉣ 일반 대중에 대한 책임
- 일반 대중에 관한 사항은 학술지에 정직하게 사실 그대로 발표한다.
- 적정(정확)하고도 확실한 사실(확인된 지식)을 근거로 하여 전문적인 견해를 발표한다.

11. 직업성 질환의 범위에 대한 설명으로 틀린 것은?

① 합병증이 원발성 질환과 불가분의 관계를 가지는 경우를 포함한다.

② 직업상 업무에 기인하여 1차적으로 발생하는 원발성 질환은 제외한다.

③ 원발성 질환과 합병 작용하여 제2의 질환을 유발하는 경우를 포함한다.

④ 원발성 질환부위가 아닌 다른 부위에서도 동일한 원인에 의하여 제2의 질환을 일으키는 경우를 포함한다.

해설 직업상 업무에 기인하여 1차적으로 발생하는 원발성 질환을 포함한다.

12. 산업피로에 대한 설명으로 틀린 것은?

① 산업피로는 원천적으로 일종의 질병이며 비가역적 생체변화이다.

② 산업피로는 건강장해에 대한 경고반응이라고 할 수 있다.

③ 육체적·정신적 노동부하에 반응하는 생체의 태도이다.

④ 산업피로는 생산성의 저하뿐만 아니라 재해와 질병의 원인이 된다.

해설 산업피로의 개요
- 정신적, 육체적, 신경학적 노동부하에 반응하는 생체(육체)의 태도로서 피로 자체는 질병이 아니라 가역적인 생체변화로서 건강장해에 대한 경고반응이다.
- 수면이나 휴식으로 회복되는 생리적 현상이 과로 등으로 회복되지 않고 누적된다.

13. 「산업안전보건법」상 사무실 공기관리에 있어 오염물질에 대한 관리 기준이 잘못 연결된 것은?

① 오존-0.1ppm 이하

② 일산화탄소-10ppm 이하

해답 11. ② 12. ① 13. ①

③ 이산화탄소-1,000ppm 이하

④ 포름알데히드(HCHO)-0.1ppm 이하

해설 사무실 오염물질의 관리기준(고용노동부 고시)

오염물질	관리기준
미세먼지(PM10)	100μg/m³
초미세먼지(PM2.5)	50μg/m³
이산화탄소(CO₂)	1,000ppm
일산화탄소(CO)	10ppm
이산화질소(NO₂)	0.1ppm
포름알데히드(HCHO)	100μg/m³
총휘발성 유기화합물(TVOC)	500μg/m³
라돈(radon)*	148Bq/m³
총 부유세균	800CFU/m³
곰팡이	500CFU/m³

* 라돈은 지상 1층을 포함한 지하에 위치한 사무실만 적용한다.

14. 밀폐공간과 관련된 설명으로 틀린 것은?

① 산소결핍이란 공기 중의 산소농도가 16% 미만인 상태를 말한다.

② 산소결핍증이란 산소가 결핍된 공기를 들이마심으로써 생기는 증상을 말한다.

③ 유해가스란 탄산가스, 일산화탄소, 황화수소 등의 기체로서 인체에 유해한 영향을 미치는 물질을 말한다.

④ 적정공기란 산소농도의 범위가 18% 이상 23.5% 미만, 탄산가스의 농도가 1.5% 미만, 일산화탄소의 농도가 30ppm 미만, 황화수소의 농도가 10ppm 미만인 수준의 공기를 말한다.

해설 산소결핍이란 공기 중의 산소농도가 18% 미만인 상태를 말한다.

15. 산업피로의 대책으로 적합하지 않은 것은?

① 불필요한 동작을 피하고 에너지 소모를 적게 한다.

② 작업과정에 따라 적절한 휴식시간을 가져야 한다.

③ 작업능력에는 개인별 차이가 있으므로 각 개인마다 작업량을 조정해야 한다.

④ 동적인 작업은 피로를 더하므로 가능한 한 정적인 작업으로 전환한다.

해설 정적인 작업은 피로를 더하므로 가능한 한 동적인 작업으로 전환한다.

16. 「산업안전보건법」에서 정하는 중대재해라고 볼 수 없는 것은?

① 사망자가 1명 이상 발생한 재해

② 부상자 또는 직업성질병자가 동시에 10명 이상 발생한 재해

③ 3개월 이상의 요양을 요하는 부상자가 동시에 2명 이상 발생한 재해

④ 재산피해액 5천만 원 이상의 재해

해설 물적재해는 중대재해에 포함되지 않는다.

17. 상시 근로자수가 1,000명인 사업장에 1년 동안 6건의 재해로 8명의 재해자가 발생하였고, 이로 인한 근로손실일수는 80일이었다. 근로자가 1일 8시간씩 매월 25일씩 근무하였다면, 이 사업장의 도수율은 얼마인가?

① 0.03 ② 2.50

③ 4.00 ④ 8.00

해설 도수율(빈도율)

• 도수율(빈도율): 1,000,000근로시간당 요양재해발생건수를 말한다.

• 도수율(빈도율) = $\dfrac{\text{재해건수}}{\text{연근로시간수} \times 1,000,000}$

∴ 도수율 = $\dfrac{6}{1,000 \times 8 \times 25 \times 12} \times 1,000,000 = 2.50$

18. 근육운동의 에너지원 중에서 혐기성 대사의 에너지원에 해당되는 것은?

① 지방 ② 포도당

③ 글리코겐 ④ 단백질

해설 혐기성 대사의 에너지원은 ATP(adenosine triphosphate), CP(creatine phosphate), 글리코겐이다.

해답 14. ① 15. ④ 16. ④ 17. ② 18. ③

19. 「산업안전보건법」에서 산업재해를 예방하기 위하여 잠재적 위험성을 발견하고 그 개선대책을 수립할 목적으로 고용노동부장관이 지정하는 조사 평가를 무엇이라 하는가?

① 위험성평가
② 작업환경측정, 평가
③ 안전, 보건진단
④ 유해성, 위험성 조사

해설 「산업안전보건법 제47조(안전보건진단)」
① 고용노동부장관은 추락·붕괴, 화재·폭발, 유해하거나 위험한 물질의 누출 등 산업재해 발생의 위험이 현저히 높은 사업장의 사업주에게 제48조에 따라 지정받은 기관(이하 "안전보건진단기관"이라 한다)이 실시하는 안전보건진단을 받을 것을 명할 수 있다.
② 사업주는 제1항에 따라 안전보건진단 명령을 받은 경우 고용노동부령으로 정하는 바에 따라 안전보건진단기관에 안전보건진단을 의뢰하여야 한다.
③ 사업주는 안전보건진단기관이 제2항에 따라 실시하는 안전보건진단에 적극 협조하여야 하며, 정당한 사유 없이 이를 거부하거나 방해 또는 기피해서는 아니 된다. 이 경우 근로자대표가 요구할 때에는 해당 안전보건진단에 근로자대표를 참여시켜야 한다.
④ 안전보건진단기관은 제2항에 따라 안전보건진단을 실시한 경우에는 안전보건진단 결과보고서를 고용노동부령으로 정하는 바에 따라 해당 사업장의 사업주 및 고용노동부장관에게 제출하여야 한다.
⑤ 안전보건진단의 종류 및 내용, 안전보건진단 결과보고서에 포함될 사항, 그 밖에 필요한 사항은 대통령령으로 정한다.

20. 육체적 작업능력(PWC)이 15kcal/min인 근로자가 1일 8시간 물체를 운반하고 있다. 이때의 작업대사율이 6.5kcal/min이고, 휴식 시의 대사량이 1.5kcal/min일 때 매 시간당 적정 휴식시간은 약 얼마인가? (단, Hering의 식을 적용한다.)

① 18분
② 25분
③ 30분
④ 42분

해설 적정 휴식시간

$$T(\text{rest})(\%) = \frac{(PWC의\ 1/3 - 작업대사량)}{(휴식대사량 - 작업대사량)} \times 100$$
$$= \frac{(15 \times 1/3 - 6.5)}{(1.5 - 6.5)} \times 100$$
$$= 30\%$$

∴ 휴식시간 = 60min × 0.3 = 18min

| 2 | 작업위생측정 및 평가

21. 유기용제 작업장에서 측정한 톨루엔 농도는 65, 150, 175, 63, 83, 112, 58, 49, 205, 178ppm일 때, 산술평균과 기하평균값은 약 몇 ppm인가?

① 산술평균 108.4, 기하평균 100.4
② 산술평균 108.4, 기하평균 117.6
③ 산술평균 113.8, 기하평균 100.4
④ 산술평균 113.8, 기하평균 117.6

해설
• 산술평균
$$= \frac{65+150+175+63+83+112+58+49+205+178}{10}$$
$$= 113.8$$
• 기하평균
$$= \frac{\begin{matrix}\log65+\log150+\log175+\log63+\log83+\log112\\+\log58+\log49+\log205+\log178\end{matrix}}{10}$$
$$= 2.0015$$
∴ 기하평균 $= 10^{2.0015} = 100.35\text{ppm}$

22. 유사노출그룹에 대한 설명으로 틀린 것은?

① 유사노출그룹은 노출되는 유해인자의 농도와 특성이 유사하거나 동일한 근로자 그룹을 말한다.
② 역학조사를 수행할 때 사건이 발생된 근로자가 속한 유사노출그룹의 노출농도를 근거로 노출원인을 추정할 수 있다.
③ 유사노출그룹 설정을 위해 시료채취수가 과다해지는 경우가 있다.
④ 유사노출그룹은 모든 근로자의 노출 상태를 측정하는 효과를 가진다.

해설 유사노출그룹 설정을 하는 이유는 시료채취수를 경제적으로 하기 위해서다.

---

23. 입자의 가장자리를 이등분한 직경으로 과대평가
될 가능성이 있는 직경은?

① 마틴 직경　　　　② 페렛 직경
③ 공기역학적 직경　④ 등면적 직경

해설
㉠ 공기역학적 직경: 구형인 먼지의 직경으로 대상 먼지와
침강속도가 같고 단위밀도가 1g/cm³임
㉡ 기하학적(물리적) 직경
　• 마틴 직경: 먼지의 면적을 2등분하는 선의 길이(방향은
　　항상 일정), 과소평가될 수 있음
　• 페렛 직경: 먼지의 한쪽 끝 가장자리와 다른 쪽 가장자
　　리 사이의 거리, 과대평가될 수 있음
　• 등면적 직경: 먼지면적과 동일 면적 원의 직경으로 가장
　　정확. 현미경 접안경에 porton reticle을 삽입하여 측정

24. 다음 중 1차 표준기구가 아닌 것은?

① 오리피스 미터　　② 폐활량계
③ 가스치환병　　　　④ 유리 피스톤 미터

해설 1, 2차 표준기구의 종류
• 1차 표준기구: 비누거품 미터, 폐활량계, 가스치환병, 유리
　피스톤 미터, 흑연 피스톤 미터, 피토튜브
• 2차 표준기구: 로터 미터, 습식 테스터 미터, 건식가스 미
　터, 오리피스 미터, 열선기류계

25. 온도 표시에 대한 설명으로 틀린 것은? (단, 고
용노동부 고시를 기준으로 한다.)

① 절대온도는 K로 표시하고 절대온도 0K는
　-273℃로 한다.
② 실온은 1~35℃, 미온은 30~40℃로 한다.
③ 온도의 표시는 셀시우스(Celcius)법에 따라
　아라비아 숫자의 오른쪽에 ℃를 붙인다.
④ 냉수는 4℃ 이하, 온수는 60~70℃를 말한다.

해설 찬물(냉수)은 15℃ 이하이다.

26. 원통형 비누거품 미터를 이용하여 공기시료채취
기의 유량을 보정하고자 한다. 원통형 비누거품
미터의 내경은 4cm이고 거품막이 30cm의 거리
를 이동하는 데 10초의 시간이 걸렸다면 이 공
기시료채취기의 유량은 약 몇 cm³/sec인가?

① 37.7　　　　　　② 16.5
③ 8.2　　　　　　④ 2.2

해설 ㉠ 시료채취유량＝비누거품면적×높이 / 시간(sec)
㉡ 비누거품면적은 원통형 비누거품미터이므로 원주율 공식
　을 적용하여 $\pi d^2/4$로 구한다.

$$\therefore \frac{\dfrac{3.14 \times 4^2}{4} \times 30}{10\text{sec}} = 37.7\text{cm}^3/\text{sec}$$

27. 0.4W 출력의 작은 점음원에서 10m 떨어진 곳
의 음압수준은 약 몇 dB인가? (단, 공기의 밀도는
1.18kg/m³이고, 공기에서 음속은 344.4m/sec
이다.)

① 80　　　　　　② 85
③ 90　　　　　　④ 95

해설 음압수준(dB)

$$SPL = PWL - 20\log r - 11$$

$$PWL = 10\log\left(\frac{W}{W_0}\right)$$

여기서, W_0(기준파워): 10^{-12} (W)

$$\therefore SPL = 10\log\left(\frac{0.4}{10^{-12}}\right) - 20\log 10 - 11$$

$$= 85.02\text{dB}$$

28. 입자의 크기에 따라 여과기전 및 채취효율이 다
르다. 입자 크기가 0.1~0.5μm일 때 주된 여과
기전은?

① 충돌과 간섭　　② 확산과 간섭
③ 차단과 간섭　　④ 침강과 간섭

해설 입자 크기별 여과기전 및 채취효율(포집효율)
• 입경 0.1μm 미만: 확산
• 입경 0.1~0.5μm: 확산, 직접차단(간섭)
• 입경 0.5μm 이상: 관성충돌, 직접차단(간섭)

29. 입경이 20μm이고 입자비중이 1.5인 입자의 침
강 속도는 약 몇 cm/sec인가?

해답 23. ② 24. ① 25. ④ 26. ① 27. ② 28. ②
29. ①

① 1.8   ② 2.4

③ 12.7   ④ 36.2

입자의 침강속도(종단속도)

종단속도 $V(\text{cm/sec}) = 0.003 \times \rho \times d^2$

$= 0.003 \times 1.5 \times 20^2 = 1.8$

30. 측정결과를 평가하기 위하여 "표준화값"을 산정할 때 필요한 것은? (단, 고용노동부 고시를 기준으로 한다.)

① 시간가중평균값(단시간 노출값)과 허용기준

② 평균농도와 표준편차

③ 측정농도와 시료채취분석오차

④ 시간가중평균값(단시간 노출값)과 평균농도

표준화값(Y)

$표준화값(Y) = \dfrac{측정농도(TWA \text{ 또는 } STEL)}{허용기준(노출기준)}$

31. 다음은 가스상 물질을 측정 및 분석하는 방법에 대한 내용이다. ( ) 안에 알맞은 것은? (단, 고용노동부 고시를 기준으로 한다.)

> 가스상 물질을 검지관 방식으로 측정하는 경우에 1일 작업시간 동안 1시간 간격으로 (㉠)회 이상 측정하되 매 측정시간마다 (㉡)회 이상 반복 측정하여 평균값을 산정하여야 한다.

① ㉠: 6, ㉡: 2   ② ㉠: 6, ㉡: 3

③ ㉠: 8, ㉡: 2   ④ ㉠: 8, ㉡: 3

작업환경측정 및 정도관리규정 제25조(측정횟수)

가스상 물질을 검지관방식으로 측정하는 경우에는 1일 작업시간 동안 1시간 간격으로 6회 이상 측정하되 매 측정시간마다 2회 이상 반복 측정하여 평균값을 산정하여야 한다. 다만, 가스상 물질의 발생시간이 6시간 이내일 때에는 작업시간 동안 1시간 간격으로 나누어 측정하여야 한다.

32. 에틸렌글리콜이 20℃, 1기압에서 공기 중 증기압이 0.05mmHg라면, 20℃, 1기압에서 공기 중 포화농도는 약 몇 ppm인가?

① 55.4   ② 65.8

③ 73.2   ④ 82.1

공기 중 포화농도

$포화농도(\text{ppm}) = \dfrac{증기압(분압)}{760} \times 10^6$

$= \dfrac{0.05}{760} \times 10^6 = 65.789\text{ppm}$

$= 65.8\text{ppm}$

33. 입자상 물질을 채취하기 위해 사용하는 막여과지에 관한 설명으로 틀린 것은?

① MCE 막여과지: 산에 쉽게 용해되므로 입자상 물질 중의 금속을 채취하여 원자흡광광도법으로 분석하는 데 적당하다.

② PVC 막여과지: 유리규산을 채취하여 X-선 회절법으로 분석하는 데 적절하다.

③ PTFE 막여과지: 농약, 알칼리성 먼지, 콜타르피치 등을 채취하는 데 사용한다.

④ 은막 여과지: 금속은, 결합제, 섬유 등을 소결하여 만든 것으로 코크스오븐에 대한 저항이 약한 단점이 있다.

은막 여과지

균일한 금속은을 소결하여 만들며 열적·화학적 안정성이 있으며 코크스오븐 배출물질이나 석영등을 채취할 때 사용한다.

34. 유량, 측정시간, 회수율 및 분석에 의한 오차가 각각 18%, 3%, 9%, 5%일 때, 누적오차는 약 몇 %인가?

① 18   ② 21

③ 24   ④ 29

누적오차(%) $E_c = \sqrt{E_1^2 + E_2^2 + E_3^2 + \cdots}$

$= \sqrt{18^2 + 3^2 + 9^2 + 5^2}$

$= 20.95\%$

35. 옥외(태양광선이 내리쬐는 장소)에서 습구흑구온도지수(WBGT)의 산출식은?

① (0.7×자연습구온도)+(0.2×건구온도)+(0.1×흑구온도)

② (0.7×자연습구온도)+(0.2×흑구온도)+(0.1×건구온도)

---

30. ① **31.** ① **32.** ② **33.** ④ **34.** ② **35.** ②

③ $(0.7 \times 자연습구온도) + (0.3 \times 흑구온도)$

④ $(0.7 \times 자연습구온도) + (0.2 \times 건구온도)$

해설 습구흑구온도지수(WBGT)의 산출식
- 옥외(태양광선이 내리쬐는 장소)
  $$WBGT = 0.7NWB + 0.2GT + 0.1DT$$
- 옥내 또는 옥외(태양광선이 내리쬐지 않는 장소)
  $$WBGT = 0.7NWB + 0.3GT$$
  여기서, NWB: 자연습구온도, GT: 흑구온도, DT: 건구온도

36. 다음 중 78℃와 동등한 온도는?

① 351K   ② 189℉

③ 26℉   ④ 195K

해설 온도단위 변환식

	섭씨에서 변환	섭씨로 변환
화씨	$[℉] = [℃] \times 9/5 + 32$	$[℃] = ([℉] - 32) \times 5/9$
켈빈	$[K] = [℃] + 273.15$	$[℃] = [K] - 273.15$
란씨	$[°R] = ([℃] + 273.15) \times 9/5$	$[℃] = ([°R] - 491.67) \times 5/9$
드릴도	$[°De] = (100 - [℃]) \times 3/2$	$[℃] = 100 - [°De] \times 2/3$
뉴턴도	$[°N] = [℃] \times 33/100$	$[℃] = [°N] \times 100/33$
열씨	$[°Ré] = [℃] \times 4/5$	$[℃] = [°Ré] \times 5/4$
뢰머도	$[°Rø] = [℃] \times 21/40 + 7.5$	$[℃] = ([°Rø] - 7.5) \times 40/21$

37. 이황화탄소(CS_2)가 배출되는 작업장에서 시료분석농도가 3시간에 3.5ppm, 2시간에 15.2ppm, 3시간에 5.8ppm일 때, 시간가중평균값은 약 몇 ppm인가?

① 3.7   ② 6.4

③ 7.3   ④ 8.9

해설 시간가중평균노출기준(TWA)
$$TWA\ 환산값 = \frac{C_1 \cdot T_1 + C_2 \cdot T_1 + \cdots + C_n \cdot T_n}{8}$$
$$= \frac{3.5 \times 3 + 15.2 \times 2 + 5.8 \times 3}{3 \times 2 \times 3} = 7.29ppm$$

38. 소음측정방법에 관한 내용으로 ( ) 안에 알맞은 것은? (단, 고용노동부고시 기준)

> 소음이 1초 이상의 간격을 유지하면서 최대음압수준이 120dB(A) 이상의 소음인 경우에는 소음수준에 따른 ( ) 동안의 발생횟수를 측정할 것

① 1분   ② 2분

③ 3분   ④ 5분

해설 「작업환경측정 및 정도관리 등에 관한 고시」 제26조(측정방법)
소음이 1초 이상의 간격을 유지하면서 최대음압수준이 120 dB(A) 이상의 소음인 경우에는 소음수준에 따른 1분 동안의 발생횟수를 측정할 것

39. 측정에서 변이계수를 알맞게 나타낸 것은?

① 표준편차/산술평균   ② 기하평균/표준편차

③ 표준오차/표준편차   ④ 표준편차/표준오차

해설 변이계수$(CV\%) = \dfrac{표준편차}{산술평균}$

40. 다음 중 자외선에 관한 내용과 가장 거리가 먼 것은?

① 비전리 방사선이다.

② 인체와 관련된 Dorno 선을 포함한다.

③ 100~1,000nm 사이의 파장을 갖는 전자파를 총칭하는 것으로 열선이라고도 한다.

④ UV-B는 약 280~315nm의 파장의 자외선이다.

해설 자외선(Dorno 선)의 파장 범위
태양으로부터 지구에 도달하는 자외선의 파장은 2,920~4,000 Å 범위 내에 있으며 2,800~3,150 Å 범위의 파장을 가진 자외선을 Dorno 선이라 한다. 이 자외선은 소독작용을 비롯하여 비타민 D의 형성, 피부의 색소침착 등 생물학적 작용이 강하다. 또한 인체에 유익한 작용을 하여 건강선(생명선)이라고도 한다.
$1 Å = 1.0 \times 10^{-10}m = 0.1nm$

| 3 | 작업환경관리대책

41. 후드의 유입계수가 0.7이고 속도압이 20mmH₂O일 때, 후드의 유입손실은 약 몇 mmH₂O인가?

① 10.5   ② 20.8

③ 32.5   ④ 40.8

해답 36. ①   37. ③   38. ①   39. ①   40. ③   41. ②

산업위생관리기사 필기시험 문제풀이

해설 후드의 유입손실

$$\Delta P = F_h \times VP = 1.04 \times 20 = 20.8 \text{mmH}_2\text{O}$$

$$\therefore \frac{1}{Ce^2} - 1 = \frac{1}{0.7^2} - 1 = 1.04$$

42. 주물작업 시 발생되는 유해인자로 가장 거리가 먼 것은?

① 소음 발생
② 금속흄 발생
③ 분진 발생
④ 자외선 발생

해설 주물작업 시 발생되는 유해인자
• 소음   • 고열
• 분진   • 금속흄
• 유해가스(일산화탄소, 포름알데히드, 페놀류)

43. 보호구의 보호정도와 한계를 나타내는 데 필요한 보호계수(PF)를 산정하는 공식으로 옳은 것은? (단, 보호구 밖의 농도는 Co이고, 보호구 안의 농도는 Ci이다.)

① PF=Co / Ci
② PF=Ci / Co
③ PF=(Ci / Co)×100
④ PF=(Ci / Co)×0.5

해설 보호계수(PF, Protection Factor)
• 호흡보호구를 착용하고 외부 오염물질이 보호구 안으로 들어오는 정도를 나타내주는 보호정도를 수치로 나타낸 것이다. 따라서 보호계수는 보호구 밖의 농도(Co)와 보호구 안의 농도(Ci) 비, 즉 Co/Ci로 표현할 수 있다.
• 보호구 안에서의 농도가 보호구 밖에서의 농도보다 통상 작을 것이므로 PF는 늘 1보다 크다. 보호구 안으로 유해물질이 유입되는 경로는 여과필터나 정화통으로 투과, 호기밸브의 틈, 보호구와 인체접촉면의 틈 등 다양하다.
• 이 개념은 주로 유럽에서 많이 사용하고 있으며 영국 HSG53 (HSE, 2010)에 의하면 방독마스크의 경우 정화통의 종류와 관계없이 반면형 마스크=10, 전면형 마스크=20으로 정해져 있다.

44. 국소배기시설의 일반적 배열순서로 가장 적절한 것은?

① 후드 → 덕트 → 송풍기 → 공기정화장치 → 배기구

② 후드 → 송풍기 → 공기정화장치 → 덕트 → 배기구
③ 후드 → 덕트 → 공기정화장치 → 송풍기 → 배기구
④ 후드 → 공기정화장치 → 덕트 → 송풍기 → 배기구

해설 「산업환기설비에 관한 기술지침」에 의거 일반적 국소배기장치는 후드 → 덕트 → 공기정화장치 → 송풍기(배풍기) → 배기구 순으로 설치하는 것을 원칙으로 한다.

45. 작업장의 음압수준이 86dB(A)이고, 근로자는 귀덮개(차음평가지수 = 19)를 착용하고 있을 때 근로자에게 노출되는 음압수준은 약 몇 dB(A)인가?

① 74
② 76
③ 78
④ 80

해설 노출되는 음압수준
차음효과 $= (NRR - 7) \times 0.5 = (19 - 7) \times 0.5 = 6\text{dB}$
노출되는 음압수준
= 작업장 음압수준(86dB) − 차음효과(6dB)
= 80dB(A)

46. 작업장에 설치된 후드가 100m³/min으로 환기되도록 송풍기를 설치하였다. 사용함에 따라 정압이 절반으로 줄었을 때, 환기량의 변화로 옳은 것은? (단, 상사법칙을 적용한다.)

① 환기량이 33.3m³/min으로 감소하였다.
② 환기량이 50m³/min으로 감소하였다.
③ 환기량이 57.7m³/min으로 감소하였다.
④ 환기량이 70.7m³/min으로 감소하였다.

해설 송풍기 상사법칙
• 풍량은 송풍기의 회전수에 비례
• 풍압은 송풍기의 회전수의 제곱에 비례
• 동력은 송풍기의 회전수의 세제곱에 비례
• 계산: $\dfrac{Q_2}{Q_1} = \dfrac{rpm_2}{rpm_1}$
∴ 정압 50% 감소

해답 42. ④ 43. ① 44. ③ 45. ④ 46. ④

$$0.5 = \left(\frac{rpm_2}{rpm_1} \right)^2$$

$$\left(\frac{N_2}{N_1} \right) = \sqrt{0.5} = 0.707$$

$$\frac{Q_2}{Q_1} = \frac{N_2}{N_1}$$

$$\therefore Q_2 = Q_1 \times \frac{N_2}{N_1} = 100\text{m}^3/\text{min} \times 0.707 = 70.7\text{m}^3/\text{min}$$

47. 회전수가 600rpm이고, 동력은 5kW인 송풍기의 회전수를 800rpm으로 상향조정하였을 때, 동력은 약 몇 kW인가?

① 6   ② 9

③ 12   ④ 15

[해설] 송풍기 상사법칙

동력은 송풍기의 회전수의 세제곱에 비례한다.

$$\frac{kW_2}{kW_1} = \left(\frac{rpm_2}{rpm_1} \right)^3 = \left(\frac{800}{600} \right)^3 = 2.37$$

$$\therefore kW_2 = 2.37 \times 5 = 11.85$$

48. 작업환경개선 대책 중 격리와 가장 거리가 먼 것은?

① 국소배기장치의 설치

② 원격조정장치의 설치

③ 특수 저장 창고의 설치

④ 콘크리트 방호벽의 설치

[해설] 작업환경개선대책 중 격리(isolation)

• 시설의 격리   • 공정의 격리

• 저장물질의 격리   • 작업자의 격리

※ 국소배기장치의 설치는 공학적 개선대책이다.

49. 주물사, 고온가스를 취급하는 공정에 환기시설을 설치하고자 할 때, 다음 중 덕트의 재료로 가장 적절한 것은?

① 아연도금 강판   ② 중질 콘크리트

③ 스테인리스 강판   ④ 흑피 강판

[해설] 유해물질별 덕트의 재질 선택

• 주물사, 고온가스: 흑피 강판

• 알칼리: 강판

• 유기용제(부식이나 마모의 우려가 없는 곳): 아연도금 강판

• 전리 방사선: 중질 콘크리트

• 강산, 염소계 용제: 스테인리스스틸 강판

50. 보호구의 재질과 적용 대상 화학물질에 대한 내용으로 잘못 짝지어진 것은?

① 천연고무 - 극성 용제

② Butyl 고무 - 비극성 용제

③ Nitrile 고무 - 비극성 용제

④ Neoprene 고무 - 비극성 용제

[해설] 적용물질에 따른 보호장구 재질

• 극성 용제에 효과적(알데히드, 지방족): Butyl 고무

• 비극성 용제에 효과적: Viton 재질, Nitrile 고무

• 비극성 용제, 극성 용제 중 알코올, 물, 케톤류: Neoprene 고무

• 찰과상 예방에 효과적: 가죽(단, 용제에는 사용 못함)

• 고체상 물질에 효과적: 면(단, 용제에는 사용 못함)

• 대부분의 화학물질을 취급할 경우 효과적: Ethylene vinyl alcohol

• 극성 용제 및 수용성 용액에 효과적(절단 및 찰과상 예방): 천연고무

51. 다음 중 덕트 합류 시 댐퍼를 이용한 균형유지법의 특징과 가장 거리가 먼 것은?

① 임의로 댐퍼 조정 시 평형 상태가 깨진다.

② 시설 설치 후 변경이 어렵다.

③ 설계 계산이 상대적으로 간단하다.

④ 설치 후 부적당한 배기유량의 조절이 가능하다.

[해설] 저항조절평형법(댐퍼조절평형법, 덕트균형유지법)

㉠ 각 덕트에 댐퍼를 부착하여 압력을 조정하고, 평형을 유지하는 방법이며 총 압력손실 계산은 압력손실이 가장 큰 분지관을 기준으로 산정한다.

㉡ 적용: 분지관의 수가 많고 덕트의 압력손실이 클 때 사용

㉢ 장점

• 시설 설치 후 변경에 유연하게 대처가 가능하고, 설계 계산이 간편하며, 고도의 지식을 요하지 않는다.

• 공장 내부 작업공정에 따라 적절한 덕트 위치 변경이 가능하다.

• 설치 후 송풍량의 조절이 비교적 용이하고, 최소 설계 풍량은 평형유지가 가능하다.

• 임의의 유량을 조절하기가 용이하기 때문에 덕트의 크

기를 바꿀 필요가 없어 반송속도를 그대로 유지한다.

② 단점
- 평형상태 시설에 댐퍼를 잘못 설치 시 부분적 폐쇄 댐퍼는 침식, 분진퇴적의 원인이 되어 평형상태가 파괴될 수 있다.
- 댐퍼가 노출되어 있는 경우가 많아 누구나 쉽게 조절할 수 있어 임의의 댐퍼 조정 시 평형상태가 파괴될 수 있어 정상기능을 저해할 수 있다.
- 최대 저항 경로 선정이 잘못되어도 설계 시 쉽게 발견할 수 없다.

52. 작업장 내 열부하량이 5,000kcal/h이며, 외기온도는 20℃, 작업장 내 온도는 35℃이다. 이때 전체 환기를 위한 필요환기량은 약 몇 m³/min인가? (단, 정압비열은 0.3kcal/(m³·℃)이다.)

① 18.5   ② 37.1
③ 185   ④ 1,111

해설

$$Q(\text{m}^3/\text{min}) = \frac{\text{열부하량(kcal/min)}}{\text{정압비열(kcal/m}^3 \cdot ℃) \times \text{변화된 온도}}$$
$$= \frac{5,000\text{kcal/hr} \times \text{hr}/60\text{min}}{0.3 \times (35-20)℃}$$
$$= 18.5\text{m}^3/\text{min}$$

53. 공기가 20℃의 송풍관 내에서 20m/sec의 유속으로 흐를 때, 공기의 속도압은 약 몇 mmH₂O인가? (단, 공기밀도는 1.2kg/m³이다.)

① 15.5   ② 24.5
③ 33.5   ④ 40.2

해설 속도압(mmH₂O)

$$VP = \frac{\gamma V^2}{2g}$$
$$= \frac{1.2\text{kg/m}^3 \times (20\text{m/sec})^2}{2 \times 9.8\text{m/sec}^2}$$
$$= 24.5\text{mmH}_2\text{O}$$

여기서, γ : 공기밀도(kg/m³)
        V : 유속(m/sec)
        g : 중력가속도 9.8(m/sec)

54. 다음 중 전체 환기를 적용할 수 있는 상황과 가장 거리가 먼 것은?

① 유해물질의 독성이 높은 경우
② 작업장 특성상 국소배기장치의 설치가 불가능한 경우
③ 동일 사업장에 다수의 오염발생원이 분산되어 있는 경우
④ 오염발생원이 근로자가 작업하는 장소로부터 멀리 떨어져 있는 경우

해설 유해물질의 독성이 높은 경우는 국소환기(배기)를 하여야 한다.

55. 환기량을 Q(m³/hr), 작업장 내 체적을 V(m³)라고 할 때, 시간당 환기 횟수(회/hr)로 옳은 것은?

① 시간당 환기 횟수 = Q×V
② 시간당 환기 횟수 = V / Q
③ 시간당 환기 횟수 = Q / V
④ 시간당 환기 횟수 = Q×$\sqrt{V}$

해설 시간당 환기 횟수 = Q / V

56. 푸시풀 후드(push-pull hood)에 대한 설명으로 적합하지 않은 것은?

① 도금조와 같이 폭이 넓은 경우에 사용하면 포집효율을 증가시키면서 필요유량을 감소시킬 수 있다.
② 공정에서 작업물체를 처리조에 넣거나 꺼내는 중에 발생하는 공기막 파괴현상을 사전에 방지할 수 있다.
③ 개방조 한 변에서 압축공기를 이용하여 오염물질이 발생하는 표면에 공기를 불어 반대쪽에 오염물질이 도달하게 한다.
④ 제어속도는 푸시 제트기류에 의해 발생한다.

해설 ②는 푸시풀 후드의 단점을 설명하고 있다.

57. 덕트 직경이 30cm이고 공기유속이 10m/sec일 때, 레이놀즈수는 약 얼마인가? (단, 공기의 점성계수는 1.85×10⁻⁵kg/sec·m, 공기밀도는

1.2kg/m³이다.)

① 195,000   ② 215,000

③ 235,000   ④ 255,000

해설 레이놀즈수(Re)

$$Re = \frac{\text{관성력}}{\text{점성력}} = \frac{\rho Vd}{\mu} = \frac{Vd}{\nu}$$

$$= \frac{\rho \times VD}{\mu}$$

$$= \frac{1.2 \times 10 \times 0.3}{1.85 \times 10^{-5}} = 97,297$$

$$= 19,459$$

58. 다음 중 도금조와 사형주조에 사용되는 후드형 식으로 가장 적절한 것은?

① 부스식   ② 포위식

③ 외부식   ④ 장갑부착상자식

해설 외부식 후드는 도금조와 사형주조에 주로 사용된다.

59. 사이클론 집진장치의 블로우 다운에 대한 설명으로 옳은 것은?

① 유효 원심력을 감소시켜 선회기류의 흐트러짐을 방지한다.

② 관 내 분진부착으로 인한 장치의 폐쇄현상을 방지한다.

③ 부분적 난류 증가로 집진된 입자가 재비산된다.

④ 처리배기량의 50% 정도가 재유입되는 현상이다.

해설 블로우 다운

㉠ 사이클론의 집진율을 높이기 위한 방법으로 사이클론의 집진함 또는 호퍼로부터 처리가스의 5~10%를 흡인해 줌으로써 사이클론 내의 난류현상을 감소시켜 원심력을 증가시키고 집진된 먼지의 재비산을 방지하기 위한 방법이다.

㉡ 원심력 제진장치에서 블로우 다운 효과 적용 시 기대할 수 있는 효과는 다음과 같다.
- 난류현상을 감소시켜 원심력을 증가시킨다.
- 집진된 먼지의 재비산을 방지한다.
- 먼지가 장치내벽에 부착하여 축적되는 것도 방지한다.
- 효율을 증대시킨다.

60. 다음 중 개인보호구에서 귀덮개의 장점과 가장 거리가 먼 것은?

① 귀 안에 염증이 있어도 사용 가능하다.

② 동일한 크기의 귀덮개를 대부분의 근로자가 사용할 수 있다.

③ 멀리서도 착용 유무를 확인할 수 있다.

④ 고온에서 사용해도 불편이 없다.

해설 ④번은 귀덮개의 단점이다.

| 4 | 물리적 유해인자관리

61. 진동증후군(HAVS)에 대한 스톡홀름 워크숍의 분류로서 틀린 것은?

① 진동증후군의 단계를 0부터 4까지 5단계로 구분하였다.

② 1단계는 가벼운 증상으로 하나 또는 그 이상의 손가락 끝부분이 하얗게 변하는 증상을 의미한다.

③ 3단계는 심각한 증상으로 하나 또는 그 이상의 손가락 가운뎃마디 부분까지 하얗게 변하는 증상이 나타나는 단계이다.

④ 4단계는 매우 심각한 증상으로 대부분의 손가락이 하얗게 변하는 증상과 함께 손끝에서 땀분비가 제대로 일어나지 않는 등의 변화가 나타나는 단계이다.

해설 3단계 징후는 대부분의 손가락 모든 마디에서 자주 증세가 나타나는 경우로서 증상이 심각한 상태로 분류된다.

62. 다음 중 피부 투과력이 가장 큰 것은?

① X선   ② α선

③ β선   ④ 레이저

해설 투과력 크기 순서: 중성자 > γ선 > X선 > β선 > α선

해답 58. ③   59. ②   60. ④   61. ③   62. ①

63. 다음의 빛과 밝기의 단위에 대한 설명에서 ㉠, ㉡에 해당하는 용어로 알맞은 것은?

> 1루멘의 빛이 1ft²의 평면상에 수직방향으로 비칠 때, 그 평면의 빛의 양, 즉 조도를 (㉠)(이)라 하고, 1m²의 평면에 1루멘의 빛이 비칠 때의 밝기를 1(㉡)(이)라고 한다.

① ㉠: 캔들(candle), ㉡: 럭스(lux)
② ㉠: 럭스(lux), ㉡: 캔들(candle)
③ ㉠: 럭스(lux), ㉡: 풋캔들(foot candle)
④ ㉠: 풋캔들(foot candle), ㉡: 럭스(lux)

해설 빛과 밝기의 단위
• 칸델라(candela): 10만 1,325Pa(파스칼)의 압력에서 백금의 응고점온도에 있는 흑체(黑體)의 1/(60×104)m²의 표면에 수직인 방향의 광도를 1cd라 하는데, 신촉(新燭)이라고도 한다.
• 루멘(lumen): 1촉광의 광원으로부터 단위입체각으로 나가는 광속의 실용단위로, 기호는 lm으로 나타내며, 국제단위계에 속한다. 1cd의 균일한 광도의 광원으로부터 단위입체각의 부분에 방출되는 광속을 1lm(1Lumen = 1촉광/입체각)으로 한다.
• 럭스(lux): 조명도의 실용단위로 기호는 lx. 1m²의 넓이에 1lm(루멘)의 광속(光束)이 균일하게 분포되어 있을 때의 면의 조명도
• 풋캔들(foot candle): 1루멘의 빛이 1ft²의 평면상에 비칠 때 그 평면의 밝기(foot candle = lumen/ft²)

64. 저기압의 영향에 관한 설명으로 틀린 것은?

① 산소결핍을 보충하기 위하여 호흡수, 맥박수가 증가한다.
② 고도 18,000ft(5,468m) 이상이 되면 21% 이상의 산소가 필요하게 된다.
③ 고도 10,000ft(3,048m)까지는 시력, 협조운동의 가벼운 장해 및 피로를 유발한다.
④ 고도의 상승으로 기압이 저하되면 공기의 산소분압이 상승하여 폐포 내의 산소분압도 상승한다.

해설 고도의 상승으로 기압이 저하되면 공기의 산소분압도 저하되어 폐포 내의 산소분압도 저하한다.

65. 온열지수(WBGT)를 측정하는 데 있어 관련이 없는 것은?

① 기습
② 기류
③ 전도열
④ 복사열

해설 ㉠ 온열지수(온열요소)는 기후요소 중 인간의 체온조절에 중요한 기온, 기습, 기류, 복사열을 말한다.
㉡ 전도열은 고체를 통해서 열 분자가 이동하는 것을 말한다.

66. 열사병(heat stroke)에 관한 설명으로 맞는 것은?

① 피부가 차갑고 습한 상태로 된다.
② 보온을 시키고, 더운 커피를 마시게 한다.
③ 지나친 발한에 의한 탈수와 염분소실이 원인이다.
④ 뇌 온도 상승으로 체온조절중추의 기능이 장해를 받게 된다.

해설 열사병(heat stroke)
고온다습한 환경에서 작업하거나, 태양의 복사선에 직접 노출될 때 뇌 온도의 상승으로 신체 내부의 체온조절중추의 기능장애를 일으켜서 발생한다.

67. 자연조명에 관한 설명으로 틀린 것은?

① 창의 면적은 바닥 면적의 15~20% 정도가 이상적이다.
② 개각은 4~5°가 좋으며, 개각이 작을수록 실내는 밝다.
③ 균일한 조명을 요하는 작업실은 동북 또는 북창이 좋다.
④ 입사각은 28° 이상이 좋으며, 입사각이 클수록 실내는 밝다.

해설 개각은 4~5°가 좋으며, 개각이 클수록 실내는 밝다.

68. 다음 중 저온에 의한 장해에 관한 내용으로 틀린 것은?

① 근육 긴장이 증가하고 떨림이 발생한다.
② 혈압은 변화되지 않고 일정하게 유지된다.
③ 피부 표면의 혈관과 피하조직이 수축된다.
④ 부종, 저림, 가려움, 심한 통증 등이 생긴다.

해설 혈압의 일시적 상승이 발생한다.

해답 63. ④ 64. ④ 65. ③ 66. ④ 67. ② 68. ②

69. 다음 중 적외선의 생체작용에 대한 설명으로 틀린 것은?

① 조직에 흡수된 적외선은 화학반응을 일으키는 것이 아니라 구성분자의 운동에너지를 증대시킨다.

② 만성노출에 따라 눈장해인 백내장을 일으킨다.

③ 700nm 이하의 적외선은 눈의 각막을 손상시킨다.

④ 적외선이 체외에서 조사되면 일부는 피부에서 반사되고 나머지만 흡수된다.

해설 가시광선: 380~780nm, 적외선: 780~12,000nm

70. 다음의 설명에서 ( ) 안에 들어갈 알맞은 숫자는?

> ( )기압 이상에서 공기 중의 질소가스는 마취작용을 나타내서 작업력의 저하, 기분의 변환, 여러 정도의 다행증(多幸症)이 일어난다.

① 2 　　　　　 ② 4
③ 6 　　　　　 ④ 8

해설 4기압 이상에서 공기 중의 질소가스는 마취작용을 나타내서 작업력의 저하, 기분의 변환, 여러 정도의 다행증이 일어난다. 이것은 알코올중독과 유사하다고 생각하면 된다.

71. 방사선 용어 중 조직(또는 물질)의 단위 질량당 흡수된 에너지를 나타내는 것은?

① 등가선량 　　　　 ② 흡수선량
③ 유효선량 　　　　 ④ 노출선량

해설
- 흡수선량: 물질의 단위 질량당 흡수된 방사선의 에너지를 말한다. 흡수선량의 단위로 그레이(Gray, Gy)가 사용되며, 1Gy는 1J/kg이다.
- 등가선량(等價線量, equivalent dose), 선량당량(線量當量, dose equivalent): 인체의 조직 및 기관이 방사선에 노출되었을 때, 같은 흡수선량이라 하더라도 방사선의 종류에 따라서 인체가 받는 영향의 정도가 다른 것을 고려한 것으로, 방사선에 노출된 조직 및 기관의 평균 흡수선량에 방사선 가중계수(radiation weighted factor)를 곱하여 구하고 단위는 Sv이다.
- 유효선량(Effective dose, E): 사람이 방사선에 피폭하였을 때, 그로 인한 위해(危害, detriment)를 하나의 양으로 표현

하기 위하여 도입한 것으로, 인체의 모든 특정 조직과 장기에서의 등가선량(HT)에 해당 조직과 장기의 방사선감수성을 고려한 조직가중치(wT)를 곱한 값이다. 방사선감수성이란 특정 조직이 방사선에 민감하여 발암, 치사율 등에 차이가 있음을 의미한다. 모든 조직가중치의 합은 "1"이다. 유효선량의 단위는 등가선량과 같은 시버트(Sv)이다.

72. 감압병의 예방 및 치료에 관한 설명으로 틀린 것은?

① 고압환경에서의 작업시간을 제한한다.

② 감압이 끝날 무렵에 순수한 산소를 흡입시키면 감압시간을 25%가량 단축할 수 있다.

③ 특별히 잠수에 익숙한 사람을 제외하고는 10m/min 속도 정도로 잠수하는 것이 안전하다.

④ 헬륨은 질소보다 확산속도가 작고 체내에서 불안정하므로 질소를 헬륨으로 대치한 공기로 호흡시킨다.

해설 ④는 질소와 헬륨을 반대로 설명하였다.

73. 사람이 느끼는 최소 진동역치로 맞는 것은?

① 35±5dB 　　　 ② 45±5dB
③ 55±5dB 　　　 ④ 65±5dB

해설 최소 진동역치: 55±5dB 정도, 60~90Hz 정도에서는 안구의 공명현상으로 시력장해가 온다.

74. 비전리 방사선이 아닌 것은?

① 감마선 　　　　 ② 극저주파
③ 자외선 　　　　 ④ 라디오파

해설 감마선은 알파선 쪽 자외선, 알파선, 베타선, 엑스선 등과 함께 전리 방사선에 포함된다.

75. 소음성 난청에 관한 설명으로 틀린 것은?

① 소음성 난청은 4,000~6,000Hz 정도에서 가장 많이 발생한다.

② 일시적 청력 변화 때의 각 주파수에 대한 청력 손실의 양상은 같은 소리에 의하여 생긴

해답 69. ③　70. ②　71. ②　72. ④　73. ③　74. ①
75. ②

영구적 청력 변화 때의 청력 손실 양상과는 다르다.

③ 심한 소음에 노출되면 처음에는 일시적 청력 변화를 초래하는데, 이것은 소음 노출을 중단하면 다시 노출 전의 상태로 회복되는 변화이다.

④ 심한 소음에 반복하여 노출되면 일시적 청력 변화는 영구적 청력 변화로 변하며 코르티 기관에 손상이 온 것이므로 회복이 불가능하다.

해설 일시적 청력 변화 때의 각 주파수에 대한 청력 손실의 양상은 같은 소리에 의하여 생긴 영구적 청력 변화 때의 청력 손실 양상과 같다(4,000Hz에서 특징적인 청력 손실이 발생한다).

76. 정상인이 들을 수 있는 가장 낮은 이론적 음압은 몇 dB인가?

① 0   ② 5
③ 10   ④ 20

해설 가청범위
인간은 주파수로는 20Hz에서 20kHz까지, 음압 레벨로는 0dB에서 1,300dB 이상의 소리를 들을 수 있다. 이 영역을 가청범위라 한다.

77. 소음의 흡음 평가 시 적용되는 반향시간(reverberation time)에 관한 설명으로 맞는 것은?

① 반향시간은 실내공간의 크기에 비례한다.
② 실내 흡음량을 증가시키면 반향시간도 증가한다.
③ 반향시간은 음압수준이 30dB 감소하는 데 소요되는 시간이다.
④ 반향시간을 측정하기 위해서는 실내 배경소음이 90dB 이상 되어야 한다.

해설 반향시간 또는 잔향시간(reververation time)
• 실내에서 발생하는 소리는 바닥, 벽, 천정, 창 또는 탁자와 같은 반사 표면에서 반복적으로 반사되어 에너지를 점차 감소시킨다. 이러한 반사가 서로 섞이면 잔향으로 알려진 현상이 만들어진다.
• 잔향은 소리에 대한 많은 반영을 모아놓은 것이다.
• 잔향시간은 사운드 소스가 중단된 후 사운드를 닫힌 영역에서 "페이드 아웃"시키는 데 필요한 시간을 측정한 것이다.
• 잔향시간은 실내가 어쿠스틱 사운드에 어떻게 반응할지 정의하는 데 중요하다.

• 반사가 커튼, 패딩이 적용된 의자 또는 심지어 사람과 같은 흡수성 표면에 닿거나 벽, 천정, 문, 창문 등을 통해 방을 나가면 잔향시간이 줄어든다.
• RT60이란 미터(meter)로, 잔향시간의 정확한 측정에 관해서는 RT60의 개념을 통해 소개한다.
• RT60은 잔향시간(reverberation time) 60dB의 약자이다.
• RT60은 잔향시간 측정, 즉 사운드 소스가 꺼진 후 측정된 음압 레벨이 60dB만큼 감소하는 데 소요되는 시간으로 정의한다.

78. 사무실 실내환경의 이산화탄소 농도를 측정하였더니 750ppm이었다. 이산화탄소가 750ppm인 사무실 실내환경이 건강에 미치는 직접적인 영향은?

① 두통
② 피로
③ 호흡곤란
④ 직접적 건강영향은 없다.

해설 CO_2 농도별(ppm 기준) 인체에 미치는 영향
• ~450: 건강하게 환기 관리가 된 레벨
• ~700: 장시간 있어도 건강에 문제가 없는 실내 레벨
• ~1,000: 건강 피해는 없지만 불쾌감을 느끼는 사람이 있는 레벨
• ~2,000: 졸림을 느끼는 등 컨디션 변화가 나오는 레벨
• ~3,000: 어깨 결림이나 두통을 느끼는 사람이 있는 등 건강 피해가 생기기 시작하는 레벨
• 3,000~: 두통, 현기증 등의 증상이 나타나고, 장시간으로는 건강을 해치는 레벨

※ 미국의 경우 실내환기조건을 CO_2를 기준으로 2,000ppm을 권장하고 있으나 우리나라와 일본의 경우는 1,000ppm을 기준으로 하고 있다.

79. 각각 90dB, 90dB, 95dB, 100dB의 음압수준을 발생시키는 소음원이 있다. 이 소음원들이 동시에 가동될 때 발생되는 음압수준은?

① 99dB   ② 102dB
③ 105dB   ④ 108dB

해설

$$SPL = 10\log(10^{\frac{SPL1}{10}} + 10^{\frac{SPL2}{10}} + 10^{\frac{SPL3}{10}})$$
$$= 10\log(10^{9.0} + 10^{9.0} + 10^{9.5} + 10^{10.0}) = 101.8\text{dB(A)}$$

해답 76. ① 77. ① 78. ④ 79. ②

80. 일반적으로 소음계의 A특성치는 몇 phon의 등
감곡선과 비슷하게 주파수에 따른 반응을 보정
하여 측정한 음압수준을 말하는가?

① 40　　　　　　② 70
③ 100　　　　　　④ 140

해설
- 1sone은 1,000Hz 순음의 음의 세기 레벨 40dB의 음의 크기
- 1phon은 1kHz 순음의 음압 레벨과 같은 크기로 느끼는 음의 크기

|5| 산업독성학

81. 작업장 내 유해물질 노출에 따른 위험성을 결정
하는 주요 인자만 나열한 것은?

① 독성과 노출량
② 배출농도와 사용량
③ 노출기준과 노출량
④ 노출기준과 노출농도

해설 작업장 내 유해물질 노출에 따른 위험성을 결정하는 주요 인자는 독성과 노출량이다.

82. 유해물질의 분류에 있어 질식제로 분류되지 않
는 것은?

① H_2　　　　　　② N_2
③ O_3　　　　　　④ H_2S

해설 질식제의 종류
㉠ 화학적 질식제는 고농도로 노출될 경우 폐 속의 산소 활용을 방해하여 사망에 이르게 한다.
- 화학적 질식제의 종류 : 일산화탄소(CO), 황화수소(H_2S), 시안화수소(HCN), 아닐린($C_5H_5NH_2$)
㉡ 단순 질식제는 생리적으로는 아무 작용도 하지 않으나 공기 중에 많이 존재하게 되면 산소분압을 저하시켜 조직에 필요한 산소의 공급부족을 초래한다.
- 단순 질식제의 종류 : 아르곤, 수소, 헬륨, 질소, CO_2, 메탄, 에탄, 프로판, 에틸렌, 아세틸렌

83. 베릴륨 중독에 관한 설명으로 틀린 것은?

① 베릴륨의 만성중독은 neighborhood cases라
고도 불린다.
② 예방을 위해 X선 촬영과 폐기능 검사가 포함
된 정기 건강검진이 필요하다.
③ 염화물, 황화물, 불화물과 같은 용해성 베릴륨
화합물은 급성중독을 일으킨다.
④ 치료는 BAL 등 금속배설 촉진제를 투여하며,
피부병소에는 BAL 연고를 바른다.

해설 ④는 수은중독에 대한 설명이다.

84. 다음 중 인체에 흡수된 대부분의 중금속을 배설,
제거하는 데 가장 중요한 역할을 담당하는 기관
은 무엇인가?

① 대장　　　　　　② 소장
③ 췌장　　　　　　④ 신장

해설 신장
횡격막의 아래쪽, 배의 뒤에 위치하며, 우리 몸의 노폐물을 제거해 주고 체내 수분과 염분의 양, 전해질 및 산-염기 균형을 조절해 주는 역할을 한다.

85. 납의 독성에 대한 인체실험 결과, 안전흡수량이
체중(kg)당 0.005mg/m³이었다. 1일 8시간 작
업 시의 허용농도(mg/m³)는? [단, 근로자의 평
균 체중은 70kg, 해당 작업 시의 폐환기량(또는
호흡량)은 시간당 1.25m³으로 가정한다.]

① 0.030　　　　　　② 0.035
③ 0.040　　　　　　④ 0.045

해설 허용농도
안전흡수량 $= C \times T \times V \times R$
※ 안전흡수량(SHD) : kg당 흡수량이므로 흡수량에 체중을 곱해 주어야 한다.
$$\therefore C = \frac{\text{안전흡수량}}{T \times V \times R} = \frac{0.005\text{mg/kg} \times 70\text{kg}}{8\text{hr} \times 1.25\text{m}^3/\text{hr} \times 1.0}$$
$$= 0.035\text{mg/m}^3$$

해답 80. ① 81. ① 82. ③ 83. ④ 84. ④ 85. ②

86. 체내에 소량 흡수된 카드뮴이 체내에서 해독되는 반응에 중요한 작용을 하는 것은?

① 효소
② 임파구
③ 간과 신장
④ 백혈구

해설 카드뮴

인체에 유용한 칼슘, 철분, 아연 등과 유사한 경로를 통해 인체에 흡수되어 간, 신장, 뼈 그리고 다른 조직과 기관에 축적된다.

87. 이황화탄소를 취급하는 근로자를 대상으로 생물학적 모니터링을 하는 데 이용될 수 있는 생체 내 대사산물은?

① 소변 중 마뇨산
② 소변 중 메탄올
③ 소변 중 메틸마뇨산
④ 소변 중 TTCA(2-thiothiazolidine-4-carboxylic acid)

해설 유해물질별 생체 대사산물
• 톨루엔: 소변 중 O-크레졸
• 메탄올: 소변 중 메탄올
• 크실렌: 소변 중 메틸마뇨산
• 납: 소변 중 납
• 페놀: 소변 중 총 페놀

88. 수은중독의 예방대책이 아닌 것은?

① 수은 주입과정을 밀폐공간 안에서 자동화한다.
② 작업장 내에서 음식물 섭취와 흡연 등의 행동을 금지한다.
③ 수은취급 근로자의 비점막 궤양 생성 여부를 면밀히 관찰한다.
④ 작업장에 흘린 수은은 신체가 닿지 않는 방법으로 즉시 제거한다.

해설 비점막 궤양 생성 여부를 면밀히 관찰하는 것은 크롬중독에 대한 예방대책이다.

89. 폐에 침착된 먼지의 정화과정에 대한 설명으로 틀린 것은?

① 어떤 먼지는 폐포벽을 통과하여 림프계나 다른 부위로 들어가기도 한다.

② 먼지는 세포가 방출하는 효소에 의해 융해되지 않으므로 점액층에 의한 방출 이외에는 체내에 축적된다.
③ 폐에 침착된 먼지는 식세포에 의하여 포위되어, 일부는 미세 기관지로 운반되고 점액 섬모운동에 의하여 정화된다.
④ 폐에서 먼지를 포위하는 식세포는 수명이 다한 후 사멸하고 다시 새로운 식세포가 먼지를 포위하는 과정이 계속적으로 일어난다.

해설 먼지는 점액 섬모운동에 의해 정화되고 또한 대식세포에 의해 정화된다.

90. 메탄올에 관한 설명으로 틀린 것은?

① 특징적인 악성변화는 각 혈관육종이다.
② 자극성이 있고, 중추신경계를 억제한다.
③ 플라스틱, 필름 제조와 휘발유첨가제 등에 이용된다.
④ 시각장해의 기전은 메탄올의 대사산물인 포름알데히드가 망막조직을 손상시키는 것이다.

해설 혈관육종을 일으키는 물질은 염화비닐이다.

91. 납중독을 확인하는 시험이 아닌 것은?

① 혈중의 납 농도
② 소변 중 단백질
③ 말초신경의 신경전달 속도
④ ALA(aminolevulinic acid) 축적

해설 납중독 확인 시험사항
• 혈액 내의 납 농도
• 헴(heme)의 대사
• 말초신경의 신경전달 속도
• Ca-EDTA 이동시험
• β-ALA(aminolevulinic acid) 축적

92. 유기용제의 종류에 따른 중추신경계 억제작용을 작은 것부터 순서대로 나타낸 것은?

① 에스테르 < 유기산 < 알코올 < 알켄 < 알칸
② 에스테르 < 알칸 < 알켄 < 알코올 < 유기산

해답 86. ③ 87. ④ 88. ③ 89. ② 90. ① 91. ②
92. ③

③ 알칸 < 알켄 < 알코올 < 유기산 < 에스테르

④ 알켄 < 알코올 < 에스테르 < 알칸 < 유기산

해설 유기화합물질(유기용제)의 중추신경계 억제작용 순서 할로겐화합물 > 에테르 > 에스테르 > 유기산 > 알코올 > 알켄 > 알칸

93. 메탄올의 시각장해 독성을 나타내는 대사단계의 순서로 맞는 것은?

① 메탄올 → 에탄올 → 포름산 → 포름알데히드

② 메탄올 → 아세트알데히드 → 아세테이트 → 물

③ 메탄올 → 아세트알데히드 → 포름알데히드 → 이산화탄소

④ 메탄올 → 포름알데히드 → 포름산 → 이산화탄소

해설 메탄올은 우리 몸에 들어오면 산화된다. 에탄올과 다르게 메탄올은 포름알데히드(formaldehyde)와 포름산(formic acid)을 거쳐 물과 이산화탄소가 된다. 이때 생기는 포름알데히드와 포름산은 독성이 강하다.

94. 주로 비강, 인후두, 기관 등 호흡기의 기도 부위에 축적됨으로써 호흡기계 독성을 유발하는 분진은?

① 흡입성 분진　　② 호흡성 분진

③ 흉곽성 분진　　④ 총부유 분진

해설 입자 크기별 기준(ACGIH, TLV)
• 흡입성 입자상 물질(IPM): 비강, 인후두, 기관 등 호흡기에 침착 시 독성을 유발하는 분진으로 평균 입경은 100μm(폐 침착의 50%에 해당하는 입자 크기)
• 흉곽성 입자상 물질(TPM): 기도, 하기도에 침착하여 독성을 유발하는 물질로 평균 입경은 10μm
• 호흡성 입자상 물질(RPM): 가스교환 부위인 폐포에 침착 시 독성을 유발하는 물질로 평균 입경은 4μm

95. 유기용제에 의한 장해를 설명하는 것으로 틀린 것은?

① 유기용제의 중추신경계 작용으로 잘 알려진 것은 마취작용이다.

② 사염화탄소는 간장과 신장을 침범하는 데 반해 이황화탄소는 중추신경계통을 침해한다.

③ 벤젠은 노출 초기에는 빈혈증을 나타내고 장기간 노출되면 혈소판과 백혈구 감소를 초래한다.

④ 대부분의 유기용제는 유독성의 포스겐을 발생시켜 장기간 노출 시 폐부종을 일으킬 수 있다.

해설 CCl$_4$는 고온에서 가열하면 금속과의 접촉으로 포스겐이나 염화수소로 분해되기 때문에 주의가 필요하다.

96. 할로겐화 탄화수소의 사염화탄소에 관한 설명으로 틀린 것은?

① 생식기에 대한 독성작용이 특히 심하다.

② 고농도에 노출되면 중추신경계장애 외에 간장과 신장장애를 유발한다.

③ 신장장애 증상으로 감뇨, 혈뇨 등이 발생하며 완전 무뇨증이 되면 사망할 수도 있다.

④ 초기 증상으로는 지속적인 두통, 구역 또는 구토, 복부선통과 설사, 간압통 등이 나타난다.

해설 사염화탄소의 독성 및 위험성
• 사염화탄소는 인화성은 없지만 독성이 아주 강하기 때문에 취급에 주의를 요한다.
• 간과 신장에 손상을 줄 수 있으며, 암 발생확률을 증가시킬 수 있다.
• 돌연변이원으로 작용하기도 한다.
• 섭취 시 증상은 흡입 시와 비슷하다.
• 흡입 시 단시간 동안 흡입할 경우 두통, 어지러움, 기도의 자극이 일어날 수 있다.
• 사염화탄소는 중추신경억제제로 작용하므로 고농도에 노출될 경우 의식을 잃을 수 있다.
• 지속적으로 접촉할 경우 간에 손상을 줄 수 있으며 장기간 노출될 경우 암을 유발할 수 있다.
• 생식기관에 안 좋은 영향을 주며 돌연변이원으로 작용한다.

97. 다음의 설명에서 ㉠~㉢에 해당하는 내용으로 맞는 것은?

단시간노출기준(STEL)이란 (㉠)분간의 시간가중평균노출값으로서 노출농도가 시간가중평균노출기준(TWA)을 초과하고 단시간노출기준(STEL) 이하인 경우에는 1회 노출 지속시간이 (㉡)분 미만이어야 하고, 이러한 상태가 1일 (㉢)회 이하로 발생하여야 하며, 각 노출의 간격은 60분 이상이어야 한다.

① ㉠: 15, ㉡: 20, ㉢: 2
② ㉠: 15, ㉡: 15, ㉢: 4
③ ㉠: 20, ㉡: 15, ㉢: 2
④ ㉠: 20, ㉡: 20, ㉢: 4

해설 고용노동부 고시 "단시간노출기준(STEL)"이란 15분간의 시간가중평균노출값으로서 노출농도가 시간가중평균노출기준(TWA)을 초과하고 단시간노출기준(STEL) 이하인 경우에는 1회 노출 지속시간이 15분 미만이어야 하고, 이러한 상태가 1일 4회 이하로 발생하여야 하며, 각 노출의 간격은 60분 이상이어야 한다.

98. 페니실린을 비롯한 약품을 정제하기 위한 추출제 혹은 냉동제 및 합성수지에 이용되는 물질로 가장 적절한 것은?

① 벤젠
② 클로로포름
③ 브롬화메틸
④ 헥사클로로나프탈렌

해설 클로로포름
페니실린을 비롯한 약품을 정제하기 위한 추출제 혹은 냉동제 및 합성수지에 사용된다.

99. 채석장 및 모래 분사 작업장 작업자들이 석영을 과도하게 흡입하여 발생하는 질병은?

① 규폐증
② 탄폐증
③ 면폐증
④ 석면폐증

해설 규폐증
석영 또는 유리규산을 포함한 분진(모래 등)을 흡입함으로써 발생하며 진폐증 중 가장 먼저 알려졌고 또 가장 많이 발생하는 대표적 진폐. 금광, 규산분의 많은 동광, 규석 취급장 등에서 자주 발생한다.

100. 근로자의 화학물질에 대한 노출을 평가하는 방법으로 가장 거리가 먼 것은?

① 개인시료측정
② 생물학적 모니터링
③ 유해성확인 및 독성평가
④ 건강감시(medical surveillance)

해설 근로자의 화학물질에 대한 노출을 평가하는 방법
평가대상 화학물질의 인체 노출량을 추정하기 위하여 다음 각 호의 어느 하나에 해당하는 방법을 이용할 수 있다.
• 평가대상 화학물질 취급 사업장의 작업환경측정을 통한 노출량 측정(개인시료측정)
• 근로자에 대한 노출농도 예측과 노출시나리오에 따른 노출량 추정(건강감시)
• 생체지표를 통한 총 노출량 산정(생물학적 모니터링)

해답 98. ② 99. ① 100. ③

|1| 산업위생학개론

1. 작업장에서 누적된 스트레스를 개인차원에서 관리하는 방법에 대한 설명으로 틀린 것은?

   ① 신체검사를 통하여 스트레스성 질환을 평가한다.
   ② 자신의 한계와 문제의 징후를 인식하여 해결방안을 도출한다.
   ③ 명상, 요가, 선(禪) 등의 긴장이완훈련을 통하여 생리적 휴식상태를 점검한다.
   ④ 규칙적인 운동을 피하고, 직무 외적인 취미, 휴식, 즐거운 활동 등에 참여하여 대처능력을 함양한다.

   해설 직무 스트레스 관리방안
   ㉠ 개인수준의 관리방안
   • 동료들과 대화를 하거나 노래방에서 가까운 친지들과 함께 자신의 감정을 표출하는 것 등이다(정서적 표현).
   • 규칙적인 운동을 하고, 직무 외적인 취미, 휴식, 즐거운 활동 등에 참여하여 대처능력을 함양한다(많은 학자들이 강조).
   • 신체검사를 통하여 스트레스성 질환을 평가한다.
   • 자신의 한계와 문제의 징후를 인식하여 해결방안을 도출한다.
   • 명상, 요가, 선(禪) 등의 긴장이완훈련을 통하여 생리적 휴식상태를 점검한다(이완훈련을 통한 극복방안).
   • 헬리에겔은 개인적 관리를 위한 일차적인 원리로 현실적인 완료시간 설정, 긍정적 사고방식, 부적절한 행동 회피, 문제의 심각화 방지, 규칙적인 운동, 적절한 체중 유지, 적절한 휴식 등을 제안하였다.
   ㉡ 사회적 지원의 관리방안
   • 스트레스를 받는 상태에 있는 사람을 정서적 또는 물질적으로 위로하여 안정을 찾도록 해주는 것이다.
   • 동정, 애정, 신뢰 등을 제공하는 것이다(정서적 지원).

   • 직무의 수행 지원, 보살핌, 금전적 지원의 필요가 있는 사람을 도와주는 것이다(도구적 지원).
   • 스스로 평가(판단)할 수 있게 하기 위하여 구체적인 평가정보를 제공하는 것이다(평가적 지원).
   ㉢ 조직수준(작업 디자인)의 관리방안
   • 과업 재설계(task redesign)
   • 참여관리(participative management) : 작업계획 수립 시 적극적 참여 유도, 참여의사결정
   • 역할분석(role analysis) : 개인의 역할을 명확히 정의
   • 경력개발(career development)
   • 융통성 있는 작업계획(flexible work schedule) : 작업 환경에서 개인의 통제력과 재량권 확대
   • 목표설정(goal setting) : 개인의 직무에 대한 구체적인 목표를 설정하여 관리자와 조직 구성원 간의 상호이해
   • 팀 형성(team building) : 작업집단에서 일어나는 대인관계 과정을 매개하는 방법

2. 중대재해 또는 산업재해가 다발하는 사업장을 대상으로 유사사례를 감소시켜 관리하기 위하여 잠재적 위험성의 발견과 그 개선대책의 수립을 목적으로 고용노동부장관이 지정하는 자가 실시하는 조사·평가를 무엇이라 하는가?

   ① 안전·보건진단   ② 사업장 역학조사
   ③ 안전·위생진단   ④ 유해·위험성 평가

   해설 산업안전보건법
   • 제47조(안전보건진단) ① 고용노동부장관은 추락·붕괴, 화재·폭발, 유해하거나 위험한 물질의 누출 등 산업재해 발생의 위험이 현저히 높은 사업장의 사업주에게 제48조에 따라 지정받은 기관(이하 "안전보건진단기관"이라 한다)이 실시하는 안전보건진단을 받을 것을 명할 수 있다.
   • 제141조(역학조사) ① 고용노동부장관은 직업성 질환의 진단 및 예방, 발생 원인의 규명을 위하여 필요하다고 인정할

━━━━━━━━━━━━━━━━

해답 1. ④ 2. ①

때에는 근로자의 질환과 작업장의 유해요인의 상관관계에 관한 역학조사(이하 "역학조사"라 한다)를 할 수 있다. 이 경우 사업주 또는 근로자대표, 그 밖에 고용노동부령으로 정하는 사람이 요구할 때 고용노동부령으로 정하는 바에 따라 역학조사에 참석하게 할 수 있다.

3. 상시근로자수가 100명인 A 사업장의 연간 재해 발생건수가 15건이다. 이때의 사상자가 20명 발생하였다면 이 사업장의 도수율은 약 얼마인가? (단, 근로자는 1인당 연간 2,200시간을 근무하였다.)

① 68.18　　　　② 90.91
③ 150.00　　　　④ 200.00

해설　도수율(빈도율)
㉠ 1,000,000 근로시간당 요양재해발생건수를 의미한다.
㉡ 계산

$$도수율(빈도율) = \frac{요양재해건수}{연근로시간수} \times 1,000,000$$
$$= \frac{15건}{100인 \times 2,200시간/인} \times 10^6$$
$$= 68.18$$

4. 1800년대 「산업보건에 관한 법률」로서 실제로 효과를 거둔 영국의 공장법의 내용과 거리가 가장 먼 것은?

① 감독관을 임명하여 공장을 감독한다.
② 근로자에게 교육을 시키도록 의무화한다.
③ 18세 미만 근로자의 야간작업을 금지한다.
④ 작업할 수 있는 연령을 8세 이상으로 제한한다.

해설　영국의 공장법(1800년대)
• 감독관을 임명하여 공장을 감독한다.
• 근로자에게 교육을 시키도록 의무화한다.
• 18세 미만 근로자의 야간작업을 금지한다.
• 작업할 수 있는 연령을 13세 이상으로 제한한다.

5. 사무실 등 실내 환경의 공기 질 개선에 관한 설명으로 틀린 것은?

① 실내 오염원을 감소한다.
② 방출되는 물질이 없거나 매우 낮은(기준에 적합한) 건축자재를 사용한다.

③ 실외 공기의 상태와 상관없이 창문 개폐 횟수를 증가시켜 실외 공기의 유입을 통한 환기 개선이 될 수 있도록 한다.
④ 단기적 방법은 베이크 아웃(bake-out)으로 새 건물에 입주하기 전에 보일러 등으로 실내를 가열하여 각종 유해물질이 빨리 나오도록 한 후 이를 충분히 환기시킨다.

해설　실외 공기의 상태에 따라 창문 개폐 횟수를 증가시켜 실외 공기의 유입을 통한 환기 개선이 될 수 있도록 한다.

6. 실내 공기오염과 가장 관계가 적은 인체 내의 증상은?

① 광과민증(photosensitization)
② 빌딩증후군(sick building syndrome)
③ 건물관련질병(building related disease)
④ 복합화합물질과민증(multiple chemical sensitivity)

해설　실내 환경과 관련된 질환
• 새집증후군(sick house syndrome)
• 빌딩증후군(sick building syndrome)
• 복합화학물질과민증(MCS, multiple chemical sensitivity)

※ 광과민증(photosensitivity)은 햇빛 알레르기란 이름으로 더 잘 알려져 있는 피부질환으로, 햇빛에 노출된 피부에 발진이 생기는 질환을 말한다. 일반 산업장에서 사용하는 화학물질 중 일부가 햇빛과 반응하여 독성을 급격히 증가시키는 경우가 있다. 예) 콜타르 피치

7. 육체적 작업능력(PWC)이 16kcal/min인 근로자가 1일 8시간 동안 물체를 운반하고 있고, 이때의 작업대사량은 9kcal/min이며, 휴식 시의 대사량은 1.5kcal/min이다. 적정 휴식시간과 작업시간으로 가장 적합한 것은?

① 매 시간당 25분 휴식, 35분 작업
② 매 시간당 29분 휴식, 31분 작업
③ 매 시간당 35분 휴식, 25분 작업
④ 매 시간당 39분 휴식, 21분 작업

해설　적정 휴식시간

$$T_{rest}(\%) = \frac{E_{max} - E_{task}}{T_{rest} - E_{task}} \times 100 \quad : Hertig 식$$

여기서, E_{max} : 1일 8시간에 적합한 대사량(PWC의 1/3)

E_{task} : 해당 작업의 대사량

E_{rest} : 휴식 중 소모되는 대사량

$$\therefore\ T_{rest}(\%) = \dfrac{\dfrac{16}{3}-9}{1.5-9} = 48.89\%$$

• 휴식시간: $60\text{min} \times 0.4889 = 29\text{min}$
• 작업시간: $60\text{min} - 29\text{min} = 31\text{min}$

8. 국소피로를 평가하기 위하여 근전도(EMG)검사를 실시하였다. 피로한 근육에서 측정된 현상을 설명한 것으로 맞는 것은?

① 총전압의 증가
② 평균 주파수 영역에서 힘(전압)의 증가
③ 저주파수(0~40Hz) 영역에서 힘(전압)의 감소
④ 고주파수(40~200Hz) 영역에서 힘(전압)의 증가

〔해설〕 정상근육과 비교 시 피로한 근육의 EMG 특징
• 총전압의 증가
• 평균 주파수 감소
• 저주파(0~40Hz)에서 힘의 증가
• 고주파(40~200Hz)에서 힘의 감소

9. 다음은 A전철역에서 측정한 오존의 농도(ppm)이다. 기하평균농도는 약 몇 ppm인가?

4.42 5.58 1.26 0.57 5.82

① 2.07 ② 2.21
③ 2.53 ④ 2.74

〔해설〕 기하평균

$$\log(GM) = \dfrac{\log X_1 + \log X_2 + \cdots + \log X_n}{N}$$

$$= \dfrac{\log 4.42 + \log 5.58 + \log 1.26 + \log 0.57 + \log 5.82}{5}$$

$$= 0.4026$$

$$\therefore GM = 10^{0.4026} = 2.53\text{ppm}$$

10. 정상작업에 대한 설명으로 맞는 것은?

① 두 다리를 뻗어 닿는 범위이다.
② 손목이 닿을 수 있는 범위이다.

③ 전박(前膊)과 손으로 조작할 수 있는 범위이다.
④ 상지(上肢)와 하지(下肢)를 곧게 뻗어 닿는 범위이다.

〔해설〕 정상작업영역
• 상완을 자연스럽게 수직으로 늘어뜨린 채 전완만으로 편안하게 뻗어 파악할 수 있는 영역(약 35~45cm)
• 움직이지 않고 전박과 손으로 조작할 수 있는 범위
• 앉은 자세에서 윗팔은 몸에 붙이고, 아랫팔만 곧게 뻗어 닿는 범위

※ 최대작업영역: 윗팔과 아랫팔을 곧게 뻗어서 닿는 영역. 상지를 뻗어서 닿는 범위(55~65cm)

11. 산업재해 보상에 관한 설명으로 틀린 것은?

① 업무상의 재해란 업무상의 사유에 따른 근로자의 부상·질병·장해 또는 사망을 의미한다.
② 유족이란 사망한 자의 손자녀·조부모 또는 형제자매를 제외한 가족의 기본구성인 배우자·자녀·부모를 의미한다.
③ 장해란 부상 또는 질병이 치유되었으나 정신적 또는 육체적 훼손으로 인하여 노동능력이 상실되거나 감소된 상태를 의미한다.
④ 치유란 부상 또는 질병이 완치되거나 치료의 효과를 더 이상 기대할 수 없고 그 증상이 고정된 상태에 이르게 된 것을 의미한다.

〔해설〕 "유족"이란 사망한 자의 배우자(사실상 혼인 관계에 있는 사람을 포함한다. 이하 같다)·자녀·부모·손자녀·조부모 또는 형제자매를 말한다(「산업재해보상보험법」 제5조의3).

12. 산업피로의 예방대책으로 틀린 것은?

① 작업과정에 따라 적절한 휴식을 삽입한다.
② 불필요한 동작을 피하여 에너지 소모를 적게 한다.
③ 충분한 수면은 피로회복에 대한 최적의 대책이다.
④ 작업시간 중 또는 작업 전후의 휴식시간을 이용하여 축구, 농구 등의 운동시간을 삽입한다.

〔해답〕 8. ① 9. ③ 10. ③ 11. ② 12. ④

해설 산업피로 예방과 대책

- 작업에 주로 사용하는 팔은 심장 높이에 두도록 하며 작업 물체와 눈의 거리는 명시거리로 30cm 정도를 유지하도록 한다.
- 의자의 높이는 조절할 수 있고 등받이가 있는 것이 좋다.
- 원활한 혈액 순환을 위해 작업에 사용하는 신체부위를 심장 높이보다 아래에 두도록 한다.
- 커피, 홍차, 엽차 및 비타민 B₁은 피로회복에 도움이 되므로 공급한다.
- 작업과정에 적절한 간격으로 휴식시간을 두고 충분한 영양을 취한다.
- 작업환경을 정비 정돈한다.
- 불필요한 동작을 피하고 에너지 소모를 적게 한다.
- 동적인 작업을 늘리고 정적인 작업을 줄인다.
- 개인의 숙련도에 따라 작업속도와 작업량을 조절한다.
- 작업시간 중 또는 작업 전후에 간단한 체조나 오락시간을 갖는다.
- 장시간 한 번 휴식하는 것보다 단시간씩 나눠 휴식하는 것이 피로회복에 도움이 된다.
- 과중한 육체적 노동은 기계화하여 육체적 부담을 줄인다.
- 충분한 수면은 피로예방과 회복에 효과적이다.
- 작업자세를 적정하게 유지하는 것이 좋다.

13. 신체적 결함과 그 원인이 되는 작업이 가장 적합하게 연결된 것은?

① 평발-VDT 작업

② 진폐증-고압, 저압작업

③ 중추신경 장해-광산작업

④ 경견완증후근-타이핑작업

해설 신체적 결함과 그 원인이 되는 작업

- 영상재현장치 취급-VDT
- 평발(평편족)-서서 하는 작업
- 진폐증-분진유발 작업
- 중추신경 장애-이황화탄소 발생 작업
- 경견완 증후군-타이핑 작업
- 간기능 장해-화학공업
- 비중격 천공-도금 작업
- 빈혈증-유기용제 취급 작업
- 고온장애(열경련 등)-용광로 작업
- 당뇨증-외상받기 쉬운 작업
- 심계항진-육체적 작업, 고열 작업
- 납중독-축전지 제조

14. 작업자의 최대작업영역(maximum working area) 이란 무엇인가?

① 하지(下肢)를 뻗어서 닿는 작업영역

② 상지(上肢)를 뻗어서 닿는 작업영역

③ 전박(前膊)을 뻗어서 닿는 작업영역

④ 후박(後膊)을 뻗어서 닿는 작업영역

해설 최대작업영역: 윗팔과 아랫팔을 곧게 뻗어서 닿는 영역. 상지를 뻗어서 닿는 범위(55~65cm)

15. 「산업안전보건법」에 따라 작업환경 측정방법에 있어 동일 작업근로자수가 100명을 초과하는 경우 최대 시료채취 근로자수는 몇 명으로 조정할 수 있는가?

① 10명 ② 15명

③ 20명 ④ 50명

해설 시료채취 근로자수

- 단위작업 장소에서 최고 노출근로자 2명 이상에 대하여 동시에 개인 시료채취 방법으로 측정하되, 단위작업 장소에 근로자가 1명인 경우에는 그러하지 아니하며, 동일 작업근로자수가 10명을 초과하는 경우에는 매 5명당 1명 이상 추가하여 측정하여야 한다. 다만, 동일 작업근로자수가 100명을 초과하는 경우에는 최대 시료채취 근로자수를 20명으로 조정할 수 있다.
- 지역 시료채취 방법으로 측정을 하는 경우 단위작업 장소 내에서 2개 이상의 지점에 대하여 동시에 측정하여야 한다. 다만, 단위작업 장소의 넓이가 50평방미터 이상인 경우에는 매 30평방미터마다 1개 지점 이상을 추가로 측정하여야 한다.

16. 미국산업위생학회 등에서 산업위생전문가들이 지켜야 할 윤리강령을 채택한 바 있는데, 전문가로서의 책임에 해당하는 것은?

① 일반 대중에 관한 사항은 정직하게 발표한다.

② 성실성과 학문적 실력 측면에서 최고 수준을 유지한다.

③ 위험요소와 예방 조치에 관하여 근로자와 상담한다.

④ 신뢰를 존중하여 정직하게 권고하고, 결과와 개선점을 정확히 보고한다.

해답 13. ④ 14. ② 15. ③ 16. ②

- 성실성과 학문적 실력 면에서 최고 수준을 유지한다(전문적 능력 배양 및 성실한 자세로 행동).
- 과학적 방법의 적용과 자료의 해석에서 경험을 통한 전문가의 객관성을 유지한다(공인된 과학적 방법 적용, 해석).
- 전문 분야로서의 산업위생을 학문적으로 발전시킨다.
- 근로자, 사회 및 전문 직종의 이익을 위해 과학적 지식을 공개하고 발표한다.
- 산업위생활동을 통해 얻은 개인 및 기업체의 기밀은 누설하지 않는다(정보 비밀 유지).
- 전문적 판단이 타협에 의하여 좌우될 수 있거나 이해관계가 있는 상황에는 개입하지 않는다.

17. 사업주가 관계 근로자 외에는 출입을 금지시키고 그 뜻을 보기 쉬운 장소에 게시하여야 하는 작업장소가 아닌 것은?

① 산소 농도가 18% 미만인 장소
② 탄산가스 농도가 1.5%를 초과하는 장소
③ 일산화탄소 농도가 30ppm을 초과하는 장소
④ 황화수소 농도가 100만분의 1을 초과하는 장소

해설 「산업안전보건기준에 관한 규칙」 제10장 밀폐공간 작업으로 인한 건강장해의 예방

제622조(출입의 금지) ① 사업주는 사업장 내 밀폐공간을 사전에 파악하여 밀폐공간에는 관계 근로자가 아닌 사람의 출입을 금지하고, 별지 제4호서식에 따른 출입금지 표지를 밀폐공간 근처의 보기 쉬운 장소에 게시하여야 한다. 〈개정 2012. 3. 5., 2017. 3. 3.〉
② 근로자는 제1항에 따라 출입이 금지된 장소에 사업주의 허락 없이 출입해서는 아니 된다.

※ "밀폐공간" 요약: 밀폐공간이란 산소 농도의 범위가 18% 미만 23.5% 이상, 탄산가스의 농도가 1.5% 이상, 일산화탄소의 농도가 30ppm 이상, 황화수소의 농도가 10ppm 이상인 장소의 내부

18. 여러 기관이나 단체 중에서 산업위생과 관계가 가장 먼 기관은?

① EPA
② ACGIH
③ BOHS
④ KOSHA

해설
① EPA(Environmental Protection Agency): 미국환경보호청
② ACGIH(American Conference of Governmental Industrial Hygienists): 미국국립산업위생전문가협의회
③ BOHS(British Occupational Hygiene Society): 영국산

업보건학회
④ KOSHA(Korea Occupational Safety & Health Agency): 한국산업안전보건공단

19. 직업병의 진단 또는 판정 시 유해요인 노출 내용과 정도에 대한 평가가 반드시 이루어져야 한다. 이와 관련한 사항과 가장 거리가 먼 것은?

① 작업환경측정
② 과거 직업력
③ 생물학적 모니터링
④ 노출의 추정

해설 직업병의 진단 또는 판정 시 유해요인 노출 내용과 정도에 대한 평가 관련 사항은 작업환경측정, 생물학적 모니터링, 노출의 추정이다. 과거 직업력은 직업병 인정 시 고려 사항이다.

20. 요통이 발생하는 원인 중 작업동작에 의한 것이 아닌 것은?

① 작업 자세의 불량
② 일정한 자세의 지속
③ 정적인 작업으로 전환
④ 체력의 과신에 따른 무리

해설 근육은 수축이완을 통하여 에너지가 공급되므로 정적인 작업으로의 전환은 근골격계질환을 유발한다.

| 2 | 작업위생측정 및 평가

21. 태양관선이 내리쬐는 옥외작업장에서 온도가 다음과 같을 때, 습구흑구온도지수는 약 몇 ℃인가? (단, 고용노동부 고시를 기준으로 한다.)

- 건구온도: 30℃
- 흑구온도: 32℃
- 자연습구온도: 28℃

① 27
② 28
③ 29
④ 31

해설 습구흑구온도지수(WBGT)
- 옥외(태양광선이 내리쬐는 장소)

해답 17. ④ 18. ① 19. ② 20. ③ 21. ③

$WBGT = 0.7NWB + 0.2GT + 0.1DT$
- 옥내 또는 옥외(태양광선이 내리쬐지 않는 장소)
$WBGT = 0.7NWB + 0.3GT$
(NWB: 자연습구온도, GT: 흑구온도, DT: 건구온도)
∴ $WBGT = 0.7 \times 28℃ + 0.2 \times 32℃ + 0.1 \times 30℃$
$= 29℃$

22. 다음 1차 표준기구 중 일반적인 사용범위가 10~500mL/분이고, 정확도가 ±0.05~0.25%로 높아 실험실에서 주로 사용하는 것은?

① 폐활량계   ② 가스치환병
③ 건식가스미터   ④ 습식테스트 미터

(해설) 1차 표준기구
- 비누거품미터(사용범위 1mL/분~30L/분, 정확도 ±1%)
- 폐활량계(사용범위 100~600L, 정확도 ±1%)
- 가스치환병(사용범위 10~500mL/분, 정확도 ±0.05~0.25%)
- 유리 피스톤 미터(사용범위 10~200mL/분, 정확도 ±2%)
- 흑연 피스톤 미터(사용범위 1mL/분~50L/분, 정확도 ±1~2%)
- 피토튜브(사용범위 15mL/분 이하, 정확도 ±1%)

23. 다음 중 고열장해와 가장 거리가 먼 것은?

① 열사병   ② 열경련
③ 열호족   ④ 열발진

(해설)
- 열호족이라는 용어는 없으며 참호족이라는 용어를 틀리게 출제자가 넣은 것으로 문제 오류
- 참호족(침수족)은 한랭작업 시 국소부위의 산소결핍으로 발생되는 장해

24. 수은의 노출기준이 0.05mg/m³이고 증기압이 0.0018mmHg인 경우, VHR(vapor hazard ratio)는 약 얼마인가? (단, 25℃, 1기압 기준이며, 수은 원자량은 200.59이다.)

① 306   ② 321
③ 354   ④ 389

(해설) VHR(vapor hazard ratio)
$VHR = \dfrac{C}{TLV}$

수은의 노출기준 0.005mg/m³ → ppm으로 변환

$TLV = 0.05mg/m^3 \times \dfrac{24.45l}{200.59g} = 0.006095$

$C(ppm) = \dfrac{\text{해당 물질의 증기압mmHg}}{760mmHg}$
$= \dfrac{0.0018mmHg}{760mmHg} \times 10^6 = 2.3684$

∴ $VHR = \dfrac{2.3684}{0.006095} = 388.58$

25. 다음 중 6가 크롬 시료 채취에 가장 적합한 것은?

① 밀리포어 여과지
② 증류수를 넣은 버블러
③ 휴대용 IR
④ PVC 막여과지

(해설) PVC 막여과지
- 가볍고 흡습성이 낮아 분진 중량분석에 사용
- 수분 영향이 낮아 공해성 먼지, 총 먼지 등의 중량분석을 위한 측정에 사용
- 6가 크롬 채취에도 적용

26. 한 공정에서 음압수준이 75dB인 소음이 발생하는 장비 1대와 81dB인 소음이 발생하는 장비 1대가 각각 설치되어 있을 때, 이 장비들이 동시에 가동되는 경우 발생하는 소음의 음압수준은 약 몇 dB인가?

① 82   ② 84
③ 86   ④ 88

(해설) 소음의 음압수준(SPL)
$SPL = 10\log(10^{\frac{SPL_1}{10}} + 10^{\frac{SPL_2}{10}})$
$= 10\log(10^{\frac{75}{10}} + 10^{\frac{81}{10}}) = 82dB$

27. 제관공장에서 오염물질 A를 측정한 결과가 다음과 같다면, 노출농도에 대한 설명으로 옳은 것은?

- 오염물질 A의 측정값: 5.9mg/m³
- 오염물질 A의 노출기준: 5.0mg/m³
- SAE(시료채취 분석오차): 0.12

① 허용농도를 초과한다.

② 허용농도를 초과할 가능성이 있다.

③ 허용농도를 초과하지 않는다.

④ 허용농도를 평가할 수 없다.

해설 표준화값

$$표준화값(Y) = \frac{측정농도(TWA\ 또는\ STEL)}{허용기준(노출기준)}$$

$$= \frac{TWA}{허용기준} = \frac{5.9\text{mg/m}^3}{5.0\text{mg/m}^3} = 1.18$$

$LCL(하한치) = Y - SAE = 1.18 - 0.12 = 1.06$

$\therefore LCL(1.06) > 1$이므로 허용기준 초과로 판정

---

28. 근로자에게 노출되는 호흡성먼지를 측정한 결과 다음과 같았다. 이때 기하평균농도는? (단, 단위는 mg/m³이다.)

| 2.4 1.9 4.5 3.5 5.0 |

① 3.04

② 3.24

③ 3.54

④ 3.74

해설 기하평균(GM)

- 산업위생분야에서는 작업환경 측정 결과가 대수정규분포를 취하는 경우 대푯값으로서 기하평균을, 산포도로서 기하표준편차를 널리 사용한다.
- 모든 자료를 대수로 변환하여 평균 후 평균한 값을 역대수 취한 값 또는 N개의 측정치 X_1, X_2, $\cdots$, X_n이 있을 때 이들 수의 곱의 N 제곱근의 값이다.
- 계산식

$$\log(GM) = \frac{\log X_1 + \log X_2 + \cdots + \log X_n}{N}$$

$$= \frac{\log 2.4 + \log 1.9 + \log 4.5 + \log 3.5 + \log 5.0}{5}$$

$$= 0.511$$

$$\therefore GM = 10^{0.511} = 3.24\text{mg/m}^3$$

---

29. 어떤 작업장에서 액체혼합물이 A가 30%, B가 50%, C가 20%인 중량비로 구성되어 있다면, 이 작업장의 혼합물의 허용농도는 몇 mg/m³인가? (단, 각 물질의 TLV는 A의 경우 1,600mg/m³, B의 경우 720mg/m³, C의 경우 670mg/m³이다.)

① 101

② 257

③ 847

④ 1,151

해설 혼합물의 허용농도(mg/m³)

$$= \frac{1}{\dfrac{f_1}{TLV_1} + \dfrac{f_2}{TLV_2} + \dfrac{f_3}{TLV_3}}$$

$$= \frac{1}{\dfrac{0.3}{1,600} + \dfrac{0.5}{720} + \dfrac{0.2}{670}} = 847.13\text{mg/m}^3$$

---

30. 작업장에서 10,000ppm의 사염화에틸렌이 공기 중에 함유되었다면 이 작업장 공기의 비중은 얼마인가? (단, 표준기압, 온도이며 공기의 분자량은 29이고, 사염화에틸렌의 분자량은 166이다.)

① 1.024

② 1.032

③ 1.047

④ 1.054

해설 혼합물의 유효비중

$$= \frac{\left(10,000 \times \dfrac{166}{29}\right) + (990,000 \times 1)}{1,000,000} = 1.047$$

---

31. 일산화탄소 0.1m³가 밀폐된 차고에 방출되었다면, 이때 차고 내 공기 중 일산화탄소의 농도는 몇 ppm인가? (단, 방출 전 차고 내 일산화탄소 농도는 0ppm이며, 밀폐된 차고의 체적은 100,000m³이다.)

① 0.1

② 1

③ 10

④ 100

해설 농도

$$농도 = \frac{가스부피}{전체부피} \times 10^6$$

$$\therefore CO\ 농도 = \frac{0.1\text{m}^3}{100,000\text{m}^3} \times 10^6 = 1\text{ppm}$$

---

32. 입자상 물질을 입자의 크기별로 측정하고자 할 때 사용할 수 있는 것은?

① 가스크로마토크래피

② 사이클론

③ 원자발광분석기

④ 직경분립충돌기

해설 직경분립충돌기(cascade impactor)를 이용해 입자의 크기, 형태 등을 분리한다.

---

33. 어느 작업장에 있는 기계의 소음 측정 결과가 다음과 같을 때, 이 작업장의 음압레벨 합산은 약 몇 dB인가?

A기계: 92dB, B기계: 90dB, C기계: 88dB

① 92.3　　　　　　　② 93.7

③ 95.1　　　　　　　④ 98.2

음압레벨 합산(dB)

$$SPL = 10\log(10^{\frac{SPL1}{10}} + 10^{\frac{SPL2}{10}} + 10^{\frac{SPL3}{10}})$$

$$= 10\log(10^{9.2} + 10^{9.0} + 10^{8.8}) = 95.07\text{dB(A)}$$

34. 작업장 소음수준을 누적소음노출량 측정기로 측정할 경우 기기 설정으로 옳은 것은? (단, 고용노동부 고시를 기준으로 한다.)

① Threshold=80dB, Criteria=90dB, Exchange Rate=5dB

② Threshold=80dB, Criteria=90dB, Exchange Rate=10dB

③ Threshold=90dB, Criteria=90dB, Exchange Rate=10dB

④ Threshold=90dB, Criteria=90dB, Exchange Rate=5dB

누적소음노출량 측정기의 설정(고용노동부 고시)
소음노출량 측정기로 소음을 측정하는 경우 Criteria는 90dB, Exchange Rate은 5dB, Threshold는 80dB로 기기를 설정한다.

35. 로터미터에 관한 설명으로 틀린 것은?

① 유량을 측정하는 데 가장 흔히 사용되는 기기이다.

② 바닥으로 갈수록 점점 가늘어지는 수직관과 그 안에서 자유롭게 상하로 움직이는 부자(浮子)로 이루어져 있다.

③ 관은 유리나 투명 플라스틱으로 되어 있으며 눈금이 새겨져 있다.

④ 최대 유량과 최소 유량의 비율이 100 : 1 범위이고 ±0.5% 이내의 정확성을 나타낸다.

로터미터(rotameter) 유량은 1mL/분 이하이고, 정확성은 ±1~2%이다.

36. 어느 작업장에서 샘플러를 사용하여 분진 농도를 측정한 결과, 샘플링 전과 후의 필터 무게가 각각 32.4mg, 44.7mg이었을 때, 이 작업장의 분진 농도는 몇 mg/m³인가? (단, 샘플링에 사용된 펌프의 유량은 20L/min이고, 2시간 동안 시료를 채취하였다.)

① 1.6　　　　　　　② 5.1

③ 6.2　　　　　　　④ 12.3

분진농도(mg/m³)
포집공기량 $= 20\text{L/min} \times 120\text{min} = 2,400\text{L/min}$
m³으로 변환하면 $2,400\text{L/min} / 1,000 = 2.4\text{m}^3$

$$\text{분진농도(mg/m}^3) = \frac{\text{채취 후의 무게} - \text{채취 전의 무게}}{\text{포집공기량}}$$

$$= \frac{44.7\text{mg} - 32.4\text{mg}}{2.4\text{m}^3} = 5.125\text{mg/m}^3$$

37. 온도 표시에 대한 설명으로 틀린 것은? (단, 고용노동부 고시를 기준으로 한다.)

① 절대온도는 °K로 표시하고 절대온도 0°K는 -273℃로 한다.

② 실온은 1~35℃, 미온은 30~40℃로 한다.

③ 온도의 표시는 셀시우스(Celsius)법에 따라 아라비아 숫자의 오른쪽에 ℃를 붙인다.

④ 냉수는 5℃ 이하, 온수는 60~70℃를 말한다.

찬물(냉수)은 15℃ 이하, 온수(온탕)는 60~70℃, 열수(열탕)는 약 100℃이다.

38. 다음은 가스상 물질의 측정횟수에 관한 내용이다. ( ) 안에 들어갈 내용으로 옳은 것은?

가스상 물질을 검지관 방식으로 측정하는 경우에는 1일 작업시간 동안 1시간 간격으로 ( ) 이상 측정하되 매 측정시간마다 2회 이상 반복측정하여 평균값을 산출하여야 한다.

① 2회　　　　　　　② 4회

③ 6회　　　　　　　④ 8회

해설 가스상 물질 검지관 측정방법
작업환경측정 및 정도관리 등에 관한 고시 제25조(측정횟수) 가스상 물질을 검지관방식으로 측정하는 경우에는 1일 작업시간 동안 1시간 간격으로 6회 이상 측정하되 매 측정시간마다 2회 이상 반복 측정하여 평균값을 산출하여야 한다. 다만, 가스상 물질의 발생시간이 6시간 이내일 때에는 작업시간 동안 1시간 간격으로 나누어 측정하여야 한다.

39. 측정값이 1, 7, 5, 3, 9일 때, 변이계수는 약 몇 %인가?

① 13 　　　　　　② 63

③ 133 　　　　　④ 183

해설 변이계수(=변동계수, CV%, coefficient of variation) 표준편차를 평균으로 나눈 값이다.

$$변이계수(CV\%) = \frac{표준편차}{산술평균} \times 100$$

$$산술평균 = \frac{X_1 + X_2 + \cdots + X_n}{N}$$

$$= \frac{1+7+5+3+9}{5} = 5ppm$$

$$SD(표준편차) = \left[\frac{\sum_{i=1}^{N}(X_i - \overline{X})^2}{N-1}\right]^{0.5}$$

$$= \left[\frac{(1-5)^2 + (7-5)^2 + (5-5)^2 + (3-5)^2 + (9-5)^2}{5-1}\right]^{0.5}$$

$$= 3.16$$

$$\therefore 변이계수(CV\%) = \frac{3.16}{5ppm} \times 100 = 63\%$$

40. 허용기준 대상 유해인자의 노출농도 측정 및 분석방법에 관한 내용으로 틀린 것은? (단, 고용노동부 고시를 기준으로 한다.)

① 바탕시험을 하여 보정한다: 시료에 대한 처리 및 측정을 할 때, 시료를 사용하지 않고 같은 방법으로 조작한 측정치를 빼는 것을 말한다.

② 감압 또는 진공: 따로 규정이 없는 한 760mmHg 이하를 뜻한다.

③ 검출한계: 분석기기가 검출할 수 있는 가장 작은 양을 말한다.

④ 정량한계: 분석기기가 정량할 수 있는 가장 작은 양을 말한다.

해설 "감압 또는 진공"이란 따로 규정이 없는 한 15mmHg 이하를 뜻한다.

|3| 작업환경관리대책

41. 직경이 400mm인 환기시설을 통해서 50m³/min의 표준 상태의 공기를 보낼 때, 이 덕트 내의 유속은 약 몇 m/sec인가?

① 3.3 　　　　　　② 4.4

③ 6.6 　　　　　④ 8.8

해설 덕트 내의 유속(m/sec)

$Q(\text{m}^3/\text{min}) = 60(\text{sec/min}) \times A(\text{m}^2) \times V(\text{m/sec})$

여기서, V: 덕트 내 유속(m/sec)

　　　　A: 덕트의 단면적(m²)

$$V(\text{m/sec}) = \frac{Q}{A} \times \frac{1}{60}$$

$$A = \pi(\frac{D}{2})^2 = 0.125\text{m}^2$$

$$\therefore V = \frac{50\text{m}^3 \times 1\text{min}/60}{0.125\text{m}^2} = 6.6\text{m/sec}$$

42. 개구면적이 0.6m²인 외부식 사각형 후드가 자유 공간에 설치되어 있다. 개구면과 유해물질 사이의 거리는 0.5m이고 제어속도가 0.8m/s일 때, 필요한 송풍량은 약 몇 m³/min인가? (단, 플랜지를 부착하지 않은 상태이다.)

① 126 　　　　　　② 149

③ 164 　　　　　④ 182

해설 외부식 후드가 자유공간에 위치한 경우 필요환기량

$Q = 60 \cdot V_c(10X^2 + A)$

여기서, Q: 필요송풍량(m³/min)

　　　　V_c: 제어속도(m/sec)

　　　　A: 개구면적(m²)

　　　　X: 후드 중심선으로부터 발생원(오염원)까지의 거리(m)

$\therefore Q = 60\text{sec/min} \times 0.8\text{m/sec}((10 \times 0.5^2)\text{m}^2 + 0.6\text{m}^2)$

$= 148.80\text{m}^3/\text{min} ≒ 149\text{m}^3/\text{min}$

해답 39. ② 40. ② 41. ③ 42. ②

43. 테이블에 붙여서 설치한 사각형 후드의 필요환기량(m^3/min)을 구하는 식으로 적절한 것은? (단, 플랜지는 부착되지 않았고, A(m^2)는 개구면적, X(m)는 개구부와 오염원 사이의 거리, V(m/sec)는 제어속도이다.)

① $Q=V \times (5X^2+A)$

② $Q=V \times (7X^2+A)$

③ $Q=60 \times V \times (5X^2+A)$

④ $Q=60 \times V \times (7X^2+A)$

해설 작업 테이블 면에 위치, 플랜지 미부착 필요환기량
$$Q = 60 \cdot V_c(5X^2 + A)$$
여기서, Q : 필요송풍량(m^3/min)

V_c : 제어속도(m/sec)

A : 개구면적(m^2)

X : 후드 중심선에서 발생원(오염원)까지의 거리(m)

44. 다음 중 강제환기의 설계에 관한 내용과 가장 거리가 먼 것은?

① 공기가 배출되면서 오염장소를 통과하도록 공기배출구와 유입구의 위치를 선정한다.

② 공기배출구와 근로자의 작업위치 사이에 오염원이 위치하지 않도록 주의하여야 한다.

③ 오염물질 배출구는 가능한 한 오염원으로부터 가까운 곳에 설치하여 '점 환기'의 효과를 얻는다.

④ 오염원 주위에 다른 작업 공정이 있으면 공기배출량을 공급량보다 약간 크게 하여 음압을 형성하여 주위 근로자에게 오염물질이 확산되지 않도록 한다.

해설 전체(강제)환기시설 설치 시의 기본원칙
• 유해물질 사용량을 조사하여 필요환기량을 계산한다.
• 유해물질 배출구는 가능한 한 오염원으로부터 가까운 곳에 설치하여 "점 환기(spot ventilation)"의 효과를 얻는다.
• 공기가 배출되면서 오염장소를 통과하도록 공기배출구와 유입구의 위치를 선정한다.
• 배출공기를 보충하기 위하여 청정공기를 공급한다.
• 공기배출구와 근로자의 작업위치 사이에 오염원이 위치하여야 한다.

• 오염원 주위에 다른 작업공정이 존재하면 공기배출량을 공급량보다 약간 크게 하여 음압을 형성하여 주위 근로자에게 오염물질이 확산되지 않도록 하고 반대로 주위에 다른 작업공정이 없으면 청정공기의 공급량을 배출량보다 약간 크게 한다.
• 건물 밖으로 배출된 오염공기가 다시 건물 안으로 유입되지 않도록 배출구 높이를 적절히 설계하고 배출구가 인근 작업장의 창문이나 문 근처에 위치하지 않도록 한다.

45. 다음 중 작업환경 개선의 기본원칙인 대체의 방법과 가장 거리가 먼 것은?

① 시간의 변경

② 시설의 변경

③ 공정의 변경

④ 물질의 변경

해설 작업환경개선의 기본원칙 대체방법
• 저장물질의 변경   • 시설의 격리
• 공정의 격리

46. 다음 중 대체 방법으로 유해작업환경을 개선한 경우와 가장 거리가 먼 것은?

① 유연 휘발유를 무연 휘발유로 대체한다.

② 블라스팅 재료로서 모래를 철구슬로 대체한다.

③ 야광시계의 자판을 인에서 라듐으로 대체한다.

④ 보온재료의 석면을 유리섬유나 암면으로 대체한다.

해설 야광시계의 자판을 라듐에서 인으로 대체해야 한다.

47. 조용한 대기 중에 실제로 거의 속도가 없는 상태로 가스, 증기, 흄이 발생할 때, 국소환기에 필요한 제어속도범위로 가장 적절한 것은?

① 0.25~0.5m/sec

② 0.1~0.25m/sec

③ 0.05~0.1m/sec

④ 0.01~0.05m/sec

작업조건	작업공정 사례	제어속도 (m/s)
• 움직이지 않는 공기 중에서 속도 없이 배출되는 작업조건 • 조용한 대기 중에 실제 거의 속도가 없는 상태로 발산하는 작업조건	• 액면에서 발생하는 가스나 증기 흄 • 탱크에서 증발, 탈지 시설	0.25~0.5
• 비교적 조용한(약간의 공기 움직임) 대기 중에서 저속도로 비산하는 작업조건	• 용접, 도금 작업 • 스프레이 도장 • 주형을 부수고 모래를 터는 장소	0.5~1.0
• 발생기류가 높고 유해물질이 활발하게 발생하는 작업조건	• 스프레이 도장, 용기 충진, 컨베이어 적재, 분쇄기	1.00~2.50
• 초고속기류가 있는 작업장소에 초고속으로 비산하는 경우	• 회전연삭, 블라스팅	2.50~10.00

48. 직경이 2이고 비중이 3.5인 산화철 흄의 침강속도는?

① 0.023cm/s
② 0.036cm/s
③ 0.042cm/s
④ 0.054cm/s

해설 Lippman 식에 의한 종단(침강)속도
입자 크기 1~50 μm에 적용하면,
$V(\text{cm/sec}) = 0.003 \times \rho \times d^2$
$= 0.003 \times 3.5 \times 2^2 = 0.042\text{cm/sec}$

49. 다음 중 덕트의 설치 원칙과 가장 거리가 먼 것은?

① 가능한 한 후드와 먼 곳에 설치한다.
② 덕트는 가능한 한 짧게 배치하도록 한다.
③ 밴드의 수는 가능한 한 적게 하도록 한다.
④ 공기가 아래로 흐르도록 하향구배를 만든다.

해설 덕트 설치기준(설치 시 고려사항)
• 덕트는 가능한 한 후드의 가까운 곳에 설치한다.
• 덕트 내 오염물질이 쌓이지 않도록 반송속도를 유지한다.
• 가능한 한 덕트의 길이는 짧게 하고 굴곡부의 수는 적게 한다.
• 덕트 내 접속부의 내면은 돌출된 부분이 없도록 한다.
• 덕트 내 청소구를 설치하는 등 청소하기 쉬운 구조로 한다.
• 연결부위 등은 외부공기가 들어오지 않도록 한다(연결방법은 가능한 한 용접할 것).

• 덕트의 마찰계수를 작게 하고, 분지관을 가급적 적게 한다.
• 직관은 하향구배로 하고 직경이 다른 덕트를 연결할 때에는 경사 30°이내의 테이퍼를 부착한다.
• 원형 덕트가 사각형 덕트보다 덕트 내 유속분포가 균일하므로 가급적 원형 덕트를 사용한다.
• 사각형 덕트를 사용할 경우에는 가능한 한 정방형을 사용하고 곡관의 수를 적게 한다.
• 곡관의 곡률반경은 최소 덕트 직경의 1.5 이상, 보통 2.0을 사용한다.
• 수분이 응축될 경우 덕트 내로 들어가지 않도록 경사나 배출구를 마련한다.
• 송풍기를 연결할 때는 최소 덕트 직경의 6배 정도의 직선구간을 확보한다.

50. 송풍기의 송풍량이 4.17m³/sec이고 송풍기 전압이 300mmH₂O인 경우 소요 동력은 약 몇 kW인가? (단, 송풍기 효율은 0.85이다.)

① 5.8
② 14.4
③ 18.2
④ 20.6

해설 송풍기 소요동력(kW)
$= \dfrac{Q \times \triangle P}{6,120 \times \eta} \times \alpha = \dfrac{4.17 \times 60 \times 300}{6,120 \times 0.85} \times 1.0 = 14.43\text{kW}$

51. 다음 중 전기집진장치의 특징으로 옳지 않은 것은?

① 가연성 입자의 처리가 용이하다.
② 넓은 범위의 입경과 분진농도에 집진효율이 높다.
③ 압력손실이 낮아 송풍기의 가동비용이 저렴하다.
④ 고온 가스를 처리할 수 있어 보일러와 철강로 등에 설치할 수 있다.

해설 전기집진장치의 장단점
㉠ 장점
• 운전 및 유지비가 저렴하다.
• 집진효율이 높다.(0.01μm 정도의 미세분진까지 처리)
• 넓은 범위의 입경과 분진농도에 집진효율이 높다.
• 광범위한 온도범위에서 적용이 가능하다.
• 폭발성 가스의 처리도 가능하다.
• 고온의 입자성 물질(500℃ 전후) 처리가 가능하며 보일러와 철강로 등에 설치할 수 있다.
• 압력손실이 낮고 대용량의 가스처리가 가능하며 배출가

스의 온도강하가 작다.
- 회수가치 입자포집에 유리하며, 습식 및 건식으로 집진
  할 수 있다.
ⓛ 단점
- 설치비용이 많이 든다.
- 설치공간을 많이 차지한다.
- 설치된 후에는 운전조건의 변화에 유연성이 낮다.
- 먼지성상에 따라 전처리시설이 요구된다.
- 분진포집에 적용되며, 기체상 물질제거에는 곤란하다.
- 전압변동과 같은 조건변동(부하변동)에 쉽게 적응이 곤
  란하다.
- 가연성 입자의 처리가 곤란하다.

52. 다음 중 밀어당김형 후드(push-pull hood)가
가장 효과적인 경우는?

① 오염원의 발산량이 많은 경우
② 오염원의 발산농도가 낮은 경우
③ 오염원의 발산농도가 높은 경우
④ 오염원 발산면의 폭이 넓은 경우

해설 푸시풀 후드(push-pull hood)
- 작업자의 작업 방해가 적고 적용이 용이하다.
- 원료의 손실이 크다는 단점이 있다(유기용제, 미세입자).
- 비교적 폭이 넓은 개방조에서 많이 사용한다.

53. 다음 중 국소배기장치에서 공기공급 시스템이
필요한 이유와 가장 거리가 먼 것은?

① 에너지 절감
② 안전사고 예방
③ 작업장의 교차기류 유지
④ 국소배기장치의 효율 유지

해설 국소배기장치에서 공기공급 시스템이 필요한 이유
- 국소배기장치의 원활한 작동을 위하여
- 국소배기장치의 효율 유지를 위하여
- 안전사고를 예방하기 위하여(작업장 내 음압이 형성되어 작
  업장 출입 시 출입문에 의한 사고 발생)
- 에너지(연료)를 절약하기 위하여(흡기저항이 증가하여 에너
  지손실이 발생)
- 작업장 내의 방해기류(교차기류)가 생기는 것을 방지하기
  위하여
- 외부공기가 정화되지 않은 채로 건물 내로 유입되는 것을
  막기 위하여
- 근로자에게 영향을 미치는 냉각기류를 제거하기 위하여

54. 화재 및 폭발방지 목적으로 전체 환기시설을 설
치할 때, 필요환기량 계산에 필요 없는 것은?

① 안전계수
② 유해물질의 분자량
③ TLV(Threshold Limit Value)
④ LEL(Lower Explosive Limit)

해설 화재 및 폭발방지 전체 환기시설 필요환기량
$$Q(\mathrm{m^3/min}) = \frac{24.1 \times S \times W \times C}{MW \times \le L \times B} \times 10^2$$
여기서, S : 물질의 비중
W : 인화물질의 사용량
C : 안전계수
MW : 유해물질의 분자량
$\le L$: 폭발농도 하한치
B : 온도에 따른 보정상수

55. 다음 호흡용 보호구 중 안면밀착형인 것은?

① 두건형   ② 반면형
③ 의복형   ④ 헬멧형

해설 호흡용 보호구 중 안면밀착형은 얼굴 전체를 보호
하는 전면형과 코와 입을 보호하는 반면형 그리고 안면부에
서 직접 여과하는 안면부 여과식이 있다.

56. 분리식 특급 방진 마스크의 여과자 포집효율은
몇 % 이상인가?

① 80.0   ② 94.0
③ 99.0   ④ 99.95

해설 여과재 분진 등 포집효율

형태 및 등급		염화나트륨(NaCl) 및 파라핀 오일(Paraffin oil) 시험(%)
분리식	특급	99.95 이상
	1급	94.0 이상
	2급	80.0 이상
안면부 여과식	특급	99.0 이상
	1급	94.0 이상
	2급	80.0 이상

해답 52. ④ 53. ③ 54. ③ 55. ② 56. ④

57. 다음 중 유해물질별 송풍관의 적정 반송속도로 틀린 것은?

① 가스상 물질-10m/sec

② 무거운 물질-22.5m/sec

③ 일반 공업 물질-20m/sec

④ 가벼운 건조 물질-30m/sec

〔해설〕 유해물질의 덕트 내 반송속도

유해물질 발생형태	유해물질 종류	반송속도 (m/s)
증기, 가스, 연기	모든 증기, 가스 및 연기	5.0~10.0
흄	아연흄, 산화알미늄 흄, 용접흄 등	10.0~12.5
미세하고 가벼운 분진	미세한 면분진, 미세한 목분진, 종이분진 등	12.5~15.0
건조한 분진이나 분말	고무분진, 면분진, 가죽분진, 동물털 분진 등	15.0~20.0
일반 산업분진	그라인더 분진, 일반적인 금속분 말분진, 모직, 물분진, 실리카분 진, 주물분진, 석면분진 등	17.5~20.0
무거운 분진	젖은 톱밥분진, 입자가 혼입된 금속분진, 샌드블라스트분진, 주 철보링분진, 납분진	20.0~22.5
무겁고 습한 분진	습한 시멘트분진, 작은 칩이 혼 입된 납분진, 석면덩어리 등	22.5 이상

58. 후드의 정압이 12.00mmH₂O이고 덕트의 속도압이 0.80mmH₂O일 때, 유입계수는 얼마인가?

① 0.129 ② 0.194

③ 0.258 ④ 0.387

〔해설〕 $SP_h = VP(1+F)$

$F = \dfrac{SF_h}{VP} - 1 = \dfrac{12}{0.8} - 1 = 14$

$C_e = \sqrt{\dfrac{1}{1+F}} = \sqrt{\dfrac{1}{1+14}} = 0.258$

59. 21℃의 기체를 취급하는 어떤 송풍기의 송풍량이 20m³/min일 때, 이 송풍기가 동일한 조건에서 50℃의 기체를 취급한다면 송풍량은 몇 m³/min인가?

① 10 ② 15

③ 20 ④ 25

〔해설〕 풍량은 송풍기 크기(회전차의 직경)의 세제곱에 비례한다.

$$\frac{Q_2}{Q_1} = \left(\frac{D_2}{D_1}\right)^3$$

여기서, D_1 : 변경 전 송풍기의 크기

D_2 : 변경 후 송풍기의 크기

그러나 동일한 조건에서 온도변화만 있는 상태에서 운전되므로 송풍량은 온도의 변화와 무관하여 20m³/min으로 동일하다.

60. 다음 중 방진마스크에 대한 설명으로 틀린 것은?

① 포집효율이 높은 것이 좋다.

② 흡기저항 상승률이 높은 것이 좋다.

③ 비휘발성 입자에 대한 보호가 가능하다.

④ 여과효율이 우수하려면 필터에 사용되는 섬유의 직경이 작고 조밀하게 압축되어야 한다.

〔해설〕 방진마스크 선정(구비) 기준(조건)
• 분진 포집효율은 높고 흡기·배기저항이 낮은 것
• 중량이 가볍고 시야가 넓은 것
• 안면 밀착성이 좋아 기밀이 잘 유지되는 것
• 마스크 내부에 호흡에 의한 습기가 발생하지 않는 것
• 안면 접촉부위가 땀을 흡수할 수 있는 재질을 사용한 것
• 작업 내용에 적합한 방진마스크 종류의 선정

|4| 물리적 유해인자관리

61. 작업장의 습도를 측정한 결과 절대습도는 4.57 mmHg, 포화습도는 18.25mmHg이었다. 이 작업장의 습도 상태에 대한 설명으로 맞는 것은?

① 적당하다.

② 너무 건조하다.

③ 습도가 높은 편이다.

④ 습도가 포화상태이다.

〔해설〕
• 상대습도(相對濕度)는 절대습도와 달리 기온에 따른 습하고 건조한 정도를 백분율로 나타낸 것이다. 상대습도는 현재 대기 중의 수증기의 질량을 현재 온도의 포화 수증기량으로 나눈 비율(%)로 나타낸다(상대습도＝절대습도/포화습

〔해답〕 57. ④ 58. ③ 59. ③ 60. ② 61. ②

도×100).

- 절대습도와는 다르게 수증기량이 같더라도 온도에 따라 습도가 다르게 나타나기 때문에 건조하고 습한 정도를 나타낼 때 사용된다.
- 인체에 바람직한 상대습도는 30~60%이다.
- 계산: 상대습도 = $(4.57/18.25) \times 100 = 25.04\%$
- 평가: 인체에 바람직한 상대습도 30~60%와 비교 시 25.04%는 너무 건조한 상태이다.

62. 소음에 의한 인체의 장해 정도(소음성 난청)에 영향을 미치는 요인이 아닌 것은?

① 소음의 크기
② 개인의 감수성
③ 소음 발생 장소
④ 소음의 주파수 구성

해설 소음성 난청에 영향을 미치는 요인은 소리의 강도와 크기(음압수준이 높을수록 영향이 큼), 주파수(고주파음이 저주파음보다 영향이 큼), 매일 노출되는 시간(지속적인 소음 노출이 단속적인 소음 노출보다 더 큰 장애를 초래), 총 작업시간, 개인적 감수성이 있다. 즉, 음압이 클수록, 노출기간이 길수록 청력 저하는 크게 나타난다.

63. 소독작용, 비타민 D 형성, 피부색소침착 등 생물학적 작용이 강한 특성을 가진 자외선(Dorno 선)의 파장 범위는?

① $1,000\,\text{Å} \sim 2,800\,\text{Å}$
② $2,800\,\text{Å} \sim 3,150\,\text{Å}$
③ $3,150\,\text{Å} \sim 4,000\,\text{Å}$
④ $4,000\,\text{Å} \sim 4,700\,\text{Å}$

해설 자외선(Dorno 선)의 파장 범위
태양으로부터 지구에 도달하는 자외선의 파장은 $2,920\,\text{Å} \sim 4,000\,\text{Å}$ 범위 내에 있으며 $2,800\,\text{Å} \sim 3,150\,\text{Å}$ 범위의 파장을 가진 자외선을 Dorno 선이라 한다. 소독작용을 비롯하여 비타민 D의 형성, 피부의 색소침착 등 생물학적 작용이 강하다. 또한 인체에 유익한 작용을 하여 건강선(생명선)이라고도 한다.

64. 이온화 방사선이 건강에 미치는 영향을 설명한 것으로 틀린 것은?

① α입자는 투과력이 작아 우리 피부를 직접 통과하지 못하기 때문에 피부를 통한 영향은 매우 작다.
② 방사선은 생체 내 구성원자나 분자에 결합하여 전자를 유리시켜 이온화하고 원자의 들뜸 현상을 일으킨다.

③ 반응성이 매우 큰 자유라디칼이 생성되어 단백질, 지질, 탄수화물, 그리고 DNA 등 생체 구성 성분을 손상시킨다.
④ 방사선에 의한 분자수준의 손상은 방사선 조사 후 1시간 이후에 나타나고, 24시간 이후 DNA 손상이 나타난다.

해설
㉠ 방사선에 의한 분자수준의 손상은 초단위로 일어나는 짧은 변화이다.
㉡ α선의 특징
- 방사성원소의 α붕괴와 함께 방출되는 α입자이다.
- α입자는 양성자 2개와 중성자 2개가 결합한 헬륨 원자핵으로, 스핀이 0이다.
- 이온화 작용이 강하고 물질을 통과할 때 그 경로를 따라 많은 이온이 발생한다.
- 투과력은 약하며, 500만 V의 α선은 1atm(기압)의 공기 속을 3cm만 통과해도 정지한다.
㉢ 전리작용 순서: α선 > β선 > γ선 > X선
㉣ 투과력 순서: 중성자 > γ선 > X선 > β선 > α선

65. 음의 세기 레벨이 80dB에서 85dB로 증가하면 음의 세기는 약 몇 배가 증가하겠는가?

① 1.5배
② 1.8배
③ 2.2배
④ 2.4배

해설 음의 세기(강도) 레벨(SIL, Sound Intensity Level) 표현
㉠ 기준이 되는 소리의 세기에 비교하여 로그적으로 나타냄
$SIL = 10\log I/I_0[dB]$
㉡ I_0(기준 세기): $10^{-12}[\text{W/m}^2]$
- 감각적으로, I_0는 1kHz에서 사람이 들을 수 있는 최소 음의 세기
- 한편, 가장 큰 소리의 세기는 약 $1.0[\text{W/m}^2]$, 기준 세기의 10^{12}배, 120[dB SIL]임
- 따라서 사람은 0~120[dB SIL] 정도의 소리 세기의 범위를 감지 가능
- 계산: $SIL = 10\log(I/I_0)$
$80 = 10\log(I_1/10^{-12})$
$I_1 = 10^8 \times 10^{-12} = 1 \times 10^{-4}\text{W/m}^2$
$85 = 10\log(I_2/10^{-12})$
$I_2 = 10^{8.5} \times 10^{-12} = 3.16 \times 10^{-4}\text{W/m}^2$

해답 62. ③ 63. ② 64. ④ 65. ③

$$\therefore \text{증가율(\%)}$$
$$= (I_2 - I_1/I_1)$$
$$= \{(3.16 \times 10^{-4}) - (1 \times 10^{-4}) \times 100\}/1 \times 10^{-4}$$
$$= 216\% \text{ (약 2.16배)}$$

66. 전신진동 노출에 따른 건강 장애에 대한 설명으로 틀린 것은?

① 평형감각에 영향을 줌

② 산소 소비량과 폐환기량 증가

③ 작업수행 능력과 집중력 저하

④ 레이노드 증후군(Raynaud's phenomenon) 유발

[해설] 전신진동 노출에 따른 건강 장애 요인

전신진동에 의한 단기 노출은 생리적으로 영향이 아주 적으며 노출 초기에 약간의 호흡량 상승, 심박수 증가, 근장력 증가 등의 증상이 나타나지만 진동에 의한 혈액이나 내분비 조성에 대한 영향은 없기 때문에 실제적으로 문제가 되지 않는다. 그러나 강한 장기 노출은 작업자에게 척추와 말초신경계에 심각한 영향을 초래하며 일반적으로 강도와 노출 지속 시간에 따라 평균적으로 건강 위험이 증가하게 된다. 전신진동(WBV, whole-body vibration)은 회전체 기계 구조물 등에 의해 발생한 진동이 인체의 지지면을 통해 인체 전반을 투과하는 진동으로 정의할 수 있는데 이러한 전신진동은 안정감의 저하, 활동의 방해(degraded comfort), (interference with activities), 건강의 악화, 과민반응(impaired health), (perception of low-magnitude vibration), (motion sickness), 멀미 등을 유발한다. 강한 전신진동에 장시간 노출되면 순환계, 자율신경계, 내분비계 등에 생리적·심리적 및 수면, 방해 등의 영향을 미치는 것으로 알려져 왔다(ISO, 1997).

※ 레이노드 증후군(Raynaud's phenomenon)은 국소진동 노출 시 발병됨

67. 반향시간(reververation time)에 관한 설명으로 맞는 것은?

① 반향시간과 작업장의 공간부피만 알면 흡음량을 추정할 수 있다.

② 소음원에서 소음발생이 중지한 후 소음의 감소는 시간의 제곱에 반비례하여 감소한다.

③ 반향시간은 소음이 닿는 면적을 계산하기 어려운 실외에서의 흡음량을 추정하기 위하여 주로 사용한다.

④ 소음원에서 발생하는 소음과 배경소음 간의 차

이가 40dB인 경우에는 60dB만큼 소음이 감소하지 않기 때문에 반향시간을 측정할 수 없다.

[해설] 반향시간 또는 잔향시간(reververation time)

• 실내에서 발생하는 소리는 바닥, 벽, 천정, 창 또는 탁자와 같은 반사 표면에서 반복적으로 반사되어 에너지를 점차 감소시킨다. 이러한 반사가 서로 섞이면 잔향으로 알려진 현상이 만들어진다.

• 잔향은 소리에 대한 많은 반영을 모아놓은 것이다.

• 잔향시간은 사운드 소스가 중단된 후 사운드를 닫힌 영역에서 "페이드 아웃"시키는 데 필요한 시간을 측정한 것이다.

• 잔향시간은 실내가 어쿠스틱 사운드에 어떻게 반응할지 정의하는 데 중요하다.

• 반사가 커튼, 패딩이 적용된 의자 또는 심지어 사람과 같은 흡수성 표면에 닿거나 벽, 천정, 문, 창문 등을 통해 방을 나가면 잔향시간이 줄어든다.

• RT60이란 미터(meter)로, 잔향시간의 정확한 측정에 관해서는 RT60의 개념을 통해 소개한다.

• RT60은 잔향시간(Reverberation Time) 60dB의 약자이다.

• RT60은 잔향시간 측정, 즉 사운드 소스가 꺼진 후 측정된 음압 레벨이 60dB만큼 감소하는 데 걸리는 시간으로 정의한다.

68. 소음의 종류에 대한 설명으로 맞는 것은?

① 연속음은 소음의 간격이 1초 이상을 유지하면서 계속적으로 발생하는 소음을 의미한다.

② 충격소음은 소음이 1초 미만의 간격으로 발생하는 것이며, 1회 최대 허용기준은 120dB(A)이다.

③ 충격소음은 최대음압수준이 120dB(A) 이상인 소음이 1초 이상의 간격으로 발생하는 것을 의미한다.

④ 단속음은 1일 작업 중 노출되는 여러 가지 음압수준을 나타내며 소음의 반복음 간격이 3초보다 큰 경우를 의미한다.

[해설] 소음의 종류

㉠ "소음작업"이란 1일 8시간 작업을 기준으로 85dB(A) 이상의 소음이 발생하는 작업을 말한다.

㉡ "강렬한 소음작업"이란 다음 각 목의 어느 하나에 해당하는 작업을 말한다.

• 90dB(A) 이상의 소음이 1일 8시간 이상 발생하는 작업

• 95dB(A) 이상의 소음이 1일 4시간 이상 발생하는 작업

• 100dB(A) 이상의 소음이 1일 2시간 이상 발생하는 작업

해답 66. ④ 67. ① 68. ③

- 105dB(A) 이상의 소음이 1일 1시간 이상 발생하는 작업
- 110dB(A) 이상의 소음이 1일 30분 이상 발생하는 작업
- 115dB(A) 이상의 소음이 1일 15분 이상 발생하는 작업
ⓒ "충격소음작업"이란 소음이 1초 이상의 간격으로 발생하는 작업으로서 다음 각 목의 어느 하나에 해당하는 작업을 말한다.
- 120dB(A)을 초과하는 소음이 1일 1만 회 이상 발생하는 작업
- 130dB(A)을 초과하는 소음이 1일 1천 회 이상 발생하는 작업
- 140dB(A)을 초과하는 소음이 1일 1백 회 이상 발생하는 작업

69. 진동에 대한 설명으로 틀린 것은?

① 전신진동에 대해 인체는 대략 $0.01m/s^2$까지의 진동 가속도를 느낄 수 있다.

② 진동 시스템을 구성하는 3가지 요소는 질량(mass), 탄성(elasticity), 댐핑(damping)이다.

③ 심한 진동에 노출될 경우 일부 노출군에서 뼈, 관절 및 신경, 근육, 혈관 등 연부조직에 병변이 나타난다.

④ 간헐적인 노출시간(주당 1일)에 대해 노출기준치를 초과하는 주파수-보정, 실효치, 성분가속도에 대한 급성노출은 반드시 더 유해하다.

해설 문제 66번 해설 참조

70. 극저주파 방사선(extremely low frequency fields)에 대한 설명으로 틀린 것은?

① 강한 전기장의 발생원은 고전류장비와 같은 높은 전류와 관련이 있으며 강한 자기장의 발생원은 고전압장비와 같은 높은 전하와 관련이 있다.

② 작업장에서 발전, 송전, 전기 사용에 의해 발생되며 이들 경로에 있는 발전기에서 전력선, 전기설비, 기계, 기구 등도 잠재적인 노출원이다.

③ 주파수가 1~3,000Hz에 해당되는 것으로 정의되며, 이 범위 중 50~60Hz의 전력선과 관련한 주파수의 범위가 건강과 밀접한 연관이 있다.

④ 특히 교류전기는 1초에 60번씩 극성이 바뀌

는 60Hz의 저주파를 나타내므로 이에 대한 노출평가, 생물학적 및 인체영향 연구가 많이 이루어져 왔다.

해설 강한 전기장의 발생원은 고전압장비이고 강한 자기장의 발생원은 고전류장비이다.

71. 전리방사선에 해당하는 것은?

① 마이크로파   ② 극저주파

③ 레이저광선   ④ X선

해설
- 전리방사선(ionizing radiation)은 분자에서 입자를 분리시켜 전리(이온화)시킬 수 있는 방사선이다. α선 쪽 자외선, α선, β선, X선, γ선 등이 포함된다.
- 비전리 방사선(비이온화 방사선)은 가시광선 쪽 자외선, 가시광선, 적외선, 원적외선, 마이크로파(레이다), 극초단파(이동전화), 초단파(TV), 단파, 중파(라디오), 장파(전력선, 가전제품) 등이다.

72. 음력이 2watt인 소음원으로부터 50m 떨어진 지점에서의 음압수준(sound pressure level)은 약 몇 dB인가? (단, 공기의 밀도는 $1.2kg/m^3$, 공기에서의 음속은 344m/s로 가정한다.)

① 76.6   ② 78.2

③ 79.4   ④ 80.7

해설 $SPL = PWL - 20\log r - 11$

$$PWL = 10\log\left(\frac{W}{W_0}\right)$$

여기서, W_0 (기준파워) : 10^{-12} (W)

$$SPL = 10\log\left(\frac{2}{10^{-12}}\right) - 20\log 50 - 11$$
$$= 78.2dB$$

73. 소음에 관한 설명으로 맞는 것은?

① 소음의 원래 정의는 매우 크고 자극적인 음을 일컫는다.

② 소음과 소음이 아닌 것은 소음계를 사용하면 구분할 수 있다.

③ 작업환경에서 노출되는 소음은 크게 연속음,

해답 69. ④ 70. ① 71. ④ 72. ② 73. ③

단속음, 충격음 및 폭발음으로 구분할 수 있다.

④ 소음으로 인한 피해는 정신적, 심리적인 것이며 신체에 직접적인 피해를 주는 것은 아니다.

해설
- 소음(騷音, noise)은 듣기 싫은 소리를 뜻한다. 일반적으로는 불쾌하고 시끄러운 소리를 의미한다.
- 소음은 주관적이기에 소음계로 구분할 수 없다.
- 소음으로 인한 피해는 정신적, 심리적이며 인체에 피해를 준다.

74. 다음 그림과 같이 복사체, 열차단판, 흑구온도계, 벽체의 순서로 배열하였을 때 열차단판의 조건이 어떤 경우에 흑구온도계의 온도가 가장 낮겠는가?

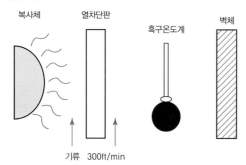

① 열차단판 양면을 흑색으로 한다.
② 열차단판 양면을 알루미늄으로 한다.
③ 복사체 쪽은 알루미늄, 온도계 쪽은 흑색으로 한다.
④ 복사체 쪽은 흑색, 온도계 쪽은 알루미늄으로 한다.

해설 열 반사율이 큰 알루미늄을 이용한 열차단이 복사열 차단에 효과적이다.

75. 작업장의 조도를 균등하게 하기 위하여 국소조명과 전체조명이 병용될 때, 일반적으로 전체조명의 조도는 국부조명의 어느 정도가 적당한가?

① $\frac{1}{20} \sim \frac{1}{10}$ ② $\frac{1}{10} \sim \frac{1}{5}$

③ $\frac{1}{5} \sim \frac{1}{3}$ ④ $\frac{1}{3} \sim \frac{1}{2}$

해설 전체조도와 국소조도를 균등하게 하는 방법
- 전체조명의 조도는 국부조명에 의한 조도의 1/5~1/10 정도가 되도록 조절한다.
- 작업장에서 국소조명에만 의존할 경우 안전사고 위험과 눈의 피로를 유발한다.

76. 동상의 종류와 증상이 잘못 연결된 것은?

① 1도: 발적
② 2도: 수포형성과 염증
③ 3도: 조직괴사로 괴저 발생
④ 4도: 출혈

해설 동상의 종류
동상은 정도에 따라 네 단계로 나뉘는데, 1도는 붉은 반점이 생긴 상태(발적), 2도는 물집이 생긴 상태(수포형성과 염증), 3도는 피부에 궤양이 생긴 상태(조직괴사), 4도는 피부 깊숙이 괴사가 일어난 상태이다.

77. 1기압(atm)에 관한 설명으로 틀린 것은?

① 약 1kgf/cm²과 동일하다.
② torr로는 0.76에 해당한다.
③ 수은주로 760mmHg과 동일하다.
④ 수주(水柱)로 10,332mmH₂O에 해당한다.

해설 1기압 = 1atm = 760mmHg = 760torr
- 1mmHg는 1토르(torr)라고도 하는데, 이것은 토리첼리의 이름을 따서 만든 단위이다.
- 1torr는 0℃에서의 수은기둥 1mm의 압력을 나타낸다.
- mmHg는 온도의 기준이 없다. 따라서 같은 1mmHg라도 온도에 따라 압력의 양이 다르다.

78. 산소농도가 6% 이하인 공기 중의 산소분압으로 맞는 것은? (단, 표준상태이며, 부피기준이다.)

① 45mmHg 이하   ② 55mmHg 이하
③ 65mmHg 이하   ④ 75mmHg 이하

해설 산소분압(mmH_2O) = 760mmHg × 0.06
= 45.6mmHg

79. 감압과 관련된 다음 설명 중 ( ) 안에 알맞은 내용으로 나열한 것은?

깊은 물에서 올라오거나 감압실 내에서 감압을 하는 도중에 폐 압박의 경우와는 반대로 폐 속에 공기가 팽창한다. 이때는 감압에 의한 (㉠)과 (㉡)의 두 가지 건강상 문제가 발생한다.

① ㉠ 폐수종, ㉡ 저산소증
② ㉠ 질소기포형성, ㉡ 산소중독
③ ㉠ 가스팽창, ㉡ 질소기포형성
④ ㉠ 가스압축, ㉡ 이산화탄소중독

해설 감압 환경의 인체작용

인체가 고압환경에서 저압환경으로 감압이 되면 고압환경에서 체내에 과다하게 용해되었던 질소가 압력이 낮아질 때(가스팽창) 과포화 상태로 되어 혈액과 조직에 질소기포를 형성하여 혈액순환을 방해하거나 주위 조직에 영향을 주어 다양한 증상을 일으킨다.

80. 고압환경에서 발생할 수 있는 화학적인 인체작용이 아닌 것은?

① 일산화탄소 중독에 의한 호흡곤란
② 질소마취작용에 의한 작업력 저하
③ 산소중독 증상으로 간질 모양의 경련
④ 이산화탄소 불압증가에 의한 동통성 관절 장애

해설 고압환경에서 화학적 인체작용(2차적인 가압현상)
• 4기압 이상에서 질소가스의 마취작용
• 산소분압 2기압 초과 시 산소중독
• 이산화탄소 중독

|5| 산업독성학

81. 금속물질인 니켈에 대한 건강상의 영향이 아닌 것은?

① 접촉성 피부염이 발생한다.
② 폐나 비강에 발암작용이 나타난다.
③ 호흡기 장해와 전신중독이 발생한다.
④ 비타민 D를 피하주사하면 효과적이다.

해설 니켈의 건강상 영향
• 황화니켈, 염화니켈의 경우 소화기 증상이 발생
• 망상적혈구의 증가, 빌리루빈의 증가, 알부민 배출의 증가
• 접촉성 피부염 발생, 현기증·권태감·두통 등의 신경학적

증상도 나타남, 자연유산, 폐암사망률 증가(발암성)
• 니켈연무에 만성적으로 노출된 경우(황산니켈의 경우처럼) 만성비염, 부비동염, 비중격 천공 및 후각소실이 발생할 수 있음

82. 급성중독 시 우유와 달걀의 흰자를 먹여 단백질과 해당 물질을 결합시켜 침전시키거나, BAL (dimercaprol)을 근육주사로 투여하여야 하는 물질은?

① 납   ② 크롬
③ 수은   ④ 카드뮴

해설 수은중독 증상
• 구내염, 근육진전, 정신증상
• 수족신경마비, 시신경장애, 정신이상, 보행장애
• 만성 노출 시 식욕부진, 신기능부전, 구내염 발생
• 유기수은(알킬수은) 중 메틸수은은 미나마타(minamata) 병을 발생시킴
• 혀의 떨림이나 손가락에 수전증(손가락 떨림)이 생김
• 치은부에는 황화수은의 정회색 침전물이 침착
• 정신증상으로는 중추신경계 중 뇌조직에 심한 증상이 나타나 정신기능이 상실될 수 있음(정신장애)

※ 수은 급성중독 시 우유와 달걀의 흰자를 먹여 단백질과 해당 물질을 결합시켜 침전시키거나, BAL(dimercaprol)을 근육주사로 투여하여야 한다.

83. 염료, 합성고무경화제의 제조에 사용되며 급성중독으로 피부염, 급성방광염을 유발하며, 만성중독으로는 방광, 요로계 종양을 유발하는 유해물질은?

① 벤지딘   ② 이황화탄소
③ 노말헥산   ④ 이염화메틸렌

해설 벤지딘의 용도 및 증상
• 과거 산업계에서 벤지딘을 사용하여 천, 종이 및 가죽용 염료 제조, 합성고무경화제의 제조에 사용
• 벤지딘의 노출 경로는 흡입, 섭취, 피부 및 눈 접촉을 포함
• 벤지딘 흡입은 적혈구 손상과 골수 억제를 유발
• 호흡 기능이 손상된 환자(폐기종 또는 만성 기관지염과 같은 상태)는 흡입 후 추가 장애 발생
• 순환계, 신경계 또는 신장 손상이 있는 사람도 화학물질을 취급할 때 추가 예방 조치를 취해야 함

해답 80. ① 81. ④ 82. ③ 83. ①

- 벤지딘의 섭취는 메스꺼움, 구토, 불규칙한 배뇨, 신장 및 간 손상 유발
- 예상 치사량은 150g 미만
- 고농도로 섭취하면 벤지딘은 간과 신장에 유독함
- 벤지딘에 장기간 피부가 노출되면 연마 손상이 발생

84. 작업환경측정과 비교한 생물학적 모니터링의 장점이 아닌 것은?

① 모든 노출경로에 의한 흡수정도를 나타낼 수 있다.

② 분석 수행이 용이하고 결과 해석이 명확하다.

③ 건강상의 위험에 대해서 보다 정확한 평가를 할 수 있다.

④ 작업환경측정(개인시료)보다 더 직접적으로 근로자 노출을 추정할 수 있다.

해설 노출에 대한 생물학적 모니터링의 장단점

㉠ 장점
- 화학물질의 흡수, 분포, 생물학적 전환, 배설에 있어서 개인적인 차이를 고려할 수 있다.
- 공기 중의 농도를 측정하는 것보다 건강상의 위험을 보다 직접적으로 평가할 수 있다.
- 감수성이 있는 개인들을 생물학적 모니터링을 통해 발견할 수 있다.
- 폐를 통한 흡수뿐만 아니라 소화기와 피부를 통한 흡수 등 모든 경로에 의한 흡수를 측정할 수 있다.
- 직업적인 폭로에 의한 것 외에도 일반환경에서 식사와 관련한 사항이나 오락활동 등을 통한 폭로도 측정할 수 있다.
- 건강상의 위험에 대하여 보다 정확한 평가를 할 수 있다.
- 인체 내 흡수된 내재용량이나 중요한 조직부위에 영향을 미치는 양을 모니터링할 수 있다.

㉡ 단점
- 인체에서 직접 채취(혈액, 소변 등)하기 때문에 시료채취가 어렵다.
- 생물학적 모니터링을 만족시키는 산업장에서 사용하고 있는 화학물질은 몇 종에 불과하므로 생물학적 모니터링으로 산업장의 화학물질에 대한 폭로와 그에 따른 건강 위험도를 평가하는 데는 제한이 있다.
- 쉽게 흡수되지 않고 접촉되는 부위에서 주로 건강장해를 일으키는 화학물질(예: 여러 종류의 폐 자극물질)에 대해서 생물학적인 모니터링을 적용할 수 없다.
- 각 근로자의 생물학적 차이가 존재한다.
- 분석 시 오염에 노출될 수 있어 분석이 어렵다.

85. 납중독에 관한 설명으로 틀린 것은?

① 혈청 내 철이 감소한다.

② 요 중 δ-ALAD 활성치가 저하된다.

③ 적혈구 내 프로토포르피린이 증가한다.

④ 임상증상은 위장계통장해, 신경근육계통의 장해, 중추신경계통의 장해 등 크게 3가지로 나눌 수 있다.

해설 납중독의 주요 증상
- 잇몸에 납선(lead line) 발생
- 납 빈혈 발생
- 위장계통의 장애(소화기장애)
- 신경, 근육계통의 장애
- 중추신경장애
- 요 중 δ-ALAD 활성치가 저하
- 포르피린과 헴(heme)의 합성에 관여하는 효소를 억제하며, 소화기계 및 조혈계에 영향을 주는 물질
- 적혈구 내 프로토포르피린이 증가
- 임상증상은 위장계통장해, 신경근육계통의 장해, 중추신경계통의 장해 등 크게 3가지로 나눔

86. 직업성 천식이 유발될 수 있는 근로자와 거리가 가장 먼 것은?

① 채석장에서 돌을 가공하는 근로자

② 목분진에 과도하게 노출되는 근로자

③ 빵집에서 밀가루에 노출되는 근로자

④ 폴리우레탄 페인트 생산에 TDI를 사용하는 근로자

해설 채석장은 진폐 발생 사업장이다.

87. 무기성 분진에 의한 진폐증이 아닌 것은?

① 규폐증(silicosis)

② 연초폐증(tabacosis)

③ 흑연폐증(graphite lung)

④ 용접공폐증(welder's lung)

해설 진폐증의 원인물질에 따른 분류

㉠ 무기성 분진에 의한 진폐증: 석면폐증, 용접공폐증, 규폐증, 탄광부 진폐증, 활석폐증, 철폐증, 주석폐증, 납석폐증, 바륨폐증, 규조토폐증, 알루미늄폐증, 흑연폐증, 바릴

해답 84. ② 85. ① 86. ① 87. ②

룸폐증

ⓒ 유기성 분진에 의한 진폐증: 연초폐증, 농부폐증, 면폐증, 목재분진폐증, 사탕수수깡폐증, 모발분무액폐증

88. 작업장에서 생물학적 모니터링의 결정인자를 선택하는 근거를 설명한 것으로 틀린 것은?

① 충분히 특이적이다.

② 적절한 민감도를 갖는다.

③ 분석적인 변이나 생물학적 변이가 타당해야 한다.

④ 톨루엔에 대한 건강위험 평가는 크레졸보다 마뇨산이 신뢰성이 있는 결정인자이다.

해설 작업장에서 생물학적 모니터링의 결정인자
• 톨루엔에 대한 건강위험 평가는 요 중 오르토-크레졸이 신뢰성 있는 결정인자이다.
• 충분히 특이적이다.
• 적절한 민감도를 갖는다.
• 분석적인 변이나 생물학적 변이가 타당해야 한다.
• 검사 시 근로자에게 불편을 주지 않아야 한다.
• 생물학적 검사 중 건강위험을 평가하기 위한 유용성 측면을 고려한다.

89. 피부 독성에 있어 경피흡수에 영향을 주는 인자와 가장 거리가 먼 것은?

① 온도   ② 화학물질

③ 개인의 민감도   ④ 용매(vehicle)

해설 피부 독성에 있어 경피흡수에 영향을 주는 인자
화학물질, 개인의 민감도, 용매(vehicle)

90. 할로겐화탄화수소에 관한 설명으로 틀린 것은?

① 대개 중추신경계의 억제에 의한 마취작용이 나타난다.

② 가연성과 폭발의 위험성이 높으므로 취급 시 주의하여야 한다.

③ 일반적으로 할로겐화탄화수소의 독성 정도는 화합물의 분자량이 커질수록 증가한다.

④ 일반적으로 할로겐화탄화수소의 독성 정도는 할로겐원소의 수가 커질수록 증가한다.

해설 할로겐화탄화수소의 특성 및 증상
• 불연성이며 화학반응성이 낮고 냉각제, 금속세척, 플라스틱

과 고무의 용제 등으로 사용한다.
• 일반적으로 화합물의 분자량이 클수록, 할로겐원소가 커질수록 할로겐화탄수소의 독성 정도가 증가한다.
• 할로겐화된 기능기가 첨가되면 마취작용이 증가하여 중추신경계에 대한 억제작용이 증가하며, 기능기 중 할로겐족(F, Cl, Br 등)의 독성이 가장 크다.
• 포화탄수소는 탄소 수가 5개 정도까지는 길수록 중추신경계에 대한 억제작용이 증가한다.
• 중추신경계의 억제에 의한 마취작용이 나타난다.
• 유기용제가 중추신경계를 억제하는 원리는 유기용제는 지용성이므로 중추신경계의 신경세포의 지질막에 흡수되어 영향을 미친다.
• 알켄족이 알칸족보다 중추신경계에 대한 억제작용이 크다.
• 대표적, 공통적인 독성작용은 중추신경계 억제작용이다.

91. 유리규산(석영) 분진에 의한 규폐성 결정과 폐포벽 파괴 등 망상 내피계 반응은 분진입자의 크기가 얼마일 때 자주 일어나는가?

① 0.1~0.5μm   ② 2~5μm

③ 10~15μm   ④ 15~20μm

해설 유리규산(석영) 분진입자의 크기가 2~5μm일 때 규폐성 결정과 폐포벽 파괴 등 망상 내피계 반응이 빈번하게 일어난다.

92. 피부는 표피와 진피로 구분하는데, 진피에만 있는 구조물이 아닌 것은?

① 혈관   ② 모낭

③ 땀샘   ④ 멜라닌 세포

해설 피부의 구조 및 특성
㉠ 표피
• 표피는 비교적 얇고 거친, 피부의 맨 바깥쪽 층
• 표피에 있는 대부분의 세포는 각질형성세포
• 피부 각질층은 방수성이 있으며, 손상되지 않았다면 대부분의 박테리아, 바이러스, 기타 외부 물질이 신체에 침투하는 것을 방지해 줌
• 표피(다른 피부층과 함께)는 또한 내부 기관, 근육, 신경, 혈관을 손상으로부터 보호함
• 표피의 기저층 전반에 분산되어 멜라닌 색소를 생성(피부색을 결정짓는 요소)
㉡ 진피
• 피부에 유연성과 근력을 제공하는 섬유 및 탄력조직(대부분 콜라겐으로 구성)

해답 88. ④ 89. ① 90. ② 91. ② 92. ④

- 엘라스틴의 작지만 중요한 구성요소와 함께 이루어진 두꺼운 층
- 신경종말, 땀샘, 피지샘(피지선), 모낭, 혈관을 포함
- 신경종말은 통증, 접촉, 압력, 온도를 감지
- 땀샘은 열과 스트레스에 대한 반응으로 땀을 생산
- 땀은 물, 소금, 기타 화학물질로 이루어져 있음
- 피지선은 모낭으로 피지를 분비
- 피지는 피부의 수분과 부드러움을 유지하며 외부 물질에 대한 방어벽으로 작용
- 진피의 혈관은 피부에 영양소를 공급하며 체온 조절

ⓒ 지방층
- 신체를 열 및 추위로부터 보호하는 것을 돕는 지방층
- 지방층은 눈꺼풀 위의 1인치에서부터 사람의 복부 및 둔부에 있는 여러 인치에 이르기까지 그 두께가 다양

93. 호흡기계 발암성과의 관련성이 가장 낮은 것은?

① 석면
② 크롬
③ 용접흄
④ 황산니켈

해설 용접흄은 용접사들에게 용접공폐증을 유발한다.

94. 화학적 질식제에 대한 설명으로 맞는 것은?

① 뇌순환 혈관에 존재하면서 농도에 비례하여 중추신경 작용을 억제한다.
② 피부와 점막에 작용하여 부식작용을 하거나 수포를 형성하는 물질로 고농도하에서 호흡이 정지되고 구강 내 치아산식증 등을 유발한다.
③ 공기 중에 다량 존재하여 산소분압을 저하시켜 조직 세포에 필요한 산소를 공급하지 못하게 하여 산소부족 현상을 발생시킨다.
④ 혈액 중에서 혈색소와 결합한 후에 혈액의 산소운반 능력을 방해하거나, 조직세포에 있는 철 산화요소를 불활성화시켜 세포의 산소수용 능력을 상실시킨다.

해설 화학적 질식제의 종류
- 유해가스는 기전에 따라 자극제, 단순 질식제, 화학적 질식제로 나눌 수 있다.
- 가스의 수용성의 정도에 따라 용해도가 높은 경우 코나 상기도 점막에 주로 흡수되어 폐포에는 상대적으로 덜 영향을 준다.
- 고농도의 특정 조건에서는 하기도의 급성폐포질환을 야기하기도 한다.
- 반면에 질소산화물, 오존, 포스겐같이 용해도가 떨어지는

경우 적은 농도에도 하기도를 침범하여 세기관지염이나 급성폐포질환을 일으킬 가능성이 높다.
- 공기 중 산소를 대체하여 폐포의 산소분압을 떨어뜨리는 모든 가스는 단순 질식제가 될 수 있지만, 일산화탄소, 시안화물, 황화수소는 인체 내에서 산소가 이용되는 것을 방해하는 화학적 질식제로 분류한다.

95. 생물학적 모니터링을 위한 시료가 아닌 것은?

① 공기 중의 바이오 에어로졸
② 요 중의 유해인자나 대사산물
③ 혈액 중의 유해인자나 대사산물
④ 호기(exhaled air) 중의 유해인자나 대사산물

해설 생물학적 모니터링을 위한 시료
- 요 중의 유해인자나 대사산물
- 혈액 중의 유해인자나 대사산물
- 호기(exhaled air) 중의 유해인자나 대사산물

96. 전신(계통)적 장애를 일으키는 금속물질은?

① 납
② 크롬
③ 아연
④ 산화철

해설 Zn은 금속 흄 열(metal fume fiver)을 일으키는 물질로 전신적 장애를 유발하는 금속물질이다.

97. 단순 질식제에 해당되는 물질은?

① 탄산가스
② 아닐린가스
③ 니트로벤젠가스
④ 황화수소가스

해설 단순 질식제
수소, 헬륨, 질소, CO_2, 메탄, 에탄, 프로판, 에틸렌, 아세틸렌

98. 공기 중 일산화탄소 농도가 $10mg/m^3$인 작업장에서 1일 8시간 동안 작업하는 근로자가 흡입하는 일산화탄소의 양은 몇 mg인가? (단, 근로자의 시간당 평균 흡기량은 1,250L이다.)

① 10
② 50
③ 100
④ 500

해설 체내흡수량(mg) $= C \times T \times V \times R$
여기서, 체내흡수량(SHD): 안전계수와 체중을 고려한 것

해답 **93.** ③ **94.** ④ **95.** ① **96.** ③ **97.** ① **98.** ③

C : 공기 중 유해물질농도(mg/m^3)
T : 노출시간(hr)
V : 호흡률(폐환기율)(m^3/hr)
R : 체내잔류율(보통 1.0)
$$= 10\text{mg/m}^3 \times 8\text{hr} \times 1.25 \times 1$$
$$= 100\text{mg}$$

99. 직업성 피부질환 유발에 관여하는 인자 중 간접적 인자와 가장 거리가 먼 것은? (문제 오류로 실제 시험에서는 모두 정답 처리되었습니다.)

① 땀
② 인종
③ 연령
④ 성별

해설 **직업성 피부질환**
직업성 피부질환에는 대체로 화학물질에 의한 접촉피부염이 있고, 그중 80%는 자극에 의한 원발성 피부염, 20%는 알레르기에 의한 접촉피부염이며, 그 외는 세균감염 등 생물학적 원인에 의한 것으로 알려져 있다. 직업성 피부질환을 일으킬 수 있는 주요 요인은 아래와 같이 나눌 수 있다.

• 물리적 요인
고온, 저온, 마찰, 압박, 진동, 습도, 자외선, 방사선 등이 있으며 열에 의한 것으로는 화상, 진균 등이 있다. 장기적으로는 피부암화되는 경우가 대표적이다. 착암기 등 진동에 의해 일어나는 피부질환은 진동발생기구 사용자에게 발생하는 진동증후군이 있으며, 저온에 의한 동상, 자외선, 방사선에 의한 피부암 등을 들 수 있다.

• 생물학적 요인
박테리아, 진균, 원충 등이 있으며, 피부질환에 이환되는 직업은 농림업 종사자, 수의사, 의사, 간호사, 생물학적 요인을 취급하는 실험실 종사자, 육류취급업자, 광부, 동물취급자 등으로 다양하다.

• 화학적 요인
절삭유나 유기용제, 산, 알카리, 유기용매, 세척제, 비소나 수은 등의 금속이 해당되며, 금속과 금속염(크롬, 니켈, 코발트 등), 아닐린계 화합물, 기름, 수지(특히 단량체와 에폭시 수지), 고무 화학 물질, 경화제, 항생물질 등이 있다.

• 기타 간접적 영향을 미치는 요인
체질이나 피부의 종류, 땀, 계절적 요인 등이 있다. 피부가 검고 기름기가 많은 사람은 비누, 용제, 절삭유 등에 강한 것으로 알려졌으며, 털이 많은 사람은 그리스(grease), 타르, 왁스 등이 피부염을 잘 일으킨다. 땀의 경우는 유해물질을 희석시켜 이로운 경우도 있으나 땀에 용해돼 오히려 피부를 자극하는 경우도 있다. 또한 코발트(cobalt), 구리, 니켈 등 금속의 경우는 땀에 의해 이온화가 촉진되므로 피부로의 흡수가 증가하는 현상이 있다.

100. 미국정부산업위생전문가협의회(ACGIH)의 발암물질 구분으로 동물발암성 확인 물질, 인체발암성 모름에 해당되는 Group은?

① A2
② A3
③ A4
④ A5

해설 **미국정부산업위생전문가협의회(ACGIH)에 따른 발암물질 구분**
• A1: 인체발암성 확인 물질
• A2: 인체발암성 의심 물질
• A3: 동물발암성 물질
• A4: 발암성 물질로 분류되지 않는 물질
• A5: 인체발암성으로 의심되지 않는 물질

해답 99. ① 100. ②

| 1 | 산업위생학개론

1. 미국산업위생학술원(AAIH)에서 채택한 산업위생전문가로서의 책임에 해당되지 않는 것은?

   ① 직업병을 평가하고 관리한다.
   ② 성실성과 학문적 실력에서 최고 수준을 유지한다.
   ③ 과학적 방법의 적용과 자료 해석의 객관성을 유지한다.
   ④ 전문분야로서의 산업위생을 학문적으로 발전시킨다.

   해설 산업위생전문가로서의 책임
   • 성실성과 학문적 실력 면에서 최고 수준을 유지한다(전문적 능력 배양 및 성실한 자세로 행동).
   • 과학적 방법의 적용과 자료의 해석에서 경험을 통한 전문가의 객관성을 유지한다(공인된 과학적 방법 적용, 해석).
   • 전문분야로서의 산업위생을 학문적으로 발전시킨다.
   • 근로자, 사회 및 전문 직종의 이익을 위해 과학적 지식을 공개하고 발표한다.
   • 산업위생활동을 통해 얻은 개인 및 기업체의 기밀은 누설하지 않는다(정보는 비밀 유지).
   • 전문적 판단이 타협에 의하여 좌우될 수 있거나 이해관계가 있는 상황에는 개입하지 않는다.

2. 「산업안전보건법」상 작업장의 체적이 150m³이면 납의 1시간당 허용소비량(1시간당 소비하는 관리대상유해물질의 양)은 얼마인가?

   ① 1g
   ② 10g
   ③ 15g
   ④ 30g

   해설 허용소비량(g/hr)

   $$허용소비량(g/hr) = \frac{작업장\,부피(m^3)}{15} = \frac{150}{15} = 10g/hr$$

3. 산업 스트레스의 반응에 따른 심리적 결과에 해당되지 않는 것은?

   ① 가정문제
   ② 돌발적 사고
   ③ 수면방해
   ④ 성(性)적 역기능

   해설 스트레스로 인해 흔히 생길 수 있는 정신질환 적응장애, 불안장애, 기분장애, 식이장애, 성기능장애, 수면장애, 신체형장애, 알코올 및 물질 사용장애, 가정문제 등이 있다.

4. 화학물질의 노출기준에 관한 설명으로 맞는 것은?

   ① 발암성 정보물질의 표기로 "2A"는 사람에게 충분한 발암성 증거가 있는 물질을 의미한다.
   ② "Skin" 표시 물질은 점막과 눈 그리고 경피로 흡수되어 전신 영향을 일으킬 수 있는 물질을 의미한다.
   ③ 발암성 정보물질의 표기로 "2B"는 시험동물에서 발암성 증거가 충분히 있는 물질을 의미한다.
   ④ 발암성 정보물질의 표기로 "1"은 사람이나 동물에서 제한된 증거가 있지만, 구분 "2"로 분류하기에는 증거가 충분하지 않은 물질을 의미한다.

해답 1. ① 2. ② 3. ② 4. ②

- 발암성 정보물질의 표기로 "A"는 사람에게 충분한 발암성 증거가 있는 물질을 의미한다.
- "Skin" 표시 물질은 점막과 눈 그리고 경피로 흡수되어 전신 영향을 일으킬 수 있는 물질을 의미한다.
- 발암성 정보물질의 표기로 "1B"는 시험동물에서 발암성 증거가 충분히 있는 물질을 의미한다.
- 발암성 정보물질의 표기로 "2"는 사람이나 동물에서 제한된 증거가 있지만, 구분 "1"로 분류하기에는 증거가 충분하지 않은 물질을 의미한다.

5. 산업재해 발생의 역학적 특성에 대한 설명으로 틀린 것은?

① 여름과 겨울에 빈발한다.

② 손상 종류로는 골절이 가장 많다.

③ 작은 규모의 산업체에서 재해율이 높다.

④ 오전 11~12시, 오후 2~3시에 빈발한다.

해설 산업재해는 산업이 활발하게 이루어지는 봄과 가을에 빈발하는 특성이 있다.

6. 재해예방의 4원칙에 해당하지 않은 것은?

① 손실우연의 원칙   ② 예방가능의 원칙

③ 대책선정의 원칙   ④ 원인조사의 원칙

해설 재해예방의 4원칙
- 예방가능의 원칙: 재해는 원칙적으로 모두 방지가 가능하다.
- 손실우연의 원칙: 재해발생과 손실발생은 우연적이므로 사고발생 자체의 방지가 이루어져야 한다.
- 원인계기의 원칙: 재해발생에는 반드시 원인이 있으며, 사고와 원인의 관계는 필연적이다.
- 대책선정의 원칙: 재해예방을 위한 가능한 안전대책은 반드시 존재한다.

7. 실내 환경과 관련된 질환의 종류에 해당되지 않는 것은?

① 빌딩증후군(SBS)

② 새집증후군(SHS)

③ 시각표시단말기증후군(VDTS)

④ 복합화학물질과민증(MCS)

해설 실내 환경과 관련된 질환
- 새집증후군(SHS, Sick House Syndrome)
- 빌딩증후군(SBS, Sick Building Syndrome)

- 복합화학물질과민증(MCS, Multiple Chemical Sensitivity)

※ 시각표시단말기증후군(VDTS, Video Display Terminal Syndrome)이란 영상 표시단말기를 취급하는 작업으로 인하여 발생되는 경견완증후군 및 기타 근골격계 증상·눈의 피로·피부증상·정신신경계증상 등을 말한다.

8. 누적외상성장애(CTDs, Cumulative Trauma Disorders)의 원인이 아닌 것은?

① 불안전한 자세에서 장기간 고정된 한 가지 작업

② 고온 작업장에서 갑작스럽게 힘을 주는 전신 작업

③ 작업속도가 빠른 상태에서 힘을 주는 반복작업

④ 작업내용의 변화가 없거나 휴식시간 없이 손과 팔을 과도하게 사용하는 작업

해설 누적외상성 질환의 원인
무리한 작업자세, 반복적인 동작이 주된 이유이며, 다음 요인이 증상의 발생 위험을 높이게 된다.
- 부자연스러운 작업자세
- 과도한 힘의 발휘
- 높은 반복 및 작업빈도
- 부적절한 휴식
- 기타 원인으로 진동, 저온 등

9. 「실내공기질 관리법」상 다중이용시설의 실내공기질 권고기준 항목이 아닌 것은?

① 석면   ② 오존

③ 라돈   ④ 일산화탄소

해설 법이 개정되어 「실내공기질 관리법」상 다중이용시설의 실내공기질 권고기준과 유지기준으로 분류됨
㉠ 실내공기질 권고기준 항목(「실내공기질 관리법 시행규칙」 제4조 관련 [별표 3])〈개정 2020. 4. 3.〉
   - 이산화질소, 라돈, 총휘발성유기화합물, 곰팡이
㉡ 실내공기질 유지기준(「실내공기질 관리법 시행규칙」 제3조 관련 [별표 2])〈개정 2020. 4. 3.〉
   - 미세먼지(PM-10), 미세먼지(PM-25), 이산화탄소, 포름알데히드, 총 부유세균, 일산화탄소

10. 산업위생의 정의에 포함되지 않는 것은?

① 예측   ② 평가

③ 관리   ④ 보상

해답 5. ① 6. ④ 7. ③ 8. ② 9. ① 10. ④

산업위생의 정의
산업위생이란 근로자나 일반대중에게 질병, 건강장해와 안녕 방해, 심각한 불쾌감 및 능률저하 등을 초래하는 작업환경요인과 스트레스를 예측, 측정, 평가하고 관리하는 과학과 기술이다(Scott, 1997).

11. PWC가 16kcal/min인 근로자가 1일 8시간 동안 물체를 운반하고 있다. 이때 작업대사량은 6kcal/min이고, 휴식 시의 대사량은 2kcal/min이다. 작업시간은 어떻게 배분하는 것이 이상적인가?

① 5분 휴식, 55분 작업
② 10분 휴식, 50분 작업
③ 15분 휴식, 45분 작업
④ 25분 휴식, 35분 작업

해설

$$휴식시간비(\%) = \left[\frac{PWC의 \frac{1}{3} - 작업대사량}{휴식대사량 - 작업대사량}\right] \times 100$$

$$= \left[\frac{(16 \times \frac{1}{3}) - 6}{2 - 6}\right] \times 100$$

$$= 16.67\%$$

$\therefore$ 휴식시간(min) = 60min × 0.1667 = 10min

작업시간 = 60min − 10min = 50min

12. 전신피로 정도를 평가하기 위해 작업 직후의 심박수를 측정한다. 작업종료 후 30~60초, 60~90초, 150~180초 사이의 평균 맥박수가 각각 $HR_{30\sim60}$, $HR_{60\sim90}$, $HR_{150\sim180}$일 때, 심한 전신피로 상태로 판단되는 경우는?

① $HR_{30\sim60}$이 110을 초과하고, $HR_{150\sim180}$와 $HR_{60\sim90}$의 차이가 10 미만인 경우
② $HR_{60\sim90}$이 110을 초과하고, $HR_{150\sim180}$와 $HR_{30\sim60}$의 차이가 10 미만인 경우
③ $HR_{150\sim180}$이 110을 초과하고, $HR_{30\sim60}$와 $HR_{60\sim90}$의 차이가 10 미만인 경우
④ $HR_{30\sim60}$, $HR_{150\sim180}$의 차이가 10 이상이고, $HR_{150\sim180}$와 $HR_{60\sim90}$의 차이가 10 미만인 경우

해설 작업을 마친 직후 회복기의 심박수(심한 전신피로 상태)
$HR_{30\sim60}$이 110을 초과하고 $HR_{150\sim180}$와 $HR_{60\sim90}$의 차이가 10 미만인 경우
여기서, $HR_{30\sim60}$: 작업종료 후 30~60초 사이의 평균 맥박수
$HR_{60\sim90}$: 작업종료 후 60~90초 사이의 평균 맥박수
$HR_{150\sim180}$: 작업종료 후 150~180초 사이의 평균 맥박수

13. 매년 "화학물질과 물리적 인자에 대한 노출기준 및 생물학적 노출지수"를 발간하여 노출기준 제정에 있어서 국제적으로 선구적인 역할을 담당하고 있는 기관은?

① 미국산업위생학회(AIHA)
② 미국직업안전위생관리국(OSHA)
③ 미국국립산업안전보건연구원(NIOSH)
④ 미국정부산업위생전문가협의회(ACGIH)

해설 미국정부산업위생전문가협의회(ACGIH)
• 미국 산업위생전문가협의회((ACGIH, American Conference of Governmental Industrial Hygienist)는 세계적으로 권위 있는 전문가들이 작업장 근로자의 건강과 관련된 각종 자료를 수집·연구하고 주요 화학물질의 노출한계(TLVs, Threshold Limit Values)를 정하여 권고하고 있다.
• 미국, 일본 정부 등 선진국에서는 ACGIH의 TLV를 기준으로 자국의 노출기준을 설정하고 있다.
• 우리나라도 국내에서 직업병이 발생하여 자료가 있는 일부 물질 이외에는 ACGIH의 TLV 기준을 대부분 받아들여 사용하고 있다.

14. 알레르기성 접촉 피부염의 진단법은 무엇인가?

① 첩포시험
② X-ray 검사
③ 세균검사
④ 자외선검사

해설 첩포시험(patch test)
㉠ 알레르기성 접촉피부염(피부감작)의 진단에 필수적이며 가장 중요한 임상시험이다.
㉡ 시험방법
• 조그만 조각을 피부에 붙여 반응을 관찰하여 원인 물질을 찾아내는 검사이다.

해답 11. ② 12. ① 13. ④ 14. ①

- 정상인에게는 반응을 일으키지 않고 항원 물질에 예민한 사람에게만 반응하도록 농도를 조절한 알레르겐을 특수용기에 담아 피부(등 혹은 팔)에 붙여 48시간 후에 이를 제거한 후 한 번, 이틀 후 다시 한번 판독하여 항원을 찾아내는 방법이다.
- 약 4일 정도가 소요되며 양성반응이 나타나면 항원물질로 판정한다.

15. 직업병의 예방대책 중 일반적인 작업환경관리의 원칙이 아닌 것은?

① 대치
② 환기
③ 격리 또는 밀폐
④ 정리정돈 및 청결유지

해설 작업환경개선의 기본 원칙
대치, 격리 또는 밀폐, 환기, 교육

16. 신체의 생활기능을 조절하는 영양소이며 작용 면에서 조절소로만 나열된 것은?

① 비타민, 무기질, 물
② 비타민, 단백질, 물
③ 단백질, 무기질, 물
④ 단백질, 지방, 탄수화물

해설 비타민, 무기질, 물은 신체의 생활기능을 조절하는 영양소이며 작용 면에서 조절소이다.

17. 「산업안전보건법」상 물질안전보건자료(MSDS) 작성 시 포함되어야 할 항목이 아닌 것은?

① 유해성, 위험성
② 안전성 및 반응성
③ 사용빈도 및 타당성
④ 노출방지 및 개인보호구

해설 「산업안전보건법」상 물질안전보건자료(MSDS) 작성 시 포함되어야 할 항목
「화학물질의 분류·표시 및 물질안전보건자료에 관한 기준」 제4장 물질안전보건자료의 작성 등
제10조(작성항목) ① 물질안전보건자료 작성 시 포함되어야 할 항목 및 그 순서는 다음 각 호에 따른다.
1. 화학제품과 회사에 관한 정보
2. 유해성·위험성

3. 구성성분의 명칭 및 함유량
4. 응급조치요령
5. 폭발·화재시 대처방법
6. 누출사고시 대처방법
7. 취급 및 저장방법
8. 노출방지 및 개인보호구
9. 물리화학적 특성
10. 안정성 및 반응성
11. 독성에 관한 정보
12. 환경에 미치는 영향
13. 폐기 시 주의사항
14. 운송에 필요한 정보
15. 법적규제 현황
16. 그 밖의 참고사항
② 제1항 각 호에 대한 세부작성 항목 및 기재사항은 별표 4와 같다. 다만, 물질안전보건자료의 작성자는 근로자의 안전보건의 증진에 필요한 경우에는 세부항목을 추가하여 작성할 수 있다.

18. 앉아서 운전작업을 하는 사람들의 주의사항에 대한 설명으로 틀린 것은?

① 큰 트럭에서 내릴 때는 뛰어내려서는 안 된다.
② 차나 트랙터를 타고 내릴 때 몸을 회전해서는 안 된다.
③ 운전대를 잡고 있을 때 최대한 앞으로 기울이는 것이 좋다.
④ 방석과 수건을 말아서 허리에 받쳐 최대한 척추가 자연곡선을 유지하도록 한다.

해설 운전대를 잡고 있을 때 최대한 앞으로 기울이면 허리에 더 부담이 된다. 따라서 몸을 앞으로 기울이지 말고 척추의 자연곡선이 유지되도록 바른 자세를 유지하는 것이 좋다.

19. 체중이 60kg인 사람이 1일 8시간 작업 시 안전 흡수량이 1mg/kg인 물질의 체내 흡수를 안전 흡수량 이하로 유지하려면 공기 중 농도를 몇 mg/m^3 이하로 하여야 하는가? (단, 작업 시 폐 환기율은 $1.25m^3/hr$, 체내 잔류율은 1.0으로 가정한다.)

① $0.06mg/m^3$
② $0.6mg/m^3$
③ $6mg/m^3$
④ $60mg/m^3$

해답 15. ④ 16. ① 17. ③ 18. ③ 19. ③

해설 체내흡수량$(mg) = C \times T \times V \times R$

여기서, 체내흡수량(SHD): 안전계수와 체중을 고려한 것. 체내흡수량은 안전흡수량에 체중을 곱해 주어야 함. 즉 안전흡수량은 kg당 흡수량임

C: 공기 중 유해물질농도(mg/m^3)
T: 노출시간(hr)
V: 호흡률(폐환기율)(m^3/hr)
R 체내잔류율(보통 1.0)

$SHD = C \times T \times V \times R$

$\therefore C = \dfrac{SHD}{T \times V \times R} = \dfrac{1mg/kg \times 60kg}{8hr \times 1.25m^3/hr \times 1.0} = 6mg/m^3$

20. 「산업안전보건법」상 보건관리자의 자격에 해당하지 않는 사람은?

  ① 「의료법」에 따른 의사

  ② 「의료법」에 따른 간호사

  ③ 「국가기술자격법」에 따른 산업안전기사

  ④ 「산업안전보건법」에 따른 산업보건지도사

해설 「국가기술자격법」에 따른 산업안전기사는 안전관리자의 자격이다.

|2| 작업위생측정 및 평가

21. 다음 중 원자흡광광도계에 대한 설명과 가장 거리가 먼 것은?

  ① 증기발생 방식은 유기용제 분석에 유리하다.

  ② 흑연로장치는 감도가 좋으므로 생물학적 시료 분석에 유리하다.

  ③ 원자화방법에는 불꽃방식, 비불꽃방식, 증기발생 방식이 있다.

  ④ 광원, 원자화장치, 단색화장치, 검출기, 기록계 등으로 구성되어 있다.

해설 휘발성이 강한 성분(Hg, As, Se 등)의 측정에는 환원기화법(증기발생 방식)이 많이 사용된다.

22. 어느 작업장의 n-Hexane의 농도를 측정한 결과가 24.5ppm, 20.2ppm, 25.1ppm, 22.4ppm, 23.9ppm일 때, 기하평균값은 약 몇 ppm인가?

  ① 21.2   ② 22.8

  ③ 23.2   ④ 24.1

해설 기하평균(GM)

• 산업위생분야에서는 작업환경 측정 결과가 대수정규분포를 취하는 경우 대푯값으로서 기하평균을, 산포도로서 기하표준편차를 널리 사용한다.

• 모든 자료를 대수로 변환하여 평균 후 평균한 값을 역대수 취한 값 또는 N개의 측정치 X_1, X_2, $\cdots$, X_n이 있을 때 이들 수의 곱의 N 제곱근의 값이다.

$\log(GM)$

$= \dfrac{\log X_1 + \log X_2 + \cdots + \log X_n}{N}$

$= \dfrac{\log 24.5 + \log 20.2 + \log 25.1 + \log 22.4 + \log 23.9}{5}$

$= 1.365$

$\therefore GM = 10^{1.365} = 23.17$

23. 다음 유기용제 중 실리카겔에 대한 친화력이 가장 강한 것은?

  ① 케톤류   ② 알코올류

  ③ 올레핀류   ④ 에스테르류

해설 실리카겔의 친화력(극성이 강한 순서)

물 > 알코올류 > 알데히드류 > 케톤류 > 에스테르류 > 방향족 탄화수소류 > 올레핀류 > 파라핀류

24. 레이저광의 노출량을 평가할 때 주의사항이 아닌 것은?

  ① 직사광과 확산광을 구별하여 사용한다.

  ② 각막 표면에서의 조사량 또는 노출량을 측정한다.

  ③ 눈의 노출기준은 그 파장과 관계없이 측정한다.

  ④ 조사량의 노출기준은 1mm 구경에 대한 평균치이다.

해설 레이저광에 대한 눈의 허용량은 그 파장에 따라 수정되어야 한다.

25. 화학적 인자에 대한 작업환경측정 순서를 [보기]를 참고하여 올바르게 나열한 것은?

해답 20. ③   21. ①   22. ③   23. ②   24. ③   25. ④

[보기]
- A: 예비조사
- B: 시료채취 전 유량보정
- C: 시료채취 후 유량보정
- D: 시료채취
- E: 시료채취 전략수립
- F: 분석

① A → B → C → D → E → F

② A → B → E → D → C → F

③ A → E → D → B → C → F

④ A → E → B → D → C → F

해설 작업환경측정 순서

예비조사 → 시료채취 전략수립 → 시료채취 전 유량보정 → 시료채취 → 시료채취 후 유량보정 → 분석

26. 다음 화학적 인자 중 농도의 단위가 다른 것은?

① 흄   ② 석면

③ 분진   ④ 미스트

해설
- 흄, 분진, 미스트: mg/m^3
- 석면: 개/cm^3

27. 옥외(태양광선이 내리쬐지 않는 장소)의 온열조건이 다음과 같은 경우에 습구흑구온도지수(WBGT)는?

- 건구온도: 30℃   흑구온도: 40℃
- 자연습구온도: 25℃

① 28.5℃   ② 29.5℃

③ 30.5℃   ④ 31.0℃

해설 습구흑구온도지수(WBGT)
- 옥내 또는 옥외(태양광선이 내리쬐지 않는 장소)

  $WBGT = 0.7NWB + 0.3GT$

  (NWB: 자연습구온도, GT: 흑구온도, DT: 건구온도)
- 계산: $WBGT = 0.7 \times 25℃ + 0.3 \times 40℃ = 29.5℃$

28. 다음 중 파과 용량에 영향을 미치는 요인과 가장 거리가 먼 것은?

① 포집된 오염물질의 종류

② 작업장의 온도

③ 탈착에 사용하는 용매의 종류

④ 작업장의 습도

해설 흡착제 파과 용량에 영향을 미치는 요인

채취시료의 종류, 온도, 습도, 채취유량, 채취속도, 채취시료의 농도, 흡착제 입자크기(흡착제 비표면적), 흡착제의 양(흡착관의 크기), 혼합물

29. 음압이 $10N/m^2$일 때, 음압수준은 약 몇 dB인가? (단, 기준음압은 $0.00002N/m^2$이다.)

① 94   ② 104

③ 114   ④ 124

해설 SPL

$$SPL = 20\log\frac{P}{P_0}$$

여기서, P: 음압(N/m^2) P_0: 기준음압($2 \times 10^{-5}N/m^2$)

$$\therefore \ SPL = 20\log\frac{10}{2 \times 10^{-5}} = 113.98 ≒ 114dB$$

30. 흡광광도계에서 단색광이 어떤 시료용액을 통과할 때 그 빛의 60%가 흡수될 경우, 흡광도는 약 얼마인가?

① 0.22   ② 0.37

③ 0.40   ④ 1.60

해설

$$흡광도 = \log\frac{1}{투과도} = \log\frac{1}{(1-0.6)} = 0.39 ≒ 0.40$$

31. 분진 채취 전후의 여과지 무게가 각각 21.3mg, 25.8mg이고, 개인시료채취기로 포집한 공기량이 450L일 경우 분진농도는 약 몇 mg/m^3인가?

① 1   ② 10

③ 20   ④ 25

해설 분진농도(mg/m^3)

$$분진농도(mg/m^3) = \frac{채취 후의 무게 - 채취 전의 무게}{포집공기량}$$

$$= \frac{25.8mg - 21.3mg}{450L} = 0.01mg/L$$

mg/L를 mg/m^3로 변경하면, $0.01 \times 1,000 = 10mg/m^3$

해답   26. ②   27. ②   28. ③   29. ③   30. ③   31. ②

32. 다음 중 일정한 온도조건에서 가스의 부피와 압력이 반비례하는 것과 가장 관계가 있는 것은?

① 보일의 법칙 ② 샤를의 법칙
③ 라울의 법칙 ④ 게이-루삭의 법칙

해설
- 보일의 법칙(Boyle's law)은 용기의 부피가 감소할 때 용기 내 기체의 압력이 증가하는 경향을 나타내는 실험 법칙이다 (일정한 온도조건에서 가스의 부피와 압력이 반비례하는 것).
- 샤를의 법칙(charles's law)은 기체의 압력이 일정할 때 기체의 부피는 절대온도에 비례한다는 법칙이다.
- 기체 반응의 법칙(Law of Gaseous Reaction) 또는 게이루삭의 법칙(Gay-Lussac's law)은 기체 사이의 화학 반응에서, 같은 온도와 같은 압력에서 그 부피를 측정했을 때 반응하는 기체와 생성되는 기체 사이에는 간단한 정수비가 성립한다는 법칙이다.
- 라울의 법칙(Raoult's Law)은 여러 성분이 있는 용액에서 증기가 나올 때, 증기의 각 성분의 부분압은 용액의 분압과 평형을 이룬다는 법칙이다.

33. 다음 중 유도결합 플라스마 원자발광분석기의 특징과 가장 거리가 먼 것은?

① 분광학적 방해 영향이 전혀 없다.
② 검량선의 직선성 범위가 넓다.
③ 동시에 여러 성분의 분석이 가능하다.
④ 아르곤 가스를 소비하기 때문에 유지비용이 많이 든다.

해설 유도결합 플라스마 원자발광분석기의 특징
- 높은 농도에서 많은 복사선 방출로 분광학적 방해 요소가 있다.
- 검량선의 직선성 범위가 넓다.
- 동시에 여러 성분의 분석이 가능하다.
- 아르곤 가스를 소비하기 때문에 유지비용이 많이 든다.

34. 다음 중 2차 표준기구로서 주로 실험실에서 사용하는 것은?

① 비누거품 미터 ② 폐활량계
③ 유리 피스톤 미터 ④ 습식 테스트 미터

해설 표준기구의 종류
- 1차 표준기구: 비누거품 미터, 폐활량계, 가스 치환병, 유리피스톤 미터, 흑연 피스톤 미터, 피토튜브
- 2차 표준기구: 로터미터, 습식 테스트 미터, 건식 가스미터, 오리피스미터, 열선 기류계

※ 습식 테스트 미터는 실험실에서 많이 사용하고 건식 가스 미터는 현장에서 주로 사용

35. 소음수준의 측정 방법에 관한 설명으로 옳지 않은 것은? (단, 고용노동부 고시를 기준으로 한다.)

① 소음계의 청감보정회로는 A특성으로 하여야 한다.
② 연속음 측정 시 소음계 지시침의 동작은 빠른 (Fast) 상태로 한다.
③ 측정위치는 지역시료채취 방법의 경우에 소음 측정기를 측정대상이 되는 근로자의 주 작업 행동 범위의 작업근로자 귀 높이에 설치한다.
④ 측정시간은 1일 작업시간 동안 6시간 이상 연속 측정하거나 작업시간을 1시간 간격으로 나누어 6회 이상 측정한다.

해설 연속음 측정 시 소음계 지시침의 동작은 느린(slow) 상태로 한다.

36. 다음 중 직독식 기구에 대한 설명과 가장 거리가 먼 것은?

① 측정과 작동이 간편하여 인력과 분석비를 절감할 수 있다.
② 연속적인 시료채취전략으로 작업시간 동안 완전한 시료채취에 해당된다.
③ 현장에서 실제 작업시간이나 어떤 순간에 유해인자의 수준과 변화를 쉽게 알 수 있다.
④ 현장에서 즉각적인 자료가 요구될 때 민감성과 특이성이 있는 경우 매우 유용하게 사용될 수 있다.

해설 연속적인 시료채취전략으로 작업시간 동안 완전한 시료채취에 해당되는 것은 능동식 채취기구이다.

37. 산업위생 통계에 적용되는 용어 정의에 대한 내용으로 옳지 않은 것은?

① 상대오차 = [(근삿값-참값)/참값]으로 표현된다.

② 우발오차란 측정기기 또는 분석기기의 미비로 기인되는 오차이다.

③ 유효숫자란 측정 및 분석 값의 정밀도를 표시하는 데 필요한 숫자이다.

④ 조화평균이란 상이한 반응을 보이는 집단의 중심경향을 파악하고자 할 때 유용하게 이용된다.

(해설) 우발오차란 실험을 반복할 때 측정값의 변동으로 발생되는 오차이며 우발오차가 적은 경우 정밀하다고 판단한다.

38. kata 온도계로 불감기류를 측정하는 방법에 대한 설명으로 틀린 것은?

① kata 온도계의 구(球)부를 50~60℃의 온수에 넣어 구부의 알코올을 팽창시켜 관의 상부 눈금까지 올라가게 한다.

② 온도계를 온수에서 꺼내어 구(球)부를 완전히 닦아내고 스탠드에 고정한다.

③ 알코올의 눈금이 100°F에서 65°F까지 내려가는 데 소요되는 시간을 초시계로 4~5회 측정하여 평균을 낸다.

④ 눈금 하강에 소요되는 시간으로 kata 상수를 나눈 값 H는 온도계의 구부 1cm²에서 1초 동안 방산되는 열량을 나타낸다.

(해설) 카타온도계
• 알코올의 강하시간을 측정하여 실내 기류를 파악하고 온열환경 영향 평가를 하는 온도계
• 알코올 눈금이 100°F에서 95°F까지 내려가는 데 소요되는 시간을 4~5회 측정
• 0.2~0.5m/sec 정도의 실내 기류를 측정 시 kata 냉각력과 온도차를 기류 산출 공식에 대입하여 풍속을 구함
• 작업환경 내에 기류의 방향이 일정치 않을 경우 기류속도 측정

39. 50% 톨루엔, 10% 벤젠, 40% 노말헥산으로 혼합된 원료를 사용할 때, 이 혼합물이 공기 중으로 증발한다면 공기 중 허용농도는 약 몇 mg/m³인가? (단, 각각의 노출기준은 톨루엔 375mg/m³, 벤젠 30mg/m³, 노말헥산 180mg/m³이다.)

① 115
② 125
③ 135
④ 145

(해설) 혼합물의 허용농도(mg/m³)

$$= \cfrac{1}{\cfrac{f_1}{TLV_1} + \cfrac{f_2}{TLV_2} + \cfrac{f_3}{TLV_3}}$$

$$= \cfrac{1}{\cfrac{0.5}{375} + \cfrac{0.1}{30} + \cfrac{0.4}{180}} = 145mg/m^3$$

40. 어느 작업장에서 소음의 음압수준(dB)을 측정한 결과 85, 87, 84, 86, 89, 81, 82, 84, 83, 88일 때, 중앙값은 몇 dB인가?

① 83.5
② 84
③ 84.5
④ 84.9

(해설) 중앙치(median) N개의 측정치를 크기 중앙값 순서로 배열, 중앙에 오는 값이 짝수일 때는 중앙값이 유일하지 않고 두 개가 될 수 있다. 이 경우 두 값의 평균 조화 평균이란 상이한 반응을 보이는 집단의 중심 경향을 파악하고자 할 때 유용하게 이용한다.
• 81, 82, 83, 84, 84, 85, 86, 87, 88, 89 짝수이므로 중앙의 두 개의 값인 84, 85를 더하여 2로 나눈다. 즉 84.5이다.

| 3 | 작업환경관리대책

41. 다음 중 사용물질과 덕트 재질의 연결이 옳지 않은 것은?

① 알칼리-강판
② 전리방사선-중질 콘크리트
③ 주물사, 고온가스-흑피 강판
④ 강산, 염소계 용제-아연도금 강판

(해설) 덕트의 재질
• 유기용제(부식이나 마모의 우려가 없는 곳): 아연도금 강판
• 강산, 염소계 용제: 스테인리스스틸 강판
• 알칼리: 강판
• 주물사, 고온가스: 흑피 강판
• 전리방사선: 중질 콘크리트

(해답) 38. ③ 39. ④ 40. ③ 41. ④

42. 속도압에 대한 설명으로 틀린 것은?

① 속도압은 항상 양압 상태이다.

② 속도압은 속도에 비례한다.

③ 속도압은 중력가속도에 반비례한다.

④ 속도압은 정지상태에 있는 공기에 작용하여 속도 또는 가속을 일으키게 함으로써 공기를 이동하게 하는 압력이다.

$VP = \dfrac{\gamma V^2}{2g}$

여기서, VP : 속도압(mmH_2O)
V : 공기속도(m/sec)
g : 중력 가속도(9.8m/sec)
γ : 공기비중$(1,203kg/m^3)$

43. 후드로부터 0.25m 떨어진 곳에 있는 금속제품의 연마 공정에서 발생되는 금속먼지를 제거하기 위해 원형후드를 설치하였다면, 환기량은 약 몇 m^3/sec인가? (단, 제어속도는 2.5m/sec, 후드 직경은 0.4m이고, 플랜지는 부착되지 않았다.)

① 1.9   ② 2.3

③ 3.2   ④ 4.1

외부식 후드가 자유공간에 위치한 경우 필요환기량

$Q = 60 \cdot V_c (10X^2 + A)$

여기서, Q : 필요송풍량(m^3/min)
V_c : 제어속도(m/sec)
A : 개구면적(m^2)
X : 후드 중심선으로부터 발생원
(오염원)까지의 거리(m)

$\therefore Q = 60 \times 2.5 (10 \times 0.25^2 + \dfrac{\pi \times 0.4^2}{4} 4)$

$= 112.6 m^3/min = \dfrac{112.6 m^3/min}{60sec}$

$= 1.9 m^3/sec$

44. 온도 125℃, 800mmHg인 관 내로 100m^3/min의 유량의 기체가 흐르고 있다. 표준상태에서 기체의 유량은 약 몇 m^3/min인가? (단, 표준상태는 20℃, 760mmHg로 한다.)

① 52   ② 69

③ 77   ④ 83

표준상태에서 기체의 유량

$\dfrac{P_1 V_1}{T_1} = \dfrac{P_2 V_2}{T_2}$, $V_2 = \dfrac{P_1}{P_2} \times \dfrac{T_2}{T_1} \times V_1$

$= \dfrac{800}{760} \times \dfrac{(273+20)}{(273+125)} \times 100 = 77.5 m^3/min$

45. 다음 중 국소배기시설의 필요환기량을 감소시키기 위한 방법과 가장 거리가 먼 것은?

① 가급적 공정의 포위를 최소화한다.

② 후드 개구면에서 기류가 균일하게 분포하도록 설계한다.

③ 포집형이나 레시버형 후드를 사용할 때에는 가급적 후드를 배출 오염원에 가깝게 설치한다.

④ 공정에서 발생 또는 배출되는 오염물질의 절대량을 감소시킨다.

필요환기량을 감소시키기 위한 방법

• 가급적 작업에 방해가 되지 않는 범위 내에서 공정의 포위를 최대화하여 필요공기량을 최소화한다.
• 후드 개구면에서 기류가 균일하게 분포하도록 설계한다.
• 포집형이나 레시버형 후드를 사용할 때에는 가급적 후드를 배출 오염원에 가깝게 설치한다.
• 공정에서 발생 또는 배출되는 오염물질의 절대량을 감소시킨다.

46. 다음 중 보호구의 보호 정도를 나타내는 할당보호계수(APF)에 관한 설명으로 가장 거리가 먼 것은?

① 보호구 밖의 유량과 안의 유량 비(Q_o/Q_i)로 표현된다.

② APF를 이용하여 보호구에 대한 최대사용농도를 구할 수 있다.

③ APF가 100인 보호구를 착용하고 작업장에 들어가면 착용자는 외부 유해물질로부터 적어도 100배만큼의 보호를 받을 수 있다는 의미이다.

④ 일반적인 보호계수 개념의 특별한 적용으로서 적절히 밀착된 호흡기보호구를 훈련된 일련의 착용자들이 작업장에서 착용하였을 때 기대되

는 최소 보호정도치를 말한다.

해설 할당보호계수(APF)
- 일반적인 보호구 보호계수(PF)의 특별한 적용으로 훈련된 착용자들이 작업장에서 보호구 착용 시 기대되는 최소 보호 정도 수준을 의미한다.
- APF를 이용하여 보호구에 대한 최대사용농도를 구할 수 있다.
- APF가 100인 보호구를 착용하고 작업장에 들어가면 착용자는 외부 유해물질로부터 적어도 100배만큼의 보호를 받을 수 있다는 의미이다.
- 일반적인 보호계수 개념의 특별한 적용으로서 적절히 밀착된 호흡기보호구를 훈련된 일련의 착용자들이 작업장에서 착용하였을 때 기대되는 최소 보호정도치를 말한다.

$$할당보호계수(APF) \geq \frac{기대되는 \ 공기중 \ 농도(C_{air})}{노출기준(PEL)}$$
$$= 위해비(HR)$$

47. A용제가 800m³의 체적을 가진 방에 저장되어 있다. 공기를 공급하기 전에 측정한 농도가 400ppm이었을 때, 이 방을 환기량 40m³/분으로 환기한다면 A용제의 농도가 100ppm으로 줄어드는 데 걸리는 시간은? (단, 유해물질은 추가적으로 발생하지 않고 고르게 분포되어 있다고 가정한다.)

① 약 16분　　　　② 약 28분
③ 약 34분　　　　④ 약 42분

해설 감소하는 데 걸리는 시간

$$t = -\frac{V}{Q} \ln\left(\frac{C_2}{C_1}\right)$$
$$= -\frac{800\text{m}^3}{40\text{m}^3/\text{min}} \times \ln\left(\frac{100}{400}\right)$$
$$= 27.73\text{min} \doteqdot 28\text{min}$$

48. 산업위생보호구의 점검, 보수 및 관리방법에 관한 설명 중 틀린 것은?

① 보호구의 수는 사용하여야 할 근로자의 수 이상으로 준비한다.
② 호흡용보호구는 사용 전, 사용 후 여재의 성능을 점검하여 성능이 저하된 것은 폐기, 보수, 교환 등의 조치를 취한다.

③ 보호구의 청결 유지에 노력하고, 보관할 때에는 건조한 장소와 분진이나 가스 등에 영향을 받지 않는 일정한 장소에 보관한다.
④ 호흡용보호구나 귀마개 등은 특정 유해물질 취급이나 소음에 노출될 때 사용하는 것으로서 그 목적에 따라 반드시 공용으로 사용해야 한다.

해설 개인 보호구는 개인 위생품이므로 공용으로 사용해서는 안 된다.

49. 국소배기장치를 설계하고 현장에서 효율적으로 적용하기 위해서는 적절한 제어속도가 필요하다. 이때 제어속도의 의미로 가장 적절한 것은?

① 공기정화기의 내부 공기의 속도
② 발생원에서 배출되는 오염물질의 발생 속도
③ 발생원에서 오염물질의 자유공간으로 확산되는 속도
④ 오염물질을 후드 안쪽으로 흡인하기 위하여 필요한 최소한의 속도

해설 제어속도란 오염물질을 후드 안쪽으로 흡인하기 위하여 필요한 최소한의 속도를 의미한다.

50. 덕트의 속도압이 35mmH₂O, 후드의 압력 손실이 15mmH₂O일 때, 후드의 유입계수는 약 얼마인가?

① 0.54　　　　② 0.68
③ 0.75　　　　④ 0.84

해설 후드의 유입계수 $= \Delta P = F_h \times VP$,
$$15 = F_h \times 35, \quad F_h = 0.43$$

후드의 유입손실계수$(F_h) = \frac{1}{Ce^2} - 1$

$\therefore$ 후드의 유입계수$(Ce) = \sqrt{\frac{1}{1+F_h}} = \sqrt{\frac{1}{1+0.43}}$
$$= 0.84$$

51. 다음 중 Stokes 침강법칙에서 침강속도에 대한 설명으로 옳지 않은 것은? (단, 자유공간에서 구형의 분진 입자를 고려한다.)

해답 47. ②　48. ④　49. ④　50. ④　51. ①

① 기체와 분진입자의 밀도 차에 반비례한다.

② 중력가속도에 비례한다.

③ 기체의 점성에 반비례한다.

④ 분자입자 직경의 제곱에 비례한다.

해설 침강속도는 기체와 분진입자의 밀도 차에 비례한다.

52. A물질의 증기압이 50mmHg일때, 포화증기농도(%)는? (단, 표준상태를 기준으로 한다.)

① 4.8   ② 6.6

③ 10.0   ④ 12.2

해설 포화농도(%)

$$= \frac{물질의 \; 증기압(mmHg)}{대기압(mmHg)} \times 100$$

$$= \frac{50}{760} \times 100 = 6.58 \fallingdotseq 6.6\%$$

53. 작업환경의 관리원칙 중 대치로 적절하지 않은 것은?

① 성냥 제조 시에 황린 대신 적린을 사용한다.

② 분말로 출하되는 원료로 고형상태의 원료로 출하한다.

③ 광산에서 광물을 채취할 때 습식 공정 대신 건식 공정을 사용한다.

④ 단열재석면을 대신하여 유리섬유나 암면 또는 스티로폼 등을 사용한다.

해설 광산에서 광물을 채취할 때 습식 공정 대신 건식 공정을 사용하면 분진 발생을 촉진시키므로 건식 공정 대신 습식 공정을 사용하여 분진의 발생을 최소화한다.

54. 작업환경에서 환기시설 내 기류에는 유체역학적 원리가 적용된다. 다음 중 유체역학적 원리의 전제조건과 가장 거리가 먼 것은?

① 공기는 건조하다고 가정한다.

② 공기의 압축과 팽창은 무시한다.

③ 환기시설 내외의 열교환은 무시한다.

④ 대부분 환기시설에서는 공기 중에 포함된 유해물질의 무게와 용량을 고려한다.

해설 환기시설 내 기류가 기본적인 유체역학적 원리를 따르기 위한 전제조건

• 공기는 건조하다고 가정한다.
• 환기시설 내외의 열교환은 무시한다.
• 공기의 압축과 팽창은 무시한다.
• 공기 중에 포함된 오염물질의 무게와 용량은 무시한다.

55. 산업위생관리를 작업환경관리, 작업관리, 건강관리로 나눠서 구분할 때, 다음 중 작업환경관리와 가장 거리가 먼 것은?

① 유해 공정의 격리

② 유해 설비의 밀폐화

③ 전체환기에 의한 오염물질의 희석 배출

④ 보호구 사용에 의한 유해물질의 인체 침입 방지

해설 작업환경관리대책

유해 공정의 격리, 유해 설비의 밀폐화, 국소배기, 전체환기에 의한 오염물질의 희석 배출

※ 보호구는 작업환경관리 대책이 아니고 최후의 방어수단으로 사용한다.

56. 원심력집진장치에 관한 설명 중 옳지 않은 것은?

① 비교적 적은 비용으로 집진이 가능하다.

② 분진의 농도가 낮을수록 집진효율이 증가한다.

③ 함진가스에 선회류를 일으키는 원심력을 이용한다.

④ 입자의 크기가 크고 모양이 구체에 가까울수록 집진효율이 증가한다.

해설 분진의 농도가 높을수록 집진효율이 증가한다.

57. 송풍기의 송풍량이 2m³/sec이고, 전압이 100mmH₂O일 때, 송풍기의 소요동력은 약 몇 kW인가? (단, 송풍기의 효율이 75%이다.)

① 1.7   ② 2.6

③ 4.4   ④ 5.3

해답 52. ② 53. ③ 54. ④ 55. ④ 56. ② 57. ②

해설 송풍기 소요동력(kW)

$$= \frac{Q(\text{송풍량}(m^3/min)) \times \triangle P(\text{유효정압}(mmH_2O))}{6,120 \times \eta(\text{송풍기 효율})}$$
$$\times \alpha(\text{여유율}(\%))$$

$$= \frac{2m^3/min \times 60sec/min \times 100mmH_2O}{6,120 \times 0.75} \times 1.0$$

$$= 2.6kW$$

58. 보호구의 재질별로 효과적 보호가 가능한 화학 물질을 잘못 짝지은 것은?

① 가죽-알코올
② 천연고무-물
③ 면-고체상 물질
④ 부틸고무-알코올

해설 가죽은 알코올을 흡수하여 통과시키므로 보호하지 못한다.

59. 다음 중 장기간 사용하지 않았던 오래된 우물 속으로 작업을 위하여 들어갈 때 가장 적절한 마스크는?

① 호스마스크
② 특급의 방진마스크
③ 유기가스용 방독마스크
④ 일산화탄소용 방독마스크

해설 장기간 사용하지 않았던 오래된 우물 속으로 작업을 위하여 들어갈 때는 산소농도가 낮을 수 있어 질식사고가 발생될 수 있으므로 송기마스크나 호스마스크를 착용하여야 한다. 방진마스크나 방독마스크는 산소농도가 18 이상인 곳에만 사용하여야 한다.

60. 전기집진장치의 장점으로 틀린 것은?

① 가연성 입자의 처리에 효율적이다.
② 넓은 범위의 입경과 분진농도에 집진효율이 높다.
③ 압력손실이 낮으므로 송풍기의 가동비용이 저렴하다.
④ 고온 가스를 처리할 수 있어 보일러와 철강로 등에 설치할 수 있다.

해설 전기집진장치의 장단점
㉠ 장점
• 운용비용이 저렴하다.

• 미세한 입자에 대한 집진효율이 매우 높다(0.01 μm 정도의 미세분진까지 처리).
• 넓은 범위의 입경과 분진농도에 집진효율이 높다.
• 광범위한 온도범위에서 설계가 가능하다.
• 폭발성 가스의 처리도 가능하다.
• 고온의 입자성 물질(500℃ 전후) 처리가 가능하며 보일러와 철강로 등에 설치할 수 있다.
• 낮은 압력손실로 대용량의 가스를 처리한다.
• 회수가치 입자포집에 유리하다.
• 건식 및 습식으로 집진할 수 있다.
• 보수가 간단하여 인건비가 절약된다.
㉡ 단점
• 설치비용이 많이 든다.
• 넓은 설치면적이 필요하다.
• 운전조건의 변화에 유연성이 적다.
• 먼지성상에 따라 전처리시설이 요구된다.
• 분진포집에 적용되며, 기체상 물질 제거에는 곤란하다.
• 전압변동과 같은 조건변동(부하변동)에 쉽게 적응이 곤란하다.
• 가연성 입자의 처리가 곤란하다.
• 비저항이 큰 분진을 포집하기 어렵다.

| 4 | 물리적 유해인자관리

61. 한랭노출 시 발생하는 신체적 장해에 대한 설명으로 틀린 것은?

① 동상은 조직의 동결을 말하며, 피부의 이론상 동결온도는 약 −1℃ 정도이다.
② 전신 체온강하는 장시간의 한랭노출과 체열상실에 따라 발생하는 급성 중증장해이다.
③ 참호족은 동결 온도 이하의 찬 공기에 단기간 접촉으로 급격한 동결이 발생하는 장애이다.
④ 침수족은 부종, 저림, 작열감, 소양감 및 심한 동통을 수반하며, 수포, 궤양이 형성되기도 한다.

해설 참호족은 국소부위의 산소결핍으로 생기는데 이는 지속적인 한랭으로 모세혈관벽이 손상되기 때문이다.

---

62. 방진재인 금속스프링의 특징이 아닌 것은?

① 공진 시에 전달률이 좋지 않다.

② 환경요소에 대한 저항이 크다.

③ 저주파 차진에 좋으며 감쇠가 거의 없다.

④ 다양한 형상으로 제작이 가능하며 내구성이 좋다.

해설 금속스프링

㉠ 장점
- 환경요소(온도, 부식, 용해 등)에 대한 저항성이 크다.
- 뒤틀리거나 오므라들지 않는다.
- 최대변위가 허용된다.
- 저주파 차진에 좋다.
- 금속패널의 종류가 많다.
- 정적 및 동적으로 유연한 스프링을 용이하게 설계할 수 있다.
- 소형에서 대형에 이르기까지 각종 부하 중량의 제조를 비교적 용이하게 실시할 수 있고 제조비도 싸다.
- 자동차의 현가스프링에 이용되는 중판스프링과 같이 스프링장치의 구조부분의 일부 역할을 겸할 수 있다.

㉡ 단점
- 감쇠가 거의 없으며, 공진 시에 전달률이 매우 크다.
- 고주파 진동 시에 단락된다.
- 로킹이 일어나지 않도록 주의해야 한다.
- 극단적으로 낮은 스프링정수(1Hz~2Hz 이하)로 했을 경우 지지장치를 소형, 경량으로 하기 어렵다.
- 감쇠가 작으므로 중판스프링이나 조합접시스프링과 같이 구조상 마찰을 가진 경우를 제외하고는 감쇠요소(댐퍼)를 병용할 필요가 있다.

※ 이러한 단점을 보완하기 위해서는 첫째, 스프링의 감쇠비가 작을 때는 스프링과 병렬로 댐퍼를 넣고, 둘째, 로킹 현상을 억제하기 위해서 스프링의 정적 수축량이 일정한 것을 쓰고 기계 무게의 1~2배의 가대를 부착시켜 계의 중심을 낮게 하고 부하가 평형분포되도록 하며, 셋째, 낮은 감쇠비로 일어나는 고주파 진동의 전달은 스프링과 직렬로 고무 패드를 끼워 차단할 수 있다. 코일 스프링은 설계 시에 그 길이가 직경의 4배를 초과하지 않게 해야 한다.

63. 비전리 방사선 중 보통 광선과는 달리 단일파장이고 강력하고 예리한 지향성을 지닌 광선은 무엇인가?

① 적외선   ② 마이크로파

③ 가시광선   ④ 레이저광선

해설 레이저광선의 특징은 출력이 강하고 좁은 파장범위를 가지기 때문에 쉽게 산란하지 않는다는 점이다.

64. 감압에 따른 인체의 기포 형성량을 좌우하는 요인과 가장 거리가 먼 것은?

① 감압속도

② 산소공급량

③ 조직에 용해된 가스양

④ 혈류를 변화시키는 상태

해설 감압에 따른 인체의 기포 형성량을 좌우하는 요인
- 조직에 용해된 가스양
- 혈류변화 정도(혈류를 변화시키는 상태)
- 감압속도

65. 감압병 예방을 위한 이상기압 환경에 대한 대책으로 적절하지 않은 것은?

① 작업시간을 제한한다.

② 가급적 빨리 감압시킨다.

③ 순환기에 이상이 있는 사람은 취업 또는 작업을 제한한다.

④ 고압환경에서 작업 시 헬륨-산소혼합가스 등으로 대체하여 이용한다.

해설 감압병 예방을 위한 이상기압 환경에 대한 대책
- 정기건강진단 실시
- 서서히 감압시킨다(stage decompression): 서서히 단계적으로 감압
- 감압이 완료된 후 산소를 흡입시켜 잔류된 체내 질소배설 촉진
- 작업시간 제한, 고압환경 작업 때 질소를 헬륨으로 대치한 공기 흡입

66. 정밀작업과 보통작업을 동시에 수행하는 작업장의 적정 조도는?

① 150럭스 이상   ② 300럭스 이상

③ 450럭스 이상   ④ 750럭스 이상

해설 「산업안전보건법」상 작업면의 조도
- 초정밀작업: 750럭스(lux) 이상
- 정밀작업: 300럭스 이상
- 보통작업: 150럭스 이상
- 그 밖의 작업: 75럭스 이상

※ 정밀작업과 보통작업을 동시에 수행하는 작업장의 경우에는 상위 단계의 조도를 기준으로 한다.

해답 62. ① 63. ④ 64. ② 65. ② 66. ②

67. 전기성 안염(전광성 안염)과 가장 관련이 깊은 비전리 방사선은?

① 자외선　　　　② 가시광선
③ 적외선　　　　④ 마이크로파

전광성 안염
- 보호구를 착용하지 않은 채 용접아크에 수 초간 노출되면 근로자는 동통, 타는 느낌, 눈에 모래가 들어간 느낌이 생기며, 이는 'Welder's flash' 또는 'arc-eye'라고도 한다.
- 각막이 280~315nm 범위의 자외선에 노출되어 생기는 결과로 발생된다.
- 이러한 영향이 생기는 기간은 아크와의 거리, 빛의 세기에 따라 달라진다.
- 이학적 소견상 결막 충혈을 보이며, 슬릿 램프검사상 각막이 점상으로 움푹 들어간 소견을 보인다.

68. 고압환경의 영향 중 2차적인 가압현상에 관한 설명으로 틀린 것은?

① 4기압 이상에서 공기 중의 질소가스는 마취작용을 나타낸다.
② 이산화탄소의 증가는 산소의 독성과 질소의 마취작용을 촉진시킨다.
③ 산소의 분압이 2기압을 넘으면 산소중독증세가 나타난다.
④ 산소중독은 고압산소에 대한 노출이 중지되어도 근육경련, 환청 등 후유증이 장기간 계속된다.

고압환경에서 2차적인 가압현상(화학적 인체작용)
- 4기압 이상에서 질소가스의 마취작용
- 산소분압 2기압 초과 시 산소중독
- 이산화탄소 중독

69. 현재 총흡음량이 2,000sabins인 작업장의 천정에 흡음물질을 첨가하여 3,000sabins을 더할 경우 소음감소는 어느 정도가 예측되겠는가?

① 4dB　　　　② 6dB
③ 7dB　　　　④ 10dB

소음저감량(NR)

$$NR(\text{dB}) = 10\log\frac{A_2}{A_1} = 10\log\frac{2,000+3,000}{2,000} = 3.98\text{dB}$$

여기서, A_1 : 흡음물질을 처리하기 전의 총흡음량(sabins)
　　　　A_2 : 흡음물질을 처리한 후의 총흡음량(sabins)

70. 인체와 작업환경 사이의 열교환이 이루어지는 조건에 해당되지 않는 것은?

① 대류에 의한 열교환　② 복사에 의한 열교환
③ 증발에 의한 열교환　④ 기온에 의한 열교환

인체와 작업환경 사이의 열교환은 주로 체내 열생산량(작업대사량), 전도, 대류, 복사, 증발 등에 의해 이루어진다.

71. 「산업안전보건법」상 적정공기의 범위에 해당하는 것은?

① 산소 농도 18% 미만
② 이황화탄소 농도 10% 미만
③ 탄산가스 농도 10% 미만
④ 황화수소 농도 10ppm 미만

「산업안전보건법」상 적정공기의 범위
- 산소 농도의 범위가 18% 이상 23.5% 미만
- 탄산가스의 농도가 1.5% 미만
- 일산화탄소의 농도가 30ppm 미만
- 황화수소의 농도가 10ppm 미만인 수준의 공기

72. 국소진동에 의하여 손가락의 창백, 청색증, 저림, 냉감, 동통이 나타나는 장해를 무엇이라 하는가?

① 레이노드 증후군
② 수근관통증 증후군
③ 브라운세커드 증후군
④ 스티브블래스 증후군

레이노드 증후군(현상)
- 저온환경: 손발이 추위에 노출되거나 심한 감정적 변화가 있을 때, 손가락이나 발가락의 끝 일부가 하얗게 또는 파랗게 변하는 것을 "레이노 현상", "레이노드 증후군"이라고 부른다.
- 혈액순환장애: 창백해지는 것은 혈관이 갑자기 오그라들면서 혈액 공급이 일시적으로 중단되기 때문이다.
- 국소진동: 압축공기를 이용한 진동공구, 즉 착암기 또는 해

머와 같은 공구를 장기간 사용한 근로자들의 손가락에 유발되기 쉬운 직업병이다.

73. 1,000Hz에서의 음압레벨을 기준으로 하여 등청감곡선을 나타내는 단위로 사용되는 것은?

① mel   ② bell

③ phon   ④ sone

해설
- 1sone은 1,000Hz 순음의 음의 세기레벨 40dB의 음의 크기
- 1phon은 1kHz 순음의 음압 레벨과 같은 크기로 느끼는 음의 크기

74. 빛과 밝기에 관한 설명으로 틀린 것은?

① 광도의 단위로는 칸델라(candela)를 사용한다.

② 광원으로부터 한 방향으로 나오는 빛의 세기를 광속이라 한다.

③ 루멘(lumen)은 1촉광의 광원으로부터 단위입체각으로 나가는 광속의 단위이다.

④ 조도는 어떤 면에 들어오는 광속의 양에 비례하고, 입사면의 단면적에 반비례한다.

해설 빛과 밝기
- 루멘(lumen): 1촉광의 광원으로부터 한 단위입체각으로 나가는 광속의 단위
- 촉광: 지름이 1인치인 촛불이 수평방향으로 비칠 때 빛의 광 강도를 나타내는 단위
- 풋캔들(foot-candle): 1루멘의 빛이 1ft^{2}의 평면상에 수직으로 비칠 때 그 평면의 빛의 밝기
- 칸델라(candela, 기호: cd)는 광도의 SI 단위이며 점광원에서 특정 방향으로 방출되는 빛의 단위입체각당 광속을 의미한다. 보통의 양초가 방출하는 광도는 1칸델라이다. 칸델라(candela)는 양초(candle)의 라틴어이다.

75. A = Q/V = 0.1m^{2}인 경우 덕트의 관경은 얼마인가?

① 352mm   ② 355mm

③ 357mm   ④ 359mm

해설 덕트의 관경
$$A = \frac{3.14 \times D^2}{4}$$

$$\therefore D = \sqrt{\frac{A \times 4}{3.14}} = \sqrt{\frac{0.1m^2 \times 4}{3.14}}$$
$$= 0.357m \times 1,000mm/m = 357mm$$

76. 이온화 방사선 중 입자방사선으로만 나열된 것은?

① α선, β선, γ선

② α선, β선, X선

③ α선, β선, 중성자

④ α선, β선, γ선, 중성자

해설 이온화 방사선 종류
- 대표적인 이온화 방사선은 알파, 베타, 감마선, 중성자 등이다.
- 알파와 베타, 중성자는 입자이고 감마는 파의 형태이다.
- 입자는 중량을 가지고 있으나 파는 입자와는 달리 중량도 없고 전하를 띠지 않는다.
- 알파(alpha): 양극을 띠며 종이나 옷조차 뚫지 못함. 이동 거리 2~4cm
- 베타(beta): 음극을 띠며 알루미늄을 뚫지 못함. 이동거리 2~3m
- 감마와 X-ray(gamma-rays, X-rays): 중성이며 납을 뚫지 못함. 이동거리 500m
- 중성자(neutron): 콘크리트를 뚫지 못함

77. 방사선의 투과력이 큰 것부터 순서대로 올바르게 나열한 것은?

① X>β>γ ② α>X>γ

③ X>β>α ④ γ>α>β

해설 방사선 투과력 순서
중성자>γ선>X선>β선>α선

78. 소음이 발생하는 작업장에서 1일 8시간 근무하는 동안 100dB에 30분, 95dB에 1시간 30분, 90dB에 3시간 노출되었다면 소음노출지수는 얼마인가?

① 1.0   ② 1.1

③ 1.2   ④ 1.3

해설 소음노출지수$= \dfrac{C_1}{T_1} + \dfrac{C_2}{T_2} + \cdots + \dfrac{C_7}{T_7}$

여기서, C: 노출된 시간

해답 **73.** ③ **74.** ② **75.** ③ **76.** ③ **77.** ③ **78.** ①

T: 허용노출기준

$$\therefore \text{소음노출지수} = \frac{0.5}{2} + \frac{1.5}{4} + \frac{3}{8} = 1$$

79. 소음성 난청에 영향을 미치는 요소에 대한 설명으로 틀린 것은?

① 음압수준이 높을수록 유해하다.
② 저주파음이 고주파음보다 더 유해하다.
③ 지속적 노출이 간헐적 노출보다 더 유해하다.
④ 개인의 감수성에 따라 소음반응이 다양하다.

해설 고주파음이 저주파음보다 더 위험하다.

80. 열경련(heat cramp)을 일으키는 가장 큰 원인은?

① 체온상승
② 중추신경마비
③ 순환기계 부조화
④ 체내수분 및 염분 손실

해설 열경련(heat cramp) 발생
• 고온환경에서 심한 육체적 노동을 할 경우 지나친 발한에 의한 수분 및 혈중 염분 손실로 발생
• 땀을 많이 흘리고 동시에 염분이 없는 음료수를 많이 마셔서 염분 부족 시 발생
• 전해질의 유실 시 발생
• 증상은 수의근의 유동성 경련, 과도한 발한

|5| 산업독성학

81. 산화규소는 폐암 등의 발암성이 확인된 유해인자이다. 종류에 따른 호흡성 분진의 노출기준을 연결한 것으로 맞는 것은?

① 결정체 석영-0.1mg/m³
② 결정체 트리폴리-0.1mg/m³
③ 비결정체 규소-0.01mg/m³
④ 결정체 트리디마이트-0.5mg/m³

해설 호흡성분진의 노출기준

분진의 종류	노출기준
• 석탄분진(Coal dust)	1mg/m³
• 천연흑연(Graphite, natural)	2mg/m³
• 합성흑연(Graphite, synthetic)	2mg/m³
• 파라쿼트(Paraquat)	0.1mg/m³
• 실리카-결정체(Silica-Crystalline)	
− 크리스토바라이트(Crystobalite)	0.05mg/m³
− 석영(Quartz)	0.05mg/m³
− 규소(Silica, fused)	0.1mg/m³
• 트리디마이트(Tridymite)	0.05mg/m³
• 트리폴리(Tripoli)	0.1mg/m³
• 소우프스톤(Soap stone)	3mg/m³
• 바나듐 분진 및 흄(Vanadium dust & fume)	0.05mg/m³
• 카드뮴 및 그 화합물(Cadmium and compounds, as Cd)	0.03mg/m³
• 산화아연분진(Zinc oxide)	2mg/m³
• 몰리브덴-불용성화합물(Molybdenum, insoluble compounds)	5mg/m³
• 내화성세라믹섬유(Refractory ceramic fibers)	0.2개/cm³
• 운모(Mica)	3mg/m³
• 카올린(Kaoline)	2mg/m³

82. 입자상물질의 종류 중 액체나 고체의 2가지 상태로 존재할 수 있는 것은?

① 흄(fume)
② 미스트(mist)
③ 증기(vapor)
④ 스모그(smog)

해설 스모그(smog)
smoke와 fog가 결합된 상태이며, 광화학 생성물과 수증기가 결합하여 에어로졸로 변한다.

83. 카드뮴의 인체 내 축적기관으로만 나열된 것은?

① 뼈, 근육
② 간, 신장
③ 뇌, 근육
④ 혈액, 모발

해설 인체 내 카드뮴 축적기관
인체에 유용한 칼슘, 철분, 아연 등과 유사한 경로를 통해 인체에 흡수되어 간, 신장, 뼈 그리고 다른 조직과 기관에 축적된다.

해답 79. ② 80. ④ 81. ② 82. ④ 83. ②

84. 적혈구의 산소운반 단백질을 무엇이라 하는가?

① 백혈구   ② 단구

③ 혈소판   ④ 헤모글로빈

<u>해설</u> 헤모글로빈(hemoglobin 또는 haemoglobin)
- 적혈구에서 철을 포함하는 붉은색 단백질로, 산소를 운반하는 역할을 한다.
- 산소 분압이 높은 폐에서는 산소와 잘 결합하고, 산소 분압이 낮은 체내에서는 결합하던 산소를 유리하는 성질이 있다.

85. 다음 중 노출기준이 가장 낮은 것은?

① 오존(O_3)   ② 암모니아(NH_3)

③ 염소(Cl_2)   ④ 일산화탄소(CO)

<u>해설</u> 허용기준
- 오존(O_3): 0.08ppm   • 암모니아(NH_3): 25ppm
- 염소(Cl_2): 0.5ppm   • 일산화탄소(CO): 30ppm

86. 유해물질의 경구투여용량에 따른 반응범위를 결정하는 독성검사에서 얻은 용량–반응곡선(dose-response curve)에서 실험동물군의 50%가 일정시간 동안 죽는 치사량을 나타내는 것은?

① LC_{50} ② LD_{50}

③ ED_{50} ④ TD_{50}

<u>해설</u> 반수 치사량(LD_{50}, Lethal Dose 50) 또는 반수 치사농도(LC_{50}), 반수 치사농도 및 시간(LCt_{50})은 피실험동물에 실험대상물질을 투여할 때 피실험동물의 절반이 죽게 되는 양을 말한다. 독성물질의 경우, 해당 약물의 LD_{50}을 나타낼 때는 체중 kg당 mg으로 나타낸다.

87. 골수장애로 재생불량성 빈혈을 일으키는 물질이 아닌 것은?

① 벤젠(benzene)

② 2-브로모프로판(2-bromopropane)

③ TNT(trinitrotoluene)

④ 2,4-TDI(Toluene-2,4-diisocyanate)

<u>해설</u> 2,4-TDI(Toluene-2,4-diisocyanate)는 천식을 일으키는 대표적인 물질이다.

88. ACGIH에서 발암물질을 분류하는 설명으로 틀린 것은?

① Group A1: 인체발암성 확인 물질

② Group A2: 인체발암성 의심 물질

③ Group A3: 동물발암성 확인 물질, 인체발암성 모름

④ Group A4: 인체발암성 미의심 물질

<u>해설</u> 미국정부산업위생전문가협의회(ACGIH) 분류에 따른 발암물질
- A1: 인체발암성 확인 물질
- A2: 인체발암성 의심 물질
- A3: 동물발암성 물질
- A4: 발암성 물질로 분류되지 않는 물질
- A5: 인체발암성으로 의심되지 않는 물질

89. 벤젠을 취급하는 근로자를 대상으로 벤젠에 대한 노출량을 추정하기 위해 호흡기 주변에서 벤젠 농도를 측정함과 동시에 생물학적 모니터링을 실시하였다. 벤젠 노출로 인한 대사산물의 결정인자(determinant)로 맞는 것은?

① 호기 중의 벤젠   ② 소변 중의 마뇨산

③ 소변 중의 총페놀   ④ 혈액 중의 만델리산

<u>해설</u> 벤젠 노출에 의한 대사산물은 소변 중의 총페놀이다.

90. ACGIH에서 발암성 구분을 "A1"으로 정하고 있는 물질이 아닌 것은?

① 석면   ② 텅스텐

③ 우라늄   ④ 6가 크롬화합물

<u>해설</u> ACGIH에서 발암성 구분을 "A1"으로 정하고 있는 물질은 아크릴로니트릴, 석면, 벤지딘, 6가 크롬화합물, 니켈, 황화합물의 배출물 및 흄입자, 염화비닐, 우라늄이다.

91. 중금속 취급에 의한 직업성 질환을 나타낸 것으로 서로 관련이 가장 적은 것은?

① 니켈 중독-백혈병, 재생불량성 빈혈

② 납 중독-골수침입, 빈혈, 소화기장애

③ 수은 중독-구내염, 수전증, 정신장애

④ 망간 중독-신경염, 신장염, 중추신경장해

◯해답   84. ④   85. ①   86. ②   87. ④   88. ④   89. ③
      90. ②   91. ①

해설 니켈에 의한 직업성 질환
• 황화니켈, 염화니켈은 소화기 증상 발생
• 망상적혈구의 증가, 빌리루빈의 증가, 알부민 배출의 증가
• 접촉성 피부염 발생, 현기증·권태감·두통 등의 신경학적 증상도 나타남, 자연유산, 폐암사망률 증가(발암성)
• 니켈연무에 만성적으로 노출된 경우(황산니켈의 경우처럼) 만성비염, 부비동염, 비중격 천공 및 후각소실 발생 가능

92. 다음 표과 같은 망간중독을 스크리닝하는 검사법을 개발하였다면, 이 검사법의 특이도는 얼마인가?

구분		망간중독 진단		합계
		양성	음성	
검사법	양성	17	7	24
	음성	5	25	30
합계		22	32	54

① 70.8% ② 77.3%
③ 78.1% ④ 83.3%

해설 특이도(特異度, specificity, true negative rate)는 실제로 음성인 사람이 검사에서 음성으로 판정될 확률이다.

$$특이도(\%) = \frac{25}{32} \times 100 = 78.13\%$$

93. 동일한 독성을 가진 화학물질이 합류하여 각 물질의 독성의 합보다 큰 독성을 나타내는 작용은?

① 상승작용 ② 상가작용
③ 강화작용 ④ 길항작용

해설 상승작용(synergism effect)
• 두 종류 이상의 화학물질의 독성이 각각 단독으로 폭로될 경우보다 훨씬 독성이 커짐을 말한다. 즉, 몇 가지 요인이 겹침으로 인하여 각각이 독립적으로 작용할 때보다 그 독성이 더욱 커지는 현상을 말한다.
• 상대적 독성 수치로 표현하면 2+3=20이다.
• 예시: 사염화탄소와 에탄올, 흡연자가 석면에 노출 시

94. 진폐증의 독성병리기전에 대한 설명으로 틀린 것은?

① 진폐증의 대표적인 병리소견은 섬유증(fibrosis)이다.

② 섬유증이 동반되는 진폐증의 원인물질로는 석면, 알루미늄, 베릴륨, 석탄분진, 실리카 등이 있다.
③ 폐포탐식세포는 분진탐식 과정에서 활성산소유리기에 의한 폐포상피세포의 증식을 유도한다.
④ 콜라겐 섬유가 증식하면 폐의 탄력성이 떨어져 호흡곤란, 지속적인 기침, 폐기능 저하를 가져온다.

해설 폐포탐식세포는 단핵구의 허파사이질로 들어가 허파꽈리 큰 포식세포가 되며 제1형 허파꽈리 세포 사이를 이동하여 허파꽈리 사이사이로 들어가서 먼지세균과 같은 입자상 물질을 탐식하여 폐를 무균상태로 유지한다.

95. 자극성 가스이면서 화학적 질식제라 할 수 있는 것은?

① H_2S ② NH_3
③ Cl_2 ④ CO_2

해설 공기 중 산소를 대체하여 폐포의 산소분압을 떨어뜨리는 모든 가스는 단순 질식제가 될 수 있지만, 일산화탄소, 시안화물, 황화수소는 인체 내에서 산소가 이용되는 것을 방해하는 자극성 가스이며 화학적 질식제로 분류한다.

96. 입자상 물질의 호흡기계 침착기전 중 길이가 긴 입자가 호흡기계로 들어오면 그 입자의 가장자리가 기도의 표면을 스치게 됨으로써 침착하는 현상은?

① 충돌 ② 침전
③ 차단 ④ 확산

해설 입자상 물질의 호흡기계 침착기전 중 차단
입자상 물질의 호흡기계 침착기전 중 길이가 긴 입자가 호흡기계로 들어오면 그 입자의 가장자리가 기도의 표면을 스치게 됨으로써 침착하는 현상이고 방직공장에서 발생하는 섬유(석면)입자가 중요한 예이다.

97. 생물학적 모니터링을 위한 시료가 아닌 것은?

① 공기 중 유해인자
② 요 중의 유해인자나 대사산물

③ 혈액 중의 유해인자나 대사산물

④ 호기(exhaled air) 중의 유해인자나 대사산물

해설 생물학적 모니터링을 위한 시료
- 요 중의 유해인자나 대사산물
- 혈액 중의 유해인자나 대사산물
- 호기(exhaled air) 중의 유해인자나 대사산물

98. 다음 중 납중독에서 나타날 수 있는 증상을 모두 나열한 것은?

ㄱ. 빈혈	ㄴ. 신장해
ㄷ. 중추 및 말초신경장해	ㄹ. 소화기장애

① ㄱ, ㄷ   ② ㄱ, ㄴ, ㄷ

③ ㄴ, ㄹ   ④ ㄱ, ㄴ, ㄷ, ㄹ

해설 납중독의 주요 증상
- 잇몸에 납선(lead line) 발생
- 납 빈혈 발생
- 위장계통의 장애(소화기장애)
- 신경, 근육계통의 장애
- 중추신경장애
- 요 중 δ-ALAD 활성치 저하
- 포르피린과 헴(heme)의 합성에 관여하는 효소 억제 및 소화기계, 조혈계에 영향을 주는 물질 발생
- 적혈구 내 프로토포르피린 증가
- 임상증상은 위장계통장해, 신경근육계통의 장해, 중추신경계통의 장해 등 크게 3가지로 나눔

99. 남성 근로자의 생식 독성 유발 유해인자와 가장 거리가 먼 것은?

① 고온   ② 저혈압증

③ 항암제   ④ 마이크로파

해설 남성 근로자의 생식 독성 유발 유해인자
고온, X선, 납, 카드뮴, 망간, 수은, 항암제, 마취제, 알킬화제, 이황화탄소, 염화비닐, 음주, 흡연, 마약, 호르몬제제, 마이크로파 등

100. 금속열에 관한 설명으로 틀린 것은?

① 금속열이 발생하는 작업장에서는 개인 보호용구를 착용해야 한다.

② 금속 흄에 노출된 후 일정 시간의 잠복기를 지나 감기와 비슷한 증상이 나타난다.

③ 금속열은 하루 정도가 지나면 증상은 회복되나 후유증으로 호흡기, 시신경 장애 등을 일으킨다.

④ 아연, 마그네슘 등 비교적 융점이 낮은 금속의 제련, 용해, 용접 시 발생하는 산화금속 흄을 흡입할 경우 생기는 발열성 질병이다.

해설 금속 증기열은 폐렴, 폐결핵의 원인이 되지 않고 체온이 높아지고 오한이 나며, 목이 마르고, 기침이 난다. 이러한 증상은 12~24시간이 지나면 완전히 없어진다.

해답 98. ④   99. ②   100. ③

1. 전신피로의 정도를 평가하기 위하여 맥박을 측정한 값이 심한 전신피로 상태라고 판단되는 경우는?

① $HR_{30\sim60}=107$, $HR_{150\sim180}=89$, $HR_{60\sim90}=101$

② $HR_{30\sim60}=110$, $HR_{150\sim180}=95$, $HR_{60\sim90}=108$

③ $HR_{30\sim60}=114$, $HR_{150\sim180}=92$, $HR_{60\sim90}=118$

④ $HR_{30\sim60}=116$, $HR_{150\sim180}=102$, $HR_{60\sim90}=108$

해설 작업을 마친 직후 회복기의 심박수(심한 전신피로 상태)

• $HR_{30\sim60}$이 110을 초과하고 $HR_{150\sim180}$와 $HR_{60\sim90}$의 차이가 10 미만인 경우

여기서, $HR_{30\sim60}$: 작업 종료 후 30~60초 사이의 평균 맥박수

$HR_{60\sim90}$: 작업 종료 후 60~90초 사이의 평균 맥박수

$HR_{150\sim180}$: 작업 종료 후 150~180초 사이의 평균 맥박수

2. 산업위생전문가들이 지켜야 할 윤리강령에 있어 전문가로서의 책임에 해당하는 것은?

① 일반 대중에 관한 사항은 정직하게 발표한다.

② 위험요소와 예방조치에 관하여 근로자와 상담한다.

③ 과학적 방법의 적용과 자료의 해석에서 객관성을 유지한다.

④ 위험요인의 측정, 평가 및 관리에 있어서 외부의 압력에 굴하지 않고 중립적 태도를 취한다.

해설 산업위생전문가로서의 책임

• 성실성과 학문적 실력 면에서 최고수준을 유지한다(전문적 능력 배양 및 성실한 자세로 행동).

• 과학적 방법의 적용과 자료의 해석에서 경험을 통한 전문가의 객관성을 유지한다(공인된 과학적 방법 적용, 해석).

• 전문 분야로서의 산업위생을 학문적으로 발전시킨다.

• 근로자, 사회 및 전문 직종의 이익을 위해 과학적 지식을 공개하고 발표한다.

• 산업위생활동을 통해 얻은 개인 및 기업체의 기밀은 누설하지 않는다(정보는 비밀 유지).

• 전문적 판단이 타협에 의하여 좌우될 수 있거나 이해관계가 있는 상황에는 개입하지 않는다.

※ ①은 일반 대중에 대한 책임, ②, ④는 근로자에 대한 책임이다.

3. Diethyl ketone(TLV=200ppm)을 사용하는 근로자의 작업시간이 9시간일 때 허용기준을 보정하였다. OSHA 보정법과 Brief and Scala 보정법을 적용하였을 경우 보정된 허용기준치 간의 차이는 약 몇 ppm인가?

① 5.05

② 11.11

③ 22.22

④ 33.33

해설

• $OSHA = \dfrac{8}{\text{노출시간(hr)/일}} \times 8\text{시간 허용기준}$

$= \dfrac{8}{9} \times 200\text{ppm} = 177.78\text{ppm}$

• $Breig\ \&\ Scala = \dfrac{8}{H} \times \dfrac{24-H}{16} = \dfrac{8}{9} \times \dfrac{24-9}{16} = 0.8333$

$= 200 \times 0.833 = 166.67$

∴ 차이 $= 177.78 - 166.67 = 11.11$

해답 1. ④ 2. ③ 3. ②

4. 18세기 영국의 외과의사 Pott에 의해 직업성 암(癌)으로 보고되었고, 오늘날 검댕 속의 다환방향족 탄화수소가 원인인 것으로 밝혀진 질병은?

① 폐암　　　　　　② 방광암

③ 중피종　　　　　④ 음낭암

해설 Percival Pott(영국 외과의사)
- 세계 최초로 연통을 청소하는 10세 이하 어린이에게서 음낭암 발병 발견
- 검댕 중 다환방향족 탄화수소(PAHs)가 원인 물질임을 발견함

5. 「산업안전보건법」의 목적을 설명한 것으로 맞는 것은?

① 「헌법」에 의하여 근로조건의 기준을 정함으로써 근로자의 기본적 생활을 보장, 향상시키며 균형 있는 국가경제의 발전을 도모함

② 「헌법」의 평등이념에 따라 고용에서 남녀의 평등한 기회와 대우를 보장하고 모성보호와 작업능력을 개발하여 근로여성의 지위 향상과 복지 증진에 기여함

③ 산업안전·보건에 관한 기준을 확립하고 그 책임의 소재를 명확하게 하여 산업재해를 예방하고 쾌적한 작업환경을 조성함으로써 근로자의 안전과 보건을 유지·증진함

④ 모든 근로자가 각자의 능력을 개발, 발휘할 수 있는 직업에 취직할 기회를 제공하고, 산업에 필요한 노동력의 충족을 지원함으로써 근로자의 직업안정을 도모하고 균형 있는 국민경제의 발전에 이바지함

해설 「산업안전보건법」 제1조(목적)
이 법은 산업 안전 및 보건에 관한 기준을 확립하고 그 책임의 소재를 명확하게 하여 산업재해를 예방하고 쾌적한 작업환경을 조성함으로써 노무를 제공하는 사람의 안전 및 보건을 유지·증진함을 목적으로 한다.

6. 방사성 기체로 폐암 발생의 원인이 되는 실내공기 중 오염물질은?

① 석면　　　　　　② 오존

③ 라돈　　　　　　④ 포름알데히드

해설 라돈
방사성 비활성기체로서 무색, 무미, 무취의 성질을 가지고 있으며 공기보다 무겁다. 자연에서는 우라늄과 토륨의 자연 붕괴에 의해서 발생되며 건물의 균열 틈새를 통하여 내부로 유입되어 폐암을 유발시키는 발암성 물질이다. 가장 안정적인 동위 원소는 Rn-222로 반감기는 3.8일이고, 이를 이용하여 방사선 치료 등에 사용된다.

7. 육체적 작업능력(PWC)이 16kcal/min인 근로자가 1일 8시간 동안 물체를 운반하고 있다. 이때의 작업 대사량은 10kcal/min이고, 휴식 시의 대사량은 1.5kcal/min이다. 이 사람이 쉬지 않고 계속하여 일할 수 있는 최대허용시간은 약 몇 분인가? (단, $\log T_{end} = b_0 + b_1 \cdot E$, $b_0 = 3.720$, $b_1 = -0.1949$이다.)

① 60분　　　　　　② 90분

③ 120분　　　　　④ 150분

해설 $\log T_{end} = 3.720 - 0.1949E$
여기서, E : 작업대사량(kcal/min)
　　　　T_{end} : 허용작업시간(min)
$$\log T_{end} = 3.720 - (0.1949 \times 10)$$
$$= 1.771$$
$$\therefore T_{end} = 10^{1.771} = 59.02 \fallingdotseq 60min$$

8. 산업재해의 기본원인인 4M에 해당되지 않는 것은?

① 방식(Mode)

② 설비(Machine)

③ 작업(Media)

④ 관리(Management)

해설 재해의 기본원인인 4M은 Man(인간), Machine(기계), Media(매체), Management(관리)를 의미한다.

9. 보건관리자를 반드시 두어야 하는 사업장이 아닌 것은?

① 도금업

② 축산업

해답 4. ④　5. ③　6. ③　7. ①　8. ①　9. ②

③ 연탄 생산업

④ 축전지(납 포함) 제조업

해설 보건관리자를 두어야 하는 사업의 종류, 사업장의 상시근로자수, 보건관리자의 수 및 선임방법

사업의 종류	사업장의 상시근로자수	보건관리자의 수
• 광업(광업지원 서비스업은 제외) • 섬유제품 염색, 정리 및 마무리 가공업, 모피제품 제조업 • 그 외 기타 의복액세서리 제조업(모피 액세서리에 한정) • 모피 및 가죽 제조업(원피가공 및 가죽 제조업은 제외) • 신발 및 신발부분품 제조업 • 코크스, 연탄 및 석유정 제품제조업, 화학물질 및 화학제품 제조업; 의약품 제외	상시근로자 50명 이상 500명 미만	1명 이상
	상시근로자 500명 이상 2천 명 미만	2명 이상(의사 또는 간호사 포함)
	상시근로자 2천 명 이상	〃
• 제2호부터 제22호까지의 사업을 제외한 제조업	상시근로자 50명 이상 1천 명 미만	1명 이상
	상시근로자 1천 명 이상 3천 명 미만	2명 이상
	상시근로자 3천 명 이상	〃
• 농업, 임업 및 어업, 운수 및 창고업, 도매 및 소매업 • 전기, 가스, 증기 및 공기조절 공급업 ~중략~ • 공공행정(청소, 시설관리, 조리 등 고용노동부장관이 정하여 고시하는 사람 한정) ~이하생략~	상시근로자 50명 이상 5천 명 미만. 다만, 제35호의 경우에는 상시근로자 100명 이상 5천 명 미만으로 한다.	1명 이상
	상시 근로자 5천 명 이상	2명 이상(의사 또는 간호사 포함)

10. 고용노동부장관은 건강장해를 발생할 수 있는 업무에 일정기간 이상 종사한 근로자에 대하여 건강관리수첩을 교부하여야 한다. 건강관리수첩 교부 대상 업무가 아닌 것은?

① 벤지딘염산염(중량비율 1% 초과 제제 포함) 제조 취급업무

② 벤조트리클로리드 제조(태양광선에 의한 염소화반응에 제조)업무

③ 제철용 코크스 또는 제철용 가스발생로 가스

제조 시 로상부 또는 근접작업

④ 크롬산, 중크롬산 또는 이들 염(중량 비율 0.1% 초과 제제 포함)을 제조하는 업무

해설 건강관리수첩 교부대상에는 크롬산, 중크롬산 또는 이들 염(중량 비율 1% 초과 제제 포함)을 제조하는 업무가 포함된다.

11. 직업성 질환에 관한 설명으로 틀린 것은?

① 직업성 질환과 일반 질환은 그 한계가 뚜렷하다.

② 직업성 질환은 재해성 질환과 직업병으로 나눌 수 있다.

③ 직업성 질환이란 어떤 직업에 종사함으로써 발생하는 업무상 질병을 의미한다.

④ 직업병은 저농도 또는 저수준의 상태로 장시간 걸쳐 반복노출로 생긴 질병을 의미한다.

해설 직업성 질환과 일반 질환은 구분이 어렵다.

12. 교대 근무제에 관한 설명으로 맞는 것은?

① 야간근무 종료 후 휴식은 24시간 전후로 한다.

② 야근은 가면(假眠)을 하더라도 10시간 이내가 좋다.

③ 신체적 적응을 위하여 야간근무의 연속일수는 대략 1주일로 한다.

④ 누적 피로를 회복하기 위해서는 정교대 방식보다는 역교대 방식이 좋다.

해설 교대작업자의 작업설계 시 고려해야 할 권장사항
• 야간작업은 연속하여 3일을 넘기지 않도록 한다.
• 야간반 근무를 모두 마친 후 아침반 근무에 들어가기 전 최소한 24시간 이상 휴식을 하도록 한다.
• 가정생활이나 사회생활을 배려할 때 주중에 쉬는 것보다는 주말에 쉬도록 하는 것이 좋으며, 하루씩 띄어 쉬는 것보다는 주말에 이틀 연이어 쉬도록 한다.
• 교대작업자, 특히 야간작업자는 주간작업자보다 연간 쉬는 날이 더 많이 있어야 한다.
• 근무반 교대방향은 아침반 → 저녁반 → 야간반으로 바뀌도록 정방향으로 순환하도록 한다.
• 아침반 작업은 너무 일찍 시작하지 않도록 한다.
• 야간반 작업은 잠을 조금이라도 더 오래 잘 수 있도록 가능한 한 일찍 작업을 끝내도록 한다.

해답 10. ④ 11. ① 12. ②

- 교대작업일정을 계획할 때 가급적 근로자 개인이 원하는 바를 고려하도록 한다.
- 교대작업일정은 근로자들에게 미리 통보되어 예측할 수 있도록 한다.
- 개인 차이는 있지만 최소 6시간 이상 연속으로 수면을 취한다.

13. 300명의 근로자가 근무하는 A사업장에서 지난 한 해 동안 신체장애 12등급 4명과, 3급 1명의 재해자가 발생하였다. 신체장애 등급별 근로손실일수가 다음 표와 같을 때 해당 사업장의 강도율은 약 얼마인가?(단, 연간 52주, 주당 5일, 1일 8시간을 근무하였다.)

신체장애등급	근로손실일수	신체장애등급	근로손실일수
1~3급	7,500일	9급	1,000일
4급	5,500일	10급	600일
5급	4,000일	11급	400일
6급	3,000일	12급	200일
7급	2,200일	13급	100일
8급	1,500일	14급	50일

① 0.33
② 13.30
③ 25.02
④ 52.35

해설 강도율
= (총요양근로손실일수/연근로시간수)×1,000
$$= \frac{(200일 \times 4명 + 7,500일 \times 1명)}{(300명 \times 8시간/일 \times 5일/주 \times 52주/연)} \times 1,000$$
= 13.30

14. 근골격계 질환에 관한 설명으로 틀린 것은?
① 점액낭염(bursitis)은 관절 사이의 윤활액을 싸고 있는 윤활낭에 염증이 생기는 질병이다.
② 건초염(tenosynovitis)은 건막에 염증이 생긴 질환이며, 건염(tendonitis)은 건의 염증으로, 건염과 건초염을 정확히 구분하기 어렵다.
③ 수근관 증후군(carpal tunnel sysdrome)은 반복적이고, 지속적인 손목의 압박, 무리한 힘 등으로 인해 수근관 내부에 정중신경이 손상되어 발생한다.

④ 근염(myositis)은 근육이 잘못된 자세, 외부의 충격, 과도한 스트레스 등으로 수축되어 굳어지면 근섬유의 일부가 띠처럼 단단하게 변하여 근육의 특정 부위에 압통, 방사통, 목 부위 운동제한, 두통 등의 증상이 나타난다.

해설
- 근염(myositis): 근육에 염증이 생겨 근섬유가 손상되는 질병으로 근염 발생 시 근육의 통증으로 인한 파행과 함께 근육의 수축 능력도 약해지고 발열, 오한, 피로감 등의 전신적 증상이 나타나기도 한다.
- 근막통 증후군: 근육이 잘못된 자세, 외부의 충격, 과도한 스트레스 등으로 수축되어 굳어지면 근섬유의 일부가 띠처럼 단단하게 변하여 근육의 특정 부위에 압통, 방사통, 목 부위 운동제한, 두통 등의 증상이 나타난다.

15. 유해인자와 그로 인하여 발생되는 직업병의 연결이 틀린 것은?
① 크롬-폐암
② 이상기압-폐수종
③ 망간-신장염
④ 수은-악성중피종

해설 직업병 발병 원인물질
㉠ 크롬: 크롬에 의한 인체영향에는 다양한 사항들이 보고되고 있으며, 특히 6가 크롬화합물은 체내에서 비점막의 궤양, 비중격천공, 비염, 비출혈, 고막천공, 폐수종, 천식, 신장해, 심부화 동통, 치아산식증과 치아변색, 1차적 자극성 피부염, 감작성 피부염 및 피부궤양을 일으키며 발암성 물질로 확인되었다.
㉡ 이상기압: 고기압 또는 저기압조건에 노출된 후 6~12시간 이내에 나타나는 다음에 해당되는 장해
- 폐, 중이, 부비동 또는 치아등에 발생한 압착증
- 물안경 또는 헬멧 등과 같은 잠수기기에 의한 압착증
- 질소마취현상 또는 중추신경계 산소독성에서 속발된 건강장해
- 근골격계, 호흡기, 중추신경계 또는 내이 등에 발생한 폐수종
㉢ 망간: 용접작업자, 제련·제철 작업자에게서 노출되어 신장염, 파킨슨증후군이 발병된다.
㉣ 수은: 미나마타병을 유발하며 전지·형광등·혈압계·체온계 작업장에서 발병된다.
㉤ 악성중피종은 석면 취급자에서 발병되는 직업병이다.

해답 13. ② 14. ④ 15. ④

16. 작업강도에 영향을 미치는 요인으로 틀린 것은?

① 작업밀도가 적다.

② 대인 접촉이 많다.

③ 열량소비량이 크다.

④ 작업대상의 종류가 많다.

해설 작업강도에 영향을 미치는 요인
에너지소비량, 작업속도, 작업자세, 작업범위, 작업의 위험성, 정밀작업, 위험한 작업, 대인접촉 빈도

17. 「산업안전보건법령」상 작업환경측정에 관한 내용으로 틀린 것은?

① 모든 측정은 개인시료채취방법으로만 실시하여야 한다.

② 작업환경측정을 실시하기 전에 예비조사를 실시하여야 한다.

③ 작업환경측정자는 그 사업장에 소속된 사람으로 산업위생관리산업기사 이상의 자격을 가진 사람이다.

④ 작업이 정상적으로 이루어져 작업시간과 유해인자에 대한 근로자의 노출 정도를 정확히 평가할 수 있을 때 실시하여야 한다.

해설 「산업안전보건법령」상 작업환경측정방법
• 작업환경측정을 실시하기 전에 예비조사를 실시하여야 한다.
• 개인시료채취방법으로 하되 개인시료채취방법이 곤란한 경우에는 지역시료 채취방법으로 한다(지역시료채취 사유기록).
• 작업환경측정자는 그 사업장에 소속된 사람으로 산업위생관리산업기사 이상의 자격을 가진 사람이다.
• 작업이 정상적으로 이루어져 작업시간과 유해인자에 대한 근로자의 노출정도를 정확히 평가할 수 있을 때 실시하여야 한다.

18. 중량물 취급작업 시 NIOSH에서 제시하고 있는 최대허용기준(MPL)에 대한 설명으로 틀린 것은? (단, AL은 감시기준이다.)

① 역학조사 결과 MPL을 초과하는 직업에서 대부분의 근로자들에게 근육, 골격 장애가 나타났다.

② 노동생리학적 연구결과, MPL에 해당되는 작업에서 요구되는 에너지 대사량은 5kcal/min

를 초과하였다.

③ 인간공학적 연구결과, MPL에 해당되는 작업에서 디스크에 3,400N의 압력이 부과되어 대부분의 근로자들이 이 압력에 견딜 수 없었다.

④ MPL은 3AL에 해당되는 값으로 정신물리학적 연구결과, 남성 근로자의 25% 미만과 여성 근로자의 1% 미만에서만 MPL 수준의 작업을 수행할 수 있었다.

해설 최대허용기준(MPL) 설정배경
• 역학조사결과: 대부분의 근로자에게 근육, 골격장해가 나타남
• 인간공학적 연구결과: L5/S1 디스크에 미치는 압력이 6,400N (650kg) 이상인 경우 대부분 근로자 견딜 수 없음
• 노동생리학적 연구결과: 요구되는 에너지 대사량은 5kcal/min 초과
• 정신물리학적 연구 결과: 남자는 25%, 여자는 2% 미만에서만 작업 가능
• 관계식: MPL=3AL

19. 심리학적 적성검사에서 지능검사 대상에 해당되는 항목은?

① 성격, 태도, 정신상태

② 언어, 기억, 추리, 귀납

③ 수족협조능, 운동속도능, 형태지각능

④ 직무에 관련된 기본지식과 숙련도, 사고력

해설 심리학적 적성검사 항목
• 기능검사: 직무에 관련된 기본지식과 숙련도, 사고력 등의 검사
• 인성검사: 성격, 태도, 정신상태에 대한 검사
• 지능검사: 언어, 기억, 추리, 귀납 등에 대한 검사
• 지각동작검사: 수족협조, 운동속도, 형태지각 등에 대한 검사

20. 산업위생 전문가의 과제가 아닌 것은?

① 작업환경의 조사

② 작업환경조사 결과의 해석

③ 유해물질과 대기오염의 상관성 조사

④ 유해인자가 있는 곳의 경고 주의판 부착

해설 유해물질과 대기오염 상관성 조사는 환경분야로, 산업위생과는 관계가 없다.

해답 16. ① 17. ① 18. ③ 19. ② 20. ③

21. 입자상 물질의 크기 표시를 하는 방법 중 입자의 면적을 이등분하는 직경으로 과소평가의 위험성이 있는 것은?

① 마틴직경
② 페렛직경
③ 스톡크직경
④ 등면적직경

해설 기하학적(물리적) 직경
• 마틴직경: 먼지의 면적을 2등분하는 선의 길이(방향은 항상 일정), 과소평가될 수 있음
• 페렛직경: 먼지의 한쪽 끝 가장자리와 다른 쪽 가장자리 사이의 거리, 과대평가될 수 있음
• 등면적직경: 먼지 면적과 동일 면적 원의 직경으로 가장 정확. 현미경 접안경에 porton reticle을 삽입하여 측정

22. 시료채취 대상 유해물질과 시료채취 여과지를 잘못 짝지은 것은?

① 유리규산-PVC 여과지
② 납, 철, 등 금속-MCE 여과지
③ 농약, 알칼리성 먼지-은막 여과지
④ 다핵방향족탄화수소(PAHs)-PTFE 여과지

해설 막여과지의 종류
• MCE 막여과지: 산에 쉽게 용해, 가수분해, 습식·회화 → 입자상 물질 중 금속을 채취하여 원자흡광법으로 분석 흡습성(원료: 셀룰로오스 → 수분 흡수)이 높은 MCE 막여과지는 오차를 유발할 수 있음
• PVC 막여과지: 가볍고 흡습성이 낮아 분진 중량분석에 사용. 수분 영향이 낮아 공해성 먼지, 총 먼지 등의 중량분석을 위한 측정에 사용, 6가 크롬 채취에도 적용
• PTFE 막여과지(테프론): 열, 화학물질, 압력 등에 강한 특성. 석탄건류, 증류 등의 고열공정에서 발생하는 다핵방향족탄화수소를 채취하는 데 이용
• 은막 여과지: 균일한 금속은을 소결하여 만들며 열적, 화학적 안정성이 있음

23. 작업환경 내 유해물질 노출로 인한 위해도의 결정 요인은 무엇인가?

① 반응성과 사용량
② 위해성과 노출량
③ 허용농도와 노출량
④ 반응성과 허용농도

해설 작업환경 내 유해물질 노출로 인한 위해도의 결정 요인은 위해성과 노출량(Probability)으로 결정된다.

24. 흡광도 측정에서 최초광의 70%가 흡수될 경우 흡광도는 약 얼마인가?

① 0.28
② 0.35
③ 0.46
④ 0.52

해설 $\therefore$ 흡광도 $= \log \dfrac{1}{투과도} = \log \dfrac{1}{(1-0.7)} = 0.52$

※ 투과도: 빛의 70%가 흡수되므로 30%는 투과되는 것이다. 따라서 투과도는 0.30이다.

25. 포집기를 이용하여 납을 분석한 결과 0.00189g이었을 때, 공기 중 납 농도는 약 몇 mg/m³인가?(단, 포집기의 유량 2.0L/min, 측정시간 3시간 2분, 분석기기의 회수율은 100%이다.)

① 4.61
② 5.19
③ 5.77
④ 6.35

해설

보정농도$(mg/m^3) = \dfrac{분석값(mg/m^3)}{회수율(또는 탈착률)}$

기기 분석값 $= 0.00189g$

공기 채취량$(m^3) = 2L/min \times 182min \times \dfrac{1m^3}{1,000L}$

$\qquad\qquad\qquad = 0.364m^3$

보정농도$(mg/m^3) = \dfrac{\dfrac{0.00189g}{0.364m^3} \times \dfrac{10^3mg}{1g}}{1.0} = 5.19mg/m^3$

26. 접착공정에서 본드를 사용하는 작업장에서 톨루엔을 측정하고자 한다. 노출기준의 10%까지 측정하고자 할 때, 최소 시료채취시간은 약 몇 분인가? (단, 25℃, 1기압 기준이며 톨루엔의 분자량은 92.14, 기체크로마토그래피의 분석에서 톨루엔의 정량한계는 0.5mg, 노출기준은 100ppm, 채취유량은 0.15L/분이다.)

① 13.3
② 39.6
③ 88.5
④ 182.5

해답 **21.** ① **22.** ③ **23.** ② **24.** ④ **25.** ② **26.** ③

$$\text{농도}(\text{mg/m}^3) = (100\text{ppm} \times 0.1) \times \frac{92.14}{24.45} = 37.69\text{mg/m}^3$$

$$\text{최소 채취부피}(L) = \frac{0.5\text{mg}}{37.69\text{mg/m}^3 \times \text{m}^3/1{,}000L}$$
$$= 13.27L$$

$$\therefore \text{최소 시료채취시간}(\text{min}) = \frac{13.27L}{0.15L/\text{min}} = 88.47\text{min}$$

27. 다음 중 검지관법에 대한 설명과 가장 거리가 먼 것은?

① 반응시간이 빨라서 빠른 시간에 측정결과를 알 수 있다.

② 민감도가 낮기 때문에 비교적 고농도에만 적용이 가능하다.

③ 한 검지관으로 여러 물질을 동시에 측정할 수 있는 장점이 있다.

④ 오염물질의 농도에 비례한 검지관의 변색층 길이를 읽어 농도를 측정하는 방법과 검지관 안에서 색변화와 표준 색료를 비교하여 농도를 결정하는 방법이 있다.

해설 검지관 측정법의 장단점

㉠ 장점
  • 사용이 간단하고 휴대가 간편하다.
  • 현장에서 바로 측정농도를 확인할 수 있다.
  • 비전문가도 어느 정도 숙지하면 사용할 수 있다(다만 산업위생전문가의 지도 아래 사용되어야 한다).
  • 맨홀 등 밀폐공간에서의 산소부족 또는 질식 및 폭발성 가스로 인한 안전이 문제가 될 때 신속히 농도를 확인할 수 있다.
  • 측정방법이 복잡하거나 빠른 측정이 요구될 때 사용할 수 있다.

㉡ 단점
  • 민감도가 낮아 정밀한 농도 평가는 어렵고 비교적 고농도 평가에만 적용이 가능하다.
  • 특이도가 낮아 다른 방해물질의 영향을 받기 쉽고 오차가 커서 한 검지관에 단일물질만 사용 가능하다.
  • 대개 단시간 측정만 가능하고 각 오염물질에 맞는 검지관을 선정하여 사용하여야 하기 때문에 불편함이 있다.
  • 색변화에 측정농도를 주관적으로 읽을 수 있어 판독자에 따라 변이가 심하다.
  • 색변화가 시간에 따라 변하므로 제조자가 정한 시간에 읽어야 한다.
  • 사전에 측정대상 물질을 알고 있어야 측정이 가능하다.

28. 공장 내 지면에 설치된 한 기계로부터 10m 떨어진 지점의 소음이 70dB(A)일 때, 기계의 소음이 50dB(A)로 들리는 지점은 기계에서 몇 m 떨어진 곳인가? (단, 점음원을 기준으로 하고, 기타 조건은 고려하지 않는다.)

① 50   ② 100

③ 200   ④ 400

해설 $SPL_1 - SPL_2 = 20\log\left(\dfrac{r_2}{r_1}\right)$

여기서, $r_1 =$ 기계에서 떨어진 거리

$r_2 =$ 원하는 지점에서 떨어진 거리

$$70 - 50 = 20\log\left(\frac{r_2}{10}\right)$$

$$20 = 20\log\frac{r_2}{10}$$

$$10^1 = \frac{r_2}{10}$$

$$\therefore r_2 = 100\text{m}$$

29. 태양광선이 내리쬐지 않는 옥외 작업장에서 온도를 측정한 결과, 건구온도는 30℃, 자연습구온도는 30℃, 흑구온도는 34℃이었을 때 습구흑구온도지수(WBGT)는 약 몇 ℃인가? (단, 고용노동부 고시를 기준으로 한다.)

① 30.4   ② 30.8

③ 31.2   ④ 31.6

해설 옥내 또는 옥외(태양광선이 내리쬐지 않는 장소)
WBGT = 0.7NWB + 0.3GT
여기서, NWB : 자연습구온도
       GT : 흑구온도,
       DT : 건구온도
$\therefore$ WBGT = 0.7×30 + 0.3×34 = 31.2

30. 온도표시에 관한 내용으로 틀린 것은?

① 냉수는 4℃ 이하를 말한다.

② 실온은 1~35℃를 말한다.

③ 미온은 30~40℃를 말한다.

④ 온수는 60~70℃를 말한다.

해답   27. ③   28. ②   29. ③   30. ①

해설 온도의 표시는 셀시우스법(℃)을 쓰며, 표준온도는 20℃, 상온은 15~25℃, 실온은 1~35℃, 미온은 30~40℃로 한다. 또한 따로 규정이 없는 한 찬물은 15℃ 이하, 온탕은 60~70℃, 열탕은 약 100℃이다.

31. 다음 중 복사기, 전기기구, 플라스마 이온방식의 공기청정기 등에서 공통적으로 발생할 수 있는 유해물질로 가장 적절한 것은?

① 오존   ② 이산화질소
③ 일산화탄소   ④ 포름알데히드

해설 실내 오존 발생기기
• 복사기, 레이저 프린터, 팩시밀리 등 고전압 전류를 사용하는 사무기기는 실내 오존 농도를 높이는 기기이다.
• 복사기 사용 시, 맡을 수 있는 자극적인 냄새가 바로 오존 냄새다.

32. '여러 성분이 있는 용액에서 증기가 나올 때, 증기의 각 성분의 부분압은 용액의 분압과 평형을 이룬다'는 내용의 법칙은?

① 라울의 법칙   ② 픽스의 법칙
③ 게이-루삭의 법칙   ④ 보일-샤를의 법칙

해설 라울의 법칙(Raoult's Law)
여러 성분이 있는 용액에서 증기가 나올 때, 증기의 각 성분의 부분압은 용액의 분압과 평형을 이룬다.

33. 소음의 측정시간 및 횟수의 기준에 관한 내용으로 ( ) 안에 들어갈 것으로 옳은 것은? (단, 고용노동부 고시를 기준으로 한다.)

> 단위작업 장소에서의 소음발생시간이 6시간 이내인 경우나 소음발생원에서의 발생시간이 간헐적인 경우에는 발생시간 동안 연속 측정하거나 등간격으로 나누어 ( ) 이상 측정하여야 한다.

① 2회   ② 3회
③ 4회   ④ 6회

해설 고용노동부 고시 소음측정방법
• 단위작업장소에서 소음수준은 규정된 측정위치 및 지점에서 1일 작업시간 동안 6시간 이상 연속 측정하거나 작업시간을 1시간 간격으로 나누어 6회 이상 측정하여야 한다. 다만, 소음의 발생특정이 연속음으로서 측정치가 변동이 없다고 자격자 또는 지정측정기관이 판단한 경우에는 1시간

동안을 등간격으로 나누어 3회 이상 측정할 수 있다.
• 단위작업장소에서의 소음발생시간이 6시간 이내인 경우나 소음발생원에서의 발생시간이 간헐적인 경우에는 발생시간 동안 연속 측정하거나 등간격으로 나누어 4회 이상 측정하여야 한다.

34. 측정값이 17, 5, 3, 13, 8, 7, 12, 10일 때, 통계적인 대푯값 9.0은 다음 중 어느 통계치에 해당되는가?

① 최빈값   ② 중앙값
③ 산술평균   ④ 기하평균

해설 중앙치(median)
N개의 측정치를 크기 중앙값 순서로 배열, 중앙에 오는 값. 값이 짝수일 때는 중앙값이 유일하지 않고 두 개가 될 수 있다. 이 경우 두 값의 평균조화평균이란 상이한 반응을 보이는 집단의 중심 경향을 파악하고자 할 때 유용하게 이용된다.

35. 전자기 복사선의 파장범위 중에서 자외선-A의 파장 영역으로 가장 적절한 것은?

① 100~280nm   ② 280~315nm
③ 315~400nm   ④ 400~760nm

해설 비이온화 방사선의 파장별 건강 영향
• UV-A: 315~400nm-피부노화 촉진
• IR-B: $1.4\sim1\mu\text{m}$-급성피부화상 및 백내장은 IR-C(원적외선)에서 발생
• UV-B: 280~315nm-발진, 피부암, 광결막염
• 가시광선: 400~700nm-광화학적이거나 열에 의한 각막 손상, 피부화상

36. 금속도장 작업장의 공기 중에 혼합된 기체의 농도와 TLV가 다음 표와 같을 때, 이 작업장의 노출지수(EI)는 얼마인가? (단, 상가작용 기준이며 농도 및 TLV의 단위는 ppm이다.)

기체명	기체의 농도	TLV
Toluene	55	100
MIBK	25	50
Acetone	280	750
MEK	90	200

해답 **31.** ① **32.** ① **33.** ③ **34.** ② **35.** ③ **36.** ④

396 산업위생관리기사 필기시험 문제풀이

① 1.573 ② 1.673
③ 1.773 ④ 1.873

해설 노출지수(EI)

노출지수가 1을 초과하면 노출기준을 초과한다고 판정한다.

$$\therefore \text{노출지수}(E_1) = \frac{C_1}{T_1} + \frac{C_2}{T_2} + \frac{C_3}{T_3} + \cdots$$
$$= \frac{55}{100} + \frac{25}{50} + \frac{280}{750} + \frac{90}{200} = 1.873$$

37. 석면측정방법 중 전자현미경법에 관한 설명으로 틀린 것은?

① 석면의 감별분석이 가능하다.

② 분석시간이 짧고 비용이 적게 소요된다.

③ 공기 중 석면시료분석에 가장 정확한 방법이다.

④ 위상차현미경으로 볼 수 없는 매우 가는 섬유도 관찰이 가능하다.

해설 석면측정방법 중 전자현미경법의 특징
• 분석시간이 오래 걸리고 가격이 비싸다.
• 석면의 감별분석이 가능하다.
• 공기 중 석면시료분석에 가장 정확한 방법이다.
• 위상차현미경으로 볼 수 없는 매우 가는 섬유도 관찰이 가능하다.

38. 작업장 소음에 대한 1일 8시간 노출 시 허용기준은 몇 dB(A)인가? (단, 미국 OSHA의 연속소음에 대한 노출기준으로 한다.)

① 45 ② 60
③ 75 ④ 90

해설 고용 노동부 고시 연속음의 허용기준

1일 노출시간(hr)	소음수준[dB(A)]
8	90
4	95
2	100
1	105
1/2	110
1/4	115

※ 1일 8시간 노출 시 노출기준은 90dB(A)이고 5dB 증가할 때마다 노출시간을 반감함

39. 다음 중 작업환경의 기류측정 기기와 가장 거리가 먼 것은?

① 풍차풍속계 ② 열선풍속계
③ 카타온도계 ④ 냉온풍속계

해설 작업환경 기류측정 기기
• 마노미터 • 피토관
• 풍향 풍속계 • 풍차풍속계
• 열선풍속계 • 카타온도계

40. 두 집단의 어떤 유해물질의 측정값이 아래 도표와 같을 때 두 집단의 표준편차의 크기 비교에 대한 설명 중 옳은 것은?

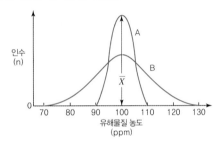

① A집단과 B집단은 서로 같다.

② A집단의 경우가 B집단의 경우보다 크다.

③ A집단의 경우가 B집단의 경우보다 작다.

④ 주어진 도표만으로 판단하기 어렵다.

해설 표준편차(SD)
• 관측값의 산포도, 즉 평균 가까이에 분포하고 있는지의 여부를 측정하는 데 많이 쓰인다.
• 표준편차가 0일 때는 관측값의 모두가 동일한 크기이고 표준편차가 클수록 관측값 중에는 평균에서 떨어진 값이 많이 존재한다.

|3| 작업환경관리대책

41. 작업환경 개선의 기본원칙으로 짝지어진 것은?

① 대체, 시설, 환기 ② 격리, 공정, 물질
③ 물질, 공정, 시설 ④ 격리, 대체, 환기

해답 **37.** ② **38.** ④ **39.** ④ **40.** ③ **41.** ④

해설 작업환경 개선대책 중 격리(Isolation)의 종류
- 저장물질의 격리
- 시설의 격리
- 공정의 격리
- 작업자의 격리

42. 다음 중 $0.01\mu m$ 정도의 미세분진까지 처리할 수 있는 집진기로 가장 적합한 것은?

① 중력 집진기
② 전기 집진기
③ 세정식 집진기
④ 원심력 집진기

해설 전기 집진장치의 장점
- 운전 및 유지비가 저렴하다.
- 집진효율이 높다($0.01\mu m$ 정도의 미세분진까지 처리).
- 넓은 범위의 입경과 분진 농도에 집진효율이 높다.
- 광범위한 온도범위에서 적용이 가능하다.
- 폭발성 가스의 처리도 가능하다.
- 고온의 입자상 물질($500℃$ 전후) 처리가 가능하며 보일러와 철강로 등에 설치할 수 있다.
- 압력 손실이 낮고 대용량의 가스처리가 가능하며 배출가스의 온도강하가 적다.
- 회수가치 입자포집에 유리하며, 습식 및 건식으로 집진할 수 있다.

43. 공기 중의 포화증기압이 1.52mmHg인 유기용제가 공기 중에 도달할 수 있는 포화농도는 약 몇 ppm인가?

① 2,000
② 4,000
③ 6,000
④ 8,000

해설 포화농도

$$포화농도(\text{ppm}) = \frac{물질의\ 증기압(\text{mmhg})}{대기압(\text{mmhg})} \times 10^6$$

$$= \frac{1.52}{760} \times 10^6 = 2,000\text{ppm}$$

44. 송풍기에 연결된 환기 시스템에서 송풍량에 따른 압력손실 요구량을 나타내는 Q-P 특성곡선 중 Q와 P의 관계는? (단, Q는 풍량, P는 풍압이며, 유동조건은 난류형태이다.)

① P∝Q
② P^2∝Q
③ P∝Q^2
④ P^2∝Q^3

해설 시스템 요구곡선
송풍량에 따라 송풍기의 정압이 변하는 경향을 나타내는 곡선으로 P∝Q^2의 관계를 나타낸다.

45. 그림과 같은 작업에서 상방 흡인형의 외부식 후드의 설치를 계획하였을 때 필요한 송풍량은 약 m^3/min인가? (단, 기온에 따른 상승기류는 무시함, $P = 2(L+W)$, $V_c = 1m/s$)

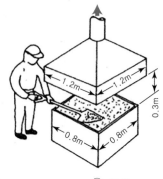

① 100
② 110
③ 120
④ 130

해설 상방 흡인형의 외부식 후드 또는 외부식 천개형 후드(고열이 없는 캐노피형 후드)
$H/L \leq 0.3$ 장방형인 경우의 필요 송풍량(Q)

$$H/L = \frac{0.3}{1.2} = 0.25$$

$$Q(m^3/\text{min}) = 1.4 \times P \times H \times V_c$$

$$P = 2(L+W) = 2(1.2+1.2) = 4.8m$$

$$\therefore\ Q(m^3/\text{min}) = 1.4 \times 4.8 \times 0.3 \times 1 \times 60\text{sec/min}$$

$$= 120.96m^3/\text{min}$$

46. 작업대 위에서 용접할 때 흄을 포집 제거하기 위해 작업면에 고정된 플랜지가 붙은 외부식 사각형 후드를 설치하였다면 소요 송풍량은 약 몇 m^3/min인가? (단, 개구면에서 작업지점까지의 거리는 0.25m, 제어속도는 0.5m/s, 후드 개구면적은 $0.5m^2$이다.)

① 0.281
② 8.430
③ 16.875
④ 26.425

해설 외부식 사각형 후드가 작업면에 고정된 플랜지가 붙은 경우의 필요환기량

$$Q = 0.5 \times 60\text{sec/min} \times V_c(10X^2+A)$$

$$= 0.5 \times 60\text{sec/min} \times 0.5m/s((10 \times 0.25^2)m^2 + 0.5m^2)$$

$$= 16.875m^3/\text{min}$$

해답 42. ② 43. ① 44. ③ 45. ③ 46. ③

47. 후드의 압력 손실계수가 0.45이고 속도압이 20mmH₂O일 때 압력손실(mmH₂O)은?

① 9 ② 12

③ 20.45 ④ 42.25

해설 후드의 압력손실(mmH₂O)

$= Fh \times VP$

$= 0.45 \times 20\text{mmH}_2\text{O} = 9\text{mmH}_2\text{O}$

48. 화학공장에서 작업환경을 측정하였더니 TCE 농도가 10,000ppm이었을 때 오염공기의 유효비중은? (단, TCE의 증기비중은 5.7, 공기비중은 1.0이다.)

① 1.028 ② 1.047

③ 1.059 ④ 1.087

해설 혼합물 유효비중
• 테트라클로로에틸렌 증기 비중(공기보다 5.7배 무겁다)=5.7
• 테트라클로로에틸렌 공기 중 농도(%)=10,000ppm=1%
 (단위환산 1%=10,000ppm)
• 공기 중 테트라클로로에틸렌을 제외한 농도=99%
∴ 혼합물 유효비중= 오염물질의 농도
   ×오염물질의 비중＋공기농도
   ×공기비중
 $= 0.01 \times 5.7 + 0.99 \times 1.0$
 $= 1.047$

49. 그림과 같은 국소배기장치의 명칭은?

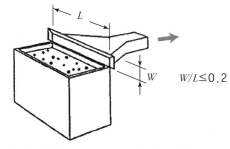

① 수형 후드 ② 슬롯 후드

③ 포위형 후드 ④ 하방형 후드

해설 슬롯 후드(Slot Hood)
후드 개방 부분(넓이)의 길이가 길고, 높이(폭)가 좁은 형태로 [높이(폭)/길이]의 비가 0.2 이하인 것을 말한다.

50. 다음 중 유해성이 적은 물질로 대체한 예와 가장 거리가 먼 것은?

① 분체의 원료는 입자가 큰 것으로 바꾼다.

② 야광시계의 자판에 라듐 대신 인을 사용한다.

③ 아조염료의 합성에서 디클로로벤지딘 대신 벤지딘을 사용한다.

④ 단열재 석면을 대신하여 유리섬유나 스티로폼을 대체한다.

해설 아조염료의 합성에서 벤지딘 대신 디클로로벤지딘을 사용한다.

51. 입자상 물질을 처리하기 위한 장치 중 고효율 집진이 가능하며 직접차단, 관성충돌, 확산, 중력침강 및 정전기력 등의 원리가 복합적으로 작용하는 장치는?

① 여과집진장치 ② 전기집진장치

③ 원심력집진장치 ④ 관성력집진장치

해설 여과집진장치의 장점
• 다양한 용량을 처리할 수 있다.
• 설비의 이상유무를 조기 발견할 수 있다.
• 건식 집진이 가능하고 효율이 높다.

52. 직경이 5μm이고 밀도가 2g/cm³인 입자의 종단 속도는 약 몇 cm/sec인가?

① 0.07 ② 0.15

③ 0.23 ④ 0.33

해설 Lippman's식 입자의 침강속도
(입자의 직경이 1~50μm일 경우 사용)
$V = 0.003 \times \rho \times d^2$
$= 0.003 \times 2 \times 5^2 = 0.15\text{cm/sec}$

53. 다음 중 가지덕트를 주덕트에 연결하고자 할 때, 각도로 가장 적합한 것은?

① 30° ② 50°

③ 70° ④ 90°

해답 47. ① 48. ② 49. ② 50. ③ 51. ① 52. ②
53. ①

해설 덕트의 설치기준 또는 설치 시 고려사항

직관은 하향구배로 하고 직경이 다른 덕트를 연결할 때에는 경사 30° 이내의 테이퍼를 부착한다.

54. 공기 중의 사염화탄소 농도가 0.2%일 때, 방독면의 사용 가능한 시간은 몇 분인가? (단, 방독면 정화통의 정화능력이 사염화탄소 0.5%에서 60분간 사용 가능하다.)

① 110   ② 130
③ 150   ④ 180

해설 정화통 사용가능시간

$$유효가능시간 = \frac{표준유효시간 \times 시험가스 농도}{공기 중 유해가스 농도}$$

$$= \frac{0.5 \times 60}{0.2} = 150min$$

55. 어느 관 내의 속도압이 3.5mmH₂0일 때, 유속은 약 몇 m/min인가? (단, 공기의 밀도 1.21kg/m³이고 중력가속도는 9.8m/s²이다.)

① 352   ② 381
③ 415   ④ 452

해설 유속(V)

$$속도압(VP) = \frac{\gamma V^2}{2g}$$

$$V = \sqrt{\frac{2g \times VP}{\gamma}} = \sqrt{\frac{2 \times 9.8 \times 3.5}{1.21}}$$
$$= 7.53m/sec$$
$$= 7.53m/sec \times 60m/min = 452m/min$$

56. 호흡기 보호구의 밀착도 검사(fit test)에 대한 설명이 잘못된 것은?

① 정량적인 방법에는 냄새, 맛, 자극물질 등을 이용한다.
② 밀착도 검사란 얼굴피부 접촉면과 보호구 안면부가 적합하게 밀착되는지를 측정하는 것이다.
③ 밀착도 검사를 하는 것은 작업자가 작업장에 들어가기 전 누설 정도를 최소화시키기 위함이다.
④ 어떤 형태의 마스크가 작업자에게 적합한지 마스크를 선택하는 데 도움을 주어 작업자의 건강을 보호한다.

해설 밀착도 검사(fit test)
• 정성적 방법: 냄새, 맛, 자극물질을 이용
• 정량적 방법: 보호구 안과 밖에서 농도, 압력의 차이

57. 다음 중 방독마스크에 관한 설명과 가장 거리가 먼 것은?

① 일시적인 작업 또는 긴급용으로 사용하여야 한다.
② 산소농도가 15%인 작업장에서는 사용하면 안 된다.
③ 방독마스크의 정화통은 유해물질별로 구분하여 사용하도록 되어 있다.
④ 방독마스크 필터는 압축된 면, 모, 합성섬유 등의 재질이며 여과효율이 우수하여야 한다.

해설 ④는 방진마스크 필터에 대한 설명이다.

58. 연속 방정식 Q=AV의 적용조건은? (단, Q=유량, A=단면적, V=평균속도이다.)

① 압축성 정상유동   ② 압축성 비정상유동
③ 비압축성 정상유동   ④ 비압축성 비정상유동

해설 연속 방정식 Q=AV의 적용조건은 비압축성 정상유동이다.

59. 공기의 유속을 측정할 수 있는 기구가 아닌 것은?

① 열선 유속계   ② 로터미터형 유속계
③ 그네 날개형 유속계   ④ 회전 날개형 유속계

해설 로터미터는 유량을 측정기는 계기이다.

60. 슬롯의 길이가 2.4m, 폭이 0.4m인 플랜지 부착 슬롯형 후드가 설치되어 있을 때, 필요송풍량은 약 몇 m³/min인가? (단, 제어거리가 0.5m, 제어속도가 0.75m/s이다. C=2.6 적용)

① 135   ② 140
③ 145   ④ 150

해답 54. ③   55. ④   56. ①   57. ④   58. ③   59. ②
60. ②

해설 필요송풍량(m^3/min)

$= C \times L \times V \times X$

$= 2.6 \times 2.4 \times 0.75 \times 0.5 = 140.4 m^3$/min

| 4 | 물리적 유해인자관리

61. 전리방사선에 관한 설명으로 틀린 것은?

① α선은 투과력은 약하나, 전리작용은 강하다.

② β입자는 핵에서 방출되는 양자의 흐름이다.

③ γ선은 원자핵 전환에 따라 방출되는 자연 발생적인 전자파이다.

④ 양자는 조직 전리작용이 있으며 비정(飛程)거리는 같은 에너지의 α입자보다 길다.

해설 β입자, 전자선
- β입자는 음(−)전자 또는 양(+)전자이다.
- 전자의 정지질량은 9.1094×10^{-31}kg(=5.4858×10^{-4}u= 0.511MeV)이고 전하의 크기는 1.602×10^{-19}C(쿨롱)이다.
- 원자핵에서 전자가 나오면 이를 베타선이라 하고, 원자핵 외곽의 궤도전자가 튀어나오면 그 발생기원에 따라 광전자 (광전자, photoelectron), 컴프턴전자(compton electron), 오제전자(auger electron), 내부전환전자(conversion electron) 로 구분한다.
- 베타입자의 에너지는 수 keV~수 MeV에 이르며 양전자는 발생되면 주변의 (−)전자와 결합하여 소멸하면서 2개의 광자(소멸방사선, annihilation radiation)를 방출한다.
- 가속기에서 가속된 전자가 전자선이다. 전자를 1MeV(106 eV)로 가속하면 1MeV의 전자선이 된다.

62. 제2도 동상의 증상으로 적절한 것은?

① 따갑고 가려운 느낌이 생긴다.

② 혈관이 확장하여 발적이 생긴다.

③ 수포를 가진 광범위한 삼출성 염증이 생긴다.

④ 심부조직까지 동결되면 조직의 괴사와 괴저가 일어난다.

해설 동상의 종류
동상은 정도에 따라 네 단계로 나누어진다.
- 1도: 붉은 반점이 생긴 상태(발적)
- 2도: 물집이 생긴 상태(수포 형성과 염증)
- 3도: 피부에 궤양이 생긴 상태(조직 괴사)
- 4도: 피부 깊숙이 괴사가 일어난 상태

63. 저기압의 작업환경에 대한 인체의 영향을 설명한 것으로 틀린 것은?

① 고도 18,000ft 이상이 되면 21% 이상의 산소를 필요로 하게 된다.

② 인체 내 산소 소모가 줄어들게 되어 호흡수, 맥박수가 감소한다.

③ 고도 10,000ft까지는 시력, 협조운동의 가벼운 장해 및 피로를 유발한다.

④ 고도 상승으로 기압이 저하되면 공기의 산소 분압이 저하되고 동시에 폐포 내 산소분압도 저하된다.

해설 저기압 환경에서는 산소 농도가 낮아 산소 보충을 위해 호흡수나 맥박수가 증가한다.

64. 일반소음에 대한 차음효과는 벽체의 단위표면적에 대하여 벽체의 무게가 2배 될 때마다 몇 dB 씩 증가하는가? (단, 벽체 무게 이외의 조건은 동일하다.)

① 4   ② 6

③ 8   ④ 10

해설 차음평가
$TL = 20\log(m \cdot f) - 43 = 20\log(2) = 6$dB
여기서, m : 투과재료의 면적당 밀도(kg/m^2)
f : 주파수

65. 음의 세기가 10배로 되면 음의 세기수준은?

① 2dB 증가   ② 3dB 증가

③ 6dB 증가   ④ 10dB 증가

해설 음의 세기레벨(SL, Sound Intensity Level)

$SIL = 10\log\dfrac{I}{I_0}$(dB)

I_0 가 일정한 상태에서 분자인 I 가 10배 증가하므로,
$10\log(10) = 10$dB
따라서, SIL은 10dB 증가

해답 61. ②   62. ③   63. ②   64. ②   65. ④

66. 생체 내에서 산소공급 정지가 몇 분 이상이 되면 활동성이 회복되지 않을 뿐만 아니라 비가역적인 파괴가 일어나는가?

① 1분   ② 1.5분
③ 2분   ④ 3분

> **해설** 뇌에 산소 공급이 2분 이상 지연될 경우 뇌 활동이 회복되지 않고 비가역적인 파괴가 일어난다.

67. 방사능의 방어대책으로 볼 수 없는 것은?

① 방사선을 차폐한다.
② 노출시간을 줄인다.
③ 발생량을 감소시킨다.
④ 거리를 가능한 한 멀리한다.

> **해설** 방사선의 방어대책
> 시간, 거리, 차폐의 외부피폭의 '3대 방어원칙'을 적절히 병행하여 합리적으로 피폭선량을 가능한 한 낮게 유지해야 한다.

68. 마이크로파의 생물학적 작용과 거리가 먼 것은?

① 500cm 이상의 파장은 인체 조직을 투과한다.
② 3cm 이하 파장은 외피에 흡수된다.
③ 3~10cm 파장은 1mm~1cm 정도 피부 내로 투과한다.
④ 25~200cm 파장은 세포 조직과 신체기관까지 투과한다.

> **해설** 200cm 이상의 파장은 거의 모든 인체 조직을 투과한다.

69. 적외선의 생체작용에 관한 설명으로 틀린 것은?

① 조직에서의 흡수는 수분함량에 따라 다르다.
② 적외선이 조직에 흡수되면 화학반응을 일으켜 조직의 온도가 상승한다.
③ 적외선이 신체에 조사되면 일부는 피부에서 반사되고 나머지는 조직에 흡수된다.
④ 조사부위의 온도가 오르면 혈관이 확장되어 혈류가 증가되며, 심하면 홍반을 유발하기도 한다.

> **해설** 적외선은 인체의 피부 속 약 40mm까지 침투하여

인체세포를 구성하는 분자와 공명정진, 분자운동 촉진에 의해 스스로 열을 내게 하는 특성이 있다.

70. 「산업안전보건법령」상 이상기압에 의한 건강장해의 예방에 있어 사용되는 용어의 정의로 틀린 것은?

① 압력이란 절대압과 게이지압의 합을 말한다.
② 이상기압이란 압력이 제곱센티미터당 1킬로그램 이상인 기압을 말한다.
③ 고압작업이란 이상기압에서 잠함공법이나 그 외의 압기공법으로 하는 작업을 말한다.
④ 잠수작업이란 물속에서 공기압축기나 호흡용 공기통을 이용하여 하는 작업을 말한다.

> **해설** 「산업안전보건법」상 이상기압에 의한 건강장해의 예방에 사용되는 용어의 정의
> ㉠ "고압작업"이란 고기압(압력이 제곱센티미터당 1킬로그램 이상인 기압을 말한다. 이하 같다)에서 잠함공법(潛函工法)이나 그 외의 압기공법(壓氣工法)으로 하는 작업을 말한다.
> ㉡ "잠수작업"이란 물속에서 하는 다음 각 목의 작업을 말한다.
> • 표면공급식 잠수작업: 수면 위의 공기압축기 또는 호흡용 기체통에서 압축된 호흡용 기체를 공급받으면서 하는 작업
> • 스쿠버 잠수작업: 호흡용 기체통을 휴대하고 하는 작업
> ㉢ "기압조절실"이란 고압작업을 하는 근로자(이하 "고압작업자"라 한다) 또는 잠수작업을 하는 근로자(이하 "잠수작업자"라 한다)가 가압 또는 감압을 받는 장소를 말한다.
> ㉣ "압력"이란 게이지 압력을 말한다.
> ㉤ "비상기체통"이란 주된 기체공급 장치가 고장난 경우 잠수작업자가 안전한 지역으로 대피하기 위하여 필요한 충분한 양의 호흡용 기체를 저장하고 있는 압력용기와 부속장치를 말한다.

71. 전신진동에 관한 설명으로 틀린 것은?

① 말초혈관이 수축되고, 혈압 상승과 맥박 증가를 보인다.
② 산소소비량은 전신진동으로 증가되고, 폐환기도 촉진된다.
③ 전신진동의 영향이나 장애는 자율신경, 특히

해답   **66.** ③   **67.** ③   **68.** ①   **69.** ②   **70.** ①   **71.** ④

순환기에 크게 나타난다.

④ 두부와 견부는 50~60Hz 진동에 공명하고, 안구는 10~20Hz 진동에 공명한다.

해설 20~30Hz에서는 두개골이 공명하기 시작하여 시력 및 청력장애를 초래하고, 60~90Hz에서는 안구가 공명하게 된다.

72. 고온노출에 의한 장애 중 열사병에 관한 설명과 거리가 가장 먼 것은?

① 중추성 체온조절 기능장애이다.

② 지나친 발한에 의한 탈수와 염분소실이 발생한다.

③ 고온다습한 환경에서 격심한 육체노동을 할 때 발병한다.

④ 응급조치방법으로 얼음물에 담가서 체온을 39℃ 정도까지 내려주어야 한다.

해설 열사병(heat stroke)
고온다습한 환경에서 작업하거나, 태양의 복사선에 직접 노출될 때 뇌 온도의 상승으로 신체 내부의 체온조절중추의 기능장애를 일으켜서 발생한다.
※ 지나친 발한에 의한 탈수와 염분소실이 발생하는 것은 열경련(heat cramp)이다.

73. 고압 환경의 생체작용과 가장 거리가 먼 것은?

① 고공성 폐수종

② 이산화탄소(CO_2) 중독

③ 귀, 부비강, 치아의 압통

④ 손가락과 발가락의 작열통과 같은 산소 중독

해설 고압환경에서의 생체작용
질소가스의 마취작용, 산소중독, 이산화탄소(CO_2) 중독, 귀, 부비강, 치아의 압통, 손가락과 발가락의 작열통
※ 고공성 폐수종은 저압환경에서 발생되는 질환이다.

74. 0.01W의 소리에너지를 발생시키고 있는 음원의 음향파워레벨(PWL, dB)은 얼마인가?

① 100   ② 120

③ 140   ④ 150

해설 음향파워레벨(PWL)
$$PWL = 10\log\left(\frac{W}{W_0}\right)$$

여기서, W_0(기준파워) : $10^{-12}(W)$

$$\therefore PWL = 10\log\left(\frac{0.01}{10^{-12}}\right) = 100dB$$

75. 빛과 밝기의 단위에 관한 설명으로 틀린 것은?

① 반사율은 조도에 대한 휘도의 비로 표시한다.

② 광원으로부터 나오는 빛의 양을 광속이라고 하며 단위는 루멘을 사용한다.

③ 입사면의 단면적에 대한 광도의 비를 조도라 하며 단위는 촉광을 사용한다.

④ 광원으로부터 나오는 빛의 세기를 광도라고 하며 단위는 칸델라를 사용한다.

해설 입사면의 단면적에 대한 광도의 비를 조도라 하며, 단위는 lux를 사용한다.

76. 음의 세기(I)와 음압(P) 사이의 관계는 어떠한 비례 관계가 있는가?

① 음의 세기는 음압에 정비례

② 음의 세기는 음압에 반비례

③ 음의 세기는 음압의 제곱에 비례

④ 음의 세기는 음압의 역수에 반비례

해설 음의 세기는 음압의 제곱에 비례한다.
$$I = \frac{P^2}{\rho c}$$

77. 소음성 난청에 대한 설명으로 틀린 것은?

① 손상된 섬모세포는 수일 내에 회복이 된다.

② 강력한 소음에 노출되면 일시적으로 난청이 발생될 수 있다.

③ 일주일 정도가 지나도록 회복되지 않는 청력치의 감소부분은 영구적 난청에 해당된다.

④ 강한 소음은 달팽이관 주변의 모세혈관 수축을 일으켜 이 부근에 저산소증을 유발한다.

해설 강력한 소음에 지속 노출 시 손상된 섬모세포는 회복되지 않고 영구적인 청력장해를 일으킨다.

78. 실내 자연 채광에 관한 설명으로 틀린 것은?

① 입사각은 28° 이상이 좋다.

② 조명의 균등에는 북창이 좋다.

③ 실내각점의 개각은 40~50°가 좋다.

④ 창면적은 방바닥의 15~20%가 좋다.

해설 실내각점의 개각은 4~5°가 좋다.

79. 흡음재의 종류 중 다공질 재료에 해당되지 않는 것은?

① 암면　　　　② 펠트(felt)

③ 발포 수지재료　　④ 석고보드

해설 다공질 재료

암면, 펠트(felt), 발포 수지재료, 유리섬유, 폴리에스터, 폴리에스티렌, 멜라민 등

※ 석고보드는 판상형 흡음재이다.

80. 인체와 환경 간의 열교환에 관여하는 온열조건 인자가 아닌 것은?

① 대류　　　　② 증발

③ 복사　　　　④ 기압

해설 인체와 작업환경 사이의 열교환은 주로 체내 열생산량(작업대사량), 전도, 대류, 복사, 증발 등에 의해 이루어진다.

|5| 산업독성학

81. 다음의 설명 중 ( ) 안에 내용을 올바르게 나열한 것은?

> 단시간노출기준(STEL)이란 (㉠)간의 시간가중평균노출값으로서 노출농도가 시간가중평균노출기준(TWA)을 초과하고 단시간간노출기준(STEL) 이하인 경우에는 (㉡) 노출 지속시간이 15분 미만이어야 한다. 이러한 상태가 1일 (㉢) 이하로 발생하여야 하며, 각 노출의 간격은 (㉣) 이상이어야 한다.

① ㉠ : 5분,　㉡ : 1회, ㉢ : 6회, ㉣ : 30분

② ㉠ : 15분, ㉡ : 1회, ㉢ : 4회, ㉣ : 60분

③ ㉠ : 15분, ㉡ : 2회, ㉢ : 4회, ㉣ : 30분

④ ㉠ : 15분, ㉡ : 2회, ㉢ : 6회, ㉣ : 60분

해설 단시간 노출농도(STEL, Short Term Exposure Limits)

• 근로자가 1회에 15분간 유해인자에 노출되는 경우의 기준(허용농도)

• 근로자가 자극, 만성 또는 불가역적 조직장애, 사고유발, 응급 시 대처능력의저하 및 작업능률 저하 등을 초래할 정도의 마취를 일으키지 않고 단시간(15분) 노출될 수 있는 기준

• 시간가중 평균농도에대한 보완적 기준

• 만성중독이나 고농도의 급성중독을 초래하는 유해물질에 적용

• 이 기준 이하에서는 노출간격이 1시간 이상인 경우 1일 작업시간 동안 4회까지 노출이 허용될 수 있다. 또한 고농도에서 급성중독을 초래하는 물질에 적용

82. 2000년대 외국인 근로자에게 다발성 말초신경 병증을 집단으로 유발한 노말헥산(n-Hexane)은 체내 대사과정을 거쳐 어떤 물질로 배설되는가?

① 2-Hexanone　　② 2,5-Hexanedione

③ Hexachlorophene　④ Hexachloroethane

해설 노말헥산(n-Hexane)

㉠ 특징

• 제2종 유기용제로 분류된다.

• 일반적으로 수화헥실(Hexyl hydride soline), 헥산(Hexane)으로도 불리기도 한다.

• 투명한 휘발성 액체로 가솔린과 비슷한 연한 냄새가 나며 비중은 0.6603, 끓는점은 69℃다.

• 액체는 공기 중으로 쉽게 증발하여 증기화되고 불이 붙기 쉽다.

• 순수한 노말헥산은 비교적 독성이 낮으나 시판되는 공업용 헥산은 벤젠, 메틸펜탄 등 불순물이 들어 있어 건강장해를 일으킨다.

㉡ 용도

노말헥산은 종자의 기름추출용 용제, 타이어 접착제, 테이프, 래커, 세척제, 고무풀, 잉크의 용제, 일반시약 등에 쓰이고 있으며 증기형태로 호흡기를 통해 흡수되거나 피부접촉에 의해 노출되기도 한다.

㉢ 증상

• 기도를 자극하며 마취작용이 있다.

• 근무력증, 발의 통증, 심부 건반사의 상실 등 다발성 신경장해를 일으킬 수 있다.

해답 78. ③　79. ④　80. ④　81. ②　82. ②

- 피부에 닿으면 피부자극, 가려움, 작열감, 통증, 수포가 생길 수 있으며 메틸에틸케톤에 동시에 노출되면 신경독성이 강화되는 것으로 알려져 있다.
- 흡입할 경우 불규칙한 심장박동, 두통, 술취한 느낌, 폐부종이 발생될 수 있으며 신경, 뇌에 이상이 생기고 경련이 일어날 수 있다.

② 노출기준과 관리대책
n-헥산은 노동부고시 제97-65호에 의해 시간가중평균 노출기준 50ppm($180mg/m^3$)을 기준으로 하고 있으며 공정의 밀폐, 환기시설, 개인보호구 착용 등이 필요한 물질이다.

※ 노말헥산은 2-헥산올(2-hexanol)로 변형되면서 대사가 시작되는데 2-헥산올은 2-헥사논(2-hexane, methyl Buthylketone)과 2,5-헥사디오르으로 변형되어 5-하이드록시-2-헥사논을 생성시키고 다시 2,5-hexanedione으로 변경된다.

83. 벤젠에 관한 설명으로 틀린 것은?

① 벤젠은 백혈병을 유발하는 것으로 확인된 물질이다.
② 벤젠은 지방족 화합물로서 재생불량성 빈혈을 일으킨다.
③ 벤젠은 골수독성(myelotoxin) 물질이라는 점에서 다른 유기용제와 다르다.
④ 혈액조직에서 벤젠이 유발하는 가장 일반적인 독성은 백혈구 수의 감소로 인한 응고작용 결핍 등이다.

해설 벤젠
- 상온, 상압에서 향긋한 냄새를 가진 무색 투명한 액체로, 방향족탄화수소
- 조혈조직의 손상을 일으키는 물질(골수에 미치는 독성이 특징적이며, 빈혈과 백혈구, 혈소판 감소를 초래)

84. 인체 내 주요 장기 중 화학물질 대사능력이 가장 높은 기관은?

① 폐
② 간장
③ 소화기관
④ 신장

해설 화학물질의 대사능력이 가장 높은 기관은 '간'이며, 간에는 각종 대사효소가 집중적으로 분포되어 있다.

85. 공기 중 입자상 물질의 호흡기계 축적기전에 해당하지 않는 것은?

① 교환
② 충돌
③ 침전
④ 확산

해설 입자의 호흡기계 축적기전
충돌, 침강, 차단, 확산, 정전기

86. 독성실험단계에 있어 제1단계(동물에 대한 급성 노출시험)에 관한 내용과 가장 거리가 먼 것은?

① 생식독성과 최기형성 독성실험을 한다.
② 눈과 피부에 대한 자극성 실험을 한다.
③ 변이원성에 대하여 1차적인 스크리닝 실험을 한다.
④ 치사성과 기관장해에 대한 양-반응곡선을 작성한다.

해설 생식독성, 최기형성 독성실험은 제2단계(동물에 대한 만성폭로실험) 독성실험이다.

87. 단순 질식제로 볼 수 없는 것은?

① 메탄
② 질소
③ 오존
④ 헬륨

해설 단순 질식제
수소, 헬륨, 질소, CO_2, 메탄, 에탄, 프로판, 에틸렌, 아세틸렌

88. 화학물질의 투여에 의한 독성범위를 나타내는 안전역을 맞게 나타낸 것은?(단, LD는 치사량, TD는 중독량, ED는 유효량이다.)

① 안전역$=ED_1/TD_{99}$
② 안전역$=TD_1/ED_{99}$
③ 안전역$=ED_1/LD_{99}$
④ 안전역$=LD_1/ED_{99}$

해설 안전은 화학물질의 투여에 의한 독성범위를 의미한다.

$$안전역 = \frac{TD_{50}}{ED_{50}} = \frac{중독량}{유효량} = \frac{LD_1}{ED_{99}}$$

89. 작업환경에서 발생되는 유해물질과 암의 종류를 연결한 것으로 틀린 것은?

① 벤젠-백혈병
② 비소-피부암

해답 83. ② 84. ② 85. ① 86. ① 87. ③ 88. ④ 89. ③

③ 포름알데히드-신장암

④ 1,3부타디엔-림프육종

해설 포름알데히드는 비강암 및 백혈병과 관련이 있다.

90. 다음 표는 A작업장의 백혈병과 벤젠에 대한 코호트 연구를 수행한 결과이다. 이때 벤젠의 백혈병에 대한 상대위험비는 약 얼마인가?

	백혈병	백혈병 없음	합계
벤젠 노출	5	14	19
벤젠비 노출	2	25	27
합계	7	39	46

① 3.29　　　　　② 3.55

③ 4.64　　　　　④ 4.82

해설 상대위험도(상대위험비, 비교위험도)

어떠한 유해요인, 즉 위험요인이 비노출군에 비해 노출군에서 질병에 걸린 위험도가 어떠한가를 나타내는 것으로 노출군에서의 발병률을 비노출군에서의 발병률로 나눈 값을 말한다.

∴ 상대위험도

$$= \frac{\text{노출군에서 질병발생률}}{\text{비노출군에서 질병발생률}}$$

$$= \frac{\text{위험요인이 있는 해당군의 해당 질병발생률}}{\text{위험요인이 없는 해당군의 해당 질병발생률}}$$

$$= \frac{5/19}{2/27} = 3.55$$

91. 탈지용 용매로 사용되는 물질로 간장, 신장에 만성적인 영향을 미치는 것은?

① 크롬　　　　　② 유리규산

③ 메탄올　　　　④ 사염화탄소

해설 사염화탄소

• 인화성은 없지만 독성이 아주 강하기 때문에 취급에 주의를 요한다.
• 간과 신장에 손상을 줄 수 있으며, 암의 발생확률을 증가시킬 수 있다.
• 돌연변이원으로 작용하기도 한다.
• 섭취 시 증상은 흡입 시와 비슷하다.
• 흡입 시 단시간 동안 흡입할 경우 두통, 어지러움, 기도의 자극이 일어날 수 있다.
• 사염화탄소는 중추신경억제제로 작용하므로 고농도에 노출될 경우 의식을 잃을 수 있다.
• 지속적으로 접촉할 경우 간에 손상을 줄 수 있으며 장기간

으로 노출될 경우 암을 유발할 수 있다.
• 생식기관에 안 좋은 영향을 주며 돌연변이원으로 작용한다.

92. 단백질을 침전시키며 thiol(-SH)기를 가진 효소의 작용을 억제하여 독성을 나타내는 것은?

① 수은　　　　　② 구리

③ 아연　　　　　④ 코발트

해설 수은 중독 증상

• 구내염, 근육진전, 정신증상이 나타난다.
• 수족신경마비, 시신경장애, 정신이상, 보행장애를 발생시킨다.
• 만성노출 시 식욕부진, 신기능부전, 구내염을 발생시킨다.
• 유기수은(알킬수은) 중 메틸수은은 미나마타(minamata) 병을 발생시킨다.
• 혀의 떨림이나 손가락에 수전증(손가락 떨림)이 생긴다.
• 치은부에는 황화수은의 정회색 침전물이 침착된다.
• 정신증상으로는 중추신경계 중 뇌조직에 심한 증상이 나타나 정신기능이 상실될 수 있다(정신장애).
• 수은 급성중독 시 우유와 달걀의 흰자를 먹어 단백질과 해당 물질을 결합시켜 침전시키거나, BAL(dimercaprol)을 근육주사로 투여하여야 한다.

93. 무기성 분진에 의한 진폐증이 아닌 것은?

① 면폐증　　　　② 규폐증

③ 철폐증　　　　④ 용접공폐증

해설 진폐증의 원인물질에 따른 분류

• 무기성 분진에 의한 진폐: 석면폐증, 용접공폐증, 규폐증, 탄광부 진폐증, 활석폐증, 철폐증, 주석폐증, 납석폐증, 바륨폐증, 규조토폐증, 알루미늄폐증, 흑연폐증, 바릴륨폐증
• 유기성 분진에 의한 진폐: 연초폐증, 농부폐증, 면폐증, 목재분진폐증, 사탕수수깡폐증, 모발분무액폐증

94. 사업장에서 사용되는 벤젠은 중독증상을 유발시킨다. 벤젠 중독의 특이증상으로 가장 적절한 것은?

① 조혈기관의 장해
② 간과 신장의 장해
③ 피부염과 피부암 발생
④ 호흡기계 질환 및 폐암 발생

해답 **90.** ② **91.** ④ **92.** ① **93.** ① **94.** ①

- 고농도의 벤젠 노출 시 증상: 두통, 피곤함, 오심, 어지러움, 고농도 폭로 시 의식상실
- 급성독성은 중추신경계에 대한 작용을 일으킨다.
- 만성중독은 중추신경계와 위장관에 영향을 미친다.
- 가장 중대한 독성은 조혈조직의 손상(골수에 미치는 독성이 특징적이며, 빈혈과 백혈구, 혈소판 감소를 초래)이다.
- 만성적 노출 시 증상: 장기간 노출 시 빈혈이나 백혈병(암의 한 종류)과 같이 조혈기계(골수)의 손상을 일으킨다.

95. 유해물질과 생물학적 노출지표의 연결이 잘못된 것은?

① 벤젠 - 소변 중 페놀

② 톨루엔 - 소변 중 마뇨산

③ 크실렌 - 소변 중 카테콜

④ 스티렌 - 소변 중 만델린산

해설 크실렌의 노출지표(대사산물)는 요 중 메틸마뇨산이다.

96. 중추신경계에 억제 작용이 가장 큰 것은?

① 알칸족　　　　② 알코올족

③ 알켄족　　　　④ 할로겐족

해설 유기용제의 중추신경계 활성억제의 순위
알칸 < 알켄 < 알코올 < 유기산 < 에스테르 < 에테르 < 할로겐화합물

97. 납 중독의 초기증상으로 볼 수 없는 것은?

① 권태, 체중감소

② 식욕저하, 변비

③ 연산통, 관절염

④ 적혈구 감소, Hb의 저하

해설 납 중독 초기증상
- 식욕 부진, 변비, 복부 팽만감이 나타날 수 있으며, 더 진행되면 급성 복통 호소
- 이와 함께 권태감, 불면증, 노이로제, 두통 등의 증상 호소

98. 가스상 물질의 호흡기계 축적을 결정하는 가장 중요한 인자는?

① 물질의 농도차　　　② 물질의 입자분포

③ 물질의 발생기전　　④ 물질의 수용성 정도

해설 유해물질의 흡수속도는 그 유해물질의 공기 중 농도와 용해도에 의해서 결정되며, 폐까지 도달하는 양은 그 유해물질의 용해도에 의해서 결정된다. 따라서 가스상 물질의 호흡기계 축적을 결정하는 가장 중요한 인자는 물질의 수용성 정도이다.

99. 수은의 배설에 관한 설명으로 틀린 것은?

① 유가수은화합물은 땀으로 배설된다.

② 유기수은화합물은 주로 대변으로 배설된다.

③ 금속수은은 대변보다 소변으로 배설이 잘 된다.

④ 금속수은 및 무기수은의 배설경로는 서로 상이하다.

해설 금속수은 및 무기수은은 소변과 대변으로 배설된다.

100. 생물학적 노출지표(BEIs) 검사 중 1차 항목 검사에서 당일작업 종료 시 채취해야 하는 유해인자가 아닌 것은?

① 크실렌

② 디클로로메탄

③ 트리클로로에틸렌

④ N,N-디메틸포름아미드

해설 트리클로로에틸렌은 주말작업 종료 시 소변을 채취한다.

해답 95. ③　96. ④　97. ③　98. ④　99. ④　100. ③

| 1 | 산업위생학개론

1. 산업피로를 예방하기 위한 작업자세로서 부적당한 것은?

① 불필요한 동작을 피하고 에너지 소모를 줄인다.
② 의자는 높이를 조절할 수 있고 등받이가 있는 것이 좋다.
③ 힘든 노동은 가능한 한 기계화하여 육체적 부담을 줄인다.
④ 가능한 한 동적(動的)인 작업보다는 정적(靜的)인 작업을 하도록 한다.

　해설　가능한 한 동적(動的)인 작업보다는 정적(靜的)인 작업을 하면 더 피로가 증가한다. 따라서 동적인 작업을 늘리고 정적인 작업을 줄인다.

2. 수공구를 이용한 작업의 개선 원리로 가장 적합하지 않은 것은?

① 동력동구는 그 무게를 지탱할 수 있도록 매단다.
② 차단이나 진동 패드, 진동 장갑 등으로 손에 전달되는 진동 효과를 줄인다.
③ 손바닥 중앙에 스트레스를 분포시키는 손잡이를 가진 수공구를 선택한다.
④ 가능하면 손가락으로 잡는 pinch grip보다는 손바닥으로 감싸 안아 잡은 power grip을 이용한다.

　해설　수공구의 손잡이는 접촉면적을 넓게 하여 손바닥 중앙에 스트레스를 분포시키는 것으로 부담이 증가된다.

3. 작업이 어렵거나 기계·설비에 결함이 있거나 주의력의 집중이 혼란된 경우 및 심신에 근심이 있는 경우에 재해를 일으키는 자는 어느 분류에 속하는가?

① 미숙성 누발자　　② 상황성 누발자
③ 소질성 누발자　　④ 반복성 누발자

　해설　상황성 누발자
작업이 어렵거나 기계·설비에 결함이 있거나 주의력의 집중이 혼란된 경우 및 심신에 근심이 있는 경우

4. 하인리히의 사고예방대책의 기본원리 5단계를 맞게 나타낸 것은?

① 조직 → 사실의 발견 → 분석.평가 → 시정책의 선정 → 시정책의 적용
② 조직 → 분석·평가 → 사실의 발견 → 시정책의 선정 → 시정책의 적용
③ 사실의 발견 → 조직 → 분석·평가 → 시정책의 선정 → 시정책의 적용
④ 사실의 발견 → 조직 → 시정책의 선정 → 시정책의 적용 → 분석·평가

　해설　하인리히의 사고예방대책의 기본원리 5단계
• 1단계: 안전관리 조직 구성(조직)
• 2단계: 사실의 발견
• 3단계: 분석·평가
• 4단계: 시정방법의 선정(대책의 선정)
• 5단계: 시정책의 적용(대책 실시)

　해답　1. ④　2. ③　3. ②　4. ①

5. 「산업안전보건법」에 따라 근로자의 건강보호를 위해 사업주가 실시하는 프로그램이 아닌 것은?

① 청력보존 프로그램
② 호흡기보호 프로그램
③ 방사선 예방관리 프로그램
④ 밀폐공간 보건작업 프로그램

해설 ①, ②, ④ 외에 근골격계질환 예방관리프로그램이 있다.

6. 공기 중에 분산되어 있는 유해물질의 인체 내 침입경로 중 유해물질이 가장 많이 유입되는 경로는 무엇인가?

① 호흡기계통
② 피부계통
③ 소화기계통
④ 신경·생식계통

해설 유해물질의 인체 내 주요 침입경로는 호흡기계통이다.

7. 미국산업위생학술원(AAIH)에서 채택한 산업위생전문가의 윤리강령 중 근로자에 대한 책임과 가장 거리가 먼 것은?

① 위험요소와 예방조치에 대하여 근로자와 상담해야 한다.
② 근로자의 건강보호가 산업위생전문가의 1차적인 책임이라는 것을 인식해야 한다.
③ 위험요인의 측정, 평가 및 관리에 있어서 외부의 압력에 굴하지 않고 근로자 중심으로 판단한다.
④ 근로자와 기타 여러 사람의 건강과 안녕이 산업위생전문가의 판단에 좌우된다는 것을 깨달아야 한다.

해설 근로자에 대한 책임
①, ②, ④ 외에 위험요인의 측정, 평가 및 관리에 있어서 외부의 압력에 굴하지 않고 중립적(객관적)인 태도를 취한다.

8. 분진발생 공정에서 측정한 호흡성 분진의 농도가 다음과 같을 때 기하평균농도는 약 몇 mg/m³인가?

측정농도(단위: mg/m³) 2.5 2.8 3.1 2.6 2.9

① 2.62
② 2.77
③ 2.92
④ 3.03

해설

$$기하평균(GM) = \frac{\log X_1 + \log X_2 + \log X_3 + \cdots}{N}$$

$$= \frac{\log 2.5 + \log 2.8 + \log 3.1 + \log 2.6 + \log 2.9}{5}$$

$$= 0.443$$

$$\therefore \ GM = 10^{0.443} = 2.77 \text{mg/m}^3$$

9. 사업주가 근골격계부담작업에 근로자를 종사하도록 하는 경우 3년마다 실시하여야 하는 조사는?

① 유해요인 조사
② 근골격계부담 조사
③ 정기부담 조사
④ 근골격계작업 조사

해설 「산업보건기준에 관한 규칙」 제657조(유해요인 조사)
① 사업주는 근로자가 근골격계부담작업을 하는 경우에 3년마다 다음 각 호의 사항에 대한 유해요인조사를 하여야 한다. 다만, 신설되는 사업장의 경우에는 신설일부터 1년 이내에 최초의 유해요인 조사를 하여야 한다.
1. 설비·작업공정·작업량·작업속도 등 작업장 상황
2. 작업시간·작업자세·작업방법 등 작업조건
3. 작업과 관련된 근골격계질환 징후와 증상 유무 등
② 사업주는 다음 각 호의 어느 하나에 해당하는 사유가 발생하였을 경우에 제1항에도 불구하고 지체 없이 유해요인 조사를 하여야 한다. 다만, 제1호의 경우는 근골격계부담작업이 아닌 작업에서 발생한 경우를 포함한다. 〈개정 2017. 3. 3.〉
1. 법에 따른 임시건강진단 등에서 근골격계질환자가 발생하였거나 근로자가 근골격계질환으로 「산업재해보상보험법 시행령」 별표 3 제2호 가목·마목 및 제12호 라목에 따라 업무상 질병으로 인정받은 경우
2. 근골격계부담작업에 해당하는 새로운 작업·설비를 도입한 경우
3. 근골격계부담작업에 해당하는 업무의 양과 작업공정 등 작업환경을 변경한 경우
③ 사업주는 유해요인 조사에 근로자 대표 또는 해당 작업 근로자를 참여시켜야 한다.

10. 작업 관련 질환은 다양한 원인에 의해 발생할 수 있는 질병으로, 개인적인 소인에 직업적 요인이 부가되어 발생하는 질병을 말한다. 다음 중 직업 관련 질환에 해당하는 것은?

① 진폐증　　　　　② 악성중피종

③ 납중독　　　　　④ 근골격계질환

해설　①, ②, ③은 직업병이고 ④는 직업 관련성 질환이며, 이외에도 뇌심혈관질환이 있다.

11. 정도관리(quality control)에 대한 설명 중 틀린 것은?

① 계통적 오차는 원인을 찾아낼 수 있으며 크기가 계량화되면 보정이 가능하다.

② 정확도란 측정치와 기준값(참값) 간의 일치하는 정도라고 할 수 있으며, 정밀도는 여러 번 측정했을 때 변이의 크기를 의미한다.

③ 정도관리에는 외부 정도관리와 내부 정도관리가 있으며, 우리나라의 정도관리는 작업환경 측정기관을 상대로 실시하고 있는 내부 정도관리에 속한다.

④ 미국 산업위생학회에 따르면 정도관리란 '정확도와 정밀도의 크기를 알고 그것이 수용할 만한 분석결과를 확보할 수 있는 작동적 절차를 포함하는 것'이라고 정의하였다.

해설　정도관리(quality control)는 매년 반기 1회 정기적으로 실시하는 정기정도관리가 있고, 신규 측정기관으로 지정 받고자 하는 경우나 직전 정도관리에 불합격한 경우 또는 기존 측정기관의 부실측정으로 민원이 야기되어 운영위원회에서 특별정도관리가 필요하다고 인정하는 경우에 실시하는 특별정도관리가 있다.

12. 육체적 작업능력(PWC)이 15kcal/min인 어느 근로자가 1일 8시간 동안 물체를 운반하고 있다. 작업대사량(E_{task})이 6.5kcal/min, 휴식 시의 대사량(E_{rest})이 1.5kcal/min일 때, 매 시간당 휴식시간과 작업시간의 배분으로 맞는 것은? (단, Hertig의 공식을 이용한다.)

① 12분 휴식, 48분 작업

② 18분 휴식, 42분 작업

③ 24분 휴식, 36분 작업

④ 30분 휴식, 30분 작업

해설　적정휴식시간

$$T_{rest}(\%) = \left[\frac{PWC의 \frac{1}{3} - 작업대사량}{휴식대사량 - 작업대사량}\right] \times 100$$

$$= \left[\frac{15 \times 1/3 - 6.5}{1.5 - 6.5}\right] \times 100 = 30\%$$

∴ 휴식시간 = 60min × 0.3 = 18min

작업시간 = (60 - 18)min = 42min

13. 최대작업력을 설명한 것으로 맞는 것은?

① 작업자가 작업할 때 전박을 뻗쳐서 닿는 범위

② 작업자가 작업할 때 사지를 뻗쳐서 닿는 범위

③ 작업자가 작업할 때 어깨를 뻗쳐서 닿는 범위

④ 작업자가 작업할 때 상지를 뻗쳐서 닿는 범위

해설

㉠ 정상작업역

• 상완을 자연스럽게 수직으로 늘어뜨린 채 전완만으로 편안하게 뻗어 파악할 수 있는 영역(약 35~45cm)

• 움직이지 않고 전박과 손으로 조작할 수 있는 범위

• 앉은 자세에서 윗팔은 몸에 붙이고, 아랫팔만 곧게 뻗어 닿는 범위

㉡ 최대작업영역: 윗팔과 아랫팔을 곧게 뻗어서 닿는 영역

14. 심한 전신피로 상태로 판단되는 경우는?

① $HR_{30\sim60}$이 100을 초과, $HR_{150\sim180}$과 $HR_{60\sim90}$의 차이가 15 미만인 경우

② $HR_{30\sim60}$이 105를 초과, $HR_{150\sim180}$과 $HR_{60\sim90}$의 차이가 10 미만인 경우

③ $HR_{30\sim60}$이 110을 초과, $HR_{150\sim180}$과 $HR_{60\sim90}$의 차이가 10 미만인 경우

④ $HR_{30\sim60}$이 120을 초과, $HR_{150\sim180}$과 $HR_{60\sim90}$의 차이가 15 미만인 경우

해설　작업을 마친 직후 회복기의 심박수(심한 전신피로 상태)

$HR_{30\sim60}$이 110을 초과하고 $HR_{150\sim180}$와 $HR_{60\sim90}$의 차이가 10 미만인 경우

여기서, $HR_{30\sim60}$: 작업종료 후 30~60초 사이의 평균 맥박수

$HR_{60\sim90}$: 작업종료 후 60~90초 사이의 평균 맥박수

해답　11. ③　12. ②　13. ④　14. ③

$HR_{150 \sim 180}$: 작업종료 후 150~180초 사이의 평균 맥박수

15. 외국의 산업위생역사에 대한 설명 중 인물과 업적이 잘못 연결된 것은?

① Galen-구리광산에서 산 증기의 위험성 보고

② Georgious Agricola-저서인 『광물에 관하여』를 남김

③ Pliny the Elder-분진 방지용 마스크로 동물의 방광사용 권장

④ Alice Hamilton-폐질환의 원인물질을 Hg, S 및 염이라 주장

해설 Alice Hamilton
미국의 산업보건을 발전시킨 의사로 납, CS_2, 수은 중독 등을 연구하였다.

16. 작업시작 및 종료 시 호흡의 산소소비량에 대한 설명으로 틀린 것은?

① 산소소비량은 작업부하가 계속 증가하면 일정한 비율로 계속 증가한다.

② 작업이 끝난 후에도 맥박과 호흡수가 작업개시 수준으로 즉시 돌아오지 않고 서서히 감소한다.

③ 작업부하 수준이 최대산소소비량 수준보다 낮아지게 되면, 젖산의 제거속도가 생성속도에 못 미치게 된다.

④ 작업이 끝난 후에 남아 있는 젖산을 제거하기 위해서는 산소가 더 필요하며, 이때 동원되는 산소소비량을 산소부채(oxygen debt)라 한다.

해설 산소소비량은 작업부하가 계속 증가하면 산소소비량도 비례하여 계속 증가하나 작업대사량이 일정 한계를 넘으면 산소소비량은 증가하지 않는다.

17. 직업병을 판단할 때 참고하는 자료로 적합하지 않은 것은?

① 업무내용과 종사시간

② 발병 이전의 신체이상과 과거력

③ 기업의 산업재해 통계와 산재보험료

④ 작업환경측정 자료와 취급물질의 유해성 자료

해설 직업병 판단 시 참고 자료
업무내용과 종사시간, 발병 이전의 신체이상과 과거력, 작업환경측정 자료와 취급물질의 유해성 자료

18. 허용농도 설정의 이론적 배경으로 '인체실험자료'가 있다. 이러한 인체실험 시 반드시 고려해야 할 사항으로 틀린 것은?

① 자발적으로 실험에 참여하는 자를 대상으로 한다.

② 영구적 신체장애를 일으킬 가능성은 없어야 한다.

③ 인류 보건에 기여할 물질에 대해 우선적으로 적용한다.

④ 실험에 참여하는 자는 서명으로 실험에 참여할 것을 동의해야 한다.

해설 ①, ②, ④ 외에 안전한 물질을 대상으로 한다.

19. 다음은 미국 ACGIH에서 제안하는 TLV-STEL을 설명한 것이다. 여기에서 단기간은 몇분인가?

> 근로자가 자극, 만성 또는 불가역적 조직장애, 사고유발, 응급 시 대처능력의 저하 및 작업능률 저하 등을 초래할 정도의 마취를 일으키지 않고 단시간 동안 노출될 수 있는 농도이다.

① 5분   ② 15분
③ 30분   ④ 60분

해설 고용노동부 고시 "단시간노출기준(STEL)"이란 15분간의 시간가중평균노출값으로서 노출농도가 시간가중평균노출기준(TWA)을 초과하고 단시간노출기준(STEL) 이하인 경우에는 1회 노출 지속시간이 15분 미만이어야 하고, 이러한 상태가 1일 4회 이하로 발생하여야 하며, 각 노출의 간격은 60분 이상이어야 한다.

20. 직업병이 발생된 원진레이온에서 사용한 원인물질은?

① 납　　　　　　　② 사염화탄소

③ 수은　　　　　　④ 이황화탄소

[해설] 이황화탄소(CS_2)
- 대부분 인조견사와 셀로판지 생산공장 및 농약공장, 사염화탄소 제조 시에 사용된다.
- 상온에서 무색무취의 휘발성이 매우 높은 액체이며 인화, 폭발의 위험성이 있다.

| 2 | 작업위생측정 및 평가

21. 기기 내의 알코올이 위의 눈금에서 아래 눈금까지 하강하는 데 소요되는 시간을 측정하여 기류를 직접적으로 측정하는 기기는?

① 열선 풍속계　　　② 카타 온도계

③ 액정 풍속계　　　④ 아스만 통풍계

[해설] 카타 온도계
- 알코올의 강하시간을 측정하여 실내 기류를 파악하고 온열환경 영향 평가를 하는 온도계
- 알코올 눈금이 100°F에서 95°F까지 내려가는 데 소요되는 시간을 4~5회 측정
- 0.2~0.5m/sec 정도의 실내 기류를 측정 시 Kata 냉각력과 온도차를 기류 산출공식에 대입하여 풍속을 측정
- 작업환경 내에 기류의 방향이 일정치 않을 경우 기류속도 측정

22. 분자량이 245인 물질이 표준상태(25℃, 760 mmHg)에서 체적농도로 1.0ppm일 때, 이 물질의 질량농도는 약 몇 mg/m³인가?

① 3.1　　　　　　　② 4.5

③ 10.0　　　　　　④ 14.0

[해설] ppm을 mg/m³로 변환(부피농도를 질량농도로 변환)하면,

$$농도(mg/m^2) = 1.0ppm \times \frac{245}{24.45} = 10.02mg/m^3$$

23. 어떤 음의 발생원의 음력(sound power)이 0.006W일 때, 음력수준(sound power level)은 약 몇 dB인가?

① 92　　　　　　　② 94

③ 96　　　　　　　④ 98

[해설] $PWL = 10\log(W/W_0)(dB)$

여기서, W = 대상음의 음향파워

W_0 = 기준음향파워(10^{-12} W)

$$\therefore PWL = 10\log\frac{0.006}{10^{-12}} = 97.78dB$$

24. 다음 내용이 설명하는 막여과지는?

- 농약, 알칼리성 먼지, 콜타르피치 등을 채취한다.
- 열, 화학물질, 압력 등에 강한 특성이 있다.
- 석탄건류나 증류 등의 고열 고정에서 발생되는 다핵방향족 탄화수소를 채취하는 데 이용된다.

① 은 막여과지　　　② PVC 막여과지

③ 섬유상 막여과지　④ PTFE 막여과지

[해설]
㉠ PTFE 막여과지(polyetrafluroethylene membrane filter, 테프론)
- 열, 화학물질, 압력 등에 강한 특성을 가지고 있어 석탄건류나 증류 등의 고열공정에서 발생하는 다핵방향족탄화수소를 채취하는 데 이용된다.
- 농약, 알칼리성 먼지, 콜타르피치 등의 채취에 이용된다.
- 1μm, 2μm, 3μm의 여러 가지 구멍 크기를 가지고 있다.
㉡ PVC 여과지
내염기성, 내산성, 저흡수성이 있고 호흡성 분진, 총분진, 6가 크롬 시료채취에 사용한다. 정전기에 의한 채취효율 저하 및 흡습성이 낮아 중량분석에 적합하다.
㉢ 은막 여과지
열에 안정적이어서 코크스오븐 배출물질 채취에 이용하고 균일한 금속은을 소결하여 만든다.

25. 가스크로마토그래피의 검출기에 관한 설명으로 옳지 않은 것은? (단, 고용노동부 고시를 기준으로 한다.)

① 약 850℃까지 작동 가능해야 한다.

② 검출기는 시료에 대하여 선형적으로 감응해야 한다.

③ 검출기는 감도가 좋고 안정성과 재현성이 있어야 한다.

④ 검출기의 온도를 조절할 수 있는 가열기구 및

이를 측정할 수 있는 측정기구가 갖추어져야
한다.

검출기
- 시료에 대하여 선형적으로 감응해야 하며, 약 400℃까지 작동하여 복잡한 시료로부터 분석하고자 하는 성분에 선택적으로 반응한다.
- 검출기는 시료에 대하여 선형적으로 감응해야 한다.
- 검출기는 감도가 좋고 안정성과 재현성이 있어야 한다.
- 검출기의 온도를 조절할 수 있는 가열기구 및 이를 측정할 수 있는 측정기구가 갖추어져야 한다.

26. 다음 고열측정에 관한 내용 중 ( ) 안에 알맞은 것은? (단, 고용노동부 고시를 기준으로 한다.)

> 측정은 단위작업장소에서 측정대상이 되는 근로자의 작업행동 범위에서 주 작업 위치의 ( )의 위치에서 할 것

① 바닥 면으로부터 50cm 이상, 150cm 이하
② 바닥 면으로부터 80cm 이상, 120cm 이하
③ 바닥 면으로부터 100cm 이상, 120cm 이하
④ 바닥 면으로부터 120cm 이상, 150cm 이하

작업환경측정 및 정도관리 등에 관한 고시 제31조 (측정방법 등)
고열 측정은 다음 각 호의 방법에 따른다.
1. 측정은 단위작업 장소에서 측정대상이 되는 근로자의 주 작업 위치에서 측정한다.
2. 측정기의 위치는 바닥 면으로부터 50센티미터 이상, 150센티미터 이하의 위치에서 측정한다.
3. 측정기를 설치한 후 충분히 안정화 시킨 상태에서 1일 작업시간 중 가장 높은 고열에 노출되는 1시간을 10분 간격으로 연속하여 측정한다.

27. 음파 중 둘 또는 그 이상의 음파의 구조적 간섭에 의해 시간적으로 일정하게 음압의 최고와 최저가 반복되는 패턴의 파는?

① 발산파
② 구면파
③ 정재파
④ 평면파

정재파의 형태
㉠ 정재파의 합성(생성)
- 진폭 크기는 같고 진행방향이 반대인 두 파(입사파, 반사파)의 합
- 진동수, 진폭, 위상각은 같으나, 진행방향이 반대인 두 파의 합성, 즉 주파수, 진폭이 같은 동일 형태의 파동이 서로 반대 방향으로, 같은 속도로 진행하며, 중첩되는

경우에 발생된다.
㉡ 정재파의 모양
반파장 단위로 인접 최대진폭값과 최소진폭값이 놓여진다.

28. 처음 측정한 측정치는 유량, 측정시간, 회수율, 분석에 의한 오차가 각각 15%, 3%, 10%, 7%이었으나 유량에 의한 오차가 개선되어 10%로 감소되었다면 개선 전 측정치의 누적오차와 개선 후의 측정치의 누적오차의 차이는 약 몇 %인가?

① 6.5
② 5.5
③ 4.5
④ 3.5

누적오차(%)의 차이
- 개선 전 누적오차 = $\sqrt{15^2 + 3^2 + 10^2 + 7^2} = 19.57\%$
- 개선 후 누적오차 = $\sqrt{10^2 + 3^2 + 10^2 + 7^2} = 16.06\%$
∴ 개선 전후 차이 = $(19.57 - 16.06)\% = 3.51\%$

29. 다음 중 수동식 시료채취기(passive sampler)의 포집원리와 가장 관계가 없는 것은?

① 확산
② 투과
③ 흡착
④ 흡수

수동식 시료채취기
- 공기채취용 펌프가 필요치 않다.
- 공기층을 통한 확산 또는 투과, 흡착되는 현상을 이용한다.
- 수동적으로 농도구배에 따라 가스나 증기를 포집하는 장치이다.
- 일명 확산포집방법(확산포집기)이라고도 한다.

30. 1일 12시간 작업할 때 톨루엔(TLV-100ppm)의 보정노출기준은 약 몇 ppm인가? (단, 고용노동부 고시를 기준으로 한다.)

① 25
② 67
③ 75
④ 150

보정노출기준 $= TLV \times \dfrac{8}{H} = 100ppm \times \dfrac{8}{12} = 66.67ppm$

26. ① 27. ③ 28. ④ 29. ④ 30. ②

31. 다음 중 2차 표준 보정기구와 가장 거리가 먼 것은?

① 폐활량계   ② 열선기류계
③ 건식 가스미터   ④ 습식 테스트미터

해설   2차 표준기구
- 로터미터   • 습식 테스트미터
- 건식 가스미터   • 오리피스미터
- 열선기류계

32. 공장 내부에 소음(1대당 PWL=85dB)을 발생시키는 기계가 있을 때, 기계 2대가 동시에 가동된다면 발생하는 PWL의 합은 약 몇 dB인가?

① 86   ② 88
③ 90   ④ 92

해설 $PWL = 10\log(10^{\frac{L1}{10}})$
$$= 10\log(10^{\frac{85}{10}} \times 2) = 88\text{dB}$$

33. 다음 중 직경이 5cm인 흑구 온도계의 온도 측정시간 기준은 무엇인가? (단, 고용노동부 고시를 기준으로 한다.)

① 1분 이상   ② 3분 이상
③ 5분 이상   ④ 10분 이상

해설   고열 측정 구분에 따른 측정기기와 측정시간

구분	측정기기	측정시간
습구 온도	0.5도 간격의 눈금이 있는 아스만통풍건습계, 자연습구온도를 측정할 수 있는 기기 또는 이와 동등 이상의 성능이 있는 측정기기	• 아스만통풍건습계: 25분 이상 • 자연습구온도계: 5분 이상
흑구 및 습구 흑구 온도	직경이 5센티미터 이상되는 흑구온도계 또는 습구흑구온도(WBGT)를 동시에 측정할 수 있는 기기	• 직경이 15센티미터일 경우: 25분 이상 • 직경이 7.5센티미터 또는 5센티미터일 경우: 5분 이상

34. 다음 중 빛의 산란 원리를 이용한 직독식 먼지 측정기는?

① 분진광도계   ② 피에조벨런스
③ β-gauge계   ④ 유리섬유여과분진계

해설   분진광도계(산란광식)
분진시료에 빛을 쏘면 반사(산란)하여 발광하게 되는데 그 반사광(산란광)을 측정하여 분진시료의 구성 및 농도 등을 측정하는 장비이다.

35. 유기용제 취급 사업장의 메탄올 농도 측정결과가 100, 89, 94, 99, 120ppm일 때, 이 사업장의 메탄올 농도의 기하평균은 약 몇 ppm인가?

① 100.3   ② 102.3
③ 104.3   ④ 106.3

해설   메탄올 농도의 기하평균
$$\log(GM) = \frac{\log X_1 + \log X_2 + \cdots + \log X_n}{N}$$
$$= \frac{\log 100 + \log 89 + \log 94 + \log 99 + \log 120}{5}$$
$$= 2.0$$
$$\therefore \; GM = 10^{2.0} = 100\text{ppm}$$

36. 흡착제를 이용하여 시료를 채취할 때 영향을 주는 인자에 관한 설명으로 옳지 않은 것은?

① 습도가 높으면 파과 공기량(파과가 일어날 때까지의 공기 채취량)이 작아진다.
② 시료채취속도가 낮고 코팅되지 않은 흡착제일수록 파과가 쉽게 일어난다.
③ 공기 중 오염물질의 농도가 높을수록 파과용량(흡착제에 흡착된 오염물질의 양)은 증가한다.
④ 고온에서는 흡착대상오염물질과 흡착제의 표면 사이 또는 2종 이상의 흡착 대상 물질 간의 반응속도가 증가하여 불리한 조건이 된다.

해설   흡착제를 이용한 시료채취 시 영향인자
- 온도가 낮을수록 흡착력이 좋다(모든 흡착은 발열반응).
- 극성 흡착제를 사용할 때 수증기가 흡착으로 파과가 일어나기 쉬우며, 이로 인해 흡착용량이 줄어든다.
- 시료채취속도가 크고 코팅된 흡착제일수록 파과가 일어나기 쉽다.
- 유해물질의 농도(포집된 오염물질의 농도)가 높으면 파과용량(흡착제에 흡착된 오염물질량)이 증가하나 파과공기량은 감소한다.
- 혼합기체의 경우 각 기체의 흡착량은 단독성분이 있을 때보다 적어지게 된다.

해답   **31.** ①   **32.** ②   **33.** ③   **34.** ①   **35.** ①   **36.** ②

- 흡착제의 크기(흡착제의 비표면적), 즉 입자 크기가 작을수록 표면적 및 채취효율이 증가하지만 압력강하가 심하다(활성탄은 다른 흡착제에 비하여 큰 비표면적을 가지고 있음).
- 흡착관의 크기(튜브의 내경, 흡착제의 양), 즉 흡착제의 양이 많아지면 전체 흡착제의 표면적이 증가하여 채취용량이 증가하므로 파과가 쉽게 발생하지 않는다.

37. 다음 중 1일 8시간 및 1주일 40시간 동안의 평균농도를 말하는 것은?

① 천정값
② 허용농도 상한치
③ 시간 가중 평균농도
④ 단시간 노출허용농도

시간가중 평균노출기준 TWA(Time Weighted Average)
- 1일 8시간 작업을 기준으로 하여 유해인자의 측정치에 발생시간을 곱하여 8시간으로 나눈 값이다.
  (고용노동부 고시: 화학물질 및 물리적 인자의 노출기준)
- 1일 8시간, 주 40시간 동안의 평균농도로서 거의 모든 근로자가 평상 작업에서 반복하여 노출되더라도 건강장애를 일으키지 않는 공기 중 유해물질의 농도를 말한다.

38. 흡수용액을 이용하여 시료를 포집할 때 흡수효율을 높이는 방법과 거리가 먼 것은?

① 시료채취유량을 낮춘다.
② 용액의 온도를 높여 오염물질을 휘발시킨다.
③ 가는 구멍이 많은 Fritted 버블러 등 채취 효율이 좋은 기구를 사용한다.
④ 두 개 이상의 버블러를 연속적으로 연결하여 용액의 양을 늘린다.

흡수효율(채취효율) 향상 방법
- 흡수액의 양을 증가시킨다.
- 기포와 흡수액 간의 접촉면적을 크게 한다.
- 흡수액의 온도를 낮추어 오염물질의 휘발성을 낮춘다.
- 두 개 이상의 임핀저나 버블러를 연속적(직렬)으로 연결한다.
- 시료채취 유속을 낮춘다.
- 기포의 체류시간을 길게 한다.
- 흡수액의 교반을 강하게 한다.

39. 다음 중 비극성 유기용제 포집에 가장 적합한 흡착제는?

① 활성탄
② 염화칼슘
③ 활성칼슘
④ 실리카겔

활성탄관을 사용하여 채취하기 용이한 시료
- 비극성류의 유기용제
- 각종 방향족 유기용제(방향족탄화수소류)
- 할로겐화 지방족 유기용제(할로겐화 탄화수소류)
- 에스테르류, 알코올류, 에테르류, 케톤류

40. 통계집단의 측정값들에 대한 균일성과 정밀성의 정도를 표현하는 것으로 평균값에 대한 표준편차의 크기를 백분율로 나타낸 것은?

① 정확도
② 변이계수
③ 신뢰편차율
④ 신뢰한계율

변이계수$(CV\%) = \dfrac{표준편차}{산술평균}$

|3| 작업환경관리대책

41. A분진의 노출기준은 $10mg/m^3$이며 일반적으로 반면형 마스크의 할당보호계수(APF)는 10일 때, 반면형 마스크를 착용할 수 있는 작업장 내 A분진의 최대농도는 얼마인가?

① $1mg/m^3$
② $10mg/m^3$
③ $50mg/m^3$
④ $100mg/m^3$

최대사용농도(MCU)
할당보호계수(APF)가 10이라면 외부 유해물질에 최소 10배만큼 보호받을 수 있다는 의미이다. 따라서 노출기준이 $10mg/m^3$라면 APF가 10일 때 외부유해물질의 최대농도는 $100mg/m^3$까지 보호받을 수 있다.
∴ $MCU = 노출기준 \times APF = 10mg/m^3 \times 10$
$= 100mg/m^3$

42. 다음 작업환경관리의 원칙 중 대체에 관한 내용으로 가장 거리가 먼 것은?

① 분체 입자를 큰 입자로 대치한다.
② 성냥 제조 시에 황린 대신에 적린을 사용한다.

③ 보온재료로 석면 대신 유리섬유나 암면 등을 사용한다.

④ 광산에서 광물을 채취할 때 습식 공정 대신 건식 공정을 사용하여 분진 발생량을 감소시킨다.

해설 ④ 광산에서 광물을 채취할 때 습식 공정 대신 건식 공정을 사용하면 분진 발생을 촉진시키므로 광산에서 광물을 채취할 때 건식 공정 대신 습식 공정을 사용하여 분진의 발생을 최소화시킨다.

43. 후드의 유입계수가 0.86일 때, 압력 손실계수는 약 얼마인가?

① 0.25 ② 0.35
③ 0.45 ④ 0.55

해설 후드의 유입계수로부터 압력손실계수를 구한다.
- 압력손실계수(압력손실계수(F))
- 후드 압력손실($\triangle P$)
- 후드의 압력손실($\triangle P$) $= F_h \times VP$

여기서, $\triangle P$ 값이 없으므로 F_h 값이 후드의 압력손실이 된다.

∴ 후드의 유입손실계수$(F_h) = \dfrac{1}{C\!e^2} - 1$

$= \dfrac{1}{0.86^2} - 1 = 0.35$

여기서, $C\!e$: 후드의 유입계수

44. 다음 중 비극성용제에 대한 효과적인 보호장구의 재질로 가장 옳은 것은?

① 면 ② 천연고무
③ Nitrile 고무 ④ Butyl 고무

해설 Nitrile 고무와 Viton 재질은 비극성용제에 대한 효과적인 보호장구의 재질이다.

45. 송풍기의 동작점에 관한 설명으로 가장 알맞은 것은?

① 송풍기의 성능곡선과 시스템 동력곡선이 만나는 점

② 송풍기의 정압곡선과 시스템 효율곡선이 만나는 점

③ 송풍기의 성능곡선과 시스템 요구곡선이 만나는 점

④ 송풍기의 정압곡선과 시스템 동압곡선이 만나는 점

해설 송풍기의 성능곡선과 시스템 요구곡선이 만나는 점이 송풍기의 동작점이다.

46. 다음 중 입자상 물질을 처리하기 위한 공기 정화장치와 가장 거리가 먼 것은?

① 사이클론
② 중력집진장치
③ 여과집진장치
④ 촉매산화에 의한 연소장치

해설 입자상 물질 처리하기 위한 공기 정화장치
- 여과집진장치
- 원심력집진장치
- 중력집진장치
- 관성력집진장치
- 전기집진장치
- 촉매산화에 의한 연소장치(보통 유기용제 가스 등을 처리하기 위한 공기정화장치)

47. 덕트 설치의 주요 사항으로 옳은 것은?

① 구부러짐 전후에는 청소구를 만든다.
② 공기 흐름은 상향구배를 원칙으로 한다.
③ 덕트는 가능한 한 길게 배치하도록 한다.
④ 밴드의 수는 가능한 한 많게 하도록 한다.

해설 공기 흐름은 하향구배를 원칙으로 하고, 덕트는 가능한 한 짧게 배치하며, 밴드의 수는 가능한 한 적게 한다.

48. 자유공간에 설치한 폭과 높이의 비가 0.5인 사각형 후드의 필요환기량(Q, m³/s)을 구하는 식으로 옳은 것은? [단, L: 폭(m), W: 높이(m), V: 제어속도(m/s), X: 유해물질과 후드개구부 간의 거리(m)]

① $Q = V(10X^2 + LW)$
② $Q = V(5.3X^2 + 2.7LW)$

해답 **43.** ② **44.** ③ **45.** ③ **46.** ④ **47.** ① **48.** ①

③ $Q = 3.7LVX$

④ $Q = 2.6LVX$

해설 외부식 후드가 자유공간에 위치한 경우 필요환기량

$Q = 60 \cdot V_c(10X^2 + A)$

여기서, Q : 필요송풍량(m³/min)

V_c : 제어속도(m/sec)

A : 개구면적(m²)

X : 후드 중심선으로부터 발생원(오염원)까지의 거리(m)

49. 배기 덕트로 흐르는 오염공기의 속도압이 6 mmH₂O일 때, 덕트 내 오염공기의 유속은 약 몇 m/s인가? (단, 오염공기밀도는 1.25kg/m³이고, 중력가속도는 9.8m/s²이다.)

① 6.6   ② 7.2

③ 8.3   ④ 9.7

해설 오염공기의 유속(m/sec)

$VP = \dfrac{rV^2}{2g}$

$V(\text{m/sec}) = \sqrt{\dfrac{VP \times 2g}{r}} = \sqrt{\dfrac{6 \times 2 \times 9.8}{1.25}} = 9.7\text{m/sec}$

여기서, VP : 속도압(mmH₂O)

V : 공기속도(m/sec)

g : 중력 가속도(9.8m/sec)

γ : 공기비중(1,203kg/m³)

50. 송풍기의 송풍량이 200m³/min이고, 송풍기 전압이 150mmH₂O이다. 송풍기의 효율이 0.8이라면 소요동력은 약 몇 kW인가?

① 4   ② 6

③ 8   ④ 10

해설 소요동력(kW)

$\text{송풍기동력(kW)} = \dfrac{Q \times \Delta P}{6120 \times \eta} \times \alpha$

$= \dfrac{200 \times 150}{6120 \times 0.8} \times 1.0 = 6.13\text{kW}$

51. 총압력손실 계산법 중 정압조절평형법에 대한 설명과 가장 거리가 먼 것은?

① 설계가 어렵고 시간이 많이 소요된다.

② 예기치 않은 침식 및 부식이나 퇴적 문제가

일어난다.

③ 송풍량은 근로자나 운전자의 의도대로 쉽게 변경되지 않는다.

④ 설계 시 잘못 설계된 분지관 또는 저항이 가장 큰 분지관을 쉽게 발견할 수 있다.

해설 정압조절평형법

예기치 않는 침식, 부식, 분진 퇴적으로 인한 축적(퇴적) 현상이 일어나지 않는다.

52. 덕트 직경이 30cm이고 공기유속이 5m/s일 때, 레이놀즈수는 약 얼마인가? (단, 공기의 점성계수는 20℃에서 1.85×10⁻⁵kg/s·m, 공기밀도는 20℃에서 1.2kg/m³이다.)

① 97,300   ② 117,500

③ 124,400   ④ 135,200

해설 레이놀즈수

$Re = \dfrac{\text{관성력}}{\text{점성력}} = \dfrac{\rho \times VD}{\mu}$

$= \dfrac{1.2 \times 5 \times 0.3}{1.85 \times 10^{-5}} = 97,297$

$= 97,300$

53. 다음 중 차음보호구인 귀마개(ear plug)에 대한 설명과 가장 거리가 먼 것은?

① 차음효과는 일반적으로 귀덮개보다 우수하다.

② 외청도에 이상이 없는 경우에 사용이 가능하다.

③ 더러운 손으로 만짐으로써 외청도를 오염시킬 수 있다.

④ 귀덮개와 비교하면 제대로 착용하는 데 시간은 걸리나 부피가 작아서 휴대하기 편리하다.

해설 차음효과는 일반적으로 귀덮개가 더 우수하다.

54. 오염물질의 농도가 200ppm까지 도달하였다가 오염물질 발생이 중지되었을 때, 공기 중 농도가 200ppm에서 19ppm으로 감소하는 데 걸리는 시간은? (단, 1차 반응으로 가정하고 공간부피, $V = 3000$m³, 환기량 $Q = 1.17$m³/s이다.)

해답 49. ④ 50. ② 51. ② 52. ① 53. ① 54. ②

① 약 89분 ② 약 101분
③ 약 109분 ④ 약 115분

해설 오염물질의 농도가 감소하는 데 걸리는 시간

$$t = -\frac{V}{Q}\ln\left(\frac{C_2}{C_1}\right)$$

$$= -\frac{3000\text{m}^3}{1.17\text{m}^3/\text{sec} \times 60\text{sec/min}} \times \ln\left(\frac{19}{200}\right)$$

$$= 100.59\text{min}$$

55. 국소배기시설에서 장치 배치 순서로 가장 적절한 것은?

① 송풍기 → 공기정화기 → 후드 → 덕트 → 배출구

② 공기정화기 → 후드 → 송풍기 → 덕트 → 배출구

③ 후드 → 덕트 → 공기정화기 → 송풍기 → 배출구

④ 후드 → 송풍기 → 공기정화기 → 덕트 → 배출구

해설 국소배기시설에서 장치 배치는 후드 → 덕트 → 공기정화기 → 송풍기 → 배출구 순으로 설치한다.

56. 폭 a, 길이 b인 사각형 관과 유체학적으로 등가인 원형 관(직경 D)의 관계식으로 옳은 것은?

① $D = ab/2(a+b)$ ② $D = 2(a+b)/ab$

③ $D = 2ab/a+b$ ④ $D = a+b/2ab$

해설 상당직경(등가직경, equivalent diameter)

$$\text{상당직경}(D) = \frac{2ab}{a+b}$$

57. 국소배기 시스템의 유입계수(Ce)에 관한 설명으로 옳지 않은 것은?

① 후드에서의 압력손실이 유량의 저하로 나타나는 현상이다.

② 유입계수란 실제유량/이론유량의 비율이다.

③ 유입계수는 속도압/후드정압의 제곱근으로 구한다.

④ 손실이 일어나지 않은 이상적인 후드가 있다면 유입계수는 0이 된다.

해설 국소배기 시스템의 유입계수(Ce)
• 후드의 유입효율을 나타낸다.
• Ce가 1에 가까울수록 압력손실이 작은 후드를 의미한다.

58. 국소배기시설의 투자비용과 운전비를 적게 하기 위한 조건으로 옳은 것은?

① 제어속도 증가

② 필요송풍량 감소

③ 후드개구면적 증가

④ 발생원과의 원거리 유지

해설 국소배기시설에서 효율성(투자비와 운전비 절감)을 높이기 위해서는 필요송풍량을 감소시켜야 한다.

59. 다음 중 자연환기에 대한 설명과 가장 거리가 먼 것은?

① 효율적인 자연환기는 냉방비 절감의 장점이 있다.

② 환기량 예측 자료를 구하기 쉬운 장점이 있다.

③ 운전에 따른 에너지 비용이 없는 장점이 있다.

④ 외부 기상조건과 내부 작업조건에 따라 환기량 변화가 심한 단점이 있다.

해설 자연환기는 환기량 예측자료를 구하기 어려운 것이 단점이다.

60. 다음 중 방진마스크의 요구사항과 가장 거리가 먼 것은?

① 포집효율이 높은 것이 좋다.

② 안면 밀착성이 큰 것이 좋다.

③ 흡기, 배기저항이 낮은 것이 좋다.

④ 흡기저항 상승률이 높은 것이 좋다.

해설 방진마스크 선택 시 고려사항
• 유해물질을 효과적으로 여과시킬 것
• 중량이 가벼울 것
• 시야가 넓을 것
• 무게중심은 안면에 강한 압박감을 주지 않을 것

해답 55. ③ 56. ③ 57. ④ 58. ② 59. ② 60. ④

- 흡기저항 상승률이 낮을 것
- 흡입저항이 낮을 것
- 얼굴에 밀착성이 좋을 것
- 피부 접촉 부위의 고무재질이 좋을 것(피부질환이 생기지 않는 재질)

|4| 물리적 유해인자관리

61. 음향출력이 1,000W인 음원이 반자유공간(반구면파)에 있을 때 20m 떨어진 지점에서의 음의 세기는 약 얼마인가? (오류 신고가 접수된 문제입니다. 반드시 정답과 해설을 확인하시기 바랍니다.)

① $0.2W/m^3$　　　② $0.4W/m^3$
③ $2.0W/m^3$　　　④ $4.0W/m^3$

해설　$W = I \cdot S$

$$I = \frac{W}{S(2\pi r^2)} = \frac{1,000}{2 \times 3.14 \times 20^2} = 0.4W/m^2$$

여기서, W: 음향파워(W)
　　　　I: 음향세기(W/m²)
　　　　S: 표면적(m²)

62. 밀폐공간에서는 산소결핍이 발생할 수 있다. 산소결핍의 원인 중 소모(consumption)에 해당하지 않는 것은?

① 용접, 절단, 불 등에 의한 연소
② 금속의 산화, 녹 등의 화학반응
③ 제한된 공간 내에서 사람의 호흡
④ 질소, 아르곤, 헬륨 등의 불화성 가스 사용

해설　밀폐공간의 산소 소모 원인
- 금속 산화 시 산소 소모
- 미생물의 부패에 의한 산소 소모
- 용접, 절단 시 불꽃 연소에 의한 산소 소모
- 제한된 공간 내에서의 사람의 호흡

63. 고압환경에 의한 영향으로 거리가 먼 것은?

① 저산소증
② 질소의 마취작용

③ 산소독성
④ 근육통 및 관절통

해설　전산소증은 산소가 감소하거나 부족하여 폐에 사용할 수 있는 공기가 부족하여 나타나며 높은 고도, 폐쇄된 공간 등으로 인해 발생할 수 있다.

64. 「산업안전보건법」상 상시 작업을 실시하는 장소에 대한 작업면의 조도 기준으로 맞는 것은?

① 초정밀 작업: 1,000럭스 이상
② 정밀 작업: 500럭스 이상
③ 보통 작업: 150럭스 이상
④ 그 밖의 작업: 50럭스 이상

해설　「산업안전보건법」상 작업면의 조도(lux)
- 초정밀작업: 750럭스 이상
- 정밀작업: 300럭스 이상
- 보통작업: 150럭스 이상
- 그 밖의 작업: 75럭스 이상

65. 전신진동이 인체에 미치는 영향이 가장 큰 진동의 주파수 범위는?

① 2~100Hz　　　② 140~250Hz
③ 275~500Hz　　④ 4,000Hz 이상

해설　전신진동이 인체에 미치는 영향
- 1~90Hz 진동 주파수 범위는 인체에 심한 영향을 주고 진동레벨이 60dB 이상이면 민감하게 진동현상을 감지할 수 있다.
- 1Hz 이하의 진동은 주로 멀미를 유발한다.
- 30~80Hz는 안구 떨림 현상이 발생한다.
- 4~8Hz는 상하 방향으로 진동 발생 시 인체에 가장 민감한 여향을 준다.

66. 고온의 노출기준을 나타낼 경우 중등작업의 계속작업 시 노출기준은 몇 ℃(WBGT)인가?

① 26.7　　　② 28.3
③ 29.7　　　④ 31.4

해답　61. ②　62. ④　63. ①　64. ③　65. ①　66. ①

작업강도 작업대 휴식시간비	경작업	중등작업	중작업
계속작업	30.0	26.7	25.0
매시간 75% 작업, 25% 휴식	30.6	28.0	25.9
매시간 50% 작업, 50% 휴식	31.4	29.4	27.9
매시간 25% 작업, 75% 휴식	32.2	31.1	30.0

1. 경작업: 200kcal까지의 열량이 소요되는 작업을 말하며, 앉아서 또는 서서 기계의 조정을 하기 위하여 손 또는 팔을 가볍게 쓰는 일 등을 뜻함
2. 중등작업: 시간당 200~350kcal의 열량이 소요되는 작업을 말하며, 물체를 들거나 밀면서 걸어다니는 일 등을 뜻함
3. 중작업: 시간당 350~500kcal의 열량이 소요되는 작업을 말하며, 곡괭이질 또는 삽질하는 일 등을 뜻함

67. 비전리 방사선에 대한 설명으로 틀린 것은?

① 적외선(IR)은 700~1mm의 파장을 갖는 전자파로서 열선이라고 부른다.

② 자외선(UV)은 X-선과 가시광선 사이의 파장(100~400nm)을 갖는 전자파이다.

③ 기사광선은 400~700nm의 파장을 갖는 전자파이며 망막을 자극해서 광각을 일으킨다.

④ 레이저는 극히 좁은 파장범위이기 때문에 쉽게 산란되며 강력하고 예리한 지향성을 지닌 특징이 있다.

해설 레이저광이 특징은 출력이 강하고 좁은 파장범위를 가지기 때문에 쉽게 산란하지 않는다.

68. 다음 설명에 해당하는 전리방사선의 종류는?

> • 원자핵에서 방출되는 입자로서 헬륨원자의 핵과 같은 두 개의 양자와 두 개의 중성자로 구성되어 있다.
> • 질량과 하전 여부에 따라서 그 위험성이 결정된다.
> • 투과력은 가장 약하나 전리작용은 가장 강하다.

① X선   ② γ선
③ α선   ④ β선

해설 α선의 특징
• 방사성원소의 α붕괴와 함께 방출되는 α입자이다.
• α입자는 양성자 2개와 중성자 2개가 결합한 헬륨 원자핵으로, 스핀이 0이다.

• 이온화 작용이 강하고 물질을 통과할 때 그 경로를 따라 많은 이온이 발생한다.
• 투과력은 약하며, 500만 V의 α선은 1atm(기압)의 공기 속을 3cm만 통과해도 정지한다.
• 전리작용 순서: α선>β선>γ선>X선
• 투과력 순서: 중성자>γ선>X선>β선>α선

69. 방사선단위 "rem"에 대한 설명과 가장 거리가 먼 것은?

① 생체실효선량(dose-equivalent)이다.

② rem=rad×RBE(상대적 생물학적 효과)로 나타낸다.

③ rem은 Roentgen Equivalent Man의 머리글자이다.

④ 피조사체 1g에 100erg의 에너지를 흡수한다는 의미이다.

해설 ④는 rad의 의미이다.

70. 1,000Hz에서 40dB의 음향레벨을 갖는 순음의 크기를 1로 하는 소음의 단위는?

① sone   ② phon
③ NRN   ④ dB(C)

해설
• 1sone: 1.000Hz 순음의 음의 세기레벨 40dB의 음의 크기
• 1phon: 1kHz 순음의 음압 레벨과 같은 크기로 느끼는 음의 크기

71. 이상기압에 의해서 발생하는 직업병에 영향을 주는 유해인자가 아닌 것은?

① 산소(O_2)   ② 이산화황(SO_2)
③ 질소(N_2)   ④ 이산화탄소(CO_2)

해설 이상기압에 의해서 발생하는 직업병에 영향을 주는 유해인자
• 고압환경에서의 유해인자: 질소가스의 마취작용, 산소중독, 이산화탄소 중독
• 저압환경에서의 유해인자: 산소 부족에 의한 저산소증

해답 **67.** ④   **68.** ③   **69.** ④   **70.** ①   **71.** ②

72. 귀마개의 차음평가수(NRR)가 27일 경우 그 보호구의 차음 효과는 얼마가 되겠는가? (단, OSHA의 계산방법을 따른다.)

① 6dB ② 8dB
③ 10dB ④ 12dB

해설 차음효과=(NRR-7)×0.5=(27-7)×0.5=10dB

73. 해수면의 산소분압은 약 얼마인가? (단, 표준상태 기준이며, 공기 중 산소함유량은 21vol%이다.)

① 90mmHg ② 160mmHg
③ 210mmHg ④ 230mmHg

해설 산소분압=760×0.21=160mmHg

74. 진동 발생원에 대한 대책으로 가장 적극적인 방법은?

① 발생원의 격리 ② 보호구 착용
③ 발생원의 제거 ④ 발생원의 재배치

해설 발생원의 제거가 가장 적극적인 진동 방지대책이다.

75. 비이온화 방사선의 파장별 건강영향으로 틀린 것은?

① UV-A: 315~400nm-피부노화 촉진
② IR-B: 780~1,400nm-백내장, 각막화상
③ UV-B: 280~315nm-발진, 피부암, 광결막염
④ 가시광선: 400~700nm-광화학적이거나 열에 의한 각막손상, 피부화상

해설 IR-B의 파장범위는 1.4~1μm이고 급성피부화상 및 백내장은 IR-C(원적외선)에서 발생한다.

76. WBGT(Wet Bulb Globe Temperature index)의 고려대상으로 볼 수 없는 것은?

① 기온 ② 상대습도
③ 복사열 ④ 작업대사량

해설 WBGT(Wet Bulb Globe Temperature index)의 고려대상은 기온, 기습(습도), 기류, 복사열이다.

77. 음압실효치가 0.2N/m²일 때 음압수준(SPL, Sound Pressure Level)은 얼마인가? (단, 기준 음압은 2×10^{-5}N/m²으로 계산한다.)

① 40dB ② 60dB
③ 80dB ④ 100dB

해설

$$음압수준(SPL) = 20\log\frac{P}{P_0} = \frac{0.2(\text{N/m}^2)}{2\times10^{-5}(\text{N/m}^2)} = 80\text{dB}$$

78. 저온환경에서 나타나는 일차적인 생리 반응이 아닌 것은?

① 호흡의 증가
② 피부혈관의 수축
③ 근육긴장의 증가와 떨림
④ 화학적 대사작용의 증가

해설 저온환경에서 나타나는 일차적인 생리 반응
• 피부혈관의 수축
• 근육긴장의 증가와 떨림
• 화학적 대사작용의 증가
• 체표면적 감소

79. 소음성 난청에 대한 설명으로 틀린 것은?

① 소음성 난청의 초기 단계를 C_5-dip 현상이라 한다.
② 영구적인 난청(PTS)은 노인성 난청과 같은 현상이다.
③ 일시적인 난청(TTS)은 코르티기관의 피로에 의해 발생한다.
④ 주로 4,000Hz 부근에서 가장 많은 장해를 유발하며, 진행되면 주파수영역으로 확대된다.

해설 소음성 난청
• 소음성 난청의 초기 단계를 C_5-dip 현상이라 한다.
• 노인성 난청은 노화에 의한 퇴행성 질환이며 일반적으로 고음역에 대한 청력손실이 현저하고, 6,000Hz에서부터 난청이 시작된다.
• 일시적인 난청(TTS)은 코르티기관의 피로에 의해 발생한다.
• 주로 4,000Hz 부근에서 가장 많은 장해를 유발하며 진행되면 주파수영역으로 확대된다.

해답 72. ③ 73. ② 74. ③ 75. ② 76. ④ 77. ③
78. ① 79. ②

80. 빛의 단위 중 광도(luminance)의 단위에 해당하지 않는 것은? (오류 신고가 접수된 문제입니다. 반드시 정답과 해설을 확인하시기 바랍니다.)

① nit
② Lambert
③ cd/m^2
④ $lumen/m^2$

해설

㉠ nit: SI 단위, 니트(nit, 약자 nt, $1nt = 1cd/m^2$)라는 이름으로도 불리며 컴퓨터 디스플레이의 휘도를 나타내는 데 종종 쓰인다. 광도를 나타내는 SI 단위 칸델라와 면적의 SI 단위 제곱미터에 기초하여 정의한다.

㉡ 빛의 SI 단위

측광량	단위	기호	비고
발광 에너지 (luminous energy)	루멘 초	$lm \cdot s$	
광선속, 광속 (luminous flux)	루멘	lm	
광도 (luminous intensity)	칸델라	cd (=lm/sr)	
휘도(luminance)	칸델라 매 제곱미터	cd/m^2	
조도(illuminance)	럭스	lx (=lm/m²)	
광출사도, 광속발산도 (luminous emittance, luminous exitance)	럭스	lx (=lm/m²)	
(방사의) 발광 효율(luminous efficacy of radiation)	루멘 매 와트	lm/W	전자기 방사에 대한 광선속 양의 비율
(광원의) 발광 효율(luminous efficacy of a source)	루멘 매 와트	lm/W	전등효율이라고도 하며, 어떤 광원에서 1W의 소비전력에 따라 발생하는 광선속 양의 비를 나타냄

| 5 | 산업독성학

81. 최근 사회적 이슈가 되었던 유해인자와 그 직업병의 연결이 잘못된 것은?

① 석면-악성중피종
② 메탄올-청신경장애

③ 노말헥산-앉은뱅이 증후군
④ 트리클로로에틸렌-스티븐슨존슨 증후군

해설 각 유해인자별 대표적 직업병

• 메탄올(메틸알코올): 시신경장애
• 에틸렌글리콜에테르: 생식기장애
• 노말헥산: 앉은뱅이 증후군, 다발성 신경장애
• 트리클로로에틸렌: 스티븐슨존슨 증후군
• 벤젠: 조혈장애
• 톨루엔: 중추신경장애
• 석면: 악성중피종
• 염화탄화수소, 염화비닐: 간장애
• CS_2(이황화탄소): 중추신경 및 말초신경 장애, 생식기능장애
• 메틸부틸케톤: 말초신경장애(중독성)
• 알코올, 에테르류, 케톤류: 마취작용

82. 노출에 대한 생물학적 모니터링의 단점이 아닌 것은?

① 시료채취의 어려움
② 근로자의 생물학적 차이
③ 유기시료의 특이성과 복잡성
④ 호흡기를 통한 노출만을 고려

해설 노출에 대한 생물학적 모니터링의 단점

• 시료채취가 어렵다.
• 유기시료의 특이성과 복잡성이 있다.
• 각 근로자의 생물학적 차이가 있다.
• 분석 시 오염에 노출될 수 있어 분석이 어렵다.

83. 수은중독 증상으로만 나열된 것은?

① 구내염, 근육진전
② 비중격천공, 인두염
③ 급성뇌증, 신근쇠약
④ 단백뇨, 칼슘대사 장애

해설 수은중독 증상

• 구내염, 근육진전, 정신증상
• 수족신경마비, 시신경장애, 정신이상, 보행장애

84. 급성독성과 관련이 있는 용어는?

① TWA
② C(Ceiling)

해답 80. ④ 81. ② 82. ④ 83. ① 84. ②

③ ThD0(Threshold Dose)

④ NOEL(No Observed Effect Level)

해설 C(Ceiling)

- 최고 노출기준, 최고 허용농도, 천정치
- 근로자가 잠시라도 노출되어서는 안 되는 농도로 자극성 가스나 독작용이 빠른 급성중독과 관련이 있는 기준이다.

85. 포르피린과 헴(heme)의 합성에 관여하는 효소를 억제하며, 소화기계 및 조혈계에 영향을 주는 물질은?

① 납
② 수은
③ 카드뮴
④ 베릴륨

해설 납(Pb)은 세포 내에서 SH-기와 결합하여 포르피린과 헴의 합성에 관여하는 요소를 억제하며, 여러 세포의 효소작용을 방해한다. 또한 소화기계 및 조혈기계에 영향을 주는 물질이다.

86. 다음 중 금속열을 일으키는 물질과 가장 거리가 먼 것은?

① 구리
② 아연
③ 수은
④ 마그네슘

해설 수은은 구내염, 근육진전, 정신증상, 수족신경마비, 시신경장애, 정신이상, 보행장애를 일으킨다.

87. 유해물질의 노출기준에 있어서 주의해야 할 사항이 아닌 것은?

① 노출기준은 피부로 흡수되는 양은 고려하지 않았다.
② 노출기준은 생활환경에 있어서 대기오염 정도의 판단기준으로 사용되기에는 적합하지 않다.
③ 노출기준은 1일 8시간 평균농도이므로 1일 8시간을 초과하여 작업을 하는 경우 그대로 적용할 수 없다.
④ 노출기준은 작업장에서 일하는 근로자의 건강장해를 예방하기 위해 안전 또는 위험의 한계를 표시하는 지침이다.

해설 ACGIH(미국정부산업위생전문가협의회)에서 권고하고 있는 허용농도(TLV) 적용상 주의사항
- 대기오염평가 및 지표(관리)에 사용할 수 없다.

- 24시간 노출 또는 정상 작업시간을 초과한 노출에 대한 독성 평가에는 적용할 수 없다.
- 기존의 질병이나 신체적 조건을 판단(증명 또는 반응자료)하기 위한 척도로 사용될 수 없다.
- 작업조건이 다른 나라에서 ACGIH-TLV를 그대로 사용할 수 없다.
- 안전농도와 위험농도를 정확히 구분하는 경계선이 아니다.
- 독성의 강도를 비교할 수 있는 지표는 아니다.
- 반드시 산업보건(위생)전문가에 의하여 설명(해석), 적용되어야 한다.
- 피부로 흡수되는 양은 고려하지 않은 기준이다.
- 산업장의 유해조건을 평가하기 위한 지침이며, 건강장애를 예방하기 위한 지침이다.

88. 크실렌의 생물학적 노출지표로 이용되는 대사산물은? (단, 소변에 의한 측정기준이다.)

① 페놀
② 만델린산
③ 마뇨산
④ 메틸마뇨산

해설 유기용제 유해물질별 생물학적 노출지표(대사산물)
- 톨루앤(혈액, 호기에서 톨루멘): 요 중 마뇨산
- 크실렌: 요 중 메틸마뇨산
- 노말헥산: 요 중 n-헥산
- 스티렌: 요 중 만델린산과 페닐글리옥실산
- 퍼클로로에틸렌: 요 중 삼염화초산
- 에틸벤젠: 요 중 만델린산

89. 납중독을 확인하는데 이용하는 시험으로 적절하지 않은 것은?

① 혈중의 납
② EDTA 흡착능
③ 신경전달속도
④ 헴(heme)의 대사

해설 납 중독 진단은 혈중 납 농도, 신경전달속도, 헴(Heme)의 대사, 빈혈검사, 혈액 및 요 중 납량 측정, Ca-EDTA 이동시험 등으로 납 중독을 평가한다.

90. 망간에 관한 설명으로 틀린 것은?

① 호흡기 노출이 주경로이다.
② 언어장애, 균형감각상실 등의 증세를 보인다.
③ 전기용접봉 제조업, 도자기 제조업에서 발생된다.
④ 만성중독은 3가 이상의 망간화합물에 의해서

해답 85. ① 86. ③ 87. ④ 88. ④ 89. ② 90. ④

주로 발생한다.

[해설] 망간에 의한 건강장애(증상 징후)
㉠ 급성중독
  • MMT에 의한 피부와 호흡기 노출로 인한 증상 발생
  • 급성 고농도에 노출 시 망간 정신병 양상 발생
㉡ 만성중독
  • 무력증, 식욕감퇴 등의 초기증세를 보이다 심해지면 중추신경계의 특정 부위를 손상(뇌기저핵에 축적되어 신경세포 파괴)시켜 노출이 지속되면 파킨슨 증후군과 보행장애 발생
  • 안면의 변화, 즉 무표정하게 되며 배근력의 저하 발생
  • 언어가 느려지는 언어장애 및 균형감각 상실 증세 발생

91. 체내에서 유해물질을 분해하는 데 가장 중요한 역할을 하는 것은?

① 혈압   ② 효소
③ 백혈구   ④ 적혈구

[해설] 효소(酵素, enzyme)는 기질과 결합해서 효소-기질 복합체를 형성하여 화학반응의 활성화 에너지를 낮춤으로써 물질대사의 속도를 증가시키는 생체 촉매이다. 또한 체내에서 유해물질을 분해하는 데 가장 중요한 역할을 한다.

92. 접촉에 의한 알레르기성 피부감작을 증명하기 위한 시험으로 가장 적절한 것은?

① 첩포시험   ② 진균시험
③ 조직시험   ④ 유발시험

[해설] 첩포시험(patch test)
㉠ 알레르기성 접촉피부염(피부감작)의 진단에 필수적이며 가장 중요한 임상시험이다.
㉡ 시험방법
  • 조그만 조각을 피부에 붙여 반응을 관찰하여 원인 물질을 찾아내는 검사이다.
  • 정상인에게는 반응을 일으키지 않고 항원물질에 예민한 사람에게만 반응하도록 농도를 조절한 알레르겐을 특수 용기에 담아 피부(등 혹은 팔)에 붙여 48시간 후에 이를 제거한 후 한 번, 이틀 후 다시 한 번 판독하여 항원을 찾아내는 방법이다.
  • 약 4일 정도가 소요되며 양성반응이 나타나면 항원물질로 판정한다.

93. 일산화탄소 중독과 관련이 없는 것은?

① 고압산소설
② 카나리아새
③ 식염의 다량투여
④ 카르복시헤모글로빈(carboxyhemoglobin)

[해설] 고온 장애 시 식염을 다량투여한다.

94. 금속의 일반적인 독성기전으로 틀린 것은?

① 효소의 억제
② 금속 평형의 파괴
③ DNA 염기의 대체
④ 필수 금속성분의 대체

[해설] 금속의 일반적 독성작용기전
  • 효소의 구조 및 기능을 변화시켜 효소작용을 억제한다.
  • 필수금속의 농도를 변화시켜 평형을 파괴한다.
  • 간접영향으로 세포성분의 영향을 변화시킨다.
  • 생물학적 대사과정이 변화되어 필수금속성분이 대체된다.
  • Sulfhydryl 기와의 친화성으로 단백질 기능이 변화된다.

95. 유해물질의 생리적 작용에 의한 분류에서 질식제를 단순 질식제와 화학적 질식제로 구분할 때, 화학적 질식제에 해당하는 것은?

① 수소(H_2)   ② 메탄(CH_4)
③ 헬륨(He)   ④ 일산화탄소(CO)

[해설] 화학적 질식제의 종류
일산화탄소(CO), 황화수소(H_2S), 시안화수소(HCN), 아닐린($C_5H_5NH_2$)

96. 유기용제의 중추신경 활성억제의 순위를 큰 것에서부터 작은 것 순으로 나타낸 것 중 맞는 것은?

① 알켄>알칸>알코올
② 에테르>알코올>에스테르
③ 할로겐화합물>에스테르>알켄
④ 할로겐화합물>유기산>에테르

[해설] 유기용제의 중추신경계 활성억제의 순위
알칸<알켄<알코올<유기산<에스테르<에테르<할로겐화합물

[해답] 91. ② 92. ① 93. ③ 94. ③ 95. ④ 96. ③

97. 사람에 대한 안전용량(SHD)을 산출하는 데 필요하지 않은 항목은?

① 독성량(TD)
② 안전인자(SF)
③ 사람의 표준 몸무게
④ 독성물질에 대한 역치(THD0)

해설
• SHD는 동물실험에서 구해진 역치(ThD)를 외삽하여 '사람에게 안전한 양'으로 추정한 것이다.
• 사람에 대한 안전용량(SHD)을 산출하는 데 필요한 인자는 역치(ThD)와 사람의 표준몸무게(70kg), 그리고 안전계수(SF)를 고려하여 산정한다.
• 독성량(TD, Toxic Dose): 공시생물의 감응작용이 죽음 외의 바람직하지 않은 독성을 나타내게 될 때의 투여량을 말하며, 중독을 일으키는 물질의 양을 말한다.

98. 피부독성평가에서 고려해야 할 사항과 가장 거리가 먼 것은?

① 음주, 흡연
② 피부 흡수 특성
③ 열, 습기 등의 작업환경
④ 사용물질의 상호작용에 따른 독성학적 특성

해설 피부독성평가에서 고려해야 할 사항
• 피부 흡수 특성
• 습기 등의 작업환경
• 사용물질의 상호작용에 따른 독성학적 특성

99. 규폐증을 일으키는 원인 물질로 가장 관계가 깊은 것은?

① 매연
② 암석분진
③ 일반부유분진
④ 목재분진

해설 규폐증을 일으키는 원인 물질
유리규산(SiO_2)이 함유된 먼지로 $0.5 \sim 5\mu m$의 크기에서 잘 발생하며 채석장(암석분진), 석재공장(암석분진), 건축업, 도자기 작업장에서 발생하는 먼지 중 유리규산이 함유된 혼합물질에 노출된 근로자에게 발생한다.

100. 석면 및 내화성 세라믹 섬유의 노출기준 표시 단위로 맞는 것은?

① %
② ppm
③ 개/m^3
④ mg/m^3

해설 석면 및 내화성 세라믹 섬유의 노출기준 표시단위는 개/cm^3=개/mL=개/cc이다.

| 1 | 산업위생학개론

1. 고용노동부장관은 직업병의 발생원인을 찾아내 거나 직업병의 예방을 위하여 필요하다고 인정 할 때는 근로자의 질병과 화학물질 등 유해요인 과의 상관관계에 관한 어떤 조사를 실시할 수 있 는가?

   ① 역학조사　　　　② 안전보건진단
   ③ 작업환경측정　　④ 특수건강진단

   해설 「산업안전보건법」 제141조(역학조사) ① 고용노동 부장관은 직업성 질환의 진단 및 예방, 발생 원인의 규명을 위하여 필요하다고 인정할 때에는 근로자의 질환과 작업장의 유해요인의 상관관계에 관한 역학조사(이하 "역학조사"라 한 다)를 할 수 있다. 이 경우 사업주 또는 근로자대표, 그 밖에 고용노동부령으로 정하는 사람이 요구할 때 고용노동부령으 로 정하는 바에 따라 역학조사에 참석하게 할 수 있다.
   ② 사업주 및 근로자는 고용노동부장관이 역학조사를 실시 하는 경우 적극 협조하여야 하며, 정당한 사유 없이 역학조 사를 거부·방해하거나 기피해서는 아니 된다.
   ③ 누구든지 제1항 후단에 따라 역학조사 참석이 허용된 사 람의 역학조사 참석을 거부하거나 방해해서는 아니 된다.
   ④ 제1항 후단에 따라 역학조사에 참석하는 사람은 역학조 사 참석과정에서 알게 된 비밀을 누설하거나 도용해서는 아 니 된다.
   ⑤ 고용노동부장관은 역학조사를 위하여 필요하면 제129조 부터 제131조까지의 규정에 따른 근로자의 건강진단 결과, 「국민건강보험법」에 따른 요양급여기록 및 건강검진 결과, 「고용보험법」에 따른 고용정보, 「암관리법」에 따른 질병정 보 및 사망원인 정보 등을 관련 기관에 요청할 수 있다. 이 경우 자료의 제출을 요청받은 기관은 특별한 사유가 없으면 이에 따라야 한다.
   ⑥ 역학조사의 방법·대상·절차, 그 밖에 필요한 사항은 고

용노동부령으로 정한다.

「산업안전보건법」 시행규칙 제222조(역학조사의 대상 및 절 차 등) ① 공단은 법 제141조 제1항에 따라 다음 각 호의 어느 하나에 해당하는 경우에는 역학조사를 할 수 있다.
   1. 법 제125조에 따른 작업환경측정 또는 법 제129조부터 제131조에 따른 건강진단의 실시 결과만으로 직업성 질 환에 걸렸는지를 판단하기 곤란한 근로자의 질병에 대하 여 사업주·근로자대표·보건관리자(보건관리전문기관을 포 함한다) 또는 건강진단기관의 의사가 역학조사를 요청하 는 경우
   2. 「산업재해보상보험법」 제10조에 따른 근로복지공단이 고 용노동부장관이 정하는 바에 따라 업무상 질병 여부의 결 정을 위하여 역학조사를 요청하는 경우
   3. 공단이 직업성 질환의 예방을 위하여 필요하다고 판단하 여 제224조 제1항에 따른 역학조사평가위원회의 심의를 거친 경우
   4. 그 밖에 직업성 질환에 걸렸는지 여부로 사회적 물의를 일으킨 질병에 대하여 작업장 내 유해요인과의 연관성 규 명이 필요한 경우 등으로서 지방고용노동관서의 장이 요 청하는 경우
   ② 제1항 제1호에 따라 사업주 또는 근로자대표가 역학조사 를 요청하는 경우에는 산업안전보건위원회의 의결을 거치거 나 각각 상대방의 동의를 받아야 한다. 다만, 관할 지방고용 노동관서의 장이 역학조사의 필요성을 인정하는 경우에는 그 렇지 않다.
   ③ 제1항에서 정한 사항 외에 역학조사의 방법 등에 필요한 사항은 고용노동부장관이 정하여 고시한다.

2. NIOSH의 들기 작업에 대한 평가방법은 여러 작 업요인에 근거하여 가장 안전하게 취급할 수 있는 권고기준(RWL, Recommended Weight Limit) 을 계산한다. RWL의 계산과정에서 각각의 변수 들에 대한 설명으로 틀린 것은?

해답 1. ①　2. ③

① 중량물 상수(Load Constant)는 변하지 않는 상수값으로 항상 23kg을 기준으로 한다.

② 운반 거리값(Distance Multiplier)은 최초의 위치에서 최종 운반위치까지의 수직이동거리(cm)를 의미한다.

③ 허리 비틀림 각도(Asymmetric Multiplier)는 물건을 들어올릴 때 허리의 비틀림 각도(Asymmetric Multiplier)를 측정하여 1-0.32×A에 대입한다.

④ 수평 위치값(Horizontal Multiplier)은 몸의 수직선상의 중심에서 물체를 잡는 손의 중앙까지의 수평거리(H, cm)를 측정하여 25/H로 구한다.

해설 비대칭 계수(AM, Asymmetric Multiplier)는 1-(0.0032A)에 대입한다.

3. 우리나라 산업위생 역사에서 중요한 원진레이온 공장에서의 집단적인 직업병 유발물질은 무엇인가?

① 수은
② 디클로로메탄
③ 벤젠(Benzene)
④ 이황화탄소(CS_2)

해설 원진레이온(주)의 이황화탄소(CS_2) 중독 사건
• 1991년에 중독을 발견하고 1998년에 집단적으로 발생하였다.
• 레이온 생산 장비를 일본에서 중고제품을 수입하여 생산과정에서 발생하였고 한국에서 집단중독사건으로 문제화 이후 다시 중국으로 이전되었다.
• 펄프를 이황화탄소와 적용시켜 비스코레이온을 만드는 공정에서 발생하였다.
• 작업환경 측정 및 근로자 건강진단을 소홀히하여 예방에 실패한 대표적인 예이다.
• 급성 고농도 노출 시 사망할 수 있고 1,000ppm 수준에서는 환상을 보는 등 정신이상을 유발한다.
• 만성중독으로는 뇌경색증, 다발성 신경염, 협심증, 신부전증 등을 유발한다.

4. 피로의 판정을 위한 평가(검사) 항목(종류)과 가장 거리가 먼 것은?

① 혈액
② 감각기능
③ 위장기능
④ 작업성적

해설 피로의 판정을 위한 평가(검사) 항목으로는 혈액, 감각기능(근전도, 심박수, 민첩성 등), 작업성적, 피로도 기능검사(객관적 피로 측정방법)가 있으며, 평가방법은 다음과 같다.
• 연속 측정법
• 생리심리학적 검사법(역치측정, 근력검사, 행위검사)
• 생화학적 검사법(혈액검사, 요단백검사)
• 생리적 방법(연속반응시간, 호흡순환기능, 대뇌피질활동)

5. 산업위생관리에서 중점을 두어야 하는 구체적인 과제로 적합하지 않은 것은?

① 기계·기구의 방호장치 점검 및 적절한 개선
② 작업근로자의 작업자세와 육체적 부담의 인간공학적 평가
③ 기존 및 신규화학물질의 유해성 평가 및 사용대책의 수립
④ 고령근로자 및 여성근로자의 작업조건과 정신적 조건의 평가

해설 기계·기구의 방호장치 점검 및 적절한 개선은 산업안전관리에서 중점을 두어야 할 과제이다.

6. 근골격계질환 작업위험요인의 인간공학적 평가방법이 아닌 것은?

① OWAS
② RULA
③ REBA
④ ICER

해설 근골격계 질환의 인간공학적 평가방법
OWAS, RULA, JSI, REBA, NLE, WAC, PATH, QEC, K-OWAS 등

7. 산업재해에 따른 보상에 있어 보험급여에 해당하지 않는 것은?

① 유족급여
② 직업재활급여
③ 대체인력훈련비
④ 상병(傷病)보상연금

해설
• 산업재해보상 보험급여(진폐에 대한 보험급여는 제외)의 종류에는 요양급여, 휴업급여, 장해급여, 간병급여, 유족급여, 상병보상연금, 장의비, 직업재활급여가 있다.

해답 3. ④ 4. ③ 5. ① 6. ④ 7. ③

- 진폐에 대한 산업재해보상 보험급여의 종류에는 요양급여, 간병급여, 장의비, 직업재활급여, 진폐보상연금 및 진폐유족연금이 있다.

8. 직업성 질환 중 직업상의 업무에 의하여 1차적으로 발생하는 질환을 무엇이라 하는가?

① 합병증
② 원발성 질환
③ 일반질환
④ 속발성 질환

해설 원발성 질환이란 직업상의 업무에 의하여 1차적으로 발생하는 질환을 말한다.

9. 마이스터(D. Meister)가 정의한 내용으로 시스템으로부터 요구된 작업결과(Performance)와의 차이(deviation)는 무엇을 의미하는가?

① 무의식 행동
② 인간실수
③ 주변적 동작
④ 지름길 반응

해설 D-Mister(1971)
휴먼에러를 시스템의 성능, 안전, 효율을 저하시키거나 감소시킬 수 있는 잠재력을 갖고 있는 부적절하거나 원치 않는 인간의 결정 또는 행동으로 어떤 허용범위를 벗어난 일련의 인간동작 중의 하나라고 하였다.

10. 「산업안전보건법」상 다음 설명에 해당하는 건강진단의 종류는?

> 특수건강진단대상업무에 종사할 근로자에 대하여 배치 예정업무에 대한 적합성 평가를 위하여 사업주가 실시하는 건강진단

① 일반건강진단
② 수시건강진단
③ 임시건강진단
④ 배치전건강진단

해설 「산업안전보건법」 제2절 건강진단 및 건강관리
제129조(일반건강진단)
① 사업주는 상시 사용하는 근로자의 건강관리를 위하여 건강진단(이하 "일반건강진단"이라 한다)을 실시하여야 한다. (이하생략)
② 사업주는 제135조 제1항에 따른 특수건강진단기관 또는 「건강검진기본법」 제3조 제2호에 따른 건강검진기관(이하 "건강진단기관"이라 한다)에서 일반건강진단을 실시하여야 한다.
제130조(특수건강진단 등) ① 사업주는 다음 각 호의 어느 하나에 해당하는 근로자의 건강관리를 위하여 건강진단(이하 "특수건강진단"이라 한다)을 실시하여야 한다. (이하생략)
1. 고용노동부령으로 정하는 유해인자에 노출되는 업무(이하

"특수건강진단대상업무"라 한다)에 종사하는 근로자
2. 제1호, 제3항 및 제131조에 따른 건강진단 실시 결과 직업병 소견이 있는 근로자로 판정받아 작업 전환을 하거나 작업 장소를 변경하여 해당 판정의 원인이 된 특수건강진단대상업무에 종사하지 아니하는 사람으로서 해당 유해인자에 대한 건강진단이 필요하다는 「의료법」 제2조에 따른 의사의 소견이 있는 근로자
② 사업주는 특수건강진단대상업무에 종사할 근로자의 배치 예정 업무에 대한 적합성 평가를 위하여 건강진단(이하 "배치전건강진단"이라 한다)을 실시하여야 한다.
③ 사업주는 특수건강진단대상업무에 따른 유해인자로 인한 것이라고 의심되는 건강장해 증상을 보이거나 의학적 소견이 있는 근로자 중 보건관리자 등이 사업주에게 건강진단 실시를 건의하는 등 고용노동부령으로 정하는 근로자에 대하여 건강진단(이하 "수시건강진단"이라 한다)을 실시하여야 한다.

11. 도수율(Frequency Rate of Injury)이 10인 사업장에서 작업자가 평생 동안 작업할 경우 발생할 수 있는 재해의 건수는? (단, 평생의 총근로시간수는 120,000시간으로 한다.)

① 0.8건
② 1.2건
③ 2.4건
④ 12건

해설 도수율 $= \dfrac{\text{재해건수}}{\text{연간근로시간수}} \times 10^6$

$10 = \dfrac{\text{재해건수}}{120,000} \times 10^6$

$\therefore$ 재해건수 $= 1.2$건

12. 어느 사업장에서 톨루엔($C_6H_5CH_3$)의 농도가 0℃일 때 100ppm이었다. 기압의 변화 없이 기온이 25℃로 올라갈 때 농도는 약 몇 mg/m³로 예측되는가?

① 325mg/m³
② 346mg/m³
③ 365mg/m³
④ 376mg/m³

해설 농도$(\mathrm{mg/m^3}) = 100\mathrm{ppm} \times \dfrac{92.13}{22.4 \times \left(\dfrac{273+25}{273}\right)}$

$= 376.81\mathrm{mg/m^3}$

13. 새로운 건물이나 새로 지은 집에 입주하기 전 실내를 모두 닫고 30℃ 이상으로 5~6시간 유지시

해답 8. ② 9. ② 10. ④ 11. ② 12. ④ 13. ①

킨 후 1시간 정도 환기를 하는 방식을 여러 번 반복하여 실내의 휘발성 유기화합물이나 포름알데히드의 저감 효과를 얻는 방법을 무엇이라 하는가?

① Bake out ② Heating up
③ Room Heating ④ Burning up

해설 베이크 아웃(Bake out) 환기
새로운 건물이나 새로 지은 집에 입주하기 전 실내를 모두 닫고 30℃ 이상으로 5~6시간 유지시킨 후 1시간 정도 환기하는 방식을 여러 번 반복하여 실내의 휘발성 유기화합물이나 포름알데히드의 저감 효과를 얻는 방법을 의미한다.

14. 작업자세는 피로 또는 작업 능률과 밀접한 관계가 있는데, 바람직한 작업자세의 조건으로 보기 어려운 것은?

① 정적 작업을 도모한다.
② 작업에 주로 사용하는 팔은 심장높이에 두도록 한다.
③ 작업물체와 눈의 거리는 명시거리로 30cm 정도를 유지토록 한다.
④ 근육을 지속적으로 수축시키기 때문에 불안정한 자세는 피하도록 한다.

해설 정적 작업은 혈액순환을 방해하여 피로를 유발시킬 수 있다.

15. 인간공학에서 고려해야 할 인간의 특성과 가장 거리가 먼 것은?

① 인간의 습성
② 신체의 크기와 작업환경
③ 기술, 집단에 대한 적응능력
④ 인간의 독립성 및 감정적 조화성

해설 인간공학에서 고려해야 할 인간의 특성은 신체의 크기와 작업환경, 인간의 습성, 기술, 집단에 대한 적응능력, 감각과 지각, 운동력과 근력, 민족 등이 있다.

16. ACGIH TLV 적용 시 주의사항으로 틀린 것은?

① 경험 있는 산업위생가가 적용해야 함
② 독성강도를 비교할 수 있는 지표가 아님

③ 안전과 위험농도를 구분하는 일반적 경계선으로 적용해야 함
④ 정상작업시간을 초과한 노출에 대한 독성평가에는 적용할 수 없음

해설 ACGIH 허용농도(TLV) 적용상 주의사항
• 안전농도와 위험농도를 정확히 구분하는 경계선이 아니다.
• 독성의 강도를 비교할 수 있는 지표가 아니다.
• 대기오염평가 및 지표(관리)에 사용할 수 없다.
• 피부로 흡수되는 양은 고려하지 않은 기준이다.
• 24시간 노출 또는 정상작업시간을 초과한 노출에 대한 독성 평가에는 적용할 수 없다.
• 기존의 질병이나 신체적 조건을 판단(증명 또는 반증 자료)하기 위한 척도로 사용될 수 없다.
• 작업조건이 다른 나라에서 ACGIH-TLV를 그대로 사용할 수 없다.
• 반드시 산업보건(위생)전문가에 의하여 설명(해석), 적용되어야 한다.
• 산업장의 유해조건을 평가하기 위한 지침이며, 건강장애를 예방하기 위한 지침이다.

17. 「산업안전보건법」상 사무실 공기질의 측정대상 물질에 해당하지 않는 것은?

① 석면 ② 일산화질소
③ 일산화탄소 ④ 총부유세균

해설 사무실 공기질 측정대상물질
• 이산화질소(NO_2) • 일산화탄소(CO)
• 이산화탄소(CO_2) • 미세먼지(PM 10)
• 초미세먼지(PM 2.5) • 포름알데히드(HCHO)
• 총휘발성 유기화합물(TVOC)
• 라돈(radon) • 총부유세균
• 곰팡이

18. 육체적 작업능력(PWC)이 12kcal/min인 어느 여성이 8시간 동안 피로를 느끼지 않고 일을 하기 위한 작업강도는 어느 정도인가?

① 3kcal/min ② 4kcal/min
③ 6kcal/min ④ 12kcal/min

해설
$$작업강도 = PWC \times \frac{1}{3} = 12\text{kcal/min} \times \frac{1}{3} = 4\text{kcal/min}$$

해답 14. ① 15. ④ 16. ③ 17. ② 18. ②

19. 근로자가 노동환경에 노출될 때 유해인자에 대한 해치(hatch)의 양-반응관계곡선의 기관장해 3단계에 해당하지 않는 것은?

① 보상단계   ② 고장단계

③ 회복단계   ④ 항상성 유지단계

해설 해치(hatch)의 양-반응관계곡선의 기관장해 3단계
1. 항상성 유지단계: 정상적인 상태로 유해인자의 노출에 적응할 수 있는 단계
2. 보상단계: 인체가 가지고 있는 방어기전에 의해서 유해인자를 제거하여 기능장애를 방지할 수 있는 단계. 노출기준 설정단계로 질병이 일어나기 전을 의미
3. 고장단계: 진단 가능한 질병이 시작되는 단계. 보상이 불가능한 비가역적 단계

20. 미국산업위생학술원(AAIH)에서 채택한 산업위생분야에 종사하는 사람들이 지켜야 할 윤리강령에 포함되지 않는 것은?

① 국가에 대한 책임

② 전문가로서의 책임

③ 일반대중에 대한 책임

④ 기업주와 고객에 대한 책임

해설 미국산업위생학술원(AAIH)에서 채택한 산업위생분야에 종사하는 사람들이 지켜야 할 윤리강령
• 산업위생 전문가로서의 책임
• 근로자에 대한 책임
• 기업주와 고객에 대한 책임
• 일반 대중에 대한 책임

|2| 작업위생측정 및 평가

21. 다음 중 1차 표준기구와 가장 거리가 먼 것은?

① 폐활량계   ② Pitot 튜브

③ 비누거품미터   ④ 습식테스트 미터

해설 유량 보정용 표준기구
• 1차 표준기구: 비누거품미터, 폐활량계, 가스치환병, 유리피스톤미터, 흑연피스톤미터, 피토튜브
• 2차 표준기구: 로터미터, 습식 테스터미터, 건식 테스터미터, 오리피스미터, 열선기류계

22. 다음 중 활성탄에 흡착된 유기화합물을 탈착하는 데 가장 많이 사용하는 용매는?

① 톨루엔   ② 이황화탄소

③ 클로로포름   ④ 메틸클로로포름

해설 이황화탄소
• 독성이 강하여 사용 시 각별한 주의를 요한다.
• 탈착효율이 좋아 시료채취 시 가장 많이 사용한다.
• 화재 위험이 있다.

23. 다음 중 작업장의 유해인자에 대한 위해도 평가에 영향을 미치는 것 중 가장 거리가 먼 것은?

① 유해인자의 위해성

② 휴식시간의 배분 정도

③ 유해인자에 노출되는 근로자수

④ 노출되는 시간 및 공간적인 특성과 빈도

해설 작업장 유해인자에 대한 위해도 평가에 영향을 미치는 요인
• 물질(유해인자)의 위해성
• 유해인자에 노출되는 근로자수
• 물질의 사용시간(노출되는 시간)
• 공기 중으로의 분산 가능성(공간적인 특성과 빈도)

24. 작업환경 측정의 단위 표시로 틀린 것은? (단, 고용노동부 고시를 기준으로 한다.)

① 석면 농도: 개/kg

② 분진, 흄의 농도: mg/m^3 또는 ppm

③ 가스, 증기의 농도: mg/m^3 또는 ppm

④ 고열(복사열 포함): 습구·흑구온도지수를 구하여 ℃로 표시

해설 석면농도: $개/cm^3 = 개/cc = 개/mL$

25. 작업환경 내 105dB(A)의 소음이 30분, 110 dB(A) 소음이 15분, 115dB(A) 소음이 5분 발생되었을 때, 작업환경의 소음 정도는? (단, 105dB(A), 110dB(A), 115dB(A)의 1일 노출 허용시간은 각각 1시간, 30분, 15분이고, 소음은 단속음이다.)

---

① 허용기준초과

② 허용기준미달

③ 허용기준과 일치

④ 평가할 수 없음(조건부족)

해설 노출지수 $= \dfrac{C_1}{T_1} + \dfrac{C_2}{T_2} + \dfrac{C_3}{T_3}$

$= \dfrac{30}{60} + \dfrac{15}{30} + \dfrac{5}{15} = 1.33$

여기서, C_n : 노출시간, T_n : 허용노출시간

∴ 1을 초과하므로 허용기준을 초과한다 평가

26. 연속적으로 일정한 농도를 유지하면서 만드는 방법 중 dynamic method에 관한 설명으로 틀린 것은?

① 농도변화를 줄 수 있다.

② 대개 운반용으로 제작된다.

③ 만들기가 복잡하고, 가격이 고가이다.

④ 소량의 누출이나 벽면에 의한 손실은 무시할 수 있다.

해설 dynamic method

• 농도변화를 줄 수 있고, 알고 있는 공기 중 농도를 만드는 방법이다.

• 희석공기와 오염물질을 연속적으로 흘려주어 일정한 농도를 유지하면서 만드는 방법이다.

• 온도·습도 조절이 가능하고 지속적인 모니터링이 필요하다.

• 제조가 어렵고, 비용도 고가이다.

• 다양한 농도 범위에서 제조가 가능하나 일정한 농도를 유지하기가 매우 곤란하다.

• 가스, 증기, 에어로졸 실험도 가능하다.

• 소량의 누출이나 벽면에 의한 손실을 무시할 수 있다.

27. 열, 화학물질, 압력 등에 강한 특성을 가지고 있어 석탄 건류나 증류 등의 고열공정에서 발생하는 다핵방향족탄화수소를 채취하는 데 이용되는 여과지는?

① 은막 여과지

② PVC 여과지

③ MCE 여과지

④ PTFE 여과지

해설

㉠ PTFE 막여과지(polyetrafluroethylene membrane filter, 테프론)

• 열, 화학물질, 압력 등에 강한 특성을 가지고 있어 석탄 건류나 증류 등의 고열공정에서 발생하는 다핵방향족탄화수소를 채취하는 데 이용된다.

• 농약, 알칼리성 먼지, 콜타르피치 등을 채취한다.

• $1\mu m$, $2\mu m$, $3\mu m$의 여러 가지 구멍 크기를 가지고 있다.

㉡ MCE 막여과지(Mixed Cellulose Ester membrane filter)

• 흡습성(원료인 셀룰로오스가 수분 흡수)이 높아 오차를 유발할 수 있어 중량분석에 적합하지 않다.

• 산에 쉽게 용해되고 가수분해되며, 습식 회화되기 때문에 공기 중 입자상 물질 중의 금속을 채취하여 원자흡광법으로 분석하는 데 적당하다.

• 산에 의해 쉽게 회화되기 때문에 원소분석에 적합하고 NIOSH에서는 금속, 석면, 살충제, 불소화합물 및 기타 무기물질에 추천되고 있다.

• 시료가 여과지의 표면 또는 가까운 곳에 침착되므로 석면, 유리섬유 등 현미경 분석을 위한 시료채취에도 이용된다.

• 산업위생에서는 거의 대부분이 직경 37mm, 구멍 크기 $0.45\sim0.8\mu m$의 MCE막 여과지를 사용하고 있어 작은 입자의 금속과 흄(fume)의 채취가 가능하다.

㉢ PVC 여과지

내염기성, 내산성, 저흡수성이 있고 호흡성 분진, 총분진, 6가 크롬 시료채취에 사용한다. 정전기에 의한 채취효율 저하 및 흡습성이 낮아 중량분석에 적합하다.

㉣ 은막 여과지

열에 안정적이어서 코크스오븐 배출물질 채취에 이용되며, 균일한 금속은을 소결하여 만든다.

28. 작업환경 공기 중의 벤젠 농도를 측정한 결과 $8mg/m^3$, $5mg/m^3$, $7mg/m^3$, 3ppm, $6mg/m^3$이었을 때, 기하평균은 약 몇 mg/m^3인가? (단, 벤젠의 분자량은 78이고, 기온은 25℃이다.)

① 7.4

② 6.9

③ 5.3

④ 4.8

해설 기하평균

농도(ppm)를 단위환산하면, $mg/m^3 = 3ppm \times \dfrac{78}{24.45}$

$= 9.57mg/m^3$

$\log(GM) = \dfrac{\log 8 + \log 5 + \log 7 + \log 9.57 + \log 6}{5} = 0.84$

∴ $GM = 10^{0.84} = 6.92mg/m^3$

해답 26. ② 27. ④ 28. ②

29. 작업환경측정 시 온도 표시에 관한 설명으로 옳지 않은 것은? (단, 고용노동부 고시를 기준으로 한다.)

① 열수: 약 100℃   ② 상온: 15~25℃

③ 온수: 50~60℃   ④ 미온: 30~40℃

해설 온도 표시의 기준(고용노동부 고시)
- 상온: 15~25℃
- 실온: 1~35℃
- 미온: 30~40℃
- 찬 곳은 따로 규정이 없는 한 0~15℃
- 냉수: 15℃ 이하
- 온수: 60~70℃
- 열수: 약 100℃

30. 다음 중 가스크로마토그래피의 충진분리관에 사용되는 액상의 성질과 가장 거리가 먼 것은?

① 휘발성이 커야 한다.

② 열에 대해 안정해야 한다.

③ 시료 성분을 잘 녹일 수 있어야 한다.

④ 분리관의 최대온도보다 100℃ 이상에서 끓는점을 가져야 한다.

해설 가스크로마토그래피의 충진분리관에 사용되는 액상의 성질
- 열에 대해 안정해야 한다.
- 시료 성분을 잘 녹일 수 있어야 한다.
- 분리관의 최대온도보다 100℃ 이상에서 끓는점을 가져야 한다(휘발성이 적어야 한다).
- 충진분리관에 사용되는 액상은 휘발성 및 점성이 작아야 한다.

31. 태양광선이 내리쬐지 않는 옥내에서 건구온도가 30℃, 자연습구온도가 32℃, 흑구온도가 35℃일 때, 습구흑구온도지수(WBGT)는? (단, 고용노동부 고시를 기준으로 한다.)

① 32.9℃   ② 33.3℃

③ 37.2℃   ④ 38.3℃

해설 습구흑구온도지수(WBGT)
- 옥외(태양광선이 내리쬐는 장소)
  WBGT=0.7NWB+0.2GT+0.1DT
- 옥내 또는 옥외(태양광선이 내리쬐지 않는 장소)
  WBGT=0.7NWB+0.3GT

- NWB: 자연습구온도, GT: 흑구온도, DT: 건구온도
- ∴ 옥내 또는 옥외(태양광선이 내리쬐지 않는 장소)
  0.7×32℃+0.3×35℃=32.9℃

32. Hexane의 부분압이 120mmHg이라면 VHR은 약 얼마인가? (단, Hexane의 OEL=500ppm이다.)

① 271   ② 284

③ 316   ④ 343

해설

$$VHR = \frac{C}{TLV} = \frac{\left(\dfrac{\text{해당 물질의 증기압}}{\text{대기압}} \times 10^6\right)\text{ppm}}{TLV}$$

여기서, TLV : 노출기준,

C: 포화농도[최고농도 : 대기압과 해당물질의 증기압을 이용하여 계산]

$$\therefore\ VHR = \frac{C}{TLV} = \frac{\left(\dfrac{120}{760} \times 10^6\right)\text{ppm}}{500\text{ppm}} = 315.79$$

33. NaOH 10g을 10L의 용액에 녹였을 때, 이 용액의 몰농도(M)는? (단, 나트륨 원자량은 23이다.)

① 0.025   ② 0.25

③ 0.05   ④ 0.5

해설 몰농도(M)의 단위는 mol/L이며, NaOH의 분자량(g/mol)은 40(Na : 23+산소 : 16+수소 : 1)이다.

$$\therefore\ \text{몰(M)농도} = \frac{10\text{g}}{10\text{L}} \times \frac{1\text{mol}}{40\text{g}} = 0.025\text{M(mol/L)}$$

34. 시간당 약 150Kcal의 열량이 소모되는 경작업 조건에서 WBGT 측정치가 30.6℃일 때 고열작업 노출기준의 작업휴식조건으로 가장 적절한 것은?

① 계속 작업

② 매시간 25% 작업, 75% 휴식

③ 매시간 50% 작업, 50% 휴식

④ 매시간 75% 작업, 25% 휴식

해설 고열작업장의 노출기준(고용노동부, ACGIH)

단위: WBGT(℃)

시간당 작업과 휴식비율	작업 강도		
	경작업	중등작업	중(힘든)작업
연속작업	30.0	26.7	25.0
75% 작업, 25% 휴식 (45분 작업, 15분 휴식)	30.6	28.0	25.9
50% 작업, 50% 휴식 (30분 작업, 30분 휴식)	31.4	29.4	27.9
25% 작업, 75% 휴식 (15분 작업, 45분 휴식)	32.2	31.1	30.0

- 경작업: 시간당 200kcal까지의 열량이 소요되는 작업을 말하며, 앉아서 또는 서서 기계의 조정을 하기 위하여 손 또는 팔을 가볍게 쓰는 일 등이 해당됨
- 중등작업: 시간당 200~350kcal의 열량이 소요되는 작업을 말하며, 물체를 들거나 밀면서 걸어다니는 일 등이 해당됨
- 중(격심)작업: 시간당 350~500kcal의 열량이 소요되는 작업을 뜻하며, 곡괭이질 또는 삽질하는 일과 같이 육체적으로 힘든 일 등이 해당됨

35. 다음 중 대푯값에 대한 설명이 잘못된 것은?

① 측정값 중 빈도가 가장 많은 수가 최빈값이다.

② 가중평균은 빈도를 가중치로 택하여 평균값을 계산한다.

③ 중앙값은 측정값을 모두 나열하였을 때 중앙에 위치하는 측정값이다.

④ 기하평균은 n개의 측정값이 있을 때 이들의 합을 개수로 나눈 값으로 산업위생분야에서 많이 사용한다.

해설 기하평균(GM)

- 산업위생분야에서는 작업환경 측정 결과가 대수정규분포를 취하는 경우 대푯값으로서 기하평균을, 산포도로서 기하표준편차를 널리 사용한다.
- 모든 자료를 대수로 변환하여 평균 후 평균한 값을 역대수 취한 값 또는 N개의 측정치 $X_1, X_2, \cdots, X_n$이 있을 때 이들 수의 곱의 N 제곱근의 값이다.

$$\therefore \log(GM) = \frac{\log X_1 + \log X_2 + \cdots + \log X_n}{N}$$

36. 두 개의 버블러를 연속적으로 연결하여 시료를 채취할 때, 첫 번째 버블러의 채취효율이 75%이

고, 두 번째 버블러의 채취효율이 90%이면 전체 채취효율(%)은?

① 91.5

② 93.5

③ 95.5

④ 97.5

해설 1차 포집 후 2차 포집 시(직렬조합 시) 총 채취효율(%)

$\eta_T = \eta_1 + \eta_2(1 - \eta_1) \times 100$

$= 0.75 + 0.9(1 - 0.75) \times 100$

$= 97.5\%$

37. 실내공간이 100m³인 빈 실험실에 MEK(methyl ethyl ketone) 2mL가 기화되어 완전히 혼합되었을 때, 이때 실내의 MEK 농도는 약 몇 ppm인가? (단, MEK 비중은 0.805, 분자량은 72.1, 실내는 25℃, 1기압 기준이다.)

① 2.3

② 3.7

③ 4.2

④ 5.5

해설 MEK 농도

$$농도(mg/m^3) = \frac{2mL \times 0.805g/mL \times 1,000mg/g}{100m^3}$$

$$= 16.1mg/m^3$$

$$\therefore 농도(ppm) = 16.1mg/m^3 \times \frac{24.45}{72.1} = 5.5ppm$$

38. 작업장의 소음 측정 시 소음계의 청감보정회로는? (단, 고용노동부 고시를 기준으로 한다.)

① A 특성

② B 특성

③ C 특성

④ D 특성

해설 「작업환경측정 및 정도관리 등에 관한 고시」 제26조(측정방법)

- 소음측정에 사용되는 기기(이하 "소음계"라 한다)는 누적 소음 노출량측정기, 적분형소음계 또는 이와 동등 이상의 성능이 있는 것으로 하되 개인 시료채취방법이 불가능한 경우에는 지시소음계를 사용할 수 있으며, 발생시간을 고려한 등가소음레벨 방법으로 측정할 것. 다만, 소음발생 간격이 1초 미만을 유지하면서 계속적으로 발생되는 소음(이하 "연속음"이라 한다)을 지시소음계 또는 이와 동등 이상의 성능이 있는 기기로 측정할 경우에는 그러하지 아니할 수 있다.
- 소음계의 청감보정회로는 A특성으로 한다.

해답 **35.** ④ **36.** ④ **37.** ④ **38.** ①

- 소음계 지시침의 동작은 느린(slow) 상태로 한다.
- 소음계의 지시치가 변동하지 않는 경우에는 해당 지시치를 그 측정점에서의 소음수준으로 한다.
- 누적소음노출량 측정기로 소음을 측정하는 경우에는 Criteria는 90dB, Exchange Rate는 5dB, Threshold는 80dB로 기기를 설정한다.
- 소음이 1초 이상의 간격을 유지하면서 최대음압수준이 120dB(A) 이상의 소음인 경우에는 소음수준에 따른 1분 동안의 발생횟수를 측정한다.

39. 작업장에 작동되는 기계 두 대의 소음레벨이 각각 98dB(A), 96dB(A)로 측정되었을 때, 두 대의 기계가 동시에 작동되었을 경우에 소음레벨은 약 몇 dB(A)인가?

① 98   ② 100
③ 102   ④ 104

해설
$$SPL = 10\log(10^{\frac{SPL1}{10}} + 10^{\frac{SPL2}{10}})$$
$$= 10\log(10^{9.8} + 10^{9.6}) = 100.12 dB(A)$$

40. 용접작업장에서 개인시료 펌프를 이용하여 9시 5분부터 11시 55분까지, 13시 5분부터 16시 23분까지 시료를 채취한 결과 공기량이 787L일 경우 펌프의 유량은 약 몇 L/min인가?

① 1.14   ② 2.14
③ 3.14   ④ 4.14

해설 펌프의 유량(L/min)

㉠ 유량 = $\dfrac{채취량}{채취시간}$

㉡ 시료 채취시간
- 09시 05분부터 11시 55분까지=170min
- 13시 05분부터 16시 23분까지=198min

㉢ 총 채취시간: 368min

㉣ 공기 채취량: 787L

∴ 유량 = $\dfrac{787\text{L}}{368\text{min}}$ = 2.14L/min

41. 다음 중 유해작업환경에 대한 개선대책 중 대체(substitution)에 대한 설명과 가장 거리가 먼 것은?

① 페인트 내에 들어 있는 아연을 납 성분으로 전환한다.
② 큰 압축공기식 임펙트렌치를 저소음 유압식 렌치로 교체한다.
③ 소음이 많이 발생하는 리베팅 작업 대신 너트와 볼트작업으로 전환한다.
④ 유기용제를 사용하는 세척공정을 스팀 세척이나, 비눗물을 이용하는 공정으로 전환한다.

해설 산화아연은 허용기준이 5mg/m^3이고, 납은 노출기준이 0.05mg/m^3으로 잘못된 개선대책이라 할 수 있다.

42. 다음 중 덕트 내 공기에 의한 마찰손실에 영향을 주는 요소와 가장 거리가 먼 것은?

① 덕트 직경   ② 공기 점도
③ 덕트의 재료   ④ 덕트 면의 조도

해설 덕트 내 공기에 의한 마찰손실에 영향을 주는 요소 덕트 직경, 공기 점도, 덕트 면의 조도, 단면의 확대 및 수축, 곡관의 수 및 모양 등

43. 다음 중 보호구를 착용하는 데 있어서 착용자의 책임으로 가장 거리가 먼 것은?

① 지시대로 착용해야 한다.
② 보호구가 손상되지 않도록 잘 관리해야 한다.
③ 매번 착용할 때마다 밀착도 체크를 실시해야 한다.
④ 노출 위험성의 평가 및 보호구에 대한 검사를 해야 한다.

해설 ④는 사업주의 책임이다.

해답 39. ②   40. ②   41. ①   42. ③   43. ④

44. 보호장구의 재질과 적용 물질에 대한 내용으로 틀린 것은?

① 면: 극성 용제에 효과적이다.
② 가죽: 용제에는 사용하지 못한다.
③ nitrile 고무: 비극성 용제에 효과적이다.
④ 천연고무(latex): 극성 용제에 효과적이다.

해설 면
고체상 물질에 효과적이다(단, 용제에는 사용하지 못함).

45. 보호구를 착용함으로써 유해물질로부터 얼마만큼 보호되는지를 나타내는 보호계수(PF) 산정식은? (단, Co: 호흡기보호구 밖의 유해물질 농도, Ci: 호흡기보호구 안의 유해물질 농도)

① PF=Ci/Co
② PF=Co/Ci
③ PF=(Co-Ci)/100
④ PF=(Ci-Co)/100

해설 보호계수(PF, Protection Factor)
호흡보호구를 착용하고 외부 오염물질이 보호구 안으로 들어오는 정도를 나타내주는 보호 정도를 수치로 나타낸 것을 의미한다. 따라서 보호계수는 보호구 밖의 농도(Co)와 안의 농도(Ci)비, 즉 Co/Ci로 표현할 수 있다.
보호구 안에서의 농도가 보호구 밖에서의 농도보다 통상 작을 것이므로 PF는 늘 1보다 크다. 보호구 안으로 유해물질이 유입되는 경로는 여과필터나 정화통, 호기밸브의 틈,보호구와 인체접촉면의 틈 등 다양하다. 이 개념은 주로 유럽에서 많이 사용하고 있으며 영국 HSG53(HSE,2010)에 의하면 방독마스크의 경우 정화통의 종류와 관계없이 반면형 마스크=10, 전면형 마스크=20으로 정해져 있다.

46. 방진마스크에 관한 설명으로 틀린 것은?

① 비휘발성 입자에 대한 보호가 가능하다.
② 형태별로 전면 마스크와 반면 마스크가 있다.
③ 필터의 재질은 면, 모, 합성섬유, 유리섬유, 금속섬유 등이다.
④ 반면 마스크는 안경을 쓴 사람에게 유리하며 밀착성이 우수하다.

해설 반면 마스크는 안경을 쓴 사람에게 유리하나 밀착성이 떨어진다.

47. 다음 중 덕트 설치 시 압력손실을 줄이기 위한 주요 사항과 가장 거리가 먼 것은?

① 덕트는 가능한 한 상향구배를 만든다.
② 덕트는 가능한 한 짧게 배치하도록 한다.
③ 가능한 한 후드의 가까운 곳에 설치한다.
④ 밴드의 수는 가능한 한 적게 하도록 한다.

해설 공기 흐름은 하향구배를 원칙으로 하고, 덕트는 가능한 한 짧게 배치하며, 밴드의 수는 가능한 한 적게 한다. 또한 가능한 한 후드의 가까운 곳에 설치한다.

48. 원심력 송풍기 중 다익형 송풍기에 관한 설명으로 가장 거리가 먼 것은?

① 송풍기의 임펠러가 다람쥐 쳇바퀴 형태이다.
② 큰 압력손실에서 송풍량이 급격하게 떨어지는 단점이 있다.
③ 고강도가 요구되기 때문에 제작비용이 비싸다는 단점이 있다.
④ 다른 송풍기와 비교하여 동일 송풍량을 발생시키기 위한 임펠러 회전속도가 상대적으로 낮기 때문에 소음이 작다.

해설 강도 문제가 그리 중요하지 않기 때문에 저가로 제작이 가능하다.

49. 관을 흐르는 유체의 양이 220m³/min일 때 속도압은 약 몇 mmH₂O인가? (단, 유체의 밀도는 1.21kg/m³, 관의 단면적은 0.5m², 중력가속도는 9.8m/s²이다.)

① 2.1
② 3.3
③ 4.6
④ 5.9

해설

$$VP = \frac{\gamma V^2}{2g}$$

$$V = \frac{Q}{A} = \frac{220\text{m}^3/\text{min} \times \text{min}/60\text{sec}}{0.5\text{m}^2} = 7.33\text{m/sec}$$

$$\therefore\ VP = \frac{1.21 \times 7.33^2}{2 \times 9.8} = 3.3\text{mmH}_2\text{O}$$

해답 **44.** ① **45.** ② **46.** ④ **47.** ① **48.** ③ **49.** ②

50. 다음 중 전체 환기를 실시하고자 할 때, 고려해야 하는 원칙과 가장 거리가 먼 것은?

① 필요환기량은 오염물질이 충분히 희석될 수 있는 양으로 설계한다.
② 오염물질이 발생하는 가장 가까운 위치에 배기구를 설치해야 한다.
③ 오염원 주위에 근로자의 작업공간이 존재할 경우에는 급기를 배기보다 약간 많이 한다.
④ 희석을 위한 공기가 급기구를 통해 들어와서 오염물질이 있는 영역을 통과하여 배기구로 빠져나가도록 설계해야 한다.

해설 오염원 주위에 근로자의 작업공간이 존재할 경우에는 배기를 급기보다 약간 많이 한다.

51. 재순환 공기의 CO_2 농도는 900ppm이고 급기의 CO_2 농도는 700ppm일 때, 급기 중의 외부 공기 포함량은 약 몇 %인가? (단, 외부공기의 CO_2 농도는 330ppm이다.)

① 30%
② 35%
③ 40%
④ 45%

해설 급기 중 외부공기 포함량(%)
$$= \frac{\text{재순환 공기 중 } CO_2 \text{ 농도} - \text{급기중 공기 중 } CO_2 \text{ 농도}}{\text{재순환 공기 중 } CO_2 \text{ 농도} - \text{외부 공기 중 } CO_2 \text{ 농도}}$$
$$\times 100$$
$$= \frac{900 - 700}{900 - 330} \times 100 = 35.08\%$$

52. 작업장에서 작업공구와 재료 등에 적용할 수 있는 진동대책과 가장 거리가 먼 것은?

① 진동공구의 무게는 10kg 이상 초과하지 않도록 만들어야 한다.
② 강철로 코일용수철을 만들면 설계를 자유롭게 할 수 있으나 oil damper 등의 저항요소가 필요할 수 있다.
③ 방진고무를 사용하면 공진 시 진폭이 지나치게 커지지 않지만 내구성, 내약품성이 문제가 될 수 있다.
④ 코르크는 정확하게 설계할 수 있고 고유진동

수가 20Hz 이상이므로 진동 방지에 유용하게 사용할 수 있다.

해설 코르크는 정확하게 설계할 수 없고 고유진동수가 10Hz 전후밖에 되지 않아 진동 방지보다는 전파 방지에 유용하다.

53. 층류영역에서 직경이 $2\mu m$이며 비중이 3인 입자상 물질의 침강속도는 약 몇 cm/sec인가?

① 0.032
② 0.036
③ 0.042
④ 0.046

해설 Lippman's 침강속도 $V(cm/sec) = 0.003 \times \rho \times d^2$
여기서, ρ: 입자의 비중, d: 입자의 직경(μm)
∴ 침강속도 $V(cm/sec) = 0.003 \times 3 \times 2^2 = 0.036 cm/sec$

54. 다음 중 방독마스크의 사용 용도와 가장 거리가 먼 것은?

① 산소결핍장소에서는 사용해서는 안 된다.
② 흡착제가 들어 있는 카트리지나 캐니스터를 사용해야 한다.
③ IDLH(Immediately Dangerous to Life and Health) 상황에서 사용한다.
④ 일반적으로 흡착제로는 비극성의 유기증기에는 활성탄을, 극성 물질에는 실리카겔을 사용한다.

해설 즉시 건강 위험농도((IDLH, Immediately Dangerous to Life and Health)란 미국산업안전보건연구원에서 발표하는 기준으로 생명 또는 건강에 즉각적인 위험을 초래하는 농도이며, 그 이상의 농도에서 30분간 노출되면 사망 또는 회복 불가능한 건강장해를 일으킬 수 있는 농도를 말한다. 따라서 방독마스크는 IDLH 농도에서는 사용하면 안 된다.

55. 일반적인 실내외 공기에서 자연환기에 영향을 주는 요소와 가장 거리가 먼 것은?

① 기압
② 온도
③ 조도
④ 바람

해설 조도(illuminance, 단위: lux)는 광원으로부터 빛을 받고 있는 물체의 밝기를 나타낼 때 사용하는 용어이다.

해답 50. ③ 51. ② 52. ④ 53. ② 54. ③ 55. ③

56. 다음 중 국소배기장치를 반드시 설치해야 하는 경우와 가장 거리가 먼 것은?

① 발생원이 주로 이동하는 경우
② 유해물질의 발생량이 많은 경우
③ 법적으로 국소배기장치를 설치해야 하는 경우
④ 근로자의 작업위치가 유해물질 발생원에 근접해 있는 경우

해설 발생원이 주로 이동하는 경우는 전체환기장치를 설치하여야 한다.

57. 다음 중 작업환경 개선에서 공학적인 대책과 가장 거리가 먼 것은?

① 환기   ② 대체
③ 교육   ④ 격리

해설 교육은 관리적 대책 중 하나이다.

58. 벤젠의 증기발생량이 400g/h일 때, 실내 벤젠의 평균농도를 10ppm 이하로 유지하기 위한 필요환기량은 약 몇 m³/min인가? (단, 벤젠 분자량은 78, 25℃: 1기압 상태 기준, 안전계수는 1이다.)

① 130   ② 150
③ 180   ④ 210

해설 필요환기량

• 발생량$(G) = \dfrac{24.45(25℃\ 1기압의\ 부피) \times 증기발생량}{분자량}$

$= \dfrac{24.45\text{L} \times 400\text{g/hr}}{78} = 126\text{L/hr}$

∴ 필요환기량

$= \dfrac{G}{TLV} \times K$

$= \dfrac{126\text{L/hr} \times 1,000\text{mL/L} \times \text{hr/60min}}{10\text{mL/m}^3} \times 1$

$= 210\text{m}^3/\text{min}$

59. 다음 중 전기집진기의 설명으로 틀린 것은?

① 설치 공간을 많이 차지한다.
② 가연성 입자의 처리가 용이하다.
③ 넓은 범위의 입경과 분진농도에 집진효율이

높다.
④ 낮은 압력손실로 송풍기의 가동비용이 저렴하다.

해설 가연성 입자는 화재의 위험이 있어 처리가 불가능하다.

60. 여포집진기에서 처리할 배기가스량이 2m³/sec이고 여포집진기의 면적이 6m²일 때 여과속도는 약 몇 cm/sec인가?

① 25   ② 30
③ 33   ④ 36

해설 여과속도 $= \dfrac{Q}{A} = \dfrac{2\text{m}^3/\text{sec}}{6\text{m}^2}$

$= 0.33\text{m/sec} \times 100\text{cm/m}$

$= 33\text{cm/sec}$

| 4 | 물리적 유해인자관리

61. 다음 설명 중 ( ) 안에 알맞은 내용은?

> 생체를 이온화시키는 최소에너지를 방사선을 구분하는 에너지 경계선으로 한다. 따라서, ( ) 이상의 광자에너지를 가지는 경우를 이온화방사선이라 부른다.

① 1eV   ② 12eV
③ 25eV   ④ 50eV

해설 전리방사선과 비전리방사선
• 전리방사선은 에너지가 커서 원자가 전기적 특성을 갖도록 전리시킬 수 있는 능력을 가진 방사선을 말한다.
• 비전리방사선은 전리능력이 없는 방사선을 말하며, 전리방사선과 비전리방사선의 경계가 되는 광자에너지의 강도는 12eV이다.
• 광자에너지의 강도 12eV를 기준으로 이하의 에너지를 갖는 방사선을 이온화 방사선, 이상 큰 에너지를 갖는 것을 이온화 방사선이라 하며 생체에서 이온화시키는 데 필요한 최소에너지는 대체로 12eV이다.
• 방사선을 전리방사선과 비전리방사선으로 분류하는 인자는 이온화하는 성질, 주파수, 파장이다.

해답 56. ①   57. ③   58. ④   59. ②   60. ③   61. ②

62. 다음과 같은 작업조건에서 1일 8시간 동안 작업을 하였다면, 1일 근무시간 동안 인체에 누적된 열량은 얼마인가? (단, 근로자의 체중은 60kg이다.)

- 작업대사량: +1.5kcal/kg·hr
- 대류에 의한 열전달: +1.2kcal/kg·hr
- 복사열 전달: +0.8kcal/kg·hr
- 피부열에서의 땀 증발량: 300g/hr
- 수분증발열: 580cal/g

① 242kcal   ② 288kcal
③ 1,152kcal   ④ 3,072kcal

해설 누적된 열량
각각에 대한 근로자의 체중과 작업시간을 고려하여 작업 대사량, 대류에 의한 열전달, 복사열 전달량을 구한다.
$\Delta S = M - E \pm R \pm C$
$= 1.5\text{kcal/kg} \cdot \text{hr} \times 60 \times 8 - (580\text{cal/g}/1{,}000\text{kcal/kg})$
$\times 300 \times 8 + 1.2 \times 60 \times 8 = 288\text{kcal}$
여기서, AS : 생체 열용량의 변화
M : 작업대사량
E : 증발에 의한 열방산
R : 복사에 의한 열득실
C : 대류에 의한 열득실

63. 레이노 현상(Raynaud phenomenon)의 주된 원인이 되는 것은?

① 소음   ② 고온
③ 진동   ④ 기압

해설 진동공구 작업자의 대표적인 직업병인 레이노증후군(진동신경염)은 추위·심리적 스트레스 환경에 노출될 경우 손가락·발가락 말초혈관이 과도하게 수축돼 피가 잘 흐르지 않는 허혈증상이 일어나고 손가락·발가락 끝이 하얗게 변하는 병이다.

64. 소리의 크기가 20N/m²이라면 음압레벨은 몇 dB(A)인가?

① 100   ② 110
③ 120   ④ 130

해설
음압수준(SPL)
$= 20\log\dfrac{P}{P_0} = 20\log\dfrac{20\,(\text{N/m}^2)}{2 \times 10^{-5}\,(\text{N/m}^2)} = 120\text{dB}$

65. 고압환경에서의 2차적 가압현상에 의한 생체변환과 거리가 먼 것은?

① 질소마취   ② 산소중독
③ 질소기포의 형성   ④ 이산화탄소의 영향

해설 고압환경에서의 2차적 가압현상에는 질소의 마취작용과 산소 및 이산화탄소 중독이 있다.

66. 공기의 구성 성분에서 조성비율이 표준공기와 같을 때, 압력이 낮아져 고용노동부에서 정한 산소결핍장소에 해당하게 되는데, 이 기준에 해당하는 대기압 조건은 약 얼마인가?

① 650mmHg   ② 670mmHg
③ 690mmHg   ④ 710mmHg

해설 산결핍장소(적정 공기 산소농도가 18% 이상~23.5% 미만)의 대기압 조건은 다음과 같다.
21% : 760mmHg=18% : X(mmHg)
$\therefore X = 651.43\text{mmHg}$

67. 1루멘(Lumen)의 빛이 1m²의 평면에 비칠 때의 밝기를 무엇이라 하는가?

① Lambert
② 럭스(lux)
③ 촉광(candle)
④ 풋캔들(foot candle)

해설 빛과 밝기의 단위
- Lumen: 1촉광의 광원으로부터 한 단위입체각으로 나가는 광속의 단위
- 촉광: 지름이 1인치인 촛불이 수평방향으로 비칠 때 빛의 광강도를 나타내는 단위
- lux: 1루멘의 빛이 1m²의 구면상에 수직으로 비칠 때의 그 평면의 빛 밝기
- foot−candle: 1루멘의 빛이 ft²의 평면상에 수직으로 비칠 때 그 평면의 빛의 밝기

68. 진동 작업장의 환경관리 대책이나 근로자의 건강보호를 위한 조치로 틀린 것은?

해답 62. ②   63. ③   64. ③   65. ③   66. ①   67. ②
68. ②

① 발진원과 작업자의 거리를 가능한 한 멀리한다.

② 작업자의 체온을 낮게 유지시키는 것이 바람직하다.

③ 절연패드의 재질로는 코르크, 펠트(felt), 유리섬유 등을 사용한다.

④ 진동공구의 무게는 10kg을 넘지 않게 하며 방진장갑 사용을 권장한다.

(해설) 진동 작업장의 환경관리 대책
• 발진원과 작업자의 거리를 가능한 한 멀리한다.
• 작업자는 적정체온(따뜻하게) 유지시킨다.
• 절연패드의 재질로는 코르크, 펠트(felt), 유리섬유 등을 사용한다.
• 진동공구의 무게는 10kg을 넘지 않게 하며 방진장갑 사용을 권장한다.
• 작업자가 진동에 노출되는 시간을 제한한다.

69. 저온의 이차적 생리 영향과 거리가 먼 것은?

① 말초 냉각　　　　② 식욕 변화
③ 혈압 변화　　　　④ 피부혈관의 수축

(해설) 피부혈관의 수축은 저온의 일차적 생리 현상이다.

70. 질소 기포 형성 효과에 있어 감압에 따른 기포 형성량에 영향을 주는 주요 인자와 가장 거리가 먼 것은?

① 감압속도

② 체내 수분량

③ 고기압의 노출정도

④ 연령 등 혈류를 변화시키는 상태

(해설) 감압 시 조직 내 질소 기포 형성량에 영향을 주는 요인
• 조직에 용해된 가스량: 체내 지방량, 고기압 폭로의 정도와 시간으로 결정한다.
• 혈류변화 정도: 감압 시 또는 재감압 후에 생기기 쉽고 연령, 기온, 운동, 공포감, 음주와 관계가 있다.
• 감압속도

71. 방사선의 단위환산이 잘못된 것은?

① rad=0.1Gy　　　② 1rem=0.01Sv
③ 1Sv=100rem　　④ 1Bq=2.7×10^{-11}Ci

(해설) 라드(Rad)
물질의 방사선 흡수선량단위로서 절대에너지 흡수량을 나타내며 물질 1g당 방사선 에너지 100erg(1erg=10^{-6} joule)가 흡수된 것을 1라드라 한다.

72. 우리나라의 경우 누적소음노출량 측정기로 소음을 측정할 때 변환율(exchange rate)을 5dB로 설정하였다. 만약 소음에 노출되는 시간이 1일 2시간일 때 「산업안전보건법」에서 정하는 소음의 노출기준은 얼마인가?

① 80dB(A)　　　　② 85dB(A)
③ 95dB(A)　　　　④ 100dB(A)

(해설) 「산업안전보건법」상 "강렬한 소음작업"이란 다음 각목의 어느 하나에 해당하는 작업을 말한다.
가. 90데시벨 이상의 소음이 1일 8시간 이상 발생하는 작업
나. 95데시벨 이상의 소음이 1일 4시간 이상 발생하는 작업
다. 100데시벨 이상의 소음이 1일 2시간 이상 발생하는 작업
라. 105데시벨 이상의 소음이 1일 1시간 이상 발생하는 작업
마. 110데시벨 이상의 소음이 1일 30분 이상 발생하는 작업
바. 115데시벨 이상의 소음이 1일 15분 이상 발생하는 작업

73. 갱 내부 조명 부족과 관련한 질환으로 맞는 것은?

① 백내장　　　　　② 망막변성
③ 녹내장　　　　　④ 안구진탕증

(해설) 부적당한 조명 부족에 의한 피해증상
• 작은 대상물을 장시간 직시하면 근시를 유발할 수 있다.
• 조명과잉은 망막을 자극하여 진상을 동반한 시력장애 또는 시력 협착을 일으킨다.
• 조명이 불충분한 환경에서는 눈이 쉽게 피로해지며 작업능률이 저하된다.
• 안정피로, 안구진탕증(갱 내부에서 조명 부족 시)
• 전광성 안염

74. 충격소음에 대한 정의로 맞는 것은?

① 최대음압수준에 100dB(A) 이상인 소음이 1초 이상의 간격으로 발생하는 것을 말한다.

② 최대음압수준에 100dB(A) 이상인 소음이 2초 이상의 간격으로 발생하는 것을 말한다.

③ 최대음압수준에 120dB(A) 이상인 소음이 1초

(해답) 69. ④　70. ②　71. ①　72. ④　73. ④　74. ③

이상의 간격으로 발생하는 것을 말한다.

④ 최대음압수준에 130dB(A) 이상인 소음이 2초 이상의 간격으로 발생하는 것을 말한다.

해설 「산업안전보건법」에서 "충격소음작업"이란 소음이 1초 이상의 간격으로 발생하는 작업으로서 다음 각 목의 어느 하나에 해당하는 작업을 말한다.
가. 120데시벨을 초과하는 소음이 1일 1만 회 이상 발생하는 작업
나. 130데시벨을 초과하는 소음이 1일 1천 회 이상 발생하는 작업
다. 140데시벨을 초과하는 소음이 1일 1백 회 이상 발생하는 작업

75. 소음성 난청인 C_5-dip 현상은 어느 주파수에서 잘 일어나는가?

① 2,000Hz   ② 4,000Hz
③ 6,000Hz   ④ 8,000Hz

해설 $C_5 - dip$ 현상
• 우리 귀는 고주파음에 대단히 민감하다.
• 4,000Hz에서 소음성 난청이 가장 많이 발생한다.
• 소음성 난청의 초기단계로서 4,000Hz에서 청력장애가 현저히 커지는 현상을 의미한다.

76. 피부의 색소침착 등 생물학적 작용이 활발하게 일어나서 dorno선이라고 부르는 비전리 방사선은?

① 적외선   ② 가시광선
③ 자외선   ④ 마이크로파

해설 자외선(dorno 선)의 파장 범위
태양으로부터 지구에 도달하는 자외선의 파장은 2,920Å~4,000Å 범위 내에 있으며 2,800Å~3,150Å 범위의 파장을 가진 자외선을 Dorno선이라 한다. 자외선은 소독작용을 비롯하여 비타민 D의 형성, 피부의 색소침착 등 생물학적 작용이 강하다. 또한 인체에 유익한 작용을 하여 건강선(생명선)이라고도 한다.

77. 습구흑구온도지수(WBGT)에 관한 설명으로 맞는 것은?

① WBGT가 높을수록 휴식시간이 증가되어야 한다.

② WBGT는 건구온도와 습구온도에 비례하고,

흑구온도에 반비례한다.

③ WBGT는 고온 환경을 나타내는 값이므로 실외작업에만 적용한다.

④ WBGT는 복사열을 제외한 고열의 측정단위로 사용되며, 화씨온도(°F)로 표현한다.

해설 WBGT(Wet Bulb Globe Temperature index)의 고려 대상은 기온, 기습(습도), 기류, 복사열이다.
• 실내, 옥내=0.7×NWT + 0.3×GT
• 실외=0.7×NWT + 0.2×GT + 0.1×DT

78. 소음 발생의 대책으로 가장 먼저 고려해야 할 사항은?

① 소음원 밀폐   ② 차음보호구 착용
③ 소음전파 차단   ④ 소음 노출시간 단축

해설 소음 발생 시 대책
• 기계 주변에 울타리를 세워서 작업장 또는 주변으로 방출되는 소음량을 줄인다.
• 차단벽 또는 막을 사용하여 소음을 직접적으로 차단한다.
• 소음 원천을 작업자로부터 멀리 떨어진 곳에 위치하도록 한다.

79. 다음 중 압력이 가장 높은 것은?

① 2atm   ② 760mmHg
③ 14.7psi   ④ 101325Pa

해설 2atm은 2기압으로 1,520mmHg이다.

80. 비전리방사선으로만 나열한 것은?

① α선, β선, 레이저, 자외선
② 적외선, 레이저, 마이크로파, α선
③ 마이크로파, 중성자, 레이저, 자외선
④ 자외선, 레이저, 마이크로파, 가시광선

해설 비전리방사선(비이온화 방사선)의 종류
• 적외선   • 가시광선
• 자외선   • 라디오파
• 저주파   • 마이크로파
• 레이저   • 극저주파

해답 75. ②   76. ③   77. ①   78. ①   79. ①   80. ④

81. 단시간 노출기준이 시간가중평균농도(TLV-TWA)와 단기간 노출기준(TLV-STEL) 사이일 경우 충족시켜야 하는 3가지 조건에 해당하지 않는 것은?

① 1일 4회를 초과해서는 안 된다.

② 15분 이상 지속 노출되어서는 안 된다.

③ 노출과 노출 사이에는 60분 이상의 간격이 있어야 한다.

④ TLV-TWA의 3배 농도에는 30분 이상 노출되어서는 안 된다.

> **해설** 고용노동부 고시에 따르면, "단시간노출기준(STEL)"이란 15분간의 시간가중평균노출값으로서 노출농도가 시간가중평균노출기준(TWA)을 초과하고 단시간노출기준(STEL) 이하인 경우에는 1회 노출 지속시간이 15분 미만이어야 하고, 이러한 상태가 1일 4회 이하로 발생하여야 하며, 각 노출의 간격은 60분 이상이어야 한다.

82. 유해화학물질의 생체막 투과 방법에 대한 다음 내용에 해당하는 것은?

> 운반체의 확산성을 이용하여 생체막을 통과하는 방법으로 운반체는 대부분 단백질로 되어 있다. 운반체의 수가 가장 많을 때 통과속도는 최대가 되지만 유사한 대상물질이 많이 존재하면 운반체의 결합에 경합하게 되어 투과속도가 선택적으로 억제된다. 일반적으로 필수영양소가 이 방법에 의하지만 필수영양소와 유사한 화학물질이 침투하여 운반체의 결합에 경합함으로써 생체막에 화학물질이 통과하여 독성이 나타나게 된다.

① 여과   ② 촉진확산

③ 단순확산   ④ 능동투과

> **해설** 촉진확산(促進擴散, facilitated diffusion)
> 특정 내재성 막관통 단백질을 통해 생체막을 가로질러 분자 또는 이온의 자발적인 수동 수송(능동 수송의 반대 개념)을 하는 과정이다. 촉진확산은 물질의 운반 과정에서 ATP의 가수분해에 의한 화학에너지를 필요로 하지 않는다. 촉진확산은 양쪽의 농도가 같아질 때까지 농도가 높은 쪽에서 낮은 쪽으로 물질이 이동하는 방식이다.

83. 피부의 표피를 설명한 것으로 틀린 것은?

① 혈관 및 림프관이 분포한다.

② 대부분 각질세포로 구성된다.

③ 멜라닌세포와 랑게스한스세포가 존재한다.

④ 각화세포를 결합하는 조직은 케라틴 단백질이다.

> **해설**
> • 표피는 비교적 얇고 거친, 피부의 맨 바깥쪽 층으로, 표피에 있는 대부분의 세포는 각질형성세포로 구성된다.
> • 피부 각질층으로 알려진 표피의 가장 바깥 부분은 비교적 방수성이 있으며, 손상되지 않았다면 대부분의 박테리아, 바이러스, 기타 외부 물질이 신체에 침투하는 것을 방지해준다.
> • 표피의 기저층 전반에 분산되어 멜라닌 색소를 생성하는 멜라닌 세포는 피부색을 결정짓는 주요 인자 중 하나이다.
> • 그러나 멜라닌의 일차적 기능은 DNA를 손상시켜 피부암을 비롯하여 수많은 유해한 영향을 초래하는 자외복사선을 일광으로부터 걸러내는 것이다.

84. 석유정제공장에서 다량의 벤젠을 분리하는 공정의 근로자가 해당 유해물질에 반복적으로 계속해서 노출될 경우 발생 가능성이 가장 높은 직업병은 무엇인가?

① 신장 손상

② 직업성 천식

③ 급성골수성 백혈병

④ 다발성말초신경장해

> **해설** 벤젠의 독성
> • 상온, 상압에서 향긋한 냄새를 가진 무색 투명한 액체로, 방향족화합물이다.
> • 벤젠은 백혈병을 유발하는 것으로 확인된 물질이다.
> • 벤젠은 방향족 화합물로서 재생불량성 빈혈을 일으킨다.
> • 벤젠은 골수독성(myelotoxin) 물질이라는 점에서 다른 유기용제와 다르다.
> • 혈액조직에서 벤젠이 유발하는 가장 일반적인 독성은 백혈구수의 감소로 인한 응고작용 결핍 등이다.
> • 조혈조직의 손상(골수에 미치는 독성이 특징적이며, 빈혈과 백혈구, 혈소판 감소를 초래)을 발생시킨다.

85. 남성 근로자의 생식독성 유발요인이 아닌 것은?

① 흡연   ② 망간

③ 풍진   ④ 카드뮴

해답 81. ④ 82. ② 83. ① 84. ③ 85. ③

해설 풍진(風疹, rubella) 또는 독일 홍역(German measles)은 풍진바이러스에 의한 유행성 바이러스 감염질환이다. 증상이 그리 심하지 않아 절반 정도 되는 사람들이 감염되었는지도 모르고 지나간다. 처음 바이러스에 노출된 후 2주 뒤 정도에 발생하며, 3일가량 지속된다.

86. 유기성 분진에 의한 진폐증에 해당하는 것은?

① 규폐증　　　　　② 탄소폐증
③ 활석폐증　　　　④ 농부폐증

해설 유기성 분진에 의한 진폐증에는 농부폐증, 면폐증, 연초폐증, 설탕폐증, 목재분진폐증, 모발분진폐증이 있다.

87. 직업성 천식을 유발하는 물질이 아닌 것은?

① 실리카
② 목분진
③ 무수트리멜리트산(TMA)
④ 톨루엔디이소시안산염(TDI)

해설 실리카는 규폐증을 일으키는 대표적인 물질이다.

88. 수치로 나타낸 독성의 크기가 각각 2와 3인 두 물질이 화학적 상호작용에 의해 상대적 독성이 9로 상승하였다면 이러한 상호작용을 무엇이라 하는가?

① 상가작용　　　　② 가승작용
③ 상승작용　　　　④ 길항작용

해설 상승작용(synergism effect)
• 각각 단일물질에 노출되었을 때의 독성보다 훨씬 독성이 커짐을 말한다.
• 상대적 독성 수치로 표현하면 2+3=20이다.
• 예시: 사염화탄소와 에탄올, 흡연자가 석면에 노출 시

89. 직업성 피부질환에 영향을 주는 직접적인 요인에 해당되는 항목은?

① 연령　　　　　　② 인종
③ 고온　　　　　　④ 피부의 종류

해설 직업성 피부질환
대체로 화학물질에 의한 접촉피부염이 있고, 그중 80%는 자극에 의한 원발성 피부염, 20%는 알레르기에 의한 접촉피부염이며 그 외 세균감염 등 생물학적 원인에 의한 것으로 알려져 있다. 직업성 피부질환을 일으킬 수 있는 주요 요인은

아래와 같이 나눌 수 있다.
㉠ 물리적 요인
고온, 저온, 마찰, 압박, 진동, 습도, 자외선, 방사선 등이 있으며 열에 의한 것으로는 화상, 진균 등이 있다. 착암기 등 진동에 의해 일어나는 피부질환은 진동발생기구 사용자에게 발생하는 진동증후군이 있으며, 저온에 의한 동상, 자외선, 방사선에 의한 피부암 등을 들 수 있다.
㉡ 생물학적 요인
박테리아, 진균, 원충 등이 있으며, 피부질환에 이환되는 직업으로는 농림업 종사자, 수의사, 의사, 간호사, 생물학적 요인을 취급하는 실험실 종사자, 육류취급업자, 광부, 동물취급자 등으로 다양하다.
㉢ 화학적 요인
절삭유나 유기용제, 산, 알칼리, 유기용매, 세척제, 비소나 수은 등의 금속이 이에 해당되며, 그리고 금속과 금속염(크롬, 니켈, 코발트 등), 아닐린계 화합물, 기름, 수지(특히 단량체와 에폭시 수지), 고무 화학물질, 경화제, 항생물질 등이 있다.

90. 물에 대하여 비교적 용해성이 낮고 상기도를 통과하여 폐수종을 일으킬 수 있는 자극제는?

① 염화수소　　　　② 암모니아
③ 불화수소　　　　④ 이산화질소

해설 이산화질소
증기는 기도를 강하게 자극한다. 눈과 목에 자극, 가슴의 긴장, 두통, 구역질, 점차적인 무력함이 일어날 수 있다. 심각한 증상은 몇 시간 후에도 일어날 수 있으며 청색증, 호흡 곤란, 불규칙한 호흡, 나른함이 있을 수 있다. 치료받지 않으면 폐수종으로 인하여 결과적으로 사망할 수 있다. 또한 피부 조직과 눈을 심하게 자극한다.

91. 근로자의 유해물질 노출 및 흡수 정도를 종합적으로 평가하기 위하여 생물학적 측정이 필요하다. 또한 유해물질 배출 및 축적 속도에 따라 시료채취시기를 적절히 정해야 하는데, 시료채취 시기에 제한을 가장 작게 받는 것은?

① 요 중 납　　　　② 호기 중 벤젠
③ 혈중 총 무기수은　④ 요 중 총 페놀

해설 요 중 납
㉠ 시료채취 시기: 시료채취 시기는 특별히 제한하지 않는다.
㉡ 시료채취 요령
• 근로자의 정맥혈을 납이 포함되지 않은 ethylenediami-

netetraacetic acid(EDTA) 또는 헤파린 처리된 튜브와 일회용 주사기 또는 진공채혈관을 이용하여 채취한다.

- 채취한 시료 용기를 밀봉하고 채취 후 5일 이전에 분석하며 4℃(2~8℃)에서 보관한다. 단, 분석까지 보관 기간이 5일 이상 걸리면 시료를 냉동보관용 저온바이알에 옮겨 영하 20℃ 이하에서 보관한다.

92. 어느 근로자가 두통, 현기증, 구토, 피로감, 황달, 빈뇨 등의 증세를 보인다면, 어느 물질에 노출되었다고 볼 수 있는가?

① 납
② 황화수소
③ 수은
④ 사염화탄소

해설 사염화탄소(CCL_4)로 인한 건강장해
- 특이한 냄새가 나는 무색의 액체
- 신장장애의 증상으로 감뇨, 혈뇨 등이 발생하며 완전 무뇨증이 되면 사망할 수 있다.
- 초기증상으로 지속적인 두통, 구역 또는 구토, 복부선통, 설사, 간압통 등이 있다.
- 피부, 신장, 소화기, 신경계에 장애를 일으키는데, 특히 간에 대한 독성작용이 강하게 나타난다. 즉, 간에 중요한 장애인 중심소엽성 괴사를 일으킨다.
- 고온에서 가열하면 금속과의 접촉으로 포스겐이나 염화수소로 분해되기 때문에 주의가 필요하다.
- 소화제, 탈지세정제, 용제로 이용된다.
- 고농도 폭로 시 중추신경계와 간장이나 신장에 장애를 일으킨다.

93. 인체에 침입한 납(Pb) 성분이 주로 축적되는 곳은?

① 간
② 뼈
③ 신장
④ 근육

해설 납의 대사
- 납은 적혈구에 친화성이 매우 높아 순환 혈액 내에 있는 납의 95%는 적혈구에 결합되어 있다.
- 납은 혈류를 통해 해당 장기에 이동되고 장기별로 분포의 차이가 있어 연부조직 중에서 납 농도가 높은 곳은 대동맥, 간, 그리고 콩팥 등이다.
- 체내 약 90%의 납은 뼈에 있으며 이는 납의 작용이 칼슘이 골조직에서 나타내는 대사과정과 유사하기 때문인 것으로 알려져 있다.

94. 공기역학적 직경(aerodynamic diameter)에 대한 설명과 가장 거리가 먼 것은?

① 역학적 특성, 즉 침강속도 또는 종단속도에 의해 측정되는 먼지의 크기이다.
② 직경분립충돌기(cascade impactor)를 이용해 입자의 크기 및 형태 등을 분리한다.
③ 대상 입자와 같은 침강속도를 가지며 밀도가 1인 가상적인 구형의 직경으로 환산한 것이다.
④ 마틴 직경, 페렛 직경 및 등면적 직경(projected area diameter)의 세 가지로 나누어진다.

해설 마틴 직경, 페렛 직경 및 등면적 직경(projected area diameter)의 세 가지로 나누어지며 기하학적(물리적) 직경이다.

95. 합금, 도금 및 전지 등의 제조에 사용되며, 알레르기 반응, 폐암 및 비강암을 유발할 수 있는 중금속은?

① 비소
② 니켈
③ 베릴륨
④ 안티몬

해설 니켈
㉠ 발생원 및 용도
- 스테인리스강 제조 시나 각종 주방기구, 건물 설비, 자동차 및 전자 부품, 화학공장설비, 특수 합금 등에 사용된다.
- 니크롬선(전열기), 모넬, 인코넬(화학공업에서 용기나 배관 등에 사용), 알니코(자석), 백동(Cupro-nickel 동전, 장식용), 니켈 도금에도 사용된다.
㉡ 건강장해
- 급성 건강영향
 - 황화니켈, 염화니켈, 붕산에 오염된 물을 마신 근로자들에게서 소화기 증상들이 발생되며 직업적뿐만 아니라 일반 인구집단에서도 니켈에 대한 피부노출은 접촉성 피부염의 가장 흔한 원인이다. 니켈을 섭취한 경우에도 피부염이 발생할 수 있다.
 - 현기증, 권태감, 두통 등의 신경학적 증상도 나타날 수 있다.
- 만성 건강영향
 니켈 연무에 만성적으로 노출된 경우(황산니켈의 경우처럼) 만성비염, 부비동염, 비중격 천공 및 후각 소실이 발생한다.
- 발암성
 니켈 정제 공장은 주로 황화니켈 및 산화니켈에 노출되며 이 경우 폐암의 사망률이 증가한다.

해답 **92.** ④ **93.** ② **94.** ④ **95.** ②

96. 벤젠에 노출되는 근로자 10명이 6개월 동안 근무하였고, 5명이 2년 동안 근무하였을 경우 노출인년(person-years of exposure)은 얼마인가?

① 10
② 15
③ 20
④ 25

해설 노출인년(person-years of exposure)

$$= \left[조사인원 \times \left(\frac{조사한 개월수}{12월} \right) \right]$$
$$+ \left[조사인원 \times \left(\frac{노출 개월수}{12월} \right) \right]$$
$$= \left[10 \times \left(\frac{6}{12} \right) \right] + \left[5 \left(\frac{24}{12} \right) \right]$$
$$= 15인년$$

97. 수은 중독에 관한 설명 중 틀린 것은?

① 주된 증상은 구내염, 근육진전, 정신증상이 있다.
② 급성중독인 경우의 치료는 10% EDTA를 투여한다.
③ 알킬수은화합물의 독성은 무기수은화합물의 독성보다 훨씬 강하다.
④ 전리된 수은이온이 단백질을 침전시키고 thiol 기(SH)를 가진 효소작용을 억제한다.

해설 수은중독 증상
• 구내염, 근육진전, 정신증상이 나타난다.
• 수족신경마비, 시신경장애, 정신이상, 보행장애를 발생시킨다.
• 만성 노출 시 식욕부진, 신기능부전, 구내염이 발생된다.
• 유기수은(알킬수은) 중 메틸수은은 미나마타(minamata)병을 발생시킨다.
• 혀의 떨림이나 손가락에 수전증(손가락 떨림)이 생긴다.
• 치은부에는 황화수은의 정회색 침전물이 침착된다.
• 정신증상으로는 중추신경 중 뇌조직에 심한 증상이 나타나 정신기능이 상실될 수 있다(정신장애).

98. 납은 적혈구 수명을 짧게 하고, 혈색소 합성에 장애를 발생시킨다. 납이 흡수됨으로써 초래되는 결과로 틀린 것은?

① 요 중 코프로폴피린 증가
② 혈청 및 δ-ALA의 요 중 증가
③ 적혈구 내 프로토폴피린 증가
④ 혈중 β-마이크로글로빈 증가

해설 납중독의 주요 증상
• 요 중 코프로폴피린이 증가된다.

• 무기납 중독 시에는 소변 내에서 δ-ALA가 증가되고, 적혈구 내 δ-ALAD 활성도가 감소한다.
• 포르피린과 헴(heme)의 합성에 관여하는 효소를 억제하며, 소화기계 및 조혈계에 영향을 주는 물질이다.
• 적혈구 내 프로토포르피린이 증가한다.
• 임상증상은 위장계통장해, 신경근육계통의 장해, 중추신경계통의 장해 등 크게 3가지로 나눌 수 있다.

④ 혈중 β-마이크로글로빈은 인체 내 거의 모든 세포의 표면에 존재하는 단백질로, 대부분의 체액에 존재하며, 다발성 골수종, 백혈병, 및 림프종과 같은 암이나 염증성 질환이 있을 때 혈액 내 농도가 증가한다.

99. 3가 및 6가 크롬의 인체 작용 및 독성에 관한 내용으로 틀린 것은?

① 산업장의 노출의 관점에서 보면 3가 크롬이 더 해롭다.
② 3가 크롬은 피부 흡수가 어려우나 6가 크롬은 쉽게 피부를 통과한다.
③ 세포막을 통과한 6가 크롬은 세포 내에서 수분 내지 수 시간 만에 발암성을 가진 3가 형태로 환원된다.
④ 6가에서 3가로의 환원이 세포질에서 일어나면 독성이 적으나 DNA의 근위부에서 일어나면 강한 변이원성을 나타낸다.

해설 산업장의 노출 관점에서 보면 6가 크롬이 더 해롭다.

100. 중독 증상으로 파킨슨 증후군 소견이 나타날 수 있는 중금속은?

① 납
② 비소
③ 망간
④ 카드뮴

해설 망간에 의한 건강장애(증상 징후)
㉠ 급성중독
 • MMT에 의한 피부와 호흡기 노출로 인한 증상
 • 급성 고농도에 노출 시 망간 정신병 양상
㉡ 만성중독
 • 무력증, 식욕감퇴 등의 초기증세를 보이다 심해지면 중추신경계의 특정 부위를 손상(뇌기저핵에 축적되어 신경세포 파괴시켜 노출이 지속되면 파킨슨 증후군과 보행장애 발생)
 • 안면의 변화, 즉 무표정하게 되며 배근력의 저하 발생
 • 언어가 느려지는 언어장애 및 균형감각 상실 증세 발생

해답 96. ② 97. ② 98. ④ 99. ① 100. ③

| 1 | 산업위생학개론

1. 작업대사량(RMR)을 계산하는 방법이 아닌 것은?

① 작업대사량/기초대사량
② 기초작업대사량/작업대사량
③ (작업시열량소비량-안정시열량소비량)/기초대사량
④ (작업시산소소비량-안정시열산소소비량)/기초대사시산소소비량

해설 작업대사량 또는 작업대사율(RMR)

$$= \frac{\text{작업대사량}}{\text{기초대사량}} = \frac{\text{작업 시 소요열량} - \text{안정 시 소요열량}}{\text{기초대사량}}$$

$$= \frac{\text{작업 시 산소소비량} - \text{안정시 산소소비량}}{\text{기초대사량}}$$

2. 정상작업역을 설명한 것으로 맞는 것은?

① 전박을 뻗쳐서 닿는 작업영역
② 상지를 뻗쳐서 닿는 작업영역
③ 사지를 뻗쳐서 닿는 작업영역
④ 어깨를 뻗쳐서 닿는 작업영역

해설 정상작업역
• 상완을 자연스럽게 수직으로 늘어뜨린 채 전완만으로 편안하게 뻗어 파악할 수 있는 영역(약 35~45cm)
• 움직이지 않고 전박과 손으로 조작할 수 있는 범위
• 앉은 자세에서 윗팔은 몸에 붙이고, 아랫팔만 곧게 뻗어 닿는 범위

3. 방직공장의 면분진 발생 공정에서 측정한 공기 중 면분진 농도가 2시간 2.5mg/m³, 3시간은 1.8mg/m³, 3시간은 2.6mg/m³일 때, 해당 공정의 시간가중 평균노출기준 환산값은 약 얼마인가?

① 0.86mg/m³
② 2.28mg/m³
③ 2.35mg/m³
④ 2.60mg/m³

해설 시간가중평균노출기준(TWA)

$$= \frac{(2 \times 2.5 \text{mg/m}^3) + (3 \times 1.8 \text{mg/m}^3) + (3 \times 2.6 \text{mg/m}^3)}{8}$$

$$= 2.28 \text{mg/m}^3$$

4. 산업피로의 발생현상(기전)과 가장 관계가 없는 것은?

① 생체 내 조절기능의 변화
② 체내 생리대사의 물리·화학적 변화
③ 물질대사에 의한 피로물질의 체내 축적
④ 산소와 영양소 등의 에너지원 발생 증가

해설 산업피로는 활성에너지 요소인 영양소, 산소 등의 소모에 의해 발생한다.

5. 스트레스 관리 방안 중 조직적 차원의 대응책으로 가장 적합하지 않은 것은?

① 직무 재설계
② 적절한 시간 관리
③ 참여 의사 결정
④ 우호적인 직장 분위기 조성

해답 1. ② 2. ① 3. ② 4. ④ 5. ②

- 과업(직무) 재설계
- 참여관리(작업계획 수립 시 적극적 참여 유도, 참여의사결정)
- 경력 개발
- 역활 분석(개인의 역할을 명확히 정의)
- 유통성 있는 작업계획(작업환경에서 개인의 통제력과 재량권 확대)
- 목표설정(개인의 직무에 대한 구체적인 목표를 설정하여 관리자와 조직구성원 간의 상호 이해)
- 팀 형성(작업집단에서 일어나는 대인관계 과정을 매개하려는 방법)

6. 「산업안전보건법」상 근로자 건강진단의 종류가 아닌 것은?
   ① 퇴직후건강진단   ② 특수건강진단
   ③ 배치전건강진단   ④ 임시건강진단

해설 「산업안전보건법」상 건강진단의 종류
- 일반건강진단   • 특수건강진단
- 배치전건강진단   • 수시건강진단
- 임시건강진단

7. 산업위생의 목적과 가장 거리가 먼 것은?
   ① 근로자의 건강을 유지·증진시키고 작업 능률을 향상시킴
   ② 근로자들의 육체적, 정신적, 사회적 건강을 유지·증진시킴
   ③ 유해한 작업환경 및 조건으로 발생한 질병을 진단하고 치료함
   ④ 작업 환경 및 작업 조건이 최적화되도록 개선하여 질병을 예방함

해설 산업위생관리의 목적
- 작업자의 건강보호 및 생산성 향상
- 작업환경과 근로조건의 개선 및 직업병의 근원적 예방
- 근로자들의 육체적, 정신적, 사회적 건강의 유지 및 증진
- 작업환경 및 작업조건의 인간공학적 개선
- 산업재해의 예방 및 직업성 질환 유소견자의 작업전환

8. 어떤 사업장에서 70명의 종업원이 1년간 작업하는데 1급 장해 1명, 12급 장해 11명의 신체장해가 발생하였을 때 강도율은? (단, 연간 근로일수는 290일, 일 근로시간은 8시간이다.)

신체장애 등급	1~3	11	12
근로 손실일수	7,500	400	200

① 59.7   ② 72.0
③ 124.3   ④ 360.0

해설 강도율 $= \dfrac{\text{근로손실일수}}{\text{연근로시간수}} \times 1,000$

근로손실일수 $= 7,500 + 200 \times 11 = 9,700$

연근로시간수 $= 8 \times 290 \times 70 = 162,400$

$\therefore$ 강도율 $= \dfrac{7,500 + 200 \times 11}{8 \times 290 \times 70} \times 1,000 = 59.7$

9. 우리나라 산업위생 역사와 관련된 내용 중 맞는 것은?
   ① 문송면-납 중독 사건
   ② 원진레이온-이황화탄소 중독 사건
   ③ 근로복지공단-작업환경측정기관에 대한 정도관리제도 도입
   ④ 보건복지부-산업안전보건법·시행령·시행규칙의 제정 및 공포

해설
- 문송면-형광등 제조업체 수은 중독 사건
- 고용노동부-작업환경측정기관에 대한 정도관리제도 제정
- 고용노동부-산업안전보건법·시행령·시행 규칙의 제정 및 공포

10. 에틸벤젠(TLV-100ppm)을 사용하는 작업장의 작업시간이 9시간일 때에는 허용기준을 보정하여야 한다. OSHA 보정방법과 Brief & Scala 보정방법을 적용하였을 때 두 보정된 허용기준치 간의 차이는 약 얼마인가?
   ① 2.2ppm   ② 3.3ppm
   ③ 4.2ppm   ④ 5.6ppm

해설
- OSHA $= \dfrac{8}{\text{노출시간(hr)/일}} \times 8\text{시간허용기준}$

  $= \dfrac{8}{9} \times 100\text{ppm} = 88.89\text{ppm}$

- Brief & Scala $= \dfrac{8}{H} \times \dfrac{24-H}{16}$

$$= \frac{8}{9} \times \frac{24-9}{16} = 0.8333$$

- 보정 노출기준=RF×8시간 노출기준
- 보정된 허용기준=0.033×100ppm = 83.33ppm
- ∴ 허용기준치 차이=88.89 − 83.33 = 5.56ppm

11. 「산업안전보건법」상 제조 등 금지 대상 물질이 아닌 것은?

① 황린 성냥

② 청석면, 갈석면

③ 디클로로벤지딘과 그 염

④ 4-니트로니페닐과 그 염

「산업안전보건법」 제117조(유해·위험물질의 제조 등 금지) ① 누구든지 다음 각 호의 어느 하나에 해당하는 물질로서 대통령령으로 정하는 물질(이하 "제조등금지물질"이라 한다)을 제조·수입·양도·제공 또는 사용해서는 아니 된다.
1. 직업성 암을 유발하는 것으로 확인되어 근로자의 건강에 특히 해롭다고 인정되는 물질
2. 제105조 제1항에 따라 유해성·위험성이 평가된 유해인자나 제109조에 따라 유해성·위험성이 조사된 화학물질 중 근로자에게 중대한 건강장해를 일으킬 우려가 있는 물질

「산업안전보건법 시행령」 제87조(제조 등이 금지되는 유해물질) 법 제117조 제1항 각 호 외의 부분에서 "대통령령으로 정하는 물질"이란 다음 각 호의 물질을 말한다.〈개정 2020. 9. 8.〉
1. β-나프틸아민[91-59-8]과 그 염(β-Naphthylamine and its salts)
2. 4-니트로디페닐[92-93-3]과 그 염(4-Nitrodiphenyl and its salts)
3. 백연[1319-46-6]을 포함한 페인트(포함된 중량의 비율이 2퍼센트 이하인 것은 제외한다)
4. 벤젠[71-43-2]을 포함하는 고무풀(포함된 중량의 비율이 5퍼센트 이하인 것은 제외한다)
5. 석면(Asbestos; 1332-21-4 등)
6. 폴리클로리네이티드 터페닐(Polychlorinated terphenyls; 61788-33-8 등)
7. 황린(黃燐)[12185-10-3] 성냥(Yellow phosphorus match)
8. 제1호, 제2호, 제5호 또는 제6호에 해당하는 물질을 포함한 혼합물(포함된 중량의 비율이 1퍼센트 이하인 것은 제외한다)
9. 「화학물질관리법」 제2조 제5호에 따른 금지물질(같은 법 제3조 제1항 제1호부터 제12호까지의 규정에 해당하는 화학물질은 제외한다)
10. 그 밖에 보건상 해로운 물질로서 산업재해보상보험 및

예방심의위원회의 심의를 거쳐 고용노동부장관이 정하는 유해물질

12. 각 개인의 육체적 작업 능력(PWC, Physical Work Capacity)을 결정하는 요인이라고 볼 수 없는 것은?

① 대사정도
② 호흡기계 활동
③ 소화기계 활동
④ 순환기계 활동

개인의 육체적 작업 능력(PWC, Physical Work Capacity)을 결정하는 요인으로는 대사 정도, 호흡기계 활동, 순환기계 활동이 있다.

13. 미국산업위생학술원(AAIH)이 채택한 윤리강령 중 기업주와 고객에 대한 책임에 해당하는 내용은?

① 일반 대중에 관한 사항은 정직하게 발표한다.

② 위험 요소와 예방 조치에 관하여 근로자와 상담한다.

③ 성실과 학문적 실력 면에서 최고 수준을 유지한다.

④ 궁극적으로 기업주와 고객보다 근로자의 건강 보호에 있다.

미국산업위생학술원(AAIH)이 채택한 윤리강령 중 기업주와 고객에 대한 책임에 해당하는 내용
- 쾌적한 작업환경을 조성하기 위하여 산업위생의 이론을 적용하고 책임감 있게 행동한다.
- 신뢰를 바탕으로 정직하게 권하고 성실한 자세로 충고하며 결과와 개선점 및 권고사항을 정확히 보고한다.
- 결과 및 결론을 뒷받침할 수 있도록 정확한 기록을 유지하고, 산업위생사업을 전문가답게 전문부서들을 운영 및 관리한다.
- 기업주와 고객보다는 근로자의 건강보호에 궁극적 책임을 두어 행동한다.

14. 「산업안전보건법」상 입자상 물질의 농도 평가에서 2회 이상 측정한 단시간 노출 농도값이 단시간노출기준과 시간가중평균기준값 사이일 때 노출기준 초과로 평가해야 하는 경우가 아닌 것은?

●**해답** 11. ③ 12. ③ 13. ④ 14. ④

① 1일 4회를 초과하는 경우

② 15분 이상 연속 노출되는 경우

③ 노출과 노출 사이의 간격이 1시간 이내인 경우

④ 단위작업장소의 넓이가 30평방미터 이상인 경우

해설 노출농도(TWA, STEL) 값이 단시간 노출기준과 시간가중평균기준값 사이일 때(TWA 초과 STEL 이하) 노출기준 초과로 평가해야 하는 경우
• 1회 노출지속시간이 15분 이상 연속 노출되는 경우
• 1일 4회를 초과하는 경우
• 노출과 노출 사이의 간격이 1시간 또는 60분 이내인 경우

15. 「산업안전보건법」상 허용기준 대상 물질에 해당하지 않는 것은?

① 노말헥산

② 1-브로모프로판

③ 포름알데히드

④ 디메틸포름아미드

해설 「산업안전보건법」상 허용기준 대상물질(기존 13종에서 38종으로 확대)
납 및 그 무기화합물, 니켈(불용성 무기화합물), 디메틸포름아미드, 벤젠, 2-브로모프로판, 석면, 6가 크롬화합물(불용성, 수용성), 이황화탄소, 카드뮴 및 그 화합물, 톨루엔, 2,4-디이소시아네이트, 트리클로로에틸렌, 트리클로로메탄, 니켈카보닐, 디클로로메탄, 1,2-디클로로프로판, 망간 및 그 화합물, 메탄올, 메틸렌 비스, 베릴륨 및 그 화합물, 1,3-부타디엔, 브롬화 메틸, 산화에틸렌, 수은 및 그 화합물, 스티렌, 시클로헥사논, 아닐린, 아크릴로니트릴, 암모니아, 염소, 염화비닐, 일산화탄소, 코발트 및 그 무기화합물, 코울타르피치 휘발물, 톨루엔, 황산 등

16. 사무실 등의 실내환경에 대한 공기질 개선 방법으로 가장 적합하지 않은 것은?

① 공기청정기를 설치한다.

② 실내 오염원을 제어한다.

③ 창문 개방 등에 따른 실외 공기의 환기량을 증대시킨다.

④ 친환경적이고 유해공기오염물질의 배출농도가 낮은 건축자재를 사용한다.

해설 창문 개방 등에 따른 실내 공기의 환기량을 증대시키는 방법은 공기질 관리 방법이다.

17. 공간의 효율적인 배치를 위해 적용되는 원리로 가장 거리가 먼 것은?

① 기능성 원리

② 중요도의 원리

③ 사용빈도의 원리

④ 독립성의 원리

해설 공간의 효율적인 배치를 위해 적용되는 원리로는 기능성 원리, 중요도 원리, 사용빈도 원리가 있다.

18. 어떤 유해요인에 노출될 때 얼마만큼의 환자수가 증가되는지를 설명해 주는 위험도는?

① 상대위험도

② 인자위험도

③ 기여위험도

④ 노출위험도

해설 기여위험도
• 비율차이 또는 위험도의 차이라고도 한다.
• 위험요인을 갖고 있는 집단의 해당 질병 발생률의 크기 중 위험요인이 기여하는 부분을 추정하기 위해 사용한다.
• 어떤 유해요인에 노출되어 얼마만큼의 환자수가 증가되어 있는지를 설명하는 데 사용한다.
• 순수하게 유해요인에 노출되어 나타난 위험도를 평가하기 위한 것이다.
• 질병 발생의 요인을 제거하면 질병 발생이 얼마나 감소될 것인가를 설명해준다.
• 계산식: 기여위험도=노출군에서의 질병발생률−비노출군에서의 질병발생률

19. 산업재해가 발생할 급박한 위험이 있거나 중대재해가 발생하였을 경우 취하는 행동으로 적합하지 않은 것은?

① 근로자는 직상급자에게 보고한 해당 작업을 즉시 중지시킨다.

② 사업주는 즉시 작업을 중지시키고 근로자를 작업 장소로부터 대피시켜야 한다.

③ 고용노동부 장관은 근로감독관 등으로 하여금 안전·보건진단이나 그 밖의 필요한 조치를 하도록 할 수 있다.

④ 사업주는 급박한 위험에 대한 합리적인 근거가 있을 경우에 작업을 중지하고 대피한 근로자에게 해고 등의 불리한 처우를 해서는 안 된다.

해답 15. ② 16. ③ 17. ④ 18. ③ 19. ①

「산업안전보건법」제51조(사업주의 작업중지)

사업주는 산업재해가 발생할 급박한 위험이 있을 때에는 즉시 작업을 중지시키고 근로자를 작업장소에서 대피시키는 등 안전 및 보건에 관하여 필요한 조치를 하여야 한다.

제52조(근로자의 작업중지) ① 근로자는 산업재해가 발생할 급박한 위험이 있는 경우에는 작업을 중지하고 대피할 수 있다.

② 제1항에 따라 작업을 중지하고 대피한 근로자는 지체 없이 그 사실을 관리감독자 또는 그 밖에 부서의 장(이하 "관리감독자등"이라 한다)에게 보고하여야 한다.

③ 관리감독자등은 제2항에 따른 보고를 받으면 안전 및 보건에 관하여 필요한 조치를 하여야 한다.

④ 사업주는 산업재해가 발생할 급박한 위험이 있다고 근로자가 믿을 만한 합리적인 이유가 있을 때에는 제1항에 따라 작업을 중지하고 대피한 근로자에 대하여 해고나 그 밖의 불리한 처우를 해서는 아니 된다.

20. 산업피로에 대한 대책으로 맞는 것은?

① 커피, 홍차, 엽차 및 비타민 B_1은 피로회복에 도움이 되므로 공급한다.

② 피로한 후 장시간 휴식하는 것이 휴식시간을 여러 번으로 나누는 것보다 효과적이다.

③ 움직이는 작업은 피로를 가중시키므로 될수록 정적인 작업으로 전환하도록 한다.

④ 신체 리듬의 적응을 위하여 야간 근무는 연속으로 7일 이상 실시하도록 한다.

해설 산업피로에 대한 올바른 해설

• 피로한 후 장시간 휴식하는 것보다 휴식시간을 여러 번으로 나누는 것이 더 효과적이다.

• 정적인 작업을 동적인 작업으로 전환하도록 한다.

• 신체 리듬의 적응을 위하여 야간 근무는 연속으로 7일 이상 실시하면 더욱 피로가 가중된다.

| 2 | 작업위생측정 및 평가

21. 작업장의 현재 총 흡음량은 600sabins이다. 천정과 벽 부분에 흡음재를 사용하여 작업장의 흡음량을 3,000sabins 추가하였을 때 흡음 대책에 따른 실내 소음의 저감량(dB)은?

① 약 12   ② 약 8

③ 약 4   ④ 약 3

해설 실내소음저감량(NR)

$$NR(\text{dB}) = 10\log \frac{흡음물질\ 처리\ 전\ 흡음량(\text{sabins})}{흡음물질\ 처리\ 전\ 흡음량(\text{sabins})}$$

$$= 10\log \frac{600+3{,}000}{600} = 7.78\text{dB}$$

22. 일정한 부피조건에서 압력과 온도가 비례한다는 표준 가스에 대한 법칙은?

① 보일의 법칙   ② 샤를의 법칙

③ 게이-루삭의 법칙   ④ 라울트의 법칙

해설 기체 반응의 법칙(Law of Gaseous Reaction) 또는 게이-루삭의 법칙(Gay-Lussac's law)은 기체 사이의 화학반응에서, 같은 온도와 같은 압력에서 그 부피를 측정했을 때 반응하는 기체와 생성되는 기체 사이에는 간단한 정수비가 성립한다는 법칙이다.

23. 분석기기가 검출할 수 있는 신뢰성을 가질 수 있는 양인 정량한계(LOQ)는?

① 표준편차의 3배   ② 표준편차의 3.3배

③ 표준편차의 5배   ④ 표준편차의 10배

해설 분석시험의 신뢰도 검증

1. 분석기기의 검출한계(LOD)는 분석기기의 최적분석조건에서 신호 대 잡음비(S/N비)의 3배에 해당하는 성분의 피크(peak)로 한다.

2. 분석기기의 정량한계(LOQ)는 목적성분의 유무가 정확히 판단될 수 있는 최저농도로 신호 대 잡음비(S/N비)의 9~10배 범위의 양이며, 일반적으로 LOD의 3배를 적용한다.

3. 분석방법의 정량한계(LOQ)는 분석방법 및 잔류허용기준 등에 따라 다소 상이하게 작성할 수 있으며 잔류허용기준의 1/2~1/20이 되도록 해야 한다. 결과 표현은 목적 성분이 검출되지 않은 경우 분석시험성적서에 "정량한계 미만"이라고 표시하여야 하며, 정량한계 미만은 "불검출"로 처리한다. 분석방법의 정량한계는 다음의 공식으로부터 구한다.

$$L(\text{mg/kg}) = a(\text{ng}) \times \frac{B(\text{mL})}{C(\mu\text{L})} \times \frac{1}{A(\text{g})}$$

여기서, L: 분석방법의 정량한계

a: 분석기기의 정량한계(ng)

A: 분석에 사용한 시료량(g)

B: 기기 주입전 시료 용액량(mL)

C: 기기 주입량(μL)

해답 20. ①   21. ②   22. ③   23. ④

24. 작업환경 측정 결과 측정치가 5, 10, 15, 15, 10, 5, 7, 6, 9, 6의 10개일 때 표준편차는? (단, 단위=ppm)

① 약 1.13　　　　② 약 1.87
③ 약 2.13　　　　④ 약 3.76

해설 $SD(\text{표준편차}) = \left[\dfrac{\sum_{i=1}^{N}(X_i - \overline{X})^2}{N-1} \right]^{0.5}$

산술평균 $= \dfrac{5+10+15+15+10+5+7+6+9+6}{10}$
　　　　$= 8.8\text{ppm}$

$\therefore SD = \left[\dfrac{\begin{array}{l}(5-8.8)^2 + (10-8.8)^2 + (15-8.8)^2 \\ + (15-8.8)^2 + (10-8.8)^2 + (5-8.8)^2 \\ + (7-8.8)^2 + (6-8.8)^2 + (9-8.8)^2 \\ + (6-8.8)^2 \end{array}}{10-1} \right]^{0.5}$
　　　$= 약 3.76$

25. 1 N-HCl(F=1.000) 500mL를 만들기 위해 필요한 진한 염산(비중: 1.18, 함량: 35%)의 부피(mL)는?

① 약 18　　　　② 약 36
③ 약 44　　　　④ 약 66

해설 HCl의 당량수=1eq/mol이므로, 또는 HCl은 1가산이므로 1 N HCl 용액=1 M HCl 용액이다.
1 M HCl 용액 500mL 제조에 필요한 35% 염산 시약의 부피를 계산하면,
몰농도×부피(L)×몰질량 / 순도 / 밀도
=(1)×(0.5)×(36.5) / (35/100) / (1.18)
=44.19mL

26. 공장에서 A용제 30%(TLV 1,200mg/m³), B용제 30%(TLV 1,400mg/m³) 및 C용제 40%(TLV 1,600mg/m³)의 중량비로 조성된 액체용제가 증발되어 작업환경을 오염시킨 경우 이 혼합물의 허용농도(mg/m³)는? (단, 상가작용 기준)

① 약 1,400　　　　② 약 1,450
③ 약 1,500　　　　④ 약 1,550

해설 혼합물의 허용농도(mg/m³)
$= \dfrac{1}{\dfrac{f_1}{TLV_1} + \dfrac{f_2}{TLV_2} + \dfrac{f_3}{TLV_3}}$

$= \dfrac{1}{\dfrac{0.3}{1,200} + \dfrac{0.3}{1,400} + \dfrac{0.4}{1,600}} = 1,400\text{mg/m}^3$

27. 고열 측정구분에 따른 측정기기와 측정시간의 연결로 틀린 것은? (단, 고용노동부 고시 기준)

① 습구온도-0.5도 간격의 눈금이 있는 아스만통풍건습계-25분 이상
② 습구온도-자연습구온도를 측정할 수 있는 기기-자연습구온도계 5분 이상
③ 흑구 및 습구흑구온도-직경이 5센티미터 이상인 흑구온도계 또는 습구흑구온도를 동시에 측정할 수 있는 기기-직경이 15센티미터일 경우 15분 이상
④ 흑구 및 습구흑구온도-직경이 5센티미터 이상인 흑구온도계 또는 습구흑구온도를 동시에 측정할 수 있는 기기-직경이 7.5센티미터 또는 5센티미터일 경우 5분 이상

해설 고열 측정구분에 따른 측정기기와 측정시간

구분	측정기기	측정시간
습구온도	0.5도 간격의 눈금이 있는 아스만통풍건습계, 자연습구온도를 측정할 수 있는 기기 또는 이와 동등 이상의 성능이 있는 측정기기	• 아스만통풍건습계: 25분 이상 • 자연습구온도계: 5분 이상
흑구 및 습구흑구온도	직경이 5센티미터 이상되는 흑구온도계 또는 습구흑구온도(WBGT)를 동시에 측정할 수 있는 기기	• 직경이 15센티미터일 경우: 25분 이상 • 직경이 7.5센티미터 또는 5센티미터일 경우: 5분 이상

28. 유량, 측정시간, 회수율, 분석에 의한 오차가 각각 10, 5, 7, 5%였다. 만약 유량에 의한 오차(10%)를 5%로 개선시켰다면 개선 후의 누적오차(%)는?

① 약 8.9　　　　② 약 11.1
③ 약 12.4　　　　④ 약 14.3

해설 누적 오차(%)
$E_c(\%) = \sqrt{5^2 + 5^2 + 7^2 + 5^2} = 11.14\%$

해답 24. ④ **25.** ③ **26.** ① **27.** ③ **28.** ②

29. 작업장 내 톨루엔 노출 농도를 측정하고자 한다. 과거의 노출 농도는 평균 50ppm이었다. 시료는 활성탄관을 이용하여 0.2L/min의 유량으로 채취한다. 톨루엔의 분자량은 92, 가스크로마토그래피의 정량한계(LOQ)는 시료당 0.5mg이다. 시료를 채취해야 할 최소한의 시간(분)은? (단, 작업장 내 온도는 25℃)

① 10.3   ② 13.3
③ 16.3   ④ 19.3

해설
- 과거노출 농도(ppm을 mg/m^3으로 환산)

$$= 50ppm \times \frac{92g}{24.45L} = 188.14mg/m^3$$

- 0.5mg을 검출할 수 있는 최소부피(L)

$$= \frac{0.5mg}{188.14ml/m^3 \times m^3/1,000L} = 2.657L$$

$\therefore$ 시료채취 최소시간 $= \dfrac{2.657L}{0.2L/min} = 13.29min$

30. 직경분립충돌기에 관한 설명으로 틀린 것은?

① 흡입성, 흉곽성, 호흡성 입자의 크기별 분포와 농도를 계산할 수 있다.
② 호흡기의 부분별로 침착된 입자 크기를 추정할 수 있다.
③ 입자의 질량크기분포를 얻을 수 있다.
④ 되튐 또는 과부하로 인한 시료 손실이 없어 비교적 정확한 측정이 가능하다.

해설 직경분립충돌기(cascade impactor)의 장단점
㉠ 장점
- 입자의 크기별 질량 분포를 얻을 수 있다.
- 흡입성, 흉곽성, 호흡성 입자의 크기별로 분포와 농도를 계산할 수 있고, 호흡기의 부분별로 침착된 입자 크기의 자료를 추정할 수 있다.
㉡ 단점
- 채취준비시간이 많이 소요된다.
- 시료채취가 까다로워 경험이 있는 전문가의 준비를 통해 이용해야 정확한 측정이 가능하다.
- 비용이 많이 소요된다.
- 되튐으로 인한 시료의 손실이 일어나 과소분석 결과를 초래할 수 있어 유량을 2L/min 이하로 채취한다. 따라서 mylar substrate에 그리스를 뿌려 시료의 되튐을 방지한다.

- 공기가 옆에서 유입되지 않도록 각 충돌기의 조립과 장착을 철저히 해야 한다.

31. 작업장 내의 오염물질 측정 방법인 검지관법에 관한 설명으로 옳지 않은 것은?

① 민감도가 낮다.
② 특이도가 낮다.
③ 측정 대상 오염물질의 동정 없이 간편하게 측정할 수 있다.
④ 맨홀, 밀폐공간에서의 산소가 부족하거나 폭발성 가스로 인하여 안전이 문제가 될 때 유용하게 사용될 수 있다.

해설 검지관 측정법의 장단점
㉠ 장점
- 사용이 간단하고 휴대가 간편하다.
- 현장에서 바로 측정농도를 확인할 수 있다.
- 비전문가도 어느 정도 숙지하면 사용할 수 있다(다만, 산업위생전문가의 지도 아래 사용되어야 한다).
- 맨홀 등 밀폐공간에서의 산소부족 또는 질식 및 폭발성 가스로 인한 안전이 문제가 될 때 신속히 농도를 확인할 수 있다.
- 측정방법이 복잡하거나 빠른 측정이 요구될 때 사용할 수 있다.
㉡ 단점
- 민감도가 낮아 정밀한 농도 평가는 어렵고 비교적 고농도 평가에만 적용이 가능하다.
- 특이도가 낮아 다른 방해물질의 영향을 받기 쉽고 오차가 커서 한 검지관에 단일물질만 사용 가능하다.
- 대개 단시간 측정만 가능하고 각 오염물질에 맞는 검지관을 선정하여 사용해야 하기 때문에 불편함이 있다.
- 색변화에 따른 측정농도를 주관적으로 읽을 수 있어 판독자에 따라 변이가 심하다.
- 색변화가 시간에 따라 변하므로 제조자가 정한 시간에 읽어야 한다.
- 사전에 측정대상 물질의 알고(동정) 있어야 측정이 가능하다.

32. 옥내의 습구흑구온도지수(WBGT)를 산출하는 공식은?

① WBGT=0.7NWB+0.2GT+0.1DT
② WBGT=0.7NWB+0.3GT

③ WBGT=0.7NWB+0.1GT+0.2DT

④ WBGT=0.7NWB+0.1GT

해설 습구흑구온도지수(WBGT)
- 옥외(태양광선이 내리쬐는 장소)
  WBGT=0.7NWB+0.2GT+0.1DT
- 옥내 또는 옥외(태양광선이 내리쬐지 않는 장소)
  WBGT=0.7NWB+0.3GT
- NWB: 자연습구온도, GT: 흑구온도, DT: 건구온도

33. 유기용제 채취 시 적정한 공기채취용량(또는 시료채취시간)을 선정하는 데 고려하여야 하는 조건으로 가장 거리가 먼 것은?

① 공기 중의 예상농도

② 채취 유속

③ 채취 시료 수

④ 분석기기의 최저 정량한계

해설 유기용제 채취 시 적정한 공기채취용량(또는 시료채취시간)을 선정하는 데 고려하여야 하는 조건은 공기 중 예상농도, 채취유속(유량), 분석기기의 최저정량한계이다.

34. 가스크로마토그래피(GC) 분석에서 분해능(또는 분리도)을 높이기 위한 방법이 아닌 것은?

① 시료의 양을 적게 한다.

② 고정상의 양을 적게 한다.

③ 고체 지지체의 입자 크기를 작게 한다.

④ 분리관(column)의 길이를 짧게 한다.

해설 분리관의 분해능을 높이기 위한 방법
- Stationary phase particles(고정상)의 입자를 작게 한다.
- 시료와 Stationary phase particles(고정상)의 양을 적게 한다.
- 고체 지지체의 입자크기를 작게 한다.
- 컬럼(column, 분리관)의 길이를 길게 하여 머무름 시간을 늘인다.

35. 소음 측정에 관한 설명 중 ( ) 안에 알맞은 것은? (단, 고용노동부 고시 기준)

누적소음노출량 측정기로 소음을 측정하는 경우에는 criteria는 (㉠)dB, exchange rate는 5dB, threshold는 (㉡)dB로 기기를 설정할 것

① ㉠ 70, ㉡ 80   ② ㉠ 80, ㉡ 70

③ ㉠ 80, ㉡ 90   ④ ㉠ 90, ㉡ 80

해설 누적소음노출량 측정기의 설정(고용노동부 고시)
- criteria=90dB
- exchange rate=5dB
- threshold=80dB

36. 시료 측정 시 측정하고자 하는 시료의 피크와는 전혀 관계없는 피크가 크로마토그램에 때때로 나타나는 경우가 있는데 이것을 유령피크(ghost peak)라고 한다. 유령피크의 발생 원인으로 가장 거리가 먼 것은?

① 칼럼이 충분하게 묵힘(aging)되지 않아서 컬럼에 남아 있는 성분들이 배출되는 경우

② 주입부에 있던 오염물질이 증발되어 배출되는 경우

③ 운반기체가 오염된 경우

④ 주입부에 사용하는 격막(septum)에서 오염물질이 방출되는 경우

해설 크로마토그램의 유령피크(ghost peak) 원인
유령 피크는 반사 영향, 컬럼의 오염, 이동상의 오염, 자동주입장치의 오염 또는 세척 용매의 오염, 또는 이동상 성분이나 용매필터에서의 미생물의 성장 등으로부터 발생될 수 있다.
세부적으로 설명하면,
- 칼럼이 충분하게 묵힘(aging)되지 않아서 칼럼에 남아 있던 성분들이 배출되는 경우
- 주입부에 있던 오염물질이 증발되어 배출되는 경우
- 주입부에 사용하는 격막(septum)에서 오염물질이 방출되는 경우

37. 작업장에 소음 발생 기계 4대가 설치되어 있다. 1대 가동 시 소음 레벨을 측정한 결과 82dB을 얻었다면 4대 동시 작동 시 소음 레벨(dB)은? (단, 기타 조건은 고려하지 않음)

① 89   ② 88

③ 87   ④ 86

해답 33. ③ 34. ④ 35. ④ 36. ③ 37. ②

$$SPL = 10\log(10^{\frac{SPL1}{10}} + 10^{\frac{SPL2}{10}} + 10^{\frac{SPL3}{10}})$$
$$= 10\log(10^{8.2} + 10^{8.2} + 10^{8.2} + 10^{8.2}) = 88dB$$

38. 원자흡광분석기에 적용되어 사용되는 법칙은?

① 반데르발스(Van der Waals)법칙

② 비어-람버트(Beer-Lambert)법칙

③ 보일-샤를(Boyle-Charles)법칙

④ 에너지보존(Energy Conservation)의 법칙

해설 Beer Lambert 법칙이 빛의 흡수와 원소의 농도 사이의 관계를 설명한다. 이 법칙에 따르면 흡수되는 빛의 양은 불꽃 속 바닥 상태에서 들뜬 원자의 수에 비례한다.

39. 노출 대수정규분포에서 평균 노출을 가장 잘 나타내는 대푯값은?

① 기하평균   ② 산술평균

③ 기하표준편차   ④ 범위

해설 노출 대수정규분포에서 평균노출을 가장 잘 나타내는 대푯값은 산술평균이다.

40. 실리카겔 흡착에 대한 설명으로 틀린 것은?

① 실리카겔은 규산나트륨과 황산의 반응에서 유도된 무정형의 물질이다.

② 극성을 띠고 흡습성이 강하므로 습도가 높을수록 파과 용량이 증가한다.

③ 추출액이 화학분석이나 기기분석에 방해 물질로 작용하는 경우가 많지 않다.

④ 활성탄으로 채취가 어려운 아닐린, 오르토-톨루이딘 등의 아민류나 몇몇 무기물질의 채취도 가능하다.

해설 실리카겔(silica gel)은 규산나트륨의 수용액을 산으로 처리하여 만들어지는 규소와 산소가 주 성분인 투명한 낱알 모양의 다공성 물질이다.

㉠ 장점
• 탈착용매로 매우 유독한 이황화탄소를 사용하지 않는다.
• 극성이 강하여 극성 물질을 채취한 경우 물, 메탄올 등 다양한 용매로 쉽게 탈착한다.
• 추출용액(탈착용매)이 화학분석이나 기기분석에 방해물질로 작용하는 경우는 많지 않다.

• 활성탄으로 채취가 어려운 아닐린, 오르토-톨루이딘 등의 아민류나 몇몇 무기물질의 채취가 가능하다.

㉡ 단점
• 습도가 높은 작업장에서는 다른 오염물질의 파고용량이 작아져 파과를 일으키기 쉽다.
• 친수성이기 때문에 우선적으로 물분자와 결합을 이루어 습도의 증가에 따른 흡착용량의 감소를 초래한다.

| 3 | 작업환경관리대책

41. 다음의 ( ) 안에 들어갈 내용이 알맞게 조합된 것은?

> 원형직관에서 압력손실은 (㉠)에 비례하고 (㉡)에 반비례하며 속도의 (㉢)에 비례한다.

① ㉠ 송풍관의 길이, ㉡ 송풍관의 직경, ㉢ 제곱

② ㉠ 송풍관의 직경, ㉡ 송풍관의 길이, ㉢ 제곱

③ ㉠ 송풍관의 길이, ㉡ 속도압, ㉢ 세제곱

④ ㉠ 속도압, ㉡ 송풍관의 길이, ㉢ 세제곱

해설 원형 직관에서의 압력손실은 송풍관(덕트) 길이에 비례하고 송풍관(덕트)의 직경에 반비례하며 속도의 제곱에 비례한다.

42. 산업위생보호구와 가장 거리가 먼 것은?

① 내열 방화복   ② 안전모

③ 일반 장갑   ④ 일반 보호면

해설 안전모는 안전보호구이다.

43. 방진마스크에 대한 설명으로 가장 거리가 먼 것은?

① 방진마스크는 인체에 유해한 분진, 연무, 흄, 미스트, 스프레이 입자를 작업자가 흡입하지 않도록 하는 보호구이다.

② 방진마스크의 종류에는 격리식과 직결식, 면체여과식이 있다.

③ 방진마스크의 필터에는 활성탄과 실리카겔이

주로 사용된다.

④ 비휘발성 입자에 대한 보호만 가능하며, 가스 및 증기로부터의 보호는 안 된다.

해설 방진마스크의 필터에는 면, 모(양모), 합성섬유 등이 사용된다. 활성탄과 실리카겔은 주로 방독마스크 정화통의 재질로 사용된다.

44. 전체 환기의 목적에 해당되지 않는 것은?

① 발생된 유해물질을 완전히 제거하여 건강을 유지·증진한다.

② 유해물질의 농도를 감소시켜 건강을 유지·증진한다.

③ 화재나 폭발을 예방한다.

④ 실내의 온도와 습도를 조절한다.

해설 발생된 유해물질을 완전히 제거하기 위해서는 국소 배기장치를 설치하는 것이 효과적이며 독성이 높은 물질에 많이 적용한다.

45. 덕트 주관에 $45°$로 분지관이 연결되어 있다. 주관과 분지관의 반송속도는 모두 18m/s이고, 주관의 압력손실계수는 0.2이며, 분지관의 압력손실계수는 0.28이다. 주관과 분지관의 합류에 의한 압력손실(mmH₂O)은? (단, 공기밀도=1.2kg/m³)

① 9.5　　　　　② 8.5

③ 7.5　　　　　④ 6.5

해설 합류관의 압력손실

㉠ 주관과 분지관의 합류에 의한 압력손실(mmH_2O)
$$\Delta P = \Delta P_1 + \Delta P_2$$

㉡ 주관의 압력손실
$$\Delta P_1 = \zeta_1 \times VP_1 = \zeta_1 \times \frac{\gamma V^2}{2g}$$

㉢ 분지관의 압력손실
$$\Delta P_2 = \zeta_2 \times VP_2 = \zeta_2 \times \frac{\gamma V^2}{2g}$$

㉣ 계산
- 주관의 압력손실
$$\Delta P_1 = 0.2 \times \frac{1.2 \times 18^2}{2 \times 9.8} = 3.96 mmH_2O$$
- 분지관의 압력손실
$$\Delta P_2 = 0.28 \times \frac{1.2 \times 18^2}{2 \times 9.8} = 5.55 mmH_2O$$

∴ 주관과 분지관의 합류에 의한 압력손실(mmH_2O)
$$\Delta P = 3.96 + 5.55 = 9.51 mmH_2O \fallingdotseq 9.5 mmH_2O$$

46. 레이놀즈수(Re)를 산출하는 공식은? [단, d; 덕트직경(m), ν: 공기유속(m/s), μ: 공기의 점성계수$(kg/sec \cdot m)$, p: 공기밀도(kg/m^3)]

① $Re = (\mu \times p \times d)/\nu$

② $Re = (p \times \nu \times \mu)/d$

③ $Re = (d \times \nu \times \mu)/p$

④ $Re = (p \times d \times \nu)/\mu$

해설 레이놀즈수(Re)
$$Re = \frac{관성력}{점성력} = \frac{\rho Vd}{\mu} = \frac{Vd}{\nu}$$

47. 송풍기의 전압이 300mmH₂O이고 풍량이 400 m³/min, 효율이 0.6일 때 소요동력(kW)은?

① 약 33　　　　② 약 45

③ 약 53　　　　④ 약 65

해설 송풍기 소요동력(kW)
$$= \frac{Q[송풍량(m^3/min)] \times \Delta P[유효정압(mmH_2O)]}{6,120 \times \eta(송풍기\ 효율)}$$
$$\times \alpha(여유율(\%))$$
$$= \frac{400m^3/min \times 300mmH_2O}{6,120 \times 0.6} \times 1.0 = 32.68kW$$

48. 움직이지 않는 공기 중으로 속도 없이 배출되는 작업조건(작업공정: 탱크에서 증발)의 제어속도 범위(m/s)는? (단, ACGIH 권고 기준)

① 0.1~0.3　　　② 0.3~0.5

③ 0.5~1.0　　　④ 1.0~1.5

해설 작업조건에 따른 제어속도 기준(ACGIH)

작업조건	작업공정 사례	제어속도 (m/s)
•움직이지 않는 공기 중에서 속도 없이 배출되는 작업조건 •조용한 대기 중에 실제 거의 속도가 없는 상태로 발산하는 작업조건	•액면에서 발생하는 가스나 증기 흄 •탱크에서 증발, 탈지 시설	0.25~0.5

──────────────────────

해답 44. ① 45. ① 46. ④ 47. ① 48. ②

• 비교적 조용한(약간의 공기 움직임) 대기 중에서 저속도로 비산하는 작업조건	• 용접, 도금 작업 • 스프레이 도장 • 주형을 부수고 모래를 터는 장소	0.5~1.0
• 발생기류가 높고 유해물질의 활발하게 발생하는 작업조건	• 스프레이 도장, 용기충진 컨베이어 적재, 분쇄기	1.00~2.50
• 초고속기류가 있는 작업장소에 초고속으로 비산하는 경우	• 회전연삭, 블라스팅	2.50~10.00

49. 방사날개형 송풍기에 관한 설명으로 틀린 것은?

① 고농도 분지 함유 공기나 부식성이 강한 공기를 이송시키는 데 많이 이용된다.

② 깃이 평판으로 되어 있다.

③ 가격이 저렴하고 효율이 높다.

④ 깃의 구조가 분진을 자체 정화할 수 있도록 되어 있다.

해설 방사날개형(radial blade) 송풍기
- 날개는 회전방향과 직각으로 설치되어 있고 축자는 외륜수차 모양이다.
- 방사 날개형은 물질의 이송취급, 거친 건설현장 등에서 이용되며, 산업용으로는 고압장치에 이용된다.
- 플레이트(plate)형과 전곡형(Forward) 송풍기가 있다.
- 날개(blade)가 다익형보다 적고, 직선이며 평판 모양을 하고 있어 강도가 매우 높게 설계되어 있다.
- 깃의 구조가 분진을 자체 정화(self cleaning)할 수 있도록 되어 있어 분진 퇴적이 있거나 날개 마모가 심한 산업용에 적합하다.
- 톱밥, 곡물, 시멘트, 미분탄, 모래 등의 고농도 분진 함유 공기나 마모성이 강한 분진 배출용으로 사용된다.
- 부식성이 강한 공기를 이송하는 데 많이 사용된다.
- 단점으로는 효율(터보형과 시로코형 중간)이 낮고 송풍기의 소음이 다소 발생하며 고가이다.
- 습식 집진장치의 배치에 적합하다.

50. 30,000ppm의 테트라클로로에틸렌(tetrachloro-ethylene)이 작업환경 중의 공기와 완전 혼합되어 있다. 이 혼합물의 유효비중은? (단, 테트라클로로에틸렌은 공기보다 5.7배 무겁다.)

① 약 1.124   ② 약 1.141
③ 약 1.164   ④ 약 1.186

해설 혼합물의 유효비중
- 테트라클로로에틸렌 증기 비중(공기보다 5.7배 무겁다)=5.7
- 테트라클로로에틸렌 공기 중 농도(%)=30,000ppm=3% (단위환산 3%=10,000ppm)
- 공기 중 테트라클로로에틸렌을 제외한 농도: 970,000ppm

∴ 유효비중

$$= \frac{(30,000 \times 5.7) + (1.0 \times 970,000)}{1,000,000} = 1.1410$$

51. 귀덮개 착용 시 일반적으로 요구되는 차음 효과는?

① 저음에서 15dB 이상, 고음에서 30dB 이상

② 저음에서 20dB 이상, 고음에서 45dB 이상

③ 저음에서 25dB 이상, 고음에서 50dB 이상

④ 저음에서 30dB 이상, 고음에서 55dB 이상

해설 귀덮개의 일반적인 차음효과
귀덮개는 귓바퀴를 감싸 밀폐하는 구조로 소음을 차단하며 일반적으로 저음영역에서 20dB 이상, 고음영역에서 45dB 이상의 차음효과가 있다. 특히 120dB 이상의 고음이 발생되는 작업장에서는 귀마개와 귀덮개를 동시에 착용하여야 하고 훨씬 높은 차음효과를 기대할 수 있다.

52. 강제 환기를 실시할 때 환기효과를 제고할 수 있는 필요 원칙을 모두 고른 것은?

┌──┐
│ ㉠ 배출구가 창문이나 문 근처에 위치하지 않도록 한다. │
│ ㉡ 배출공기를 보충하기 위하여 청정공기를 공급한다. │
│ ㉢ 공기 배출구와 근로자의 작업위치 사이에 오염원이 위치하 │
│   여야 한다. │
│ ㉣ 오염물질 배출구는 오염원으로부터 가까운 곳에 설치하여 │
│   접환기 현상을 방지한다. │
└──┘

① ㉠, ㉡   ② ㉠, ㉡, ㉢
③ ㉠, ㉡, ㉣   ④ ㉠, ㉡, ㉢, ㉣

해설 전체(강제)환기시설 설치 시의 기본원칙
- 유해물질 사용량을 조사하여 필요환기량을 계산한다.
- 유해물질 배출구는 가능한 한 오염원으로부터 가까운 곳에 설치하여 "점 환기(spot ventilation)"의 효과를 얻는다.
- 공기가 배출되면서 오염장소를 통과하도록 공기 배출구와 유입구의 위치를 선정한다.
- 배출공기를 보충하기 위하여 청정공기를 공급한다.
- 공기배출구와 근로자의 작업위치 사이에 오염원이 위치하

해답 **49.** ③ **50.** ② **51.** ② **52.** ②

여야 한다.

- 오염원 주위에 다른 작업공정이 존재하면 공기배출량을 공급량보다 약간 크게 하여 음압을 형성하여 주위 근로자에게 오염물질이 확산되지 않도록 하고 반대로 주위에 다른 작업공정이 없으면 청정공기의 공급량을 배출량보다 약간 크게 한다.
- 건물 밖으로 배출된 오염공기가 다시 건물 안으로 유입되지 않도록 배출구 높이를 적절히 설계하고 배출구가 인근 작업장의 창문이나 문 근처에 위치하지 않도록 한다.

53. 송풍기의 효율이 큰 순서대로 나열된 것은?

① 평판송풍기>다익송풍기>터보송풍기
② 다익송풍기>평판송풍기>터보송풍기
③ 터보송풍기>다익송풍기>평판송풍기
④ 터보송풍기>평판송풍기>다익송풍기

해설 송풍기의 효율
터보송풍기(60~80%)>평판송풍기(40~70%)>다익송풍기(40~60%)

54. 후드로부터 0.25m 떨어진 곳에 있는 공정에서 발생되는 먼지를, 제어속도가 5m/s, 후드직경이 0.4m인 원형 후드를 이용하여 제거하고자 한다. 이때 필요환기량(m^3/min)은? (단, 플랜지 등 기타 조건은 고려하지 않음)

① 약 205
② 약 215
③ 약 225
④ 약 235

해설 외부식 후드의 필요환기량(Q)
문제에 '플랜지 등 기타 조건을 고려하지 않음'이라고 되어 있어 외부식 후드의 필요환기량을 구한다.
$Q = V_c \times (10X^2 + A)$
$$= 5\text{m/sec} \times \left[(10 \times 0.25^2)\text{m}^2 + \left(\frac{3.14 \times 0.4^2}{4} \right)\text{m}^2 \right]$$
$$\times 60\text{sec/min}$$
$$= 225.18\text{m}^3/\text{min}$$

55. 배출원이 많아서 여러 개의 후드를 주관에 연결한 경우(분지관의 수가 많고 덕트의 압력손실이 클 때) 총압력손실계산법으로 가장 적절한 방법은?

① 정압조절평형법
② 저항조절평형법
③ 등가조절평형법
④ 속도압평형법

해설 정압조절 평형법
분지관의 수가 많고 덕트의 압력손실이 클 때 사용한다.

56. 1기압에서 혼합기체가 질소(N_2) 66%, 산소(O_2) 14%, 탄산가스 20%로 구성되어 있을 때 질소가스의 분압은? (단, 단위: mmHg)

① 501.6
② 521.6
③ 541.6
④ 560.4

해설 가스 분압(mmHg)
1기압에서 가스는 질소, 산소, 탄산가스가 있으나 질소가스의 분압만 물어보았기에 질소가스의 분압만 계산하면 된다.
$$\text{가스분압 계산식} = \text{기압} \times \frac{\text{가스농도(\%)}}{100}$$
$$\therefore \text{질소가스 분압} = 760\text{mmHg} \times \frac{66\%}{100} = 501.6\text{mmHg}$$

57. 자연환기와 강제환기에 관한 설명으로 옳지 않은 것은?

① 강제환기는 외부 조건에 관계없이 작업환경을 일정하게 유지시킬 수 있다.
② 자연환기는 환기량 예측 자료를 구하기가 용이하다.
③ 자연환기는 적당한 온도차와 바람이 있다면 비용 면에서 상당히 효과적이다.
④ 자연환기는 외부 기상조건과 내부 작업조건에 따라 환기량 변화가 심하다.

해설 자연환기는 외부의 기상조건 등의 영향을 많이 받기 때문에 환기량 예측자료를 구하기가 어렵다.

58. 환기시설 내 기류가 기본적인 유체역학적 원리에 따르기 위한 전제조건과 가장 거리가 먼 것은?

① 환기시설 내외의 열교환은 무시한다.
② 공기의 압축이나 팽창은 무시한다.
③ 공기는 절대습도를 기준으로 한다.
④ 공기 중에 포함된 유해물질의 무게와 용량을 무시한다.

해답 53. ④ 54. ③ 55. ② 56. ① 57. ② 58. ③

해설 환기시설 내 기류가 기본적인 유체역학적 원리에 따르기 위한 전제조건
- 환기시설 내외의 열교환은 무시한다.
- 공기의 압이나 팽창은 무시한다.
- 건조공기로 가정한다.
- 공기 중에 포함된 오염물질의 무게와 용량은 무시한다.

59. 후드의 유입계수가 0.86, 속도압이 25mmH₂O일 때 후드의 압력손실(mmH₂O)은?

① 8.8 ② 12.2
③ 15.4 ④ 17.2

해설 후드의 압력손실(△P)

후드의 압력손실$(\triangle P) = F_h \times VP$

여기서,

후드의 유입손실계수$(F_h) = \dfrac{1}{Ce^2} - 1$

$= \dfrac{1}{0.86^2} - 1 = 0.352$

$\therefore \ \triangle P = 0.352 \times 25$
$= 8.8 \text{mmH}_2\text{O}$

60. 슬롯 후드에서 슬롯의 역할은?

① 제어속도를 감소시킴
② 후드 제작에 필요한 재료 절약
③ 공기가 균일하게 흡입되도록 함
④ 제어속도를 증가시킴

해설 슬롯은 가장자리에서도 공기의 흐름을 균일하게 하기 위해 사용된다.

|4| 물리적 유해인자관리

61. 소음에 대한 대책으로 적절하지 않은 것은?

① 차음효과는 밀도가 큰 재질일수록 좋다.
② 흡음효과에 방해를 주지 않기 위해서, 다공질 재료 표면에 종이를 입혀서는 안 된다.
③ 흡음효과를 높이기 위해서는 흡음재를 실내의 틈이나 가장자리에 부착하는 것이 좋다.
④ 저주파 성분이 큰 공장이나 기계실 내에서는 다공질 재료에 의한 흡음 처리가 효과적이다.

해설 고주파의 흡음재료는 다공질 재료가 효과적이고 저주파의 흡음재료는 판상재료나 슬래브 구조체 또는 구멍이 뚫린 판 구조체 등을 사용하면 효과적이다.

62. 살균작용을 하는 자외선의 파장범위는?

① 220~254mm ② 254~280mm
③ 280~315mm ④ 315~400mm

해설 살균작용을 하는 자외선의 파장범위는 254~280mm이다.

63. 실내에서 박스를 들고 나르는 작업(300kcal/h)을 하고 있다. 온도가 다음과 같을 때 시간당 작업시간과 휴식시간의 비율로 가장 적절한 것은?

- 자연습구온도: 30℃
- 흑구온도: 31℃
- 건구온도: 28℃

① 5분 작업, 55분 휴식
② 15분 작업, 45분 휴식
③ 30분 작업, 30분 휴식
④ 45분 작업, 15분 휴식

해설 WBGT(실내, 옥내)=0.7×NWT + 0.3×GT
$= (0.7 \times 30℃) + (0.3 \times 31℃)$
$= 30.3℃$

고열작업장 노출기준 표를 참고하면 15분 작업, 45분 휴식이다.

고온의 노출기준 (단위: ℃, WBGT)

작업강도 작업대 휴식시간비	경작업	중등작업	중작업
계속작업	30.0	26.7	25.0
매시간 75%작업, 25%휴식	30.6	28.0	25.9
매시간 50%작업, 50%휴식	31.4	29.4	27.9
매시간 25%작업, 75%휴식	32.2	31.1	30.0

1. 경작업: 200kcal까지의 열량이 소요되는 작업을 말하며, 앉아서 또는 서서 기계의 조정을 하기 위하여 손 또는 팔을 가볍게 쓰는 일 등을 뜻함
2. 중등작업: 시간당 200~350kcal의 열량이 소요되는 작업을 말하며, 물체를 들거나 밀면서 걸어다니는 일 등을 뜻함
3. 중작업: 시간당 350~500kcal의 열량이 소요되는 작업을 말하며, 곡괭이질 또는 삽질하는 일 등을 뜻함

64. 다음 설명에 해당하는 진동 방진재료는?

> 여러 가지 형태로 된 철물에 견고하게 부착할 수 있는 반면, 내구성, 내약품성이 약하고 공기 중의 오존에 의해 산화된다는 단점을 가지고 있다.

① 코르크   ② 금속스프링
③ 방진고무   ④ 공기스프링

해설 방진고무
• 내후성, 내유성, 내역품성이 약하다.
• 고무 자체의 내부마찰로 적당한 저항을 얻을 수 있다.
• 형상의 선택이 비교적 쉽다.
• 공진 시의 진폭도 지나치게 크지 않다.
• 고주파 진동의 차진에 양호하다.

65. 기류의 측정에 쓰이는 기기에 대한 설명으로 틀린 것은?

① 옥내 기류 측정에는 kata 온도계가 쓰인다.
② 풍차풍속계는 1m/sec 이하의 풍속을 측정하는 데 쓰이는 것으로, 옥외용이다.
③ 열선풍속계는 기온과 정압을 동시에 구할 수 있어 환기시설의 점검에 유용하게 쓰인다.
④ kata 온도계의 표면에는 눈금이 아래위로 두 개 있는데 일반용은 아래가 $95°F(35℃)$이고, 위가 $100°F(37.8℃)$이다.

해설 풍차 풍속계(기류 측정)
• 프로펠러를 설치하여 그 기계적 운동을 통해 풍속을 측정하는 기구
• 측정범위: 1~150m/sec
• 옥외용으로 사용

66. 전리방사선의 영향에 대한 감수성이 가장 큰 인체 내 기관은?

① 혈관   ② 뼈 및 근육조직
③ 신경조직   ④ 골수 및 임파구

해설 전리방사선의 영향에 대한 감수성 순서
골수, 임파구, 임파선, 흉선 및 림프조직(조혈기관)>눈의 수정체>상선(고환 및 난소), 타액선, 상피세포>혈관, 복막 등 내피세포>결합조직과 지방조직>뼈 및 근육조직>폐, 위장관 등 내장조직, 신경조직

67. 음압이 $20N/m^2$일 경우 음압수준(sound pressure level)은 얼마인가?

① 100dB   ② 110dB
③ 120dB   ④ 130dB

해설 음압레벨(Sound Presssure Level)

$$SPL = 20\log\frac{P}{P_0}$$

여기서, P: 음압 (N/m^2)
P_0: 기준음압 $(2 \times 10^{-5} N/m^2$
$= 2 \times 10^{-4} dyne/cm^2)$

$\therefore$ 음압레벨$(SPL) = 20\log\dfrac{20}{2 \times 10^{-5}} = 120dB$

68. 파장이 400~760nm이면 어떤 종류의 비전리방사선인가?

① 적외선   ② 라디오파
③ 마이크로파   ④ 가시광선

해설 빛의 종류에 따른 파장의 범위
• X선: 0.001~100nm
• 자외선: 200~380nm
• 가시광선: 380~780nm
• 적외선: 780~12,000nm

69. 마이크로파의 생물학적 작용에 대한 설명 중 틀린 것은?

① 인체에 흡수된 마이크로파는 기본적으로 열로 전환된다.
② 마이크로파의 열작용에 가장 많은 영향을 받는 기관은 생식기와 눈이다.
③ 광선의 파장과 특정 조직의 광선 흡수 능력에 따라 장해 출현 부위가 달라진다.
④ 일반적으로 150MHz 이하의 마이크로파와 라디오파는 흡수되어도 감지되지 않는다.

해설 마이크로파의 생물학적 작용
• 일반적으로 150MHz 이하의 마이크로파는 신체를 완전히 투과하며 흡수되어도 감지되지 않는다.
• 인체에 흡수된 마이크로파는 기본적으로 열로 전환된다.
• 마이크로파의 열작용에 가장 많은 영향을 받는 기관은 생

해답 64. ③ 65. ② 66. ④ 67. ③ 68. ④ 69. ③

식기와 눈이다.
- 광선의 파장과 특정 조직의 광선 흡수 능력에 따라 장해 출현 부위가 달라진다.

70. 작업장의 자연채광계획 수립에 관한 설명으로 맞는 것은?

① 실내의 입사각은 4~5°가 좋다.
② 창의 방향은 많은 채광을 요구할 경우 북향이 좋다.
③ 창의 방향은 조명의 평등을 요하는 작업실인 경우 남향이 좋다.
④ 창의 면적은 일반적으로 바닥 면적의 15~20%가 이상적이다.

[해설] 작업장의 자연채광계획 수립
창의 방향은 많은 채광을 요구할 경우 남향이 좋으며, 조명의 평등을 요하는 작업장의 경우 북향(동북향)이 좋다. 또한 실내의 입사각은 28° 이상이 좋다.

71. 소음에 의한 청력장해가 가장 잘 일어나는 주파수는?

① 1,000Hz   ② 2,000Hz
③ 4,000Hz   ④ 8,000Hz

[해설] 소음성 난청은 보통 4,000Hz 주위에서 시작되어 점차 진행되면서 주변 주파수로 파급된다. 따라서 소음성 난청의 초기에 순음청력검사를 실시하면 500, 1,000, 2,000Hz에선 정상 청력을 보이나 4,000Hz에서만 청력의 감소가 나타난다.

72. 25℃일 때, 공기 중에서 1,000Hz인 음의 파장은 약 몇 m인가?

① 0.0035   ② 0.35
③ 3.5   ④ 35

[해설]
$C = \lambda f$
여기서, C : 음속(m/sec), λ : 파장(m), f : 주파수(Hz)
- 정상조건에서 1초의 음속 : 344.4(344.4m/sec)
- $C = 331.42 + 0.6(t)$
여기서, t : 음 전달 매질의 온도(℃)
$$\therefore \ \lambda = \frac{c}{f} = \frac{331.42 + (0.6 \times 25)\text{m/sec}}{1,000\text{m/sec}} = 0.35$$

73. 「산업안전보건법」상의 이상기압에 대한 설명으로 틀린 것은?

① 이상기압이란 압력이 제곱센티미터당 1킬로그램 이상인 기압을 말한다.
② 사업주는 잠수작업을 하는 잠수작업자에게 고농도의 산소만을 마시도록 하여야 한다.
③ 사업주는 기압조절실에서 고압작업자에게 가압을 하는 경우 1분에 제곱센티미터당 0.8킬로그램 이하의 속도로 가압하여야 한다.
④ 사업주는 근로자가 고압작업에 종사하는 경우에 작업실 공기의 부피가 근로자 1인당 4세제곱미터 이상이 되도록 하여야 한다.

[해설] 「산업안전보건법」상의 이상기압에 대한 설명
제522조(정의) 이 장에서 사용하는 용어의 뜻은 다음과 같다.
1. "이상기압"이란 압력이 제곱센티미터당 1킬로그램 이상인 기압을 말한다. (동 조항은 2017. 12. 28. 삭제됨)
제546조(고농도 산소의 사용 제한) 사업주는 잠수작업자에게 고농도의 산소만을 들이마시도록 해서는 아니 된다. 다만, 급부상(急浮上) 등으로 중대한 신체상의 장해가 발생한 잠수작업자를 치유하거나 감압하기 위하여 다시 잠수하도록 하는 경우에는 고농도의 산소만을 들이마시도록 할 수 있으며, 이 경우에는 고용노동부장관이 정하는 바에 따라야 한다. 〈개정 2017. 12. 28.〉
제532조(가압의 속도) 사업주는 기압조절실에서 고압작업자 또는 잠수작업자에게 가압을 하는 경우 1분에 제곱센티미터당 0.8킬로그램 이하의 속도로 하여야 한다. 〈개정 2017. 12. 28.〉
제523조(작업실 공기의 부피) 사업주는 근로자가 고압작업을 하는 경우에는 작업실의 공기의 부피가 고압작업자 1명당 4세제곱미터 이상이 되도록 하여야 한다. 〈개정 2017. 12. 28.〉

74. 소음에 관한 설명으로 틀린 것은?

① 소음작업자의 영구성 청력손실은 4,000Hz에서 가장 심하다.
② 언어를 구성하는 주파수는 주로 250~3,000Hz의 범위이다.
③ 젊은 사람의 가청주파수 영역은 20~20,000Hz의 범위가 일반적이다.

---

④ 기준음압은 이상적인 청력 조건하에서 들을 수 있는 최소 가청음역으로, 0.02dyne/cm²로 잡고 있다.

해설 기준음압(정상청력을 가진 사람이 1,000Hz에서 들을 수 있는 최소 가청음역, 실효치)
$2 \times 10^{-5} \text{N/m}^2 = 20\mu \text{Pa} = 2 \times 10^{-4} \text{dyne/cm}^2$

75. 전신진동에 대한 건강장해의 설명으로 틀린 것은?

① 진동수 4~10Hz에서 압박감과 동통감을 받게 된다.
② 진동수 60~90Hz에서는 두개골이 공명하기 시작하여 안구가 공명한다.
③ 진동수 20~30Hz에서는 시력 및 청력 장애가 나타나기 시작한다.
④ 진동수 3Hz 이하이면 신체가 함께 움직여 motion sickness와 같은 동요감을 느낀다.

해설 전신진동에 대한 건강장해
• 전신진동의 경우 진동수 3Hz 이하이면 신체도 함께 움직이고 동요감을 느낀다.
• 진동수가 4~12Hz로 증가되면 압박감과 동통감을 받게 되며 심할 경우 공포감과 오한을 느낀다.
• 신체 각 부분이 진동에 반응해 고관절, 견관절 및 복부 장기가 공명하여 부하된 진동에 대한 반응이 증폭된다.
• 20~30Hz에서는 두개골이 공명하기 시작하여 시력 및 청력 장애를 초래하고, 60~90Hz에서는 안구가 공명하게 된다.
• 일상생활에서 노출되는 전신진동의 경우 어깨 뭉침, 요통, 관절통증 등의 영향을 미친다.
• 과거 장시간 서서 흔들리는 버스에서 일한 버스안내양의 경우 전신진동에 노출되어 상당수가 생리불순, 빈혈 등의 증상에 시달렸다고 한다.

76. 한랭 환경에서의 생리적 기전이 아닌 것은?

① 피부혈관의 팽창
② 체표면적의 감소
③ 체내 대사율 증가
④ 근육긴장의 증가와 떨림

해설 한랭 환경에서의 생리적 기전
피부혈관의 수축, 체표면적의 감소, 체내 대사율 증가, 근육긴장의 증가와 떨림, 화학적 대사작용 증가(갑상선 자극 호르몬 분비증가)

77. 빛의 밝기 단위에 관한 설명 중 틀린 것은?

① 럭스(lux)-1ft²의 평면에 1루멘의 빛이 비칠 때의 밝기이다.
② 촉광(candle)-지름이 1인치 되는 촛불이 수평방향으로 비칠 때가 1촉광이다.
③ 루멘(lumen)-1촉광의 광원으로부터 한 단위 입체각으로 나가는 광속의 단위이다.
④ 풋캔들(foot candle)-1루멘의 빛이 1ft²의 평면상에 수직 방향으로 비칠 때 그 평면의 빛의 양이다.

해설 럭스(lux)란 면적 1제곱미터의 면 위에 1루멘의 광속이 평균으로 조사(照射)되고 있을 때의 조도를 말한다.

78. 「산업안전보건법」상 산소 결핍, 유해가스로 인한 화재·폭발 등의 위험이 있는 밀폐공간 내에서 작업할 때의 조치사항으로 적합하지 않은 것은?

① 사업주는 밀폐공간 보건작업 프로그램을 수립하여 시행하여야 한다.
② 사업주는 밀폐공간에는 관계 근로자가 아닌 사람의 출입을 금지하고, 그 내용을 보기 쉬운 장소에 게시하여야 한다.
③ 사업주는 근로자가 밀폐공간에서 작업을 하는 경우 작업을 시작하기 전에 방독마스크를 착용하게 하여야 한다.
④ 사업주는 근로자가 밀폐공간에서 작업을 하는 경우에 그 장소에 근로자를 입장시키거나 퇴장시킬 때마다 인원을 점검하여야 한다.

해설 사업주는 근로자가 밀폐공간에서 작업을 하는 경우 공기호흡기 또는 송기마스크를 착용하게 하여야 한다. 방독마스크는 산소 농도 18% 이상인 장소에서 사용하여야 한다.

79. 고압작업에 관한 설명으로 맞는 것은?

① 산소분압이 2기압을 초과하면 산소중독이 나타나 건강장해를 초래한다.
② 일반적으로 고압 환경에서는 산소 분압이 낮

─────────────

해답 75. ② 76. ① 77. ① 78. ③ 79. ①

기 때문에 저산소증을 유발한다.

③ SCUBA와 같이 호흡장치를 착용하고 잠수하는 것은 고압 환경에 해당되지 않는다.

④ 사람이 절대압 1기압에 이르는 고압환경에 노출되면 개구부가 막혀 귀, 부비강, 치아 등에서 통증이나 압박감을 느끼게 된다.

해설
• 저산소증은 산소가 감소하거나 부족하여 폐에 사용할 수 있는 공기가 부족하여 나타나며, 높은 고도, 폐쇄된 공간 등으로 인해 발생할 수 있다. 천식 및 기타 폐, 심장 또는 뇌 장애도 저산소성 허혈을 유발할 수 있다.
• SCUBA와 같이 호흡장치를 착용하고 잠수하는 것은 고압 환경에 해당된다.
• 사람이 절대압 1기압 이상인 고압환경에 노출되면 개구부가 막혀 귀, 부비강, 치아 등에서 통증이나 압박을 느끼게 된다.

80. 5,000m 이상의 고공에서 비행업무에 종사하는 사람에게 가장 큰 문제가 되는 것은?

① 산소 부족   ② 질소 부족
③ 탄산가스   ④ 일산화탄소

해설 5,000m 이상의 고공에서 비행업무에 종사하는 사람에게 가장 큰 문제는 산소 부족(저산소증, hypoxia)이다.

| 5 | 산업독성학

81. 이황화탄소(CS₂)에 중독될 가능성이 가장 높은 작업장은?

① 비료 제조 및 초자공 작업장
② 유리 제조 및 농약 제조 작업장
③ 타르, 도장 및 석유 정제 작업장
④ 인조견, 셀로판 및 사염화탄소 생산 작업장

해설 이황화탄소(CS_2)
• 중독 시 중추신경 및 말초신경 장애, 생식기능장애가 발생한다.
• 인조견, 셀로판, 수지와 고무제품의 용제 등에 이용된다.

82. 유기성 분진에 의한 것으로 체내 반응보다는 직접적인 알레르기 반응을 일으키며, 특히 호열성 방선균류의 과민증상이 많은 진폐증은?

① 농부폐증   ② 규폐증
③ 석면폐증   ④ 면폐증

해설 진폐증의 원인물질에 따른 분류
• 무기성 분진에 의한 진폐증: 석면폐증, 용접공폐증, 규폐증, 탄광부 진폐증, 활석폐증, 철폐증, 주석폐증, 납석폐증, 바륨폐증, 규조토폐증, 알루미늄폐증, 흑연폐증, 바릴륨폐증
• 유기성 분진에 의한 진폐증: 연초폐중, 농부폐증, 면폐증, 목재분진폐증, 사탕수수깡폐증, 모발분무액폐증

83. 작업장의 유해물질을 공기 중 허용농도에 의존하는 것 이외에 근로자의 노출상태를 측정하는 방법으로, 근로자들은 조직과 체액 또는 호기를 검사해서 건강장애를 일으키는 일이 없이 노출될 수 있는 양을 규정한 것은?

① LD   ② SHD
③ BEI   ④ STEL

해설
㉠ 단시간 노출농도(STEL, Short Term Exposure Limits)
  • 근로자가 1회에 15분간 유해인자에 노출되는 경우의 기준(허용농도)
  • 근로자가 자극, 만성 또는 불가역적 조직장애, 사고유발, 응급 시 대처능력의 저하 및 작업능률 저하 등을 초래할 정도의 마취를 일으키지 않고 단시간(15분) 노출될 수 있는 기준
㉡ 생물학적 노출지수(BEI)
  • 산업위생 분야에서 현 환경이 잠재적으로 갖고 있는 건강장애 위험을 결정하는 데에 지침으로 이용된다.
  • 혈액에서 휘발성 물질의 생물학적 노출지수는 정맥 중의 농도를 말한다.
  • BEI는 유해물의 전반적인 폭로량을 추정할 수 있다.

84. 다핵방향족 화합물(PAH)에 대한 설명으로 틀린 것은?

① 톨루엔, 크실렌 등이 대표적이라 할 수 있다.
② PAH는 벤젠고리가 2개 이상 연결된 것이다.
③ PAH는 배설을 쉽게 하기 위하여 수용성으로

대사된다.

④ PAH의 대사에 관여하는 효소는 시토크롬 P-448로 대사되는 중간산물이 발암성을 나타낸다.

해설 톨루엔, 크실렌은 방향족 탄화수소의 한 종류이며, 다핵방향족 탄화수소에는 나프탈렌, 벤조피렌, 알킬나프탈렌 등이 있다.

85. 크롬으로 인한 피부 궤양 발생 시 치료에 사용하는 것과 가장 관계가 먼 것은?

① 10% BAL 용액

② sodium citrate 용액

③ sodium thiosulfate 용액

④ 10% CaNa₂EDTA 연고

해설 크롬 폭로 시 즉시 중단하여야 하며 만성 크롬중독의 특별한 치료법은 없다.

86. 다음 사례의 근로자에게 의심되는 노출인자는?

> 41세 A씨는 1990~1997년까지 기계공구제조업에서 산소용접 작업을 하다가 두통, 관절통, 전신근육통, 가슴답답함, 이가 시리고 아픈 증상이 있어 건강검진을 받았고, 건강검진 유소견자 진단을 받았다. 이 유해인자의 혈중, 소변 중 농도가 작업병 예방을 위한 생물학적 노출기준을 초과하였다.

① 납　　　　　　② 망간

③ 수은　　　　　④ 카드뮴

해설 카드뮴 노출시 증상
• 관절통: 다량의 칼슘 배설이 일어나 뼈의 통증, 관절통, 골연화증, 골수공증이 발생하고, 이가시리고 아프다.
• 전신근육통: 철분 결핍성 빈혈증이 일어나고 두통, 전신근육통 등의 증상이 나타난다.
• 혈중 카드뮴: 5μg/L, 요 중 카드뮴: 5μg/g creatinine으로 규정된다.

87. 유해물질과 생물학적 노출지표 물질이 잘못 연결된 것은?

① 납-소변 중 납

② 페놀-소변 중 총 페놀

③ 크실렌-소변 중 메틸마뇨산

④ 일산화탄소-소변 중 carboxyhemglobin

해설 일산화탄소의 노출지표는 혈액 중 carboxyhemglobin, 호기 중 일산화탄소이다.

88. 직업성 천식에 대한 설명으로 틀린 것은?

① 작업환경 중 천식을 유발하는 대표물질로 톨루엔 디이소시안산염(TDD), 무수트리 멜리트산(TMA)을 들 수 있다.

② 항원공여세포가 탐식되면 T림프구 중 I형 살 T림프구(type I killer T cell)가 특정 알레르기 항원을 인식한다.

③ 일단 질환에 이환하게 되면 작업환경에서 추후 소량의 동일한 유발물질에 노출되더라도 지속적으로 증상이 발현된다.

④ 직업성 천식은 근무시간에 증상이 점점 심해지고, 휴일 같은 비근무시간에 증상이 완화되거나 없어지는 특징이 있다.

해설 항원공여세포가 탐식되면 T림프구 중 I형 살 T림프구(type I kille T cell)가 특정 알레르기 항원을 인식하지 못한다.

89. 인간의 연금술, 의약품 등에 가장 오래 사용해 왔던 중금속 중의 하나로 17세기 유럽에서 신사용 중절모자를 제조하는 데 사용하여 근육경련을 일으킨 물질은?

① 납　　　　　　② 비소

③ 수은　　　　　④ 베릴륨

해설 수은중독 증상
• 구내염, 근육진전, 정신증상
• 수족신경마비, 시신경장애, 정신이상, 보행장애
• 만성 노출 시 식욕부진, 신기능부전, 구내염을 발생시킨다.
• 유기수은(알킬수은) 중 메틸수은은 미나마타(minamata)병을 발생시킨다.
• 혀의 떨림이나 손가락에 수전증(손가락 떨림)이 생긴다.
• 치은부에는 황화수은의 정회색 침전물이 침착된다.
• 정신증상으로는 중추신경계 중 뇌조직에 심한 증상이 나타나 정신기능이 상실될 수 있다(정신장애).

90. 생물학적 모니터링에 대한 설명으로 틀린 것은?

① 피부, 소화기계를 통한 유해인자의 종합적인 흡수 정도를 평가할 수 있다.

② 생물학적 시료를 분석하는 것은 작업환경 측

정보다 훨씬 복잡하고 취급이 어렵다.

③ 건강상의 영향과 생물학적 변수와 상관성이 높아 공기 중의 노출기준(TLV)보다 훨씬 많은 생물학적 노출지수(BEI)가 있다.

④ 근로자의 유해인자에 대한 노출 정도를 소변, 호기, 혈액 중에서 그 물질이나 대사산물을 측정함으로써 노출 정도를 추정하는 방법을 의미한다.

> **해설** 생물학적 노출지수(BEI)는 공기 중의 노출기준(TLV) 보다 적다.

91. 「산업안전보건법」상 발암성 물질로 확인된 물질 (A1)에 포함되어 있지 않은 것은?

① 벤지딘
② 염화비닐
③ 베릴륨
④ 에틸벤젠

> **해설** 에틸벤젠(ethylbenzene)
> 에틸벤젠은 관리대상 물질이며 발암성 2로 구분하고 있다. 사람이나 동물에서 제한된 증거가 있지만, 구분 1로 분류하기에는 증거가 충분하지 않은 물질이다.

92. 입자상 물질의 하나인 흄(fume)의 발생기전 3단계에 해당하지 않는 것은?

① 산화
② 응축
③ 입자화
④ 증기화

> **해설** 흄(fume)의 발생기전
> 고체인 금속이 액화되어 증기화되어 공기중 산소와 반응하여 산화되고 응축된다.
> • 1단계: 금속의 증기화
> • 2단계: 증기물의 산화
> • 3단계: 산화물의 응축

93. 대사과정에 의해서 변화된 후에만 발암성을 나타내는 선행발암물질(procarcinogen)로만 연결된 것은?

① PAH, Nitrosamine
② PAH, methyl nitrosourea
③ Benzo(a)pyrene, dimethyl sulfate
④ Nitrosamine, ethyl methanesulfonate

> **해설**
> • PAH는 벤젠고리가 2개 이상 연결된 것이다.
> • PAH의 대사에 관여하는 효소는 시토크롬 P-448로 대사되는 중간산물이 발암성을 나타낸다.
> • PAH는 배설을 쉽게 하기 위하여 수용성으로 대사된다.
> • 다핵방향족탄화수소에는 나프탈렌, 벤조피렌, 알킬나프탈렌 등이 있다.

94. 직업성 천식을 확진하는 방법이 아닌 것은?

① 작업장 내 유발검사
② Ca-EDTA 이동시험
③ 증상 변화에 따른 추정
④ 특이항원 기관지 유발검사

> **해설** Ca-EDTA 이동시험은 납중독 확인 시험이다.

95. 「산업안전보건법」상 기타 분진의 산화규소, 결정체 함유율과 노출기준으로 맞는 것은?

① 함유율: 0.1% 이상, 노출기준: 5mg/m³
② 함유율: 0.1% 이하, 노출기준: 10mg/m³
③ 함유율: 1% 이상, 노출기준: 5mg/m³
④ 함유율: 1% 이하, 노출기준: 10mg/m³

> **해설** 기타 분진(산화규소 결정체 1% 이하)의 노출기준은 10mg/m³이며, 발암성 1A(산화규소 결정체 0.1% 이상에 한함)로 제정되어 있다.

96. 다음은 납이 발생되는 환경에서 납 노출을 평가하는 활동이다. 순서가 맞게 나열된 것은?

> ㉠ 납의 독성과 노출기준 등을 MSDS를 통해 찾아본다.
> ㉡ 납에 대한 노출을 측정하고 분석한다.
> ㉢ 납에 노출되는 것은 부적합하므로 시설 개선을 해야 한다.
> ㉣ 납에 대한 노출 정도를 노출기준과 비교한다.
> ㉤ 납이 어떻게 발생되는지 예비 조사한다.

① ㉠ → ㉡ → ㉢ → ㉣ → ㉤
② ㉢ → ㉡ → ㉠ → ㉣ → ㉤
③ ㉤ → ㉠ → ㉡ → ㉣ → ㉢
④ ㉤ → ㉡ → ㉠ → ㉣ → ㉢

해답 91. ④ 92. ③ 93. ① 94. ② 95. ④ 96. ③

해설 납이 발생되는 환경에서 납 노출 평가순서
1. 납이 어떻게 발생되는지 예비 조사한다.
2. 납의 독성과 노출기준 등을 MSDS 자료를 통하여 찾아 본다.
3. 납에 대한 노출을 측정하고 분석한다.
4. 납에 대한 노출정도를 노출기준과 비교한다.
5. 납에 노출되는 것은 부적합하므로 시설개선을 해야 한다.

97. Haber의 법칙을 가장 잘 설명한 공식은? (단, K는 유해지수, C는 농도, t는 시간이다.)

① $K = C \div t$ ② $K = C \times t$

③ $K = t \div C$ ④ $K = C^2 \times t$

해설 Haber의 법칙에서는 이를 '유해물질의 농도(C)와 노출시간(t)의 적($積$)은 일정(K)하다'는 등식으로 표현한다. 단, 이는 유해물질에 비교적 짧은 시간 동안 노출되어 중독을 일으키는 경우에 적용되는 것이고 대부분의 경우에는 비례적인 관계가 성립하지 않는다.

98. 최근 스마트 기기의 등장으로 이를 활용하는 방법이 빠르게 소개되고 있다. 소음측정을 위해 개발된 스마트 기기용 애플리케이션의 민감도 (sensitivity)를 확인하려고 한다. 85dB을 넘는 조건과 그렇지 않은 조건을 애플리케이션과 소음 측정기로 동시에 측정하여 다음과 같은 결과를 얻었다. 이 스마트 기기 애플리케이션의 민감도는 얼마인가?

- 애플리케이션을 이용하였을 때 85dB 이상이 30개소, 85dB 미만이 50개소
- 소음측정기를 이용하였을 때 85dB 이상이 25개소, 85dB 미만이 55개소
- 애플리케이션과 소음측정기 모두 85dB 이상은 18개소

① 60%   ② 72%

③ 78%   ④ 86%

해설 민감도란 노출 측정 시 실제로 노출된 사람이 이 측정방법에 의하여 노출된 것으로 나타날 확률이다.

$$\therefore \text{민감도} = \frac{\text{검사법 양성과 실제값 양성}}{\text{검사법 양성과 실제값 양성} + \text{검사법 음성과 실제값 양성}}$$

$$= \frac{18}{25} \times 100 = 72\%$$

99. 납중독의 대표적인 증상 및 징후로 틀린 것은?

① 간장장해   ② 근육계통장해

③ 위장장해   ④ 중추신경장해

해설 납중독의 주요 증상
- 잇몸에 납선(lead line) 발생
- 납 빈혈 발생
- 위장계통의 장애(소화기장애)
- 신경, 근육계통의 장애
- 중추신경장애
- 요 중 δ-ALAD 활성치 저하
- 포르피린과 헴(heme)의 합성에 관여하는 효소를 억제하며, 소화기계 및 조혈계에 영향을 주는 물질
- 적혈구 내 프로토포르피린 증가
- 임상증상은 위장계통장해, 신경근육계통의 장애, 중추신경계통의 장해 등 크게 3가지

100. 독성물질 간의 상호작용을 잘못 표현한 것은? (단, 숫자는 독성값을 표현한 것이다.)

① 길항작용: 3+3=0   ② 상승작용: 3+3=5

③ 상가작용: 3+3=6   ④ 가승작용: 3+0=10

해설 상승작용은 매우 큰 독성을 발휘하는 물질의 상호작용을 나타내는 것으로, 각각의 단일물질에 노출되었을 때 3+3=10으로 표현할 수 있다.

해답 97. ②   98. ②   99. ①   100. ②

감수

김유창

공학박사, 인간공학기술사
동의대학교 인간공학과 교수
대한인간공학회 회장 역임
한국인간공학기술사회 회장 역임
한국안전보건공단 자문위원
한국근로복지공단 자문위원

지은이

오순영

인간공학박사, 인간공학기술사
동의대학교 인간공학과 교수
한국산업보건학회 부회장 역임
전국 기업체 산업보건 협의회 부회장 역임
현 대통령 직속 경제사회 노동위원회(산업안전보건 위원회) 위원

양세훈

인간공학기술사
서울과학기술대학교 안전환경기술융합학과 대학원 졸업
행정안전부 안전교육전문 강사
안전보건공단 교육원 이러닝 안전 콘텐츠 제작위원

제민주

경남도립남해대학 산업안전관리과 초빙교수
인제대학교 산업보건 및 안전공학 박사수료
안전보건공단 교육원 이러닝 강사
고용노동부 산업안전보건표준제정위원회 위원

이승용

산업보건지도사(산업위생공학)
산업위생관리기술사
근로복지공단 건강관리센터 과장
한국작업환경평가원(주) 대표이사

산업위생관리기사 **필기** 문제풀이편

초판 발행 2024년 12월 9일

감수 김유창
지은이 오순영 외
펴낸이 류원식
펴낸곳 **교문사**

편집팀장 성혜진 | 디자인 신나리 | 본문편집 홍익m&b

주소 10881, 경기도 파주시 문발로 116
대표전화 031-955-6111 | 팩스 031-955-0955
홈페이지 www.gyomoon.com | 이메일 genie@gyomoon.com
등록번호 1968.10.28. 제406-2006-000035호

ISBN 978-89-363-2496-4 (13530)
정가 28,000원